수공설계

이종석 저

CH 1 상사·모형 | CH 2 수력 기계 | CH 3 수공 전산 | CH 4 유동 분석 | CH 5 수공 실무 | CH 6 사례·기준 | CH 7 실무·설계

도서출판
구미서관

Preface

머리말

수공설계(Design of Hydraulic Engineering)는 수공학(Hydraulic Engineering)과 관련된 유체· 수리·실험, 수문·하천, 환경·상하수도, 해안·항만을 대상으로 광범위한 분야의 내용을 수공학적 개념을 적용하여 각종 수공시설물의 설계부문을 주로 다루는 응용학문이다. 이 책은 2013년 수리학(한밭대학교 출판부)으로 처음 출간한 후 2016, 2019년에 수공설계 제1, 2판(도서출판 씨아이알)이 나온 뒤 5년 여 만의 수정·보완으로 도서출판 구미서관에서 출간하게 되었다. 내용 체계는 가능한 기존 틀을 유지하려 하였으며, 각장 내용의 일부분을 개정·보완하여 새롭게 출간하고자 한다.

이 책의 제1, 2장은 학부과정에서 주로 다루는 수리학(Hydraulics)과 관련된 연속성을 갖는 내용의 상사·모형(상사, 차원해석, 모형)과 수력 기계(총설, 방정식, 펌프·터빈)를 다뤘다. 제3장은 수공 전산(엑셀·응용, 포트란·응용, 범용 프로그램·활용)에 대한 수공분야의 기초·실무적 전산 활용과 관련된 내용을 기술하였으며, 제4장 유동분석(유체·실험, 수리·실험, 부정·천이)에서는 선 이수교과에서 이미 배운 내용을 포함시킨 유체·실험, 관·개수로 외에 부정류의 일부 내용을 다루고 있어 흥미를 가질 수 있도록 하였다. 제5장 수공 실무(수문·하천, 환경·수도, 해안·항만)에서는 실무와 설계에 필요한 수공분야의 중요 이론과 응용적인 내용을 중심으로 다룸으로써 수공설계에 관한 이해와 응용력을 키워 설계·실무 수행에 활용할 수 있도록 구성하였다. 제6장 사례·기준(설계 기초, 설계 기준, 관련 법령)에서는 수공구조물 중 이수시설의 설계 사례 하나를 택해 수문·수리학적 설계과정을 이해할 수 있도록 하였다. 이들을 바탕으로 제7장 실무·설계(설계 기초, 홍수량 산정, 이수시설 설계)에서는 하천설계기준[KDS(Korea Design Standard) 51 00 00; 2018] 중 하천보 설계기준(KDS 51 40 05; 2018)(환경부, 2024e)을 근거로 한 고정·가동보의 설계 내용을 기술하였다.

특히 제1, 2, 6장의 예제 등에서 혼용하였던 관습단위계는 SI단위계로 통일·정리하였다. 또한 제1장에는 상사법칙에 근거한 모형실험과 수공구조물의 안정해석 관련 설계 기준의 일부 내용을 추가 정리하였고, 제3장에는 단면형상에 대한 수리학적 특성 산정방법 중 암거단면에 대한 내용을 추가하였다. 제7장에는 실무·설계에 대한 수공구조물의 설계와 관련하여 하천보의 용량 결정, 설계 제원의 산정, 홍수위의 안정성 검토와 관련된 일련의 과정【개정된 홍수량 산정 표준지침(환경부, 2019)과 지역빈도해석을 적용한 RFAHD 2020에 따른 확률강우량의 산정(환경부, 2020), HEC-HMS(v4.8)(USACE, 2022)에 의한 설계 홍수량의 산정, HEC-RAS(v5.0)(USACE, 2016)에 의한 홍수위 안정성 검토 등】에 관해 상세하게 설명하였다. 이 책은 학부생들의 교육과정에 편성된 수공설계의 강의교재로 활용할 수 있도록 15주 한학기용의 강의에 적합하도록 7개장으로 적절하게 구성하고자 하였다.

이 책이 학부생들의 수공학 분야에 대한 학습 증진과 장래의 연구 발전에 기여함은 물론, 졸업 후의 실무적 활용에 도움이 되고 나아가 설계 응용에도 기초가 되었으면 하는 바람과 함께 선배 제현님의 지도편달을 바랍니다. 아울러, 이 책이 완성될 수 있도록 많은 도움을 준 여러분들과 좋은 책을 만들겠다는 일념으로 열의를 다해 주신 도서출판 구미서관의 대표님과 직원 여러분께 감사를 드리며, 늘 곁에서 묵묵히 응원해주고 있는 든든한 가족들에게 고마움을 전합니다.

2024. 8.

S8동 227호 연구실에서

李 宗 䄷

Contents

목차

Contents

목차

Contents

목차

CHAPTER

1

상사·모형

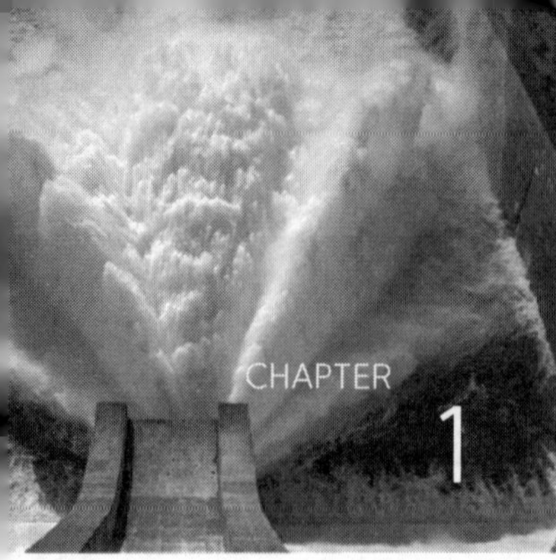

CHAPTER 1

상사·모형

상사(법칙)[율] 【相似, similitude, similarity(law)[law of similitude]】은 실물(=원형)과 모형사이에 상호 대응하는 물리적 양의 일정한 비율관계를 갖는 현상을 말한다. 이는 실물 - 모형간의 물리적 현상이 상사(=일정비율)관계를 충족시키는 모형축척을 결정할 수 있는 물리적 기준(법칙)이다. **모형(실험)[시험]** 【模型, model (experiment) [test]】은 자연현상을 이상화시켜 수학적·물리학적 방법을 적용할 수 있게 나타낸 것을 말한다. 이는 원형실험의 수행이 난해할 때 모형을 이용하는 모든 실험을 말하며, 축소 또는 확대모형을 이용한 모든 실험은 모형실험이다. 그리고 지배 방정식을 적절한 경계조건과 초기조건을 이용해 수치적 해석을 통한 실험은 수치모형실험으로 부른다.

본 장에서는 대형 수공구조물의 건설에 앞서 선행과정으로 수행되는 모형실험의 이론적 근거·기준인 상사·모형에 관한 내용을 다룬다. 기하·운동·동역학적 상사에 관한 상사법칙과 Buckingham·Rayleigh·축차·지수법에 대한 차원해석, 유체·수리모형 등의 모형실험에 대해 기술한다.

1.1 상사

유체역학 또는 수리(학) 실험에서 물리적 모형화는 **상사**(相似, similitude)에 좌우되는데, **원형**(prototype)은 크기를 축소 또는 확대할 수 있으며, **모형**(model)은 원형을 재현하여 만들 수 있다. 대부분의 모형은 원형보다 자료를 얻기 쉬우며, 제작하는 비용도 훨씬 적게 든다. 모형은 축척결정에 앞서 만들 수 있으나, 상사의 어떤 법칙이 지켜져야 하며, 원형과 모형은 **기하학적 상사**, **운동학적 상사**, **동역학적 상사**이어야 한다.

1.1.1 기하학적 상사

원형과 모형에 있어 두 형상 사이의 **기하학적 상사**(geometric similitude)는 두 형상이 크기의 차이는 있지만 **동질성(homogeneity)**을 나타낼 때 이루어진다. **그림 1.1(a)**와 같이 다른 지름과 길이를 갖는 두 원관(cylinder)의 원형은 지름 D_p와 길이 L_p이고, 모형은 지름 D_m과 길이 L_m 이다(Daugherty and Franzini, 1977; 이종석, 2013). **그림 1.1(b)**와 같이 다른 길이, 폭과 깊이를 갖는 두 임의 단면의 원형은 길이 L_p, 폭 B_p, 지름 D_p, 깊이 h_p이고, 모형은 길이 L_m, 폭 B_m, 지름 D_m, 깊이 h_m 이며, 이들 원형과 모형 간의 관계는 다음과 같다.

$$L_r = \frac{L_m}{L_p} = \frac{B_m}{B_p} = \frac{D_m}{D_p} = \frac{h_m}{h_p} \tag{1.1}$$

여기서 L_r =**길이축척**(length scale)이고, 첨자 p, m =각각 원형과 모형을 의미한다.

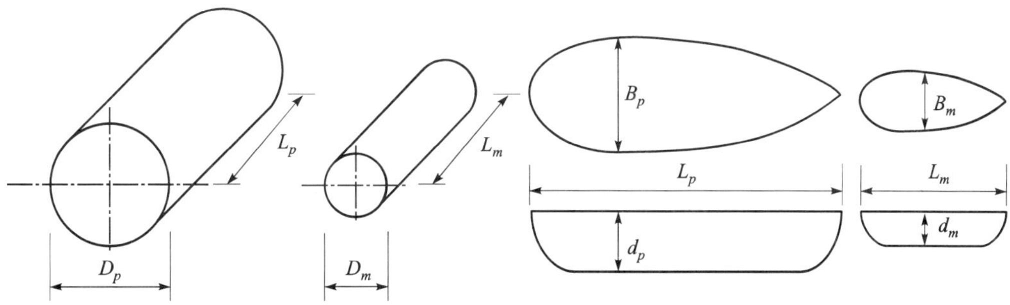

(a) 관　　(b) 임의 단면

그림 1.1 관과 임의 단면에서의 기하학적 상사

그림 1.2와 같이 크기가 다른 두 개의 사각형 단면 관에서도 **기하학적 상사**는 다음 관계를 만족시켜야 한다.

$$\frac{L_m}{L_p} = \frac{s_m}{s_p} = L_r \tag{1.2}$$

이와 같이 기하학적 상사는 모든 길이차원에 같은 **축척비**(scale ratio)로 연관되어 있어야 한다.

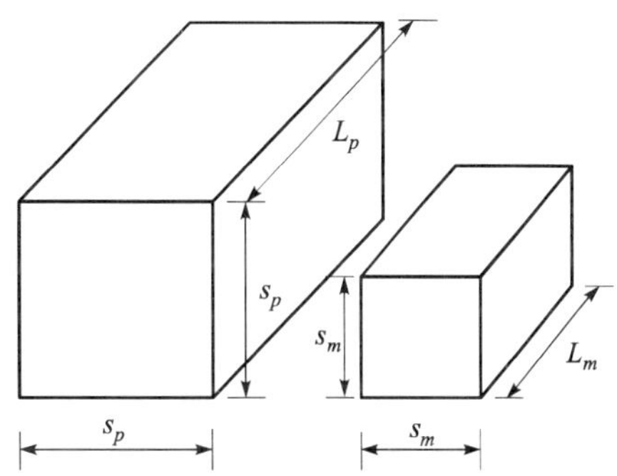

그림 1.2 사각형 단면 관의 기하학적 상사

그러므로 식 (1.1)과 (1.2)가 참(true)이라면 다음 관계를 유도할 수 있다.

$$\frac{A_m}{A_p} = A_r = \frac{L_m^2}{L_p^2} = L_r^2 \tag{1.3a}$$

$$\frac{\forall_m}{\forall_p} = \forall_r = \frac{L_m^3}{L_p^3} = L_r^3 \qquad (1.3b)$$

여기서 A_r =**면적비**(area ratio)이고, A_m, A_p =각각 모형과 원형의 면적이며, $\forall_r$ =**체적비**(volume ratio), $\forall_m$, $\forall_p$ =각각 모형과 원형의 체적이다.

예제 1.1

원형(prototype)의 지름이 5m이고, 콘크리트 관벽의 조도 크기가 3.0mm인 대형 원형 도수관의 모형을 만들었다. 모형은 1/10의 축척비로 만들고 그 관로의 길이는 4.0m이다. 다음 사항에 답하시오.

1. 원형의 관로길이 산정
2. 모형의 조도 산정
3. 모형의 유수 단면적 결정
4. 모형의 지름 결정

[풀이]

1. 원형의 관로 길이 산정

(1) 식 (1.1) 또는 (1.2)의 길이와 지름 축척비를 이용해 먼저 모형의 지름을 구한다.

$$L_r = D_r = \frac{1}{10} = \frac{D_m}{D_p} = \frac{D_m}{5.0} = \frac{L_m}{L_p} \qquad (예1.1.1)$$

(2) 식 (예1.1.1)을 이용하여 원형의 관로길이 L_p를 다음과 같이 구한다.

L_p=L_m/L_r(←L_m=4m, L_r=1/10)=4/(1/10)=40m이다.

2. 모형의 조도 산정

(1) 식 (예1.1.1)의 길이 축척비 L_r을 이용하여 모형의 조도계수 e_m을 구한다.

$$e_r(=L_r) = \frac{e_m}{e_p}(\leftarrow e_p = 3.0\text{mm}) = \frac{e_m}{3.0} = \frac{L_m}{L_p} \qquad (예1.1.2)$$

(2) 식 (예1.1.2)를 이용하여 모형의 조도 e_m을 구하면 다음과 같다.

e_m=3.0(e_r)=3.0(1/10)=0.3mm이다.

3. 모형의 유수 단면적 결정

(1) 면적 축척비의 관계 식 (1.3a)를 이용하여 모형의 유수 단면적 A_m을 구한다.

$$A_r = \frac{A_m}{A_p}(=L_r^2) = \left(\frac{1}{10}\right)^2 = \frac{1}{100} \qquad (예1.1.3)$$

(2) 식 (예1.1.3)으로부터 모형의 단면적 $A_m = A_r A_p$에 원형의 단면적 $A_p = (\pi D_p^2/4) =$ 19.635m^{2}를 대입하여 구하면 다음과 같다.

$A_m = (1/100) \times 19.635 = 0.19635\text{m}^2$이다.

4. 모형의 지름 결정

(1) 식 (예1.1.1)의 길이 축척비 L_r을 이용하여 모형의 지름 D_m을 구한다.

$$L_r(=D_r) = \frac{1}{10} = \frac{D_m}{D_p} = \frac{D_m}{5.0} \qquad \text{(예1.1.4)}$$

(2) 식 (예1.1.4)로부터 모형의 지름 D_m=5(L_r)=5(1/10)=0.5m이다.

예제 1.2

지름 8m의 콘크리트 관벽 조도가 4.0mm인 큰 원형 도수관 모형을 1/10 축척으로 만들 때 그 관로의 길이는 5.0m이다. 다음 사항에 답하시오 [단, 조도(mm), 지름(m)·길이(m)=소수 2자리 이하, 면적(m^2)=소수 5자리 이하 버림하여 계산].

1. 원형의 관로길이 산정
2. 모형의 조도 산정
3. 모형의 유수 단면적 결정
4. 모형의 지름 결정

[풀이]

0. [예제 1.1]의 풀이를 참조한다.

1. 원형의 관로길이 산정

(1) 원형 관로의 길이는 길이 축척비를 이용하여 구한다.

(2) 원형 관로 길이(축척비 이용) : $L_r = \dfrac{L_m}{L_p} = \dfrac{1}{10} \rightarrow \therefore L_p = 10(L_m) = (10)(5.0) = 50.0\text{m}$

2. 모형의 조도 산정

(1) 모형의 조도 크기는 길이 축척비를 이용하여 구한다.

(2) 모형 조도 : $e_r = \dfrac{e_m}{e_p}\left(= L_r = \dfrac{1}{10}\right) = \dfrac{e_m}{4.0} \rightarrow \therefore e_m = 0.1(4.0) = 0.4\text{mm}$

3. 모형의 유수 단면적 결정

(1) 면적에 대한 축척비 관계 식 (1.3a)를 이용해 모형의 유수 단면적을 구한다.

(2) 모형 단면적(면적비 이용) : $A_r = \dfrac{A_m}{A_p}(= L_r^2) = \left(\dfrac{1}{10}\right)^2 = \dfrac{1}{100} \rightarrow \therefore A_m = A_p/100\,[A_p = (\pi D_p^2/4) = 50.24\text{m}^2] = 50.24/100 = 0.5024\text{m}^2$

4. 모형의 지름 결정

(1) 길이와 지름의 축척비를 이용해 모형의 지름을 구한다.

(2) 모형 지름(축척비 이용) : $L_r = D_r = \dfrac{1}{10} = \dfrac{D_m}{D_p} = \dfrac{D_m}{8.0} \rightarrow \therefore D_m = 0.8\text{m}$

예제 1.3

1,000m³의 체적을 갖는 원형(prototype)이 1.0m³의 수리모형에 의해 연구되었다. 모형의 길이가 2.25m일 때 다음 사항에 답하시오.

1. 원형의 길이 계산

[풀이]

1. 원형의 길이 계산

(1) 체적에 대한 축척비 관계 식 (1.3b)를 이용해 모형의 길이를 구한다.

$$\forall_r = \frac{\forall_m}{\forall_p}(\leftarrow \forall_m = 1.0\text{m}^3,\ \forall_p = 1{,}000\text{m}^3) = \frac{1}{1{,}000}(= L_r^3) \quad (\text{예}1.3.1)$$

(2) 식 (예1.3.1)로부터 원형의 길이 축척비는 다음과 같다.

$$L_r \left[= \forall_r^{1/3} = \left(\frac{\forall_m}{\forall_p}\right)^{1/3} = \left(\frac{1}{1{,}000}\right)^{1/3} \right] = \frac{1}{10}(= \frac{L_m}{L_p}) \quad (\text{예}1.3.2)$$

(3) 식 (예1.3.2)로부터 원형의 길이 $L_p = L_m/L_r = 2.25/L_r = 2.25/(1/10) = 2.25(10) = 22.5\text{m}$ 이다.

1.1.2 운동학적 상사

운동학적 상사(kinematic similitude)는 기하학적 상사이면서 추가적으로 흐름의 모든 대응점에서의 **속도비**(velocity ratio)와 **유량비**(discharge ratio)가 다음과 같음을 의미한다.

$$V_r = \frac{V_m}{V_p} = L_r^{1/2} \left[\because\ Fr_r = \left(\frac{V_r}{\sqrt{g_r L_r}}\right)_r (\leftarrow Fr_r = g_r = 1),\ V_r = \sqrt{L_r} \right] \quad (1.4a)$$

$$Q_r = \frac{Q_m}{Q_p} = A_r V_r = L_r^2 V_r (\leftarrow V_r = L_r^{1/2}) = L_r^{5/2} \quad (1.4b)$$

시간 $T = [L/V]$, 가속도 $a = [L/T^2]$의 차원을 가지므로 **시간 축척비**(time scale ratio)와 가속도 축척비는 각각 다음과 같다.

$$T_r = \frac{T_m}{T_p} = \frac{L_r}{V_r} \quad (1.5a)$$

$$a_r = \frac{a_m}{a_p} = \frac{V_r}{T_r}(= \frac{\text{분자}}{\text{분모}}) \begin{cases} (\leftarrow V_r = \dfrac{L_r}{T_r}) \} = \dfrac{L_r}{T_r^2} & (1.5b) \\ (\leftarrow T_r = \dfrac{L_r}{V_r}) \} = \dfrac{V_r^2}{L_r} & (1.5c) \end{cases}$$

이와 같이 운동학적 상사는 속도와 시간, 가속도 차원에 같은 속도축척비 V_r, 시간축척비 T_r, 가속도축척비 a_r로 연관되어야 한다.

예제 1.4

2.5m/s의 속도에서 1/25 모형인 소형배(boat)의 견인(tow)에 필요한 힘은 0.6N일 때 다음 사항에 답하시오.

1. 원형의 속도 계산

[풀이]

1. 원형의 속도 계산
   (1) 길이 축척비 $L_r = 1/25$과 식 (1.4a)를 이용해 속도비를 구한다.

$$V_r\left(=\frac{V_m}{V_p}\right) = L_r^{1/2} \qquad (예1.4)$$

   (2) 식 (예1.4)에서 $V_r = L_r^{1/2} = (1/25)^{1/2} = 1/5(= V_m/V_p)$이므로 $V_p = 5(V_m) = 5(2.5)$ $= 12.5\text{m/s}$이다.

예제 1.5

수로 폭이 12m이고, 수로 길이가 1,000m인 사각형 단면수로에 수심 3m로 유량 15m^3/s가 흐른다. Froude 상사법칙을 사용하는 1/25 모형축척에서 다음 사항에 답하시오.

1. 모형의 유속과 유량 결정
2. 모형의 수로(크기) 결정
3. Froude 상사법칙의 만족 여부 판단

[풀이]

0. 축척비에 대한 수리특성 계산
   (1) 길이 축척비($L_m/L_p = L_r$)가 1/25인 모형에서 수심을 포함한 모든 기하학적 차원은 1/25로 축소시키면 모형과 원형의 길이, 폭, 수심의 관계는 다음과 같다.

$$L_m = L_p/25 \qquad (예1.5.1a)$$

$$B_m = B_p/25 \qquad (예1.5.1b)$$

$$h_m = h_p/25 \qquad (예1.5.1c)$$

   (2) 모형의 유속은 Froude 상사법칙에 의해 유도되는데 이는 Froude 수가 모형과 원형이 같다는 것을 뜻한다. 그러므로 $Fr_m = Fr_p$인 관계에서 유속은 다음과 같이 쓸 수 있다.

$V_m = V_p / 25^{1/2}$ (예1.5.2)

1. 모형의 유속과 유량 결정

(1) 모형의 유속 계산; Froude 상사법칙인 $Fr_m = Fr_p$의 관계를 이용해 다음과 같이 유도한다.

① $V_r = L_r^{1/2} = V_m / V_p$이고, $V_m = V_p L_r^{1/2} = V_p (\frac{1}{25})^{1/2}$이다.

② $V_p = Q_p / (B_p h_p) = 15/(12 \times 3) = 0.417$m/s이므로 V_m은 다음과 같다.

③ $\therefore V_m = V_p (\frac{1}{25})^{1/2} = 0.417(1/25)^{1/2} = 0.083$m/s이다.

(2) 모형의 유량 결정; 연속 방정식 $Q = AV = BhV$를 이용해 다음과 같이 유도한다.;

① $Q_r = \frac{Q_m}{Q_p} = L_r^{5/2}$ (예1.5.3)

② 식 (예1.5.3)에서 $Q_m = L_r^{5/2} Q_p$로 $L_r = \frac{1}{25}$, $Q_p = 15\text{m}^3/\text{s}$을 대입하여 구한다.

③ $\therefore Q_m = (\frac{1}{25})^{5/2}(15) = 0.0048\text{m}^3/\text{s}$이다.

2. 모형의 수로(크기) 결정

(1) 식 (예1.5.1)~(예1.5.3)을 이용하여 모형수로의 크기(길이, 폭, 수심)를 구하면 다음과 같다.

① 식 (예1.5.1a)를 이용하면 $L_m = \frac{L_p}{25} = \frac{1{,}000}{25} = 40\text{m}$ 이다.

② 식 (예1.5.1b)를 이용하면 $B_m = \frac{B_p}{25} = \frac{12}{25} = 0.48\text{m}$ 이다.

③ 식 (예1.5.1c)를 이용하면 $h_m = \frac{h_p}{25} = \frac{3}{25} = 0.12\text{m}$ 이다.

3. Froude 상사법칙의 만족 여부 판단

(1) 1과 2항에서 구한 유속, 유량과 Froude 수를 이용하여 Froude 상사법칙의 만족 여부를 판단한다.

(2) 1과 2항에서 구한 모형과 원형의 특성값을 이용해 Froude 수를 각각 구한다.

① 원형의 특성값은 수로 길이 L_p=1,000m, 수로 폭 B_p=12m, 수심 h_p=3m, 유속 V_p=0.417m/s, 유량 $Q_p = 15\text{m}^3/\text{s}$이다.

② 모형의 특성값은 $L_m = 40\text{m}$, $B_m = 0.48\text{m}$, $h_m = 0.12\text{m}$, $V_m = 0.083\text{m/s}$, $Q_m = 0.0048\text{m}^3/\text{s}$이다.

③ 원형의 Froude 수를 계산하면 다음과 같다.

$$Fr_p = \frac{V_p}{\sqrt{gh_p}} = \frac{0.417}{\sqrt{9.8(3)}} = 0.0769 \fallingdotseq 0.077$$

④ 모형의 Froude 수를 계산하면 다음과 같다.

$$Fr_m = \frac{V_m}{\sqrt{gh_m}} = \frac{0.083}{\sqrt{9.8(0.12)}} = 0.0765 \fallingdotseq 0.077$$

⑤ 원형과 모형의 Froude 수(=0.077)가 같으므로 Froude 상사법칙은 만족한다$[(Fr)_r = \frac{(Fr)_m}{(Fr)_p} = 1]$.

1.1.3 동역학적 상사

동역학적 상사(dynamic similitude)는 원형과 모형에 상응한 질량에 작용하는 힘이 흐름장 전체를 통해 같은 비(F_m/F_p)를 가져야 하는 것이므로, 이를 만족하는 흐름형식은 원형과 모형의 흐름장에 대해 동일하다(Edward et al., 2005).

두 흐름장이 동역학적으로 상사가 되려면 **대응력**(corresponding force)은 이 들에 있어 같은 비를 가져야 한다. 유체요소에 작용하는 힘은 중력 F_g, 전압력(=전수압) F_p, 점성력 F_v, 탄성력 F_e가 포함되며, 유체요소가 액체-기체의 접촉면에 있다면 표면장력 F_t이 추가된다. 유체요소에 작용하는 힘의 합이 영이 아니라면 요소는 Newton의 법칙에 따라 가속될 것이다. 일반적으로 흐름장 내에 작용하는 힘이 불균형하다면 작용하는 힘의 합력 R_F에 방향이 반대이고, 크기가 같은 관성력 F_i을 추가시킴으로써 평형을 이루는 흐름장으로 다음과 같이 변환시킬 수 있다.

$$\Sigma F = F_g + F_p + F_v + F_e + F_t = R_F \tag{1.6a}$$

$$F_i = - R_F \tag{1.6b}$$

그러므로 식 (1.6)으로부터 다음과 같은 평형식을 얻을 수 있다.

$$F_g + F_p + F_v + F_e + F_t + F_i = 0 \tag{1.7}$$

여기서 중력 $F_g = mg = \rho L^3 g = \gamma L^3$이고, 전압력 $F_p = \Delta pA = \Delta pL^2$이며, 점성력 $F_v = \mu(dv/dy)A = \mu(V/L)L^2 = \mu VL$, 탄성력 $F_e = E_v A = E_v L^2$이다. 또한 표면장력 $F_t = \sigma L$이고, 관성력 $F_i = ma = \rho L^3(L/T^2) = \rho L^4 T^{-2}(\leftarrow L^2/T^2 = V^2) = \rho V^2 L^2$이다.

많은 흐름 문제에 있어 식 (1.7)에 포함된 힘은 존재하지 않거나 중요성이 적은 경우가 있다. **그림 1.3**은 기하학적 상사인 흐름장을 표시한 것으로 운동학적 상사이면서 유체요소에 작용하는 힘은 중력과 전압력, 점성력, 관성력이다. 이러한 흐름장의 동역학적 상사는 다음과 같이 각 힘의 비가 같아야 한다.

$$F_r = \frac{(F_g)_m}{(F_g)_p} = \frac{(F_p)_m}{(F_p)_p} = \frac{(F_v)_m}{(F_v)_p} = \frac{(F_\sigma)_m}{(F_\sigma)_p} = \frac{(F_i)_m}{(F_i)_p} \tag{1.8}$$

식 (1.8)은 원형과 모형 간에 다음 식과 같이 4개의 힘이 작용할 때는 3개의 독립된 식을 만족시켜야 하고, 3개의 힘이 작용할 때는 2개의 독립된 식을 만족시켜야 한다.

$$\left(\frac{F_i}{F_g}\right)_p = \left(\frac{F_i}{F_g}\right)_m, \left(\frac{F_i}{F_p}\right)_p = \left(\frac{F_i}{F_p}\right)_m, \left(\frac{F_i}{F_v}\right)_p = \left(\frac{F_i}{F_v}\right)_m \tag{1.9}$$

힘의 특수 형식에 무관한 차원은 다음과 같이 질량(mass) M에 가속도(acceleration) α를 곱한 차원($M \times \alpha$)과 동일하다.

$$F_r = M_r a_r = (\rho_r L_r^3)(V_r T_r^{-1}) = \rho_r L_r^2 V_r (L_r T_r^{-1}) = \rho_r L_r^2 V_r^2 = \rho_r L_r^4 T_r^{-2} \tag{1.10}$$

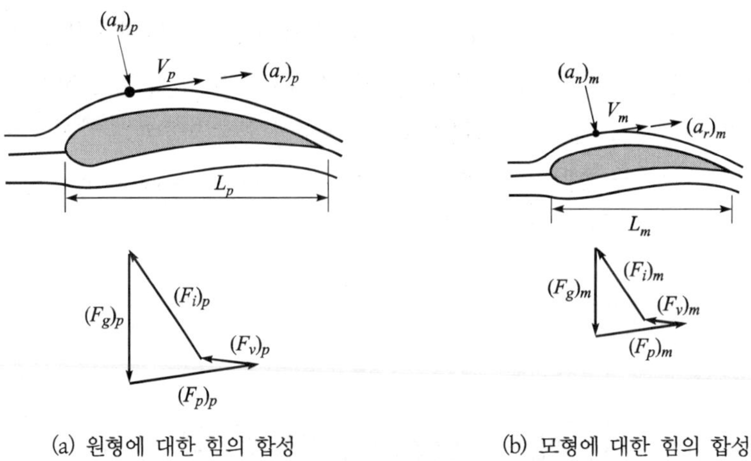

그림 1.3 비행기 날개형의 동역학적 상사

식 (1.10)에 기초한 모든 동력학적 매개변수의 비는 두 시스템 간의 유속비 V_r과 해당 문제의 기하학적 특성화한 길이 축척비 L_r, 유체의 밀도비 ρ_r의 항으로 확인할 수 있다. 일(work) W_W는 힘(force)에 거리(distance)를, 동력(power) P_W는 힘에 유속을 곱하고, 압력(pressure) p는 힘을 면적으로, 단위중량(specific weight) γ는 무게 또는 힘을 체적으로 나눠 각각 다음과 같이 쓸 수 있다.

$$(W_W)_r = F_r L_r = \rho_r L_r^2 V_r^2 L_r = \rho_r L_r^3 V_r^2 \tag{1.11a}$$

$$(P_W)_r = F_r V_r = \rho_r L_r^2 V_r^2 V_r = \rho_r Q_r V_r^2 = \rho_r L_r^2 V_r^3 = \rho_r L_r^{7/2} \tag{1.11b}$$

$$p_r = F_r L_r^{-2} = \rho_r L_r^2 V_r^2 L_r^{-2} = \rho_r V_r^2 \tag{1.11c}$$

$$\gamma_r = F_r L_r^{-3} = \rho_r L_r^{-1} V_r^2 \tag{1.11d}$$

두 동역학적 상사인 시스템 내 모든 매개변수의 비(=모형/원형)는 ρ_r, L_r, V_r 등으로 표현한다. 대부분의 모형이 원형으로 물을 사용하는 것처럼 동일한 유체가 사용된다면 밀도비 또는 밀도축척비 $\rho_r = 1$이다. 그러나 모형의 유체가 원형의 유체와 다르게 사용된다면 밀도비는 다음과 같다.

$$\rho_r = \frac{\rho_m}{\rho_p} \tag{1.11e}$$

예제 1.6

여수로 모형을 1/20의 축척으로 만들었다. 실제 여수로 위로 흐르는 유량은 3.0m 수두일 때 1,200m^3/s가 흐른다. 이에 상응하는 모형 실험실에서 다음 사항에 답하시오

1. 유량과 수두의 결정
2. 도수로 인한 손실동력이 0.75hp일 때 이에 상응하는 원형의 동력손실 계산

[풀이]

1. 유량과 수두의 결정
   (1) 유량의 결정 ; 길이 축척비 $L_r = 1/20$과 식 (1.4b)를 이용해 모형의 유량을 구한다.

$$Q_r\left(=\frac{Q_m}{Q_p}\right) = A_r V_r (= L_r^2 L_r^{1/2}) = L_r^{5/2} = \left(\frac{1}{20}\right)^{5/2} = 0.00056 \tag{예1.6}$$

   (2) 그러므로 식 (예1.6)으로부터 모형의 유량 $Q_m = L_r^{5/2}(Q_p) = 0.00056(1,200) = 0.672\text{m}^3/\text{s} = 672\text{L/s}$이다.
   (3) 수두의 결정 ; 수두는 길이 축척비를 이용하면, $h_r = L_r = 1/20 (= L_m/L_p)$이므로 $L_m = L_r L_p = (1/20)(3.0) = 0.15\text{m}$이다.

2. 도수로 인한 손실동력이 0.75hp일 때 이에 상응하는 원형의 동력손실 계산
   (1) 식 (1.11b)를 이용하여 동력비 $(P_W)_r = (P_W)_m / (P_W)_p$를 구한다.

(2) $\therefore (P_W)_p = (P_W)_m / (P_W)_r$ $[\leftarrow (P_W)_r = F_r V_r = \rho_r L_r^2 V_r^3 (\leftarrow \rho_r = 1) = L_r^{7/2} = (1/20)^{7/2}]$

$= 0.75[1/(1/20)^{7/2}] = 26,832\text{hp}$

예제 1.7

[예제 1.4]에서 원형의 힘과 모형 소형배(boat)의 어떤 선행 조작을 위해 모형에 20초가 필요하다면 이에 상응한 다음 사항에 답하시오.

1. 원형의 시간 결정

[풀이]

1. 원형의 시간 결정

(1) 식 (1.10)에서 힘의 축척비$[F_r = \rho_r L_r^2 V_r^2 (\leftarrow F_r = M_r a_r = (\rho_r L_r^3)(V_r/T_r) = \rho_r L_r^2 V_r^2)]$를 산정한다.

$$F_r = \rho_r L_r^2 V_r^2 = \rho_r L_r^3 L_r^3 (\leftarrow \rho_r = 1,\ V_r = L_r^{1/2}) = L_r^3 \left(= \frac{F_m}{F_p} \right) = \left(\frac{1}{25} \right)^3 \quad \text{(예1.7.1a)}$$

$$T_r = \frac{L_r}{V_r} = \frac{L_r}{L_r^{1/2}} = L_r^{1/2} \left(= \frac{T_m}{T_p} \right) = \left(\frac{1}{25} \right)^{1/2} = \frac{1}{5} \quad \text{(예1.7.1b)}$$

(2) 식 (예1.7.1a)에 의한 원형의 힘 F_p과 식 (예1.7.1b)(시간 축척비)에 의한 원형의 시간 T_p를 각각 구하면 다음과 같다.

① $\dfrac{F_m}{F_p} = \left(\dfrac{1}{25} \right)^3 \rightarrow \therefore F_p = \dfrac{F_m}{(1/25)^3} = F_m (25)^3 = 0.6(25)^3 = 9,375\text{N}$

② $\dfrac{T_m}{T_p} = \dfrac{1}{5} \rightarrow \therefore T_p = 5(T_m) = 5(20) = 100\text{s}$ (초)

예제 1.8

동일한 유체를 모형과 원형에 사용하여 1:10 축척의 모형이 수공구조물의 해석을 위한 모형실험을 위해 만들어졌다. 다음 사항에 답하시오.

1. 모형실험에 대한 힘의 비와 압력의 비 결정
2. 모형실험에 대한 힘과 압력이 각각 1.90N, 500N/m^{2}이일 때 이에 상응한 원형 값의 계산

[풀이]

1. 모형실험에 대한 힘의 비와 압력의 비 결정

(1) 길이 축척비 $L_r = 1/10$과 식 (1.10)을 이용해 모형실험의 힘의 축척비를 구한다.

$$F_r = \rho_r L_r^2 V_r^2 \quad \text{(예1.8.1)}$$

(2) 식 (예1.8.1)에서 밀도비 $\rho_r = 1$, 속도비 $V_r = L_r^{1/2}$을 대입하면 다음 식을 얻는다.

$$F_r = L_r^3 = \left(\frac{1}{10}\right)^3 = \frac{1}{1,000} \quad \text{(예1.8.2)}$$

(3) 식 (1.11c)를 이용해 다음과 같이 압력비를 구(원형의 압력과 전수압 계산도 가능)한다.

$$p_r = \rho_r V_r^2 = (1)(L_r^{1/2})^2 (= L_r) = \frac{1}{10} \quad \text{(예1.8.3)}$$

(4) ∴ 힘의 비 $F_r = \frac{1}{1,000}$이고, 압력의 비 $p_r = \frac{1}{10}$이다.

2. 모형실험에 대한 힘과 압력이 각각 1.90N, 500N/m²일 때 이에 상응한 원형 값의 계산

(1) 힘의 비 $F_r = F_m/F_p = L_r^3$이므로 $F_r = (1/10)^3 = 1/1,000$이므로 다음 식을 얻는다.

$$(F_r =)\frac{F_m}{F_p}\left(= \frac{1}{1,000}\right) = \frac{1.9}{F_p} \quad \text{(예1.8.4)}$$

(2) 그러므로 $F_p = 1.9(1,000) = 1.900\text{kN}$이고, $p_r = p_m/p_p (= 1/10) = 500/p_p$에서 $p_p = 5\text{kN/m}^2$이다.

예제 1.9

[예제 1.5]에서 도수에 의해 소모된 동력이 0.75hp(horsepower)일 때 다음 사항에 답하시오.

1. 모형실험에 상응한 원형의 소모된 마력(horsepower) 단위 동력 계산

[풀이]

1. 모형실험에 상응한 원형의 소모된 마력(horsepower) 단위 동력 계산

(1) 길이 축척비 $L_r = 1/20$과 식 (1.11b)를 이용해 동력비로부터 원형의 마력을 구한다.

$$(P_W)_r = F_r V_r \left[= \frac{(P_W)_m}{(P_W)_p}\right] = \rho_r L_r^2 V_r^3 (\leftarrow \rho_r = 1, V_r = L_r^{1/2}) = L_r^{[2+(3/2)]} = L_r^{7/2} \quad \text{(예1.9)}$$

(2) 그러므로 식 (예1.9)에서 다음 값을 얻는다.

$$(P_W)_p = \frac{(P_W)_m}{L_r^{7/2}} = \frac{0.75}{(1/20)^{7/2}} = (0.75)(20)^{7/2} = 26,832\text{hp}$$

1.1.4 축척비

축척비(scale ratio)는 원형 축척에 대한 모형 축적의 비(=모형축척/원형축척)로서 **표 1.1**과 같이 주어진 무차원 수가 원형과 모형이 같은 경우에 대해 어떤 필요한 양의 축척비를 빠르게 계산할 때 사용된다. 계산된 비는 그 흐름이 특정 무차원 수에 의해 주로 지배될 때만 실제의 결과와 같다. 그러므로 유체 현상에 대한 물리적 모형화의 중요성은 무차원 수가 매우 중요하다는 것을 이해하는데 필요하다.

표 1.1의 축척비에서 운동학적 상사조건에 대한 Reynolds 수와 Froude 수 관계는 **표 1.2**와 같이 유도되었음을 알 수 있다.

표 1.1 흐름 특성과 축척비 관계

상사조건 \ 물리량 \ 차원 \ 지배력 \ 상사법칙 \ 축척비			상사법칙의 축척비		
			Reynolds 수	Froude 수	Mach 수
상사조건	물리량	차원	점성력	중력	탄성력
기하학적	길이	L	L_r	L_r	L_r
	면적	L^2	L_r^2	L_r^2	L_r^2
	체적	L^3	L_r^3	L_r^3	L_r^3
운동학적	시간	T	$(L^2\rho/\mu)_r$	$(L^{1/2}g^{-1/2})$	$(L\rho^{1/2}/E_v^{1/2})_r$
	속도	LT^{-1}	$(\mu/L\rho)_r$	$(L^{1/2}g^{1/2})_r$	$(E_v^{1/2}/\rho^{1/2})_r$
	가속도	LT^{-2}	$(\mu^2/\rho^2L^3)_r$	g_r	$(E_v/L\rho)_r$
	유량	L^3T^{-1}	$(L\mu/\rho)_r$	$(L^{5/2}g^{1/2})_r$	$[(L^2E_v^{1/2})/(\rho^{1/2})]_r$
동역학적	질량	M	$(L^3\rho)_r$	$(L^3\rho)_r$	$(L^3\rho)_r$
	힘	MLT^{-2}	$(\mu^2/\rho)_r$	$(L^3\rho g)_r$	$(L^2E_v)_r$
	압력	$ML^{-1}T^{-2}$	$(\mu^2/L^2\rho)_r$	$(L\rho g)_r$	$(E_v)_r$
	역적, 운동량	MLT^{-1}	$(L^2\mu)_r$	$(L^{7/2}\rho g^{1/2})_r$	$(L^3\rho^{1/2}E_v^{1/2})_r$
	에너지, 일	ML^2T^{-2}	$(L\mu^2/\rho)_r$	$(L^4\rho g)_r$	$(L^3E_v)_r$
	동력	ML^2T^{-3}	$(\mu^3/L\rho^2)_r$	$(L^{7/2}\rho g^{3/2})_r$	$[(L^2E_v^{3/2})/(\rho^{1/2})]_r$

표 1.2 운동학적 상사조건 물리량의 Reynolds 수와 Froude 수 축척비 유도

상사조건	물리량	축척비 \ 상사법칙	Reynolds 수 $(Re)_r$	Froude 수 $(Fr)_r$
운동학적	시간	$(T)_r$	$(Re)_r = (\frac{\rho VL}{\mu})_r (\leftarrow V = LT^{-1})$ $= \frac{\rho LT^{-1}L}{\mu} = \frac{\rho L^2}{\mu T} = 1$ $\therefore (T)_r = (L^2\rho/\mu)_r$	$(Fr)_r = \frac{V}{(gL)^{1/2}} (\leftarrow V = LT^{-1})$ $= \frac{LT^{-1}}{(gL)^{1/2}} = \frac{L}{(gL)^{1/2}T} = 1$ $\therefore (T)_r = (L^{1/2}g^{-1/2})_r$
	속도	$(LT^{-1})_r$	$(Re)_r = (\frac{\rho VL}{\mu})_r (\leftarrow V = LT^{-1})$ $= \frac{\rho(LT^{-1})L}{\mu} = 1$ $\therefore (LT^{-1})_r = (\mu/L\rho)_r$	$(Fr)_r = \frac{V}{(gL)^{1/2}} (\leftarrow V = LT^{-1})$ $= \frac{(LT^{-1})}{(gL)^{1/2}} = 1$ $\therefore (LT^{-1})_r = (L^{1/2}g^{1/2})_r$
	가속도	$(LT^{-2})_r$	$(Re)_r = \frac{\rho(LT^{-1})L}{\mu} [\leftarrow \times (\frac{LT}{LT})]$ $= \frac{\rho(LT^{-2})LT}{\mu L} = 1$ $(\leftarrow T = \frac{\rho L^2}{\mu})$ $(LT^{-2})_r = \frac{\mu L}{\rho L^2(\frac{\rho L^2}{\mu})} = (\frac{\mu^2}{\rho^2 L^3})_r$ $\therefore (LT^{-2})_r = (\mu^2/\rho^2 L^3)_r$	$(Fr)_r = \frac{LT^{-1}}{(gL)^{1/2}} [\leftarrow \times (\frac{T^{-1}}{T^{-1}})]$ $= \frac{(LT^{-2})}{(gL)^{1/2}T^{-1}} = 1$ $(LT^{-2})_r = (\frac{g^{1/2}L^{1/2}}{T})_r$ $= g^{1/2}\frac{1}{T/L^{1/2}}$ $(\leftarrow \frac{T}{L^{1/2}} = \frac{1}{g^{1/2}}) = g_r$ $\therefore (LT^{-2})_r = g_r$
	유량	$(L^3T^{-1})_r$	$(Re)_r = \frac{\rho(LT^{-1})L}{\mu} (\leftarrow \times \frac{L}{L})$ $= \frac{\rho(L^3T^{-1})}{\mu L} = 1$ $\therefore (L^3T^{-1})_r = (\mu L/\rho)_r$	$(Fr)_r = \frac{LT^{-1}}{(gL)^{1/2}} (\leftarrow \times \frac{L^2}{L^2})$ $= \frac{(L^3T^{-1})}{g^{1/2}L^{1/2}L^2} = (\frac{(L^3T^{-1})}{g^{1/2}L^{5/2}})_r$ $\therefore (L^3T^{-1})_r = (g^{1/2}L^{5/2})_r$
비고	**축척비**(scale ratio)=모형축척/원형축척)($[\frac{\text{모형(Model)}}{\text{원형(Prototype)}}]_r = 1$)			

1.1.5 무차원 비

유체역학 또는 수리(학) 실험에서 접하는 문제에는 관수로 같은 폐쇄수로의 흐름과 하천 같은 개수로의 흐름 등이 있는데, 무차원 비는 이들 흐름의 **차원해석**에 유용하게 사용된다.

관수로 흐름은 입구부와 출구부 사이의 압력차 Δp로부터 비롯되는데, 길이 L에 비례하여 내부압력은 감소하고, 유량과 유체의 특성에 따라 영향을 받는다. 유속이 압축성 유체의 흐름과 같이 유체매질의 **음속** a_s에 비해 빠르다면 음속은 더 많은 영향을 받게 되므로 일반적인 관수로에서는 다음 식과 같이 표현된다.

$$\Delta p = \Delta p(p,\ V, \mu, D, L, a_s) \tag{1.12}$$

식 (1.12)의 원래 물리량으로부터 차원해석을 통해 다음과 같은 무차원 매개변수를 얻을 수 있다.

$$\frac{\Delta p}{\rho V^2} = \Delta p\left(\frac{\rho VD}{\mu}, \frac{V}{a_s}, \frac{L}{D}\right) \tag{1.13}$$

식 (1.13)의 좌변 $\Delta p/(1/2)\rho V^2$는 압력계수인데, 분모는 운동 에너지에 1/2이 가산된 값이고, 우변의 첫째항 $\rho VD/\mu$는 Reynolds 수(=Re)이며, V/a_s는 기체흐름에 중요한 Mach 수(=M_a)이다. 이들은 각각 힘의 비가 무차원 비로 조정된 것으로 Re 수는 점성력에 대한 관성력의 비이고, 압력계수는 관성력에 대한 압력의 비이며, M_a 수는 음속에서의 동수력(dynamic force)에 대한 유속에서의 동수력의 비이다.

개수로 흐름은 하천이나 여수로와 같이 중력에 의해 유지되고, 표면에는 대기압이 작용하기 때문에 압력은 중요한 매개변수가 아니다. 대신에 두 지점 간의 거리 L인 수로에서의 수심 차이가 영향을 미치므로 다음 식과 같이 쓸 수 있다.

$$\Delta z = \Delta z(V, g, L) \tag{1.14}$$

식 (1.14)를 차원해석을 통해 풀면 다음 식을 얻을 수 있다.

$$\frac{\Delta zg}{V^2} = \Delta z\left(\frac{V^2}{gL}\right) \tag{1.15}$$

식 (1.15)에서 좌변의 $\Delta zg/(1/2)V^2$은 **수두계수**(head coefficient)이고, 우변의 V^2/gL 또는 $V/\sqrt{gL}$은 중력에 대한 관성력의 비인 Froude 수이다.

기체와 액체 또는 액체와 액체에서의 흐름은 고체표면과 접촉하지 않는 경계면을 갖는데, 이를 **무한흐름**(unbounded flow)이라 하며, **분무**(噴霧, spray)나 **분사**(噴射, jet)에서 볼 수 있다. 이 경우 경계면에 작용하는 압력은 표면에 작용하는 표면장력과 평형을 이루므로 다음 식과 같이 쓸 수 있다.

$$\Delta p = \Delta p(\rho, \sigma, L, V) \tag{1.16}$$

식 (1.16)을 차원해석을 통해 풀면 다음 식을 얻을 수 있다.

$$\frac{\Delta p}{\rho V^2} = \Delta p\left(\frac{\rho V^2 L}{\sigma}\right) \tag{1.17}$$

식 (1.17)에서 $(\rho V^2 L)/\sigma$은 표면장력에 대한 관성력의 비인 **Weber 수**이다.

위에서 언급한 것 외의 항력, 양력계수, **추력계수**(thrust coefficient) 등의 무차원 비는 표 1.3을 참조한다(Rouse, 1946).

표 1.3 무차원 비

명칭	힘의 비	무차원 비	기호
Reynolds 수	관성력/점성력	$(\rho VD)/\mu$	Re
Froude 수	관성력/중력	$(V^2)/gL$	Fr
Weber 수	관성력/표면장력	$(\rho V^2 L)/\sigma$	W_e
Mach 수	유속의 관성/음속의 관성	V/a_s	M_a
항력계수	항력/관성력	$F_D/[(1/2)\rho V^2 D^2]$	C_D
양력계수	양력/관성력	$F_L/[(1/2)\rho V^2 D^2]$	C_L
압력계수	압력/관성력	$\Delta p/[(1/2)\rho V^2]$	C_p
추력계수	추력/관성력	$F_T/[(1/2)\rho V^2 D^2]$	C_T

1.2 차원해석

차원해석(dimensional analysis)의 주요 목적은 **무차원 매개변수**(dimensionless parameter)의 독립 무차원 그룹 수를 적게 하는 문제에 포함된 **분류변수**(separate variable)의 수를 줄이는 데 있다. 이를 위한 합리적인 방법은 모든 **유리식**(rational equation)이 차원화될 수 있고, 유리식은 그들의 독립 항을 가지므로 차원해석에 의해 무차원 방정식으로 변수들을 간단하게 재정리할 수 있다. 무차원 항이나 그룹 형태로 변수들을 조합하는 과정에서 얻는 독립변수 그룹의 개수는 원래변수의 개수보다 적다(Taylor, 1974; Streeter and Wylie, 1975).

그러므로 차원해석은 쉽게 해석하기 어려운 원래의 물리량이 포함하고 있는 다수의 변수들을 적은 수의 무차원 매개변수 형으로 간략화 하여 그 무차원 매개변수의 함수형은 실험으로부터 결정해야 하는 것인 바, 궁극적으로는 무차원 매개변수의 함수형을 결정하기 위한 실험의 실시회수를 줄이기 위한 것이다. 따라서 차원해석에 포함시키는 원래의 변수선정과 차원해석으로부터 얻는 무차원 매개변수의 함수형 결정을 위해 실시하는 실험결과가 만족할 만큼의 상관관계를 갖지 않는다면 보다 많은 원래 변수를 포함시켜 차원해석은 물론 실험도 다시 해야 한다.

이러한 차원해석 방법으로는 **Buckingham 방법**, **Rayleigh 방법**, **축차법**, **지수법** 등이 있는데, 본 절에서는 이들 중 몇 가지 방법에 대해 예를 들어 설명하고자 한다.

1.2.1 Buckingham 방법

n개의 물리변수를 갖는 어떤 물리현상에서 변수 간의 함수관계는 $f(X_1, X_2, X_3, \cdots, X_n) = 0$이나 $X_1 = f'(X_2, X_3, \cdots, X_n)$ 으로 표시할 수 있다. 이 물리량은 FLT계나 MLT계 물리변수를 이용해 차원으로 표시할 수 있고, n개의 물리변수로 표시되는 물리량은 m개의 차원으로 표시할 수 있다. 이들 변수 간의 함수관계는 $(n-m)$개의 무차원 변수로 하는 다음 식과 같이 표시할 수 있는데 이를 **Buckingham π 정리**(Bucking, 1914; 1915)라 한다.

$$F(\pi_1, \pi_2, \pi_3, \cdots, \pi_{n-m}) = 0 \tag{1.18a}$$

$$\pi_1 = F'(\pi_2, \pi_3, \cdots, \pi_{n-m}) \tag{1.18b}$$

Buckingham 방법은 n개 물리변수로부터 m개 반복변수 차이만큼의 무차원 변수 항을 π 정리를 이용해 구하는 방법이다. MLT 또는 FLT계 기본변수를 포함하는 3개 또는 2개의 물리량을 반복변수로 택해 $(n-m)$개의 다음과 같은 무차원 변수 항을 얻는다.

$$\pi_1 = X_1^{x_1} X_2^{y_1} X_3^{z_1} X_4 \tag{1.19a}$$

$$\pi_2 = X_1^{x_2} X_2^{y_2} X_3^{z_2} X_5 \tag{1.19b}$$

$$\vdots$$

$$\pi_{n-m} = X_1^{x_{n-m}} X_2^{y_{n-m}} X_3^{z_{n-m}} X_n \tag{1.19c}$$

여기서 식 (1.19)의 $(n-m)$개 방정식은 무차원 변수이고, 무차원 π항은 3개의 연립 방정식을 풀면 지수를 결정할 수 있다.

예제 1.10

축구공에 작용하는 항력(drag force)은 공의 속도 V, 지름 D, 공기의 밀도 ρ와 점성 μ에 따라 좌우된다. 다음 사항에 답하시오.

1. 이들 5개 물리변수로부터 구성될 수 있는 무차원 변수의 수 결정

[풀이]

1. 이들 5개 물리변수로부터 구성될 수 있는 무차원 변수의 수 결정
   (1) 축구공에 작용하는 항력 $F_D = f(V, D, \rho, \mu)$라 하면 물리변수의 총 수 n=5개이고, 이들 물리변수는 다음과 같이 차원으로 표시할 수 있다.
   (2) $[F_D] = MLT^{-2}$, $[V] = LT^{-1}$, $[D] = L$, $[\rho] = ML^{-3}$, $[\mu] = ML^{-1}T^{-1}$
   (3) 그러므로 **기본차원**은 M, L, T로 반복변수 m=3개이고, π정리를 통해 얻을 수 있는 무차원 변수는 $(n-m$=5−3=$)$ 2개이다.

예제 1.11

어떤 회사에서 실제 흐름에 대한 독립변수의 영향을 연구하는 기술자가 실험하는 동안 각 독립변수의 적어도 10개 다른 값을 사용해야 하는 정책이 있다고 한다. 관수로 흐름에서 압력의 차(pressure drop)는 관의 길이, 지름, 관벽의 조도, 평균유속, 유체의 밀도와 점성계수의 6개 독립변수의 영향을 연구한다. 다음 사항에 답하시오.

1. 연구에 필요한 실험의 수행 회수
2. 3개의 반복변수를 갖는 π정리가 사용될 때 실험의 수행 회수

[풀이]

1. 연구에 필요한 실험의 수행 회수
   (1) 각 독립변수에 대해 10개의 실험이 필요하다면 n개 독립변수의 영향을 완전하게 표현하기 위해서는 10번의 실험을 수행해야 할 것이다.
   (2) 그러므로 관수로 흐름문제에서 물리변수 $n=6$개의 독립변수를 갖는다면 10^6(=100만) 번의 실험을 수행해야 할 것이다.
2. 3개의 반복변수를 갖는 π정리가 사용될 때 실험의 수행 회수
   (1) 그러나 π정리를 이해하고 이를 사용한다면 단지 10^{n-m}번 즉, 1,000번의 실험으로 동일한 결과를 얻을 수 있을 것이다.
   (2) 그러므로 π법칙을 이해한다면 회사는 시간과 자본을 절약할 수 있을 것이다.

예제 1.12

관수로 흐름에서 압력의 차는 관의 길이, 지름, 관벽의 조도, 평균유속, 유체의 밀도와 점성계수에 따라 변화된다. 다음 사항에 답하시오.

1. 이들 관계를 차원해석을 통해 압력의 차로 표현

[풀이]

1. 이들 관계를 차원해석을 통해 압력의 차로 표현
   (1) 제1단계 : 종속변수를 포함하는 n개의 모든 물리변수를 열거한다.
      ① 관수로 흐름과 관련된 물리변수 $n=7$개이고, 압력의 차 Δp를 종속변수로 하는 관계식은 다음과 같이 쓸 수 있다.
      ② $\Delta p = f(L, D, e, V, \rho, \mu)$ (예1.12.1)
   (2) 제2단계 : n개의 물리변수들을 $m=3$개의 M, L, T(기본차원)로 하는 기본 차원의 표를 작성한다.
      ① 관련 물리변수 7개를 기본차원으로 표시하면 **표 예1.12**와 같다.

표 예1.12 물리변수와 차원

물리변수	압력차 Δp	관로				유체	
		길이 L	지름 D	조도 e	평균유속 V	밀도 ρ	점성계수 μ
차원	$ML^{-1}T^{-2}$	L	L	L	LT^{-1}	ML^{-3}	$ML^{-1}T^{-1}$

   (3) 제3단계 : 3개 기본차원이 포함된 m개의 **반복변수**를 결정한다.
      ① 반복변수는 M, L, T의 기본차원을 포함하는 3개 물리변수로 지름 D, 평균유속 V, 유체밀도 ρ를 선정한다.
      ② 나머지 4개 비반복변수는 $n-m=7-3=4$개의 무차원 변수로 표시할 수 있다.

(4) 제4단계 : $n-m$개의 π항을 다음과 같이 유도한다.

① 제1 $\pi(=\pi_1)$항은 다음과 같이 유도한다.

$$\pi_1 = D^{x_1}V^{y_1}\rho^{z_1}\Delta p^1 = [L]^{x_1}[LT^{-1}]^{y_1}[ML^{-3}]^{z_1}[ML^{-1}T^{-2}]^1 = [M^0L^0T^0] \quad (예1.12.2)$$

$$[M]^{z_1+1} = [M]^0 \quad (예1.12.3a)$$

$$[L]^{x_1+y_1-3z_1-1} = [L]^0 \quad (예1.12.3b)$$

$$[T]^{-y_1-2} = [T]^0 \quad (예1.12.3c)$$

㈎ 식 (예1.12.3)의 M, L, T에 관한 연립 방정식을 풀면 지수 x_1, y_1, z_1의 값을 구할 수 있다.

$$z_1+1=0,\ x_1+y_1-3z_1-1=0,\ -y_1-2=0 \quad (예1.12.4a)$$

$$\therefore\ x_1=0,\ y_1=-2,\ z_1=-1 \quad (예1.12.4b)$$

㈏ 식 (예1.12.4b)를 식 (예1.12.2)에 대입하고 정리하면 다음과 같다.

$$\pi_1 = D^0V^{-2}\rho^{-1}\Delta p^1 = \frac{\Delta p}{\rho V^2} \quad (예1.12.5)$$

② 제2 $\pi(=\pi_2)$항은 다음과 같이 구한다.

$$\pi_2 = D^{x_2}V^{y_2}\rho^{z_2}L^1 = [L]^{x_2}[LT^{-1}]^{y_2}[ML^{-3}]^{z_2}[L]^1 = [M^0L^0T^0] \quad (예1.12.6)$$

$$[M]^{z_2} = [M]^0 \quad (예1.12.7a)$$

$$[L]^{x_2+y_2-3z_2+1} = [L]^0 \quad (예1.12.7b)$$

$$[T]^{-y_2} = [T]^0 \quad (예1.12.7c)$$

㈎ 식 (예1.12.7)의 M, L, T에 관한 연립 방정식을 풀면 지수 x_2, y_2, z_2의 값을 구할 수 있다.

$$z_2=0,\ x_2+y_2-3z_2+1=0,\ -y_2=0 \quad (예1.12.8a)$$

$$\therefore\ x_2=-1,\ y_2=0,\ z_2=0 \quad (예1.12.8b)$$

㈏ 식 (예1.12.8b)를 식 (예1.12.6)에 대입하고 정리하면 다음과 같다.

$$\pi_2 = D^{-1}V^0\rho^0L^1 = \frac{L}{D} \quad (예1.12.9)$$

③ 제3 $\pi(=\pi_3)$항은 다음과 같이 구한다.

$$\pi_3 = D^{x_3}V^{y_3}\rho^{z_3}e^1 = [L]^{x_3}[LT^{-1}]^{y_3}[ML^{-3}]^{z_3}[L]^1 = [M^0L^0T^0] \quad (예1.12.10)$$

$$[M]^{z_3} = [M]^0 \quad (예1.12.11a)$$

$$[L]^{x_3+y_3-3z_3+1} = [L]^0 \quad (예1.12.11b)$$

$$[T]^{-y_3} = [T]^0 \quad (예1.12.11c)$$

㈎ 식 (예1.12.11)의 M, L, T에 관한 연립 방정식을 풀면 지수 x_3, y_3, z_3의 값을 구할 수 있다.

$$z_3=0,\ x_3+y_3-3z_3+1=0,\ -y_3=0 \quad (예1.12.12a)$$

$$\therefore\ x_3=-1,\ y_3=0,\ z_3=0 \quad \text{(예1.12.12b)}$$

(나) 식 (예1.12.12b)를 식 (예1.12.10)에 대입하고 정리하면 다음과 같다.

$$\pi_3=D^{-1}V^0\rho^0e^1=\frac{e}{D} \quad \text{(예1.12.13)}$$

④ 제4 $\pi(=\pi_4)$항은 다음과 같이 구한다.

$$\pi_4=D^{x_4}V^{y_4}\rho^{z_4}\mu^1=[L]^{x_4}[LT^{-1}]^{y_4}[ML^{-3}]^{z_4}[ML^{-1}T^{-1}]^1=[M^0L^0T^0] \quad \text{(예1.12.14)}$$

$$[M]^{z_4+1}=[M]^0 \quad \text{(예1.12.15a)}$$

$$[L]^{x_4+y_4-3z_4-1}=[L]^0 \quad \text{(예1.12.15b)}$$

$$[T]^{-y_4-1}=[T]^0 \quad \text{(예1.12.15c)}$$

(가) 식 (예1.12.15)의 M, L, T에 관한 연립 방정식을 풀면 지수 x_4, y_4, z_4의 값을 구할 수 있다.

$$z_4+1=0,\ x_4+y_4-3z_4-1=0,\ -y_4-1=0 \quad \text{(예1.12.16a)}$$

$$\therefore\ x_4=-1,\ y_4=-1,\ z_4=-1 \quad \text{(예1.12.16b)}$$

(나) 식 (예1.12.16b)를 식 (예1.12.14)에 대입하고 정리하면 다음과 같다.

$$\pi_4=D^{-1}V^{-1}\rho^{-1}\mu^1=\frac{\mu}{DV\rho} \quad \text{(예1.12.17)}$$

(5) 제5단계 : 유도된 각 π항의 무차원 확인과 표준형 무차원식으로 변경한다.

① 제4단계에서 얻은 π항의 차원이 무차원 변수인지를 검토할 필요가 있다. π_2와 π_3은 확실하므로 π_1과 π_4에 대해 다음과 같이 확인한다.

$$\pi_1=\frac{\Delta p}{\rho V^2}=\frac{[ML^{-1}T^{-2}]}{[ML^{-3}][L^2T^{-2}]}=1,\ \pi_4=\frac{\mu}{DV\rho}=\frac{[ML^{-1}T^{-1}]}{[L][LT^{-1}][ML^{-3}]}=1$$

② ∴ 유도된 모든 π항은 무차원 변수이다.

③ 유도된 무차원 변수 π항을 각각에 대해 표준형으로 재정리하면 π_4는 Reynolds 수의 역수이므로 다음과 같이 변환할 수 있다.

$$\pi_4=\frac{\rho VD}{\mu} \quad \text{(예1.12.18)}$$

(6) 제6단계 : π정리를 정의하는 식 (1.18b)와 같은 함수로 $(n-m)$개 무차원 변수로 표시한다.

① 차원해석의 마지막 단계는 무관한 π그룹과 식 (1.18b)와 같은 형의 나머지 그룹 간의 관계를 나타내는 것이다. 관수로에서 압력의 차이와 다른 물리적 매개변수 간의 관계는 식 (예1.12.1)과 같이 근본적으로 쓸 수 있다. 따라서 이들 관계식을 보다 더 함축성 있게 표시하면 다음과 같이 쓸 수 있다.

$$\frac{\Delta p}{\rho V^2}=F'\left(\frac{L}{D},\frac{e}{D},\frac{\rho VD}{\mu}\right) \quad \text{(예1.12.19)}$$

② 일반적으로 차원해석은 π그룹 중에 함수관계의 특성에 관해 말할 수 없다. 필요한 추가적인 정보는 이론·실험·직관력(intuition) 또는 경험에서 나온다. 예를 들어, 관수로에서

압력의 차이 Δp는 경험적으로 알고 있는 것과 같이 다음과 같이 쓸 수 있다.

$$\Delta p = \rho f \frac{L}{D}\frac{V^2}{2} \quad \text{(예1.12.20)}$$

여기서 무차원 변수 f는 **마찰계수**(friction factor)이고, **상대조도**(relative roughness) e/D와 Reynolds 수 $(\rho VD)/\mu$의 함수라는 것은 경험적으로 알고 있다.

③ 그러므로 무차원 형으로 식 (예1.12.20)은 다음과 같이 쓸 수 있다.

$$\frac{\Delta p}{\rho V^2} = \frac{1}{2}\frac{L}{D} f\left(\frac{e}{D}, \frac{\rho VD}{\mu}\right) \quad \text{(예1.12.21)}$$

예제 1.13

그림 예1.13과 같이 여수로 마루로부터 월류되어 하단부(toe)를 통과하는 개수로 흐름은 도수가 발생하여 수심 h_1에서 h_2로 변한다(Edward et al., 2005; 이종석, 2019). 도수 후의 수심 h_2는 상류(上流, upstream)의 유속 V_1과 도수전의 수심 h_1, 중력가속도 g를 이용해 구할 수 있으나 밀도 ρ와 점성계수 μ는 구할 수 없다. 차원해석을 사용하여 이들 문제에 대한 다음 사항에 답하시오.

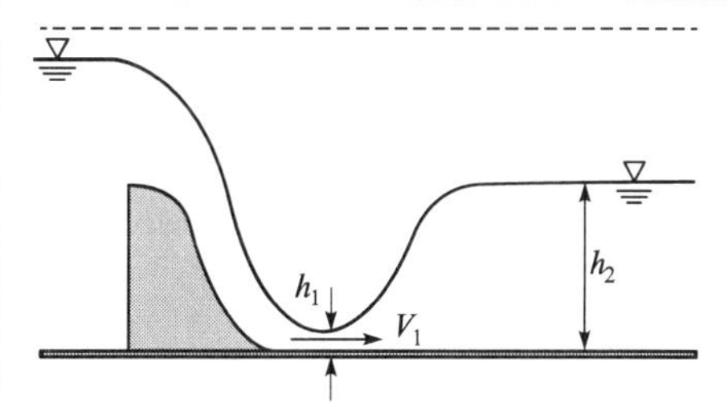

그림 예1.13 도수 전후의 수심관계

1. 무차원 그룹의 수 결정
2. 무차원의 관계식 유도

[풀이]

1. 무차원 그룹의 수 결정

(1) 제1단계 : 종속변수를 포함하는 n개의 모든 물리변수를 열거한다.

① 도수 후의 수심 h_2는 도수전의 수심 h_1, 유속 V_1, 중력 가속도 g에 따라 변화된다.

② 이들 $n=4$개 물리변수들 간의 필요한 관계식은 다음과 같이 쓸 수 있다.

$$h_2 = f(h_1, V_1, g) \quad \text{(예1.13.1)}$$

(2) 제2단계 : n개 물리변수를 $m=2$개의 L, T(기본차원)로 하는 기본 차원의 표를 작성한다.

① 관련 물리변수 4개를 기본차원으로 표시하면 **표 예1.13**과 같다.

표 예1.13 물리변수와 차원

물리변수	도수 후 수심 h_2	도수 전		중력 가속도 g
		수심 h_1	평균유속 V_1	
차원	L	L	LT^{-1}	LT^{-2}

② 그러므로 $n-m=4-2=2$개의 무차원 변수를 얻는다.

(3) 제3단계 : 2개 기본차원이 포함된 m개의 반복변수 결정

① 반복변수는 L, T의 기본차원을 포함하는 2개 물리변수로 수심 h_1과 중력 가속도 g를 택하고, 비반복변수로 유속 V_1을 남긴다.

② 그러므로 $(n-m=4-2=2$개의 무차원 변수로 표시할 수 있다.

(4) 제4단계 : 2개의 무차원 변수 π항을 유도한다.

① 제1 $\pi(=\pi_1)$항을 다음과 같이 유도한다.

$$\pi_1 = h_1^{x_1} g^{y_1} h_2^1 = [L]^{x_1}[LT^{-2}]^{y_1}[L]^1 = [L^0T^0] \qquad (예1.13.2)$$

$$[L]^{x_1+y_1+1} = [L]^0 \qquad (예1.13.3a)$$

$$[T]^{-2y_1} = [T]^0 \qquad (예1.13.3b)$$

(가) 식 (예1.13.3)의 L, T에 관한 연립 방정식을 풀면 지수 x_1, y_1의 값을 구할 수 있다.

$$x_1 + y_1 + 1 = 0, \ -2y_1 = 0 \qquad (예1.13.4a)$$

$$\therefore \ x_1 = -1, \ y_1 = 0 \qquad (예1.13.4b)$$

(나) 식 (예1.13.4b)를 식 (예1.13.2)에 대입하고 정리하면 다음과 같다.

$$\pi_1 = h_1^{-1} g^0 h_2^1 = \frac{h_2}{h_1} \qquad (예1.13.5)$$

② 제2 $\pi(=\pi_2)$항을 다음과 같이 구한다.

$$\pi_2 = h_1^{x_2} g^{y_2} V_1^1 = [L]^{x_2}[LT^{-2}]^{y_2}[LT^{-1}]^1 = [L^0T^0] \qquad (예1.13.6)$$

$$[L]^{x_2+y_2+1} = [L]^0 \qquad (예1.13.7a)$$

$$[T]^{-2y_2-1} = [T]^0 \qquad (예1.13.7b)$$

(가) 식 (예1.13.7)의 L, T에 관한 연립 방정식을 풀면 지수 x_2, y_2의 값을 구할 수 있다.

$$x_2 + y_2 + 1 = 0, \ -2y_2 - 1 = 0 \qquad (예1.13.8a)$$

$$\therefore \ x_2 = -\frac{1}{2}, \ y_2 = -\frac{1}{2} \qquad (예1.13.8b)$$

(나) 식 (예1.13.8b)를 식 (예1.13.6)에 대입하고 정리하면 다음과 같다.

$$\pi_2 = h_1^{-1/2} g^{-1/2} V_1^1 = \frac{V_1}{\sqrt{gh_1}} \qquad (예1.13.9)$$

(5) 제5단계 : 유도된 각 π항의 무차원 확인, 표준형 무차원식으로 변경한다.

① 제4단계에서 얻은 π항의 차원이 무차원 변수인지를 검토할 필요가 있다. π_2에 대해 다음과 같이 확인한다.

$$\pi_2 = \frac{V_1}{\sqrt{gh_1}} = \frac{[LT^{-1}]}{([LT^{-2}][L^1])^{1/2}} = 1$$

② ∴ 유도된 모든 π항은 무차원 변수이다.

2. 무차원의 관계식 유도

(1) 제6단계 : π정리를 정의하는 식 (1.18b)와 같은 함수로 $(n-m)$개 무차원 변수로 표시한다.

(2) 차원해석의 마지막 단계는 무관한 π그룹과 식 (1.18b)와 같은 형의 나머지 그룹 간의 관계를 나타내는 것이다. 여수로에서 도수 발생으로 인한 수심변화의 관계는 식 (예1.13.1)과 같이 근본적으로 쓸 수 있다. 따라서 이들 관계식을 보다 더 함축성 있게 표시하면 다음과 같이 쓸 수 있다.

$$\frac{h_2}{h_1} = F'\left(\frac{V_1}{\sqrt{gh_1}}\right) \tag{예1.13.10}$$

(3) 그러므로 도수 전후의 수심비는 다음과 같이 Froude 수만으로 결정된다.

$$\frac{h_2}{h_1} = \frac{1}{2}\left(\sqrt{1+8Fr_1^2}-1\right) \tag{예1.13.11}$$

예제 1.14

펌프 또는 팬(fan) 법칙(pump law) 연구의 관수로와 도수관 시스템 설계에서 총 수두라 부르는 H_P를 매개변수로 사용하는 것이 관습적이다. 또한 펌프나 팬에 필요한 동력 P_W는 모형과 원형의 시스템 설계에서 성능곡선(performance curve)(그림 2.15, 17 참조)을 작성하기 위한 중요 매개변수이다. 펌프나 팬의 성능을 해석하는데 수두 H_P와 동력 P_W는 중요한 종속변수로 고려된다. 그러므로 수력 기계인 펌프 또는 팬의 물리적 매개변수로 H_P와 P_W를 종속변수로 사용한다. 다음 사항에 답하시오.

1. 차원해석을 통해 수두 H_P를 종속변수로 하는 관계식 유도
2. 차원해석을 통해 동력 P_W를 종속변수로 하는 관계식 유도

[풀이]

1. 차원해석을 통해 수두 H_P를 종속변수로 하는 관계식 유도

(1) 제1단계 : 종속변수를 포함하는 n개의 모든 물리변수를 열거한다.

① 총 수두 H_P는 회전차(impeller)의 지름 D, 회전차의 각속도 w, 체적유량 Q, 유체의 밀도 ρ와 점성 μ의 함수관계로 다음과 같이 표시할 수 있다.

② $H_P = f_1(D, Q, w, \rho, \mu)$ (예1.14.1)

(2) 제2단계 : n개 물리변수들을 $m=3$개의 M, L, T(기본차원)로 하는 기본차원의 표를 작성한다.

① 관련 물리변수 6개를 기본차원으로 표시하면 **표 예1.14.1**과 같다.

표 예1.14.1 물리변수와 차원

물리변수	총수두 H_P	회전차		유체		
		지름 D	각속도 w	유량 Q	밀도 ρ	점성계수 μ
차원	L^2T^{-2}	L	T^{-1}	L^3T^{-1}	ML^{-1}	$ML^{-1}T^{-1}$
비고	H_P(=총수두=단위질량당 에너지, energy per unit mass) $=\dfrac{\text{kg}_f\text{m}}{\text{kg}}=\dfrac{[FL]}{[FL^{-1}T^2]}=[L^2T^{-2}]$					

(3) 제3단계 : 3개 기본차원이 포함된 m개의 반복변수를 결정한다.

① 반복변수는 M, L, T의 기본차원을 포함하는 3개 물리변수로 밀도 ρ, 각속도 w, 회전차 지름 D를 선정한다.

② 나머지 3개 비반복변수는 $n-m=6-3=3$개의 무차원 변수로 표시할 수 있다.

(4) 제4단계 : $n-m$개의 π항을 다음과 같이 유도한다.

① 제1 $\pi(=\pi_1)$항을 다음과 같이 유도한다.

$$\pi_1=\rho^{x_1}w^{y_1}D^{z_1}H_P^1=[ML^{-3}]^{x_1}[T^{-1}]^{y_1}[L]^{z_1}[L^2T^{-2}]^1=[M^0L^0T^0] \quad \text{(예1.14.2)}$$

$$[M]^{x_1}=[M]^0 \quad \text{(예1.14.3a)}$$

$$[L]^{-3x_1+z_1+2}=[L]^0 \quad \text{(예1.14.3b)}$$

$$[T]^{-y_1-2}=[T]^0 \quad \text{(예1.14.3c)}$$

(가) 식 (예1.14.3)의 M, L, T에 관한 연립 방정식을 풀면 지수 x_1, y_1, z_1의 값을 구할 수 있다.

$$x_1=0,\ -3x_1+z_1+2=0,\ -y_1-2=0 \quad \text{(예1.14.4a)}$$

$$\therefore\ x_1=0,\ y_1=-2,\ z_1=-2 \quad \text{(예1.14.4b)}$$

(나) 식 (예1.14.4b)를 식 (예1.14.2)에 대입하고 정리하면 다음과 같다.

$$\pi_1=\rho^0w^{-2}D^{-2}H_P^1=\frac{H_P}{w^2D^2} \quad \text{(예1.14.5)}$$

② 제2 $\pi(=\pi_2)$항을 다음과 같이 구한다.

$$\pi_2=\rho^{x_2}w^{y_2}D^{z_2}Q^1=[ML^{-3}]^{x_2}[T^{-1}]^{y_2}[L]^{z_2}[L^3T^{-1}]^1=[M^0L^0T^0] \quad \text{(예1.14.6)}$$

$$[M]^{x_2}=[M]^0 \quad \text{(예1.14.7a)}$$

$$[L]^{-3x_2+z_2+3}=[L]^0 \quad \text{(예1.14.7b)}$$

$$[T]^{-y_2-1}=[T]^0 \quad \text{(예1.14.7c)}$$

(가) 식 (예1.14.7)의 M, L, T에 관한 연립 방정식을 풀면 지수 x_2, y_2, z_3의 값을 구할 수 있다.

$$x_2=0,\ -3x_2+z_2+3=0,\ -y_2-1=0 \quad \text{(예1.14.8a)}$$

$$\therefore\ x_2=0,\ y_2=-1,\ z_2=-3 \quad \text{(예1.14.8b)}$$

㈏ 식 (예1.14.8b)를 식 (예1.14.6)에 대입하고 정리하면 다음과 같다.

$$\pi_2 = \rho^0 w^{-1} D^{-3} Q^1 = \frac{Q}{wD^3} \tag{예1.14.9}$$

③ π_3항은 다음과 같이 구한다.

$$\pi_3 = \rho^{x_3} w^{y_3} D^{z_3} \mu^1 = [ML^{-3}]^{x_3} [T^{-1}]^{y_3} [L]^{z_3} [ML^{-1}T^{-1}]^1 = [M^0 L^0 T^0] \tag{예1.14.10}$$

$$[M]^{x_3+1} = [M]^0 \tag{예1.14.11a}$$

$$[L]^{-3x_3+z_3-1} = [L]^0 \tag{예1.14.11b}$$

$$[T]^{-y_3-1} = [T]^0 \tag{예1.14.11c}$$

㈎ 식 (예1.14.11)의 M, L, T에 관한 연립 방정식을 풀면 지수 x_3, y_3, z_3의 값을 구할 수 있다.

$$x_3 + 1 = 0,\ -3x_3 + z_3 - 1 = 0,\ -y_3 - 1 = 0 \tag{예1.14.12a}$$

$$\therefore\ x_3 = -1,\ y_3 = -1,\ z_3 = -2 \tag{예1.14.12b}$$

㈏ 식 (예1.14.12b)를 식 (예1.14.10)에 대입하고 정리하면 다음과 같다.

$$\pi_3 = \rho^{-1} w^{-1} D^{-2} \mu^1 = \frac{\mu}{\rho w D^2} \tag{예1.14.13}$$

(5) 제5단계 : 유도된 각 π항의 무차원 확인, 표준형 무차원식으로 변경한다. 제4단계에서 얻은 π항의 차원이 무차원 변수인지를 검토할 필요가 있는데, 모든 항이 확실히 무차원 변수이다.

(6) 제6단계 : π정리를 정의하는 식 (1.18b)와 같은 함수로 $(n-m)$개 무차원 변수로 표시한다.

① 차원해석의 마지막 단계는 무관한 π그룹과 식 (1.18b)와 같은 형의 나머지 그룹 간의 관계를 나타내는 것이다. 차원해석 결과는 유도된 나머지 무차원 변수를 무차원 수두의 관계식으로 다음과 같이 나타낸다.

$$\frac{H_P}{w^2 D^2} = F\left(\frac{Q}{wD^3}, \frac{\rho D^2 w}{\mu}\right) \tag{예1.14.14}$$

여기서 식 (예1.14.14)는 식 (예1.14.13)의 역을 취한 후 재정리하여 나타낸 것이다.

② 식 (예1.14.14)에서 좌변의 종속 무차원 변수 $H_P/(w^2D^2)$은 수두계수(head coefficient)이며, 우변의 독립 무차원 변수 $Q/(wD^3)$은 유량계수(flow coefficient)이며, $(\rho D^2 w)/\mu$는 Dw가 속도차원이므로 Reynolds 수의 형으로 생각할 수 있다.

2. 차원해석을 통해 동력 P_W을 종속변수로 하는 관계식 유도

(1) 제1단계 : 종속변수를 포함하는 n개의 모든 물리변수를 열거한다.

① 동력 P_W는 회전차(impeller)의 지름 D, 회전차의 각속도 w, 체적유량 Q, 유체의 밀도 ρ와 점성 μ의 함수관계로 다음과 같이 표시할 수 있다.

② $P_W = f_1(D, Q, w, \rho, \mu)$ (예1.14.15)

(2) 제2단계 : n개 물리변수들을 $m=3$개의 M, L, T(기본차원)로 하는 기본차원의 표를 작성한다.

① 관련 물리변수 6개를 기본차원으로 표시하면 **표 예1.14.2**와 같다.

표 예1.14.2 물리변수와 차원

물리변수	동력 P_W	회전차		유체		
		지름 D	각속도 w	유량 Q	밀도 ρ	점성계수 μ
차원	ML^2T^{-3}	L	T^{-1}	L^3T^{-1}	ML^{-1}	$ML^{-1}T^{-1}$
비고	P_W(=동력=단위시간당 에너지, energy per unit time) $=\dfrac{FL}{T}(\leftarrow F=MLT^2)=\dfrac{MLT^{-2}L}{T}=[ML^2T^{-3}]$					

(3) 제3단계 : 3개 기본차원이 포함된 m개의 반복변수를 결정한다.

① 반복변수는 M, L, T의 기본차원을 포함하는 3개 물리변수로 밀도 ρ, 각속도 w, 회전차 지름 D를 선정한다.

② 나머지 3개 비반복변수는 $n-m=6-3=3$개의 무차원 변수로 표시할 수 있다.

(4) 제4단계 : $n-m$개의 π항을 다음과 같이 유도한다.

① 제1 $\pi(=\pi_1)$항을 다음과 같이 유도한다.

$$\pi_1=\rho^{x_1}w^{y_1}D^{z_1}P_W^1=[ML^{-3}]^{x_1}[T^{-1}]^{y_1}[L]^{z_1}[ML^2T^{-3}]^1=[M^0L^0T^0] \quad (예1.14.16)$$

$$[M]^{x_1+1}=[M]^0 \quad (예1.14.17a)$$

$$[L]^{-3x_1+z_1+2}=[L]^0 \quad (예1.14.17b)$$

$$[T]^{-y_1-3}=[T]^0 \quad (예1.14.17c)$$

(가) 식 (예1.14.7)의 M, L, T에 관한 연립 방정식을 풀면 지수 x_1, y_1, z_1의 값을 구할 수 있다.

$$x_1+1=0,\ -3x_1+z_1+2=0,\ -y_1-3=0 \quad (예1.14.18a)$$

$$\therefore\ x_1=-1,\ y_1=-3,\ z_1=-5 \quad (예1.14.18b)$$

(나) 식 (예1.14.18b)를 식 (예1.14.16)에 대입하고 정리하면 다음과 같다.

$$\pi_1=\rho^{-1}w^{-3}D^{-5}P_W^1=\frac{P_W}{\rho w^3D^5} \quad (예1.14.19)$$

② 제2 $\pi(=\pi_2)$항을 다음과 같이 구한다.

$$\pi_2=\rho^{x_2}w^{y_2}D^{z_2}Q^1=[ML^{-3}]^{x_2}[T^{-1}]^{y_2}[L]^{z_2}[L^3T^{-1}]^1=[M^0L^0T^0] \quad (예1.14.20)$$

$$[M]^{x_2}=[M]^0 \quad (예1.14.21a)$$

$$[L]^{-3x_2+z_2+3}=[L]^0 \quad (예1.14.21b)$$

$$[T]^{-y_2-1}=[T]^0 \quad (예1.14.21c)$$

㈎ 식 (예1.14.21)의 M, L, T에 관한 연립 방정식을 풀면 지수 x_2, y_2, z_2의 값을 구할 수 있다.

$$x_2=0,\ -3x_2+z_2+3=0,\ -y_2-1=0 \qquad \text{(예1.14.22a)}$$

$$\therefore\ x_2=0,\ y_2=-1,\ z_2=-3 \qquad \text{(예1.14.22b)}$$

㈏ 식 (예1.14.22b)를 식 (예1.14.20)에 대입하고 정리하면 다음과 같다.

$$\pi_2=\rho^0 w^{-1}D^{-3}Q^1=\frac{Q}{wD^3} \qquad \text{(예1.14.23)}$$

③ π_3항은 다음과 같이 구한다.

$$\pi_3=\rho^{x_3}w^{y_3}D^{z_3}\mu^1=[ML^{-3}]^{x_3}[T^{-1}]^{y_3}[L]^{z_3}[ML^{-1}T^{-1}]^1=[M^0L^0T^0] \qquad \text{(예1.14.24)}$$

$$[M]^{x_3+1}=[M]^0 \qquad \text{(예1.14.25a)}$$

$$[L]^{-3x_3+z_3-1}=[L]^0 \qquad \text{(예1.14.25b)}$$

$$[T]^{-y_3-1}=[T]^0 \qquad \text{(예1.14.25c)}$$

㈎ 식 (예1.14.26)의 M, L, T에 관한 연립 방정식을 풀면 지수 x_3, y_3, z_3의 값을 구할 수 있다.

$$x_3+1=0,\ -3x_3+z_3-1=0,\ -y_3-1=0 \qquad \text{(예1.14.26a)}$$

$$\therefore x_3=-1,\ y_3=-1,\ z_3=-2 \qquad \text{(예1.14.26b)}$$

㈏ 식 (예1.14.26b)를 식 (예1.1.24)에 대입하고 정리하면 다음과 같다.

$$\pi_3=\rho^{-1}w^{-1}D^{-2}\mu^1=\frac{\mu}{\rho wD^2} \qquad \text{(예1.14.27)}$$

(5) 제5단계 : 유도된 각 π항의 무차원 확인, 표준형 무차원식으로 변경한다. 제4단계에서 얻은 π항의 차원이 무차원 변수인지를 검토할 필요가 있는데, 모든 항이 확실히 무차원 변수이다.

(6) 제6단계 : π정리를 정의하는 식 (1.18b)와 같은 함수로 $(n-m)$개 무차원 변수로 표시한다.

① 차원해석의 마지막 단계는 무관한 π그룹과 식 (1.18b)와 같은 형의 나머지 그룹 간의 관계를 나타내는 것이다. 차원해석 결과는 유도된 나머지 무차원 변수를 무차원 동력의 관계식으로 다음과 같이 나타낸다.

$$\frac{P_W}{\rho w^3D^5}=F\left(\frac{Q}{wD^3},\ \frac{\rho D^2w}{\mu}\right) \qquad \text{(예1.14.28)}$$

여기서 식 (예1.14.28)은 식 (예1.14.27)의 역을 취한 후 재정리하여 나타낸 것이다.

② 식 (예1.14.28)에서 좌변의 종속 무차원 변수 $P_W/(\rho w^3D^5)$은 동력계수(power coefficient)이며, 우변의 독립 무차원 변수 $Q/(wD^3)$은 유량계수(flow coefficient)이며, $(\rho wD^2)/\mu$는 Dw가 속도차원이므로 Reynolds 수의 형으로 생각할 수 있다.

11.2.2 Rayleigh 방법

Rayleigh(1915) **방법**은 일반적으로 5 또는 6개의 변수가 제한적일 때 무차원 그룹의 전개나 변수를 연관시키는 데 사용된다. 변수들의 수가 6개를 초과하는 경우 Rayleigh 방법은 적용하기가 어려우며, 이들 예는 다음과 같다.

예제 1.15

어떤 유체가 뜨는 물체에 작용하는 힘은 특성길이, 유속, 유체밀도, 점성계수에 좌우된다고 할 때 다음 사항에 답하시오.

1. 힘과 다른 매개변수 간의 관계 결정
2. 무차원 그룹의 유도

[풀이]

1. 힘과 다른 매개변수 간의 관계 결정

(1) 그림 예1.15와 같이 흐르는 유체 위에 떠 있는 물체, 즉 부체에 작용하는 힘을 주어진 매개변수와의 관계를 해석하는 것이다.

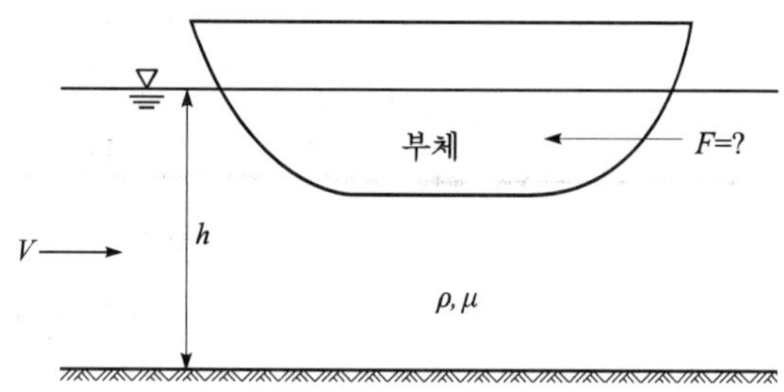

그림 예1.15 부체에 작용하는 힘과 변수

(2) 주어진 자료를 사용하여 매개변수의 함수 ϕ로 힘 F를 다음과 같이 정의한다.

$$F=\phi[(L)^a(V)^b(\rho)^c(\mu)^d] \quad (예1.15.1)$$

(3) 식 (예1.15.1)에서 힘은 다른 지수를 갖는 모든 변수에 좌우된다고 가정하고, 차원해석은 지수 $a \sim d$의 값으로 나타낸다.

① 힘 F가 V^2에 비례한다면 b의 값은 2가 될 것이다.

② 만약 임의변수가 힘에 어떤 영향도 없다면 그 지수는 0이다.

③ 이러한 요령으로부터 차원은 식 (예1.15.1)과 **동차성(同次性) 조건**(homogeneity condition)을 충족시킨다면 정당하게 될 것이다.

④ 차원형으로 식 (예1.15.1)의 힘 $F(=MLT^{-2})$는 다음과 같이 쓸 수 있다.

$$MLT^{-2}=(L)^a(LT^{-1})^b(ML^{-3})^c(ML^{-1}T^{-1})^d \quad (예1.15.2)$$

2. 무차원 그룹의 유도

(1) M, L, T의 지수에 대한 3개의 기본차원은 다음과 같이(우변 물리량 차원=좌변 차원) 쓸 수 있다.

$$M: 1=c+d \rightarrow c=1-d \quad (예1.15.3a)$$

$$L: 1=a+b-3c-d \qquad \text{(예1.15.3b)}$$

$$T: -2=-b-d \rightarrow b=2-d \qquad \text{(예1.15.3c)}$$

(2) 식 (예1.15.3a)와 식 (예1.15.3c)를 식 (예1.15.3b)에 대입하고 풀면 다음과 같다.

$$1=a+(2-d)-3(1-d)-d=a-1+d \rightarrow \therefore\ a=2-d \qquad \text{(예1.15.4)}$$

(3) 2(2)항까지에서 모든 지수는 d의 항으로 정의되었으므로 식 (예1.15.1)은 다음과 같이 쓸 수 있다.

$$F=\phi[(L)^{2-d}(V)^{2-d}(\rho)^{1-d}(\mu)^{d}] \qquad \text{(예1.15.5a)}$$

$$F=L^2V^2\rho\phi\left[\left(\frac{\rho VL}{\mu}\right)^{-d}\right] \qquad \text{(예1.15.5b)}$$

여기서 ϕ = 임의 함수이고, $\rho VL/\mu$ = 잘 알려진 Reynolds 수인 무차원 수이다.

(4) 임의 무차원 지수를 소거하여도 식의 동차성은 왜곡되지 않으므로 식 (예1.15.5b)는 다음과 같이 쓸 수 있다.

$$F=L^2V^2\rho\phi(Re) \qquad \text{(예1.15.6a)}$$

$$\frac{F}{L^2V^2\rho}=\phi(Re) \qquad \text{(예1.15.6b)}$$

그러므로 식 (예1.15.6b)의 양변은 구하고자 하는 무차원 수이다.

1.2.3 축차법

축차법(step by step method)은 Ipsen(1960)이 제시한 아주 명확한 방법으로 가장 쉬우며 많이 사용되고 있는데, n개의 변수와 m개의 차원을 갖는 물리량의 경우 차원해석 결과로 얻는 무차원 매개변수는 $n-m$개를 갖는다.

이 방법은 다음과 같이 **구체**(球體, sphere)를 통해 흐르는 유체에서 구체에 작용하는 항력 F_D가 점성 μ와 밀도 ρ, 유속 V, **구경**(球徑, sphere diameter) D와 함수관계라면 무차원 매개변수는 흐름과정에 어떻게 적용할 수 있는지의 차원해석 과정에 다음과 같이 적용할 수 있을 것이다.

$$F_D = f_1(V, \rho, \mu, D) \qquad (1.20)$$

여기서 $[F_D]=F$이고, $[V]=L/T$이며, $[\rho]=FT^2/L^4$, $[\mu]=FT/L^2$, $[D]=L$이다.

모든 변수를 ρ와 조합시킴으로써 힘의 차원 F를 다음과 같이 소거할 수 있다.

$$\frac{F_D}{\rho}=f_2\left(V, \frac{\mu}{\rho}, D\right) \qquad (1.21)$$

여기서 $[F_D/\rho]=FL^4/FT^2=L^4/T^2$이고, $[V]=L/T$이며, $[\mu/\rho]=FTL^4/L^2$, $FT^2=$

L^2/T, $[D]=L$이다.

시간차원을 포함하는 변수의 나머지 그룹과 V와 조합시킴으로써 시간의 차원 T를 다음과 같이 소거할 수 있다.

$$\frac{F_D}{\rho V^2}=f_3\left(\frac{\mu}{\rho V}, D\right) \tag{1.22}$$

여기서 $[F_D/(\rho V^2)]=L^2$이고, $[\mu/(\rho V)]=L$이며, $[D]=L$이다.

식 (1.22)와 같이 변수를 조합하고 소거함으로써 길이차원만 남게 되는데, 이들 남은 변수와 길이변수 D를 조합함으로써 다음과 같은 최종 식을 얻을 수 있다.

$$\frac{F_D}{\rho V^2 D^2}=f_4\left(\frac{\mu}{\rho VD}\right) \tag{1.23}$$

식 (1.23)은 식 (1.20)과 같은 많은 변수를 가짐에도 불구하고, 상관목적(correlation purpose)을 위한 관련항의 개수는 5개에서 2개로 줄여진 것을 알 수 있는데, 이는 함수 관계식을 결정할 때 분리변수로 2개의 무차원 매개변수를 다룰 수 있다.

매개변수 사이의 실제 함수관계는 $\mu/(\rho VD)$비의 다른 값에 대해 $F_D/\rho V^2D^2$의 관측 값을 검사함으로써 결정되는데, 이들 검사의 결과는 두 매개변수 간의 유용한 함수관계를 얻기 위해 그래프를 그린다. 관계식이 실험적으로 결정되므로 다음과 같이 식 (1.22) 우변의 역수로 표현하는 것이 가능하다.

$$\frac{F_D}{\rho V^2 D^2}=f_5\left(\frac{\rho VD}{\mu}\right)=f(Re) \tag{1.24}$$

식 (1.24)의 우변은 Reynolds 수이므로 매개변수 $F_D/(\rho V^2D^2)=\rho VD/\mu=Re$ 수의 함수이다.

1.2.4 지수법

무차원 매개변수를 구하는 또 하나의 방법인 **지수법**(exponential method)은 변수의 중요성이 한번 확인되면, 물리적인 의미를 표시하는 방정식에 대한 차원적 동질성을 필요로 하는 일련의 대수 연립 방정식을 푸는 것이다. 이 방법은 축차법에서 다룬 예를 통해 소개하면 다음과 같다.

이 방법은 힘, 길이, 시간의 차원 대신에 질량, 길이, 시간이 사용되므로 식 (1.20)의 변수는 $[F]=ML/T^2$, $[V]=L/T$, $[\rho]=M/L^3$, $[\mu]=M/LT$, $[D]=L$의 차원을 갖는다. 차원적 동질성은 식 (1.20)의 함수 f_1을 구성하는 각 항이 힘과 같은 차원을 갖는다는 것이 만족되어야 하므로 각 항의 변수들은ML/T^2인 힘의 차원을 갖는 조합으로 이루어져야만 한다. 그래서 f_1의 변수가 힘의 차원을 얻기 위해 선정된 지수 a, b, c, d를 갖는 $V^a\rho^b\mu^cD^d$의 곱으로 조합된다고 가정하면 차원적 동질성은 다음 식과 같이 쓸 수 있다.

$$[F]\left(=\frac{ML}{T^2}\right)=[V^a\rho^b\mu^cD^d]=\left\{\frac{L^{a-3b-c+d}M^{b+c}}{T^{a+c}}\right\} \tag{1.25}$$

식 (1.25)는 힘의 MLT계 차원으로 표시하면 다음 식과 같다.

$$\frac{ML}{T^2}=\left[\frac{L}{T}\right]^a\left[\frac{M}{L^3}\right]^b\left[\frac{M}{LT}\right]^cL^d \tag{1.26}$$

식 (1.26)의 양변은 동질성을 가지므로 M, L, T의 지수를 갖게 놓으면 다음과 같은 세 개의 대수식으로 쓸 수 있다.

$$L:\ a-3b-c+d=1 \tag{1.27a}$$

$$M:\ b+c=1 \tag{1.27b}$$

$$T:\ a+c=2 \tag{1.27c}$$

식 (1.27)은 3개의 방정식과 4개의 미지수를 가지므로 4번째 미지수에 관하여 미지수 3개를 풀 수 있다. 이때 3개의 식 중에 가장 많이 나타나는 미지수 c를 4번째의 미지수로 선정하면 나머지 3개의 미지수 a, b, d는 **행렬**(matrix) [$\boldsymbol{A\,X=B}$][① $a-3b+d=1+c$, ② $b=1-c$, ③ $a=2-c$]로 다음 식과 같이 쓸 수 있다.

$$A=\begin{bmatrix}1&-3&1\\0&1&0\\1&0&0\end{bmatrix},\ X=\begin{bmatrix}a\\b\\d\end{bmatrix},\ B=\begin{bmatrix}1+c\\1-c\\2-c\end{bmatrix}\Rightarrow\begin{pmatrix}1&-3&1\\0&1&0\\1&0&0\end{pmatrix}\begin{pmatrix}a\\b\\d\end{pmatrix}=\begin{pmatrix}1+c\\1-c\\2-c\end{pmatrix} \tag{1.28}$$

식 (1.28) 행렬의 **행렬식**(determinant)은 영이 아니라면 a, b, d에 대한 다음 식과 같은 유일한 해[식 ②, ③을 식 ① 에 대입·정리]를 얻을 수 있다.

$$a=2-c \tag{1.29a}$$

$$b = 1 - c \tag{1.29b}$$

$$d = 2 - c \tag{1.29c}$$

식 (1.29)를 식 (1.25)에 대입하고 정리하면 다음 식과 같이 쓸 수 있다.

$$F_D = V^a \rho^b \mu^c D^d = V^{2-c} \rho^{1-c} \mu^c D^{2-c} = \rho V^2 D^2 \left(\frac{\mu}{\rho V D} \right)^c \tag{1.30}$$

식 (1.30)에서 계수 $\rho V^2 D^2$는 힘의 차원을 갖고, 함수 f_1의 모든 항에 통용될 것인바, $[\mu/(\rho VD)]$는 무차원이므로 식 (1.30)은 다음과 같이 쓸 수 있다.

$$F_D = \rho V^2 D^2 f_1 \left(\frac{\mu}{\rho V D} \right) \tag{1.31}$$

식 (1.31)의 양변을 $\rho V^2 D^2$으로 나누면 식 (1.24), 식 (예1.16.10)과 같은 형의 관계로 표시할 수 있다.

$$\frac{F_D}{\rho V^2 D^2} = f_1 \left(\frac{\mu}{\rho V D} \right) [= f_5 (\frac{\rho V D}{\mu})] = f_3 (Re) \tag{1.32}$$

예제 1.16

흐르는 유체 내 구체(球體, sphere)에 작용하는 항력의 관계식 유도에 관한 다음 사항에 답하시오.

1. 지수법을 이용하여 상세히 유도

[풀이]

1. 지수법을 이용하여 상세히 유도
   (1) 그림 예1.16과 같이 직경 D인 구체에 작용하는 항력은 점성 μ, 밀도 ρ, 유속 V, 구경(球徑, sphere diameter) D의 함수관계를 이용하여 다음과 같이 유도한다.
   (2) F_D(종속변수)와 독립변수(n개 매개변수) 간의 함수 관계식 정리한다.

$$F_D = f(V, \rho, \mu, D) \tag{예1.16.1}$$

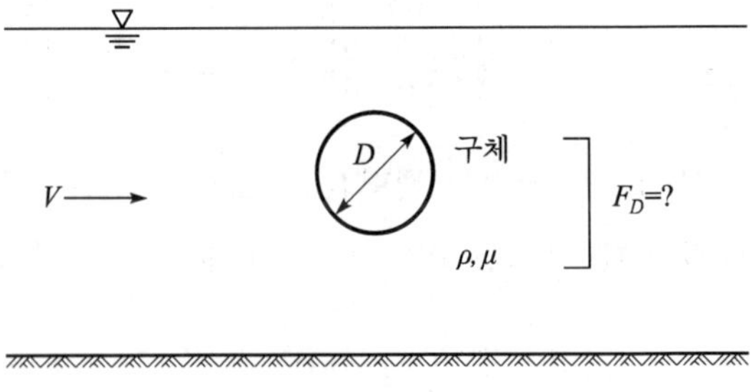

그림 예1.16 구체에 작용하는 항력

① MLT계 차원으로 변환하여 표시하면 다음과 같다.

$F_D=[MLT^{-2}]$, $V=[LT^{-1}]$, $\rho=[ML^{-3}]$, $\mu=[ML^{-1}T^{-1}]$, $D=[L]$ (예1.16.2)

(3) 식 (예1.16.1)의 좌변 F_D와 우변 f(독립변수)가 차원적 동질성이므로 힘의 차원으로 다음과 같이 표시할 수 있다.

① $F_D \propto (V, \rho, \mu, D)$이므로 $V^a \rho^b \mu^c D^d$로 표시할 수 있다.

② $\therefore\ F_D=[V^a \rho^b \mu^c D^d]$ (예1.16.3)

③ MLT계 차원으로 다음과 같이 표시한다.

$F_D=[MLT^{-2}]$, $V=[LT^{-1}]^a$, $\rho=[ML^{-3}]^b$, $\mu=[ML^{-1}T^{-1}]^c$, $D=[L]^d$ (예1.16.4)

$$\frac{ML}{T^2}=\left[\frac{L}{T}\right]^a\left[\frac{M}{L^3}\right]^b\left[\frac{M}{LT}\right]^c L^d \tag{1.26}$$

$$\therefore\ \frac{ML}{T^2}=\frac{L^{a-3b-c+d}M^{b+c}}{T^{a+c}} \tag{1.25}$$

(4) 식 (1.25)에서, 양변 동질성 관계를 이용하여 MLT에 대한 지수 방정식 유도한다.

$L: a-3b-c+d=1$ (1.27a)

$M: b+c=1$ (1.27b)

$T: a+c=2$ (1.27c)

(5) 식 (1.27)과 같이 3개 방정식, 4개 미지수인 4번째 미지수에 대해 미지수 3개를 결정한다.

① 3개의 식 중 가장 많이 나타나는 미지수 c를 4번째 미지수로 선정한다.

② 나머지 3개 미지수의 a, b, d에서 양변의 동질성 관계를 이용하여 MLT에 대한 지수 방정식을 다음과 같이 유도한다.

$L: a-3b+d=1+c$ (예1.16.5a)

$M: b=1-c$ (예1.16.5b)

$T: a=2-c$ (예1.16.5c)

(6) 식 (예1.16.5)에서 $\boldsymbol{AX}=\boldsymbol{B}$인 행렬(matrix)을 다음과 같이 유도한다.

$$\boldsymbol{A}=\begin{pmatrix}1 & -3 & 1\\ 0 & 1 & 0\\ 1 & 0 & 0\end{pmatrix}, \boldsymbol{X}=\begin{pmatrix}a\\ b\\ d\end{pmatrix}, \boldsymbol{B}=\begin{pmatrix}1+c\\ 1-c\\ 2-c\end{pmatrix} \Rightarrow \begin{pmatrix}1 & -3 & 1\\ 0 & 1 & 0\\ 1 & 0 & 0\end{pmatrix}\begin{pmatrix}a\\ b\\ d\end{pmatrix}=\begin{pmatrix}1+c\\ 1-c\\ 2-c\end{pmatrix} \tag{1.28}$$

(7) 식 (1.28)에서 3개 행(rows)인 $\boldsymbol{A}$행렬과 4번째 열(column)이 $\boldsymbol{B}$행렬인 $3\times4[A:B]$행렬로 다음과 같이 구성한다.

$$[A:B]=\begin{pmatrix}1 & -3 & 1: & 1+c\\ 0 & 1 & 0: & 1-c\\ 1 & 0 & 0: & 2-c\end{pmatrix} \tag{예1.16.6}$$

(8) 식 (예1.16.6)은 '㉮ 두 행의 교환, ㉯ 임의 행(row)의 상수 곱에 다른 행과의 합, ㉰ 임의 행에 영이 아닌 상수의 곱' 관계를 이용하여 "**단위 행렬**(모든 대각 성분=1, 그 밖의 성분=0)"을 유도한다. 그리고 이들 관계를 '4번째 열의 a, b, d 지수를 식 (예1.16.7d)'로 다음과 같이 풀이하여 해결한다.

① 식 (예1.16.6)에서 1행과 3행 교환 하여 다음과 같이 정리한다.

$$\begin{pmatrix} 1 & 0 & 0: 2-c \\ 0 & 1 & 0: 1-c \\ 1 & -3 & 1: 1+c \end{pmatrix} \quad \text{(예1.16.7a)}$$

② 식 (예1.16.7a) 에 "[(2행×3)+3행]"하여 다음과 같이 정리한다.

$$\begin{array}{rrrcl} & 0 & 3 & 0 & : 3-3c \\ +) & 1 & -3 & 1 & : 1+c \\ \hline & 1 & 0 & 1 & : 4-2c \end{array} \Rightarrow \begin{vmatrix} 1 & 0 & 0 & : & 2-c \\ 0 & 1 & 0 & : & 1-c \\ \mathbf{1} & \mathbf{0} & \mathbf{1} & : & \mathbf{4-2c} \end{vmatrix} \quad \text{(예1.16.7b)}$$

③ 식 (예1.16.7b)에 "[3행×(−1)+1행]" 하여 다음과 같이 정리한다.

$$\begin{array}{rrrcl} & -1 & 0 & -1 & : -4+2c \\ +) & 1 & 0 & 0 & : 2-c \\ \hline & 0 & 0 & -1 & : -2+c \end{array} \Rightarrow \begin{vmatrix} 1 & 0 & 0 & : & 2-c \\ 0 & 1 & 0 & : & 1-c \\ 0 & 0 & -1 & : & -2+c \end{vmatrix} \quad \text{(예1.16.7c)}$$

④ 식 (예1.16.7c) 에 "[3행×(−1)]"하여 다음과 같이 정리한다.

$$\begin{pmatrix} 1 & 0 & 0: 2-c \\ 0 & 1 & 0: 1-c \\ 0 & 0 & 1: 2-c \end{pmatrix} \Rightarrow \begin{array}{l} a=2-c \\ b=1-c \\ d=2-c \end{array} \quad \text{(예1.16.7d)}$$

(9) 식 (예1.16.7d)를 식 (예1.16.3)에 대입하고 정리하면 다음과 같이 쓸 수 있다.

$$\therefore\ F_D = V^a\rho^b\mu^cD^d = V^{(2-c)}\rho^{(1-c)}\mu^cD^{(2-c)} = \rho V^2D^2\left(\frac{\mu}{\rho VD}\right)^c \quad \text{(예1.16.8)}$$

(10) 식 (예1.16.8)에서 ρV^2D^2이 힘의 항이므로 f의 모든 항에 통용되며, $\frac{\mu}{\rho VD}$=무차원이므로 식 (예1.16.8)을 다음 식으로 정리 할 수 있다.

$$\therefore\ F_D = \rho V^2D^2 f\left(\frac{\mu}{\rho VD}\right) \quad \text{(예1.16.9)}$$

(11) 식 (예1.16.9)를 ρV^2D^2으로 나누면 무차원식 식 (1.32)형으로 표시할 수 있다.

$$\frac{F_D}{\rho V^2D^2} = f_1\left(\frac{\mu}{\rho VD}\right) \quad (1.32)$$

(12) 식 (1.32)에서 우변 $\frac{\mu}{\rho VD}$는 $\frac{\rho VD}{\mu}$의 역수이고, $\frac{1}{Re}$인 Reynolds 수의 역수이므로 다음과 같이 쓸 수 있다.

$$\frac{F_D}{\rho V^2D^2} = f_5\left(\frac{\rho VD}{\mu}\right) \quad (1.24)$$

$$\frac{F_D}{\rho V^2D^2} = f_2(Re) \quad \text{(예1.16.10)}$$

예제 1.17

지름이 0.63cm, 1.27cm, 1.90cm이고, 길이가 91.44cm인 매우 매끈한 관로에 글리세린(glycerin)[$C_3H_8O_3$, 밀도=1.26$\mathrm{g/cm^3}$]을 사용하여 실험한 결과 **표 예1.17.1**과 같은 유속과 압력 차를 얻었다. 매우 매끈한 관내의 흐름은 조도에 영향이 없기 때문에 차원해석 결과로 얻은 식 (예1.12.21)로부터 무차원 변수 간의 관계식은 식 (예1.17.1)과 같이 쓸 수 있다. 다음 사항에 답하시오.

1. **표 예1.17.1**을 이용하여 압력차와 평균유속 간의 관계 그래프 작성
2. 무차원형의 자료를 유도하여 상관관계 분석

$$\frac{\Delta p}{\rho V^2} = F'\left(\frac{L}{D}, \frac{\rho VD}{\mu}\right) \qquad \text{(예1.17.1)}$$

표 예1.17.1 실험결과 자료

관경 D_1=0.63cm		관경 D_2=1.27cm		관경 D_3=1.90cm	
유속 V (m/s)	압력 차 Δp ($\mathrm{kN/m^2}$)	유속 V (m/s)	압력 차 Δp ($\mathrm{kN/m^2}$)	유속 V (m/s))	압력 차 Δp ($\mathrm{kN/m^2}$)
0.13	145.84	0.30	83.72	0.61	74.05
0.31	338.13	0.60	164.14	1.25	151.45
0.46	500.54	0.91	248.68	1.83	221.81
0.60	652.99	1.23	334.89	2.21	275.10
0.76	828.711	1.53	416.13	3.03	366.60
0.92	1,004.38	1.81	494.05	3.67	444.72
1.07	1,173.44	2.13	581.13	4.27	516.18
1.21	1,322.59	2.42	660.69	4.84	584.72
1.35	1,471.74	2.74	747.71	5.48	662.46
1.53	1,667.33	3.04	828.13	6.10	737.61

[풀이]

1. **표 예1.17.1**을 이용하여 압력차와 평균유속 간의 관계 그래프의 작성
   (1) **표 예1.17.1**의 실험자료와 밀도 값을 이용하여 관의 지름별 유속에 대한 압력차 관계 그래프를 작성하면 **그림 예1.17.1**과 같다.
   (2) **그림 예1.17.1**은 지름 크기별 유속과 압력차의 관계가 지름 크기별로 유속에 대한 압력차의 경사가 완만하게 변화함을 알 수 있다.
   (3) **그림 예1.17.1**은 단지 지름이 1.90cm보다 1.27cm, 0.63cm로 작아짐에 따라 관계곡선의 경사가 급해(커짐)지는 경향을 파악할 수 있다.

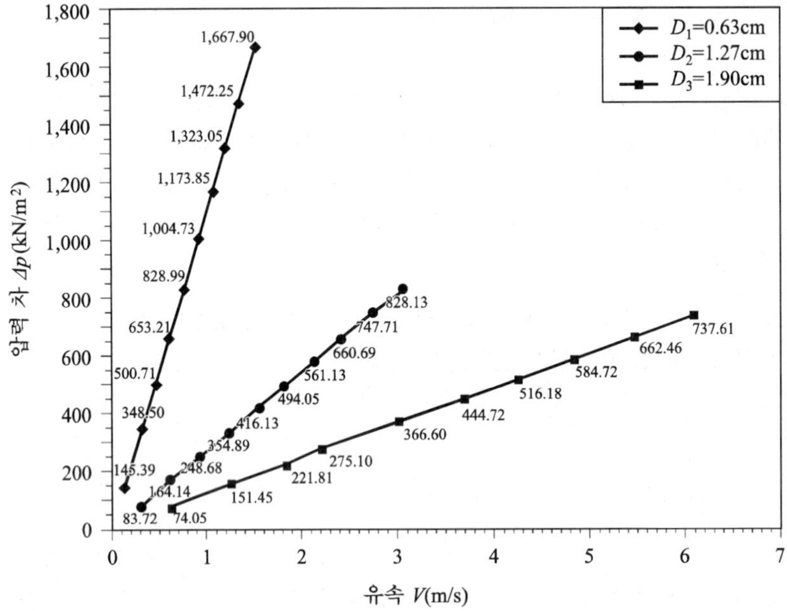

그림 예 1.17.1 실험자료의 관경별 유속에 대한 압력차 관계

2. 무차원형의 자료를 유도하여 상관관계 분석

(1) 무차원형의 자료를 유도하고 상관관계를 분석하기 위해 4개의 매개변수[압력차 Δp, 유속 V, 길이 L, 유체의 밀도 ρ]가 포함된 표 예1.17.1의 실험자료를 무차원 매개변수로 표 예 1.17.2와 같이 변형시킨다.

표 예1.17.2 실험자료의 무차원 매개변수로 변형

D_1 =0.63cm			D_2 =1.27cm			D_3 =1.90cm		
Re_1	$L/(D_1 \times Re_1)$	$\Delta p/(\rho V^2)$	Re_2	$L/(D_1 \times Re_1)$	$\Delta p/(\rho V^2)$	Re_2	$L/(D_1 \times Re_1)$	$\Delta p/(\rho V^2)$
0.71	204.43	6,848.88	3.28	21.95	738.29	9.79	4.92	157.94
1.66	87.44	2,792.48	6.43	11.20	361.86	20.02	2.40	76.93
2.45	59.24	1,877.38	9.74	7.39	238.33	29.33	1.64	52.57
3.2	45.36	1,439.57	13.12	5.49	175.68	38.44	1.25	44.70
1.04	35.75	1,138.69	16.31	4.41	141.08	48.48	0.99	31.69
4.92	29.50	941.79	19.36	3.72	119.69	58.81	0.82	26.20
5.75	25.24	813.43	22.77	3.16	101.66	68.26	0.71	22.47
6.48	22.40	716.94	25.89	2.78	89.54	77.32	0.62	19.81
7.21	20.13	640.90	29.3	2.46	79.04	87.6	0.55	17.51
8.17	17.77	565.29	32.45	2.22	71.12	97.54	0.49	15.73

(2) 주어진 밀도 값을 이용해 Re수별 계산된 관의 무차원 길이[(지름과 Reynolds 수와의 곱에 대한 관 길이의 비) $L/(D\times Re)$]와 무차원 압력차[$\Delta p/(\rho V^2)$]의 관계자료(무차원 매개변수)를 **표 예1.17.2**와 같이 작성한다.

(3) **표 예1.17.2**의 무차원 길이 $L/(D_i\times Re)$와 무차원 압력차 $\Delta p_i/(\rho V^2)$의 자료를 이용하여 그래프를 작성하면**그림 예1.17.2**를 유도할 수 있다.

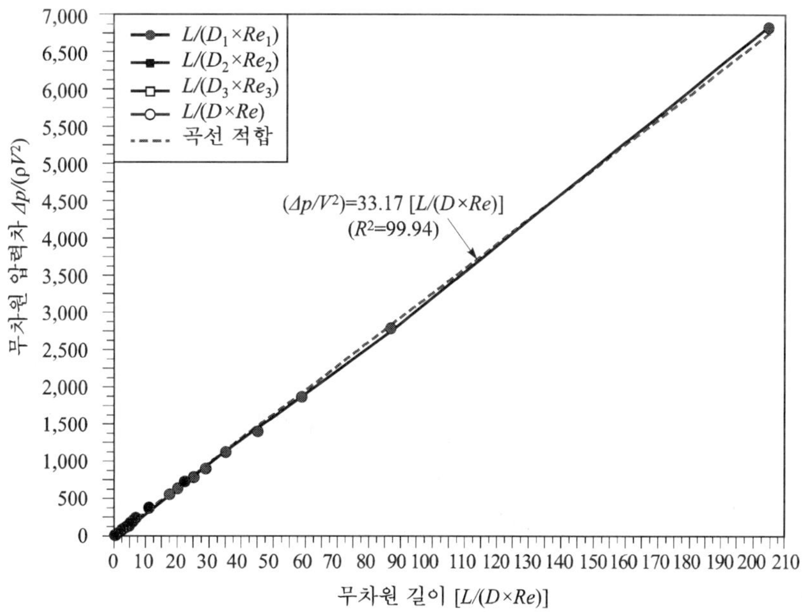

그림 예 1.17.2 무차원 길이와 무차원 압력차의 관계

(4) 무차원 매개변수의 분석결과로 **그림 예1.17.2**와 같은 단일 관계곡선을 얻는다.

① **그림 예1.17.2**에서 무차원 길이에 대한 무차원 압력차의 관계는 지름의 크기에 관계없이 단일관계곡선이 유도되었다. 다만, 큰 지름이 포함된 무차원 매개변수가 작은 지름의 경우보다 직선의 앞쪽 부분에 위치하는 것으로 나타났다.

② **그림 예1.17.2**와 같이 무차원 변수간의 상관관계 분석결과는 단순히 지름의 크기만을 비교한 **그림 예1.17.1**의 경우와는 확실히 나르다는 섯을 확인할 수 있다. 무차원 길이 $L/(D\times Re)$에 대한 무차원 압력차 $\Delta p/(\rho V^2)$ 간의 30개 전 자료에 대한 적합곡선(curve fitting) 결과는 다음과 같은 결과를 얻었다.

$$\frac{\Delta p}{\rho V^2}=33.17\left(\frac{L}{DRe}\right)-14.10\ (R^2=99.94) \qquad (예1.17.2)$$

③ 그러므로 차원해석을 통한 무차원 매개변수의 정확한 결정이 필요하다. 이렇게 함으로써 실험의 반복 횟수를 줄이고, 매개변수 간의 일관성 있는 관계식 또는 관련성을 도출할 수 있을 것이다.

1.3 모형

자동차와 고속열차의 모형은 원형에 대한 항력과 흐름형태를 예측하기 위해 **풍동실험**(wind tunnel test)을 실시한다. 수공학에서의 **모형연구**(model test)는 큰 댐의 여수로에 대한 흐름조건을 예측하기 위해 사용되고, **하천모형**(river model)은 **홍수통제 구조물**(flood-control structure)뿐만 아니라 하천 내 유사이송의 해석에 있어 공학자를 도와준다.

모형실험(연구)은 원형에 잠재되어 있을 어떤 문제점을 찾아내어 제시해준다. 이들 모형연구 결과는 원형을 제작 또는 건설하기 전에 수정·보완할 수 있어 원형의 축조비용과 시간을 절약할 수 있도록 해준다. 이러한 관련 자료를 얻기 위해 모형실험을 해야 할 필요가 있을 때는 해석적인 수단만으로 얻어지는 것이 아니라, 상사법칙이 적용되어야 한다. 상사(법칙)는 **모형실험**으로부터 원형의 성능을 예측하기 위한 기법이며 이론인 것이다. 상사의 이론은 Re 수나 Fr 수와 같이 모형실험으로부터 원형의 성능을 예측하기 위한 무차원 수의 적용성을 포함하는 것이라고 할 수 있다. 기술자가 모형의 설계, 모형의 축조, 실험의 수행성 즉, 결과의 해석에 관한 결정을 해야 할 때 문제의 이해를 위한 상사의 기법은 기초이론에 포함되지 않는다.

이와 같은 모형실험과 연구가 선행된 축조 대상의 수공 구조물은 활동(滑動)에 대한 안정성(sliding stability)과 전도(顚倒)에 대한 안정성(overturning stability), 지지력(支持力)에 대한 안정성(bearing stability) 검토를 필수적으로 수행해야 한다.

1.3.1 유체모형

풍동실험(wind tunnel test)은 **그림 1.4**와 같이 모터를 구동시켜 공기 흐름을 인위적으로 발생시키는 **풍동**(wind tunnel)에 실험장치(모형 비행기 등)를 고정시키고, 고정된 주위 물체에 일정 속도(저·중·고속)의 공기흐름을 발생시켜 동일 속도로 움직이는 물체에 작용하는 힘과 물체 주위의 흐름을 모의하는 실험이다. 공기의 순환 방식에 따라 **그림 1.4(a)**와 같은 **개방회로**(open circuit) 풍동과 **그림 1.4(b)**와 같은 **폐쇄회로**(closed circuit) 풍동으로 구분하고, 운용 속도에 따라 **저·고·초음속 풍동**으로 각각 구분한다.

실험 원리와 방법은 **Bernoulli 방정식**을 응용하여 모형을 **시험부**(test section)의 **고정장치**(model supporting frame)에 장착시키고 공기의 흐름속도를 실제 항공기가 비행하는 속도와 동일하게 **작동장치**(actuator fan)를 가동시켜 항공기 모형에 작용하는 힘, 모멘트, 공기 압력 등을 모형에 장착된 여러 센서(sensor)를 통해 측정하는 실험이다.

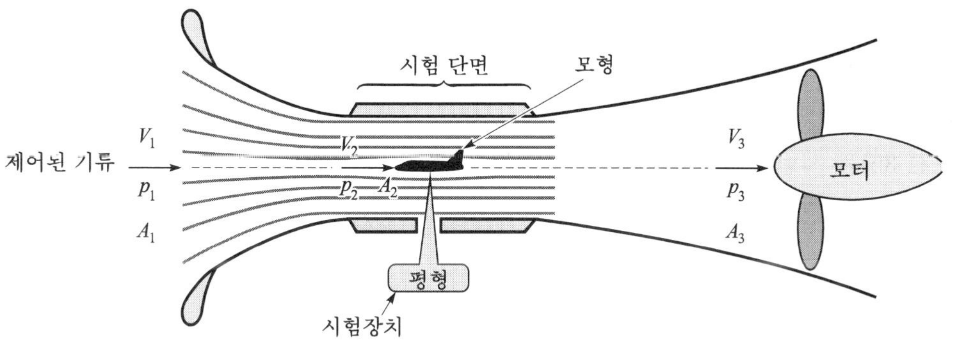

(a) **개방회로**(open-circuit) 풍동

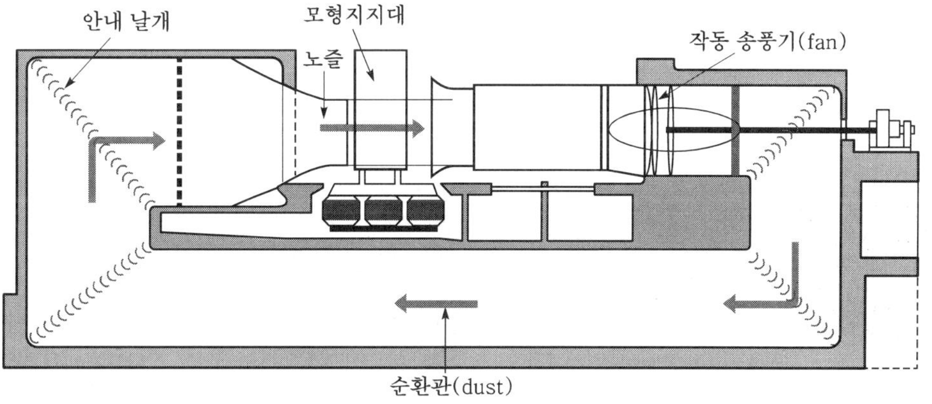

(b) **폐쇄회로**(closed-circuit) 풍동

그림 1.4 풍동실험 장치

그림 1.4(a)와 같이 풍동 내부의 3지점(유입부, 시험부, 유출부) 각 위치의 압력, 속도 간의 관계에 Bernoulli 방정식을 적용하면 다음과 같다.

$$p_1 + \frac{1}{2}\rho V_1^2 = p_2 + \frac{1}{2}\rho V_2^2 = p_3 + \frac{1}{2}\rho V_3^2 \tag{1.33}$$

식 (1.33)을 시험부의 유속으로 정리하면 다음과 같이 쓸 수 있다.

$$V_2^2 = \frac{2}{\rho}(p_1 - p_2) + V_1^2 \tag{1.34}$$

식 (1.34)의 유입부 유속 V_1에 연속 방정식을 이용하여 $V_1 = (A_2 V_2)/A_1$를 대입하고 정리하면 다음과 같다.

$$V_2^2 = \frac{2}{\rho}(p_1 - p_2) + \left(\frac{A_2}{A_1}\right)^2 V_2^2 \tag{1.35}$$

식 (1.35)를 시험부의 유속(=공기 흐름속도) V_2로 정리하면 다음과 같이 쓸 수 있다.

$$V_2 = \sqrt{\frac{2(p_1 - p_2)}{\rho[1 - (A_2/A_1)^2]}} \tag{1.36}$$

그림 1.5와 같은 풍동실험으로부터 항공기에 작용하는 힘과 모멘트, 압력은 미리 모형의 해당 지점에 장착시킨 이들 센서(sensor)를 통해 필요한 자료를 측정할 수 있다. 이때 압력측정은 장착된 압력센서(pressure tap)를 통해 측정한다. 양력·항력, 힘, 모멘트는 모형을 고정시킨 지지구조물에 작용하는 하중을 통해 측정하며, 항공기 주위 공기흐름은 눈으로 직접 확인하기 위한 가시화 실험으로 수행할 수 있다.

(a) 가시화 풍동실험 (b) T-50 고속 풍동실험

(c) T-50 저속 풍동실험 (d) T-50 무장분리 풍동실험

그림 1.5 풍동실험 예

예제 1.18

길이 60m, 지름 5m인 경비행기(blimp)의 항력특성(drag characteristics)의 풍동실험실에서 모형실험을 실시하였다. 정지상태의 공기를 통과하는 경비행기의 속도는 10m/s이고, 모형축척은 1/10이었을 때 다음 사항에 답하시오[단, 모형과 원형에 대한 공기의 압력과 온도는 같다고 가정한다].

1. 동역학적 상사조건에 필요한 풍동실험실 내의 공기속도 계산

[풀이]

1. 동역학적 상사조건에 필요한 풍동실험실 내의 공기속도 계산

(1) 모형과 원형의 동역학적 상사조건을 확인·검토하기 위해 Reynolds 상사법칙을 적용한다.

$$(Re)_m = (Re)_p \; [\leftarrow (Re)_m = \left(\frac{\rho VL}{\mu}\right)_m] \Rightarrow (Re)_p = \left(\frac{\rho VL}{\mu}\right)_p \qquad (\text{예}1.18)$$

(2) 식 (예1.18)을 모형의 속도 V_m에 관해 정리하고 주어진 값을 대입한다.

① 공기의 밀도와 점성계수는 원형과 모형이 동일(ρ_p/ρ_m=1, μ_m/μ_p=1)하다.

$$V_m = V_p \frac{\rho_p}{\rho_m}\frac{\mu_m}{\mu_p}\frac{L_p}{L_m} = (10)(1)(1)(10) = 100\text{m/s}$$

예제 1.19

[예제 1.18] 조건에서 모형 비행기 표면의 임의 두 지점 압력차가 17.8kPa로 측정되었다. 다음 사항에 답하시오.

1. 동역학적 상사조건에 대한 원형의 압력 차이 계산

[풀이]

1. 동역학적 상사조건에 대한 원형의 압력 차이 계산

(1) 모형과 원형의 동역학적 상사(dynamic similarity)는 Re 수나 Fr 수와 같이 중요한 무차원 매개변수가 모형과 원형에 있어 같을 때 존재한다. 이러한 압력차 Δp에 있어 중요한 무차원 매개변수는 다음과 같이 정의하는 압력계수(pressure coefficient)이다.

$$\frac{\Delta p}{\frac{1}{2}\rho V^2} = f\left(\frac{\rho VL}{\mu}, \frac{V}{c}, \frac{\rho V^2 L}{\sigma}, \frac{V}{\sqrt{gL}}\right) \qquad (\text{예}1.19.1)$$

(2) 식 (예1.19.1) 좌변의 압력계수 $(\Delta p)/\frac{1}{2}\rho V^2$가 압력 관련 모형실험에서 모형과 원형 간에 상사조건을 만족시켜야 하는데, 이들 상사조건은 다음과 같다.

$$(C_p)_m = (C_p)_p \qquad (\text{예}1.19.2\text{a})$$

$$\left(\frac{\Delta p}{\frac{1}{2}\rho V^2}\right)_m = \left(\frac{\Delta p}{\frac{1}{2}\rho V^2}\right)_p \qquad \text{(예1.19.2b)}$$

(3) 그러므로 식 (예1.19.2b)를 이용하여 원형의 압력차 $(\Delta p)_p$를 다음과 같이 구한다.

$$(\Delta p)_p = \Delta p_m \frac{\rho_p}{\rho_m}\frac{V_p^2}{V_m^2} \qquad \text{(예1.19.3)}$$

(4) 모형과 원형의 유체밀도는 $\rho_p = \rho_m$이므로 Reynolds 상사조건인 다음 식을 도입한다.

$$\frac{V_p}{V_m} = \frac{L_m}{L_p} \qquad \text{(예1.19.4)}$$

(5) 그러므로 식 (예1.19.3)은 다음과 같이 계산할 수 있다.

$$(\Delta p)_p = \Delta p_m \frac{\rho_p}{\rho_m}\left(\frac{L_m}{L_p}\right)^2 [(\leftarrow \frac{\rho_p}{\rho_m} = 1)] = (17.8\text{kPa})(1)\left(\frac{1}{10}\right)^2 = 178\text{Pa}$$

1.3.2 수리모형

수공 기술자 대부분의 관심은 흐름이 층류보다는 난류에 있다. 이미 알고 있는 것과 같이 개수로 흐름에서 난류는 동수반경에 기초한 Reynolds 수가 2,000 이상인 때이고, 층류는 500 미만인 때를 말한다. 이들 사이 값을 갖는 영역은 설계하는 모형에서 피해야 한다. 모형실험을 설계하는 기술자(modeler)는 시간, 비용, 실험 공간, 물의 공급에 관한 실제적 제한 조건을 고려해야 한다. 이들 4가지에 대한 물리적 고려는 어떤 모형화를 위한 노력에 결정적이고 중요한 영향을 미치게 될 것이다. 모형화를 위한 이론적, 실제적 고려는 다음과 같이 모형 축적비를 만드는데 조합된다.

- 여수로, 도수로(conduit)와 기타 수공구조물의 모형은 상대적으로 매끈한 표면을 갖는 원형과 모형에서 수평축척 1:50~수평축척 1:15의 축척비를 갖는 경우에 왜곡되지 않는다[**정상 모형**(undistorted model); 동일한 수평·수직 축적의 적용].
- 하천, 항만, 하구와 저수지의 모형은 상대적으로 거친 표면을 갖는 원형과 1:2,000~1:200의 수평축척, 1:150~1:50의 연직 축척을 갖는 경우 거의 대부분 왜곡된다[**왜곡 모형**(distorted model); 동일하지 않은 수평·수직 축적의 적용)].

(1) 지배력

수리실험에서 원형과 모형의 밀도를 안다면 밀도비 $\rho_r = 1$로 한다. 그리고 길이축척비 L_r이 활용 장비와 유량, 수두, 재료 등 실험실 내 공간에 따라 결정된다. 대부분의 경우 길이축척비 L_r이 주어지거나 모형실험 전에 결정된다. 유일하게 측정해야 할 축척비는 속도비이다. 이 속도비가 정의될 때 다른 매개변수는 결정할 수 있다.

수리모형은 연구할 문제와 관련된 다른 힘들의 영향을 받는다. 실제 문제에 대해 여러 개의 힘들이 존재하지만, 하나 또는 두 개의 힘이 지배적이다. 예를 들면, 관수로에서는 점성과 탄성력이 존재하지만, 점성력의 영향이 탄성력의 영향보다 훨씬 더 지배적이다. 비용을 줄이고 해석의 단순화를 위해 일반적으로 연구하려는 현상을 지배하는 하나 또는 두 개의 힘을 고려하고 다른 힘들은 무시한다(Roberson, 1997; Robert, 1984).

① 중력

중력(gravity force)은 수리모형의 대부분에서 가장 일반적인 힘이다. 중력이 지배하는 문제의 예는 **개수로**(open channels), **자연하천**(natural rivers), 수공구조물, 파 작용, 유사이송 등이 포함된다. 표면장력, 점성력과 같은 다른 힘은 문제와 관련성은 존재하나 그들의 영향이 아주 적다. 동역학적 상사를 확보하기 위한 두 시스템 내의 관성력과 중력 간 비는 일정해야 하므로 다음과 같이 쓸 수 있다(French, 2007).

$$\left(\frac{F_i}{F_g}\right)_m = \left(\frac{F_i}{F_g}\right)_p \tag{1.37a}$$

$$\left(\frac{F_i}{F_g}\right)_r = 1 \tag{1.37b}$$

여기서 관성력 $F_i = \rho L^2 V^2$과 $F_g = \gamma L^3$이다. 이를 식 (1.37b)에 대입하면 다음 식을 얻는다.

$$\left(\frac{\rho L^2 V^2}{\gamma L^3}\right)_r = \left(\frac{V^2}{gL}\right)_r = 1 = Fr_r^2 \tag{1.38a}$$

$$(Fr)_r = \left(\frac{V}{\sqrt{gL}}\right)_r = 1 \tag{1.38b}$$

식 (1.38b)는 중력이 지배할 때 모형의 Froude 수가 원형의 값과 정확히 같아야 한다는 것을 나타낸다. 중력 문제에 대한 유속 비는 식 (1.38b)로부터 다음 식을 얻는다.

$$V_r = \sqrt{g_r L_r} \tag{1.39}$$

대부분의 경우 모형과 원형은 같은 중력가속도를 받는 곳에 위치하여 같다면 다음과 같이 쓸 수 있다.

$$V_r = L_r^{1/2} \tag{1.40}$$

그렇지 않고 모형과 원형이 같은 중력을 받지 않는다면 중력비는 다음과 같다.

$$g_r = \frac{g_m}{g_p} \tag{1.41}$$

② 점성력

점성력(viscous force)은 일반적으로 소형 배나 대형 선박과 같이 부분적으로 물에 잠긴 물체주위 흐름과 관수로 흐름에서 중력과의 조합으로 접하게 된다. 점성력은 층류에서 보다 더 지배적이다. 잠수함(submarine)과 같이 흐름 주위가 물에 완전 잠긴 물체는 점성력에 의해 지배되므로 다음과 같이 점성법칙을 적용한다.

$$\tau = \mu \frac{du}{dy} \tag{1.42}$$

여기서 τ =점성력의 영향에 의한 전단응력이고, μ =**점성계수**(dynamic viscosity)이며, du/dy =거리의 변화에 따른 속도의 변화인 속도경사이다. 이들 관계는 차원을 이용해 다음과 같이 쓸 수 있다.

$$\frac{F_v}{L^2} = \mu \frac{V}{L} \tag{1.43}$$

여기서 F_ν =점성력이며, 식 (1.43)은 다음과 같이 바꿔 쓸 수 있다.

$$F_v = \mu VL \tag{1.44}$$

동역학적 상사에 대한 모형과 원형이 관성력과 점성력 간 비는 일정해야 하므로 이들 관계는 다음과 같이 쓸 수 있다.

$$\left(\frac{F_i}{F_\nu}\right)_m = \left(\frac{F_i}{F_\nu}\right)_p = \text{일정(constant)} \tag{1.45a}$$

$$\left(\frac{F_i}{F_\nu}\right)_r = 1 = \text{일정(constant)} \tag{1.45b}$$

그러나 이들 비는 다음과 같이 Reynolds 수로 정의할 수 있다.

$$\frac{F_i}{F_\nu} = \frac{\rho L^2 V^2}{\mu VL} = \frac{\rho VL}{\mu} = \frac{VL}{\nu} = Re \tag{1.46}$$

그러므로 흐름을 지배하는 점성력을 갖는 동역학적 상사 시스템은 다음과 같은 결론을 얻을 수 있다.

$$Re_r = \left(\frac{\rho VL}{\mu}\right)_r = 1 \tag{1.47a}$$

$$V_r = \mu_r \rho_r^{-1} L_r^{-1} = \nu_r L_r^{-1} \tag{1.47b}$$

모형과 원형의 시스템에 같은 유체가 사용될 때는 식 (1.47)은 다음과 같다.

$$V_r = L_r^{-1} \tag{1.48}$$

모형과 원형에 다른 유체가 사용된다면 식 (1.47)의 ρ_r과 μ_r은 사용된 유체의 물리적 특성으로부터 계산할 수 있다.

예제 1.20

잠수함을 1/10 모형으로 실험실에서 연구하고자 한다. 이 잠수함은 해수면 아래 50m에서 19.3km/h (5.36m/s) 속도로 운행되는 것을 모형실험으로 계획하였다. 모형에 사용된 물과 바닷물의 동점성계수 비가 0.95일 때 다음 사항에 답하시오.

1. 모형의 수심 계산　　　　2. 모형의 유속 계산

[풀이]

1. 모형의 수심 계산

(1) 잠수함은 모형실험은 점성력이 흐름을 지배하므로 식 (1.47b)의 속도 비와 길이 축척비 $L_r = 1/10$을 이용한다.

$$V_r = \nu_r L_r^{-1} \tag{예1.20}$$

(2) 수심비 $h_r = L_r = 1/10 (= h_m/h_p) = h_m/50$이므로 $h_m = h_p h_r = 50(1/10) = 5.0\text{m}$이다.

2. 모형의 유속 계산

(1) 식 (예1.20)에서 속도비 $V_r = \nu_r L_r^{-1} (= V_m/V_p) = 0.95(10) = 9.5$이다.

(2) 그러므로 모형의 유속은 $V_m/V_p = V_m/19.3$이므로 $V_m = 19.3(V_r)$=19.3(9.5)=183.3km/h =50.9m/s이다.

예제 1.21

길이 10km, 지름 1.2m인 관로의 에너지 손실을 결정하기 위해 모형을 만들었다. 관은 밀도가 0.8g/cm^{3}이고, 점성계수가 0.02포아즈(poise)인 액체를 1.8m^3/s의 율로 수송한다. 모형실험은 20°C 깨끗한 물(밀도 ρ=0.998g/cm^3, 점성계수 μ=0.01poise)을 사용하여 12cm의 관경을 통해 수행되었다. 모형의 20m 관로에서 수두손실(head loss)은 150cm가 측정되었다. 다음 사항에 답하시오.

1. 모형의 유량 결정
2. 원형 관로길이의 수두손실 결정
3. 모형의 임의 점 압력이 700kN/m^{2}일 때 상응하는 원형 관로의 압력 산정

[풀이]

1. 모형의 유량 결정

(1) 관로 흐름은 점성력이 흐름을 지배하고 Reynolds 상사법칙을 적용하므로 길이 축척비는 주어진 관의 지름을 이용해 $L_r = L_m/L_p = 0.12/1.2 = 1/10$을 이용한다.

(2) 또한 속도 비인 식 (1.47b)와 유량 비인 식 (1.4b)를 각각 다음과 같이 이용한다.

① 원형의 액체 밀도 ρ_p=0.8g/cm^{3}이고, 모형인 물의 밀도 ρ_m=0.998g/cm^{3}이며, 원형의 액체 점성계수 μ_p=0.02poise, 모형인 물의 점성계수 μ_p=0.01poise이다.

$$V_r = \mu_r \rho_r^{-1} L_r^{-1} = \left(\frac{\mu_m}{\mu_p}\right)\left(\frac{\rho_m}{\rho_p}\right)^{-1}(L_r^{-1}) = \left(\frac{0.01}{0.02}\right)\left(\frac{0.998}{0.8}\right)\left(\frac{1}{10}\right)^{-1} = 4 \quad (예1.21.1a)$$

$$Q_r\left(=\frac{Q_m}{Q_p}\right) = A_r V_r = L_r^2 V_r = \left(\frac{1}{10}\right)^2 (4) = 0.04 \quad (예1.21.1b)$$

$$p_r = F_r L_r^{-2} = \frac{\rho_r L_r^2 V_r^2}{L_r^2} = \rho_r V_r^2 \quad (예1.21.1c)$$

(3) 식 (예1.21.1b)에서 모형유량 $Q_m = Q_r Q_p = (0.04)(1.8) = 0.072\text{m}^3/\text{s}$이다.

2. 원형 관로길이의 수두손실 결정

(1) 관로의 수두손실은 Darcy-Weisbach의 마찰수두공식을 이용해 다음과 같이 구한다.

$$h_L = f\frac{L}{D}\frac{V^2}{2g} \quad (예1.21.2)$$

여기서 f는 무차원 마찰손실계수이이고, 중력 가속도 비 g_r=1이므로 다음 식을 얻는다.

$$(h_L)_r\left(=\frac{(h_L)_m}{(h_L)_p}\right) = \frac{L_r V_r^2}{L_r} = V_r^2 = (4)^2 = 16 \quad (예1.21.3)$$

식 (예1.21.3); $(h_L)_r\left(=\dfrac{(h_L)_m}{(h_L)_p}\right)=\dfrac{L_r V_r^2}{L_r}=V_r^2$의 유도;

$$(h_L)_r\left(=\frac{(h_L)_m}{(h_L)_p}\right)[\frac{[f(L/D)(V^2/2g)]_m}{[f(L/D)(V^2/2g)]_p}\leftarrow(=g_m/g_p=g_r=1,\ f_m/f_p=f_r=1)]$$

$$=\frac{[(L/D)V^2]_m}{[(L/D)V^2]_p}(\leftarrow\frac{L_m D_p}{D_m L_p}\frac{V^{2_m}}{V^{2_p}})$$

$$=\frac{L_m}{L_p}\frac{1}{(D_m/D_p)}\frac{V_m^2}{V_p^2}[\leftarrow L_m/L_p=L_r,\ 1/(D_m/D_p)=1/L_r,\ V_m^2/V_p^2=V_r^2]$$

$$=(L_r V_r^2)/L_r=V_r^2$$

(2) 그러므로 원형의 손실수두 $(h_L)_p=(h_L)_m/(h_L)_r=150/16=9.375\text{cm}$이고, 모형 관로길이 20m는 원형관로에서 $L_p=L_m/L_r=20\text{m}/(1/10)=200\text{m}$이다.

(3) 총 관로길이 10,000m(10km)에서의 수두 손실은 다음과 같다.

$$(h_L)_{10,000\text{m}}=9.375\text{cm}_{/200\text{m}}\left(\frac{10,000\text{m}}{200\text{m}}\right)=468.75\text{cm}\fallingdotseq 4.7\text{m}$$

3. 모형의 임의 점 압력이 700kN/m²일 때 상응하는 원형 관로의 압력 산정

(1) 압력 비인 식 (1.11c)를 이용하여 다음과 같이 구한다.

$$p_r=\rho_r V_r^2=\frac{\rho_m}{\rho_p}V_r^2=\frac{0.998}{0.8}(4)^2=19.96 \qquad \text{(예1.21.4)}$$

(2) 그러므로 원형의 압력은 $p_p=p_m/p_r=700/19.96=35.07\text{kN/m}^2$

③ 중력과 점성력

소형 배(boat)와 대형 선박(ship)의 부체에 작용하는 항력(drag forges)은 파의 저항(wave friction)과 마찰 또는 점성저항(frictional and viscous resistance)의 두 성분으로 구성된다. 관성력과 함께 중력과 점성력을 받는 경우 고려 중인 현상에 영향을 미치는 후자의 두 힘 중 동역학적 상사와 거리가 있는 힘 중 하나를 무시하게 된다. 고려하는 변수가 양력 F, 유체 속도 V, 이동물체의 특성길이 L, 밀도 ρ, 유체의 점성계수 μ, 중력 가속도 g일 때 차원해석은 다음 결과를 얻는다.

$$F=\rho L^2 V^2\phi(Fr, Re) \qquad (1.49)$$

그러므로 동역학적 상사를 만족시키기 위해 Froude 수와 Reynolds 수는 다음 식과 같이 모형과 원형 시스템에서 같은 값을 가져야 한다.

$$(Fr)_m = (Fr)_p,\ (Fr)_r = 1 \tag{1.50a}$$

$$(Re)_m = (Re)_p,\ Re_r = 1 \tag{1.50b}$$

속도 비는 중력 가속도 비 g_r =1이라 할 때 중력이 지배하는 경우의 식 (1.39)[$V_r = \sqrt{g_r L_r}$] 와 점성력이 지배하는 경우의 식 (1.47b)[$V_r = \mu_r \rho_r^{-1} L_r^{-1} = \nu_r L_r^{-1}$]로 계산할 때 같아야 하므로 다음 식을 얻을 수 있다.

$$V_r = L_r^{1/2} = \nu_r L_r^{-1} \tag{1.51a}$$

$$\nu_r = L_r^{3/2} \tag{1.51b}$$

그러므로 다른 유체가 식 (1.51b)에 의한 모형으로 사용되기 위해서는 제약조건으로 중력과 점성력을 만족시켜야 가능하다. 길이 축척비 L_r이 결정되고, 원형의 물리적 특성 (μ, ρ, ν)이 아는 값이라면 모형에 사용될 유체의 특성은 정의할 수 있다. 두 시스템에 같은 유체가 사용된다면 실제적으로 불가능한 원형이 크기와 같을 때만 가능할 것이다. 몇 경우에서 길이 축척비 L_r은 모형에서 사용하기 위해 사용할 수 있는 유체에 의해 지배될 것이다.

예제 1.22

길이 122m인 선박이 $1.13 \times 10^{-6} m^2/s$인 동점성계수를 갖는 하천에서 48.3km/h(13.4m/s)의 속도로 순항한다. 선박에 대한 1/100 모형이 비중 0.92인 액체가 채워진 모형실험 탱크(towing basin)에서 실험하고자 한다. 다음 사항에 답하시오.

1. 모형이 운전되어야 할 속도 계산
2. 모형에서 사용할 액체의 동점성계수 결정
3. 힘이 모형에 10.65N 작용한다면 이에 상응한 원형에 작용하는 힘 계산

[풀이]

1. 모형이 운전되어야 할 속도 계산

(1) 모형실험은 중력과 점성력이 흐름을 지배하기 때문에 속도 비인 식 (1.51a)[$V_r = \nu_r L_r^{-1}$ (← $\nu_r = L_r^{3/2}$)$=L_r^{1/2}$]와 동점성성계수 비[식 (1.51b) $\nu_r = L_r^{3/2}$]를 만족시켜야 한다.

$$V_r\left(=\frac{V_m}{V_p}\right) = L_r^{1/2} = \left(\frac{1}{100}\right)^{1/2} = \frac{1}{10} = 0.1 \tag{예1.22.1}$$

(2) 먼저, 식 (예1.22.1)로부터 모형의 속도 $V_m = V_r V_p = (0.1)(48.3) = 4.83$km/h[=0.1

(13.4)=1.34m/s]이다.

2. 모형에서 사용할 액체의 동점성계수 결정

(1) 모형실험은 중력과 점성력이 흐름을 지배하기 때문에 동점성계수 비는 식 (1.51b)[$\nu_r = L_r^{3/2}$]를 만족시켜야 한다.

$$\nu_r\left(=\frac{\nu_m}{\nu_p}\right)=L_r^{3/2}=\left(\frac{1}{100}\right)^{3/2}=0.001 \qquad (\text{예}1.22.2)$$

(2) 식 (예1.22.2)로부터 모형의 동점성계수 $\nu_m = \nu_r \nu_p = (0.001)(1.13\times10^{-6}) = 1.13\times10^{-9}\text{m}^2/\text{s}$이다.

3. 힘이 모형에 10.65N 작용한다면 이에 상응한 원형에 작용하는 힘 계산

(1) 원형 선박에서의 힘은 식 (1.10)을 이용하여 구한다.

$$F_r\left(=\frac{F_m}{F_p}\right)=\rho_r L_r^2 V_r^2=(0.92)\left(\frac{1}{100}\right)^2(0.1)^2=0.92\times10^{-6} \qquad (\text{예}1.22.3)$$

(2) 식 (예1.22.3)으로부터 $F_p = F_m/F_r = 10.65/(0.92\times10^{-6}) = 115.76\text{kN}$을 얻을 수 있다.

④ 압력

압력에 의한 힘(pressure force)인 전수압(total pressure) F_p가 지배할 때 동역학적 상사는 다음 식과 같아야만 한다.

$$\left(\frac{F_i}{F_p}\right)_m=\left(\frac{F_i}{F_p}\right)_p \qquad (1.52)$$

여기서 F_p =면적에 압력강도(pressure density) p를 곱한 것과 같으므로 식 (1.52)는 다음과 같이 쓸 수 있다.

$$\frac{F_i}{F_p}=\frac{\rho L^2 V^2}{pL^2}=\frac{\rho V^2}{p}=\frac{V^2}{p/\rho} \qquad (1.53)$$

Euler 수 Er은 F_i/F_p의 제곱근으로 정의하므로 다음과 같다.

$$Er=\frac{V}{\sqrt{p/\rho}} \qquad (1.54)$$

압력에 의해 지배받는 현상에 대해 Euler 수는 모형과 원형 시스템에서 다음과 같이 같은 값을 가져야 한다.

$$(Er)_r = \frac{V_r}{\sqrt{p_r / \rho_r}} = 1 \tag{1.55a}$$

$$V_r = \sqrt{p_r / \rho_r} \tag{1.55b}$$

관수로에서 **공동**(空洞)**현상**(cavitation)을 모의하기 위해 만들거나 터빈(turbine)의 **흡출관**(吸出管, draft tube) 모형은 점성과 압력제약조건을 만족해야 한다. Reynolds 수와 Euler 수가 모형과 원형의 두 시스템에서 같은 값이어야 한다.

⑤ 탄성력

유체의 **압축성**(compressibility)이 중요한 몇 경우에서 **탄성력**(elastic force) F_e는 고려되어야 한다. 이와 같은 상황의 예는 빠른 흐름과 초음속에서 공기를 통하는 운동물체가 포함된다. 이 경우 동역학적 상사는 다음과 같을 때 도달될 수 있다.

$$\left(\frac{F_i}{F_e}\right)_m = \left(\frac{F_i}{F_e}\right)_p \leftarrow [\because F_e = \sigma A(\text{인장응력 } \sigma = E\epsilon \leftarrow \epsilon=1,\ E=E_\forall)=E_\forall A] \tag{1.56}$$

F_e는 면적에 체적탄성계수 $E_\forall$ 을 곱한 힘이므로 다음과 같이 쓸 수 있다.

$$\frac{F_i}{F_e} = \frac{\rho L^2 V^2}{E_\forall L^2} = \frac{\rho V^2}{E_\forall} = \frac{V^2}{E_\forall / \rho} \tag{1.57}$$

Mach 수 Mr는 F_i/F_e의 제곱근으로 정의하므로 다음과 같다.

$$Mr = \frac{V}{\sqrt{E_\forall / \rho}} \tag{1.58}$$

모형과 원형에서 동역학적 상사를 확보하기 위해서는 다음 식을 만족시켜야 한다.

$$(Mr)_r = \frac{V_r}{\sqrt{E_{\forall r} / \rho_r}} = 1 \tag{1.59a}$$

$$V_r = \sqrt{E_{\forall r} / \rho_r} \tag{1.59b}$$

⑥ 표면장력

표면장력 F_σ가 흐름을 지배하는 경우에서 관성력과 표면장력 간의 비는 모형과 원형이 같아야 한다. 일반적으로 하천과 개수로에서 모형의 수심은 **천수영역**(shallow flow regime)

이 영역 내 모세관 현상과 점성영향을 적절히 피할 수 있도록 매우 적지 않아야 한다. 표면 장력이 지배하는 흐름에서 동역학적 상사를 확보하기 위해서는 다음 식을 만족시켜야 한다.

$$\left(\frac{F_i}{F_\sigma}\right)_m = \left(\frac{F_i}{F_\sigma}\right)_p \tag{1.60}$$

$F_\sigma = \sigma L =$ 표면장력이므로 다음과 같이 쓸 수 있다.

$$\frac{F_i}{F_\sigma} = \frac{\rho L^2 V^2}{\sigma L} = \frac{V^2}{\sigma/\rho L} \tag{1.61}$$

Weber 수 Wr는 F_i/F_σ의 제곱근으로 정의하므로 다음과 같다.

$$Wr = \frac{V}{\sqrt{\sigma/\rho L}} \tag{1.62}$$

모형과 원형에서 동역학적 상사를 확보하기 위해서는 다음 식을 만족시켜야 한다.

$$(Wr)_r = \frac{V_r}{\sqrt{\sigma_r/\rho_r L_r}} = 1 \tag{1.63a}$$

$$V_r = \sqrt{\sigma_r/\rho_r L_r} \tag{1.63b}$$

표 1.4는 지배하는 힘의 종류에 따라 확보되어야 할 동역학적 상사와 속도비와 수리모형별 작용하는 주된 흐름의 예를 요약한 것이다.

표 1.4 서로 다른 모형의 지배력과 속도비

지배력	무차원 수	속도비	주된 수리모형 예
중력	$Fr = \frac{V}{\sqrt{gL}}$	$V_r = g_r^{1/2} L_r^{1/2}$	개수로, 하천, 항만, 파랑, 여수로, 웨어, 감세지, 수로변환, 유사이송
점성력	$Re = \frac{\rho VL}{\mu}$	$V_r = \mu_r \rho_r^{-1} L_r^{-1} = \nu_r L_r^{-1}$	관수로, 수력 기계, 잠수함, 수중물체 주위흐름
압력	$Er = \frac{V}{\sqrt{p/\rho}}$	$V_r = p_r^{1/2} \rho_r^{-1/2}$	관수로내 공동현상, 터빈의 흡출관
탄성력	$Mr = \frac{V}{\sqrt{E_\forall/\rho}}$	$V_r = (E_\forall)_r^{1/2} \rho_r^{-1/2}$	빠른 흐름, 비행기, 로켓
표면장력	$Wr = \frac{V}{\sqrt{\sigma/\rho L}}$	$V_r = \sigma_r^{1/2} \rho_r^{-1/2} L_r^{-1/2}$	개수로 하천의 매우 느린 흐름, 모관파(표면장력파, capillary wave), 불포화 지하수 연구

(2) 모형화

본 소절에서는 여러 가지의 흐름에 대한 모형화 중 자유수면 흐름 모형화, 구조물과 파 운동 모형화, 하천과 홍수터 모형화에 대해 다룬다.

① 자유수면 흐름 모형화

하천이나 파의 운동과 같은 자유수면 흐름(free-surface flow)에서 중력의 영향은 지배적이므로 보통 모형과 원형의 상사는 다음과 같이 Froude 상사법칙을 적용한다.

$$(Fr)_p = (Fr)_m \tag{1.64}$$

중력 가속도가 원형과 모형에서 같다면 Froude 모형화는 다음 식을 의미한다.

$$V_r = L_r^{1/2} \tag{1.65}$$

여기서 주의해야 할 것은 모형속도가 $L_r > 1$에 대해 원형의 값보다 작고, 시간축척 $t_r = L_r^{1/2}$과 같다는 것이다.

Froude 모형화는 보통 마찰손실이 적고, 여수로, 웨어 위의 흐름, 교각을 통과하는 흐름과 같이 흐름이 빠른 난류에 사용된다. 또한 방파제(breakwater)나 선박 모형(shih models)과 같은 큰 파를 포함하는 연구에 사용된다. 주된 관심은 점성력에 의해 발생되는 축척 영향의 잠재성이다. 표면장력에 의해 발생되는 축척 영향은 특히 공기 연행이 발생될 때도 또 다른 관심이 된다.

② 구조물과 파 운동 모형화

수공 구조물과 파 운동에 대한 연구에서 중력의 영향은 보통 원형에서 현저하다. 흐름이 난류이므로 점성과 표면장력의 영향은 유속이 비교적 느리다면 원형에서 무시할 수 있다. 이와 같은 경우 Froude 상사법칙을 적용해야 하며, 다음과 같은 2가지 경제적인 방법을 선택하는 것이 필요하다.

1) 모형의 크기를 작게 하는 **기하학적 축척비**(geometric-scale ratio)를 선택한다.
2) 모형의 Reynolds 수는 가장 작은 모형 흐름에서 난류 거동을 구현하기에 충분한 크기가 확보되어야 한다.

③ 하천·홍수터 모형화

하천 모형화에서 중력의 영향과 점성의 영향은 기본적으로 같은 크기를 갖는다. 이들 예는 등류에서 중력 성분은 흐름 저항과 정확하게 평형을 이루고, 이 흐름조건은 연속 방정식과 운동량 방정식으로부터 유도된다. 실제에서 하천 모형은 식 (1.65)의 **Froude 상사법칙**에 의해 축소시키고 점성의 영향은 최소가 되도록 해야 된다. 모형의 흐름은 다음과 같이 가능한 한 원형의 상내조도와 같게 완선히 거진 난류가 되도록 하여야 된다.

$$Re_m > 5{,}000 \tag{1.66a}$$

$$(k_s)_r = L_r \tag{1.66b}$$

여기서 Reynolds 수는 동수반경(R_h)의 항으로 정의[$Re = (\rho V R_h)/\mu$]된다.

1) 비·왜곡모형

(가) 왜곡모형

왜곡모형(distorted model)은 **기하학적 축척**(geometric scale)이 각 주 방향 사이에 다른 물리적 모형이다. 이에 대한 예는 하천 모형이 보통 수직방향 축척비(Y_r)보다 수평방향 축척비(L_r)가 작은 비($L_r < Y_r$)로 설계되는 것을 들 수 있다. 축척 왜곡은 흐름 양상을 심하게 왜곡시키지 않으며 보통 좋은 결과 얻는다.

왜곡모형의 전형적인 예는 미공병단(US Army Crops of Engineers)에서 만든 Mississippi 모형이다. Mississippi 강 유역은 약 3.1×10^{6}km^{2}이고, 강의 길이는 거의 3,800km로 **야외 모형**(outdoor model)은 2,000:1의 축척으로 만들어졌다. 같은 축척비로 연직과 수평의 크기를 적용했다면 약 6m인 원형의 수심은 약 3mm인 모형 수심을 갖게 될 것이다. 이와 같이 수심이 작다면 표면장력과 점성 영향이 심하게 생길 것이므로 Mississippi 모형은 수평 축척 L_r=2,000과 연직 축적 Y_r=100인 왜곡 모형으로 만들어 전체 모형의 크기는 약 2km이다.

하천의 왜곡 모형은 식 (1.64)와 같은 Froude 상사법칙을 적용해 설계되며, Froude 수 축적비는 다음과 같이 연직 축척과 관계된다.

$$Fr_r = \frac{V_r}{Y_r^{1/2}} \tag{1.67}$$

(나) 비왜곡모형

비왜곡모형(undistoted model, 정상축척 모형)의 경우와 같이 왜곡모형의 흐름은 식 (1.66a)와 같이 난류이어야 하고, 원형의 경우와 같은 상대조도를 갖는 되도록이면 완전히 거친 난류로 다음과 식을 적용한다.

$$(k_s)_r = Y_r \tag{1.68}$$

왜곡 모형에 대한 Froude 상사법칙 식 (1.67)은 유속, 시간, 유량, 흐름방향 하상 경사의 축척비는 다음과 같다.

$$V_r = Y_r^{1/2}(\because Fr = \frac{V_r}{Y_r^{1/2}} = 1) \tag{1.69a}$$

$$t_r = \frac{L_r}{V_r} = \frac{L_r}{Y_r^{1/2}} \tag{1.69b}$$

$$Q_r = V_r L_r Y_r = Y_r^{3/2} L_r \tag{1.69c}$$

$$(\tan\theta)_r = \frac{Y_r}{L_r}[= (S_0)_r] \tag{1.69d}$$

여기서 θ는 수로바닥과 수평수로 사이의 각이다.

왜곡축척 모형을 설계할 때는 가능하면 작은 물리적 모형, 즉 수평축척 L_r을 크게 한다. 그 외에도 경제적이고 실제적인 이익측면에서 왜곡 모형은 비왜곡 모형에 비해 다음과 같은 유리한 점이 있다.

- 모형의 유속과 난류는 식 (1.69a)보다 크다.
- 시간 축척은 식 (1.69b)와 같은 크기로 줄일 수 있다.
- 모형의 Reynolds 수는 원형과 모형에서 동역학적 상사를 개선하기 때문에 커진다.
- 큰 연직 축척비($Y_r > L_r$)는 수심측정치에 큰 정확성을 갖는다.

실제적으로 모형 왜곡의 축척비$(Y_r/L_r)[= (1/10)/(1/50) = 5]$는 5~10 미만을 권장하고 있다.

2) 이동상 모형

이동상(movable-bed) 수리모형은 모형의 가장 어려운 종류 몇 개 중에 하나이며, 보통 이들 결과는 만족스럽지 못하다. 가장 어려운 것은 유사이송(sediment movement)과 유체 이동(fluid motion) 간의 축척에 있다. 게다가 하상 조도는 하상 지형(bed geometry)과 유사이송(sediment transport)의 함수이다. 일찍이 18세기에 영국의 River Mersey와 프랑스의 Seine River에 대한 이동상 모형 연구결과에서 유체 흐름을 지배하는 시간축척은 유사이송을 지배하는 시간축척과 다르다는 것을 제시하였다.

자유수면 흐름의 물리적 모형화는 대부분 Froude 상사법칙을 사용하여 수행된다. 유사이송을 갖는 경우에는 추가적인 매개변수가 도입되어야 한다.

㈎ 소류사 이송

실험연구와 차원해석은 소류사 이송의 발생이 다음과 같은 **무차원 한계소류력** 식에 의한 Shields 도표로부터 예측되는 것임을 알 수 있다.

$$\tau_{*c} = \frac{\tau_c}{\rho g (S_s - 1) d_s} = F'\left(\frac{\rho d_s u_*}{\mu}\right) \tag{1.70}$$

여기서 d_s =유사입자의 크기이고, S_s =유사입자의 상대밀도($=\rho_s/\rho$)이며, u_* =전단속도$[=(\tau_0/\rho)^{1/2}]$, τ_0 =하상 마찰(전단)응력$[=(f\rho V^2)/8]$, τ_{0c} =한계 하상 마찰(전단)응력이다.

소류사 이송의 완전한 모형과 원형 간의 상사성은 다음 식과 같을 때만 발생될 것이다.

$$(\tau_{*c})_m = (\tau_{*c})_p \tag{1.71a}$$

$$\left(\frac{\rho d_s u_*}{\mu}\right)_m = \left(\frac{\rho d_s u_*}{\mu}\right)_p \tag{1.71b}$$

Darcy-Weisbach 마찰계수 f의 함수인 **하상전단응력**$[=(f\rho V^2)/8]$과 Froude 상사법칙의 모형과 원형에 있어 Shields 매개변수의 상등(相等, equality)인 식 (1.71a)는 다음과 같이 각각 비왜곡모형과 왜곡모형에서 유사입자 크기의 축척비 $(d_s)_r$와 상대밀도의 축척비 $(S_s-1)_r$를 만족시켜야 함을 의미한다(Chanson, 2004).

$$(d_s)_r (S_s - 1)_r = L_r \tag{1.72a}$$

$$(d_s)_r (S_s - 1)_r = \frac{Y_r^2}{X_r} \tag{1.72b}$$

식 (1.72)는 유사입자 크기의 축척비가 모형입자의 상대밀도를 변화시킴으로써 기하학적 길이 축척비와 다르게 된다는 것을 의미한다.

Froude 상사법칙은 모형의 흐름저항이 다음과 같이 원형의 흐름저항과 비슷하게 된다는 것을 의미한다.

$$f_r = 1 \tag{1.73}$$

광폭수로와 평면하상인 왜곡 모형의 경우는 다음과 같다.

$$f_r = \frac{Y_r}{X_r} \tag{1.74}$$

만약 유사입자 크기 축척비 $(d_s)_r$이 기하학적 길이 축척비 L_r과 다르다면 하상 마찰저항의 축척비는 영향을 받게 될 것이다.

원형과 모형에 있어 전단 Reynolds 수의 상등은 비왜곡모형과 왜곡모형에서 각각 다음 식을 의미함을 뜻한다.

$$(d_s)_r = \frac{\mu_r}{\rho_r}\frac{1}{L_r^{1/2}} \tag{1.75a}$$

$$(d_s)_r = \frac{\mu_r}{\rho_r}\frac{X_r^{1/2}}{Y_r} \tag{1.75b}$$

식 (1.75)는 길이 축척비 $L_r > 1$에 대해 원형크기보다 큰 모형입자 크기가 필요하다. 이것은 대부분의 경우에서 받아들이지 못하며, 식 (1.71b)와 식 (1.75)는 실제에서 무시해야 된다.

(나) 소류사 이송률

단위폭당 소류사 이송률은 **그림 1.6의 소류사 저층**(bed-load layer) 특성(Julien, 2018)과 다음 식에 관계된다.

$$q_s = C_s \delta_s V_s \tag{1.76}$$

여기서 V_s=소류사 저층의 평균유사속도이고, C_s=소류사 저층 두께 δ_s 내의 평균 유사농도이다.

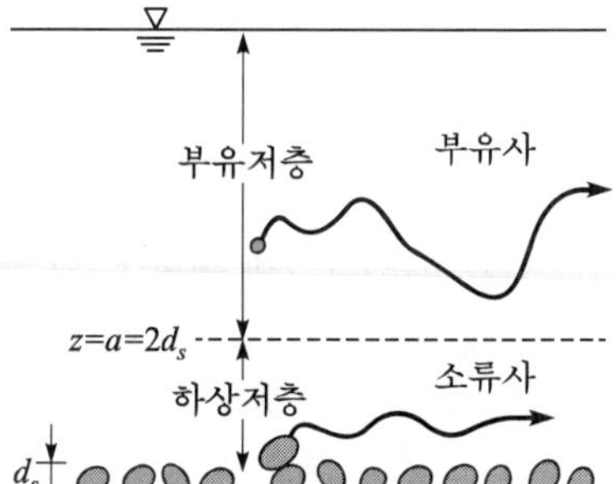

그림 1.6 소류사와 부유사의 도식적 정의

Nielsen(1992)의 기존 관계식을 사용하면 식 (1.71a)와 (1.72) 소류사 이송의 상사 조건은 비왜곡모형과 왜곡모형에서 각각 다음과 같다.

$$(q_s)_r = L_r^{1/2} \tag{1.77a}$$

$$(q_s)_r = \frac{Y_r}{X_r^{1/2}} \tag{1.77b}$$

소류사 이송의 상사성은 식 (1.71)이 잘 만족된다면 성취될 것이나 실제에서는 식 (1.71a)만이 성취될 수 있을 것이다. 식 (1.71a) 또는 식 (1.71b)를 만족시킨다면 소류사 이송의 상사성은 시작된 것이고, 소류사 이송률은 성취될 것이다.

소류사 모형에서 가장 중요한 점은 예측도구로 사용하기 전에 이동상 모형의 검정과 검증 작업을 수행하는 것이 필요하다.

예제 1.23

5km×5km인 항구의 왜곡모형을 사용하여 7.5m×7.5m의 실험실 공간에 만들려고 한다. 실험실에서 사용할 수 있는 대형 펌프는 유량 60L/s의 바닷물을 공급할 수 있다. 항만의 수심은 5.0m이고, 유량은 600m³/s이다. 다음 사항에 답하시오.

1. 수평 · 연직방향의 축척, 수평방향의 시간(time) · 동력 축척(power scale) 결정
2. 항만에서 10km/h의 속도에 상응하는 실험실 유속 결정

[풀이]

1. 수평·연직방향의 축척, 수평방향의 시간(time)·동력 축척(power scale) 결정

(1) 수평·연직방향의 축척 결정;

① 수평방향 길이 축척비를 구한다.

$$L_r = \frac{L_m}{L_p} = \frac{7.5}{5,000} = 0.0015 \tag{예1.23.1}$$

② 수평방향 유량 축척비를 구한다.

$$Q_{rh} = \frac{Q_m}{Q_p} = \frac{60}{600,000} = 0.0001 \tag{예1.23.2}$$

③ 연직방향 축척 비 Y_r을 식 (1.69c)를 이용해 다음과 같이 구한다.

$$Q_{rh} = L_r Y_r^{3/2} (= Y_r^{3/2} X_r) \tag{예1.23.3}$$

그러므로 $0.0001 = 0.0015\,Y_r^{3/2}$에서 $Y_r = (0.0001/0.0015)^{2/3} = (0.067)^{2/3} = 0.164$를 얻는다.

(2) 수평방향의 시간(time)·동력 축척(power scale) 결정

① 수평방향 시간 축척비는 식 (1.69b)으로부터 다음과 같이 구한다.

$$t_r = \frac{X_r}{V_r} = \frac{X_r}{Y_r^{1/2}} = \frac{L_r}{Y_r^{1/2}} = \frac{0.0015}{(0.164)^{1/2}} = 0.0037 \tag{예1.23.4}$$

② 수평방향 동력 축척비는 식 (1.11b)로부터 다음과 같이 구한다.

$$(P_W)_{rh} = \rho_r Q_{rh} V_r^2 (\leftarrow \rho_r = 1) = A_{rv} V_r^3 [= X_r Y_r V_r^3 (\leftarrow V_r = L_r^{1/2}) = L_r Y_r Y_r^{3/2}]$$
$$= L_r Y_r^{5/2} = 0.0015(0.164)^{5/2} = 16.34(10^{-6}) \quad (예1.23.5)$$

2. 항만에서 10km/h의 속도에 상응하는 실험실 유속 결정

(1) 속도 축척은 식 (1.69a)를 이용해 다음과 같이 구한다.

$$V_r\left(= \frac{V_m}{V_p} = \frac{V_m}{10}\right) = Y_r^{1/2}(= 0.164)^{1/2} \quad (예1.23.6)$$

(2) 그러므로 실험실의 유속 $V_m = V_p(Y_r^{1/2}) = 10(0.164)^{1/2} = 4.05\text{km/h}$이다.

예제 1.24

중력이 지배하는 수심 9.00m, 저폭 60.00m, 양측면 기울기[수직(V); 수평(H)=1:z)가 1:1.5인 사다리꼴 수로단면의 고정경계 하천(fixed-bed river)에서 조도계수는 0.024이다. 이 수로의 모형실험이 길이 축척비 L_r =1/200, 연직축척비 Y_r =1/80, 유량 축척비 Q_r =1/128,000으로 계획되었을 때 다음 사항에 답하시오【단, 유수 단면적(m^2), 윤변(m), 동수반경(m), 시간(분, min), 수평 · 연직(축적)비=소수 3자리 이하, 조도계수 · 비, 시간(축척)비 · 동수반경비=소수 4자리 이하, 면적(축척)비=소수 6자리 이하, 유량(축척)비=소수 8자리 이하 각각 버림 계산】.

1. 원형의 유수 단면적 계산
2. 모형의 수로 단면크기(수심, 저폭, 수면폭, 측면 저폭) 결정
3. 1과 2항에서 결정된 단면크기를 표시한 원형 · 모형의 단면도 작성(스케치)
4. 모형의 유수 단면적 계산
5. 면적비 계산
6. 동수반경비 계산
7. 모형의 조도계수 결정
8. 원형 1시간(h)에 상응한 모형의 시간(분, min) 결정

[풀이]

0. 주어진 조건과 수리특성 자료를 이용해 다음과 같은 예비 작업을 수행한다.

(1) 주어진 원형의 사다리꼴 수로단면은 측면 기울기[수직(V); 수평(H)=1:z)] z=1.5이고, 수심 h_p=9.00m이며, 저폭 b_p=60.00m, 측면 저폭 $b_{op}[=z h_p=1.5(9.00)]$=13.50m, 수면폭 $B_p[=b_p+2(b_{op})=60.00+2(13.50)]$=87.00m이다.

(2) 0(1)항 자료를 이용하여 3항 원형의 수로단면도를 작성하면 **그림 예1.24.1**과 같다.

1. 원형의 유수 단면적 계산

(1) 원형 사다리꼴 수로단면의 유수 단면적 A_p는 다음과 같이 계산한다.

(2) **그림 예1.24.1**에서 $A_p=(1/2)(B_p+b_p)h_p$ [=(1/2)(87.00+60.00)(9.00)]=$(b_p h_p+b_{op}h_p)$ [=(60.00×9.00)+(13.50×9.00)]=661.50m^2

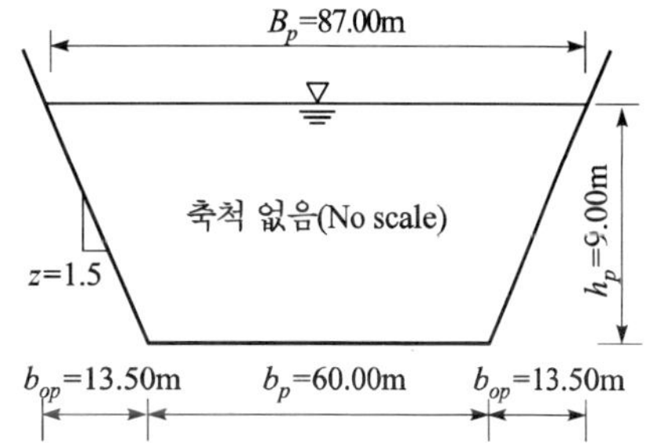

그림 예1.24.1 원형 사다리꼴 수로단면의 정의

2. 모형의 수로 단면크기(수심, 저폭, 수면폭, 측면 저폭) 결정

(1) 길이(수로폭) 축척비 $L_r=1/200$, 연직(수심) 축척비 $Y_r=1/80$을 적용해 결정한다.

(2) 수심 $h_m=Y_r h_p$=(1/80)(9.00)=0.11m

(3) 수면폭 $B_m=L_r B_p$=(1/200)(87.00)=0.43m

(4) 저폭 $b_m=L_r b_p$=(1/200)(60.00)=0.30m

(5) 측면 저폭 $b_{om}=L_r b_{op}=(1/200)(13.5)$=0.06m

3. 1과 2항에서 결정된 단면크기를 표시한 원형·모형의 단도면 작성(스케치)

(1) 원형의 수로 단면도는 0항에서 **그림 예1.24.1**과 같이 작성하였다.

(2) 모형의 수로 단면도는 2항에서 구한 수리특성 값을 이용해 **그림 예1.24.2**와 같이 작성한다.

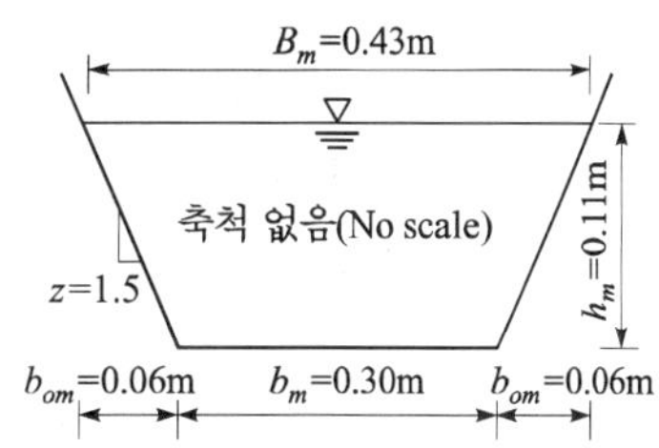

그림 예1.24.2 모형 사다리꼴 수로단면의 정의

4. 모형의 유수 단면적 계산

(a) 모형 사다리꼴 수로단면의 유수 단면적 A_m은 다음과 같이 계산한다.

(b) **그림 예1.24.2**에서 $A_m=(1/2)(B_m+b_m)h_m$[=(1/2)(0.43+0.30)(0.11)]=$(b_m h_m+b_{om}h_m)$ =(0.30×0.11)+(0.06×0.11)=0.03m^2

5. 면적비 계산

(1) 면직비 $A_r(=A_m/A_p)=L_r Y_r$로 구한다.

(2) ∴ $A_r=L_r Y_r$ =0.005(0.0125)=0.00006=1/16,666

6. 동수반경비 계산

(1) 동수반경비 $R_{hr}=R_{hm}/R_{hp}$이고, 원형의 동수반경 $R_{hp}=A_p/P_p$이며, 모형의 동수반경 $R_{hm}=A_m/P_m$이다.

(2) 원형과 모형의 유수단면적은 1항과 4항에서 구했으므로 여기서는 윤변만 구하면 다음과 같다.

① 원형의 윤변 $P_p=(b_p+2\sqrt{h_p^2+b_{0p}^2})=60.0+2\sqrt{9.0^2+13.5^2}$ =92.44m이다.

② 모형의 윤변 $P_m=(b_m+2\sqrt{h_m^2+b_{0m}^2})=0.30+2\sqrt{0.11^2+0.06^2}$=0.55m이다.

(3) 원형의 동수반경 $R_{hp}=A_p/P_p$=661.50/92.44=7.15m, 모형의 동수반경 $R_{hm}=A_m/P_m$ =0.0396/0.55=0.07m이다.

(4) ∴동수반경비 $R_{hr}=R_{hm}/R_{hp}$=0.07/7.15=0.009

7. 모형의 조도계수 결정

(1) 모형의 조도계수 결정을 위해 식 (1.4)의 유속비 관계로부터 Manning 평균유속 공식(Manning, 1889)을 이용한다.

$$V_p=\frac{1}{n_p}R_{hp}^{2/3}S_{0p}^{1/2},\ V_m=\frac{1}{n_m}R_{h_m^{2/3}}S_{0m}^{1/2}\rightarrow V_r=\frac{V_m}{V_p}=\frac{1}{n_r}R_{hr}^{2/3}S_{0r}^{1/2}\left(\leftarrow S_{0r}=\frac{Y_r}{L_r}\right)$$

$$\therefore\ V_r=\frac{1}{n_r}R_{hr}^{2/3}L_r^{-1/2}Y_r^{1/2} \qquad (예1.24.1)$$

① 식 (예1.24.1)을 이용해 유량 비를 유도하면 다음과 같다.

$$Q_r=A_rV_r=L_rY_rV_r=L_rY_r\left(\frac{1}{n_r}R_{hr}^{2/3}L_r^{-1/2}Y_r^{1/2}\right)$$

$$=\frac{1}{n_r}R_{hr}^{2/3}L_r^{1/2}Y_r^{3/2} \qquad (예1.24.2)$$

② 식 (예1.24.2)의 유량비를 이용해 모형의 조도계수 비를 구하면 다음과 같다.

$$Q_r=\frac{1}{n_r}R_{hr}^{2/3}L_r^{1/2}Y_r^{3/2}=\frac{1}{n_r}(0.009)^{2/3}\left(\frac{1}{200}\right)^{1/2}\left(\frac{1}{80}\right)^{3/2}=4.275\times10^{-6}\frac{1}{n_r}$$

$$\therefore\ n_r\left(=\frac{n_m}{n_p}\right)=4.275\times10^{-6}/Q_r=(4.275\times10^{-6})/\left(\frac{1}{128{,}000}\right)$$

$$=4.275\times10^{-6}(128{,}000)=0.547$$

$$[\text{또는 } 4.275\times10^{-6}/0.0000078=0.538] \qquad (예1.24.3)$$

(2) 그러므로 식 (예1.24.3)을 이용하면, 모형의 조도계수 $n_m=n_rn_p=0.547(0.024)$=0.013[또는 0.538(0.024)=0.012]이다.

(3) 모형의 조도계수[n_m=0.013(또는 0.012)]는 원형의 조도계수(n_p=0.024) 보다 작아야 하는데, 본 예제의 경우는 이 관계[n_m=0.013(또는 0.012)$<n_p$=0.024⇒만족]를 충족시킨다.

8. 원형 1시간(h)에 상응한 모형의 시간(min) 결정

(1) 식 (1.5a)를 이용해 시간 축척비를 구하면 다음과 같다.

$$T_r\left(=\frac{T_m}{T_p}\right)=\frac{L_r}{V_r}\left(\leftarrow V_r=\frac{Q_r}{L_rY_r}\right)=\frac{L_r^2Y_r}{Q_r}=\frac{(1/200)^2(1/80)}{(1/128{,}000)}(=0.04)=\frac{1}{25} \qquad (예1.24.4)$$

(2) 식 (예1.24.4)로부터 $T_m=T_r/T_p$=0.04/1=0.04h=2.4분(min)이다. 즉, 원형에서의 1시간은 모형에서 2.4분(min)에 상응하는 시간이다.

예제 1.25

저폭 50m, 수심 5m, 양측면 기울기[수직(V); 수평(H)=1:z] 1:2, 조도계수 0.025인 고정경계 하천의 사다리꼴 수로단면에 물이 흐르고 있다. 이 수로의 모형실험은 수평 축척 1/100, 연직 축척 1/20, 유량 축척 1/7,142로 계획할 때 다음 사항에 답하시오【단, 유수 단면적(m^2), 윤변(m), 동수반경(m), 시간(분), 수평 · 연직(축척)비=소수 3자리 이하, 조도계수 · 비, 시간(축척)비 · 동수반경비=소수 4자리 이하, 면적(축척)비=소수 6자리 이하, 유량(축척)비=소수 7자리 이하 각각 버림 계산】.

1. 원형의 유수 단면적 계산
2. 모형의 수로 단면크기(수심, 수면폭, 저폭) 결정
3. 1과 2항에서 결정된 단면크기를 표시한 원형 · 모형의 단도면 작성(스케치)
4. 모형의 유수 단면적 계산
5. 면적비 계산
6. 동수반경비 계산
7. 모형의 조도계수 결정
8. 원형 1시간(h)에 상응한 모형의 시간(min) 결정

[풀이]

0. **[예제 1.24]**를 참조하여 주어진 자료를 이용해 다음과 같은 예비 작업을 수행한다.
   (1) 원형의 수로단면은 측면 기울기[V;H=1:z)] z=2.0, 수심 h_p=5.00m, 저폭 b_p=50.00m, 측면 저폭 $b_{op}[=zh_p$=2.0(5.00)]=10.00m, 수면폭 $B_p[=b_p+2(b_{op})$=50.00+2(10.00)] =70.00m이다.
   (2) 0(1)항 자료를 이용, 3항 원형 수로단면을 작성하면 **그림 예1.25.1**과 같다.

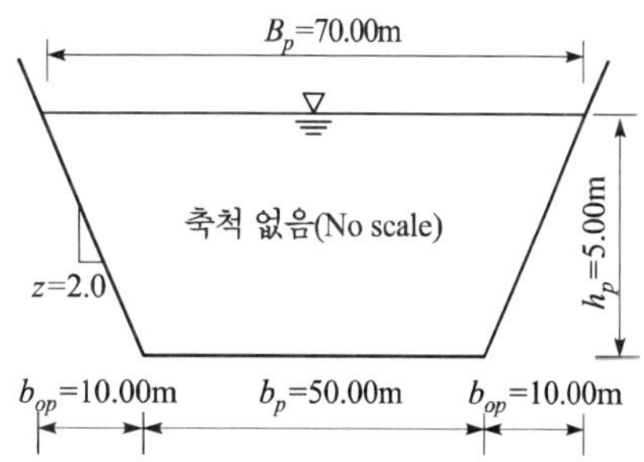

그림 예1.25.1 원형 수로단면의 정의

1. 원형의 유수 단면적 계산
   (1) 원형의 유수 단면적 A_p는 다음과 같다.
   (2) **그림 예1.25.1**에서 $A_p=(1/2)(B_p+b_p)h_p$
   [=(1/2)(70.00+50.00)(5.00)]=$(b_ph_p+b_{op}h_p)$
   [=(50.00× 5.00)+(10.00×5.00)]=300.00m^2

2. 모형의 수로 단면크기(수심, 저폭, 수면폭, 측면 저폭) 결정
   (1) 길이(수로폭) 축척 L_r=1/100=0.01, 연직(수심) 축척 Y_r=1/20=0.05을 적용해 결정한다.
   (2) 수심 $h_m=Y_rh_p$=(1/20)(5.00)=0.25m
   (3) 수면폭 $B_m=L_rB_p$=(1/100)(7.00)=0.70m
   (4) 저폭 $b_m=L_rb_p$=(1/100)(50.00)=0.50m

(5) 측면 저폭 $b_{om} = L_r b_{op}$=(1/100)(10.00)=0.10m

3. 1과 2항에서 결정된 단면크기를 표시한 원형·모형의 단도면 작성(스케치)
   (1) 원형의 수로 단면도는 0항에서 **그림 예1.25.1**과 같이 작성하였다.
   (2) 모형의 수로 단면도는 2항에서 구한 수리특성값을 이용, **그림 예1.25.2**와 같이 작성한다.

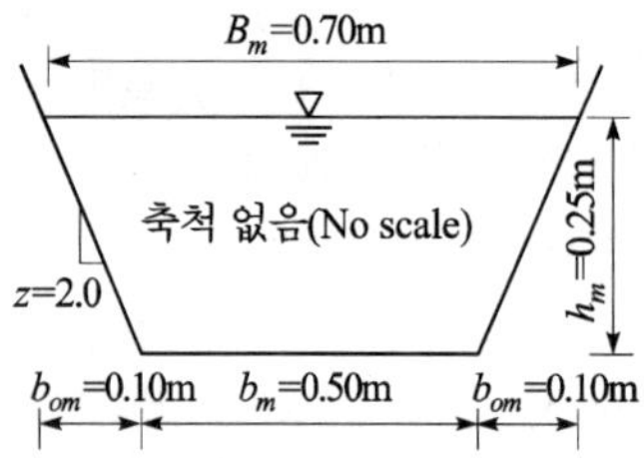

그림 예1.25.2 모형 사다리꼴 수로단면의 정의

4. 모형의 유수 단면적 계산
   (a) 모형 사다리꼴 수로단면의 유수 단면적 A_m은 다음과 같이 계산한다.
   (b) **그림 예1.25.2**에서 $A_m = (1/2)(B_m + b_m)h_m$[=(1/2)(0.70+0.50)(0.25)]=$(b_m h_m + b_{om} h_m)$
   =(0.50×0.25)+(0.10×0.25)=0.15m^2

5. 면적비 계산
   (1) 면적비 $A_r (= A_m / A_p) = L_r Y_r$로 구한다.
   (2) ∴ $A_r = L_r Y_r$ =0.01(0.05)[$= A_m / A_p$=0.15/300.00]=0.0005=1/2,000

6. 동수반경비 계산
   (1) 동수반경비 $R_{hr} = R_{hm} / R_{hp}$이고, 원형의 동수반경 $R_{hp} = A_p / P_p$이며, 모형의 동수반경 $R_{hm} = A_m / P_m$이다.
   (2) 원형과 모형의 유수 단면적은 1항과 4항에서 구했으므로 여기서는 윤변만 구하면 다음과 같다.
      ① 원형의 윤변 $P_p = (b_p + 2\sqrt{h_p^2 + b_{0p}^2}) = 50.00 + 2\sqrt{5.00^2 + 10.00^2}$ =72.36m이다.
      ② 모형의 윤변 $P_m = (b_m + 2\sqrt{h_m^2 + b_{0m}^2}) = 0.50 + 2\sqrt{0.25^2 + 0.10^2}$ =1.03m이다.
   (3) 원형의 동수반경 $R_{hp} = A_p / P_p$=300.00/72.36=4.14m, 모형의 동수반경 $R_{hm} = A_m / P_m$=0.15/1.03=0.14m이다.
   (4) ∴동수반경비 $R_{hr} = R_{hm} / R_{hp}$=0.14/4.14=0.033

7. 모형의 조도계수 결정
   (1) 모형의 조도계수 결정은 식 (예1.24.3)을 참조하여 다음과 같이 구한다.
   (2) $Q_r = \frac{1}{n_r} R_{hr}^{2/3} L_r^{1/2} Y_r^{3/2} = \frac{1}{n_r}(0.033)^{2/3}\left(\frac{1}{100}\right)^{1/2}\left(\frac{1}{20}\right)^{3/2}$ =1.15×10^{-4} $\frac{1}{n_r}$

$$\therefore\ n_r\left(=\frac{n_m}{n_p}\right) = 1.15\times10^{-4}/Q_r = (1.15\times10^{-4})/\left(\frac{1}{7{,}142}\right)$$

$$= 1.15\times10^{-4}(7{,}142) = 0.821 \qquad \text{(예1.25.1)}$$

   (3) 그러므로 식 (예1.25.1)을 이용하면, 모형의 조도계수 $n_m = n_r n_p$=0.821(0.025)=0.020이다.

(4) 모형의 조도계수(n_m=0.020)는 원형의 조도계수(n_p=0.025) 보다 작이야 하는데, 본 예제의 경우는 이 관계[n_m=0.020 < n_p=0.025⇒만족]를 충족시킨다.

8. 원형 1시간(h)에 상응한 모형의 시간(min) 결정

(1) 식 (1.5a)를 이용해 시간 축척비를 구하면 다음과 같다.

$$T_r\left(=\frac{T_m}{T_p}\right)=\frac{L_r}{V_r}\left(\leftarrow V_r=\frac{Q_r}{L_r Y_r}\right)=\frac{L_r^2 Y_r}{Q_r}=\frac{(1/100)^2(1/20)}{(1/7,142)}=0.035(=\frac{1}{28}) \quad \text{(예1.25.2)}$$

(2) 식 (예1.25.2)로부터 $T_m = T_r / T_p$=0.035/1=0.035h=2.1분(min)이다. 즉, 원형에서의 1시간은 모형에서 2.1분에 상응하는 시간이다.

예제 1.26

연직수문의 모형에서 수평축척 1/200, 연직축척 1/50의 왜곡모형으로 조절장치(regulator)를 만들었다. 다음 사항에 답하시오.

1. 원형 유량 12.0m³/s일 때 모형의 유량 계산
2. 40초 동안 유체입자가 수평거리를 이동했을 때 상응하는 원형의 시간 계산
3. 모형의 힘이 441N일 때 원형의 수문에 작용하는 힘 계산

[풀이]

1. 원형 유량 12.0m³/s일 때 모형의 유량 계산

(1) 수평방향·연직방향 길이 축척비는 각각 $L_r = 1/200$, $Y_r = 1/50$이다. 수평방향 축척 비 L_r과 식 (1.69c)를 이용해 유량 축척비를 다음과 같이 구한다.

$$Q_{rh}\left(=\frac{Q_m}{Q_p}\right)=A_{r_v} V_r = L_r Y_r^{3/2}=\frac{1}{200}\left(\frac{1}{50}\right)^{3/2}=1.41\times 10^{-6} \quad \text{(예1.26.1)}$$

(2) 식 (예1.26.1)을 이용해 $Q_{rh} = Q_m / Q_p$, $Q_m = Q_{rh}\, Q_p [= 14.1\times 10^{-6}(12\times 10^3)] = 0.169\text{L/s}$이다.

2. 40초 동안 유체입자가 수평거리를 이동했을 때 상응하는 원형의 시간 계산

(1) 수평방향 시간 축척비는 식 (1.69b)로부터 다음과 같이 구한다.

$$t_r\left(=\frac{t_m}{t_p}\right)=\frac{L_r}{V_r}=L_r Y_r^{-1/2}[=\frac{1}{200}\left(\frac{1}{50}\right)^{-1/2}=35.35(\times 10^{-3})]$$

$$=\frac{L_r}{Y_r^{1/2}}=\frac{0.005}{(0.02)^{1/2}}=\frac{0.005}{0.1414}=0.03535 \quad \text{(예1.26.2)}$$

(2) 그러므로 $t_r = t_m / t_p$에서 $t_p = t_m / t_r = 40/(35.35\times 10^{-3}) = 1.131(10^3)\text{s}$ =18.8min(분)이다.

3. 모형의 힘이 441N일 때 원형의 수문에 작용하는 힘 계산

(1) 힘의 수평방향 축척비는 식 (1.10)을 이용해 다음과 같이 구한다.

$$F_{rh}\left(=\frac{F_m}{F_p}\right)=\rho_r Q_{rh} V_r(\leftarrow\rho_r=1)=L_r Y_r V_r^2=L_r Y_r^2 \quad \text{(예1.26.3)}$$

$$=\left(\frac{1}{200}\right)\left(\frac{1}{50}\right)^2=2\times10^{-6}$$

(2) 식 (예1.26.3)으로부터 원형의 힘 $F_p=F_m/F_{rh}=441/(2\times10^{-6})=220.5\text{MN}$이다.

예제 1.27

최대유량 30,000m^3/s이고 Manning 조도계수가 0.04인 광폭 하천(wide river)의 모형을 만들었다. 모형에서 최대유량은 105L/s이다. 다음 사항에 답하시오

1. 연직 축척이 수평축척의 5배일 때 수평·연직축척 산정
2. 모형 유속이 0.03m/s에 상응하는 하천 유속 계산
3. 모형의 Manning 조도계수 결정

[풀이]

1. 연직 축척이 수평축척의 5배일 때 수평·연직축척 산정

(1) Manning의 평균유속 V는 다음 식으로 구한다.

$$V=\frac{1}{n}R_h^{2/3}S_0^{1/2} \quad \text{(예1.27.1)}$$

여기서 n=조도계수이고, R_h=광폭 하천에서 수심과 같은 동수반경이며, S_0=하상의 경사이다.

(2) 광폭 하천에 대한 동수반경은 수심과 같으므로 $R_{hr}=Y_r$이므로 다음 식을 얻는다.

$$Y_r=5L_r(L_r=Y_r/5) \quad \text{(예1.27.2)}$$

(3) 수평방향 축척 비 L_r과 식 (1.69c)를 이용해 유량 축척비를 다음과 같이 구한다.

$$Q_{rh}\left(=\frac{Q_m}{Q_p}=\frac{0.105}{3\times10^4}\right)(=3.5\times10^6)=A_{rh}V_r=L_rY_r^{3/2}=\frac{Y_r^{5/2}}{5} \quad \text{(예1.27.3a)}$$

$$(3.5\times10^6)=\frac{Y_r^{5/2}}{5}\Rightarrow Y_r=\frac{1}{80}(=0.0125) \quad \text{(예1.27.3b)}$$

2. 모형 유속이 0.03m/s에 상응하는 하천 유속 계산

(1) 식 (예1.27.3b)에서 연직축척 $Y_r=1/80$이고, 식 (예1.27.2)로부터 수평방향 축척 비 $L_r=Y_r/5=(1/80)/5=1/400$이므로 속도비는 다음과 같이 구한다.

$$V_r\left(=\frac{V_m}{V_p}\right)=Y_r^{1/2} \quad \text{(예1.27.4)}$$

(2) 식 (예1.27.4)로부터 원형의 유속 $V_p = V_m / V_r = 0.03/(1/80)^{1/2} = 0.03/0.111 = 0.27\text{m/s}$ 이다.

3. 모형의 Manning 조도계수 결정

(1) 식 (예1.27.1)의 Manning 공식을 이용하면 유속비는 다음과 같이 구할 수 있다.

$$V_r = \frac{1}{n_r} Y_r^{2/3} S_{0r}^{1/2} = \frac{1}{n_r} Y_r^{2/3} \frac{Y_r^{1/2}}{L_r^{1/2}} \quad (\text{예}1.27.5)$$

(2) 식 (예1.27.5)에 속도비 $V_r = Y_r^{1/2}$을 대입하여 조도계수비에 관한 다음 식을 얻을 수 있다.

$$n_r = \frac{Y_r^{2/3}}{L_r^{1/2}} \left(\leftarrow 1 = \frac{1}{n_r} Y_r^{2/3} \frac{1}{L_r^{1/2}} \right) \quad (\text{예}1.27.6)$$

(3) 식 (예1.27.6)에서 $n_r (= n_m / n_p) = Y_r^{2/3} / L_r^{1/2} = (1/80)^{2/3} / (1/400)^{1/2} = 1.076$ 이다. 모형의 조도계수 $n_m = n_r n_p = 1.076(0.04) = 0.043$으로 원령의 $n_p(=0.04)$보다 크다.

(4) 그러므로 축척을 크게 하여 재 산정해야한다. 길이축척 $L_r = Y_r/5$보다 큰 $L_r = Y_r/4$로 하면 다음과 같다.

① 길이축척 $L_r = Y_r/4$로 하여 조도계수비를 다시 계산한다.

$L_r = Y_r/4 = (1/80)/4 = 1/320$

$$n_r = \frac{Y_r^{2/3}}{L_r^{1/2}} = \left(\frac{1}{80}\right)^{2/3} / \left(\frac{1}{320}\right)^{1/2} = 0.0538/0.0559 = 0.978$$

② ∴ 모형의 조도계수 $n_m = (0.978)(0.04) = 0.039 [< n_p = 0.04$ ∴ OK]로 한다.

물리적 수리모형(physical hydraulic model)은 구조물의 안전 조작(safe operation)을 보장하고, 구조물의 최적화를 도출하기 위한 홍수위(flood stage) 설계에 일반적으로 사용된다. 더 나아가 이는 **의사결정**(decision making) 과정 중에 토목공학 전공자가 아닌 비전공자들에게 도움을 주기 위해 중요한 역할을 한다. 이와 같이 수리모형은 적합한 설계를 결정하기 전에 흐름 장을 도식화하고, 가시화하기 위한 의사결정자에게 도움을 주게 된다.

토목공학의 응용에서 물리적 수리모형의 실용화 예는 보통 **그림 1.7**과 같이 기본블록, 중간블록과 근고블록 등 여러 개의 블록을 조합하여 시설물을 만든다. **그림 1.8**은 **그림 1.7**의 기본블록과 요소블록(근고블록)을 이용해 친수공간 조성을 위한 원형(prototype) **실제 구조물**(full-scale structure)의 예이다. 이 구조물이 현장에 시설물로 설치되기 위해서는 현장 적용성은 물론, 안정성을 확보해야 하므로 이에 대한 검증을 과정이 필요하다. 이와 같은 과정에서 수리모형실험이 **그림 1.9**와 같이 **Froude 상사법칙**을 적용한 소형의 모형을 제작하여 수행(smaller-size representation)된다.

요소 블록을 이용한 해수유통 시설물의 수리모형실험과 현장실험에 관한 내용은 제4장 【4.1.2(2)2)】에서 상세히 다룬다.

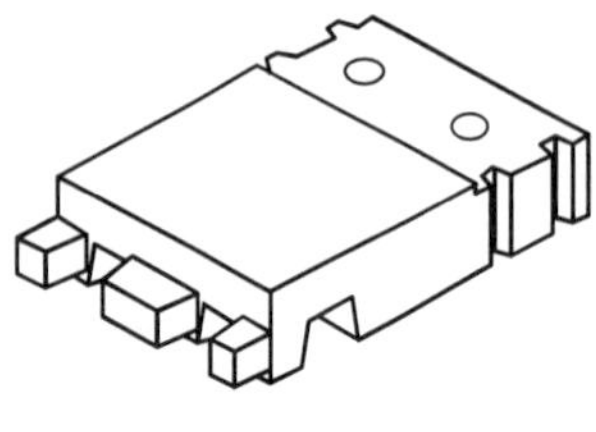

ⓐ 기본블록

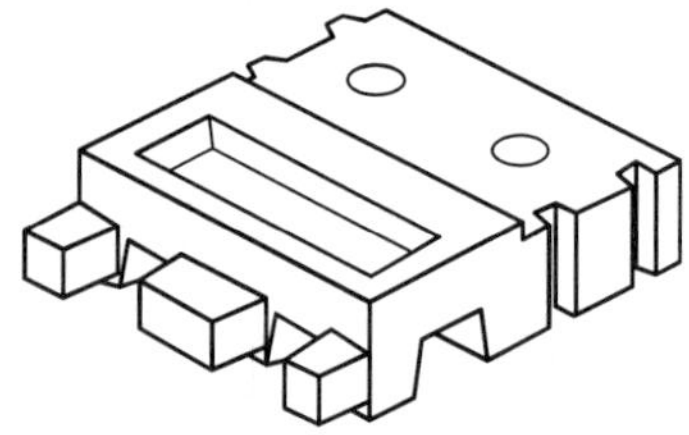

ⓐ 기본블록

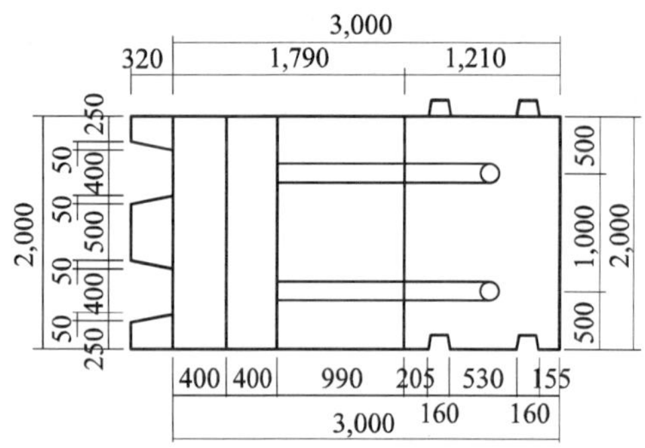

ⓑ 정면도(완경사, 1:2.6)

(a) 완경사용 기본블록

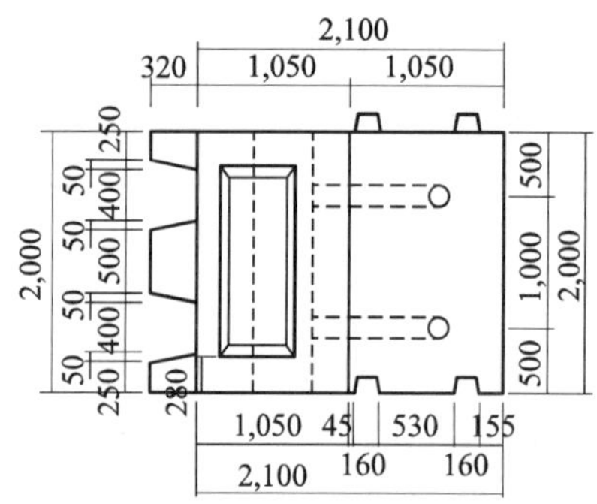

ⓑ 평면도(급경사, 1:1.5)

(b) 급경사용 기본블록

그림 1.7 친수공간 조성용 해수유통 시설물의 기본블록

(a) 해수유통 외해 시설물

(b) 친수 공간 조성 구조물

그림 1.8 요소블록(근고블록) 이용 시설물의 축조 예

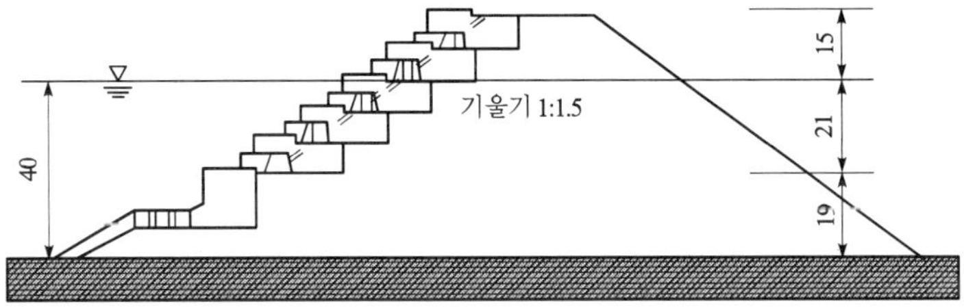

ⓐ 급경사 설치

ⓑ 실험용 요소블럭

(a) 1:1.5 급경사 실험

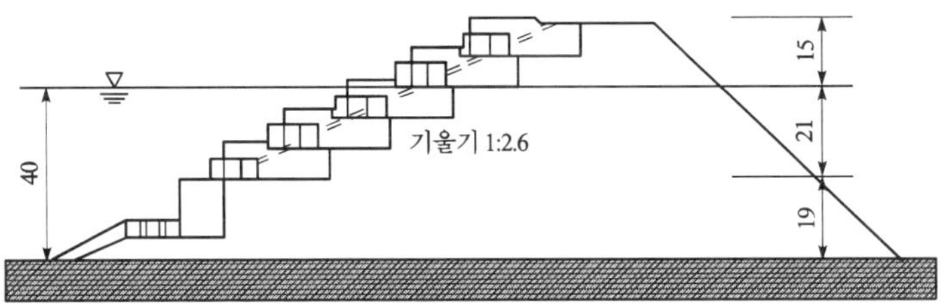

ⓐ 완경사 설치

ⓑ 실험용 요소블럭

(b) 1:2.6 완경사 실험

그림 1.9 요소블록을 이용한 수리모형실험

1.3.3 안정 해석

상사법칙에 근거한 모형실험의 수행과 그와 관련된 연구를 통한 과정 중에 축조 대상 수공구조물의 안정해석·검토는 필수적이다. 이들 안정해석에는 활동 안정(sliding stability)과 전도 안정(overturning stability), 지지력 안정(bearing stability)에 대한 해석이 수행되어야 하며, 다음 사항을 고려·검토하여야 한다.

(1) 설계기준

안정해석은 대상 구조물의 특성에 따라 그 설계기준이 상이하므로 해당 기준을 참조하여 검토하여야 한다. 본 소절에서는 안정해석 방법의 개념적인 이해를 돕기 위해 댐 설계기준(KDS 54 00 00 : 2022) 중 콘크리트 중력댐(KDS 54 50 00 ; 2022)(환경부, 2022)을 선정하여 예제를 통해 설명하고자 한다.

- 안정해석에 관해서는 "콘크리트 중력댐(KDS 54 50 00 ; 2022)(환경부, 2022) 4.2.1 콘크리트중력댐 단면설계(1)②~③"의 다음과 같은 내용을 참조한다.

【② 댐의 안정에 관해서는 전도(轉倒), 활동(滑動), 제체 콘크리트와 기초암반에 작용하는 응력(working stress)이 이들의 허용응력을 초과하지 않는 등의 3가지 조건을 만족해야 한다.

③ 단면의 안정조건은 다음과 같은 3가지 조건을 만족하도록 결정한다.

가. 전도에 대한 안정 : 수위, 하중조합의 모든 조건하에서 제체 바닥면의 연직응력이 압축방향이 되도록 설계하여야 하며, 자중 및 외력의 합력이 제체 수평단면의 중앙 1/3 내에 들어가야 한다.

나. 활동에 대한 안정 : 수위, 하중조합의 모든 조건하에서 필요한 저항력을 갖도록 설계하여야 하며, 전단마찰 안전율이 4 이상을 만족해야 한다.

다. 지지력에 대한 안정 : 댐 제체 내에 발생하는 콘크리트의 압축응력 및 인장응력은 제체에 사용된 콘크리트의 허용응력을 초과하지 않아야 하고, 댐체와 기초가 맞닿은 부위에서의 지반지지력은 기초지반의 허용지지력을 초과하지 않아야 한다.】

(2) 댐의 안정 개념

중력 댐의 안정에 대한 주요 개념은 전수압(hydrostatic force)과 댐체의 중량이다. 댐 설계·해석에서 안정에 관한 3가지 검토사항 중 방지 중요대책(imperative to prevent)은 적어도 주요 2가지 개념은 댐의 전도(dam overturning or toppling)와 콘크리트 댐 기초의 인장균열(tension crack at concrete dam base)이다. 첫 번째 댐의 전도는 합력이 댐의 기초를 통과해야 한다. 두 번째 기초 인장 균열은 **그림 1.11**(a), (b)(Julien, 2022)와 같이 합력이 댐 기초 T의 중앙 1/3을 통과해야 하고, 보강(reinforcement) 없이 콘크리트 댐 기초 내 인장 방지(prevent tension)를 위해 더 제한적이다. **그림 1.10**(c)와 같이 합력(=순연직력=반력) F_V가 기초 T의 중앙 1/3 밖에 위치할 때 인장균열이 기초에 발생할 수 있다.

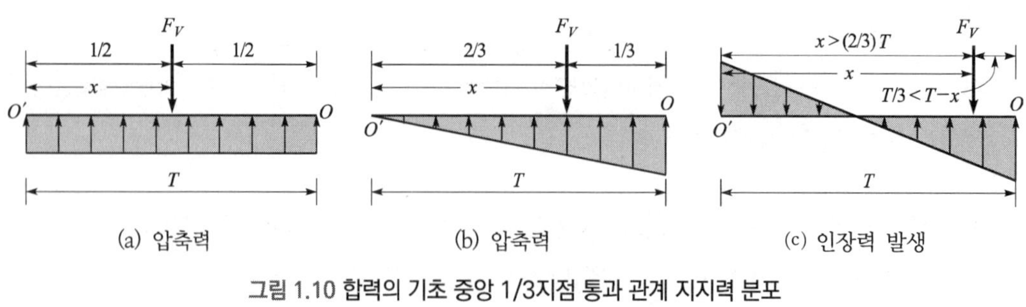

그림 1.10 합력의 기초 중앙 1/3지점 통과 관계 지지력 분포

(3) 해석 예

댐의 안정해석은 설계기준에서 제시하고 있는 것과 같이 전도·활동·지지력에 대해 검토하여 그 기준을 충족시켜야 한다. 다음의 두 예제는 전도에 대한 안정검토를 주로 다루고, 활동과 지지력에 대한 안정 검토 예는 이전 교과과정의 7.3.1(3)(이종석, 2022a)에서 상세히 설명하였으므로 해당 내용과 설계기준을 참조한다.

예제 1.28

그림 예1.28.1과 같이 수심 h=30m, 삼각형 제체의 폭 T=36m인 연직 전면벽 중력식 댐에 대한 다음 사항에 답하시오(단, 콘크리트의 비중 S_c=2.4이다.).

1. 댐의 단위길이당 전도에 대한 안정 검토

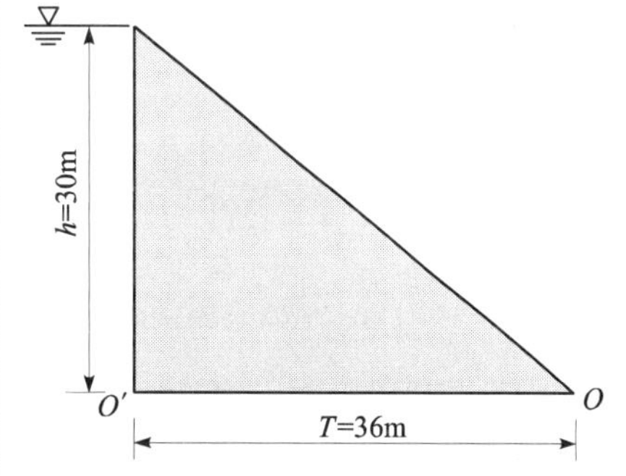

그림 예1.28.1 연직 전면벽의 중력식 댐

[풀이]

1. 댐의 단위길이당 전도에 대한 안정 검토

(1) 전도에 대한 안정 검토를 위해 그림 예1.28.2와 같이 자유물체도(free body diagram)를 작성하고 해석에 필요한 합력과 모멘트 등의 분석요소를 결정한다.

① 전수압과 무게 계산

1) 연직평면에 작용하는 전수압의 수평력 F_H 계산

$F_H = \gamma_w h_G A$[$\leftarrow h_g = h/2$, $A = hL$ ($\leftarrow L$=1m)$=h$]

$= \frac{1}{2}\gamma_w h^2 = 0.5(9,800)(30^2)$

=4,414.5kN/m (=4,414.5kN)

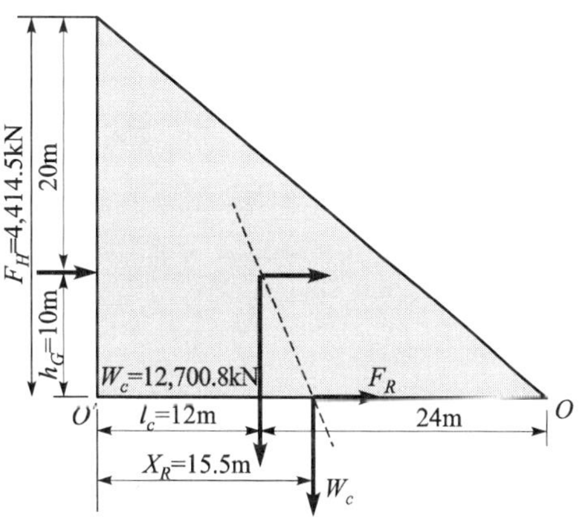

그림 예1.28.2 자유물체도

2) 중력식 댐인 콘크리트 삼각형 댐체의 무게 $W_c(=F_v)$ 계산

$W_c = \gamma_c L A_c$[$\leftarrow L$=단위 댐 길이, $A_c = (1/2)\,Th$; 댐의 단면적, T=댐 저면 폭]

=23,520(1)(0.5×36×30)=12,700.8kN

② 댐의 수평력 작용점 위치 계산; 기초 $0'-0$에서의 거리 h_G=(1/3)h=30/3=10m

전도 모멘트(overturning moment) 계산; $\Sigma M_{O'}$=0; $\Sigma M_{O'}=W_c l_c+F_H h_G$($\leftarrow l_c=T/3$ =36/3=12m)

③ 기초 합력의 연직성분(댐 무게=반력 F_V) 작용(통과)점;

$$\Sigma M_{O'}=0;\ \Sigma M_{O'}=F_V\times X_R+F_H\times 0\ \therefore X_R=\Sigma M_{O'}/F_V=\frac{196{,}554.6\text{kN m}}{12{,}700.8\text{kN}}=15.5\text{m}$$

(2) 합력의 작용점 기초 중앙 1/3(T/3)[삼각형분포 반력의 O'점에서 도심거리]통과 확인

T/3[기초 중앙 1/3(T/3)=36/3=]12m < (X_R=)16.5m < (2T/3=)24m

예제 1.29

그림 예1.29.1과 같이 수심 h=28m이고, 전면벽이 $y=kx^2$의 포물선인 콘크리트 중력식 댐의 마루폭 B=6m, 저면 폭 T=34m일 때 다음 사항에 답하시오(단, 콘크리트의 비중 S_c =2.4이고, 뒷면의 기울기 V:H=1:0.5이다).

1. 댐의 단위길이당 전도에 대한 안정 검토 수행

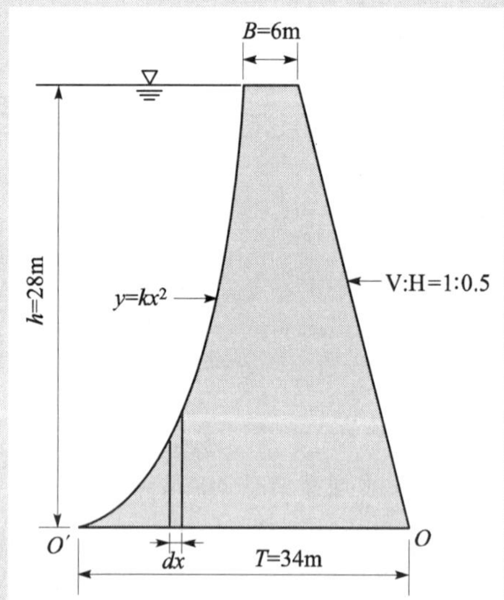

그림 예1.29.1 곡선 전면벽의 중력식 댐

[풀이]

1. 댐의 단위길이당 전도에 대한 안정 검토 수행

(1) 그림 예1.29.2와 같이 댐을 a, b, c, d로 구분하고, 안정 검토에 필요한 전수압과 무게 등을 계산한다.

① 연직평면에 작용하는 전수압의 수평력과 작용점은 다음과 같이 계산한다.

$$F_H=\gamma_w h_G A=\frac{1}{2}\gamma_w h^2=0.5(9{,}800)(28^2)=3{,}841{,}600\text{kN/(m)},\ h_c=h/3=28/3=9.33\text{m}$$

② 포물선 2차함수식의 계수 k를 다음과 같이 결정한다.

$y=kx^2$[←k=상수, $x=T_1$=14m, $y(=h)$=28m], 28=k(14)^2 ∴k=1/7

③ 포물선 내부(◸)(parabola inside)(2차 함수, quadratic function)]의 면적과 무게를 다

음과 같이 계산한다.

$A_a = \frac{2}{3}T_a h = = \frac{2}{3} \times 14 \times 28$ =261.33m^2

$W_a = \gamma_c \forall_a$=23,520×261.33=6,146,481.6kN/(m)

④ 포물선 외부(◿)(2차 함수)의 면적과 무게를 다음과 같이 계산한다.

$A_b = \int_0^{14} y\,dx = \int_0^{14} kx^2\,dx = \frac{1}{7}\left[\frac{x^3}{3}\right]_0^{14}$=[= $\frac{T_b h}{3} = \frac{14(28)}{3}$]=130.67m^2

$W_b = \gamma_c \forall_b$=23,520×130.67=3,073,358.4kN

⑤ 사각형 c의 면적과 무게를 다음과 같이 계산한다.

$A_c = T_c h$ =6×28=168m^2

$W_c = \gamma_c \forall_c$=23,520×168=3,951,360kN

⑥ 삼각형 d의 면적과 무게를 다음과 같이 계산한다.

$A_d = \frac{1}{2}T_d h = \frac{1}{2} \times 14 \times 28$ =196m^2

$W_d = \gamma_c \forall_d$=23,520×196=4,609,920kN

(2) 전수압(=수평력)과 댐의 무게(연직력) 합을 구한다.

① 수평력의 합 ΣF_H=3,841,600kN

② 연직력의 합 $\Sigma F_V = W_a + W_b + W_c + W_d$

=6,146,481.6+3,073,358.4+3,951,360+4,609,920=17,781,120.87kN

③ 두 성분력에 의한 합력은 다음과 같이 구한다.

$|\vec{F}_R| = \sqrt{(\Sigma F_H)^2 + (\Sigma F_V)^2} = \sqrt{(3{,}841{,}600)^2 + (17{,}781{,}120)^2}$ =18,191,374.85kN

(3) 4개의 구분 단면의 O' 점에 대한 도심거리를 다음과 같이 계산한다.

① a단면의 도심거리 $\bar{x}_a = \frac{3T_a}{8} = \frac{3 \times 14}{8}$ =5.25m, $\bar{y}_a = \frac{3h}{5} = \frac{3 \times 28}{5}$ =16.8m

② 또는 $\bar{x}_a = \frac{1}{A_a}\int x\,dA[\leftarrow dA = (28-y)dx\,(\leftarrow y = kx^2) = (28-kx^2)dx]$

$= \frac{1}{261.33}\int_0^{14} x(28-kx^2)dx = \frac{1}{261.33}\left[\frac{28x^2}{2} - \frac{kx^4}{4}\right]_0^{14}$

$= \frac{1}{261.33}\left[28\frac{14^2}{2} - \frac{1}{7}\frac{14^4}{4}\right] = \frac{2{,}744 - 1{,}372}{261.33}$ =**5.25m**

③ b단면의 도심거리 $\bar{x}_b = \frac{3T_b}{4} = \frac{3 \times 14}{4}$ =**10.5m**, $\bar{y}_b = \frac{3h}{10} = \frac{3 \times 28}{10}$ =8.4m

④ $\bar{x}_b = (\int_0^{14} x\,kx^2\,dx)/(\int_0^{14} kx^2\,dx) = A_a(\bar{x}_a)/A_b$=261.33(5.25)/130.67=10.5m

⑤ $\bar{x}_c$=(14+3)=**17m**, $\bar{y}_c$=14m

⑥ $\bar{x}_d$=(20+4.67)=**24.67m**, $\bar{y}_d$=9.33m

(4) O' 점에 대한 전도 모멘트의 합을 구한다.

① $\Sigma M_{O'} = (F_H \times h_c) + (W_a \times \overline{x_a}) + (W_b \times \overline{x_b}) + (W_c \times \overline{x_c}) + (W_d \times \overline{x_d})$

② $\Sigma M_{O'} = (F_H \times 9.33) + (W_a \times 5.25) + (W_b \times 10.5) + (W_c \times 17) + (W_d \times 24.67)$

$= 3,841,600(9.33)+6,146,481.6(5.25)+3,073,358.4(10.5)+3,951,360(17)$
$+4,609,920(24.67)$

$= 249,146,829.07\text{kNm}$

③ 합력이 댐 기초의 중앙 1/3을 통과하는지를 검토한다.

$$X_R = \frac{\Sigma M_{O'}}{\Sigma F_V} = \frac{249,146,829.07}{17,781,120.87} = 14.01\text{m}$$

$$Y_R = \frac{\Sigma G_x}{\Sigma A} = \frac{A_a\overline{y_a} + A_b\overline{y_b} + A_c\overline{y_c} + A_d\overline{y_d}}{A_a + A_b + A_c + A_d}$$

$$= \frac{(261.33 \times 16.8) + (130.67 \times 8.4) + (168 \times 14) + (196 \times 9.33)}{(261.33 + 130.67 + 168 + 196)} = \frac{9,668.65}{756.00}$$

$= 12.789 = \mathbf{12.79m}$

ΣF_H=**3,841,600**kN ΣF_V=**17,781,120.87**kN F_R=18,191,375.7kN

X_R=**14.01m** Y_R=**12.79m**

$$\theta = \tan^{-1}\left(\frac{\Sigma F_H}{\Sigma F_V}\right) = \tan^{-1}\left(\frac{3,841,600}{17,781,120.87}\right) = \mathbf{12.19° = 12°11'28''}$$

(5) 안정 검토

① **그림 예1.29.2**와 같이 합력의 통과점은 O' 점으로부터 X_R=14.01m이고, O(하단부, toe)점으로부터는 (34−14.01=) 19.99m이다. O점에서 좌측(중앙) $T/3$(=11.33m)보다는 좌측(중앙)에 위치하고, $(2/3)T$(=22.67m)는 우측(중앙)에 위치하고 있으므로 인장은 발생하지 않는다(without tension)[∵ 지점 O로부터 $T/3$(=11.33m) < X_R(=19.99m) < $(2/3)T$(=22.67m)에 위치하기 때문].

② 그러므로 합력의 작용거리(점) X_R은 $T/3$(=11.33m) < X_R(=19.99m) < $(2/3)T$(=22.67m)인 기초 폭 T의 중앙 1/3을 통과하기 때문에 전도에 대해 안정하다.

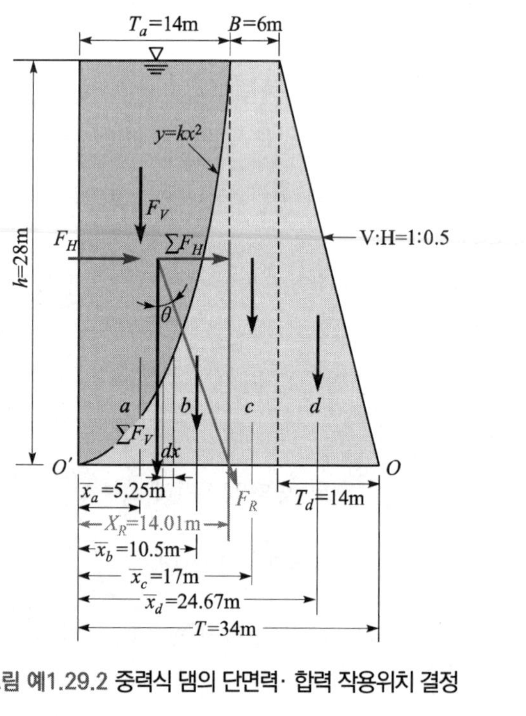

그림 예1.29.2 중력식 댐의 단면력· 합력 작용위치 결정

연 습 문 제

1.1 수로 폭이 10m이고, 수로 길이가 1,000m인 사각형 단면수로에 수심 4m 유량 15m^3/s가 흐른다. Froude 상사법칙을 사용하는 1/20 모형축척에서 다음 사항에 답하시오.

1. 유량과 수로의 크기 결정

1.2 대형 원형 도수관의 모형을 만들었다. 원형의 지름은 4m이고, 콘크리트 관벽의 조도 크기는 2.0mm이다. 모형은 1/12의 축척비로 만들고 그 관로의 길이는 5.0m이다. 다음 사항에 답하시오.

1. 원형의 관로길이 계산
2. 모형의 조도 크기, 유수 단면적, 지름 결정

1.3 1,200m^3의 체적을 갖는 원형이 1.20m^3의 수리모형에 의해 연구되었다. 모형의 길이가 2.5m일 때 다음 사항에 답하시오.

1. 원형의 길이 결정

1.4 2.2m/s의 속도에서 1/20 모형인 소형배의 견인에 필요한 힘은 0.5N이다. 다음 사항에 답하시오.

1. 원형에 상응하는 속도의 결정

1.5 여수로 모형을 1/25의 축척으로 만들었다. 실제 여수로 위로 흐르는 유량은 3.0m 수두일 때 1,500m^3/s가 흐른다. 다음 사항에 답하시오.

1. 원형에 상응하는 실험실의 수두와 유량 계산

1.6 동일한 유체가 모형과 원형에 사용하여 1:12인 축척의 모형이 수공구조물의 해석을 위해 만들어졌다. 다음 사항에 답하시오.

1. 모형의 힘과 압력 비 계산
2. 모형의 힘과 압력이 각각 2.0kN, 600N/m^{2}일 때 이에 상응한 원형의 값 결정

1.7 잠수함을 1/12 모형으로 실험실에서 연구하고자 한다. 이 잠수함은 해수면 아래 40m에서 20.0km/h 속도로 운행되는 것을 모형실험으로 계획하였다. 모형에 사용된 물과 바닷물의 동점성계수 비 ν_r이 0.96일 때 다음 사항에 답하시오.

1. 모형의 수심과 유속 계산

1.8 길이 120m인 선박이 1.10×10^{-6}m^2/s인 동점성계수를 갖는 하천에서 50.0km/h의 속도로 순항한다. 선박에 대한 1/110 모형이 비중 0.94인 액체가 채워진 모형실험 탱크에서 실험하고자 한다. 다음 사항에 답하시오.

1. 모형에 사용될 액체의 동점성계수 결정
2. 모형의 운전속도 결정
3. 10.584N의 힘이 모형에 작용할 때 이에 상응한 원형의 작용 힘 결정

1.9 6km×6km인 항구의 왜곡모형을 사용하여 8.0m×8.0m의 실험실 공간에 만들려고 한다. 실험실에서 사용할 수 있는 대형 펌프는 유량 65L/s의 바닷물을 공급할 수 있다. 항만의 수심은 5.0m이고, 유량은 650m^3/s이다. 다음 사항에 답하시오.

1. 수평과 연직방향의 축척의 결정
2. 수평방향의 시간축척, 수평방향 동력 축척의 결정
3. 항만에서 12km/h의 속도에 상응하는 실험실 유속 계산

1.10 최대유량 3,500m^3/s이고 Manning 조도계수가 0.03인 광폭 하천(wide river)의 모형을 만들었다. 모형에서 최대유량은 100L/s이다. 다음 사항에 답하시오.

1. 연직 축척이 수평축척의 5배일 때 수평·연직축척의 결정
2. 모형의 유속이 0.03m/s일 때 이에 상응한 하천에서의 유속 계산
3. 모형의 Manning 조도계수 결정

1.11 연직수문의 모형에서 수평축척 1/220, 연직축척 1/45의 왜곡모형으로 조절장치(regulator)를 만들었다. 원형의 유량이 13.0m^3/s일 때 모형의 유량을 구하시오. 유체입자가 30초 동안에 임의 수평거리를 이동했을 때 다음 사항에 답하시오.

1. 모형에 상응하는 원형의 시간 결정
2. 모형의 힘이 392N일 때 원형 수문에 작용하는 힘의 결정

1.12 **[예제 1.14]**의 펌프 또는 팬의 법칙(pump law)에서 펌프 또는 팬의 성능을 해석함에 있어 수두 H_P와 동력 P_W를 두 분리 종속변수를 이용하여 차원해석을 수행하였다. 다음 사항에 답하시오.

1. 유도된 이들 두 관계의 종속·독립 무차원 매개변수를 각각 정의·비교

1.13 Shields의 토사입자 이송 한계조건 식$[= \dfrac{\tau_c}{(\gamma_s - \gamma)d_s} = F_s\,(= \tau_*)]$을 $f(\tau_o,\ \rho,\ g,\ d_s,\ \rho_s,\ \nu) = 0$인 함수 관계를 이용해 다음 사항에 답하시오[여기서 τ_*, τ_c =무차원·한계전단응력이고, γ, γ_s =물·토사입자의 단위중량이며, d_s =토사입자의 지름, F_s =Shields 함수이다. 또한 τ_0 =(평균) 마찰응력이고, ρ, ρ_s =물·토사입자의 밀도이며, g =중력가속도, ν =동점성계수이다.]

1. Buckingham의 차원해석 방법을 적용해 무차원 변수 관계식 유도

1.14 물 위에 뜨는 부선(浮船, floating vessel)의 운동을 지배하는 변수는 항력 F, 속도 V, 길이 L, 밀도 ρ와 점성계수 μ, 중력가속도 g이다. 다음 사항에 답하시오.

1. 차원해석을 이용하여 항력 F에 관한 무차원 변수 관계식 유도

1.15 1/50 축척비로 제안된 물레방아 방수로(tailrace)의 모형을 원형에서의 흐름을 예측하기 위해 사용하려고 한다. 이 설계부하 거부 측관(側管, 우회수로) 유량(design load rejection bypass flow)이 1,200m^3/s라면 다음 사항에 답하시오.

1. 모형에 사용되어야 할 유량의 결정

1.16 그림 문1.16과 같이 1개의 1차원 입구 ①과 출구 ②(관 벽에 평행한 흐름)를 갖는 유관(stream tube)을 통해 정상류가 흐를 때 다음 사항에 답하시오.

1. 질량보존법칙의 관계식 유도

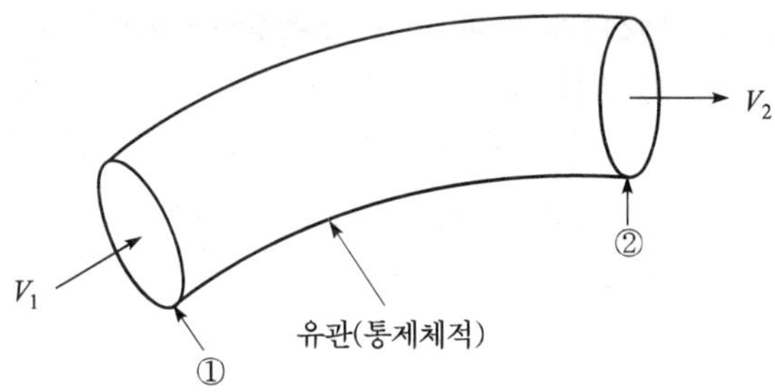

그림 문1.16 관 벽에 평행한 흐름의 유관

1.17 관로가 길고, 매끈한 관(long smooth pipe)으로 구성된 흐름에서 마찰에 의한 압력강하 Δp는 평균유속 V와 밀도 ρ, 점성 μ, 관의 길이 L, 관의 지름 D의 함수, 즉 $\Delta p = f(V, \rho, \mu, L, D)$이다. 이때 압력강하 Δp가 유속 V에 따라 어떻게 변화하는지를 표 문1.17의 실험 자료를 사용하여 다음 사항에 답하시오.

1. π(pi) 정리를 사용하여 무차원 변수식 유도
2. 3개의 관(pipe)과 유체에 관한 표 문1.17의 실험 자료를 이용해 관계 그래프 작성
3. (Δp가 L에 비례한다고 가정하고) 이를 단순화에 사용하여 유도된 무차원 π(pi) 변수를 개선한 후 이 방법에 의해 무차원 자료 관계 그래프 작성

표 문1.17 3개의 관과 유체를 이용한 실험자료

지름 D (cm)	길이 L (m)	유량 Q (m^3/s)	압력차 Δp (Pa)	밀도 ρ (kg/m^3)	점성 μ (kg/m.s)	유속 V (m/s)
1.0	5.0	0.3	4,680	680[1)]	0.000292[1)]	1.06
1.0	7.0	0.6	22,300	680[1)]	0.000292[1)]	2.12
1.0	9.0	1.0	70,800	680[1)]	0.000292[1)]	3.54
2.0	4.0	1.0	2,080	9,982[2)]	0.0010[2)]	0.88
2.0	6.0	2.0	10,500	998[2)]	0.0010[2)]	1.77
2.0	8.0	3.1	30,400	998[2)]	0.0010[2)]	2.74
3.0	3.0	0.5	540	13,550[3)]	0.00156[3)]	0.20
3.0	4.0	1.0	2,480	13,550[3)]	0.00156[3)]	0.39
3.0	5.0	1.7	9,600	13,550[3)]	0.00156[3)]	0.67
비고	1) 휘발유(gasoline), 2) 물, 3) 수은					

1.18 원형관의 흐름에 대한 한계 Reynolds 수가 2,000이라 할 때 지름 5cm인 관을 통한 흐름에 대해 20°C(20°C 공기의 밀도=1.205kg/m^3, 물의 밀도=998kg/m^3)에서 발생할 다음 사항에 답하시오.

1. 공기의 흐름 속도
2. 물의 흐름 속도

1.19 밀도 ρ=900kg/m^3, 동점성계수 ν=0.0002m^2/s인 기름(oil)이 그림 문1.19와 같이 기울어진 관로를 통해 상류(upward) 방향으로 흐른다. 압력과 표고는 단면 ①과 ②에 표시되어있고, 이들 간의 관로 길이는 10m이다. 흐름이 정상 층류라고 할 때 다음 사항에 답하시오.

1. 흐름이 상류방향임을 확인
2. 단면 1과 2 사이의 마찰 손실 계산
3. 유량과 유속
4. Reynolds 수
5. 실제 흐름이 층류인 확인

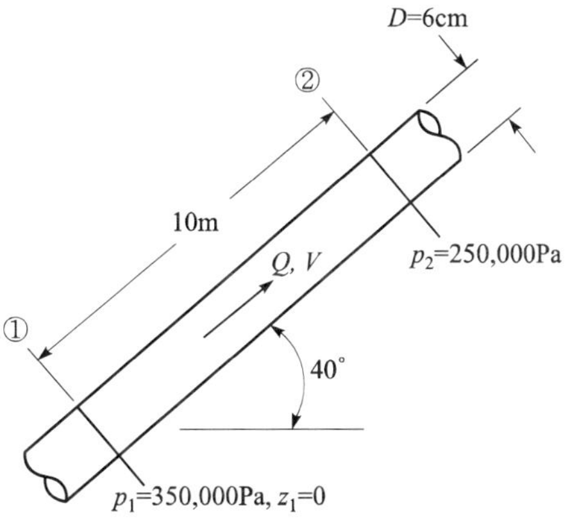

그림 문1.19 경사진 관로의 흐름

1.20 밀도 ρ=900kg/m^3, 동점성계수 ν=0.00001m^2/s인 기름(oil)이 길이 500m, 지름 200mm인 주철관(cast iron pipe)을 통해 0.2m^3/s로 흐를 때 다음 사항에 답하시오.

1. 수두손실의 결정
2. 흐름방향으로 10° 경사진 경우의 압력강하량 결정

1.21 밀도 $\rho = 950\text{kg/m}^3$, 동점성계수 $\nu = 0.00002\text{m}^2/\text{s}$인 기름(oil)이 길이 100m, 지름 30cm, 조도비(roughness ratio) 또는 상대조도 $\epsilon/D = 0.0002$일 때 수두 손실은 8m이었다. 다음 사항에 답하시오.

1. 평균유속과 유량의 결정

CHAPTER

2

수력 기계

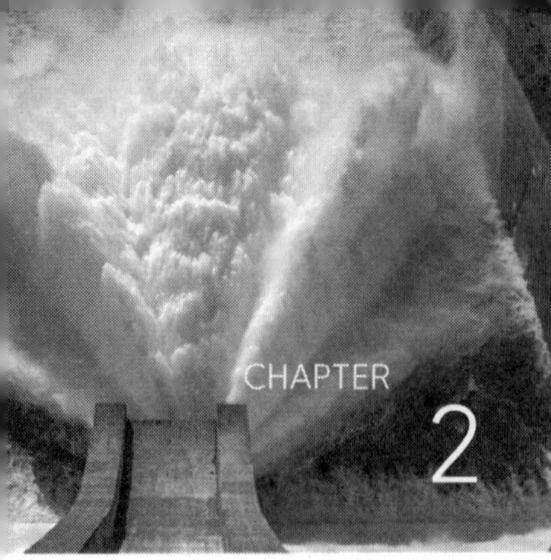

CHAPTER 2 수력 기계

Design of Hydraulic Engineering

수공(학) 분야에서 다루는 수력 기계는 주로 펌프(pump)와 터빈(turbine)으로 이들은 기계 시스템과 유체 시스템 간에 서로 에너지를 변환시키는 기계이다. 이들 **수력 기계**(hydraulic machine) 중 **펌프**는 기계 시스템의 에너지로 일을 하여 물에 에너지를 공급하는 기계로 물을 수송하는 수단이다. **터빈**은 물이 가지는 위치 에너지를 기계 시스템에 일을 하여 기계 에너지를 발생시키고 이 에너지가 발전기에 의해 전기 에너지로 변환된다.

본 장에서는 토목공학에서 주로 다루는 펌프와 터빈에 관련된 에너지·각운동량 방정식의 기본 방정식과 무차원 매개변수, 이들 수력 기계의 종류·효율 등에 대해 간단히 다룬다.

2.1 총설

수력 기계는 그림 2.1과 같이 유체와의 사이에 동역학적 상호작용에 의해 유체로부터 에너지를 취득(터빈)하거나 유체에 에너지를 공급(펌프)해 주는 기계장치이다. 이 반전식 터빈(reversible turbine)은 회전방향에 따라 펌프와 터빈의 역할을 할 수 있게 만든 터빈으로 양수 발전(揚水 發電, pumped-storage power generator)이 가능한 장치이다. 전력 소요가 적은 시간인 밤에는 펌프의 역할을 부과시켜 상부 저수지로 물을 양수하는 펌프로 사용하고, 반대로 전력 소요가 많은 시간의 낮에는 터빈의 역할로 변환시켜 상부 저수지에 양수해 놓은 물을 이용하여 발전을 할 수 있는 터빈으로 활용한다.

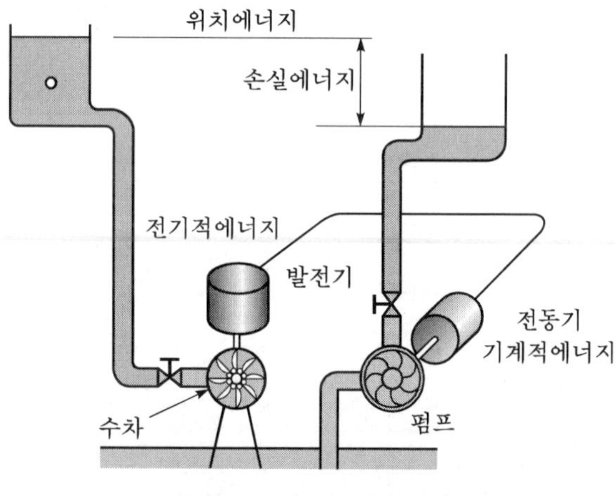

그림 2.1 펌프와 터빈의 에너지 변환관계

2.1.1 구분

펌프와 터빈은 수력 기계 또는 **유체기계**(fluid machine)로도 불리며, 이들 수력 기계는 표 2.1과 같이 그 형태가 다양하다.

표 2.1 수력 기계의 구분

에너지 변환 / 기계 구분	유체에 가해진 에너지	변환 에너지의 수단으로 사용된 유체	유체에서 얻은 에너지
회전동력 기계 (rotodynamic machines) [그림 2.2(a)]	**펌프**, 팬, 압력기(pressor) 덮개 없음: • 프로펠러 • 스크루 덮개 있음: • 축류형 • 원심형 • 혼합형	수력연결 회전력 변환 (hydraulic coupling torque convert)	**터빈** 충격: • 풍차 • 필턴 수차 반작용: • 축류형 • 방사형 • 혼합형
양압용적형 기계 (positive displacement machines) [그림 2.2(b)]	펌프, 팬, 압축기(compressor) 왕복 운동(reciprocating): • 직접 추진(direct driven) • 크랭크 추진(crank driven) • 회전경사판(swash plate) 회전(rotary): • 스크루 • 날개, 기어 • 돌출부(lobe)	피스톤식 변환 (hydraulic ram jack press)	모터(motor) 피스톤, 날개, 기어

이들 기계장치에 사용되는 유체는 창문용 팬이나 가스 터빈엔진에는 기체 또는 자동차용 물 펌프나 수력발전소의 터빈에는 액체가 있다.

대부분의 수력 기계는 그림 2.2와 같이 회전날개(moving blade)·깃(blades)이나 **회전자**(rotor)를 둘러싸고 있는 하우징(housing) 또는 케이싱(casing), 회전자를 지지하는 **고정자**(stator)를 가지며, 유체가 흐르는 통로를 형성한다. 또한 유동을 가속화시키기 위해 고정깃(blade, vane)을 갖는 수력 기계도 있다. 수력 기계는 유체가 깃을 통과할 때 회전축에 대한 유동의 주된 방향에 따라 **축류형**(axial flow), **방사형**(radial flow), **혼합형**(mixed flow) 기계로 구분한다. 축류형 기계의 경우, 유체는 회전차의 유입구에서 유출구까지 흐르는 유동의 주된 성분이 축방향이다. 방사형 기계는 깃을 통과하는 유동이 회전차(runner, impeller)의 유입구나 유출구 또는 양쪽에서 대부분 방사방향으로 흐른다. 혼합형 기계는 회전차 열을 지나는 유동의 주된 성분이 방사 방향성분과 축류 방향성분이 공존된다.

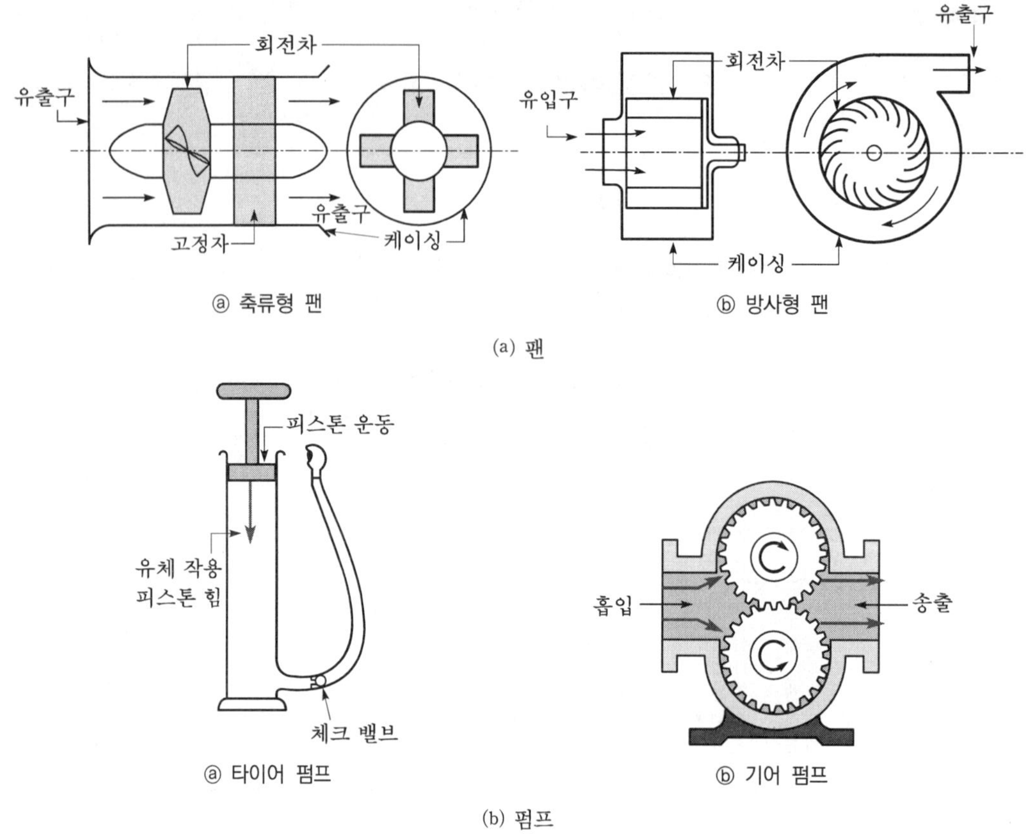

그림 2.2 팬과 펌프의 구성

2.1.2 용어

(1) 펌프 효율

앞에서 설명한 것과 같이 펌프는 기계 시스템의 에너지로 일을 해 물에 에너지를 공급하는 기계로 물을 수송하는 수단이다. **그림 2.3(a)**와 같이 전동기(모터) 효율 η_m은 (전원에서) 전동기에 주어지는 동력 P_{mi}에 대한 전동기가 펌프에 가해주는 동력 P_{pi}의 비로 다음과 같이 정의한다.

$$\eta_m = \frac{P_{pi}}{P_{mi}} \tag{2.1}$$

그림 2.39(b)와 같이 펌프효율(pump effective) η_p는 (모터에서) 펌프에 주어지는 동력

P_{pi}에 대한 물이 (펌프에서) 실제 받는 동력 P_{po}의 비로 다음과 같이 정의한다.

$$\eta_p = \frac{P_{po}}{P_{pi}} \ (\leftarrow P_{po} = \gamma Q E_P,\ P_{pi} = wT) \tag{2.2}$$

여기서 $E_P = H + \Sigma h_L$로 총양정(total dynamic head) 또는 전수두이고, w=펌프 각속도이며, T=모터가 펌프에 가해주는 회전력(torque)이다.

펌프시스템(펌프+모터)의 효율 η는 다음과 같이 정의한다.

$$\eta = \eta_p \eta_m = \left(\frac{P_{po}}{P_{pi}}\right)\left(\frac{P_{pi}}{P_{mi}}\right) = \frac{P_{po}}{P_{mi}} \tag{2.3}$$

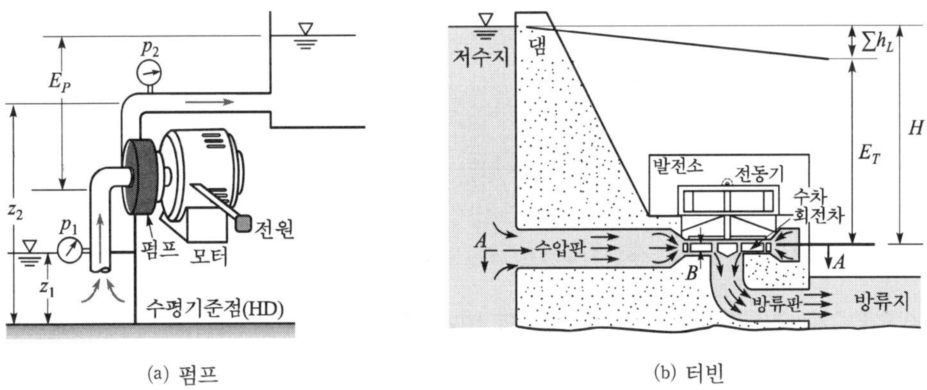

그림 2.3 펌프와 터빈의 효율

(2) 터빈 효율

앞에서 설명한 것과 같이 **터빈**은 물이 가지는 위치 에너지를 기계 시스템에 일을 해 기계에너지를 발생시키고 이 에너지가 발전기에 의해 전기 에너지로 변환된다. 그림 2.3(b)와 같이 터빈의 효율(turbine effective) η_T는 물로부터 받는 동력 P_{Ti}에 대한 터빈 출력 P_{To}의 비로 다음과 같이 정의한다.

$$\eta_T = \frac{P_{To}}{P_{Ti}} [(\leftarrow P_{To} = wT,\ P_{Ti} = \gamma Q E_T) \leftarrow E_T = H - \Sigma h_L] = \frac{wT}{\gamma Q (H - \Sigma h_L)} \tag{2.4}$$

(3) 에너지·동력

수력 기계인 펌프와 터빈에서 주로 사용하는 에너지(energy)와 동력(power)은 다음과 같이 정의한다.

① 에너지

에너지(energy)는 일(work) W_o, 모멘트(moment) M_o와 같은 개념(차원)으로 일(work) W_o는 '힘(force) F×거리(distance) L'로 정의하고, 다음과 같이 SI(International System of Units) 기본단위로 줄(Joule) J을 사용한다.

$$1J = 1\,\mathrm{N\,m}\,[\leftarrow W_o(= M_o) = FL(\leftarrow F = \mathrm{N},\ L = \mathrm{m})] \tag{2.5}$$

② 동력

동력은 '단위시간당의 에너지(energy per unit time) $J(=J/\mathrm{s})$'로 정의하고, 다음과 같이 SI 기본단위로 와트(Watt) W_a[W로 표시하는 것이 일반적이나 여기서는 W_o와 구분하기 위해 편의상 아래첨자(subscript) a를 붙여 표시함]를 사용한다.

$$1\,W_a = 1J/\mathrm{s} = 1\,\mathrm{N\,m/s}\,[= P_W = (FLT^{-1}) = \mathrm{kg_f\,m/s}\,] \tag{2.6}$$

일반적으로 동력단위는 실용상 $\mathrm{k}W_a$를 많이 사용하고 있는데, 이는 다음과 같이 공학·관습단위로 변환할 수 있다[$1\mathrm{k}W_a = 1{,}000\,\mathrm{N\,m/s}\ (\leftarrow 1\mathrm{N} = 1/9.8\mathrm{kg_f}) = 102.04\mathrm{kg_f\,m/s}\ (\leftarrow 1\,\mathrm{hp} = 75\mathrm{kg_f\,m/s}) = 1.36\mathrm{hp}$].

$$1\mathrm{k}W_a = 102.04\mathrm{kg_f\,m/s} = 1.36\mathrm{hp} \tag{2.7}$$

또한 물 $1\mathrm{m}^3$가 1초(s)당 1m의 위치수두(에너지)를 갖는 유동장(흐름)에서 동력은 다음과 같이 표시할 수 있다.

$$P_W = \gamma Q E_P \tag{2.8}$$

식 (2.8)에 '단위중량(unit weight=weight per unit volume) $\gamma = 1{,}000\mathrm{kg_f/m^3}$×유량(流量, volume flow rate=cubic meters per unit second) $Q = 1\mathrm{m^3/s}$×위치 에너지[(potential energy) (=단위중량당 에너지; energy per unit weight=$1\mathrm{kg_f\,m/kg_f}$)] $E_P = 1\mathrm{m}$'를 대입하고 정리하면 다음 관계식을 얻는다.

$$
\begin{aligned}
P_W &= \gamma Q E_P = (1{,}000\,\mathrm{kg_f/m^3})(1\,\mathrm{m^3/s})(1\,\mathrm{m}) \\
&= 1{,}000\,\mathrm{kg_f\,m/s}\ (\leftarrow 1\,\mathrm{kg_f\,m/s} = 9.8\,\mathrm{N\,m/s} = 9.8\,W_a) \\
&= 9{,}800\,W_a = 9.8\,\mathrm{k}W_a\ [\leftarrow \text{식 } (2.7);\ 1\,\mathrm{k}W_a = 1.36\,\mathrm{hp}] \\
&\approx 13.3\,\mathrm{hp}\,[= 13.3\,QE_P(\mathrm{hp})]
\end{aligned}
$$

$$P_W = 9.8\,QE_P(\mathrm{k}W_a) = 13.3\,QE_P(\mathrm{hp}) \tag{2.9}$$

2.2 방정식

본 절에서는 수력 기계 또는 **유체기계**(fluid machine)에서 다루고 있는 에너지 방정식과 각운동량 방정식에 대해 설명하고자 한다.

2.2.1 에너지 방정식

수력 기계의 일이나 에너지의 전달은 펌프 또는 팬, 풍차나 터빈의 기본작동 원리를 고려하면 이해가 쉽다. 그림 2.4(a)와 같은 모터에 의해 일정한 각속도 w로 작동하는 팬의 날개를 고려하면, 깃의 속도 $U = wr$로 표시되며, r=축으로부터의 반경이다. 유체의 절대속도(absolute fluid velocity; 팬이 놓여 있는 판 위에서 정지하고 앉아 관측된) $\boldsymbol{V}$, 상대속도(relative velocity; 팬 깃 위에 올라 앉아 관측된) $\boldsymbol{W}$라 할 때 실제(절대) 유체속도는 상대속도와 깃 속도의 **벡터합** 이다. 이를 **속도 삼각형**(velocity triangular, velocity diagram)으로 부르며, 다음과 같이 표시할 수 있다(Munson et al., 2002).

$$V = W + U \tag{2.10}$$

그림 2.4(b)는 반경 r인 팬의 유입구와 유출구 속도를 개략적으로 표시한 것이다. 빗금 친 부분($a-b-c-d$)은 그림 2.4(a)에 표시된 날개의 단면을 포함하고 있는 원주표면의 일부분으로 문제를 단순화하기 위해 유동은 날개를 따라 매끄럽게 흐른다고 가정한다. 그러면 깃의 전면 점(1)과 후면 점(2)에서 깃에 평행하게 흐르는 속도는 깃에 대한 상대속도가 된다. 또한 팬으로 유출입되는 유체가 회전축으로부터 같은 거리에 있다고 가정하면 $U_1 = U_2 = wr$이 된다.

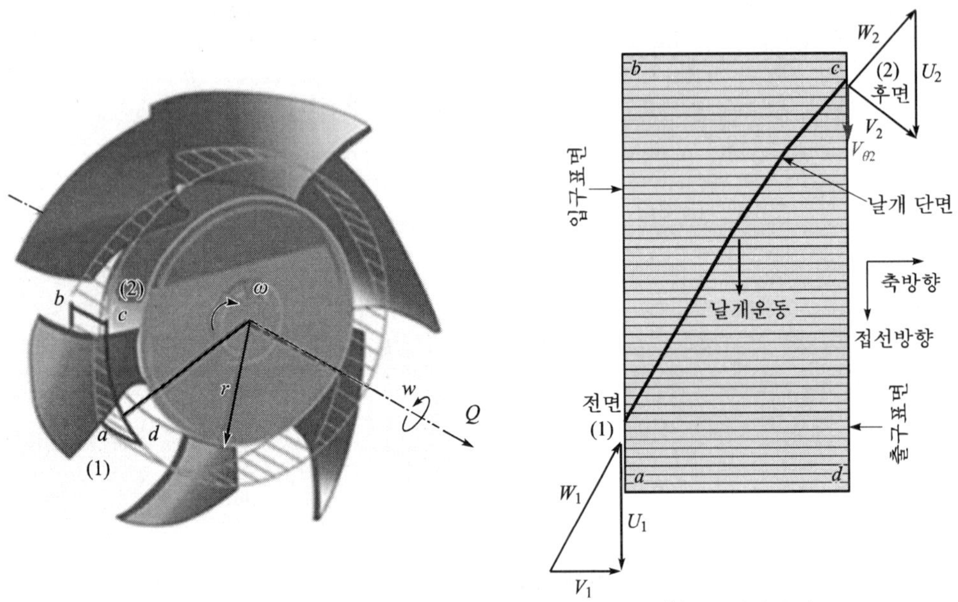

(a) 팬의 날개 (b) 팬 날개의 속도

그림 2.4 이상화시킨 팬의 유동

이와 같은 과정을 통해 팬의 위에서 회전축을 향해 반경방향으로 내려 본 **그림 2.4(b)**의 속도 삼각형을 얻을 수 있으며, 이때 깃은 아래로 움직이고 유입되는 공기는 회전축과 같은 방향이다. 이 이상회시킨 개략도로부터 팬 깃의 형상과 운동 때문에 유체를 밀어서 유동방향이 바뀐다. 그 절대속도 벡터 V는 단면(1)에서 단면(2)로 깃을 통과해 흐르는 동안에 휘어진다. 초기의 유체 절대속도는 깃이 움직이는 방향인 접선방향의 성분을 가지고 있지 않으나, 유체가 깃을 떠날 때 이 절대속도의 접선성분은 영이 아니다. 이런 현상은 깃이 접선방향으로 유체를 밀어내기 때문에 발생되는 것이므로 깃이 접선방향으로 유체를 밀어야만 가능하다.

깃은 자체의 이동방향에 의해 힘의 접선방향성분을 유체에 가하게 된다. 힘의 접선방향성분과 깃의 운동은 같은 방향으로 깃(날개, blade)은 유체에 일을 하게 되는데 이러한 장치가 펌프이다.

그림 2.5(a)와 같은 풍차(windmill)에서 회전차는 모터에 의해 구동되지 않고 회전차를 통해 부는 바람에 의해 **그림 2.4(a)**의 팬과는 반대방향으로 회전한다. 풍차의 경우도 깃의 형상과 운동으로 인해 단면(1)과 단면(2)의 절대속도벡터 V_1 과 V_2 는 각각 다른 방향을 갖는다. 이렇게 되기 위해서는 깃이 유체를 왼쪽으로, 날개의 운동방향과 반대방향으로 밀어야 한다. 즉, 크기가 같고 방향이 반대인 힘으로 그 유체가 깃을 운동방향으로 밀어줌으로써 그 유체가 깃에 일을 하게 되는데, 이것이 유체로부터 에너지를 얻는 터빈이다.

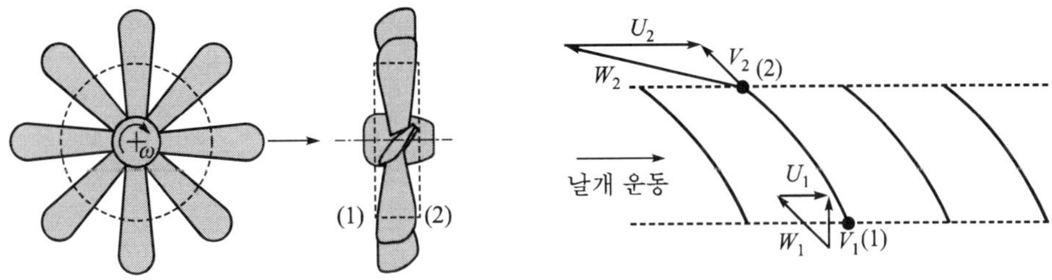

(a) 풍차의 날개 (b) 풍차 날개의 속도

그림 2.5 이상화시킨 풍차의 유동

예제 2.1

그림 예2.1.1과 같이 회전차가 각속도 $w=100\text{rad/s}$로 일정하게 회전한다. 유체가 초기에는 축방향으로 회전차에 접근하지만 깃을 통과하는 유동은 주로 방사방향이다. 유입구와 유출구에서의 절대속도는 각각 $V_1=12\text{m/s}$, $V_2=25\text{m/s}$로 측정되었을 때 다음 사항에 답하시오.

1. 이 장치가 무엇인지에 대해 설명 2. 유출입구의 변경에 따른 장치 설명

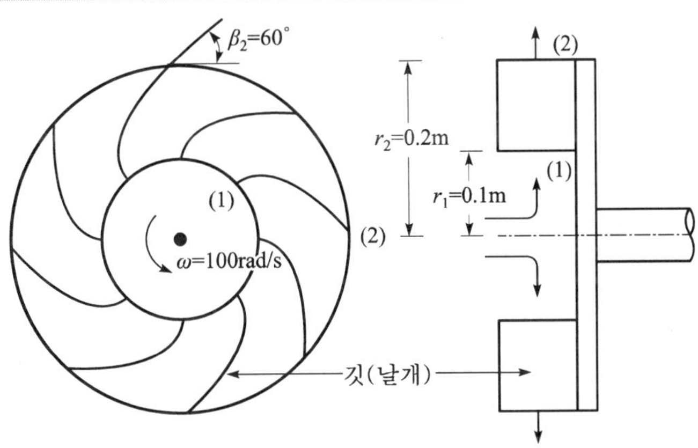

그림 예2.1.1 회전차의 운동

[풀이]

1. 이 장치가 무엇인지에 대해 설명

(1) 장치를 분석하기 위해서는 깃이 유체에 가하는 힘의 접선방향이 날개의 운동방향과 어떤 관계인지를 구분해야 한다.

1) 유체에 가하는 힘의 접선방향이 날개의 운동방향과 같은 방향이면 **그림 예2.1.2**와 같이 펌프이다.

2) 유체에 가하는 힘의 접선방향이 날개의 운동방향과 반대 방향 이면 **그림 예2.1.3**과 같이 터빈이다.

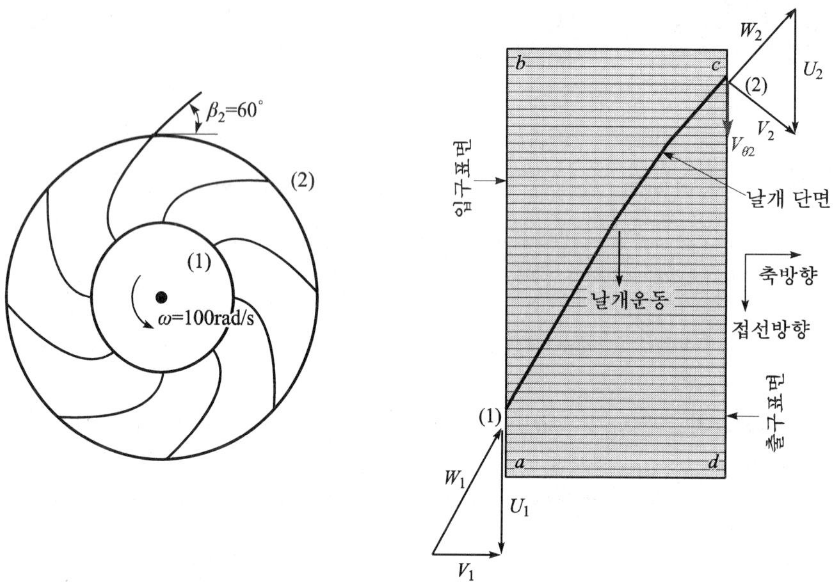

(a) V_1=직각→$V_{\theta 1}$=0

(b) U_2와 $V_2(\rightarrow V_{\theta 2} \neq 0)$가 방향; 동일⇒(1)(안쪽)에서(2)(바깥쪽)로 날개운동⇨힘의 접선성분 $V_{\theta 2}$가 유체에 힘을 가해줌

그림 예2.1.2 회전차의 펌프(운동)

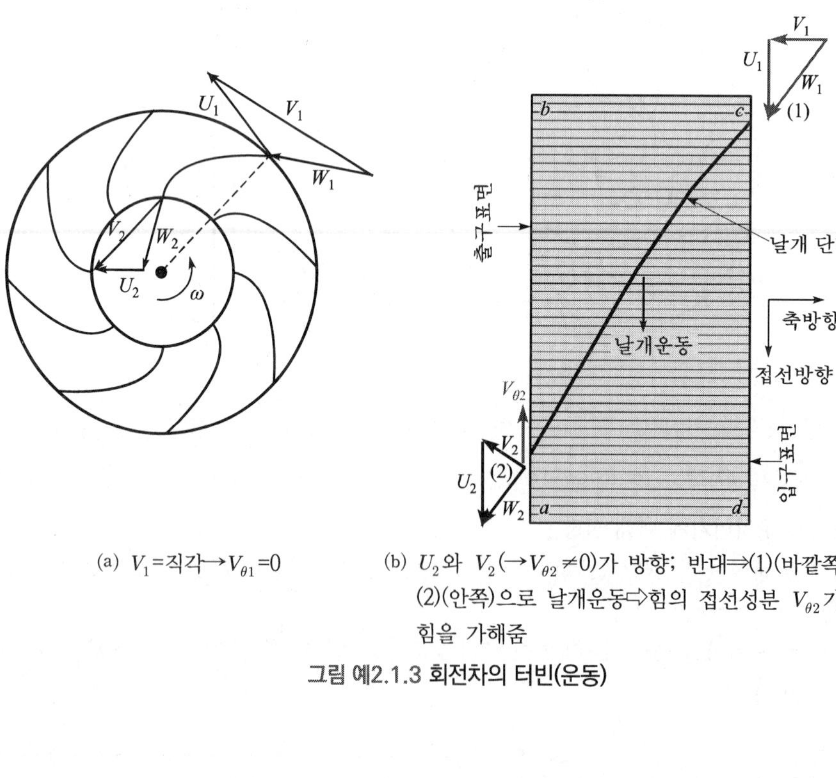

(a) V_1=직각→$V_{\theta 1}$=0

(b) U_2와 $V_2(\rightarrow V_{\theta 2} \neq 0)$가 방향; 반대⇒(1)(바깥쪽)에서 (2)(안쪽)으로 날개운동⇨힘의 접선성분 $V_{\theta 2}$가 날개에 힘을 가해줌

그림 예2.1.3 회전차의 터빈(운동)

(2) 깃이 들어오는 상대속도에 접하고 회전차를 떠나는 상대유동이 **그림 예2.1.4(a)**와 같이 날개에 접한다고 가정하고 유출입구의 깃 속도를 다음과 같이 계산한다.

- 각속도; $w = d\theta/dt$[=rpm(s); revolution per minute (or second)]

  $\rightarrow$1rpm= $(2\pi\, rad/\text{rev})/\text{min}$ =6.28rad/min=6.28rad/60s =0.10467rad/s

  $\Rightarrow 1\text{rad/s} = \dfrac{1\text{rad}}{2\pi}\left(\dfrac{1}{\text{s}}\right)\dfrac{60s}{1\text{min}} = 9.554\text{rpm}$

- $100\text{rad/s} = \dfrac{100\text{rad}}{2\pi}\left(\dfrac{1}{\text{s}}\right)\dfrac{60\text{s}}{1\text{min}} = 955.414\text{rpm}$
- $1\text{rad} = 57°17'45''$

$U_1 = wr_1 = (100\text{rad/s})(0.1\text{m}) = 10\text{m/s},\ \ U_2 = wr_2 = (100\text{rad/s})(0.2\text{m}) = 20\text{m/s}$

(3) **그림 예2.1.4(b)**와 같이 주어진 유출입구 유체의 절대속도와 깃 속도를 이용해 식 (2.1)의 속도 삼각형(velocity triangle)을 작성한다. 깃 열 유입구(blade row inlet)의 절대속도 V_1을 방사방향으로 가정하면, 유출구 깃의 속도 U_2, 유출구 속도 V_2, 상대속도의 방향 β_2를 알고 있으므로 유출구의 속도 삼각형을 작성할 수 있다. 유출입구의 속도 삼각형을 작성함으로써 유체가 깃 열을 통과할 때 절대속도 벡터가 깃 운동방향으로 변한다는 것을 알 수 있다.

(4) 유입구에서는 회전방향으로의 속도성분이 없지만, 유출구에서 이 속도성분은 영이 아니므로 깃은 깃의 운동방향으로 유체를 밀고 그로 인해 일을 하며 유체에 에너지를 공급한다.
∴ 이 장치는 펌프이다.

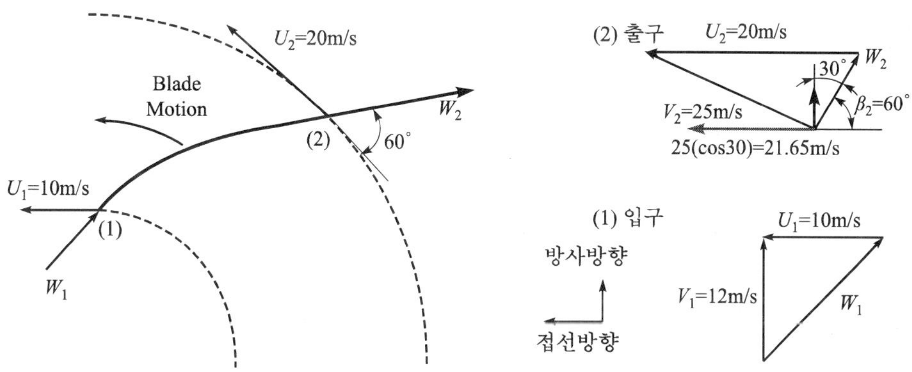

(a) 날개의 운동[(1)→(2)]　　　(b) 유출입구 속도삼각형

그림 예2.1.4 회전자의 속도벡터 해석도

2. 유출입구의 변경에 따른 장치 설명

(1) **그림 예2.1.3(a)**와 같이 유출구를 변환시켜 큰 반경 점(2)에서 작은 반경 점(1)쪽으로 유동방향을 바꾸면 이 장치는 방사형터빈이 된다. 이때 유동방향은 **그림 예2.1.4(a), (b)**와 반대가 되고,

속도 삼각형은 **그림 예2.1.2(a)**와 같게 되는데 절대속도 V_1은 회전차 주변에 고정깃을 필요로 한다. V_1의 깃 운동 방향성분은 유입구에서 보다 유출구에서 더 작아지므로 이를 위해서 깃은 깃 운동의 반대방향으로 유체를 밀어야 한다.

(2) 그러므로 크기가 같고 방향이 반대인 힘에 의해 그 유체는 깃을 운동방향으로 밀고 그로 인해서 깃에 일을 하게 되며, 유체로부터 깃으로 일이 전달된다.

∴ 이 장치는 터빈이다.

2.2.2 각운동량 방정식

유체가 펌프나 터빈을 통해 흐를 때, 흐르는 유체와 움직이는 회전차의 깃 사이에서 일이 전달되는 과정을 통해 수력 기계는 중심축을 중심으로 회전하는 회전차(runner, impeller)(한림원, 2011)가 있어 그 성능을 **토크**[torque, 회전시키는(비트는) 힘=회전력]와 **각운동량**(angular momentum)을 적용하여 표현한다.

일(work)은 힘(force)×거리(distance) 또는 토크(torque)×각변위(angular displacement)로 표시된다. 그러므로 축이 회전차에 주는 **축토크**(shaft torque)와 회전차의 회전이 같은 방향이면 에너지는 축에서 회전차로, 회전차에서 유체로 전달되는데 이 장치가 펌프이다. 그러나 축에 의해 회전차에 가해지는 토크가 회전방향과 반대방향이면 에너지는 유체에서 회전차로 전달되는데 이 장치가 터빈이다. 축토크(=축일, shaft work)의 양은 **운동량 모멘트 방정식**(moment of momentum equation)으로 구할 수 있다(Munson et al., 2002).

(1) 선형 운동량 방정식

각운동량 방정식의 유도는 이미 유체역학에서 다룬 Newton의 운동 제2법칙을 적용하여 유도했던 (선형) 운동량 방정식(equation of linear momentum)을 간단히 소개함으로써 이해를 도울 수 있을 것이다.

(선형) 운동하는 물체에 작용하는 힘은 질량과 가속도의 곱과 같다는 다음 관계는 이미 잘 알고 있다.

$$F = m\alpha \tag{2.11}$$

여기서 $\alpha = \dfrac{dV}{dt}$ =중력 가속도이고, m =질량이므로 우변은 $m\dfrac{dV}{dt}$로 쓸 수 있으며, 질량은 시간에 관계없이 일정(=질량보존법칙)하다.

그러므로 식 (2.11)은 다음과 같이 쓸 수 있다.

$$F = \frac{d}{dt}(mV) \tag{2.12}$$

여기서 mV=질량×속도=(선형) 운동량(linear momentum)$[MLT^{-1}]$이라 하며, 이는 물체에 작용하는 힘은 단위시간의 운동량 변화와 같음을 의미한다.

식 (2.12)에서 미소시간 Δt에 대한 일 $F \cdot \Delta t$를 충격력(=역적, impulse)이라 하고, 이는 다음과 같이 운동량의 변화량과 같음을 알 수 있다.

$$F \cdot \Delta t = \Delta(mV) = m(V_2 - V_1) = (m_2 V_2 - m_1 V_1) \tag{2.13}$$

식 (2.14) 우변의 질량 $m = \rho \forall$ 이므로 운동량 변화량은 $\rho_2 \forall_2 V_2 - \rho_1 \forall_1 V_1$로 정리하면 다음과 같이 쓸 수 있다.

$$F dt = \rho_2 \forall_2 V_2 - \rho_1 \forall_1 V_1 \tag{2.14}$$

식 (2.15)를 단위시간$\left[F = \frac{\rho_2 \forall_2 V_2}{dt} - \frac{\rho_1 \forall_1 V_1}{dt}\left(\leftarrow \frac{\forall_2}{dt} = Q_2, \ \frac{\forall_1}{dt} = Q_1\right) = \rho_2 Q V_2 - \rho_1 Q V_1\right]$으로 표시하고, 밀도가 일정한 비압축성 유체($\rho = \rho_1 = \rho_2$)로 가정하여 연속 방정식 ($Q = Q_1 = Q_2$, $Q = A_1 V_1 = A_2 V_2$)을 적용하면 다음과 같이 쓸 수 있다.

$$F = \rho Q(V_2 - V_1) \tag{2.15}$$

$$\Sigma F = \rho Q(V_2 - V_1) \tag{2.16a}$$

$$\Sigma F_x = \rho Q(V_{x2} - V_{x1}) \tag{2.16b}$$

$$\Sigma F_y = \rho Q(V_{y2} - V_{y1}) \tag{2.16c}$$

(2) 각운동량 방정식 유도

그림 2.6은 각운동량(angular momentum)과 돌림 힘(회전력, torque)[토크=축일(shaft work)]의 개념을 설명하기 위한 것이다.

그림 2.6(a)에서 각운동량 $\boldsymbol{L}$은 힘의 작용거리(=위치벡터, position vector) $\boldsymbol{r}$에 선형 운동량(linear momentum) $p(=mV)$의 곱으로 다음 식을 얻는다.

$$\boldsymbol{L} = \boldsymbol{r} \times p(= \boldsymbol{r} \times mV) = m(\boldsymbol{r} \times \boldsymbol{V}) \tag{2.17}$$

여기서 $\boldsymbol{V} = \boldsymbol{r}\boldsymbol{w}$ =각속도이고, m =질량이다.

그림 2.6(b)에서 돌림 힘(회전력=토크, torque)은 힘 벡터 $\boldsymbol{F}$와 선회축(旋回軸, pivot) O까지의 거리 벡터 $\boldsymbol{r}$의 벡터 곱으로 다음과 같이 정의한다.

$$T_s = \boldsymbol{r} \times \boldsymbol{F} \tag{2.18}$$

여기서 T_s =돌림 힘(torque)이고, $\boldsymbol{F}$=가한 힘이며, $\boldsymbol{r}$ =회전축에서 힘을 가하는 위치까지의 변위이다.

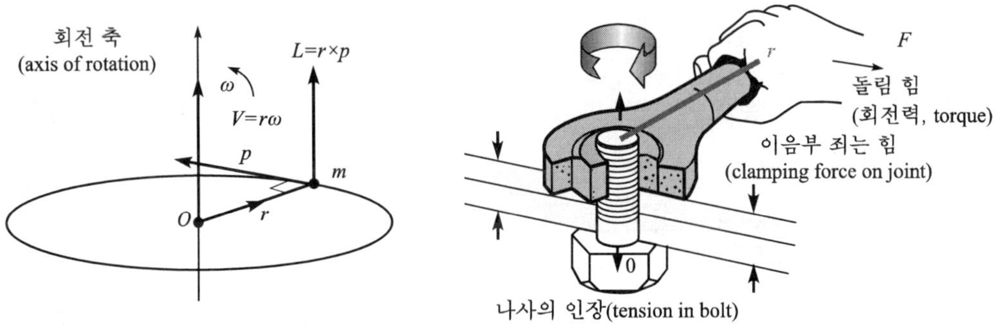

(a) 각운동량 (b) 돌림 힘(회전력)

그림 2.6 각운동량과 돌림 힘(회전력)

또한 토크(torque)는 시간에 따른 각운동량의 변화량과 같으므로 각운동량 벡터 $\boldsymbol{L}$의 시간 t에 대한 도함수 $\frac{d\boldsymbol{L}}{dt}$ [$\leftarrow \boldsymbol{L} = \boldsymbol{r} \times p = \boldsymbol{r}\, m\, V = m(\boldsymbol{r} \times V)$]로 정의하여 다음과 같이 유도할 수 있다.

$$T_s = \frac{d\boldsymbol{L}}{dt} = \frac{d}{dt}(\boldsymbol{r} \times m\,V)\left[\leftarrow \frac{d}{dt}(m\,V) = \boldsymbol{F}\right] = \boldsymbol{r} \times \boldsymbol{F} \tag{2.19}$$

단위 시간당의 선형 운동량과 각운동량의 관계는 각각 질량과 가속도가 관성 모멘트와 각가속도에 대응하는 힘과 돌림 힘의 대응관계와 같다. 물체가 어떤 축을 중심으로 회전하는 경우 돌림 힘의 방향은 회전축과 평행하다. 돌림 힘(=회전력, 토크, torque)이 주로 언급되는 분야는 자동차 등의 내연기관(엔진)이다.

위에서 언급한 것과 같이 Newton의 운동 제2법칙은 힘과 선형운동량 유동뿐만 아니라 축에 대한 힘의 모멘트관계의 토크 문제 해결에도 적용할 수 있다. 이는 관성좌표계(inertial coordinate system)에서 유체입자에 관계되는 **선형 운동량**(linear momentum)과 합력(resultant force)이 한 점에 대한 모멘트를 취하는 것과 같이 **통제체적**(control volume)의 내용물에 대한 토크와 각운동량 유동(angular momentum flow)의 관계로부터 운동량 모멘트 방정식을 유도할 수 있다. 그러므로 유체입자에 대해 Newton의 운동 제2법칙을 적용하면 다음과 같이 쓸 수 있다(Munson et al., 2002).

$$\frac{D}{Dt}(\boldsymbol{V}\rho\,\delta\forall) = \delta\boldsymbol{F}_p \tag{2.20}$$

여기서 $\boldsymbol{V}$=관성좌표계에서 측정된 입자의 속도벡터이고, ρ=유체의 밀도이며, $\delta\forall$=미소 입자의 체적, $\rho\,\delta\forall\,(=m)$=질량, $\delta\boldsymbol{F}_p$=입자에 작용하는 외력의 합이다.

식 (2.20)의 양변을 관성좌표계의 원점에 대한 모멘트를 취하면 다음 식을 얻는다.

$$\boldsymbol{r}\times\frac{D}{Dt}(\boldsymbol{V}\rho\,\delta\forall) = \boldsymbol{r}\times\delta\boldsymbol{F}_p \tag{2.21a}$$

$$\frac{d}{dt}(\boldsymbol{r}\times m\boldsymbol{V}) = \boldsymbol{r}\times\boldsymbol{F} \tag{2.21b}$$

여기서 $\boldsymbol{r}$=**그림 2.7**과 같은 관성좌표계 원점에서부터 입자까지의 위치벡터이다.

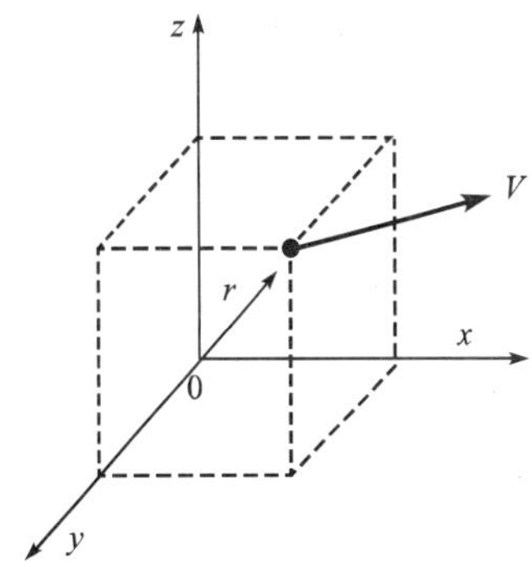

그림 2.7 관성 좌표계

식 (2.21a)의 좌변은 다음과 같이 정리할 수 있다.

$$\frac{D}{Dt}[(\boldsymbol{r}\times\boldsymbol{V})\rho\,\delta\forall] = \frac{D\boldsymbol{r}}{Dt}\times\boldsymbol{V}\rho\,\delta\forall + \boldsymbol{r}\times\frac{D(\boldsymbol{V}\rho\,\delta\forall)}{Dt} \tag{2.22a}$$

$$\frac{D\boldsymbol{r}}{Dt} = \boldsymbol{V} \tag{2.22b}$$

$$\boldsymbol{V}\times\boldsymbol{V} = 0 \tag{2.22c}$$

식 (2.21)과 (2.22)로부터 다음 식을 얻을 수 있다.

$$\frac{D}{Dt}[(\boldsymbol{r}\times\boldsymbol{V})\rho\,\delta\forall] = \boldsymbol{r}\times\delta\boldsymbol{F}_p \tag{2.23}$$

식 (2.23)은 유체입자들의 집합인 시스템의 모든 입자에 대해 적용 가능하므로 양변을 적분하면 다음과 같이 쓸 수 있다.

$$\int_{sys}\frac{D}{Dt}[(\boldsymbol{r}\times\boldsymbol{V})\rho\,d\forall] = \Sigma(\boldsymbol{r}\times\boldsymbol{F})_{sys} \tag{2.24}$$

식 (2.24)의 우변은 $\Sigma\boldsymbol{r}\times\delta\boldsymbol{F}_p = \Sigma(\boldsymbol{r}\times\boldsymbol{F})_{sys}$이고, 중대한 오차 없이 적분과 미분의 순서를

바뀌 쓸 수 있으며, **물질미분**(material derivative) $D(\ )/Dt$는 주어진 시스템(좌변)에 대한 시간 미분이므로 다음과 같이 쓸 수 있다.

$$\frac{D}{Dt}\int_{sys}(\boldsymbol{r}\times\boldsymbol{V})\rho\, d\forall = \int_{sys}\frac{D}{Dt}[(\boldsymbol{r}\times\boldsymbol{V})\rho d\forall] \tag{2.25}$$

식 (2.24)와 (2.25)로부터 다음 관계를 얻는다.

$$\frac{D}{Dt}\int_{sys}(\boldsymbol{r}\times\boldsymbol{V})\rho\, d\forall = \Sigma(\boldsymbol{r}\times\boldsymbol{F})_{sys} \tag{2.26}$$

식 (2.26)을 $\frac{d}{dt}(\boldsymbol{r}\times m\boldsymbol{V}) = \boldsymbol{T}_s$ 로 정리하면 시스템의 **운동량 모멘트 변화율**은 외부에서 시스템에 가해진 토크의 합과 같음을 알 수 있다. 이는 통제체적과 시스템이 순간적으로 일치하는 경우에는 시스템에 작용하는 토크는 통제체적에 작용하는 것과 같으므로 식 (2.26)의 우변을 다음과 같이 쓸 수 있다.

$$\Sigma(\boldsymbol{r}\times\boldsymbol{F})_{sys} = \Sigma(\boldsymbol{r}\times\boldsymbol{F})_{c.v} \tag{2.27}$$

시스템이 고정되고, 변형이 없는 통제체적일 때 **Reynolds 이송정리**(transport theorem)(Reynolds, 1903; Rouse, 1946; Edward et al., 2005)를 이용하면 식 (2.24)의 **좌변**은 다음과 같이 정리할 수 있다.

$$\frac{D}{Dt}\int_{sys}(\boldsymbol{r}\times\boldsymbol{V})\rho\, d\forall = \frac{\partial}{\partial t}\int_{c.v}(\boldsymbol{r}\times\boldsymbol{V})\rho d\forall + \int_{c.s}(\boldsymbol{r}\times\boldsymbol{V})\rho\boldsymbol{V}\cdot\hat{\boldsymbol{n}}\, dA \tag{2.28}$$

식 (2.28)은 '시스템 내 운동량 모멘트의 변화율=통제체적 내용물의 운동량 모멘트 변화율+통제표면을 통과하는 운동량 모멘트의 총유동량'을 뜻하며, 이를 **고정·불변형(non-deforming) 통제체적**의 **운동량 모멘트 방정식**이라 한다.

그러므로 시스템이 고정되고 변형이 없는(non-deforming) 통제체적에 대한 운동량 모멘트 방정식은 식 (2.27)과 (2.28)로부터 다음과 같이 쓸 수 있다.

$$\frac{\partial}{\partial t}\int_{c.v}(\boldsymbol{r}\times\boldsymbol{V})\rho d\forall + \int_{c.s}(\boldsymbol{r}\times\boldsymbol{V})\rho\boldsymbol{V}\cdot\hat{\boldsymbol{n}}dA = \Sigma(\boldsymbol{r}\times\boldsymbol{F})_{c.vc} \tag{2.29}$$

여기서 $\Sigma(\boldsymbol{r}\times\boldsymbol{F})_{c.vc}$=외부에서 **통제체적 내용물**(c.vc : control volume contents)에 가해진 토크의 합이다.

운동량 모멘트 방정식 (2.29)는 축을 중심으로 회전하거나 회전하려는 기계에 적용할 수 있으며, 이들 기계에는 잔디 살수기(lawn sprinklers), 천정용 선풍기(ceiling fans), 잔디깎이 날개(lawn mower blades), 풍차(wind turbines), 가스 터빈엔진(gas turbine engines) 등이 있다.

(3) 지배 방정식 유도

그림 예2.1.1, **예2.1.4**(b)와 같은 방사형 기계에서 회전차를 통해 이동하는 유체입자에서 입자는 회전차의 방사방향 속도만으로 소용돌이 없이 들어간다고 가정한다. 그 입자는 유입구인 단면(1)에서 유출구인 단면(2)까지 지나는 동안 회전차 깃의 작용에 의해 회전차를 나갈 때는 속도의 방사(연직)방향 r과 원주(수평, 접선)방향 θ성분을 갖는다. 그러므로 입자는 회전의 회전차 축에 관한 각운동량 없이 들어와서 그 축에 대한 각운동량을 가지고 나가게 된다. 이때 입자가 가지는 각운동량의 축방향 성분은 입자의 질량과 축으로부터의 거리에 절대속도의 θ성분을 곱한 것과 같다.

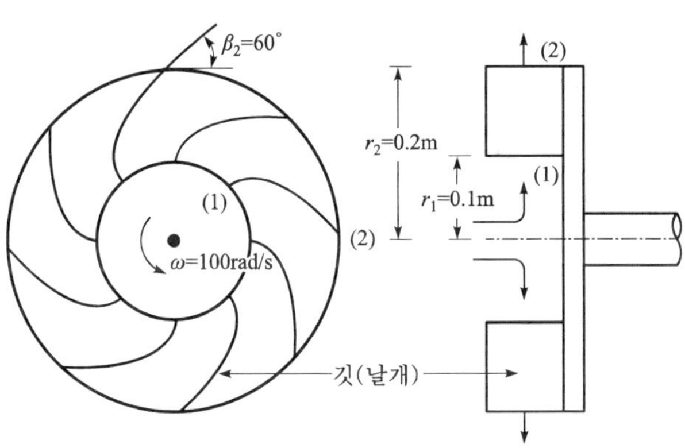

그림 예2.1.1 회전차의 운동

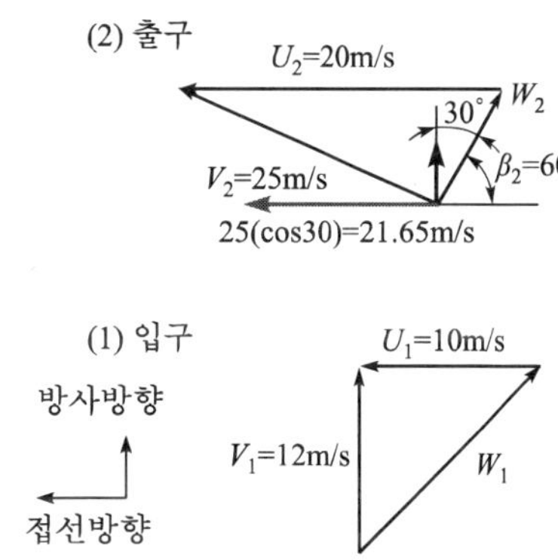

(b) 유출입구 속도삼각형

그림 예2.1.4 회전자의 속도벡터 해석도

유체·수력 기계에서 연속체의 유체입자들은 연속적으로 회전차를 통과하며, 유동이 **정상류**(steady flow)나 **평균적 정상유동**(steady in the mean or steady on the average cylindrical flow) 상태의 유체·수력 기계 회전차에 대한 운동량 모멘트 방정식 (2.29)는 다음과 같이 쓸 수 있다.

$$\Sigma(\boldsymbol{r}\times\boldsymbol{F})_{c.vc} = \int_{c.s} (\boldsymbol{r}\times\boldsymbol{V})\rho\boldsymbol{V}\cdot\hat{n}dA \tag{2.30}$$

식 (2.30)의 좌변은 통제체적 내용물에 작용하는 **외부토크**(external torques; =모멘트)의 합이고, 우변은 통제표면을 통과하는 **운동량 모멘트**(moment-of-momentum)[=**각운동량**(angular momentum)]의 순유동률(net rate of flow)이다.

식 (2.30)의 **축방향 성분** T_s는 **그림 예2.1.1, 예2.1.4**의 단면(1) 유입구와 단면(2) 유출구를 통해 회전차를 통과하는 유동을 1차원으로 단순화하여 다음과 같이 유도할 수 있다.

$$T_s = -\dot{m}_1(r_1 V_{\theta 1}) + \dot{m}_2(r_2 V_{\theta 2}) \tag{2.31}$$

여기서 T_s =통제체적에 가해진 **축토크**(shaft torque)이고, 음(−)의 부호는 통제체적으로 유입되는 **질량유량**(mass flow rate)이며, 양(+)의 부호는 유출(outflow)을 나타낸다. V_θ 성분의 부호는 V_θ의 방향과 깃의 이동속도 U에 좌우된다. V_θ와 U가 같은 방향이면 V_θ는 양이다. 축에 의해 회전차에 가해지는 토크(=회전력) T_s의 부호는 T_s가 회전방향과 같으면 양이고 그 반대면 음이다.

식 (2.31)은 흔히 **Euler 유체기계 방정식**(Euler turbomachine equation) 또는 **터빈 방정식**이라 하며, 이 식에서 축토크 T_s는 질량유량 $\dot{m} = \rho Q$에 직접 비례한다. 그래서 동일한 **체적유량**(volume flowrate)의 공기를 양수하는 것보다 물을 양수하는 것이 훨씬 더 많은 토크와 동력이 필요하게 된다. 또한 토크는 절대속도의 접선성분 V_θ에 좌우된다.

축동력(軸動力, shaft power) $\dot{W}_s$는 축토크와 각속도 간에 다음의 관계를 갖는다.

$$\dot{W}_s = w T_s \tag{2.32}$$

식 (2.31)에 식 (2.32)를 대입하고 $U = wr$를 이용하면 축동력은 다음과 같이 쓸 수 있다.

$$\dot{W}_s = -\dot{m}_1(U_1 V_{\theta 1}) + \dot{m}_2(U_2 V_{\theta 2}) \tag{2.33}$$

식 (2.33)에서 V_θ의 값은 U와 같은 방향이면 양이고, 반대 방향이면 음이다. 또한 $\dot{W}_s$는 T_s와 w가 같은 방향이면 양이고, 반대방향이면 음이다. 그러므로 $\dot{W}_s$는 동력이 펌프와 같이 통제체적으로 공급될 때 양이고, 터빈과 같이 그 반대일 때 음이다.

단위질량당 (축)일[(shaft) work per unit mass)] $w_s = \dot{W}_s / \dot{m}$은 식 (2.33)에서 질량보존법칙 $\dot{m}_1 = \dot{m}_2$를 적용해 다음과 같이 구한다.

$$w_s = -U_1 V_{\theta 1} + U_2 V_{\theta 2} \tag{2.34}$$

식 (2.32)~(2.34)는 **유체·수력 기계**(**펌프**와 **터빈**)의 **기본 지배 방정식**(basic governing equations)으로 방사형, 축류형, 혼합형의 펌프와 터빈, 압축성·비압축성 유동에 적용할 수 있다.

(4) 지배 방정식 응용

펌프 또는 터빈에서 유입구와 유출구의 속도 삼각형을 **그림 2.8**과 같이 일반화시키고 식 (2.30)을 유용하게 사용할 수 있는 식으로 유도하기 위해 회전차를 관통하는 일반적인 (연직) 속도성분 V_x를 도입한다. **그림 2.8**의 큰 삼각형(abd)에서 V_x는 다음과 같이 유도된다.

$$V^2 = V_\theta^2 + V_x^2 \tag{2.35a}$$

$$V_x^2 = V^2 - V_\theta^2 \tag{2.35b}$$

그림 2.8의 작은 삼각형(acd)에서 V_x는 다음과 같이 유도된다.

$$W^2 = (V_\theta - U)^2 + V_x^2 \tag{2.36a}$$

$$V_x^2 = W^2 - (V_\theta - U)^2 \tag{2.36b}$$

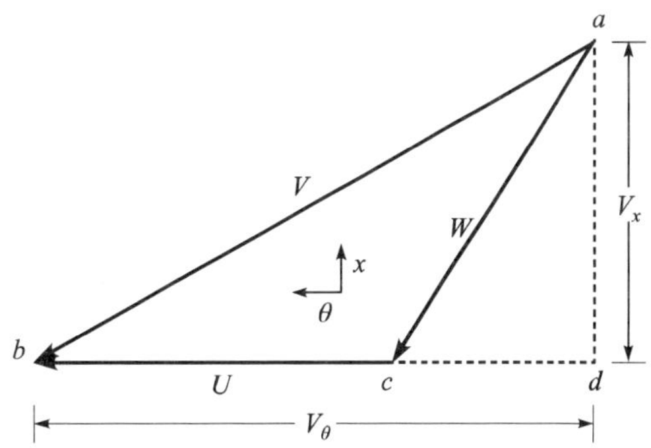

그림 2.8 일반화시킨 속도 삼각형

여기서 V=절대속도이고, U=깃 속도이며, W=상대속도이다.

식 (2.35b)를 식 (2.36a)에 대입하고 정리하면 다음 식을 얻는다.

$$V_\theta U = \frac{V^2 + U^2 - W^2}{2} \tag{2.37}$$

식 (2.37)을 유입구와 유출구에 대해 쓰고 식 (2.34)에 대입하여 정리하면 다음 식과 같이 된다.

$$w_s = \frac{V_2^2 - V_1^2 + U_2^2 - U_1^2 - (W_2^2 - W_1^2)}{2} \tag{2.38}$$

그러므로 **단위질량당 축일**(shaft work per unit mass) w_s와 **축동력**(shaft power) $\dot{W}_s$는 깃 속도(blade velocity) U, 유체의 절대속도(absolute velocity) V, 깃에 대한 유체의 상대속도(relative velocity) W로부터 구할 수 있다.

예제 2.2

그림 예2.2.1과 같이 외경 30cm, 내경 25cm의 깃이 있는 회전차를 가진 공기 팬이 있다. 각 회전차 깃의 높이는 유입구에서 유출구까지 2.5cm로 일정하다. 시간평균 유량은 0.108 m^3/s로 일정하고 깃의 유입구에서 밀도 1.226kg/m^3인 공기의 절대속도 V_1은 방사방향이다. 깃의 유출구 각이 접선방향과 30° 각도를 이룰 때 회전차를 1,725rpm의 일정한 속도로 회전시키기 위한 다음 사항에 답하시오.

1. 주어진 조건에서 회전차를 회전시키기 위해 필요한 동력의 산정

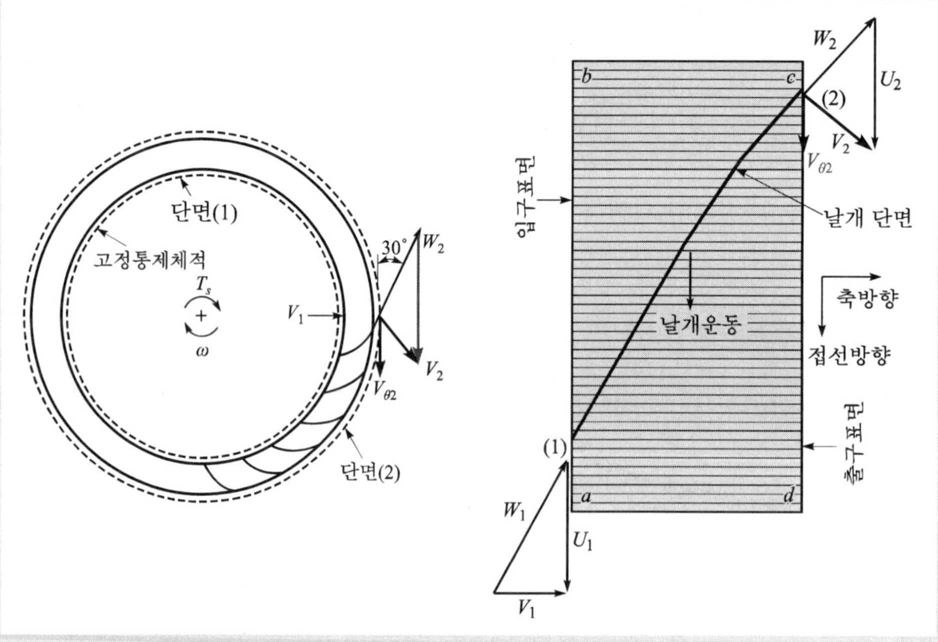

(a) 회전차 (b) 날개운동 상세도

그림 예2.2.1 공기 팬의 회전차

[풀이]

1. 주어진 조건에서 회전차를 회전시키기 위해 필요한 동력 산정

(1) 변형이 없는 고정된 통제체적의 평균유동을 고려하여 정상류에 대한 식 (2.33)과 그림 예2.2.2의 속도 삼각형을 이용해 축동력 $\dot{W}_s$를 구한다.

$$\dot{W}_s = -\dot{m}_1(\pm U_1 V_{\theta 1}) + \dot{m}_2(\pm U_2 V_{\theta 2}) \quad (예2.2.1)$$

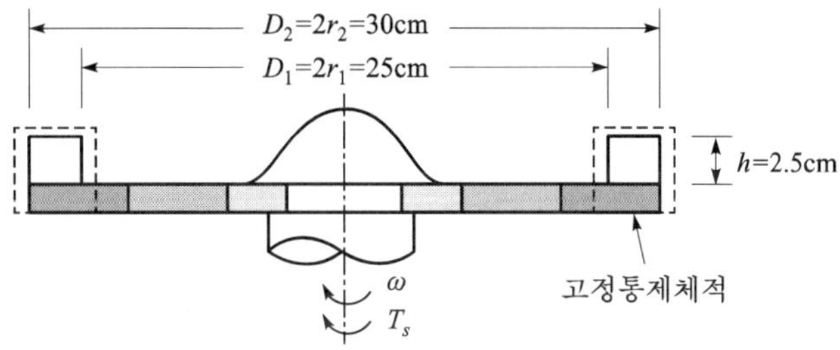

(a) 공기 팬의 운동

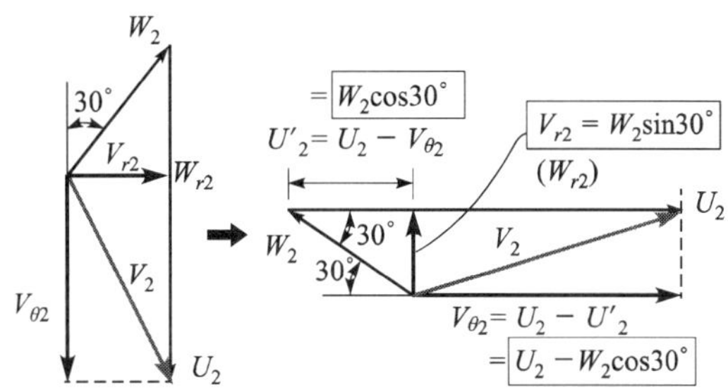

(b) 출구의 속도삼각형

그림 예2.2.2 공기 팬 유동의 해석

① 식 (예2.2.1)에서 유입구 공기의 절대속도 $\boldsymbol{V_1}$ 은 방사방향으로 접선성분 $V_{\theta 1}$=영이므로 다음 관계식을 이용하여 계산한다.

$$\dot{W}_s = \dot{m}(U_2 V_{\theta 2}) \quad \text{(예2.2.2)}$$

② 식 (예2.2.2)에서 질량유량 $\dot{m}$과 회전차(=깃) 속도 U_2, 깃의 유출구에서 접선(수평)방향속도 $V_{\theta 2}$는 각각 다음과 같이 구한다.

$$\dot{m} = \rho Q = 1.226(\frac{\text{kg}}{\text{m}^3}) \times 0.108(\frac{\text{m}^3}{\text{s}}) = \mathbf{0.132}\text{kg/s} \quad \text{(예2.2.3a)}$$

$$U_2 = r_2 w = 0.15(\text{m})[1{,}725(\text{rpm}) \times \frac{2\pi(\text{rad/rev})}{60(\text{s/min})}] = 27.08\text{m/s} \quad \text{(예2.2.3b)}$$

③ 깃의 출구에서 유체 접선방향 속도 $V_{\theta 2}$를 구하기 위해 하여 식 (2.1)의 벡터합을 적용한다.

$$\boldsymbol{V_2} = \boldsymbol{W_2} + \boldsymbol{U_2} \quad \text{(예2.2.4)}$$

④ 식 (예2.2.4)의 벡터합은 **그림 예2.2.2(b)**의 속도 삼각형으로 나타내면 $U_2 - V_{\theta 2} = W_2 \cos 30°$ 이므로 다음과 같이 $V_{\theta 2}$를 구한다.

$$V_{\theta 2} = U_2 - W_2 \cos 30° \quad \text{(예2.2.5)}$$

⑤ 식 (예2.2.5)의 $V_{\theta 2}$를 구하기 위해서는 식 (예2.2.3b)의 U_2, 식 (예2.2.5)의 W_2가 필요한데, W_2를 구하기 위해서는 **그림 예2.2.2(b)**와 같이 연직방향성분V_{r2}를 $\boldsymbol{W_2}$와 $\boldsymbol{V_2}$

의 방사(연직)방향 성분으로 다음과 같이 구한다.

$W_2 \sin 30° = V_{r2}$ (예2.2.6)

(2) 식 (예2.2.3a)의 질량유량과 깃의 높이가 h인 유수단면적은 각각 다음과 같이 구한다.

$\dot{m} = \rho A_2 V_{r2}$ (예2.2.7a)

$A_2 = 2\pi r_2 h$ (예2.2.7a)

① 식 (예2.2.7)로부터 질량유량은 다음과 같이 구한다.

$\dot{m} = \rho 2\pi r_2 h V_{r2}$ (예2.2.8)

② 식 (예2.2.6)과 (예2.2.8)로부터 $W_2 \left(= \frac{V_{r2}}{\sin 30°} \leftarrow V_{r_2} = \frac{\dot{m}}{2\rho\pi r_2 h} \right)$를 다음과 같이 계산한다.

$$W_2 = \frac{\dot{m}}{\rho 2\pi r_2 h \sin 30°} \quad (예2.2.9)$$

③ 주어진 조건과 식 (예2.2.3a)로 구한 단위시간당의 질량 $\dot{m}$ 값을 식 (예2.2.9)에 대입하여 다음과 같이 계산한다.

$$W_2 = \frac{0.132(\mathrm{kg/s})}{1.226(\mathrm{kg/m^3})(2\pi) \times 0.15(\mathrm{m}) \times 0.025(\mathrm{m}) \sin 30°}$$

$= 0.132/0.014 = \mathbf{9.42m/s}$ (예2.2.10)

(3) 식 (예2.2.10)을 식 (예2.2.5)에 대입해 정리하면 $V_{\theta 2}$를 구한다.

① (예2.2.3b)에서 구한 $U_2 = r_2 w$=27.08m/s를 이용하여 $V_{\theta 2}$를 구한다.

$V_{\theta 2} = U_2 - W_2 \cos 30°$ =27.08−9.42 cos30°=18.92m/s

② 이상에서 계산한 값들을 식 (예2.2.1)에 대입하면 축동력 $\dot{W}_s$를 구한다.

$$\dot{W}_s = \dot{m} U_2 V_{\theta 2} = 0.132\left(\frac{\mathrm{kg}}{\mathrm{s}}\right) \left[\leftarrow 1\mathrm{kg} = \frac{1}{9.8} \frac{\mathrm{kg_f s^2}}{\mathrm{m}}\right] \times \frac{1}{9.8}\left(\frac{\mathrm{kg_f s^2}}{\mathrm{m}}\right) \times 27.08\left(\frac{\mathrm{m}}{\mathrm{s}}\right) \times 18.92\left(\frac{\mathrm{m}}{\mathrm{s}}\right)$$

$= 6.90\mathrm{kg_f m/s}\ (\leftarrow 1\mathrm{kg_f} = 9.8\mathrm{N}) = 67.60\mathrm{Watt} = 0.0676\mathrm{kW}\ (\leftarrow 1\mathrm{kW} = 1.36\mathrm{hp})$

$= 0.091\mathrm{hp}$

그러므로 팬의 축에 전달되어야 할 동력은 0.091hp이며, 이는 U_2와 $V_{\theta 2}$가 같은 방향으로 $U_2 V_{\theta 2}$의 부호를 양으로 하여 계산된 것이다.

2.3 펌프·터빈

수력 기계는 관로에서 점성에 의한 마찰과 단면의 급확대·급축소 등 미소손실로 인한 압력 강하량의 산정이 중요하다. 이들에 대한 기본적인 내용은 이미 유체역학 강의를 통해 상당부분의 지식을 배워 알고 있다.

설계 유량에서 총압력 강하량이 결정되면 펌프 시스템을 통한 유체 이송에 필요한 압력수두와 이에 따른 소요동력 등 펌프 시스템의 성능곡선을 작성하게 된다. 또한 수력발전은 댐에 저수된 물의 큰 낙차가 갖는 위치 에너지를 **수압관**(水壓管, penstock)을 통해 터빈의 회전차를 돌려 축으로부터 동력을 얻는다. 터빈에서는 이러한 시스템에 전달되는 물의 유효낙차와 이를 이용해 얻는 동력 산정 등에 대해 다룬다.

2.3.1 펌프

관(수)로에서의 점성에 의한 마찰과 단면의 급확대·급축소 등의 미소손실로 인한 압력 강하량의 산정은 이미 유체역학에서 대부분 배웠다. 본 절에서는 설계 유량에서 총압력 강하량이 결정되면 펌프 등의 시스템을 통해 유체를 이동시키는 데 필요한 성능을 가진 그림 2.9와 같은 펌프와 팬(pump and fan)을 선택하는 문제를 고려해야 한다.

그러나 어떤 유형의 펌프 또는 팬을 선택해야 하는지에 대한 문제는 이 절에서 다루지 않는다. 예를 들면, 그림 2.9(a), (b)와 같이 공기를 이용한 응용에서 원심형 팬(centrifugal fan) 또는 날개 축류형 팬(vane-axial fan)을 선택할 수 있다.

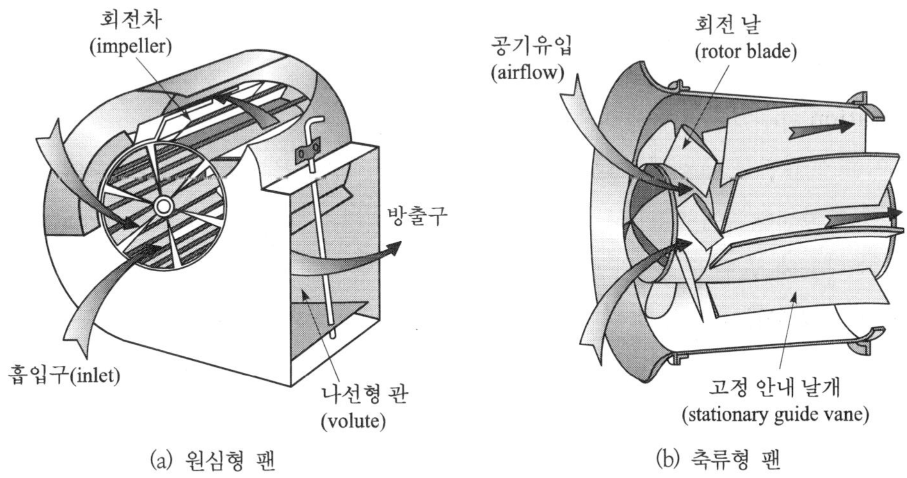

그림 2.9 펌프와 팬의 구성

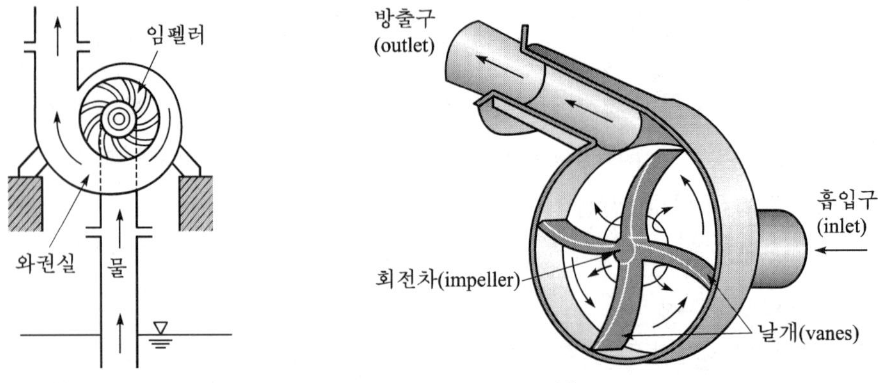

(c) 와권형 펌프 (d) 원심형 펌프

그림 2.9 펌프와 팬의 구성(계속)

마찬가지로 **그림 2.9(c)**와 같이 **와권**(渦券, volute) **펌프**는 안내 날개가 없는 일반적인 펌프로 저압용 보일러나 급수펌프로 이용되고, **그림 2.9(d)**와 같이 **원심펌프**(centrifugal pump)는 가장 일반적인 방사류형 수력 기계(radial-flow turbomachine)있다.

(1) 무차원 매개변수

펌프나 터빈이 제작되면 성능시험(performance test)이 기계의 실제 조작특성을 결정하기 위해 수행된다. 이 시험은 특정기계에 대한 무차원 매개변수 간의 관계식을 수립하는 것이다. 터보기계(turbomachine)에 사용되는 적절한 무차원 매개변수를 차원해석 방법에 의해 유도한다. 문제에 대해 차원해석을 적용함에 있어 우선적으로 중요변수를 확인해야 한다. 펌프의 경우, 사용자의 주요 관심 변수들은 압력차 Δp, 유량 Q, 동력 P_W, 효율 η이다. 여기서 Δp=펌프에 의해 증가된 압력이고, P_W=펌프에 공급된 동력이다. 다른 중요변수는 회전속도(rotation speed) w, 펌프 회전차(pump impeller) 지름 D, 송수되는 유체의 밀도 ρ가 있다. 이들 물리변수 중 ρ, D, Q, w는 독립변수이고, Δp, P_W, η는 종속변수이다. 그러나 변수그룹은 차원해석에서 1개의 종속변수만이 허용되므로 종속변수 1개를 가지고 우선적으로 해석한 다음에 또 다른 1개의 변수에 대해 같은 방법으로 해석한다. 먼저 종속변수 Δp에 대한 무차원 변수를 유도하기 위해 반복변수로 ρ, w, D를 이용한다. 이때 무차원 변수그룹을 유도하기 위한 상응 함수식(corresponding functional equation)은 다음과 같다.

$$\Delta p = f(\rho, w, D, Q) \tag{2.39}$$

여기서 $\Delta p = [F/L^2]$이고 $\rho = [FT^2/L^4]$이며, $w = [T^{-1}]$, $D = [L]$, $Q = [L^3/T]$이다.

먼저, 힘의 차원 F에 대해 무차원화 하면 다음과 같이 쓸 수 있다.

$$\frac{\Delta p}{\rho} = f(w, D, Q) \tag{2.40}$$

다음에, 시간의 차원 T에 대해 무차원화 하면 다음과 같이 쓸 수 있다.

$$\frac{\Delta p}{\rho w^2} = f\left(D, \frac{Q}{w}\right) \tag{2.41}$$

마지막으로 변수의 나머지 그룹을 갖는 지름 D의 멱함수로 조합함으로써 다음과 같이 완전한 무차원 함수식을 얻는다.

$$\frac{\Delta p}{\rho w^2 D^2} = f\left(\frac{Q}{wD^3}\right) \tag{2.42}$$

펌프의 운전에서 주요 관심사는 압력차 Δp보다 수두(head)의 변화 ΔH_P이므로 식 (2.42)의 밀도 $\rho = \gamma/g$, $\Delta p = \gamma \Delta H_P$이므로 γ는 소거되어 다음과 같이 쓸 수 있다.

$$\frac{g\Delta H_P}{w^2 D^2} = f\left(\frac{Q}{wD^3}\right) \tag{2.43}$$

식 (2.43)의 좌변의 무차원 매개변수를 수두계수(head coefficient) C_H라 하고, 우변 괄호 안의 매개변수를 유량계수(discharge coefficient) C_Q로 다음과 같이 정의한다.

$$C_H = \frac{g\Delta H_P}{w^2 D^2}, \; C_Q = \frac{Q}{wD^3} \tag{2.44a}$$

$$C_H = f(C_Q) \tag{2.44b}$$

P_W, ρ, w, D와 Q에 관해서도 식 (2.39)와 같은 요령으로 $P_W = f(\rho, w, D, Q)$에 대해 차원해석을 실시하면 다음 식과 같은 무차원 변수식을 얻을 수 있다.

$$\frac{P_W}{\rho w^3 D^5} = f\left(\frac{Q}{wD^3}\right) \tag{2.45a}$$

$$C_{P_W} = f(C_Q) \tag{2.45b}$$

여기서 C_{P_W}=동력계수(power coefficient)이고, 같은 방법으로 $\eta = f(C_Q)$를 유도할 수 있다.

이상의 무차원 매개변수는 펌프의 상사해석(similarity analysis)에 사용되며, 수두(양정)

계수[head (rise) coefficient] C_H, 동력계수(power coefficient) C_{P_W}, 유량계수(discharge coefficient) C_Q를 요약·정리하면 다음 식과 같다.

$$C_H = \frac{g\Delta H_P}{w^2 D^2} \tag{2.46a}$$

$$C_{P_W} = \frac{P_W}{\rho w^3 D^5} \tag{2.46b}$$

$$C_Q = \frac{Q}{wD^3} \tag{2.46c}$$

여기서 C_H, C_{P_W}=펌프의 주어진 형식에 대한 C_Q의 함수이다.

관습적으로 관로 시스템의 설계에서 **총수두**(total head)로 불리는 매개변수가 사용된다. 이 총수두는 제1장의 차원해석에서도 예제로 다루었던 것처럼 단위질량당 에너지(energy per unit mass)의 차원[L^2T^{-2}]을 갖으며, 시스템을 통해 흐르는 팬이나 펌프에 의해 발생된 총수두로 측정된다. 팬이나 펌프에 필요한 동력은 이 시스템의 설계에 중요한 매개변수이므로 펌프와 팬의 성능해석에서 수두와 동력은 중요한 종속변수로 고려된다.

형상이 비슷한 기계류에 대한 실험 결과에 의하면 길이 축척(length scale) 만이 기계 형상을 특성화하는데 필요하다. 이 길이 축척은 **그림 2.10**과 같은 **회전차**(impeller) 또는 다른 **회전요소**(rotation element)의 지름 D로 편리하게 취한다. 펌프 또는 팬의 수두(head)와 동력(power)은 회전차의 각속도 w, 체적유량 Q, 유체의 밀도 ρ와 점성 μ의 함수관계로 다음과 같이 표시할 수 있다.

$$H_P = f_1(D, Q, w, \rho, \mu) \tag{2.47a}$$

$$P_W = f_2(D, Q, w, \rho, \mu) \tag{2.47b}$$

[예제 1.14]의 식 (예1.14.14)와 같이 **무차원 수두계수**와 식 (예1.14.28)과 같은 무차원 **동력계수**로 다음과 같이 쓸 수 있다.

$$\frac{H_P}{w^2D^2} = F\left(\frac{Q}{wD^3}, \frac{\rho D^2 w}{\mu}\right) \tag{2.48a}$$

$$\frac{P_W}{\rho w^3 D^5} = F\left(\frac{Q}{wD^3}, \frac{\rho D^2 w}{\mu}\right) \tag{2.48b}$$

(a) 원심형 펌프 (b) 방사형 펌프 (c) 축류형 펌프

그림 2.10 펌프의 회전차

펌프나 팬에서 수두와 동력에 관한 **종속 무차원 변수** $H_P/(w^2D^2)$과 $P_W/(\rho w^3 D^5)$은 각각 **수두계수**(head coefficient)와 **동력계수**(power coefficient)라 한다. **독립 무차원 변수** $Q/(wD^3)$은 **유량계수**(flow coefficient)라 하고, $(\rho w D^2)/\mu$는 속도차원을 갖는 wD 때문에 **Reynolds 수**의 형으로 고려할 수 있으며, 이들은 식 (2.46)과 동일하다.

형상학적으로 비슷한 모형과 원형 2개 시스템의 축척을 고려함에 있어 펌프(팬)의 상사법칙은 모든 독립 무차원 변수가 원형과 모형에서 같아야 한다는 것이다. 그러나 합리적인 크기를 갖는 펌프나 팬을 다룸에 있어 성능은 앞에서 정의한 Reynolds 수에 무관하다는 것을 발견하게 된다. 그러므로 같은 종류의 두 펌프 또는 팬을 비교하기 위한 적절한 **펌프(팬) 상사법칙**[pump (fan) scaling(=affinity) laws]은 다음 식을 적용한다.

$$\frac{Q_1}{w_1 D_1^3} = \frac{Q_2}{w_2 D_2^3} \tag{2.49}$$

두 펌프의 **유량계수**(flow coefficient)가 같다면 총수두와 동력계수는 다음과 같이 쓸 수 있다.

$$\frac{H_{P_1}}{w_1^2 D_1^2} = \frac{H_{P_2}}{w_2^2 D_2^2} \tag{2.50a}$$

$$\frac{P_{W_1}}{\rho w_1^3 D_1^5} = \frac{P_{W_2}}{\rho w_2^3 D_2^3} \tag{2.50b}$$

식 (2.50)은 **펌프(팬) 상사법칙**으로 불리며, 이들은 같은 종류에서 두 다른 크기 기계의 성능과 관련되나, 주어진 펌프의 새로운 조작단위를 어떻게 할 것인가를 결정하는데 사용된다.

예제 2.3

환기 시스템(ventilation system)을 개선하기 위하여 공기유입량을 141.6m^3/min에서 226.56m^3/min로 증가시키고자 하며, 이는 환기팬의 각속도(angular velocity)를 증가시킴으로써 가능하게 된다. 현재의 시스템이 1,000rpm의 각속도에서 운용될 때 다음 사항에 답하시오.

1. 팬의 개선에 필요한 회전속도(rpm) 계산
2. 팬의 개선에 필요한 동력 비율(%) 결정

[풀이]

1. 팬의 개선에 필요한 회전속도(rpm) 계산

(1) 팬(펌프)의 상사법칙에 관한 식 (2.49)를 이용해 새 팬의 각속도를 결정하는데, 팬은 특성크기 D가 일정하므로 같은 값을 갖는다.

$$\left(\frac{Q}{wD^3}\right)_{up} = \left(\frac{Q}{wD^3}\right)_{ex} \;(\leftarrow D = \text{일정})\; \left(\frac{Q_1}{w_1}\right)_{up} = \left(\frac{Q_2}{w_2}\right)_{ex}$$

$$\therefore\ w_{up} = Q_{up}\left(\frac{w}{Q}\right)_{ex} \quad \text{(예2.3.1)}$$

(2) 식 (예2.3.1)로부터 새 팬의 회전속도를 구하면 다음과 같다.

$$w_{up} = Q_{up}\left(\frac{w}{Q}\right)_{ex} = (226.56\text{m}^3/\text{min})\left(\frac{1{,}000\text{rpm}}{141.6\text{m}^3/\text{min}}\right) = 1{,}600\text{rpm}$$

(3) 그러므로 개선 팬의 회전속도 w_{up}=1,600rpm이고, 증가분 Δw_{up}=(1,600−1,000)=600rpm이며, 증가율[(600/1,000)=0.6]은 60%이다.

2. 팬의 개선에 필요한 동력 비율(%) 결정

(1) 식 (2.50b)를 이용해 밀도가 동일한 유체의 증가된 동력을 구하면 다음과 같다.

$$\left(\frac{P_W}{\rho w^3 D^5}\right)_{up} = \left(\frac{P_W}{\rho w^3 D^5}\right)_{ex} \;(\leftarrow \rho, D = \text{일정})$$

$$\therefore\ \frac{P_{W_{up}}}{P_{W_{ex}}} = \frac{w_{up}^3}{w_{ex}^3} \quad \text{(예2.3.2)}$$

(2) 식 (예2.3.2)에 의해 새 팬의 동력을 구하면 다음과 같다.

$$\frac{P_{W_{up}}}{P_{W_{ex}}} = \frac{w_{up}^3}{w_{ex}^3} = \frac{1{,}600^3}{1{,}000^3} = 4.096$$

(3) 그러므로 개선 팬의 동력 증가분 $\Delta P_W[=(P_{W_{up}} - P_{W_{ex}})/P_{W_{ex}}$=(4.096−1)1]=3.096이고, 증가율은 300% 이상이 필요하게 된다.

(2) 원심펌프

그림 2.11(a)와 같은 **원심펌프**(centrifugal pump)는 방사형 펌프가 가장 일반적이며, 크게 **회전차**(impeller)와 **케이싱**(casing) 두 부분으로 구성된다. 회전차는 그림 2.11(b), (c)와 같이 크게 두 가지 형태가 있으며, 축의 주위에 규칙적으로 배열된 여러 개의 깃(blade)(=날개, vane)으로 구성되어 있다. 그림 2.11(b)와 같은 **개방형 회전차**(open impeller)는 깃이 중심축 판(hub plate) 또는 뒷 판(backing plate)에 배열되어 있고, 케이싱이나 측판(shroud)이 막히지 않았다. 그림 2.11(c)와 같은 **폐쇄형 회전차**(enclosed impeller) 또는 **측판 회전차**(shroud impeller)는 날개가 중심축(hub)과 측판으로 막혀 있다. 회전차가 회전하면 유체는 케이싱의 눈(eye)을 통해 안으로 유입되고 방사방향으로 유출된다. 에너지는 회전하는 깃에 의해 유체에 공급되며, 압력과 절대속도는 유체가 케이싱 유입구로부터 깃의 주위로 흐를 때 증가된다. 회전차는 유체가 회전차 한쪽면의 유입구를 통해 유입되는 **편흡입**(single suction)과 유체가 양쪽으로 축을 따라 회전차로 유입되는 **양흡입**(double suction)이 있는데, 후자는 **축추력**(end thrust)을 감소시키고 유입구 유동면적이 크기 때문에 입구속도가 감소된다(Munson et al., 2002).

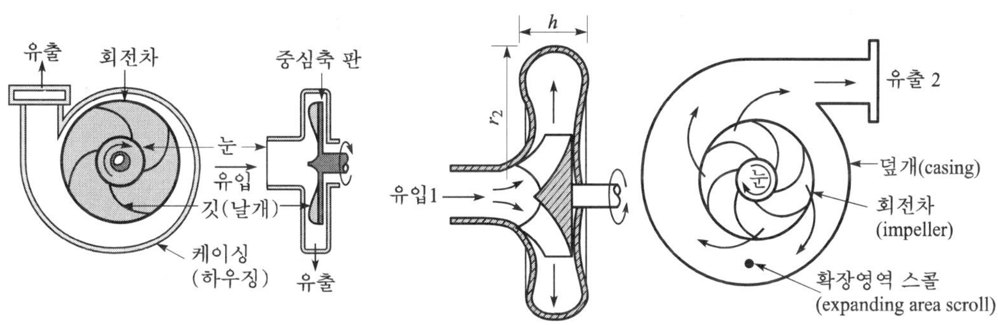

(a) 원심형 펌프의 구성

(b) 개방형 회전차

(c) 폐쇄형 회전차

그림 2.11 원심펌프와 회전차

정상류로 가정하면 기본적으로 펌프는 **그림** 2.11의 입구인 지점1(눈)과 출구인 지점2 사이 흐름의 Bernoulli(방정식) 수두를 증가시킨다. 펌프 시스템 내 점성 일(viscous work)과 열이동(heat transfer)을 무시하면 Bernoulli 방정식에 의한 순 수두(net head) H_P는 다음 식과 같이 쓸 수 있다.

$$H_P = \left(\frac{p}{\rho g} + \frac{V^2}{2g} + z\right)_2 - \left(\frac{p}{\rho g} + \frac{V^2}{2g} + z\right)_1 = h_s - h_f \tag{2.51}$$

여기서 h_s =공급된 펌프수두이고, h_f =손실수두이다. H_P =순 수두로 임의 터보기계에 대한 주요 출력 매개변수이다. 식 (2.51)은 비압축성 흐름에 대한 것이므로 큰 밀도변화를 갖는 기체 압축기(gas compressor)에 대해서는 수정되어야만 한다.

보통 V_2와 V_1은 대략 같고, $z_2 - z_1$은 1m 넘지 않으므로 순 펌프의 수두는 다음 식과 같이 압력수두(pressure head)의 변화와 본질적으로 같이 쓸 수 있다.

$$H_P \approx \frac{p_2 - p_1}{\rho g} = \frac{\Delta p}{\rho g} \tag{2.52}$$

간단하게 유체를 수송하는 동력 P_W =단위중량 $\rho g(=\gamma)$×유량 Q×순수두변화 H_P로 다음 식과 같이 구한다.

$$P_W = \rho g Q H_P \tag{2.53}$$

식 (2.53)은 관습적으로 **수마력**(水馬力, water horsepower)이라 부르며, 펌프를 구동하기 위해 필요한 동력은 제동마력(brake horsepower; 1hp=550ft lb$_f$/s=746 W_a)으로 다음 식으로 구한다.

$$b_{hp} = w\,T_s \tag{2.54}$$

여기서 w =축 각속도(shaft angular velocity)이고, T_s =**축토크**(shaft torque)이다. 만약 손실이 없다면 펌프 동력 P_W는 **제동마력** b_{hp}와 같으나, P_W는 실제 손실이 발생되는데 이를 **펌프의 효율**(efficiency) η라 하며, 다음 식과 같이 정의한다.

$$\eta = \frac{P_W}{b_{hp}} = \frac{\rho g Q H_P}{w\,T_s} \tag{2.55}$$

펌프는 축에 한 개의 회전차를 설치하는 **일단펌프**(single stage)와 동일 축에 여러 개의 회전차를 설치하는 **다단펌프**(multi stage)로 구분된다. 후자의 경우는 연속적으로 작용하는

데, 첫 번째 단으로부터 유출된 유체는 두 번째 단의 유입구로 들어가고, 두 번째 단에서 유출된 유체는 세 번째 단의 유입구로 유입되는 방법으로 반복된다. 유량은 모든 단에서 동일하나 각 단에서는 압력상승이 추가되므로 다단펌프에서는 아주 큰 **배출압력**(discharge pressure), 즉 큰 **양정**(head)을 얻을 수 있다. 일은 깃의 회전에 의해 유체에 가해지며 이로 인해 회전차를 흐르는 유체의 운동 에너지를 크게 증가시킨다.

① 원심펌프의 이론

펌프를 지나는 유동이 부정류, 3차원 유동으로 매우 복잡하지만 원심펌프의 운전에 관한 기본이론은 깃이 회전할 때 회전차의 유입구와 유출구 단면 사이를 흐르는 유체의 유동을 평균 1차원 유동으로 사정하여 전개한다. 그림 2.12와 같은 깃 통로(blade passage)에서 깃으로 들어가는 유체의 절대속도 $\boldsymbol{V}_1$은 각속도 w로 원 운동하는 깃 속도 $\boldsymbol{U}_1$과 깃 통로 내의 상대속도 $\boldsymbol{W}_1$의 벡터합 $\boldsymbol{V}_1 = \boldsymbol{W}_1 + \boldsymbol{U}_1$이다. 유출구에서는 $\boldsymbol{V}_2 = \boldsymbol{W}_2 + \boldsymbol{U}_2$이고, $U_1 = r_1 w$, $U_2 = r_2 w$이며, 유체속도는 그림 2.12(b), (c)와 같이 깃 통로의 유입구와 유출구 단면에서의 평균속도이다.

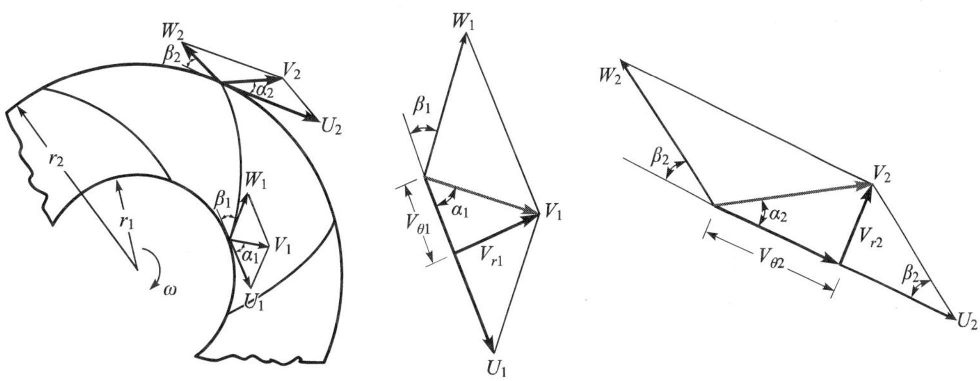

(a) 원심펌프 회전차 (b) 유입구 속도 (c) 유출구 속도

그림 2.12 원심펌프 회전차의 유출입구 속도삼각형

펌프의 회전차를 회전시키는데 필요한 축토크 T_s는 운동량 모멘트 방정식 (2.31)을 펌프에 적용하고, 질량유량을 $\dot{m}_1 = \dot{m}_2 = \dot{m}$로 하면 다음 식을 얻는다.

$$T_s = \dot{m}(r_2 V_{\theta 2} - r_1 V_{\theta 1}) \tag{2.56a}$$

$$T_s = \rho Q(r_2 V_{\theta 2} - r_1 V_{\theta 1}) \tag{2.56b}$$

여기서 $V_{\theta 1}$, $V_{\theta 2}$ =그림 2.12(b), (c)와 같이 절대속도 V_1, V_2의 접선성분이다.

회전축에 전달되는 동력 $\dot{W}_s(=P_W)$는 축토크에 회전각속도 w를 곱해 구하고, 식 (2.56b)를 대입하면 다음과 같이 쓸 수 있다.

$$\dot{W}_s(=P_W) = T_s w \tag{2.57a}$$

$$\dot{W}_s(=P_W) = \rho Q w (r_2 V_{\theta 2} - r_1 V_{\theta 1}) \tag{2.57b}$$

식 (2.57b)에 $U_1 = r_1 w$, $U_2 = r_2 w$인 관계를 대입하면 펌프축에 의해 유체에 전달되는 동력을 다음 식으로부터 구할 수 있다.

$$\dot{W}_s = \rho Q (U_2 V_{\theta 2} - U_1 V_{\theta 1}) \tag{2.58}$$

또한 유체의 **단위질량당 축동력**(shaft power per unit mass) w_s는 다음과 같이 구한다.

$$w_s = \frac{\dot{W}_s}{\rho Q} = (U_2 V_{\theta 2} - U_1 V_{\theta 1}) \tag{2.59}$$

에너지 방정식은 단위중량당의 에너지인 수두(head)로 속도수두, 압력수두, 위치수두의 합으로 표시하므로 펌프가 유체에 가해주는 가능 최대의 수두(=**이론수두**) H_i는 다음과 같다.

$$\dot{W}_s = \rho g Q H_i \tag{2.60}$$

식 (2.60)은 펌프의 마찰손실 수두 h_L을 무시하고 중량유량 $\rho g Q$를 곱해 얻은 것으로 식 (2.58)과 같게 놓고 정리하면 다음 식을 얻는다.

$$H_i = \frac{1}{g}(U_2 V_{\theta 2} - U_1 V_{\theta 1}) \tag{2.61}$$

식 (2.61)의 H_i는 **이론수두**[=**이론양정**(ideal head rise)]로 펌프에 의해 유체에 가해진 단위중량당 에너지이다. 유동에서 실제로 나타나는 수두는 이론량보다 수두손실만큼 적다. 식 (2.61)은 식 (2.38)과 같이 표시하면 다음 식과 같이 쓸 수 있다.

$$H_i = \frac{1}{2g}[(V_2^2 - V_1^2) + (U_2^2 - U_1^2) + (W_1^2 - W_2^2)] \tag{2.62}$$

식 (2.62)에서 $(V_2^2 - V_1^2)$은 유체의 운동 에너지 증가를 나타내고, $(U_2^2 - U_1^2)$과 $(W_1^2 - W_2^2)$은 각각 회전차를 가로질러 일어나는 원심효과와 깃 통로에서 상대유동의 확산에 의한 압력수두 상승을 나타낸다.

펌프와 유량의 이론양정 간에서 대개 회전차 유입구에서는 접선방향 속도성분 $V_{\theta 1}$ 또는 **소용돌이**(swirl)가 없어 **그림 2.12(c)**와 같이 절대속도와 접선방향 각($=\alpha_1$)은 90°이므로 다음 식과 같이 쓸 수 있다.

$$H_i = \frac{U_2 V_{\theta 2}}{g} \tag{2.63a}$$

$$\cot\beta_2 = \frac{U_2 - V_{\theta 2}}{V_{r2}} \tag{2.63b}$$

식 (2.63)으로부터 다음 식을 얻을 수 있다.

$$H_i = \frac{U_2^2}{g} - \frac{U_2 V_{r2} \cot\beta_2}{g} \tag{2.64}$$

유량은 절대속도의 방사방향 성분이므로 다음과 같다.

$$Q = 2\pi r_2 b_2 V_{r2} \tag{2.65}$$

여기서 b_2 = 외경 r_2에서의 회전차의 깃 높이이다.

그러므로 식 (2.64)와 (2.65)로부터 다음 식을 얻는다.

$$H_i = \frac{U_2^2}{g} - \frac{U_2 \cot\beta_2}{2\pi r_2 b_2 g} Q \tag{2.66}$$

식 (2.66)을 이용해 깃의 형상과 각속도가 주어지면 원심펌프의 이론양정은 유량에 선형적으로 비례하고, 펌프에서 깃 각도의 표준범위는 $20° < \beta_2 < 25°$, $15° < \beta_1 < 50°$이나, 실제로 사용되는 깃의 유출구 각 β_2 범위는 15~35°이다(Stepanoff, 1957). $\beta_2 < 90°$인 깃을 후방만곡 깃(backward curved vanes)이라 하고, $\beta_2 > 90°$인 깃을 전방만곡 깃(forward curved vanes)이라 하는데, 후자의 경우는 불안정한 유동상태가 되기 쉽기 때문에 그렇게 설계하지 않는다.

예제 2.4

그림 예2.4와 같은 아주 작은 직경의 유관(stream tube)에서 발생되는 등류에 대한 에너지 방정식은 경로(path line)를 따라 흐르는 유체입체의 정상 유동을 대표하는 흐름이다. 이 흐름은 실용목적의 1차원 대략적 유동해석에 사용할 수 있다. 다음 사항에 답하시오.

1. 압축성 유동문제 해석용 흐름에 관한 에너지 방정식 유도

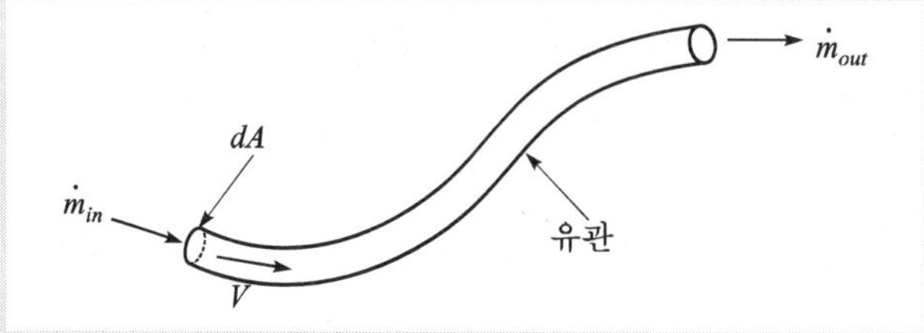

그림 예2.4 미소 직경의 유관

[풀이]

1. 압축성 유동문제 해석용 흐름에 관한 에너지 방정식 유도

(1) 축일(shaft work)을 포함한다면 흐름은 부정류이어야 한다. 축일을 포함하는 어떤 유체기계에서 흐름은 기계 내에서 부정류이다. 팬의 회전하는 날개 부근의 고정된 위치에서 속도와 압력은 부정류이나 기계의 상류와 하류에서 흐름은 정상상태일 것이다. 대부분의 축일은 순환 또는 회전하면서 부정류 상태의 흐름과 관계된다. 시간평균(time average)에 기초한 흐름은 원관의 1차원이며 통제체적의 유출입하는 1개의 유선만을 포함하므로 다음과 같이 단순화시킬 수 있다.

$$\dot{m}\left[\hat{u}_o - \hat{u}_i + \left(\frac{p}{\rho}\right)_o - \left(\frac{p}{\rho}\right)_i + \frac{V_o^2 - V_i^2}{2} + g(z_o - z_i)\right] = \dot{Q}_{n.i} + \dot{W}_{s.n.i} \qquad (\text{예}2.4.1)$$

여기서 $\dot{Q}_{n.i}$ =시스템 내의 순열교환율(net heat transfer rate)이고, $\dot{W}_{s.n.i}$ =시스템 내의 **순일 변환율**(network transfer rate)이다.

(2) 식 (예2.4.1)을 **평균정상류**(steady in mean flow)에 대한 **1차원 에너지 방정식**이라 한다. 이는 압축성과 비압축성 흐름에 적용할 수 있으며, **유체특성**(fluid property)으로 불리는 **엔탈피**(enthalpy) $\hat{h}$(=내부에너지+압력수두)는 다음과 같이 정의한다.

$$\hat{h} = \hat{u} + \frac{p}{\rho} \qquad (\text{예}2.4.2)$$

여기서 $\hat{u}$ =**단위질량당 내부에너지**(internal energy per unit mass)이고, p/ρ=단위질량당 압력수두(pressure head per unit mass)이다.

(3) 엔탈피를 갖는 식 (예2.4.1)의 평균정상류에 대한 1차원 에너지 방정식은 다음과 같이 쓸 수 있다.

$$\dot{m}\left[\hat{h}_o-\hat{h}_i+\frac{V_o^2-V_i^2}{2}+g(z_o-z_i)\right]=\dot{Q}_{n.i}+\dot{W}_{s.n.i} \quad \text{(예2.4.3)}$$

(4) 그러므로 식 (예2.4.3) 형태의 에너지 방정식이 압축성 유동문제를 해석하는데 흔히 사용된다.

예제 2.5

그림 예2.5와 같이 펌프가 0.019m^3/s의 물을 일정하게 양수한다. 펌프 상류 단면(1)에서 관의 지름은 9cm . 압력은 124.1kPa 이고, 하류 단면(2)에서 지름이 3cm이며, 압력은 413.7 kPa 이다. 펌프 전후에서의 높이변화는 없고 온도증가에 따른 물의 내부에너지 증가 $\hat{u}_2-\hat{u}_1$은 278.9Nm/kg이다. 양수는 **단열과정**(adiabatic process)에서 이루어질 때 다음 사항에 답하시오.

1. 펌프가 담당해야 할 동력의 계산

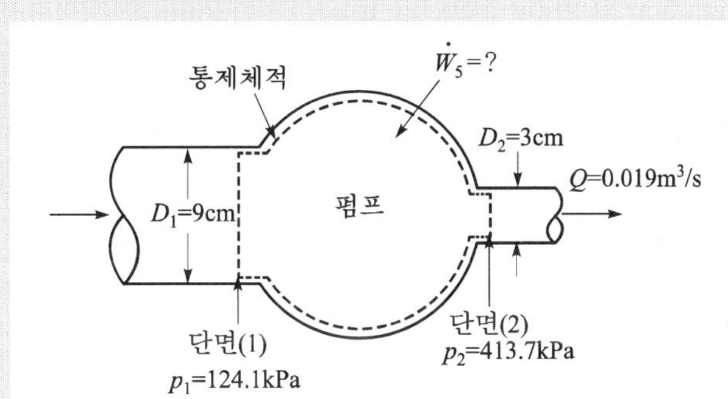

그림 예2.5 원심펌프의 소요동력

[풀이]

1. 펌프가 담당해야 할 동력의 계산

(1) 통제체적(그림 예2.5의 점선부분)을 펌프의 유입구와 유출구 단면 사이의 물을 포함하도록 설성하년 시산평균에 대한 에너시 방정식 (예2.4.1)은 높이의 변화가 없고($z_2-z_1=0$), 단열과정($\dot{Q}_{n.i}=0$)이므로 다음과 같이 쓸 수 있다.

$$\dot{m}\left[\hat{u}_o-\hat{u}_i+\left(\frac{p}{\rho}\right)_o-\left(\frac{p}{\rho}\right)_i+\left(\frac{V_o^2-V_i^2}{2}\right)\right]=\dot{W}_{s.n.i} \quad \text{(예2.5)}$$

(2) 질량유량 $\dot{m}$과 펌프로 들어가는 유입속도 V_1, 펌프로부터의 유출속도 V_2를 계산하고, 다른 값들은 주어져 있으므로 식 (예2.5)에 대입해 펌프의 소요 동력을 구할 수 있다.

① 질량유량 $\dot{m}=\rho Q=1{,}000(\frac{\text{kg}}{\text{m}^3})\times 0.019(\text{m}^3/\text{s})$=19kg/s

② 유입속도 $V_1 = \frac{Q}{A_1} = \frac{4Q}{\pi D_1^2} = \frac{4 \times 0.019}{\pi (0.09^2)}$ =**2.98m/s**

③ 유출속도 $V_2 = \frac{Q}{A_2} = \frac{4Q}{\pi D_1^2} = \frac{4 \times 0.019}{\pi (0.03)^2}$ =**26.89m/s**

(3) 주어진 값과 1(2)항에서 계산한 값을 식 (예2.5)에 대입하고 정리하면 축동력은 다음과 같다.

$$\dot{W}_{s.n.i} = \dot{m}\left[\hat{u}_o - \hat{u}_i + \left(\frac{p}{\rho}\right)_o - \left(\frac{p}{\rho}\right)_i + \left(\frac{V_o^2 - V_i^2}{2}\right)\right]$$

$$=19(\text{kg/s})[0.278(\text{kNm/kg}) + \frac{(413.7-124.1)(\text{kN/m}^2)}{1{,}000(\text{kg/m}^3)} + \frac{26.89^2 - 2.98^2}{2}\frac{10^{-3}(\text{m/s})^2}{(\text{kgm/kNs}^2)}]$$

$=(5.282+5.491+6.784)=17.557\text{kW}$

$=(7.183+7.467+9.226)=23.876\text{hp}$

(4) 그러므로 내부에너지 변환에 의한 값 5.282kW와 압력상승에 의한 값 5.491kW, 운동 에너지 증가에 의한 값 6.784kW의 합인 17.557kW가 필요하다.

예제 2.6

그림 2.12와 같은 원심펌프에 물이 1,750rpm의 회전속도가 작동하여 0.106m^3/s의 유량으로 양수된다. 회전차의 균일한 깃 높이는 6cm이고 r_1=5cm, r_2=20cm이며, 깃의 유출구각 β_2=23°이다. 깃으로 유입되는 물의 접선방향속도성분 $V_{\theta 1}$=0, α_1=90°인 유동조건일 때 다음 사항에 답하시오.

1. 유출구의 접선방향 속도성분 $V_{\theta 2}$ 계산
2. 이론양정 H_i 계산
3. 유체에 전달되는 동력 $\dot{W}_s$ 계산

[풀이]

1. 유출구의 접선방향 속도성분 $V_{\theta 2}$ 계산

(1) 그림 2.12(c)와 같이 유출구에서의 속도삼각형을 작성하고, 유체의 절대속도 V_2, 상대속도 W_2, 회전차의 끝단속도 U_2를 각각 계산한다.

(2) $U_2 = r_2 w$

$= 0.20(\text{m}) \times 2\pi(\text{rad/rev}) \times \frac{1{,}750(\text{rpm})}{60(\text{s/min})}$

$=36.63\text{m/s}$

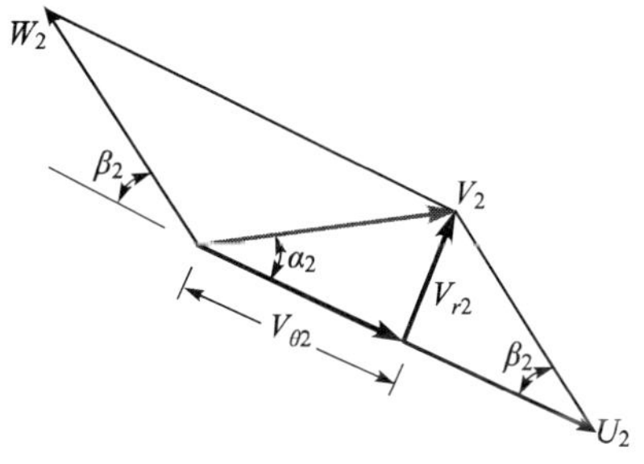

(c) 유출구 속도

그림 2.12 원심펌프 회전차의 유출입구 속도삼각형

(3) 주어진 유량 $Q=2\pi r_2 b_2 V_{r2}$로부터 방사방향 속도성분을 구한다.

$$V_{r2}=\frac{Q}{2\pi r_2 b_2}=\frac{0.106(\frac{\mathrm{m}^3}{\mathrm{s}})}{2\pi\times 0.20(\mathrm{m})\times 0.06(\mathrm{m})}$$

$=\mathbf{1.40}\mathrm{m/s}$

(4) **그림 2.12(c)**로부터 주어진 깃의 유출구각 $\cot\beta_2=(U_2-V_{\theta 2})/V_{r2}$ 를 이용해 접선방향 속도성분 $V_{\theta 2}$를 구한다.

$V_{\theta 2}=U_2-V_{r2}\cot\beta_2=36.63-1.40\cot 23°=\mathbf{33.33}\mathrm{m/s}$

2\. 이론양정 H_i 계산

(1) 이론양정은 식 (2.63a)나 식 (2.64)를 이용해 구한다.

(2) $H_i=\dfrac{U_2 V_{\theta 2}}{g}=\dfrac{36.63\times 33.33}{9.8}=\mathbf{124.57}\mathrm{m}$

3\. 유체에 전달되는 동력 $\dot{W}_s$ 계산

(1) 식 (2.58)에서 $V_{\theta 1}=0$이고, 조건과 앞서 구한 값(Q=0.106m^3/s, U_2=36.63m/s, $V_{\theta 2}$=**33.33** m/s)을 이용하여 유체에 전달되는 동력은 다음과 같이 구한다.

(2) $\dot{W}_s=\rho Q U_2 V_{\theta 2}=\dfrac{\gamma}{g}QU_2V_{\theta 2}$

$$=\frac{1{,}000(\frac{\mathrm{kg_f}}{\mathrm{m}^3})\times 0.106(\frac{\mathrm{m}^3}{\mathrm{s}})\times 36.63(\frac{\mathrm{m}}{\mathrm{s}})\times 33.33(\frac{\mathrm{m}}{\mathrm{s}})}{9.8(\frac{\mathrm{m}}{\mathrm{s}^2})}=13{,}205.41\mathrm{kg_f\,m/s}$$

$=129.4\mathrm{kN\,m/s}\ (=129.4\mathrm{kW})=\mathbf{175.98}\mathrm{hp}$

② 양정과 유량곡선

펌프의 양정과 유량곡선은 이론양정과 전달동력 식 (2.60)을 이용해 손실정도를 비교할 수 있다. **그림 2.13**은 $\beta_2 < 90°$인 후방만곡 깃(backward curved vanes)을 갖는 원심펌프의 유량에 대한 이론양정의 비교곡선으로 이를 **펌프 성능곡선**(pump performance curves)이라 하며, 보통 실험결과를 이용해 결정한다.

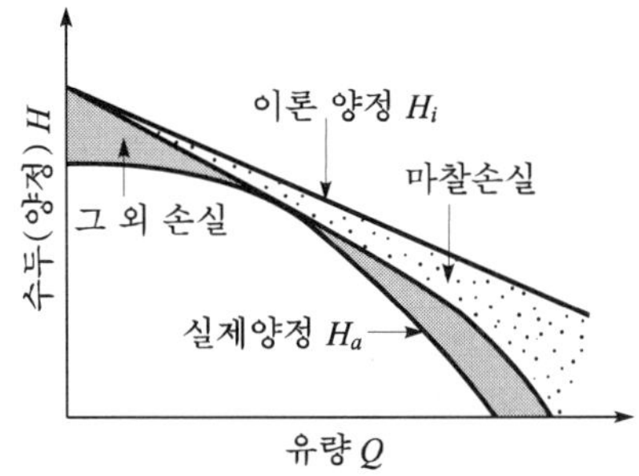

그림 2.13 펌프의 양정과 유량곡선

이론양정(ideal head rise) H_i는 손실이 없다고 가정한 값이므로 **실제양정**(actual head rise) H_a와는 차이가 있으며 H_a값은 이론양정보다 적다. **그림 2.13**에서 H_a와 Q간의 관계곡선은 H_i곡선보다 아래에 있고, Q에 따른 변화가 비선형적임을 알 수 있다. 그 이유는 깃 통로에서 유체의 표면마찰에 의한 Q^2에 따라 변하는 손실, **유동박리**(flow separation), 회전차 깃과 케이싱 간극에서의 흐름, 기타 3차원 흐름영향 등에 의한 손실 때문이다.

③ 펌프의 성능특성

펌프의 **성능특성**(performance characteristics)은 1차원 비압축성 흐름과 마찰과 축일을 동반하는 평균적 정상유동에 관한 에너지 방정식 (예2.4.1)을 도입하여 설명하고자 한다. 식 (예2.4.1)의 유동은 펌프와 터빈을 통하는 밀도가 일정한 경우에 적용할 수 있는데, 이 경우 식 (예2.4.1)을 질량유량으로 나누고 단위질량당의 일 $\mathrm{w_{s \cdot n \cdot i}} = \dot{W}_s / \dot{m}$ 을 고려하면 다음과 같이 쓸 수 있다.

$$\frac{p_o}{\rho} + \frac{V_o^2}{2} + gz_o = \frac{p_i}{\rho} + \frac{V_i^2}{2} + gz_i + \mathrm{w_{s \cdot n \cdot i}} - (\hat{u}_o - \hat{u}_i - q_{n \cdot i}) \tag{2.67}$$

유동이 전체적으로 정상류라면 $\hat{u}_o - \hat{u}_i - q_{n \cdot i}$는 가용 에너지의 손실 $\Sigma h_L (= \hat{u}_o - \hat{u}_i - q_{n \cdot i})$로 쓰면 다음 식을 얻을 수 있다.

$$\frac{p_o}{\rho} + \frac{V_o^2}{2} + gz_o = \frac{p_i}{\rho} + \frac{V_i^2}{2} + gz_i + \mathrm{w_{s \cdot n \cdot i}} - \Sigma h_L \tag{2.68}$$

식 (2.68)은 평균적 정상유동에 대한 에너지 방정식으로 비압축성 유동에 사용되며 이를 **기계적 에너지 방정식**(mechanical energy equation) 또는 **확장 Bernoulli 방정식**(extended

Bernoulli equation)이라 한다. 이는 **단위질량당 에너지**(energy per unit mass; Nm/kg $=m^2/s^2$)로 표시된 것이다.

식 (2.68)에 유체의 밀도 ρ를 곱하면 다음과 같다.

$$p_o + \frac{\rho V_o^2}{2} + \gamma z_o = p_i + \frac{\rho V_i^2}{2} + \gamma z_i + \rho \mathrm{w}_{\mathrm{s \cdot n \cdot i}} - \rho \Sigma h_L \tag{2.69}$$

식 (2.69)는 **단위체적당 에너지**(energy per unit volume)이고, 단위는 **압력단위**($Nm/m^3 = Nm^2$)와 같다. 식 (2.69)를 중력가속도 g로 나누면 다음 식과 같이 쓸 수 있다.

$$\frac{p_o}{\gamma} + \frac{V_o^2}{2g} + z_o = \frac{p_i}{\gamma} + \frac{V_i^2}{2g} + z_i + h_s - h_L \tag{2.70}$$

여기서 $h_s = \mathrm{w}_{\mathrm{s \cdot n \cdot i}}/g = \dot{W}_{\mathrm{s \cdot n \cdot i}}/\dot{m}g = \dot{W}_{\mathrm{s \cdot n \cdot i}}/\gamma Q$ =단위중량당의 축동력이고, $h_L = \Sigma h_l / g$ = 총 손실수두(head loss)이며, 첨자 s.n.i.=shaft net in 식 (2.70)은 단위중량당 에너지(energy per unit weight; Nm/N=m)로 이는 수두(head)로 표시된다.

통제체적에 터빈이 있을 때는 $h_s = -h_{tu}(h_{tu} > 0)$를 사용하고, 펌프에서는 $h_s = h_{pu}$를 사용하는데, 여기서 h_{tu}=터빈의 **낙차**(turbine head), h_{pu}=펌프의 **양정**(pump head)으로 각각 다음과 같이 구한다.

$$h_{tu} = -(h_s + h_L)_{tu} \tag{2.71a}$$

$$h_{pu} = (h_s - h_L)_{pu} \tag{2.71b}$$

예제 2.7

그림 예2.7과 같은 원심펌프가 낮은 저수지에서 $0.06m^3/s$의 물을 9.5m 높은 저수지로 양수하기 위해 물에 10hp의 동력을 공급한다. 이 흐름에서 다음 사항에 답하시오.

1. 수두손실의 계산
2. 동력손실의 계산

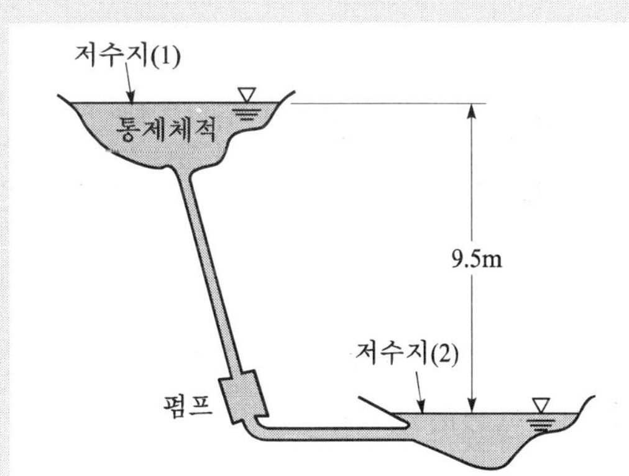

그림 예2.7 펌프의 수두와 동력손실

[풀이]

1. 수두손실의 계산

(1) 높은 저수지(1)과 낮은 저수지(2)의 수면에 식 (2.70)을 적용하여 손실수두를 구한다.

$$\frac{p_1}{\gamma}+\frac{V_1^2}{2g}+z_1=\frac{p_2}{\gamma}+\frac{V_2^2}{2g}+z_2+h_s-h_L \quad (예2.7.1)$$

(2) 식 (예2.7.1)에서 양 저수지 수면에서의 수압 $p_1=p_2=0$, 유속 $V_1=V_2=0$이므로 다음과 같이 쓸 수 있다.

$$h_L=h_s+z_2-z_1 \quad (예2.7.2)$$

(3) 식 (예2.7.2)에서 $z_2=0$(∵기준면)이고, $z_1=9.5\text{m}$이며, 펌프의 양정 $h_s=w_{s\cdot n\cdot i}/g=\dot{W}_{s\cdot n\cdot i}/\dot{m}g=\dot{W}_{s\cdot n\cdot i}/\gamma Q$로 다음과 같이 구한다.

$$h_s=\dot{W}_{s\cdot n\cdot i}/\gamma Q=\frac{10\text{hp}[(75\text{kg}_\text{f}\,\text{m/s})/\text{hp}]}{(1{,}000\text{kg}_\text{f}/\text{m}^3)(0.06\text{m}^3/\text{s})}=12.5\text{m}$$

(4) 손실수두는 식 (예2.7.2)를 이용해 다음과 같이 구한다.

$$h_L=h_s+z_2-z_1=12.5+0-9.5=3.0\text{m}$$

그러므로 펌프는 물을 낮은 저수지로부터 높은 저수지로 9.5m를 양수하고, 수두손실 3m를 보충하기 위해 사용된다.

2. 동력손실의 계산

(1) 마찰에 의한 동력손실은 $\dot{W}_{s\cdot n\cdot i}=\gamma Qh_L$을 이용해 구한다.

$$\dot{W}_{s\cdot n\cdot i}=\gamma Qh_L=(1{,}000\text{kg}_\text{f}/\text{m}^3)(0.06\text{m}^3/\text{s})(3\text{m})=180\text{kg}_\text{f}\,\text{m/s}$$

$$\dot{W}_{s\cdot n\cdot i}=\frac{(1{,}000\text{kg}_\text{f}/\text{m}^3)}{(75\text{kg}_\text{f}/\text{m}^3)}Qh_L=13.33Qh_L(\text{hp})$$

(2) 식 (2.6)~(2.9)를 이용한다.

$$1\text{k}W_a=1{,}000\frac{\text{N m}}{\text{s}}\left(\frac{1\text{hp}}{75\text{kg}_\text{f}\times\frac{9.8\text{N}}{\text{kg}_\text{f}}\text{m/s}}\right)=1.36\text{hp}$$

$$\dot{W}_{s\cdot n\cdot i}=13.33Qh_L(\text{hp})[\therefore 1\text{hp}=(1/1.36)\text{k}W_a=0.735\text{k}W_a(1\text{k}W_a=1.36\text{hp})] \quad (예2.7.3)$$

$$\dot{W}_{s\cdot n\cdot i}=13.33Qh_L=(13.33)(0.06)(3)\fallingdotseq 2.4\text{hp}=1.764\text{k}W_a[1\text{kg}_\text{f}\text{m/s}=9.8W_a]$$

펌프를 통해 흐르는 유체에 대한 실제양정 H_a는 축일 $h_s(=H_i)$와 펌프의 손실수두 h_L의 차$(=h_s-h_L)$로 **그림 2.14**와 같은 실험장치에 에너지 방정식을 적용하여 다음과 같이 유도된다.

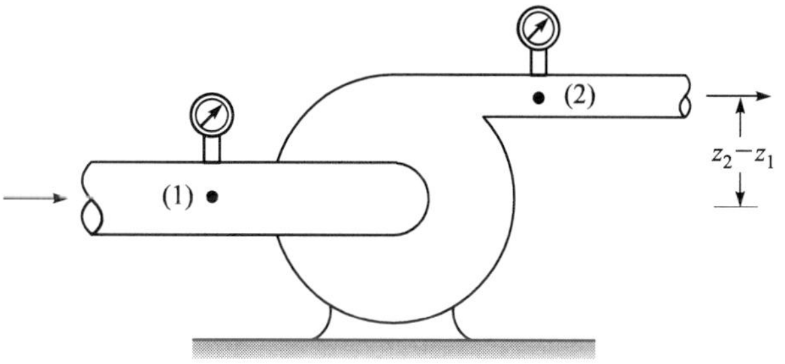

그림 2.14 펌프의 양정 실험장치

$$H_a = \frac{p_2 - p_1}{\gamma} + z_2 - z_1 + \frac{V_2^2 - V_1^2}{2g} \tag{2.72}$$

식 (2.72)의 실양정 H_a는 식 (2.70)의 에너지 방정식에서 사용된 $h_s(= h_{pu})$와 같은데 이 h_{pu}가 펌프를 통해 유동하는 유체가 실제로 얻은 **순양정**(net head rise), 즉 $H_a(= h_{pu}) = h_s - h_L$이다. 일반적으로 위치수두와 속도수두 차이는 적으므로 식 (2.72)는 다음과 같이 간단하게 쓸 수 있다.

$$H_a \fallingdotseq \frac{p_2 - p_1}{\gamma} \tag{2.73}$$

유체가 받은 동력 P_W는 다음 식으로 구한다.

$$P_W = \gamma Q H_a \tag{2.74}$$

식 (2.74)은 보통 **마력**(horsepower)으로 표시하고, 이를 **수동력**(water horsepower)이라 하며, 동력과 단위변환 관계는 식 (예2.7.3)과 같다.

펌프의 **전효율**(overall efficiency) η는 유체가 얻은 동력 P_W에 대한 펌프를 구동하는 **축동력**(shaft power) $\dot{W}_s$의 비 또는 펌프의 실제 마력 $13.33QH_a$에 대한 펌프 축에 가해지는 **총동력**(total power)인 **제동마력**(brake horsepower) b_{hp}의 비로 다음과 같이 정의한다.

$$\eta = \frac{P_W}{\dot{W}_s} \tag{2.75a}$$

$$\eta = \frac{13.33\,QH_a}{\mathrm{b_{hp}}} \tag{2.75b}$$

전효율 η는 **수리학적 효율**(hydraulic efficiency) η_h, **기계적 효율**(mechanical efficiency) η_m, **체적효율**(volumetric efficiency) η_v의 3가지로 나타나며, 이는 $\eta = \eta_h \eta_m \eta_v$으로 구한다.

임의 펌프형상에 대한 성능곡선과 운전속도는 보통 **그림 2.15**와 같이 용량인 유량 Q에 대한 **실양정** H_a, 전효율 η, 제동마력 b_{hp}의 관계 그래프로 주어진다.

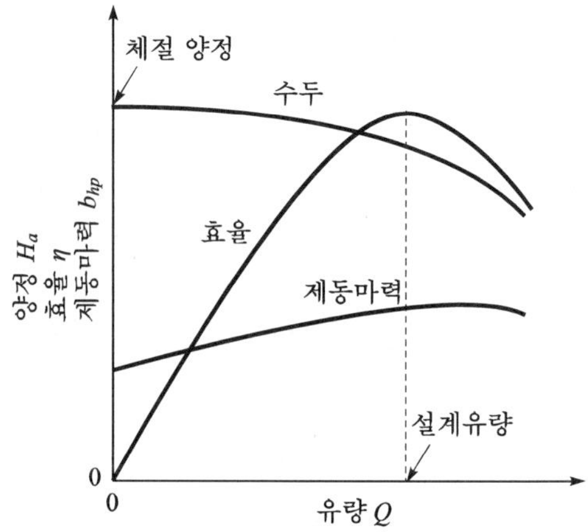

그림 2.15 원심펌프의 성능곡선

식 (2.75b)에 의하면 실양정과 전효율이 제동마력과 관련된 것을 알 수 있으며, 펌프의 성능특성은 이들 두 곡선만으로 비교 가능하나 편의상 세 개의 곡선을 예로 하였다. **그림 2.15**에서 유량이 증가함에 따라 **양정곡선**(head curve)은 연속적으로 감소하는데 이러한 곡선을 **하강양정곡선**(falling head curve)이라 한다. 유량이 영일 때의 양정을 **체절 양정**(shutoff head)이라 하고, 유출밸브가 닫힌 상태에서 펌프에 의해 주어지는 양정을 뜻한다. 밸브가 닫히면 유동이 없기 때문에 효율은 영이고, 펌프에 의해 공급된 동력은 단순히 열로 발산된다. 원심펌프는 유출밸브를 닫은 상태로 짧은 시간동안만 운전하여도 과열과 큰 기계적 응력으로 손상이 생긴다.

제동마력은 유량의 증가에 따라 증가하여 최대유량까지 도달한 후 감소한다. 효율은 유량의 함수이며, 어떤 특정한 유량에 도달하면 최댓값이 된다. 이 유량을 그 펌프에 대한 **표준유량**(normal flowrate) 또는 **설계유량**(design flowrate), **용량**(capacity)이라 한다. 이들 곡선에서 효율의 최대점에 해당하는 점들을 **최고 효율점**(best efficiency points)으로 표시한다.

④ 시스템 특성과 펌프 선택

펌프 시스템의 전형적인 유동 예는 **그림 2.16**, **그림 예2.8.1**, **예2.9.1**과 같으며, 이 시스템의 해석을 위해 저수조와 고수조의 수면인 점(1)과 (2) 사이에 에너지 방정식을 적용하면 다음 식을 얻는다.

$$h_{pu} = z_2 - z_1 + \Sigma h_L \tag{2.76}$$

여기서 h_{pu}=펌프로부터 유체가 얻은 실양정이고, Σh_L=관로 내의 모든 마찰손실과 관이음이나 밸브 등에 의한 미소손실을 나타낸다.

관수로에서 마찰손실수두 h_L은 대략적으로 유량의 제곱에 비례($h_L \propto Q^2$)하므로 식 (2.76)은 다음과 같이 쓸 수 있다.

$$h_{pu} = z_2 - z_1 + KQ^2 \tag{2.77}$$

여기서 K=관의 크기와 길이, 마찰계수, 미소손실계수에 따르며, 식 (2.77)을 펌프 **시스템 방정식**(pump system equation)이라 한다. 이는 펌프로부터 유체가 얻은 실양정이 시스템 변수들과 이루는 관계를 나타낸다.

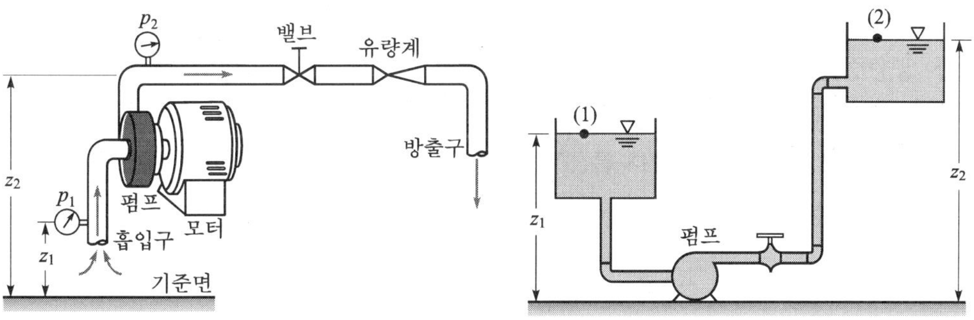

그림 2.16 원심펌프의 전형적인 예

유체가 받은 실제 펌프양정과 유량 사이의 관계는 한 가지만 있으며, 이 관계는 펌프설계에 의해 결정된다. 사용하려는 펌프의 선택을 위해 시스템 방정식에 의해 결정되는 **시스템 곡선**(system curve)과 **펌프 성능곡선**(pump performance curves)을 이용한다. 이 두 곡선을 그림 2.17과 같이 그래프로 작성하여 두 곡선의 교차점을 그 시스템의 **운전점**(operating point)으로 한다.

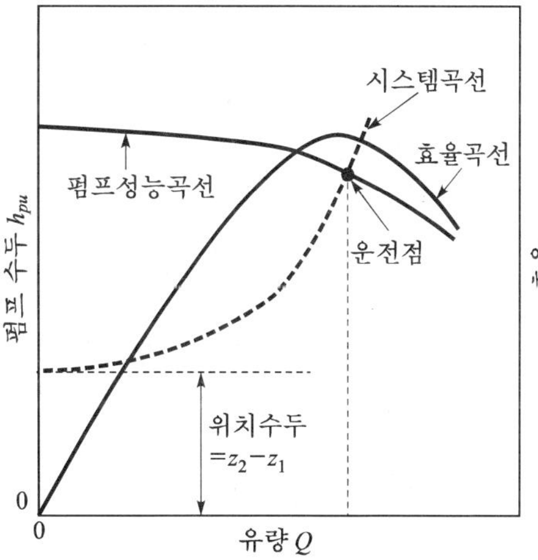

그림 2.17 펌프의 시스템곡선과 성능곡선

시스템 곡선(system curve)[=시스템 요구곡선(system demand curve)]과 **펌프 성능곡선**(pump performance curves)[=펌프특성곡선(pump characteristic curve)]과 관련된 내용은 [예제 2.8]과 [예제 2.9](Potter et al., 2015)를 통해 상세히 다룬다.

예제 2.8

펌프가 그림 예2.8.1과 같은 특성을 가질 때 다음 사항에 답하시오.

1. 펌프 시스템의 유량 계산

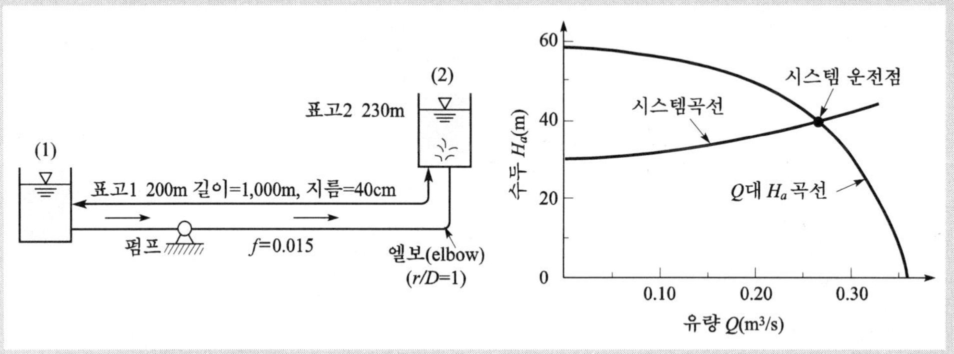

(a) 관로 시스템 (b) 시스템 곡선

그림 예2.8.1 펌프와 관로 시스템 곡선

[풀이]

1. 펌프 시스템의 유량 계산

(1) 저수조 수면 (1)과 고수조 수면 (2)에 에너지 방정식을 적용한다.

$$\frac{V_1^2}{2g}+\frac{p_1}{\gamma}+z_1+H_a=\frac{V_2^2}{2g}+\frac{p_2}{\gamma}+z_2+\Sigma h_L \leftarrow p_1=p_2=0(\because \text{ 대기압})$$

$V_1=V_2=0(\because$ 아주 느리므로)

$$z_1+H_a=z_2+\left(\frac{fL}{D}+K_i+K_b+K_o\right)\frac{V^2}{2g} \qquad \text{(예2.8)}$$

(2) 식 (예2.8)에 입구손실계수 $K_i=0.5$, 엘보손실계수 $K_b=0.35$, 출구손실계수 $K_o=1$을 이용하여 펌프 수두 H_p에 관해 다음과 같이 정리한다.

$$H_a=30+\frac{Q^2}{2gA^2}\left[\frac{0.015(1{,}000)}{0.40}+0.5+0.35+1\right]$$

$$=30+\frac{Q^2}{2(9.8)[(\pi/4)(0.4^2)]^2}(39.35)=30+127.26Q^2\text{m}$$

(3) **표 예2.8.1**과 같이 시산법 적용, **표 예2.8.2** 엑셀 적용 계산에 의해 펌프 수두 H_a를 구하고 그 결과를 **그림 예2.8.2**와 같이 얻었다.

표 예2.8.1 시산법 적용 계산

Q(m^3/s)(가정)	Q^2	① $127.26Q^2$	$H_a=30+$①
0	0	0	30
0.1	0.01	1.27	31.27
0.2	0.04	5.09	35.09
0.27	0.0729	9.277	39.277≒39.28
0.30	0.090	11.46	41.46
0.35	0.1225	15.58	45.58
0.38	0.1444	18.37	48.37

표 예2.8.2 엑셀 적용 계산

Q(m^3/s)	$H_a=30+$①	Q(m^3/s)	$H_a=30+$①	Q(m^3/s)	$H_a=30+$①
0	30.00	0.10	31.27	0.28	39.98
0.01	30.01	0.12	31.83	0.30	41.45
0.02	30.05	0.15	32.86	0.31	42.23
0.03	30.11	0.16	33.26	0.32	43.03
0.04	30.20	0.18	34.12	0.33	43.86
0.05	30.32	0.2	35.09	0.34	44.71
0.06	30.46	0.22	36.16	0.35	45.59
0.07	30.62	0.25	37.95	0.36	46.49
0.08	30.81	0.26	38.60	0.37	47.42

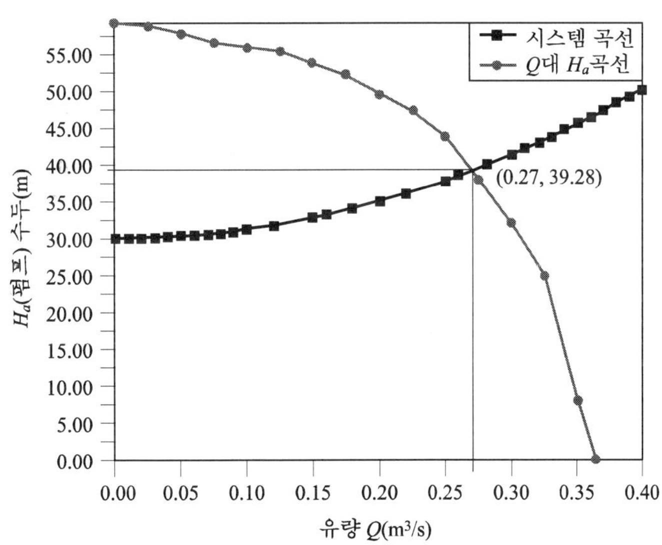

그림 예2.8.2 시산법(엑셀) 적용 결과

예제 2.9

그림 예2.9.1과 같이 대형의 두 저수지 사이에 원심펌프를 설치하여 낮은 지점 z_1 저수지에서 높은 지점 z_2저수지로 지름 300mm, 유출입구간의 길이 70m, 마찰계수 f=0.025, 관의 유입구와 유출구, 엘보 손실계수는 각각 0.5, 1.0, 1.5의 합 ΣK =2.50이다. 원심 펌프(radial flow pump)의 특성곡선은 대략 식 (예2.9.1)과 같고, 주어진 조건은 표 예2.9.1과 같다. 다음 사항에 답하시오.

$$H_a = 22.9 + 10.7Q_D - 111Q_D^2 \quad \text{(예2.9.1)}$$

여기서 H_a=원심 펌프의 설계 수두(pump head)(m)이고, Q_D=설계 양수량(design discharge)($\mathrm{m^3/s}$)이다.

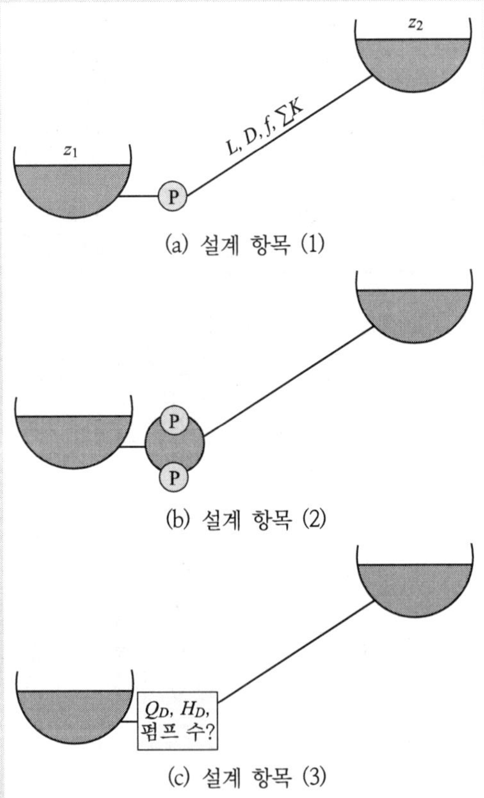

그림 예2.9.1 펌프설계를 위한 항목별 조건

표 예2.9.1 항목별 설계조건

항목	조건	비고
(1)	ΔH=15m, 펌프 수=1대; Q_D와 H_a의 결정	그림 예2.9.1(a)
(2)	ΔH=15m, 펌프 수=2대(병렬연결); Q_D와 H_a의 결정	그림 예2.9.1(b)
(3)	ΔH=25m: Q_D와 H_a, 펌프 대수의 결정	그림 예2.9.1(c)
비고	$\Delta H=z_2-z_1$=위치수두 차(m), 그림 예2.9.2의 Ⓟ=펌프 설치점의 위치	

1. 표 예2.9.1에 주어진 조건별 설계 양수량과 설계수두의 결정

[풀이]

1. 표 예2.9.1에 주어진 조건별 설계 양수량과 설계수두의 결정

(1) 그림 예2.9.1(a)와 같이 수두차 ΔH=15m이고, 펌프 수 1대를 설치하는 경우의 설계 양수량과

설계 수두는 다음과 같이 결정한다.

① 1차적으로 **그림 예2.9.2**와 같은 시스템 요구곡선(system demand curve)을 **그림 예2.9.1**(a)에 Bernoulli의 방정식을 적용하여 다음과 같이 유도한다.

$$\frac{p_1}{\gamma}+\frac{V_1^2}{2g}+z_1+H_a=\frac{p_2}{\gamma}+\frac{V_2^2}{2g}+z_2+f\frac{L}{D}\frac{V^2}{2g}+\Sigma K_L\frac{V^2}{2g} \qquad \text{(예2.9.2a)}$$

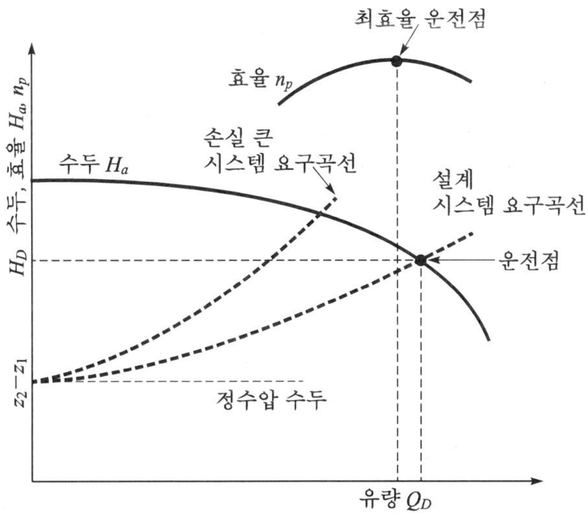

그림 예2.9.2 펌프 특성곡선과 시스템 요구곡선

(가) 여기서 $p_1=p_2=0$, $V_1=V_2=0$을 식 (예2.9.2a)에 대입하고 정리하면 다음 식을 얻는다. 효율 η_p

$$H_a=(z_2-z_1)+\left[f\frac{L}{D}+(K_i+K_b+K_o)\right]\frac{V^2}{2g} \qquad \text{(예2.9.2b)}$$

(나) 식 (예2.9.2b)에 주어진 손실계수를 대입하고 정리하면 다음과 같다.

$$H_a=(z_2-z_1)+\left[f\frac{L}{D}+\Sigma K\right]\frac{Q_D^2}{2gA^2} \qquad \text{(예2.9.2c)}$$

(다) 식 (예2.9.2c)에 주어진 값들을 대입하고 정리하면 시스템요구곡선식을 얻는다.

$$H_a=15+\left[0.025\times\frac{70}{0.3}+2.5\right]\frac{Q_D^2}{2\times9.8\times(\pi0.3^2/4)^2} \qquad \text{(예2.9.2d)}$$

$$H_a=15+85Q_D^2 \qquad \text{(예2.9.2e)}$$

② 운전점을 결정하기 위해 펌프의 특성곡선 식 (예2.9.1)과 시스템의 요구곡선식 (예2.9.2e)를 다음과 같이 같게 놓는다.

$$22.9+10.7Q_D-111Q_D^2=15+85Q^2 \qquad \text{(예2.9.3)}$$

(가) 식 (예2.9.3)을 정리하여 다음과 같이 2차 방정식으로 유도한다.

(나) $\therefore\ 195Q_D^2 - 10.7Q_D - 7.9 = 0$ (예2.9.4)

(다) 식 (예2.9.4)는 근의 공식에 의한 해를 다음과 같이 구한다.

(라) $Q_D = \frac{1}{2 \times 195}[10.7 + \sqrt{10.7^2 + 4 \times 195 \times 7.9}]=0.23\text{m}^3/\text{s}$

(마) ∴ 설계 양수량 $Q_D=0.23\text{m}^3/\text{s}$이다.

③ 시스템의 요구곡선식 (예2.9.2e)를 이용하여 설계 수두를 계산한다.

(가) $H_a = 15 + 85Q_D^2 = 15 + 85 \times 0.23^2 = \mathbf{19.5}\text{m}$

(나) ∴ 설계 양정고 $H_a=19.5\text{m}$이다.

(2) **그림 예2.9.1(b)**와 같이 수두차 $\Delta H=15\text{m}$이고, **그림 예2.9.3**과 같이 펌프 수 2대를 병렬(연결) 설치하는 경우의 설계 양수량과 설계 수두는 다음과 같이 결정한다.

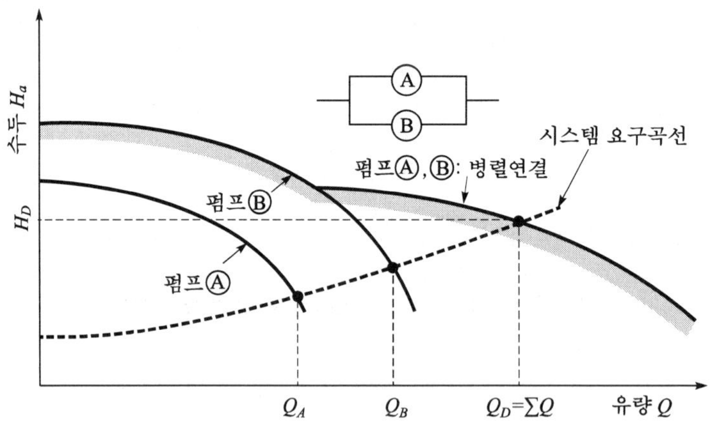

그림 예2.9.3 펌프의 병렬연결에 대한 특성곡선

① 병렬로 연결하는 2대의 펌프에 대한 특성곡선은 다음과 같다.

$$H_a = 22.9 + 10.7\left(\frac{Q_D}{2}\right) - 111\left(\frac{Q_D}{2}\right)^2 \quad \text{(예2.9.5a)}$$

② 식 (예2.9.5a)를 정리하여 다음 식을 얻는다.

$$H_a = 22.9 + 5.35Q_D - 27.75Q_D^2 \quad \text{(예2.9.5b)}$$

③ 운전점을 결정하기 위해 펌프의 특성곡선 식 (예2.9.1)과 시스템의 요구곡선식 (예2.9.5b)를 다음과 같이 같게 놓는다.

$$15 + 85Q_D^2 = 22.9 + 5.35Q_D - 27.75Q_D^2 \quad \text{(예2.9.6)}$$

(가) 식 (예2.9.6)을 정리하여 다음과 같이 2차 방정식으로 유도한다.

(나) $\therefore\ 112.8Q_D^2 - 5.35Q_D - 7.9 = 0$ (예2.9.7)

(다) 식 (예2.9.7)은 근의 공식에 의한 해를 다음과 같이 구한다.

(라) $Q_D = \dfrac{1}{2\times 112.8}[5.35 + \sqrt{5.35^2 + 4\times 112.8\times 7.9}]=0.29\mathrm{m^3/s}$

(마) ∴ 설계 양수량 Q_D=0.29m³/s이다.

④ 시스템의 요구곡선식 (예2.9.2e)를 이용하여 설계 수두를 계산한다.

(가) $H_a = 15 + 85Q_D^2 = 15+85\times 0.29^2$
$= \mathbf{22.2}\mathrm{m}$

(나) ∴ 설계 수두 H_a=**22.2**m이다.

(3) **그림 예2.9.1**(c)는 수두차 ΔH=25m로 1대의 펌프가 감당할 수 있는 22.2m보다 크기 때문에 **그림 예2.9.4**와 같이 2대의 펌프를 직렬(series)(연결) 설치하는 것이 필요하다. 이에 대한 설계 양수량과 설계 수두는 다음과 같이 결정한다.

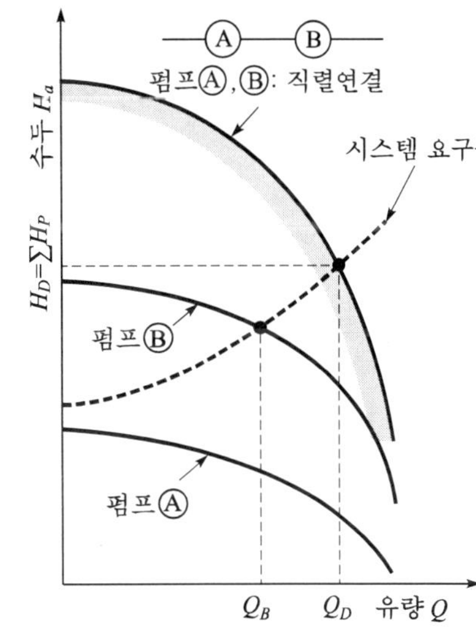

그림 예2.9.4 펌프의 직렬연결에 대한 특성곡선

① 직렬로 연결하는 2대의 펌프에 대한 특성곡선은 다음과 같다.

$$H_a = 2(22.9 + 10.7Q_D - 111Q_D^2) \tag{예2.9.8a}$$

② 식 (예2.9.8a)를 정리하면 다음과 같이 쓸 수 있다.

$$H_a = 45.8 + 21.4Q_D - 222Q_D^2 \tag{예2.9.8b}$$

③ 수두차가 25m로 커졌으므로 시스템 요구곡선 식 (예2.9.1)은 다음과 같이 수정해야 한다.

$$H_a = 25 + 85Q_D^2 \tag{예2.9.8c}$$

④ 운전점을 결정하기 위해 펌프의 특성곡선 식 (예2.9.8c)와 시스템의 요구곡선 식 (예2.9.8b)를 다음과 같이 같게 놓는다.

$$25 + 85Q_D^2 = 45.8 + 21.4Q_D - 222Q_D^2 \tag{예2.9.9}$$

(가) 식 (예2.9.9)를 정리하여 다음과 같이 2차 방정식으로 유도한다.

(나) $\therefore\ 307Q_D^2 - 21.4Q_D - 20.8 = 0$ (예2.9.10)

(다) 식 (예2.9.10)은 근의 공식에 의한 해를 다음과 같이 구한다.

(라) $Q_D = \dfrac{1}{2\times 307}[21.4 + \sqrt{21.4^2 + 4\times 307\times 20.8}]=\mathbf{0.30}\mathrm{m^3/s}$

(마) ∴ 설계 양수량 Q_D=**0.30**m³/s이다.

⑤ 시스템의 요구곡선식 (예2.9.8c)를 이용하여 설계 수두를 계산한다.

(가) $H_a = 25 + 85Q_D^2 = 25+85\times 0.30^2 = \mathbf{32.7}\mathrm{m}$

(나) ∴ 설계 수두 H_a=**32.7**m이다.

(4) 이상의 설계 결과를 정리하면 **표 예2.9.2**와 같다.

표 예2.9.2 각 조건별 설계 결과

항목	설계 조건	설계 결과(결정값)
(1)	ΔH=15m, 펌프 1대; Q_D, H_a 결정	Q_D=0.23m³/s, H_a=19.5m
(2)	ΔH=15m, 병렬연결(2대); Q_D, H_a 결정	Q_D=0.29m³/s, H_a=22.2m
(3)	ΔH=25m, Q_D, H_a, 펌프 대수 결정	Q_D=0.30m³/s, H_a=32.7m, 직렬연결(펌프 2대)
비고	• 시스템 요구곡선과 펌프특성곡선은 해당 **그림 예2.9.2~4** 참조	

(3) 축류펌프와 혼합펌프

전술한 원심펌프는 **방사류식 기계**(radial-flow machines)로 상대적으로 적은 유량에서 높은 양정을 필요로 할 때 가장 효과적으로 작동한다. 배수와 관개시설 같은 많은 경우에 낮은 양정에서 많은 유량을 필요로 하므로 원심펌프보다는 **축류펌프**(axial-flow pumps)가 사용된다. 이 형식의 펌프는 기본적으로 원통 모양의 케이싱 안에 프로펠러가 설치되어 있는 구조이며, **프로펠러 펌프**(propeller pump)라고도 한다. 내부의 운동은 원심펌프의 방사류 유동과는 달리 회전축에 평행한 **축방향 유동**(axial direction flow)을 한다.

축류펌프는 펌프가 프로펠러의 축과 본질적으로 평행하게 물을 흐르게 하고 프로펠러를 수단으로 물을 수송하여 에너지를 얻는 Kaplan 터빈과 비슷하다. **그림 2.18**은 전형적인 축류펌프의 설치 예이다.

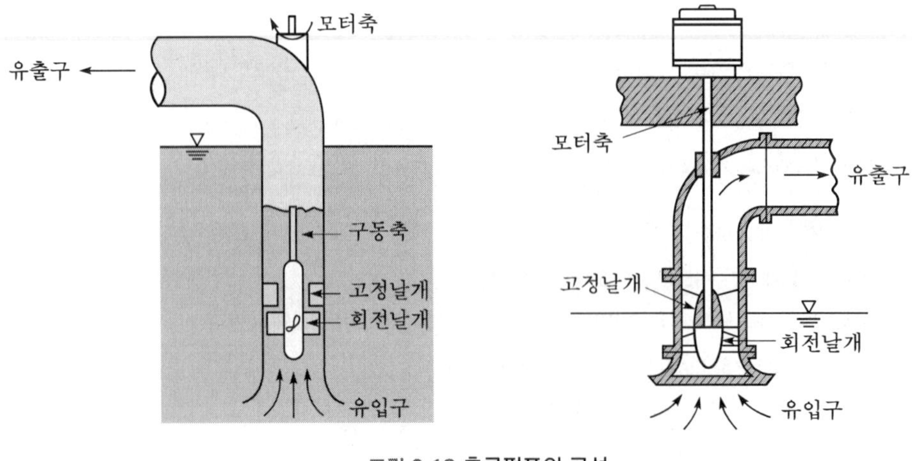

그림 2.18 축류펌프의 구성

원심펌프는 원심작용에 의해 양정이 발생되지만 축류펌프는 주로 유체가 **회전날개**(moving blade)(한림원, 2011)에 의해 지속적으로 받는 접선방향의 힘에 의해 양정을 발생시킨다. 그림 2.18은 연직축류펌프의 구성 예로 회전날개는 구동축(drive shaft)을 통해 모터에 연결되어 있고, 이것이 상대적으로 빠른 속도로 회전될 때 유체는 흡입구를 통해 빨려 들어간다. 일반적으로 유체는 회전날개를 떠난 유체가 직선적으로 흐르게 하기 위해 사용되는 **고정날개**(fixed vane)(=안내 깃, guide vane)(한림원, 2011)의 깃열을 통해 배출된다. 또한 축류펌프에 따라서는 고정날개 상류쪽에 입구 안내 깃(inlet guide vane)을 갖는 경우도 있고, 회전 깃(blades)(=회전날개, moving blade)과 고정 깃(fixed vane)(=고정날개)을 한 쌍(=단)(stages)으로 하여 직렬로 배열된 **다단식**(multistage)도 있다.

그림 2.19는 축류펌프의 유량계수 C_Q에 따른 수두계수 C_H, 동력계수 C_{P_W}, 효율 η에 대한 일련의 관계곡선이다. 그림 2.19(a)의 무차원 곡선은 그림 2.19(b)의 일정한 회전속도에서 유량 Q에 대한 수두 H_P, 동력 P_W, 효율 η를 이용해 작성된 것으로 이들 그래프는 실험결과에서 얻는다. 그림 2.19(a)는 축류펌프의 **무차원 성능곡선**(dimensionless performance curve)으로 그림 2.19(b)는 축류펌프의 **성능특성곡선**(performance characteristics curve)으로 부른다.

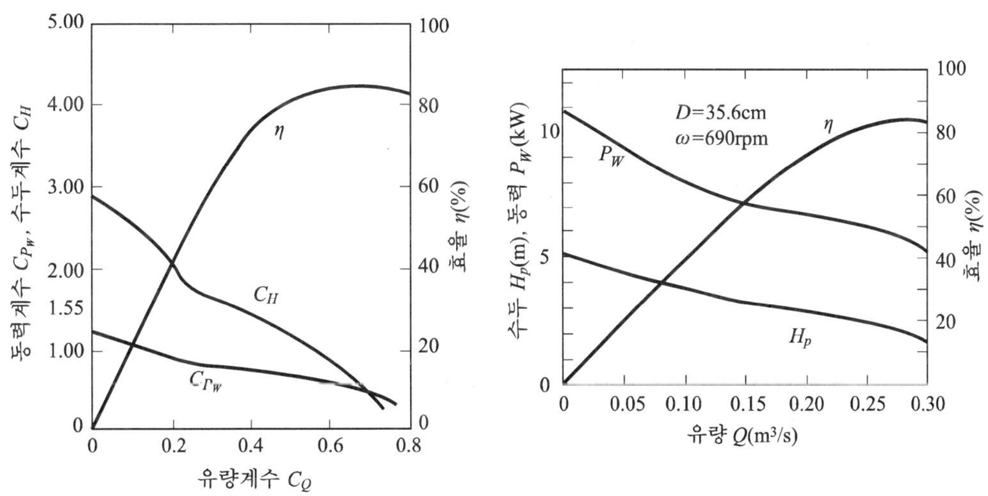

(a) 무차원 성능곡선 (b) 차원 특성곡선

그림 2.19 축류펌프의 성능곡선

① 양정계수와 동력계수

펌프 시스템의 주요 종속변수는 실양정 H_a, 축동력 $\dot{W}_s$, 효율 η를 들 수 있는데, 이들 변수는 지름 D, 길이 L, 표면조도 ϵ의 기하학적 형상변수와 유량 Q, 회전속도 w, 점성계수 μ, 밀도 ρ의 유동 및 유체 성질변수로 그 특성을 나타낼 수 있다. 여기서는 비압축성 유체를 대상으로 하여 압축성 효과는 고려하지 않는다.

이들 7개의 물리변수는 3개의 종속변수 H_a, $\dot{W}_s$, η 중의 하나를 택해 다음과 같은 차원해석을 통해 무차원 변수를 유도할 수 있다.

$$H_a = f(D, L, \epsilon, Q, w, \mu, \nu) \tag{2.78a}$$

$$\pi_i(H_a) = F\left(\frac{L}{D}, \frac{\epsilon}{D}, \frac{Q}{wD^3}, \frac{\rho w D^2}{\mu}\right) \tag{2.78b}$$

식 (2.78b)와 같이 양정에 관한 무차원 π항은 보통 $C_H = (gH_a)/(w^2D^2)$으로 표현한다. 이때 gH_a는 실양정으로 단위중량당 에너지로 간단히 H_a인 단위중량당 에너지로 표현하는 것보다 gH_a로 표현하는데, 이 무차원 변수를 **양정계수**(head rise coefficient)라 한다. 마찬가지로 축동력에 관한 무차원 π항은 $C_{\dot{W}_s} = \dot{W}_s/(\rho w^3 D^5)$로 표현하고, 이 무차원 변수를 **동력계수**(power coefficient)라 한다. 효율에 관한 항은 그 자체가 무차원이므로 이들 관계는 다음 식과 같이 쓸 수 있다.

$$C_H = \frac{gH_a}{w^2D^2} = F_1\left(\frac{L}{D}, \frac{\epsilon}{D}, \frac{Q}{wD^3}, \frac{\rho w D^2}{\mu}\right) \tag{2.79a}$$

$$C_{\dot{W}_s} = \frac{\dot{W}_s}{\rho w^3 D^5} = F_2\left(\frac{L}{D}, \frac{\epsilon}{D}, \frac{Q}{wD^3}, \frac{\rho w D^2}{\mu}\right) \tag{2.79b}$$

$$\eta = \frac{\rho g Q H_a}{\dot{W}_s} = F_3\left(\frac{L}{D}, \frac{\epsilon}{D}, \frac{Q}{wD^3}, \frac{\rho w D^2}{\mu}\right) \tag{2.79c}$$

식 (2.79)에서 마지막 π항은 **Reynolds 수** 형태로 점성효과의 상대적인 영향을 나타낸다. 펌프의 유동은 빠른 유속으로 큰 Reynolds 수와 관계되므로 이를 무시할 수 있고, 관의 표면조도에 의한 상대조도의 영향도 있으나 이들은 대략화 측면에서 무시되므로 π항은 $Q/(wD^3)$만의 함수로 다음과 같이 정리할 수 있다.

$$\frac{gH_a}{w^2D^2} = F_1\left(\frac{Q}{wD^3}\right) \tag{2.80a}$$

$$\frac{\dot{W}_s}{\rho w^3 D^5} = F_2\left(\frac{Q}{wD^3}\right) \tag{2.80b}$$

$$\eta = F_3\left(\frac{Q}{wD^3}\right) \tag{2.80c}$$

식 (2.80)은 기학적으로 유사한 펌프에서 상사관계를 제공하며, $C_Q = Q/(wD^3)$은 **유량계수**(flow coefficient)라 하는데, 이 중 두 개의 펌프가 같은 상사관계 $(Q/wD^3)_1 = (Q/wD^3)_2$로 운전되면 다음과 같이 쓴다.

$$\left(\frac{gH_a}{w^2D^2}\right)_1 = \left(\frac{gH_a}{w^2D^2}\right)_2 \tag{2.81a}$$

$$\left(\frac{\dot{W}_s}{\rho w^3 D^5}\right)_1 = \left(\frac{\dot{W}_s}{\rho w^3 D^5}\right)_2 \tag{2.81b}$$

$$\eta_1 = \eta_2 \tag{2.81c}$$

여기서 아래첨자 1, 2 = 기하학적으로 유사한 펌프들 중에서 임의 2개의 펌프를 말한다.

식 (2.81)을 **펌프(팬) 상사법칙**[pump (fan) scaling(=affinity) laws]이라 하며, 이는 실험실에서 한 펌프의 성능특성을 구하고 그 결과를 기하학적 상사인 운전조건이 다른 펌프의의 성능특성을 예측하는데 사용한다.

② 비속도

유량계수와 양정계수로부터 지름 D를 소거하면 유용한 무차원 수를 얻을 수 있는데, 유량계수에 지수(exponent) 1/2, 양정계수에 지수 3/4을 취한 후 양정계수로 유량계수를 나누면 다음 식을 얻는다.

$$\frac{[Q/(wD^3)]^{1/2}}{[(gH_a)/(w^2D^2)]^{3/4}} = \frac{wQ^{1/2}}{(gH_a)^{3/4}} = N_s \tag{2.82}$$

식 (2.82)의 N_s를 **비속도**(specific speed)라 하며, 이는 유량계수에 따라 변하는데 펌프의 비속도 값은 관례상 최고 효율점에서의 유량계수값에 의해 정해진다. 적은 유량과 큰 양정을 갖는 펌프는 많은 유량과 작은 양정을 갖는 펌프보다 비속도가 작다. 일반적으로 원심펌프는 적은 유량, 큰 양정의 펌프이므로 낮은 비속을 갖는다.

식 (2.82)는 무차원이나 미국에서는 이를 수정해 차원을 갖는 다음 식을 일반적으로 사용한다.

$$N_{sm} = \frac{w(\text{rpm})[Q(\text{gpm})]^{1/2}}{[H_a(\text{ft})]^{3/4}} \tag{2.83}$$

식 (2.82)의 비속도 N_s와 식 (2.83)의 **수정 비속도**(modified specific speed) N_{sm} 간의 환산관계는 $N_{sm} = 2{,}733N_s$ 이다. 수정 비속도 값은 원심펌프는 보통 $500 < N_{sm} < 4{,}000$, 높은 용량과 낮은 양정을 기본으로 하는 축류펌프는 $N_{sm} > 9{,}000$, **혼합펌프**(mixed-flow pumps)는 이들 두 펌프의 중간 값인 $4{,}000 < N_{sm} < 9{,}000$의 범위를 갖는다.

예제 2.10

그림 2.19(a)의 무차원 성능곡선(dimensionless performance curve)과 그림 2.19(b) 성능특성곡선(performance characteristics curve)을 갖는 축류펌프가 수두 2m, 지름 35.6cm, 600rpm으로 가동될 때 다음 사항에 답하시오.

1. 양수량(m^3/s)의 계산 2. 필요한 펌프의 동력 계산

[풀이]

1. 양수량(m^3/s)의 계산

(1) 식 (2.46a), (2.79a) 이용, 펌프의 양정계수 C_H 계산 : 그림 2.19 또는 그림 예2.10 이용

$$C_H = \frac{gH_a}{w^2D^2}$$ (←실양정 $H_a = 2\text{m}$, 펌프 회전차(impeller)의 지름 $D = 35.6\text{cm}$, 회전속도 $w = 600\text{rpm} = 10\text{rps}$)

$$= \frac{9.80(2)}{0.356^2(10)^2} = 1.546 \approx 1.55$$

(2) 그림 예2.10에서 $C_{H_a} = 1.55$일 때

$$C_Q = 0.38 = \frac{Q}{wD^3}$$

$$\therefore\ Q = 0.38(10)(0.356) = 0.171\text{m}^3/\text{s}$$

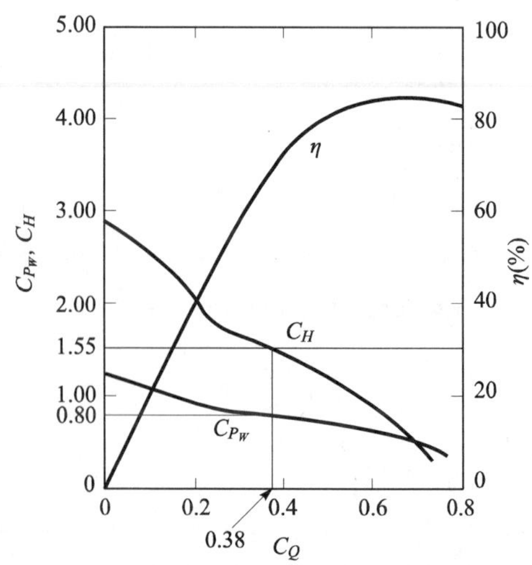

그림 예2.10 축류펌프의 무차원 성능곡선

2. 필요한 펌프의 동력 계산

(1) 1항과 같은 요령으로 **그림 예2.10**에서 $C_Q = 0.38$일 때 $C_{P_w} = 0.80$을 결정한다.

(2) 필요한 동력은 식 (2.46b)를 이용해 다음과 같이 계산한다.

$$P_W = C_{P_W} \rho w^3 D^5 = 0.80(1000)(10)^3(0.356)^5$$

$$[= 0.80(1.0\text{kN s}^2/\text{m}^4)(10\text{s}^{-1})^3(0.356\text{m})^5]$$

$$= 4.47\text{km N/s} = 4.57\text{kJ/s} = 4.57\text{kW}$$

2.3.2 터빈

수력발전은 댐에 저수된 물의 큰 낙차가 갖는 위치 에너지를 **수압관**(水壓管, penstock)을 통해 터빈의 회전차를 돌려 축으로부터 동력을 얻는다. 또한 터빈에 전달되는 낙차가 갖는 유효한 에너지 관계는 **그림 2.20**과 같다. 터빈(=수차(水車), turbine)은 유동하는 유체로부터 에너지를 받는 장치로 유체가 회전차에 회전방향으로 토크를 가하는 구조로 되어 있으며, 발생된 축동력은 발전기나 다른 장치를 구동시킨다.

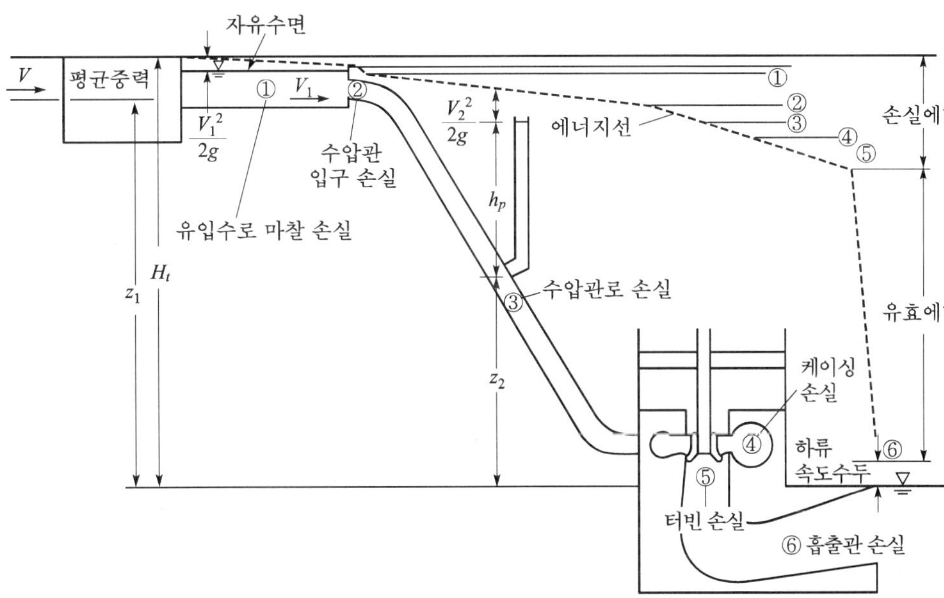

그림 2.20 수력발전소의 구성

(1) 터빈의 구분

수차는 그림 2.21과 같이 크게 두 가지 기본형인 **충격**(衝擊)**터빈**(impulse turbines)과 **반동**(反動)**터빈**(reaction turbines)으로 나눈다(Mays, 2005).

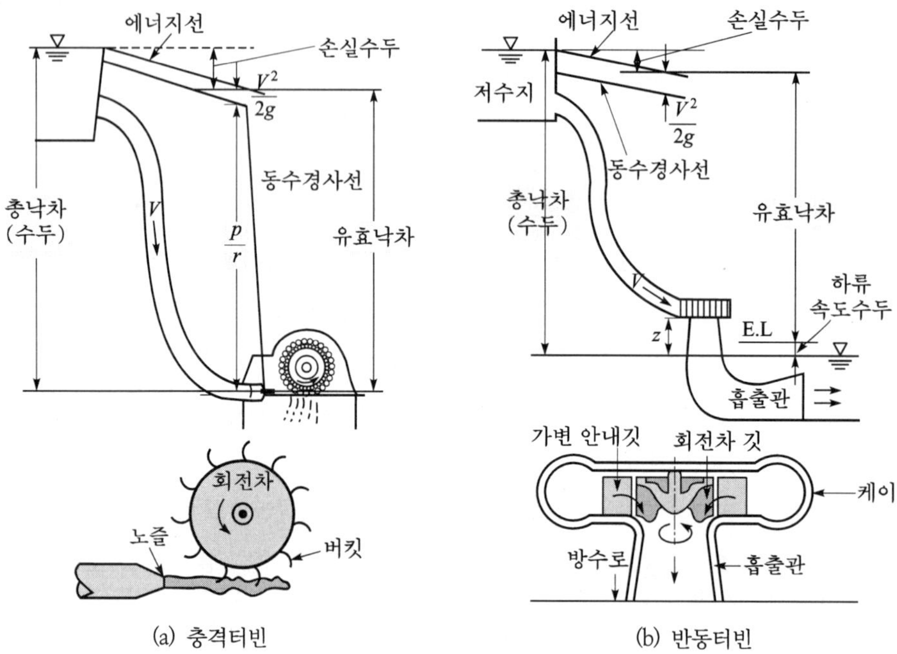

그림 2.21 터빈의 종류와 구성요소

충격터빈은 그림 2.21(a)와 같이 유입되는 유체의 총수두(total head)(=낙차)는 공급노즐의 출구에서 큰 속도로 변화된다. 버킷(bucket)(=깃, blade)을 지날 때의 압력강하와 버킷을 흐르는 유체의 상대속도(움직이는 버킷에 대한 상대적인 유체속도)의 변화는 무시된다. 회전차 주위의 공간은 완벽하게 유체로 채워져 있지는 않으나, 버킷을 때리는 각각의 **유체제트**(분사, 噴射; fluid jet)에 의한 충격으로 토크가 발생된다.

반동터빈은 그림 2.21(b)와 같이 회전차가 완벽하게 **유동유체**(working fluid)로 채워져 있는 케이싱으로 포위되어 있다. 회전차에서는 압력강하와 유체의 상대속도 변화가 모두 일어난다. 일반적으로 충격터빈은 큰 낙차(high head)와 작은 유량(low flowrate)에 적합하고, 반동터빈은 작은 낙차와 많은 유량에 적합하다.

예제 2.11

그림 예2.11과 같은 터빈으로 엔탈피 $\hat{h}$는 3,348kJ/kg인 증기가 30m/s로 들어가고 있다. 터빈에서 나가는 증기는 기체와 액체의 혼합 상태이고 그 속도는 20m/s, 엔탈피는 2,550kJ/kg이다. 터빈을 지나는 유동이 단열과정이고 높이 변화가 무시된다고 할 때 다음 사항에 답하시오.

1. 터빈 통과 증기 단위질량당의 출력 결정

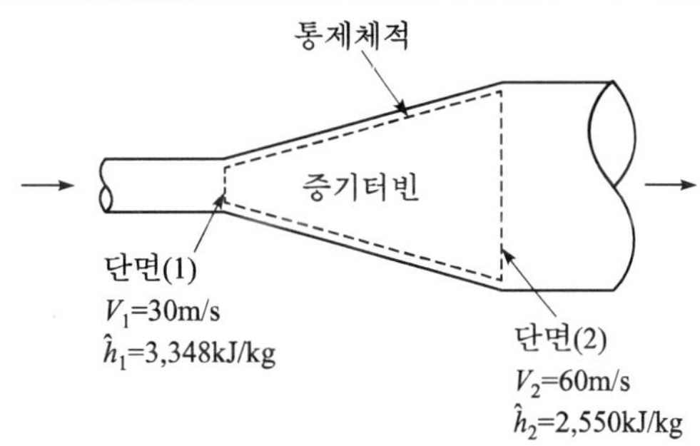

그림 예2.11 증기터빈의 단위질량당 출력

[풀이]

1. 터빈 통과 증기 단위질량당의 출력 결정

(1) **[예제 2.11]**과 같이 통제체적을 터빈 유입구와 유출구 단면 사이의 증기를 포함하도록 설정하고, 시간평균에 대한 에너지 방정식 (예2.4.1)은 높이의 변화가 없으며($z_2 - z_1 = 0$), 엔탈피를 포함하는 단열과정($\dot{Q}_{n.i} = 0$) 식 (예2.4.3)은 다음과 같이 쓸 수 있다.

$$\dot{m}\left[\hat{h}_2 - \hat{h}_1 + \frac{V_2^2 - V_1^2}{2}\right] = \dot{W}_{s.n.i} \quad \text{(예2.11.1)}$$

(2) 터빈을 지나는 증기에 의한 **단위질량당 출력**(work output per unit mass) $w_{s \cdot n \cdot o}$는 식 (예2.11.1)을 질량유량 $\dot{m}$으로 나눈 $w_{s \cdot n \cdot i}$를 구해 다음과 같이 음의 부호를 취해 구한다.

$$w_{s \cdot n \cdot i} = \frac{\dot{W}_{s.n.i}}{\dot{m}} = \hat{h}_2 - \hat{h}_1 + \frac{V_2^2 - V_1^2}{2} \quad \text{(예2.11.2a)}$$

$$w_{s \cdot n \cdot o} = -w_{s \cdot n \cdot i} = \hat{h}_1 - \hat{h}_2 + \frac{V_1^2 - V_2^2}{2} \quad \text{(예2.11.2b)}$$

(3) 주어진 값을 식 (예2.11.2b)에 대입하고 정리하면 단위질량당의 출력 $w_{s \cdot n \cdot o}$를 구할 수 있다.

$$w_{s \cdot n \cdot o} = \hat{h}_1 - \hat{h}_2 + \frac{V_1^2 - V_2^2}{2} = 3{,}348\text{kJ/kg} - 2{,}550\text{kJ/kg}$$
$$+ \frac{[(30\text{m/s})^2 - (60\text{m/s})^2][1\,\text{J/(N m)}]}{2[1\,(\text{kg m})/(\text{N s}^2)](1{,}000\text{J/kJ})}$$
$$= 3{,}348\text{kJ/kg} - 2{,}550\text{kJ/kg} - 1.35\text{kJ/kg} = 797\text{kJ/kg}$$

(4) 그러므로 운동에너지의 변화(1.35kJ/kg)는 엔탈피 차이(797kJ/kg)에 비해 매우 작다.

(2) 터빈의 단위량

터빈의 단위량(unit quantities)은 다른 조건하에 일하는 특정한 터빈의 성능을 연구하기 위하여 사용되며, 단위속도(unit speed) w_u, 단위유량(unit discharge) Q_u, 단위동력(unit power) P_{Wu}의 세 가지 단위량이 있다. 이들 단위량은 단위수두($H_T = 1\text{m}$) 조건에서 일하는 터빈에 대해 정의한다.

단위속도(unit speed) w_u는 단위수두 조건에서 일하는 터빈의 속도로 다음 식과 같다.

$$w_u = \frac{w}{\sqrt{H_T}} \tag{2.84}$$

단위유량(unit discharge) Q_u는 단위수두 조건에서 일하는 터빈을 통과하는 유량으로 다음 식과 같다.

$$Q_u = \frac{Q}{\sqrt{H_T}} \tag{2.85}$$

단위동력(unit power) P_{Wu}는 단위수두 조건에서 일하는 터빈에 의해 생산된 동력으로 다음 식과 같다.

$$P_{Wu} = \frac{P_W}{H_T^{3/2}} \tag{2.86}$$

(3) 충격터빈

충격터빈의 형식은 다양하지만 그중 이해하기 쉬운 것은 **그림 2.22(a)**와 같은 Pelton 터빈이다. 이 터빈은 미국 캘리포니아 금광에서 일하던 Pelton에 의해 고안된 것으로 큰 낙차에서 운전하는 것이 효과적이다. 큰 낙차는 노즐의 출구에서 상대적으로 큰 속도로 변환된다. 터빈 설계 중 고려할 사항은 터빈으로 운반되는 물이 수압관(水壓管, penstock)에서 생기는 **수두손실**(head loss), 노즐의 설계, 회전차에 부착된 버킷의 설계이다(Mays, 2005).

그림 2.22(a)와 같이 빠른 속도의 물 제트(water jet)는 **Pelton 터빈**의 버킷을 때리고 휘어져 흐른다. 물은 대기압인 자유제트(free jet)로 터빈 주위의 통제체적 안으로 들어갔다 나간다. 버킷을 타고 있는 관측자에게는 물이 버킷을 미끄러질 때 물의 속도는 변화하지 않는다. 즉, 상대속도의 크기는 변화하지 않지만 방향은 변화한다. 유체제트속도의 방향변화로 인해 회전차의 토크를 발생시켜 터빈으로부터 동력을 얻게 된다.

Pelton 터빈에서 이상적인 유체속도는 **그림 2.22(b)**와 같이 유체가 방사방향의 속도성분 없이 (실제는 조금 있으나 무시) 통제체적 안으로 들어갔다가 나올 때이다. 또한 버킷은 물을 이상적으로 180° 회전시키지만 물리적인 제약에 의해 유출구각[날개 버킷(blade)의 유출구 모서리각(angle of exit edge)] $\beta(=\beta_2)$는 180°보다 작다.

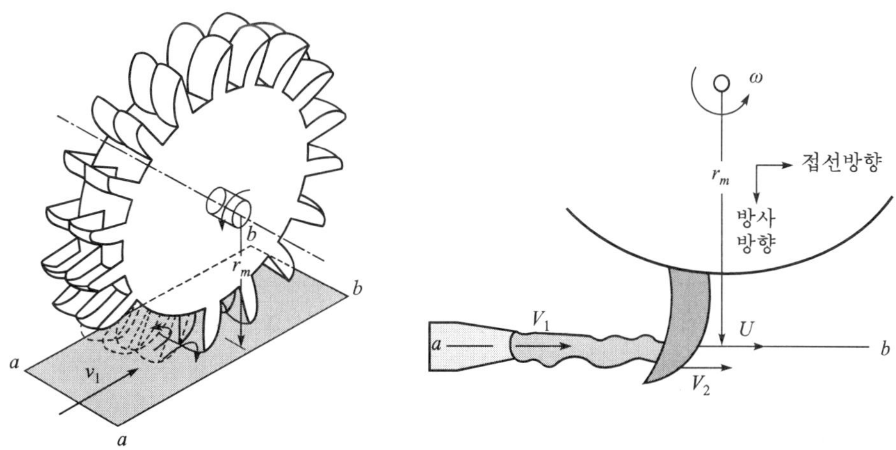

(a) 수차 버킷의 상세　　(b) 이상적인 유체속도

그림 2.22 Pelton 수차

그러므로 **그림 2.23(a)**와 같이 유체는 축방향 속도성분을 가지고 떠나게 되며, 터빈의 평균 반지름 r_m 인 유입구와 유출구에서의 속도 삼각형은 **그림 2.23(b)**와 같이 가정할 수 있으므로 다음 식을 얻을 수 있다.

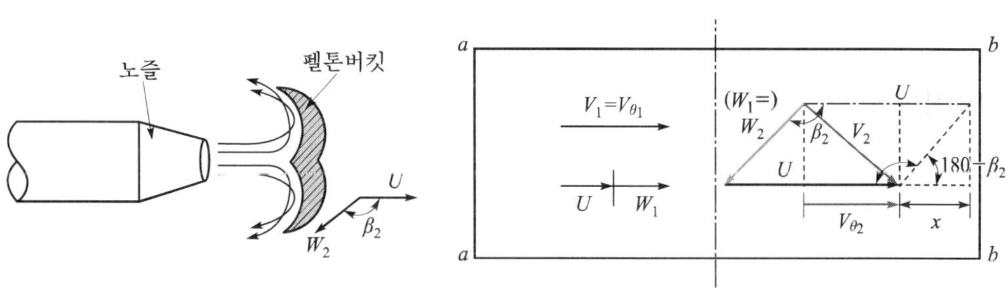

(a) 수차에 탄 관측자의 속도와 상대속도　　(b) 유입·유출구의 속도삼각형

그림 2.23 Pelton 수차의 유동해석

$$V_{\theta 1} = V_1 = W_1 + U \tag{2.87a}$$

식 (2.87a): **그림 2.23(b)**; a-a 입구(첨자 1),
$V_1 (= V_{\theta 1}) = W_1 + U \quad \therefore V_{\theta 1} (= V_1) = W_1 + U$

$$V_{\theta 2} = W_2 \cos\beta + U \tag{2.87b}$$

식 (2.87b): **그림 2.23(b)**; b-b 출구(첨자 2),
$U - V_{\theta 2} = x$, $\cos(180 - \beta) = x / W_2 \ (\leftarrow \beta_2 = \beta)$
$x = W_2 \cos(180 - \beta) = - W_2 \cos\beta$, $U - V_{\theta 2} = - W_2 \cos\beta$
$\therefore V_{\theta 2} = W_2 \cos\beta + U$

식 (2.87)에서 $W_1 = W_2$(버킷에 의해 유체가 편향될 때 유체의 상대속도는 변화하지 않는다)라 하면 이는 다음과 같이 쓸 수 있다.

$$V_{\theta 2} - V_{\theta 1} = (U - V_1)(1 - \cos\beta) \tag{2.88}$$

식 (2.87): **그림 2.23(b)**; $V_1 = U + W_1$, $W_2 (= W_1) = V_1 - U$
$V_{\theta 2} - V_{\theta 1} =$ 식 (2.87b)−식 (2.87a)$= [W_2 \cos\beta + U] - [V_1] (\leftarrow W_2 = V_1 - U)$
$= (V_1 - U)\cos\beta + U - V_1$
$[= V_1 \cos\beta - U\cos\beta + (U - V_1) = -(U - V_1)\cos\beta + (U - V_1)]$
$= (U - V_1)(1 - \cos\beta) \quad \therefore V_{\theta 2} - V_{\theta 1} = (U - V_1)(1 - \cos\beta)$

속도의 접선방향 변화인 식 (2.88)의 우변과 깃 속도 $U = w r_m$을 식 (2.31)과 (2.33)에 각각 대입하면 토크와 축동력에 관한 다음 식을 얻는다.

$$T_s = \dot{m} r_m (U - V_1)(1 - \cos\beta) \tag{2.89a}$$

식 (2.31)에서;
$T_s = - \dot{m}_1 (r_1 V_{\theta 1}) + \dot{m}_2 (r_2 V_{\theta 2}) = \dot{m}_2 (r_2 V_{\theta 2}) - \dot{m}_1 (r_1 V_{\theta 1})$
$(\leftarrow r_1 = r_2 = r_m, \ \dot{m}_1 = \dot{m}_2 = \dot{m})$
$= \dot{m} r_m (V_{\theta 2} - V_{\theta 1}) \leftarrow$ 식 (2.88); $V_{\theta 2} - V_{\theta 1} = (U - V_1)(1 - \cos\beta)$ 대입
$= \dot{m} r_m (U - V_1)(1 - \cos\beta) \quad \therefore T_s = \dot{m} r_m (U - V_1)(1 - \cos\beta)$

$$\dot{W}_s = T_s w = \dot{m}\, U(U - V_1)(1 - \cos\beta) \tag{2.89b}$$

식 (2.33)에서;

$$\dot{W}_s = -\dot{m}_1(U_1 V_{\theta 1}) + \dot{m}_2(U_2 V_{\theta 2}) = T_s w \leftarrow \text{식 (2.89a) 대입}$$

$$= \dot{m}\, r_m (U - V_1)(1 - \cos\beta)\, w\, (\leftarrow r_m w = U,\ w = U/r_m)$$

$$= \dot{m}\, U(U - V_1)(1 - \cos\beta)$$

$$\therefore\ \dot{W}_s = T_s w = \dot{m}\, U(U - V_1)(1 - \cos\beta)$$

식 (2.89)에 의한 실험결과의 예는 **그림 2.24**와 같으며, 이는 유체제트(噴射, fluid jet)가 버킷에 충돌할 때 $V_1 > U$와 터빈이 유체로부터 동력을 받을 때 $\dot{W}_s < 0$임을 알 수 있다. 출력은 $U_{m.p} = 0.5 V_1$일 때 최대이다.

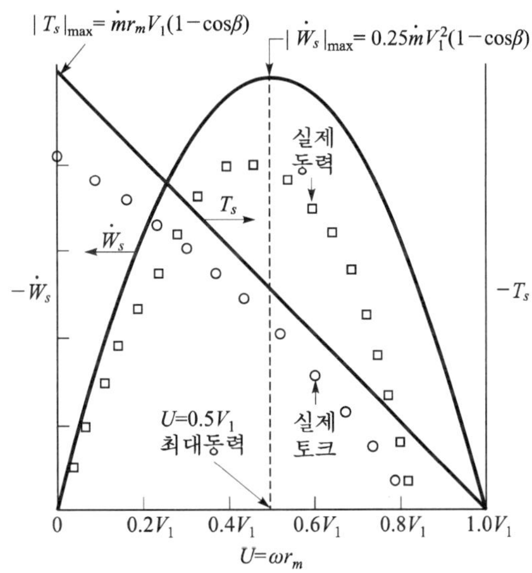

그림 2.24 Pelton 수차의 실험 예

예제 2.12

그림 예2.12.1과 같이 Pelton 수차를 구동시키는 물이 기준면으로부터 60m에 위치한 저수지로부터 길이 305m, 지름 $D_1=0.20$m인 수압관을 통해 공급된다. 다음 사항에 답하시오.

1. 최대출력을 얻기 위한 노즐 직경 D_2 결정
2. 1항 조건에서 최대 동력 산정
3. 1과 2항 조건에서 회전차 각속도 계산

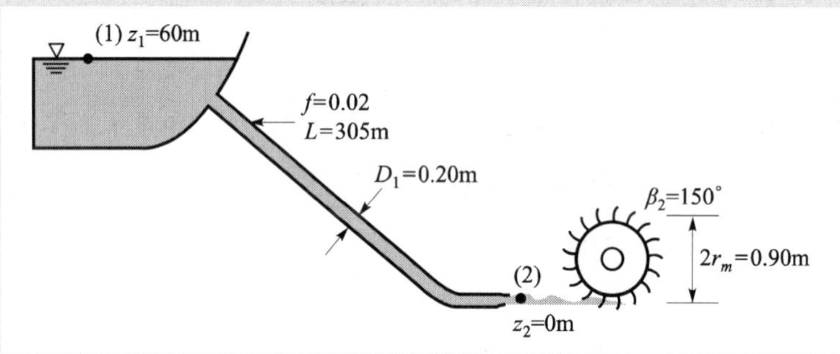

그림 예2.12.1 Pelton 수차의 동력 계산

[풀이]

1. 최대출력을 얻기 위한 노즐 직경 D_2 결정

(1) 식 (2.79b)에 의하면 터빈의 출력은 유량 $Q(=\dot{m}/\rho)$와 노즐 출구의 분사속도 V_2에 좌우되고, 유량과 분사속도는 노즐의 지름 D_2와 수압관에 발생되는 수두손실에 좌우되므로 다음과 같이 쓸 수 있다.

$$\dot{W}_s=\rho QU(U-V_2)(1-\cos\beta)=\frac{\gamma}{g}\frac{\pi D_2^2}{4}V_2U(U-V_2)(1-\cos 150°) \qquad (예2.12.1)$$

(2) 식 (예2.12.1)에서 노즐 출구의 속도 V_2는 호수표면의 $V_1=p_1=0$인 임의의 점과 $z_2=p_2=0$인 노즐 출구 사이에 에너지 방정식 (2.70)을 적용함으로써 다음 식을 얻을 수 있다.

$$\frac{p_1}{\gamma}+\frac{V_1^2}{2g}+z_1=\frac{p_2}{\gamma}+\frac{V_2^2}{2g}+z_2+h_L \qquad (예2.12.2a)$$

$$z_1=\frac{V_2^2}{2g}+h_L \qquad (예2.12.2b)$$

(3) 식 (예2.12.2b)에서 손실수두는 마찰계수를 이용해 구하고, 평균유속은 연속 방정식을 적용하면 다음 식을 얻는다.

$$z_1=\frac{V_2^2}{2g}+f\frac{L}{D_1}\frac{V_1^2}{2g}\left[\leftarrow V_1=\frac{A_2V_2}{A_1}=\left(\frac{D_2}{D_1}\right)^2V_2\right]$$

$$=\left[1+f\frac{L}{D_1}\left(\frac{D_2}{D_1}\right)^4\right]\frac{V_2^2}{2g} \qquad (\text{예}2.12.3a)$$

$$V_2=\left[\frac{2gz_1}{1+f\frac{L}{D_1}\left(\frac{D_2}{D_1}\right)^4}\right]^{1/2}=\left[\frac{2(9.8)(60)}{1+(0.02)\left(\frac{305}{0.20}\right)\left(\frac{D_2}{0.20}\right)^4}\right]^{1/2}$$

$$=\frac{34.29}{(1+19{,}062D_2^4)^{1/2}} \qquad (\text{예}2.12.3b)$$

(4) 식 (예2.12.1)에 식 (예2.12.3b)와 $Q=A_2V_2=(\pi D_2^2)/4(V_2)$, $\rho=\gamma/g$를 대입하고 정리하면 다음 식을 얻는다.

$$\dot{W}_s=\frac{\gamma}{g}\frac{\pi D_2^2}{4}V_2U(U-V_2)(1-\cos 150°)[\leftarrow\cos 150°=-0.866]$$

$$=\frac{1000}{9.8}\frac{\pi D_2^2}{4}\left[\frac{34.29}{(1+19{,}062D_2^4)^{1/2}}\right]U\left[U-\frac{34.29}{(1+19{,}062D_2^4)^{1/2}}\right](1.866)$$

$$=\frac{5125D_2^2U}{(1+19{,}062D_2^4)^{1/2}}\left[U-\frac{34.29}{(1+19{,}062D_2^4)^{1/2}}\right] \qquad (\text{예}2.12.4)$$

(5) 식 (예2.12.4)를 **그림 예2.12.2**를 참조하여 최대 축동력 $\dot{W}_s$에 대한 노즐지름 D_2와 깃 속도 U를 결정한다.

(6) **그림 2.24**에서와 같이 최대동력은 $U=0.5V_2$인 깃 속도에서 생기므로 이를 식 (예2.12.4)에 대입하고 정리하면 다음 식을 얻을 수 있다.

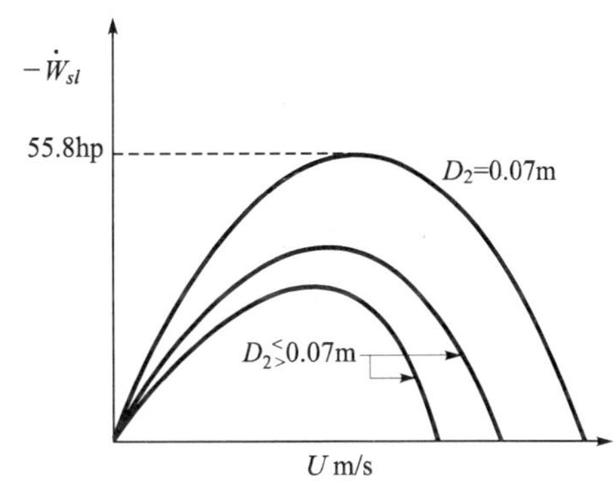

그림 예2.12.2 노즐 지름에 따른 깃 속도와 축동력 관계

$$U=0.5V_2=(0.5)\frac{34.29}{(1+19{,}062D_2^4)^{1/2}}$$

$$=(0.5)\frac{34.29}{(1+19{,}062D_2^4)^{1/2}}$$

$$=\frac{17.15}{(1+19{,}062D_2^4)^{1/2}} \qquad (\text{예}2.12.5)$$

(7) 식 (예2.12.5)를 식 (예2.12.4)에 대입하고 정리하면 다음과 같이 축동력에 관한 식을 얻는다.

$$\dot{W}_s=\frac{5{,}125D_2^2\left[\frac{17.15}{(1+19{,}062D_2^4)^{1/2}}\right]}{(1+19{,}062D_2^4)^{1/2}}\left[\frac{17.15}{(1+19{,}062D_2^4)^{1/2}}-\frac{34.29}{(1+19{,}062D_2^4)^{1/2}}\right]$$

$$=-\frac{1{,}506{,}498D_2^2}{(1+19{,}062D_2^4)^{3/2}}\fallingdotseq-\frac{1.5\times10^6D_2^2}{(1+1.9\times10^4D_2^4)^{3/2}} \qquad (\text{예}2.12.6)$$

(8) 최대동력은 $\frac{d\dot{W}_s}{dD_2}=0$일 때 생기므로 식 (예2.12.6)을 다음과 같이 정리하고, 몫의 미분법 (quotient rule) 공식 $\left[\frac{d}{dx}\left(\frac{u}{v}\right)=\frac{v\frac{du}{dx}-u\frac{dv}{dx}}{v^2}\right]$을 적용하여 노즐의 지름 D_2를 결정한다.

① $\frac{d\dot{W}_s}{dD_2}=\frac{d}{dD_2}\left[-\frac{1.5\times10^6D_2^2}{(1+1.9\times10^4D_2^4)^{3/2}}\right]=0$

② $-1.5(10^6)\frac{d}{dD_2}\left[\frac{D_2^2}{(1+1.9(10^4)D_2^4)^{3/2}}\right]=0\ [\leftarrow u=D_2^2,\ v=[1+1.9(10^4)D_2^4]$ (예2.12.7)

③ $-1.5(10^6)\left[\frac{v^{3/2}\,2D_2-D_2^2\frac{3}{2}v^{1/2}\frac{dv}{dD_2}}{v^3}\right]=0$

$-1.5(10^6)\left[\frac{v^{3/2}\,2D_2-D_2^2\frac{3}{2}v^{1/2}(1.9\times10^4)4D_2^3}{v^3}\right]=0$

④ $\therefore\left[\frac{v^{3/2}\,2D_2-D_2^2\frac{3}{2}v^{1/2}(1.9\times10^4)4D_2^3}{v^3}\right]=0$

$\frac{2D_2}{(1+1.9\times10^4D_2^4)^{3/2}}-\frac{6(1.9\times10^4)D_2^5}{(1+1.9\times10^4D_2^4)^{5/2}}=0$

⑤ $2D_2[1+1.9\times10^4D_2^4)^{5/2}]=6(1.9\times10^4)D_2^5[(1+1.9\times10^4D_2^4)^{3/2}]$

⑥ $1+1.9\times10^4D_2^4=3(1.9\times10^4)D_2^4=5.7\times10^4D_2^4$

⑦ $1=(5.7-1.9)(10^4)D_2^4=38{,}000D_2^4$

⑧ $D_2^4=\frac{1}{38{,}000}\quad\therefore D_2=\left(\frac{1}{38{,}000}\right)^{1/4}=0.07\text{m}=7\text{cm}$

(9) 식 (예2.12.7)에서 최대출력이 발생되는 노즐지름 $D_2=\left(\frac{1}{3.8\times10^4}\right)^{1/4}=0.07\text{m}=7\text{cm}$를 구한다.

2. 1항 조건에서 최대 동력 산정

(1) 1항에서 결정한 노즐지름 $D_2=7.0\text{cm}$일 때의 최대동력은 식 (예2.12.6)에 대입해 구한다.

$$\dot{W}_s=-\frac{1.5\times10^6(0.07)^2}{[1+1.9\times10^4(0.07)^4]^{3/2}}=-4182.7\text{kg}_f\text{m/s}=-55.8\text{hp}=-41.0\text{kW} \qquad (예2.12.8)$$

(2) 식 (예2.12.8)에서 음의 부호(−)는 터빈이 유체로부터 동력을 받기 때문이다.

3. 1과 2항 조건에서 회전차 각속도 계산

(1) 2항에서 구한 최대동력 조건일 때 회전차 속도는 다음 식으로 구한다.

$$U=wr_m=\frac{V_2}{2} \qquad (예2.12.9)$$

(2) 식 (예2.12.9)에서 V_2는 식 (예2.10.3b) $\left[V_2 = \frac{34.29}{(1+19,000D_2^4)^{1/2}} \leftarrow 19,062 \fallingdotseq 19,000\right]$를 이용해 다음과 같이 구한다.

$$w = \frac{V_2}{2r_m} = \frac{\frac{34.29}{[(1+19,000(0.07^4)]^{1/2}}}{2(0.45)} = 31.6\text{rad/s}$$

$$= 31.6\frac{\text{rad}}{\text{s}}\left(\frac{1\text{rev}}{2\pi\text{rad}}\right)\left(\frac{60\text{s}}{\text{min}}\right) = 302\text{rpm}$$

예제 2.13

충격터빈(Pelton 수차)을 구동시키기 위해 물이 (수평)기준면으로부터 80m에 위치한 수력발전용 댐으로부터 길이 400m, Darcy-Weisbach의 마찰손실계수 0.02, 지름 0.25m인 수압관 끝 부분의 노즐을 통해 유출구각 135°인 버킷에 공급된다. 다음 사항에 답하시오[단, ρQ = 정수, 노즐지름의 함수인 축동력 값 = 첫자리수 정수 $\times 10^n$ (예: 35,798≒30,000), 주어진 동력단위 = 소수 2자리 이하, 노즐유속 함수·노즐지름 함수의 깃속도·노즐지름(m) = 소수 3자리 이하, 유출구각 값 = 소수 4자리 이하 각각 버림하여 계산].

1. 주어진 조건이 표시된 수차의 설치 개략 단면도 작성(스케치)
2. 최대출력을 얻기 위한 노즐의 지름 결정
3. 결정된 노즐 지름에서의 최대동력[공학단위($\text{kg}_f\,\text{m/s}$), SI단위($\text{k}W_a$), 관습단위(hp)] 계산

[풀이]

1. 주어진 조건이 표시된 수차의 설치 개략 단면도 작성(스케치)

(1) 설치 개략 단면도 작성; 주어진 조건들을 이용하고 수차의 설치 개략 단면도를 그림 예2.13과 같이 작성(스케치)한다.

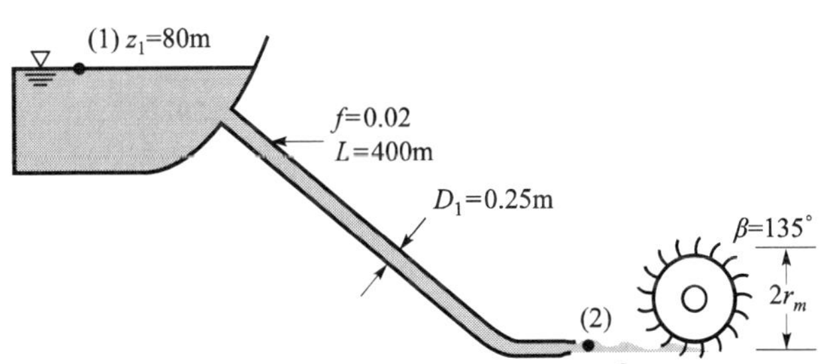

그림 예2.13 Pelton 수차의 동력 산정

(2) 개략적으로 작성된 단면도에 주어진 조건들을 모두 표시하여 도면 작성을 마무리 한다.

2. 최대출력을 얻기 위한 노즐의 지름 결정

(1) 터빈의 최대 출력산정 공식 (2.89b)을 이용한다.

$$\dot{W}_s = \rho Q U(U - V_2)(1 - \cos\beta) \quad \text{(예2.13.1)}$$

(2) 식 (예2.13.1)을 풀기 위해 필요한 노즐의 출구유속 V_2를 구한다.

① 에너지 방정식(Bernulli의 수정 방정식)을 댐의 수면 (1)과 노즐의 출구 (2)에 적용한다.

② $$\frac{p_1}{\gamma} + \frac{V_1^2}{2g} + z_1 = \frac{p_2}{\gamma} + \frac{V_2^2}{2g} + z_2 + h_L \quad \text{(예2.13.2a)}$$

③ 식 (예2.13.2a)의 댐 수면 (1)에서 $V_1 = p_1 = 0$, 바닥(기준점)[=노즐 출구] (2)에서 $z_2 = p_2 = 0$의 관계를 이용해 다음 식을 얻는다.

④ $$z_1 = \frac{V_2^2}{2g} + h_L \quad \text{(예2.13.2b)}$$

(3) 식 (예2.13.2b) : 관로손실수두 → 마찰계수 이용해 산정, 평균유속 V_1 → 연속 방정식 적용

① $$z_1 = \frac{V_2^2}{2g} + f\frac{L}{D_1}\frac{V_1^2}{2g}\left[\leftarrow V_1 = \frac{A_2 V_2}{A_1} = \left(\frac{D_2}{D_1}\right)^2 V_2\right]$$

$$= \left[1 + f\frac{L}{D_1}\left(\frac{D_2}{D_1}\right)^4\right]\frac{V_2^2}{2g} \quad \text{(예2.13.3a)}$$

② $$V_2 = \left[\frac{2gz_1}{1 + f\frac{L}{D_1}(\frac{D_2}{D_1})^4}\right]^{1/2} = \left[\frac{2(9.8)(80)}{1 + (0.02)(\frac{400}{0.250})(\frac{D_2}{0.25})^4}\right]^{1/2}$$

$$= \left(\frac{1{,}568}{1 + 8{,}192 D_2^4}\right)^{1/2} = \frac{35.59}{(1 + 8{,}192 D_2^4)^{1/2}} \quad \text{(예2.13.3b)}$$

(4) 식 (예2.13.1)에 식 (예2.13.3b)를 대입하고, 연속 방정식을 이용하고 동력을 산정한다.

① $Q = A_2 V_2 = (\pi D_2^2)/4(V_2)$, $\rho = \gamma/g$, $\cos 135° = -0.707$ 대입·정리

② $$\dot{W}_s = \frac{\gamma}{g}\frac{\pi D_2^2}{4} V_2 U(U - V_2)(1 - \cos 135°)$$

$$= \frac{1{,}000}{9.8}\frac{\pi D_2^2}{4}\left[\frac{39.59}{(1 + 8{,}192 D_2^4)^{1/2}}\right] U\left[U - \frac{39.59}{(1 + 8{,}192 D_2^4)^{1/2}}\right][1 - (-0.707)]$$

$$= \frac{3{,}171 D_2^2 U}{(1 + 8{,}192 D_2^4)^{1/2}}\left[U - \frac{39.59}{(1 + 8{,}192 D_2^4)^{1/2}}\right](1.707)$$

$$= \frac{5{,}412 D_2^2 U}{(1 + 8{,}192 D_2^4)^{1/2}}\left[U - \frac{39.59}{(1 + 8{,}192 D_2^4)^{1/2}}\right] \quad \text{(예2.13.4)}$$

(5) 최대동력($U = 0.5V_2$에 발생) ⇒ 식 (예2.13.3b) 이용, 식 (예2.13.4) 대입 후 정리 :

$$U = 0.5V_2 = (0.5)\frac{39.59}{(1 + 8{,}192 D_2^4)^{1/2}} = \frac{19.79}{(1 + 8{,}192 D_2^4)^{1/2}} \quad \text{(예2.13.5)}$$

(6) 식 (예2.13.5)를 식 (예2.13.4) 대입하여 축동력을 산정한다.

$$① \dot{W}_s = \frac{5{,}412D_2^2\left[\dfrac{19.79}{(1+8{,}192D_2^4)^{1/2}}\right]}{(1+8{,}192D_2^4)^{1/2}}\left[\frac{19.79}{(1+8{,}192D_2^4)^{1/2}} - \frac{39.59}{(1+8{,}192D_2^4)^{1/2}}\right]$$

$$= -\frac{2{,}120{,}648D_2^2}{(1+8{,}192D_2^4)^{3/2}} \fallingdotseq -\frac{2\times10^6D_2^2}{(1+8{,}192D_2^4)^{3/2}} \fallingdotseq -\frac{2\times10^6D_2^2}{(1+8\times10^3D_2^4)^{3/2}} \quad (예2.13.6)$$

(7) 최대동력 : $\dfrac{d\dot{W}_s}{dD_2}=0 \rightarrow$ 식 (예2.13.6) 미분 : $\dfrac{d}{dx}\left(\dfrac{u}{v}\right)=\dfrac{v\dfrac{du}{dx}-u\dfrac{dv}{dx}}{v^2}$ 이용

$$① \frac{d\dot{W}_s}{dD_2} = \frac{d}{dD_2}\left[-\frac{2\times10^6D_2^2}{(1+8\times10^3D_2^4)^{3/2}}\right]$$

$$= -(2\times10^6)\frac{d}{dD_2}\left[\frac{D_2^2}{(1+8\times10^3D_2^4)^{3/2}}\right] = 0 \quad (예2.13.7a)$$

$$② -2(10^6)\left[\frac{(1+8\times10^3D_2^4)^{3/2}\,2D_2 - D_2^2\dfrac{d}{dD_2}(1+8\times10^3D_2^4)^{3/2}}{\{(1+8\times10^3D_2^4)^{3/2}\}^2}\right] = 0$$

$$③ -2(10^6)\left[\frac{(1+8\times10^3D_2^4)^{3/2}\,2D_2 - D_2^2\dfrac{3}{2}(4)(8\times10^3D_2^3)(1+8\times10^3D_2^4)^{1/2}}{(1+8\times10^3D_2^4)^3}\right] = 0$$

$$④ \frac{2D_2}{(1+8\times10^3D_2^4)^{3/2}} - \frac{6(8\times10^3)D_2^5}{(1+8\times10^3D_2^4)^{5/2}} = 0$$

$$⑤ 1+8\times10^3D_2^4 = 3(8\times10^3)D_2^4 = 24\times10^3D_2^4$$

$$⑥ 1 = (24\times10^3 - 8\times10^3)D_2^4 = 16{,}000D_2^4 \quad \therefore D_2^4 = \frac{1}{16{,}000}$$

$$⑦ \therefore D_2\left(\frac{1}{16{,}000}\right)^{1/4} = 0.08\text{m} = 8\text{cm} \quad (예2.13.7b)$$

(8) 식 (예2.13.7b)에서 최대출력 발생 노즐지름 D_2 =8cm로 결정

3. 결정된 노즐 시름에서의 최대동력[공학단위($kg_f m/s$), SI단위(kW_a), 관습단위(hp)] 계산

(1) 노즐지름 D_2 =8cm의 최대동력 산정 : 식 (예2.13.6) 이용

$$\dot{W}_s = -\frac{2\times10^6D_2^2}{[1+8\times10^3D_2^4]^{3/2}} = -\frac{2\times10^6(0.08)^2}{[1+8\times10^3(0.08)^4]^{3/2}} = -\frac{12{,}800}{1.5298}$$

$$\fallingdotseq -8{,}367.0\text{kg}_f\text{m/s} = -111.5\text{hp} = -81.9\text{kW} \quad (예2.13.8)$$

(부호 − : 터빈이 유체로부터 동력을 받기 때문)

(4) 반동터빈

충격터빈은 적은 유량과 큰 낙차에 사용하기 적합하나 반동터빈은 큰 유량과 작은 낙차의 경우에 적합하다. 반동터빈에서는 작동유체(working fluid)가 통과하는 통로를 채워, 유체의 각운동량(angular momentum), 압력, 속도는 터빈의 회전차가 유체로부터 에너지를 흡수하기 때문에 회전차를 통해 흐를 때 감소된다.

그림 2.25와 같이 **방사형 터빈**(radial-flow turbine) 또는 **혼합형 터빈**(mixed-flow turbine)을 **Francis 터빈**이라 하는데, 이는 미국의 공학자 이름으로 명명되었기 때문이다. 매우 작은 낙차에서 가장 효율이 좋은 터빈은 **축류형 터빈**(axial-flow turbine) 또는 **프로펠러 터빈**으로 이는 독일 교수인 Kaplan의 이름에서 명명되어 **Kaplan 터빈**이라 한다.

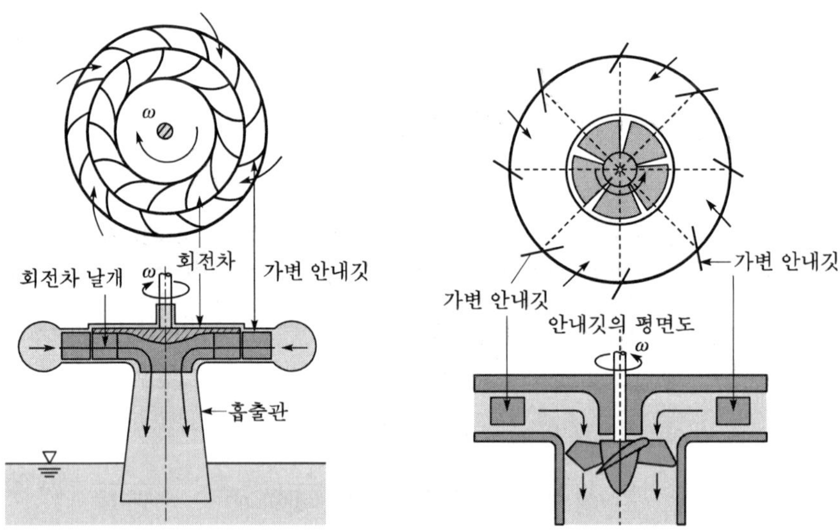

(a) 방사형 Francis 터빈　　(b) 축류형 Kaplan 터빈

그림 2.25 반동터빈의 종류와 구성

그림 2.25(a)와 같이 내향류식 방사형 터빈의 회전차 깃을 지나는 유동의 주된 방향은 **방사방향**(radial direction)이다. 입구 안내 깃(inlet guide vanes)은 물을 접선속도성분을 갖도록 하여 회전차 쪽으로 안내한다. 회전차를 떠나는 절대속도는 근본적으로 접선성분이 없기 때문에 회전차는 각운동량을 감소시키고, 유체는 회전차의 회전방향으로 토크를 주며, 회전차는 유체로부터 에너지를 받는다. **Euler 터빈 방정식** (2.21)과 이에 관한 동력 방정식 (2.23)은 터빈에도 똑같이 적용된다.

그림 2.25(b)와 같이 **축류형 Kaplan 터빈**은 유체가 입구 안내 깃을 통해서 흐르고 그 유체가 회전차에 도달되기 전에 와류운동(vortex motion)으로 접선속도를 가진다. 회전차를 지

나는 유동은 주로 축방향 성분을 가지고 있으며, 특정 운전조건에 적합하도록 하기 위해서 입구 안내 깃의 각도를 조절한다.

펌프와 터빈은 서로 역(逆, verse)의 관계로 펌프는 유체에 에너지를 가하고, 터빈은 에너지를 얻는다. 외부의 모터와 연결된 펌프의 프로펠러와 Kaplan 터빈에서의 프로펠러는 기하적으로 비슷하지만 서로 상반된 역할을 한다. 마찬가지로 원심펌프와 Francis 터빈의 경우도 비슷한 역할을 한다. 실제로 **수력발전소**(hydroelectric power plants)에서는 동력(전력) 수요가 많은 주간에는 터빈으로 가동시키고, 수요가 적은 야간에는 하부저수지로부터 상부저수지로 양수하는 펌프로 작동하도록 만들어지는 것이 있는데, 이를 **반전식 터빈**(reversible turbine)이라 하며, **양수발전**(揚水發電, pumped-stroage power generator)에 사용된다.

그림 2.26(Potter and Wiggert, 1991)과 같은 프란시스(Francis) 터빈에서 안내 깃(guide vane)을 통한 흐름의 유입은 회전차의 입구에서 중요한 접선속도성분을 갖는 방사방향이다. 회전차를 횡단하는 유체의 속도는 축방향 성분을 갖는 반면에 접선성분은 감속된다. 회전차를 벗어나면서 유체속도는 약간 또는 접선성분을 갖지 않고 주로 축방향을 갖는다. 회전차의 출구에서 압력은 대기압보다 낮다.

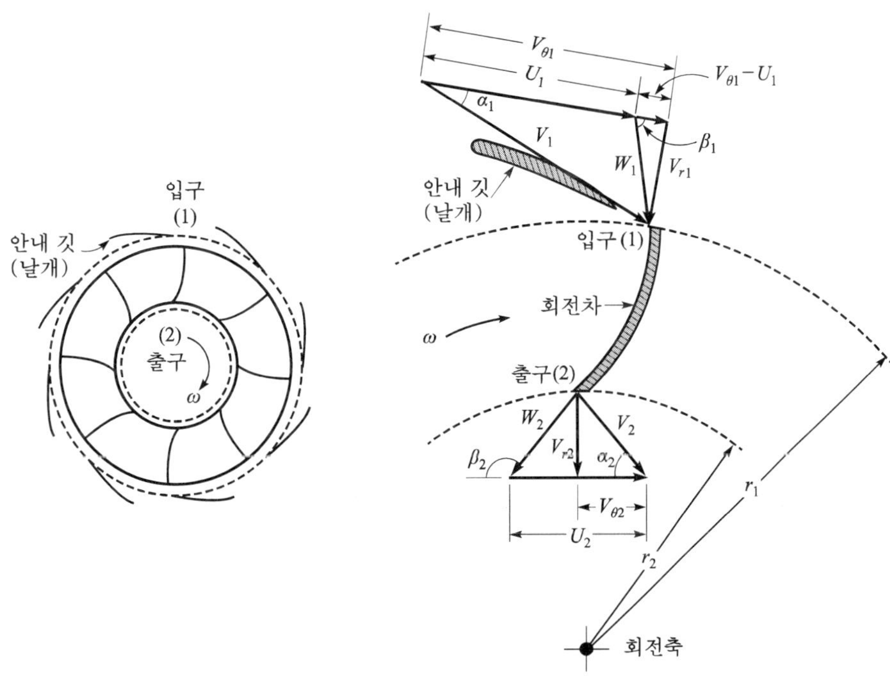

(a) 회전차의 통제체적 (b) 통제표면의 속도 삼각형

그림 2.26 프란시스(Francis) 터빈의 회전차

회전차를 이송시키는 이론적 토크(=회전력, torque)는 **그림 2.26(a)**와 같이 표시된 통제체적에 식 (2.30)을 적용하여 유도된 식 (2.31)의 펌프 토크 관계식을 유도한 가정과 같이 적용함으로써 전개할 수 있다. 그 결과로 유도된 관계식은 다음과 같다.

$$T=\rho Q(r_1 V_{\theta 1}-r_2 V_{\theta 2})=\rho Q(r_1 V_1 \cos\alpha_1 - r_2 V_2 \cos\alpha_2) \tag{2.90}$$

- 입구(1)에서; $\cos\alpha_1 = \dfrac{V_{\theta 1}}{V_1}$, $V_{\theta 1} = V_1 \cos\alpha_1$
- 출구(2)에서; $\cos\alpha_2 = \dfrac{V_{\theta 2}}{V_2}$, $V_{\theta 2} = V_2 \cos\alpha_2$

여기서 V_1, V_2=입구와 출구에서의 접선방향 속도성분이고, α_1, α_2=유입·출구 고정자(날개)(=안내 깃)가 깃 속도 U_1, U_2와 이루는 각[=절대속도 V_1, V_2와 깃 속도 U_1, U_2가 이루는 수평 사이 각=안내 깃 각(guide vane angle)]이며, β_1, β_2=유입·출구 회전차(날개)가 상대속도 W_1, W_2와 이루는 각[=깃 속도 U_1, U_2와 상대속도 W_1, W_2가 이루는 수평 외각=회전차 각(runner, vane angle)]이다.

식 (2.90)에 회전속도 w를 곱하고, 절대속도를 접선방향 속도성분으로 변환하면 축에 전달된 다음과 같은 동력을 얻을 수 있다.

$$\begin{aligned} \dot{W}_T &= wT=\rho Q(U_1 V_1 \cos\alpha_1 - U_2 V_2 \cos\alpha_2) \\ &= w\rho Q(r_1 V_1 \cos\alpha_1 - r_2 V_2 \cos\alpha_2) \end{aligned} \tag{2.91}$$

터빈에 전달된 유체의 동력(fluid power)은 다음 식과 같이 구할 수 있다.

$$\dot{W}_f = \gamma Q H_T \tag{2.92}$$

여기서 H_T=터빈을 횡단하면서 손실된 낙차를 제외한 실제 수두(actual head)이다.

그러므로 터빈의 전체 효율(overall efficiency)은 다음 식과 같다.

$$\eta_T = \frac{\dot{W}_T}{\dot{W}_f} = \frac{wT}{\gamma Q H_T} \tag{2.93}$$

안내 깃의 역할은 **그림 2.26(b)**의 속도 벡터도(삼각형)를 고려함으로써 설명할 수 있다. 안내 깃을 따르는 유체의 안내가 완벽하게 이루어진다고 가정하면 회전차 입구에서의 접선속도(tangential velocity)는 다음과 같이 쓸 수 있다.

$$V_{\theta 1} = V_{r1}\cot\alpha_1 \tag{2.94a}$$

$$V_{\theta 1} = U_1 + V_{r1}\cot\beta_1 \tag{2.94b}$$

그림 2.26(b)의 속도 벡터도(삼각형)에서 (입구에서의) 방사방향(radial velocity)는 유량 Q와 회전차의 폭 b_1의 항으로 다음과 같이 쓸 수 있다.

$$V_{r1} = \frac{Q}{A_{r1}} = \frac{Q}{2\pi r_1 b_1} \tag{2.95}$$

식 (2.94)와 (2.95)는 V_{θ_1}과 V_{r1}을 소거하기 위해 조합하고 α_1에 관해 풀면 다음 식을 얻을 수 있다.

$$\alpha_1 = \cot^{-1}\left(\frac{2\pi r_1^2 b_1 w}{Q} + \cot\beta_1\right) \tag{2.96}$$

- 입구(1)에서; $\cot\alpha_1 = \dfrac{V_{\theta 1}}{V_{r1}}$,

  $\therefore V_{\theta 1} = V_{r1}\cot\alpha_1$ (a) $\cot\beta_1 = \dfrac{V_{\theta 1} - U_1}{V_{r1}}$, $V_{\theta 1} = U_1 + V_{r1}\cot\beta_1$ (b)

  $\cdot V_{r1} = \dfrac{Q}{A_{r1}} = \dfrac{Q}{2\pi r_1 b_1}$ (c) $\cdot U_1 = r_1 w$ (d)

- 식 (b)[← 식 (a), (c), (d)]⇒식 (a)=식 (d)+식 (c)

  ⇨$V_{r1}\cot\alpha_1 = r_1 w + \dfrac{Q}{2\pi r_1 b_1} cot\beta_1$ (e)

- 식 (e)[←식 (c) 대입; $\dfrac{Q}{2\pi r_1 b_1}\cot\alpha_1 = r_1 w + \dfrac{Q}{2\pi r_1 b_1} cot\beta_1$]

  ⇨$\cot\alpha_1 = r_1 w / \dfrac{Q}{2\pi r_1 b_1} + \cot\beta_1$ (f)

  $\therefore \alpha_1 = \cot^{-1}\left(\dfrac{2\pi r_1^2 b_1 w}{Q} + \cot\beta_1\right)$

예제 2.14

그림 2.26(b)에서 회전차의 내 · 외 반경 r_1=300mm, r_2=150mm인 반동터빈이 유량 Q=0.057m^3/s, 회전속도 w=25rad/s, 입사각[=고정자(날개)=안내 깃, guide vane angle] α_1=30°, 유입속도 V_1=6m/s, 유출각 α_2=80°, 유출속도 V_2=3m/s로 운전되고 있다. 밀도 $\rho=1{,}000\mathrm{kg/m^3}$ 을 사용하여 다음 사항에 답하시오.

1. 회전차에 작용된 토크(torque) 계산
2. 유체의 동력 산정
3. 터빈의 수두 계산

[풀이]

1. 회전차에 작용된 토크(torque) 계산
   (1) 작용된 토크를 식 (2.90)을 사용하여 계산한다.
   (2) $T=\rho Q(r_1 V_{\theta 1}-r_2 V_{\theta 2})=\rho Q(r_1 V_1\cos\alpha_1-r_2 V_2\cos\alpha_2)$
   $=1{,}000(0.057)[(0.3)(6)(\cos 30°)-(0.15)(3)(\cos 80°)]=57(1.558-0.078)=84.36\mathrm{Nm}$

2. 유체의 동력 산정
   (1) 이상적인 조건하의 축에 전달된 동력은 터빈에 입력된 유체동력과 같으므로($\because \eta_T=1$) 다음과 같이 구한다.
   (2) $\dot{W}_f=\dot{W}_T=wT=25(84.36)=2{,}109\mathrm{W}\fallingdotseq 2.11\mathrm{k}W_a$

3. 터빈의 수두 계산
   (1) 터빈의 수두는 식 (2.60)을 사용하여 다음과 같이 구한다.
   (2) $\dot{W}_f=\rho g Q H_T \Rightarrow H_T=\dfrac{\dot{W}_f}{\gamma Q}=\dfrac{2{,}110}{9{,}800\times 0.057}=3.77\mathrm{m}$

터빈에서도 펌프의 경우와 같이 비압축성 유동터빈의 성능은 **유량계수**(flow coefficient) $C_Q(=Q/wD^3)$, **수두(낙차)계수**(head coefficient) $C_{H_T}(=gH_T/w^2D^2)$, **동력계수**(power coefficient) $C_{\dot{W}_s}(=\dot{W}_s/\rho w^3 D^5)$와 같이 무차원 변수로 정의하여 사용한다. **터빈 효율**(turbine efficiency) η_T은 **펌프 효율**과 반대로 유동 유체에서 이용 가능한 동력에 대한 축동력의 비로 다음과 같이 정의한다.

$$\eta_T=\frac{\dot{W}_s}{\rho g Q H_T} \tag{2.97}$$

Reynolds 수와 표면조도가 무시되고 기하학적으로 상사인 터빈에서 무차원 변수 간의 관계는 펌프에서와 같이 함수적으로 정의해 사용한다.

$$C_{H_a} = F_1(C_Q) \tag{2.98a}$$

$$C_{\dot{W}_s} = F_2(C_Q) \tag{2.98b}$$

$$\eta_T = F_3(C_Q) \tag{2.98c}$$

여기서 함수 F_1, F_2, F_3 =복잡한 터빈의 형식에 좌우되고, 터빈 효율 $\eta_T = C_{\dot{W}_s}/(C_{H_T}C_Q)$로 정의해 사용한다.

기술자는 어떤 주어진 상황에서 다양한 형식의 터빈을 알고 있어야 하는데 이는 세밀한 설계 작업이 시작되기 전에 가장 효율적인 적합한 터빈형식을 결정하는 것이 필요하다. 터빈의 경우도 펌프에서와 다음의 **무차원 비속도**를 정의하여 이용한다.

$$N_{sT} = \frac{w(\dot{W}_s/\rho)^{1/2}}{(gH_T)^{5/4}} \tag{2.99}$$

또한 좀 더 일반적으로 사용되는 차원을 갖는 비속도는 다음과 같이 정의한다.

$$N_{sdT} = \frac{w(\text{rpm})[\dot{W}_s(b_{hp})]^{1/2}}{[H_T(\text{ft})]^{5/4}} \tag{2.100}$$

여기서 N_{sdT}=rpm 단위의 각속도 w와 제동마력(b_{hp}) 단위의 축동력 $\dot{W}_s$, 피트(feet) 단위의 낙차 H_T로 계산된다.

비속도에 의한 최적 터빈효율은 그림 2.27을 참조할 수 있다. 충격터빈은 큰 낙차와 적은 유량일 때 비속도가 낮기 때문인데, 이 경우에 사용하는 것이 적합하고, 비속도가 중간일 경우에는 방사형 터빈 또는 혼합형 터빈이 적합하나(Mays, 2005).

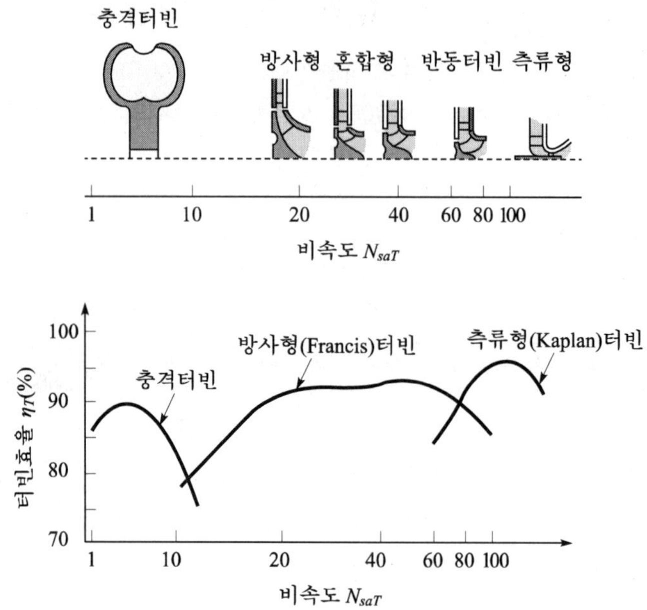

그림 2.27 터빈 종류별 비속도

연습문제

2.1 그림 문2.1과 같이 회전차가 각속도 w =120rad/s의 일정한 각속도로 회전한다. 유체가 초기에는 축방향으로 회전차에 접근하지만 깃을 통과하는 유동은 주로 방사방향이다. 유입구와 유출구에서의 절대속도는 각각 V_1 =14m/s, V_2 =28m/s로 측정되었을 때 다음 사항에 답하시오.

1. 이 장치가 무엇인지에 대해 설명

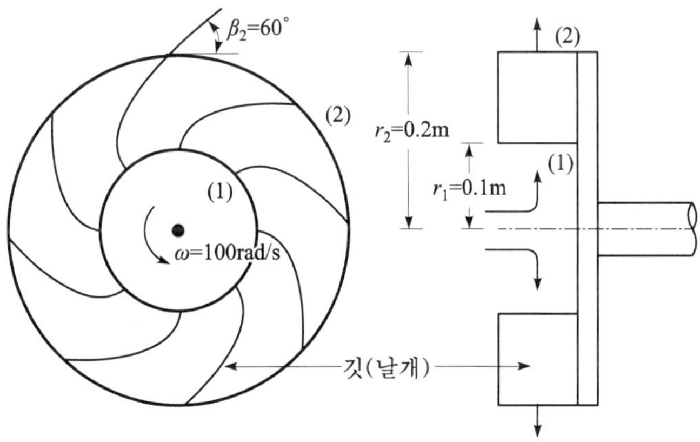

그림 문2.1 회전차의 운동

2.2 그림 문2.2와 같이 외경 36cm, 내경 30cm의 깃이 있는 회전차를 가진 공기 팬이 있다. 각 회전차 깃의 높이는 유입구에서 유출구까지 2.5cm로 일정하다. 시간평균 유량은 $0.118\mathrm{m}^3/\mathrm{s}$로 일정하고 깃의 유입구에서 공기의 절대속도 V_1은 방사방향이다. 깃의 유출구 각이 접선방향과 30° 각도를 이룰 때 회전차를 1,700rpm의 일정한 속도로 회전시키려 할 때 다음 사항에 답하시오.

1. 주어진 조건의 회전에 필요한 동력 산정

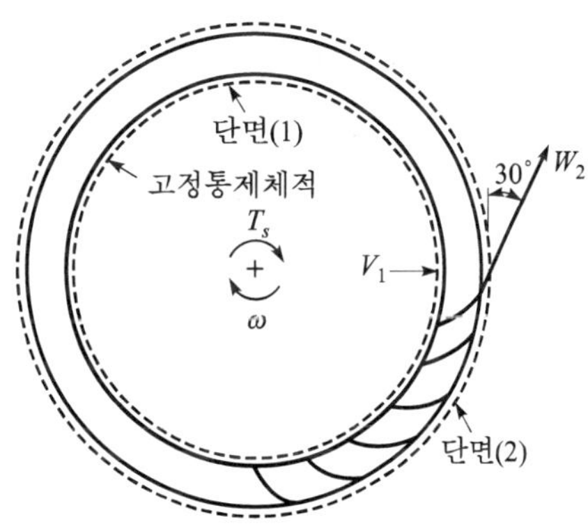

그림 문2.2 공기 팬의 회전차

2.3 그림 문2.3(Potter et al., 2015)과 같이 β_1=44°, β_2=30°, r_1=21mm, r_2=66mm, b_1=11mm, b_2=5mm인 원심펌프를 이용하여 물을 양수한다. 회전속도 w=2,500rpm으로 원 운동하는 입구의 깃 속도 U_1과 유체의 절대속도 V_1이 이루는 유입각 α_1은 선회전 없는(no prerotation) 90°이다. 물은 비점성 이상유체이고, 흐름은 정상류로 가정할 때 다음 사항에 답하시오.

1. 유량의 계산
2. 이론(양정) 수두의 계산
3. 필요한 동력의 산정

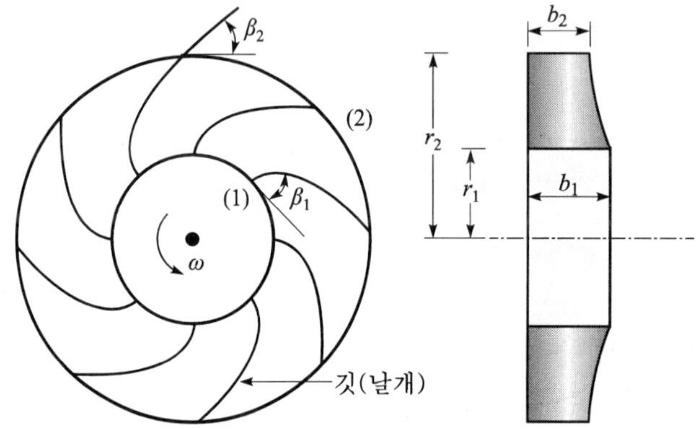

그림 문2.3 원심펌프의 유동

2.4 그림 예2.12.1과 같이 Pelton 수차를 구동시키는 물이 기준면으로부터 50m에 위치한 저수지로부터 길이=300m, 지름 D_1=0.15m인 수압관을 통해 공급된다. 최대출력을 얻기 위한 다음 사항에 답하시오.

1. 노즐 직경 D_2의 결정
2. 1항 조건의 최대 동력 계산
3. 2항 조건의 회전차 각속도 계산

2.5 운동량 모멘트 방정식(moment of momentum equation)을 응용한 기계에 관한 다음 사항에 답하시오.

1. 해당 기계의 사례 5개 이상 열거

2.6 [예제 1.14]와 [연습문제 1.12]와 관련된 다음 사항에 답하시오.

1. 차원해석 결과를 식 (2.48)과 비교분석

2.7 기계적 에너지 방정식(mechanical energy equation) 또는 확장 Bernoulli 방정식(extended Bernoulli equation)에 대해 설명하시오.

2.8 그림 예2.7의 원심펌프가 낮은 저수지(2)에서 0.03m^3/s의 물을 10m 높은 저수지(1)로 양수하기 위해 물에 10hp의 동력을 공급할 때 다음 사항에 답하시오.

1. 발생되는 수두손실의 계산
2. 발생되는 동력손실의 계산

2.9 **충격(衝擊)터빈**(impulse turbines)과 **반동(反動)터빈**(reaction turbines)에 관한 다음 사항에 답하시오.

1. 해당 터빈의 특징 · 종류 · 비속도 비교 설명

2.10 다음 용어를 간단히 설명하시오.

1. 속도 삼각형(velocity triangle)
2. 운동량 모멘트 방정식(moment of momentum equation)
3. Euler 유체기계 방정식(Euler turbomachine equation)
4. 펌프 성능곡선(pump performance curves)
5. **수리학적 효율**(hydraulic efficiency), **기계적 효율**(mechanical efficiency), **체적 효율**(volumetric efficiency)
6. 펌프 시스템 방정식(pump system equation)

2.11 질량, 길이, 시간의 기본차원 MLT를 이용하여 식 (예2.4.3)$[\dot{m}\{\hat{h}_o - \hat{h}_i + \frac{V_o^2 - V_i^2}{2} + (z_o - z_i)\} = \dot{Q}_{n.i} + \dot{W}_{s.n.i}]$에 관해 다음 사항에 답하시오.

1. 각 항의 단위 설명

2.12 탱크(tank) 안의 어떤 액체는 탱크 바닥에 설치된 관(pipe)을 통해 외부로 배출된다. 이 액체를 배수시키는 데 필요한 시간을 결정하려고 한다. 다음 사항에 답하시오. (힌트; 시간은 관의 출구 위 액체 높이, 측구(側口, orifice)의 액체 속도, 측구 연결 관의 지름, 액체의 밀도와 점성에 관계된다고 가정)

1. 차원해석을 적용한 적합 변수 항의 시간 관계식 유도

2.13 어떤 엔진(engine)이 57 마력(horsepower)을 생산할 때 다음 사항에 답하시오.

1. kW_a(kilowatts)단위의 해당 상응 동력 계산
2. 단위변환에 적용된 환산계수

2.14 터빈은 유체가 갖고 있는 잠재 에너지를 축일(shaft work) 또는 기계적 에너지로 에너지 변환시켜준다. 터빈은 전기를 생산하기 위해 발전기가 설치된 발전소에 사용된다. 그림 문2.14와 같이 수력발전용 댐에 충격식 터빈을 설치하였다. 물은 그림 문2.14와 같이 터빈을 통해 하류로 배수될 때 다음 사항에 답하시오.

1. 출구의 유량 30m^3/s일 때 발전량 계산

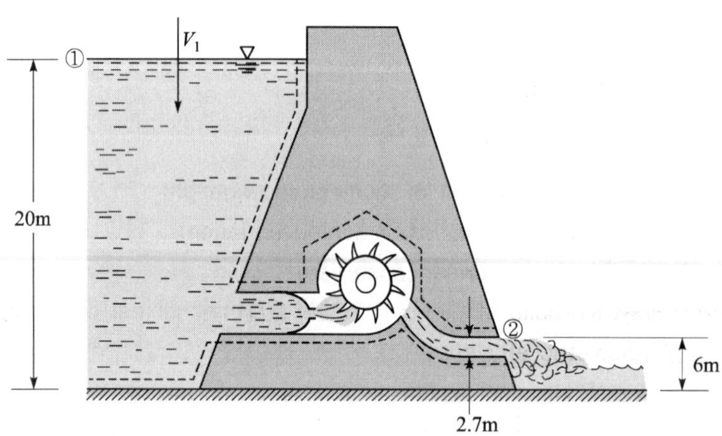

그림 문2.14 수력발전용 댐 내의 터빈

2.15 그림 문2.15와 같은 발전소에 설치된 충격식 터빈의 효율이 85%일 때 다음 사항에 답하시오[단, 수압관(penstock)의 마찰계수 $f=0.015$, 노즐(nozzle)의 수두손실=무시, 자유분사(free jet) 속도가 버킷(bucket) 속도의 2배(이상적인 조건(ideal condition)].

1. 생산 가능한 관습단위(hp)의 동력 계산
2. 생산 가능한 SI 단위(kilowatt)(kW_a)의 동력 계산
3. 터빈의 각속도(angular speed) 계산
4. 터빈의 축(shaft)에 작용된 토크(torque) 계산

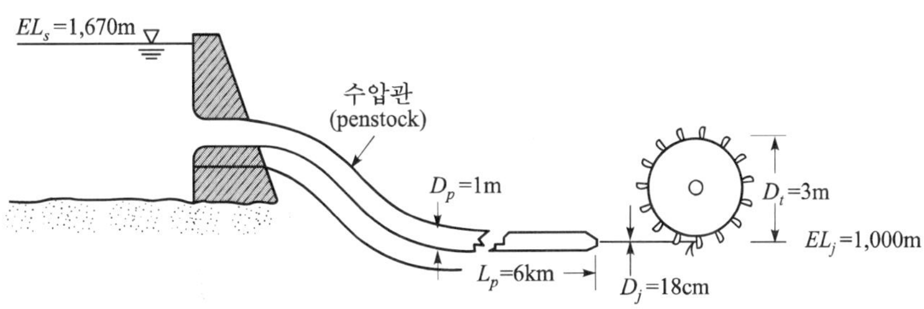

그림 문2.15 충격식 터빈

2.16 지름 6m, 길이 30m인 비행선(airship)이 풍동실험실에서 연구될 계획이다. 연구할 비행선의 속도는 최대 3m/s가 될 것이고, 그 범위 내에서 이루어질 것이다. 모형이 1/30 축척비로 만들어졌다면 같은 표고에서 원형과 모형의 공기 압력과 온도 조건이 같다고 가정할 때 다음 사항에 답하시오.

1. 공기의 흐름속도 계산
2. 풍동실험실의 평균유속 산정

2.17 열교환관(heat exchanger tube)을 통한 흐름이 1/10 축척의 모형을 이용해 연구될 계획이다. 열교환관을 통해 정상적으로 물이 수송된다면 모형과 원형 사이에 다음 사항에 답하시오.

1. 물이 모형에 사용되었을 때의 압력 손실비 산정
2. 표준 온도와 압력에서의 공기가 모형에 사용되었을 때의 압력 손실비 산정

2.18 그림 문2.18과 같은 원심펌프에 유체가 축방향으로 유입되어 펌프의 날개(blade)를 통해 유출된다. 이 펌프는 각속도 w로 회전하고, 유체의 속도는 V_1에서 V_2로 변하며, 그 압력은 p_1에서 p_2로 변한다. 또한 계산에 필요한 날개의 내외 반지름 r_1 =0.2m, r_2 =0.5m이고, 펌프의 회전도=600rpm, 물의 유량(deliver water)=2.5m^3/s일 때 다음 사항에 답하시오.

1. 이 흐름을 유지하기 위한 펌프 날개에 작용해야할 토크(torque)에 관한 식의 유도
2. 펌프의 동력 $P_w = wT$로 계산되는 펌프에 공급해야 할 동력의 계산

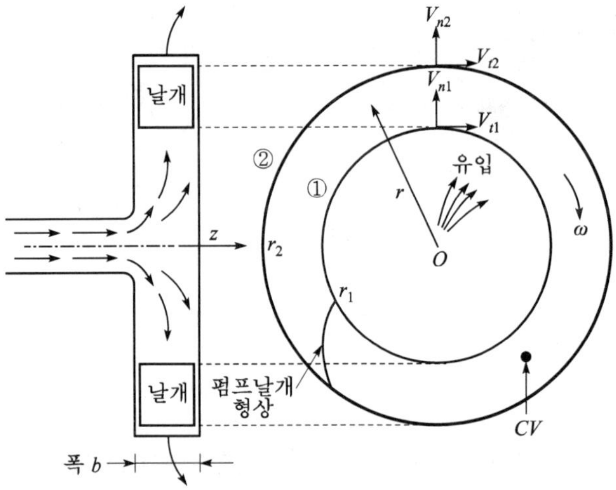

그림 문2.18 원심펌프의 소요 토크와 동력

2.19 그림 문2.19와 같은 수력발전소(hydroelectric power plant)는 댐을 통해 저류된 물을 30m^3/s로 터빈을 통해 발전에 이용하고, 2m/s의 유속으로 하천에 방류시킨다. 터빈과 수압관 시스템(turbine and penstock system)에 의한 수두손실(head loss)은 20m이다. 터빈 내 흐름의 에너지 보정계수가 1.06일 때 다음 사항에 답하시오.

1. 터빈에 의해 생산된 동력(MW_a 단위)의 계산

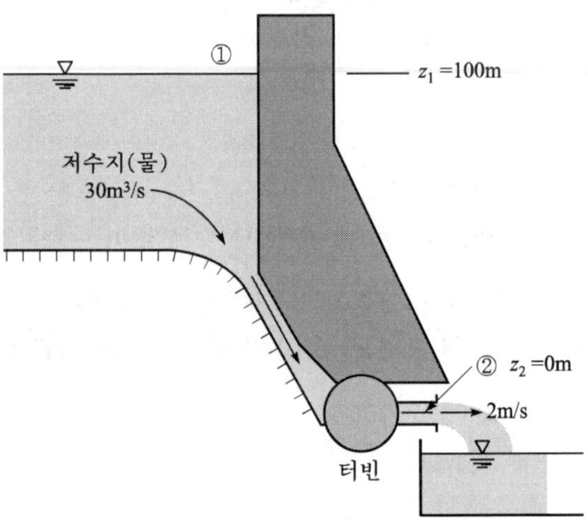

그림 문2.19 댐과 수력발전

2.20 마찰이 없는 정상류 상태의 그림 문 2.20과 같은 노즐(nozzle)의 유속 V_2일 때 다음 사항에 답하시오.

1. 노즐 유속 V_2와 탱크의 자유 수면고 h 사이의 관계식 유도

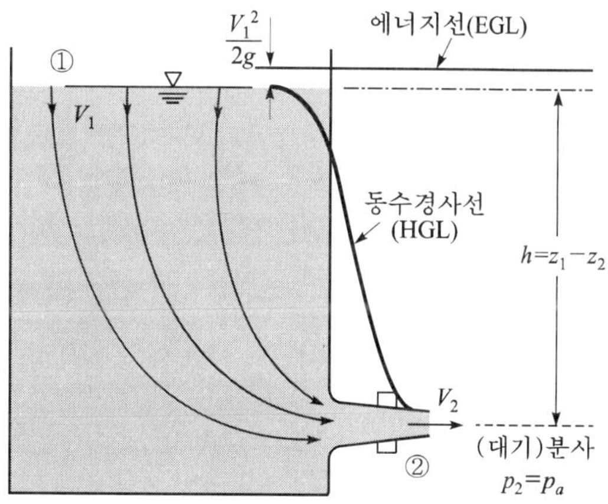

그림 문2.20 노즐의 분사

2.21 느린 유속(층류)에서 작은 지름의 관을 통한 유량 Q는 관의 반경 R과 유체의 점성계수 μ, 관의 단위길이당 압력강하 dp/dx만의 함수이다. 다음 사항에 답하시오.

1. π(pi) 정리를 적용하여 적합한 무차원 관계식의 유도

CHAPTER

3

수공 전산

CHAPTER 3 수공 전산

Design of Hydraulic Engineering

본 장에서는 수공학 분야에서 자주 접할 수 있는 전산 프로그램과 상용 프로그램을 실무 중심의 예제로 다루고자 한다. 전산 프로그램은 엑셀(Excel)과 포트란(Fortran)을 중심으로 선 이수 교과과정에서 다룬 수문·수리학 관련 주요사항의 일부를 정량적으로 해석하기 위한 간단한 예제를 다룬다. 또한 범용 프로그램은 수자원(국가물관리기본)계획이나 하천기본계획을 수립할 때 사용되는 RFAHD(상세 설명은 제7장에서 기술)(구 버전 FARD 2006), HEC-HMS, HEC-RAS를 각각 빈도해석을 통한 확률강우량 도출, 재현기간별 유출해석을 통한 홍수량 산정, 계획홍수량에 대한 홍수위 검토·분석에 활용하고자 한다. 이들에 대한 실제 문제는 제7장 실무·설계에서 상세하게 다룬다.

3.1 엑셀·응용

엑셀(Excel)(2016)은 많은 기능들을 가지고 있지만 실질적으로 쓰는 부분은 표 만들기, 계산, 차트, 서식 계산 작업 등을 위해 특화된 프로그램이다. 즉, 경리, 회계 등의 계산을 위해 사용되는 표 형식의 계산 용지나 계산 용지를 컴퓨터에서 사용할 수 있게 구현한 표계산 프로그램(Spreadsheet)을 의미한다. 본 절에서는 토목공학 분야와 관련된 여러 내용 중 수공학에 관련된 일부를 대상으로 다룬다. 임의 형상의 수중 물체에 작용하는 총 힘(pressure force)(=전수압, total pressure)의 산정에는 워크시트(worksheet)를 이용하고, 웨어의 월류유량, 개수로의 수리특성 산정에는 **VBA(visual basic for application)**를 이용하여 간단한 예제를 풀이한다.

3.1.1 정수압 계산

정수역학에서 다루는 연직평면에 작용하는 **총 힘**(total force) 또는 **전수압**(全水壓, hydrostatic force)은 수압의 압력분포도를 적분하여 산정한다. 즉, 임의 단면형에 대한 정수압(력)은 단위길이당 압력분포도를 구하고, 이 분포도의 면적을 산정한 후 해당길이를 곱하여 총체적을 구함으로써 전수압으로 산정한다. 본 소절에서는 이들 계산과정을 간단한 예제를 엑셀로 풀이하고자 한다.

(1) 수압

수중물체의 임의 형상인 평면에 작용하는 전수압은 **그림 3.1**과 같은 자유 물체도를 이용해 구한다.

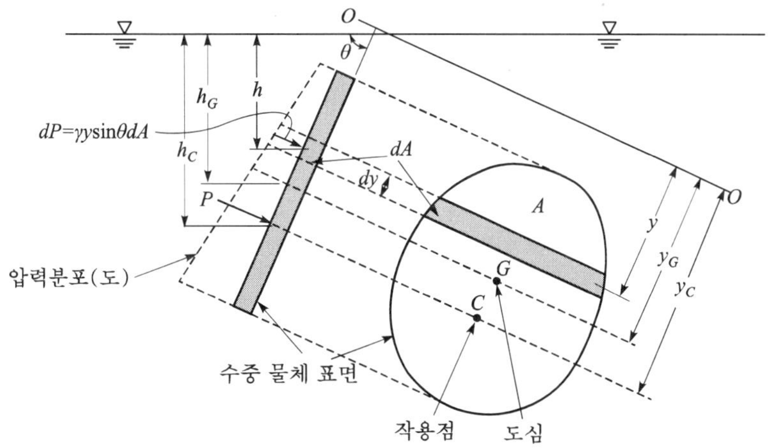

그림 3.1 수중 물체에 작용하는 전수압

수면과 θ의 기울기로 경사진 면에 수평인 0−0축(=경사 수평면)에서 임의 연직거리 y점의 미소(=요소) 단면적(element area) dA에 작용하는 미소 전수압(element hydrostatic force) dP는 다음과 같이 구한다.

$$dP(=pdA) = \gamma y \sin\theta \, dA \tag{3.1}$$

식 (3.1)을 물체의 선단면석 A에 관해 적분하면 다음과 같다.

$$P = \int_A \gamma y \sin\theta dA = \gamma \sin\theta \int_A y dA = \gamma \sin\theta y_G A \tag{3.2a}$$

$$P = \gamma h_G A \tag{3.2b}$$

여기서 $y_G \sin\theta = h_G$인 수면에서 물체 도심점 G까지의 연직거리이다.

전수압 P가 작용하는 위치(=수면에서의 연직거리) h_C는 "물체에 작용하는 여러 힘에 의한 각각의 모멘트에 대한 합은 이들 여러 힘의 합력에 의한 모멘트와 같다."라는 **Varignon 정리**를 적용하면 다음과 같이 쓸 수 있다.

$$y_C P = \int y\,dP = \int_A y\,p\,dA \tag{3.3a}$$

$$y_C P = \int_A \gamma y^2 \sin\theta\, dA = \gamma \sin\theta \int_A y^2\, dA \tag{3.3b}$$

$$y_C P = \gamma \sin\theta\, I_0 = \gamma \sin\theta (\bar{I} + y_G^2 A) \tag{3.3c}$$

여기서 dP=미소(요소) 단면적 dA에 작용하는 미소 전수압(element hydrostatic force) $p\,dA$이고, p=0-0 축에서의 임의 연직거리에 대한 수압(pressure) $\gamma y \sin\theta (=\gamma h)$이며, I_0=0-0축에 대한 **단면 2차 모멘트**(area the second moment) 또는 **관성 모멘트**(inertia moment) $\int_A y^2\, dA$이다.

식 (3.3c)에 식 (3.1)을 대입하고 0-0축에서의 거리 y_C를 구해 이 식을 정리하면 수면에서의 전수압이 작용하는 연직거리 h_C를 다음과 같이 구할 수 있다.

$$y_C = y_G + \frac{\bar{I}}{y_G A} \tag{3.3d}$$

$$h_C = y_C \sin\theta \tag{3.3e}$$

(2) 수중 연직평면

엑셀 프로그램을 이용한 수리계산은 토목공학 분야의 수공학 관련 내용 중의 일부를 대상으로 하고자 한다. 그 중에 임의 형상인 수중 물체에 작용하는 총 힘의 크기와 작용점의 위치(사각형·삼각형·사다리꼴 단면) 산정은 워크시트(worksheet)를 이용해 **[예제 3.1~3.3]**을 설명한다(아이티, 2012). 또한 웨어(사각형·삼각형)의 월류유량과 개수로의 수리특성(수심, 유량) 산정은 엑셀 VBA(Visual Basic for Application)를 이용해 **[예제 3.4~3.9]**를 설명한다(진용주, 2009; 김경자, 2010; 최준선, 2012; 황승현, 2012; 권현욱, 2017).

① 연직 사각평면

예제 3.1

그림 3.1의 θ=90°(연직평면)이고, 폭 10m, 높이 2m인 사각형 구조물이 놓여 있을 때 다음 사항에 답하시오.

1. 연직사각평면에 작용하는 총 힘(=전수압) · 작용점(=수압 중심)을 엑셀(워크시트)로 결정

[풀이]

1. 연직사각평면에 작용하는 총 힘(=전수압)·작용점(=수압 중심)을 엑셀(워크시트)로 결정

  ⑴ 워크시트 셀의 이름상자 정의 : **표 예3.1.1** 참조

   1) A1 : "사각형 단면(구조물)의 전수압 계산"(제목) 입력 후 ↵

   2) A3, 4(셀 병합) : "사각형 구조물(단면)"(설명) → B3, 4(셀 분할) 후⇒"폭(m)", "높이(m)"(변수명) 정의 :

    ㈎ C3 : **표 예3.1.1(a)** 셀(①이름상자)에 "_폭(변수명)" 입력 후 ↵

    ㈏ C4 : **표 예3.1.1(b)** 셀(①이름상자)에 "_높이(변수명)" 입력 후 ↵

표 예3.1.1 이름상자에 변수명 입력

(a) 시각형의 폭	(b) 시각형의 높이
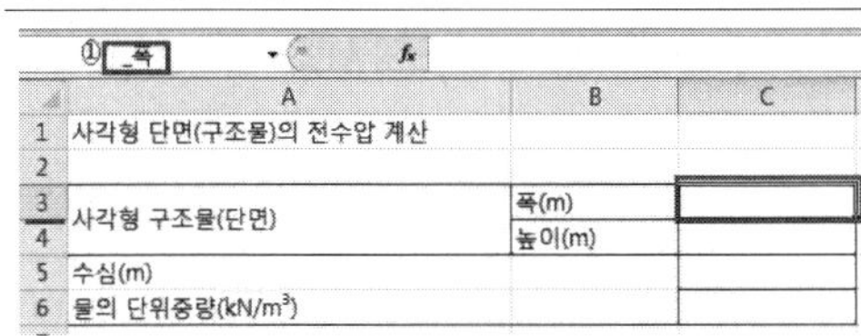	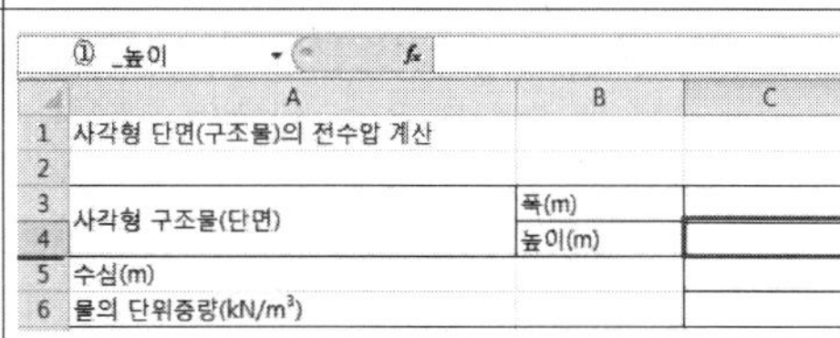

   3) A5, 6 : "수심(m)", "물의 단위중량(kN/m^3)" → "=단위중량(kN/m^3)"(변수명) 입력⇒

    ㈎ C3, 4와 같은 요령으로 입력 후 ↵

    ㈏ C5 : "_수심(변수명)", C6 : "_단위중량(변수명)"(← 단어 붙여 씀)도 입력 후 ↵

  ⑵ 워크시트 수식 입력 줄에 계산공식 입력 : **표 예3.1.2** 참조

   1) A8~13 : **표 예3.1.2**와 같이 계산할 내용 "면적(m^2), …, 수면에서 수압 중심까지의 깊이(m)"(설명) 입력 후 ↵

   2) C8~C13 : **표 예3.1.2**와 같이 "①이름상자(변수명)"에 "_면적, …, 수압중심(변수명)" 입력 후

   3) "②수식 입력줄(계산 공식)"에 **표 예3.1.3**의 계산식(공식)을 입력 후 ↵

표 예3.1.2 수식 입력 줄에 계산공식 입력

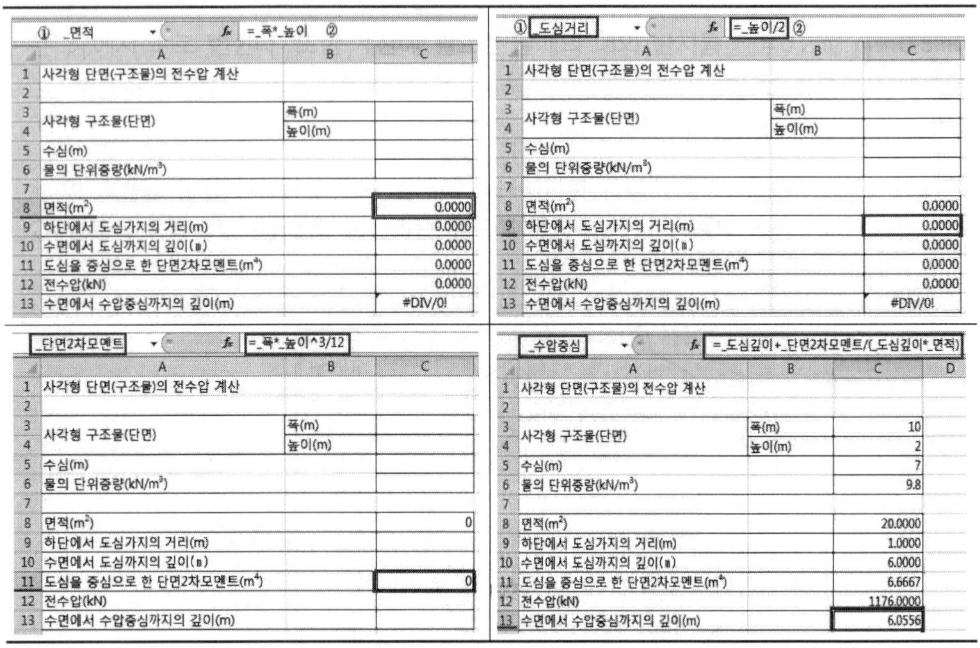

표 예3.1.3 해당 이름상자(셀)의 계산공식 입력

셀 번호	①이름상자(변수명)	②수식입력줄(계산공식)
C3	_폭	
C4	_높이	
C5	_수심	
C6	_단위중량	
C7		
C8	_면적	=_폭*_높이
C9	_도심거리	=_높이/2
C10	_도심깊이	=_수심-_도심거리
C11	_단면2차모멘트	=_폭*_높이^3/12
C12	_수압	=_도심깊이*_면적*_단위중량
C13	_수압중심	=_도심깊이+_단면2차모멘트/(_도심깊이*_면적)

※ 이름정의 삭제·수정; 메뉴/수식/이름관리자→해당 이름 삭제, 편집

(3) 해당 워크시트 셀에 (조건) 자료입력과 계산 : **표 예3.1.4** 참조

1) C3~C6 : **표 예3.1.4**와 같이 (조건) 자료 입력⇒"_폭=10, _높이=2, _수심=7, _단위중량=9.8" 입력 후 ↵

2) C8~C13까지 : **표 예3.1.4**와 같이 계산(완료)

표 예3.1.4 사각형 구조물의 조건입력과 전수압 계산

	A	B	C
1	사각형 단면(구조물)의 전수압 계산		
2			
3	사각형 구조물(단면)	폭(m)	10
4		높이(m)	2
5	수심(m)		7
6	물의 단위중량(kN/m³)		9.8
7			
8	면적(m²)		20.0000
9	하단에서 도심가지의 거리(m)		1.0000
10	수면에서 도심까지의 깊이(m)		6.0000
11	도심을 중심으로 한 단면2차모멘트(m⁴)		6.6667
12	전수압(kN)		1176.0000
13	수면에서 수압중심까지의 깊이(m)		6.0556

※ 표 3.1.5 오류(error) 발생 예

- '#DIV/0!'; 0(제로)에 의한 연산 오류→입력 값이 없는 경우, 계산에서 아무것도 얻을 수 없는 수치 등⇨C13 셀; 표 3.1.5(a), (b)
- '#VALUE!'; ②형 변환 오류→숫자가 들어갈 곳에 문자를 입력한 경우 등⇨C12 셀; 표 3.1.5(b)
- 그 외; '#NAME!'; ②형 변환 오류→계산공식, 부호, 변수명 등에 잘못 있을 때

표 예3.1.5 오류(error) 발생 예

(a) '#DIV/0!'

① _단위중량 ②

	A	B	C
1	사각형 단면(구조물)의 전수압 계산		
2			
3	사각형 단면(구조물)	폭(m)	
4		높이(m)	
5	수심(m)		
6	물의 단위중량(kn/m³)		
7			
8	면적(m²)		0
9	하단에서 도심까지의 거리(m)		0
10	수면에서 도심까지의 깊이(m)		0
11	도심을 중심으로한 단면2차모멘트(m⁴)		0
12	전수압(kN)		0
13	수면에서 도심까지의 깊이(m)		#DIV/0!

(b) #VALUE!'

① _단위중량 가 ②

	A	B	C
1	사각형 단면(구조물)의 전수압 계산		
2			
3	사각형 단면(구조물)	폭(m)	
4		높이(m)	
5	수심(m)		
6	물의 단위중량(kn/m³)		가
7			
8	면적(m²)		0
9	하단에서 도심까지의 거리(m)		0
10	수면에서 도심까지의 깊이(m)		0
11	도심을 중심으로한 단면2차모멘트(m⁴)		0
12	전수압(kN)		#VALUE!
13	수면에서 도심까지의 깊이(m)		#DIV/0!

② 연직 사다리꼴평면

예제 3.2

그림 3.1의 θ=90°(연직평면)이고, 위변 8m, 아래변 10m, 높이 2m, 수심 7m인 사다리꼴 구조물이 놓여 있을 때 다음 사항에 답하시오.

1. 연직 사다리꼴평면에 작용하는 총 힘(=전수압) · 작용점(=수압 중심)을 엑셀(워크시트)로 결정

[풀이]

1. 연직 사다리꼴평면에 작용하는 총 힘(=전수압)·작용점(=수압 중심)을 엑셀(워크시트)로 결정
   (1) 워크시트 셀의 이름상자와 수식 입력줄 정의 : 표 예3.2.1 참조
      1) A1 : "사다리꼴 단면(구조물)의 전수압 계산"(제목) 입력 후 ↲
      2) A3~5(셀 병합) : "사다리꼴 구조물(단면)"(설명) → B3~5(셀 분할) 후⇒ "위변(m), 아래

변(m), 높이(m)"(변수명) 정의 :

㈎ C3~7 : **표 예3.2.1(a)** 셀(①이름상자)에 "_위변, …, _높이(변수명)" 입력 후 ↵

㈏ C9~C14 : **표 예3.2.1(b)** "①이름상자"에 "_면적, …, _수압중심(변수명)" 입력 후

㈐ "② 수식 입력줄(계산 공식)"에 **표 예3.2.2**와 같이 입력 후 ↵

표 예3.2.1 이름상자에 변수명 입력

(a) 셀(①이름상자)에 "위변(변수명) 등" 입력

①_위변 (수식 입력줄: 빈칸)

	A	B	C
1	사다리꼴 단면(구조물)의 전수압 계산		
2			
3	사다리꼴 구조물(단면)	위변(m)	
4		아래변(m)	
5		높이(m)	
6	수심(m)		
7	물의 단위중량(kN/m³)		
8			
9	면적(m²)		0.0000
10	하단에서 도심가지의 거리(m)		#DIV/0!
11	수면에서 도심까지의 깊이(m)		#DIV/0!
12	도심을 중심으로 한 단면2차모멘트(m⁴)		#DIV/0!
13	전수압(kN)		#DIV/0!
14	수면에서 수압중심까지의 깊이(m)		#DIV/0!

(b) ② 수식 입력줄(계산 공식) 입력(C9~C14)

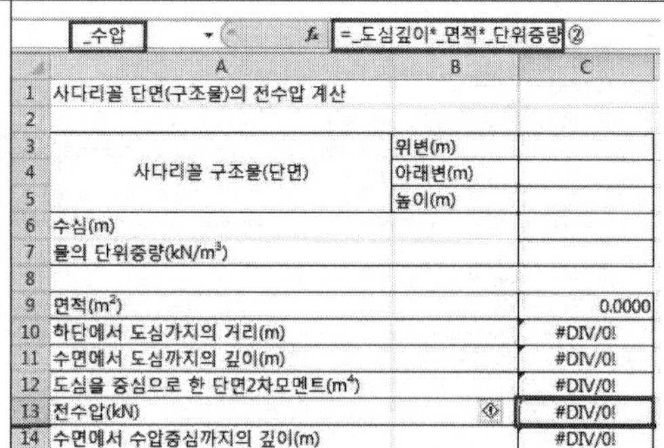

_수압 (수식 입력줄: =_도심깊이*_면적*_단위중량 ②)

	A	B	C
1	사다리꼴 단면(구조물)의 전수압 계산		
2			
3	사다리꼴 구조물(단면)	위변(m)	
4		아래변(m)	
5		높이(m)	
6	수심(m)		
7	물의 단위중량(kN/m³)		
8			
9	면적(m²)		0.0000
10	하단에서 도심가지의 거리(m)		#DIV/0!
11	수면에서 도심까지의 깊이(m)		#DIV/0!
12	도심을 중심으로 한 단면2차모멘트(m⁴)		#DIV/0!
13	전수압(kN)		#DIV/0!
14	수면에서 수압중심까지의 깊이(m)		#DIV/0!

3) A6~7 : "수심(m)", "물의 단위중량(kN/m³)"→"=단위중량(kN/m³)"(변수명) 입력

㈎ C6, 7; 위와 같이 입력

㈏ C6 : "_수심(변수명)", C7 : "_단위중량(변수명)"(← 단어 붙여 씀) 입력

4) A9~14 : **표 예3.2.1(b)**와 같이 계산할 내용 "면적, …, 수면에서수압중심까지의 깊이(m)"(설명) 입력 후 ↵

㈎ C9~C14 : **표 예3.2.2**와 같이 "① 이름상자(변수명)" 입력 후

㈏ "② 수식 입력줄(계산 공식)"에 **표 예3.2.2**와 같이 입력한다.

표 예3.2.2 해당 이름상자(셀)의 계산공식 입력

셀 번호	①이름상자(변수명)	②수식입력줄(계산공식)
C3	_위변	
C4	_아래변	
C5	_높이	
C6	_수심	
C7	_단위중량	
C8		
C9	_면적	=(_위변+_아래변)*_높이/2
C10	_도심거리	=_높이/3*(2*_위변+_아래변)/(_위변+_아래변)
C11	_도심깊이	=_수심-_도심거리
C12	_단면2차모멘트	=_높이^3/36*(_위변^2+4*_위변*_아래변+_아래변^2)/(_위변+_아래변)
C13	_수압	=_도심깊이*_면적*_단위중량
C14	_수압중심	=_도심깊이+_단면2차모멘트/(_도심깊이*_면적)

(2) 해당 워크시트 셀에 (조건) 자료입력과 계산 : **표 예3.2.3** 참조

1) C3~C7 : **표 예3.2.3**과 같이 (조건) 자료 입력⇒"_위변=8, _아래변=10, _높이=2, _수심=7, _단위중량=9.8" 입력 후 ↵

2) C9~C14까지 : **표 예3.2.3**과 같이 계산(완료)

표 예3.2.3 사다리꼴 구조물의 조건입력과 전수압 계산

	A	B	C
1	사다리꼴 단면(구조물)의 전수압 계산		
2			
3	사각형 구조물(단면)	위변(m)	8.0000
4		아래변(m)	10.0000
5		높이(m)	2.0000
6	수심(m)		7.0000
7	물의 단위중량(kN/m³)		9.8000
8			
9	면적(m²)		18.0000
10	하단에서 도심가지의 거리(m)		0.9630
11	수면에서 도심까지의 깊이(m)		6.0370
12	도심을 중심으로 한 단면2차모멘트(m⁴)		5.9753
13	전수압(kN)		1064.9333
14	수면에서 수압중심까지의 깊이(m)		6.0920

③ 기타 연직평면

예제 3.3

그림 3.1의 θ=90°(연직평면)이고, 밑변 10m, 높이 2m인 삼각형 구조물과 지름 2m, 수심 7m인 원형 구조물이 놓여 있을 때 다음 사항에 답하시오.

1. 삼각형 구조물의 연직평면에 작용하는 총 힘 · 작용점을 엑셀(워크시트)로 결정
2. 원형 구조물의 연직평면에 작용하는 총 힘 · 작용점을 엑셀(워크시트)로 결정

[풀이]

1. 삼각형 구조물의 연직평면에 작용하는 총 힘·작용점을 엑셀(워크시트)로 결정

(1) 삼각형 구조물

1) 워크시트 셀의 이름상자와 수식 입력줄 정의 : **표 예3.3.1** 참조

(가) A1 : "삼각형 단면(구조물)의 전수압 계산" (제목) 입력 후 ↵

(나) A3, 4(셀 병합)(~6): "삼각형 구조물" (설명)→B3, 4(셀 분할) 후⇒"밑변, 높이"(변수명) 입력(정의)

(다) C3, 4 : **표 예3.3.1(a)** 셀(①이름상자)에 "_밑변, 높이(변수명)" 입력 후 ↵

(라) A5, 6 : "수심(m)"(변수명), "물의 단위중량(kN/m³)"→"=단위중량(kN/m³)"(변수명) 입력(정의)

(마) C5, 6 : **표 예3.3.1(a)** 셀(①이름상자)에 "_수심, 단위중량(변수명)" 입력 후 ↵

2) A8~13 : **표 예3.3.1(b)**와 같이 계산할 내용 "면적, …, 수면에서수압중심까지의 깊이(m)" (설명) 입력

㈎ C8~13 : **표 예3.3.1(b)**와 같이 "①이름상자(변수명)" 입력 후⇒"②수식 입력줄(계산 공식)"에 **표 예3.3.2**와 같이 입력 후 ↵

표 예3.3.1 이름상자에 변수명 입력

(a) 셀(①이름상자)에 "밑변(변수명) 등" 입력

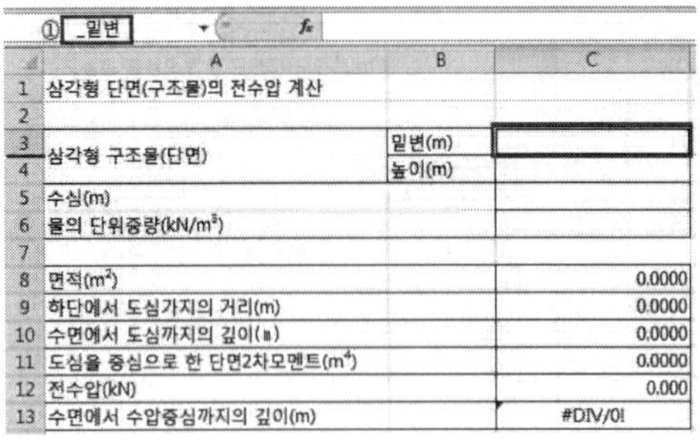

① _밑변 | fx

	A	B	C
1	삼각형 단면(구조물)의 전수압 계산		
2			
3	삼각형 구조물(단면)	밑변(m)	
4		높이(m)	
5	수심(m)		
6	물의 단위중량(kN/m³)		
7			
8	면적(m²)		0.0000
9	하단에서 도심가지의 거리(m)		0.0000
10	수면에서 도심까지의 깊이(m)		0.0000
11	도심을 중심으로 한 단면2차모멘트(m⁴)		0.0000
12	전수압(kN)		0.000
13	수면에서 수압중심까지의 깊이(m)		#DIV/0!

(b) ② 수식 입력줄(계산 공식) 입력(C8~13)

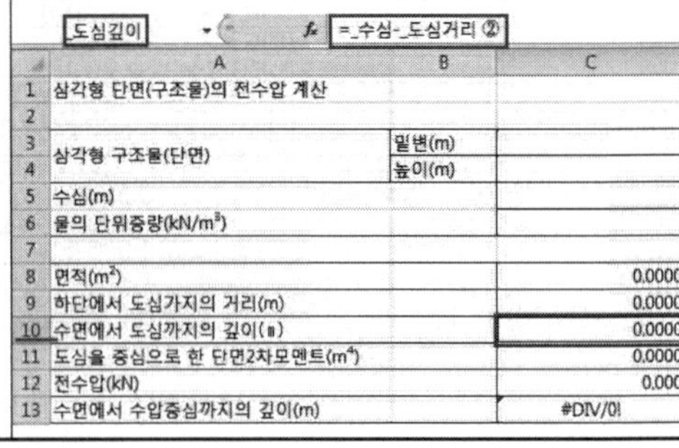

도심깊이 | fx =_수심-_도심거리 ②

	A	B	C
1	삼각형 단면(구조물)의 전수압 계산		
2			
3	삼각형 구조물(단면)	밑변(m)	
4		높이(m)	
5	수심(m)		
6	물의 단위중량(kN/m³)		
7			
8	면적(m²)		0.0000
9	하단에서 도심가지의 거리(m)		0.0000
10	수면에서 도심까지의 깊이(m)		0.0000
11	도심을 중심으로 한 단면2차모멘트(m⁴)		0.0000
12	전수압(kN)		0.000
13	수면에서 수압중심까지의 깊이(m)		#DIV/0!

㈏ C8~13 : **표 예3.3.2**의 같이 "① 이름상자(변수명)"에 "_면적, …, _수압중심(변수명)" 입력 후

㈐ "② 수식 입력줄(계산 공식)"에 **표 예3.3.2**와 같이 "=_밑변*_높이/2, …, =_도심깊이+_단면2차모멘트/(_도심깊이*_면적)" 입력 후 ↵

표 예3.3.2 해당 이름상자(셀)의 계산공식 입력

셀 번호	이름상자(변수명)	수식입력줄(계산공식)
C3	_밑변	
C4	_높이	
C5	_수심	
C6	_단위중량	
C7		
C8	_면적	=_밑변*_높이/2
C9	_도심거리	=_높이/3
C10	_도심깊이	=_수심-_도심거리
C11	_단면2차모멘트	=_밑변*_높이^3/36
C12	_수압	=_도심깊이*_면적*_단위중량
C13	_수압중심	=_도심깊이+_단면2차모멘트/(_도심깊이*_면적)

(2) 해당 워크시트 셀에 (조건) 자료입력과 계산 : **표 예3.3.3** 참조

1) C3~C6 : **표 예3.3.3**과 같이 (조건) 자료 입력⇒"_폭=10, _높이=2, _수심=7, _단위중량=9.8" 입력 후 ↵

2) C8~C13까지 : **표 예3.3.3**과 같이 계산(완료)

표 예3.3.3 삼각형 구조물의 조건입력과 전수압 계산

	A	B	C
1	삼각형 단면(구조물)의 전수압 계산		
2			
3	삼각형 구조물(단면)	밑변(m)	10
4		높이(m)	2
5	수심(m)		7
6	물의 단위중량(kN/m³)		9.8
7			
8	면적(m²)		10.0000
9	하단에서 도심가지의 거리(m)		0.6667
10	수면에서 도심까지의 깊이(m)		6.3333
11	도심을 중심으로 한 단면2차모멘트(m⁴)		2.2222
12	전수압(kN)		620.667
13	수면에서 수압중심까지의 깊이(m)		6.3684

2. 원형 구조물의 연직평면에 작용하는 총 힘·작용점을 엑셀(워크시트)로 결정
   (1) 워크시트 셀의 이름상자와 수식 입력줄 정의 : **표 예3.3.4** 참조
      1) A1 : "원형 단면(구조물)의 전수압 계산"(제목) 입력 후 ↵
      2) A3(~5) : "원형 구조물(단면)"(설명) → B3 "반지름(m)"(변수명) 입력(정의)
         (가) A4, 5 : "수심(m)"(변수명), "물의 단위중량(kN/m³)" → "=단위중량(kN/m³)"(변수명) 입력(정의)
         (나) C4, 5 : **표 예3.3.4(a)** 셀(①이름상자)에 "_수심, 단위중량(변수명)" 입력 후 ↵
      3) A7~12 : **표 예3.3.4(b)**와 같이 계산할 내용 "면적(m²), …, 수면에서 수압중심까지의 깊이(m)"(설명) 입력
         (가) C7~C12 : **표 예3.3.4(b)**와 같이 "①이름상자(변수명)" 입력 후⇒"②수식 입력줄(계산 공식)"에 **표 예3.3.5**와 같이 입력 후 ↵

표 예3.3.4 이름상자에 변수명 입력

(a) 셀(①이름상자)에 "밑변(변수명) 등" 입력

① 이름상자: _반지름

	A	B	C
1	원형 단면(구조물)의 전수압 계산		
2			
3	원형 구조물(단면)	반지름(m)	
4	수심(m)		
5	물의 단위중량(kN/m³)		
6			
7	면적(m²)		0
8	하단에서 도심가지의 거리(m)		0
9	수면에서 도심까지의 깊이(m)		0
10	도심을 중심으로 한 단면2차모멘트(m⁴)		0
11	전수압(kN)		0
12	수면에서 수압중심까지의 깊이(m)		#DIV/0!

(b) ② 수식 입력줄(계산 공식) 입력

이름상자: _수압, 수식 입력줄: =_도심깊이*_면적*_단위중량 ②

	A	B	C
1	원형 단면(구조물)의 전수압 계산		
2			
3	원형 구조물(단면)	반지름(m)	
4	수심(m)		
5	물의 단위중량(kN/m³)		
6			
7	면적(m²)		0
8	하단에서 도심가지의 거리(m)		0
9	수면에서 도심까지의 깊이(m)		0
10	도심을 중심으로 한 단면2차모멘트(m⁴)		0
11	전수압(kN)		0
12	수면에서 수압중심까지의 깊이(m)		#DIV/0!

         (나) C7~C12 : **표 예3.3.4**와 같이 "①이름상자(변수명)"에 "_면적, …, _수압중심(변수명)" 입력 후
         (다) "②수식 입력줄(계산 공식)"에 **표 예3.3.5**와 같이 "=PI()*_반지름^2, …, =_도심깊이+_단면2차모멘트/(_도심깊이*_면적)" 입력 후 ↵

표 예3.3.5 해당 이름상자(셀)의 계산공식 입력

셀 번호	이름상자(변수명)	수식입력줄(계산공식)
C3	_반지름	
C4	_수심	
C5	_단위중량	
C6		
C7	_면적	=PI()*_반지름^2
C8	_도심거리	=_반지름
C9	_도심깊이	=_수심-_도심거리
C10	_단면2차모멘트	=PI()*_반지름^4/4
C11	_수압	=_도심깊이*_면적*_단위중량
C12	_수압중심	=_도심깊이+_단면2차모멘트/(_도심깊이*_면적)

(2) 해당 워크시트 셀에 (조건) 자료입력과 계산 : **표 예3.3.6** 참조

1) C3~C5 : **표 예3.3.6**과 같이 (조건) 자료 입력 ⇒ "_반지름=1, _수심=7, _단위중량=9.8" 입력 후 ↵

2) C7~C12까지 : **표 예3.3.6**과 같이 계산(완료)

표 예3.3.6 원형 구조물의 조건입력과 전수압 계산

	A	B	C
1	원형 단면(구조물)의 전수압 계산		
2			
3	원형 구조물(단면)	반지름(m)	1.0000
4	수심(m)		7.0000
5	물의 단위중량(kN/m³)		9.8000
6			
7	면적(m²)		3.1416
8	하단에서 도심가지의 거리(m)		1.0000
9	수면에서 도심까지의 깊이(m)		6.0000
10	도심을 중심으로 한 단면2차모멘트(m⁴)		0.7854
11	전수압(kN)		184.7256
12	수면에서 수압중심까지의 깊이(m)		6.0417

3.1.2 수리량 계산

개수로 흐름의 대표적 흐름측정 장치라 할 수 있는 **웨어**(=보, weir) 중 **사각형 웨어**는 **그림 3.2**와 같이 일정 크기의 웨어마루 높이 h_d를 월류하는 수두 h를 측정하여 유량을 산정한다. 이렇게 수두만을 함수로 하는 이론유량은 흐름 과정에서 경계면과의 마찰 등으로 발생하는 수두손실로 인해 실제 유량과는 차이가 있다. 이들 관계는 흔히 수리실험을 통해 **유량계수**(discharge coefficient) 또는 **웨어계수**(weir coefficient)를 사용해 보완하며, 본 절에서는 예연 사각형 웨어와 직각 삼각형 웨어의 월류유량 계산에 엑셀 VBA(Michael and Dick, 2016)를 이용해 설명하고자 한다.

(1) 웨어 유량

① 예연 사각형 웨어

수로 폭이 B인 하천에 폭 b인 예연 사각형 웨어를 **그림 3.2**와 같이 설치하였을 때 월류 유량은 다음 식과 같이 계산한다.

$$Q = \frac{2}{3} C b \sqrt{2g}\, h^{3/2} \tag{3.4}$$

여기서 유량계수(discharge coefficient) $C = 0.6050.08 \frac{h}{h_d} \fallingdotseq 0.62$이다.

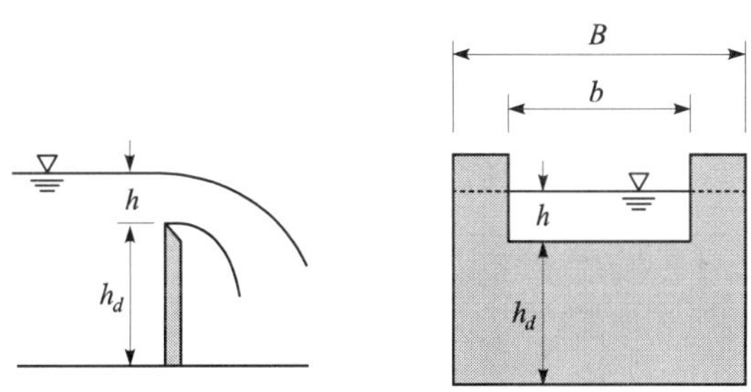

그림 3.2 예연 사각형 웨어

또한 유량계수 대신에 예연 사각형 웨어계수(weir coefficient)(Roberson et al., 1998) K를 이용하면 식 (3.4)는 다음과 같이 쓸 수 있다.

$$Q = K b h^{3/2} \tag{3.5a}$$

$$Q = K_1 b h^{3/2} \tag{3.5b}$$

식 (3.5)에서 K[≒1.84(SI단위)(Mays, 2005)], K_1(황승현, 2012)＝웨어계수는 $h/h_d = 10$까지 적용 가능(Kindsvater and Carter, 1959)하며, 다음 식으로 구한다.

$$K = C \frac{2}{3} \sqrt{2g} = 0.40 + 0.05 \frac{h}{h_d} \tag{3.6a}$$

$$K_1 = 107.1 + \frac{0.177}{h} + 14.2 \frac{h}{h_d} - 25.7 \sqrt{\frac{(B-b)h}{B h_d}} + 2.04 \sqrt{\frac{B}{h_d}}\, 0.05 \frac{h}{h_d} \tag{3.6b}$$

여기서 식 (3.6)의 적용범위는 $0.5\text{m} \leq B \leq 6.3\text{m}$, $0.15\text{m} \leq b \leq 5.0\text{m}$, $0.15\text{m} \leq h_d \leq 3.5\text{m}$, $0.03\text{m} \leq h \leq 0.45\sqrt{b}\,\text{m}$, $b h_d / B^2 \geq 0.06$이다.

예제 3.4

그림 3.2와 같은 예연 사각형 웨어의 절단 부분폭=3m, 웨어높이=3m, 월류수두=0.7m, 수로 폭=5m일 때 다음 사항에 답하시오.

1. 엑셀 VBA(Visual Basic for Application) 설치에 관한 설명
2. 엑셀 VBA를 이용한 월류유량 계산

[풀이]

1. 엑셀 VBA(Visual Basic for Application) 설치에 관한 설명

(1) 엑셀 VBA 설치(Excel 2016 참조)

1) "파일/옵션/리본사용지정/개발도구"를 클릭(√)하여 그림 예3.4.1과 같이 설치한다.

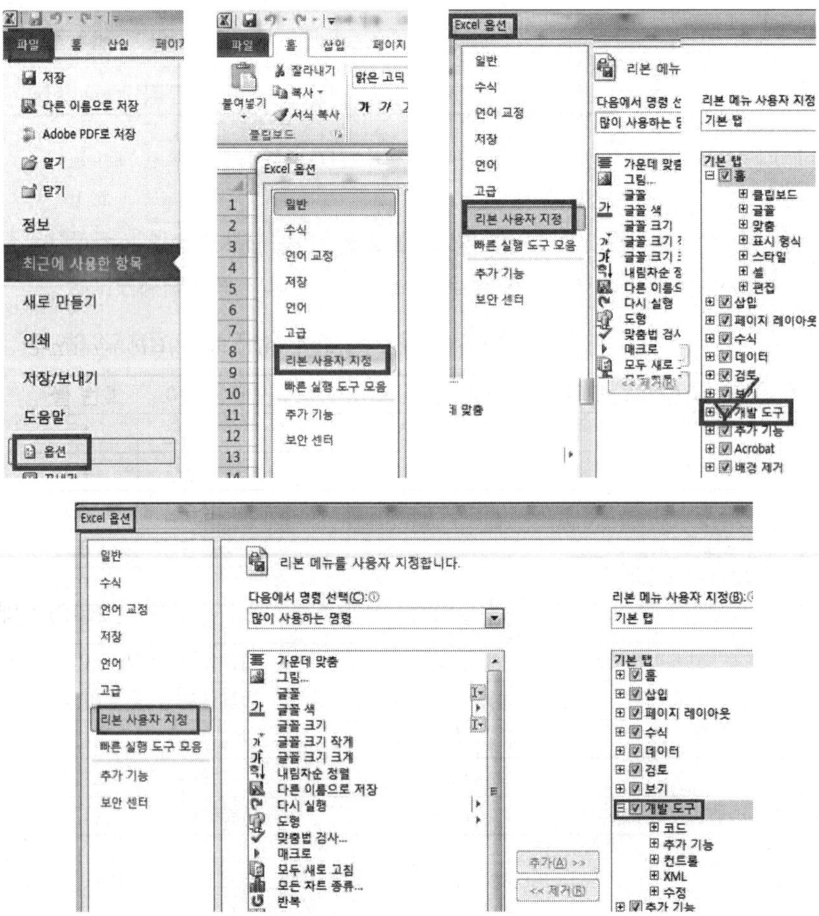

그림 예3.4.1 엑셀 VBA 설치

2. 엑셀 VBA를 이용한 월류유량 계산

(1) VBA 셀의 이름을 "홈"에서 표 예3.4.1과 같이 홈"에서 정의한다.

표 예3.4.1 VBA 셀 이름 정의

	A	B
1	예연 사각형 웨어 유량계산	
2		
3	절단부분의 폭(m)	
4	웨어 높이(m)	
5	월류수두(m)	
6	수로 폭(m)	
7		
8		
9		
10		
11	월류유량(m^3/min)	

1) B3 : 셀(①이름상자)에 "_절단부분폭(← 단어 붙여 씀)" 입력 후 ↵ : 표 예3.4.2 참조

표 예3.4.2 셀 이름 상자에 변수명 입력

① _절단부분폭

	A	B
1	예연 사각형 웨어 유량계산	
2		
3	절단부분의 폭(m)	
4	웨어 높이(m)	
5	월류수두(m)	
6	수로 폭(m)	
7		
8		
9		
10		
11	월류유량(m^3/min)	

① _월류유량

	A	B
1	예연 사각형 웨어 유량계산	
2		
3	절단부분의 폭(m)	
4	웨어 높이(m)	
5	월류수두(m)	
6	수로 폭(m)	
7		
8		
9		
10		
11	월류유량(m^3/min)	

2) B4 : 셀(①이름상자)에 "_웨어높이" 입력 후 ↵

3) B5 : 셀(①이름상자)에 "_월류수두" 입력 후 ↵

4) B6 : 셀(①이름상자)에 "_수로폭" 입력 후 ↵

5) B8 : 실행 ← (VBA 소스(source)에 오류가 없으면 자동으로 생성)

6) B11 : 셀(①이름상자)에 "_월류유량" 입력 후 ↵

(2) VBA Editor 열기 : 개발도구/Visual Basic ↵ : 그림 예3.4.2 참조

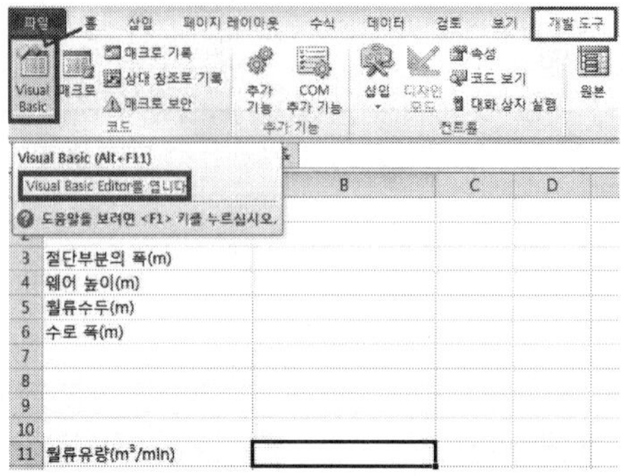

그림 예3.4.2 VBA 편집기

(3) VBAProject(예제3_2예연사각형웨어_유량.xlsx)/도구/매크로 ↵ : 그림 예3.4.3 참조

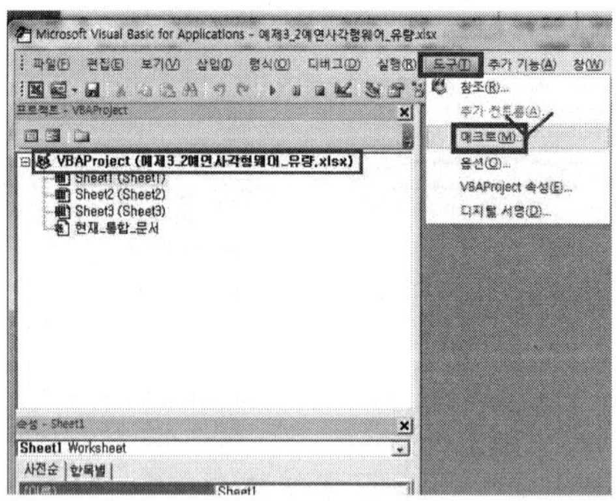

그림 예3.4.3 VBA 매크로

(4) VBA Editor/삽입/모듈 ↵ : 그림 예3.4.4 참조

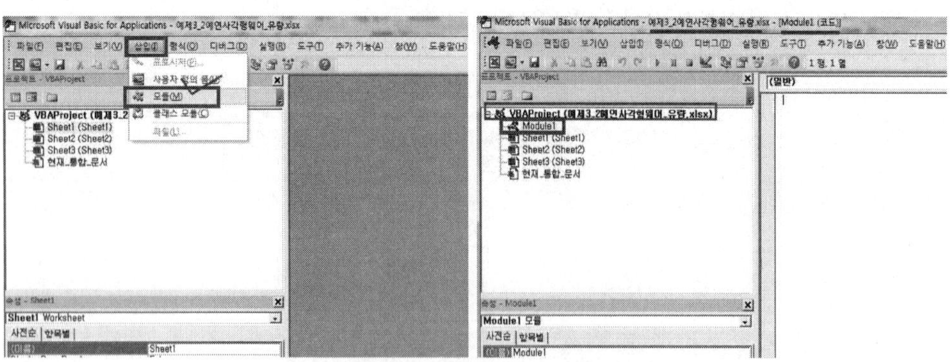

그림 예3.4.4 VBA 편집기 - 모듈

(5) VBA Editor/Module에서 VBA 소스 편집[⇐복사, 붙이기, 수정 등(vExcel 2016)] : 그림 예 3.4.5 참조

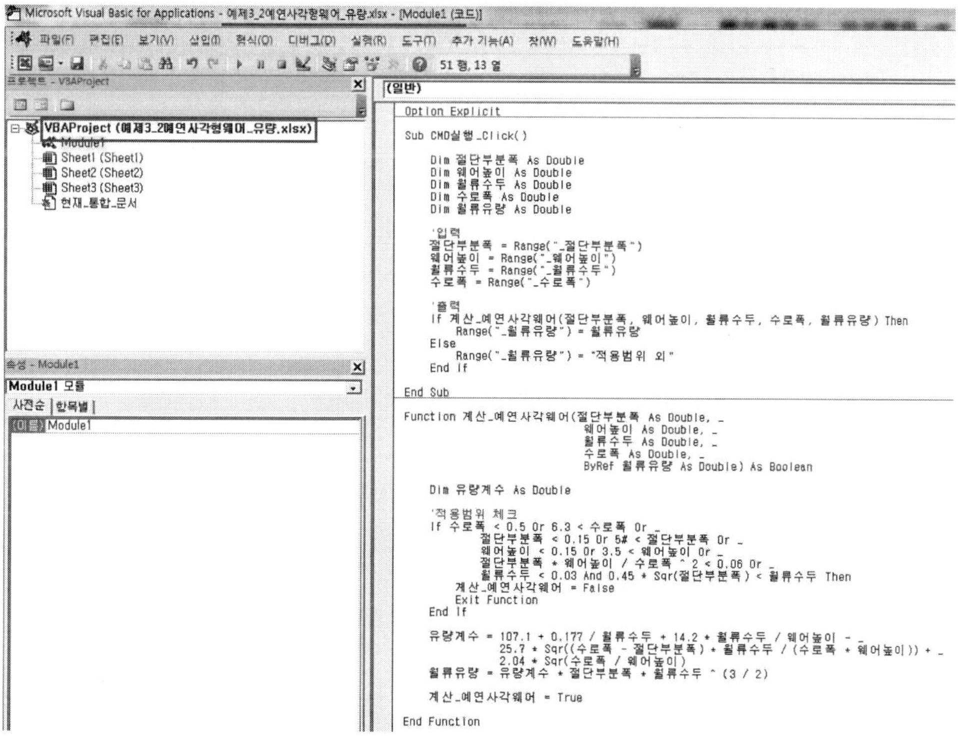

그림 예3.4.5 VBA 소스 편집

(6) 예연사각형 웨어의 VBA 프로그램 소스 : 표 예3.4.3 참조

표 예3.4.3 예연사각형 웨어의 VBA 프로그램

```
Option Explicit

Sub CMD실행_Click( )

   Dim 절단부분폭 As Double
   Dim 웨어높이 As Double
   Dim 월류수두 As Double
   Dim 수로폭 As Double
   Dim 월류유량 As Double

   '입력
   절단부분폭 = Range("_절단부분폭")
   웨어높이 = Range("_웨어높이")
   월류수두 = Range("_월류수두")
   수로폭 = Range("_수로폭")

   '출력
   If 계산_예연사각웨어(절단부분폭, 웨어높이, 월류수두, 수로폭, 월류유량) Then
      Range("_월류유량") = 월류유량
   Else
      Range("_월류유량") = "적용범위 외"
   End If

End Sub

Function 계산_예연사각웨어(절단부분폭 As Double, _
                  웨어높이 As Double, _
                  월류수두 As Double, _
                  수로폭 As Double, _
                  ByRef 월류유량 As Double) As Boolean

   Dim 유량계수 As Double

   '적용범위 체크
   If 수로폭 < 0.5 Or 6.3 < 수로폭 Or _
        절단부분폭 < 0.15 Or 5# < 절단부분폭 Or _
        웨어높이 < 0.15 Or 3.5 < 웨어높이 Or _
        절단부분폭 * 웨어높이 / 수로폭 ^ 2 < 0.06 Or _
        월류수두 < 0.03 And 0.45 * Sqr(절단부분폭) < 월류수두 Then
      계산_예연사각웨어 = False
      Exit Function
   End If

   유량계수 = 107.1 + 0.177 / 월류수두 + 14.2 * 월류수두 / 웨어높이 - _
         25.7 * Sqr((수로폭 - 절단부분폭) * 월류수두 / (수로폭 * 웨어높이)) + _
         2.04 * Sqr(수로폭 / 웨어높이)
   월류유량 = 유량계수 * 절단부분폭 * 월류수두 ^ (3 / 2)

   계산_예연사각웨어 = True

End Function
```

(7) 계산할 조건(자료) 입력 : 표 예3.4.4 참조

표 예3.4.4 변수값에 대한 자료 입력

	A	B
1	예엽 사각형 웨어 유량계산	
2		
3	절단부분의 폭(m)	3
4	웨어 높이(m)	3
5	월류수두(m)	0.7
6	수로 폭(m)	5
7		
8		
9		
10		
11	월류유량(m^3/min)	

(8) VBA Editor/Module/실행 : 그림 예3.4.6(오류 없으면 자동으로 "실행" → 결과 출력)

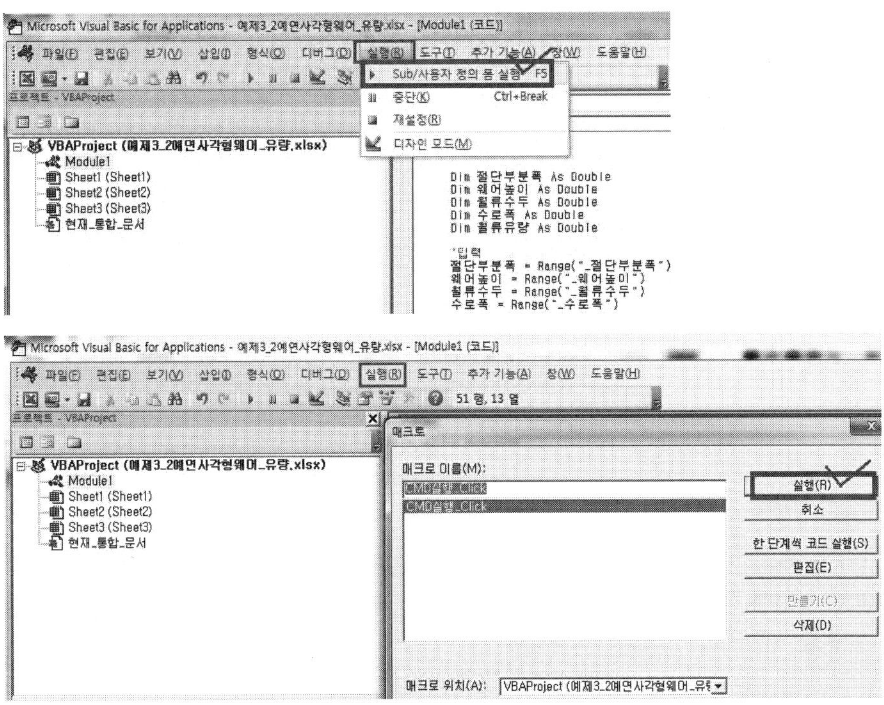

그림 예3.4.6 VBA 실행

(9) 실행 결과 : **표 예3.4.5** 참조

표 예3.4.5 계산 결과

	A	B
1	예연 사각형 웨어 유량계산	
2		
3	절단부분의 폭(m)	3
4	웨어 높이(m)	3
5	월류수두(m)	0.7
6	수로 폭(m)	5
7		
8		실행
9		
10		
11	월류유량(m^3/min)	185.2713

(10) 결과(파일) 저장 : **그림 예3.4.7** 참조

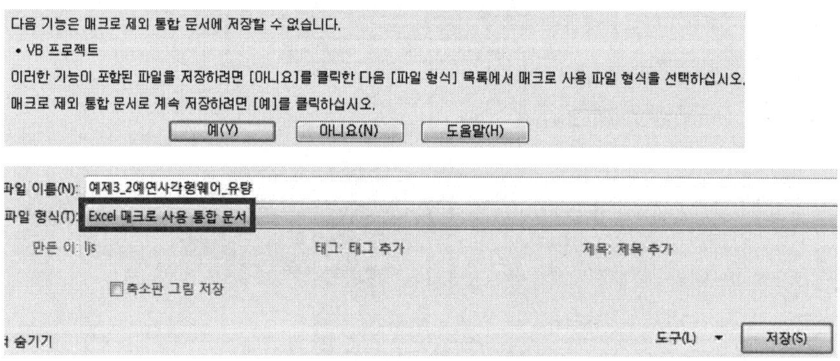

그림 예3.4.7 계산 결과 저장

② 삼각형 웨어

삼각형 웨어는 V노치(notch)라고도 하며, **그림 3.3**과 같이 수직인 평판을 V모양으로 오려낸 빈자리를 통해서 물이 흐르며, 이 오려낸 부분의 꼭지각(vertex angle)은 10~90°까지 사용에 편리하게 조절할 수 있다.

미소 단면적 $dA = xdz$를 통해 흐르는 미소유량 $dQ(= V_2 dA)$를 마루 전면에서 마루 위 수심의 약 5~10배 정도 떨어진 단면 1과 마루 위인 단면 2 사이에 Bernoulli 방정식을 적용하여 구한 단면 2에서의 유속 V_2를 구해 월류수두에 대해 적분하면 다음과 같이 구할 수 있다.

$$dQ = V_2 dA = \sqrt{2gz}\,(h - z)dz \tag{3.7}$$

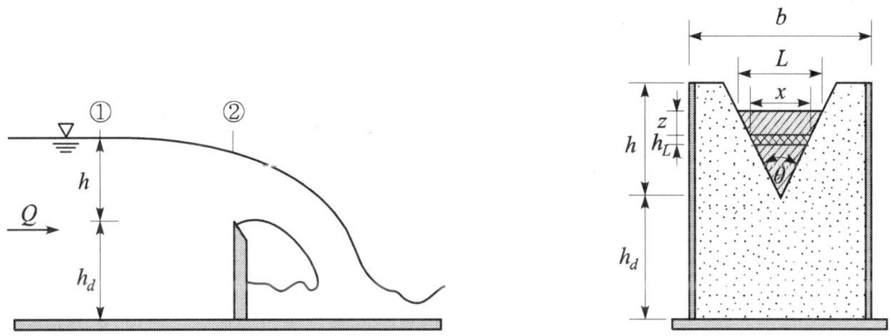

그림 3.3 삼각형 웨어

식 (3.7)을 적분하면 총유량은 다음 식과 같이 쓸 수 있다.

$$Q = 2\sqrt{2g}\,\tan\frac{\theta}{2}\int_0^h (h-z)z^{1/2}dz \tag{3.8}$$

웨어마루를 월류하는 실제유량 Q_r은 유량계수를 도입하여 Bernoulli 방정식에서 고려하지 않은 마찰손실을 보정해야 하므로 다음 식과 같이 쓴다.

$$Q_r = \frac{8}{15}\tan\frac{\theta}{2}C_t h^{5/2}\sqrt{2g} \tag{3.9}$$

여기서 C_t =삼각형 웨어의 유량계수이고, 이를 직각 삼각형인 웨어계수를 도입하면 다음과 같이 쓸 수 있다.

$$Q = K_t h^{5/2} \tag{3.10}$$

여기서 $K_t = 81.2 + \frac{0.24}{h} + \left(8.4 + \frac{12}{\sqrt{h_d}}\right)\left(\frac{h}{B} - 0.09\right)^2$ =직각 삼각형 웨어계수(황승현, 2012)이고, 식 (3.10)의 적용범위는 $0.5\text{m} \le B \le 1.2\text{m}$, $0.1\text{m} \le h_d \le 0.75\text{m}$, $0.07\text{m} \le h \le 0.26\text{m}$(단, $h \le B/3$)이다. 본 예에서는 θ =90°인 직각 삼각형 웨어에 대해 설명하고자 한다.

예제 3.5

그림 3.3에서 $\theta=90°$인 직각 삼각형 웨어의 수로 폭=1m, 웨어높이=0.3m, 월류수두=0.1m일 때 다음 사항에 답하시오.

1. 월류유량의 계산

[풀이]

1. 월류유량의 계산

(1) VBA 활용(설치) : 파일/(Excel)옵션/리본사용지정/개발도구√ ←그림 예3.4.1 참조

(2) VBA 셀(이름상자)의 이름 정의 "홈"에서 : 표 예3.5.1 참조

표 예3.5.1 셀의 이름 정의

	A	B
1	직각 삼각형웨어 유량 계산	
2		
3	수로 폭(m)	
4	웨어 높이(m)	
5	월류수두(m)	
6		
7		
8		
9		
10	월류유량(m^3/min)	

1) B3(3, 4, 5, 10) : 셀(①이름상자)에 "_수로폭(←단어 붙어 씀)" 입력 후 ↵ : 표 예3.5.2 참조

표 예3.5.2 셀 이름 정의 결과

① _수로폭

	A	B
1	직각 삼각형웨어 유량 계산	
2		
3	수로 폭(m)	
4	웨어 높이(m)	
5	월류수두(m)	
6		
7		
8		
9		
10	월류유량(m^3/min)	

① _월류유량

	A	B
1	직각 삼각형웨어 유량 계산	
2		
3	수로 폭(m)	
4	웨어 높이(m)	
5	월류수두(m)	
6		
7		
8		
9		
10	월류유량(m^3/min)	

2) B4 : 셀(①이름상자)에 "_웨어높이" 입력 후 ↵

3) B5 : 셀(①이름상자)에 "_월류수두" 입력 후 ↵

4) B7 : 실행←(VBA 소스에 오류가 없으면 자동으로 생성)

5) B10 : 셀(①이름상자)에 "_월류유량" 입력 후 ↵

(3) VBA(Visual Basic for Application) Editor 열기 : 개발도구/Visual Basic ↵ ←그림 예3.4.2 참조

(4) VBAProject(예제3_3직각삼각형웨어_유량.xlsx)/도구/매크로 ↵ : 그림 예3.5.1 참조

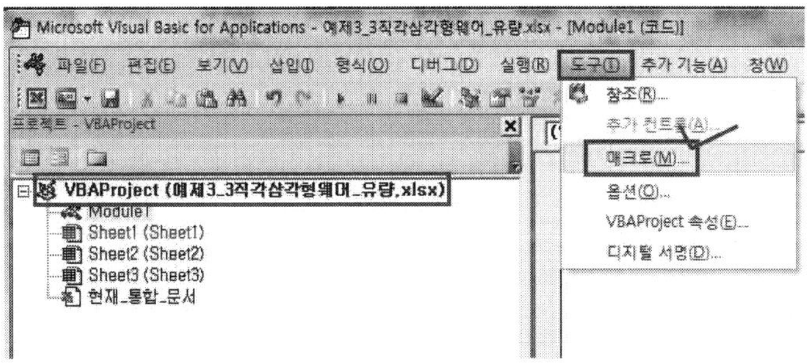

그림 예3.5.1 직각 사각형 웨어의 유량계산

(5) VBA Editor/삽입/모듈 ↵ ←그림 예3.4.4 참조

(6) VBA Editor/Module에서 : ←소스 편집 : 그림 예3.5.2 참조

그림 예3.5.2 프로그램 소스 편집

(7) 직각 삼각형 웨어의 VBA 프로그램 소스 : **표 예3.5.3 참조**

표 예3.5.3 직각 삼각형 웨어 유량계산의 VBA 프로그램

```
Option Explicit

Sub CMD실행_Click()

  Dim 수로폭 As Double
  Dim 웨어높이 As Double
  Dim 월류수두 As Double
  Dim 월류유량 As Double

  '입력
  수로폭 = Range("_수로폭")
  웨어높이 = Range("_웨어높이")
  월류수두 = Range("_월류수두")

  '출력
  If 계산_직각삼각형웨어(수로폭, 웨어높이, 월류수두, 월류유량) Then
    Range("_월류유량") = 월류유량
  Else
    Range("_월류유량") = "적용범위 외"
  End If

End Sub
Function 계산_직각삼각형웨어(수로폭 As Double, _
              웨어높이 As Double, _
              월류수두 As Double, _
              ByRef 월류유량 As Double) As Boolean
  Dim 유량계수 As Double
  Dim 보정치 As Double

  '적용범위 체크
  If 수로폭 < 0.5 Or 1.2 < 수로폭 Or _
      웨어높이 < 0.1 Or 0.75 < 웨어높이 Or _
      월류수두 < 0.07 Or 0.26 < 월류수두 Or _
      월류수두 > 수로폭 / 3 Then
    계산_직각삼각형웨어 = False
    Exit Function
  End If

  유량계수 = 81.2 + 0.24 / 월류수두 + _
      (8.4 + 12 / Sqr(웨어높이)) * (월류수두 / 수로폭 - 0.09) ^ 2
  월류유량 = 유량계수 * 월류수두 ^ (5 / 2)

  계산_직각삼각형웨어 = True

End Function
```

(8) 계산할 조건(자료) 입력 : 표 예3.5.4 참조

표 예3.5.4 계산할 입력자료

	A	B
1	지가 산가형웨어 유량 계산	
2		
3	수로 폭(m)	1
4	웨어 높이(m)	0.3
5	월류수두(m)	0.1
6		
7		
8		
9		
10	월류유량(m^3/min)	

(9) VBA Editor/Module/실행 : 그림 예3.5.3(오류 없으면 자동으로 "실행" → 결과 출력)

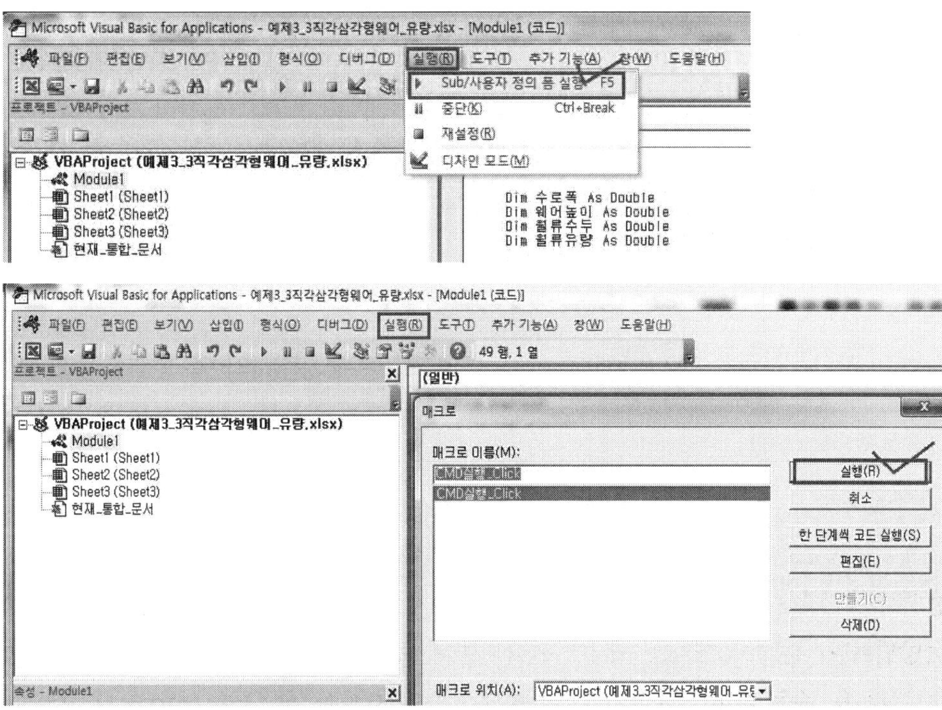

그림 예3.5.3 VBA 모듈 실행

⑽ 실행 결과 : 표 예3.5.5 참조

표 예3.5.5 계산 결과

	A	B
1	직각 삼각형웨어 유량 계산	
2		
3	수로 폭(m)	1
4	웨어 높이(m)	0.3
5	월류수두(m)	0.1
6		
7		
8		
9		
10	월류유량(m^3/min)	0.2644

⑾ 결과(파일) 저장 : 그림 예3.5.4 참조

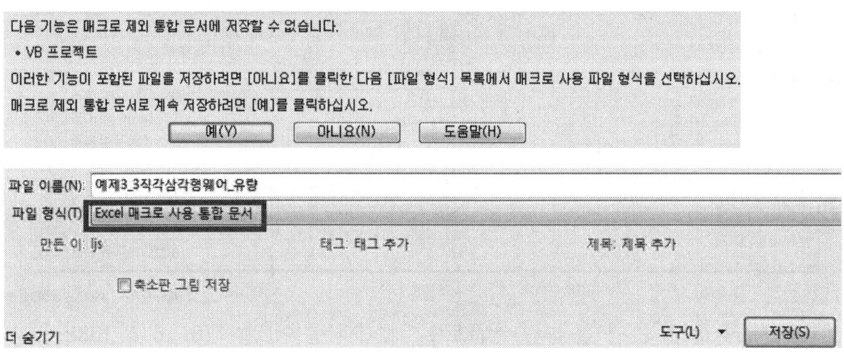

그림 예3.5.4 계산 결과(파일) 저장

(2) 수로특성

개수로의 흐름특성은 유량, 수로경사, 조도계수가 주어질 때 Manning(1889)의 공식을 이용하여 수심과 수로 폭을 시행착오법 또는 3차 방정식을 이용해 산정하는 것이 일반적인 해석방법이다. 본 소절에서는 사각형·사다리꼴 수로단면의 수리특성을 산정한다. 즉, 유량과 수로(저)폭, 수로경사, 조도계수, 측면경사가 주어졌을 때 엑셀과 Manning 공식을 이용하여 수심을 계산한다. 또한 수심, 수로(저)폭, 수로경사, 조도계수, 측면경사가 주어졌을 때 엑셀과 Manning 공식을 이용하여 유량을 계산한다.

① 수심

개수로의 단면 형상은 일반적으로 **그림 3.4**와 같이 사각형과 사다리꼴 단면 수로를 많이 사용한다. 이들 수로를 통해 흐르는 유량과 수심 등 단면형별 수리특성은 **표 3.1**과 같이

Manning 공식을 이용해 계산한다.

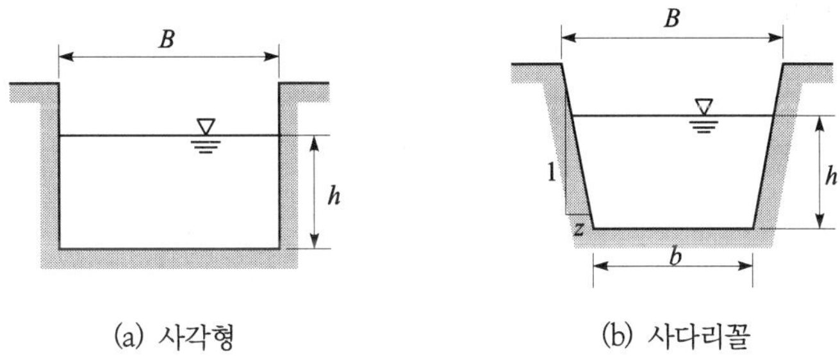

그림 3.4 개수로의 수로 단면형

표 3.1 개수로의 수로단면형별 특성

특성 \ 단면형	사각형 수로단면	사다리꼴 수로단면
유수단면적 $A(\mathrm{m}^2)$	Bh	$\frac{(B+b)h}{2}[=(b+zh)h]$
동수반경 $R_h(=A/P)(\mathrm{m})$	$\frac{A}{B+2h}\left[=\frac{Bh}{B+2h}\right]$	$\frac{A}{b+2\sqrt{h^2+\left(\frac{B-b}{2}\right)^2}}\left[=\frac{(b+zh)h}{b+2h\sqrt{1+z^2}}\right]$
윤변 $P(\mathrm{m})$	$B+2h$	$b+2\sqrt{h^2+\left(\frac{B-b}{2}\right)^2}[=b+2h\sqrt{1+z^2}]$
수면폭 $B(\mathrm{m})$	B	$b+2(zh)$
유량	$Q=\frac{1}{n}AR_h^{2/3}S_0^{1/2}$	(3.11)

예제 3.6

그림 3.4(a)와 같은 사각형 단면수로에 주어진 유량=15m³/s, 수로 폭=5m, 하상경사=1/800, Manning 조도계수=0.015, 수렴 판정값=0.0001일 때 다음 사항에 답하시오.

1. Manning 공식을 이용한 수심 계산

[풀이]

1. Manning 공식을 이용한 수심 계산

(1) 파일/옵션/리본사용지정/개발도구 : √ 그림 예3.4.1 참조

(2) VBA 셀의 이름 정의 "홈"에서 : 표 예3.6.1 참조

표 예3.6.1 셀의 이름 정의

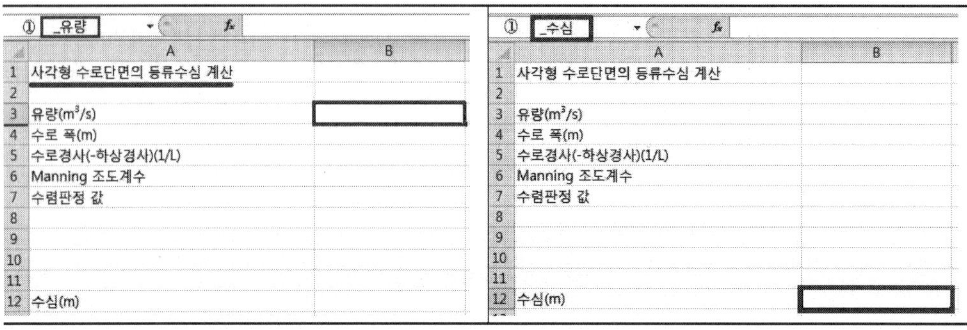

1) B3 : 셀(①이름상자)에 "_유량" 입력 후 ↵
2) B4 : 셀(①이름상자)에 "_수로폭"(←단어 붙여 씀) 입력 후 ↵
3) B5 : 셀(①이름상자)에 "_수로경사" 입력 후 ↵
4) B6 : 셀(①이름상자)에 "_조도계수" 입력 후 ↵
5) B7 : 셀(①이름상자)에 "_수렴판정값" 입력 후 ↵
6) B9 : 실행←(VBA 소스에 오류가 없으면 자동으로 생성)
7) B12 : 셀(①이름상자)에 "_수심" 입력 후 ↵

(3) VBA Editor 열기 : 개발도구/Visual Basic ↵ : 그림 예3.4.2 참조

(4) VBAProject(예제3_4사각형수로단면_등류수심.xlsx)/도구/매크로(파일명 추가 시) ↵ : 그림 예3.6.1 참조

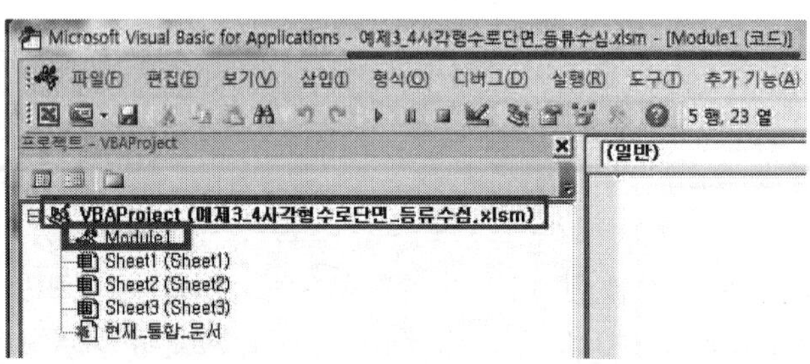

그림 예3.6.1 사각형수로단면 등류수심계산

(5) VBA Editor/삽입/모듈 ↵ : 그림 예3.4.4 참조

(6) VBA Editor/Module에서 : ← 소스 편집 : 그림 예3.6.2 참조

그림 예3.6.2 VBA 소스 편집

(7) VBA 프로그램 소스 : 표 예3.6.2 참조

표 예3.6.2 사각형 수로단면 수심 계산의 프로그램 소스

```
Option Explicit

Sub CMD실행_Click()

    Dim 유량 As Double
    Dim 수로폭 As Double
    Dim 수로경사 As Double
    Dim 조도계수 As Double
    Dim 수렴판정값 As Double
    Dim 수심 As Double

    '입력
    유량 = Range("_유량")
    수로폭 = Range("_수로폭")
    수로경사 = 1# / Range("_수로경사")
    조도계수 = Range("_조도계수")
    수렴판정값 = Range("_수렴판정값")

    Call 계산_Manning식에의한사각형단면의수심계산(유량, 수로폭, 수로경사, 조도계수, 수렴판정값, 수심)

    '출력
    Range("_수심") = Round(수심, 3)
```

표 예3.6.2 사각형 수로단면 수심 계산의 프로그램 소스(계속)

```
End Sub

Sub 계산_Manning식에의한사각형단면의수심계산(유량 As Double, _
                                수로폭 As Double, _
                                수로경사 As Double, _
                                조도계수 As Double, _
                                수렴판정값 As Double, _
                                ByRef 수심 As Double)
  Dim 윤변 As Double
  Dim 유수단면적 As Double
  Dim 동수반경 As Double
  Dim 오차 As Double
  Dim 계산수심 As Double

   수심 = (유량 * 조도계수 / (Sqr(수로경사) * 수로폭)) ^ (3 / 5)
  Do

   유수단면적 = 수심 * 수로폭
   윤변 = 수로폭 + 수심 * 2
   동수반경 = 유수단면적 / 윤변
   계산수심 = 유량 * 조도계수 / (동수반경 ^ (2 / 3) * Sqr(수로경사) * 수로폭)

   오차 = Abs(계산수심 - 수심)
   수심 = 계산수심
 Loop While 오차 > 수렴판정값

End Sub
```

(8) 계산할 조건(자료) 입력 : **표 예3.6.3 참조**

표 예3.6.3 자료 입력 결과

	A	B
1	사각형 수로단면의 등류수심 계산	
2		
3	유량(m^3/s)	15
4	수로 폭(m)	5
5	수로경사(-하상경사)(1/L)	800
6	Manning 조도계수	0.015
7	수렴판정 값	0.0001
8		
9		실행
10		
11		
12	수심(m)	

(9) VBA Editor/Module/실행 : 그림 예3.6.3(오류 없으면 자동으로 "실행" → 결과 출력)

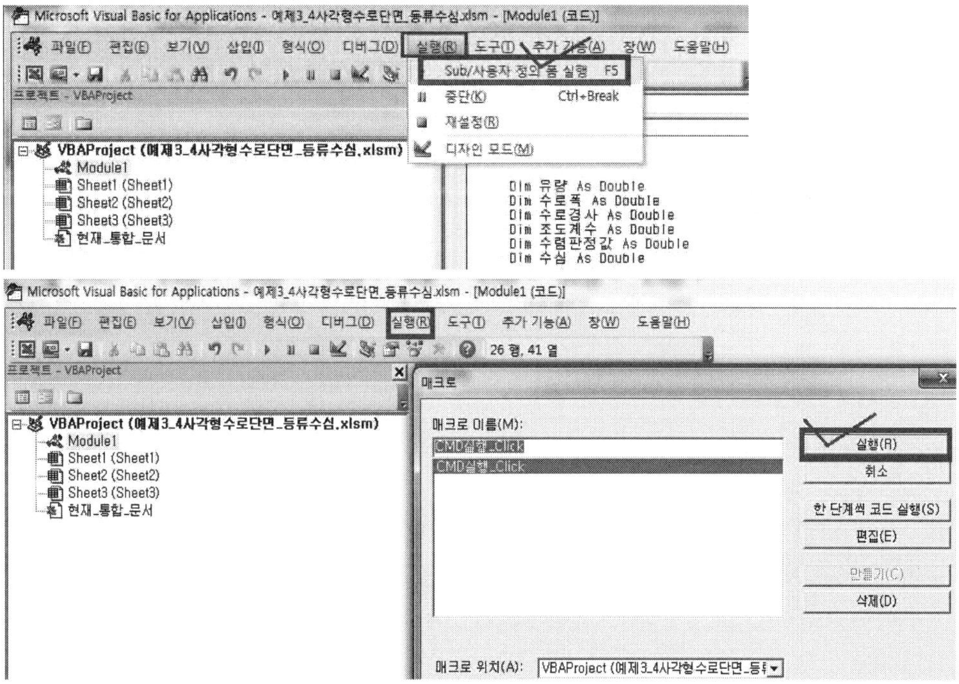

그림 예3.6.3 VBA 프로그램 실행

(10) 실행 결과 : 표 예3.6.4 참조

표 예3.6.4 계산 실행 결과

	A	B
1	사각형 수로단면의 등류수심 계산	
2		
3	유량(m^3/s)	15
4	수로 폭(m)	5
5	수로경사(-하상경사)(1/L)	800
6	Manning 조도계수	0.015
7	수렴판정 값	0.0001
8		
9		실행
10		
11		
12	수심(m)	1.3780

(11) 결과(파일) 저장 : **그림 예3.6.4 참조**

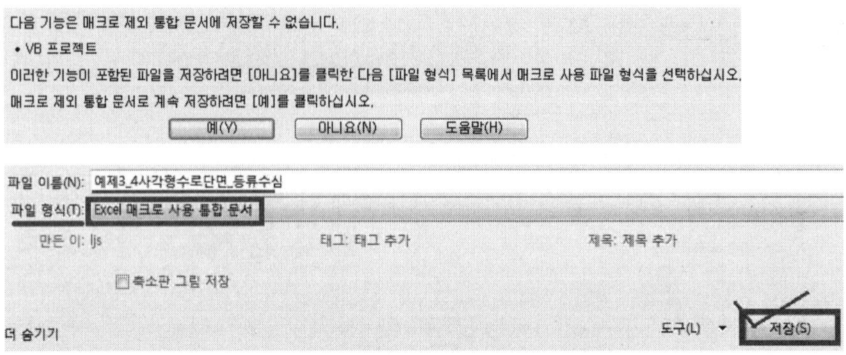

그림 예3.6.4 계산결과(파일) 저장

② 유량

그림 3.4와 같은 사각형과 사다리꼴 단면수로를 통해 흐르는 유량은 주어진 수리특성 요소[수심, 수로(저)폭, 수로경사, (측면경사), 조도계수]를 사용하여 **Manning 공식**에 의해 구할 수 있으며, 엑셀 VBA를 이용한 계산 예는 다음과 같다.

예제 3.7

그림 3.4(a)와 같은 사각형 단면수로에 주어진 수심=2.5m, 수로폭=3.5m, 하상경사=1/2,500, Manning 조도계수=0.013일 때 다음 사항에 답하시오.

1. Manning 공식에 의한 최대유량 계산

[풀이]

1. Manning 공식에 의한 최대유량 계산
   (1) 파일/옵션/리본사용지정/개발도구√←**그림 예3.4.1 참조**
   (2) VBA 셀의 이름 정의 "홈"에서 : **표 예3.5.1 참조**
      1) B3 : 셀(①이름상자)에 "_수심" 입력 후 ↵ **표 예3.7.1 참조**

표 예3.7.1 셀 이름 정의

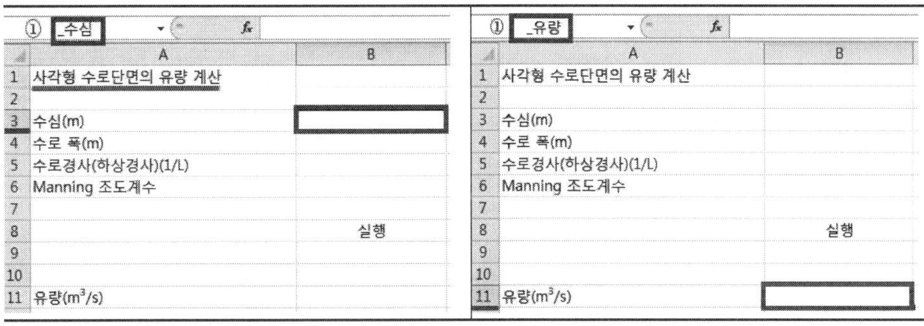

2) B4 : 셀(①이름상자)에 "_수로폭"(←단어 붙여 씀) 입력 후 ↵

3) B5 : 셀(①이름상자)에 "_수로경사" 입력 후 ↵

4) B6 : 셀(①이름상자)에 "_조도계수" 입력 후 ↵

5) B8 : 실행←(VBA 소스에 오류가 없으면 자동으로 생성)

6) B11 : 셀(①이름상자)에 "_유량" 입력 후 ↵

(3) VBA Editor 열기 : 개발도구/Visual Basic ↵ 그림 예3.4.2 참조

(4) VBAProject(예제3_5사각형수로단면_유량.xlsx)/도구/매크로(파일명 추가 시) ↵ 그림 예3.7.1 참조

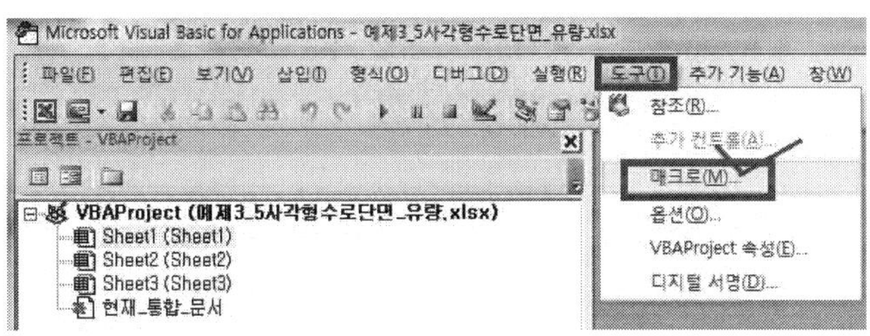

그림 예3.7.1 사각형 수로단면의 유량 계산

(5) VBA Editor/삽입/모듈 ↵ 그림 예3.4.4 참조

(6) VBA Editor/Module에서 : ← 소스 편집(그림 예3.7.2) 참조

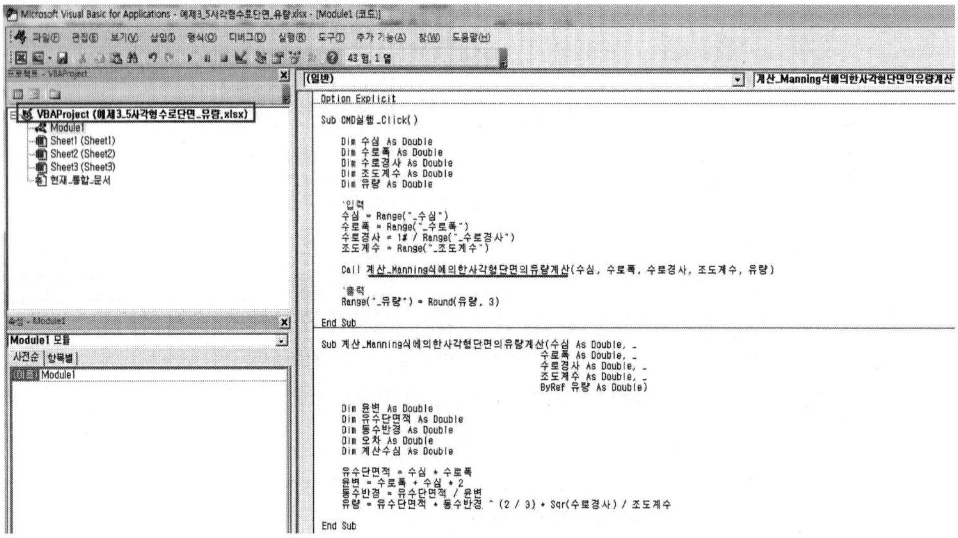

그림 예3.7.2 프로그램 소스 편집

(7) VBA 프로그램 소스 : 표 예3.7.2 참조

표 예3.7.2 사각형 수로단면 유량 계산의 프로그램 소스

```
Option Explicit

Sub CMD실행_Click()

    Dim 수심 As Double
    Dim 수로폭 As Double
    Dim 수로경사 As Double
    Dim 조도계수 As Double
    Dim 유량 As Double

    '입력
    수심 = Range("_수심")
    수로폭 = Range("_수로폭")
    수로경사 = 1# / Range("_수로경사")
    조도계수 = Range("_조도계수")

    Call 계산_Manning식에의한사각형단면의유량계산(수심, 수로폭, 수로경사, 조도계수, 유량)

    '출력
    Range("_유량") = Round(유량, 3)
End Sub
```

표 예3.7.2 사각형 수로단면 유량 계산의 프로그램 소스(계속)

```
Sub 계산_Manning식에의한사각형단면의유량계산(수심 As Double, _
                                수로폭 As Double, _
                                수로경사 As Double, _
                                조도계수 As Double, _
                                ByRef 유량 As Double)

  Dim 윤변 As Double
  Dim 유수단면적 As Double
  Dim 동수반경 As Double
  Dim 오차 As Double
  Dim 계산수심 As Double

  유수단면적 = 수심 * 수로폭
  윤변 = 수로폭 + 수심 * 2
  동수반경 = 유수단면적 / 윤변
  유량 = 유수단면적 * 동수반경 ^ (2 / 3) * Sqr(수로경사) /조도계수

End Sub
```

(8) 계산할 조건(자료) 입력 : 표 예3.7.3 참조

표 예3.7.3 자료 입력 결과

	A	B
1	사각형 수로단면의 유량 계산	
2		
3	수심(m)	2.5
4	수로 폭(m)	3.5
5	수로경사(하상경사)(1/L)	2500
6	Manning 조도계수	0.013
7		
8		실행
9		
10		
11	유량(m³/s)	

(9) VBA Editor/Module/실행 : 그림 예3.7.3(오류 없으면 자동으로 "실행" → 결과 출력)

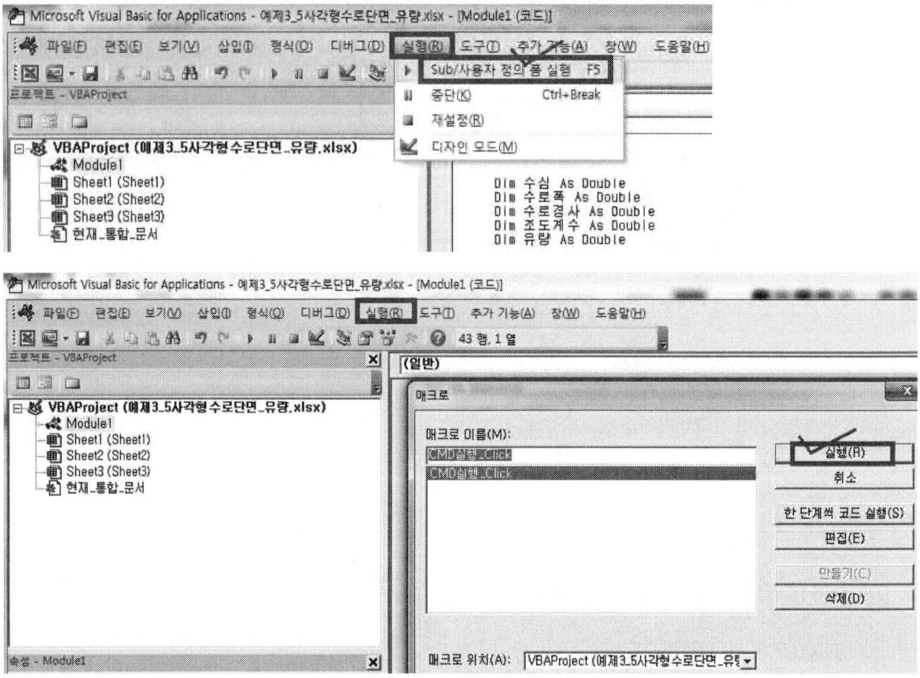

그림 예3.7.3 VBA 프로그램 실행

(10) 실행 결과 : 표 예3.7.4 참조

표 예3.7.4 계산 실행 결과

	A	B
1	사각형 수로단면의 유량 계산	
2		
3	수심(m)	2.5
4	수로 폭(m)	3.5
5	수로경사(하상경사)(1/L)	2500
6	Manning 조도계수	0.013
7		
8		실행
9		
10		
11	유량(m^3/s)	13.7240

(11) 결과(파일) 저장 : 그림 예3.7.4 참조

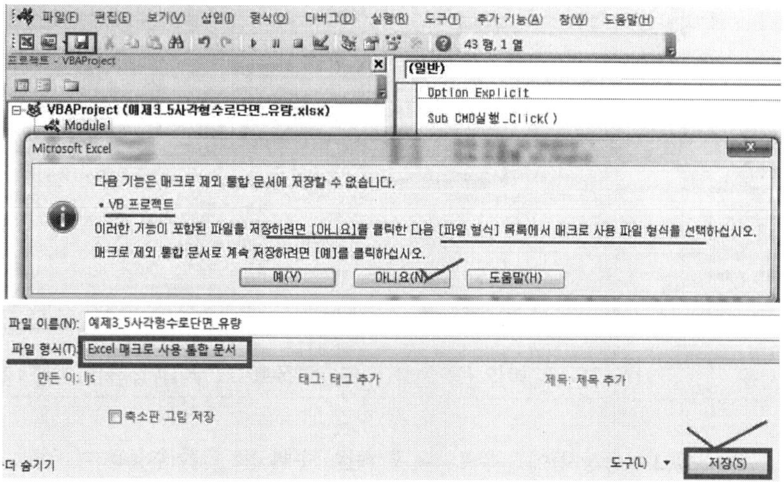

그림 예3.7.4 계산결과(파일) 저장

예제 3.8

그림 3.4(b)와 같은 사다리꼴 단면수로에 주어진 유량=100m^3/s, 수로 저폭=5m, 측면경사(=H: V=1; z)=1:0.2, 하상경사=1/2,000, Manning 조도계수=0.013, 수렴판정 값=0.0001일 때 다음 사항에 답하시오.

1. Manning 공식에 의한 등류수심 계산

[풀이]

1. Manning 공식에 의한 등류수심 계산
   (1) 파일/옵션/리본사용지정/개발도구 : √ 그림 예3.4.1 참조
   (2) VBA 셀의 이름 정의 "홈"에서 : 표 예3.8.1 참조

표 예3.8.1 셀의 이름 정의

	A	B
1	사다리꼴 수로단면의 등류수심 계산	
2		
3	유량(m^3/s)	
4	수로 저폭(m)	
5	측면경사(1 : z)	
6	수로경사(하상경사)(1/L)	
7	Manning 조도계수	
8	수렴판정 값	
9		
10		실행
11		
12		
13	수심(m)	

1) B3 : 셀(①이름상자)에 "_유량" 입력 후 ↵ : 표 예3.8.2 참조

표 예3.8.2 셀 이름 정의 결과

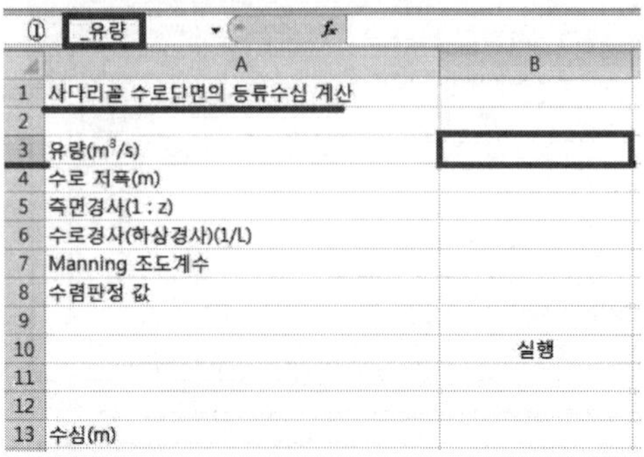

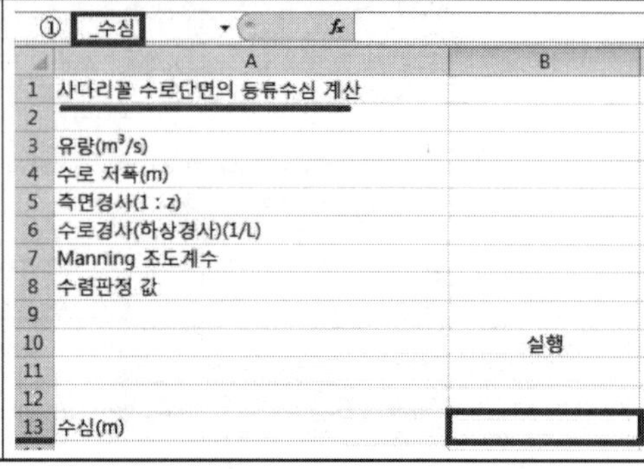

2) B4 : 셀(①이름상자)에 "_수로저폭"(← 단어 붙여 씀) 입력 후 ↵
3) B5 : 셀(①이름상자)에 "_측면경사" 입력 후 ↵
4) B6 : 셀(①이름상자)에 "_수로경사" 입력 후 ↵
5) B7 : 셀(①이름상자)에 "_조도계수" 입력 후 ↵
6) B8 : 셀(①이름상자)에 "_수렴판정값" 입력 후 ↵
7) B10 : 실행 ← (VBA 소스에 오류가 없으면 자동으로 생성)
8) B13 : 셀(①이름상자)에 "_수심" 입력 후 ↵

(3) VBA Editor 열기 : 개발도구/Visual Basic ↵ 그림 예3.4.2 참조

(4) VBAProject(예제3_0_3사다리꼴수로단면_수심계산.xlsx)/도구/매크로(파일명 추가 시) ↵ 그림 예3.8.1 참조

그림 예3.8.1 사다리꼴 수로단면의 수심계산

(5) VBA Editor/삽입/모듈 ↵ 그림 예3.4.4 참조

(6) VBA Editor/Module에서 : ←소스 편집 : 그림 예3.8.2, 표 예3.8.3 참조

그림 예3.8.2 프로그램 소스 편집

(7) VBA 프로그램 소스 : 표 예3.8.3 참조

표 예3.8.3 사다리꼴 수로단면 수심계산의 VBA 소스

```
Option Explicit

Sub CMD실행_Click()

    Dim 유량 As Double
    Dim 수로저폭 As Double
    Dim 측면경사 As Double
    Dim 수로경사 As Double
    Dim 조도계수 As Double
    Dim 수렴판정값 As Double
    Dim 수심 As Double

    '입력
    유량 = Range("_유량")
    수로저폭 = Range("_수로저폭")
    측면경사 = Range("_측면경사")
    수로경사 = 1# / Range("_수로경사")
    조도계수 = Range("_조도계수")
    수렴판정값 = Range("_수렴판정값")
```

표 예3.8.3 사다리꼴 수로단면 수심계산의 VBA 소스(계속)

```
  Call 계산_Manning식에의한사다리꼴단면수로의수심계산(유량, 수로저폭, 측면경사, 수로경사, 조도계수, 수렴판정값, 수심)

  '출력
  Range("_수심") = Round(수심, 3)

End Sub
Sub 계산_Manning식에의한사다리꼴단면수로의수심계산(유량 As Double, _
                                  수로저폭 As Double, _
                                  측면경사 As Double, _
                                  수로경사 As Double, _
                                  조도계수 As Double, _
                                  수렴판정값 As Double, _
                                  ByRef 수심 As Double)

  Dim 윤변 As Double
  Dim 유수단면적 As Double
  Dim 동수반경 As Double
  Dim 오차 As Double
  Dim 계산수심 As Double
  Dim 상부수로폭 As Double

  수심 = (유량 * 조도계수 / (Sqr(수로경사) * 수로저폭)) ^ (3 / 5)
  Do
    상부수로폭 = 수로저폭 + 2 * (수심 * 측면경사)
    유수단면적 = 수심 * (수로저폭 + 상부수로폭) / 2
    윤변 = 수로저폭 + Sqr(수심 ^ 2 + ((상부수로폭 - 수로저폭) / 2) ^ 2) * 2
    동수반경 = 유수단면적 / 윤변
    유수단면적 = 유량 * 조도계수 / (동수반경 ^ (2 / 3) * Sqr(수로경사))
    계산수심 = 유수단면적 * 2 / (상부수로폭 + 수로저폭)
    오차 = Abs(계산수심 - 수심)
    수심 = 계산수심
  Loop While 오차 > 수렴판정값

End Sub
```

(8) 계산할 조건(자료) 입력 : **표 예3.8.4** 참조

표 예3.8.4 자료 입력 결과

_수심

	A	B
1	사다리꼴 수로단면의 등류수심 계산	
2		
3	유량(m^3/s)	100
4	수로 저폭(m)	5
5	측면경사(1 : z)	0.2
6	수로경사(하상경사)(1/L)	2000
7	Manning 조도계수	0.013
8	수렴판정 값	0.0001
9		
10		실행
11		
12		
13	수심(m)	

(9) VBA Editor/Module/실행 : 그림 예3.8.3(오류 없으면 자동으로 "실행" → 결과 출력)

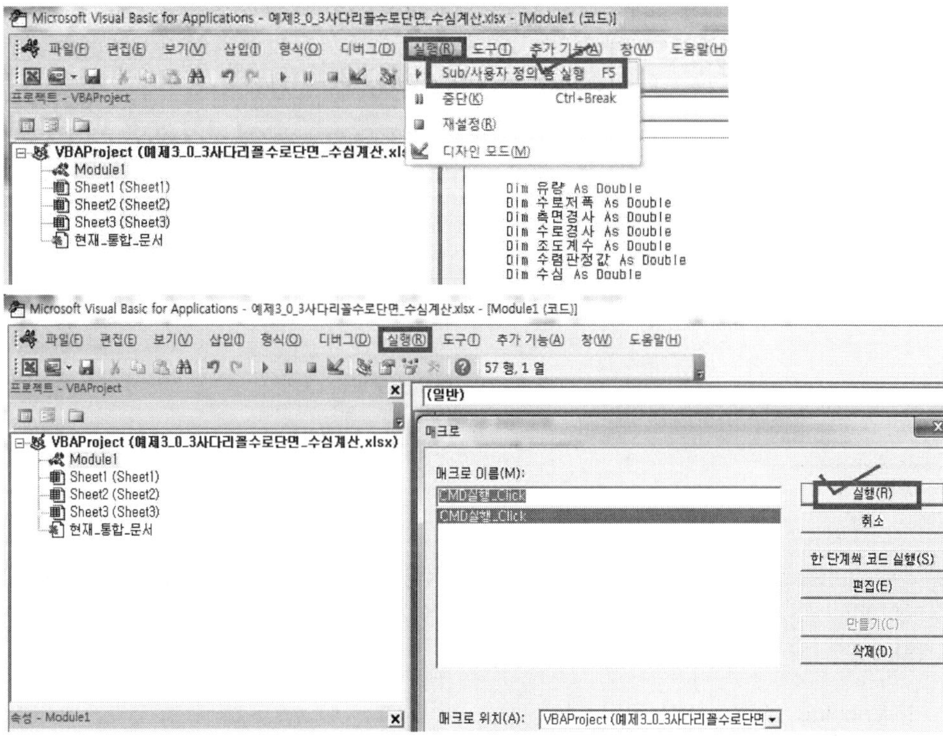

그림 예3.8.3 VBA 프로그램 실행

(10) 실행 결과 : 표 예3.8.5 참조

표 예3.8.5 계산 실행 결과

	A	B
1	사다리꼴 수로단면의 등류수심 계산	
2		
3	유량(m^3/s)	100
4	수로 저폭(m)	5
5	측면경사(1 : z)	0.2
6	수로경사(하상경사)(1/L)	2000
7	Manning 조도계수	0.013
8	수렴판정 값	0.0001
9		
10		실행
11		
12		
13	수심(m)	5.7430

(11) 결과(파일) 저장 : 그림 예3.8.4 참조

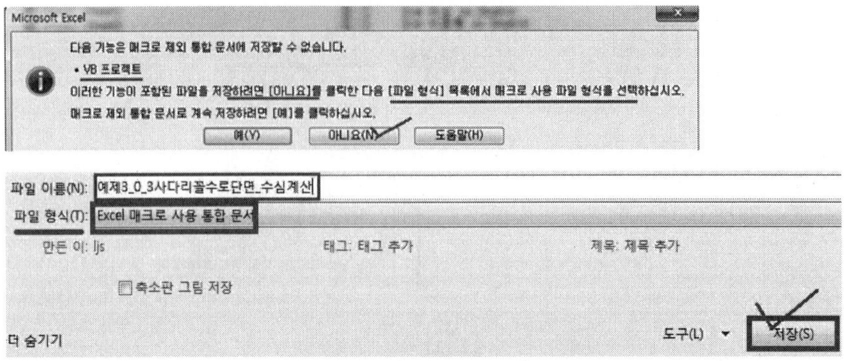

그림 예3.8.4 계산결과(파일) 저장

예제 3.9

그림 3.4(b)와 같은 사다리꼴 단면수로에 주어진 수심=6m, 수로 저폭=5m, 측면경사(= $H:V=1;\ z$)=1:0.2, 하상경사=1/2,000, Manning 조도계수=0.013일 때 다음 사항에 답하시오.

1. Manning 공식에 의한 유량 계산

[풀이]

1. Manning 공식에 의한 유량 계산
   (1) 파일/옵션/리본사용지정/개발도구√ 그림 예3.4.1 참조
   (2) VBA 셀의 이름 정의 "홈"에서 : 표 예3.9.1 참조

표 예3.9.1 셀의 이름 정의

	A	B
1	사다리꼴 수로단면의 유량계산	
2		
3	수심(m)	
4	수로 저폭(m)	
5	측면경사(1 : z)	
6	수로경사(하상경사)(1/L)	
7	Manning 조도계수	
8		
9		실행
10		
11		
12	유량(m³/s)	

1) B3 : 셀(①이름상자)에 "_수심" 입력 후 ↵ : 표 예3.9.2 참조
2) B4 : 셀(①이름상자)에 "_수로저폭"(←단어 붙여 씀) 입력 후 ↵

3) B5 : 셀(①이름상자)에 "_측면경사" 입력 후 ↵
4) B6 : 셀(①이름상자)에 "_수로경사" 입력 후 ↵
5) B6 : 셀(①이름상자)에 "_조도계수" 입력 후 ↵
6) B9 : 실행 ← (VBA 소스에 오류가 없으면 자동으로 생성)
7) B12 : 셀(①이름상자)에 "_유량" 입력 후 ↵

표 예3.9.2 셀 이름 정의 결과

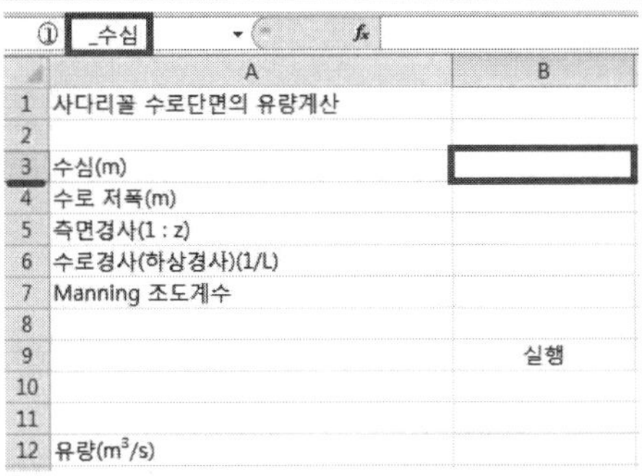

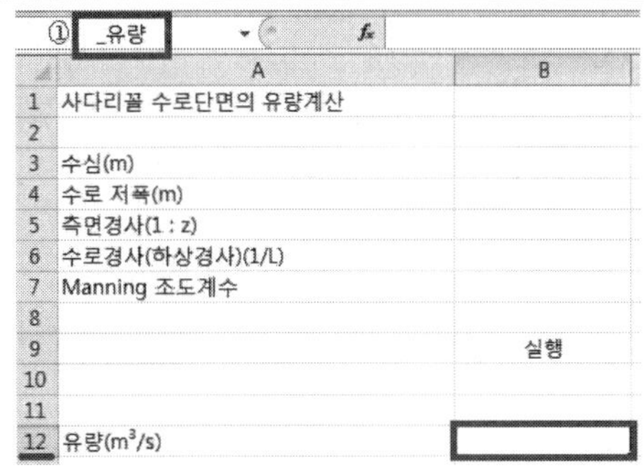

(3) VBA Editor 열기 : 개발도구/Visual Basic ↵ 그림 예3.4.2 참조

(4) VBAProject(예제3_0_4사다리꼴수로단면_유량계산.xlsx)/도구/매크로(파일명 추가 시) ↵ 그림 예3.9.1 참조

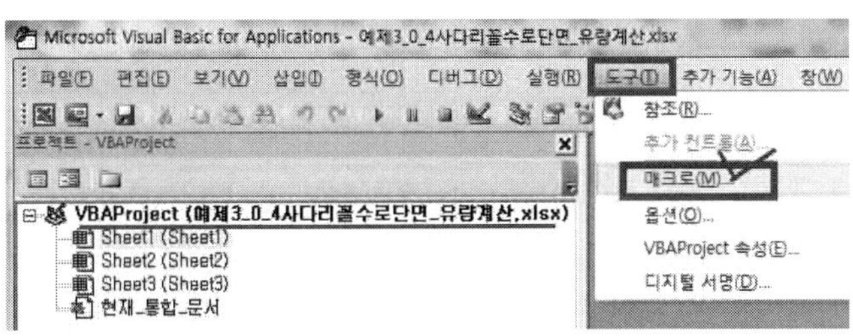

그림 예3.9.1 사다리꼴 수로단면의 유량계산

(5) VBA Editor/삽입/모듈 ↵ 그림 예3.4.4 참조

(6) VBA Editor/Module에서 : ← 소스 편집 : 그림 예3.9.2, 표 예3.9.3 참조

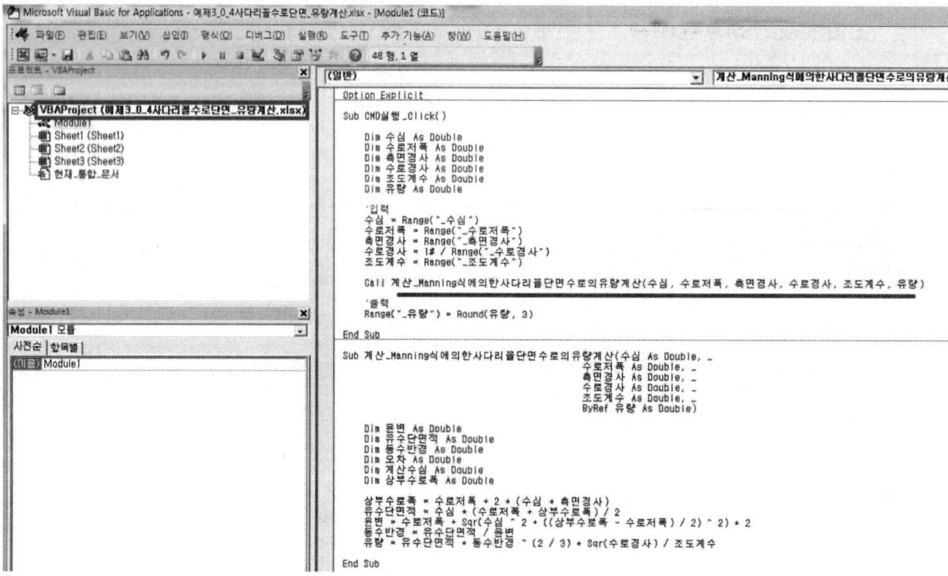

그림 예3.9.2 프로그램 소스 편집

(7) VBA 프로그램 소스 : 표 예3.9.3 참조

표 예3.9.3 사다리꼴 수로단면 유량계산의 VBA 소스

```
Option Explicit

Sub CMD실행_Click()

    Dim 수심 As Double
    Dim 수로저폭 As Double
    Dim 측면경사 As Double
    Dim 수로경사 As Double
    Dim 조도계수 As Double
    Dim 유량 As Double

    '입력
    수심 = Range("_수심")
    수로저폭 = Range("_수로저폭")
    측면경사 = Range("_측면경사")
    수로경사 = 1# / Range("_수로경사")
    조도계수 = Range("_조도계수")

    Call 계산_Manning식에의한사다리꼴단면수로의유량계산(수심, 수로저폭, 측면경사, 수로경사, 조도계수, 유량)
```

표 예3.9.3 사다리꼴 수로단면 유량계산의 VBA 소스(계속)

```
    '출력
    Range("_유량") = Round(유량, 3)

End Sub

Sub 계산_Manning식에의한사다리꼴단면수로의유량계산(수심 As Double, _
                            수로저폭 As Double, _
                            측면경사 As Double, _
                            수로경사 As Double, _
                            조도계수 As Double, _
                            ByRef 유량 As Double)

    Dim 윤변 As Double
    Dim 유수단면적 As Double
    Dim 동수반경 As Double
    Dim 오차 As Double
    Dim 계산수심 As Double
    Dim 상부수로폭 As Double

    상부수로폭 = 수로저폭 + 2 * (수심 * 측면경사)
    유수단면적 = 수심 * (수로저폭 + 상부수로폭) / 2
    윤변 = 수로저폭 + Sqr(수심 ^ 2 + ((상부수로폭 - 수로저폭) / 2) ^ 2) * 2
    동수반경 = 유수단면적 / 윤변
    유량 = 유수단면적 * 동수반경 ^ (2 / 3) * Sqr(수로경사) / 조도계수

End Sub
```

(8) 계산할 조건(자료) 입력 : **표 예3.9.4** 참조

표 예3.9.4 자료 입력 결과

	A	B
1	사다리꼴 수로단면의 유량계산	
2		
3	수심(m)	6
4	수로 저폭(m)	5
5	측면경사(1 : z)	0.2
6	수로경사(하상경사)(1/L)	2000
7	Manning 조도계수	0.013
8		
9		실행
10		
11		
12	유량(m³/s)	

(9) VBA Editor/Module/실행 : 그림 예3.9.3(오류 없으면 자동으로 "실행" → 결과 출력)

그림 예3.9.3 VBA 프로그램 실행

(10) 실행 결과 : 표 예3.9.5 참조

표 예3.9.5 계산 실행 결과

	A	B
1	사다리꼴 수로단면의 유량계산	
2		
3	수심(m)	6
4	수로 저폭(m)	5
5	측면경사(1 : z)	0.2
6	수로경사(하상경사)(1/L)	2000
7	Manning 조도계수	0.013
8		
9		실행
10		
11		
12	유량(m^3/s)	106.8550

(11) 결과(파일) 저장 : 그림 예3.9.4 참조

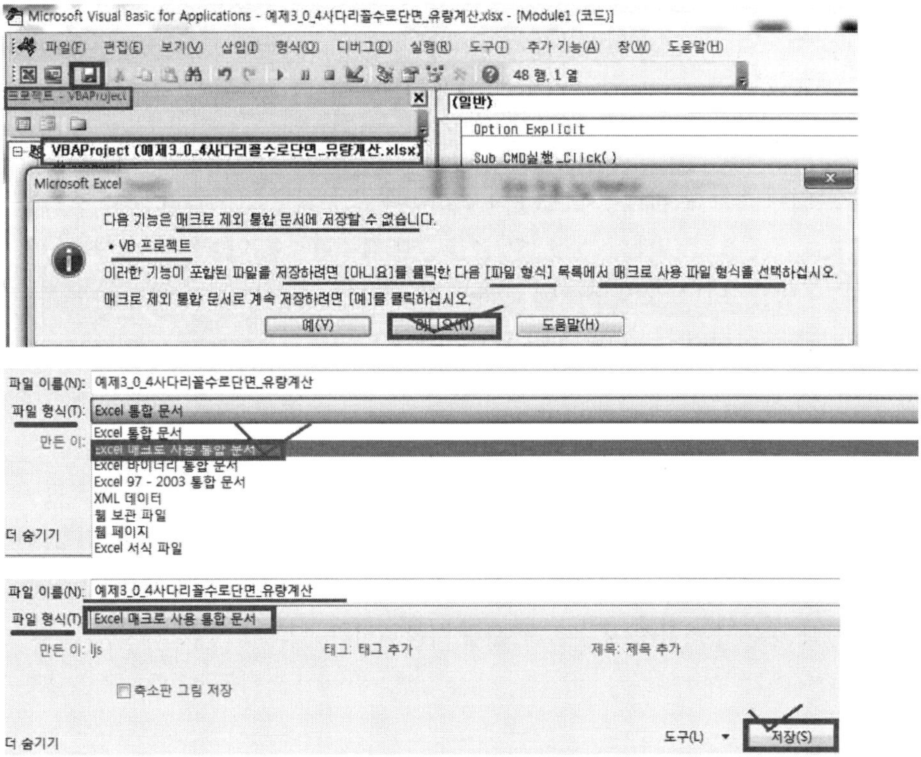

그림 예3.9.4 계산결과(파일) 저장

3.2 포트란·응용

포트란(Fortran)은 1954년 IBM(International Business Machines Corporation)에서 과학적인 계산을 하기 위해 시작된 컴퓨터 프로그램 언어로 수식(Formular) 변환기(Translator)의 약자이다. 포트란은 알골과 함께 과학 계산용으로 주로 사용되는 언어이며, 당시 7명의 전문가가 약 2년 반 동안에 걸쳐 완성한 것이 포트란의 기본을 이루었다. 그 후 미국 표준 협회(American National Standards Institute, ANSI)에서 이를 수정하고 능력을 확장시켜 포트란을 완성하였다(이종석, 2019).

포트란은 사칙연산 기호(+, −, *, / 등)를 그대로 사용할 수 있으며, 삼각함수·지수함수, 대수함수 등과 같은 기초적인 수학 함수들을 자연스럽게 불러내어 쓸 수 있으며, 최근 첨단 과학계산에서 필수적인 벡터, 행렬 계산기능 등이 내장되어 있는 과학기술 전문 언어이다. 또한 기후, 기상예측, 자원탐사, 우주항공, 유체·구조해석, 계산화학, 양자·분자 동역학 계산, 천문학, 인공위성을 포함한 군사과학, 자동차 선박 설계, 반도체설계, 금융계산 등 거의 모든 산업 분야의 초대형 과학계산 문제의 프로그래밍에 필수적인 언어이다. 특히 자연과학이나 공학에서의 중요한 거대한 계산문제들을 슈퍼컴퓨터들을 이용하여 해결하는데 있어서 C언어와 같이 범용 프로그래밍 언어에 속하는 프로그래밍언어들에 비해 탁월한 효율이 있는 과학계산 전문 언어이다. 1990년대까지 널리 사용되어왔던 Fortran 77, Fortran 90/95, Fortran 2003, Fortran 2008 등(장준호와 윤광렬, 2008; 전시영, 2016)으로 계속 진보하고 있다.

현재는 2018년 11월에 출시된 'Fortran 2018'(Fortran, 2018)을 5년간 보완·확장시킨 'Fortran 2023'(Fortran, 2023; Metcalf et al., 2023; Wikipedia, 2024)이 2023년 11월에 최근 버전으로 출시되었다. 이 책에서는 Visual Fortran(Compaq, v6.5) 프로그램이 각종 수리량 계산과 수문·수리학적 홍수추적 등에 사용되었다.

3.2.1 보정계수

에너지·운동량 보정계수(energy and momentum correction coefficient)는 흐름을 에너지·운동량 손실이 없는 이상유체로 가정하고 에너지·운동량 방정식을 적용할 때와 에너지·운동량 손실을 발생시키는 실제 흐름에서의 에너지·운동량 방정식에 사용되는 유속 간의 차이를 보정해주는 계수를 말한다.

(1) 에너지 보정계수

앞에서 기술한 것과 같이 수로 단면 내의 유속분포는 보통 한 점에서 다른 점까지 변화되므로 한 수로 단면 내 평균속도 수두(mean velocity head) $(V^2/2g)_m$는 평균유속 V_m을 사용하여 계산된 **속도수두**(velocity head) $V_m^2/2g$와 같지 않다. 이 차이는 **에너지 보정계수**(energy correction coefficient) α를 도입함으로써 고려·보정하게 될 것이다. 이 계수는 **속도수두계수** 또는 **Coriolis 계수**로 불리며, 다음과 같이 유도할 수 있다.

단위시간당 미소 단면적 ΔA를 통해 흐르는 유체질량$=\rho V\Delta A$이며, $\rho=$유체의 밀도이다. 속도 V에서 이동하는 질량 m의 **운동 에너지**(kinetic energy)$=(1/2)mV^2$이므로 단위시간당 미소 단면적 ΔA와 전단면적 A를 통해 변환된 운동 에너지는 각각 ΔE_k와 E_k로 다음과 같이 쓸 수 있다.

$$\Delta E_k = \frac{1}{2}\rho V \Delta A\, V^2 = \frac{1}{2}\rho V^3 \Delta A \tag{3.12a}$$

$$E_k = \frac{1}{2}\rho \int V^3 dA \tag{3.12b}$$

식 (3.12a)에서 액체의 단위중량인 γ에 대해 단위시간당 미소 단면적 ΔA를 통해 변환된 운동 에너지 $(\gamma V \Delta A) V^2/(2g)$ =단위시간당 미소 단면적 ΔA를 통해 통과하는 액체의 무게 ×속도수두로 쓸 수 있다. V_m이 수로 단면에 대한 평균유속이라면 단위시간당 총단면적을 통해 통과하는 액체 중량$=\gamma V_m \int dA$이고, 수로 단면에 대한 속도수두$=\alpha V_m^2/(2g)$이며, α =**속도수두계수**(velocity head coefficient)이므로 단위시간당 전체 단면적 A를 통해 변환된 운동에너지 E_k는 다음과 같이 쓸 수 있다.

$$E_k = \rho \alpha V_m \frac{V_m^2}{2} \int dA = \rho \alpha \frac{V_m^3}{2} \int dA \tag{3.13}$$

식 (3.12b)와 (3.13)에서 에너지 보정계수 α에 관한 다음 관계식을 얻을 수 있다.

$$\alpha = \frac{\int V^3 dA}{V_m^3 \int dA} \tag{3.14}$$

(2) 운동량 보정계수

한 수로 단면을 통해 바뀌는 **운동량 보정계수**(momentum correction coefficient)는 불균일한 유속분포를 보정하기 위해 도입되며, **Boussinesq 계수**라고도 하며 β로 표시한다. 운동량 보정계수에 대한 관계식은 에너지 보정계수와 마찬가지로 단위시간당 미소 단면적 ΔA를 통해 통과하는 유체의 질량($=\rho V \Delta A$)에서 유도할 수 있다.

단위시간당 미소 단면적 ΔA를 통해 통과하는 운동량 $M_{\Delta A} = (\rho V \Delta A) V = \rho V^2 \Delta A$이므로 이를 전체 단면적에 적분하면 다음 같이 단위시간당 총단면적 A를 통해 변환된 운동량 M_A에 관한 식을 얻는다.

$$M_A = \rho \int V^2 dA \tag{3.15}$$

운동량 보정계수 β를 도입함으로써 수로 단면에 대한 평균유속 V_m의 항으로 전체 단면적 A를 통해 변환된 운동량에 관한 식을 다음과 같이 쓸 수 있다.

$$M_A = \beta \rho V_m^2 \int dA \tag{3.16}$$

식 (3.15)와 식 (3.16)을 같게 놓고 정리하면 다음 식을 얻는다.

$$\beta = \frac{\int V^2 dA}{V_m^2 \int dA} \tag{3.17}$$

(3) 계산 예

에너지·운동량 보정계수에 대한 계산순서(flow chart)와 **수 계산표**(手 計算表, hand calculation worksheets)의 예는 **[예제 3.10, 3.11]**과 같다.

예제 3.10

수로 단면의 유속 분포식이 대략적으로 다음과 같이 표시될 때 다음 사항에 답하시오.

$$V = V_0 (z/h_0)^n \quad (\text{예}3.10.1)$$

여기서 V_0 = 수심 h_0점에서의 유속이고, V = 수심 z점에서의 유속이며, n = 상수인 지수이다.

1. 에너지 보정계수에 대한 관계식 유도
2. 운동량 보정계수에 대한 관계식 유도

[풀이]

1. 에너지 보정계수에 대한 관계식 유도

(1) 평균유속 V_m의 정의를 단면적 A를 도입하여 수심 h_0에 적용하면 다음과 같이 쓸 수 있다.

$$V_m = \int V dA / \int dA \quad (\text{예}3.10.2)$$

(2) 유도한 식 (예3.10.2)로부터 수로의 단위폭당($B=1$), 임의 수심 z에서의 미소단면적 dA에 대한 평균유속은 다음과 같이 구할 수 있다[$\because$ 미소단면적 $dA = Bdz (\leftarrow B=1) \rightarrow \therefore dA = dz$].

$$V_m = \int V dz / \int dz \quad (\text{예}3.10.3)$$

(3) 식 (예3.10.3)에 식 (예3.10.1)을 대입하고, 평균유속 V_m에 관한 식을 구하면 다음과 같다.

$$V_m = \frac{\int Vdz}{\int dz}\left[\leftarrow \int dz = h_0,\ \int Vdz = \int V_0\left(\frac{z}{h_0}\right)^n dz\right] = \frac{\int V_0\left(\frac{z}{h_0}\right)^n dz}{\int dz}$$

$$= \frac{V_0\frac{1}{h_0^n}}{h_0}\int z^n dz = \frac{V_0\frac{1}{h_0^n}}{h_0}\frac{1}{n+1}h_0^{n+1}$$

$$= \frac{V_0}{h_0}\frac{1}{n+1}h_0\left[\leftarrow h_0^{n+1}\frac{1}{h_0^n} = h_0^{n+1-n} = h_0\right] = \frac{V_0}{n+1}$$

$$\therefore\ V_m = \frac{V_0}{n+1} \qquad (\text{예}3.10.4)$$

(4) 식 (예3.10.1)과 식 (예3.10.4)를 에너지 보정계수 식 (3.14)에 대입하고 풀면 α를 구할 수 있다.

$$\alpha = \frac{\int V^3\,dA}{\int V_m^3\,dA} = \frac{\int\left[V_0\left(\frac{z}{h_0}\right)^n\right]^3 dz}{\int\left[\frac{V_0}{n+1}\right]^3 dz} = \frac{\frac{V_0^3}{h_0^{3n}}}{\left(\frac{V_0}{n+1}\right)^3}\frac{\int_0^{h_0}(z^n)^3\,dz}{\int_0^{h_0}dz}$$

$$= \frac{\frac{V_0^3}{h_0^{3n}}\frac{1}{3n+1}h_0^{3n+1}}{\left(\frac{V_0}{n+1}\right)^3 h_0} = \frac{\frac{V_0^3}{3n+1}\frac{h_0^{3n+1}}{h_0^{3n}}}{\frac{V_0^3}{(n+1)^3}h_0} = \frac{\frac{V_0^3}{3n+1}h_0^{3n+1-3n}}{\frac{V_0^3}{(n+1)^3}h_0} = \frac{(n+1)^3}{3n+1}$$

$$\therefore\ \alpha = \frac{(n+1)^3}{3n+1} \qquad (\text{예}3.10.5)$$

2. 운동량 보정계수에 대한 관계식 유도

(1) 식 (예3.10.1)과 (예3.10.4)를 운동량 보정계수 식 (3.17)에 대입하고 풀면 β를 구할 수 있다.

$$\beta = \frac{\int V^2 dA}{\int V_m^2\,dA} = \frac{\int\left[V_0\left(\frac{z}{h_0}\right)^n\right]^2 dz}{\int\left[\frac{V_0}{n+1}\right]^2 dz} = \frac{\frac{V_0^2}{h_0^{2n}}}{\left(\frac{V_0}{n+1}\right)^2}\frac{\int_0^{h_0}(z^n)^2\,dz}{\int_0^{h_0}dz}$$

$$= \frac{\frac{V_0^2}{h_0^{2n}}\frac{1}{2n+1}h_0^{2n+1}}{\left(\frac{V_0}{n+1}\right)^2 h_0} = \frac{\frac{V_0^2}{2n+1}\frac{h_0^{2n+1}}{h_0^{2n}}}{\frac{V_0^2}{(n+1)^2}h_0} = \frac{\frac{V_0^2}{2n+1}h_0^{2n+1-2n}}{\frac{V_0^2}{(n+1)^2}h_0} = \frac{(n+1)^2}{2n+1}$$

$$\therefore\ \beta = \frac{(n+1)^2}{2n+1} \qquad (\text{예}3.10.6)$$

예제 3.11

어떤 개수로의 흐름이 표 예3.11.1, 그림 예3.11과 같이 수심 1.2m의 측점별 유속분포를 갖는다. 저폭 10m이고, 측면경사 1.0인 사다리꼴 단면수로일 때 다음 사항에 답하시오.

1. 포트란 프로그램에 의한 에너지 보정계수의 결정
2. 포트란 프로그램에 의한 운동량 보정계수의 결정

표 예3.11.1 측점별 유속

번호	측점	수심(m)	유속(m/s)
7	6	1.2	5.00
6	5	1.0	4.87
5	4	0.8	4.72
4	3	0.6	4.53
3	2	0.4	4.27
2	1	0.2	3.87
1	0	0.0	0.00

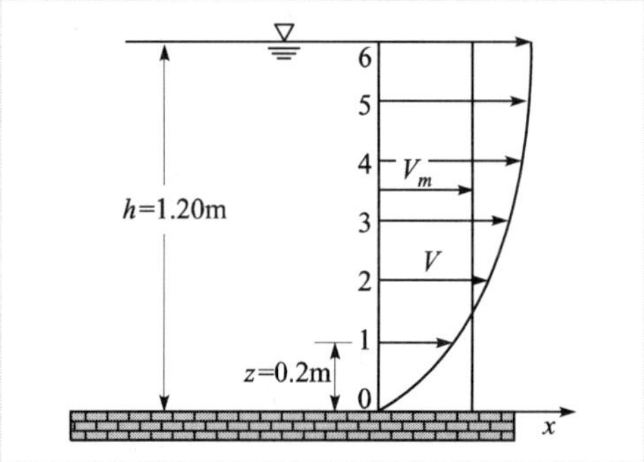

그림 예3.11 유속분포

[풀이]

1. 포트란 프로그램에 의한 에너지 보정계수의 결정

(1) 에너지 보정계수 $\alpha = \dfrac{\int V^3 dA}{\int V_m^3 dA}$ 의 계산식을 이용한다.

(2) 표 예3.11.2의 변수명으로 구성된 표 예3.11.3 프로그램(Chaudhry, 1993)을 사용하고, 표 예3.11.4(a)의 수심별 유속자료를 입력한 후 프로그램을 실행한다.

표 예3.11.2 에너지·운동량 보정계수 계산에 사용된 변수명

기호	변수명	기호	변수명
ALPHA	에너지 보정계수	S	측면경사(수직1 : 수평z)
BETA	운동량 보정계수	U	기지 수심에 대한 유속배열
B0	수로 저면 폭	VM	평균유속
N	유속분포 측정 수	Y	기지 유속에 대한 수심배열

표 예3.11.3 에너지 · 운동량 보정계수 산정 프로그램

```
      DIMENSION Y(20),U(20),F(20),VALUE(3)
      REAL LGTH
      OPEN(5,FILE='COE1.DAT',STATUS='OLD')
      OPEN(6,FILE='COE1.OUT')
      READ(5,*) B0,S
      READ(5,*) N,(Y(I),U(I),I=1,N)
      DO 10 J=1,3
      I=1
20    IF(I.LE.N) THEN
        F(I)=U(I)**J*(2*S*Y(I)+B0)
        I = I+1
        GO TO 20
      END IF
      CALL TRAP (N,Y,F,XINT)
      VALUE(J)=XINT
10    CONTINUE
      AR=(B0+S*Y(N))*Y(N)
      UM=VALUE(1)/AR
      BETA=VALUE(2)/(AR*UM**2)
      ALPHA=VALUE(3)/(AR*UM**3)
      WRITE(6,40) UM,B0,S
      WRITE(6,50) ALPHA, BETA
40    FORMAT(3X,'Trapezoidal rule'//,3X,'MEAN FLOW VELOCITY = ',F6.2/,3X,
     1 'CHANNEL BOTTOM WIDTH = ',F6.2,/3X,'CHANNEL LATERAL SLOPE = ',
     2 F6.2//)
50    FORMAT(2X,' * VELOCITY DISTRIBUTION COEFFICIENTS *'/,
     1 2X,'KINETIC ENERGY COEFFICIENT = ',F6.2/,2X,
     2 'MOMENTUM COEFFICIENT = ',F6.2)
      STOP
      END
      SUBROUTINE TRAP(N,Y,F,SUM)
      DIMENSION Y(20),F(20)
      SUM=0.0
      DO 10 I=1,N-1
       DY=Y(I+1)-Y(I)
       SUM=SUM+0.5*DY*(F(I+1)+F(I))
10    CONTINUE
      RETURN
      END
```

(3) 계산 결과는 표 예3.11.4(b)와 같이 평균유속, 수로 저면폭, 측면경사와 함께 에너지 보정계수 $\alpha=1.19$이 출력된다.

표 예3.11.4 에너지 · 운동량 보정계수의 입력 · 출력 결과

(a) 입력자료

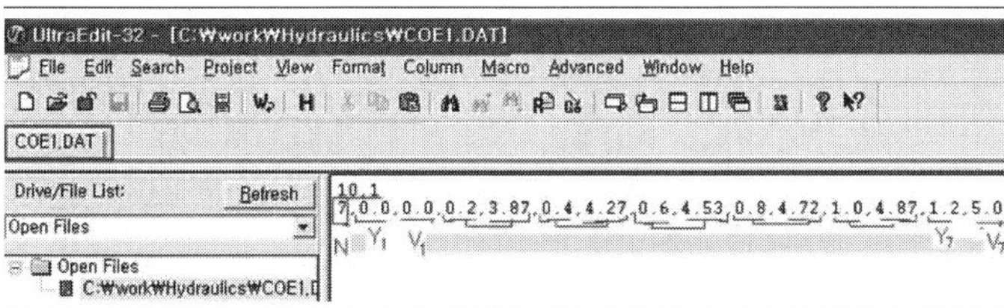

(b) 출력 결과

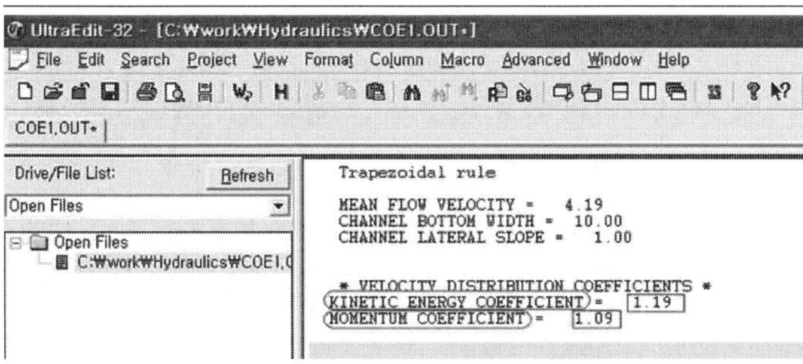

2. 포트란 프로그램에 의한 운동량 보정계수의 결정

(1) 운동량 보정계수 $\beta=\dfrac{\int V^2 dA}{\int V_m^2 dA}$ 의 계산식을 이용한다.

(2) 표 예3.11.2의 변수명으로 구성된 표 예3.11.3 프로그램을 사용하고, 표 예3.11.4(a)의 수심별 유속자료를 입력한 후 프로그램을 실행한다.

(3) 계산 결과는 표 예3.11.4(b)와 같이 평균유속, 수로 저면폭, 측면경사와 함께 운동량 보정계수 $\beta=1.09$이 출력된다.

3.2.2 등류·한계수심

수로 내 흐름을 해석하기 위해서는 보통 등류수심(normal depth) h_n을 아는 것이 필요하다. 특정 유량과 조도계수, 수로경사가 주어진 수로에서 가장 널리 사용되고 있는 Manning 공식에 의한 방법을 이용한 등류수심을 계산하는 여러 절차 등에 다룬다. 또한 사각형 단면이 아닌(nonrectangular) 사다리꼴·삼각형·원형단면 등에서 단면 특성이 일정한 **균일수로**(prismatic channel)내 **한계류**(critical flow)의 비에너지(specific energy)와 **한계수심**(critical depth)(이재수, 2007)에 관해 기술한다.

(1) 등류수심

① 기본 이론

Manning의 조도계수 n을 $1/k_s$로 변경하면 Strickler 공식에도 적용할 수 있다. 유량의 항으로 등류에 대한 Manning 공식을 이용하면 다음과 같다.

$$Q = AV = \frac{C_m}{n} AR_h^{2/3} S_0^{1/2} \tag{3.18}$$

여기서 C_m =단위환산계수로 **영국단위계**(customary English units)일 때 1.49이고, **국제단위계**(SI units)일 때는 1이다. 또한 A =유.수 단면적이고, V =평균유속이며, R_h = 동수반경(= A/P: P =윤변), S_0 =수로경사이다.

식 (3.18)에서 유수 단면적 A와 동수반경 R_h는 수로 횡단면과 수심 h의 함수인 반면에 조도계수 n은 **윤변**(wetted perimeter, 물과 접촉되는 표면의 길이)과 그 외 손실을 초래하는 요소들의 함수이다. 그러므로 수로 단면과 특정 수로경사가 주어진 경우에 대한 유량은 주어진 등류수심에 대해 계산할 수 있으나, 등류수심을 안다면 식 (3.18)을 이용해 바로 이 수심에 상응하는 유량을 결정할 수 있다.

식 (3.18)은 **통수능**(conveyance factor) $K = (C_m/n)AR_h^{2/3}$으로 표시하면 다음과 같이 쓸 수 있다.

$$Q = KS_0^{1/2} \tag{3.19}$$

여기서 통수능 K=등류수심과 수로 단면의 특성, **Manning 조도계수** n의 함수이다.

식 (3.18)은 단면계수(section factor) $Z_K = AR_h^{2/3}$을 이용하여 다음과 같이 표시할 수 있다.

$$AR_h^{2/3} = \frac{nQ}{C_m S_0^{1/2}} \tag{3.20}$$

여기서 식 (3.20) 우변은 결정된 수로 단면형에 대해 n, Q, S_0 값이 주어지면 좌변의 단면계수 Z_K는 등류수심을 함수로 하는 시산법과 **비선형 대수 방정식**(nonlinear algebraic equation)의 수치해를 이용해 결정할 수 있다. 또한 등류수심은 Chow(1959)에 의해 제시된 **그림 3.5**와 같이 '등류수심 계산곡선'을 이용하여 결정한다.

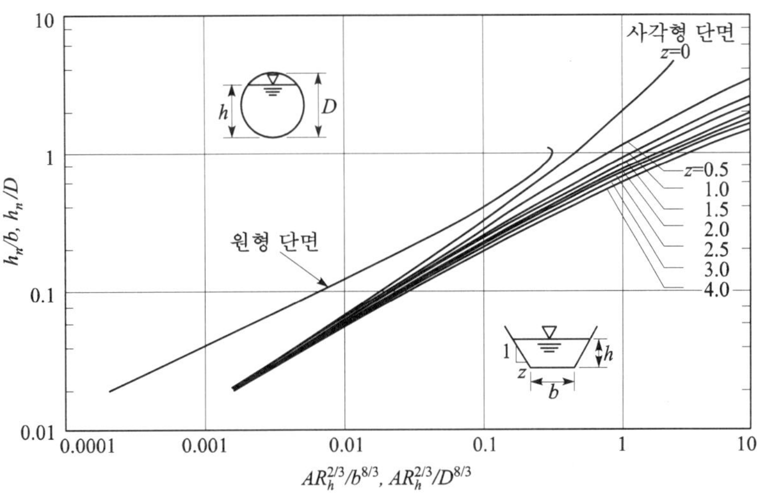

그림 3.5 등류수심 계산곡선

② 등류수심 계산곡선

원형과 사다리꼴 단면 수로에 대한 **등류수심 계산곡선**은 **그림 3.5**와 같다. 주어진 단면 수로에서 특정유량에 대한 n, Q, S_0 값을 알면 식 (3.20)의 우변을 계산할 수 있으므로 등류수심을 결정할 수 있다. 수로가 저면 폭 b인 사다리꼴 단면이면 저면 폭은 $b^{8/3}$로 계산하고, 지름 D인 원형 단면의 경우는 $D^{8/3}$로 계산된다. 이 결과 값은 사다리꼴 단면의 경우 $AR_h^{2/3}/b^{8/3}$과 같고, 원형 단면의 경우 $AR_h^{2/3}/D^{8/3}$과 같다. $AR_h^{2/3}/b^{8/3}$과 $AR_h^{2/3}/D^{8/3}$의 값에 상응하는 h_n/b 또는 h_n/D값은 **그림 3.5**에서 직접 읽어서 구할 수 있다.

③ 시산 절차

식 (3.20)의 우변에 주어진 n, Q, S_0 값을 대입하고, 좌변의 (해당 단면) 유수 단면적 A와 동수반경 R_h 산정, 미지 등류수심이 포함된 항의 식에 대입한 후 **시산 절차**(trial and error procedure)에 의해 결과 식을 풀면 등류수심을 구할 수 있다.

- 사다리꼴 단면(예; b=10m, z=2.0←아는 값 또는 가정);

$AR_h^{2/3}=\dfrac{nQ}{C_m S_0^{1/2}}$ [(우변←아는 값=n, Q, S_0 대입) 계산 값=상수]$=x_{kn}$

$A=(b+zh_n)h_n=(10+2h_n)h_n,\ R_h=\dfrac{A}{P}=\dfrac{(10+2h_n)h_n}{10+4.47h_n}$

$[\leftarrow P=b+2h_n\sqrt{(1+z^2)}=10+2h_n\sqrt{(1+2^2)}=10+4.47h_n]$

$\Rightarrow x_{kn}=AR_h^{2/3}=(10+2h_n)h_n[\dfrac{(10+2h_n)h_n}{10+4.47h_n}]^{2/3}$

⇨ $[h_n(10+2h_n)]^{5/3}-12.33(10+4.47h_n)^{2/3}=0(\leftarrow h_n=?)$

∴ 시산법 적용 h_n 결정

④ 수치해

식 (3.20)을 풀기 위한 방법으로 **이분법**(二分法, bisection method), **연차 근사법**(連次近似法, successive approximation), **Newton 법** 등의 몇 가지가 있다. Newton 법에 의한 등류수심 결정은 식 (3.20)을 다음과 같이 등류수심의 함수관계로 놓고, 이 함수를 등류수심에 대한 미분을 취해 구하는 방법이다.

$$F(h_n)=AR_h^{2/3}-\frac{nQ}{C_m S_0^{1/2}}=0 \tag{3.21}$$

식 (3.21)의 함수 F에 대한 1차 미분을 구하면 다음과 같이 쓸 수 있다.

$$\frac{dF}{dh_n}=\frac{d}{dh_n}\left[A\left(\frac{A}{P}\right)^{2/3}-\frac{nQ}{C_m S_0^{1/2}}\right]=\frac{d}{dh_n}\left(A^{5/3}P^{-2/3}-\frac{nQ}{C_m S_0^{1/2}}\right)=0 \tag{3.22a}$$

$$\frac{dF}{dh_n}=\frac{5}{3}P^{-2/3}A^{2/3}\frac{dA}{dh_n}-\frac{2}{3}A^{5/3}P^{-5/3}\frac{dP}{dh_n}=\frac{5}{3}bR_h^{2/3}-\frac{2}{3}R_h^{5/3}\frac{dP}{dh_n} \tag{3.22b}$$

여기서 $dA/dh_n=b$이고, 수직 V : 수평 H=1 : z인 사다리꼴 단면 수로의 $dP/dh_n=2\sqrt{1+z^2}$이며, 수로의 단면형에 따라 비슷한 식을 얻을 수 있다.

이 방법은 이분법과 같이 **[예제 3.12]**의 등류수심 결정과정을 통해 다룬다.

⑤ 계산 예

등류수심의 계산은 '계산 순서(도)(flow chart)'를 이용한 프로그램과 '수계산(표)(hand calculation worksheets)'에 의한 방법을 이용할 수 있으며, 이에 대한 예는 [예제 3.12]에서 다룬다.

예제 3.12

유량=30m^3/s를 이송하는 수직:수평=1:2의 측면경사를 갖는 저면 폭=10m인 사다리꼴 단면 수로는 조도계수=0.013, 수로경사=0.001일 때 다음 사항에 답하시오.

1. 계산곡선법을 이용한 등류수심 계산
2. 시산법에 의한 등류수심 계산
3. 수치해(프로그램)법에 의한 등류수심 결정

[풀이]

0. 주어진 사다리꼴 단면 수로의 조도계수 $n=0.013$, 유량 $Q=30\text{m}^3/\text{s}$, 수로경사 $S_0=0.001$, 저면 폭 $b=10\text{m}$, 측면경사 $z=2.0$을 이용한다.

1. 계산곡선법을 이용한 등류수심 계산

(1) 식 (3.20)의 우변에 주어진 n, Q, S_0를 대입하여 $AR_h^{2/3}$값을 구한다.

$$AR_h^{2/3}=\frac{0.013(30)}{1(0.001)^{1/2}}=12.33 \quad \text{(예3.12.1a)}$$

(2) 그림 3.5를 이용하기 위해 $AR_h^{2/3}/b^{8/3}$을 계산한다.

$$\frac{AR_h^{2/3}}{b^{8/3}}=\frac{12.33}{10^{8/3}}=0.026 \quad \text{(예3.12.1b)}$$

(3) 그림 3.5에서 $z=2.0$, $AR_h^{2/3}/b^{8/3}=0.026$일 때 $h_n/b=0.11$이므로 등류수심은 다음과 같다.

$\therefore\ h_n=b(0.11)=10(0.11)=1.1\text{m}$

2. 시산법에 의한 등류수심 계산

(1) 식 (예3.12.1a)의 $AR_h^{2/3}=12.33$에서 우변에 해당하는 주어진 수로 단면의 유수 단면적 = A, 윤변=P, 동수반경=R_h 값을 각각 구한다.

(2) $A=(b+zh_n)h_n=(10+2h_n)h_n$ (예3.12.2a)

(3) $P=b+2h_n\sqrt{(1+z^2)}=10+2h_n\sqrt{(1+2^2)}=10+4.47h_n$ (예3.12.2b)

(4) $R_h = \dfrac{A}{P} = \dfrac{(10+2h_n)h_n}{10+4.47h_n}$ (예3.12.2c)

(5) 식 (예3.12.2a)와 (예3.12.2c)를 식 (예3.12.1a)에 대입하고 정리하면 다음과 같은 결과 식을 유도할 수 있다.

$[h_n(10+2h_n)]^{5/3} - 12.33(10+4.47h_n)^{2/3} = 0$ (예3.12.3)

(6) 식 (예3.12.3)을 시산 절차에 의해 풀면 **표 예3.12.1**과 같이 등류수심 h_n=1.09m을 얻는다.

표 예3.12.1 시산법에 의한 등류수심 계산

h_n	=0	비고	h_n	=0	비고
1.0	$12^{5/3}-12.33(14.47)^{2/3}$ =62.897−73.216=−10.319	<	1.1	$13.42^{5/3}-12.33(14.917)^{2/3}$ =75.785−74.735=1.045	>
2.0	$28^{/3}-12.33(18.94)^{2/3}$ =258.184−87.609=170.575	>	1.08	$13.132^{5/3}-12.33(14.827)^{2/3}$ =73.094−74.415=−1.321	<

3. 수치해(프로그램)법에 의한 등류수심 결정

(1) 프로그램 해석을 위해 **표 예3.12.2**의 변수를 사용한 포트란 프로그램은 **표 예3.12.3**과 같다. 이분법과 Newton 법을 이용하였으며, 그 결과는 **표 예3.12.4**와 같다. 이분법의 초기치 큰 수심 YH=10m, 작은 수심 YL=0.5m를 각각 사용했다.

(2) 등류수심 계산에 사용된 변수명과 이분법, Newton 법의 포트란 프로그램은 각각 **표 예3.12.2**, **표 예3.12.3**과 같다.

표 예3.12.2 등류수심 계산에 사용된 변수명

이분법		Newton 법	
기호	변수명	기호	변수명
AR	유수 단면적의 산술적 함수	AR	유수 단면적의 설명함수
B0	수로 저면 폭	B0	수로 저면 폭
CMAN	Manning 조도계수	BW	수면 폭에 대한 설명함수
NR	동수반경의 산술적 함수	CMAN	Manning 조도계수
Q	유량	NR	동수반경의 설명함수
S	측면경사(수직1 : 수평z)	Q	유량
S0	수로경사	S	측면경사(수직1 : 수평z)
YL	초기치 작은 등류수심	S0	수로경사
YH	초기치 큰 등류수심	TOL	시산 허용치
YNORM	등류수심	Y	초기치 등류수심

표 예3.12.3 등류수심 계산용 포트란 프로그램

(a) 이분법

```
      AR(BO,S,Y)=(BO+S*Y)*Y
      HR(BO,S,Y)=((BO+S*Y)*Y)/(BO+2*Y*SQRT(1+S*S))
      OPEN(5,FILE='NOR1.DAT',STATUS='OLD')
      OPEN(6,FILE='NOR1.OUT')
      READ(5,*) Q,CMAN,BO,S,SO
      READ(5,*) YL,YH
      WRITE(6,8) YL,YH
      C1=(CMAN*Q)/SQRT(SO)
10    YNEW=(YL+YH)/2
      FL=AR(BO,S,YL)*HR(BO,S,YL)**0.6667-C1
      FYN=AR(BO,S,YNEW)*HR(BO,S,YNEW)**0.6667-C1
      IF(FL*FYN.LT.0.0) THEN
       ERR=ABS((YH-YNEW)/YNEW)
       YH=YNEW
       ELSE
       ERR=ABS((YL-YNEW)/YNEW)
       YL=YNEW
      END IF
      IF(ERR.GT.5E-03) GO TO 10
      YNORM=YNEW
      WRITE(6,20) Q,CMAN,BO,S,SO,YNORM
8     FORMAT(2X, 'BISECTION METHOD',//2X,'INITIAL ESTIMATE FOR YL = ',
     1 F6.2,' m',/2X,'INITIAL ESTIMATE FOR YH = ',F6.2,' m')
20    FORMAT(2X,'DISCHARGE = ',F6.2,'m3/s',/2X
     1,'MANNING N = ',F6.4,/2X,'CHANNEL BOTTOM WIDTH = ',F6.2,' m'/2X
     2,'SIDE SLOPE = ',F5.2,/2X,'CHANNEL BOTTOM SLOPE = ',F6.4,//2X,
     3'NORMAL DEPTH = ',F6.2,' m')
      STOP
      END
```

(b) Newton 법

```
      AR(BO,S,Y)=(BO+S*Y)*Y
      HR(BO,S,Y)=((BO+S*Y)*Y)/(BO+2*Y*SQRT(1+S*S))
      BW(BO,S,Y)=BO+2*S*Y
      OPEN(5,FILE='NOR2.DAT',STATUS='OLD')
      OPEN(6,FILE='NOR2.OUT')
      READ(5,*) Q,CMAN,BO,S,SO
      READ(5,*) Y,TOL
      WRITE(6,5) Y,TOL
      C1=(CMAN*Q)/SQRT(SO)
      C2=2*SQRT(1+S*S)
      ERR=1.0E06
10    IF(.NOT.(ERR.LT.TOL)) THEN
      FV=AR(BO,S,Y)*HR(BO,S,Y)**0.6667-C1
      DFDY=1.6667*BW(BO,2,Y)*HR(BO,S,Y)**0.6667-0.6667*HR(BO,S,Y)
     1          **1.6667*C2
      YNEW=Y-FV/DFDY
      ERR=ABS((YNEW-Y)/YNEW)
      Y=YNEW
      GO TO 10
      END IF
      WRITE(6,20) Q,CMAN,BO,S,SO,YNEW
5     FORMAT(2X,'NEWTON RAPHSON METHOD',//2X,'INITIAL ESTIMATE FOR Y =
     1 ',F6.2,' m',/2X,'TOLERANCE = ',F6.4)
20    FORMAT(2X,'DISCHARGE = ',F6.2,'m3/s',/2X
     1 ,'MANNING N = ',F6.4,/2X,'CHANNEL BOTTOM WIDTH = ',F6.2,' m'/2X
     2 ,'SIDE SLOPE = ',F5.2,/2X,'CHANNEL BOTTOM SLOPE = ',F6.4,//2X,
     3'NORMAL DEPTH = ',F6.2,' m')
      STOP
      END
```

(3) 프로그램을 이용해 구하기 위해 사용된 입력자료와 출력 결과는 표 예3.12.4와 같으며, 이들은 각 방법별로 비교할 수 있도록 제시하였다.

표 예3.12.4 두 방법의 입력자료와 출력결과 비교

(a) 이분법

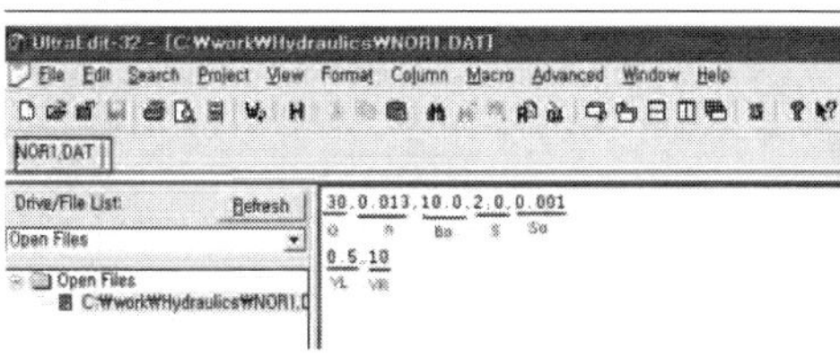

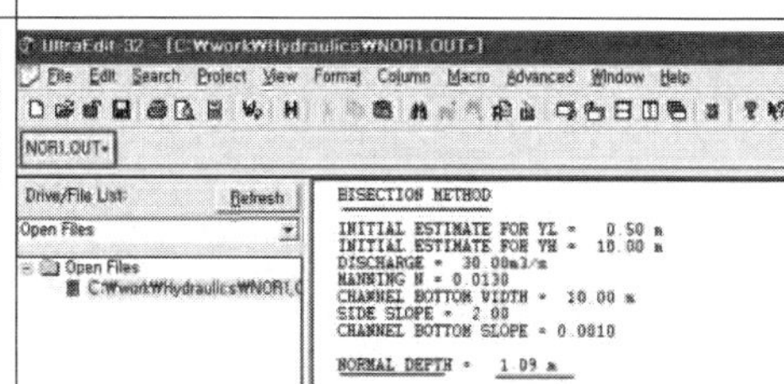

(b) Newton 법

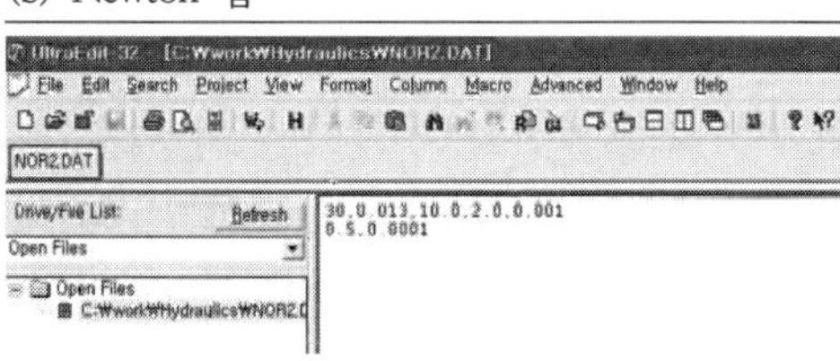

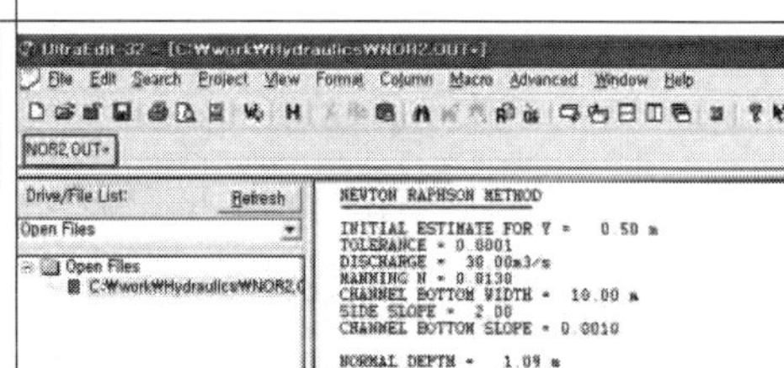

(4) 결정된 등류수심 $h_n = 1.09$m이다.

(2) 한계수심

한계수심에 관한 관계식은 수로바닥을 기준으로 하는 수심과 속도수두의 합인 비에너지에서 유도된다. 그러므로 비에너지를 최소로 하는 흐름상태인 한계류에서의 수심은 비에너지의 정의와 이에 대한 도함수에서 구할 수 있다.

① 비에너지

압력이 정수압 분포이고, 유속이 균일하게 분포한다는 가정 하에 한계수심을 유도하기 위한 **비에너지**(specific energy)는 다음과 같이 정의한다.

$$E = h + \frac{V^2}{2g} = h + \frac{Q^2}{2gA^2} \tag{3.23}$$

비에너지를 최소로 하는 수심은 $dE/dh = 0$이므로 식 (3.23)을 h에 관해 미분하고 이를 0으로 놓고 풀면 다음 식을 얻을 수 있다.

$$\frac{dE}{dh} = 1 - \frac{Q^2}{gA^3}\frac{dA}{dh} = 0 \tag{3.24}$$

균일형 단면 수로(prismatic channel)의 경우 식 (3.24)에서 $dA/dh = B$이므로 다음과 같이 쓸 수 있다.

$$1 - \frac{BQ^2}{gA^3} = 0 \tag{3.25a}$$

$$\frac{V^2}{2g} = \frac{D_h}{2} \tag{3.25b}$$

식 (3.25b)에서 $D_h = A/B$로 **수리수심**(hydraulic depth)이다. 다시 h에 관해 식 (3.24)를 미분하면 d^2E/dh^2이 보통 만족시키는 조건, $3B^2/A > dB/dh$로 주어지는 양이라는 것을 알 수 있다. 그러므로 비에너지 E는 $dE/dh = 0$일 때의 수심에서 최소이고, 이 때의 수심을 **한계수심**이라 한다. 이는 속도수두가 흐름이 한계상태일 때 수리수심의 반($= D_h/2$)임을 나타내는 식 (3.25b)에서 확인할 수 있다. 속도수두는 사각형 단면 수로에서 수심의 반이다.

한계수심에 대한 **Froude 수** $Fr_c = 1$이므로 식 (3.25)에서 Fr는 다음과 같이 쓸 수 있다.

$$Fr = \frac{V}{\sqrt{gD_h}} \tag{3.26}$$

불균일 유속분포를 갖는 급경사 수로 내 흐름에 대한 Fr는 수로경사 θ와 **에너지 보정계수** α를 도입하면 다음과 같이 쓸 수 있다.

$$Fr = \frac{V}{\sqrt{gD_h \frac{\cos\theta}{\alpha}}} \tag{3.27}$$

② 한계류의 응용

유량과 수심은 식 (3.25), (3.26)과 같이 흐름이 한계상태일 때 한 개의 유일한 관계식을 갖는다는 것을 비에너지의 특성에서 확인하였다. 이 유일한 관계식을 실용화하기 위한 몇 개의 유량측정 장치가 개발되었는데, 이를 **한계유량계**(critical flow meter)라 한다. 유량은 주어진 비에너지에서 흐름이 한계상태일 때 최대이므로 수로 위의 교량과 다른 구조물의 일정한 길이에 그 단면에서 한계류가 발생하도록 유도할 수 있다. 한계류는 수로 폭의 축소, 수로경사의 증가(=바닥 턱, bottom step) 또는 이 둘을 조합시킴으로써 수로 내에 발생시킬 수 있다. 이러한 수로 폭의 축소, 수로바닥의 턱 설치 또는 이 둘의 조합에 따른 특정 유량에 대한 상류(上流) 또는 하류의 수면이 영향을 받는 **폐색(부)**(閉塞部, choking)은 일정 유량조건에서 최소 비에너지 이하의 에너지를 가질 때 필요한 유량을 통수시키는데 불충분하게 되는 때의 흐름(Julien, 2022)이다.

1) 수로경사 증가

수로바닥의 높이를 크게 하기 위해 그림 3.6과 같이 턱을 설치하여 수면의 변화를 통해 한계류를 발생시켜 유량을 측정하는 방법이다. 수심은 바닥 턱이 설치된 점의 위쪽인 상류(上流, upstream flow)가 1보다 작은 Froude 수를 갖는 흐름인 **상류**(常流, subcritical flow)라면 바닥 턱이 설치될 때 커지고, 상류(上流)가 1보다 큰 **Froude 수**를 갖는 흐름인 **사류**(射流, supercritical flow)라면 작아진다. 또한 이 수심관계는 상류(上流)가 사류라면 하류의 수심은 증가하게 된다.

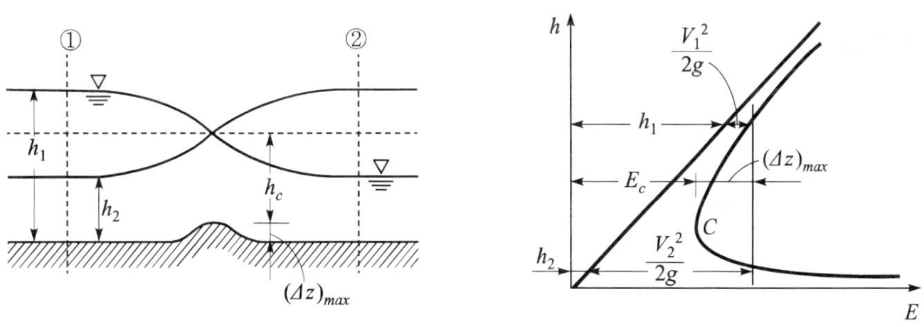

그림 3.6 바닥 턱에 대한 수면변화

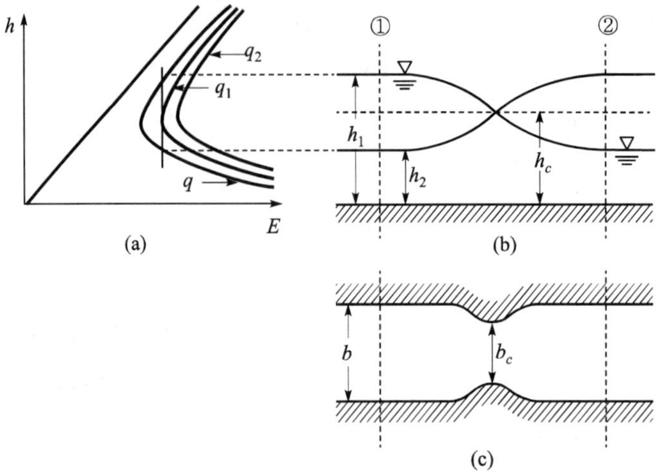

그림 3.7 수로바닥 폭의 축소에 따른 수면변화

2) 수로 폭 축소

흐름방향의 수로경사를 유지하면서 수로 바닥 폭을 좁게 하여 **그림 3.7**과 같이 수면의 변화를 통해 한계류를 발생시켜 유량을 측정하는 방법이다. 수심은 폭이 좁아진 점의 위쪽인 상류(上流)가 상류(常流)라면 폭이 축소될 때 작아지고, 상류(上流)가 사류(射流)라면 증가한다.

예제 3.13

폭=60m,수심=5m인 사각형 단면 하천에 최대 420m^3/s의 유량이 흐르는 지점에 교량을 설치하려고 한다. 다음 사항에 답하시오.

1. 상류수위(upstream stage)에 영향을 받지 않는 최소 교량 폭의 결정

[풀이]

1. 상류수위(upstream stage)에 영향을 받지 않는 최소 교량 폭의 결정

(1) 평균유속 V 계산 : 연속 방정식을 이용한다.

$$V=\frac{Q}{A}=\frac{Q}{bh}=\frac{420}{60\times 5}=1.40\text{m/s}$$

(2) 상류 수심에 대한 비에너지 E 계산

$$E=h+\frac{V^2}{2g}=5+\frac{1.4^2}{2\times 9.8}=5.10\text{m}$$

(3) 상류 비에너지에 해당하는 한계수심 h_c 계산

주어진 상류의 비에너지가 교량설치 지점 최대 유량에 대한 한계상태이므로 이에 대한 한계수심은 다음과 같이 구한다.

$h_c = \frac{2}{3}E = \frac{2}{3} \times 5.10 = 3.40\text{m}$

(4) 단위폭당 유량 q 계산

① 사각형 단면으로 $h_c = \left(\frac{q^2}{g}\right)^{1/3}$, $h_c^3 = \frac{q^2}{g}$

$q = (gh_c^3)^{1/2} = [9.8 \times (3.4)^3]^{1/2} = 19.62\text{m}^3/\text{s}/\text{m}$

② $q = \frac{Q}{b_{\min}}$ $\therefore$ $b_{\min} = \frac{Q}{q} = \frac{420}{19.62} = 21.40\text{m}$

(5) 최소 수로 폭 $b_{\min}$ 결정

① 상류 수심의 영향을 받지 않고 유량을 배제시킬 수 있는 최소 수로 폭 $b_{\min}$=21.40m이다.

② ∴ 교량의 폭은 최소 수로 폭으로 결정하면 된다.

③ 계산 예

개수로의 해석과 설계를 위해서는 한계수심을 계산하는 것이 필요하다. 일정한 단면을 갖는 수로 단면에서 한계수심을 계산하는 절차는 앞에서 설명한 등류계산의 경우와 마찬가지로 **한계수심 계산곡선**, 시산법, 수치해에 의해 구한다.

특정 유량에 대한 한계수심은 Fr=1에서 구하며, 유속의 불균일분포 영향은 에너지 보정계수 α를 도입함으로써 보완된다. 수로경사 θ가 크다면 식 (3.27)을 이용하고 연속 방정식을 도입하면 다음 식으로 구할 수 있다.

$$\frac{V}{\sqrt{gD_h(\cos\theta/\alpha)}} = 1 \tag{3.28a}$$

$$\frac{Q/A}{\sqrt{gD_h(\cos\theta/\alpha)}} = 1 \tag{3.28b}$$

$$A\sqrt{D_h} = \frac{Q}{\sqrt{g(\cos\theta/\alpha)}} \tag{3.28c}$$

$$Z = \frac{Q/\sqrt{\cos\theta}}{\sqrt{g/\alpha}} \tag{3.28d}$$

식 (3.28)의 좌변은 수로 단면의 특성과 한계수심의 함수이므로 수로 단면에 대한 $A\sqrt{D_h}$가 수심 h에 따라 단조롭게 증가한다면 한계수심만의 함수이다. 수로 내 h_c의 주어진 값에서 한계류는 유량의 한 개 값에서만 존재 가능하다. 한계수심은 식 (3.20)을 이용해 시산법과 비선형 대수 방정식(nonlinear algebraic equation)의 수치해, Chow(1959)에 의한 **그림 3.8**로 구할 수 있다.

1) 한계수심 계산곡선

그림 3.8을 이용한 한계수심의 결정은 한계류에 대한 **단면계수**(section factor) $Z_c = A\sqrt{D_h}$로 정의하여 결정할 수 있다. 주어진 단면 수로에서 특정 유량에 대한 n, Q, S_0 값을 알면 식 (3.20)의 좌변을 계산할 수 있으므로 한계수심을 결정할 수 있다. 원형 수로의 지름 D 또는 사다리꼴 단면 수로의 저면 폭 b에 대해 $D^{2.5}$ 또는 $b^{2.5}$ 값을 하고, $Z_c/D^{2.5}$ 또는 $Z_c/b^{2.5}$를 같게 놓는다. 그리고 **그림 3.8**에서 $Z_c/D^{2.5}$ 또는 $Z_c/b^{2.5}$에 상응하는 h_c/D 또는 h_c/b를 바로 읽어 한계수심을 구한다.

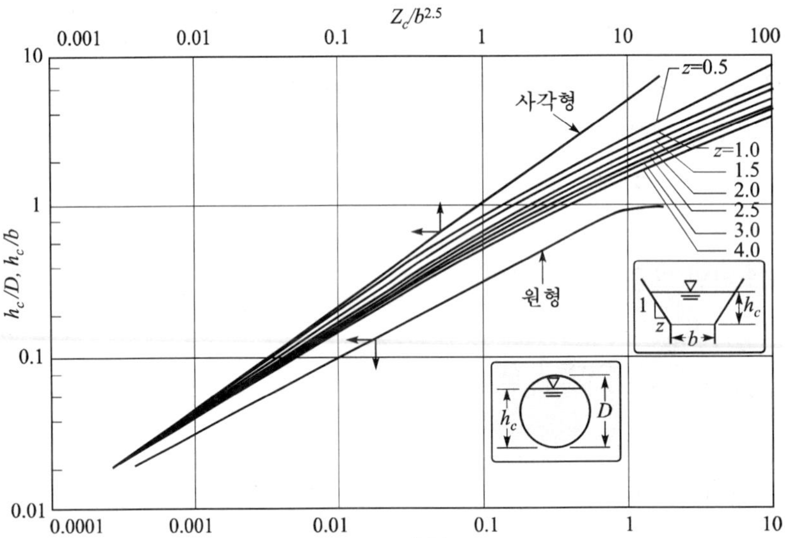

그림 3.8 한계수심 계산곡선

2) 시산 절차

식 (3.28)에 주어진 n, Q, S_0 값을 대입하고, 유수 단면적 A와 수리수심 D_h에 대한 식에 대입한 후 시산 절차(trial and error procedure)에 의해 결과 식을 풀면 한계수심을 구할 수 있다.

3) 수치해

식 (3.28)을 풀기 위한 수치해 방법 중 **이분법**, **Newton 법**을 이용해 한계수심을 계산하면 되는데, **Newton 법**은 대수 방정식의 해를 구하기 위해 수심에 관한 다음 식을 이용한다.

$$F(h) = 0 \tag{3.29}$$

식 (3.28)에 수리수심 $D_h = A/B$를 대입하고 정리하면 다음과 같이 쓸 수 있다.

$$F(h) = A^{3/2}B^{-1/2} - \frac{Q/\sqrt{\cos\theta}}{g/\alpha} = 0 \tag{3.30}$$

Newton 법에 의해 식 (3.30)을 풀기 위해서는 수심에 관한 미분 dF/dh가 필요한데, 이는 식 (3.30)을 수심 h에 관해 미분하고, $dA/dh = B$로 놓음으로써 다음 식을 얻는다(Chaudhry, 2008).

$$\frac{dF}{dh} = \frac{3}{2}A^{1/2}BB^{-1/2} - \frac{1}{2}A^{3/2}B^{-3/2}\frac{dB}{dh} \tag{3.31a}$$

$$\frac{dF}{dh} = \frac{3}{2}A^{1/2}B^{1/2} - \frac{1}{2}\left(\frac{A}{B}\right)^{3/2}\frac{dB}{dh} \tag{3.31b}$$

여기서 수직V : 수평H=1 : z인 사다리꼴 단면 수로의 $dB/dh = 2z$이며, 이는 수로의 단면형에 따라 비슷한 관계를 얻을 수 있다.

이 방법에서 반복과정(iterative procedure)은 한계수심 h_c에 대한 초깃값을 필요로 한다. 반복회수는 초깃값이 실제 한계수심에 근사할수록 줄일 수 있다. 사다리꼴 단면 수로에 대한 대략적인 초깃값은 다음과 같이 폭 b인 사각형 단면의 한계수심을 사용할 수 있다.

$$h_c = \left(\frac{Q^2}{gb^2}\right)^{1/3} \tag{3.32}$$

수치해의 이분법과 Newton 법을 이용한 한계수심 계산은 **[예제 3.14]**의 계산 예를 통해 다룬다.

예제 3.14

유량=30m^3/s를 통수하는 수직:수평=1:2의 측면경사를 갖고, 저면 폭=10m인 사다리꼴 단면 수로가 수로경사=0.0(수평), 에너지 보정계수=1일 때 다음 사항에 답하시오.

1. 계산곡선법을 이용한 한계수심 계산
2. 시산법을 이용한 한계수심 계산
3. 수치해를 이용한 한계수심 계산

[풀이]

0. 주어진 사다리꼴 단면 수로의 유량 Q=30m^3/s, 수로경사 S_0=0.0, 저면 폭 b=10m, 측면경사 z=2.0, 에너지 보정계수 α=1을 이용한다.

1. 계산곡선법을 이용한 한계수심 계산

(1) 식 (3.28d)의 좌변에 주어진 Q, θ, g, α를 대입하여 한계상태의 단면계수 Z_c와 $Z_c/b^{2.5}$를 구한다.

$$Z_c = \frac{Q/\sqrt{\cos\theta}}{\sqrt{g/\alpha}} = \frac{30/\sqrt{\cos 0°}}{\sqrt{9.8/1}} = 9.58 \qquad (예3.14.1a)$$

$$\frac{Z_c}{b^{2.5}} = \frac{9.58}{10^{2.5}} = 0.030 \qquad (예3.14.1b)$$

(2) 그림 3.8을 이용하여 z=2.0에서 가로축 $Z_c/b^{2.5}$=0.030에 상응하는 h_c/b=0.09를 결정한 후 한계수심을 구한다.

$$h_c = 0.09b = 0.09 \times 10 = 0.9\text{m} \qquad (예3.14.2)$$

2. 시산법을 이용한 한계수심 계산

(1) 식 (3.28c)의 우변에 주어진 Q, θ, g, α를 대입하고 우변을 정리하면 $A\sqrt{D_h}$를 구한다.

$$A\sqrt{D_h} = \frac{30}{\sqrt{9.8(\cos 0°/1)}} = \frac{30}{\sqrt{9.8}} = 9.58 \qquad (예3.14.3)$$

(2) 특정 수로 단면에 대한 $A\sqrt{D_h}$가 9.58에 해당하는 수심 h_c를 결정해야 한다. 이를 위해 사다리꼴 단면의 유수 단면적=A, 저면 폭=b, 수리수심=D_h을 구한다.

$$A = (b + zh_c)h_c = (10 + 2h_c)h_c \qquad (예3.14.4a)$$

$$B = b + 2zh_c = 10 + 2(2)h_c = 10 + 4h_c \qquad (예3.14.4b)$$

$$D_h = \frac{A}{B} = \frac{(10 + 2h_c)h_c}{10 + 4h_c} \qquad (예3.14.4c)$$

(3) 식 (예3.14.3)의 좌변에 식 (예3.14.4)를 대입하여 $A\sqrt{D_h}$ 에 관한 다음 식을 얻는다.

$$(A\sqrt{D_h}=)(10+2h_c)h_c\sqrt{\frac{(10+2h_c)h_c}{10+4h_c}}=9.58 \quad \text{(예3.14.5)}$$

(4) 식 (예3.14.5)를 간단히 정리하면 다음 식과 같다.

$$[(10+2h_c)h_c]^{3/2}-9.58\sqrt{(10+4h_c)}=0 \quad \text{(예3.14.6)}$$

(5) 식 (예3.14.6)을 **표 예3.14.1**과 같이 시산 절차에 의해 풀면 한계수심 $h_c=0.91\text{m}$를 얻는다.

표 예3.14.1 시산법에 의한 한계수심의 계산

h_n	=0	비고	h_n	=0	비고
1.0	$12^{3/2}-9.58(14)^{1/2}=$ 41.569−35.845=5.724	>	0.9	$10.62^{3/2}-9.58(13.6)^{1/2}=$ 34.608−35.329=−0.721	<
1.5	$19.5^{3/2}-9.58(16)^{1/2}=$ 86.109−38.32=47.789	>	0.91	$10.756^{3/2}-9.58(13.64)^{1/2}=$ 35.275−35.381=−0.106	≒OK

3. 수치해를 이용한 한계수심 계산

(1) **표 예3.14.2**의 변수를 이용한 사다리꼴 단면수로에 대한 프로그램은 **표 예3.14.3**과 같다.

(2) 수치해에는 이분법과 Newton 법을 이용하였으며, Newton 법의 초기치 수심은 식 (3.32)에 의해 결정된 YI=5.0m를 사용하였고, 이분법에 대한 초기치 수심 YL과 YH는 0.1m, 10m가 사용되었다.

표 예3.14.2 한계수심 계산에 사용된 변수명

이분법		Newton 법	
기호	변수명	기호	변수명
ALPHA	에너지 보정계수	ALPHA	에너지 보정계수
B0	수로 저면 폭	B0	수로 저면 폭
G	중력가속도	G	중력가속도
Q	유량	Q	유량
S	측면경사(수직1 : 수평z)	S	측면경사(수직1 : 수평z)
THETA	수로경사	THETA	수로경사
TOLER	특정 허용한계	TOLER	특정 허용한계
YC	한계수심	YC	한계수심
YL	초기치 작은 한계수심	YI	초기치 한계수심
YH	초기치 큰 한계수심		

표 예3.14.3 한계수심 계산 프로그램

(a) 이분법

```
      OPEN(5,FILE='CRI1.DAT',STATUS='OLD')
      OPEN(6,FILE='CRI1.OUT')
      READ(5,*) Q,BO,S,YL,YR,G,ALPHA,THETA,TOLER
      WRITE(6,6)
6     FORMAT(5X,'BISECTION METHOD'//)
      WRITE(6,20) Q,BO,S,YL,YR,G,ALPHA,THETA
20    FORMAT(3X,'DISCHARGE =',F8.2,' M3/S'/3X,'BOTTOM WIDTH =',F5.2,
     1     ' M'/3X,'SIDE SLOPE =',F4.2/3X,'INITIAL ESTIMATE FOR YL =',
     2      F5.2,' M'/3X,'INITIAL ESTIMATE FOR YR =',F5.2,' M'/
     3      3X,'G =',F5.2,' M/S2'/3X,'ALPHA =',F5.2/3X,'THETA =',
     4      F5.2,' DEG'/)
      THETA=0.0349*THETA
      CONST=(Q/COS(THETA))/SQRT(G/ALPHA)
      DBDY=2.*S
      K=0
30    K=K+1
      IF (K.GT.50) GO TO 80
      B=BO+2.*S*YI
      A=0.5*(BO+B)*YI
      F=A**1.5/SQRT(B)-CONST
      IF (F.LT.0.0) YL=YI
      IF (F.GT.0.0) YR=YI
      IF (ABS(F).LE.TOLER) GO TO 60
      YI=0.5*(YL+YR)
      GO TO 30
60    YC=0.5*(YL+YR)
      WRITE(6,70) YC
70    FORMAT(5X,'CRITICAL DEPTH =',F6.2,' M')
      GO TO 90
80    WRITE(6,85)
85    FORMAT(10X,'ITERATIONS FAILED')
90    STOP
      END
```

(b) Newton 법

```
      OPEN(5,FILE='CRI2.DAT',STATUS='OLD')
      OPEN(6,FILE='CRI2.OUT')
      READ(5,*) Q,BO,S,YI,G,ALPHA,THETA,TOLER
      WRITE (6,6)
6     FORMAT (5X,'NEWTON-RAPHSON METHOD'/)
      WRITE(6,20) Q,BO,S,YI,G,ALPHA,THETA,TOLER
20    FORMAT(3X,'DISCHARGE =',F8.2,' M3/S'/3X,'BOTTOM WIDTH =',F5.2,
     1     ' M'/3X,'SIDE SLOPE =',F4.2/3X,'INITIAL ESTIMATE FOR YC =',
     2      F5.2,' M'/3X,'G =',F5.2,' M/S2'/3X,'ALPHA =',F5.2/
     3      3X,'CHANNEL BOTTOM SLOPE =',F5.2,' DEGREES'/
     4      3X,'SPECIFIED TOLERANCE FOR CONVERGENCE OF ITERATIONS =',
     5       F6.3,' M'/)
      THETA=0.034906*THETA
      CONST=(Q/SQRT(COS(THETA)))/SQRT(G/ALPHA)
      DBDY=2.*S
      K=0
30    K=K+1
      IF (K.GT.50) GO TO 80
      B=BO+2.*S*YI
      A=0.5*(BO+B)*YI
      F=A**1.5/SQRT(B)-CONST
      FD=1.5*SQRT(A*B)-0.5*((A/B)**1.5)*DBDY
      DY=F/FD
      YI=YI-DY
      IF (ABS(DY).LE.TOLER) GO TO 60
      GO TO 30
60    WRITE(6,70) YI
70    FORMAT(5X,'CRITICAL DEPTH =',F6.2,' M')
      GO TO 90
80    WRITE(6,85)
85    FORMAT(10X,'ITERATIONS FAILED')
90    STOP
      END
```

(3) 프로그램에 의해 산정하기 위한 입력자료와 출력 결과는 표 예3.14.4와 같으며, 이들은 각 방법별로 비교할 수 있도록 제시하였다.

표 예3.14.4 두 방법의 입력자료와 출력 결과 비교

(a) 이분법

```
UltraEdit-32 - [C:₩Fortran₩CRI1.DAT]
File Edit Search Project View Format Column Macro Advanced Window Help

30.0,10.0,2.0,0.10,10.0,9.80,1.0,0.0,0.001
 Q    BO   S   YL   YR    G  ALPHA THETA TOLER
```

```
UltraEdit-32 - [C:₩Fortran₩CRI1.OUT*:1]
File Edit Search Project View Format Column Macro Advanced Window Help

     BISECTION METHOD

   DISCHARGE =   30.00 m3/s
   BOTTOM WIDTH =10.00 m
   SIDE SLOPE =2.00
   INITIAL ESTIMATE FOR YL = 0.10 m
   INITIAL ESTIMATE FOR YH =10.00 m
   G = 9.80 m/s2
   ALPHA = 1.00
   THETA = 0.00 DEG

     CRITICAL DEPTH hc =  0.91 m
```

(b) Newton 법

```
UltraEdit-32 - [C:₩Fortran₩CRI2.DAT*]
File Edit Search Project View Format Column Macro Advanced Window Help

30.0,10.0,2.0,5.0,9.80,1.0,0.0,0.001
 Q    BO   S   YI   G  ALPHA THETA TOLER
```

```
UltraEdit-32 - [C:₩Fortran₩CRI2.OUT*]
File Edit Search Project View Format Column Macro Advanced Window Help

     NEWTON-RAPHSON METHOD

   DISCHARGE =  30.000 m3/s
   BOTTOM WIDTH =10.00 m
   SIDE SLOPE =2.00
   INITIAL ESTIMATE FOR hc = 5.00 m
   G = 9.80 m/s2
   ALPHA = 1.00
   CHANNEL BOTTOM SLOPE = 0.00 DEGREES
   SPECIFIED TOLERANCE FOR CONVERGENCE OF ITERATIONS = 0.001 m

     CRITICAL DEPTH hc =  0.91 m
```

(4) 표 예3.14.4와 같이 결정된 한계수심은 0.91m이다.

예제 3.15

그림 예3.15.1과 같이 조도계수 n=0.013이고, 수로경사 S_0=0.0001이며, 지름 D=10m인 콘크리트 암거 여수로(concrete culvert spillway)에 연직 수문(sluice gate)이 설치되어 있다. 이 수문을 통하여 유량 Q=100m^3/s가 방류될 때 다음 사항에 답하시오.

1. 등류수심(normal depth) 계산 2. 한계수심(critical depth) 계산
3. 대응수심(alternate depth) 계산 4. 비에너지(specific energy) 관계곡선 작성

[풀이]

0. 예비 작업

(1) 그림 예3.15.1과 같이 지름 D인 암거단면(closured conduit)의 중심각 θ(rad)를 비롯한 수리적 요소를 다음과 같이 구한다.

① 중심각 θ(rad)의 계산;

$$\cos\frac{\theta}{2}=\frac{h'}{r}(\leftarrow h'=r-h)=\frac{r-h}{r}=(1-\frac{h}{r})$$

$$\frac{\theta}{2}=\cos^{-1}(1-\frac{h}{r})(\leftarrow r=\frac{D}{2})=(1-\frac{2h}{D})$$

$$\therefore \theta=2\cos^{-1}(1-\frac{2h}{D}) \quad \text{(예3.15.1a)}$$

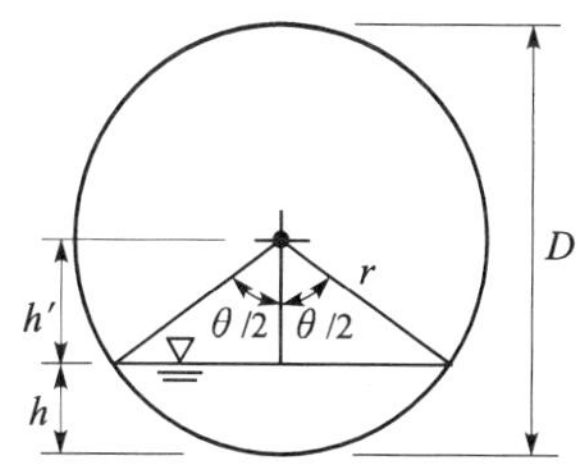

그림 예3.15.1 암거단면과 기호 정의

② 수심 h의 계산; $h=r[1-\cos(\theta/2)]$ (예3.15.1b)

③ 유수단면적 A의 계산; $A=0.5r^2(\theta-\sin\theta)$ (예3.15.1c)

④ 윤변 P의 계산; $P=r\theta$ (예3.15.1d)

⑤ 동수반경 R_h의 계산; $R_h=\dfrac{A}{P}=0.5r(1-\dfrac{\sin\theta}{\theta})$ (예3.15.1e)

⑥ 수면폭 B의 계산; $B=2r\sin(\theta/2)$ (예3.15.1f)

⑦ 수리(평균)수심 D_h의 계산 ; $D_h=\dfrac{A}{B}=\dfrac{0.25r(\theta-\sin\theta)}{\sin(\theta/2)}$ (예3.15.1g)

1. 등류수심 계산;

(1) 주어진 값 D=10m, r=5m, n=0.012, Q=100m^3/s, S_0=0.0001을 Manning의 평균유속 공식을 이용하여 다음과 같이 단면계수 항으로 정리한다.

(2) Manning의 평균유속공식과 주어진 n, Q, S_0를 이용하여 등류수심을 시산법에 의해 구한다.

(3) 값을 아는 변수는 좌변에 모르는 변수는 우변으로 식 (예3.15.2)와 같이 정리한다.

$$AR_h^{2/3}(=\frac{A^{5/3}}{P^{2/3}})=\frac{nQ}{S_0^{1/2}} \quad \text{(예3.15.2)}$$

(4) 식 (예3.15.2)의 좌변(단면적 A, 동수반경 R_h)에 두 개의 미지수 h와 θ를 함수로 하는 식

(예3.15.1a)와 우변(n, Q, S_0)에 주어진 값을 대입하고 정리하면 다음과 같다.

$$\left(\frac{[0.5r^2(\theta-\sin\theta)]^{5/3}}{(r\theta)^{2/3}}=\right)\frac{[12.5(\theta-\sin\theta)]^{5/3}}{(5\theta)^{2/3}}\left(=\frac{0.012\times100}{0.0001^{1/2}}\right)=120 \quad (예3.15.3)$$

(5) 엑셀을 이용하여 식 (예3.15.3)을 표 예3.15와 같이 계산한다.

① 표 예3.15 "C" 셀의 값 $A^{5/3}/P^{2/3}$가 "A" 셀의 h값을 대입했을 때 "120(또는 가장 근사)" 값을 찾는다.

② 본 예제의 "120"을 만족하는 수심 $h(=h_n)$=6.95m이다.

③ ∴등류수심 h_n=6.95m이다.

표 예3.15 엑셀에 의한 등류·한계·대응수심과 비에너지의 계산

	A	B	C	D	E	F	G	H	I
1			120				Fr^2	E(m)	h_v(m)
2	h(m)	θ(rad)	$A^{5/3}/P^{2/3}$	R_h(m)	B(m)	D_h(m)	Q^2B/gA_c^3	$h+[Q^2/(2gA^2)]$	E-h
3	θ		$nQ/S_0^{1/2}$						$Q^2/(2gA^2)$
4	1.56	1.624	7.6	0.96	7.26	1.08	15.49	9.90	8.34
5	1.60	1.646	8.0	0.99	7.33	1.11	14.02	9.35	7.75
6	1.65	1.673	8.6	1.01	7.42	1.14	12.42	8.74	7.09
7	1.70	1.700	9.1	1.04	7.51	1.18	11.05	8.21	6.51
8	1.83	1.768	10.6	1.11	7.73	1.27	8.27	7.09	5.26
9	2.00	1.855	12.7	1.21	8.00	1.40	5.84	6.08	4.08
10	2.10	1.904	14.0	1.26	8.15	1.47	4.82	5.65	3.55
11	2.15	1.929	14.7	1.29	8.22	1.51	4.40	5.47	3.32
12	2.20	1.953	15.4	1.31	8.28	1.55	4.02	5.31	3.11
13	2.30	2.001	16.8	1.36	8.42	1.62	3.38	5.04	2.74
14	2.40	2.048	18.3	1.42	8.54	1.70	2.86	4.83	2.43
15	2.50	2.094	19.8	1.47	8.66	1.77	2.44	4.66	2.16
16	2.60	2.140	21.4	1.52	8.77	1.85	2.10	4.54	1.94
17	2.70	2.186	23.1	1.57	8.88	1.93	1.81	4.44	1.74
18	2.80	2.230	24.8	1.61	8.98	2.00	1.57	4.37	1.57
19	**3.14**	**2.379**	**30.9**	**1.77**	**9.28**	**2.27**	**1.01**	**4.29**	**1.15**
20	3.50	2.532	38.0	1.93	9.54	2.57	0.66	4.35	0.85
21	3.60	2.574	40.1	1.98	9.60	2.65	0.59	4.39	0.79
22	3.70	2.616	42.2	2.02	9.66	2.74	0.53	4.43	0.73
23	3.80	2.657	44.4	2.06	9.71	2.82	0.48	4.48	0.68
24	3.90	2.698	46.5	2.10	9.75	2.91	0.44	4.53	0.63
25	4.00	2.739	48.8	2.14	9.80	2.99	0.40	4.59	0.59
26	4.10	2.780	51.0	2.18	9.84	3.08	0.36	4.66	0.56
27	4.15	2.800	52.1	2.20	9.85	3.13	0.34	4.69	0.54
28	4.20	2.820	53.3	2.22	9.87	3.17	0.33	4.72	0.52
29	4.30	2.861	55.6	2.26	9.90	3.26	0.30	4.79	0.49
30	4.40	2.901	57.9	2.29	9.93	3.35	0.27	4.86	0.46
31	4.50	2.941	60.3	2.33	9.95	3.45	0.25	4.93	0.43
32	4.60	2.981	62.6	2.37	9.97	3.54	0.23	5.01	0.41
33	4.70	3.022	65.0	2.40	9.98	3.63	0.21	5.09	0.39
34	4.80	3.062	67.5	2.43	9.99	3.73	0.20	5.17	0.37
35	4.90	3.102	69.9	2.47	10.00	3.83	0.18	5.25	0.35
36	5.00	3.142	72.3	2.50	10.00	3.93	0.17	5.33	0.33
37	5.10	3.182	74.8	2.53	10.00	4.03	0.16	5.41	0.31
38	5.20	3.222	77.3	2.56	9.99	4.13	0.15	5.50	0.30
39	5.30	3.262	79.8	2.59	9.98	4.23	0.13	5.59	0.29
40	5.40	3.302	82.2	2.62	9.97	4.34	0.13	5.67	0.27
41	5.50	3.342	84.7	2.65	9.95	4.45	0.12	5.76	0.26
42	5.60	3.382	87.2	2.68	9.93	4.56	0.11	5.85	0.25
43	5.70	3.423	89.7	2.70	9.90	4.67	0.10	5.94	0.24
44	5.80	3.463	92.2	2.73	9.87	4.79	0.10	6.03	0.23
45	5.90	3.504	94.7	2.75	9.84	4.90	0.09	6.12	0.22
46	6.00	3.544	97.2	2.78	9.80	5.02	0.08	6.21	0.21
47	6.10	3.585	99.7	2.80	9.75	5.14	0.08	6.30	0.20
48	6.20	3.626	102.1	2.82	9.71	5.27	0.07	6.39	0.19
49	6.30	3.668	104.6	2.84	9.66	5.40	0.07	6.49	0.19
50	6.40	3.709	107.0	2.86	9.60	5.53	0.07	6.58	0.18
51	6.50	3.751	109.4	2.88	9.54	5.67	0.06	6.67	0.17
52	6.60	3.793	111.8	2.90	9.47	5.80	0.06	6.77	0.17
53	6.95	3.943	120.0	2.96	9.21	6.33	0.05	7.10	0.15
54	7.20	4.053	125.6	2.99	8.98	6.74	0.04	7.34	0.14
55	7.40	4.143	129.9	3.01	8.77	7.10	0.04	7.53	0.13
56	7.50	4.189	131.9	3.02	8.66	7.30	0.04	7.63	0.13
57	7.60	4.235	133.9	3.02	8.54	7.50	0.03	7.72	0.12
58	7.70	4.282	135.9	3.03	8.42	7.71	0.03	7.82	0.12
59	7.80	4.330	137.8	3.04	8.28	7.93	0.03	7.92	0.12
60	7.90	4.379	139.6	3.04	8.15	8.17	0.03	8.02	0.12
61	8.00	4.429	141.4	3.04	8.00	8.42	0.03	8.11	0.11
62	8.10	4.479	143.1	3.04	7.85	8.69	0.03	8.21	0.11
63	8.20	4.531	144.7	3.04	7.68	8.97	0.02	8.31	0.11
64	8.30	4.583	146.3	3.04	7.51	9.28	0.02	8.41	0.11
65	8.40	4.637	147.7	3.04	7.33	9.61	0.02	8.50	0.10
66	8.50	4.692	149.1	3.03	7.14	9.96	0.02	8.60	0.10
67	8.60	4.749	150.3	3.03	6.94	10.35	0.02	8.70	0.10
68	8.65	4.778	150.9	3.02	6.83	10.56	0.02	8.75	0.10
69	8.70	4.808	151.5	3.02	6.73	10.78	0.02	8.80	0.10
70	8.80	4.868	152.5	3.01	6.50	11.26	0.02	8.90	0.10
71	8.90	4.931	153.4	2.99	6.26	11.80	0.02	8.99	0.09
72	9.00	4.996	154.2	2.98	6.00	12.41	0.01	9.09	0.09
73	10.00								

- B ; θ(rad)=2*ACOS(1−(2*(A4)/10))
- C ; $A^{5/3}/P^{2/3}$=(0.5*25*(B4−SIN(B3)))^1.666667/(5*B4)^0.666667
- D ; R_h(m)=0.5*5*(1−SIN(B4)/B4)
- E ; B(m)=2*5*SIN(B4/2)
- F ; D_h(m)=(0.25*5*(B4−SIN(B4)))/SIN(B4/2)
- G ; Q^2B/gA_c^3(m)=(10000*(10*SIN(B4/2)))/(9.8*(0.5*25*(B4−SIN(B4)))^3)
- H ; $E=h+Q^2/2gA^2$(m)=A4+(10000/(19.6*(0.5*25*(B4−SIN(B4)))^2))
- I ; $(Q^2/2gA^2)=E-h$ =H4−A4

2. 한계수심(critical depth) 계산

① 한계수심 h_n은 Froude 수가 1일 때인 한계상태의 흐름으로 다음 식을 이용하여 계산한다.

$$Fr^2 = \frac{QB^2}{gA_c^3} = 1.0 \quad \text{(예3.15.4)}$$

② 식 (예3.15.4)에 식 (예3.15.1a)와 식 (예3.15.1c, f)를 대입하여 다음과 같이 정리한다.

$$\frac{Q[2r\sin(\theta/2)]^2}{g[0.5r^2(\theta-\sin\theta)]^3} = \frac{100[2\times 5\sin(\theta/2)]^2}{9.8\times[0.5\times 5^2(\theta-\sin\theta)]^3} = 1.0 \quad \text{(예3.15.5)}$$

③ 식 (예3.15.4)를 이용하여 **표 3.15** "G" 셀과 같이 시산법에 의하여 구한다.

④ 식 (예3.15.3) 값인 **표 3.15** "G" 셀의 "1.01(≒1.0)"을 만족하는 θ와 h는 각각 θ=2.379rad과 $h(=h_c)$=3.14m이다.

⑤ ∴한계수심 h_c=3.14m이다.

3. 대응수심(alternate depth) h_{at} 계산

① 대응수심 h_{ad}는 등류일 때의 수심 h_n과 같은 비에너지를 갖는다.

② 식 (예3.15.6)을 이용하여 등류수심 h_n=6.95m의 비에너지와 같은 t을 갖는 또 다른 수심을 찾는다.

$$E_n = h_{at} + \frac{Q^2}{2gA_{at}^2} = r[1-\cos\frac{\theta}{2}] + \frac{Q^2}{2g[0.5r^2(\theta_{ad}-\sin\theta_{ad})]^2}$$

$$= 5[1-\cos\frac{\theta}{2}] + \frac{100^2}{2\times 9.8[0.5\times 5^2(\theta_{ad}-\sin\theta_{ad})]^2} \quad \text{(예3.15.6)}$$

③ 그러므로 **표 3.15** "H" 셀의 "7.09m"일 때 $h(=h_{ad})$=1.83m이다.

④ ∴대응수심 h_{ad}=1.83m이다.

4. 비에너지 관계곡선 작성

① 비에너지 관계곡선은 계산된 **표 3.15**의 자료를 이용하여 **그림 3.15.2**와 같이 작성한다.

② 가로(x)축에 비에너지 "H"셀과 세로(y)축에 "A"셀의 값을 취하고 x와 y가 1:1대응하는 직선을 작성한다.

③ x축에 수심 "A"셀 값을 취하고, y축에 비에너지 "H"셀 값을 취해 **그림 3.15.2**와 같이 그래프를 작성하면 '비에너지 관계곡선'을 얻는다.

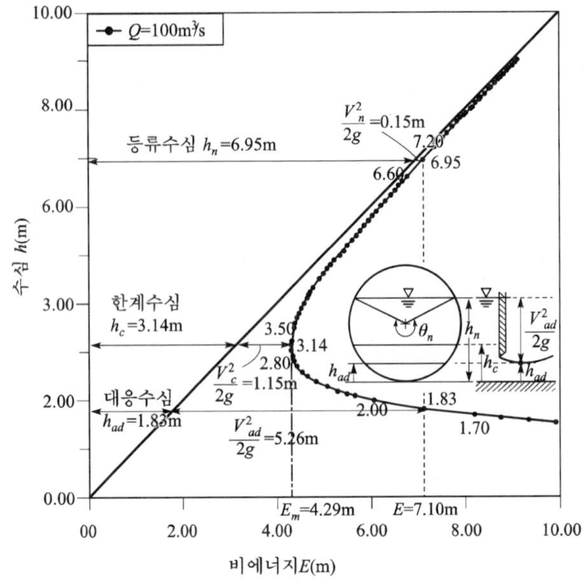

그림 예3.15.2 암거 여수로의 단면 정의와 비에너지 관계곡선

3.3 범용 프로그램·활용

수공 실무에서 국가적으로 전 국민을 대상으로 한 물관리에 관한 기본계획은 "**국가물관리 기본계획**(2021~2030)(이하 "국가물계획"이라 칭)(관계부처합동, 2021)이다. 또한 유역 내의 **수자원 장기 종합계획**(이하 '수장기계획'이라 칭)이나 **하천기본계획** 등의 **수자원계획**을 수립하기 위해서는 그 유역의 강우 관측소에서 측정된 최소 30년 이상의 강우기록을 필요로 한다. 이들 우량자료는 강우(강도) 특성분석에 활용하게 되는데, 주로 빈도해석을 통한 확률강우량 도출이 이루어지며, 종전에는 FARD 2006(국립방재연구소, 2007)이 사용되었다. 강우분석이 끝나면 이를 토대로 하여 재현기간별 유출해석을 통해 홍수량을 산정하게 된다. 그러나 2019년부터는 환경부의 홍수량 산정 표준지침이 개정되면서 확률강우량 산정방법이 지점빈도해석에서 지역빈도해석 방법으로 변경 적용되었으며, 이에 따라 적용하는 프로그램도 **RFAHD 2020**(환경부, 2020)으로 변경되었다.

수공실무에서는 홍수량 산정을 위해 필요한 확률강우량 산정용 RFAHD 2020과 홍수량 산정용 HEC-HMS(v3.4)(USACE, 2008a; b; c)의 사용은 물론, 이들 과정에서의 출력결과를 기준으로 채택하여 홍수위 안정성 검토의 수행을 위해 사용하는 HEC-RAS(v4.0)(USACE, 2008d; e; f)의 활용도 필수적이다.

본 절에서는 이들 범용프로그램의 실무활용 예를 간단하게 소개하고자 한다. 또한 하천시설물 중에 교량의 수면분포곡선을 해석 예로 다루고, 이들 개념이 반영된 하천기본계획 실무 활용 사례의 소개를 통해 범용프로그램 응용에 대해 설명하고자 한다.

3.3.1 총론

국가물계획과 수장기계획, 하천기본계획 수립을 위한 수공 실무에서는 유역 내외에 위치한 기상청 또는 국토교통부 관할 지점의 시우량 자료를 수집하여 그림 3.9와 같이 빈도해석, 유출량의 산정, 지형자료를 이용한 홍수위 검토 등의 분석과정이 필요하다.

확률강우량의 산정을 위해서는 강우 관측소에서 측정된 고정시간 강우자료를 임의시간 강우자료로 변환하고 RFAHD 2020을 이용하여 지역빈도분석을 수행한다. 그리고 면적우량환산계수를 적용하여 면적확률강우량을 산정한 후 Huff의 4분위법을 적용하여 강우의 시간적 분포를 결정한다. HEC-HMS 모형(v4.8)(USACE, 2022a; b; c)을 이용하여 유역자료와 강우자료를 입력한 후 유역·하도·저수지추적을 실행하여 빈도별 확률 홍수량을 도출하고 이를 해당 수자원 계획에 적절하게 반영하는 것이 일반적인 계획홍수량 결정과정이다.

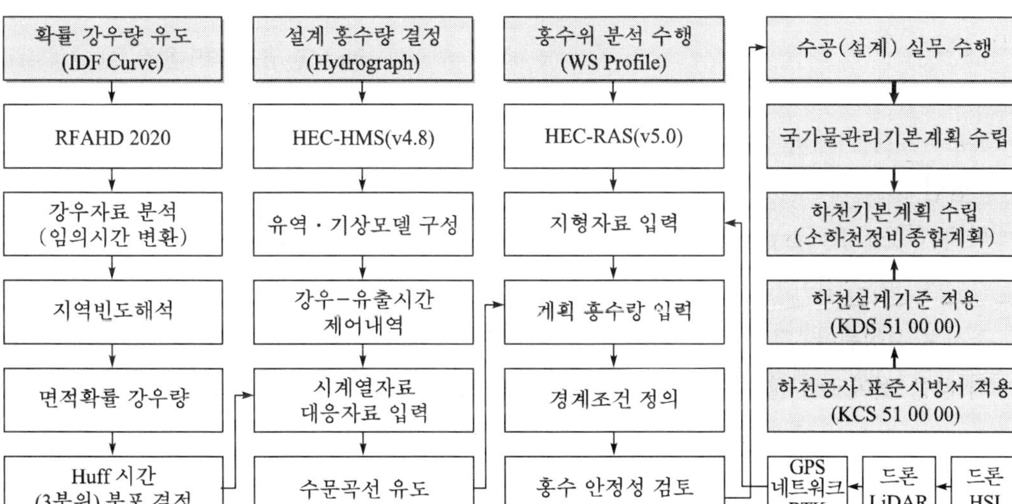

그림 3.9 수공실무의 개관

복합단면 수로(compound channel)에 대한 선행 교과에서 다룬 하천시설물이 없는 간단한 문제(이종석, 2018a)에 하천시설 중 교량을 설치하고 수면분포곡선을 해석하는 HEC-RAS 모형(v5.0)의 적용 예를 다룬다.

또한 HEC-HMS 모형(v3.4)(USACE, 2008a; b; c)에 의해 산정된 빈도별 확률 홍수량과 네트워크 RTK 2015년 지형자료와 하천기본계획 2010년 지형자료를 HEC-RAS 모형(v4.0)(USACE, 2008d; e; f)을 적용(김시철, 2016; 이종석과 김치곤, 2016; 이종석과 김시철, 2017)하여 빈도별 확률 홍수위를 분석·검토한다.

(1) 하천시설 해석

본 소절에서는 HEC-RAS 모형(v5.0)(USACE, 2016a; b; c)을 이용한 하천시설의 수면분포곡선 해석 중 하나로 교량해석에 대해 다음과 같이 간단히 설명하고자 한다.

하천(stream)과 강(river) 위에 설치되는 교량의 모의는 수공기술자를 어려운 실무 문제로 궁지에 처하게 한다. 교량의 교대와 교각에 의해 발생되는 흐름 수축(flow constriction)은 교량의 하류측면 유선의 확대(expansion)와 상류측면의 축소(contraction)로 인해 추가적으로 에너지 손실을 상승시킨다. 교량에 의한 흐름 수축은 갑자기 이루어지는 것으로 이로 인해 발생되는 에너지 손실은 심각할 수 있으며, 에너지 방법은 이와 같은 교량을 통한 수면곡선을 계산하는데 필요할 것이다.

1) 횡단면 위치

통상적인 교량과 암거는 구조물에 의해 발생되는 에너지 손실을 계산하기 위해 **그림 3.10**과 같은 4개의 정의된 단면(①~④)이 필요하다.

단면 ①(확대구간 종점)은 흐름이 구조물에 의해 영향을 받지 않으므로[흐름이 충분히 확대된 곳(fully expanded)] 구조물로부터 충분히 하류에 위치한다. 이 거리(distance) L_e[=확대구간길이, expansion reach length)]는 일반적으로 고수위(high flow) 중의 현장 조사로 결정된다. 그러나 일반적으로 현장조사는 과제(project)의 수행기간 동안에 실시하지 않을 것이므로 설계자는 알고 있는 자료를 이용해 결정해야한다. 확대거리(expansion distance) L_e는 유속과 유량의 크기, 수축의 형상, 수축의 정도에 따라 변할 것이다.

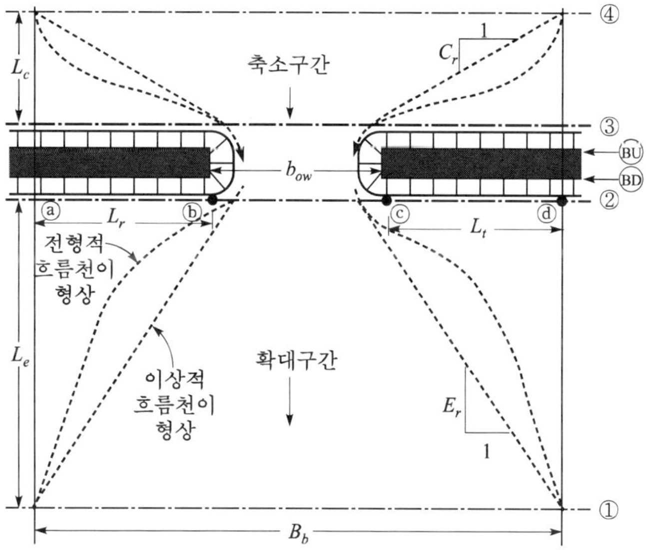

그림 3.10 교량·암거에서 횡단면 위치

확대거리 L_e의 결정은 표 3.2에 제시된 주수로(main channel) 조도계수 n_c에 대한 홍수터(overbank, floodplain) 조도계수 n_{ob}의 비(n_{ob}/n_c)와 수로경사 S_0, 수축정도에 따른 **교량 열림비**(bridge opening ratio) $b_{ow}/B_{L_l+L_r}$를 이용한다. **교량 열림비** $b_{ow}/B_{L_l+L_r}$가 결정되면 확대거리 L_e(또는 축소거리 L_c)는 평균장애길이(average obstruction length) L_{ao}에 **교량 열림비** $b_{ow}/B_{L_l+L_r}$, 수로경사 S_0, 조도계수비의 범위 내에 해당하는 **확대비**(expansion ratio) E_r [또는 축소비(contraction ratio) C_r]를 곱하여 다음과 같이 결정한다.

$$L_e = L_{ao} \times E_r \tag{3.33a}$$

$$L_c = L_{ao} \times C_r \tag{3.33b}$$

여기서 L_e=확대거리(expansion distance)이고, L_{ao}=평균장애길이(average obstruction length)[교량설치로 양쪽 제방에서 생기는 홍수터(L_l, L_r) 총축소 폭(total reduction in floodplain width)(L_l+L_r)의 반(half) $(L_l+L_r)/2$=횡단지점 ⓐ~ⓑ 길이($\overline{ⓐⓑ}$) L_l과 ⓒ~ⓓ 길이($\overline{ⓒⓓ}$) L_r의 평균길이=$(L_l+L_r)/2$]이며, $b_{ow}/B_{L_l+L_r}$=**교량 열림비**(bridge opening ratio)[b_{ow}=교량 열림 폭(bridge opening width), $B_{L_l+L_r}$=총 홍수터 폭(total floodplain width)=홍수터 총 축소폭(total reduction in floodplain width)]이다. 또한 E_r=확대비(expansion ratio)이고, C_r=축소비(contraction ratio)이다.

표 3.2 확대비의 범위

$b_{ow}/B_{L_l+L_r}$	S_0 = 1ft/mile	$n_{ob}/n_c=1$	$n_{ob}/n_c=2$	$n_{ob}/n_c=4$
0.10	0.00018	1.4~3.6	1.3~3.0	1.2~2.1
	0.0009	1.0~2.5	0.8~2.0	0.8~2.0
	0.0018	1.0~2.2	0.8~2.0	0.8~2.0
0.25	0.00018	1.6~3.0	1.4~2.5	1.2~2.0
	0.0009	1.5~2.5	1.3~2.0	1.3~2.0
	0.0018	1.5~2.0	1.3~2.0	1.3~2.0
0.50	0.00018	1.4~2.6	1.3~1.9	1.2~1.4
	0.0009	1.3~2.1	1.2~1.6	1.0~1.4
	0.0018	1.3~2.0	1.2~1.5	1.0~1.4
비고	• $b_{ow}/B_{L_l+L_r}$ = **교량 열림비**(bridge opening ratio)=총 홍수터 폭 $B_{L_l+L_r}$에 대한 교량 열림 폭(bridge opening width) b_{ow}의 비 • n_{ob} = 홍수터의 평균 Manning 조도계수 • n_c = 주수로의 평균 Manning 조도계수 • S_0 = 평균 수로경사 • 각 범위의 큰 값 = 전형적으로 큰 유량에 관계되는 값			

단면 ②(교량하류 측면경사 끝)는 교량 또는 암거에서 짧은 거리의 하류에 위치된다. 이 단면은 교량 또는 암거 바로 하류의 주수로(main channel)와 홍수터(floodplain or overbank)의 자연적인 지표면으로 표시된다. 이 단면은 보통 하류 도로제방의 하단(toe) 부근에 위치한다. 이 횡단면은 암거의 통로(culvert opening)나 교량 상판(bridge deck)의 전면의 바로 하류에 위치하지 않는다.

단면 ③(교량 상류측 경사 끝)은 교량 또는 암거에서 짧은 거리의 상류에 위치된다. 이 거리는 교량 열림(bridge opening)의 인접부분에서 발생되는 흐름의 급가속과 수축에 필요한 거리에만 영향을 받는다. 단면 ③은 도로제방 바로 상류의 **주수로**(main channel)와 **홍수터**(floodplain)의 자연적인 지표면으로 표시된다. 이 단면은 보통 상류 도로제방의 하단(toe) 부근에 위치한다. 이 횡단면은 암거의 통로(culvert opening)나 교량 상판(bridge deck) 전면의 바로 상류에 위치하지 않는다.

단면 ④(교량상류 측면경사 끝)는 유선이 대략적으로 평행하고, 횡단면이 완전히 유효한 상류의 횡단면이다. 일반적으로 흐름 수축은 흐름 확장보다 짧은 거리에 걸쳐 발생된다. 단면 ③과 ④ 사이의 거리(수축구간길이 L_c)는 일반적으로 **고수위**(high flow) 동안의 현장조사로 결정된다.

HEC-RAS에서 교량과 암거(bridges and culverts)는 필요한 모든 횡단자료가 입력 완료되었을 때 "교량과 암거(Bridge/Culvert)"를 이용해 필요한 임의 시설물을 추가할 수 있다. HEC-RAS는 교량과 암거 등의 구조물에 의해 발생되는 에너지 손실을 세 개 부분에 대해서 계산한다. 첫 번째 부분은 흐름의 확대(expansion)가 발생되는 구조물 바로 하류구간에서 발생되는 손실이고, 두 번째는 여러 가지 방법으로 계산할 수 있는 구조물 자체에서 발생되는 손실이며. 세 번째는 흐름이 **교량 열림**(bridge opening)을 통해 수축(contraction)되는 구조물 바로 상류구간에서 발생되는 손실이다.

2) 저수위 흐름

교량지점에서의 흐름은 흐름이 개수로 상태로 **교량 열림**(bridge opening)을 통과할 때 발생되는 것으로, **저수위 흐름**(low flow)은 수면이 교량 열림에서 상판 밑면이 수면과 떨어진 연직표고 차(low chord) 위의 가장 높은 점 아래를 말한다. 저수위 흐름은 흐름이 상류 또는 사류에 따라 A, B, C급으로 분류하고, **폐색부**(閉塞部, choke; 교량 통로의 유수단면적이 수축되어 교량 위의 수심이 한계수심과 같은 흐름일 때)를 발생시킨다. A급 흐름은 교량을 통해 완전히 상류상태이고, C급은 완전히 사류이다. B급은 흐름이 교량 수축에 의해 폐색될 때 발생된다. 이 경우 수면은 **교량 단면**(bridge section) 내에 한계수심을 통과한다. 도수는 교량으로 접근하는 흐름이 상류 또는 사류에 따라 교량의 상류(upstream) 또는 하류(downstream)에 발생된다. 교량이 적절하게 설계되었다면 B급 흐름은 발생되지 않아야 한다.

교량 단면의 흐름은 A급 흐름이 가장 일반적이며, 교량 단면을 통과(BU와 BD 단면 사이)하는 흐름의 에너지 손실(energy losses)은 에너지 방법(energy method), 운동량 방법(momentum method)과 Yarnell 방법 등에 의해 계산할 수 있다. 본 소절에서는 첫 번째 방법에 대해서만 다루고자 한다. 이들 방법은 상류(subcritical flow)인 A급 흐름의 하류 끝에서 상류방향(upstream direction)으로 계산해나간다. 에너지·운동량 방법은 C급 흐름인 사류(supercritical flow)에 적용할 수 있으며, 이 흐름에 대한 계산은 상류 끝에서 시작하여 하류방향으로 진행한다.

3) 흐름 폐색

A급 흐름에 대한 **저수위 흐름** 계산은 교량 단면에서의 흐름이 폐색(choking)되는지 여부를 검토하는 것을 포함한다. 여기서 폐색(choking)은 일정 유량조건에서 최소 비에너지 이하의 에너지를 가질 때는 필요한 유량을 통수시키기에 불충분하게 되는데 이러한 조건

(최소 비에너지 보다 작은 비에너지)일 때의 흐름을 말한다(Julien, 2022). 이는 에너지 방정식이나 운동량 방정식을 사용하여 계산·검토할 수 있다. 가장 좁은 단면을 교량단면(bridge section, BR)이라 하고, **그림 3.10**의 단면 ③과 BR 사이, BR과 단면 ② 사이의 수면에 에너지 방정식을 적용하면 다음 식과 같이 쓸 수 있다.

$$z_3 + h_3 + \alpha_3 \frac{V_3^2}{2g} - \Delta h_{L(3\text{-}BR)} = z_{BR} + E_{BR} \tag{3.34a}$$

$$z_{BR} + E_{BR} - \Delta h_{L(BR\text{-}2)} = z_2 + h_2 + \alpha_2 \frac{V_2^2}{2g} \tag{3.34b}$$

여기서 첨자 2, 3, BR =각각 흐름 단면 ②, ③, 교량을 표시하고, z =수로바닥의 표고이며, α =에너지 보정계수, V =(단면)평균유속, g =중력가속도, E_{BR} =비에너지(=h_{BR}+ $V_{BR}^2/2g$), $\Delta h_{L(3\text{-}BR)}$ =단면 ③과 BR 사이의 에너지 수두손실, $\Delta h_{L(BR\text{-}2)}$ =BR과 단면 ② 사이의 에너지 수두손실이다.

E_c는 BR에서의 한계류에 상응하는 비에너지라고 가정하면, 흐름은 다음 식과 같을 때 폐색이 생기지 않을 것이다.

$$z_{BR} + E_{BR} > z_{BR} + E_c \tag{3.35}$$

식 (3.34)와 (3.35)를 정리하면 다음과 같이 쓸 수 있다.

$$z_3 + h_3 + \alpha_3 \frac{V_3^2}{2g} - \Delta h_{L(3\text{-}BR)} > z_{BR} + E_c \tag{3.36a}$$

$$z_2 + h_2 + \alpha_2 \frac{V_2^2}{2g} + \Delta h_{L(BR\text{-}2)} > z_{BR} + E_c \tag{3.36b}$$

식 (3.36)은 흐름이 폐색되지 않을 조건을 검토하는데 사용할 수 있을 것이다. 그러나 상류(subcritical flow)인 A급 흐름에 대한 수면계산은 상류(upstream)를 향해 하류에서부터 수행된다. 즉, 단면 ③보다 단면 ②의 조건들을 알아야만 폐색 여부를 검토할 수 있으므로 식 (3.36b)가 더 편리하다. 또한 식 (3.36b)의 좌변에서 $\Delta h_{L(BR\text{-}2)}$항을 삭제하면 보다 더 간편하게 다음과 같은 식으로 단순화시킬 수 있다.

$$z_2 + h_2 + \alpha_2 \frac{V_2^2}{2g} > z_{BR} + E_c \tag{3.37}$$

그러므로 에너지 접근법에서 폐색이 발생되지 않을 조건을 검증하는데 식 (3.37)(부등식)을 사용할 수 있다.

4) 저수위 흐름 수면계신

에너지 방법에 의한 저수위의 수면계산은 자연수로의 점변류 수면곡선 계산에서 사용하고 있는 표준축차법(standard step method)과 매우 비슷하며, 다음 식을 사용한다.

$$z_1 + h_1 + \alpha_1 \frac{V_1^2}{2g} - \frac{1}{2}\Delta x\, S_{f_1} = z_2 + h_2 + \alpha_2 \frac{V_2^2}{2g} + \frac{1}{2}\Delta x\, S_{f_2} + h_e \tag{3.38}$$

여기서 첨자 1, 2 = 각각 상·하류의 단면을 표시하고, z = 수평기준면에서의 수로바닥 표고이며, α = 에너지 보정계수, V = (단면)평균유속, g = 중력가속도, Δx = 상·하류단면 사이의 거리, S_f = 마찰경사, h_e = 와손실(eddy loss)이다.

복합단면수로(compound channel)에서 마찰경사는 Manning의 평균유속공식을 이용하여 다음 식과 같이 계산한다.

$$S_f = \left(\frac{Q}{\Sigma K_i}\right)^2 \tag{3.39}$$

여기서 i = 복합수로단면의 i번째 소단면을 나타내는 지수이고, K = 다음과 같은 통수능 산정식이다.

$$K_i = \frac{1}{n_i} A_i R_{h_i}^{2/3} = \frac{1}{n_i} \frac{A_i^{5/3}}{P_i^{2/3}} \tag{3.40}$$

i번째 소단면의 유량은 다음 식과 같이 구한다.

$$Q_i = K_i S_f^{1/2} \tag{3.41}$$

와손실 수두는 다음 식으로 구한다.

$$h_e = k_e \left[\alpha_1 \frac{V_1^2}{2g} - \alpha_2 \frac{V_2^2}{2g} \right] \tag{3.42}$$

(2) 교량 해석

교량 해석에 관한 HEC-RAS 모형(v5.0)(USACE, 2016a; b; c)의 개념적 이해를 도모하고 실무 적용 능력을 향상시키기 위해 복합단면수로의 수면분포곡선 계산 예로 [예제 3.16]을 활용하고자 한다. 이는 전술 한 바와 같이 선행 교과에서 다룬 하천시설물이 없는 간단한 예제(이종석, 2018a; 2022a)에 교량 구조물을 추가·설치하고, 수면곡선분포를 유도한다. 이를 통해 수로에 장애물(교량)이 추가됨으로써 수면곡선분포가 어떻게 변화되는지와 수리특성 변화를 확인·설명하고자 한다.

예제 3.16

그림 예3.16.1(축척 없음)과 같이 250m^3/s의 유량이 수로경사 0.0005이고, 구간길이 600m인 5개 단면으로 구성된 직선 균일 복합단면 수로(compound channel)(이종석, 2018a; 2022a)를 흐른다. 측점 3과 4지점 사이에 축소길이(contraction length) 250m, 확대길이(expansion length) 330m는 계산을 통해 결정하고, 교량폭 14m, 교량 상·하류 단면 거리 3m, 1m 폭의 반원형 교각 3개와 폭 2m인 연직 교대를 설치한다.

또한 각 단면의 지형자료는 하류끝 단면 1지점(No. 1)의 표 예3.15.1 횡단면 자료와 주어진 기초자료를 이용하여 각 측점의 지형자료를 구한다. 좌우측 홍수터(overbank)와 주수로(main channel)의 Manning 조도계수는 0.05, 0.025이고, No.1 지점의 주수로 하상고(bed elevation)는 64.00m이며, 수면고(water surface elevation)는 66.30m이다. 교량 단면(축소·확대계수=0.3, 0.5)을 제외한 축소(contraction)·확대(expansion)에 대한 와손실계수(eddy loss coefficient)는 0.1, 0.3이다. 다음 사항에 답하시오.

1. No. 1 지점 외의 단면지점에 대한 지형자료 작성
2. 1항의 지형자료와 주어진 조건의 교량을 설치하고, HEC-RAS(v5.0)에 의한 홍수위 안정성 검토(수면곡선 분석) 수행

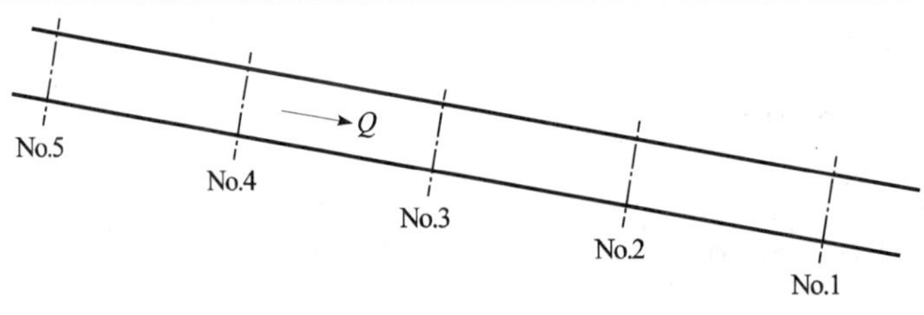

(a) 평면도

그림 예3.16.1 직선 하천 수로구간의 복합단면 수로형상과 제원

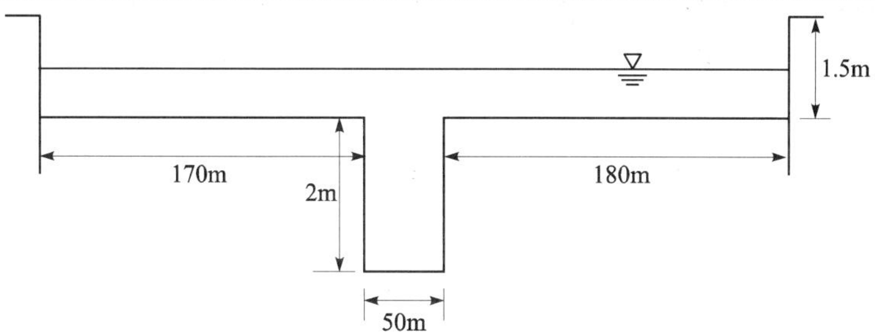

(b) 단면도

그림 예3.16.1 직선 하천 수로구간의 복합단면 수로형상과 제원(계속)

표 예3.16.1 No.1의 지형자료

<table>
<tr><th>좌표
지점</th><th>x좌표
(station)(m)</th><th>y좌표
(elevation)(m)</th><th>수로
내용</th><th>좌측 홍수터
(LOB)</th><th>주수로
(Channel)</th><th>우측 홍수터
(ROB)</th><th>비고</th></tr>
<tr><td>1</td><td>0</td><td>67.5</td><td>구간길이</td><td>0</td><td>0</td><td>0</td><td>No.1</td></tr>
<tr><td>2</td><td>0</td><td>66.0</td><td>조도계수</td><td>0.05</td><td>0.025</td><td>0.05</td><td></td></tr>
<tr><td>3</td><td>170</td><td>66.0</td><td rowspan="2">수로중앙
x좌표</td><td colspan="2">좌안 끝점</td><td>우안 시점</td><td></td></tr>
<tr><td>4</td><td>170</td><td>64.0</td><td colspan="2">170</td><td>220</td><td></td></tr>
<tr><td>5</td><td>220</td><td>64.0</td><td rowspan="2">단면변화</td><td colspan="2">축소(contraction)</td><td>확대(expansion)</td><td></td></tr>
<tr><td>6</td><td>220</td><td>66.0</td><td colspan="2">0.1</td><td>0.3</td><td></td></tr>
<tr><td>7</td><td>400</td><td>66.0</td><td></td><td></td><td></td><td></td><td></td></tr>
<tr><td>8</td><td>400</td><td>67.5</td><td></td><td></td><td></td><td></td><td></td></tr>
</table>

[풀이]

1. No. 1 지점 외의 단면지점에 대한 지형자료 작성

(1) HEC-RAS(v5.0)를 이용하여 수면곡선을 계산하기 위해서는 그림 예3.16.2(a)(이종석, 2018a), (b)·(c)(이종석, 2022a)와 같이 'Project; Plan; Geometry; Steady Flow 또는 Unsteady Flow'의 각 "주제(Title)", "파일 이름(File Name)"과 이에 따른 자료의 입력이 완성되어야 한다.

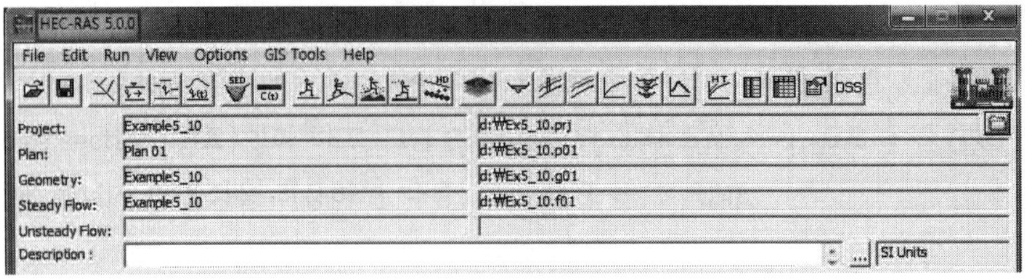

(a) 기존파일

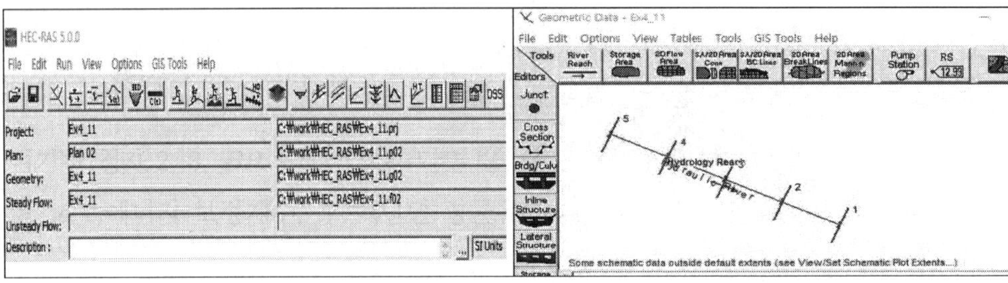

(b) 기존파일(**예제 4.11**)

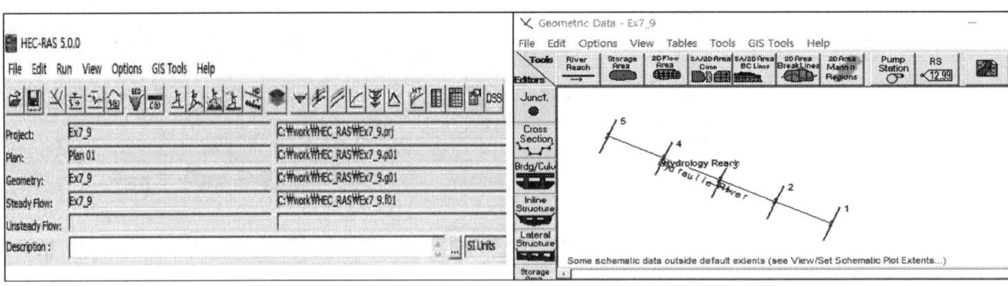

(c) 기존파일(**예제 7.9**)

그림 예3.16.2 자료입력 작업 후 HEC-RAS의 계산 수행결과

(2) 이를 위해서는 선행 교과에서 다룬 **[예제 5.9]**의 상세히 설명(**표 예5.9.5**)(이종석, 2018a)된 "수계도 작성과 지형자료 입력, 수리학적 조건(유량자료) 입력, 경계조건 입력" 작업 과정을 완료한 후 "계산 수행(Run/Compute)"을 하여야 한다. 그렇게 하면 **그림 예3.16.3**과 같이 "Plan : 02, D://Ex_3_15.po2"가 생성되며, 이로써 교량분석을 위한 준비가 시작된 것이다.

(3) 기존 파일 이용

"File/Open Project"를 클릭하여 해당 파일을 불러온다.

1) 선행 작업

㈎ 불러온(Open project) **그림 예3.16.2**의 기존 Project를 "File/Save Project As"에서 작업자의 폴더에 저장한다.

㈏ "Project:, Geometry;, Steady;" 폴더의 "Title, File Name"을 "Example_3_15, Ex_3_15"로 바꾸고, "Run/Steady Flow"를 수행·계산하면 **그림 예3.16.3**과 같이 바뀐다.

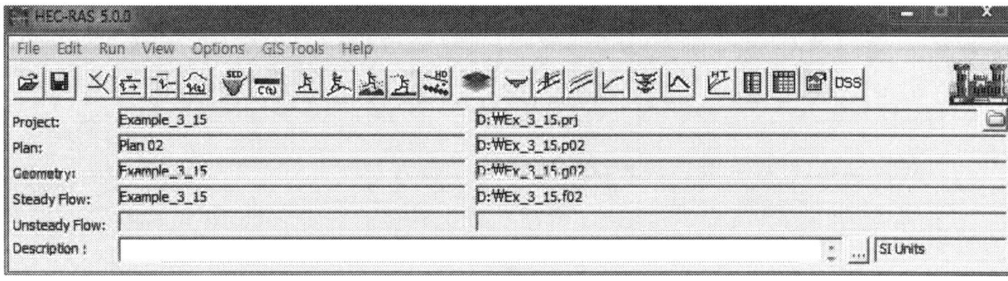

그림 예3.16.3 기존 작업의 변경 결과

2) 추가로 필요한 No.1 외의 지형자료 작성·입력

(가) 새 단면 추가(Add a new Cross Section)

㉮ 이 선택(option)은 자료집합(data set)에 횡단면을 추가시키는 과정을 나타낸다. 사용자가 새 횡단면에 대한 하천 측점표(river station tag)를 입력하도록 알려준다.

㉯ 이 하천 측점표는 선택한 구간 내 횡단면에 위치시킨다. 하천 측점이 입력되면 횡단면 자료 편집기는 비활성화되고, 사용자는 횡단면에 대한 자료 입력을 시작할 수 있다.

㉰ 새 횡단면이 자료집합에 추가될 때 기본값(default value)이 수축과 확대계수값은 0.1, 0.3이 나타난다.

(나) 현재 단면 복사(추가)(Copy Current Cross Section)

㉮ 이 선택은 편집기에 현재 표시된 횡단면 자료의 복사(copy)를 하는데 사용한다. 이 옵션이 선택될 때 사용자는 새 단면에 대한 하천과 구간을 선택할 수 있도록 알려주는데, 이때 하천 측점(번호)을 입력한다.

㉯ 자료가 입력되면 새 횡단면이 편집기에 나타나며, 이때 그 횡단면에 관한 다른 정보와 설명을 변경시키는데 사용한다.

㉰ 이 작업은 지형자료 창(Geometric Date Window)에 있는 횡단면(Cross Section) 버튼 을 누른다. 횡단면버튼을 누르면, 횡단면 자료 편집기(Cross Section Data Editor)가 **그림 예3.16.4**와 같이 나타난다.

㉱ 교량자료를 입력하기 전에 **그림 3.10**의 단면 ④(No.3.75; 축소구간), ③(No.3.30; 확대구간)의 측점을 메인 메뉴 "Edit/Geometric Data"를 열어 지형자료 편집기(Geometric Date editor)에서 "현재 단면 복사(추가)(Copy Current Cross Section)"를 통해 직접 횡단면 자료를 입력·추가해야 한다.[새로운 작업(New Project")에서 시작하려면 5개 지형자료를 모두 새로 입력해야 하므로 작업시간이 길어지는 것 외에 별로 다른 것은 없다.]

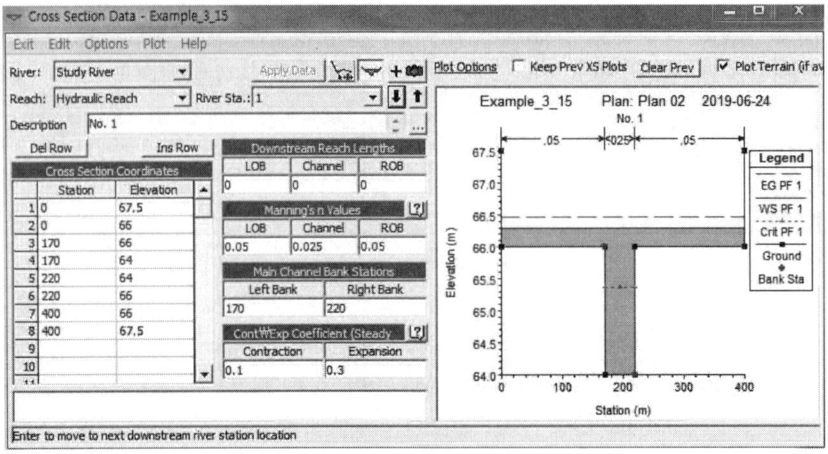

그림 예3.16.4 횡단면 자료 편집기

㈐ 모형에 횡단면을 추가하기 위해서는 다음과 같이 작업해야 한다.

㉮ 횡단면 편집기(Cross Section Editor)에서 횡단면을 추가할 위치에 하천(River)과 구간(Reach)을 선택한다. 선택한 하천과 구간을 선정하고, 하천과 구간 상자에 있는 아래방향 화살표(down arrow)를 누름으로써 수행된다.

㉯ "Option" 메뉴로 가서 목록(list)의 "Add a new Cross Section"을 선정한다. 입력 상자가 새 횡단면에 대한 하천측점 명칭을 입력하도록 나타날 것이다.

㉰ 새 횡단면 "하천 명 : 3.75 (3.30), 구간 명 : No.3.75 (No.3.30)"에 대한 모든 필요한 자료(required data)를 **표 예3.16.2, 3**과 같이 입력한다. 필요한 자료는 횡단면 편집기 창에 빈칸으로 표시된 자료이다.

가) No. 3.75(축소구간), No. 3.30(확대구간) 추가(작성);

Edit/Geometric Data→Geometric Date editor⇒Copy Current Cross Section 이용⇒지형자료 창(Geometric Date Window)의 횡단면(Cross Section) 버튼 [Cross Section] 클릭; 횡단면 자료 편집기(Cross Section Data Editor) 출현 ⇨횡단면 추가할 위치에 하천(River), 구간(Reach) 지정⇨ "No .4" 위치에서→ 'Copy Current Cross Section'⇒'3.75, 3.30' 추가

㉠ River Sta.: 3.75⇒Description; No. 3.75↵→**표 예3.16.2**; No. 3.75 지형자료 입력⇒Apply Data 클릭 후 ⇨ 🡻(화살표) 클릭

표 예3.16.2 No. 3.75의 지형자료[River Sta.; 3.75, Description; No. 3.75]

<table>
<tr><th rowspan="2">좌표 / 지점</th><th colspan="2">Cross Section Coordinates</th><th rowspan="2">수로 / 내용</th><th rowspan="2">좌안
(LOB)</th><th rowspan="2">중앙
(Channel)</th><th rowspan="2">우안
(ROB)</th></tr>
<tr><th>x좌표
(station)(m)</th><th>y좌표
(elevation)(m)</th></tr>
<tr><td>1</td><td>0</td><td>68.27</td><td>구간길이</td><td>20</td><td>20</td><td>20</td></tr>
<tr><td>2</td><td>0</td><td>66.77</td><td>조도계수</td><td>0.05</td><td>0.025</td><td>0.05</td></tr>
<tr><td>3</td><td>170</td><td>66.77</td><td rowspan="2">수로중앙
x좌표</td><td colspan="2">좌안 끝점</td><td>우안 시점</td></tr>
<tr><td>4</td><td>170</td><td>64.77</td><td colspan="2">170</td><td>220</td></tr>
<tr><td>5</td><td>220</td><td>64.77</td><td rowspan="3">단면변화</td><td colspan="2" rowspan="2">급축
(Contraction)</td><td rowspan="2">급확
(Expansion)</td></tr>
<tr><td>6</td><td>220</td><td>66.77</td></tr>
<tr><td>7</td><td>400</td><td>66.77</td><td colspan="2">0.1</td><td>0.3</td></tr>
<tr><td>8</td><td>400</td><td>68.27</td><td>비고</td><td colspan="3">No. 3.75–3.30</td></tr>
</table>

㉡ River Sta.: 3.30⇒Description; No. 3.30↵

→ 표 예3.16.3; No. 3.30 지형자료 입력 후⇒Apply Data 클릭, 표 예3.16.3 No. 3.30의 지형자료[River Sta.; 3.30, Description; No. 3.30]

표 예3.16.3 No. 3.30의 지형자료[River Sta.; 3.30, Description; No. 3.30]

<table>
<tr><th rowspan="2">좌표 / 지점</th><th colspan="2">Cross Section Coordinates</th><th rowspan="2">수로 / 내용</th><th rowspan="2">좌안
(LOB)</th><th rowspan="2">중앙
(Channel)</th><th rowspan="2">우안
(ROB)</th></tr>
<tr><th>x좌표
(station)(m)</th><th>y좌표
(elevation)(m)</th></tr>
<tr><td>1</td><td>0</td><td>68.26</td><td>구간길이</td><td>330</td><td>330</td><td>330</td></tr>
<tr><td>2</td><td>0</td><td>66.76</td><td>조도계수</td><td>0.05</td><td>0.025</td><td>0.05</td></tr>
<tr><td>3</td><td>170</td><td>66.76</td><td rowspan="2">수로중앙
x좌표</td><td colspan="2">좌안 끝점</td><td>0.05</td></tr>
<tr><td>4</td><td>170</td><td>64.76</td><td colspan="2">170</td><td>220</td></tr>
<tr><td>5</td><td>220</td><td>64.76</td><td rowspan="3">단면변화</td><td colspan="2" rowspan="2">급축
(Contraction)</td><td rowspan="2">급확
(Expansion)</td></tr>
<tr><td>6</td><td>220</td><td>66.76</td></tr>
<tr><td>7</td><td>400</td><td>66.76</td><td colspan="2">0.1</td><td>0.3</td></tr>
<tr><td>8</td><td>400</td><td>68.26</td><td>비고</td><td colspan="3">No. 3.30–3</td></tr>
</table>

㉢ No. 3.30 자료 입력 후 "No. 4"의 거리 수정; No. 4; LOB, Channel, ROB⇨ "250, 250, 250"으로 수정

㉣ 몇 개의 필요한 추가 정보(desired optional information)를 입력한다. 추가 횡단면 정보는 선택(Option) 메뉴를 이용한다.

㉤ 자료를 수용할 수 있게 인터페이스(interface)를 위해 "Apply Data"를 누른다. "Apply Data" 버튼은 하드디스크에 자료를 저장하는 것이 아니고, 막 들어온 정보에 사용되는 인터페이스를 위한 기계적 역할로 사용된다. 사용자는 하드디스크에 자료를 저장하기 원한다면 지형자료 창의 'File' 메뉴에서

저장해야 한다.

⇨지형자료 저장; 지형자료 창(Geometric Date Window), "File/ Geometric Date Save↵"

㉥ 입력이 완료된 추가단면 No.3.75와 No.3.30은 **그림 예3.16.5**와 같이 나타난다.

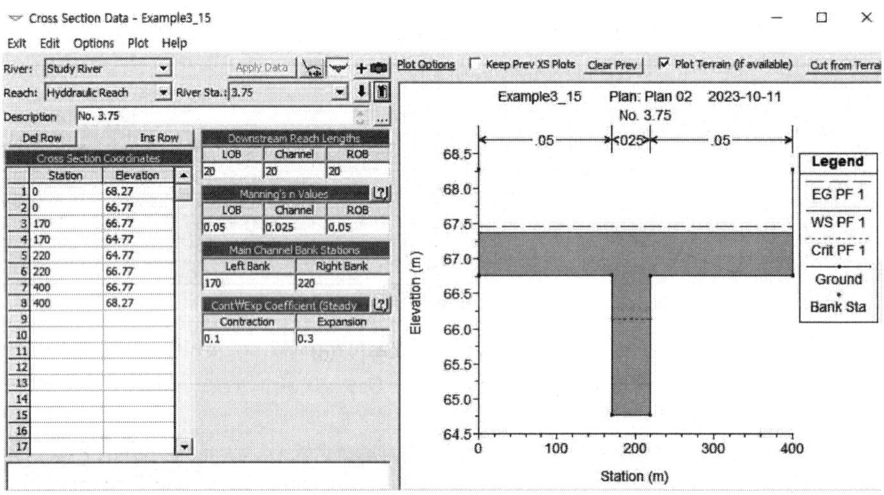

(a) 추가 단면 3.75

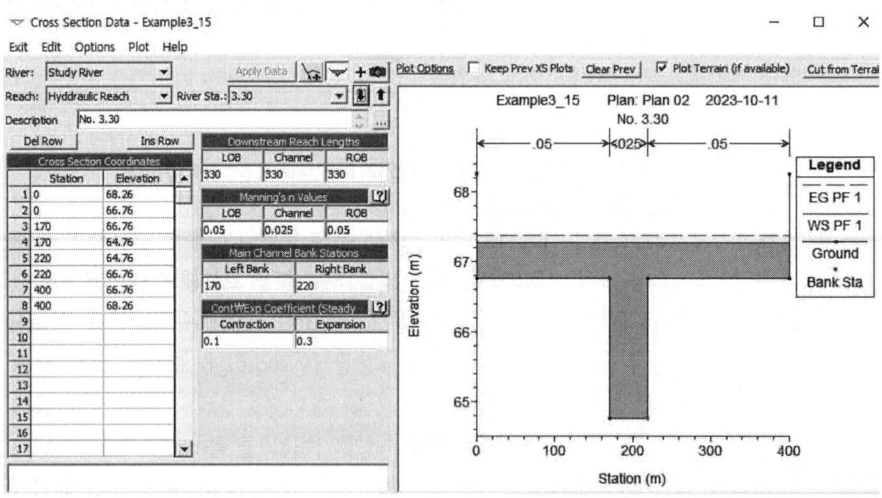

(a) 추가 단면 3.30

그림 예3.16.5 추가 횡단면 자료 입력결과

㉮ 그림 예3.16.6은 추가 단면과 교량자료들의 입력을 모두 완료한 후 교량지점 No. 3.4의 상류단면 No.3.4 BRU와 하류단면 No.3.4 BRD에 대한 입력결과이다.

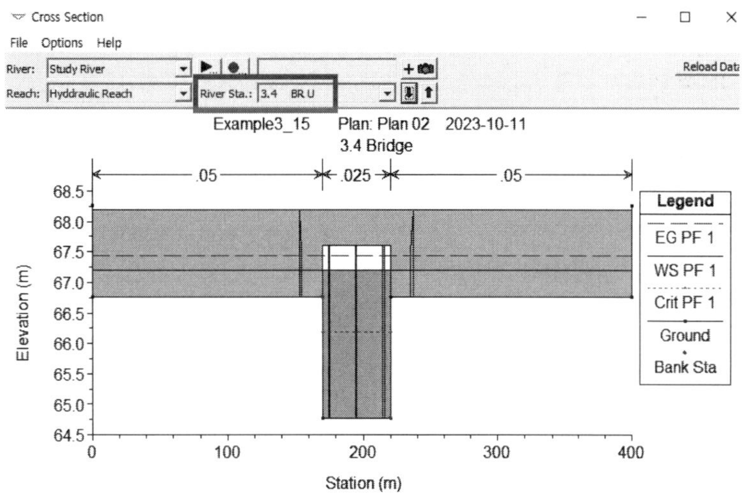

(a) 상류단면 No.3.4 BRU

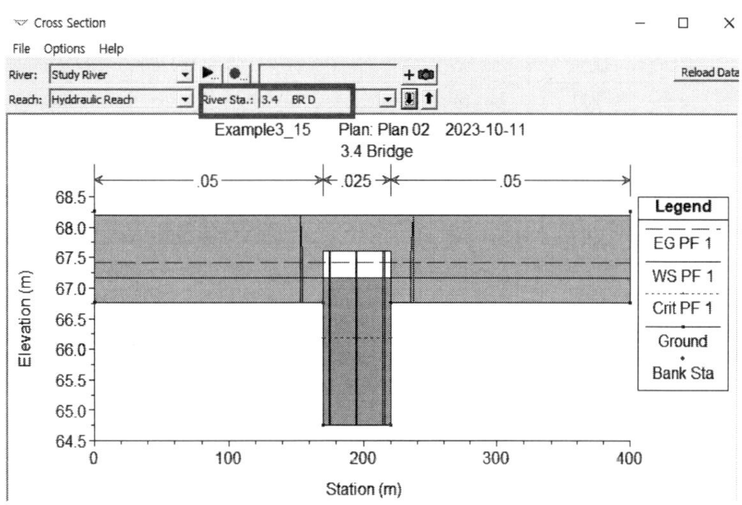

(a) 하류단면 No.3.4 BRD

그림 예3.16.6 교량지점 No. 3.4의 입력결과

(4) 새 파일 작성

1) “File/New Project”를 이용해 다음과 같이 수계도 작성과 지형자료를 입력한다.

2) 수계도 작성 : **[예제 4.11]**(이종석, 2022a)에서 설명한 내용을 응용하여 **그림 예3.16.7**과 같이 수계도를 작성한다[“새 작업(New Project)”부터 “**수리 계산**(Hydraulic Calculations)”까지 수행(**표 예5.9.5** 참조(이종석, 2018a)].

3) 각 단면의 지형자료 작성·입력 : No. 1의 지형자료는 **표 예3.16.1**과 같이 주어졌고, 나머지 No.5~No.2 지점의 지형자료는 **표 예4.11.1~4**(이종석, 2022a)와 같이 4개 단면을 작성하면 된다.

4) 이들 자료를 **표 예3.16.4**와 같이 작성하고, “Geometry Data” 메뉴를 활용해 입력한다.

표 예3.16.4 No.5~No.2 지점의 지형자료

(a) No. 5의 지형자료

좌표 번호	x좌표 (station)(m)	y좌표 (elevation)(m)	수로 내용	좌측 홍수터 (LOB)	주수로 (Channel)	우측 홍수터 (ROB)	비고
1	0	68.7	구간길이	600	600	600	No. 5-4
2	0	67.2	조도계수	0.05	0.025	0.05	
3	170	67.2	수로중앙 x좌표	좌제 끝점		우제 시점	
4	170	65.2		170		220	
5	220	65.2	단면변화	급축(Contraction)		급확(Expansion)	
6	220	67.2		0.1		0.3	
7	400	67.2					
8	400	68.7					

(b) No. 4의 지형자료

좌표 번호	x좌표 (station)(m)	y좌표 (elevation)(m)	수로 내용	좌측 홍수터 (LOB)	주수로 (Channel)	우측 홍수터 (ROB)	비고
1	0	68.4	구간길이	600	600	600	No. 4-3
2	0	66.9	조도계수	0.05	0.025	0.05	
3	170	66.9	수로중앙 x좌표	좌제 끝점		우제 시점	
4	170	64.9		170		220	
5	220	64.9	단면변화	급축(Contraction)		급확(Expansion)	
6	220	66.9		0.1		0.3	
7	400	66.9					
8	400	68.4					

(c) No. 3의 지형자료

좌표 / 번호	x좌표 (station)(m)	y좌표 (elevation)(m)	수로 / 내용	좌측 홍수터 (LOB)	주수로 (Channel)	우측 홍수터 (ROB)	비고
1	0	68.1	구간길이	600	600	600	No. 3-2
2	0	66.6	조도계수	0.05	0.025	0.05	
3	170	66.6	수로중앙	좌제 끝점		우제 시점	
4	170	64.6	x좌표	170		220	
5	220	64.6	단면변화	급축(Contraction)		급확(Expansion)	
6	220	66.6		0.1		0.3	
7	400	66.6					
8	400	68.1					

(d) No. 2의 지형자료

좌표 / 번호	x좌표 (station)(m)	y좌표 (elevation)(m)	수로 / 내용	좌측 홍수터 (LOB)	주수로 (Channel)	우측 홍수터 (ROB)	비고
1	0	67.8	구간길이	600	600	600	No. 2-1
2	0	66.3	조도계수	0.05	0.025	0.05	
3	170	66.3	수로중앙	좌제 끝점		우제 시점	
4	170	64.3	x좌표	170		220	
5	220	64.3	단면변화	급축(Contraction)		급확(Expansion)	
6	220	66.3		0.1		0.3	
7	400	66.3					
8	400	67.8					

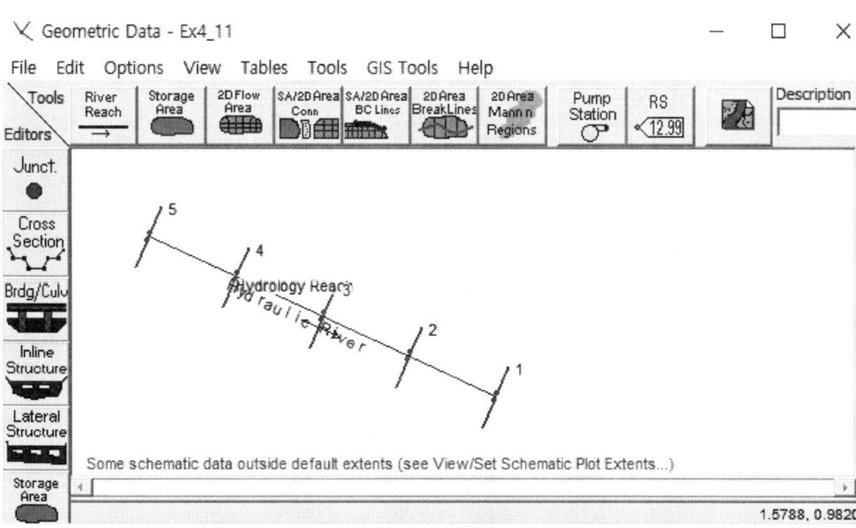

그림 예3.16.7 수로구간 No.5~No.1의 수계도

2. 1항의 지형자료와 주어진 조건의 교량을 설치하고, HEC-RAS(v5.0)에 의한 홍수위 안정성 검토(수면곡선 분석) 수행

(1) 교량입력 자료의 계산

1) 수로구간 내 측점별 종횡단면자료·특성 등의 자료입력을 상세한 도면은 **그림 예3.16.8**과 같다.

2) 교량단면 BR의 결정을 위한 확대길이(expansion length) L_e와 축소길이(contraction length) L_c 결정은 **표 3.2**와 **그림 예3.16.8**, **예3.16.9**를 이용하여 다음과 같이 계산·검토한다.

(가) 축소길이 L_c = 측점 ④~③ 사이 거리 = 250m

(나) 확대길이 L_e = 측점 ②~① 사이 거리 = 330m ⇒ No.4~No.3 사이 거리 = 600m

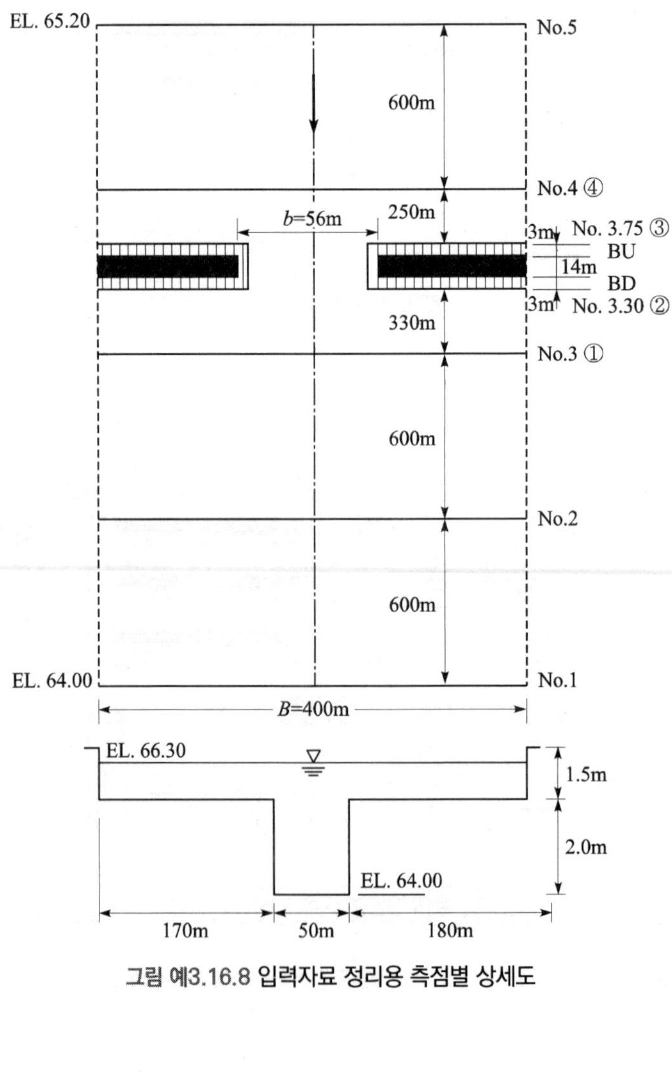

그림 예3.16.8 입력자료 정리용 측점별 상세도

㈐ 측점 ③~BU 사이 거리=3m와 교량단면(=교량폭) BR=14m, BD 사이 거리~②=3m → 합 20m의 계산·검토

㈑ **평균장애거리**(average obstruction length) L_h L_{ao}계산 : $L_{ao} = \frac{L_l + L_r}{2} = \frac{167+177}{2}$ $= 172$m ∴ L_{ao}=172m

여기서, L_l=좌측 홍수터 길이−제체 수평길이 비(V1:H2 → H2의 길이=3m)=170−3=167m이고, L_r=우측 홍수터 길이−제체의 수평길이 비(V1:H2 → H2의 길이=3m)=180−3=177m이다.

㈒ 제체의 수평길이 비(V1:H2 → H2의 길이=3m) : **그림 예3.16.9** 참조

㈓ 확대·축소비 E_r, C_r 계산 : **표 3.2**와 **그림 예3.16.9** 참조

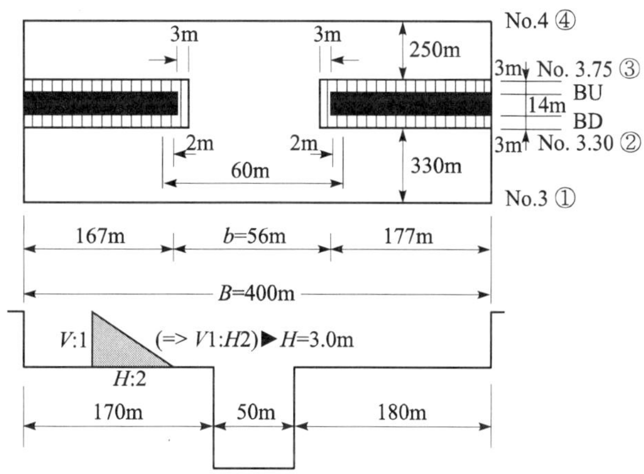

그림 예3.16.9 교량단면 BR의 입력자료 계산

㈔ **확대비** $E_r = \frac{\text{확대거리}}{\text{평균장애길이}} = \frac{L_e}{L_{ao}}\left[= \frac{330}{172}\right] = 1.9$

㈕ **축소비** $C_r = \frac{\text{축소거리}}{\text{평균장애길이}} = \frac{L_c}{L_{ao}}\left[= \frac{250}{172}\right] = 1.45$

㈖ **확대길이** $L_e = E_r L_{ao} = 1.9 \times 172 = 330\text{m}$

㈗ **축소길이** $L_c = C_r L_{ao} 1.45 \times 172 = 250\text{m}$

㈘ **교량 열림비**=$\frac{\text{교량열림부폭}}{\text{총홍수터폭}} = \frac{b_{ow}}{B_{L_l+L_r}} = \frac{56}{344} = 0.16$, 수로경사 $S_0 = 0.0005$,

㈙ 교량 열림 조도계수비$= \frac{\text{홍수터 조도계수}}{\text{주수로 조도계수}} = \frac{n_{ob}}{n_c} = \frac{0.05}{0.025} = 2.0$

㈊ **확대비** E_r, **축소비** C_r : 표 3.2에서 n_{ob}/n_c=2, $S_0 = 0.0005$(←0.0018~0.0009), $b_{ow}/B_{L_l+L_r}$=0.16(←0.1~0.25)에 해당하는 확대(축소)비로 "0.8~2.0" 결정

㈋ ∴ E_r, C_r =0.8~2.0 →**결정된 확대비** E_r=1.9는 **축소비** C_r=1.45는 적정

∴ $L_e = 330\text{m}$, $L_c = 170\text{m}$ OK.

(2) 계산된 자료의 입력

1) 교량자료를 입력(편집)하기 위해서는 그림 예3.16.7 "형상자료(geometric data)" 창에서 '(Bridge/Culvert)' 버튼을 누른다. Bridge/Culvert 버튼을 누르면 'Bridge/Culvert 자료 편집기(data editor)'가 그림 예3.16.10과 같이 나타난다. 교량자료를 추가하기 위해 다음과 같이 작업한다(USACE, 2016b).

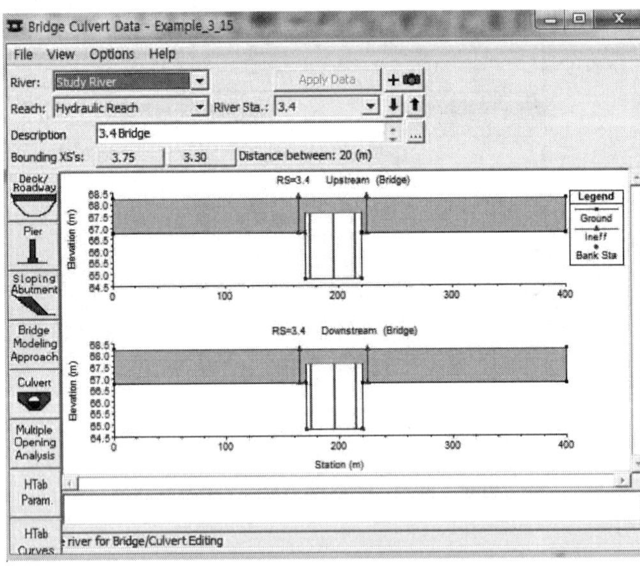

그림 예3.16.10 교량·암거 자료 편집기

㈎ 교량을 위치시킬 하천(river)과 구간(reach)을 선택한다. 구간 선정은 선택 하천과 구간이 선정되면 하천과 구간 상자(river and reach box)에 있는 아래 화살표(down arrow)를 누름으로써 수행한다.

㈏ 'Option' 메뉴의 목록(list)에서 "Add a Bridge and/or Culvert"를 선택한다. 입력상자가 나타나면 새 교량에 대한 하천측점 명칭을 입력한다.

㈐ '교량·암거자료(Bridge Culvert Data)→Options/"Add a Bridge and/or Culvert"선택 ⇒입력상자 출현⇒River Sta.: 3.4 OK⇒Description; 3.4 Bridge Apply Data 클릭

㈑ 교량 상판 편집기(Deck/Roadway Data Editor) 클릭

→Distance=3, Width=14, Weir Coef=2.6 입력→표 3.16.5 입력 후 OK 클릭

표 예3.16.5 교량 상판·도로자료(Deck/Roadway Data)

좌표 / 지점	Upstream			Downstream(←Copy US to DS)		
	Station	high chord	low chord	Station	high chord	low chord
1	0	68.2	64.77	0	68.2	64.77
2	170	68.2	64.77	170	68.2	64.77
3	170	68.2	67.6	170	68.2	67.6
4	220	68.2	67.6	220	68.2	67.6
5	220	68.2	64.77	220	68.2	64.77
6	400	68.2	64.77	400	68.2	64.77
비고	U.S Embakment SS=0 D.S Embakment SS=0 Max Submergence=0.98 Min weir Flow El=( ) OK 클릭					

(마) 계산된 HEC-RAS 입력자료 중 교량 상판(Bridge deck)(과 도로)(roadway) 자료는 그림 예3.16.11과 같이 교량단면(BR) BU와 BD자료가 필요한데 그 입력자료는 표 예3.16.6과 같다. 여기서 'BU, BD'의 'hight chord'는 상부구조(=슬래브+거더)의 위면 표고(deck)[교량 상부구조 위면 표고(deck; =high chord)], 'low chord'는 상부구조의 아래면 표고(waterway opening, underneath part of bridge)[교량 상부구조 아래면 표고(low chord; waterway opening, underneath part of bridge)]를 입력한다.

(바) 교각(3개)과 교대(2개) 설치 (중앙) 위치 계산; 그림 예3.16.11

㉮ 교각; 주수로(폭 50m) 내(20m 간격 3개) 제1교각; 좌측 0~175=175m
제2교각; 좌측 0~(175+20)=195m 제3교각; 좌측 0~(195+20)=215m

㉯ 교대; 주수로 좌우(각 20m 이격 2개) 제1교대; 좌측 0~(175−20)=153, 155m
제2교대; 좌측 0~(215+20)=235, 237m

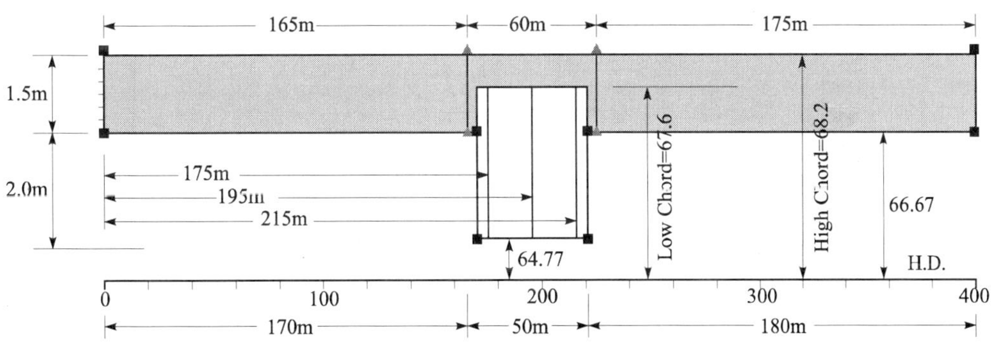

그림 예3.16.11 교량단면(BR)과 상세자료

표 예3.16.6 교량단면[(BR) BU, BD] 입력자료

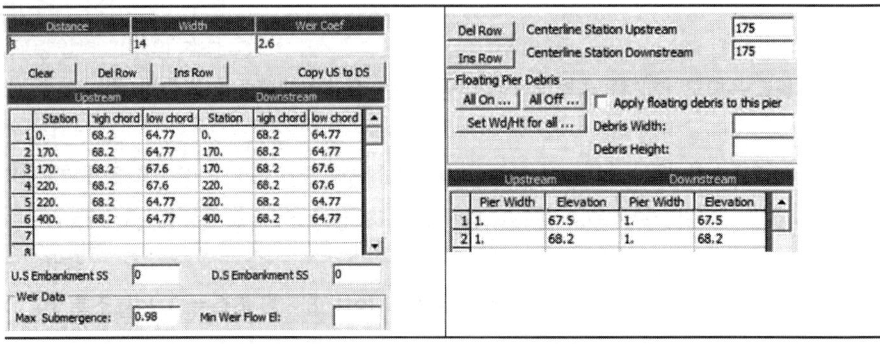

2) 교량 상판(Bridge deck)·도로(roadway) : 교량 상판 편집기(Deck/Roadway data Editor)는 교량 상판(bridge deck), 도로 제방(road embankment)과 수직 교대(vertical abutment)로 인해 구획되는 부분을 표현하는데 사용된다. 교량 상판자료를 입력하기 위해서는 교량/암거자료 편집기(Bridge/Culvert Data Editor)가 있는 "Deck" 버튼을 누른다. "Deck" 버튼을 누르면, 상판 편집기(Deck Editor)가 **표 예3.16.7**과 같이 나타난다. 상판 편집기에 입력된 정보는 다음과 같이 구성된다.

표 예3.16.7 교량 상판·도로 자료 편집기

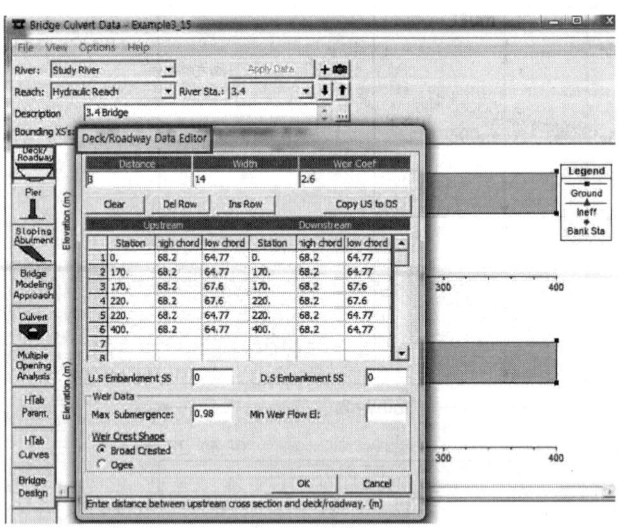

(가) 거리(Distance) : 거리 칸에는 **그림 예3.16.12**와 같이 교량의 상류에 접한 횡단면과 교량상판의 상류측면 간의 거리(Upsteam distance)를 미터(m, 또는 feet) 단위로 입력한다.

(나) 폭(Width) : 폭 칸에는 **그림 예3.16.12**와 같이 하천을 따르는 교량의 폭(bridge width)

을 미터(m)(또는 feet) 단위로 입력한다.

(다) 웨어계수(Weir Coefficient) : 웨어계수는 표준웨어공식에서 교량 상판(bridge deck) 위를 흐르는 웨어에 사용되는 계수이다.

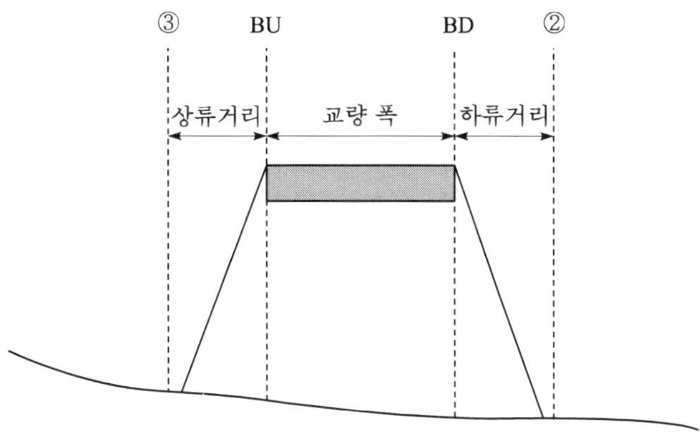

그림 예3.16.12 상·하류의 이격 거리와 교량의 폭

3) 교각·교대자료 입력

(가) 교각자료 입력

㉮ Pier Data Editor 

클릭→Add; 3번 클릭(∵교각 3개) 또는 1개 입력 후 클릭;

(ㄱ) Pier #1; Centerline Station Upstream=175

Centerline Station Downstream=175 입력→표 예3.16.8 입력 ⇒OK 클릭 후⇨ ⬇클릭

표 예3.16.8 #1교각(Pier) 입력자료

좌표 / 지점	Upstream		Downstream	
	Pier Width	Elevation	Pier Width	Elevation
1	1.	67.5	1.	67.5
2	1.	68.2	1.	68.2

(ㄴ) Pier #2; Centerline Station Upstream=195

Centerline Station Downstream=195 입력→표 예3.16.9 입력 ⇒OK 클릭 후⇨ ⬇클릭

표 예3.16.9 #2교각(Pier) 입력자료

좌표 / 지점	Upstream		Downstream	
	Pier Width	Elevation	Pier Width	Elevation
1	1.	66.9	1.	66.9
2	1.	68.5	1.	68.5

㈂ Pier #3; Centerline Station Upstream=215

Centerline Station Downstream=215 입력→표 예3.16.10 입력⇒OK 클릭

표 예3.16.10 #3교각(Pier) 입력자료

지점 ╲ 좌표	Upstream		Downstream	
	Pier Width	Elevation	Pier Width	Elevation
1	1.	66.9	1.	66.9
2	1.	68.5	1.	68.5

㉯ 형상자료(Geometric Data) 저장→Geometric Data/File/Save Geometry Data 클릭

㈏ 교대자료 입력

㉮ Sloping Abutment(교대) Data Editor 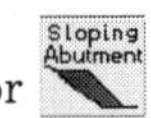 클릭

㈀ Add; 2번 클릭(∵교대 2개) 또는 1개(씩) 입력 후 클릭; Abutment #1; →표 예3.16.11 입력⇒OK 클릭 후 ⇨🡇클릭

표 예3.16.11 #1교대(Abutment) 입력자료

지점 ╲ 좌표	Upstream		Downstream	
	Station	Elevation	Station	Elevation
1	153	68.2	153	68.2
2	155	67.5	155	67.5
				Copy Up to Down↵

㈁ Abutment #2; →표 예3.16.12 입력 ⇒OK 클릭 후 ⇨🡇클릭

표 예3.16.12 #2교대(Abutment) 입력자료

지점 ╲ 좌표	Upstream		Downstream	
	Station	Elevation	Station	Elevation
1	235	67.5	155	67.5
2	237	68.2	157	68.2
				Copy Up to Down↵

㈂ 형상자료(Geometric Data) 저장→Geometric Data/File/Save Geometry Data 클릭

(3) 유량자료와 경계조건 입력

1) 유량자료 : (정상류 조건의) 유량 $Q=250\text{m}^3/\text{s}$

2) 경계조건 : No.1 지점의 아는 값 수면고(Known Water Surface Elevation)=66.30m

(4) 계산결과 분석·검토

1) 계산 결과 파일 출력

㈎ 계산 결과를 출력하기 위해 표 예3.16.13을 이용해 '파일'로 출력할 수 있다. 이는 메인

메뉴의 "File/ Generate"를 클릭하면 "Report Generator"가 나타나고, 이때 필요한 항목들에 "√" 표시한 후 "Generate Report"를 클릭한다.

(나) 이들 과정을 수행한 계산 결과는 "Ultra-32" 등과 같은 편집기(editor)를 이용해 작업한 해당 폴더에서 "Ex_3_15.rep"를 표 예3.16.14와 같이 불러올 수 있고, 또한 화면 출력 후 저장 또는 프린트 출력할 수 있다.

표 예3.16.13 계산 결과의 출력을 위한 준비 작업

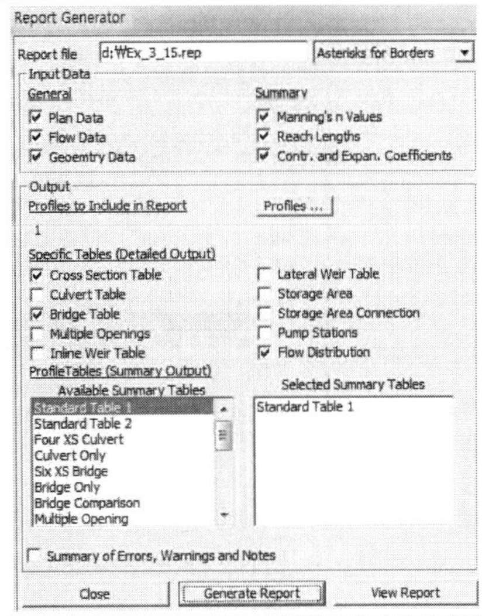

표 예3.16.14 계산 결과의 파일 출력 예

```
                    HEC-RAS HEC-RAS 5.0.0 February 2016
                      U.S. Army Corps of Engineers
                     Hydrologic Engineering Center
                           609 Second Street
                           Davis, California

       X     X  XXXXXX   XXXX        XXXX     XX     XXXX
       X     X  X       X    X       X   X   X  X   X
       X     X  X       X            X   X  X    X  X
       XXXXXXX  XXXX    X       XXX  XXXX   XXXXXX   XXXX
       X     X  X       X            X X    X    X       X
       X     X  X       X    X       X  X   X    X       X
       X     X  XXXXXX   XXXX        X   X  X    X  XXXXX

********************************************************************************

PROJECT DATA
Project Title: Example3 15
Project File : Ex3_15.prj
Run Date and Time: 2019-06-20 오후 5:30:25

Project in SI units

********************************************************************************

PLAN DATA

Plan Title: Plan 02
Plan File : c:\Ex3_15.p02

          Geometry Title: Example3_15
          Geometry File : c:\Ex3_15.g02

          Flow Title     : Example3_15
          Flow File      : c:\Ex3_15.f02

Plan Summary Information:
Number of:  Cross Sections =     7    Multiple Openings  =     0
            Culverts       =     0    Inline Structures  =     0
            Bridges        =     1    Lateral Structures =     0

Computational Information
    Water surface calculation tolerance  =  0.003
    Critical depth calculation tolerance =  0.003
    Maximum number of iterations         =  20
    Maximum difference tolerance         =  0.1
    Flow tolerance factor                =  0.001

Computation Options
    Critical depth computed only where necessary
    Conveyance Calculation Method: At breaks in n values only
    Friction Slope Method:        Average Conveyance
    Computational Flow Regime:    Subcritical Flow
********************************************************************************
```

2) 교량단면 상류(BU)와 하류(BD)의 비영향 단면(=사수역, ineffective area)의 설정 결과는 그림 예3.16.13과 같이 나타났다.

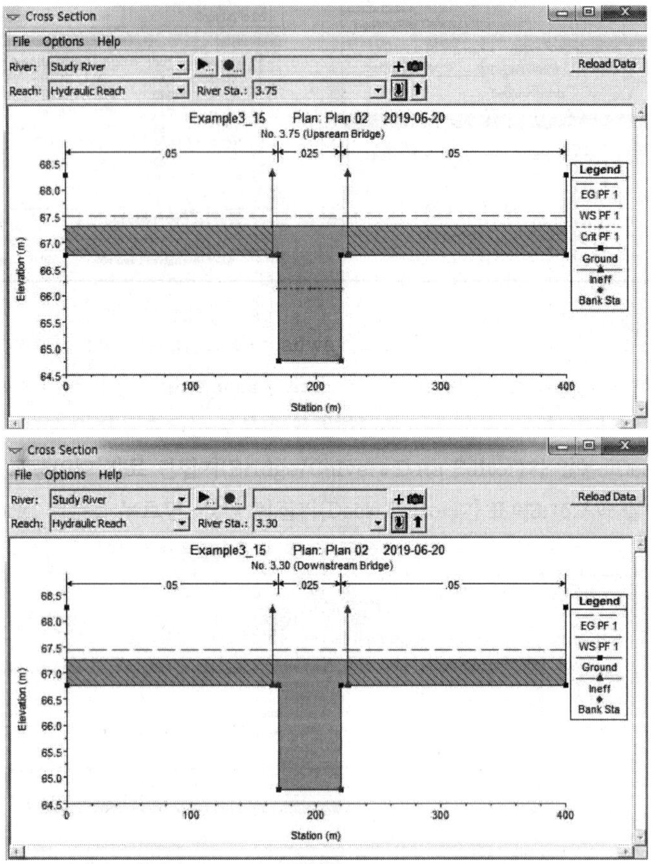

그림 예3.16.13 교량단면 BU와 BD의 사수역 설정 결과

3) 계산 결과 교량단면의 수면곡선은 그림 예3.16.14와 같이 파일로 출력할 수 있다.

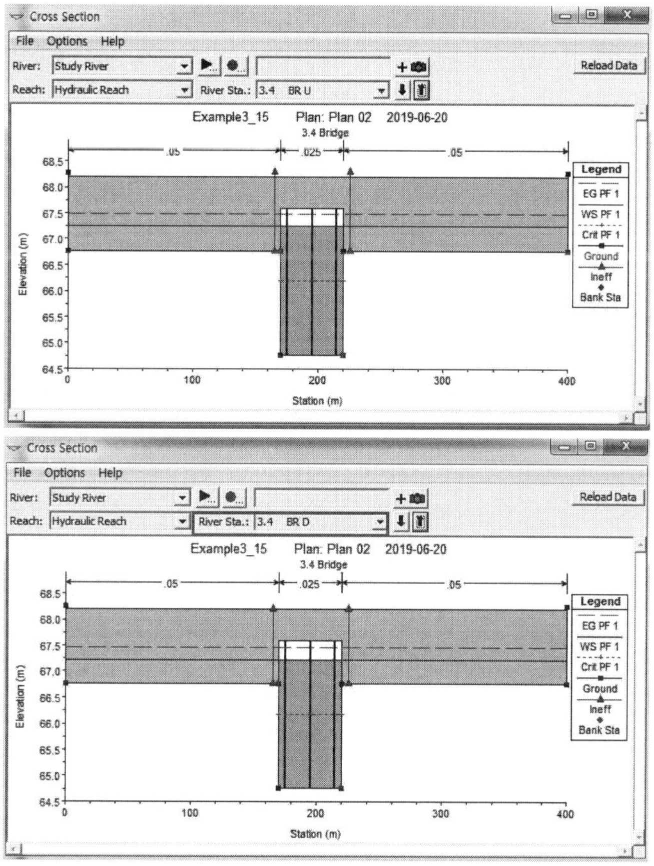

그림 예3.16.14 계산 결과 교량단면의 수면곡선

4) 계산 결과 복합단면 수로의 종방향 수면곡선은 그림 예3.16.15와 같이 나타났다.

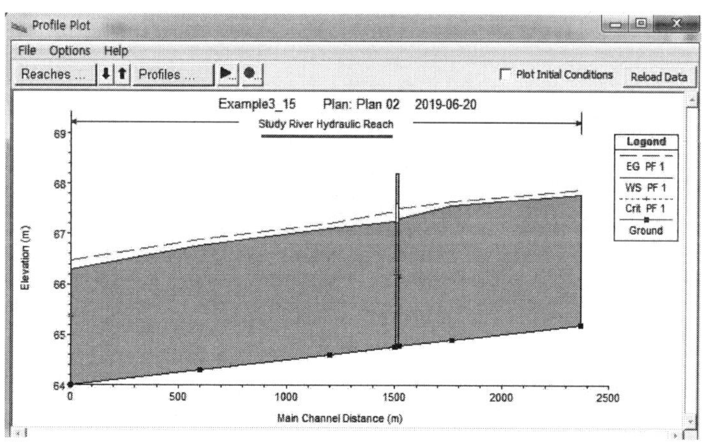

그림 예3.16.15 계산 결과 복합단면 수로의 종방향 수면곡선

5) 그림 예3.16.14와 같이 교량설치에 따른 No.1~No.5까지의 종방향 수면곡선은 교량 상류구간(No.3.75~No.4까지의 상류방향에 약간의 수면 상승(배수영향의 결과로)이 발생된 것으로 나타났다.
이들 결과를 표준형 자료 출력표(standard table 1)로 나타내면 표 예3.16.15와 같다.

표 예3.16.15 계산 결과 표준형 자료 출력표

Profile Output Table - Standard Table 1

File Options Std. Tables Locations Help

HEC-RAS Plan: Plan 02 River: Study River Reach: Hydraulic Reach Profile: PF 1 | Reload Data

Reach	River Sta	Profile	Q Total (m3/s)	Min Ch El (m)	W.S. Elev (m)	Crit W.S. (m)	E.G. Elev (m)	E.G. Slope (m/m)	Vel Chnl (m/s)	Flow Area (m2)	Top Width (m)	Froude # Chl
Hydraulic Reach	5	PF 1	250.00	65.20	67.79		67.88	0.000420	1.47	336.43	400.00	0.29
Hydraulic Reach	4	PF 1	250.00	64.90	67.57		67.64	0.000350	1.37	368.41	400.00	0.27
Hydraulic Reach	3.75	PF 1	250.00	64.77	67.31	66.13	67.51	0.000759	1.95	132.59	400.00	0.39
Hydraulic Reach	3.4		Bridge									
Hydraulic Reach	3.30	PF 1	250.00	64.76	67.25		67.45	0.000819	2.00	129.23	400.00	0.40
Hydraulic Reach	3	PF 1	250.00	64.60	67.10		67.21	0.000517	1.59	301.31	400.00	0.32
Hydraulic Reach	2	PF 1	250.00	64.30	66.77		66.88	0.000556	1.64	289.16	400.00	0.33
Hydraulic Reach	1	PF 1	250.00	64.00	66.30	65.36	66.47	0.000854	1.93	220.08	400.00	0.41

6) 또한 이들 결과의 주요 횡단면[No.5, No.3.75, No.3.4[BU(=BR U)], No.3.4[BD(=BR D)], No.3.3, No.1]을 횡단면 자료 출력(cross-section output)으로 나타내면 표 예3.16.16과 같다.

표 예3.16.16 계산 결과의 주요 횡단면 자료 출력

(a) No.5의 출력결과

Cross Section Output

File Type Options Help

River: Study River Profile: PF 1

Reach Hydraulic Reach RS: 5 Plan: Plan 02

Plan: Plan 02 Study River Hydraulic Reach RS: 5 Profile: PF 1

		Element	Left OB	Channel	Right OB
E.G. Elev (m)	67.88	Wt. n-Val.	0.050	0.025	0.050
Vel Head (m)	0.08	Reach Len. (m)	600.00	600.00	600.00
W.S. Elev (m)	67.79	Flow Area (m2)	100.49	129.55	106.40
Crit W.S. (m)		Area (m2)	100.49	129.55	106.40
E.G. Slope (m/m)	0.000420	Flow (m3/s)	28.95	190.38	30.66
Q Total (m3/s)	250.00	Top Width (m)	170.00	50.00	180.00
Top Width (m)	400.00	Avg. Vel. (m/s)	0.29	1.47	0.29
Vel Total (m/s)	0.74	Hydr. Depth (m)	0.59	2.59	0.59
Max Chl Dpth (m)	2.59	Conv. (m3/s)	1412.3	9286.2	1495.6
Conv. Total (m3/s)	12194.0	Wetted Per. (m)	170.59	54.00	180.59
Length Wtd. (m)	600.00	Shear (N/m2)	2.43	9.89	2.43
Min Ch El (m)	65.20	Stream Power (N/m s)	0.70	14.53	0.70
Alpha	3.01	Cum Volume (1000 m3)	204.90	297.53	216.95
Frctn Loss (m)	0.23	Cum SA (1000 m2)	400.01	118.45	423.54
C & E Loss (m)	0.00				

표 예3.16.16 계산 결과의 주요 횡단면 자료 출력(계속)

(b) No.3.75의 출력결과

Cross Section Output

File Type Options Help

River: Study River　Profile: PF 1

Reach: Hydraulic Reach　RS: 3.75　Plan: Plan 02

Plan: Plan 02 Study River Hydraulic Reach RS: 3.75 Profile: PF 1

		Element	Left OB	Channel	Right OB
E.G. Elev (m)	67.51	Wt. n-Val.	0.050	0.025	0.050
Vel Head (m)	0.19	Reach Len. (m)	3.00	3.00	3.00
W.S. Elev (m)	67.31	Flow Area (m2)	2.72	127.16	2.72
Crit W.S. (m)	66.13	Area (m2)	92.33	127.16	97.76
E.G. Slope (m/m)	0.000759	Flow (m3/s)	1.00	248.01	1.00
Q Total (m3/s)	250.00	Top Width (m)	170.00	50.00	180.00
Top Width (m)	400.00	Avg. Vel. (m/s)	0.37	1.95	0.37
Vel Total (m/s)	1.89	Hydr. Depth (m)	0.54	2.54	0.54
Max Chl Dpth (m)	2.54	Conv. (m3/s)	36.2	9002.9	36.2
Conv. Total (m3/s)	9075.3	Wetted Per. (m)	5.00	54.00	5.00
Length Wtd. (m)	3.00	Shear (N/m2)	4.04	17.52	4.04
Min Ch El (m)	64.77	Stream Power (N/m s)	1.48	34.18	1.48
Alpha	1.06	Cum Volume (1000 m3)	114.73	186.02	121.48
Frctn Loss (m)		Cum SA (1000 m2)	255.51	75.95	270.54
C & E Loss (m)					

(c) No.3.4 BU의 출력결과

Cross Section Output

File Type Options Help

River: Study River　Profile: PF 1

Reach: Hydraulic Reach　RS: 3.4 BR U　Plan: Plan 02

Plan: Plan 02 Study River Hydraulic Reach RS: 3.4 BR U Profile: PF 1

		Element	Left OB	Channel	Right OB
E.G. Elev (m)	67.48	Wt. n-Val.		0.025	
Vel Head (m)	0.23	Reach Len. (m)	14.00	14.00	14.00
W.S. Elev (m)	67.25	Flow Area (m2)		116.50	
Crit W.S. (m)	66.19	Area (m2)		116.50	
E.G. Slope (m/m)	0.001372	Flow (m3/s)		250.00	
Q Total (m3/s)	250.00	Top Width (m)		47.00	
Top Width (m)	47.00	Avg. Vel. (m/s)		2.15	
Vel Total (m/s)	2.15	Hydr. Depth (m)		2.48	
Max Chl Dpth (m)	2.48	Conv. (m3/s)		6749.7	
Conv. Total (m3/s)	6749.7	Wetted Per. (m)		66.83	
Length Wtd. (m)	14.00	Shear (N/m2)		23.45	
Min Ch El (m)	64.77	Stream Power (N/m s)		50.33	
Alpha	1.00	Cum Volume (1000 m3)	114.59	185.65	121.33
Frctn Loss (m)		Cum SA (1000 m2)	255.26	75.80	270.27
C & E Loss (m)					

(d) No.3.4 BD의 출력결과

Cross Section Output

File Type Options Help

River: Study River　Profile: PF 1

Reach: Hydraulic Reach　RS: 3.4 BR D　Plan: Plan 02

Plan: Plan 02 Study River Hydraulic Reach RS: 3.4 BR D Profile: PF 1

		Element	Left OB	Channel	Right OB
E.G. Elev (m)	67.45	Wt. n-Val.		0.025	
Vel Head (m)	0.24	Reach Len. (m)	3.00	3.00	3.00
W.S. Elev (m)	67.21	Flow Area (m2)		115.33	
Crit W.S. (m)	66.18	Area (m2)		115.33	
E.G. Slope (m/m)	0.001413	Flow (m3/s)		250.00	
Q Total (m3/s)	250.00	Top Width (m)		47.00	
Top Width (m)	47.00	Avg. Vel. (m/s)		2.17	
Vel Total (m/s)	2.17	Hydr. Depth (m)		2.45	
Max Chl Dpth (m)	2.45	Conv. (m3/s)		6650.4	
Conv. Total (m3/s)	6650.4	Wetted Per. (m)		66.63	
Length Wtd. (m)	3.00	Shear (N/m2)		23.99	
Min Ch El (m)	64.76	Stream Power (N/m s)		52.00	
Alpha	1.00	Cum Volume (1000 m3)	114.59	184.03	121.33
Frctn Loss (m)		Cum SA (1000 m2)	255.26	75.15	270.27
C & E Loss (m)					

표 예3.16.16 계산 결과의 주요 횡단면 자료 출력(계속)

(e) No.3.30의 출력결과

Cross Section Output

File Type Options Help

River: Study River Profile: PF 1

Reach Hydraulic Reach RS: 3.30 Plan: Plan 02

Plan: Plan 02 Study River Hydraulic Reach RS: 3.30 Profile: PF 1

		Element	Left OB	Channel	Right OB
E.G. Elev (m)	67.45	Wt. n-Val.	0.050	0.025	0.050
Vel Head (m)	0.20	Reach Len. (m)	300.00	300.00	300.00
W.S. Elev (m)	67.25	Flow Area (m2)	2.44	124.36	2.44
Crit W.S. (m)		Area (m2)	82.80	124.36	87.67
E.G. Slope (m/m)	0.000819	Flow (m3/s)	0.86	248.27	0.86
Q Total (m3/s)	250.00	Top Width (m)	170.00	50.00	180.00
Top Width (m)	400.00	Avg. Vel. (m/s)	0.35	2.00	0.35
Vel Total (m/s)	1.93	Hydr. Depth (m)	0.49	2.49	0.49
Max Chl Dpth (m)	2.49	Conv. (m3/s)	30.1	8674.6	30.1
Conv. Total (m3/s)	8734.9	Wetted Per. (m)	5.00	54.00	5.00
Length Wtd. (m)	300.00	Shear (N/m2)	3.91	18.50	3.91
Min Ch El (m)	64.76	Stream Power (N/m s)	1.39	36.93	1.39
Alpha	1.06	Cum Volume (1000 m3)	114.47	183.67	121.20
Frctn Loss (m)	0.19	Cum SA (1000 m2)	255.00	75.00	270.00
C & E Loss (m)	0.05				

(f) No.1의 출력결과

Cross Section Output

File Type Options Help

River: Study River Profile: PF 1

Reach Hydraulic Reach RS: 1 Plan: Plan 02

Plan: Plan 02 Study River Hydraulic Reach RS: 1 Profile: PF 1

		Element	Left OB	Channel	Right OB
E.G. Elev (m)	66.47	Wt. n-Val.	0.050	0.025	0.050
Vel Head (m)	0.17	Reach Len. (m)			
W.S. Elev (m)	66.30	Flow Area (m2)	51.04	115.00	54.04
Crit W.S. (m)	65.36	Area (m2)	51.04	115.00	54.04
E.G. Slope (m/m)	0.000854	Flow (m3/s)	13.36	222.50	14.14
Q Total (m3/s)	250.00	Top Width (m)	170.00	50.00	180.00
Top Width (m)	400.00	Avg. Vel. (m/s)	0.26	1.93	0.26
Vel Total (m/s)	1.14	Hydr. Depth (m)	0.30	2.30	0.30
Max Chl Dpth (m)	2.30	Conv. (m3/s)	457.1	7614.4	484.1
Conv. Total (m3/s)	8555.6	Wetted Per. (m)	170.30	54.00	180.30
Length Wtd. (m)		Shear (N/m2)	2.51	17.83	2.51
Min Ch El (m)	64.00	Stream Power (N/m s)	0.66	34.50	0.66
Alpha	2.59	Cum Volume (1000 m3)			
Frctn Loss (m)		Cum SA (1000 m2)			
C & E Loss (m)					

7) 표 예3.16.16과 같이 각 단면에 출력값은 에너지 선과 한계수면고, 수면의 표고, 속도수두, 총유량, 수면폭, 에너지 보정계수 등이 계산·출력되고, 소단면 좌우측 홍수터와 주수로에 대한 조도계수값, 유수단면적, 평균유속, 통수능, 윤변 등의 흐름특성이 출력된다.

3.3.2 실무 활용

본 연구의 대상인 해미천은 도당천의 제1지류의 지방하천으로 금강권역의 금강서해권 수계에 포함되어 있다. 충청남도 서산시 해미면 일대를 포함하고 있는 유역으로서 유역면적 27.25km^{2}이고 하천연장 8.9km, 유로연장 10.6km에 이른다(김시철, 2016; 이종석과 김시철, 2017).

대상 유역은 **그림 3.11**과 같고 상류부, 하류부는 농경지가 분포하는 전원하천, 중류부는 시가화지역이 분포하고 있는 도심하천의 성격을 나타내고 있다(국토해양부, 2010). 또한 하천의 경사가 전반적으로 약 1/105~1/168 정도로 급하고 유속이 다소 빠른 형태를 보이고 있으며 양안에는 농경지 및 주거지역이 분포하고 있다.

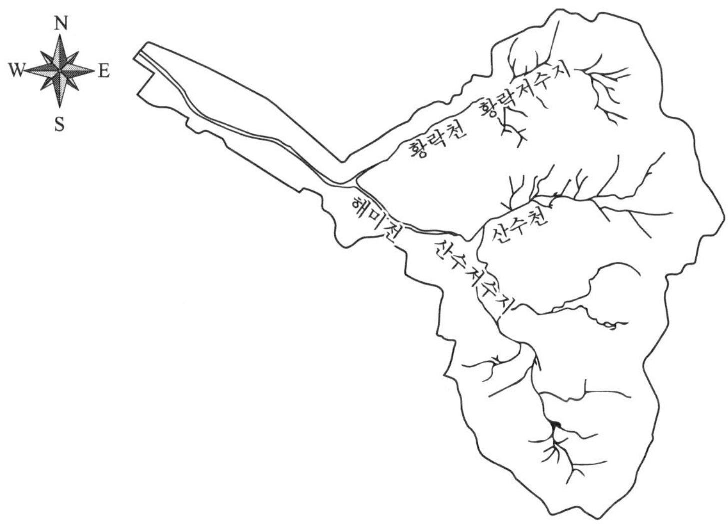

그림 3.11 해미천 유역도

표 3.3은 해미천 유역의 특성을 나타낸 것으로서 하천유역의 기하학적 특성은 대상하천을 이해하고 유역의 유출특성을 분석하는데 주요한 인자들로서 유역면적, 유로연장, 유로경사, 유역 평균 폭 및 형상계수 등이 있다.

표 3.3 해미천 유역의 지형학적 특성

산정지점	유역면적(km^2)	유로연장(km)	유역 평균 폭(A/L)	형상계수(A/L^2)	등가경사
HM0	27.25	8.40	3.04	0.36	0.01015
HM1	24.41	6.80	3.59	0.53	0.01297
HM2	18.22	6.80	2.68	0.39	0.001297
HM3	16.48	5.40	3.05	0.57	0.01363

(1) 확률강우량 산정

① 고정·임의 지속시간 관계

하천기본계획 2010년 자료는 서산 기상관측소의 42년간(1968~2009년) 강우자료를 사용하였으나 본 연구에서는 서산 기상관측소의 48년간(1968~2015년) 강우자료를 수집하여 지속기간별 최대 우량을 조사하였다. 대상강우로는 10분, 60분, 2시간, 3시간, 4시간, 6시간, 9시간, 12시간, 18시간, 24시간에 대해 지속시간별로 연 최대 강우량을 추출한 후 고정시간 자료를 임의시간으로 변환하여 확률강우량을 산정하였으며 유역의 기상관측소 현황은 **표 3.4**와 같다.

표 3.4 유역의 우량관측소 현황

관측소 (기상청)	위치			해발표고 (EL.m)	관측 개시일	수집자료기간
	지명	북위	동경			
서산	충남 서산시 수석동 188	36° 46′	126° 30′	25.9	1968. 1. 1	1968~2015

국토해양부(2011)에서는 원자료를 이용한 환산계수와 확률강우량을 이용한 환산계수를 모두 제시하고 있으나, 이론적으로 타당하고 실무적으로도 합리적인 원자료를 적용하는 **표 3.5**와 같은 환산계수를 적하였으며, 측정자료 자체가 임의기간 자료인 10분, 60분 강우량자료는 환산계수를 적용하지 않고 그대로 사용하였다(국토해양부, 2012a). **표 3.5**는 고정시간과 임의시간의 환산계수이며, **표 3.6**은 서산 관측소의 임의지속시간별 강우자료로 변환한 것이다.

표 3.5 고정시간 - 임의시간 환산계수

고정시간(시간)	1	2	3	4	6	9	12	18	24	48
임의시간(분)	60	120	180	240	360	540	720	1,080	1,440	2,880
환산계수	1.136	1.051	1.031	1.020	1.012	1.007	1.005	1.004	1.003	1.002

표 3.6 서산 관측소의 임의지속시간별 최대 강우량

순번	연도	10분	60분	120분	180분	240분	360분	540분	720분	1,080분	1,440분
1	1968	15.2	45.7	53.4	67.0	85.2	96.1	107.5	142.1	152.2	152.2
2	1969	13.2	45.9	51.9	54.7	55.4	55.4	55.4	60.3	77.5	77.5
3	1970	16.8	52.3	73.9	94.9	105.9	124.8	134.0	182.5	195.3	236.8
4	1971	12.3	31.7	40.6	45.8	45.8	55.8	66.3	89.6	109.0	111.1
5	1972	13.0	48.8	65.2	95.1	111.9	119.2	124.4	174.7	199.9	229.2
6	1973	20.8	40.0	45.2	48.1	48.1	48.1	48.1	50.0	50.4	67.6
7	1974	16.3	42.0	66.7	100.0	114.2	127.3	136.3	221.9	250.6	253.7
8	1975	18.6	37.8	44.4	49.6	54.1	57.7	58.5	58.5	58.5	58.5
9	1976	10.6	20.4	30.3	38.6	44.4	47.8	52.7	71.8	75.0	79.8
10	1977	15.4	37.6	50.7	74.4	85.7	85.8	90.3	111.6	114.1	114.1
11	1978	20.0	79.0	100.7	112.4	125.6	134.1	140.0	156.1	163.1	163.1
12	1979	10.0	33.5	55.1	67.0	75.8	76.7	76.7	76.7	85.7	96.3
13	1980	20.0	40.7	54.4	63.5	73.5	81.2	86.4	102.1	121.8	121.9
14	1981	18.0	40.6	57.3	62.1	62.1	70.4	83.3	121.6	134.3	142.5
15	1982	16.0	43.4	56.3	66.9	69.4	92.9	114.4	160.6	178.0	178.8
16	1983	14.5	31.1	49.9	68.5	75.8	76.4	78.4	114.7	127.9	135.9
17	1984	14.0	34.7	47.5	62.3	74.5	87.9	99.8	168.1	200.4	211.5
18	1985	13.5	31.0	36.7	49.2	61.9	68.9	73.6	123.3	151.0	176.3
19	1986	17.0	33.0	37.6	43.9	52.4	56.0	56.7	68.3	71.2	75.7
20	1987	15.5	33.6	53.4	66.8	75.5	78.9	82.7	97.5	124.1	159.3
21	1988	13.0	20.7	25.5	29.3	38.4	38.6	42.4	61.5	63.3	63.3
22	1989	9.7	30.5	44.6	54.0	59.0	63.3	74.2	90.2	122.9	153.0
23	1990	23.5	55.3	76.0	76.0	97.5	104.3	108.9	127.9	131.5	134.1
24	1991	17.7	29.0	43.6	49.0	65.9	84.3	89.8	157.1	175.8	177.6
25	1992	17.0	42.0	58.0	67.0	78.2	97.2	106.8	171.7	203.5	207.4
26	1993	10.7	24.3	38.8	44.4	52.2	57.5	59.0	78.8	90.1	90.1
27	1994	18.6	51.7	57.3	58.1	78.0	81.4	83.1	111.8	141.7	152.8
28	1995	18.6	60.1	88.1	106.5	134.5	140.4	153.5	222.5	255.0	318.1
29	1996	9.9	17.0	26.1	38.0	46.6	58.7	66.4	83.4	84.9	85.6
30	1997	14.2	50.0	81.1	102.8	108.2	114.3	130.0	173.1	183.5	183.8
31	1998	19.5	57.5	82.1	105.6	129.6	134.6	144.0	154.3	154.3	156.5
32	1999	10.1	37.5	55.8	80.0	107.7	122.0	139.5	253.0	346.9	360.0
33	2000	13.0	32.0	52.5	77.3	91.3	109.1	120.9	149.0	168.5	186.6
34	2001	17.0	80.0	105.7	109.4	111.5	111.5	112.6	121.4	121.4	121.4
35	2002	19.0	62.5	86.7	88.2	89.8	94.4	101.2	140.2	176.2	218.7
36	2003	19.5	51.5	57.3	65.5	74.5	89.8	105.2	161.3	171.7	173.5
37	2004	14.5	42.9	52.0	65.5	78.5	91.4	98.2	108.0	119.0	127.4
38	2005	16.5	38.0	49.4	62.4	74.5	83.2	87.0	111.1	111.1	111.1
39	2006	17.0	32.0	42.6	53.6	59.7	69.5	86.0	118.6	125.0	133.9
40	2007	15.0	34.0	54.7	78.4	89.8	95.4	101.2	124.6	125.2	125.4
41	2008	10.0	43.5	60.4	63.4	63.7	65.0	66.3	92.5	108.9	110.8
42	2009	14.5	33.5	39.9	47.9	54.6	68.0	71.9	114.1	122.0	122.4
43	2010	24.0	99.5	126.6	142.3	142.3	142.3	142.3	165.3	187.2	221.2
44	2011	15.5	61.0	77.8	91.2	100.0	107.6	117.9	130.1	144.1	167.0
45	2012	13.6	45.2	65.6	71.6	77.0	83.6	92.4	137.4	161.9	162.4
46	2013	11.7	34.6	37.7	45.3	55.3	63.2	69.9	75.5	75.5	75.6
47	2014	10.8	43.0	74.4	83.1	95.3	104.8	109.8	125.8	126.9	126.9
48	2015	9.3	23.0	26.9	32.8	42.0	44.2	44.4	44.4	47.0	54.2
비고	10분, 60분은 기상청에서 제공하는 임의시간 자료를 적용함(단위 mm)										

② 확률분포형 선정

확률강우량 산정은 국립방재연구소(2007)에서 개발한 강우빈도분석 프로그램인 **FARD 2006**(한국수자원학회, 2007)을 이용하여 10분에서 24시간(1,440분)까지 총 10개 지속기간과 30년 빈도에서 200년 빈도까지 5개의 빈도년에 대해 확률강우량을 산정하였다.

1) 매개변수 적합성 검토

모멘트법, 최우도법, 확률가중 모멘트법으로 매개변수를 추정하고 추정된 모수가 각 확률분포형의 확률변수 범위와 모수적합성 조건을 만족하는지 검토하였다.

모멘트법은 고차 모멘트로 갈수록 부정확해지는 단점이 있고, 최우도법은 표본크기가 충분히 클 때 가장 효율적인 방법이나 수렴성에 문제가 발생할 수 있으며 표본의 크기가 작을 때 일반적으로 잘 일치하지 않는 결과를 얻을 수 있다. 우리나라와 같이 관측연수가 짧아 자료수가 충분하지 못할 경우 확률가중모멘트법이 상기 두 방법에 비해 보다 안정적인 결과를 얻을 수 있는 것으로 알려져 있어 확률가중 모멘트법에 의하여 추정된 분포형을 최적 확률분포형으로 선정하였다(건설교통부, 2005b). 또한 서산관측소의 확률분포형별 매개변수 추정치 적합성 검토를 하였다.

2) 적합도 검정

임의의 확률분포에 대한 적합도 검정은 그 확률분포의 상대도수함수와 누가도수함수의 이론값과 표본값을 비교하여 그 정도를 판별하게 된다. 이에 대한 검정방법으로는 χ^2 (Chi-Square) 검정, K-S(Kolmogorov-Smirnov) 검정, CVM(Cramer Von Mises) 검정, PPCC(Probability Plot Correlation Coefficient) 검정 등이 있으며, 이들 방법을 적용하여 적합도 검정을 유의 수준 5%에서 수행하였다.

3) 최적 확률분포형 선정

본 연구에서 강우의 최적 확률분포형은 서산기상대에서 지속기간별, 분포형 검정방법별로 유의 수준 범위에서 기각되지 않고 건설교통부(2000a; b; c)의 1999년도 수자원관리기법개발연구조사 보고서에서 권장하고 있는 확률가중모멘트법에 의한 Gumbel(GUM) 분포형을 채택하였다.

표 3.7은 서산관측소 지점의 확률가중모멘트법에 의한 Gumbel 분포형의 확률강우량을 나타낸 것이다.

표 3.7 서산 관측소 확률강우량

관측소	빈도 (년)	지속기간(분)									
		10	60	120	180	240	360	540	720	1,080	1,440
서산	30	23.8	76.0	102.6	121.4	137.8	160.1	194.1	226.7	262.2	285.8
	50	25.3	82.2	111.0	131.1	148.8	172.5	209.6	245.9	285.2	311.3
	80	26.8	87.9	118.7	140.0	158.8	183.9	223.8	263.4	306.2	334.8
	100	27.4	90.6	122.3	144.2	163.5	189.3	230.6	271.7	316.1	345.9
	200	29.5	98.9	133.5	157.3	178.2	206.1	251.4	297.5	347.0	380.2

③ 면적확률강우량 산정

강우의 일반적인 특성을 고려해 볼 때 일정한 유역면적을 가진 유역에 균일한 강도의 강우가 발생할 경우는 거의 없으며, 강우지속기간 동안 유역의 평균강우강도는 유역면적이 커질수록 감소하게 된다. 따라서 수공구조물 설계 시 실제 강우사상을 반영한 설계홍수량 산정을 위해서는 대상 유역면적 내에서 이와 같은 강우의 공간적 특성을 고려한 유역평균 면적확률강우량을 결정하는 작업이 선행되어야 한다.

유역면적이 25.9km^2 이상인 경우에는 한국 확률강우량도 작성에 제시된 면적우량환산계수 (이종석, 2014b)를 적용하여 면적확률강우량을 산정하여 적용하였다.

$$ARF(A) = 1 - M \exp^{-(aA^b)^{-1}} \tag{3.43}$$

여기서 $ARF(A)$ = 유역면적 A(km^2)에 따른 면적우량환산계수(%)이며, M, a, b = 면적우량환산계수 회귀식의 매개변수이다.

④ 강우의 시간적 분포

본 연구에서는 강우의 통계적 특성을 고려한 **Huff의 4분위법**(Huff's quartile method)을 적용하여 강우의 시간적 분포를 결정하였다.

Huff의 4분위법은 강우자료에서 총강우지속시간을 4등분하여 첨두우량이 발생하는 시각으로 분위를 구분하고 각 분위별 통계적 특성을 적출하여 해당지역의 해당분위 강우량의 분포식을 회귀분석에 의해 구한 다음, 이를 기준으로 하여 설계 강우를 강우지속시간 내에 분포시키는 방법이다. 이 방법은 개념상 비교적 단순하면서 물리적으로도 의미를 가지고 있으며, 대량의 강우자료에 대해서도 짧은 시간 내에 계산이 가능하기 때문에 많이 사용되고 있다(Huff, 1967; 건설교통부, 2000a).

유역에 위치한 서산 관측소의 각 분위별 누가우량은 **표 3.8**과 같고, **그림 3.12**는 서산 관측소의 50% 무차원 누가곡선이며, 표 3.9는 서산의 Huff 방법 적용을 위한 회귀계수이며, 이를 사용하여 식 (3.44)를 유도하였다.

표 3.8 서산 관측소의 각 분위별 누가우량

분위	누가우량(%)										
	0	10	20	30	40	50	60	70	80	90	100
1분위	0	11.7	37.7	54.6	67.2	72.5	80.5	90.5	95.1	98.1	100
2분위	0	3.5	13.3	30.2	53.5	72.6	84.4	90.6	95.2	98.3	100
3분위	0	2.2	6.3	12.8	23.8	39.5	61.8	81.6	94.1	98.2	100
4분위	0	2.2	7.5	13.3	18.5	26.7	36.2	46.9	70.4	90.9	100

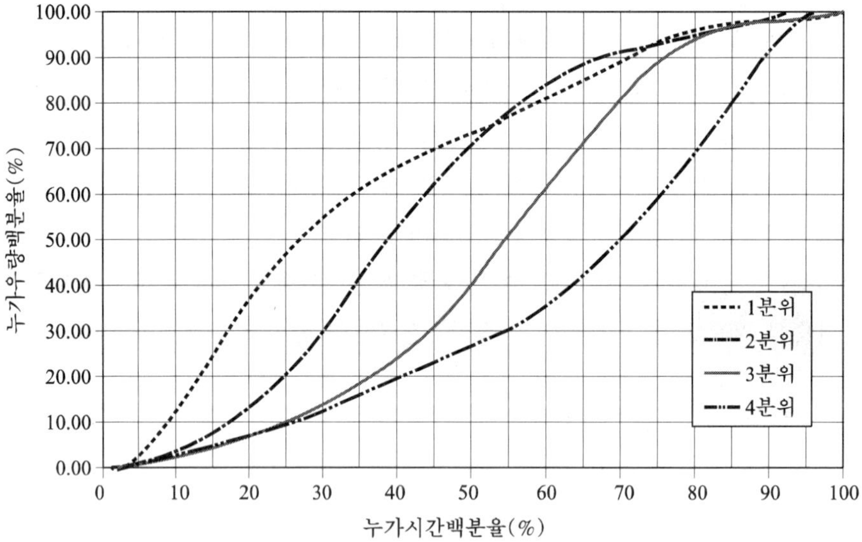

그림 3.12 서산 기상관측소의 50% 무차원 누가곡선

표 3.9 서산지역의 Huff 방법 적용을 위한 회귀계수

계수 \ 분위	제1분위	제2분위	제3분위	제4분위
C_o	−4.85713240E−02	−6.24138717E−03	1.21783245E−02	−6.12871669E−02
C_1	−7.87100940E−01	5.97776530E−01	−1.18015002E−01	2.37203781E−01
C_2	2.98302626E−01	−6.73297526E−02	5.43532584E−02	−7.50404459E−03
C_3	−1.17928659E−02	5.54485913E−03	−2.82833644E−03	1.29643332E−03
C_4	2.04737016E−04	−1.24505343E−04	7.60124270E−05	−4.07237485E−05
C_5	−1.65934709E−06	1.13084952E−06	−8.31539511E−07	5.11392029E−07
C_6	5.10843910E−09	−3.68936415E−09	3.11077723E−09	−2.18664993E−09
결정계수	0.91	0.93	0.99	0.99

$$Y = C_0 + C_1X - C_2X^2 + C_3X^3 + C_4X^4 + C_5X^5 + C_6X^6 \tag{3.44}$$

여기서 Y =무차원 누가우량이고, X =무차원 강우지속시간이다.

(2) 홍수량 산정

그림 3.13과 같이 주요 지류합류점을 중심으로 홍수량 산정지점을 결정하였으며, 30년, 50년, 80년, 100년, 200년 빈도에 대해 HEC-HMS 모형(v3.4)(USACE, 2008a; b; c)으로 홍수량을 산정하였다.

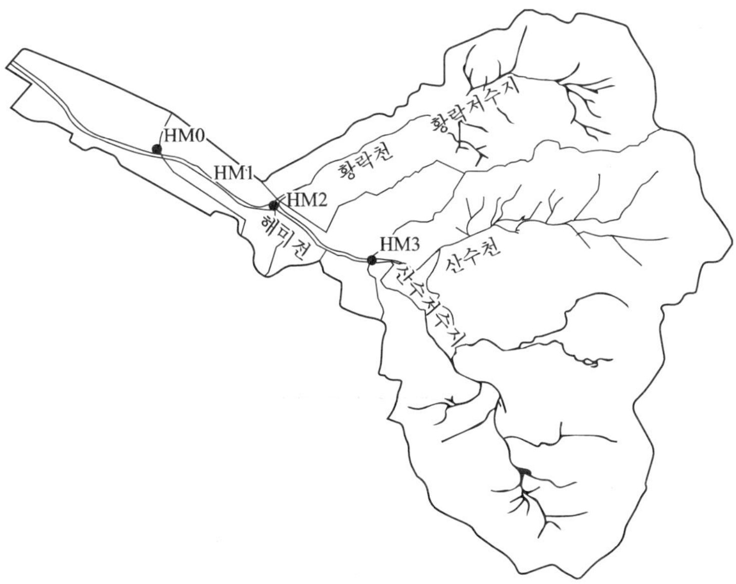

그림 3.13 홍수량 산정 지점도

합성단위도는 Clark, NRCS, Snyder 단위도 등이 있으나 일반적으로 단위도의 특성에 대한 제어가 가장 우수하고, 가장 널리 추천되는 Clark 단위도법을 적용하였다. 유효우량 산정은 일정비법, 일정손실률법, 침투곡선법, NRCS 유출곡선지수법 등이 있으나, 건설교통부(2005c)에서 추천하고 있는 NRCS 유출곡선지수법을 적용하였다. 이 방법은 토양과 토지피복 상태의 유역 물리적 특성을 반영한 경험적인 공식에서 유효우량을 산정하는 방법으로 미계측유역에 대한 적용성이 높다. 그러나 토양과 토지피복에 대한 미국 SCS의 분류기준과 우리나라의 기준이 다를 수 있으므로 주의가 요구된다.

하도추적방법은 Lag 방법, Muskingum 방법, Modified Puls 방법, Kinematic wave 방법, Muskingum-Cunge 방법 등이 있다. Muskingum-Cunge 방법은 하도 단면, 에너지경

사, 조도계수 등 하도제원의 산정이 용이한 개수된 하도구간에 적합하며, Muskingum 방법은 자연하도유역에 적용하는 것이 적합하여 본 연구에서는 Muskingum 방법을 이용해 하도추적을 하였으며 **그림 3.14**와 같이 유역모델을 구성하였다.

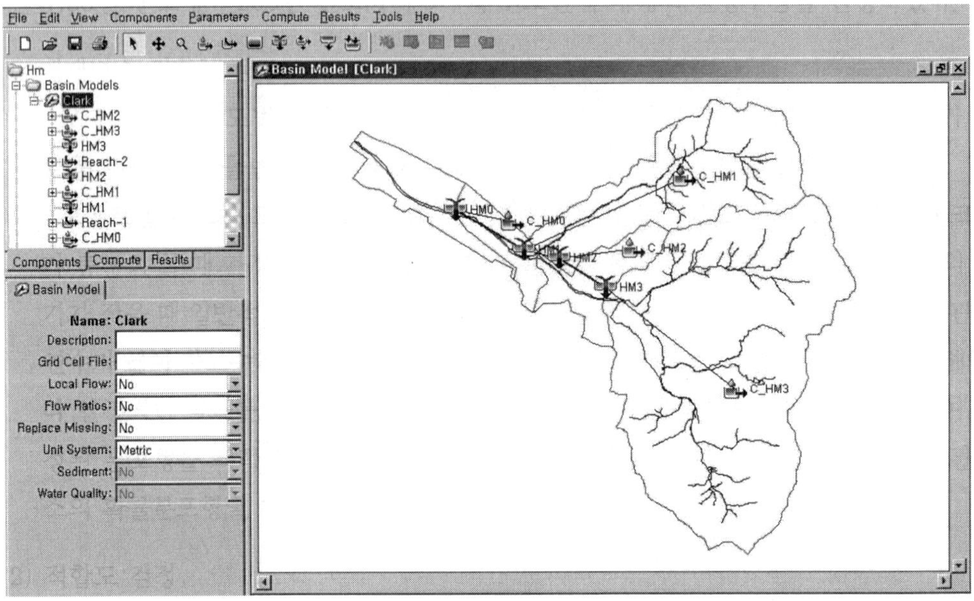

(a) HEC-HMS 작업

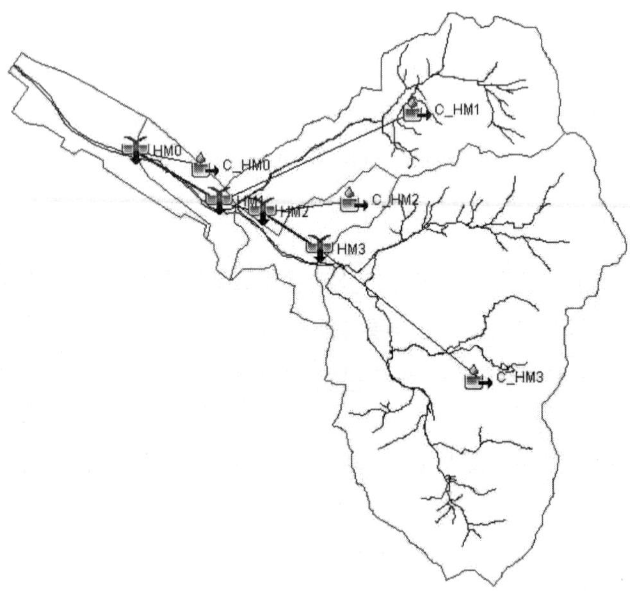

(b) 유역모델

그림 3.14 HEC-HMS의 유역모델

표 3.10은 홍수량 산정 지점의 유역특성에 따라 CN과 도달시간을 계산한 결과와 빈도별 확률강우량을 나타낸 것이다. CN 값은 하천기본계획에서 적용된 AMC-III로 구한 값이며 도달시간은 Kraven(II) 공식을 이용하였다.

하천 흐름의 평균유속 측면에서 보면 Rziha 공식과 Kraven(I) 공식을 사용하였을 때 평균유속이 지나치게 크게 나와 유하시간이 너무 짧게 산정되고, Kirpich 공식에 의한 평균유속은 지나치게 작아서 유하시간이 과도하게 산정된다. 반면에, Kraven(II) 공식은 홍수 시에 수용 가능한 평균유속 2.0~3.5m/s의 값을 준다(윤용남, 2007). 또한 자연하천 유역에서는 Kraven(II) 공식이 모든 경사에 대해 적용이 가능하며 경사별 유속을 산정하여 도달시간을 계산하며 비교적 적용성이 높다(정종호 등, 2002). 따라서 본 연구에서는 Kraven(II)공식에 의한 유하시간을 택하였다.

표 3.10 홍수량 산정지점의 매개변수 및 빈도별 확률강우량

산정지점		유출곡선지수 CN	도달시간 (h)	확률강우량(mm)				
				30	50	80	100	200
중류부 종점	HM0	89	0.67	608.5	667.2	720.9	746.4	825.8
황락천 합류 후	HM1	84	0.54	413.5	454.0	491.7	509.4	564.7
황락천 합류 전	HM2	84	0.54	242.4	266.2	288.3	298.8	331.2
산수저수지 하류	HM3	83	0.43	115.1	126.6	137.2	142.2	157.7

(3) 홍수위 검토

① 지형자료

1) 연구대상구간 선정

해미천의 중류부 지역[중류부 종점(HM0)~황락천 합류 후(HM1)]을 연구대상 구간으로 선정하였다. 측량 데이터를 얻기 위해 지적기준점, 수준점을 기반으로 네트워크 RTK 측량을 실시하였다.

2) 기준점 측량

본 연구에서 사용될 지적기준점은 지적삼각점 1점과 지적삼각보점 3점을 합해 총 4점을 사용하였으며 수준점은 1등 수준점 3점과 2등 수준점 2점을 합해 총 5점을 사용하여 검정(calibration)하였다. 본 연구에서 사용한 좌표는 세계측지계 좌표가 아닌 지적측량에서 사용하고 있는 베셀 타원체의 지역좌표를 사용하였다.

가) 지적기준점 측량

본 연구 대상지 인근의 지적기준점 4점을 네트워크 RTK로 관측하였다. 연구에 사용된 지적기준점은 지적삼각점 1점 충남77과 지적삼각보조점 3점 보56, 보87, 보108을 사용하였으며 검정(calibration)은 지적삼각점을 기준으로 시행하였다. 지적기준점의 정보는 충남 부동산정보조회 시스템(http://kras.chungnam.go.kr)에서 발급받은 조서로 확인하였으며 각 점당 5분씩 관측하였다.

나) 수준점 측량

본 연구 대상지 인근의 수준점 5점을 네트워크 RTK로 높이를 관측하였다. 실험에 사용된 수준점은 1등 수준점 3점 38-05-00, 38-08-00, 38-09-00과 2등 수준점 2점 12-03-07-09, 12-03-07-08을 사용하였으며 검정은 1등 수준점 38-05-00을 기준으로 시행하였다. 수준점의 정보는 국토지리정보원(2003)에서 발급받은 조서로 확인하였으며 폴의 길이를 2m로 고정하였고 각 점당 5분씩 관측하였다.

3) 정확도 분석

지적기준점과 수준점을 이용한 검정자료를 활용하여 평면위치 정확도 분석을 위해 지적도근점 4점과 하천기본계획에 사용된 표석 4점을 관측하였다. 충남 부동산정보조회 시스템에 고시된 성과표를 기준으로 네트워크 RTK를 이용해 얻어진 지적도근점 4점의 X, Y값을 비교 분석하였으며 국토지리 정보원에 고시된 성과표를 기준으로 네트워크 RTK를 이용해 얻어진 1등 수준점 1점과 하천기본계획에 사용된 표석 3점의 표고 H값을 비교 분석하였다.

가) 평면위치 정확도 분석

동경원점(동경 136° 44′40″.5020, 북위 35° 39′17″.5148)을 기준으로 한 지적기준점을 선정하여 평면위치 정확도를 분석하였다. 지적기준점(도근점) 5점에 대한 고시되된 값과 네트워크 RTK를 이용하여 X, Y 값을 얻는다. Δx는 최대 0.07m, Δy는 최대 0.06m로 공공측량 작업규정(국토지리정보원, 2015)의 GPS 허용 범위 이내의 결과로 하천지형측량을 실시하는데 적합한 것으로 나타났다.

나) 표고 정확도 분석

인천광역시 인하공업전문대학 구내에 위치한 수준원점(26.6871m)을 기준으로 한 수준점과 해미천 하천기본계획에 사용되어진 표석을 선정하여 표고 정확도를 분석하였다. 수준점 1점, 표석 3점 값과 네트워크 RTK를 이용하여 관측한 표고 H의 값은 Δh는 최대 0.04m로 공공측량 작업규정의 GPS 허용 범위 이내의 결과로 하천

지형측량을 실시하는데 적합한 것으로 나타났다.

4) 네트워크 RTK 이용 현황측량

가) 네트워크 RTK 측량

본 연구 대상지인 해미천을 네트워크 RTK를 이용하여 현황측량을 수행하였다.

나) 오토데스크 Civil 3D 지형자료

네트워크 RTK를 이용한 측량자료와 1/5,000 축척으로 작성한 현황실측도를 작성하고 오토데스크사의 Civil 3D를 활용하여 불규칙 삼각망을 구성한 3차원 지형으로 작성할 수 있으며 3차원 지형으로 작성되어진 자료를 HEC-RAS 자료로 변환하여 출력할 수 있다.

다) HEC-RAS 자료입력

홍수위를 산정하기 위해 HEC-HMS 모형으로 얻어진 빈도별 확률홍수량을 산정하고 HEC-RAS 모형(v4.0)(USACE, 2008d; e; f)의 입력자료로 사용하여 지방하천인 해미천의 도시하천구간인 중류부[중류부 종점(HM0)~황락천 합류 후(HM1)]에 대해 하천설계 기준상 계획빈도에 해당되는 100년 빈도의 홍수위를 계산하였다.

홍수위 산정은 유역출구(No.0)에서 100m 간격으로 네트워크 RTK를 이용하여 측량된 지형자료와 하천정비기본계획에 적용된 2010년 지형자료를 이용하였으며, 해미천의 중류부 1.6km에 대해 상류단 경계조건으로는 HEC-HMS 모형으로 얻어진 확률홍수량을 입력하였고 하류단 경계조건으로는 기점수위를 입력하여 하도수리분석을 실시하였으며 HEC-RAS 모형의 입력자료인 조도계수는 하천정비기본계획에서 사용된 전구간 0.035의 값을 동일하게 채택하였다(국토해양부, 2010).

그림 3.15는 HEC-RAS 지형자료를 구성한 것이며, **표 3.11**은 HEC-RAS의 입력자료를 나타낸 것이다.

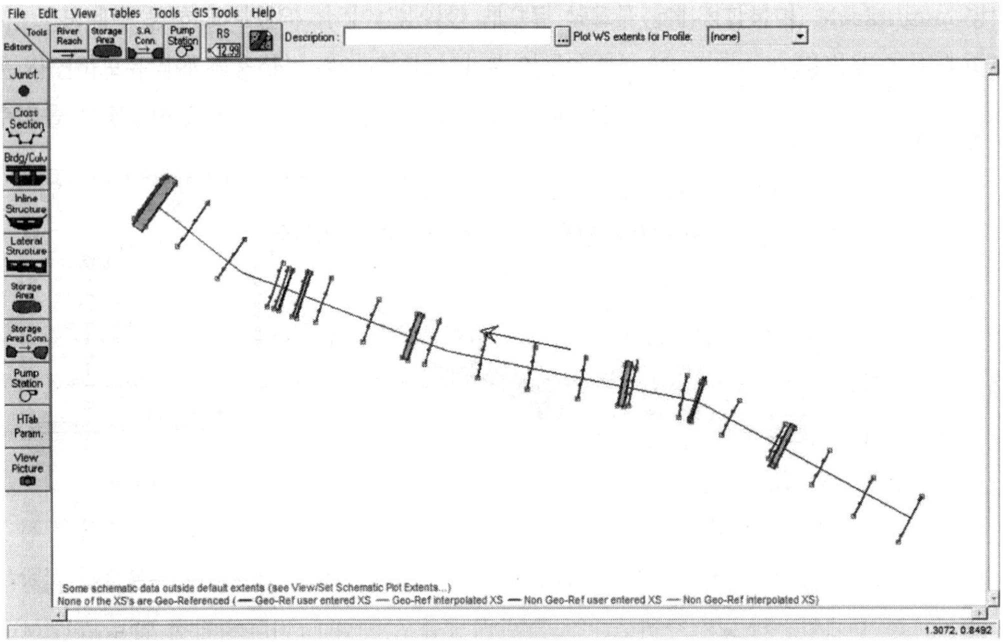

(a) HEC-RAS 자료

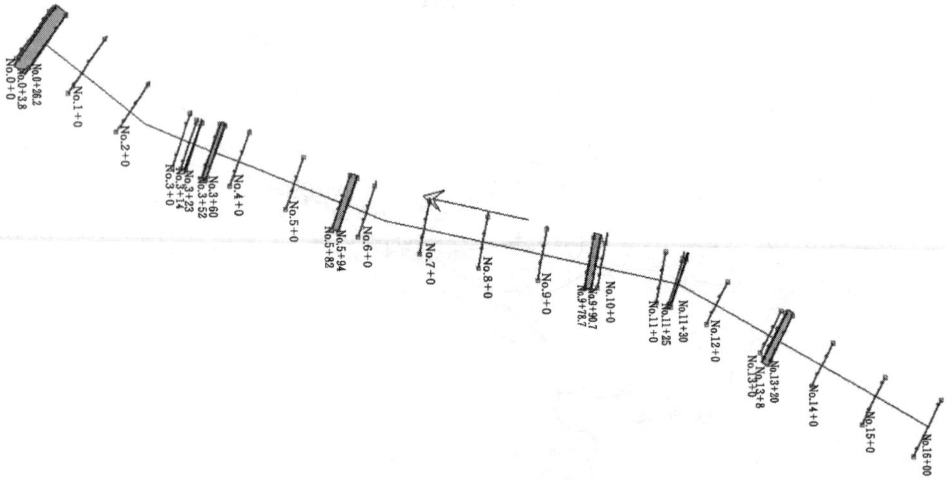

(b) 수로구간 측점

그림 3.15 HEC-RAS의 지형자료

표 3.11 해미천 도시하천구간의 입력자료

측점 (No.)	거리(m)		2015년 자료 제방고(EL.m)		2010년 자료 제방고(EL.m)		비고
	구간	누가	좌안	우안	좌안	우인	
0+0	0	0	21.79	22.62	21.70	23.11	
0+3.8	3.8	3.8	22.61	22.16	22.93	22.59	해미2교(전)
0+26.2	22.4	26.2	22.61	22.16	22.93	22.59	해미2교(후)
1+0	77.6	100	22.77	21.68	22.74	20.33	
2+0	100	200	23.85	22.79	23.74	22.71	
3+0	100	300	24.55	23.49	24.55	23.48	
3+14	14	314	24.70	23.85	24.81	23.80	전천보(전)
3+23	9	323	24.70	23.85	24.81	23.80	전천보(후)
3+52	29	356	25.31	25.30	26.41	26.40	진둠벙교(전)
3+60	8	360	25.31	25.30	26.41	26.40	진둠벙교(후)
4+0	100	400	25.03	24.06	25.17	24.15	
5+0	100	500	26.01	24.90	26.12	25.02	
5+82	82	582	27.81	27.83	27.75	27.75	조산2교(전)
5+94	12	594	27.81	27.83	27.75	27.75	조산2교(후)
6+0	6	600	27.83	27.75	27.29	27.32	
7+0	100	700	28.00	26.88	27.85	27.15	
8+0	100	800	28.71	28.11	28.51	28.47	
9+0	100	900	29.38	29.32	29.55	29.37	
9+78.7	78.7	978.7	29.72	29.91	29.97	29.99	조산1교(전)
9+90.7	12	990.7	29.72	29.91	29.97	29.99	조산1교(후)
10+0	15.3	1,000	29.96	30.24	30.31	30.30	
11+0	100	1,100	30.82	31.87	30.90	31.45	
11+25	25	1,129	30.92	32.13	31.63	32.43	조산보(전)
11+30	5	1,130	30.92	32.13	31.63	32.43	조산보(후)
12+0	71	1,200	31.77	32.74	31.50	32.67	
13+0	100	1,300	32.29	33.21	32.12	33.30	
13+8	8	1,308	32.95	32.96	33.71	33.70	헤미교(전)
13+20	12	1,320	32.95	32.96	33.71	33.70	해미교(후)
14+0	86	1,400	33.03	33.60	33.14	33.55	
15+0	100	1,500	33.40	34.48	33.62	34.60	
16+0	100	1,600	34.53	35.63	34.60	35.74	

3.3.3 분석 · 고찰

(1) 확률홍수량

HEC-HMS 모형에 확률강우량을 적용하여 해미천 중류부에 대한 빈도별 확률홍수량을 산정하였다. 표 3.12는 각 지점의 산정된 빈도별 첨두홍수량이다.

표 3.12 도시하천구간의 빈도별 홍수량 산정 결과

산정지점 \ 빈도(년)	첨두홍수량(m^3/s)				
	30	50	80	100	200
중류부 종점(HM0)	608.5	667.2	720.9	746.4	825.8
황락천 합류 후(HM1)	413.5	454.0	491.7	509.4	564.7
황락천 합류 전(HM2)	242.4	266.2	288.3	298.8	331.2
산수저수지 하류(HM3)	115.1	126.6	137.2	142.2	157.7

그림 3.16은 중류부 종점(HM0)의 시간-유량곡선과 100년 빈도 홍수량 산정 값이다. 빈도별 확률홍수량 산정 결과 해미천 중류의 상류지점인 HM3에서 출구인 HM0로 갈수록 지류들이 유입하면서 홍수량이 증가하였다.

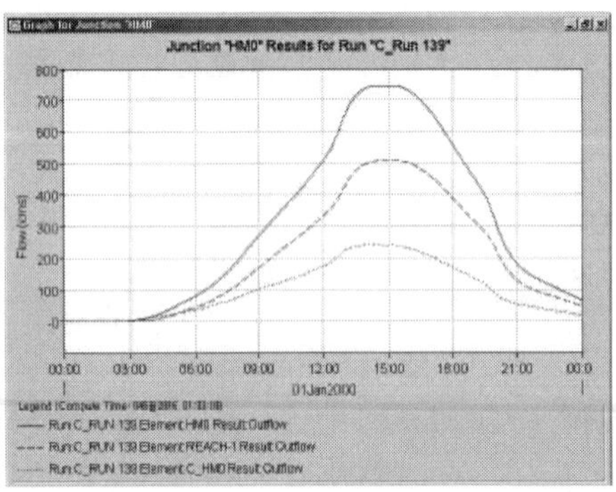

(a) HM0의 유출곡선

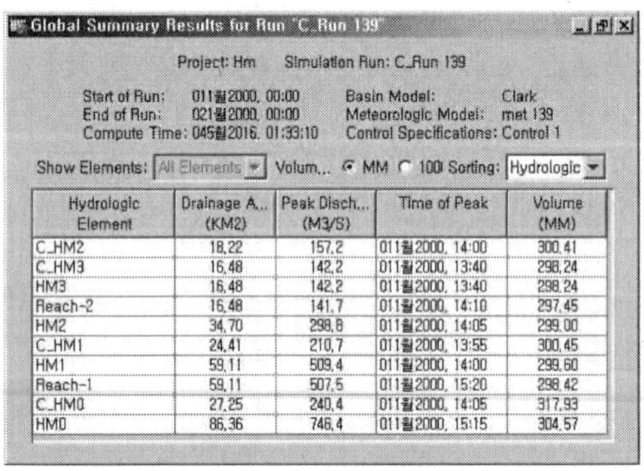

(b) 100년 빈도 홍수량

그림 3.16 중류부 종점(HM0)의 유출곡선

HEC-HMS 모형을 통한 빈도별 확률홍수량 산정 결과 해미천 대상구간의 상류지점인 HM3에서 30년, 50년, 80년, 100년, 200년 빈도 115.1m^3/s, 126.6m^3/s, 137.2m^3/s, 142.2m^3/s, 157.7m^3/s의 첨도 홍수량이 산정되었으며 출구인 HM0에서 30년, 50년, 80년, 100년, 200년 빈도 608.5m^3/s, 667.2m^3/s, 720.9m^3/s, 746.4m^3/s, 825.8m^3/s의 홍수량이 산정되었다. 하천기본계획 2010년 자료에서의 100년 빈도 홍수량은 405m^3/s로 적용되었으나 본 연구에서는 빈도별 홍수량산정 결과 중 100년 빈도 홍수량인 509.4m^3/s를 적용하였다.

(2) 홍수위 분석

본 연구에서 산정한 100년 빈도 계획홍수량은 네트워크 RTK를 이용해 실측한 2015년 자료에 의한 값이며, 이는 하천기본계획의 2010년 자료에 의한 값과 비교·분석하였다.

100년 빈도 유출량은 509.40m^3/s이고, **표 3.13**과 **그림 3.17, 3.18**은 각 지점에서 산정된 계획홍수위 산정 결과와 해미천의 홍수위를 예측한 것이다.

표 3.13 해미천 도시하천구간의 100년 빈도 홍수위 산정 결과

측점 (No.)	거리(m)		2015년 자료				2010년 자료			
			수위	제방고(m)		교량	수위	제방고(m)		교량
	구간	누가	(m)	좌	우	형하고	(m)	좌	우	형하고
0+0[유역출구]	0	0	18.35	21.79	22.62	-	18.21	21.07	23.11	-
0+3.8[해미2교(전)]	3.8	3.8	18.77	22.61	22.16	21.16	18.52	22.93	22.59	21.93
0+26.2[해미2교(후)]	22.4	26.2	19.48	22.61	22.16	21.16	18.97	22.93	22.59	21.93
1+0	77.6	100	19.59	22.77	21.68	-	19.53	22.74	20.33	-
2+0	100	200	20.02	23.85	22.79	-	20.21	23.74	22.71	-
3+0	100	300	20.82	24.55	23.49	-	21.22	24.55	23.48	-
3+14[전천보(전)]	14	314	21.27	24.70	23.85	-	21.92	24.81	23.08	-
3+23[전천보(후)]	9	323	23.92	24.70	23.85	-	23.43	24.81	23.08	-
3+52[진둠벙교(전)]	29	356	23.82	25.31	25.03	24.06	23.04	26.41	26.04	25.07
3+60[진둠벙교(후)]	8	360	23.86	25.31	25.03	24.06	23.56	26.41	26.04	25.07
4+0	100	400	23.09	25.03	24.06	-	23.69	25.17	24.15	-
5+0	100	500	24.31	26.01	24.09	-	24.31	26.12	25.02	-
5+82[조산2교(전)]	82	582	24.88	27.81	27.83	26.73	25.03	27.75	27.75	26.85
5+94[조산2교(후)]	12	94	25.68	27.81	27.83	26.73	25.54	27.75	27.75	26.85
6+0	6	600	25.72	27.83	27.75	-	25.58	27.29	27.32	-
7+0	100	700	25.95	28.00	26.88	-	25.86	27.85	27.15	-
8+0	100	800	26.30	28.71	28.11	-	26.39	28.51	28.47	-
9+0	100	900	27.14	29.38	29.32	-	27.28	29.55	29.37	-
9+78.7[조산1교(전)]	78.7	978.7	27.07	29.72	29.91	29.09	27.89	29.97	29.99	29.15
9+90.7[조산1교(후)]	12	990.7	28.28	29.72	29.91	29.09	28.33	29.97	29.99	29.15
10+0	15.3	1,000	28.23	29.96	30.24	-	28.13	30.31	30.03	-
11+0	100	1,100	29.15	30.82	31.87	-	29.03	30.09	31.45	-
11+25[조산보(전)]	25	1,129	29.53	30.92	32.13	-	29.37	31.63	32.43	-
11+30[조산보(후)]	5	1,130	31.26	30.92	32.13	-	31.27	31.63	32.43	-
12+0	71	1,200	31.02	31.77	32.74	-	31.24	31.50	32.67	-
13+0	100	1,300	31.41	32.29	33.21	-	31.46	32.12	33.03	-
13+8[해미교(전)]	8	1,308	31.42	32.95	32.96	32.16	31.54	33.71	33.07	32.85
13+20[해미교(후)]	12	1,320	31.68	32.95	32.96	32.16	31.71	33.71	33.07	32.85
14+0	86	1,400	31.82	33.03	33.06	-	31.85	33.14	33.55	-
15+0	100	1,500	32.65	33.04	34.48	-	32.70	33.62	34.06	-
16+0	100	1,600	33.64	34.53	35.63	-	33.33	34.06	35.74	-

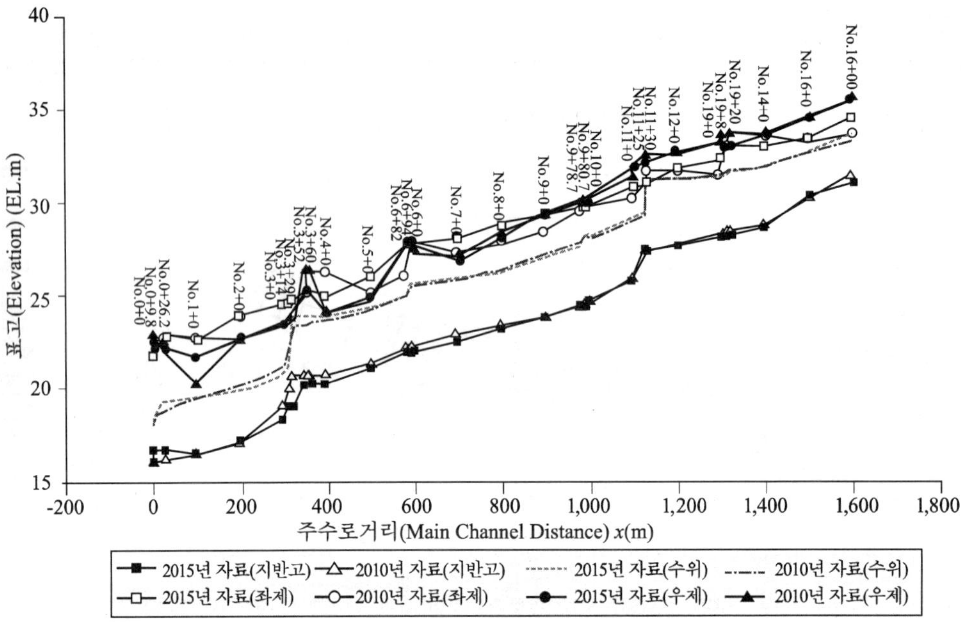

그림 3.17 해미천 연구대상 전체 수로구간의 계획홍수위 산정 결과

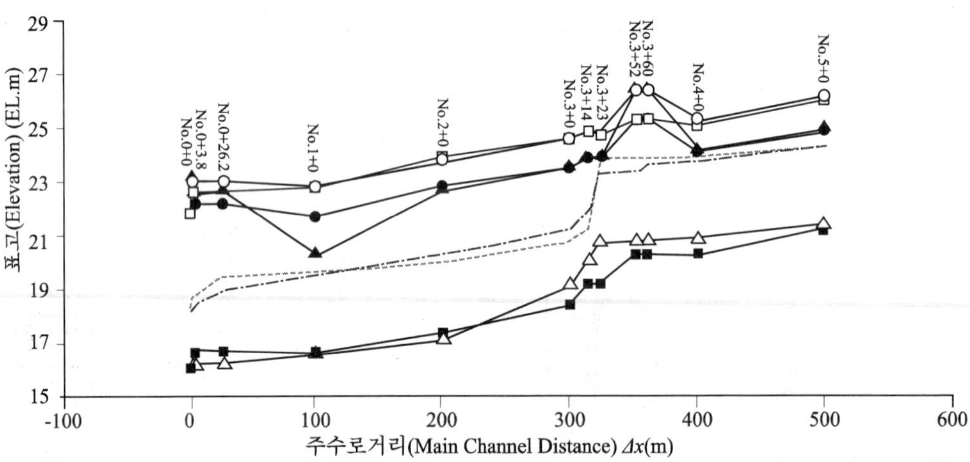

(a) 하류(No.0+0~5+0)

그림 3.18 해미천의 연구대상 세부 수로구간별 계획홍수위 산정 결과

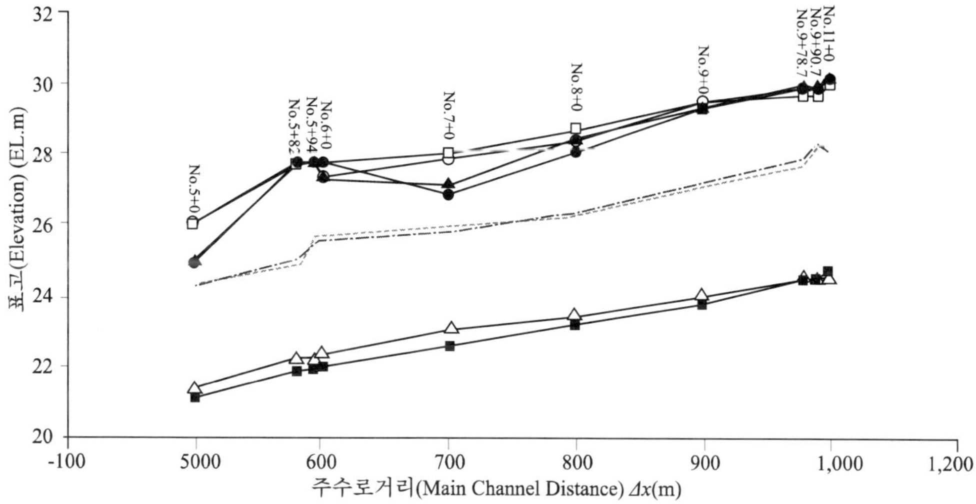

(b) 중류(No.5+0~10+0)

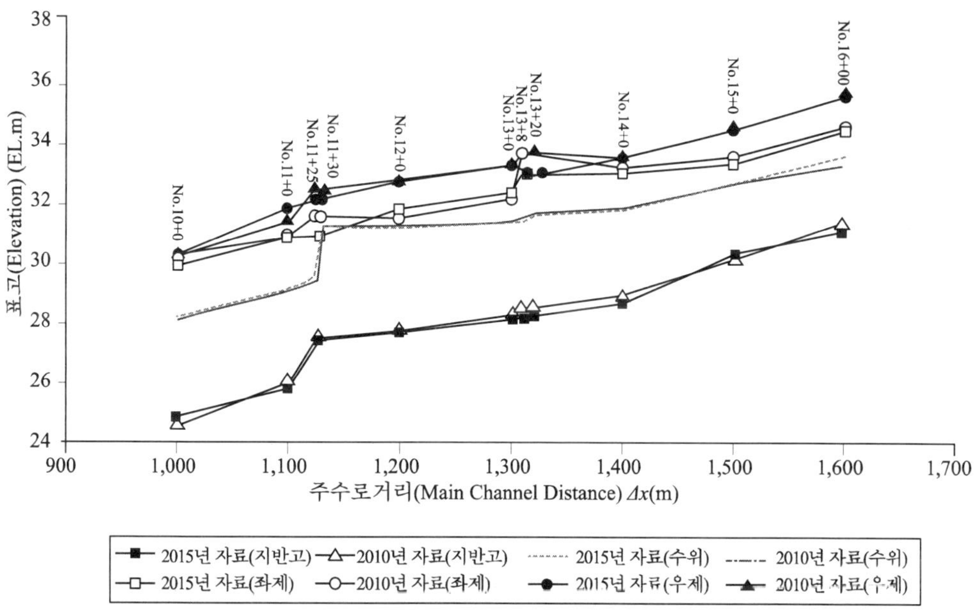

(c) 상류(No.10+0~16+0)

그림 3.18 해미천의 연구대상 세부 수로구간별 계획홍수위 산정 결과(계속)

해미천의 연구대상 수로구간은 **그림 3.18**과 같이 하류구간(No 0+0~5+0), 중류구간(No.5+0~10+0), 상류구간(No.10+0~16+0)의 세부수로구간으로 구분하였다. 각 구간의 지점별 2010년 자료와 2015년 자료에 의한 100년 빈도 계획홍수량에 대한 홍수위를 분석하였다. 이들 중 특별히 보, 교량의 하천시설물이 설치되어 있는 주요 지점에 대해서는 빈도별 계획 홍수량에 대해 홍수위 분석을 하였으며, 이들 지점 중 보(weir)가 설치되어 있는 측점 3+22의 전천보 지점과 측점 11+29의 조산보 지점은 2015년 자료에 의한 200년 빈도 계획 홍수량에 대해 홍수위 분석 결과, 유량이 증가됨에 따라 홍수위가 급격히 상승하는 것으로 나타났다. 전천보 지점에서는 200년 빈도 첨두홍수량 564.7m^3/s가 흐를 때 수위는 24.10m로 우측제방 23.854m의 보(weir) 표고보다 높은 수위 분포를 보였다. 조산보 지점에서는 200년 빈도 첨두홍수량 564.7m^3/s가 흐를 때 수위는 31.42m로 좌측제방 30.92m의 보(weir) 표고보다 높은 수위를 갖는 것으로 나타났다.

(3) 비교 분석

하천기본계획 2010년 자료에서의 100년 빈도 계획홍수량은 405m^3/s로 **표 3.14**의 계획홍수량에 따른 제방여유고 기준과 **표 3.15**의 계획홍수량에 따른 교량 형하 여유고 기준에 따라 계획홍수량 200m^3/s 이상~500m^3/s 미만일 때의 제방여유고 0.8m 이상과 교량 형하 여유고 0.8m 이상이 적용되었으나 본 연구에서는 100년 빈도 계획 홍수량이 509.40m^3/s로 **표 3.14**의 계획홍수량에 따른 제방여유고 기준과 **표 3.15**의 계획홍수량에 따른 교량 형하 여유고 기준에 따라 계획홍수량 500m^3/s 이상~2,000m^3/s 미만일 때의 제방여유고 1.0m 이상과 교량 형하 여유고 1.0m 이상을 적용하였다.

표 3.14 계획홍수량에 따른 제방여유고 기준

계획홍수량(m^3/s)	제방여유고(m)
200 미만	0.6 이상
200 이상~500 미만	0.8 이상
500 이상~2,000 미만	1.0 이상
2,000 이상~5,000 미만	1.2 이상
5,000 이상~10,000 미만	1.5 이상
10,000 이상	2.0 이상

표 3.15 계획홍수량에 따른 교량 형하 여유고 기준

계획홍수량(m^3/s)	형하 여유고(m)
200 미만	0.6 이상
200 이상~500 미만	0.8 이상
500 이상~2,000 미만	1.0 이상
2,000 이상~5,000 미만	1.2 이상
5,000 이상~10,000 미만	1.5 이상

하천의 지형자료는 네트워크 RTK를 이용한 2015년 자료와 하천기본계획의 2010년 자료를 적용하였으며, 강우자료는 서산 기상관측소의 48년간(1968~2015년) 자료를 활용하여 확률강우량을 산정하였다. HEC-HMS 모형을 사용하여 산출된 30년, 50년, 80년, 100년, 200년 빈도 413.50m^3/s, 454.00m^3/s, 491.70m^3/s, 509.40m^3/s, 564.7m^3/s의 계획홍수량 중 하천설계기준상 계획빈도에 해당되는 100년 빈도 계획홍수량 509.40m^3/s를 HEC-RAS에 적용하여 검토하였다.

하류(No.0+0~5+0)구간은 교량 2개소(No.0+3.8 해미2교, No.3+52 진듬벙교)와 보 1개소(No.3+14 전천보)가 설치되어 있고, 교량 형하 여유고가 2015년 자료에서 No.0+26.2 해미2교(후)는 1.68m, No.3+60 진듬벙교(후)는 0.20m로 No.3+60 진듬벙교(후) 구간에서 교량 형하 여유고가 부족한 것으로 나타났으며, 2010년 자료에서 No.0+26.2 해미2교(후)는 2.96m, No.3+60 진듬벙교(후)는 1.51m로 모든 구간 교량 형하 여유고가 안정적이 결과로 나타났다. 제방여유고는 2015년 자료에서 No.1+0은 좌제 3.13m, 우제 2.68m, No.3+23 전천보(후)는 좌제 0.78m, 우제 −0.07m, No.4+0은 좌제 1.94m, 우제 0.97m, No.5+0은 좌제 1.70m, 우제 −0.22m로 No.3+23 전천보(후), No.4+0, No.5+0 총 3구간에서 제방여유고가 부족한 것으로 나타났으며, 2010년 자료에서 No.1+0은 좌제 3.21m, 우제 0.80m, No.3+23 전천보(후)는 좌제 1.38m, 우제 −0.35m, No.4+0은 좌제 1.48m, 우제 0.46m, No.5+0은 좌제 1.81m, 우제 0.71m로 No.1+0, No.3+23 전천보(후), No.4+0, No.5+0 총 4구간에서 제방여유고가 부족한 것으로 나타났다.

중류(No.5+0~10+0)구간은 교량 1개소(No.5+82 조산2교, No.9+78.7 조산1교)가 설치되어 있고, 교량 형하 여유고가 2015년 자료에서 No.5+94 조산2교(후)는 1.05m, No.9+90.7 조산1교(후)는 0.81m로 No.9+90.7 조산1교(후)구간에서 교량 형하 여유고가 부족한 것으로 나타났으며, 2010년 자료에서 No.5+94 조산2교(후)는 1.31m, No.9+90.7 조산1교(후)는 0.82m로 No.9+90.7 조산1교(후)구간에서 교량 형하 여유고가 부족한 것으로 나타났다. 제방 여유고는 2015년 자료에서 No.7+0은 좌제 2.05m, 우제 0.93m, No.10+0은 좌제 1.73m, 우제 2.01m로 No.7+0 총 1구간에서 제방여유고가 부족한 것으로 나타났으며, 2010년 자료에서 No.7+0은 좌제 1.99m, 우제 1.29m, No.10+0은 좌제 2.18m, 우제 1.9m로 모든 구간에서 제방여유고가 안정적인 결과로 나타났다.

상류(No.10+0~16+0)구간은 교량 1개소(No.13+8 해미교)와 보 1개소(No.11+25 조산보)가 설치되어 있고, 교량 형하 여유고가 2015년 자료에서 No.13+20 해미교(후)는 0.48m로 교량 형하 여유고가 부족한 것으로 나타났으며, 2010년 자료에서 No.13+20 해미교(후)는 1.14m로 교량 형하 여유고가 안정적인 결과로 나타났다. 제방 여유고는 2015년 자료에서

No.11+30 조산보(후)는 좌제 −0.34m, 우제 0.87m, No.12+0은 좌제 0.75m, 우제 1.72m, No.13+0은 좌제 0.88m, 우제 1.80m, No.15+0은 좌제 0.39m, 우제 1.83m, No.16+0은 좌제 0.89m, 우제 1.99m로 No.11+30 조산보(후), No.12+0, No.13+0, No.15+0, No.16+0 총 5구간에서 제방여유고가 부족한 것으로 나타났다. 또한 2010년 자료에는 No.11+30 조산보(후)는 좌제 0.36m, 우제 1.16m, No.12+0은 좌제 0.26m, 우제 1.43m, No.13+0은 좌제 0.66m, 우제 1.57m, No.15+0은 좌제 0.92m, 우제 1.36m, No.16+0은 좌제 0.73m, 우제 2.41m로 No.11+30 조산보(후), No.12+0, No.13+0, No.15+0, No.16+0 총 5구간에서 제방여유고가 부족한 것으로 나타났다.

교량 형하 여유고 부족구간에서 홍수소통에 지장을 초래하여 단면 확장이 필요할 것으로 예측되었으며 제방여유고 부족구간은 월류현상에 따른 하천정비 계획이 필요할 것으로 예측되었다.

이상의 내용을 종합하면 **표 3.16**과 같이 네트워크 RTK에 의한 결과를 얻을 수 있다.

표 3.16 비교분석 결과

구간 \ 내용	측점 (No.)	수위(m)		평균유속(m/s)		제방여유고(m)				교량 형하 여유고(m)	
		2015년 자료	2010년 자료	2015년 자료	2010년 자료	2015년 자료		2010년 자료		2015년 자료	2010년 자료
						좌	우	좌	우		
하류	0+26.2 [해미교(후)]	18.35	18.21	2.58	2.56	3.13	2.68	3.96	3.62	1.68	2.96
	1+0	19.59	19.53	3.08	3.68	3.18	2.09	3.21	0.80	-	-
	4+0	23.09	23.69	2.61	2.99	1.94	0.97	1.48	0.46	-	-
	5+0	24.31	24.31	3.66	3.69	1.70	−0.22	1.81	0.71	-	-
중류	5+94 [조산2교(후)]	25.68	25.54	2.57	2.61	2.13	2.15	2.21	2.21	1.05	1.31
	7+0	25.95	25.86	3.00	3.25	2.05	0.93	1.99	1.29	-	-
	9+90.7 [조산1교(후)]	28.28	28.33	2.93	2.97	1.44	1.63	1.64	1.66	0.81	0.82
	10+0	28.23	28.13	3.29	3.71	1.73	2.01	2.18	1.90	-	-
상류	11+30 [조산보(후)]	31.26	31.27	1.90	3.96	−0.34	0.87	0.36	1.16	-	-
	12+0	31.02	31.24	2.74	2.73	0.75	1.72	0.26	1.43	-	-
	13+20 [해미교(후)]	31.68	31.71	2.80	2.74	1.27	1.28	2.00	1.36	0.48	1.14
	16+0	33.64	33.33	2.85	3.74	0.89	1.99	0.73	2.41	-	-

3.3.4 결론

본 연구에서는 빈도별 홍수량을 추정하고 그에 따른 홍수위를 분석하기 위해 해미천의 중류부 도시하천구간을 연구대상으로 하였으며, 강우-유출 모의는 HEC-HMS 모형을 통해 빈도별 홍수량을 산정하였다. 또한 하도의 수리분석은 네트워크 RTK를 이용한 2015년 지형자료와 하천기본계획의 2010년 지형자료를 HEC-RAS 모형에 적용하여 HEC-HMS 모형으로 얻어진 빈도별 확률홍수량을 경계조건으로 홍수위를 비교분석한 결과 다음과 같은 결론을 얻었다.

(1) 본 연구는 해미천 수로연장 8.9km 중 도심지를 통과하는 1.6km를 하류구간(No.0+0~5+0), 중류구간(No.5+0~10+0), 상류구간(No.10+0~16+0)으로 세분하여 홍수위를 분석하였다. 빈도홍수량 산정은 HEC-HMS 모형을 이용하였으며 해미천 하천기본계획에서 사용한 100년 빈도 계획홍수량 509.40m^3/s를 적용하여 검토하였다.

(2) 하류구간(No.0+0~5+0)은 2015년 자료에서 교량 형하 여유고 부족구간이 No.3+60 진둠벙교(후)구간으로 나타났으며 제방여유고 부족구간은 No.3+23 전천보(후), No.4+0, No.5+0 총 3구간으로 나타났다. 2010년 자료에서는 교량 형하 여유고가 모든 구간 안정적인 결과를 보였으며 제방여유고 부족구간은 No.1+0, No.3+23 전천보(후), No.4+0, No.5+0 총 4구간으로 나타났다.

(3) 중류구간(No.5+0~10+0)은 2015년 자료에서 교량 형하 여유고 부족구간이 No.9+90.7 조산1교(후)구간으로 나타났으며 제방여유고 부족구간은 No.7+0 총 1구간으로 나타났다. 2010년 자료에서는 교량 형하 여유고 부족구간이 No.9+90.7 조산1교(후)구간으로 나타났으며 제방여유고 부족구간은 모든 구간에서 안정적인 결과로 나타났다.

(4) 상류구간(No.10+0~16+0)에서 2015년 자료에서 교량 형하 여유고 부족구간이 No.13+20 해미교(후)구간으로 나타났으며 제방여유고 부족구간은 No.11+30 조산보(후), No.12+0, No.13+0, No.15+0, No.16+0 총 5구간으로 나타났다. 2010년 자료에서는 교량 형하 여유고가 모든 구간 안정적인 결과를 보였으며 제방여유고 부족구간은 No.11+30 조산보(후), No.12+0, No.13+0, No.15+0총 4구간으로 나타났다.

(5) 교량 형하 여유고 부족구간에서 홍수소통에 지장을 초래하여 단면 확장이 필요할 것으로 예측되었으며 제방여유고 부족구간은 월류현상에 따른 하천정비 계획이 필요할 것으로 예측되었다.

3.3.5 최근 동향

최근 연구와 측량 실무는 드론에 각종 촬영 장비를 탑재하여 연구지역(test bed)을 대상으로 수리특성을 구하는 접근방법이 활발하게 이용되고 있다. 본 연구·실측은 충남 서산시 성연면에 소재하는 지방하천(성연천)의 수로구간을 대상으로 수행한 결과의 일부를 간단히 소개한다.

(1) 드론 RTK·LiDAR

그림 3.19(a), (b)와 같이 드론(drone)에 RTK(real time kinematic)와 LiDAR(light detection and ranging) 측량장비 등을 장착하여 하천에서 수심과 유속 등 수리특성을 측정하는데 활용하고 있다. 드론의 실무적 활용은 벌써 몇 년 전부터 많은 시도가 이루어져 하천의 수리특성 파악과 측량 업무의 활성화에 기여하고 있다. 최근 연구에는 대상구간에서 측정된 유량과 경계조건을 입력자료로 HEC-RAS(v5.0)를 이용해 산정한 유속값과 드론-측량장비를 장착하여 취득한 포인트 클라우드 데이터(point cloud data) 분석을 통한 유속값을 **그림 3.19**(c)와 같이 비교함으로써 측량방법의 우월성을 평가·확인하였다(이종석과 김시철, 2022).

(a) DJI M300 RTK 장비

(b) D-LiDAR 장비

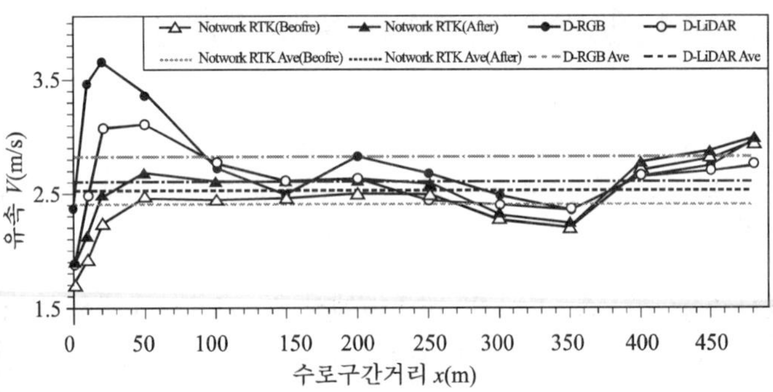

(c) 장비별 유속 비교

그림 3.19 드론-라이더(D-LiDAR) 측량에 의한 평균유속 산정

(2) 드론 HSI

그림 3.20(c)는 3.3.1(1)과 동일 지역에서 **그림 3.20**(a), (b)와 같이 D-LiDAR와 D-HSI(drone hyperspectral image)에 의한 측정 지형 데이터와 초분광 데이터를 기반으로 한다. 이는 식생의 밀도와 활력도(vitality) 파악을 위해 가시광선과 근적외선 대역의 두 영상으로부터 반

사도 차이에 의한 정규식생지수(NDVI, normalized difference vegetation index) 산정결과와 HEC-RAS(v6.5)를 이용해 얻는 하천 수로구간별 유속, 유수 단면적, 수면고의 특성을 비교분석하였다(김시철과 이종석, 2024).

(a) DJI M600 장비

(b) Headwall Hyperspectral Camera 장비

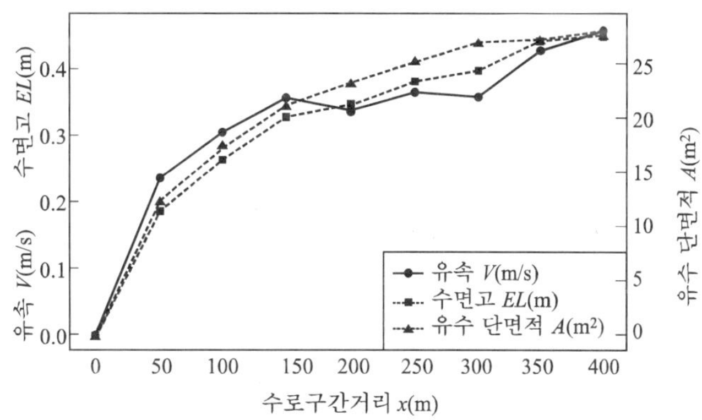

(c) 장비별 유속 비교

그림 3.20 드론-영상(D-HSI) 측량에 의한 수리특성 비교

연 습 문 제

3.1 포트란 프로그램에 사용되는 문자와 프로그램 구성, 형식과 구조에 대해 설명하시오.

3.2 에너지보정계수와 운동량보정계수를 정의하고, 이들 계수의 유도과정에 대해 설명하시오.

3.3 전형적인 수로 단면의 형상에 따른 에너지 보정계수와 운동량 보정계수의 범위를 설명하시오.

3.4 수로 단면의 유속 분포가 대략적으로 $V = V_0(z/h_0)^{1/7}$로 표시될 때 에너지보정계수와 운동량보정계수를 유도하시오. 여기서 V_0는 수심 h_0점에서의 유속이고, V는 수심 z점에서의 유속이다.

3.5 폭이 170m인 광폭사각형 단면수로에 $462\mathrm{m}^3/\mathrm{s}$의 물이 3.73m 깊이로 10cm/km의 경사를 유지하면서 매우 거친 자갈(very coarse gravel) 위를 흐르고 있다. 현장 실측한 점 유속은 표 문3.5와 같으며 하상으로부터 40%인 지점의 유속은 0.85m/s이다. 흐름은 정상 난류(steady uniform turbulent flow)로 가정하여 다음 사항에 답하시오.

1. 에너지 보정계수(energy correction factor)의 결정
2. 운동량 보정계수(momentum correction factor)의 결정

표 문3.5 측정치 점유속의 분포

수심(m)	유속(m/s)	비고	수심(m)	유속(m/s)	비고	수심(m)	유속(m/s)	비고
0	0	하상	1.48	0.85	z_2	3.00	1.05	u_3
0.50	0.55	z_1	2.00	0.92	u_2	3.70	1.10	z_4(수면)
1.00	0.75	u_1	2.50	1.00	z_3	(수면유속; 70% 고려)		

3.6 등류수심을 정의하고 이를 구하는 계산곡선에 대해 설명하시오.

3.7 유량 = 33m^3/s를 이송하는 수직 : 수평 = 1 : 2의 측면경사를 갖는 저면 폭 = 12m인 사다리꼴 단면수로는 조도계수 = 0.014, 수로경사 = 0.002일 때 다음 사항에 답하시오.

1. 계산곡선법에 의한 등류수심의 계산
2. 시산법에 의한 등류수신의 계산

3.8 한계수심을 정의하고 이를 구하는 계산곡선법에 대해 설명하시오.

3.9 유량 = 33m^3/s를 이송하는 수직 : 수평 = 1 : 2의 측면경사, 저면 폭 = 12m인 사다리꼴 단면 수로가 수로경사 = 0.002, 에너지 보정계수 = 1.0일 때 다음 사항에 답하시오.

1. 계산곡선법에 의한 한류수심의 계산
2. 시산법에 의한 한계수심의 계산

3.10 그림 문3.10과 같이 수로경사 S_0 = 0.001인 복합 단면 수로의 소단면에 주어진 조도계수와 단면조건을 이용하여 다음 사항에 답하시오.

1. 평균유속의 계산
2. 에너지 보정계수의 계산

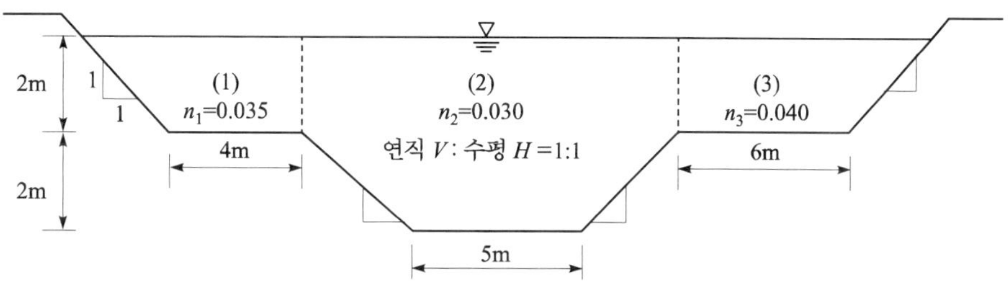

그림 문3.10 자연하천의 복합 단면 수로

3.11 폭 = 80m, 수심 = 7m인 사각형 단면 하천에 최대 620m^3/s의 유량이 흐르는 지점에 교량을 설치하려고 할 때 다음 사항에 답하시오.

1. 상류 수위에 영향을 받지 않는 가장 작은 교량 폭의 결정

3.12 폭이 8m인 사각형 단면형 수로에서 다음 사항에 답하시오.

1. 유량 0, 10, 20, 40, 80m^3/s일 때에 대한 비에너지 관계곡선 작성
2. 각 유량에 대한 한계수심 관계곡선 작성

3.13 유량이 60m^3/s일 때 폭이 8m인 사각형 단면형 수로에서 다음 사항에 답하시오.

1. 유속과 한계수심의 결정

3.14 물과 수은 속에서 음속의 전파속도를 구하시오.

3.15 바다로부터 배후 만(back bay)으로 분리되는 광폭 감천 수로(wide tidal channel)의 흐름이 0.75m/s로 접근하고 있다. 감천수로의 수심이 6m라고 할 때 다음 사항에 답하시오.

1. 흐름의 Reynolds 수 결정
2. 흐름의 Froude 수 결정
3. 흐름의 상태 구분

3.16 하천 폭이 10m인 급경사 수로로부터 수평단면으로 이어지는 흐름에 도수(hydraulic jump)가 발생된다. 수평단면 시점에서의 수심이 1m이고, 그 유속은 16m/s이다. 다음 사항에 답하시오(단, 마찰의 손실은 무시한다).

1. 도수 후의 수심과 유속 결정
2. 도수 후의 Froude 수 계산
3. 도수로 인해 손실된 동력(power) 계산

3.17 그림 문3.17과 같이 측면과 50°를 이루는 삼각형 수로가 Manning 조도계수 0.018, 유량 16m^3/s를 가질 때 다음 사항에 답하시오.

1. 한계수심과 한계유속, 한계수로경사 결정

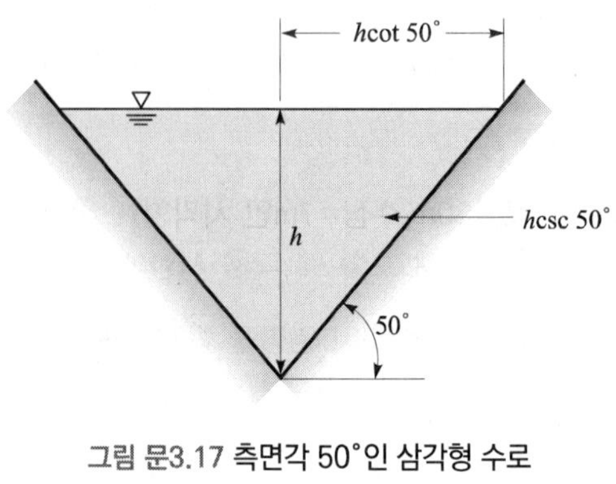

그림 문3.17 측면각 50°인 삼각형 수로

3.18 삼각형 웨어가 관개용수로의 계측기로 설계되었다. 상류부의 수위계(upstream water-level gage)는 읽기 용이하게 유량 150m^3/s가 흐를 때 30cm 이상의 월류수두를 확보할 수 있도록 설계되었다. 다음 사항에 답하시오.

1. 적합한 삼각형 웨어의 중앙각 계산

3.19 그림 문3.19와 같이 2cm^{2}의 단면적을 갖는 물 분사(water jet)가 정지 벽면에 50m/s의 속도로 부딪칠 때 다음 사항에 답하시오.

1. 표면에 작용된 힘의 계산
2. 벽 표면에 공기 분사(air jet)가 작용되었을 때 힘의 계산

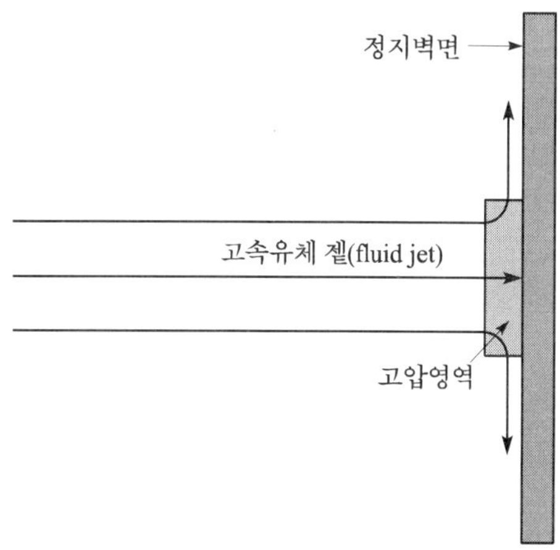

그림 문3.19 유체 젵(jet)의 고체 정지 벽에 작용하는 힘

3.20 그림 문3.20과 같은 원통형 좌표계에 분포하는 관수로의 층류와 난류에서 다음 사항에 답하시오.

1. 유속의 크기 결정
2. 유속분포의 결정
3. 유속분포식의 결정
4. 변수와의 함수관계 유도

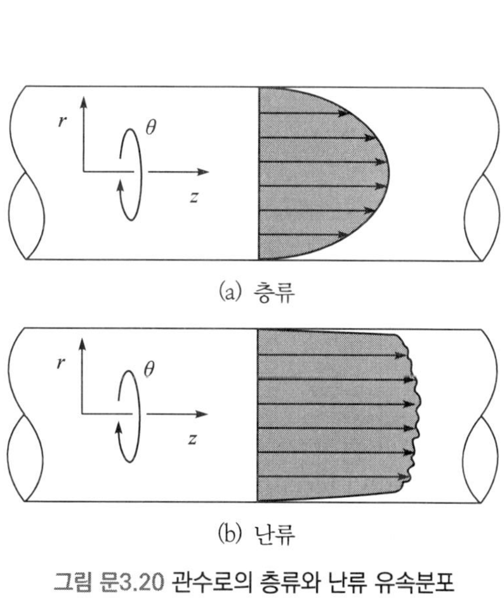

그림 문3.20 관수로의 층류와 난류 유속분포

3.21 그림 문3.21과 같은 폭이 6m이고, 수로경사 0.002이며, 등류수심이 0.6m인 사각형 단면 관개수로(rectangular irrigation channel)에 유량 0.75m^3/s가 흐른다. 다음 사항에 답하시오.

1. 수로 1km당의 수두손실(head loss) 결정
2. 수로 1km당의 동력소모(power dissipation) 크기결정
3. 수로의 평균마찰응력과 평균유속, Froude 수의 결정

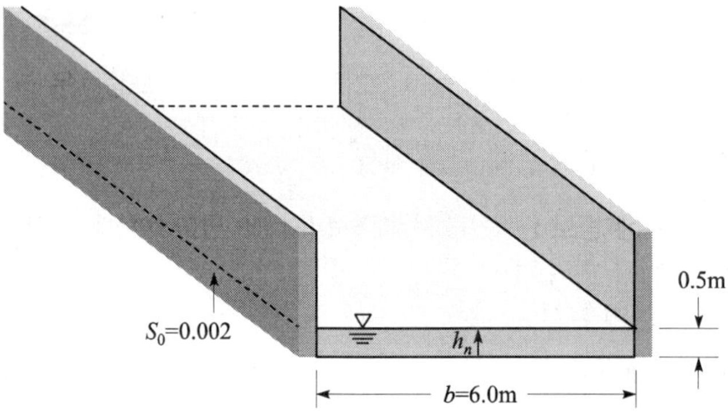

그림 문3.21 사각형 단면 관개수로

3.22 그림 문3.22와 같이 표면장력과 접촉각(θ)을 갖는 액체의 원형관 내 높이 h에 관한 식을 유도하시오.

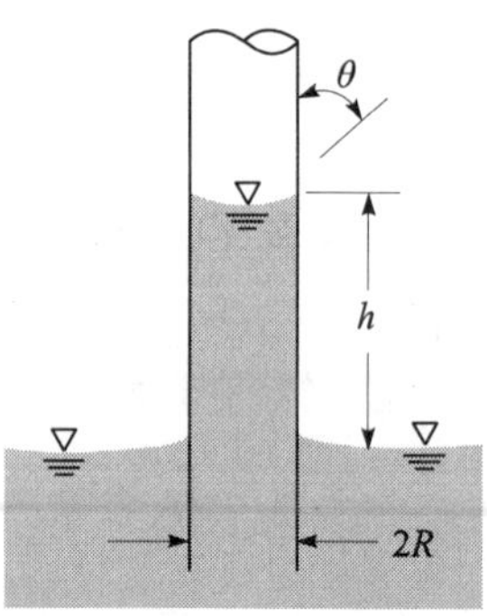

그림 3.22 모세관 현상

3.23 유량 0.6m^3/s가 흐르는 폭 1m인 수로에서 도수가 발생할 때(도수 전) 상류수심(upstream depth)이 0.2m이다. 다음 사항에 답하시오.

1. (도수 후) 하류수심 계산
2. 도수로 인한 에너지 손실 계산
3. 비력곡선(specific force curve, momentum diagram)의 작성과 공액수심(conjugate depth, sequent depth) 결정

CHAPTER

4

유동 분석

CHAPTER 4

유동 분석

Design of Hydraulic Engineering

본 장에서는 유체역학 분야에서 다룬 유체의 특성·거동에 관해 간단히 살펴보고, 관수로 중 마찰과 수두손실, 관망 해석을 주로 다룬다. 관망 해석은 프로그램을 이용하여 몇가지 형태의 예제를 다룸으로써 그 이해도를 높이고자 한다. 개수로 부분에서는 점변류의 수면곡선 산정에 대해 수리학 및 실험에서 다루지 않은 부분을 수치해와 포트란 프로그램을 이용하여 다루고자 한다. 실험부분에는 우리나라 주요 하천에 2012년 후반기에 수리실험을 실시하여 2016년 전반기에 완공되어 운영·관리 중인 대표지점 한 곳을 선정해 간단하게 설명한다.

개수로에서는 점변류의 수면곡선의 일반적인 내용과 작업표(worksheet) 이용, 프로그램 사용에 의한 계산 방법에 대해 설명한다. **등류수심**과 **한계수심**의 계산을 기초로 하여 **점변류 지배 방정식**을 유도하고, 이를 수치해의 직접·표준·단일 축차법, 동시 수렴법을 이용한 수면곡선 결정과정을 다룬다. 또한 **부정 부등류**의 수치해로 많이 사용되는 **유한차분법**(finite difference method) 중 **양해법**(explicit method)의 **확산법**(diffusive scheme)과 **MacCormack 법**, **음해법**(implicit method)의 **Preissmann 법**에 대해 간단히 설명하고자 한다.

4.1 유체·실험

4.1.1 유체특성

(1) 점성

유체의 점성(viscosity)은 그 유체의 유동성(流動性, fluidity)을 나타낸다. 유체의 점성은 유체의 운동으로 유체에 의해 발생되는 저항으로 정의한다. 즉, 기름(oil)과 같이 점성이 큰 유체는 유동성이 작고, 물과 같이 작은 점성유체는 더 유동적이다.

그림 4.1과 같이 속도 V로 이동하는 유체에 힘 P가 작용하는 유수단면적 A에 액체가 채워진 평행한 두 평판을 생각하자. 유체는 $\tau = P/A$로 주어지는 전단응력을 받게 될 것이다.

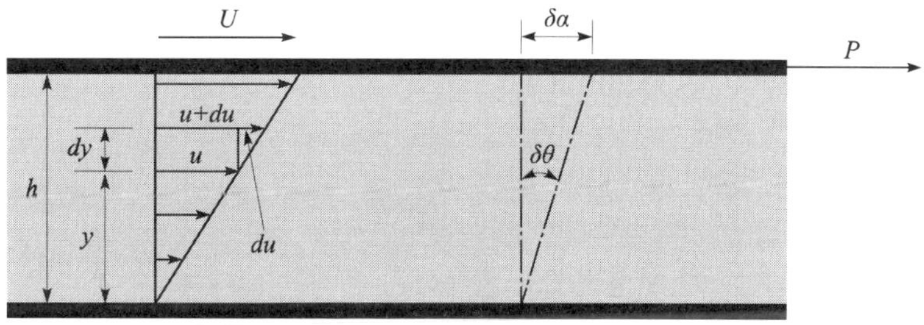

그림 4.1 두 평행평판 사이 유체의 거동

전단변형도(剪斷變形度, shear strain) ϕ는 **각변형률**(rate of angular deformation)로 다음과 같이 정의한다.

$$\phi = \lim_{\delta t \to 0} \frac{\delta\theta}{\delta t} \tag{4.1}$$

그림 4.1에서 $\delta\theta = \tan\delta\theta = \delta\alpha/h$이고, $\delta\alpha = U\delta t$이며, 여기서 δt=시간이므로 식 (4.1)은 다음과 같이 쓸 수 있다.

$$\phi = \lim_{\delta t \to 0} \frac{\delta\theta}{\delta t} = \lim_{\delta t \to 0} \frac{\delta\alpha}{h\,\delta t} = \frac{U\,\delta t}{h\,\delta t} = \frac{U}{h} = \frac{du}{dy} \tag{4.2}$$

전단응력(shear stress)은 전단변형도 ϕ에 비례하므로 유체 표면에 작용된 전단응력 τ는 속도경사(velocity gradient) du/dy에 비례하므로 다음과 같이 쓴다.

$$\tau \propto \frac{du}{dy} \tag{4.3}$$

식 (4.3)에 비례상수 μ를 도입하고 식을 변형시키면 다음 식과 같이 쓸 수 있는데 이를 Newton의 점성 또는 마찰법칙이라 한다.

$$\tau = \mu \frac{du}{dy} \tag{4.4}$$

여기서 μ=점성계수(dynamic viscosity), 절대점성(absolute viscosity) 또는 간단히 점성(viscosity)이라 한다.

또한 점성계수는 속도경사에 대한 전단응력의 비로 정의할 수 있으며, 이때의 차원은 $[ML^{-1}T^{-1}]$이고, SI단위는 Ns/m^2이다.

흔히 점성은 동점성계수로(kinematic viscosity) ν로 다음 식과 같이 정의하고, SI단위로 m^2/s, 차원은 $[L^2T^{-1}]$로 사용한다.

$$\nu = \frac{\mu}{\rho} \tag{4.5}$$

전단응력이 속도경사에 선형적으로 비례하는 유체는 Newton 유체라고 부르며, 물, 공기, 수은, 글리세린(glycerin), 등유(kerosene) 등이 있다. 한편, 전단응력이 속도경사와 선형적인 관계가 아닐 때는 비 Newton 유체라 하며, 페인트, 혈액(blood), 우유, 젤라틴(gelatin; 정제한 아교) 등이 여기에 속한다.

그림 4.2는 다른 유체들에 대하여 전단응력과 속도경사의 변화를 나타낸 것이다.

Reynolds 수 Re는 점성력(viscous force)에 대한 관성력(inertia force)의 비로 다음 식과 같이 정의되는 무차원 수로 흐름의 상태(flow type)를 구분한다.

$$Re = \frac{\rho VL}{\mu} = \frac{VL}{\nu} \tag{4.6}$$

여기서 ρ =유체의 밀도이고, V =흐름의 특성 평균유속(characteristic mean velocity)이며, L =특성길이(characteristic length), μ =유체의 점성계수이다. 흐름의 형식에 따른 특성길이 L은 관수로(pipe flow)의 경우 관의 지름(pipe diameter) D이고, 개수로(open channel flow)의 경우 윤변(wetted perimeter) P에 대한 유수단면적(cross-section area) A의 비 A/P인 동수반경(hydraulic radius) R_h, 지하수(groundwater flow, porous media flow)의 경우 유사의 평균입경(sediment mean size, median diameter) d_{50}이다.

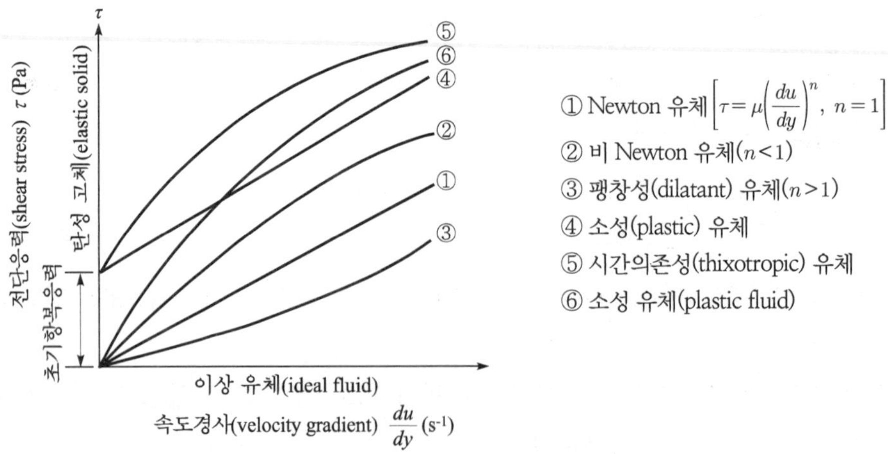

그림 4.2 전단응력과 속도경사 관계

Re 수는 흐름의 상태를 층류(laminar flow)와 난류(turbulent flow), 이 둘의 중간 상태인 천이류(transitional flow)로 **표 4.1**과 같이 구분한다.

표 4.1 Re 수에 의한 흐름상태 구분

흐름 매체 (flow media)	흐름 상태(flow types)		
	층류(laminar flow)	천이류(transitional flow)	난류(turbulent flow)
관수로(pipe flow)	$Re < 2{,}000$	$2{,}000 < Re < 4{,}000$	$Re > 4{,}000$
개수로(open channel flow)	$Re < 500$	$500 < Re < 2{,}000$	$Re > 2{,}000$
유사 실험수로 (sediment flume experiment)	$Re_* < 10$	$10 < Re_* < 1{,}000$	$Re_* > 1{,}000$
지하수(porous media flow)	$Re < 1$	$1 < Re < 10$	$Re > 10$

Froude 수 Fr은 중력(gravity force)에 대한 관성력(inertia force)의 비로 다음 식과 같이 정의되는 무차원 수로 개수로 흐름의 상태(flow type)를 구분하는데 주로 사용된다.

$$Fr = \frac{V}{\sqrt{gL}} = \frac{V}{\sqrt{gD_h}} \left(= \frac{V}{\sqrt{gh}} \right) \tag{4.7}$$

식 (4.7)은 Froude 수의 제곱 $Fr^2[=\alpha Q^2 B/(gA^3)]$으로 정의되는 Froude 수 $Fr[=V/\sqrt{gL}$, L=특성길이=**수리수심**(水理水深, hydraulic depth) $D_h = A/B]$와 동일하며, 사각형 단수로인 경우는 수리수심 D_h와 수심 h가 동일하다.

$Fr=1$인 경우의 흐름인 한계류(限界流, critical flow)를 기준으로, $Fr<1$인 경우의 흐름을 **상류**(常流, subcritical flow), $Fr>1$인 경우의 흐름을 **사류**(射流, supercritical flow)로 구분한다. 이때 사용되는 g=중력가속도이고, Q=유량이며, B=수면 폭, α=에너지 보정계수 또는 유수 단면 내 유속분포로부터 유도된 Coriolis 계수이다.

이들의 관계를 정리하면 Re 수와 Fr 수에 따른 개수로의 흐름상태 구분은 **표 4.2**, **그림 4.3**과 같이 표시할 수 있다.

표 4.2 Re 수와 Fr 수에 의한 개수로의 흐름상태 구분

기준 / 흐름상태	구분 기준		기준 / 흐름상태
	Re 수	Fr 수	
층류(laminar flow)	$Re < 500$	$Fr < 1$	상류(subcritical flow)
천이류(transitional flow)	$500 < Re < 2{,}000$	$Fr = 1$	한계류(critical flow)
난류(turbulent flow)	$Re > 2{,}000$	$Fr > 1$	사류(supercritical flow)

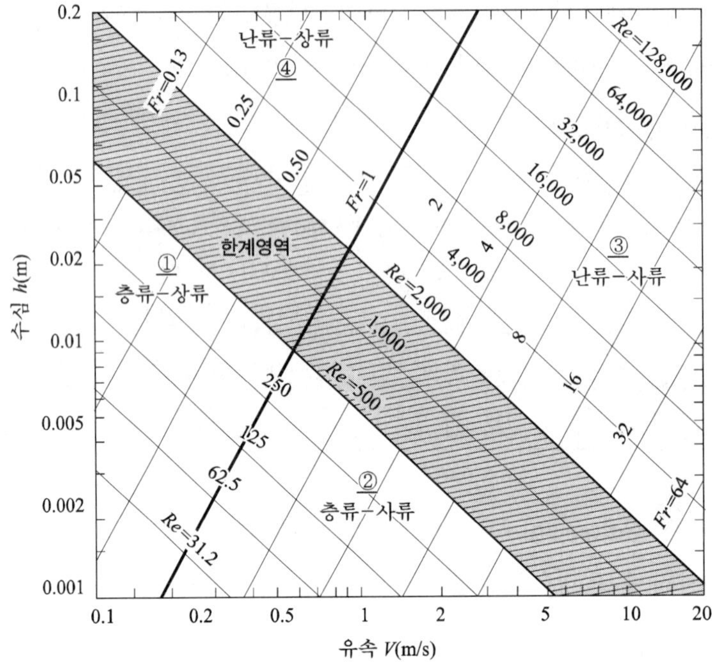

그림 4.3 Re 수 - Fr 수와 수심 - 유속에 의한 흐름구분

(2) 유체 거동

회전(rotation)은 흐름의 특성이고, **회전류**(回轉流, rotational flow)는 **유체요소**(fluid element)가 흐르는 동안에 회전할 때 발생된다.

흐름장 내 회전에 대한 관계식을 전개하기 위해 **그림 4.4**와 같이 xy평면의 유체요소를 고려하며, 요소 크기는 dx와 dy이고, 양측면은 각 모서리에서의 속도를 표시하기 위해 분리하여 작성한다.

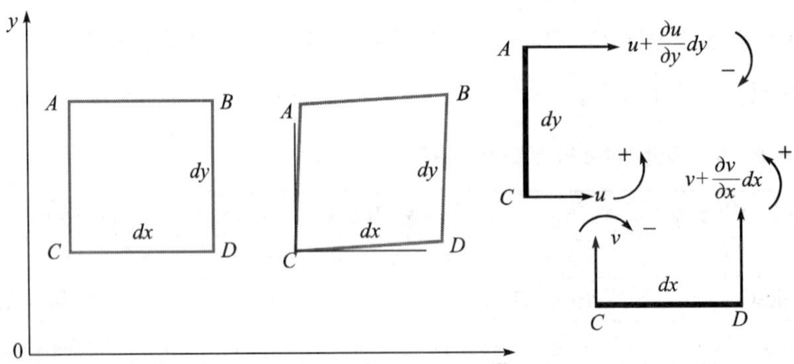

그림 4.4 평면 내 유체요소의 회전

점 C에 관한 양측면 각각의 회전은 적합한 측면의 길이로 **종점속도**(終點速度, endpoint velocity)를 **차등분**(差等分)함으로써 결정된다. 반시계방향(counterclockwise direction)을 양(陽, positive)으로 취하면 점 C에 관한 CA와 CD의 회전은 각각 다음과 같이 얻는다.

$$\frac{u-\left[u+\left(\frac{\partial u}{\partial y}\right)dy\right]}{dy}=-\frac{\partial u}{\partial y} \tag{4.8a}$$

$$\frac{\left[v+\left(\frac{\partial v}{\partial x}\right)dx\right]-v}{dx}=\frac{\partial v}{\partial x} \tag{4.8b}$$

식 (4.8)은 변환되지 않는다는 가정 하에 쓸 수 있다. 연직축에 대해 수직면 내 이 들 두 **각속도**(angular velocity)의 평균은 회전이라 부르고 다음 식과 같이 쓴다.

$$w_z=\frac{1}{2}\left(\frac{\partial v}{\partial x}-\frac{\partial u}{\partial y}\right) \tag{4.9}$$

비회전류에 대해 식 (4.9)는 다음과 같이 또 하나의 유용한 속도 관계식으로 쓰인다.

$$\frac{\partial v}{\partial x}-\frac{\partial u}{\partial y}=0 \tag{4.10}$$

2차원 비점성 흐름문제에서 연속 방정식과 Euler 방정식은 경계조건을 대상으로 풀어야 한다. 점성유체의 경우는 경계에서 접선속도와 수직속도가 마찰로 인해 영(zero)이나 비점성 흐름에서 경계의 접선유체속도는 유체가 점성을 갖지 않기 때문에 영이 아니다. 수직유체속도는 영이나 일반적으로 이들은 비점성유체에서 경계조건이다.

그림 4.5와 같은 2차원 흐름에서 연속 방정식과 Euler 방정식은 x, y방향 속도성분 u, v와 압력 p의 세 개 미지수를 포함한다. 이 식들은 **비선형**(nonlinear)이기 때문에 연립하여 풀어야 하고, 직접해법을 적용하기는 어렵다. 이러한 복잡성은 흐름장의 유속성분을 표현할 수 있는 두 속도성분과 함수를 도입함으로써 줄일 수 있는데, 이는 **유함수**(流函數, stream functions) ψ와 **속도 포텐셜**(velocity potential) ϕ이다.

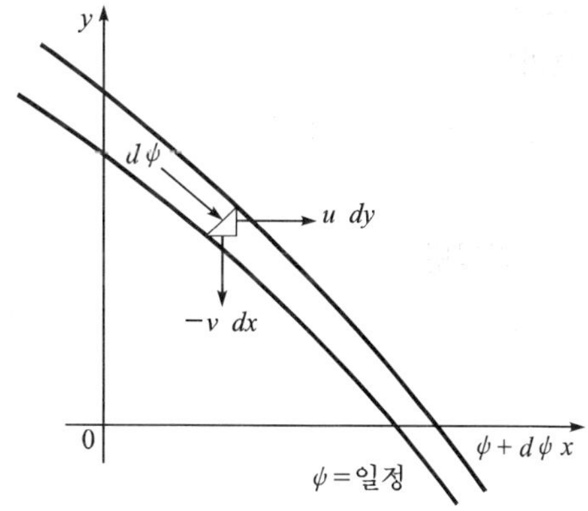

그림 4.5 2차원 흐름과 유함수

유함수(stream function) ψ(Daugherty and Franzini, 1977, 1985; Potter and Wiggert, 1991; Janna, 1993; White, 2008)는 연속 방정식에 기초하여 **흐름장**(flow field)을 나타내는 수학적 표현이다. **그림 4.5**(Daugherty and Franzini, 1985)와 같은 2차원 흐름장의 인접하는 두 개의 유선을 고려할 때 이 유함수 $\psi(x, y)$는 원점에 가장 가까운 유선을 나타낸다. 그리고 $\psi+d\psi$는 두 번째 유선을 나타낸다. 유선을 교차하는 흐름이 없기 때문에 ψ는 원점 0으로부터 첫 번째 유선까지 면적을 통해 운반된 유량을 나타낸다. 그러므로 $d\psi$는 **그림 4.5**의 두 유선 사이를 운반한 흐름을 나타낸다. 연속 방정식은 **그림 4.5**의 **삼각 유체요소**(triangular fluid element)를 기준으로 비압축성 유체에 대해 다음과 같이 쓸 수 있다.

$$d\psi = -vdx + udy \tag{4.11}$$

$d\psi$의 총 도함수(total derivative)는 다음과 같이 쓸 수 있다.

$$d\psi = \frac{\partial \psi}{\partial x}dx + \frac{\partial \psi}{\partial y}dy \tag{4.12}$$

식 (4.11)과 (4.12)의 비교에서 다음 식을 얻는다.

$$u = \frac{\partial \psi}{\partial y} \tag{4.13a}$$

$$v = -\frac{\partial \psi}{\partial x} \tag{4.13b}$$

따라서 ψ가 x와 y의 함수로 표시할 수 있다면 식 (4.10)의 응용에 의해 2차원 흐름장 임의 점에서의 속도성분 u와 v를 구할 수 있다. 결과적으로 u와 v가 x와 y의 함수로 표시된다면 식 (4.11)을 적분함으로써 ψ를 얻을 수 있다.

그러므로 ψ의 도함수가 **연속성의 원리**(principle of continuity)에 기초하기 때문에 **연속성**(continuity)은 유함수의 존재를 만족시키는 것이 필요하다. 또한 **와류**(渦流, vorticity)는 ψ의 도함수에 고려되지 않기 때문에 흐름이 유함수 존재를 위해 비회전류일 필요는 없다.

단위면적당 질량(mass per unit area)(=질량 플럭스, mass flux) 또는 수리학에서의 **질량유량**(mass per unit time)인 다음과 같은 연속 방정식을 얻는다.

$$\frac{\partial u}{\partial x} + \frac{\partial v}{\partial y} = 0 \tag{4.14}$$

- 단위면적당 질량(유량)(mass per unit area)(=질량 플럭스, mass flux)

  ≡질량유량(mass per unit time)(수리학)→질량유량(=단위시간당 질량)

  $\dot{m} = \frac{dm}{dt} (\leftarrow dm = \rho\, d\vee) = \frac{\rho\, d\forall}{dt} (\leftarrow \frac{d\forall}{dt} = dQ) = \rho\, dQ$

  ⇒질량 플럭스(=단위면적당 질량유량) $\ddot{m} = \frac{\dot{m}}{dA} = \frac{dm/dt}{dA} = \frac{\rho\, dQ}{dA}$

  $(\leftarrow \frac{dQ}{dA} = u) = \rho u$ [←비압축성(ρ=일정)]

- 2차원; $\frac{\partial u}{\partial x} + \frac{\partial v}{\partial y} = 0$ (4.14)

- ~~운동량 이송률=운동량 유량=운동량 플럭스~~(momentum transfer rate=rate of momentum transfer)

  $\dot{m}_v = \frac{dm_v}{dt} (\leftarrow dm_v = \rho\, d\forall\, v) = \frac{\rho\, d\forall\, v}{dt} (\leftarrow \frac{d\forall}{dt} = dQ)$

  $= \rho\, dQ\, v = \rho\, v\, dA\, v = \rho\, v^2 dA$

식 (4.14)에 (4.13)을 대입함으로써 ψ항으로 표현된 다음의 연속 방정식을 얻을 수 있다.

$$\frac{\partial}{\partial x}\left(\frac{\partial \psi}{\partial y}\right) - \frac{\partial}{\partial y}\left(\frac{\partial \psi}{\partial x}\right) = 0 \tag{4.15a}$$

$$\frac{\partial^2 \psi}{\partial x \partial y} = \frac{\partial^2 \psi}{\partial y \partial x} \tag{4.15b}$$

또한 유함수는 **그림 4.5**(Janna, 1993)와 같이 ψ가 일정하고, $d\psi = 0$인 선상에서 식 (4.11)의 기울기(slope)에 관해 풀면 다음과 같이 정리할 수 있다.

$$\left.\frac{dy}{dx}\right|_{\psi} = \frac{v}{u} \tag{4.16}$$

식 (4.16)은 유선의 미분 방정식(微分 方程式, differential equation)이며, 이 개념은 **그림 4.6**과 같이 유선은 'ψ = 일정(constant)' 또는 '$d\psi$ = 0'인 선을 나타낸다. **속도벡터**(velocity vector)와 **속도성분**(velocity component)은 관심 있는

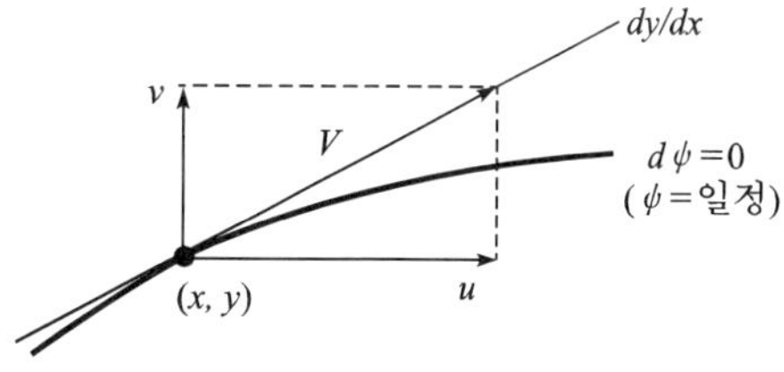

그림 4.6 2차원 흐름의 유함수와 속도 포텐셜

임의 점(x, y)에 그려지며, 점 (x,y)에서의 유선에 대한 접선의 기울기는 $dy/dx = v/u$이다.

속도 포텐셜 함수(velocity potential function) 또는 **속도 포텐셜**(velocity potential) ϕ (Daugherty and Franzini, 1977, 1985; Potter and Wiggert, 1991; Janna, 1993; White, 2008)는 x와 y의 함수이고, **그림 4.6**과 같이 속도벡터 V에 대한 x와 y방향의 속도성분인 유속 u와 v로 다음과 같이 정의한다.

$$u = \frac{\partial \phi}{\partial x} \tag{4.17a}$$

$$v = \frac{\partial \phi}{\partial y} \tag{4.17b}$$

그러므로 속도 포텐셜 ϕ를 알고 연속적으로 미분 가능하다면 속도성분인 유속 u와 v는 구할 수 있을 것이므로 ϕ의 미분은 다음과 같이 쓸 수 있다.

$$d\phi = \frac{\partial \phi}{\partial x}dx + \frac{\partial \phi}{\partial y}dy \tag{4.18}$$

식 (4.18)에 (4.17)을 대입하고 정리하면 총 도함수(total derivative) $d\phi$는 다음과 같이 쓸 수 있다.

$$d\phi = udx + vdy \tag{4.19}$$

ϕ가 일정하고, $d\phi = 0$인 선상에서 식 (4.19)는 기울기(slope)에 대해 풀면 다음과 같이 정리할 수 있다.

$$\left.\frac{dy}{dx}\right|_{\phi} = -\frac{u}{v} \tag{4.20}$$

식 (4.20)은 포텐셜 선의 미분 방정식이며, 여기에 식 (4.13)을 곱하면 다음 식을 얻는다.

$$\left(\left.\frac{dy}{dx}\right|_{\psi}\right)\left(\left.\frac{dy}{dx}\right|_{\phi}\right) = \frac{v}{u}\frac{-u}{v} = -1 \tag{4.21}$$

그러므로 흐름장 내 임의 점(x, y)에서의 유선은 **그림 4.7**(Janna, 1993)과 같이 **포텐셜 선**(potential line)에 수직(normal)이며, 이를 포텐셜 선의 **직교성**(orthogonality)이라 한다.

식 (4.14)의 연속 방정식에 속도 포텐셜로 정의한 속도성분 식 (4.17)을 대입하고 정리하면 다음 식을 얻는다.

$$\frac{\partial \phi^2}{\partial x^2} + \frac{\partial \phi^2}{\partial y^2} = 0 \tag{4.22}$$

식 (4.22)는 유체역하과 토질역학에서 중요하게 다루는 Laplace **방정식**이라 한다.

그림 4.7과 같이 속도성분 u와 v는 속도 포텐셜 ϕ와 유함수 ψ의 기울기(gradient)로부터 다음과 같이 정의한다.

$$u = \frac{\partial \phi}{\partial x} = \frac{\partial \psi}{\partial y} \tag{4.23a}$$

$$v = \frac{\partial \phi}{\partial y} = -\frac{\partial \psi}{\partial x} \tag{4.23b}$$

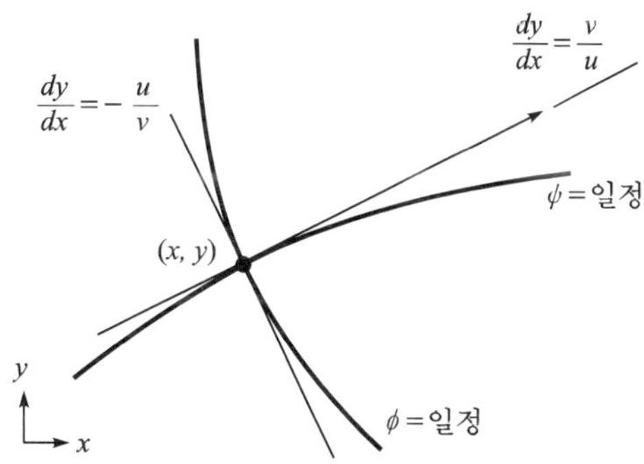

그림 4.7 유선과 포텐셜 선의 직교성

(3) 기본 방정식

연속 방정식(continuity equation)은 질량이 만들어지거나 소멸되지 않는 상태를 이르는 **질량보존법칙**(law of conservation of mass)에 기초한다. 연속 방정식은 미분형(differential form)은 **그림 4.8**과 같이 유체와 유사(fluid and sediment＝laden water)가 채워진 미소크기 dx, dy, dz인 **유한 통제체적**(infinitesimal control volume) $d\forall(=dxdydz)$을 고려한다. 미소통제체적 안으로 유입되는 단위시간당 질량[＝**질량유량**(mass flow rate)]과 유출되는 단위시간당 질량의 차는 내부질량의 증가량과 같다는 **연속성 유체 매질**(continuous fluid medium)의 가정으로부터 다음과 같은 미분형 연속 방정식을 얻을 수 있다.

x방향의 예를 들면, 통제체적으로 유입되는 **질량유량**(mass flow rate) $\dot{m}[=dm/dt=\rho d\forall/dt]=\rho dQ$이다. 통제체적으로부터 유출되는 질량유량은 통제체적으로 유입되는 질량유량[$=dm/dt=\partial/\partial t\{(\rho u)dxdydz\}$] 같다. 이 과정은 y, z방향에 똑같이 적용되며, 내부질량의 변화율은 $\Delta dm/dt=\partial/\partial t(\rho d\forall)$이다. 연속성 유체 매질의 가정으로부터 단위면적당 질량유량인 **질량 플럭스**(mass flux) $\ddot{m}[=\dot{m}/dA=\rho dQ/dA](=\rho u)$의 다음과 같은 미분형 연속 방정식을 얻는다.

$$\frac{\partial \rho}{\partial t} + \frac{\partial (\rho u)}{\partial x} + \frac{\partial (\rho v)}{\partial y} + \frac{\partial (\rho w)}{\partial z} = 0 \tag{4.24a}$$

$$\nabla \cdot (\rho \mathbf{u}) = -\frac{\partial \rho}{\partial t} \tag{4.24b}$$

여기서 u, v, w =각각 직교 좌표계의 세 축 x, y, z방향의 유속성분이고, ∇ =**경사 연산자**(del operator) 또는 **속도경사**(velocity gradient)['del'로 읽음]이며, $\boldsymbol{u}$ =속도벡터, ρ =밀도, t =시간이다.

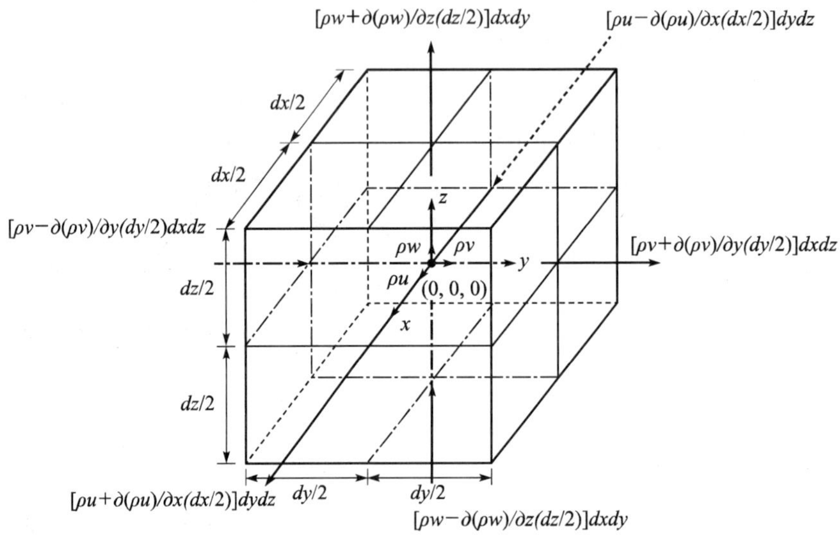

그림 4.8 유체와 유사로 채워진 미소 통제체적

운동 방정식(motion equation)은 속도와 가속도 항으로 유체의 운동을 표현한다. 시스템에 대한 Newton의 운동 제2법칙의 식은 다음과 같다.

$$\Sigma \vec{F} = \frac{D}{Dt}(M \times \vec{V}) \tag{4.25}$$

여기서 $\Sigma \vec{F}$ =중력과 같은 물체 무게(body force)를 포함한 시스템에 작용하는 모든 외력(external forces)의 합이고, M =유체의 총질량(total mass)이며, D/Dt =절대도함수(absolute derivative), $\vec{V}$ =시스템의 질량 중심 속도이다. 식 (4.25)의 응용을 **운동 방정식**(motion equation)이라 부른다(Chanson, 2004).

식 (4.25)의 $D(\,)/Dt$ =물질미분(material, co-moving derivative)으로 유체역학에서는 관습적으로 도함수의 조합으로 다음과 같이 표시한다.

$$\frac{D(\,)}{Dt} = \frac{\partial(\,)}{\partial t} + (\boldsymbol{u} \cdot \nabla)(\,) \tag{4.26}$$

이 조합은 속도성분을 포함하는 세 개의 공간 도함수(three spatial derivative)와 시간도함수의 특별한 이름으로 물질미분(substantial derivative)이라 부른다. 직교 좌표계에서 이 도함수는 다음과 같이 표시할 수 있다.

$$\frac{D(\,)}{Dt}=\frac{\partial(\,)}{\partial t}+u\frac{\partial(\,)}{\partial x}+v\frac{\partial(\,)}{\partial y}+w\frac{\partial(\,)}{\partial z} \tag{4.27}$$

직교 좌표계에서 **유한 거리**(infinitesimal distance) $ds\,(dx,\,dy,\,dz)$에 대한 미분 속도성분과 임의의 한 점 x, y, z에서 시간증분은 다음과 같다.

$$du=\frac{\partial u}{\partial t}dt+\frac{\partial u}{\partial x}dx+\frac{\partial u}{\partial y}dy+\frac{\partial u}{\partial z}dz \tag{4.28a}$$

$$dv=\frac{\partial v}{\partial t}dt+\frac{\partial v}{\partial x}dx+\frac{\partial v}{\partial y}dy+\frac{\partial v}{\partial z}dz \tag{4.28b}$$

$$dw=\frac{\partial w}{\partial t}dt+\frac{\partial w}{\partial x}dx+\frac{\partial w}{\partial y}dy+\frac{\partial w}{\partial z}dz \tag{4.28c}$$

직교 좌표계의 **가속도**(加速度, acceleration) 성분은 식 (4.28)의 속도 방정식을 시간증분으로 나누면 다음 식과 같이 쓸 수 있다.

$$a_x\left(=\frac{du}{dt}\right)=\frac{\partial u}{\partial t}+u\frac{\partial u}{\partial x}+v\frac{\partial u}{\partial y}+w\frac{\partial u}{\partial z} \tag{4.29a}$$

$$a_y\left(=\frac{dv}{dt}\right)=\frac{\partial v}{\partial t}+u\frac{\partial v}{\partial x}+v\frac{\partial v}{\partial y}+w\frac{\partial v}{\partial z} \tag{4.29b}$$

$$a_z\left(=\frac{dw}{dt}\right)=\frac{\partial w}{\partial t}+u\frac{\partial w}{\partial x}+v\frac{\partial w}{\partial y}+w\frac{\partial w}{\partial z} \tag{4.29c}$$

식 (4.29)에서 **총가속도**(總加速度, total acceleration)는 **국지 가속도**(局地 加速度, local acceleration)와 **대류 가속도**(對流 加速度, convective acceleration)의 합으로 구성되고, 대류 가속도는 회전과 비회전성분(rotation and irrotational components)으로 나눌 수 있다.

그림 4.9의 세 요소(cubic element)는 x, y, z 각방향의 단위질량당 힘의 합이 직교 가속도 성분(Cartesian acceleration component) a_x, a_y, a_z와 같을 때 평형상태(in equilibrium)를 고려하면 다음 식을 얻는다.

$$a_x = g_x + \frac{1}{\rho}\frac{\partial \sigma_x}{\partial x} + \frac{1}{\rho}\frac{\partial \tau_{yx}}{\partial y} + \frac{1}{\rho}\frac{\partial \tau_{zx}}{\partial z} \tag{4.30a}$$

$$a_y = g_y + \frac{1}{\rho}\frac{\partial \sigma_y}{\partial y} + \frac{1}{\rho}\frac{\partial \tau_{xy}}{\partial x} + \frac{1}{\rho}\frac{\partial \tau_{zy}}{\partial z} \tag{4.30b}$$

$$a_z = g_z + \frac{1}{\rho}\frac{\partial \sigma_z}{\partial z} + \frac{1}{\rho}\frac{\partial \tau_{xz}}{\partial x} + \frac{1}{\rho}\frac{\partial \tau_{yz}}{\partial y} \tag{4.30c}$$

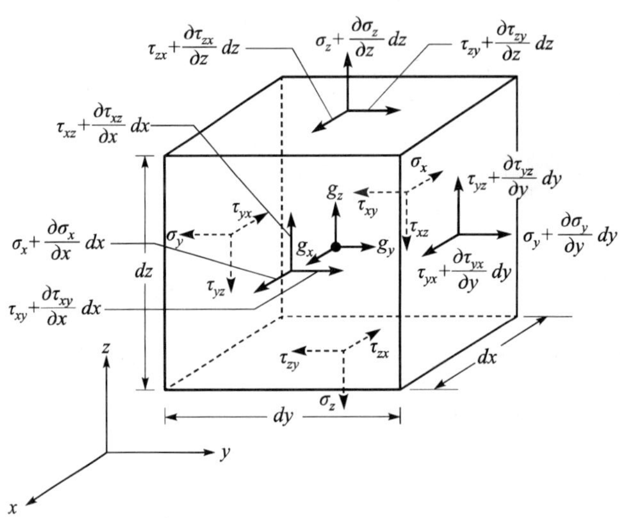

그림 4.9 유체요소에 대한 표면응력

식 (4.30)은 **압축성**(compressibility), **점성전단**(viscous shear), **난류**(turbulent) 등과 같은 어떤 제한도 없는 일반적인 운동 방정식이다. 수직성분은 압력 p의 함수로 바꿔 쓰고, 변형을 수반하는 수직응력 τ_{xx}, τ_{yy}, τ_{zz}를 추가하면 다음 식을 얻을 수 있다.

$$\sigma_x = -p + \tau_{xx} \tag{4.31a}$$

$$\sigma_y = -p + \tau_{yy} \tag{4.31b}$$

$$\sigma_z = -p + \tau_{zz} \tag{4.31c}$$

식 (4.31)을 (4.30)의 해당 항에 대입하고 각 방향의 가속도 성분을 전개하여 식 (4.29)의 각 성분과 같게 놓고 정리하면 다음과 같이 직교 좌표계와 원통 좌표계에 관한 **운동량 방정식**(momentum equations)으로 유도할 수 있다.

• 직교 좌표계;

$$a_x = \frac{\partial u}{\partial t} + u\frac{\partial u}{\partial x} + v\frac{\partial u}{\partial y} + w\frac{\partial u}{\partial z} = g_x - \frac{1}{\rho}\frac{\partial p}{\partial x} + \frac{1}{\rho}\left(\frac{\partial \tau_{xx}}{\partial x} + \frac{\partial \tau_{yx}}{\partial y} + \frac{\partial \tau_{zx}}{\partial z}\right) \quad (4.32a)$$

$$a_y = \frac{\partial v}{\partial t} + u\frac{\partial v}{\partial x} + v\frac{\partial v}{\partial y} + w\frac{\partial v}{\partial z} = g_y - \frac{1}{\rho}\frac{\partial p}{\partial y} + \frac{1}{\rho}\left(\frac{\partial \tau_{xy}}{\partial x} + \frac{\partial \tau_{yy}}{\partial y} + \frac{\partial \tau_{zy}}{\partial z}\right) \quad (4.32b)$$

$$a_z = \frac{\partial w}{\partial t} + u\frac{\partial w}{\partial x} + v\frac{\partial w}{\partial y} + w\frac{\partial w}{\partial z} = g_z - \frac{1}{\rho}\frac{\partial p}{\partial z} + \frac{1}{\rho}\left(\frac{\partial \tau_{xz}}{\partial x} + \frac{\partial \tau_{yz}}{\partial y} + \frac{\partial \tau_{zz}}{\partial z}\right) \quad (4.32c)$$

• 원통 좌표계;

$$\rho\left(\frac{\partial v_r}{\partial t} + v_r\frac{\partial v_r}{\partial r} + \frac{v_\theta}{r}\frac{\partial v_r}{\partial \theta} + v_z\frac{\partial v_r}{\partial z} - \frac{v_\theta^2}{r}\right)$$
$$= \rho g_r - \frac{\partial p}{\partial r} + \mu\left[\frac{\partial^2 v_r}{\partial r^2} + \frac{1}{r}\frac{\partial v_r}{\partial r} + \frac{1}{r^2}\frac{\partial^2 v_r}{\partial \theta} + \frac{\partial^2 v_r}{\partial z^2} - \frac{v_r}{r^2} - \frac{2}{r^2}\frac{\partial v_\theta}{\partial \theta}\right] \quad (4.32d)$$

$$\rho\left(\frac{\partial v_\theta}{\partial t} + v_r\frac{\partial v_\theta}{\partial r} + \frac{v_\theta}{r}\frac{\partial v_\theta}{\partial \theta} + v_z\frac{\partial v_\theta}{\partial z} + \frac{v_r v_\theta}{r}\right)$$
$$= \rho g_\theta - \frac{1}{r}\frac{\partial p}{\partial \theta} + \mu\left[\frac{\partial^2 v_\theta}{\partial r^2} + \frac{1}{r}\frac{\partial v_\theta}{\partial r} + \frac{1}{r^2}\frac{\partial^2 v_r}{\partial \theta} + \frac{\partial^2 v_\theta}{\partial z^2} - \frac{v_\theta}{r^2} + \frac{2}{r^2}\frac{\partial v_r}{\partial \theta}\right] \quad (4.32e)$$

$$\rho\left(\frac{\partial v_z}{\partial t} + v_r\frac{\partial v_z}{\partial r} + \frac{v_\theta}{r}\frac{\partial v_z}{\partial \theta} + v_z\frac{\partial v_z}{\partial z}\right)$$
$$= \rho g_z - \frac{\partial p}{\partial z} + \mu\left[\frac{\partial^2 v_z}{\partial r^2} + \frac{1}{r}\frac{\partial v_z}{\partial r} + \frac{1}{r^2}\frac{\partial^2 v_z}{\partial \theta} + \frac{\partial^2 v_z}{\partial z^2}\right] \quad (4.32f)$$

식 (4.32a~c) 각 항에 밀도 ρ를 곱하고, 마찰응력을 Newton **점성법칙**으로 표시하면 3차원 운동량 방정식인 Navier–Stokes **방정식**을 유도할 수 있다.

Euler 방정식은 마찰이 없는 유체(frictionless fluid)에 대한 운동량 방정식 (4.31)으로 단순화형(simplified forms)의 직교 좌표계와 원통 좌표계로 다음과 같이 쓸 수 있다.

• 직교 좌표계;

$$a_x = g_x - \frac{1}{\rho}\frac{\partial p}{\partial x} \quad (4.33a)$$

$$a_y = g_y - \frac{1}{\rho}\frac{\partial p}{\partial y} \tag{4.33b}$$

$$a_z = g_z - \frac{1}{\rho}\frac{\partial p}{\partial z} \tag{4.33c}$$

• 원통 좌표계;

$$\rho\left(\frac{\partial v_r}{\partial t} + v_r\frac{\partial v_r}{\partial r} + \frac{v_\theta}{r}\frac{\partial v_r}{\partial \theta} + v_z\frac{\partial v_r}{\partial z} - \frac{v_\theta^2}{r}\right) = \rho g_r - \frac{\partial p}{\partial r} \tag{4.33d}$$

$$\rho\left(\frac{\partial v_\theta}{\partial t} + v_r\frac{\partial v_\theta}{\partial r} + \frac{v_\theta}{r}\frac{\partial v_\theta}{\partial \theta} + v_z\frac{\partial v_\theta}{\partial z} + \frac{v_r v_\theta}{r}\right) = \rho g_\theta - \frac{1}{r}\frac{\partial p}{\partial \theta} \tag{4.33e}$$

$$\rho\left(\frac{\partial v_z}{\partial t} + v_r\frac{\partial v_z}{\partial r} + \frac{v_\theta}{r}\frac{\partial v_z}{\partial \theta} + v_z\frac{\partial v_z}{\partial z}\right) = \rho g_z - \frac{\partial p}{\partial z} \tag{4.33f}$$

에너지 경사선은 **그림 4.10**과 같이 하상의 기울기가 S_0이고, 흐름이 1차원인 광폭사각형 단면수로의 유체 기둥(fluid column)에는 흐름방향의 유속 u만 존재한다. 요소확장으로 인한 전단응력 $\tau_{xx}=0$이고, 광폭수로에서 제방전단응력 τ_{yx}는 무시할 수 있으나 하상전단응력 τ_{zx}는 무시할 수 없다. 수로경사가 작으므로 $\sin\theta \fallingdotseq \tan\theta$, $g_x = g\sin\theta \fallingdotseq gS_0$로 간략화하면 식 (4.32a)는 다음과 같이 간단히 쓸 수 있다.

$$\frac{\partial u}{\partial t} + u\frac{\partial u}{\partial x} \fallingdotseq gS_0 - \frac{1}{\rho}\frac{\partial p}{\partial x} + \frac{1}{\rho}\frac{\partial \tau_{zx}}{\partial z} \tag{4.34}$$

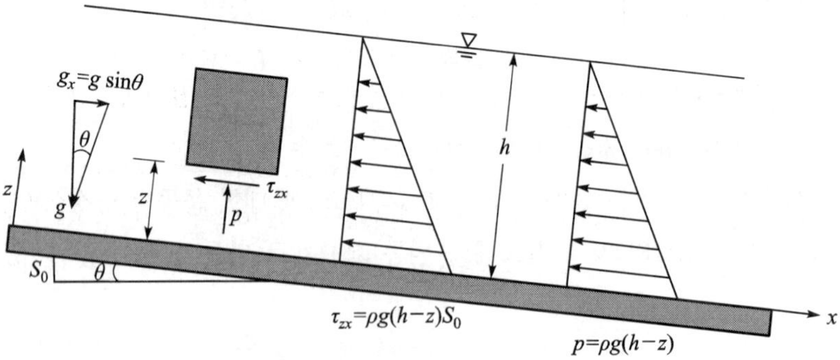

그림 4.10 유체 기둥 내 압력과 전단응력분포

식 (4.32c)를 $a_z = 0$이고 전단응력 변화가 작다고 가정하여 적분하면 압력분포를 얻을 수 있다. 하상으로부터 $g_z = g\cos\theta \fallingdotseq -g$로 정의하여 다음과 같이 간략화한 정수압 분포식을 얻는다.

$$\int_p^0 dp = \rho \int_z^h -g\,dz \tag{4.35a}$$

$$p = \rho g(h-z) \tag{4.35b}$$

여기서 $z=0$인 바닥에서 압력은 $p_0 = \rho g h$이고, $z=h$인 수면에서 대기 압력은 무시된다.

하상 전단응력 τ_0는 정상 등류에 대한 마찰경사 S_f의 정의로부터 $\tau_0 = \rho g h S_f$를 얻는다. 압력과 같이 전단응력은 **그림 4.10**의 수면에서 무시되고 수심에 대해 선형적으로 변화된다. 그러므로 전단응력분포는 다음 식을 얻는다.

$$\tau_{zx} = \rho g(h-z)S_f \tag{4.36}$$

식 (4.34)는 (4.35), (4.36)을 대입한 후 $\partial z/\partial x = 0$이고, $\partial S_f/\partial z = \partial h/\partial z = 0$인 관계로부터 다음과 같이 간략화할 수 있다.

$$\frac{\partial u}{\partial t} + u\frac{\partial u}{\partial x} \fallingdotseq gS_0 - g\frac{\partial h}{\partial x} - gS_f \tag{4.37}$$

식 (4.37)의 운동량 방정식은 중력 가속도 g로 나누고 S_f에 대해 풀면 질량플럭스(mass flux)의 방정식을 얻을 수 있다.

$$S_f \fallingdotseq S_0 - \frac{\partial h}{\partial x} - \frac{u}{g}\frac{\partial u}{\partial x} - \frac{1}{g}\frac{\partial u}{\partial t} \tag{4.38}$$

식 (4.38)이 보통 Saint-Venant[(1797~1886), 프랑스의 공학자] 방정식으로 불린다.

실용적인 측면에서 **점유속**(point velocity) u를 **평균유속**(mean velocity) V로 대치하고, 운동량 보정계수 β를 1로 취급하면 다음 식과 같이 쓸 수 있다.

$$S_f \fallingdotseq S_0 - \frac{\partial h}{\partial x} - \frac{V}{g}\frac{\partial V}{\partial x} - \frac{1}{g}\frac{\partial V}{\partial t} \tag{4.39}$$

운동파

확산파

동역학적 파

- 평균유속공식; 정상 등류 평균유속공식→Chézy; $V = C\sqrt{R_h S_0}$, Manning; $V = \frac{1}{n} R_h^{2/3} S_0^{1/2}$
- 실제흐름(≠정상 등류)=부정 부등류; $S_0 \to S_f$ 사용⇒식 (4.39) ∴실제흐름=부정·부등류 평균유속공식
  ⇨Chézy $V = C\sqrt{R_h S_f} = \sqrt{R_h \left(S_0 - \frac{\partial h}{\partial x} - \frac{V}{g}\frac{\partial V}{\partial x} - \frac{1}{g}\frac{\partial V}{\partial t}\right)}$

4.1.2 모형실험

보(洑, weir)의 모형실험은 개수로 수리모형실험의 좋은 실제적 사례(case study)라고 할 수 있다. 본 소절에서는 우리나라의 주요 하천에 2016년 전반기에 건설된 고정보와 가동보의 모형실험에 대한 예를 간단히 소개하고자 한다. 구체적인 수치상의 실례보다는 모형실험의 수행과정을 개괄적으로 설명함으로써 대형 수공 구조물의 축조과정을 이해하는데 중점 두고자한다.

(1) 하천 모형실험

본 하천 모형실험은 **그림 4.11**과 같이 고정보와 가동보를 설치하기 위해 사전에 수행되는 보의 모형실험으로 1/50의 **정상축척 모형**(undistorted model)을 적용하여 이루어졌다.

(a) 보의 위치 (b) 고정보 (c) 가동보

그림 4.11 고정보와 가동보

① 모형 제작

본 모형은 1/50의 정상축척 모형으로 고정상과 이동상 실험을 병행하여 진행하기 위해 2개의 모형하도를 제작하였다. 모형의 제작은 **그림 4.12**와 같이 모형제작 구간측량→ 모형

지형판 제작 → 지형판 설치 → 모래 속채움 → 하도(고정보) 제작 1 → 하도(가동보) 제작 2 → 게이트 설치 → 구조물 설치 → 어도 설치 등의 순으로 수행되었다.

(a) 지형판 설치 (b) 모래 속채움 (c) 하도 제작

(d) 구조물 설치 (e) 고정보 모형 (f) 가동보 모형

그림 4.12 모형의 제작

② **실험 · 결과**

모형실험을 위한 실측장비로 사용된 대표적인 것은 유속계, 수위 측정기, 동영상 촬영기 등이 있으며 이들 측정 결과 중 수위와 유속은 수치모형의 결과와 비교된다. 본 수리모형 실험을 통해 수행되는 실험항목으로는 치수 안정성 검토, 보 구조물 상·하류의 하상변동 영향, 물받이와 하상 보호공 검토, 가동보 수문의 운영검토 등이 있다.

치수 안정성 검토에서는 설계홍수량 조건에서의 보설치 하도구간의 수리특성 실험, 보 상류부의 퇴적영향 평가를 위한 정성적 실험, 설계 홍수량에 대한 하류수위의 영향 분석실험이 수행되었다. 보 구조물 상·하류의 하상변동 영향, 물받이와 하상보호공 검토에서는 수문 방류 시 접근부 흐름영향 분석 (고정상) 실험, 보 상류부 퇴적영향 평가를 위한 정성적 실험, 보 하류부 하류물받이와 하상보호공 (이동상) 실험이 수행되었다. 가동보 수문 운영검토와 보완실험에서는 각 수문에 대한 방류능 비교분석 실험, 가동보 오작동에 대한 영향 실험, 기타 보완실험 등이 수행되었다.

실험조건은 치수 안정성과 구조물 실험에는 100년 빈도의 설계 홍수량인 14,300m^3/s의 원형 유량이 적용되었으며, 실험 결과는 **그림 4.13**과 같이 설계 홍수위에 대한 검토, 하류단의 수위변화에 따른 수리영향 분석 등이 수행되었다.

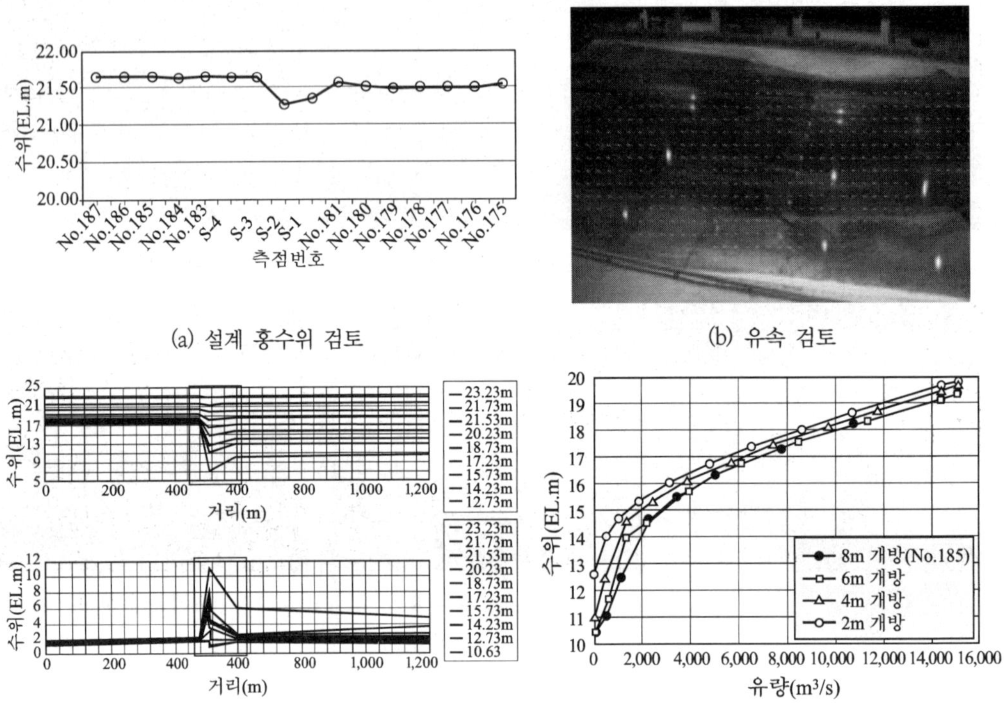

(a) 설계 홍수위 검토

(b) 유속 검토

(c) 하류단 수위 변화

(d) 가동보 수문 운용

그림 4.13 실험 결과 분석

(2) 해양 모형실험

근래에 이상기상과 지구온난화로 인한 해수면 상승과 해사채취, 난개발에 의해 국내외 연안역에 여러 형태의 침식피해가 발생하고 있다. 이에 대한 침식 방지와 보호대책 공법이 적용되고 있으나 큰 실효를 거두지 못하고 있다. 연안보호 구조물로 PC 콘크리트 호안 블록이 국내외 연안에 시공되고 있으나 대부분의 기존 구조물들은 사람의 접근성이 어려운 구조물로 시공되어 있어 친수성이 부족한 실정이다. 본 연구에서는 이런 점들을 보완하여 사람들의 접근성이 좋으면서 연안침식 방지·보호 능력이 우수한 **친수성 호안공**을 개발하고자 한다. 개발한 호안공의 성능과 기능의 확보를 위해 모형실험이 반사율, 월파량, 월파고에 대해 수행되었다. 그 결과는 일반 계단형보다 훨씬 좋은 결과를 나타냈다. 또한 호안공의 실용화를 위해 현장실험은 노출부 일단면의 식생실험과 해안역의 침식구간에 시공실험을 실시하였다.

후자의 경우는 실험구간에서 많은 양의 모래가 짧은 시간에 퇴적되어 **연안침식 방지**와 보호용 친수 호안공으로 현장 적용성을 확인하였다(이종석과 한재명, 2008a; b).

① **배경**

우리나라는 삼면이 바다로 둘러 싸여 있고, 그 주변에는 3,418개의 섬이 있으며, 섬을 포함한 해안선의 총길이는 17,361km에 달한다. 이와 같이 긴 해안선을 갖고 있는 우리나라는 매년 지구 온난화 현상에 의한 해수면 상승과 해사채취, 치산치수의 선행개발, 난개발 등에 의한 공급토사의 수지불균형으로 인해 연안침식 피해가 전 해안에 걸쳐 확대 진행되고 있다. 침식 방지를 위한 대책으로 양빈, 직립 호안제, 사석제, 테트라포드, 이안제 등의 구조물을 시공하고 있으나, 특별한 효과가 입증되지 않았으며 심지어 예상치 못했던 다른 피해를 유발시키고 있는 실정이다(해양수산부, 2005a). 그 결과 우리나라는 물론 세계의 여러 해안이 이러한 침식현상으로 많은 피해가 발생하고 있다. 이는 단순한 국토의 손실 외에 연안침식으로 인해 백사장 등이 사라짐으로써 파의 내습속도가 빨라지게 되고, 그 결과로 배후지역 등의 시설피해가 보다 심각하게 발생할 수 있다. 이와 같은 문제를 해결하기 위해서는 해안침식 현상의 정확한 이해와 그 원인을 파악하여 예방과 방지대책을 강구해야 할 것이다.

해양 선진국들은 해안침식의 방지와 예방을 위해 양빈과 친환경적 연성공법, 이 두 공법을 병행하는 복합공법을 선호하는 추세이며, 대규모 콘크리트호안과 돌제 등을 이용한 강성공법은 배제하는 경향이다. 하지만 양빈 등과 같은 친환경적 연성공법 또한 영구적 공법 제공이 불가능하고 주기적으로 모래를 인위적으로 공급하여야 하는 등 비경제적 요소가 많이 발생하고 있다. 또한 종래의 강성공법에 적용되는 콘크리트 호안 블록은 사람의 접근성이 전무한 테트라포드와 개량형 테트라포드 등이 시공되고 있다. 이는 시공 후 세굴에 의한 제체의 유실, 반사파 발생에 의한 침식, 월파량 증가에 의한 배후지 피해, 비환경 친화적 구조물의 획일적인 시공으로 인한 생태계 파괴와 조망권 상실 등의 여러 가지 문제점들로 인하여 최근에는 콘크리트 호안공법의 적용을 기피하고 있다.

Reeve(1998)는 해안 보호의 위험도를 평가할 때 파와 조위자료를 이용해 통계적 기법으로 월파량을 계산하였으며, Balas and Ergin(2002)은 터키에서 항만계획을 수립할 때 해안에 관한 과제 수행의 위험도 평가를 신뢰성에 기초하였다. Mori and Cox(2003)는 고정된 구조물에 극치파가 작용으로 인한 월파량을 통계적 모형으로 해석하였고, Duclos et al.(2004)은 수중방파제의 파반사와 이송, 에너지 소산에 관해 연구하였다. 최근 수년전부터 워터프론트(water front) 개념의 확산에 따라 완경사 호안제가 연안침식 방지와 연안 호안용으로 연구 개발되어 보급되고 있다. 이는 1 : 3~1 : 5인 완경사 호안제의 보급으로 백사장 해빈이 콘크리트화 되어 생태계의 파괴와 해빈의 감소 등 환경적 문제, 구조상 경사면 끝에서 속채움 토사가 쉽게 유출되어 재해의 발생이 쉬운 결점이 있다. 또한 직립호안에 비해 월파량이 증대되어 방호효과가 떨어지므로 완경사 호안구조물을 신규 현장에 적용할 때에는 많은 주의가 요구되고 있다(宇多高明, 2004). Ding et al.(2006)은 복잡한 해안의 변화과정을 모의하기 위해 준3차원 해안 형태학 모형을 개발하여 구조물을 포함하는 해안의 형상적 변형을 모의하였으며, Headland et al.(2007)은 해안보호와 토사퇴적에 관련된 방파제·돌제·방조제 등 해안구조물의 최적설계에 대해 연구하였다.

국내의 해안침식 방지에 관한 연구는 권혁민과 이달수(1999)가 신형 중간 피복 블록의 개발이전부터 이루어져왔고, 류택규와 이대호(2001)는 사구를 고정하고 수림을 조성하는 해안침식방지에 대해 연구하였으며, 박상길과 강경욱(2001)이 3차원 수리실험을 통해 트렌치 설치에 의한 해안선 보존방안을 제안하였다. 김규한과 유형석(2003)은 동해안의 침식해안에서 표사 관련 인자를 현장 관측하여 표사이동의 경향을 분석하였고, 김인철과 위현철(2003)은 송도해수욕장의 해안침식방지 대책공법을 수치 연구하였으며, 신은철과 오영인(2003)은 수리모형실험을 통해 지오텍스타일 튜브의 특성을 분석하였다.

또한 김호용과 최철용(2005)은 해안 관련 측정장비를 이용한 장기간의 관측자료를 사용하여 해빈의 지형변화 패턴을 정량적으로 분석하였고, 장용채와 이승은(2005)은 토목섬유를 이용한 연안침식 방지기술에 관해 연구하였으며, 한재명 등(2005, 2006)은 소파성능이 우수한 자연친화형 호안구조물을 개발하여 항내 정온 유지와 해안호안용으로 적용할 때 기존 직립옹벽에 의한 반사파 발생으로 연안침식이 발생하였던 것을 방지할 수 있는 연구를 하였다. 김남형과 문지원(2007)은 수중에 인공리프를 설치하여 해빈의 침식거동을 수치 해석하였고, 허동수와 이우동(2007)은 투수층 매설에 의한 해빈 안정화에 관한 연구로 사빈내부에 투수층을 매설하여 해빈의 침식제어와 퇴적촉진 등의 효과를 기대할 수 있는 공법을 제안하였다. 이종석과 한재명(2007)은 자연친화형 침식방지 구조물의 안정성에 관한 연구를 수행하여 양빈으로 해결할 수 없는 지형 등에도 시공이 가능하고 반사파 기능이 우수한 친수호안 블록을 연구하였으며, 한재명(2008)은 환경친화형 친수 호안 블록의 수리특성에 관한 연구를 하였다.

본 연구에서 개발한 호안공은 연안침식 보호와 방지용으로 친수 해수유통 호안공을 **근고 블록**과 **기본 블록**으로 구성하고, 이를 서로 교호시켜 시공함으로써 부등침하에 대한 저항성이 향상된 구조물이다. 블록의 외측면에는 전단키를 설치하여 파력에 의한 제체 변위가 생기지 않도록 결속시킬 수 있게 하였고, 계단형 구조로 시공할 수 있어 친수성과 접근성이 용이하도록 하였다. 상부 노출면에는 식생을 식재할 수 있는 공간을 두어 자연 친화적인 특성을 갖도록 하였는바, 이는 기존 연안 호안구조물들의 많은 문제점들을 해소시킬 수 있을 것이다. 또한 본 연구는 연안침식 방지용 호안구조물의 장기적인 거동과 반사율, 월피랑, 월파고 등에 대한 수리적 특성을 평가함으로써 기존 해안 호안구조물보다 경제성·시공성·환경성에서 우수함을 검증할 수 있도록 실내와 현장실험을 실시하였다. 실내실험은 개발한 해수유통 호안공의 수리특성 분석을 위해 **수리모형실험**을 수행하였고, 현장실험은 노출부 일단면의 식생실험과 침식지점 일부구간의 시공실험을 실시함으로써 개발한 연안침식 방지와 보호용 친수 해수유통 호안공의 활용성을 확인하고자 한다.

② 호안공 모형실험

1) 해수유통 호안공

그림 4.14와 같은 기존의 호안 구조물은 해안에 사석 경사제나 단순구조물 설치로 해수의 순환방해에 의한 해안침식과 항내오염을 발생시킬 뿐만 아니라, 폐쇄적으로 항내 해수유통 기능 저하로 수질오염 상태가 심각하고, 단순 사석이나 구조물 시공에 의한 친수성 부족과 친환경성의 고려가 아주 미미한 실정이다(John, 2000). 이들 구조물은 최근까지 개발되어 항만의 경사진 해안벽·제방, 방파제, 하천과 호수 등의 제방에 많이 사용되었으며, 파랑을 차단하여 항내의 정온유지, 항만시설물 보호 등의 단순기능을 위주로 하여 설치되었다.

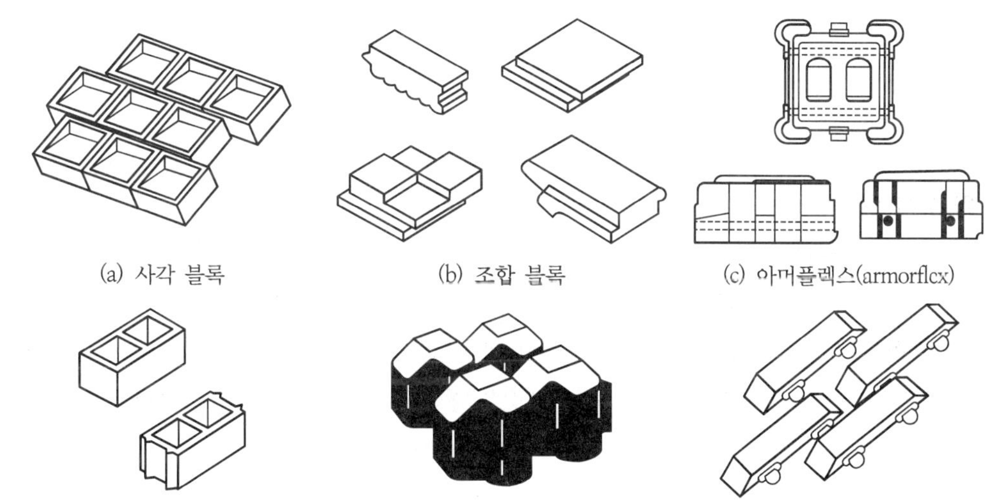

(a) 사각 블록 (b) 조합 블록 (c) 아머플렉스(armorflcx)

(d) 테라픽스 블록(terrafix block) (e) 고비 블록(gobi block) (f) 빌딩 블록(building block)

그림 4.14 기존 호안공의 예

본 연구에서는 기존 구조물과의 차별화를 위해 **그림 4.15**와 같은 **해수유통 호안공**을 개발하였으며, 이들 구조물은 시공성·경제성·환경성 면에서 다음과 같은 차이점을 갖는다. 전자의 경우는 ① 수심 깊을 때 사석재 사용 많고, 파고에 따라 천단고가 커지고, ② 해수 순환기능이 미흡해 항내 수질오염 심각하며, ③ 해수의 흐름방해로 해안침식 발생이 심각하다. 반면에 후자는 ① 마운드·피복 사석량의 획기적 저감과 조립구조에 의한 시공성 탁월하고, ② 안정적 구조에 의한 제반 비용 저감과 유지보수 용이하며, ③ 현장여건에 따라 다양한 순환기능 제공으로 항내수질 개선 효과 탁월, ④ 해수의 원활한 순환에 의한 해안침식 방지효과가 탁월하다.

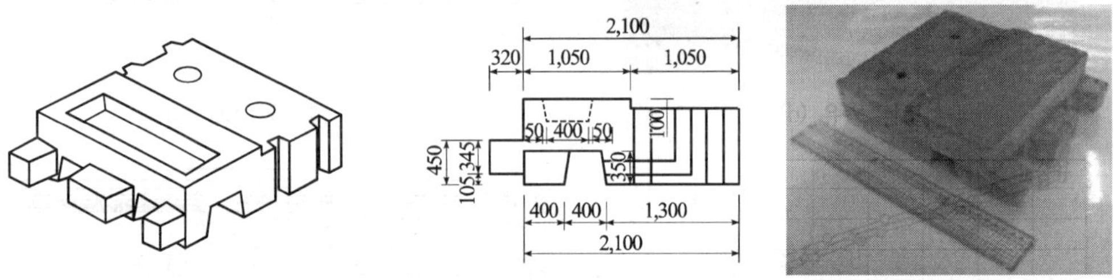

(a) 급경사(1 : 1.5)

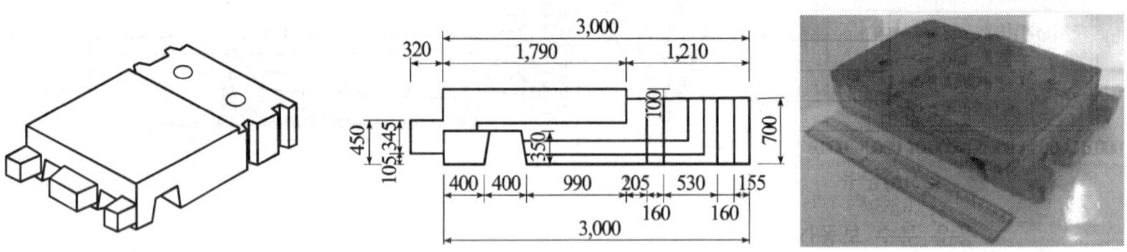

(b) 완경사(1 : 2.6)

그림 4.15 침식 방지 호안 블록의 수리모형실험

2) 상사이론과 모형

모형과 원형 사이의 상사율은 **Froude 상사법칙**(Michale, 1972)을 사용하였으며, 친수 호안 블록의 적용현장과 실험실의 규모를 고려하여 축척은 1/10로 하였다. 미소진폭파 이론에 근거하여 모형의 축적(Horikawa, 1978)은 연직과 수평방향 공히 1/10로 하였다. 중력이 유체의 운동을 주로 지배하므로 유체의 점성이나 표면장력 등의 영향은 무시할 수 있을 정도로 작아 모형과 원형 사이의 상사관계는 Froude 상사율에 의해 지배된다(Sorensen, 1997; Teng, 1984; 유동훈 등, 2005). 기하학적 상사를 만족시키는 축적 1/10의 모형에서 시간-속도 상사율과 모형-원형 간에 동일유체의 밀도와 단위중량에 대한 상사율은 다음과 같다.

$$\frac{T_m}{T_p}=\frac{V_m}{V_p}=\left(\frac{L_m}{L_p}\right)^{1/2}=\frac{1}{3.16} \tag{4.40a}$$

$$\frac{W_m}{W_P}=\left(\frac{L_m}{L_p}\right)^3=\frac{1}{1,000}[\because W_r=\gamma_r \forall_r (\leftarrow \gamma_r=1)=L_r^3] \tag{4.40b}$$

여기서 L = 길이이고, T = 시간이며, V = 속도, W = 중량, 첨자 m, p = 각각 모형과 원형에서의 물리량이다.

실험파는 불규칙파로서 반사파 흡수필터를 가동하여 파가 재반사되는 것을 방지하였고, 호안 블록의 전면 해저면이 평탄한 구간에서 Bretschneider-Mitsuyasu 스펙트럼에 맞도록 다음 식과 같이 보정한다(Bretschneider, 1968; Chin and Chiew, 1993; 이종석 등, 2003).

$$S(f)=0.205H_{1/3}^2 T_{1/3}^{-4} f^{-5}\exp[-0.75(T_{1/3}f)^{-4}] \tag{4.41}$$

여기서 $S(f)$ = 파랑에너지 밀도이고, f = 주파수이며, $H_{1/3}$, $T_{1/3}$ = 각각 유의파의 파고와 주기이다.

친환경 해수유통 호안공의 모형은 항만 및 어항설계기준(해양수산부, 2005b)을 적용하여 **그림 4.16(a)**와 같은 급경사(V:H=1:1.5) 유공형과 **그림 4.16(b)**와 같은 완경사(1:2.6) 유공형으로 각각 제작하였다. 실험용 블록은 시멘트와 모래의 무게비를 1:2로 하고, 적당량의 물과 배합하여 거푸집에 넣은 후 진동시켜 기포를 제거하며, 약 24시간 정도 상온의 공기 중에서 경화시켜 거푸집을 제거한 후 수중 양생으로 제작하였다.

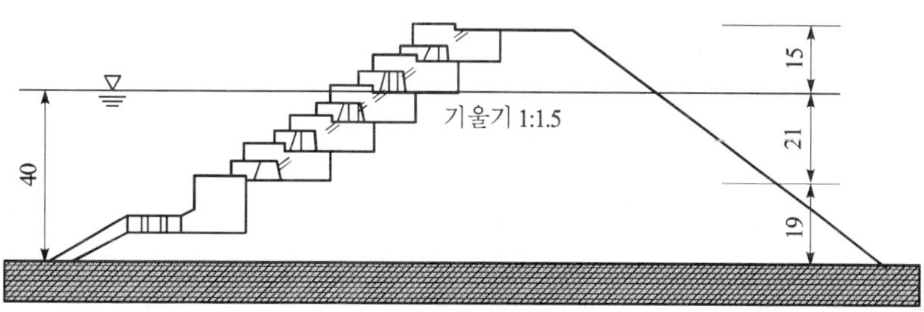

(a) 1:1.5 급경사

그림 4.16 요소 블록을 이용한 수리모형실험

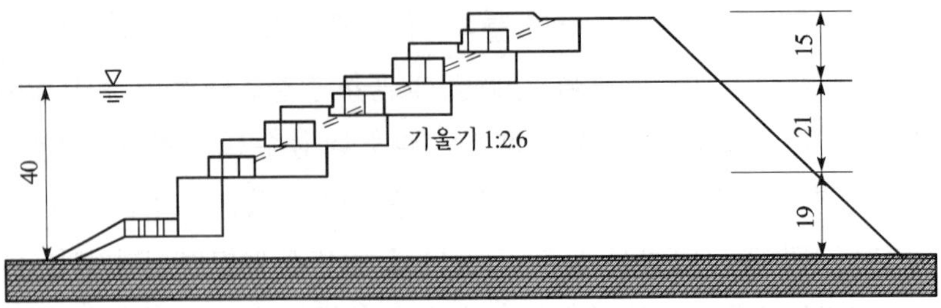

(b) 1:2.6 완경경사

그림 4.16 요소 블록을 이용한 수리모형실험(계속)

③ 결과 분석

모형실험은 표 4.3(a)와 같이 수로 길이 53m, 높이 1.25m, 폭 1m인 다목적 수리실험장치가 사용되었는데, 수로의 상류쪽 13m와 하류쪽 7m 구간은 양측벽이 철제로 되어 있고, 나머지 중앙부분 33m의 양측은 강화유리로 되어 있어 거의 모든 실험구간이 관찰할 수 있다. 또한 수조 폭 1.0m를 6 : 4로 분할하고 넓은 쪽에 구조물을 설치하여 반사율을 측정할 수 있도록 하였으며, 조파기는 크기 0.995m(폭)×1.25m(높이), 최대 파고 0.3m, 재현주기 0.8~2.8s, 최대 수심 1m이다.

또한 이들 실험조건에 추가하여 그림 4.17과 같이 침식방지용 구조물의 배후지 안정성 확보를 위해 본 연구에서 개발된 침식방지용 호안 블록과 일반 블록의 월파량, 월파고에 대한 비교실험을 실시하였다. 표 4.3(b)의 파랑조건을 이용한 모형실험은 급경사(1:1.5)형과 완경사(1:2.6)형, 이들의 통수구 유무에 따라 구분하여 4가지 방법이 수행되었다[한길(주), 2005; 2006]. 모형실험은 친환경 호안공의 기능과 성능파악을 위해 파 에너지의 흡수정도를 나타내는 입사파고에 대한 반사파고의 비(=반사파고/입사파고)인 반사율을 측정하여 안정성을 검토하였다. 또한 배후지의 안정성 확보를 위한 월파량과 월파고 측정이 주어진 실험조건에서 최대 파랑을 재현하여 실험용 모형 블록에 적용되었다.

(a) 침식방지용 호안 블록

(b) 일반 블록

그림 4.17 블록 간의 월파고와 월파량 비교실험

표 4.3 수리모형·실험

(a) 수리모형의 제원

구분		장비 · 제원
수로 제원		53m(L)×1.0m(W)×1.25m(H)
조파기 성능	조파판 크기	0.995m(W)×1.25m(H)
	최대 파고	0.3m
	재현 주기	0.8s~2.8s
	최대 수심	1m
	구동 방법	전기유압 피스톤식

(b) 모형실험의 입사파 조건

Ts (s)	통수구 개방				통수구 폐쇄			
	급경사(1:1.5)		완경사(1:2.6)		급경사(1:1.5)		완경사(1:2.6)	
	Hs=5.0 (cm)	Hs=10.0 (cm)	Hs=5.0 (cm)	Hs=10.0 (cm)	Hs=5.0 (cm)	Hs=10.0 (cm)	Hs=5.0 (cm)	Hs=10.0 (cm)
0.9	○	-	○	○	○	-	○	-
1.0	○	-	○	○	○	-	○	-
1.1	○	○	○	○	○	○	○	○
1.2	○	○	○	○	○	○	○	○
1.4	○	○	○	○	○	○	○	○
1.6	○	○	○	○	○	○	○	○
1.8	○	○	○	○	○	○	○	○

반사율 실험에는 24.2cm(가로)×20cm(세로)×8cm(높이)의 급경사 모형과 33.2cm×2cm× 8cm인 완경사 모형의 동일한 크기의 해수유통 호안공과 일반 블록이 각각 사용되었다. 이들 두 경우 모두 블록 정면에 사다리꼴 모양의 1차 쇄파대가 3개소 형성되어 있고, 쇄파대 사이에는 2개소의 유입구가 형성되어 블록의 내부에 형성된 T형 분쇄구와 연접되어 1차 쇄파대를 통과한 잔여 파 에너지를 흡수·분산시키는 구조이다. 최종적으로 블록의 상하로 연결되는 직경 25cm의 통수구(circulation hole)가 2개소 설치되어 블록의 내부로 유입된 파 에너지를 최대한 분산·흡수시키도록 구성하였다. 실제 블록은 측면에 수직으로 2개의 전단키가 있으나 모형제작 시 복잡성을 고려하여 그 부분은 제외한 모형으로 실험을 수행하였다. 호안 블록 모형은 수리특성을 효율적으로 평가하기 위하여 수조의 종방향으로 연직분할판을 설치하여 수조를 폭 0.4m의 협수로와 0.6m의 광수로로 분리하고 호안 블록 모형은 폭

0.6m의 광수로에 설치하였다. 실험 결과는 **표 4.4**와 같이 각 조건에서 유의 파고가 10cm이고, 유의파 주기가 0.9s, 1.0s인 경우의 모형실험에서는 모형 전면에서 쇄파되어 입사파가 재현되지 않았다.

표 4.4 조건별 반사율 실험 결과

Ts(s)	통수구 개방				통수구 폐쇄			
	급경사(1:1.5)		완경사(1:2.6)		급경사(1:1.5)		완경사(1:2.6)	
	Hs=5.0 (cm)	Hs=10.0 (cm)	Hs=5.0 (cm)	Hs=10.0 (cm)	Hs=5.0 (cm)	Hs=10.0 (cm)	Hs=5.0 (cm)	Hs=10.0 (cm)
0.9	0.44	–	0.47	–	0.46	–	0.47	–
1.0	0.41	–	0.43	–	0.44	–	0.43	–
1.1	0.39	0.30	0.37	0.27	0.44	0.34	0.41	0.28
1.2	0.38	0.30	0.38	0.25	0.44	0.34	0.39	0.27
1.4	0.37	0.31	0.33	0.22	0.44	0.36	0.36	0.23
1.6	0.41	0.38	0.32	0.22	0.47	0.43	0.35	0.24
1.8	0.45	0.43	0.31	0.24	0.51	0.48	0.34	0.27

월파량은 최상부 호안 블록 위에 월류 수로를 배치하고 월류 수로의 끝에는 플라스틱 용기를 설치한 후 조파 시간 동안 용기에 모인 유량을 계측하여 평가하였다. 또한 월파 특성을 파악하기 위해 모형은 수심 42.5cm에 5단으로 설치하고, 모형 뒤쪽에는 뒤채움 사석을 쌓았으며, 호안 블록의 4단까지는 정수면 아래에 위치하며 가장 위 블록은 정수면 위에 위치한다.

입사파랑 스펙트럼은 구조물에서 조파기 방향으로 8.2m의 위치에서 계측한 파고좌표에서 계산하였다. 관측기는 용량식의 길이 100cm 파고계와 AD, D/A 컨버터, 16채널의 ADC와 4채널의 DAC **파고계** 등을 사용하였다. 수심측정은 현장의 설치조건을 고려해 40cm에서 이루어졌고, 해저경사는 구조물에서 조파판 방향으로 7.8m는 2/100 경사와 입사파고, 반사율 측정구간으로 7.2m의 수평구간을 가지며, 이후의 5.3m는 4/100로 구축하였다. **그림 4.18**은 무차원 파고에 대한 반사율을 **그림 4.18(a)**와 같이 블록 내부의 통수구를 개방한 경우와 **그림 4.18(b)**와 같이 폐쇄한 경우, 이들의 급경사와 완경사 사면에 대해 각각 실시한 실험 결과이다. 그 결과 반사율은 모든 경우에서 0.5 미만으로 작게 나와 해안침식 방지용 호안 블록으로 사용하기에 무리가 없을 것으로 판단된다. 전반적으로 급경사 호안보다는 완경사 호안이 블록 내부의 통수구가 막힌 무공보다는 열린 유공의 반사율이 낮았다. 완경사와 급경사 간의 반사율 차이는 주기가 길어질수록 많이 커지는 것으로 나타났고, 반사율 면에서 유공과 무공과의 차이는 상대적으로 적게 나타났다.

월파량은 표 4.5와 같이 유의파의 주기가 같을 때는 파고가 커짐에 따라 모든 경우에서 월파량이 증가하는 것으로 나타났고, 파고가 같을 때에는 주기가 커짐에 따라 모든 경우에서 월파량이 증가하였다. 이것은 유의파의 파고가 같다고 하더라도 주기가 크면 월파량에 영향을 미치는 큰 파의 발생 빈도가 더 높아지기 때문인 것으로 판단된다. 또한 침식방지용 블록보다 일반 계단 블록에서 월파량이 더 증가하는 것으로 나타났는데, 이것은 침식방지용 블록의 경우는 블록 내부의 구멍을 통해 파 에너지가 소산되어 월파량이 감소하기 때문인 것으로 판단된다. 유의파의 파고와 주기가 작을수록 침식방지용 블록의 월파량에 대한 일반 계단 블록의 월파량 비가 더 커지는 것으로 나타났는데, 이때 월파량은 월파 지속기간 동안 측정된 유량을 방파제의 단위길이·시간당 체적($cm^3/cm \cdot s$)로 환산하였다.

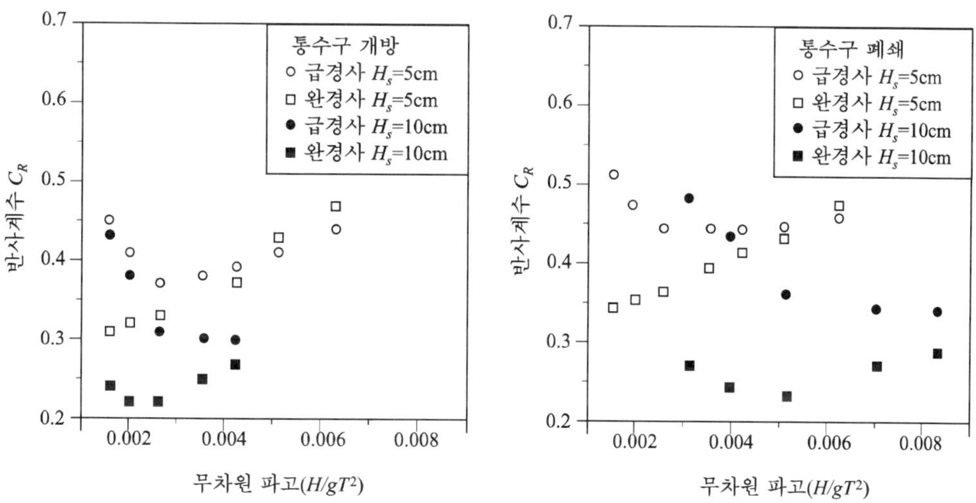

(a) 통수구 개방 (b) 통수구 폐쇄

그림 4.18 무차원 파고별 반사율 비교

표 4.5 단위길이·단위시간당 월파량

파고 Hs(cm)	주기 Ts(s)	블록 용도 q($cm^3/cm \cdot s$)	
		침식방지용	일반계단용
7.5	1.6	1.12	3.43
7.5	2.6	2.72	5.93
11.0	1.6	11.22	15.74
11.0	2.6	19.23	22.53

표 4.6에서는 침식방지용 호안 블록과 일반계단형 블록의 월파고를 비교하였으며, 이들 결과는 침식방지 친수호안 블록 **그림 4.19(a)**, 일반 계단 블록 **그림 4.19(b)**와 같이 나타났다. 모든 실험 조건에서 침식방지용 블록에 비해서 일반계단 블록의 월파고가 크게 나타났다. 평균적으로 일반계단 블록의 월파고가 침식방지용 블록에 비해 75% 증가하였다.

표 4.6 블록 용도별 월파고 비교

파고 Hs (cm)	주기 Ts (s)	블록 용도 q(cm³/cm·s)							
		침식방지용				일반계단형			
		η_{mean}	$\eta_{1/3}$	$\eta_{1/10}$	η_{max}	η_{mean}	$\eta_{1/3}$	$\eta_{1/10}$	η_{max}
7.5	1.6	2.35	3.77	4.27	5.10	3.43	5.85	7.74	10.62
7.5	2.6	2.57	4.38	5.65	8.60	4.68	8.51	10.59	15.04
11.0	1.6	3.12	5.12	6.49	8.03	5.35	8.95	11.70	16.02
11.0	2.6	3.73	6.79	8.90	11.47	6.55	11.12	13.74	16.58

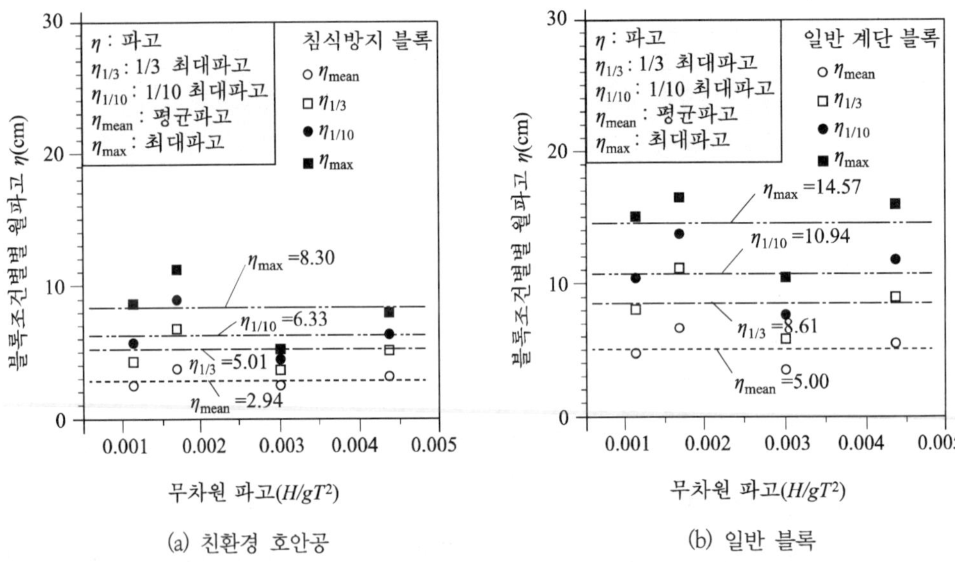

그림 4.19 블록 용도별 월파고 비교

(3) 현장 실험

조석자료는 진도조위관측소에서 해수유통 호안공이 시공된 2006년 7월부터 2008년 5월까지 측정된 조석자료를 분석한 결과 **표 4.7**과 같이 나타났다. 식생 현장실험은 **그림 4.20**과 같이 경남 하동군 중평항 해안도로 신축공사 현장에 2006년 5월 7일부터 2006년 5월 25일까지 총연장 150m 구간에 1,600mm(가로)×400mm(세로)×200mm(깊이) 크기의 식생부가 형성된 호안 블록을 시공함으로써 이루어졌다.

표 4.7의 자료(2006.07~2008.05)에서 해수유통 호안공이 설치된 **그림 4.21(a)**의 전남 진도군 가계 해수욕장 구간의 조위변화로 인한 해안선의 침식과 퇴적양상은 2006년 7월에서 약 3개월 후의 일 최대조차는 약 4m 정도였고, 그 뒤 약 5개월이 지난 2007년 3월에도 거의 같은 값을 갖는 것으로 나타났다. 설치 후 15개월이 경과된 2007년 10월에는 일 최대조차가 약 4.3m로 약 30cm 정도 증가되었고, 그 후 7개월이 지난 시공 후 22월이 경과된 2008년 5년에는 일 최대조차가 약 4.4m로 증가되었다. 이렇게 시공 후 약 22개월간의 파랑작용과 조위변화에 따른 해안의 침식과 퇴적의 반복작용 하에서도 최근의 사진에서 볼 수 있는 것처럼 **해수유통 호안공**의 설치로 인해 퇴적현상이 지속되고 있는 것을 알 수 있다.

표 4.7 진도 조위관측소의 조위자료

날짜	조위(cm)			조위(cm)			조위(cm)			조위(cm)		
	시간	조석	조고	시간	조석	조고	시간	조석	조고	시간	조석	조고
2006.07.13	00:27	고	404	07:02	저	103	12:13	고	324	18:54	저	14
14	01:08	고	402	07.43	저	94	13:00	고	328	19:40	저	22
15	01:49	고	393	08:25	저	88	13:51	고	328	20:28	저	42
2006.10.08	05:43	저	2	11:34	고	396	18:10	저	18	23:42	고	353
09	06:19	저	−1	12:14	고	396	18:52	저	42			
10	00:15	고	330	06:54	저	9	12:55	고	384	19:36	저	75
2007.03.17	03:53	저	15	10:09	고	344	16:37	저	52	22:07	고	310
18	04:39	저	−12	10:42	고	362	17:12	저	18	22:49	고	342
19	05:22	저	−29	11:16	고	369	17:47	저	−7	23:29	고	365
20	06:04	저	−30	11:50	고	365	18:23	저	−22			
21	00:10	고	376	06:46	저	−16	12:24	고	350	19:00	저	−23
2007.10.26	04:49	저	−5	10:47	고	395	17:22	저	19	22:52	고	347
27	05:28	저	−20	11:28	고	408	18:06	저	28	23:29	고	335
28	06:07	지	−21	12:11	고	406	18:52	저	47			
29	00:07	고	315	06:48	저	−8	12:57	고	390	19:39	저	75
2008.05.04	04:18	저	42	09:53	고	323	16:27	저	−12	22:27	고	388
05	05:02	저	34	10:30	고	324	17:05	저	−31	23:10	고	406
06	05:47	저	37	11:09	고	318	17:46	저	−36	23:54	고	410
07	06:32	저	52	11:50	고	306	18:29	저	−26			
08	00:44	고	399	07:23	저	75	12:33	고	288	19:15	저	−4

① 식생 실험

그림 4.20과 같이 사각형 단면에는 직경 20mm의 배수구를 설치하였고, 블록 계층별 1단의 높이는 70cm이며, ①구간은 항시 파가 내습하는 구간, ②구간은 만조일 때 파가 닿는 구간, ③구간은 태풍 시 외에는 파의 큰 영향이 없는 구간, ④구간은 예상 설계파 이상의 구간으로서 파의 영향이 거의 없는 구간이다. 식생실험은 ②구간에 자연석을 설치하고, ③과 ④구간에는 잣나무, 철쭉, 잔디를 심었다. 또한 콘크리트가 낮 동안 흡수한 잠열과 갈수기 동안 토질의 건조로 인하여 식물이 수분 부족으로 고사하는 것을 방지하기 위하여 버섯재배농장에서 일정 기간 동안 버섯재배에 사용한 후 버려지는 흙을 시공현장 흙과 약 1 : 1로 배합하여 성토하였다. 버섯재배농장에서 버려지는 흙속에는 보통 흙과 석회, 볏짚, **벤토나이트**(bentonite) 등의 성분이 있어 수분을 장기간 동안 저류할 수 있으므로 버섯재배농가에서 쓰고 버려지는 흙을 재활용하였다.

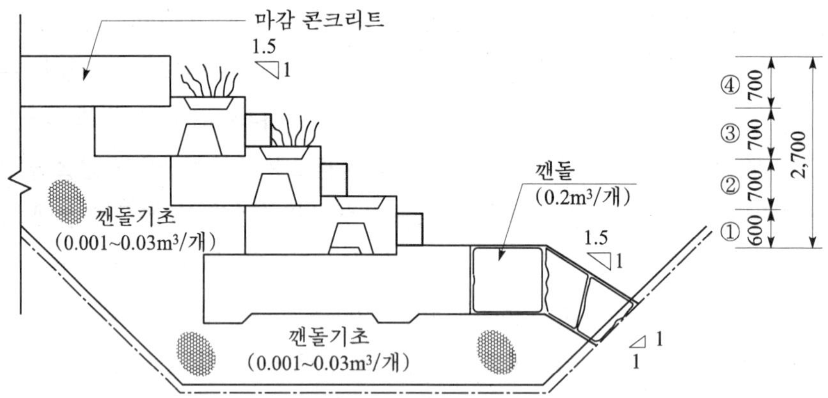

그림 4.20 식생 현장실험 모식도

그림 4.21(a)는 식재 직후의 경관이고, **그림 4.21(b)**는 식재 후 약 1년이 경과된 것으로 관리를 하지 않는 상태에서도 식물들이 잘 성장하는 것을 확인할 수 있었다. **그림 4.20**의 ③과 ④구간은 시공할 때 심었던 육상식물들이 ④구간에서는 피, 쑥, 질경이, 갯씀바귀 등 여러 종류의 새로운 식물들이 자생해 공존하였고, ③구간에서는 바닷물의 영향에 의해 시공할 때 심었던 육상식물은 모두 사라지고 염생식물인 함초, 칠면초, 지채 등이 번식하는 것을 확인하였다.

(a) 식재 직후

(b) 식재 후 12개월

그림 4.21 해변의 식생 현장실험 전경

② 침식방지 실험

침식방지 현장실험은 **그림 4.22(b)**와 같이 2006년 7월 26일부터 2006년 7월 31일까지 전남 진도군 가계해수욕장 구간의 연안침식 지점에 방지용 호안 블록을 4단으로 50m를 시공하였다.

그림 4.22(a)와 같이 이 구간은 매년 침식이 발생하여 종래에 사석재를 설치하였던 호안이 붕괴되어 가계해수욕장 백사장의 모래가 유실되었을 뿐만 아니라, 일부 구간에서는 토사포락도 발생하고 있었다. 이 구간에 개발한 호안공을 시공한 후 3, 8, 15, 22개월이 각각 경과된 뒤에 현장을 조사한 결과가 **그림 4.22(b)~(e)**와 같이 나타났다. 15개월의 시간이 경과된 후의 현장조사에서 **그림 4.22(d)**는 블록의 한 계단이 모래로 거의 덮여 있는 것이 확인되었다. 이 블록의 높이는 80cm이나 하단 블록과 상부 블록의 중첩높이가 10cm인 것을 고려하면, 최소 70cm이상의 모래가 퇴적된 것을 확인하였다. 22개월이 경과된 **그림 4.22(e)**는 가장 최근인 2008년 5월에 그 반대쪽 방향에서 조사한 결과인데, 두 계단 정도가 모래로 덮여 있는 것을 확인할 수 있었다.

③ 결과 분석

친환경 호안공의 현장 적용성 검토를 위한 현장실험 결과 식생실험은 식생부 단면 결정 시 식물들이 근착할 수 있는 최대한의 공간조성을 위해 블록에 구조적 문제가 발생하지 않는 깊이인 20cm의 식생부 깊이를 설정하였다. 보통 흙이 아닌 영양토인 버섯재배 농장의 흙을 활용하여 초기에 빠른 식생과 안정적으로 식생의 생장이 이루어지는 것을 확인하였다. **그림 4.21**의 ③구간에서는 바닷물의 영향에 의해 육상식물은 모두 사라지고 염생식물들이 새롭게 자생하였고, ④구간에서는 여러 종류의 새로운 식물들이 자생하는 것을 확인할 수 있었다. 본 실험구간은 해안도로 공사 현장으로서 대형 태풍이나 설계파 이상의 큰 파가 내습하지 않는 기간 중에는 여러 종류의 식물들이 잘 생육되어 콘크리트로 인한 비환경친화적 문제점들을 해결할 수 있을 것인바, 이에 대한 지속적인 연구가 필요할 것으로 판단된다.

또한 침식방지 실험은 시공위치가 가계해수욕장 끝 지점에서 침식이 발생하여 백사장 전체가 유실될 수 있었으나 현재 호안공이 설치된 지점부터 다시 퇴적이 진행되고 있는 것을 보면 백사장의 사빈이 안정성을 회복되는 것으로 분석된다. 기존의 완경사 호안 블록은 구조상 경사면 끝에서 속채움 토사가 쉽게 유출되고 직립호안에 비해 월파량이 증대하여 방호효과가 떨어진다는 지적이 있듯이 속채움 토사의 유실은 결국에는 호안붕괴의 직접적인 요인이 된다.

(a) 축조 전(2006.07)

그림 4.22 해변의 침식 · 퇴적에 대한 현장실험 전경

(b) 축조 후 3개월

(C) 축조 후 8개월(2007.03)

(d) 축조 후 15개월(2007.10)

(e) 축조 후 22개월(2008.05)

그림 4.22 해변의 침식·퇴적에 대한 현장실험 전경(계속)

친환경 호안공은 기초단에 사용되는 근고 블록의 하단형상을 지면과의 마찰력 증대와 세굴방지를 위해 요철을 설치하였다. 그래서 기초단부터 입사하는 파의 에너지를 완충시켜주는 구조로 시공함으로써 근본적인 침식의 발생원인 중 하나인 세굴현상을 억제하고 반사파와 월파량·월파고의 저감효과가 우수하여 짧은 시간에 많은 양의 모래가 퇴적된 것으로 판단된다. 계절성 요인에 의하여 퇴적되었는지의 여부를 확인하기 위하여 시공 후 2년 가까이 관찰한 결과를 고려할 때, 계절적 요인에 의한 일시적인 퇴적현상은 아닌 것으로 판단된다. 이 구간은 전남 진도군이 매년 실시해오던 양빈을 개발한 호안공을 시공한 이후부터는 추가적으로 실시하지 않아도 백사장의 모래가 유실되지 않고 쌓여 있는 것을 볼 때, 본 연구에서 개발한 해수유통 호안공이 현장 적용성을 갖고 있다는 것을 확인해주는 것으로 판단된다.

④ 결론

본 연구는 이상기후로 인한 해수면의 상승과 해사채취, 난개발 등에 의해 발생하고 있는 해안의 침식 문제를 해결하기 위해 침식 방지·보호용 친환경 호안공을 개발하고, 이들 호안공에 대한 수리특성 실험과 식생·현장적용 실험을 실시하여 실용성을 검증한 결과 다음과 같은 결론을 얻었다.

1) 모형실험 결과 반사율은 모든 실험조건에서 0.5 미만으로 급경사보다는 완경사 호안에서, 블록 내부 통수구가 없을 때보다 있을 때에 작은 값을 보였고, 최대 유의파고 25cm, 유의파주기 2.0s와 2.6s에서 블록의 움직임이나 상하이동이 없었으며, 월파고는 일반계단 블록보다 개발한 해수유통 호안공에서 75% 이상 낮게 나타났다.
2) 현장식생실험 결과는 파가 닿지 않는 구간에서 육상식물이 자라고, 파가 닿는 구간에서는 염생식물이 자생하고 있는 것을 확인할 수 있었는데, 이것은 해수유통 호안공의 식생공간에 새로운 식물들이 자라서 주변경관과 조화를 이루는 것을 볼 때 자연친화적인 구조물로서의 기능이 있음을 확인하였다.
3) 현장시공실험 결과는 근고 블록과 기본 블록의 세굴에 대한 방지효과와 최저단부터 입사파의 파 에너지를 흡수·소산시키는 구조로 시공함으로써 반사파에 의한 침식발생 없이 퇴적상태가 유지되고 있는 것을 확인하였다. 또한 시공 후 1년여 기간 동안에 약 70cm 이상 모래가 퇴적되어 해수욕장의 사빈이 회복되는 것으로 나타났는데, 이는 설치 1년여가 지난 후에도 퇴적 상태를 유지하고 있는 것으로 보아 계절적 요인에 의한 일시적 현상은 아닌 것으로 판단된다.

4.2 수리·실험

본 절에서는 수리학(hydraulics)의 관수로와 개수로의 흐름에 관한 많은 내용 중 중요한 부분의 일부를 중심으로 다룬다. **관수로**(pipe flow)에서는 마찰에 의한 손실과 Newton의 점성법칙, 관망해석에 관해 설명한다. 개수로(open chanel flow) 부분에서는 실용적·개념적 측면에서 중요한 점변류의 수면곡선과 수리실험(hydraulic laboratory)부분의 웨어 실험, 유량 산정 등을 중심으로 다룬다.

4.2.1 수리해석

본 소절에서는 관수로의 흐름특성 분석과 관망의 해석, 개수로의 흐름특성 분석과 수리 안정성 검토에 관해 간단하게 설명한다.

(1) 관수로

Reynolds 수를 이용한 흐름상태의 구분, Reynolds 수에 따른 마찰손실계수를 이용한 손실수두의 계산은 관수로 흐름에서 중요한 부분을 차지하고 있다. 이들 관계식들은 실험을 통해 얻은 자료·결과를 이용하여 유도하고 실무에도 활용하고 있다. 다음 몇 개의 예제를 통해 이들에 관한 내용을 다루고자 한다.

① 관내 마찰

1) 관내 층류

원형관 내 비압축성 정류·층류의 흐름해석은 **그림 4.23**과 같은 원기둥 극좌표계의 유속성분으로 표시된 비압축성 정상류의 연속방정식 (4.42a)를 이용하는 것이 유리하다. **그림 4.23(a)**와 같이 반지름 R인 수평 원형관 내 흐름은 $v_r=0$, $v_\theta=0$이 되도록 관벽에 평행하고, 위 식의 $\partial v_z/\partial z=0$을 만족하는 것으로 가정한다.

또한 정상류이고, 축에 대칭을 이루는 **선대칭 흐름**(axisymmetric flow)에 대한 속도성분 v_z는 시간 t 또는 위치각 θ의 함수가 아니므로 유속 v_z는 임의 지점 방사좌표 r만의 함수인 $v_z=v_z(r)$가 된다. 이들 조건을 극좌표계 **Noveir-Stokes 방정식**에 대입하고 정리하면 다음과 같이 간단한 식을 얻을 수 있다.

$$\left[\frac{1}{r}\frac{\partial(r\rho v_r)}{\partial r}+\frac{1}{r}\frac{\partial(\rho v_\theta)}{\partial\theta}+\frac{\partial(\rho v_z)}{\partial z}=0\right] \tag{4.42a}$$

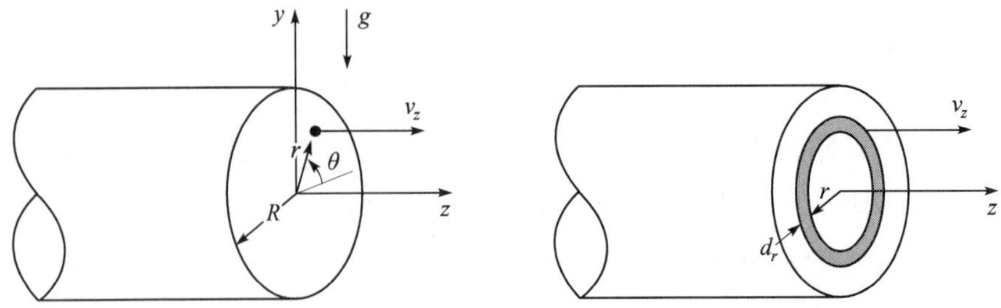

그림 4.23 수평 원형관의 비압축성 정류·층류

$$0 = -\rho g \sin\theta - \frac{\partial p}{\partial r} \tag{4.42b}$$

$$0 = -\rho g \cos\theta - \frac{1}{r}\frac{\partial p}{\partial \theta} \tag{4.42c}$$

$$0 = -\frac{\partial p}{\partial z} + \mu\left[\frac{1}{r}\frac{\partial}{\partial r}\left(r\frac{\partial v_z}{\partial r}\right)\right] \tag{4.42d}$$

- 식 (1.42a)($\leftarrow v_r = 0,\ v_\theta = 0) \rightarrow \dfrac{\partial\, v_z}{\partial\, z} = 0$, ∴연속방정식 만족
- 유속; 지점 방사좌표 r만의 함수→$v_z = v_z(r)$⇒간략화 위해 원통 좌표계 Noveir-Stokes 방정식 (4.32d~f)에 $\mu = 0$ 대입·정리⇨Euler 방정식;

$$0 = \rho g_r - \frac{\partial p}{\partial r} \ \ \text{(4.42b)}, \quad 0 = \rho g_\theta - \frac{1}{r}\frac{\partial p}{\partial \theta} \tag{4.42c}$$

$$\therefore 0 = -\frac{\partial p}{\partial z} + \mu\left[\frac{1}{r}\frac{\partial}{\partial r}(r\frac{\partial v_z}{\partial r})\right] \tag{4.42d}$$

- 식 (4.42b, c)(수평면 측정 위치각 θ 고려)←$g_r = -g\sin\theta$, $g_\theta = -g\cos\theta$ 대입, 정리(←∵ −; 하향);

$$0 = -\rho g \sin\theta - \frac{\partial p}{\partial r} \tag{4.42b}$$

$$0 = -\rho g \cos\theta - \frac{1}{r}\frac{\partial p}{\partial \theta} \tag{4.42c}$$

$$0 = -\frac{\partial p}{\partial z} + \mu\left[\frac{1}{r}\frac{\partial}{\partial r}(r\frac{\partial v_z}{\partial r})\right] \tag{4.42d}$$

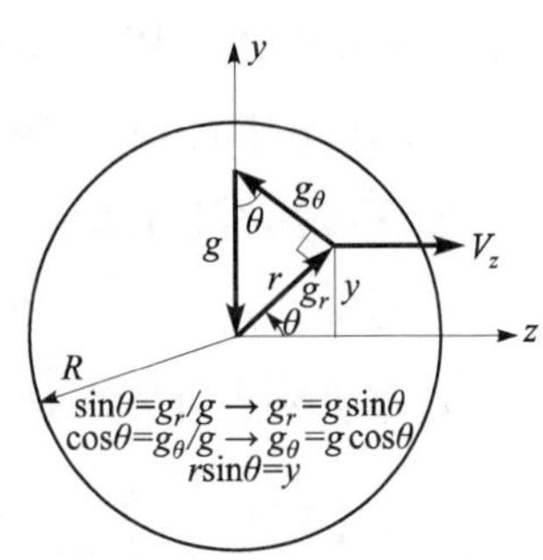

여기서 수평면에서 측정되는 위치각 θ에 따라 $g_r = -g\sin\theta$와 $g_\theta = -g\cos\theta$ 인 관계식을 사용하면 식 (4.42b)와 (4.42c)는 다음과 같이 적분식을 얻을 수 있다.

$$p = -\rho g(r\sin\theta) + f_1(z)[\leftarrow r\sin\theta = y(\because \sin\theta = y/r)(=\text{수두})] \tag{4.43}$$

식 (4.43)은 $r\sin\theta = y$이므로 다음과 같이 쓸 수 있다.

$$p = -\rho g y + f_1(z) \tag{4.44}$$

식 (4.44)는 압력이 임의 특정 단면에서 정수압적으로 분포됨을 나타내고, **압력경사** (pressure gradient)의 z방향성분 $\partial p/\partial z$는 r 또는 θ의 함수가 아님을 나타낸다.

z방향의 운동량 방정식인 식 (4.42c)는 다음 형태로 바꿔 쓸 수 있다.

$$\frac{1}{r}\frac{\partial}{\partial r}\left(r\frac{\partial v_z}{\partial r}\right) = \frac{1}{\mu}\frac{\partial p}{\partial z} \tag{4.45}$$

식 (4.45)는 $\partial p/\partial z$가 상수이므로 변수분리한 후 1차 적분하면 다음 식을 얻는다.

$$r\frac{\partial v_z}{\partial r} = \frac{1}{2\mu}\left(\frac{\partial p}{\partial z}\right)r^2 + C_1 \tag{4.46}$$

식 (4.46)을 변수 분리하여 2차 적분하면 다음 식을 얻는다.

$$v_z = \frac{1}{4\mu}\left(\frac{\partial p}{\partial z}\right)r^2 + C_1 \ln r + C_2 \tag{4.47}$$

식 (4.47)에서 관의 중심 $r = 0$에서 적분상수 $C_1 = 0[\because \ln(0) = -\infty]$, $r = R$인 관의 벽에서 유속 $v_z = 0$이 되므로 적분상수 C_2는 다음과 같다.

$$C_2 = -\frac{1}{4\mu}\left(\frac{\partial p}{\partial z}\right)R^2 \tag{4.48}$$

식 (4.48)을 식 (4.47)에 대입하고 정리하면 임의 단면의 유속분포가 포물선인 다음 식을 얻을 수 있다.

$$v_z = \frac{1}{4\mu}\left(\frac{\partial p}{\partial z}\right)(r^2 - R^2) \tag{4.49}$$

관을 통해 흐르는 체적유량(volume rate of flow) Q와 압력경사 $\partial p/\partial z$ 간의 관계식을 얻기 위해 **그림 4.23(b) 미소 환상 고리**(環狀, annular ring)의 미소 단면을 통한 흐

름을 고려한다. v_z가 환형 고리에서 일정하므로 이 미소 단면적 $dA=(2\pi r)dr$을 통해 흐르는 유량은 $dQ=v_z dA=v_z(2\pi r)dr$이므로 다음과 같은 적분식을 얻는다.

$$Q=\int_A v_z dA[\leftarrow dA=2\pi r dr]=2\pi\int_0^R v_z r dr$$
$$\left[=2\pi\int_0^R \frac{1}{4\mu}\left(\frac{\partial p}{\partial z}\right)(r^2-R^2)r\,dr\right] \tag{4.50}$$

식 (4.50)의 v_z에 식 (4.49)를 대입하고 적분하여 정리하면 다음 식을 얻는다.

$$Q=-\frac{\pi R^4}{8\mu}\left(\frac{\partial p}{\partial z}\right) \tag{4.51}$$

식 (4.51)을 관로길이 L에서 발생하는 압력강하(pressure drop) Δp의 항으로 표시하면 다음과 같이 쓸 수 있다.

$$\frac{\Delta p}{L}=-\frac{\partial p}{\partial z} \tag{4.52}$$

식 (4.52)를 식 (4.51)에 대입하고 정리하면 다음 식을 얻는다.

$$Q=\frac{\pi R^4\Delta p}{8\mu L} \tag{4.53}$$

식 (4.53)에 반지름 $R(=D/2)$를 대입하고 정리하면 다음 식을 얻는다.

$$Q=\frac{\pi D^4\Delta p}{128\mu L} \tag{4.54}$$

식 (4.53) 또는 (4.54)를 **Poiseuille 법칙**이라 하며, 이는 주어진 단위압력강하에 대해 유량은 점성에 반비례하고, 관의 반지름(또는 지름)의 4승에 비례함을 나타낸다.

식 (4.53)을 평균유속 $V(=Q/A=4Q/\pi D^2=Q/\pi R^2)$와 손실수두 $h_f=(\Delta p/\gamma)$의 항으로 표시하면 다음과 같다.

$$V=\frac{D^2\Delta p}{32\mu L}=\frac{D^2(\gamma h_f)}{32\mu L} \tag{4.55a}$$

$$V=\frac{R^2\Delta p}{8\mu L} \tag{4.55b}$$

$$h_f = \frac{32\mu LV}{\gamma D^2} \tag{4.55c}$$

식 (4.49)에서 최대 유속 $V_{\max}$은 관의 중심에서 생기므로 다음과 같이 쓸 수 있다.

$$V_{\max} = -\frac{R^2}{4\mu}\frac{\partial p}{\partial z} = \frac{R^2}{4\mu}\frac{\Delta p}{L} \tag{4.56}$$

그러므로 식 (4.55)와 (4.56)에서 최대 유속은 평균유속의 2배($V_{\max} = 2V$)임을 알 수 있다.

또한 최대 유속 식 (4.56)에 대한 임의 점 유속분포 식 (4.49)의 비는 다음과 같이 쓸 수 있다.

$$\frac{v_z}{V_{\max}} = \frac{\dfrac{1}{4\mu}\left(\dfrac{\partial p}{\partial z}\right)(r^2 - R^2)}{-\dfrac{R^2}{4\mu}\dfrac{\partial p}{\partial z}} = 1 - \left(\frac{r}{R}\right)^2 \tag{4.57}$$

예제 4.1

밀도 $\rho = 1.18 \times 10^3 \text{kg/m}^3$, 점성계수 $\mu = 0.0045 \text{Ns/m}^2$인 점성유체가 지름=4mm인 수평관을 통해 12mL/s로 흐를 때 다음 사항에 답하시오.

1. 관의 축에 평행한 유속성분의 관 1m당 압력강하량 결정

[풀이]

1. 관의 축에 평행한 유속성분의 관 1m당 압력강하량 결정

(1) 흐름의 상태(층류 또는 난류)를 구분하기 위해 Reynolds 수를 구한다.

$$Re = \frac{VD}{\nu} = \frac{\rho VD}{\mu}\left[\leftarrow V = \frac{4Q}{\pi D^2}\right] = \frac{4[12(\text{mL/s})10^{-6}(\text{m}^3/\text{mL})]}{\pi[4(\text{mm})10^{-3}(\text{m/mm})]^2} = 0.955\text{m/s}$$

$$= \frac{(1.18 \times 10^3\text{kg/m}^3)(0.955\text{m/s})(4\text{mm} \times 10^{-3}\text{m/mm})}{0.0045\text{Ns/m}^2} = 1{,}000 < 2{,}000$$

∴ 층류

(2) Poiseuille의 법칙 식 (4.53) 또는 (4.54)를 이용하여 압력강하량을 구한다.

$$\Delta p = \frac{8\mu LQ}{\pi R^4} = \frac{8(0.0045\text{Ns/m}^2)(1\text{m})(12 \times 10^{-6}\text{m}^3/\text{s})}{\pi(2\text{mm} \times 10^{-3}\text{m/mm})^4} = \frac{4.32 \times 10^{-7}}{5.024 \times 10^{-11}}$$

$$= 8{,}598.7\text{Pa} \fallingdotseq 8.6\text{kPa}$$

예제 4.2

점성유체가 그림 예4.2.1과 같이 뚜껑이 열린 큰 탱크와 긴 관의 작은 지름의 관을 통해 흐르고 있다. 시간 $t=0$에서 유체의 깊이 H이다. 시간의 함수 $h=h(t)$인 액체 수심에 대한 다음 사항에 답하시오.

1. 지배 방정식(governing equation)의 정해(exact solution)
2. 유하차분법(finite difference method) 등의 수치해 기법(numerical method) 이용
3. 1항과 2항 결과의 비교

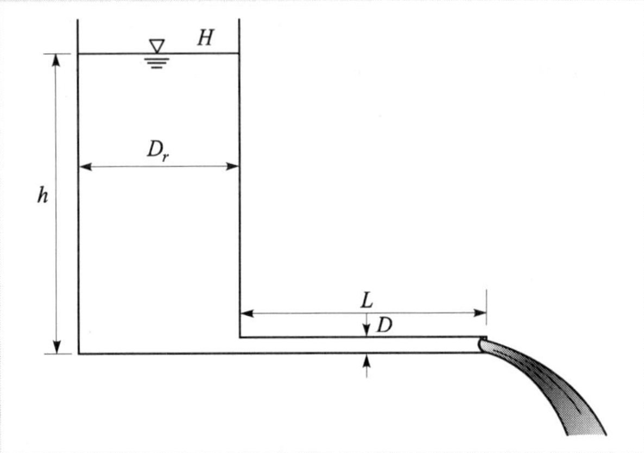

그림 예4.2.1 뚜껑이 없는 깊고 긴 탱크 내 기름의 흐름

[풀이]

1. 지배 방정식(governing equation)의 정해(exact solution)
   (1) 이 흐름에 대한 지배 방정식을 유도한다. 이 흐름은 (오일의 깊이는 깊고, 탱크에서 흐름은 빠른) 부정류이지만, 흐름이 **준정상류**(quasi-steady)라고 가정하고, 다음과 같이 정상류 방정식을 적용한다.
   (2) 식 (4.55a)는 관의 지름$=D$인 정상 층류에 대한 평균유속 V에 관한 식이며, $\Delta p=$관의 길이 L에서 발생하는 압력강하이다. 이 문제에서 관의 출구는 탱크의 바닥에서의 압력은 γh이고, 관의 끝에서는 영이다. 그러므로 압력강하 $\Delta p=\gamma h$이므로 다음 식과 같이 바꿔 쓸 수 있다.

$$V=\frac{D^2\gamma h}{32\mu L} \quad \text{(예4.2.1)}$$

   (3) 탱크에서 유출되는 유량 $Q=\pi D^2 V/4$에 필요한 질량보존법칙은 탱크 내 기름의 깊이 변화율 dh/dt와 다음과 같은 관계를 갖는다.

$$Q=-\frac{\pi}{4}D_T^2\frac{dh}{dt} \quad \text{(예4.2.2)}$$

   여기서 $D_T=$탱크의 지름이다.

(4) 식 (예4.2.2)에서 다음 관계식을 얻는다.

$$\frac{\pi}{4}D^2V=-\frac{\pi}{4}D_T^2\frac{dh}{dt} \rightarrow V=-\left(\frac{D_T}{D}\right)^2\frac{dh}{dt} \qquad \text{(예4.2.3)}$$

(5) 식 (예4.2.1)과 식 (예4.2.3)을 같게 놓고 풀면 다음 식을 얻는다.

$$\frac{D^2\gamma h}{32\mu L}=-\left(\frac{D_T}{D}\right)^2\frac{dh}{dt} \rightarrow \frac{dh}{dt}=-\left(\frac{D^4\gamma}{32\mu L D_T^2}\right)h \qquad \text{(예4.2.4a)}$$

$$\frac{dh}{dt}=-Ch \qquad \text{(예4.2.4b)}$$

여기서 $C=\gamma D^4/(32\mu L D_T^2)$인 상수이고, 단순화를 위해 $C=1$이라 가정한다.

(6) 그러므로 $t=0$일 때 $h=H$인 다음과 같은 1계 **상미분 방정식**(ordinary difference equation)인 지배 방정식을 유도할 수 있다.

$$\frac{dh}{dt}=-h \qquad \text{(예4.2.5)}$$

(7) 이 흐름에 대한 지배 방정식을 해석한다.

① 지배 방정식의 정해

1) **정해**(exact solution)는 식 (예4.2.5)를 변수 분리 후 적분하고, 초기조건 적용하여 다음 식을 얻는다.

$$\frac{dh}{h}=-dt \rightarrow \ln h=-t+C \Rightarrow \boldsymbol{h=Ce^{-t}} \qquad \text{(예4.2.6a)}$$

[$\because y=Ce^{-x}$(←양변 대수)$\Rightarrow \ln y=\ln C-x\ln e=-\boldsymbol{x}+C$(←$\ln e=1$, $\ln C=C$)]

2) 초기조건 : $t=0$, $h=H$를 (예4.2.6a)에 대입 정리→$C=H$를 구해 식 (예4.2.6a)에 대입 정리하면 다음 식을 얻는다.

3) $\therefore\ h=He^{-t}$ (예4.2.6b)

2. 유하차분법(finite difference method) 등의 수치해 기법(numerical method) 이용

(1) 그림 예4.2.2와 같이 **수치해**(numerical method)의 하나인 **유한차분법**(finite difference method)은 시간에 해당하는 절점(node) 또는 격점(grid)을 선정하고, 압력수두 h의 시간도함수를 **후진차분법**(backward finite difference)으로 대략화 한다.

$$\left|\frac{dh}{dt}\right|_{t=t_i} \fallingdotseq \frac{h_i-h_{i-1}}{\Delta t} \qquad \text{(예4.2.7)}$$

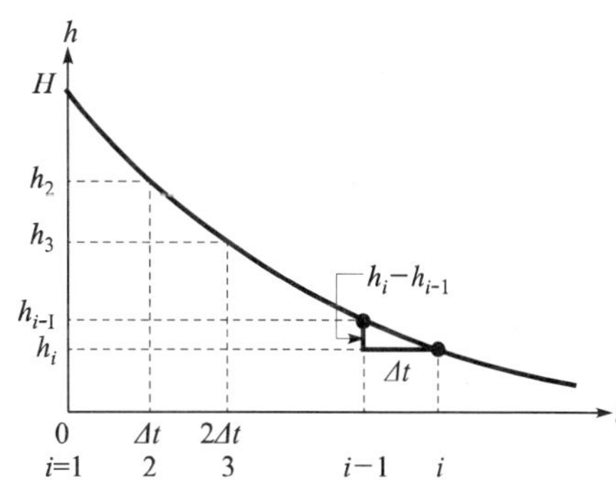

그림 예4.2.2 유한차분법의 격자망

여기서 Δt=시간축에 대한 다른 절점 간의 시간단계(시간증분)이고, h_i와 h_{i-1}은 절점 i와 $i-1$에서의 h의 대응값이다.

(2) $i=2, 3, 4, \cdots$의 각 값에 대하여 지배 방정식을 다음 식에 의해 대략화[$\frac{h_i - h_{i-1}}{\Delta t} = -h_i$] 한 후 정리하면 다음 식과 같다.

$$h_i = \frac{h_{i-1}}{(1+\Delta t)} \qquad \text{(예4.2.8a)}$$

(3) $i=1$은 초기조건으로 $h_1 = H$이고, 다음과 같이 시간 $t_1=0$, $t_2=\Delta t$, $\cdots$, $t_N=(N-1)\Delta t$에서 다음 식을 얻는다.

$$t_N=(N-1)\Delta t \qquad \text{(예4.2.8b)}$$

(4) 식 (예4.2.8b)에서 h의 N 대략값에 대한 N개 대수 방정식(algebraic equation)을 다음과 같이 세운다.

$$h_1 = H,\ h_2 = h_1/(1+\Delta t),\ h_3 = h_2/(1+\Delta t),\ \cdots,\ h_N = h_{N-1}/(1+\Delta t)$$

(5) **상응 방정식**(corresponding equation)은 다음과 같으므로 $h_2 = H/(1+\Delta t)$, $h_3 = H/(1+\Delta t)^2$, $\cdots$, $h_i = H/(1+\Delta t)^{i-1}$에서 다음 식을 얻는다.

$$h_i = H/(1+\Delta t)^{i-1} \qquad \text{(예4.2.8c)}$$

3. 1항과 2항 결과의 비교

(1) $t=1$s에 대한 수심의 값은 **표 예4.2.1**과 같이 시간 증분 Δt에 따른 두 방법의 계산 회수를 비교하였다.

표 예4.2.1 시간 증분 Δt에 따른 두 방법의 계산 회수 비교

Δt(s)	$t=1$s일 때 i값[식 (예4.2.8b)]	$t=1$s일 때 h_i값[식 (예4.2.8c)]
0.2	6 [$t_N=(N-1)\Delta t \leftarrow t_N=1$, $\Delta t=0.2$s; $1=(N-1)\times 0.2$, $N(=i)=\frac{1}{0.2}+1=6$]	0.4019H [$h_i = \frac{H}{(1+\Delta t)^{i-1}} \leftarrow \Delta t = 0.2$s, $i=6$; $h_i = \frac{H}{(1+0.2)^5} = 0.4019H$]
0.1	11 [$t_N=(N-1)\Delta t \leftarrow t_N=1$, $\Delta t=0.1$s; $1=(N-1)\times 0.1$, $N(=i)=1/0.1+1=11$]	0.3855H [$h_i = H/(1+\Delta t)^{i-1} \leftarrow \Delta t=0.1$s, $i=11$; $h_i = H/(1+0.1)^{10} = 0.3855H$]
0.01	101 [$i=1/0.01+1=101$]	0.3697H [$h_i = H/(1+0.01)^{100} = 0.3697H$]
0.001	1001	0.3681H
비고	■ $t=1$s →식 (예4.2.6b)⇒$h=He^{-t}$⇨0.36**78**H →식 (예4.2.8c)⇒$h=H/(1+\Delta t)^{i-1}$⇨0.36**81**H	

(2) $t=1$s에 대한 수심의 값은 **표 예4.2.2**와 같이 시간 증분 $\Delta t=0.2$s, $\Delta t=0.1$s에 대한 두 방법의 계산 결과를 비교하였다.

표 예4.2.2 두 해석방법에 의한 결과의 비교

t(s)	수치해 : $h_i = \dfrac{h_{i-1}}{(1+\Delta t)}$ (예4.2.8a)		정해 : $h = He^{-t}$ (예4.2.6b)
	$\Delta t=0.2$s	$\Delta t=0.1$s	
0.0	$h_i = H$	$h_i = H$	$h_i = H$
0.1	$h_i = 0.913H$	$h_i = 0.909H$	$h_i = 0.904H$
0.2	$h_i = 0.833H$	$h_i = 0.826H$	$h_i = 0.819H$
0.3	$h_i = 0.760H$	$h_i = 0.751H$	$h_i = 0.741H$
0.4	$h_i = 0.694H$	$h_i = 0.683H$	$h_i = 0.670H$
0.5	$h_i = 0.634H$	$h_i = 0.621H$	$h_i = 0.607H$
0.6	$h_i = 0.579H$	$h_i = 0.564H$	$h_i = 0.549H$
0.7	$h_i = 0.528H$	$h_i = 0.513H$	$h_i = 0.497H$
0.8	$h_i = 0.482H$	$h_i = 0.467H$	$h_i = 0.449H$
0.9	$h_i = 0.440H$	$h_i = 0.424H$	$h_i = 0.407H$
1.0	$h_i = 0.402H$	$h_i = 0.386H$	$h_i = 0.368H$

(3) $0<t<1$s에 대한 결과는 **그림 예4.2.3**과 같이 나타났다.

(4) 식 (예4.2.8a)에 의한 수치해 결과는 식 (예4.2.6b)에 의한 정해 결과와 비교할 때 **그림 예4.2.3**과 같이 아주 좋은 결과를 나타냈다. 유한차분법의 결과는 $\Delta t \to 0$의 한계값 내에서 식 (예4.2.7)에 의한 유한차분 대략해가 도함수의 실제 정의에 접근하므로 Δt를 작게 하는 만큼 정해 결과와 더 가까운 값을 얻을 수 있을 것이다.

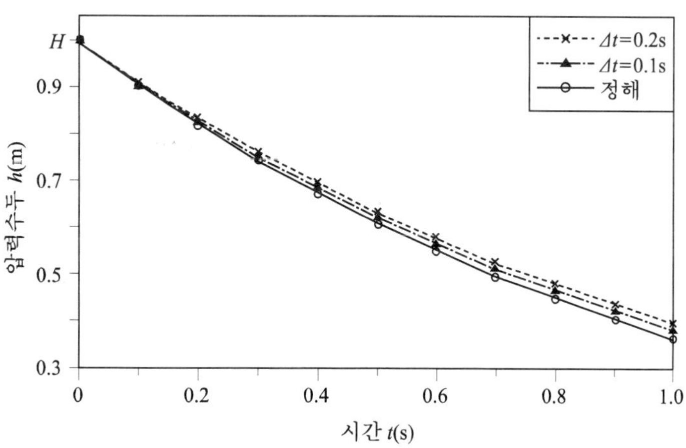

그림 예4.2.3 해석 결과의 비교

2) 관내 난류

관수로에서 난류에 대한 연구는 많은 사람들에 의해 이루어져 왔으며, 본 절에서는 충분히 발달된 흐름을 중심으로 한 난류의 기본적인 내용을 다루고자 한다. 유체로 채워진 관로에서 유량을 공급하기 위해 잠긴 밸브를 열면 흐름은 **그림 4.24(a)**와 같이 초기 0인 Reynolds가 증가하여 2,000 이하인 **층류**에서 4,000까지의 **천이류**를 거치면서 4,000 이상의 **난류**로 발달된다. 난류에서의 유속분포는 차원해석과 실험, 반경험적 이론의 결과를 사용하여 얻어졌다.

관로 내 난류에서 유속의 축방향 성분은 관내의 임의 위치에서 측정하면 **그림 4.24(b)**와 같이 $u = u(t)$를 나타내며, 이는 난류의 뚜렷한 특성인 불규칙성과 무작위 변동을 갖기 때문이다.

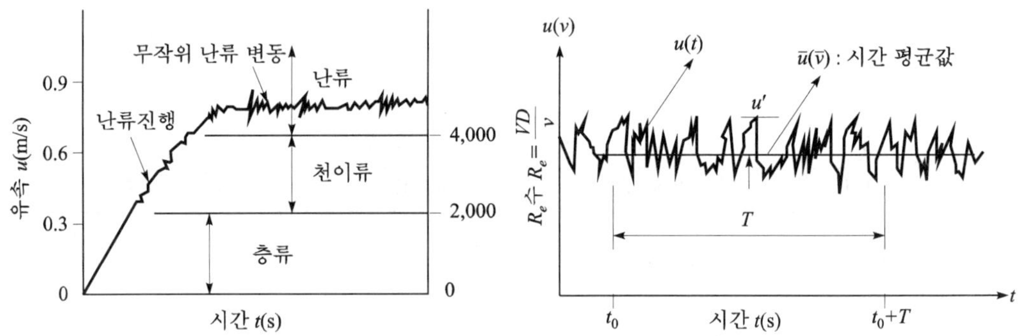

(a) 흐름상태 (b) 유속분포

그림 4.24 관내 난류의 흐름상태와 유속분포

그림 4.25와 같이 관수로의 충분히 발달된 난류는 벽에서의 거리에 의해 특정 지어지는 ① 관벽에 매우 근접한 **점성 저층**(viscosity sublayer), ② **중첩영역**(overlap region), ③ 흐름의 중심부 전체를 통과하는 **외측 난류층**(outer turbulent layer)인 세 영역으로 구분할 수 있다. 점성저층인 ① 영역 내에는 점성전단응력이 Reynolds 응력과 비교해 우세하고, 흐름의 와류 성질과 무작위성은 본질적으로 없다. 외측난류 층인 ② 영역에는 Reynolds 응력이 우세하고, 흐름에 대한 혼합(mixing)과 **무작위성**(randomness)이 고려된다.

그림 4.25와 같이 난류에서 마찰(전단)응력은 점성과 난류항의 합으로 다음과 같이 주어진다.

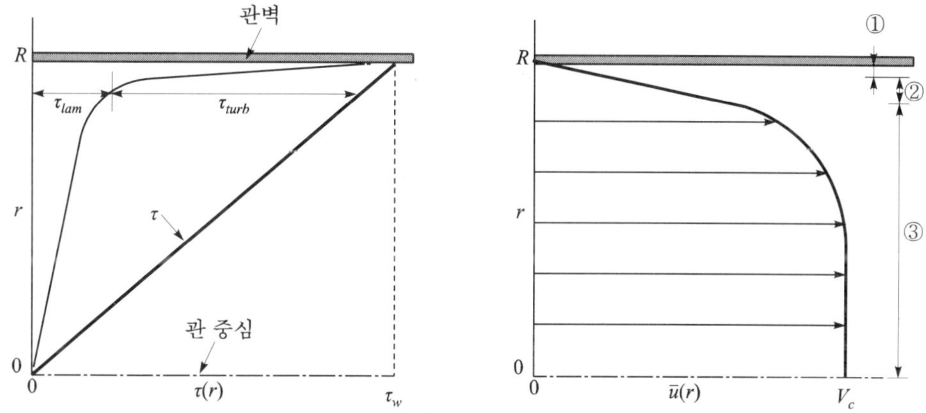

(a) 관내 마찰응력 (b) 관내 유속분포

그림 4.25 관내 난류의 마찰응력과 유속분포

$$\tau = \tau_{lam} + \tau_{turb} = \mu \frac{d\bar{u}}{dy} - \rho \overline{u'v'} \tag{4.58}$$

여기서 u', v' =난류 유속분포의 변동(turbulent velocity fluctuation)에 의한 각각 x, y방향 유속 $u(t)$, $v(t)$ 변동의 평균값을 $\bar{u}$, $\bar{v}$로 표시할 때 평균값과의 차이 값이고, $\overline{u'v'} = u'$와 v'의 곱에 대한 평균이다. 흐름이 층류일 때는 $u' = v' = 0$이므로 $\overline{u'v'} = 0$이 되어 식 (4.58)은 분자운동으로 발생하는 층류전단응력 $\tau_{lam} = \mu(d\bar{u}/dy)$로 쓴다. 난류에 대한 전단응력은 $\tau_{turb} = -\rho\overline{u'v'}$가 양(positive)이며, 단위는 밀도에 속도의 제곱을 곱한 것으로 [FL^{-2}] 차원인 kg/m^2, N/m^2 등의 단위를 갖는다. 이와 같이 $-\rho\overline{u'v'}$ 또는 $-\rho\overline{v'w'}$를 **난류전단응력**(turbulent shear stress) 또는 **Reynolds 응력**이라 부른다.

그러므로 ① 영역은 점성전단응력이 우세하고, ② 영역은 Reynolds 응력이 우세함을 차원해석에 의해 확인되었는바, 매끈한 관내 난류의 이들 두 영역에 대한 유속분포를 결론내릴 수 있었다(White, 1979). 점성저층에서 유속분포는 다음과 같은 무차원형으로 쓸 수 있다.

$$\frac{\bar{u}}{u_*} = \frac{y u_*}{\nu} \tag{4.59}$$

여기서 $y = R - r$로 관벽에서 측정된 거리이고, $\bar{u}$ =시간평균(time-averaged)한 x방

향 속도성분이며, $u_* = (\tau_w/\rho)^{1/2}$인 전단속도이다.

식 (4.59)는 일반적으로 **벽의 법칙**(law of wall)이라 부르며, **그림 4.26**과 같이 $0 \le yu_*/\nu \lesssim 5$에 대해 매우 근접한 매끈한 벽에 적합하다.

차원해석은 **중첩영역**(overlap region) 내 유속이 y의 대수분포로 변화한다는 $y = R - r$에서 확인할 수 있으므로 다음과 같은 식이 제안되었다.

$$\frac{\overline{u}}{u_*} = 2.5\ln\left(\frac{yu_*}{\nu}\right) + 5.0 \tag{4.60}$$

여기서 상수 2.5, 5.0은 실험적으로 결정된다.

그림 4.26과 같이 관벽에 매우 근접한 영역은 아니지만, 관의 외측벽이 아닌 경우 식 (4.60)은 실험자료를 통해 합리적으로 유도된 식이다. 점성저층은 보통 아주 얇으며, 비슷한 결과가 거친 관벽을 통하는 난류에서도 얻을 수 있다(White, 1974). 이에 관련된 내용은 **[예제 4.3]**에서 확인할 수 있다.

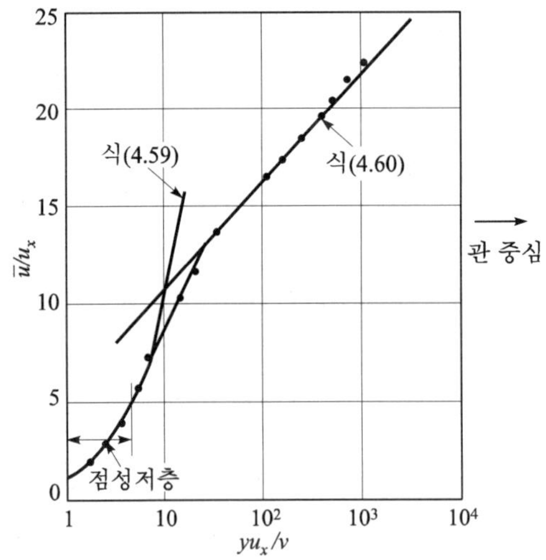

그림 4.26 관내 난류의 유속분포

많은 관계식들이 관내 난류의 유속분포 식으로 제안되었으며, 그중 **외측 난류층**(outer turbulent layer)인 중심선 부근영역(central region)에 대한 식 $(V_c - \overline{u})/u_* = 2.5\ln(R/y)$가 있다. 여기서 V_c=수로중심선의 유속으로 실험자료와 잘 일치한다. 사용하기가 상대적으로 간편하여 흔히 사용되는 또 다른 관계식으로는 다음과 같은 경험적인 **멱법칙 유속분포**(power-law velocity profile) 식이 있다.

$$\frac{\overline{u}}{V_c} = \left(1 - \frac{r}{R}\right)^{1/N} \tag{4.61}$$

여기서 N값은 **그림 4.27**(Hinze, 1975)과 같이 Reynolds 수의 함수이며, N=7인 1/7 승근법칙(one-seventh power-law)은 유속분포에 관한 많은 실험자료로부터 합리적인 대략화로 사용된다. 이와 같은 멱법칙으로 표현된 전형적인 관내의 층류와 난류에 대한 무차원 중심거리 r/R에 대한 무차원 유속 $\overline{u}/V_c$분포는 **그림 4.28**과 같다.

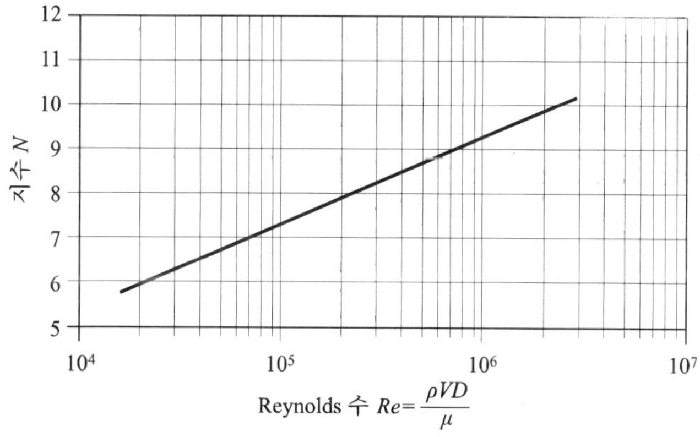

그림 4.27 Reynolds 수에 따른 멱법칙 유속분포 지수 N값

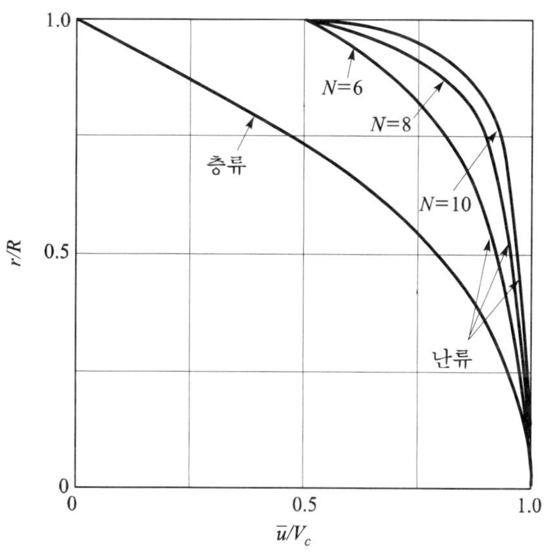

그림 4.28 관내 층류와 난류의 무차원 중심거리(r/R)에 대한 유속분포

예제 4.3

밀도=998kg/m^{3}이고, 동점성계수=1.004×10^{-6}m^2/s인 20°C의 물이 압력경사=2.59kPa/m, 유량=0.04m^3/s로 지름=0.1m인 수평관을 통해 흐르고 있을 때 다음 사항에 답하시오.

1. 점성 저층의 대략적인 두께 결정
2. 관 중심선 유속 V_c의 결정

3. 관 중심선과 $r=0.025$m 관벽 사이의 층류에 대한 난류전단응력 비(τ_{turb}/τ_{lam})의 결정

[풀이]

1. 점성 저층의 대략적인 두께 결정

(1) 층류 저층의 두께 δ_s는 **그림 4.26**에 의하면 대략적으로 $\delta_s u_*/\nu=5$이므로 다음과 같이 구할 수 있다.

$$\delta_s = 5(\nu/u_*) \tag{예4.3.1a}$$

$$u_* = (\tau_w/\rho)^{1/2} \tag{예4.3.1b}$$

(2) 식 (예4.3.1b)에서 벽의 전단응력은 층류나 난류에 적용 가능한 식은 다음과 같다.

$$\Delta p = \frac{4L\tau_w}{D} \tag{예4.3.2}$$

여기서 Δp = 압력강하(량)이고, L = 관의 길이이며, τ_w = 관벽의 마찰응력[$\tau_w = P/A_f$(← $A_f = \pi DL$, $P = pA = p\,\dfrac{\pi D^2}{4}$)⇨∴ $\Delta p = \dfrac{4L\tau_w}{D}$]이다.

(3) 식 (예4.3.2)에서 관벽의 마찰응력 τ_w는 다음과 같이 구한다.

$$\tau_w = \frac{D\Delta p}{4L} = \frac{(0.1\text{m})(2.59\times10^3\text{N/m}^2)}{4(1\text{m})} = 64.8\text{N/m}^2$$

(4) 그러므로 식 (예4.3.1b)에서 전단응력을 구해 식 (예4.3.1a)에 대입하면 다음과 같다.

$$u_* = \left(\frac{64.8\text{N/m}^2}{998\text{kg/m}^3}\right)^{1/2} = 0.255\text{m/s}$$

$$\delta_s = 5\left(\frac{\nu}{u_*}\right) = \frac{5(1.004\times10^{-6}\text{m}^2/\text{s})}{0.225\text{m/s}} = 1.97\times10^{-5}\text{m} = 0.02\text{mm}$$

(∴ 점성 저층은 매우 얇다.)

2. 관 중심선 유속 V_c의 결정

(1) 관의 중심선 유속 V_c는 식 (4.61)을 이용해 대략적으로 구할 수 있다.

(2) 식 (4.61)을 이용하기 위해서는 **그림 4.27**의 N과 Reynolds가 필요하므로 단면 평균유속 V는 연속 방정식을 이용하고, Reynolds 수를 다음과 같이 구한다.

1) $V = \dfrac{Q}{A} = \dfrac{4(0.04\text{m}^3/\text{s})}{\pi(0.1\text{m})^2} = 5.09\text{m/s}$

2) $Re = \dfrac{VD}{\nu} = \dfrac{(5.09\text{m/s})(0.1\text{m})}{1.004\times10^{-6}\text{m}^2/\text{s}} = 5.07\times10^5$

3) ∴ **그림 4.27**에서 $N=8.4$를 결정하고 다음 식을 이용하여 구한다.

$$\frac{\bar{u}}{V_c} \approx \left(1-\frac{r}{R}\right)^{1/8.4} \tag{예4.3.3}$$

(3) 관의 중심선 유속을 구하기 위해서는 임의 r점의 환상 미소 단면적 dA와 시간평균유속 $\bar{u}$에 관한 식 (예4.3.3)을 곱한 미소유량을 전체 단면적에 대해 적분하여 얻을 수 있다.

$$Q = AV = \int \bar{u}dA = V_c \int_{r=0}^{r=R} \left(1 - \frac{r}{R}\right)^{1/N} (2\pi r)dr \qquad (예4.3.4a)$$

식 (예4.3.4a)를 적분하면 다음 식을 얻는다.

$$Q = 2\pi R^2 V_c \frac{N^2}{(N+1)(2N+1)} \qquad (예4.3.4b)$$

(4) $Q = \pi R^2 V$이므로 식 (예4.3.4b)와 같게 놓고 정리하면 다음 식을 얻는다.

$$\frac{V}{V_c} = \frac{2N^2}{(N+1)(2N+1)} \qquad (예4.3.5)$$

(5) 식 (예4.3.5)에서 중심선의 최대 유속은 다음과 같이 구한다.

$$V_c = \frac{(N+1)(2N+1)}{2N^2} V = \frac{(8.4+1)(2\times 8.4+1)}{2(8.4)^2} V$$

$$= 1.186V = 1.186 \times 5.09 = 6.04\text{m/s}$$

(층류의 경우는 $V_c = 2V$이다.)

3. 관 중심선과 $r = 0.025\text{m}$ 관벽 사이의 층류에 대한 난류전단응력 비(τ_{turb}/τ_{lam})의 결정

(1) 관내 전단응력분포는 방사좌표 r의 선형함수로 다음과 같이 구한다.

$$\tau = \frac{2\tau_w r}{D} = \tau_{lam} + \tau_{turb} = \frac{2(64.8\text{N/m}^2)(0.025\text{m})}{0.1\text{m}} = 32.4\text{N/m}^2 \qquad (예4.3.6)$$

(2) 식 (예4.3.6)에서 $\tau_{lam} = -\mu d\bar{u}/dr$이고, 멱법칙 유속분포 식 (4.61)에서 시간평균유속의 경사를 다음과 같이 구한다.

$$\frac{d\bar{u}}{dr} = \frac{d}{dr}\left[V_c\left(1 - \frac{r}{R}\right)^{\frac{1}{N}}\right] \qquad (예4.3.7a)$$

$$= V_c \frac{1}{N}\left(1 - \frac{r}{R}\right)^{\frac{1}{N}-1} \frac{r}{dr}\left(-\frac{r}{R}\right) = -\frac{V_c}{NR}\left(1 - \frac{r}{R}\right)^{\frac{1-N}{N}} \qquad (예4.3.7b)$$

$$\frac{d\bar{u}}{dr} = -\frac{V_c}{NR}\left(1 - \frac{r}{R}\right)^{\frac{1-N}{N}} = -\frac{6.04\text{m/s}}{8.4(0.05\text{m})}\left(1 - \frac{0.025\text{m}}{0.05\text{m}}\right)^{\frac{1-8.4}{8.4}} = -26.5/s$$

(3) 층류의 전단응력은 다음과 같이 구한다.

$$\tau_{lam} = -\mu \frac{d\bar{u}}{dr} = -(\rho\nu)\frac{d\bar{u}}{dr} = -(1.004 \times (998\text{kg/m}^3)(10^{-6}\text{m}^2/\text{s})(-26.5/\text{s}) = 0.0266\text{N/m}^2$$

(4) 그러므로 층류전단응력에 대한 난류전단응력의 비는 다음과 같이 구한다.

$$\frac{\tau_{turb}}{\tau_{lam}} = \frac{\tau - \tau_{lam}}{\tau_{lam}} = \frac{32.4 - 0.0266}{0.0266} = 1{,}220$$

예상한 것과 같이 난류의 $r/R(=0.025/0.05) = 0.5$인 지점에서 대부분의 전단응력은 **난류 전단응력**(turbulent shear stress)에 의해 생긴다.

(2) 수두손실

관내 흐름의 마찰에 의한 수두손실은 관의 **저항계수**(抵抗係數, resistance coefficient) 또는 **마찰계수**(摩擦係數, friction factor)라 부르는 $f[\leftarrow h_f = f\dfrac{L}{D}\dfrac{V^2}{2g}(\leftarrow h_f/L = S_0(=S_f),\ D = 4R_h,\ g = \gamma/\rho) \Rightarrow \gamma R_h S_0 = \tau_0]$를 다음 관계식으로 표현한다.

$$\tau_0 = \frac{f}{4}\rho\frac{V^2}{2} = \frac{f}{8}\rho V^2 \tag{4.62}$$

식 (4.62)에 마찰속도 $u_* = \sqrt{\tau_0/\rho}$ 를 도입하면 다음 식을 얻는다.

$$\frac{u_*}{V} = \sqrt{\frac{f}{8}} \tag{4.63}$$

관내의 마찰응력은 **그림 4.29**와 같이 흐름을 등류로 가정하고, s방향에 정역학적 평형 방정식 $\Sigma F_s = 0$을 적용하여 유도할 수 있다.

$$pA - \left(p + \frac{dp}{ds}\Delta s\right)A - \Delta W\sin\theta - \tau(2\pi r)\Delta s = 0 \tag{4.64}$$

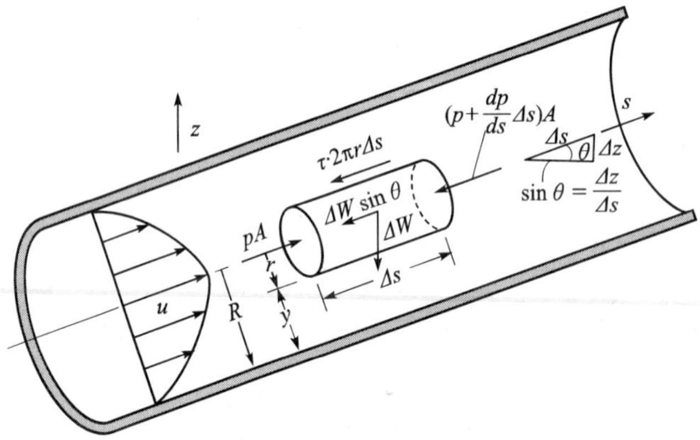

그림 4.29 관내 마찰응력 분포

식 (4.64)에서 $\Delta W = \gamma A \Delta s$이고, $\sin\theta = dz/ds$이므로 이는 다음과 같이 줄일 수 있다.

$$-\frac{dp}{ds}\Delta s A - \gamma A \Delta s\frac{dz}{ds} - \tau(2\pi r)\Delta s = 0 \tag{4.65}$$

식 (4.65)를 $\Delta s A$로 나누고, 정리하면 다음 식을 얻는다.

$$\tau = \frac{r}{2}\left[-\frac{d}{ds}(p+\gamma z)\right] \tag{4.66}$$

식 (4.66)의 압력경사(pressure gradient) $d(p+\gamma z)/ds$는 음(−)(negative)이고, 등류(uniform flow)에서 유수단면을 통해 일정하므로 $[-d(p+\gamma z)/ds]$는 양(+)(positive)이며, 관 단면(pipe section)을 통해 일정하다. 그러므로 식 (4.66)의 마찰응력 τ는 관 중심에서 영(zero)이고, 관벽에서 최대일 때까지 선형적으로 증가할 것이다.

식 (4.66)은 다음과 같이 관수로의 층류에 대한 유속분포를 유도하는데 사용한다(Roberson and Crowe, 1990; 1997).

유속은 식 (4.66)에 마찰응력 τ와 등치(equivalent)인 $(\mu du)/dy$를 대입하고 적분함으로써 관내의 횡단분포 변화를 결정할 수 있는데, 우선 이를 수행하면 다음 식과 같다.

$$\mu\frac{du}{dy} = \frac{r}{2}\left[-\frac{d}{ds}(p+\gamma z)\right] \tag{4.67}$$

식 (4.67)과 **그림 4.29**에서 $du/dy = -du/dr$($\because r = R$일 때 $\tau = \tau_0$)이므로 이를 식 (4.67)에 대입하고 정리하면 다음과 같이 쓸 수 있다.

$$\frac{du}{dr} = -\frac{r}{2\mu}\left[-\frac{d}{ds}(p+\gamma z)\right] \tag{4.68}$$

식 (4.68)은 1계 상미분 방정식으로 변수 분리 후 횡단면에 대해 적분하면 다음 식을 얻는다.

$$u = -\frac{r^2}{4\mu}\left[-\frac{d}{ds}(p+\gamma z)\right] + C \tag{4.69}$$

식 (4.69)의 적분상수를 결정하기 위해 경계조건을 도입하면, $r = R$일 때 $u = 0$이므로 적분상수는 다음 식과 같다.

$$C = \frac{R^2}{4\mu}\left[-\frac{d}{ds}(p+\gamma z)\right] \tag{4.70}$$

식 (4.70)의 적분상수를 식 (4.69)에 대입하고 정리하면 다음과 같은 층류에 관한 유속 분포식을 얻는다.

$$u = \frac{R^2 - r^2}{4\mu}\left[-\frac{d}{ds}(p+\gamma z)\right] \tag{4.71}$$

식 (4.71)은 관로 내 층류에 관한 유속분포가 관 중심에서 최대이고, 단면을 횡단하여 포물선 분포함을 나타낸다.

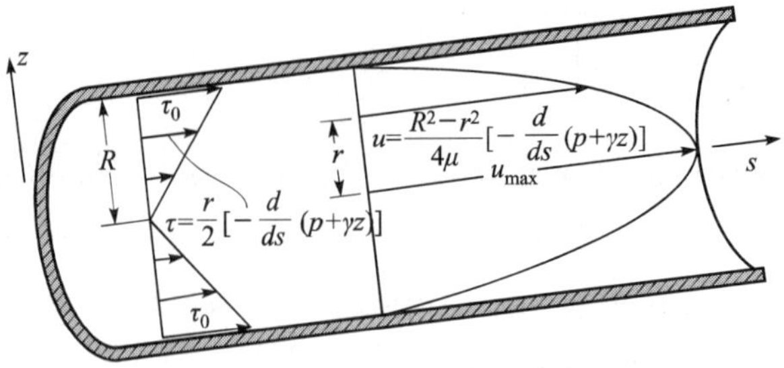

그림 4.30 관로 내 유속과 마찰응력 분포

그림 4.30은 관로 내 유속과 마찰응력의 분포를 표시한다.

관로 내 평균유속 V 또는 유량변화 Q에 따른 압력변화와 수두손실 관계는 많은 문제에서 관심의 대상이다. 그러므로 미소단면적 dA를 통과하는 미소유량 $dQ(=u\,dA)$을 전단면적 A에 관해 적분하면 다음과 같이 유량 Q를 구할 수 있다.

$$Q=\int u\,dA\,[\leftarrow \text{유속 : 식 (4.71), 미소단면적 : } dA=2\pi r\,dr,$$

$$\text{극한(limit) : 관 중심 0~관벽 } R]$$

$$=\int_0^R \frac{(R^2-r^2)}{4\mu}\left[-\frac{d}{ds}(p+\gamma z)\right](2\pi r dr) \tag{4.72}$$

식 (4.72)에서 $\frac{\pi}{4\mu}\left[\frac{d}{ds}(p+\gamma z)\right]$는 상수로 정리하고 나머지를 적분하면 다음 식을 얻을 수 있다.

$$Q=\frac{\pi}{4\mu}\left[\frac{d}{ds}(p+\gamma z)\right]\int_0^R(-)(R^2-r^2)2r\,dr \tag{4.73a}$$

$$Q=\frac{\pi R^4}{8\mu}\left[-\frac{d}{ds}(p+\gamma z)\right] \tag{4.73b}$$

식 (4.73b)를 유수단면적 $A(=\pi R^2)$으로 나누고 정리하면 평균유속 V를 다음 식과 구한다.

$$V=\frac{R^2}{8\mu}\left[-\frac{d}{ds}(p+\gamma z)\right] \tag{4.74}$$

식 (4.74)에 반지름 $R(=D/2)$ 대신에 지름 D로 대입하면 다음 식과 같다.

$$V=\frac{D^2}{32\mu}\left[-\frac{d}{ds}(p+\gamma z)\right] \tag{4.75a}$$

$$\frac{d}{ds}(p+\gamma z)=-\frac{32\mu V}{D^2} \tag{4.75b}$$

식 (4.74)의 평균유속 V와 식 (4.71)($r=0$에서 최대 유속 $V_{\max}$ 발생)를 비교하면 평균유속은 최대유속의 반[$V=(V_{\max}/2)$]임을 알 수 있다.

또한 식 (4.75a)를 변수 분리하여 관로를 따르는 일정거리에 위치한 두 지점 1과 2 사이의 거리에 대해 적분하면 다음 식을 얻는다.

$$p_2-p_1+\gamma(z_2-z_1)=-\frac{32\mu V}{D^2}(s_2-s_1) \tag{4.76}$$

식 (4.76)의 (s_2-s_1)는 관의 두 단면간 거리 L이므로 양변을 단위중량 γ로 나누고, 다음과 같이 바꿔 쓸 수 있다.

$$\frac{p_1}{\gamma}+z_1=\frac{p_2}{\gamma}+z_2+\frac{32\mu L V}{\gamma D^2} \tag{4.77}$$

식 (4.77)은 관로의 비압축성 흐름에 관한 일반적인 에너지 방정식이므로 $V_1=V_2$로 일정한 유속의 등류로 간주할 수 있어 다음 식을 표시한다.

$$\frac{p_1}{\gamma}+z_1=\frac{p_2}{\gamma}+z_2+h_f \tag{4.78}$$

식 (4.78)의 h_f는 관로의 마찰 저항에 의한 수두손실을 나타내는 h_L대신에 사용한 것이므로 수두손실(head loss)은 다음과 같이 쓴다.

$$h_f=\frac{32\mu L V}{\gamma D^2} \tag{4.79}$$

또한 층류의 식 (4.66)에 $r=R$, $\tau=\tau_0$를 대입, 정리하면 다음 식을 얻는다.

$$\tau_0=\frac{R}{2}\left[-\frac{d}{ds}(p+\gamma z)\right] \tag{4.80}$$

그 다음에 식 (4.80)과 식(4.62)를 같게 놓고 정리하여[$\frac{R}{2}\left\{-\frac{d}{ds}(p+\gamma z)\right\}=\frac{f}{4}\rho\frac{V^2}{2}$] 다음 식을 얻는다.

$$\left[-\frac{d}{ds}(p+\gamma z)\right]=\frac{f}{4}\frac{1}{R}\rho V^2 \tag{4.81}$$

식 (4.81)을 변수분리하고, 두 지점간 거리($s_2 - s_1 = L$)로 적분하여 $R = D/2$로 바꾼 후 단위중량으로 나눠[$\leftarrow \gamma = \rho g$, $(\rho/\gamma) = 1/g$] 정리하면[$(\frac{p_1}{\gamma} + z_1) - (\frac{p_2}{\gamma} + z_2) = f\frac{L}{D}\frac{V^2}{2g}$ ($\leftarrow \frac{p_1}{\gamma} + z_1 = h_1$, $\frac{p_2}{\gamma} + z_2 = h_2$)] 다음과 같이 쓸 수 있다.

$$h_1 - h_2 = f\frac{L}{D}\frac{V^2}{2g} \tag{4.82a}$$

$$h_f = f\frac{L}{D}\frac{V^2}{2g} \tag{4.82b}$$

여기서 h_1 =시점($s=0$) R에서의 압력수두이고, h_2 =종점($s=L$) R에서의 **압력수두**이며, $h_f = h_1 - h_2$에 의한 **수두손실**(head loss)[=동압수두(piezometric head)]이다.

식 (4.82a)의 h_1과 h_2는 관을 따르는 **동압수두**(piezometric head)이며, 이 식을 **Darcy-Weisbach 방정식**(Weisbach, 1845; Darcy, 1857; Glenn, 2002)이라 한다. 층류에서 식 (4.55c)와 (4.82b)를 같게 놓고[$(h_f =)\frac{32\mu L V}{\gamma D^2} = f\frac{L}{D}\frac{V^2}{2g}$] 정리하면 [$f = \frac{64}{(\rho VD)/\mu} = \frac{64}{Re}$] Darcy -Weisbach의 저항계수 f를 다음과 같이 구할 수 있다.

$$f = \frac{64}{Re} \tag{4.83}$$

예제 4.4

동점성계수 6×10^{-4}m^2/s이고, 비중 0.85인 기름 0.020m^3/s로 지름 15cm인 관을 통해 흐르고 있다. 다음 사항에 답하시오.

1. 관 길이 100m당의 수두손실 산정

[풀이]

1. 관 길이 100m당의 수두손실 산정

(1) Reynolds 수 이용 : 흐름의 상태(층류 또는 난류) 확인

$$Re = \frac{VD}{\nu}\left[\leftarrow V = \frac{Q}{A} = \frac{4Q}{\pi D^2} = \frac{4\times0.020}{\pi\times0.15^2} = 1.13\text{m/s}\right] = \frac{1.13\times0.15}{6\times10^{-4}}$$

$$= 283 < 2{,}000 \qquad \therefore \text{층류}$$

(2) 흐름이 층류이므로 식 (4.55c)를 이용해 마찰손실수두 산정

$$h_f = \frac{32\mu L V}{\gamma D^2}[\leftarrow \mu = \rho\nu,\ \gamma = \rho g] = \frac{32\nu L V}{g D^2}$$

$$= \frac{32(6\times10^{-4})(100)(1.13)}{9.8(0.15^2)} = 9.83\text{m}$$

∴ 이 관로 시스템은 길이 100m당 9.83m의 수두손실이 생긴다.

예제 4.5

비중 0.90이고, 점성계수 5×10^{-1}Ns/m^{2}인 기름이 지름 3cm인 관을 안정적으로 흐른다. 관은 수직이고, 표고 100m에서의 압력은 200kPa이다. 다음 사항에 대해 답하시오.

1. 표고 85m에서의 압력 250kPa일 때 흐름의 방향이 상향 또는 하향인지 결정
2. 흐름이 층류일 때 관 중심의 유속과 중심에서 6mm인 점의 유속

[풀이]

1. 표고 85m에서의 압력 250kPa일 때 흐름의 방향이 상향 또는 하향인지 결정

(1) 관내 압력 $(p+\gamma z)$의 변화율을 결정하기 위해 연직방향 z에 대한 거리 s의 압력 변화율을 다음과 같이 구한다.

① $$\frac{d}{ds}(p+\gamma_o z) = \frac{(p_{100}+\gamma_o z_{100})-(p_{85}+\gamma_o z_{85})}{15} \qquad \text{(예4.5)}$$

② 식 (예4.5)에서 거리(표고) 변화; $ds = 100 - 85 = 15\text{m}$

③ 기름의 단위중량(SI 단위); $\gamma_o = \gamma_w S_{so} = 1{,}000\times0.90 = 900\text{kg/m}^3$

$= 900\times9.8 = 8{,}820\text{N/m}^3$

④ 표고 100m와 85m의 압력차; $(p+\gamma z)_{100} - (p+\gamma z)_{85}$

$=[200(10^3)\text{N/m}^2 + 8{,}820\text{N/m}^3(100)\text{m}] - [250(10^3)\text{N/m}^2 + 8{,}820\text{N/m}^3(85)\text{m}]$

$=82{,}300\text{N/m}^2$

⑤ ∴압력변화율 $\frac{d}{ds}(p+\gamma_0 z) = \frac{82{,}300\text{N/m}^2}{15\text{m}} \fallingdotseq \nabla 5.5[\text{kN/m}^2/\text{m}$

$(=\text{kPa/m}$; 하향 감소$)]\text{kN/m}^3$

(2) 관내의 압력 $(p+\gamma z)$는 표고에 따라 일정하지 않고, 위쪽으로 올라 갈수록 커지고 아래로 내려갈수록 작아진다. 그러므로 흐름의 방향은 아랫방향(−)이다. 이것은 식 (4.56)에서 $d(p+\gamma z)/ds(=\partial p/\partial z)$을 감하는 것으로 볼 수 있다. 이렇게 될 때 유속은 흐름 내 r의 모든 값에 대해 반대방향이다. $r=0$(=관의 중심)일 때 유속은 최대가 되므로 그 값은 식 (4.56)에 의해 다음과 같이 구한다.

$$V_{max} = -\frac{R^2}{4\mu}\frac{\partial p}{\partial z} = \frac{R^2}{4\mu}\frac{\Delta p}{L} = \frac{0.015^2 \text{m}^2}{4(5\times 10^{-1}\text{Ns/m}^2)}(-5.5\times 10^3 \text{N/m}^3)$$

$= -0.618\text{m/s}$(−; 하향 흐름)

2. 흐름이 층류일 때 관 중심의 유속과 중심에서 6mm인 점의 유속
   (1) 관의 중심에서 $r=6\text{mm}(=0.006\text{m})$인 점의 유속을 결정하기 위해 식 (4.49) 또는 (4.57)을 이용한다.
   (2) 식 (4.57)에서 : $u_z = V_{max}\left[1-\left(\frac{r}{R}\right)^2\right] = -0.618\left[1-\left(\frac{0.006}{0.015}\right)^2\right]$
   $= -0.618(0.84) = -0.519\text{m/s}$(−; 하향 흐름)

예제 4.6

비중 0.82인 0°C의 등유(kerosene)가 지름 6mm인 관을 통해 표고 1m인 탱크에서 표고 0m인 거리 100m까지 흐르고 있다. 점성계수 $3.2\times10^{-3}\text{Ns/m}^2$, 동점성계수 $3.9\times10^{-6}\text{m}^2\text{/s}$일 때 다음 사항에 답하시오.

1. 관로의 유량 계산

[풀이]

1. 관로의 유량 계산
   (1) 관경이 작고, 흐름을 발생시키는 위치수두가 아주 작기 때문에 관내의 유속은 작을 것으로 예측되므로 속도수두 $V_2^2/2g$는 무시할 수 있다.
   (2) 유속의 문제해결을 위해 상류 탱크의 표면과 관 끝의 출구에 Bernoulli 방정식을 적용한다.

$$\frac{\alpha_1 V_1^2}{2g} + \frac{p_1}{\gamma} + z_1 = \frac{\alpha_2 V_2^2}{2g} + \frac{p_2}{\gamma} + z_2 + h_L [\leftarrow V_1 = 0(\because \text{수면 일정}),$$

$$V_2^2/2g = 0(\because \text{무시})]$$

$$p_1 = p_2 = 0(\because \text{대기압}),\ h_L = \frac{32\mu LV}{\gamma D^2}$$

$$0+0+1 = 0+0+0+\frac{32\mu LV}{\gamma D^2} \quad \therefore \frac{32\mu LV}{\gamma D^2} = 1 \qquad (\text{예}4.6)$$

   (3) 식 (예4.6)에 0°C일 때의 점성계수 μ를 대입하고 유속의 항으로 정리하면 다음과 같다.

$$V = \frac{1\times\gamma D^2}{32\mu L} = \frac{1(8{,}036\text{N/m}^3)(0.006^2\text{m}^2)}{32(3.2\times10^{-3}\text{Ns/m}^2)(100\text{m})} = 0.028\text{m/s}$$

   (4) 검토 : 흐름을 층류로 가정하고 속도수두를 무시하고 위의 계산을 하였으므로 이를 확인해야 한다.

$$Re = \frac{VD}{\nu} = \frac{(0.028\text{m/s})(0.006\text{m})}{3.9\times10^{-6}\text{m}^2\text{/s}} = 43.4 < 2{,}000 \ \therefore \text{층류}$$

$$\frac{V^2}{2g} = \frac{(0.028\text{m/s})^2}{2(9.8\text{m/s})} = 4.05 \times 10^{-5}\text{m} \ \therefore \text{ 무시 가능}(\because \text{속도수두 } h_v ≒ 0.04\text{mm})$$

(5) 그러므로 흐름은 층류이고, 유속 $V=0.028\text{m/s}$이므로 유량은 다음과 같다.

$$Q = AV = \frac{\pi D^2}{4} V = \frac{\pi(0.006)^2}{4}(0.028) - 7.97 \times 10^{-7}\text{m}^3/\text{s}$$

예제 4.7

수면의 표고 60m로 일정하게 유지되는 물탱크에서 표고 40m에 지름 50cm인 강관을 통해 물이 관로길이 100m 지점에 공급된다. 수온은 20°C(동점성계수 $10^{-6}\text{m}^2/\text{s}$)이고, 이 관의 조도 4.6×10^{-5}일 때 다음 사항에 답하시오.

1. 공급되는 유량 계산

[풀이]

1. 공급되는 유량 계산

(1) **그림 예4.7**의 Moody(1944) **도표**를 이용한다.

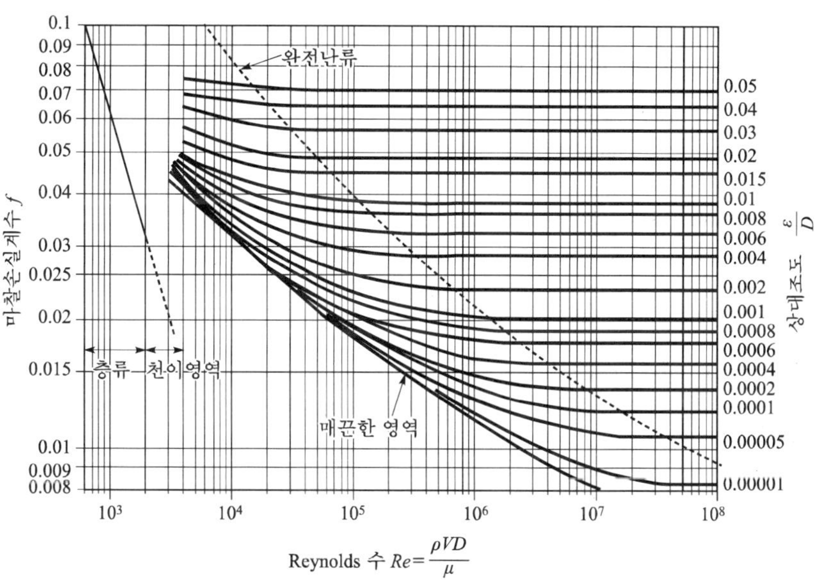

그림 예4.7 Moody 도표

① 관로길이 $L=100\text{m}$에 대한 마찰손실수두를 구해야 하므로 **상대조도**와 Reynolds **수**를 구한다.

② 물탱크의 수면에서 지름 50cm인 관로 끝(100m 지점) **자유분사**(free jet) 지점에 (수정) Bernoulli **방정식**을 적용하면 다음과 같다.

$$\frac{V_1^2}{2g}+\frac{p_1}{\gamma}+z_1=\frac{V_2^2}{2g}+\frac{p_2}{\gamma}+z_2+h_L$$

$$\leftarrow\left[V_1=0(\because \text{수면 일정}),\ p_1=p_2=0(\because \text{ 대기압}),\ h_L=f\frac{L}{D}\frac{V^2}{2g}\right]$$

$$0+0+60=\frac{V_2^2}{2g}+0+40+f\frac{L}{D}\frac{V^2}{2g} \quad \text{또는} \quad V=\left(\frac{2g\times 20}{1+200f}\right)^{1/2} \qquad (\text{예}4.7.1)$$

③ 마찰손실계수 f를 구해야 되므로 상대조도와 Reynolds 수를 구해 **그림 예4.7**을 이용한다.

④ 상대조도 $\epsilon/D=0.000046/0.5=0.000092$

⑤ 1차 시산 : Reynolds 수를 구하려면 f를 알아야 하므로 1차로 $f=0.020$으로 가정한다.

$$Re=\frac{VD}{\nu}\left[\leftarrow V=\left(\frac{2\times 9.8\times 20}{1+200\times 0.020}\right)^{1/2}=8.86\text{m/s}\right]=\frac{8.86\times 0.50}{0.000001}=4{,}430{,}000$$

⑥ $\epsilon/D=0.000092$, $Re=4,430,000$에 해당하는 f를 **그림 예4.7**에서 구하면 $f=0.012$이다.

⑦ 2차 시간 : $V=\left(\frac{2\times 9.8\times 20}{1+200\times 0.012}\right)^{1/2}=10.7\text{m/s}$, $Re=\frac{10.7\times 0.50}{0.000001}=5{,}350{,}000$

⑧ $\epsilon/D=0.000092$, $Re=5,350,000$에 해당하는 f를 **그림 예4.7**에서 구하면 $f=0.012$이다.

∴ 유량은 연속 방정식을 이용해 구한다.

$$Q=AV=\frac{\pi D^2}{4}V=\frac{\pi\times 0.50^2}{4}\times 10.7=2.10\text{m}^3/\text{s}$$

(2) 마찰손실계수 f를 $10^{-5}<\epsilon/D<2\times 10^{-2}$, $4{,}000<Re<10^8$에서 다음 식을 이용해 구한다.

$$f=\frac{0.25}{\left[\log\left(\frac{\epsilon}{3.7D}+\frac{5.74}{Re^{0.9}}\right)\right]^2} \qquad (\text{예}4.7.2)$$

① Reynolds 수를 구하려면 유속을 알아야 하므로 식 (예4.7.1)을 이용한다.

② 1차 시산 : 식 (예4.7.1)은 마찰손실계수 f가 미지수이므로 1차 $f=0.020$으로 가정하여 유속을 구한다.

③ $V=\left(\frac{2\times 9.8\times 20}{1+200\times 0.020}\right)^{1/2}=8.86\text{m/s}$

④ Reynolds 수를 구한다. $Re=\frac{VD}{\nu}=\frac{8.86\times 0.50}{0.000001}=4{,}430{,}000$

⑤ 식 (예4.7.2)를 이용해 f를 구해서 가정치와 맞는지 확인한다.

$$f=\frac{0.25}{\left[\log\left(\frac{\epsilon}{3.7D}+\frac{5.74}{Re^{0.9}}\right)\right]^2}=\frac{0.25}{\left[\log\left(\frac{0.000046}{3.7\times 0.50}+\frac{5.74}{4430{,}000^{0.9}}\right)\right]^2}$$

$$=\frac{0.25}{20.347}=0.01228\fallingdotseq 0.012$$

⑥ 가정치 f와 다르므로 $f=0.012$를 가지고 2차 시산

⑦ $V=\left(\frac{2\times 9.8\times 20}{1+200\times 0.012}\right)^{1/2}=10.7\text{m/s}$, $Re=\frac{10.7\times 0.50}{0.000001}=5{,}350{,}000$

⑧ 식 (예4.7.2)를 이용해 f를 구해서 가정치와 맞는지 확인한다.

$$f=\frac{0.25}{\left[\log\left(\frac{0.000046}{3.7\times0.50}+\frac{5.74}{5{,}350{,}000^{0.9}}\right)\right]^2}=\frac{0.25}{21.0420}=0.01188 ≒ 0.012$$

∴ $f=0.012$로 가정치와 같아 이때의 유속을 이용해 유량을 계산한다.

∴ 유량은 연속 방정식을 이용해 구한다.

$$Q=AV=\frac{\pi D^2}{4}V=\frac{\pi\times0.50^2}{4}\times10.7=2.10\text{m}^3/\text{s}$$

(2) 개수로

등류(uniform flow)는 수심이 거리에 따라 변화하지 않는 흐름임은 이미 이전 과정에서 다루었다. 즉, 단면적과 수로경사는 거리에 따라 변하지 않으나, 실제 흐름에 있어 수로 단면과 수로경사는 현재 지형조건에 적합하게 실용적 원인(economic reason)에 의해 변화하게 되며, 그 외에 수공 구조물은 흐름의 조절을 위해 축조된다. **부등류**(nonuniform flow)는 수로 형상의 변화에 의해 발생하는 반면에, 흐름의 가속과 감속, 등류조건 흐름에서 다른 흐름으로 변화된다. 이와 같이 거리에 따른 수심의 변화율이 작다면 흐름은 **점변류**(gradually varied flow)이고, 변화율이 크다면 **급변류**(rapidly varied flow)이다. 의미 있는 수심변화는 점변류에서 긴 거리에 걸쳐 점진적으로 발생하고, 급변류는 짧은 거리에서 급격하게 변화된다. 그러므로 점변류의 해석은 보통 수로길이를 포함하기 때문에 경계의 전단력에 의한 마찰손실의 포함이 필수적이지만 이들 손실은 짧은 수로구간의 급변류 해석에서는 무시된다.

① 지배 방정식

측면에서의 유출입(lateral inflow and outflow)이 없는 균일수로 내 점변류를 표현하는 **지배 방정식**(governing equation)은 다음과 같은 단순화 가정 하에 유도할 수 있다. (a) 수로바닥의 경사는 작다. (b) 수로는 균일(prismatic)하고, 측면수로에서 흐름의 유입과 유출은 없다. (c) 임의 단면에서의 압력분포는 정수압 상태이다. (d) 점변류에서 **수두손실**(head loss)은 등류의 수두손실에 대한 방정식을 사용하여 결정할 수 있다.

수로바닥의 경사는 6°(=1/10 기울기) 이하일 때 작다고 하고, 이 경우 $\sin\theta ≒ \tan\theta ≒ \theta$로 간주한다. 여기서 θ는 수평기준면과 수로바닥이 이루는 각이고, 바닥에 직각인 **유수단면 깊이**(depth of flow section)와 수직으로 측정된 **수심**(flow depth)은 대략적으로 같다.

그림 4.31에서 수로 단면에서 **총수두**(total head)는 다음과 같이 쓸 수 있다.

$$H = \frac{\alpha V^2}{2g} + h + z \qquad (4.84)$$

여기서 H = **수평기준면**(horizontal datum)으로부터 에너지선 시점의 표고로 총수두이고, h =수심이며, z =수로바닥의 표고, V =평균유속, α = **에너지 보정계수**(=**속도 수두계수**, velocity head coefficient)이다.

하류로의 흐름방향을 양(positive)으로 하는 거리 x에 관해 식 (4.84)의 양변을 미분하고, V를 유량 Q의 항으로 표시하면 다음 식을 얻는다.

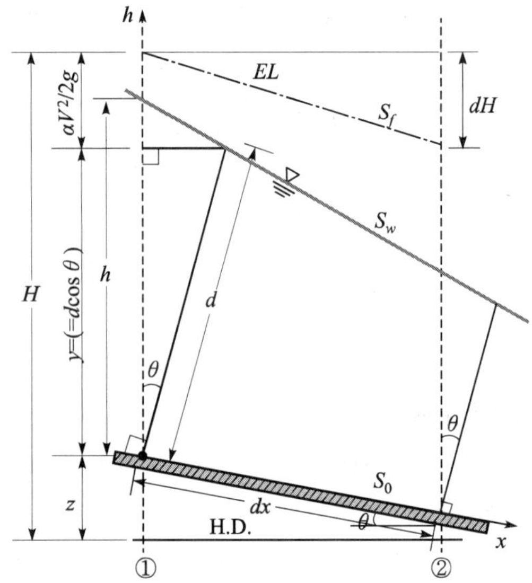

그림 4.31 점변류 해석을 위한 수면곡선 정의

$$\frac{dH}{dx} = \frac{\alpha Q^2}{2g}\frac{d}{dx}\left(\frac{1}{A^2}\right) + \frac{dh}{dx} + \frac{dz}{dx} \qquad (4.85a)$$

$$\frac{dH}{dx} = -S_f \qquad (4.85b)$$

$$\frac{dz}{dx} = S_0 \qquad (4.85c)$$

여기서 S_f =에너지선의 경사이고, S_0 =수로바닥의 경사이다. S_f와 S_0가 음의 부호를 갖는 것은 H와 z가 x의 증가에 따라 감소함을 나타낸다. $(d/dx)(1/A^2)$에 대한 미분은 다음과 같이 유도할 수 있다.

$$\frac{d}{dx}\left(\frac{1}{A^2}\right) = \frac{d}{dA}\left(\frac{1}{A^2}\right)\frac{dA}{dx} = \frac{d}{dA}(A^{-2})\frac{dA}{dh}\frac{dh}{dx} = -\frac{2B}{A^3}\frac{dh}{dx} \qquad (4.86)$$

여기서 $dA/dh = B$ 이다.

식 (4.85b)와 (4.85c)를 식 (4.85a)에 대입하고 정리하면 거리 x에 따른 수심 h의 변화에 대한 다음 식을 얻을 수 있다.

$$\frac{dh}{dx} = \frac{S_o - S_f}{1 - \dfrac{\alpha B Q^2}{g A^3}} \qquad (4.87)$$

만약에 수로가 균일하지 않다면 단면적의 변화 dA/dx는 다음과 같다.

$$\frac{dA}{dx} = \frac{\partial A}{\partial x} + \frac{\partial A}{\partial h}\frac{dh}{dx} \tag{4.88}$$

식 (4.85c)와 (4.87)은 수정이 필요하게 될 것이고, **Froude 수**를 기초로 식 (4.87) 우변의 분모 두 번째 항을 정리하면 다음 식을 얻는다.

$$\frac{\alpha BQ^2}{gA^3} = \frac{(Q/A)^2}{\left(\frac{gA}{\alpha B}\right)} \tag{4.89}$$

그러므로 식 (4.87)은 다음과 같이 쓸 수 있다.

$$\frac{dh}{dx} = \frac{S_0 - S_f}{1 - Fr^2} \tag{4.90}$$

② 수면곡선 분류

수면곡선분포(water surface profile)는 수로 내 **한계수심선**(CDL : critical depth line), **등류수심선**(NDL : normal depth line)에 관한 분포의 상대적 위치를 나타내는 수와 바닥경사의 형식을 나타내는 글자로 표시하며, **한계수심**은 h_c로 **등류수심**은 h_n으로 각각 나타낸다. 수로바닥 경사는 **완경사**(mild slope), **급경사**(steep slope), **한계경사**(critical slope), **수평경사**[horizontal(=zero) slope], **역경사**[adverse(=negative) slope]의 5개로 분류하고, 이들 이름은 영어 첫 글자의 대문자를 써서 완경사는 M, 급경사는 S, 한계경사는 C, 수평경사는 H, 역경사는 A로 각각 표시한다.

주어진 바닥경사와 유량, Manning 조도계수에 대한 등류가 상류($h_n > h_c$)이면 완경사이고, 등류가 한계류($h_n = h_c$)이면 한계경사이며, 등류가 사류($h_n < h_c$)이면 급경사로 결정한다. 등류수심은 바닥경사가 수평이면 무한하고, 바닥경사가 음(negative)이면 존재 불가능하다.

수면곡선의 상대적 위치는 **그림 4.32**와 같이 등류수심선과 한계수심선에 의해 수로바닥 위의 공간을 3개의 영역으로 분할된다. 등류수심은 한계수심과 같거나 무한한 경우 존재하지 않을 때는 두 영역만 존재된다. 두 선 위의 가장 높은 구역(region)은 **제1영역**(zone)으로 구분하고, 상부선와 하부선의 사이구역은 **제2영역**으로 구분하며, 하부선과 수로바닥 사이의 가장 낮은 구역은 **제3영역**으로 구분한다. 상부선은 수로바닥이 완경사이면 **등**

류수심선이고, 상부선은 수로바닥이 급경사이면 **한계수심선**이라는 것을 알 수 있다.

그러므로 존재 가능한 **수면분포형**은 표 4.8과 같이 완경사의 경우 3개, 급경사에서 3개, 한계경사에 3개, 수평경사 2개($h_c = \infty$로 제1영역 존재 불가), 역경사 2개(h_n의 존재불가로 제1영역 부재)를 합한 총 13개이다.

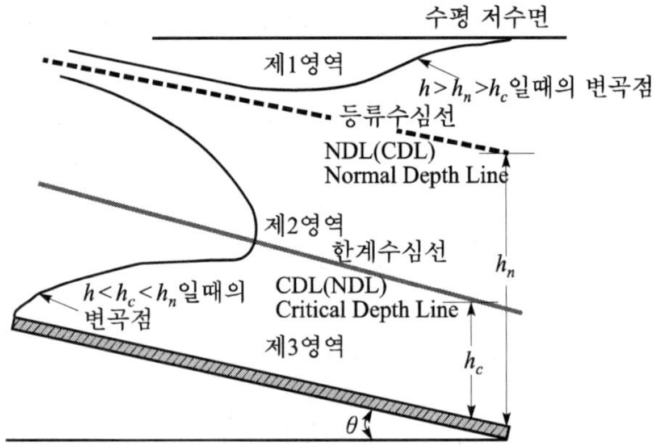

그림 4.32 점변류 수면분포 분류를 위한 영역

표 4.8 점변류의 13개 수면분포형

경사 \ 영역	제1영역	제2영역	제3영역
완경사	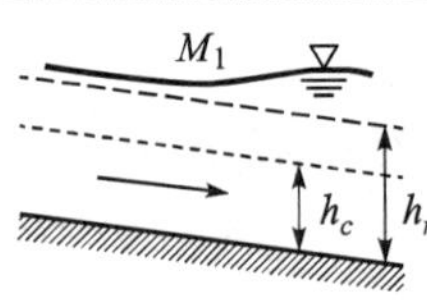	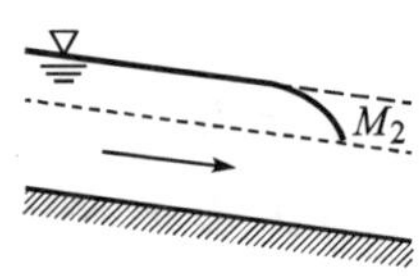	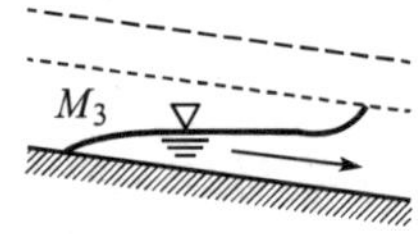
급경사	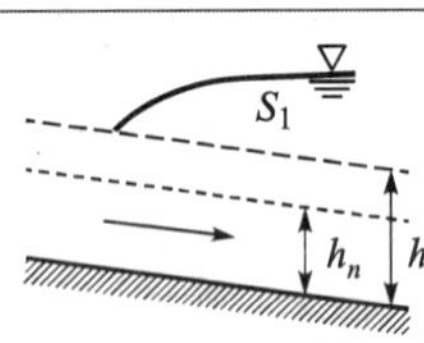	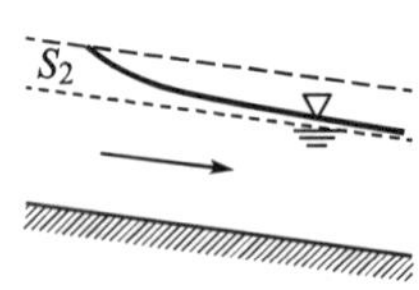	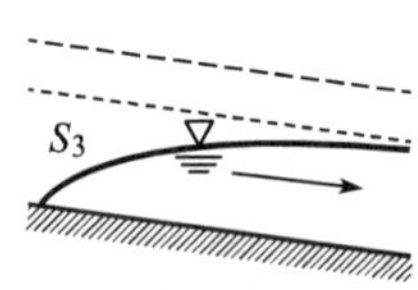
한계경사	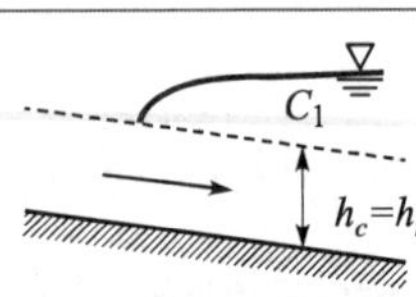	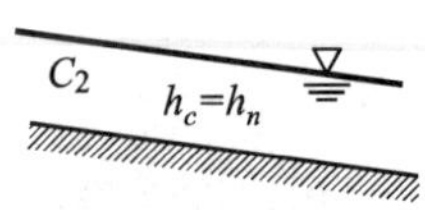	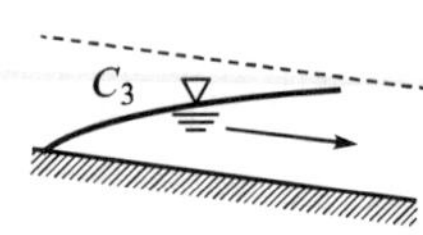
수평경사	$h_n=\infty$: 등류, 존재 불가 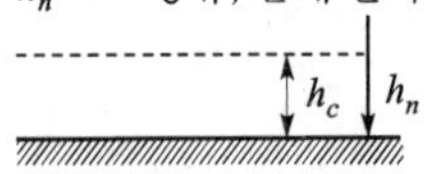	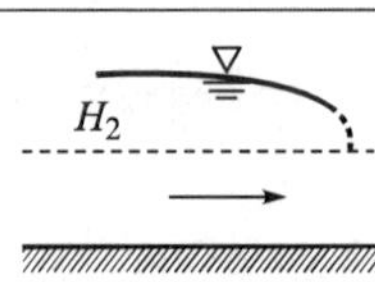	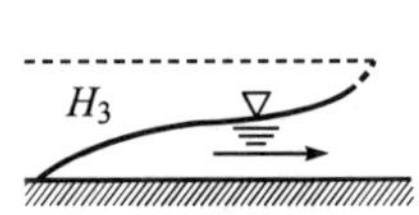
역경사	h_n: 의미무, 존재 불가 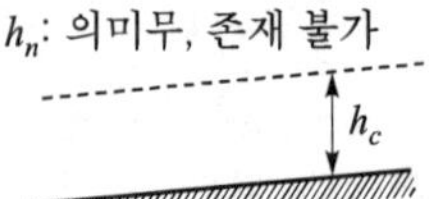	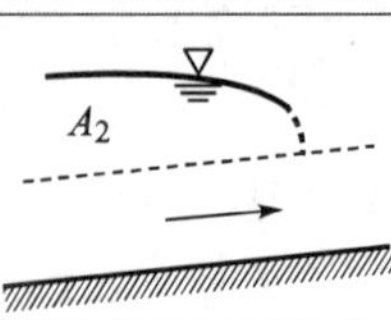	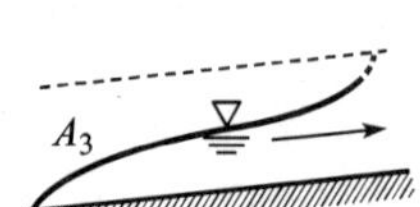

③ 점변류 계산

연속 방정식과 운동량·에너지 방정식은 수심, 유량, 유속과 같은 여러 가지 흐름변수 간의 관계를 표현하며, 이들 방정식은 특정 수로길이 전체를 통해 흐름조건을 결정하기 위해 해석된다. 이들 해석은 주어진 유량에서 수심에 대한 변화를 구하거나 수심의 특정변화가 발생하는 거리를 계산하는 것이다.

수로 단면, Manning 조도계수, 유량은 보통 이들이 정상류 계산에서 아는 값이다. 점변류의 수심변화율은 보통 작으므로 정수압 분포의 가정은 적합하고, 그 외의 에너지 보정계수 α를 도입함으로써 수로 단면에서 속도수두를 계산하는데 평균유속을 사용하게 된다. 측면 유출입이 없는 수로에 대한 그림 4.33의 단면 1과 2 사이에 연속 방정식은 다음과 같다.

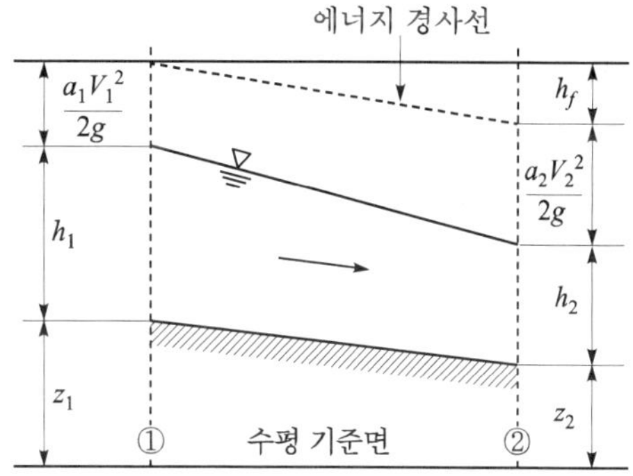

그림 4.33 점변류 계산을 위한 정의

$$Q = A_1 V_1 = A_2 V_2 \tag{4.91}$$

여기서 V=평균유속이고, A=유수 단면적이며, Q=유량, 첨자 1과 2는 각각 단면 1과 2에 대한 변수를 나타낸다.

마찬가지로 작은 바닥 경사를 갖는 수로에 대한 단면 1과 2 사이의 에너지 방정식은 다음과 같이 쓸 수 있다.

$$\frac{\alpha_1 V_1^2}{2g} + h_1 + z_1 = \frac{\alpha_2 V_2^2}{2g} + h_2 + z_2 + h_L \tag{4.92}$$

여기서 z=특정 수평 기준면에서의 수로바닥에 대한 표고이고, h=수심이며, h_L=단면 1과 2 사이의 손실수두이다. 이 수두손실은 두 단면 간의 **형상·마찰손실**(form and friction losses)을 나타낸다.

점변류에 관한 수면곡선은 에너지 방정식 (4.92)를 미분함으로써 흐름방향을 양(positive)으로 측정된 수로를 따르는 거리 x에 따른 수심의 변화율을 나타내는 식 (4.94)를 얻는다. 이 식은 독립변수인 거리 x에 따른 종속변수인 수심 h에 관한 **1계 상미분 방정식**(first order ordinary differential equation)이다. 이는 주어진 특정유량에 대해 식 (4.94)의 우변이 거리 x와 수심 h의 함수, $f(x,h)$는 다음과 같이 쓸 수 있다.

$$\frac{dh}{dx} = f(x,h) \tag{4.93a}$$

$$f(x,h) = \frac{S_0 - S_f}{1 - \dfrac{\alpha B Q^2}{g A^3}} \tag{4.93b}$$

1) 직접 축차법

앞에서 기술한 것과 같이 특정수심이 발생하는 위치를 계산하는 방법 중 Chow(1959)가 제안한 방법의 하나로 알고 있는 수심을 이용해 해당 미지의 거리를 구하는 **직접 축차법**(direct step method)에 대해 다루고자 한다.

㈎ 기본 이론

직접 축차법은 **그림 4.34**와 같이 단면 1의 수심 h_1을 알고 특정 유량에 대해 주어진 수로 내에서 특정수심 h_2가 발생하게 될 단면 2의 거리 x를 계산하는 방법이다. 즉, 수로 단면의 특성값 Q, n, S_0가 주어진 단면 1의 거리 x_1에서 수심 h_1을 알고, 특정수심 h_2가 발생하게 될 거리 x_2를 결정하는 것이다.

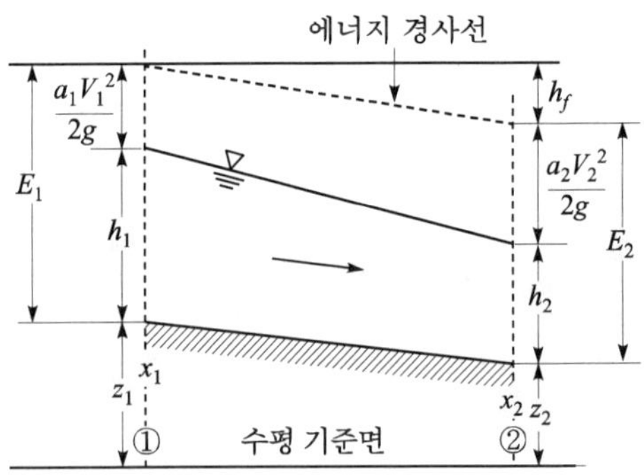

그림 4.34 직접 축차법 적용을 위한 정의

수로바닥 경사 S_0와 비에너지 관계는 **그림 4.34**를 참조하면 다음 식과 같이 쓸 수 있다.

$$z_2 = z_1 - S_0(x_2 - x_1) \tag{4.94a}$$

$$E_1 = h_1 + \frac{\alpha_1 V_1^2}{2g} \tag{4.94b}$$

$$E_2 = h_2 + \frac{\alpha_2 V_2^2}{2g} \tag{4.94c}$$

점변류의 에너지 경사선(=마찰 경사선) 기울기는 등류(Chow, 1959; Henderson, 1966)에서의 마찰경사와 같은 공식을 사용함으로써 무시된 오차를 계산하게 될 것이다. 그러나 수심 h가 거리 x에 따라 변화하기 때문에 마찰경사 S_f도 x의 함수이다. 다음 식들의 대략해는 단면 1과 2 사이의 수로구간에 대한 마찰경사 S_f의 대푯값을 산정하는데 사용되었다(USACE, 2008d, e, f; 2016a, b, c; Chaudhry, 1993).

$$\overline{S_f} = \frac{1}{2}(S_{f1} + S_{f2}) \tag{4.95a}$$

$$\overline{S_f} = \sqrt{S_{f1} S_{f2}} \tag{4.95b}$$

$$\overline{S_f} = \frac{2S_{f1} S_{f2}}{S_{f1} + S_{f2}} \tag{4.95c}$$

여기서 식 (4.95a) = **평균마찰경사**(average friction slope)이고, 식 (4.95b) = **기하평균마찰경사**(geometric mean friction slope)이며, 식 (4.95c) = **조화 평균마찰경사**(harmonic mean friction slope)이고, 구간에 대한 마찰경사 S_f의 대푯값을 선정하는데 사용되었다.

Taylor 급수의 대략해 절차의 우변을 확장함으로써 마찰경사의 대략해에 대한 식 (4.95)의 3개 공식에 의한 값이 $(\Delta S_f / S_{f1})^2$와 고차 항이 무시된다면 동일한 결과라는 것을 알 수 있으며, 이 식에서 $\Delta S_f = S_{f2} - S_{f1}$이다.

Laurenson(1986)은 평균경사 식 (4.95a)가 가장 작은 오차를 항상 갖는 것은 아니지만 가장 낮은 최대 오차를 보임을 제시하였다. 단면 1과 2 사이 거리가 짧거나 수심 h_1과 h_2가 심하게 차이나지 않는다면 식 (4.95a)는 3개의 대략해 중 가장 간단 것 외에도 만족할 만한 결과를 나타낸다. 그러므로 이 식의 사용이 추천되고, 마찰손실수두는 다음 식과 같이 쓸 수 있다(Chaudhry, 2008).

$$h_L = \frac{1}{2}(S_{f1} + S_{f2})(x_2 - x_1) \tag{4.96}$$

식 (4.94b), (4.94c)와 (4.96)을 식 (4.92)에 대입하고 정리하면 다음 식을 얻는다.

$$z_1 + E_1 = z_2 + E_2 + \frac{1}{2}(S_{f1} + S_{f2})(x_2 - x_1) \tag{4.97}$$

식 (4.97)에 식 (4.94a)에서 z_2에 대한 식을 대입하면 다음 식을 얻는다.

$$E_2 - E_1 = S_0(x_2 - x_1) - \frac{1}{2}(S_{f1} + S_{f2})(x_2 - x_1) \tag{4.98}$$

식 (4.98)을 미지의 x_2값에 관해 정리하면 다음 식을 얻을 수 있다.

$$x_2 = x_1 + \frac{E_2 - E_1}{S_0 - \frac{1}{2}(S_{f1} + S_{f2})} \tag{4.99}$$

(나) 계산 예

직접 축차법에 의한 수면곡선 계산의 간단한 예는 **[예제 4.8]**과 같다.

예제 4.8

수로경사 0.001인 사다리꼴 단면 수로에 30m^3/s의 유량을 송수하기 위해 저면 폭 10m, 측면경사(z) 2인 수로를 설계하려고 한다. 통제구조물은 하류 끝부분에서 5m의 수심을 갖도록 바닥을 높게 만들었다. 하류 끝 하상표고 EL_b=1.0m이고, 수로면의 Manning 조도계수=0.013이고, 에너지 보정계수=1.0일 때 다음 사항에 답하시오[단, 등류수심 h_n =주어진 조건의 2% 오차 이내(소수 1자리 이하 버림) 계산, 수면분포곡선=등류수심의 110%까지 10%씩 수심변화시켜 계산].

1. 직접 축차법의 수계산 의한 수면분포곡선 유도
2. 직접 축차법의 포트란 프로그램에 의한 수면분포곡선 유도
3. 1항과 2항의 수면분포곡선분포도 작성 비교

[풀이]

1. 직접 축차법의 수계산 의한 수면분포곡선 유도
   (1) 주어진 수리량은 Q=30m^3/s, 저면 폭 b=10m, 측면경사 z=2, 조도계수는 n=0.013, 에너지 보정계수는 α=1이다.
   (2) 등류수심은 **[예제 3.12]**에서 세 방법에 의해 구한 값을 평균한 h_n=1.0m에 접근하는 수면분포를 갖는다. 시산법(**소수 1자리**) 이용 : h_n≒1.1m(**110%**까지 계산)

① **등류수심** h_n 계산 **표 예4.8.1 : Manning 공식** 이용 : $Q = \frac{1}{n} A_n R_{hn}^{2/3} S_0^{1/2}$

② $A_n = bh_n + 1/2(zh_n \times h_n) \times 2 = (b + zh_n)h_n (\leftarrow b = 10.0\text{m},\ z = 2.0) = (10 + 2h_n)h_n$

③ $R_{h_n} = \frac{A}{P} (\leftarrow P = b + 2\sqrt{(zh)^2 + h_n^2} = b + 2h_n\sqrt{z^2+1} = 10 + 2h_n\sqrt{2^2+1})$

$$= \frac{(b+zh_n)h_n}{b + 2h_n\sqrt{z^2+1}} = \frac{(10+2h_n)h_n}{10+2h_n\sqrt{2^2+1}} = \frac{(10+2h)h_n}{10+4.472h_n}$$

$$A_n R_{hn}^{2/3} = \frac{nQ}{S_0^{1/2}} = \frac{0.013(30)}{(0.001)^{1/2}} = 12.33 \leftarrow \text{시산법 이용}$$

표 예4.8.1 시산법에 의한 등류수심 계산

시산 수심 h_n(m) (소수 1자리)	A_n	R_{hn}	$A_n R_{hn}^{2/3}$	12.33과 비교
1.0	12	0.829	$12(0.829)^{2/3}$	10.589<12.33
2.0	28	1.478	$28(11.478)^{2/3}$	36.33>
1.5	19.5	1.200	$19.5(1.21)^{2/3}$	22.142 > 12.33 ($\therefore 1.0 < h_n < 1.5$m)
1.1	13.42	0.899	$13.42(0.899)^{2/3}$	12.50(≒12.33) ∴OK $\left[\frac{12.50-12.33}{12.33} \times 100 ≒ 1.3\%\right]$

④ 포트란 프로그램에 의한 등류수심은 표 예4.8.2와 같이 h_n=1.09m이다.

표 예4.8.2 포트란 프로그램에 의한 등류수심 계산

```
BISECTION METHOD

INITIAL ESTIMATE FOR YL =    0.50 m
INITIAL ESTIMATE FOR YH =   10.00 m
DISCHARGE = 30.000m3/s
MANNING N = 0.0130
CHANNEL BOTTOM WIDTH =   10.00 m
SIDE SLOPE =  2.00
CHANNEL BOTTOM SLOPE = 0.0010

NORMAL DEPTH =     1.09 m
```

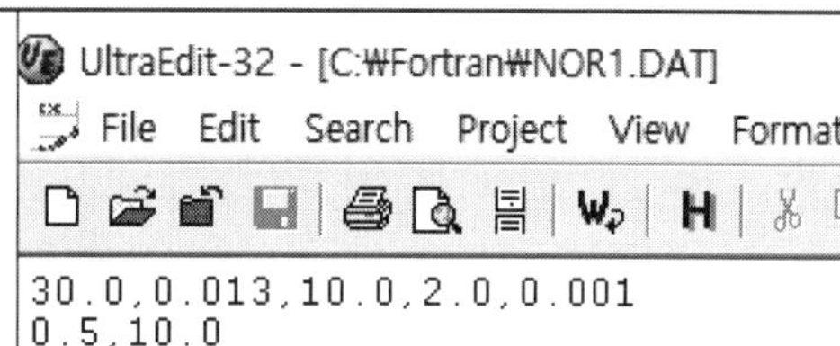

⑤ 포트란 프로그램에 의한 한계수심은 표 예4.8.3과 같이 h_n=0.91m이다.

표 예4.8.3 포트란 프로그램에 의한 한계수심 계산

```
  BISECTION METHOD


DISCHARGE =     30.00 m3/s
BOTTOM WIDTH =10.00 m
SIDE SLOPE =2.00
INITIAL ESTIMATE FOR YL = 0.10 m
INITIAL ESTIMATE FOR YH =10.00 m
G = 9.80 m/s2
ALPHA = 1.00
THETA = 0.00 DEG

  CRITICAL DEPTH hc =   0.91 m
```

⑥ 통제 구조물에서 알고 있는 수심 5m를 x=0인 시작점으로 하여 수면곡선을 축차적으로 **상류방향**(upstream direction)으로 계산해나간다. 하류방향을 양(positive)으로 정했으므로 식 (4.99)에서 결정되는 x값은 음(negative)이 된다.

(3) 표 예4.8.4와 같이 이전단계의 수심 h를 일정 간격으로 변화를 주면서 현 단계의 아는 수심으로 하여 미지의 거리 x값을 축차적으로 등류수심에 가까운 값까지 반복적으로 계산한다.

표 예4.8.4 직접 축차법에 의한 수면분포 계산

① h (m)	② A(m^2) $=(10+2h)h$	③ R_h(m) $=\frac{(10+2h)}{10+4.472h}$	④ V(m/s) $=Q/A$	⑤ $S_f=(n^2V^2)/R_h^{4/3}$ (×10^{-4})	⑥ $\overline{S_f}=(S_1+S_2)/2$	⑦ $S_0-\overline{S_f}$	⑧ $E=h+\frac{V^2}{2g}$	⑨ $\Delta E=E_2-E_1$	⑩ $\Delta x=$⑨/⑦ $=\frac{E_2-E_1}{S_0-\overline{S_f}}$	⑪ $x_2=\Delta x+x_1$
5.0	(10+2×5.0)×5.0=100.0	$\frac{100}{10+4.472\times5}$ =3.09	$\frac{30}{100}$ =0.30	$\frac{0.013^2(0.3)^2}{3.09^{4/3}}$ =0.000003			$5.0+\frac{0.3^2}{2\times9.8}$ =5.00459			0.0
					(0.000003+0.000005)/2 =0.000004	0.001 −0.000004 =0.000996		4.50625 −5.00459 =−0.49834	$\frac{-0.49834}{0.000996}$ =−500.3	
4.5	(10+2×4.5)×4.5=85.5	$\frac{85.5}{10+4.472\times4.5}$ =2.83	$\frac{30}{85.5}$ =0.35	$\frac{0.013^2(0.35)^2}{2.83^{4/3}}$ =0.000005			$4.5+\frac{0.35^2}{2\times9.8}$ =4.50625			0+(−500.3) =−500.3
					(0.000005+0.000008)/2 =0.000065	0.001 −0.000065 =0.000993		4.00857 −4.50625 =−0.49768	$\frac{-0.49768}{0.000993}$ =−501.1	
4.0	(10+2×4.0)×4.0=72.0	$\frac{72.0}{10+4.472\times4.0}$ =2.58	$\frac{30}{72.0}$ =0.41	$\frac{0.013^2(0.41)^2}{2.58^{4/3}}$ =0.000008			$4.0+\frac{0.41^2}{2\times9.8}$ =4.00857			−501.1 +(−500.3) =−1001.4
					(0.000008+0.000013)/2 =0.000010	0.001 −0.000010 =0.000990		3.51275 −4.00857 =−0.49582	$\frac{-0.49582}{0.000990}$ =−500.8	
3.5	(10+2×3.5)×3.5=59.5	$\frac{59.5}{10+4.472\times3.5}$ =2.31	$\frac{30}{59.5}$ =0.50	$\frac{0.013^2(0.50)^2}{2.31^{4/3}}$ =0.000013			$3.5+\frac{0.50^2}{2\times9.8}$ =3.51275			−500.8 +(−1001.4) =−1502.2
					(0.000013+0.000025)/2 =0.000019	0.001 −0.000019 =0.000981		3.01961 −3.51275 =−0.49314	$\frac{-0.49314}{0.000981}$ =−502.6	
3.0	(10+2×3.0)×3.0=48.0	$\frac{48.0}{10+4.472\times3.0}$ =2.04	$\frac{30}{48.0}$ =0.62	$\frac{0.013^2(0.62)^2}{2.04^{4/3}}$ =0.000025			$3.0+\frac{0.62^2}{2\times9.8}$ =3.01961			−502.6 +(−1502.2) =−2004.8
					(0.000025+0.000050)/2 =0.000037	0.000963		−0.48696	−505.6	
2.5	37.5	1.77	0.80	0.000050			2.53265			−2510.4
					0.000082	0.000918		−0.47424	−516.6	
2.0	28.0	1.47	1.07	0.000115			2.05841			−3027.0
					0.000219	0.000781		−0.43898	−562.0	
1.5	19.5	1.16	1.53	0.000324			1.61943			−3589.0
					0.000526	0.000474		−0.21125	−445.6	
1.2	14.8	0.96	2.02	0.000728			1.40818			−4034.6

(4) 계산 결과를 그래프로 작성하면 **그림 예4.8**과 같은 수면분포곡선을 얻는다.

2. 직접 축차법의 포트란 프로그램에 의한 수면분포곡선 유도

(1) 직접 축차법의 사용된 변수명과 포트란 프로그램은 각각 **표 예4.8.5, 4.8.6**과 같다.

표 예4.8.5 직접 축차법의 수면곡선 계산에 사용된 변수명

기호	변수명	기호	변수명
A	유수 단면적	Q	유량
B	수면 폭	N	수로구간 거리계산 수심 수
B0	저면 폭	S	측면경사(수직1 : 수평z)
E	비에너지	S0	수로경사
G	중력가속도	SF	에너지 경사
MN	Manning 조도계수 n	X	수로구간 거리
P	윤변	Y	수심
R	동수반경	YD	하류 끝 수심

표 예4.8.6 직접 축차법 이용 수면곡선 계산 프로그램

```
      REAL MN,MN2
      DIMENSION Y(50)
      AR(YY)=YY*(BO+S*YY)
      WP(YY)=BO+2.*YY*SQRT(1.+S*S)
      OPEN(5,FILE='WSP1.DAT',STATUS='OLD')
      OPEN(6,FILE='WSP1.OUT')
      READ(5,*) BO,S,SO,MN,Q,G
      WRITE(6,8)
8     FORMAT(5X,'DIRECT STEP METHOD'/)
      WRITE(6,10) BO,S,SO,MN,Q,G
10    FORMAT(5X,'B =',F5.1,' m'/5X,'S =',F4.1/5X,'So=',F7.4/
     1     5X,'N =',F6.3/5X,'Q =',F7.3,' m3/s'/5X,'G =',F6.3/)
      MN2=MN*MN
      READ(5,*) N,(Y(I),I=1,N)
      X1=0.0
      A1=AR(Y(1))
      P1=WP(Y(1))
      R1=A1/P1
      V1=Q/A1
      E1=Y(1)+(V1*V1)/(2.*G)
      SF1=(MN2*V1*V1)/(R1**1.333)
      WRITE(6,14) Y(1),X1
14    FORMAT(5X,'Y',10X,'X'//F8.2,F10.1)
      DO 30 I=2,N
      A2=AR(Y(I))
      P2=WP(Y(I))
      R2=A2/P2
      V2=Q/A2
      SF2=(MN2*V2*V2)/(R2**1.333)
      E2=Y(I)+(V2*V2)/(2.*G)
      SFA=0.5*(SF1+SF2)
      DE=E2-E1
      DEN=SO-SFA
      DX=DE/DEN
      X2=X1+DX
      WRITE(6,20) Y(I),X2
20    FORMAT(F8.2,F10.1)
      X1=X2
      E1=E2
      SF1=SF2
30    CONTINUE
      STOP
      END
```

(2) 포트란 프로그램을 이용하여 점변류의 수면곡선분포를 구하기 위한 입력자료와 출력결과는 **표 예4.8.7**과 같다.

표 예4.8.7 직접 축차법 이용 프로그램에 의한 입력자료와 계산 결과

(a) 입력자료

UltraEdit-32 - [C:\Fortran\WSP1.DAT]

File Edit Search Project View Format Column Macro Advanced Window Help

```
10.,2.,0.001,0.013,30.,9.80
15,5.00,4.50,4.00,3.66,3.33,3.00,2.75,2.50,2.25,2.0,1.8,1.6,1.4,1.3,1.2,
```

(b) 출력자료

UltraEdit-32 - [C:\Fortran\WSP1.OUT*]

File Edit Search Project View For

```
     DIRECT STEP METHOD

     B = 10.0 m
     S = 2.0
     So= 0.0010
     N = 0.013
     Q = 30.000 m3/s
     G = 9.800

     Y          X

    5.00       0.0
    4.50    -500.5
    4.00   -1001.2
    3.66   -1342.1
    3.33   -1673.4
    3.00   -2005.4
    2.75   -2257.7
    2.50   -2511.2
    2.25   -2766.7
    2.00   -3025.9
    1.80   -3238.0
    1.60   -3458.9
    1.40   -3700.2
    1.30   -3838.0
    1.20   -4009.9
```

3. 1항과 2항의 수면분포곡선분포도 작성 비교

(1) **수계산(手計算, hand calculation)**에 의한 **표 예4.8.4**① vs. ⑪과 포트란 프로그램을 이용한 **표 예4.8.7(b)11**의 점변류 수면곡선 계산결과를 비교하면 **그림 예4.8**과 같다.

(2) 두 경우의 결과가 거의 일치할 정도로 동일선상에 위치하는 것으로 나타났다.

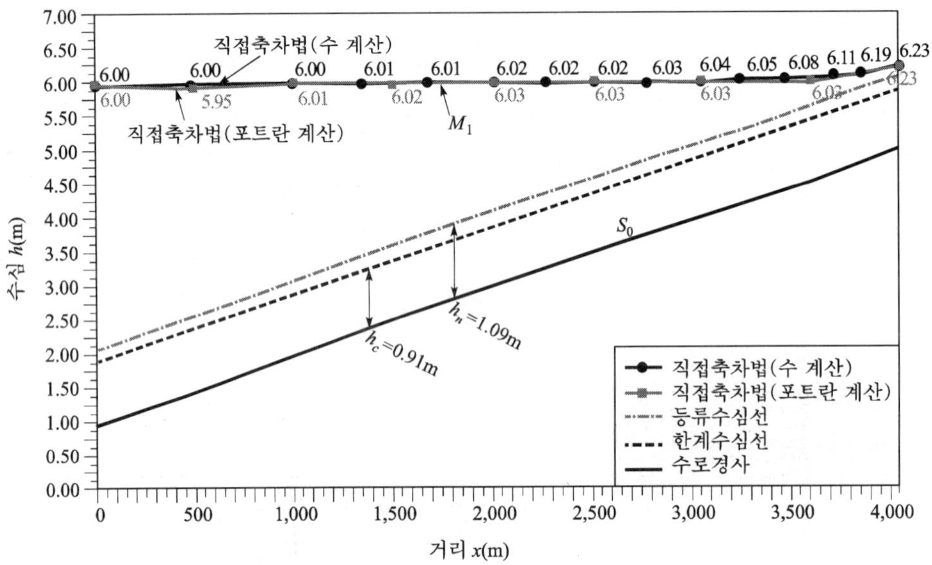

그림 예4.8 수(手)계산과 프로그램에 의한 수면곡선 계산결과 비교

2) 표준 축차법

표준 축차법(standard step method)은 특정 유량 조건하에 알고 있는 지배 단면의 수심에서 다른 단면의 임의 수로구간 떨어진 수심을 축차적으로 결정하여 점변류에 대한 수면곡선을 완성하는 방법이다.

(가) 기본 이론

직접 축차법은 특정된 위치에서의 수심을 결정하거나 수로 단면이 특정 위치에서만 사용할 수 있을 때는 수면곡선 계산에 적합하지 않기 때문에 본 소절에서는 이와 같은 경우에 가능한 방법인 표준 축차법을 다룬다. 이 방법은 Chow(1959) 이후에 광범위하게 사용되었으며, **미공병단 수문연구소**(Hydrologic Engineering Center, HEC)가 개발한 HEC-2 프로그램에서 이 방법을 적용해 수리특성을 분석하였다. 그 후 HEC-2 프로그램은 윈도우 용으로 개발되어 HEC-RAS 프로그램으로 수공학 분야에 정상류는 물론 부정류, 유사이송, 수질분석 등에 유용한 해석도구로 사용되고 있다(USACE, 2002).

직접 축차법은 **그림 4.35**와 같이 특정 유량 Q가 흐르는 수로에서 거리 x_1인 단면 1에서의 수심 h_1을 알고, 거리 x_2인 단면 2에서의 수심을 결정하는 방법이다. 단면 1과 2의 에너지 보정계수는 알거나 계산할 수 있다고 하면, 수심 h_1을 알고 있기 때문에 연속 방정식을 이용하면 특정 유량에 대한 단면 1에서의 유속 V_1을 결정할 수 있다. 그러므로 알고 있는 단면 1에서의 총수두는 다음과 같이 쓸 수 있다.

$$H_1 = z_1 + h_1 + \frac{\alpha_1 V_1^2}{2g} \tag{4.100}$$

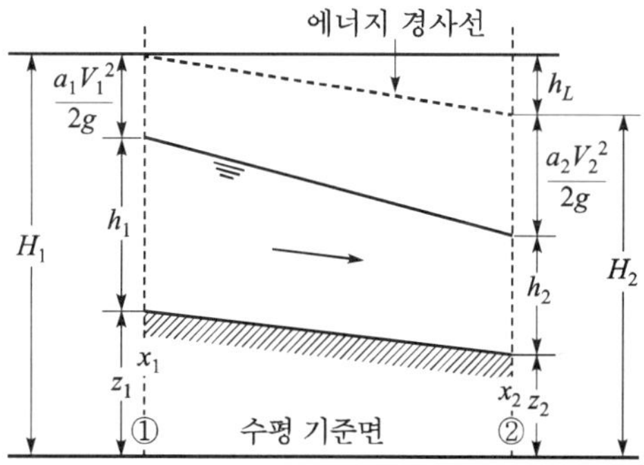

그림 4.35 표준 축차법 적용을 위한 정의

에너지 방정식에 의하면 단면 2에서의 총수두는 다음과 같이 쓸 수 있다.

$$H_2 = H_1 - h_L \tag{4.101}$$

여기서 h_L=단면 1과 2 사이의 전 손실수두이다. 식 (4.101)에 식 (4.96)을 대입하면 다음 식을 얻는다.

$$H_2 = H_1 - \frac{1}{2}(S_{f1} + S_{f2})(x_2 - x_1) \tag{4.102a}$$

$$H_2 = z_2 + h_2 + \frac{\alpha_2 V_2^2}{2g} \tag{4.102b}$$

식 (4.102b)의 유속을 유량으로 변환($V_2^2 = Q^2/A_2^2$)하여 대입하고 정리하면 다음 식을 얻을 수 있다.

$$h_2 + \frac{\alpha_2 Q^2}{2gA_2^2} + \frac{1}{2}S_{f2}(x_2 - x_1) + z_2 - H_1 + \frac{1}{2}S_{f1}(x_2 - x_1) = 0 \tag{4.103a}$$

$$h_2 = H_1 - \left[\frac{1}{2}S_{f1}(x_2 - x_1) + \frac{\alpha_2 Q^2}{2gA_2^2} + \frac{1}{2}S_{f2}(x_2 - x_1) + z_2\right] \tag{4.103b}$$

식 (4.103)에서 A_2와 S_{f2}는 h_2의 함수이고, 모든 다른 변수들은 알거나 단면 1에서 이미 계산된 값이므로 h_2는 다음 **비선형 대수 방정식**(nonlinear algebraic equation)을 풀어 구할 수 있다(Chaudhry, 1993).

$$F(h_2) = h_2 + \frac{\alpha_2 Q^2}{2gA_2^2} + \frac{1}{2}S_{f2}(x_2 - x_1) + z_2 - H_1 + \frac{1}{2}S_{f1}(x_2 - x_1) = 0 \tag{4.104}$$

식 (4.104)는 시산법이나 수치해의 **이등분선법**, **Newton 법**을 이용해 풀면 h_2를 구할 수 있는데, 표준 축차법의 h_2를 구하기 위한 Newton 방법은 다음과 같은 절차에 의해 수행된다.

가) 주어진 h_1, z_1, 연속 방정식에서 구한 V_1을 식 (4.100)에 대입하여 단면 1의 총수두 H_1을 계산한다.

나) 가)에서 구한 H_1과 식 (4.96), (4.102b)에 의해 h_L과 H_2를 구해 이들을 식 (4.103b)에 대입하여 단면 2에서의 수심 h_2^*를 계산한다. 단면 2에서 계산된 다른 수리량들도 *를 붙여 표시하고, 계산 시작점 x_1에서 수심 h의 변화율 $(dh/dx) = (x_1,\ h_1)$은 $h = h_1$을 사용하여 식 (4.87)에서 결정한다. 그 후의 수심 h_2^*는 $h{*}_2^* = h_1 + f(x_1, h_1)(x_2 - x_1)$를 이용해 구할 수 있다. 그러나 연속단계의 h_2^*는 이전 단계에서 계산된 수심을 변경하여 **외삽**(extrapolating)에 의해 결정한다.

다) 단면 2에서 계산된 수심 h_2^*를 이용하여 b_2^*, A_2^*, R_{h2}^*, S_{f2}^*를 각각 계산한다. z_2의 값은 주어지거나 z_1의 아는 값과 수로경사에서 계산된다.

라) b_2^*, A_2^*, R_{h2}^*, S_{f2}^*를 이용하여 식 (4.103)에서 $F(h^*)$값을 구한다.

(나) 계산 예

표준 축차법에 의한 계산 예는 **[예제 4.9]**와 같다.

예제 4.9

[예제 4.8]의 조건에서 표준 축차법을 사용하여 다음 사항에 답하시오.

1. 지배단면에서 0m, 1,000m, 2,000m, 3,000m, 4,000m 상류지점의 수면곡선 계산
2. [예제 4.8] 직접 축차법에 의한 결과와 비교
3. 2항과 HEC-RAS(v5.0)에 의한 수면곡선분포 결정 결과 비교

[풀이]

1. 지배단면에서 0m, 1,000m, 2,000m, 3,000m, 4,000m 상류지점의 수면곡선 계산

(1) 표준 축차법에 의한 수면 분포곡선 계산 : **표 예4.9.1**, **그림 예4.9.1** 참조

1) 시산법에 의한 계산은 **표 예4.9.1**과 같이 수심의 계산 오차한계를 0.1mm 이하로 하여 계산한다.

2) **표 예4.9.1**의 작업표(worksheet)를 이용 : ① $x=0$일 때 ⑩ S_f까지 계산한 후 ① $x=-1,000$m(– 부호는 지배단면 상류방향을 표시하고, 1,000m는 지점의 위치 거리를 의미함)부터는 ⑪의 $\overline{S_f}$를 두 경우의 값을 평균하여 구해 ⑮까지 계산, 오차가 0.0001m 이하에서 계산을 종료, 다음 단계의 계산을 진행한다.

3) 계산결과 **표 예4.9.1**① vs. ②(OK 값)을 그래프로 작성하면 **그림 예4.9.1**과 같다.

표 예4.9.1 표준 축차법에 의한 수면분포 계산

① x (m)	② h (m)	③ A(m²) = (10+2h	④ P(m) = 10+4.47h	⑤ R_h(m) =③/④	⑥ V(m/s) =30/③	⑦ $V^2/2g$	⑧ z (m)	⑨ H_1(m) = ②+⑦+⑧	⑩ $S_f=\frac{n^2V^2}{R_h^{4/3}}$	⑪ $\overline{S_f}(10^{-4})=(S_1+S_2)/2$	⑫ Δx (m)	⑬ h_f(m) = $\Delta x\,\overline{S_f}$	⑭ H_2(m) = ②+⑧ +⑬	⑮ ΔH ⑨≒⑭	비고
0	5.000	(10+2 ×5.0) ×5.0=1 00	10+ 4.47(5.0) =32.36	100 /32.36 =3.09	30/100 =0.300	$0.3^2/19.6$ =0.0046	0.0	5.0+0.0 +0.0046 =5.0046	$\frac{0.013^2(0.3)^2}{3.09^{4/3}}$ =0.0000003						
−1,000	4.001	(10+2 ×4.001) ×4.001 =72.02	10+ 4.47(4.001) =27.89	72.02 /27.89 =2.582	30 /72.02 =0.417	0.4172/19.6 =0.0088	1.0	4.001 +0.0088 +1.0 =5.0098	$\frac{0.013^2(0.417)^2}{2.582^{4/3}}$ =0.0000082	(0.0000003 +0.0000082) /2 =0.0000004	−1000	0.0004	4.001 +1.0 +0.0004 =5.0104	5.0104 −5.0098 =0.0006	$\Delta H>$ 0.0001 NG
−1,000	4.000	(10+2 ×4.0) ×4.0 =72.00	10+ 4.47(4.0) =27.88	72.00 /27.88 =2.582	30/72 =0.416	0.4162/19.6 =0.0088	1.0	4.0 +0.0088 +1.0 =5.0088	$\frac{0.013^2(0.416)^2}{2.582^{4/3}}$ =0.0000082	0.0000082	−1000	0.0082	4.0+1.0 +0.0082 =5.0082	5.0082 −5.0088 =0.0000	OK
−2,000	3.003	48.10	23.34	2.052	0.624	0.0198	2.0	5.0233	0.2525	0.1676	−1000	0.01676	5.0272	0.0038	NG
−2,000	3.007	48.16	23.45	2.054	0.623	0.0198	2.0	5.0271	0.2512	0.1670	−1000	0.01670	5.0201	0.0000	OK
−3,000	2.014	28.30	19.01	1.487	1.062	0.0574	3.0	5.0719	1.1224	0.6868	−1000	0.06868	5.0958	0.0239	
−3,000	2.038	28.68	19.11	1.501	1.046	0.0558	3.0	5.0935	1.0763	0.6638	−1000	0.06638	5.0935	0.0000	OK
−4,000	1.078	13.10	14.82	0.884	2.290	0.2674	4.0	5.3450	10.4508	5.7635	−1000	0.57635	5.6698	0.3249	
−4,000	1.232	15.40	15.51	0.990	1.954	0.1947	4.0	5.4263	6.4529	3.8096	−1000	0.38096	5.4744	0.0481	
−4,000	1.263	15.83	15.65	1.011	1.896	0.1832	4.0	5.4465	5.9837	3.5300	−1000	0.35300	5.4465	0.0000	OK
비고	• (–: 부호; 구간길이로 지배단면 상류방향으로 계산하기 때문에 붙임)														

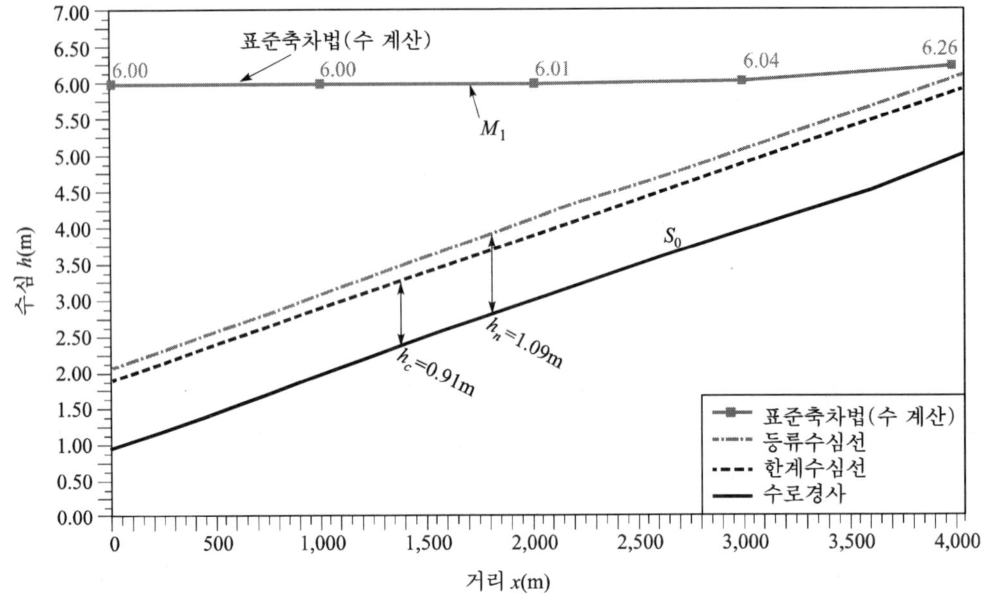

그림 예4.9.1 표준축차법 수계산의 수면분포곡선 계산결과

2. [예제 4.8] 직접 축차법에 의한 결과와 비교

(1) 표 예4.8.1 직접 축차법의 ① vs. ⑪과 표준축차법 표 예4.9.1 ① vs ②(OK 수심)에 대한 결과를 비교하면 그림 예4.9.2와 같다.

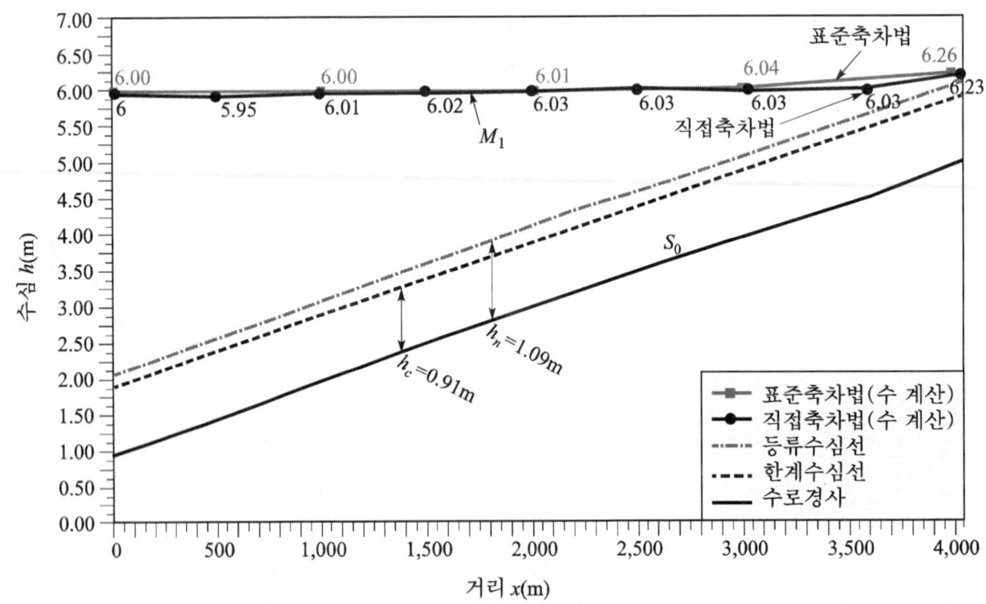

그림 예4.9.2 직접 축차법과 표준축차법의 수면곡선분포 계산결과 비교

(2) **그림 예4.9.2**와 같이 직접 축차법과 표준축차법 의한 수면곡선분포 계산 비교결과는 두 방법이 거의 일치하는 것으로 나타났다.

3. 2항과 HEC-RAS(v5.0)에 의한 수면곡선분포 결정 결과 비교

(1) **[예제 4.8]**과 **[예제 4.9]**의 결과는 직접축차법과 표준축차법의 비교이다. HEC-RAS(v5.0)분석을 수행하려면 지형자료의 적성과 유량조건, 경계조건을 이용하면 가능하다.

(2) 지형자료는 **표 예4.9.2**와 같이 상류 No. 6~하류 No. 1과 같이 작성한다.

표 예4.9.2 표준축차법에 대한 수로구간 지형자료

(a) No. 6 지점의 지형자료

좌표 / 번호	x좌표 (station)(m)	y좌표 (elevation)(m)	수로 / 내용	좌측 홍수터 (LOB)	주수로 (Channel)	우측 홍수터 (ROB)	비고
1	0.00	10.634	구간길이	34.00	34.00	34.00	No. 6-5
2	11.20	5.034	조도계수	0.025	0.025	0.025	
3	21.20	5.034	수로중앙 x좌표	좌제 끝점		우제 시점	
4	32.40	10.634		11.20		21.20	
단면변화		급축(Contraction)		급확(Expansion)			
		0.1		0.3			

(b) No. 5 지점의 지형자료

좌표 / 번호	x좌표 (station)(m)	y좌표 (elevation)(m)	수로 / 내용	좌측 홍수터 (LOB)	주수로 (Channel)	우측 홍수터 (ROB)	비고
1	0.00	10.600	구간길이	1,000.00	1,000.00	1,000.00	No. 5-4
2	11.20	5.000	조도계수	0.025	0.025	0.025	
3	21.20	5.000	수로중앙 x좌표	좌제 끝점		우제 시점	
4	32.40	10.600		11.20		21.20	
단면변화		급축(Contraction)		급확(Expansion)			
		0.1		0.3			

(c) No. 4 지점의 지형자료

좌표 / 번호	x좌표 (station)(m)	y좌표 (elevation)(m)	수로 / 내용	좌측 홍수터 (LOB)	주수로 (Channel)	우측 홍수터 (ROB)	비고
1	0.00	9.600	구간길이	1,000.00	1,000.00	1,000.00	No. 4-3
2	11.20	4.000	조도계수	0.025	0.025	0.025	
3	21.20	4.000	수로중앙 x좌표	좌제 끝점		우제 시점	
4	32.40	9.600		11.20		21.20	
단면변화		급축(Contraction)		급확(Expansion)			
		0.1		0.3			

(d) No. 3 지점의 지형자료

좌표 번호	x좌표 (station)(m)	y좌표 (elevation)(m)	수로 내용	좌측 홍수터 (LOB)	주수로 (Channel)	우측 홍수터 (ROB)	비고
1	0.00	8.600	구간길이	1,000.00	1,000.00	1,000.00	No. 3-2
2	11.20	3.000	조도계수	0.025	0.025	0.025	
3	21.20	3.000	수로중앙 x좌표	좌제 끝점		우제 시점	
4	32.40	8.600		11.20		21.20	
단면변화		급축(Contraction)		급확(Expansion)			
		0.1		0.3			

(e) No. 2 지점의 지형자료

좌표 번호	x좌표 (station)(m)	y좌표 (elevation)(m)	수로 내용	좌측 홍수터 (LOB)	주수로 (Channel)	우측 홍수터 (ROB)	비고
1	0.00	7.600	구간길이	1,000.00	1,000.00	1,000.00	No. 2-1
2	11.20	2.000	조도계수	0.025	0.025	0.025	
3	21.20	2.000	수로중앙 x좌표	좌제 끝점		우제 시점	
4	32.40	7.600		11.20		21.20	
단면변화		급축(Contraction)		급확(Expansion)			
		0.1		0.3			

(f) No. 1 지점의 지형자료

좌표 번호	x좌표 (station)(m)	y좌표 (elevation)(m)	수로 내용	좌측 홍수터 (LOB)	주수로 (Channel)	우측 홍수터 (ROB)	비고
1	0.00	6.600	구간길이	0	0	0	No. 1
2	11.20	1.000	조도계수	0.025	0.025	0.025	
3	21.20	1.000	수로중앙 x좌표	좌제 끝점		우제 시점	
4	32.40	6.600		11.20		21.20	
단면변화		급축(Contraction)		급확(Expansion)			
		0.1		0.3			

(3) 지형자료의 작성 결과는 주요자료로 No. 6, No. 1 지점을 출력 후 확인하면 **그림 예4.9.3**과 같다.

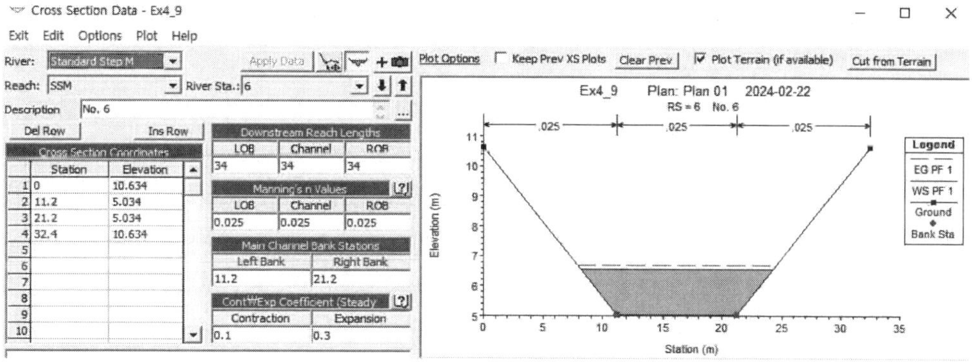

(a) No. 6. 상류지점

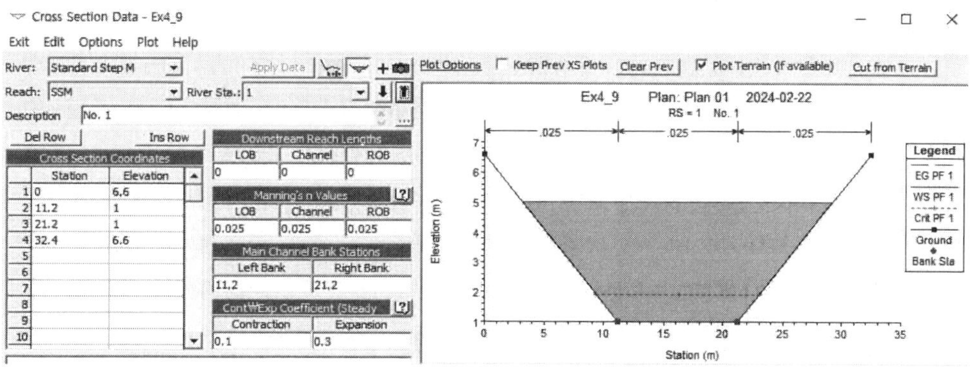

(b) No. 1. 하류지점

그림 예4.9.3 Standard Step M 하천 주요지점의 지형자료

(4) 유량조건과 경계조건은 그림 예4.9.4와 같이 입력해야한다. 유량 Q=30m^3/s이고, 경계조건은 아는 수면표고(Known WS)[(수심) 5m+(하상표고 EL_b)1.0m] 6m를 입력한다.

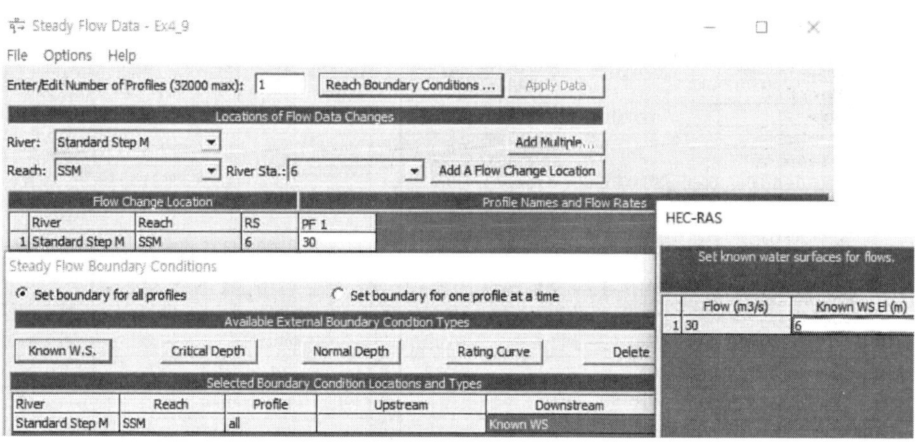

그림 예4.9.4 유량자료·경계조건 입력 결과

(5) [예제 4.9]의 모든 자료를 정상적으로 입력 완료하고, 실행을 수행하면 그림 예4.9.5와 같은 최종화면이 나타난다.

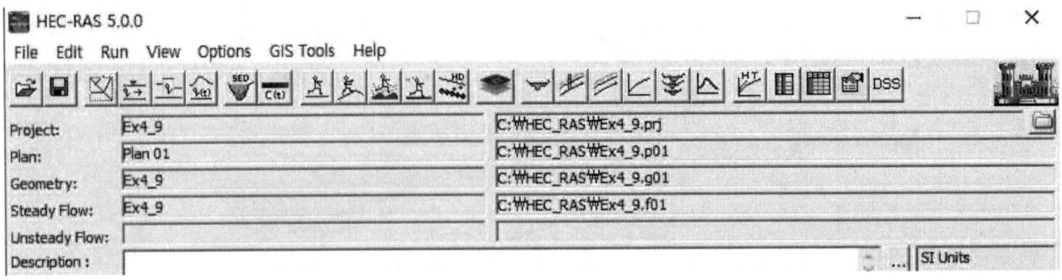

그림 예4.9.5 [예제 4.9] 실행 결과

(6) 메인 메뉴의 'View'를 클릭해 필요한 출력결과를 확인할 수 있는데, 그 중에 횡단면 수리특성과 종방향 수리특성의 출력결과를 확인하면 표 예4.9.3과 같이 나타난다.

표 예4.9.3 횡단면·종방향 수리특성 출력결과

(a) 횡단면 자료(Cross Section Output)

Cross Section Output

River: Standard Step M Profile: PF 1
Reach: SSM RS: 1 Plan: Plan 01

Plan: Plan 01 Standard Step M SSM RS: 1 Profile: PF 1

		Element	Left OB	Channel	Right OB
E.G. Elev (m)	6.01	Wt. n-Val.	0.025	0.025	0.025
Vel Head (m)	0.01	Reach Len. (m)			
W.S. Elev (m)	6.00	Flow Area (m2)	25.00	50.00	25.00
Crit W.S. (m)	1.92	Area (m2)	25.00	50.00	25.00
E.G. Slope (m/m)	0.000010	Flow (m3/s)	5.53	18.93	5.53
Q Total (m3/s)	30.00	Top Width (m)	10.00	10.00	10.00
Top Width (m)	30.00	Avg. Vel. (m/s)	0.22	0.38	0.22
Vel Total (m/s)	0.30	Hydr. Depth (m)	2.50	5.00	2.50
Max Chl Dpth (m)	5.00	Conv. (m3/s)	1709.9	5848.0	1709.9
Conv. Total (m3/s)	9267.8	Wetted Per. (m)	11.18	10.00	11.18
Length Wtd. (m)		Shear (N/m2)	0.23	0.51	0.23
Min Ch El (m)	1.00	Stream Power (N/m s)	0.05	0.19	0.05
Alpha	1.21	Cum Volume (1000 m3)			
Frctn Loss (m)		Cum SA (1000 m2)			
C & E Loss (m)					

(b) 종방향 수면곡선분포 자료(Profile Output Table)

Profile Output Table - Standard Table 1

HEC-RAS Plan: Plan 01 River: Standard Step M Reach: SSM Profile: PF 1

Reach	River Sta	Profile	Q Total (m3/s)	Min Ch El (m)	W.S. Elev (m)	Crit W.S. (m)	E.G. Elev (m)	E.G. Slope (m/m)	Vel Chnl (m/s)	Flow Area (m2)	Top Width (m)	Froude # Chl
SSM	6	PF 1	30.000	5.034	6.597		6.718	0.00091	1.623	20.514	16.252	0.415
SSM	5	PF 1	30.000	5.000	6.567		6.687	0.00090	1.618	20.575	16.267	0.413
SSM	4	PF 1	30.000	4.000	6.151		6.206	0.00028	1.114	30.774	18.606	0.243
SSM	3	PF 1	30.000	3.000	6.044		6.067	0.00007	0.727	48.978	22.177	0.133
SSM	2	PF 1	30.000	2.000	6.012		6.023	0.00003	0.509	72.314	26.049	0.081
SSM	1	PF 1	30.000	1.000	6.000	1.921	6.006	0.00001	0.379	99.998	29.999	0.054

(7) **그림 예4.9.6(a)**는 HEC-RAS를 통한 수리 안정성 검토를 위한 종단 수면곡선분포이고, **그림 예4.9.6(b)**는 No. 3 지점의 횡단면과 함께 3차원적으로 종방향 수면곡선분포를 확인할 수 있는 출력결과이다.

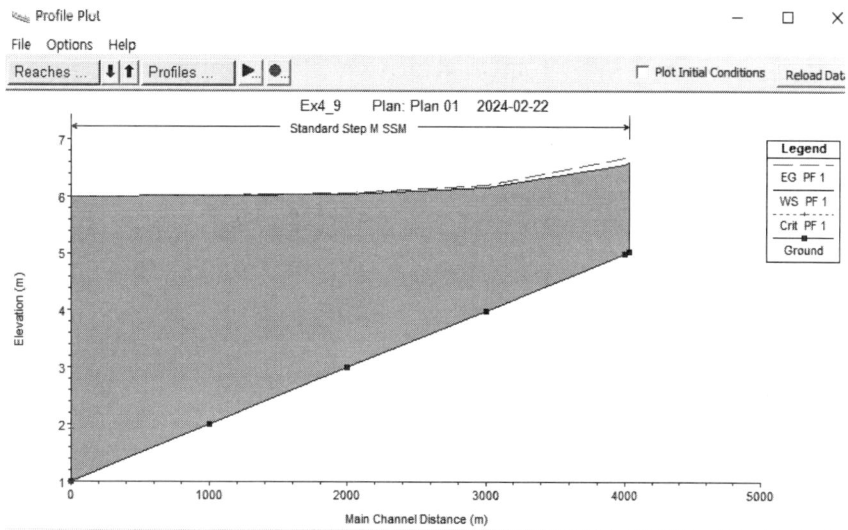

(a) 전 수로구간의 종단수면 곡선분포

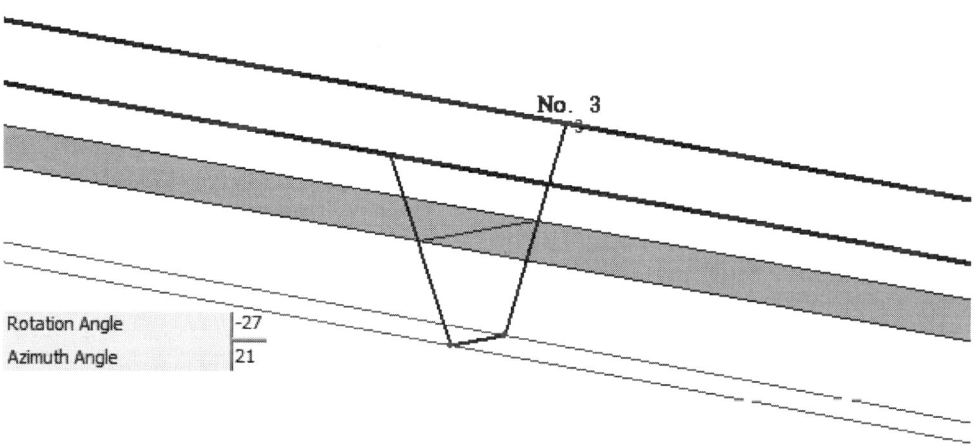

(b) No. 3의 3차원적 수면곡선분포

그림 예4.9.6 종·횡단 수면곡선분포의 출력결과

㈐ HEC-RAS 이용

HEC-RAS에 의한 방법은 표준축차법(standard step method)을 이용하여 알고 있는 (구조물) 수면표고 h_1에서 상류(upstream)[흐름→상류(常流; subcritical flow)일 때⇒위쪽 방향(上向)으로], 하류(downstream)[흐름→사류(射流; supercritical flow)일 때⇒아래 방향(下向)]로 거리 Δx를 가정→미지의 수심 h_2를 축차적으로 계산해가는 시산법이다.

계산 유량이 초기유량의 1% 이내 범위로 수심을 조정하여 약 0.003m(=3mm)까지 반복 계산하며, 기본이론과 산정절차 등의 상세 내용은 이전 학기 교과과정에서 다룬바 있어 본 절에서는 수면곡선 계산에 관한 **[예제 4.10]**을 통해 간단히 설명하고자 한다.

예제 4.10

표 예4.10.1과 같이 수공천(Hydraulic Engineering Stream)의 응용 수로구간(Applied Reach)에 저면폭 b=7.0m, 측면경사 $z = 1.5$인 사다리꼴 수로단면으로 $Q = 28.0\,\mathrm{m^3/s}$의 물이 흐른다. 균일한 수로는 하상경사 $S_0 = 0.0010$이고, Manning 조도계수는 주수로 n=0.020, 홍수터 n=0.025이며, 수로의 끝부분은 수리강하(水理降下, sudden drop)를 이루고 흐른다. 지점 No. 0의 하상 표고 EL_b=100.00m이고, 수면 표고 EL_s=101.085m일 때 HEC-RAS(v5.0)을 이용하여 다음 사항에 답하시오.

1. 주요 지점 단면의 횡단면 분포곡선 결정
2. 종방향 수면곡선분포 결정
3. 수면곡선 분석을 위한 종·횡단면 수리특성 출력자료 결정

표 예4.10.1 수공천의 지점별 단면자료

단면 번호	거리(m)		단면 번호	거리(m)	
	구간	누가		구간	누가
No. 1	0.00	0.00	No. 7	80.00	146.00
No. 2	0.05	0.05	No. 8	180.00	326.00
No. 3	1.50	2.00	No. 9	300.00	626.00
No. 4	4.00	6.00	No. 10	600.00	1,226.00
No. 5	20.00	26.00	No. 11	800.00	2,026.00
No. 6	40.00	66.00			

[풀이]

1. HEC-RAS(v5.0)에 의한 수면곡선 결정

(1) 주어진 수리특성과 지점별 단면자료를 이용하여 HEC-RAS의 입력자료인 지형자료를 **표 예4.10.2, 3**과 같이 도출한다.

① **그림 예4.10.1**과 같이 주어진 사다리꼴 수로단면을 이용하여 가로[x좌표(station)]·세로[y좌표(elevation)] 자료를 도출한다.

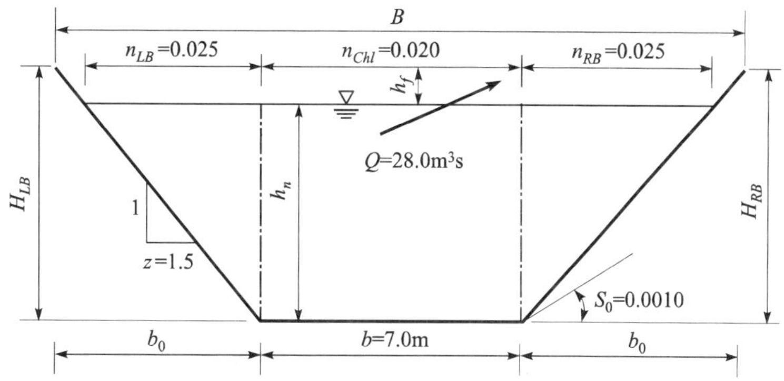

그림 예4.10.1 주어진 사다리꼴 수로단면의 정의

② HEC-RAS에 입력할 기본 지형자료를 다음과 같이 구성한다.

㈎ 조도계수값 $n_{LB}=0.025$ $n_{RB}=0.025$ $n_{Chl}=0.020$를 정의한다.

㈏ 가로 x좌표 결정을 위한 수면폭 B, 좌우측 제방고 H_{LB}, H_{RB} 등 결정한다.

㉮ $H_{LB}(=H_{RB})=h_n+h_f$

(여유고; $Q=28.0\,\mathrm{m^3/s}<200\mathrm{m^3/s}\rightarrow 0.6\mathrm{m}$)=1.886+0.6=2.486m

㉯ 측면폭 $b_0=z\,H_{LB}$=1.5(2.486)=3.729m,

수면폭 $B=2b_0+b$=2(3.729)+7.0=14.458m

㈐ 가로 x지점별 좌표값을 **표 예4.10.2**와 같이 결정한다.

표 예4.10.2 측점별 횡좌표 결정

측점번호	1	2	3	4	5	6	7
x좌표 (station)(m)	0.000	0.900	3.729	7.229	10.729	13.558	14.458

(2) 1(1)항의 자료를 이용하여 수로구간 각 지점(No. 11~No. 1)의 지형자료를 **표 예4.10.3**과 같이 작성한다.

표 예4.10.3 유도된 지형자료

(a) No. 11 지점

좌표 번호	x좌표 (station)(m)	y좌표 (elevation)(m)	수로 / 내용	좌측 홍수터 (LOB)	주수로 (Channel)	우측 홍수터 (ROB)	비고
1	0.000	104.512	구간길이	800.00	800.00	800.00	No. 11-10
2	0.900	103.912	조도계수	0.025	0.020	0.025	
3	3.729	102.026	수로중앙 x좌표	좌제 끝점		우제 시점	
4	7.229	102.026		3.729		10.729	
5	10.729	102.026	단면변화	급축(Contraction)		급확(Expansion)	
6	13.558	103.912		0.1		0.3	
7	14.458	104.512	비고				

(b) No. 10 지점

좌표 번호	x좌표 (station)(m)	y좌표 (elevation)(m)	수로 / 내용	좌측 홍수터 (LOB)	주수로 (Channel)	우측 홍수터 (ROB)	비고
1	0.000	103.712	구간길이	600.00	600.00	600.00	No. 10-9
2	0.900	103.112	조도계수	0.025	0.020	0.025	
3	3.729	101.226	수로중앙 x좌표	좌제 끝점		우제 시점	
4	7.229	101.226		3.729		10.729	
5	10.729	101.226	단면변화	급축(Contraction)		급확(Expansion)	
6	13.558	103.112		0.1		0.3	
7	14.458	103.712	비고				

(c) No. 9 지점

좌표 번호	x좌표 (station)(m)	y좌표 (elevation)(m)	수로 / 내용	좌측 홍수터 (LOB)	주수로 (Channel)	우측 홍수터 (ROB)	비고
1	0.000	103.112	구간길이	300.00	300.00	300.00	No. 9-8
2	0.900	102.512	조도계수	0.025	0.020	0.025	
3	3.729	100.626	수로중앙 x좌표	좌제 끝점		우제 시점	
4	7.229	100.626		3.729		10.729	
5	10.729	100.626	단면변화	급축(Contraction)		급확(Expansion)	
6	13.558	102.512		0.1		0.3	
7	14.458	103.112	비고				

표 예4.10.3 유도된 지형자료 (계속)

(d) No. 8 지점

<table>
<tr><th>좌표 번호</th><th>x좌표 (station)(m)</th><th>y좌표 (elevation)(m)</th><th>수로 내용</th><th>좌측 홍수터 (LOB)</th><th>주수로 (Channel)</th><th>우측 홍수터 (ROB)</th><th>비고</th></tr>
<tr><td>1</td><td>0.000</td><td>102.812</td><td>구간길이</td><td>180.00</td><td>180.00</td><td>180.00</td><td>No. 8-7</td></tr>
<tr><td>2</td><td>0.900</td><td>102.212</td><td>조도계수</td><td>0.025</td><td>0.020</td><td>0.025</td><td></td></tr>
<tr><td>3</td><td>3.729</td><td>100.326</td><td rowspan="2">수로중앙 x좌표</td><td colspan="2">좌제 끝점</td><td>우제 시점</td><td></td></tr>
<tr><td>4</td><td>7.229</td><td>100.326</td><td colspan="2">3.729</td><td>10.729</td><td></td></tr>
<tr><td>5</td><td>10.729</td><td>100.326</td><td rowspan="2">단면변화</td><td colspan="2">급축(Contraction)</td><td>급확(Expansion)</td><td></td></tr>
<tr><td>6</td><td>13.558</td><td>102.212</td><td colspan="2">0.1</td><td>0.3</td><td></td></tr>
<tr><td>7</td><td>14.458</td><td>102.812</td><td>비고</td><td colspan="4"></td></tr>
</table>

(e) No. 7 지점

<table>
<tr><th>좌표 번호</th><th>x좌표 (station)(m)</th><th>y좌표 (elevation)(m)</th><th>수로 내용</th><th>좌측 홍수터 (LOB)</th><th>주수로 (Channel)</th><th>우측 홍수터 (ROB)</th><th>비고</th></tr>
<tr><td>1</td><td>0.000</td><td>102.632</td><td>구간길이</td><td>80.00</td><td>80.00</td><td>80.00</td><td>No. 7-6</td></tr>
<tr><td>2</td><td>0.900</td><td>102.032</td><td>조도계수</td><td>0.025</td><td>0.020</td><td>0.025</td><td></td></tr>
<tr><td>3</td><td>3.729</td><td>100.146</td><td rowspan="2">수로중앙 x좌표</td><td colspan="2">좌제 끝점</td><td>우제 시점</td><td></td></tr>
<tr><td>4</td><td>7.229</td><td>100.146</td><td colspan="2">3.729</td><td>10.729</td><td></td></tr>
<tr><td>5</td><td>10.729</td><td>100.146</td><td rowspan="2">단면변화</td><td colspan="2">급축(Contraction)</td><td>급확(Expansion)</td><td></td></tr>
<tr><td>6</td><td>13.558</td><td>102.032</td><td colspan="2">0.1</td><td>0.3</td><td></td></tr>
<tr><td>7</td><td>14.458</td><td>102.632</td><td>비고</td><td colspan="4"></td></tr>
</table>

(f) No. 6 지점

<table>
<tr><th>좌표 번호</th><th>x좌표 (station)(m)</th><th>y좌표 (elevation)(m)</th><th>수로 내용</th><th>좌측 홍수터 (LOB)</th><th>주수로 (Channel)</th><th>우측 홍수터 (ROB)</th><th>비고</th></tr>
<tr><td>1</td><td>0.000</td><td>102.552</td><td>구간길이</td><td>40.00</td><td>40.00</td><td>40.00</td><td>No. 6-5</td></tr>
<tr><td>2</td><td>0.900</td><td>101.952</td><td>조도계수</td><td>0.025</td><td>0.020</td><td>0.025</td><td></td></tr>
<tr><td>3</td><td>3.729</td><td>100.066</td><td rowspan="2">수로중앙 x좌표</td><td colspan="2">좌제 끝점</td><td>우제 시점</td><td></td></tr>
<tr><td>4</td><td>7.229</td><td>100.066</td><td colspan="2">3.729</td><td>10.729</td><td></td></tr>
<tr><td>5</td><td>10.729</td><td>100.066</td><td rowspan="2">단면변화</td><td colspan="2">급축(Contraction)</td><td>급확(Expansion)</td><td></td></tr>
<tr><td>6</td><td>13.558</td><td>101.952</td><td colspan="2">0.1</td><td>0.3</td><td></td></tr>
<tr><td>7</td><td>14.458</td><td>102.552</td><td>비고</td><td colspan="4"></td></tr>
</table>

표 예4.10.3 유도된 지형자료 (계속)

(g) No. 5 지점

좌표 번호	x좌표 (station)(m)	y좌표 (elevation)(m)	수로 내용	좌측 홍수터 (LOB)	주수로 (Channel)	우측 홍수터 (ROB)	비고
1	0.000	102.512	구간길이	20.00	20.00	20.00	No. 5-4
2	0.900	101.912	조도계수	0.025	0.020	0.025	
3	3.729	100.026	수로중앙 x좌표	좌제 끝점		우제 시점	
4	7.229	100.026		3.729		10.729	
5	10.729	100.026	단면변화	급축(Contraction)		급확(Expansion)	
6	13.558	101.912		0.1		0.3	
7	14.458	102.512	비고				

(h) No. 4 지점

좌표 번호	x좌표 (station)(m)	y좌표 (elevation)(m)	수로 내용	좌측 홍수터 (LOB)	주수로 (Channel)	우측 홍수터 (ROB)	비고
1	0.000	102.492	구간길이	4.00	4.00	4.00	No. 4-3
2	0.900	101.892	조도계수	0.025	0.020	0.025	
3	3.729	100.006	수로중앙 x좌표	좌제 끝점		우제 시점	
4	7.229	100.006		3.729		10.729	
5	10.729	100.006	단면변화	급축(Contraction)		급확(Expansion)	
6	13.558	101.892		0.1		0.3	
7	14.458	102.492	비고				

(i) No. 3 지점

좌표 번호	x좌표 (station)(m)	y좌표 (elevation)(m)	수로 내용	좌측 홍수터 (LOB)	주수로 (Channel)	우측 홍수터 (ROB)	비고
1	0.000	102.488	구간길이	1.50	1.50	1.50	No. 3-2
2	0.900	101.888	조도계수	0.025	0.020	0.025	
3	3.729	100.002	수로중앙 x좌표	좌제 끝점		우제 시점	
4	7.229	100.002		3.729		10.729	
5	10.729	100.002	단면변화	급축(Contraction)		급확(Expansion)	
6	13.558	101.888		0.1		0.3	
7	14.458	102.488	비고				

표 예4.10.3 유도된 지형자료 (계속)

(j) No. 2 지점

좌표 번호	x좌표 (station)(m)	y좌표 (elevation)(m)	수로 내용	좌측 홍수터 (LOB)	주수로 (Channel)	우측 홍수터 (ROB)	비고
1	0.000	102.486	구간길이	0.05	0.05	0.05	No. 2-1
2	0.900	101.886	조도계수	0.025	0.020	0.025	
3	3.729	100.000	수로중앙 x좌표	좌제 끝점		우제 시점	
4	7.229	100.000		3.729		10.729	
5	10.729	100.000	단면변화	급축(Contraction)		급확(Expansion)	
6	13.558	101.886		0.1		0.3	
7	14.458	102.486	비고				

(k) No. 1 지점

좌표 번호	x좌표 (station)(m)	y좌표 (elevation)(m)	수로 내용	좌측 홍수터 (LOB)	주수로 (Channel)	우측 홍수터 (ROB)	비고
1	0.000	102.486	구간길이	0.00	0.00	0.0	No. 1
2	0.900	101.886	조도계수	0.025	0.020	0.025	
3	3.729	100.000	수로중앙 x좌표	좌제 끝점		우제 시점	
4	7.229	100.000		3.729		10.729	
5	10.729	100.000	단면변화	급축(Contraction)		급확(Expansion)	
6	13.558	101.886		0.1		0.3	
7	14.458	102.486	비고				

(3) 유량자료와 경계조건을 입력한다.

① 유량자료; 28m^3/s

② 경계조건; 기지점 수면표고(Known WS) EL_s=101.085m

(4) 정상류(상류) 조건으로 계산(Compute)을 수행한다.

(5) 계산결과를 확인하고, 분석한다.

① 11개 측점의 10개 구간에 대한 홍수위 검토(종방향 수면곡선) 결과 중 주요 지점의 횡단면 분포는 **그림 예4.10.2**와 같다.

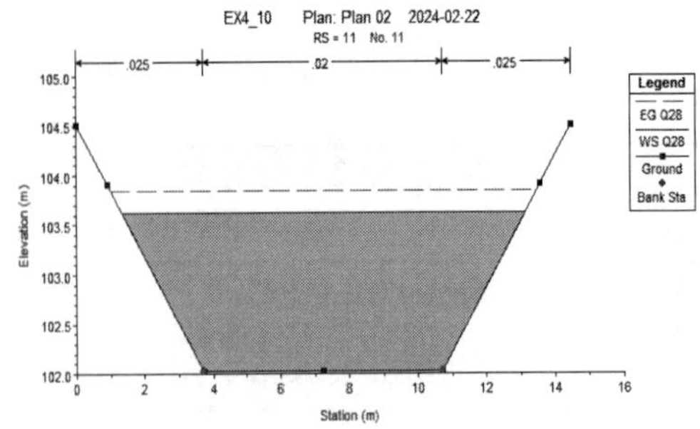

(a) No. 11

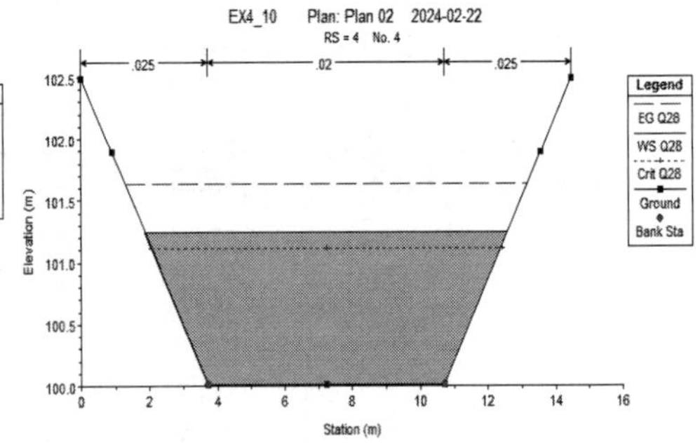

(c) No. 4

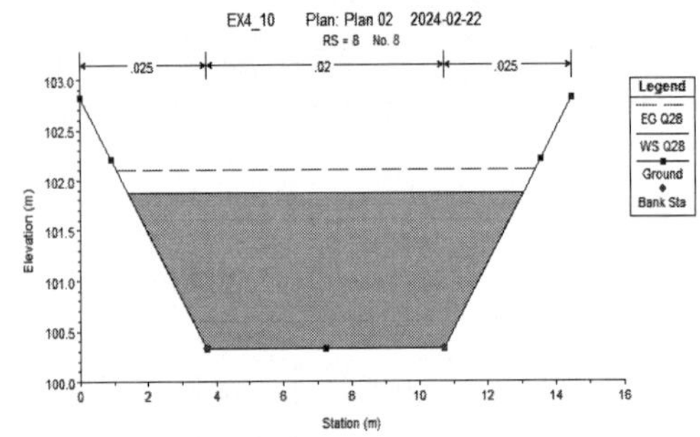

(b) No. 8

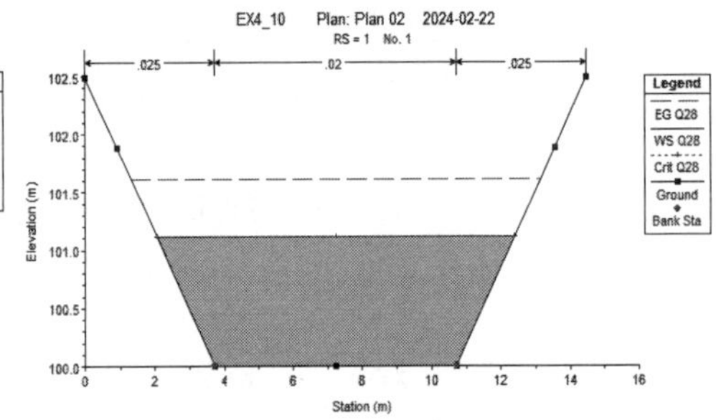

(d) No. 1

그림 예4.10.2 주요 지점의 횡단면 출력 결과

② 수면곡선 분포(종단곡선)의 출력 결과(M_2 분포형)는 그림 예4.10.3과 같다.

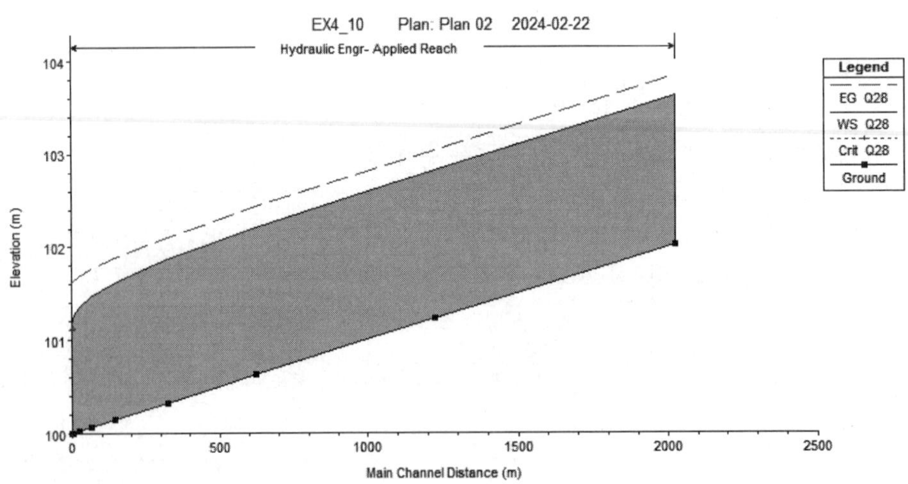

(a) 전 수로구간의 종단수면 곡선분포

그림 예4.10.3 종·횡단 수면곡선분포의 출력결과

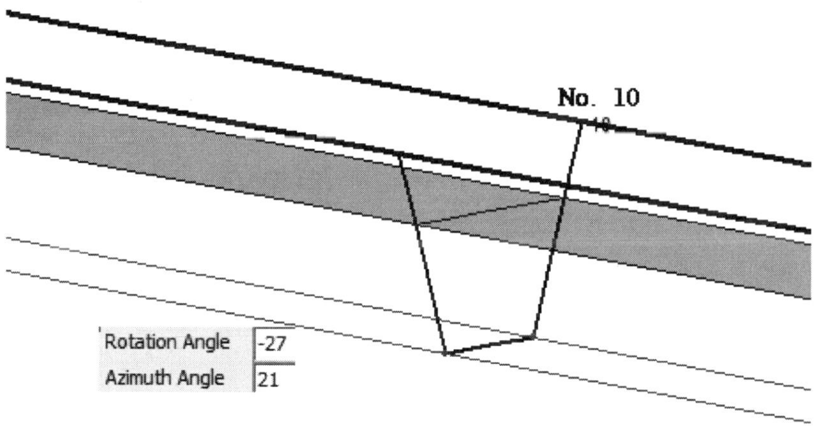

(b) No. 3의 3차원적 수면곡선분포

그림 예4.10.3 종·횡단 수면곡선분포의 출력결과(계속)

③ 표 예4.10.4는 수공천(Hydraulic Engineering Stream) ~~응용구간~~(Applied Reach) No. 1 ~11번 지점 횡단면과 종방향의 수면곡선분포 수리특성 분석을 위한 출력 결과이다.

표 예4.10.4 수면곡선 분석을 위한 각 지점별 수리특성 출력자료

(a) 횡단면 자료(Cross Section Output)

River: Hydraulic Engr- Profile: Q28

Reach Applied Reach RS: 1 Plan: Plan 02

Plan: Plan 02 Hydraulic Engr- Applied Reach RS: 1 Profile: Q28

		Element	Left OB	Channel	Right OB
E.G. Elev (m)	101.61	Element	Left OB	Channel	Right OB
Vel Head (m)	0.50	Wt. n-Val.	0.025	0.020	0.025
W.S. Elev (m)	101.11	Reach Len. (m)			
Crit W.S. (m)	101.11	Flow Area (m2)	0.93	7.79	0.93
E.G. Slope (m/m)	0.003658	Area (m2)	0.93	7.79	0.93
Q Total (m3/s)	28.00	Flow (m3/s)	1.35	25.31	1.35
Top Width (m)	10.34	Top Width (m)	1.67	7.00	1.67
Vel Total (m/s)	2.90	Avg. Vel. (m/s)	1.45	3.25	1.45
Max Chl Dpth (m)	1.11	Hydr. Depth (m)	0.56	1.11	0.56
Conv. Total (m3/s)	462.9	Conv. (m3/s)	22.2	418.4	22.2
Length Wtd. (m)		Wetted Per. (m)	2.01	7.00	2.01
Min Ch El (m)	100.00	Shear (N/m2)	16.61	39.93	16.61
Alpha	1.16	Stream Power (N/m s)	24.06	129.70	24.06
Frctn Loss (m)		Cum Volume (1000 m3)			
C & E Loss (m)		Cum SA (1000 m2)			

표 예4.10.4 수면곡선 분석을 위한 각 지점별 수리특성 출력자료(계속)

(b) 종방향 수면곡선분포 자료(Profile Output Table)

HEC-RAS Plan: Plan 02 River: Hydraulic Engr- Reach: Applied Reach Profile: Q28 Reload Data

Reach	River Sta	Profile	Q Total (m3/s)	Min Ch El (m)	W.S. Elev (m)	Crit W.S. (m)	E.G. Elev (m)	E.G. Slope (m/m)	Vel Chnl (m/s)	Flow Area (m2)	Top Width (m)	Froude # Chl
Applied Reach	11	Q28	28.00	102.03	103.629		103.84	0.000998	2.164	15.07	11.81	0.55
Applied Reach	10	Q28	28.00	101.23	102.828		103.04	0.001001	2.165	15.06	11.81	0.55
Applied Reach	9	Q28	28.00	100.63	102.213		102.43	0.001035	2.189	14.89	11.76	0.55
Applied Reach	8	Q28	28.00	100.33	101.874		102.11	0.001133	2.252	14.42	11.64	0.58
Applied Reach	7	Q28	28.00	100.15	101.622		101.88	0.001344	2.376	13.60	11.43	0.62
Applied Reach	6	Q28	28.00	100.07	101.467		101.76	0.001617	2.518	12.75	11.20	0.68
Applied Reach	5	Q28	28.00	100.03	101.352		101.68	0.001966	2.676	11.93	10.98	0.74
Applied Reach	4	Q28	28.00	100.01	101.245	101.120	101.63	0.002506	2.887	10.97	10.72	0.83
Applied Reach	3	Q28	28.00	100.00	101.157	101.116	101.61	0.003213	3.120	10.08	10.46	0.93
Applied Reach	2	Q28	28.00	100.00	101.149	101.114	101.61	0.003271	3.137	10.02	10.45	0.93
Applied Reach	1	Q28	28.00	100.00	101.113	101.113	101.61	0.003658	3.248	9.65	10.34	0.98

3) 단일 축차법

단일 축차법(single step method)은 직접·표준 축차법과 비슷한 방법으로 한 단면에서 미지의 수심을 이전 단계에서 계산되었거나 초깃값으로 알고 있는 수심의 이웃 점에서 함수 $f(x, h)$의 항으로 표시하여 점변류의 수면곡선을 계산한다.

(가) 기본 이론

단일 축차법에는 **Euler 법**, 수정·개선 Euler 법, 4차 Runge-Kutta 법(Higinio and Vigo-Aguiar, 2007) 등 여러 가지가 있으나 본 소절에서는 **개선 Euler 법**(improved Euler method)을 중심으로 다루고자 한다.

Euler 법은 **그림 4.36**과 같이 거리 x_i에서의 수심 h_i를 알고, 거리 x_{i+1}에서의 수심을 결정하기 위한 방법으로 미분 방정식 (4.93)의 **정해**(正解, exact solution)를 $h=h(x)$하면 $h=h(x)$는 x에 관한 h의 변화로 나타낸다.

식 (4.93b)에서 거리 x_i에서의 x에 관한 수심 h의 변화율은 다음 식과 같다.

$$h'_i = \left.\frac{dh}{dx}\right|_i = f(x_i, h_i) \tag{4.105}$$

여기서 첨자 i =거리 x_i에서의 값을 나타내고, h' =x에 관한 수심 h의 도함수를 나타내므로 다음 식을 얻을 수 있다.

$$f(x_i, h_i) = \frac{S_0 - S_{fi}}{1 - \dfrac{B_i Q^2}{g A_i^3}} \tag{4.106}$$

식 (4.106) 우변의 모든 변수는 아는 값이기 때문에 (x_i, h_i)에서의 h의 변화율 $f(x_i, h_i)$는 계산이 가능하며, 이 변화율 h'_i가 간격 x_i에서부터 x_{i+1}까지 상수라고 하면 다음 식과 같이 거리 x_{i+1}에서의 수심을 구할 수 있다.

$$h_{i+1} = h_i + h'_i \Delta x \tag{4.107}$$

여기서 $\Delta x = x_{i+1} - x_i$이다.

식 (4.107)에 식 (4.105)를 대입하면 다음과 같은 Euler 식을 얻는다.

$$h_{i+1} = h_i + f(x_i, h_i)\Delta x \tag{4.108}$$

Euler 식 (4.108)의 반복과정을 통해 알고 있는 수심 h_{i+1}과 거리 x_{i+2}에서의 수심 h_{i+2}를 결정할 수 있다.

개선 Euler 법은 **Euler 법**을 사용하여 얻은 x_{i+1}에서의 수심 h^*_{i+1}을 다음과 같이 구한다.

$$h^*_{i+1} = h_i + h'\Delta x \tag{4.109}$$

식 (4.109)로 구한 값을 사용하여 $x = x_{i+1}$에서 곡선 $h = h(x)$의 기울기 $h'_{i+1} = f(x_{i+1}, h^*_{i+1})$을 구할 수 있다. x_i와 x_{i+1}에서 곡선의 평균경사를 사용하면 다음 식과 같이 h_{i+1} 값을 결정할 수 있는데, 이를 **개선 Euler 법**이라 한다(Chaudhry, 1993).

$$h_{i+1} = h_i + \frac{1}{2}(h'_i + h'_{i+1})\Delta x \tag{4.110a}$$

$$h_{i+1} = h_i + \frac{1}{2}[f(x_i, h_i) + f(x_{i+1}, h^*_{i+1})]\Delta x \tag{4.110b}$$

그림 4.37은 개선 Euler 법을 형상으로 표시한 것으로 직선 1=h'_i의 기울기와 (x_i, h_i)에서의 접선인 반면, 직선 2=h'_{i+1}의 기울기와 (x_{i+1}, h_{i+1})에서의 접선이다. 또한 직선 3=1/2(h'_{i+1}, h'_{i+1})의 평균기울기를 갖는 점(x_i, h_i)을 통과한다.

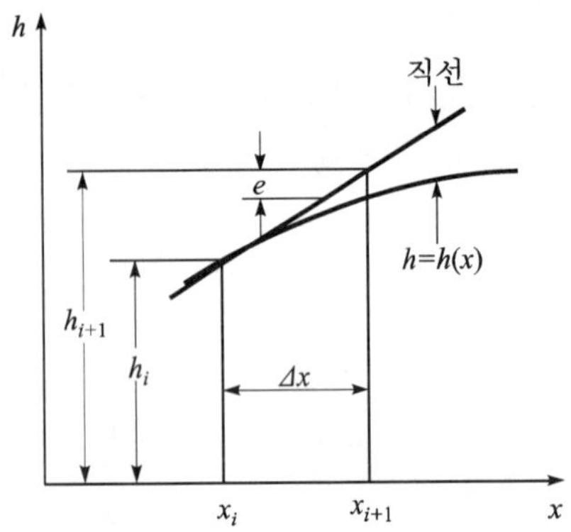

그림 4.36 Euler 법의 기하학적 표현

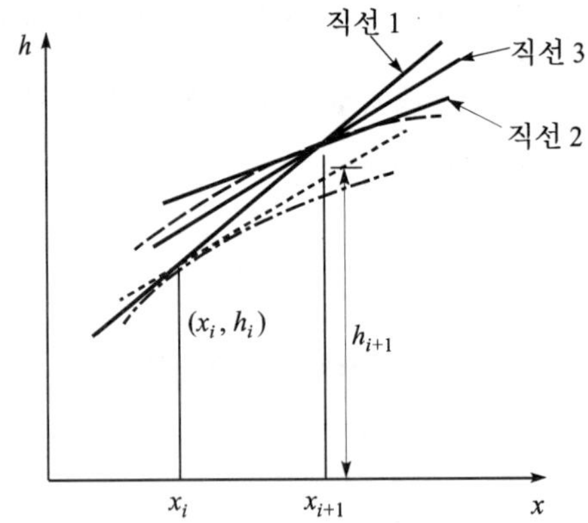

그림 4.37 개선 Euler 법의 기하학적 표현

4) 동시 수렴법

앞에서 다룬 직접·표준 축차법이 **단일**(single)·**계열수로**(series channel)에 적합한 방법이라면 **동시 수렴법**(simultaneous solution method)은 점변류의 비선형 방정식인 시스템의 해를 **Newton–Raphson 법**과 같은 반복과정(iterative procedure)을 사용하여 동시적으로 구하는 방법이다. 이는 직접적으로 단일수로는 물론, **그림 4.38**과 같은 계열수로와 **수로 연결망**(channel network)에 대한 점변류의 수면곡선을 계산하는 방법이다.

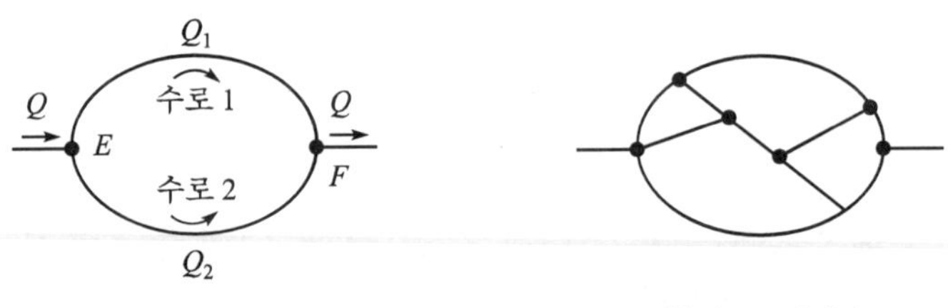

(a) 계열수로 (b) 수로 연결망

그림 4.38 수로의 연결망

(가) 기본 이론

그림 4.38(a)와 같은 평행수로 시스템과 수로 연결망을 흐르는 점변류의 수면곡선을 구하기 우해 우선 연속 방정식을 만족시킬 수 있도록 두 수로 내 유량분포를 Q_1과 Q_2로 가정하고 이들의 합은 일정($Q = Q_1 + Q_2$)한 것으로 한다. 그런 다음에 분류점 E에서 합류점 F까지 유량 Q_2에 대한 수로 2와 Q_1에 대한 수로 1에서의 수면곡선을 구한다. 3개의 수로가 만나는 접점 E의 에너지선 표고는 유속에 대해 같고

계산된 수면에 대해 같아야 한다. 이는 접점의 손실과 접점에서 다른 수로의 속도 수두차가 무시된다면 접점에서의 모든 수로 내 동일한 수면으로 같아야 한다. 에너지 선의 표고가 동일하지 않다면 Q_1과 Q_2의 다른 값이 선택되어야 하고, 전체과정은 다시 반복 계산해야 한다.

변수는 다른 수로 단면에서 2개의 첨자를 사용하여 첫 번째는 수로의 수(channel number)는 i로, 두 번째는 단면 수(section number)는 j로 나타내며, 이를 이용하면 수심은 $h_{i,j}$로 나타낸다. 이 방법의 유일한 예외는 단면 j와 $j+1$ 사이의 손실을 나타내는 수두 손실 항으로 이는 $h_{fj,j+1}$로 표시한다. 이들 관계는 흐름방향 분포를 나타낸 **그림 4.39**와 같이 수로 i의 단면 j와 $j+1$ 사이 수로(길이) 구간에 대해 에너지 방정식을 적용하면 다음과 같이 쓸 수 있다 (Chaudhry, 1993; 2008).

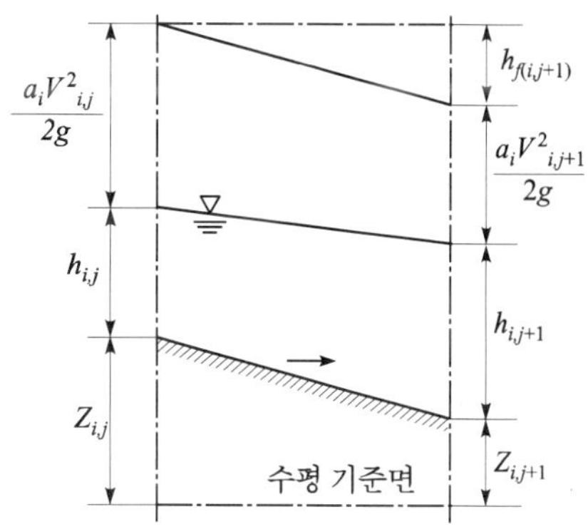

그림 4.39 동시 수렴법의 정의

$$z_{i,j}+h_{i,j}+\alpha_{i,j}\frac{Q_{i,j}^2}{2gA_{i,j}^2}=z_{i,j+1}+h_{i,j+1}+\alpha_{i,j+1}\frac{Q_{i,j+1}^2}{2gA_{i,j+1}^2}+h_{fi,j+1} \tag{4.111}$$

식 (4.111)을 대략화하면, 수로 i의 단면 j와 $j+1$ 사이 수두손실은 단면 j와 $j+1$에서의 마찰경사를 평균함으로써 계산할 수 있다. 손실수두 항의 유속을 유량과 유수 단면적의 함수로 표현하면 식 (4.111)은 다음과 같이 쓸 수 있다.

$$\begin{aligned} z_{i,j}+h_{i,j}+\alpha_{i,j}\frac{Q_{i,j}^2}{2gA_{i,j}^2}&=z_{i,j+1}+h_{i,j+1}+\alpha_{i,j+1}\frac{Q_{i,j+1}^2}{2gA_{i,j+1}^2}\\ &+\frac{1}{2}(x_{i,j+1}-x_{i,j})\left(\frac{Q_{i,j+1}^2 n_{i,j+1}^2}{A_{i,j+1}^2 R_{h_{i,j+1}}^{4/3}}+\frac{Q_{i,j}^2 n_{i,j}^2}{A_{i,j}^2 R_{h_{i,j}}^{4/3}}\right) \end{aligned} \tag{4.112}$$

또한 연속 방정식은 다음과 같이 쓸 수 있다.

$$Q_{i,j}=Q_{i,j+1} \tag{4.113}$$

4.2.2 수리실험

(1) 관망 해석

관수로 시스템(pipeline system)과 **관망**(pipe network) 내 흐름해석은 정상류 해석의 원리를 이용하며, 이는 실무에서 자주 접한다. 관수로 시스템은 관의 접합이나 다지관의 연결 없이 직경이 같은 한 개의 관으로 연결된 **단일 등단면**(single pipeline) 관수로와 부등 단면, 병렬관수로, 다지 관수로 등의 **복합 관수로**(multiple pipeline)로 구성된다. 이들 수로는 연속 방정식과 Bernoulli 방정식, Moody 도표로 해결이 가능하다. 또한 이들 수로의 수리학적 해석은 시간에 따른 흐름특성의 변화가 없고, 압축성을 무시하는 관수로 정상류 해석방법에 기초한다.

그러나 갑작스런 관의 밸브조정이나 펌프의 시동과 정지에 의한 **과도 수리현상**(hydraulic transient)인 **수격작용**(水擊作用, water hammer) 【**흐름조건**(flow conditions)이 정상상태에서 다른 상태로 변할 때 **중간상태 흐름**(intermediate-state flow)을 **천이류**(遷移流, transient flow)라 부른다. 이는 과거에 **수격작용**(水擊作用, water hammer) 또는 **유격작용**(油擊作用, oil hammer)으로 불렀으나 현재는 **수리적 천이**(水理的 遷移, hydraulic transient) 또는 **유체 천이**(流體 遷移, fluid transient)가 더 일반적으로 사용된다(Roberson et al., 1998; 이종석, 2018a).】과 이를 완화시키기 위한 **조압수조**(調壓水曹, surge tank) 등의 실제 몇 가지 흐름과 부정류를 취급하는 경우는 물의 압축성을 고려해야 한다.

본 소절에서는 **관망**을 중심으로 하여 관망 해석에 필요한 기본 조건식과 그 방정식을 풀이하는 방법 등에 대해 간단한 예를 들어 기술하고, 이를 모의할 수 있는 포트란 프로그램을 소개하고자 한다.

① 기본 조건식

관망은 도시지역의 생활용수, 공업용수의 급수관, 가스관(gas pipe)에서 여러 개의 관이 서로 복잡하게 연결되어 폐합회로 또는 망을 형성하여 흐르는 복합 관수로이다. 이 흐름의 해석은 **연속 방정식**과 **Bernoulli 방정식**을 적용하여 관망을 형성하고 있는 각 폐합회로에 관한 연립 방정식을 풀어 각 관로의 배분유량과 교차점의 수압을 구하는 것이다.

관망 해석(pipe network analysis)은 **그림 4.40**과 같이 4개의 폐합회로를 갖는 관망의 예를 통해 설명할 수 있다. 이 관망의 해석을 위한 기본 조건식은 교차점 방정식과 폐합회로 방정식이 필요하다. **교차점**($a, b, c, d, e, f, g, h, i$ 점) **방정식**(junction equation)은 각 교차점에서 유입 유량의 합과 유출 유량의 합은 같다는 것이다. 또한 **폐합회로**(회로I, II, III, IV) **방정식**(loop equation)은 관망상 임의의 두 교차점 사이에 발생하는 손실수두의 크기는 두 교차점을 연결하는 경로에 관계없이 일정하다는 것으로 이들 관계는 다음 식과 같이 쓸 수 있다.

$$\Sigma Q = 0 \tag{4.114a}$$

$$\Sigma h_L = 0 \tag{4.114b}$$

그림 4.40에서 **폐합회로**(loop) A의 경우, 화살표 방향−가정한 흐름방향이고, 교차점 b, c, d, e에서 조건식 (4.114a)는 각각의 교차점에서 흘러들어오는 유량과 흘러나가는 유량은 같아야 한다. 또한 조건식 (4.114b)는 회로에 반시계방향 bc, ed에서 생기는 마찰손실은 시계방향의 흐름 be, ed에서 생기는 마찰손실의 크기와 같아야 한다.

급수량 Q_1, Q_2를 유입하여 사용량 Q_3, Q_4를 유출시키는 그림 4.40의 해석을 위해서는 **교차점 수** n(=9개)에서 $n-1$개인 8개의 교차점 방정식과 폐합회로 수 m(=4개)인 4개의 폐합회로 방정식으로 구성되는 총 12개의 연립 방정식[$= m + (n-1)$]을 풀어야 한다.

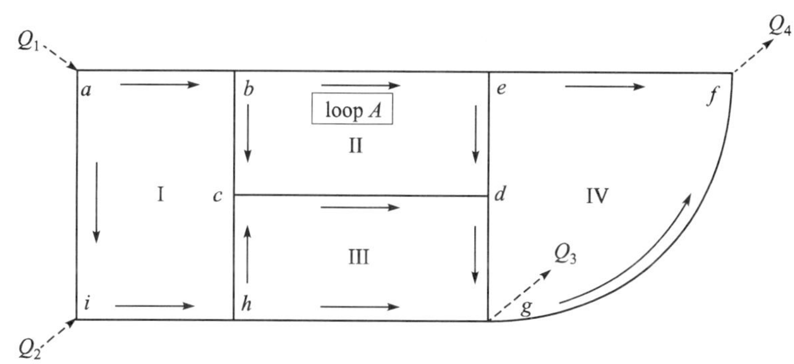

그림 4.40 관망의 예

② 손실수두와 유량관계

관망을 해석하기 위해서는 식 (4.114)를 만족시킬 손실수두와 유량 간의 관계식을 구성하는 것이 필요하다. 이를 위해 조건식 (4.114b)를 구성하기 위해 각 관로의 손실수두를 계산하여 이들 간의 관계를 설정해야 한다.

Darcy−Weisbach **마찰손실 수두공식**에 의해 손실수두 관계식을 표시하면 다음과 같다.

$$h_L = f\frac{L}{D}\frac{V^2}{2g} = f\frac{L}{D}\frac{(4Q/\pi D^2)}{2g} = \frac{0.0828fL}{D^5}Q^2 \tag{4.115a}$$

$$h_L = k_1 Q^2 \tag{4.115b}$$

여기서 $k_1 = 0.0828fL/D^5$이고, 식 (4.115)의 손실수두 h_L은 유량 Q^2에 비례하는 것을 알 수 있다.

상수도의 관망 설계에 주로 사용되는 **Hazen-Williams 공식**(Hazen and Williams, 1920; Finnemore and Franzini, 2002)을 이용해 손실수두 관계식을 표시하면 다음과 같다.

$$h_L = \frac{133.5}{C_{HW}^{1.85} D^{0.167} V^{0.15}} \frac{l}{D} \frac{V^2}{2g} = \frac{6.811 l}{C_{HW}^{1.85} D^{1.167}} \left(\frac{4Q}{\pi D^2} \right)^{1.85}$$

$$= \frac{10.66}{C_{HW}^{1.85} D^{4.867}} l Q^{1.85} \tag{4.116a}$$

$$h_L = k_2 Q^{1.85} \tag{4.116b}$$

여기서 $k_2 = (10.66l)/(C_{HW}^{1.85} D^{4.867})$이고, 식 (4.116)의 손실수두 h_L은 유량 $Q^{1.85}$에 비례하는 것을 알 수 있다.

관망 내 흐름해석에 사용되는 손실수두-유량관계($h_L \sim Q$)는 평균유속공식인 **Chezy 공식**(Chezy, 1769), **Manning 공식**(Manning, 1889), **Hazen-Williams 공식**을 사용하느냐에 따라 유량의 **거듭제곱**(冪乘, power) Q^n 값에 약간 차이가 발생한다.

이들 관계를 일반식으로 표시하면 마찰손실계수 f와 유량 Q 간의 관계식($f \sim Q$)으로 다음과 같이 쓸 수 있으며, 이는 **[예제 4.11, 4.12]**를 통해 알 수 있다.

$$h_L = k Q^n \tag{4.117a}$$

$$f = a Q^b \tag{4.117b}$$

예제 4.11

관의 지름 10cm, 길이 100m인 주철관의 조도 0.255mm라 할 때 수온 20°C의 동점성계수 $1.006 \times 10^{-6} m^2/s$, 유속 2m/s일 때 다음 사항에 답하시오.

1. Darcy-Weisbach의 마찰계수 f 산정과 유량-손실수두 관계식 유도
2. Hazen-Williams의 조도계수 C_{HW} 산정와 유량-손실수두 관계식 유도
3. 1항과 2항의 마찰계수 f와 조도계수 C_{HW} 비교

[풀이]

1. Darcy-Weisbach의 마찰계수 f 산정과 유량-손실수두 관계식 유도

(1) Darcy-Weisbach의 마찰계수 f 산정

① Darcy-Weisbach 마찰손실 수두공식 (4.115) 이용

② $h_L = k_1 Q^2 \leftarrow k_1 = 0.0828 fL/D^5 \Leftarrow f$ 결정

③ **그림 예4.7** Moody 도표 이용 : $Re = \dfrac{VD}{\nu} = \dfrac{2(0.1)}{1.006(10^{-6})} = 1.99 \times 10^5$

$\therefore f = 0.025$로 결정

(2) 유량-손실수두 관계식 유도

① $k_1 = 0.0828 fL/D^5 = \dfrac{0.0828(0.025)(100)}{(0.1)^5} = 20,700$

② $h_L = k_1 Q^2 = 20,700\, Q^2 \quad \therefore\ h_L = 20,700\, Q^2$ (예4.11.1)

2. Hazen-Williams의 조도계수 C_{HW} 산정와 유량-손실수두 관계식 유도

(1) Hazen-Williams의 조도계수 C_{HW} 산정

① Hazen-Williams 손실수두공식 (4.116) 이용

② $h_L = k_2 Q^{1.85} \leftarrow k_2 = (10.66L)/(C_{HW}^{1.85} D^{4.867}) \Leftarrow C_{HW}$ 결정

③ $f \fallingdotseq \dfrac{1,060}{C_{HW}^{1.85} Re^{0.15}}$, $C_{HW}^{1.85} = \dfrac{1,060}{f Re^{0.15}}$

④ $C_{HW}^{1.85} = \dfrac{1,060}{0.025(1.99 \times 10^{5})^{0.15}} = 6,800.45 \qquad \therefore C_{HW} \fallingdotseq 118$

(2) 유량-손실수두 관계식 유도

① $k_2 = (10.66L)/(C_{HW}^{1.85} D^{4.867}) = \dfrac{(10.66 \times 100)}{(6,800.45 \times 0.1^{4.867})} = 11,529$

② $h_L = k_2 Q^{1.85} = 11,529\, Q^{1.85} \quad \therefore\ h_L = 11,529\, Q^{1.85}$ (예4.11.2)

3. 1항과 2항의 마찰계수 f와 조도계수 C_{HW} 비교

(1) Darcy-Weisbach의 마찰계수 f는 C_{HW}=118을 채택해 다시 $f \fallingdotseq \dfrac{1,060}{C_{HW}^{1.85} Rc^{0.15}}$ 에 대입하여 계산하면 0.035가 나온다. [$\because f \fallingdotseq \dfrac{1,060}{C_{HW}^{1.85} Re^{0.15}} (\leftarrow C_{HW}=118) = 0.035$]

(2) Hazen-Williams의 조도계수 C_{HW}는 f=0.025를 채택해 다시 $C_{HW}^{1.85} = \dfrac{1,060}{f Re^{0.15}}$ 에 대입하여 계산하면 142가 나온다. [$\because C_{HW} = (\dfrac{1,060}{f Re^{0.15}})^{1/1.85} (\leftarrow f=0.025) = 142$]

(3) 그러므로 유량-손실수두 관계식 (예4.11.1)과 (예4.11.2)간에 약간의 계산값 차이가 발생된다. 이는 Hazen-Williams 공식의 조도계수 C_{HW}가 Darcy-Weisbach의 마찰계수 f 계산식보다 개략적이기 때문에 생기는 것으로 분석된다.

예제 4.12

관의 지름 15cm, 길이 200m인 주철관의 조도 0.255mm라 할 때 수온 20°C의 동점성계수 $1.006\times10^{-6}m^2/s$, 유속 0.6~1.8m/s일 때 다음 사항에 답하시오.

1. 손실수두-유량 관계식 유도

[풀이]

1. 손실수두-유량 관계식 유도

(1) Darcy-Weisbach 마찰손실 수두공식 (4.115)를 이용하여 마찰계수를 결정한다.

① $V_1=0.6\text{m/s}$: 최소 유속일 때 f_1 계산

1) $Re_1=\dfrac{V_1D}{2}=\dfrac{0.6\times0.15}{1.006\times10^{-6}}=89,463$

2) $\dfrac{\varepsilon}{D}=\dfrac{0.000255}{0.15}=0.0017$ →**그림 예4.7** Moody 도표에서 : $f_1=0.025$ 결정

② $V_2=1.8\text{m/s}$: 최대 유속일 때 f_2 계산

1) $Re_2=\dfrac{V_2D}{2}=\dfrac{1.8\times0.15}{1.006\times10^{-6}}=268,390$

2) $\dfrac{\varepsilon}{D}=0.0017$ →**그림 예4.7** Moody 도표에서 : $f_2=0.023$ 결정

(2) 각 경우에 대한 유량을 다음과 같이 계산한다.

$$\begin{cases} f_1=0.025\rightarrow Q_1=AV_1=\dfrac{\pi D^2}{4}V_1=\dfrac{\pi(0.15)^2}{4}\times0.6=0.0106\text{m}^3/\text{s} \\ f_2=0.023\rightarrow Q_2=AV_2=\dfrac{\pi D^2}{4}V_2=\dfrac{\pi(0.15)^2}{4}\times1.8=0.0318\text{m}^3/\text{s} \end{cases}$$

(3) $f\sim Q$ 관계를 다음과 같이 수립한다.

1) $$\begin{cases} f_1=aQ_1^b\rightarrow0.025=a(0.0106)^b & \text{(예4.12.1a)} \\ f_2=aQ_2^b\rightarrow0.023=a(0.0318)^b & \text{(예4.12.1b)} \end{cases}$$

2) 식 (예4.12.1a)에서 계수 a를 다음과 같이 b 관계식으로 정리한다.

$a=\dfrac{0.025}{(0.0106)^b}$ → 식 (예4.12.1b)에 대입 → $0.023=\dfrac{0.025}{(0.0106)^b}(0.0318)^b$

3) b관계식 $0.023=0.025\left(\dfrac{0.0318}{0.0106}\right)^b$을 푼다.

4) $0.92=\dfrac{0.023}{0.025}=3^b$(← 양변에 자연대수 l_n 취하면) : $l_n(0.92)=bl_n3$

$$\therefore\ b=\frac{l_n(0.92)}{l_n3}=-0.076 \qquad \text{(예4.12.2)}$$

5) 식 (예4.12.2)를 식 (예4.12.1a)에 대입하여 a에 관해 정리한다.

6) a관계식 $0.025 = a(0.0106)^{-0.076} = a(1.4128)$을 푼다.

$$\therefore\ a = \frac{0.025}{1.4128} = 0.018 \qquad \text{(예4.12.3)}$$

(4) 식 (예4.12.2), (예4.12.3)을 식 (4.117b)에 대입하고 정리한다.

$f = aQ^b \leftarrow a = 0.018,\ b = -0.076$

$$\therefore\ f = 0.018Q^{-0.076} \qquad \text{(예4.12.4)}$$

(5) $h_L \sim Q$ 관계식을 계산 [← 식 (4.117a) 이용]한다.

$$h_L = \frac{0.0828fL}{D^5}Q^2 \leftarrow f = 0.018Q^{-0.076} \text{ 대입 정리}$$

$$= \frac{0.0828(0.018Q^{-0.076})(200)}{(0.15)^5}Q^2 = 3{,}922Q^{2-0.076} = 3{,}922Q^{1.924}$$

$$\therefore\ h_L = 3{,}922Q^{1.924} \qquad \text{(예4.12.5)}$$

여기서 $k = 3{,}922$이고, $n = 1.924$이다.

③ Hardy-Cross 방법

관망의 해석을 통한 각 관로의 유량산정과 수압계산은 복잡하여 보통의 경우 근사계산법이나 도해법, 시행법을 사용한다. 근사계산법으로 **Hardy-Cross 방법**(Cross, 1936)이 있는데, 본 소절에서는 이를 중심으로 기술하고자 한다.

1) 각 관의 교차점에서 연속 방정식을 만족시키도록 유량 가정 → $h_L \sim Q$ 관계식 이용 → 가정된 유량을 점차적으로 보정 → 각 폐합관로 내의 유량을 평형시키는 방법
미소손실은 무시하나 등가길이(동일한 수두손실하에 같은 크기의 유량이 흐르는 두 관계는 $h_L = h_{L_2}$, $Q = Q_2$)로 환산하여 관 길이에 미리 합해 계산

2) 해석절차(계산과정)
   (가) 관망을 형성하고 있는 각각의 관로에 대한 $h_L \sim Q$ 관계 수립
   (나) 관로의 각 교차점에서 연속 방정식을 만족시킬 수 있도록 각 관에 흐르는 유량Q_0를 적절히 가정
   (다) 가정유량 Q_0가 각 관로에 흐를 경우 손실수두 $h_L = kQ_0^n$을 계산하고, 폐합관로에 관란 전손실수두 $\Sigma h_{L_0} = \Sigma kQ_0^n$을 계산한다.
   가정유량과 일치 시는 $\Sigma h_{L_0} = 0$, 불일치 시는 각 관로의 유량을 보정하여 다시 가정하고 반시계 방향으로 계산한다.

㈑ Q_0의 보정치 ΔQ를 계산하기 위해 각 폐합회로에 대해 $\Sigma|knQ_0^{n-1}|$을 계산한다.

㈒ 유량의 보정치 ΔQ와 손실수두 h_L 계산

㉮ 보정치 ΔQ

$$\Delta Q = \frac{-\Sigma(kQ_0^n)}{\Sigma|kQ_0^n|} \tag{4.118a}$$

여기서 Q_0=가정유량이고, ΔQ=보정유량이며, 진유량 Q는 다음과 같다.

$$\therefore Q = Q_0 + \Delta Q \tag{4.118b}$$

㉯ 손실수두 h_L

$$h_L = kQ^n \ (\leftarrow Q = Q_0 + \Delta Q)$$

$$\therefore h_L = k(Q_0 + \Delta Q)^n \tag{4.119a}$$

㉰ 식 (4.119)에 이항정리를 적용하면 다음 식과 같이 쓸 수 있다.

$$h_L = k\left[Q_0^n + nQ_0^{n-1}\Delta Q + \frac{1}{2}n(n-1)Q_0^{n-2}(\Delta Q)^2 + \cdots\right]$$

여기서 ΔQ는 Q에 비해 대단히 적으므로 둘째 항 이하는 무시한다.

$$h_L = \Sigma kQ^n \fallingdotseq \Sigma kQ_0^n + \Delta Q(\Sigma knQ_0^{n-1}) = 0$$

$$\therefore \Delta Q = \frac{-\Sigma kQ_0^n}{\Sigma|knQ_0^{n-1}|} \tag{4.119b}$$

㈓ 보정유량 ΔQ를 이용해 각 관에서의 유량을 보정한다.

㈔ ΔQ의 값이 거의 0이 될 때까지 ②~⑥항을 반복 계산한다.

$$\therefore \Delta Q = \frac{-\Sigma kQ_0^n}{\Sigma|knQ_0^{n-1}|} = \frac{-\Sigma h_{L_0}}{\Sigma|knQ_0^{n-1}|} \tag{4.120}$$

여기서 Σh_{L_0}=각 관에서 가정된 Q_0에 대한 각 관로에서의 손실수두 합으로 각 관로에 가정된 유량의 방향이 시계방향일 때 $h_{L_0}(+)$로, 반시계방향일 때 $h_{L_0}(-)$로 정의한다. ΔQ=가정유량 Q_0의 방향이 시계방향이면 $Q_0 - \Delta Q$로, 반시계방향이면 $Q_0 + \Delta Q$로 보정한다.

3) 식 (4.118a)의 유량 보정치는 적용 방법(공식)에 따라 다음과 같이 계산한다.

(가) Darcy−Weisbach 공식 이용 시 $h_L \sim Q$ 관계식에는 $n=2$를 적용한다.

$$\Delta Q = \frac{-\sum kQ_0^n}{\sum|knQ_0^{n-1}|} = \frac{-\sum h_{L_0}}{\sum|knQ_0^{n-1}|}$$

$$\therefore \Delta Q = \frac{-\sum kQ_0^2}{2\sum|kQ_0|} = \frac{-\sum h_{L_0}}{2\sum|kQ_0|} \tag{4.121}$$

(나) Hazen−Williams 공식 이용 시 $h_L \sim Q$ 관계식에는 $n=1.85$를 적용한다.

$$\Delta Q = \frac{-\sum kQ_0^{1.85}}{1.85\sum|kQ_0^{0.85}|} = \frac{-\sum h_{L_0}}{1.85\sum|kQ_0^{0.85}|} \tag{4.122}$$

이들 관계를 요약하여 계산과정을 **흐름도**(flow chart)로 표시하면 **그림 4.41**과 같다.

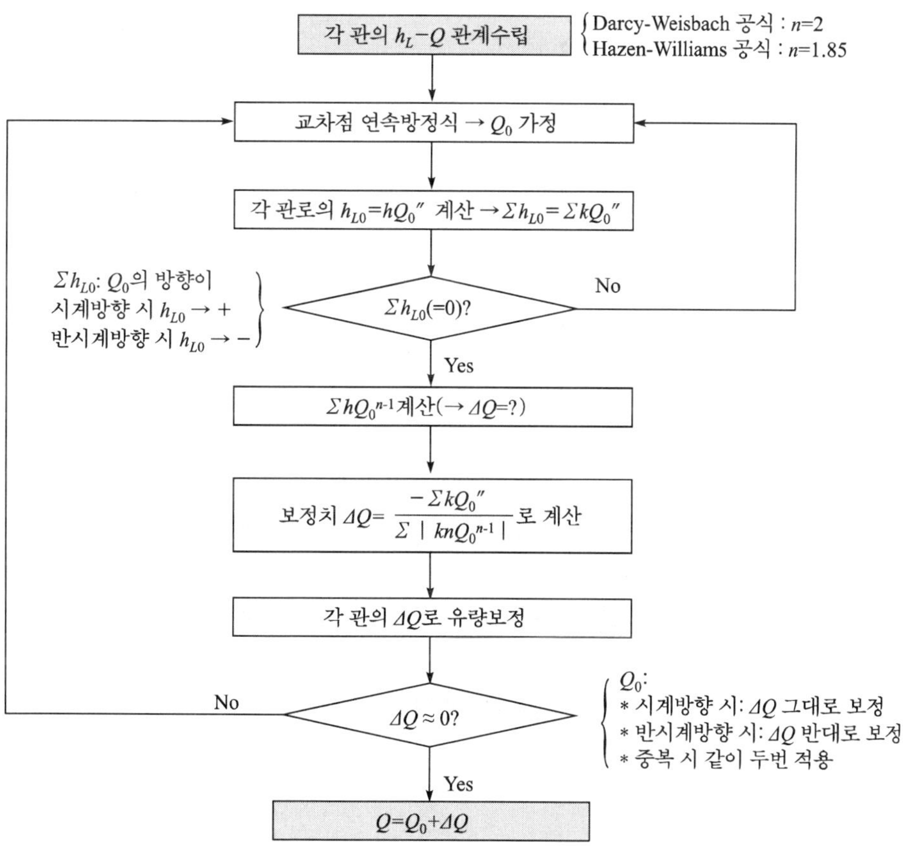

그림 4.41 계산 과정에 대한 흐름도

예제 4.13

관망 해석을 위해 그림 예4.13.1과 같이 초기치 유량과 가정방향을 화살표에 표시하였다. 폐합회로 ABCD에 공급되는 유량 $Q_D = 100\text{m}^3/\text{s}$이고, 회로 내 사용수량 $Q_A = 20\text{m}^3/\text{s}$, $Q_B = 50\text{m}^3/\text{s}$, $Q_C = 30\text{m}^3/\text{s}$이다. 손실수두~유량 관계식($h_L \sim Q^n$) 수립에는 Darcy-Weisbach 공식을 사용하고, 각 관의 비례상수 k는 그림 예4.13.1에 표시하였다. 다음 사항에 답하시오.

1. Hardy-Cross 방법에 의한 관망 해석 수행

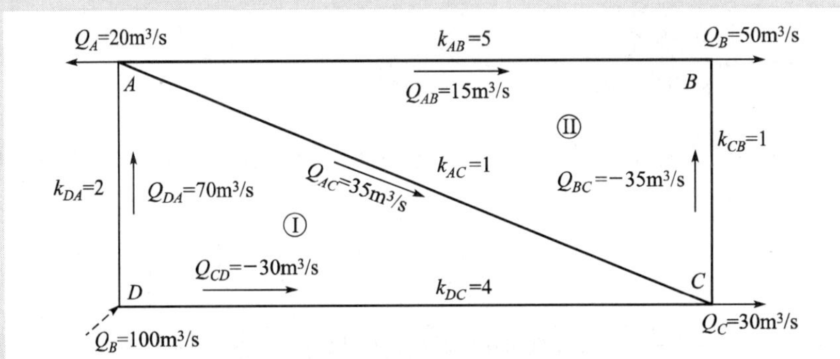

그림 예4.13.1 Hardy-Cross 방법의 관망 해석

[풀이]

1. Hardy-Cross 방법에 의한 관망 해석 수행

(1) 폐합회로별 초기치 유량(Q_0)의 흐름방향 가정

① 폐합회로 I

- Q_{AC} : +(시계방향)
- Q_{CD} : −(반시계방향)
  (∵ 시계방향으로 했을 때 CD 관로는 반시계방향으로 흐르므로)
- Q_{DA} : +(시계방향)

② 폐합회로 II

- Q_{AC} : +(시계방향)
- Q_{BC} : −(반시계방향)
  (∵ 시계방향(BC)으로 했을 때 BC관 또는 Q_{BC}가 반시계방향으로 흐르므로)
- Q_{CA} : −(반시계방향)

(2) 제1차 시산 : **표 예4.13.1** 참조

표 예4.13.1 제1차 시산

시산	회로	관로	가정된 유량 Q_0	① $h_{L_0}=kQ_0^2$	② $\lvert 2kQ_0\rvert$	$\Delta Q=\frac{-①}{②}$	회로망도
1	I	AC	35	$1\times(35)2=1225$	$2\times1\times35=70$	$=\frac{-\Sigma h_{L_0}}{\Sigma\lvert 2kQ_0\rvert}$	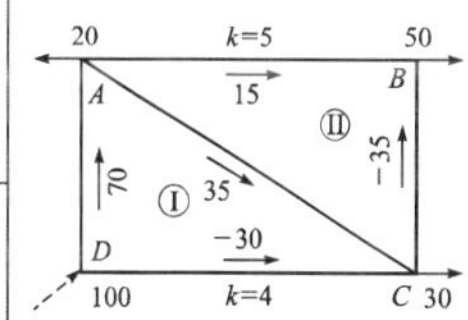
		CD	-30	$-4(30)^2=-3600$	$2(4)(30)=240$	$=\frac{-7425}{590}$	
		DA	70	$2(70)^2=9800$	$2(2)(70)=280$	$=-13$	
				$\Sigma h_{L_0}=7425$	$\Sigma\lvert 2kQ_0\rvert=590$		
	II	AB	15	$5(15)^2=1125$	$2(5)(15)=150$	$=\frac{-(-1325)}{290}$	
		BC	-35	$-1(35)^2=-1225$	$2(1)(35)=70$	$=5$	
		CA	-35	$-1(35)^2=-1225$	$2(1)(35)=70$		
				$\Sigma h_{L_0}=-1325$	$\Sigma\lvert 2kQ_0\rvert=290$		

① 공통구간 : AC, CA관로 보정유량 계산

1) 제1차 시산 결과 : $\Delta Q_{AC}=-13\text{m}^3/\text{s}$, $\Delta Q_{CA}=+5\text{m}^3/\text{s}$

2) 가정유량이 시계방향 시 보정유량 ΔQ와 같은 부호 부여

$Q_{AC}=+35\text{m}^3/\text{s}\rightarrow\Delta Q_{AC}=-13\text{m}^3/\text{s}\rightarrow-13\text{m}^3/\text{s}$

3) 가정유량이 반시계방향 시 보정유량 ΔQ와 반대 부호 부여

$Q_{CA}=-35\text{m}^3/\text{s}\rightarrow\Delta Q_{CA}=+5\text{m}^3/\text{s}\rightarrow-5\text{m}^3/\text{s}$

$\therefore\ Q'_{AC}=35-13-5=17=-Q'_{CA}\ \therefore\ Q'_{CA}=-17\text{m}^3/\text{s}$

② 단일구간 :

1) $Q_{CD}=-30\rightarrow\Delta Q=-13\rightarrow Q'_{CD}=30+13=43(-)\ \therefore\ Q'_{CD}=-43\text{m}^3/\text{s}$

2) $Q_{BC}=-35\rightarrow\Delta Q=5\rightarrow Q_{BC}=35-5=30(-)\ \therefore\ Q'_{BC}=-30\text{m}^3/\text{s}$

(3) 제2차 시산 : **표 예4.13.2** 참조

표 예4.13.2 제2차 시산

시산	회로	관로	가정된 유량 Q_0	① $h_{L_0}=kQ_0^2$	② $\lvert 2kQ_0\rvert$	$\Delta Q=\frac{-①}{②}$	회로망도
2	I	AC	$35-13-5=17$	$1(17)^2=289$	$2(1)(17)=34$	$=\frac{-(-609)}{606}$	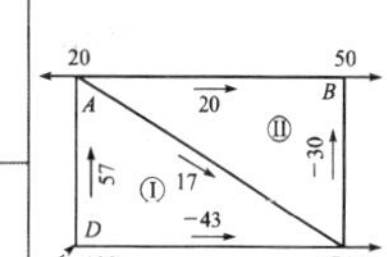
		CD	$30+13=43(-)$	$-4(43)^2=7396$	$2(4)(43)=344$	≈1	
		DA	$70-13=57$	$2(57)^2=6498$	$2(2)(57)=228$		
				$\Sigma h_{L_0}=-609$	$\Sigma\lvert 2kQ_0\rvert=606$		
	II	AB	$15+5=20$	$5(20)^2=2000$	$2(5)(20)=200$	$=\frac{-811}{294}$	
		BC	$35-5=30(-)$	$-1(30)^2=-900$	$2(1)(30)=60$	$=-3$	
		CA	-17	$-1(17)^2=-289$	$2(1)(17)=34$		
				$\Sigma h_{L_0}=811$	$\Sigma\lvert 2kQ_0\rvert=294$		

① 공통구간 : AC, CA관로 보정유량 계산

1) 제2차 시산 결과 : $\Delta Q_{CA}=1\text{m}^3/\text{s}$, $\Delta Q_{CA}=-3\text{m}^3/\text{s}$

2) $Q_{AC}=17\text{m}^3/\text{s}\rightarrow\Delta Q_{AC}=+1\text{m}^3/\text{s}\rightarrow+1\text{m}^3/\text{s}$ 계산된 대로 보정

$Q_{AC}=17\rightarrow$ 그대로 : $1\rightarrow1\text{m}^3/\text{s}$

3) $Q_{CA}=-17\text{m}^3/\text{s}\rightarrow\Delta Q_{CA}=-3\text{m}^3/\text{s}\rightarrow+3\text{m}^3/\text{s}$ 부호 반대로 보정

$Q_{CA}=-17\rightarrow$ 반대로 $-3\rightarrow3\text{m}^3/\text{s}$ $\therefore$ $Q''_{AC}=17+1+3=21\text{m}^3/\text{s}=-Q''_{CA}$

② 단일구간

1) (가정) 시계방향 유량 $+Q=30\text{m}^3/\text{s}$에서 ΔQ가 { $+2$이면 $\rightarrow$ $+$로($Q'=32\text{m}^3/\text{s}$) / -2이면 $\rightarrow$ $-$로($Q'=28\text{m}^3/\text{s}$) } 보정량 부호 그대로 사용

2) (가정) 유량이 반시계 방향 $-Q=-30\text{m}^3/\text{s}$ 시 ΔQ가 { $+2$이면 $\rightarrow$ $-$로($|30|-2=28\text{m}^3/\text{s}$) / -2이면 $\rightarrow$ $+$로($|30|+2=32\text{m}^3/\text{s}$) } 보정량 반대 부호로 사용

(4) 제3차 시산 : **표 예4.13.3** 참조

표 예4.13.3 제3차 시산

시산	회로	관로	가정된 유량 Q_0	① $h_{L_0}=kQ_0^2$	② $\lvert 2kQ_0\rvert$	$\Delta Q=\frac{-①}{②}$	회로망도
3	I	AC	$17+1+3=21$	$1(21)^2=441$	$2(1)(21)=42$	$=\frac{-113}{610}$	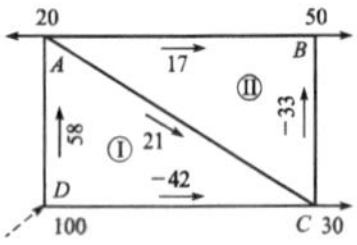
		CD	$43-1=42(-)$	$-4(42)^2=-7056$	$2\times4\times42=336$	$=-0.19$	
		DA	$57+1=58$	$2(58)^2=6728$	$2\times2\times58=232$		
				$\Sigma h_{L_0}=113$	$\Sigma\lvert 2kQ_0\rvert=610$		
	II	AB	$20-3=17$	$5(17)^2=1445$	$2\times5\times17=170$	$=\frac{-(-85)}{278}$	
		BC	$30+3=33(-)$	$-1(33)^2=-1089$	$2\times1\times33=66$	$=0.31$	
		CA	$17+1+3=21(-)$	$-1(21)^2=-441$	$2\times1\times21=42$		
				$\Sigma h_{L_0}=-85$	$\Sigma\lvert 2kQ_0\rvert=278$		

① 제3차 시산 결과

1) 폐합회로 I 보정량 : $Q_{ABC}\rightarrow\Delta Q=-0.19\text{m}^3/\text{s}$

2) 폐합회로 II 보정량 : $Q_{ACB}\rightarrow\Delta Q=0.31\text{m}^3/\text{s}$

② 제4차 시산을 위한 보정량 은 위 제1, 2차 시산과 같은 요령으로 결정

(5) 제4차 시산 : 5개 구간 유량 계산

① 제4차 시산은 **그림 예4.13.2**와 같이 구간 유량을 이용해 수행

$Q_{AC}=21-0.19-0.31=20.5\text{m}^3/\text{s}=-Q_{CA}$

(중복 구간)

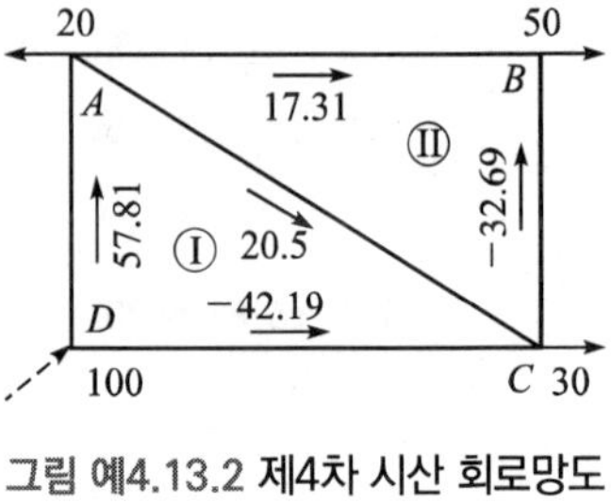

그림 예4.13.2 제4차 시산 회로망도

$Q_{CD} = 42 + 0.19 = 42.19\text{m}^3/\text{s}$ (−)

$Q_{DA} = 58 - 0.19 = 57.81\text{m}^3/\text{s}$

$Q_{AB} = 17 + 0.31 = 17.31\text{m}^3/\text{s}$

$Q_{BC} = 33 - 0.31 = 32.69\text{m}^3/\text{s}$ (−)

(6) 제5차 시산

① $\Delta Q \approx 0$(거의 0이 될 때까지 반복 계산)

예제 4.14

주철관이 사용된 그림 예4.14와 같은 관망에서 교차점 '1'의 압력수두=100m이고, Hazen-Williams 평균유속 공식이 사용되었으며 그 유속계수 C_{H-W}=130이다. 다음 사항에 답하시오.

1. Hardy-Cross 방법(컴퓨터 프로그램)에 의한 각 관의 유량과 교차점 압력수두 산정

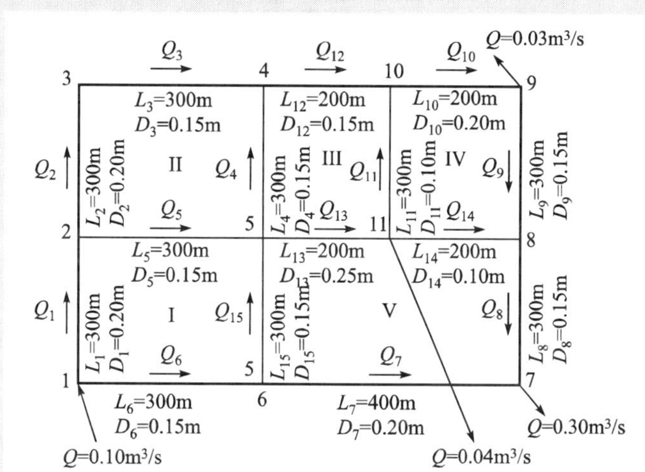

그림 예4.14 Hardy-Cross 방법의 관망 해석

[풀이]

1. Hardy-Cross 방법(컴퓨터 프로그램)에 의한 각 관의 유량과 교차점 압력수두 산정

(1) Hardy-Cross 방법이 적용된 **표 예4.14.1**의 포트란 프로그램을 이용한다.

표 예4.14.1 관망 해석용 포트란 프로그램

```
C PIPE NETWORK
      DIMENSION LOOP(15,10),NR(15),P(100),Q(100),JI(100),JF(100),IR(100)
     1,FRIC(100),TE(100),HLOSS(100)
      REAL LGTH
      OPEN(5,FILE='NET23.DAT',STATUS='OLD')
      OPEN(6,FILE='NET23.OUT')
      DO 10 I=1,100
10    P(I)=999.
      READ(5,12) NRS,NODES,LOOPS,ITER,TOLQ,TOLH,PKNOW,NODE
12    FORMAT(4I5,3F10.6,I5)
      WRITE(6,13)NRS,NODES,LOOPS,ITER,TOLQ,TOLH,NODE,PKNOW
13    FORMAT(2X,'Lee, Jong-Seok : Solution of a pipe network by the
     1Hardy-Cross method'//3X,'Data input'//5X,'Number of reaches  =
     2',I3/5X,'Number of nodes    =',I3/5X,'Number of loops    =',
     3I3/5X, 'Iteration limit    =',I3/5X,'Discharge tolerance=',F7.5/5X
     4,'Head loss tolerance=',F7.5/5X,'Pressure at junc.',I2'=',F7.3/)
C
      DO 16 NL=1,LOOPS
      READ(5,14) JZ,(LOOP(NL,I),I=1,JZ)
14    FORMAT(11I5)
      WRITE(6,15)JZ,NL,(LOOP(NL,I),I=1,JZ)
15    FORMAT(5X,I2,' reaches in loop',I3,'---',10I5)
16    NR(NL)=JZ
      P(NODE)=PKNOW
      DO 17 IP=1,NRS
17    Q(IP)=0.
C
      WRITE(6,18)
18    FORMAT(/5X,'Reaches information'/7X, 'Reach   Ijunc   Fjunc   L(m
     1)       D(m)      Q(cms)    C')
      DO 20 I=1,NRS
      READ(5,58) L,JI(L),JF(L),C,LGTH,D,Q(L)
58    FORMAT(3I5,F6.0,3F10.0,I5)
      WRITE(6,19)L,JI(L),JF(L),LGTH,D,Q(L),C
19    FORMAT(3X,3I8,F10.2,F9.2,F11.3,F8.0)
      IR(I)=L
20    FRIC(L)=10.63*LGTH/((C**1.85)*(D**4.87))
C
      DO 32 IT=1,ITER
      LOK=0
      DO 31 K=1,LOOPS
      SUMH=0.
      SUMZ=0.
      IWX=NR(K)
C
      DO 25 IRL=1,IWX
      S1=1
      S2=1
      L=LOOP(K,IRL)
      IF(L)21,25,22
21    S1=-1
      L=-L
22    FLOWR=Q(L)
      IF(FLOWR)23,24,24
23    S2=-1
      FLOWR=-FLOWR
24    H=S1*S2*FRIC(L)*FLOWR**1.85
      Z=1.85*FRIC(L)*FLOWR**0.85
      SUMH=SUMH+H
      SUMZ=SUMZ+Z
25    CONTINUE
      FCORR=SUMH/SUMZ
C
      DO 28 IRL=1,IWX
      L=LOOP(K,IRL)
      IF(L)26,28,27
26    L=-L
      Q(L)=Q(L)+FCORR
      GO TO 28
27    Q(L)=Q(L)-FCORR
28    CONTINUE
C
      TEST=ABS(FCORR)-TOLQ
      IF(TEST)30,30,29
29    TEST=ABS(SUMH)-TOLH
      IF(TEST)30,30,31
30    LOK=LOK+1
31    CONTINUE
      IF(LOOPS .LE. LOK) GO TO 33
32    CONTINUE
C
33    WRITE(6,34)
34    FORMAT(/5X,'Junctions information'/7X,'Junc. elevation')
      DO 36 I=1,NODES
      READ(5,35) N,TE(N)
35    FORMAT(I5,F10.0)
36    WRITE(6,37)N,TE(N)
37    FORMAT(7X,I3,4X,F8.4)
      DO 38 I=1,NRS
      L=IR(I)
      S=1
      IF(Q(L) .LT. 0.0)S=-1
38    HLOSS(L)=S*FRIC(L)*(ABS(Q(L)))**1.85
39    IFLAG=0
      DO 50 K=1,NRS
      I=IR(K)
      JUPS=JI(I)
      JDOWN=JF(I)
      IF(P(JUPS)-999.)40,42,42
40    IF(P(JDOWN)-999.)50,41,41
41    P(JDOWN)=P(JUPS)-HLOSS(I)+TE(JUPS)-TE(JDOWN)
      GO TO 50
42    IF(P(JDOWN)-999.)44,43,43
43    IFLAG=1
      GO TO 50
44    P(JUPS)=P(JDOWN)+HLOSS(I)-TE(JUPS)+TE(JDOWN)
50    CONTINUE
      IF(IFLAG .EQ. 1)GO TO 39
      WRITE(6,51)IT
51    FORMAT(//3X,'Result output'//5X, 'Flows after',I3,' iterations are
     1 '/7X,'Reach   Q(cms)')
      DO 52 I=1,NRS
52    WRITE(6,53)I,Q(I)
53    FORMAT(8X,I3,4X,F6.3)
      WRITE(6,54)
54    FORMAT(/5X,'Pressure at each junction in column of water'/8X,'Junc
     1.   p(m)')
      DO 55 I=1,NODES
55    WRITE(6,56)I,P(I)
56    FORMAT(8X,I3,3X,F7.3)
99    STOP
      END
```

(2) 입력자료 파일 작성 : 입력자료(input file)의 작성 결과는 표 예4.14.2와 같다.

표 예4.14.2 입력자료

```
15   11    5   50   0.00001   0.00001   100.000    1
 4    1    5  -15    -6
 4    2    3   -4    -5
 4    4   12   11   -13
 4  -11   10   -9   -14
 5   15   13   14     8    -7
 1    1    2  130.       300.     0.200     0.050
 2    2    3  130.       300.     0.200     0.030
 3    3    4  130.       300.     0.150     0.030
 4    5    4  130.       300.     0.150     0.000
 5    2    5  130.       300.     0.150     0.020
 6    1    6  130.       300.     0.150     0.030
 7    6    7  130.       400.     0.200     0.020
 8    8    7  130.       300.     0.150     0.010
 9    8    9  130.       300.     0.150     0.010
10   10    9  130.       200.     0.200     0.020
11   10   11  130.       300.     0.100     0.010
12    4   10  130.       200.     0.150     0.030
13    5   11  130.       200.     0.250     0.050
14   11    8  130.       200.     0.100     0.020
15    6    5  130.       300.     0.150     0.030
```

표 예4.14.2 입력자료(계속)

```
 1        0.0
 2        0.0
 3        0.0
 4        0.0
 5        0.0
 6        0.0
 7        0.0
 8        0.0
 9        0.0
10        0.0
11        0.0
```

(3) 출력 결과 확인 : 출력 결과 자료(output file)는 **표 예4.14.3**과 같다

표 예4.14.3 출력 결과 자료

```
Lee, Jong-Seok : Solution of a pipe network by the Hardy-Cross method

 Data input

   Number of reaches  = 15
   Number of nodes    = 11
   Number of loops    =  5
   Iteration limit    = 50
   Discharge tolerance=0.00001
   Head loss tolerance=0.00001
   Pressure at junc. 1=100.000

    4 reaches in loop  1---    1    5  -15   -6
    4 reaches in loop  2---    2    3   -4   -5
    4 reaches in loop  3---    4   12   11  -13
    4 reaches in loop  4---  -11   10   -9  -14
    5 reaches in loop  5---   15   13   14    8   -7

   Reaches information
     Reach    Ijunc    Fjunc   L(m)        D(m)        Q(cms)     C
        1        1        2    300.00      0.20        0.050     130.
        2        2        3    300.00      0.20        0.030     130.
        3        3        4    300.00      0.15        0.030     130.
        4        5        4    300.00      0.15        0.000     130.
        5        2        5    300.00      0.15        0.020     130.
        6        1        6    300.00      0.15        0.030     130.
        7        6        7    400.00      0.20        0.020     130.
        8        8        7    300.00      0.15        0.010     130.
        9        8        9    300.00      0.15        0.010     130.
       10       10        9    200.00      0.20        0.020     130.
       11       10       11    300.00      0.10        0.010     130.
       12        4       10    200.00      0.15        0.030     130.
       13        5       11    200.00      0.25        0.050     130.
       14       11        8    200.00      0.10        0.020     130.
       15        6        5    300.00      0.15        0.030     130.

  Junctions information                                     7      0.036
    Junc. elevation                                         8     -0.006
      1       0.0000                                        9      0.009
      2       0.0000                                       10      0.021
      3       0.0000                                       11     -0.003
      4       0.0000                                       12      0.018
      5       0.0000                                       13      0.046
      6       0.0000                                       14      0.003
      7       0.0000                                       15      0.016
      8       0.0000
      9       0.0000
     10       0.0000                            Pressure at each junction in column of water
     11       0.0000                               Junc.    p(m)
                                                    1    100.000
                                                    2     96.291
Result output                                       3     95.393
                                                    4     91.747
  Flows after 12 iterations are                     5     91.551
    Reach    Q(cms)                                 6     93.373
      1      0.049                                  7     90.589
      2      0.023                                  8     90.303
      3      0.023                                  9     89.642
      4     -0.005                                 10     90.163
      5      0.026                                 11     90.795
      6      0.031
```

(2) 웨어 실험

① 광정웨어

본 소절에서는 **그림 4.43**과 같이 가로 40cm ×세로 40cm, 수로길이 1,200cm인 다목적 개수로 실험장치를 이용하여 광정웨어(Hager and Schwalt, 1994; Hermann and Hager, 1998)의 수리특성 실험결과 에 대해 다루고자 한다(이종석, 2001). **그림 4.42(a)**와 같이 사각형 광정웨어 모형은 상·하류측면의 기울기를 1 : 0으로 고정시키고, 각각 웨어마루의 길이를 250, 300, 400mm로 한다. 또한 제방형 광정웨어(Kindsvater, 1964) 모형은 **그림 4.42(b)**와 같이 상·하류측면의 기울기를 1 : 2로 고정시키고, 웨어마루의 길이를 100, 200, 400mm로 한다. 그리고 이들 모형웨어에서 측정구간을 접근수로, 상류단 구간, 상부측면, 웨어마루, 도약구간, 하부수로와 하류단 구간 등으로 구분하여 유량의 크기를 변화시키면서 측정·분석한다. 그 결과는 사각형 웨어에서는 도약구간(④~⑤), 제방형 웨어에서는 웨어마루(③~④)와 도약구간(⑤~⑥)에 대한 수리특성의 분석결과를 제시하였다(신재옥 등, 2000; 송부호 등 2001).

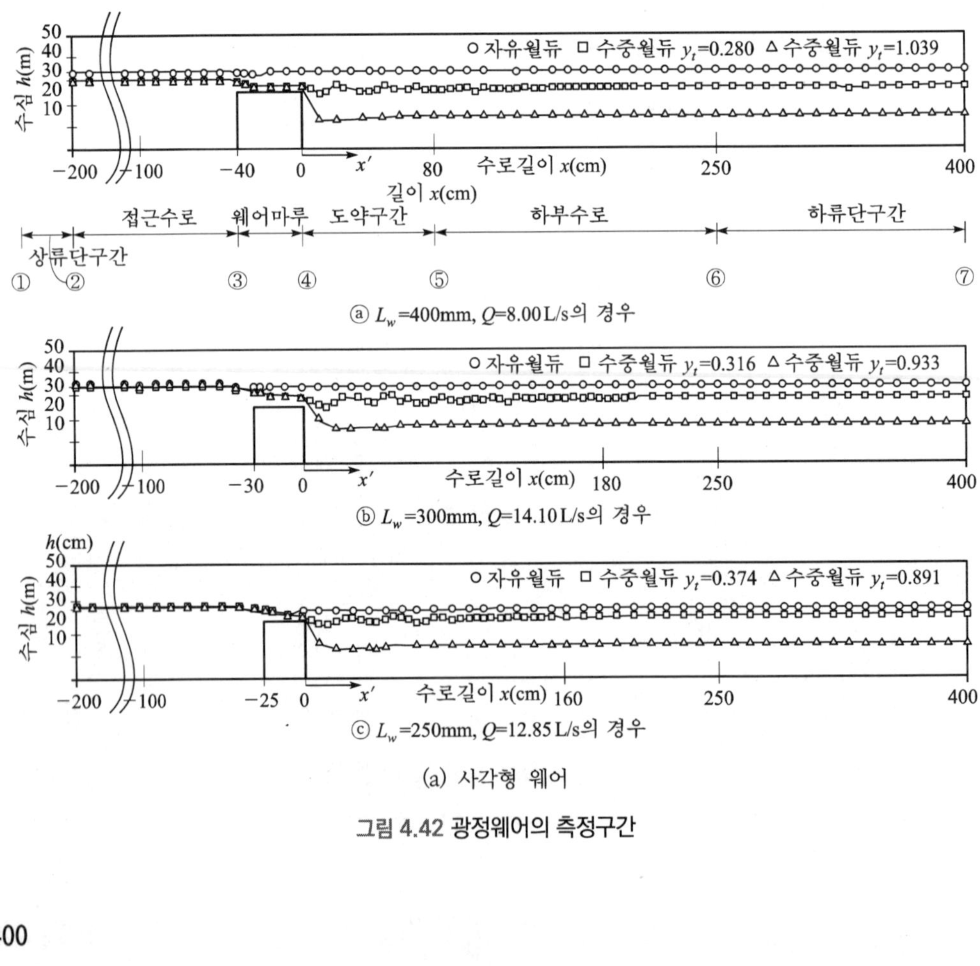

(a) 사각형 웨어

그림 4.42 광정웨어의 측정구간

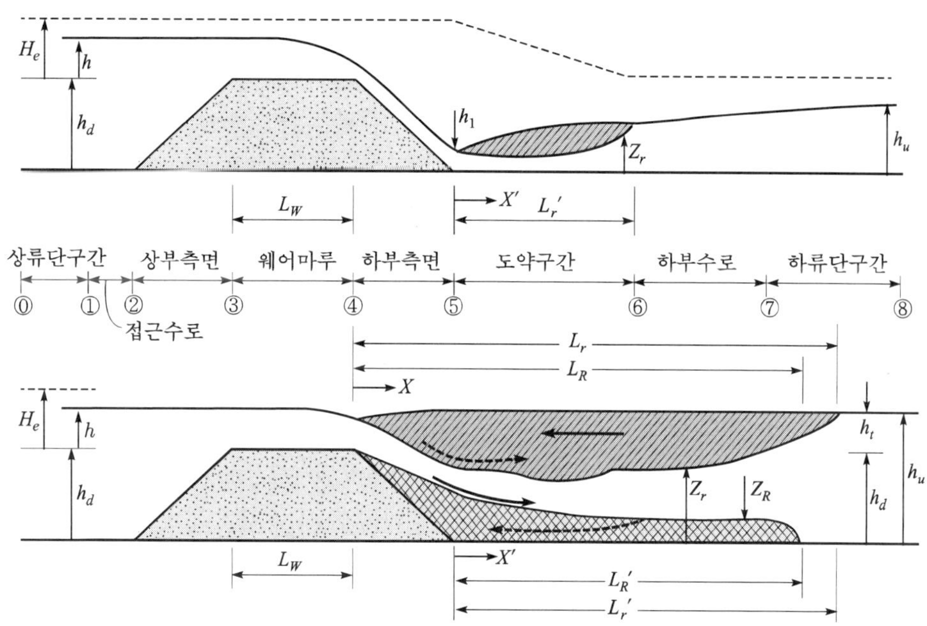

(b) 제방형 웨어(위 : 자유월류, 아래 : 수중월류)

H_e : 평균 총에너지 수두
h_o : 마루중심점의 표고를 기준으로 측정된 상류단 구간 내의 수심
h_t : 마루중심점의 표고를 기준으로 측정된 하류단 구간 내의 수심
L_R : 하상에서 순환하는 수류의 마루하단으로부터의 바닥 재순환 길이
L_r : 마루하단으로부터의 도약구간의 길이
L_R' : 하상에서 순환하는 수류의 웨어하단으로부터의 바닥 재순환 길이
h_1 : 하부측면 끝에서의 수심
L_r' : 웨어하단으로부터의 도약구간 길이
L_w : 웨어마루의 길이
h_d : 웨어마루의 높이
x : 마루하단을 원점으로하는 흐름방향 좌표
x' : 웨어하단을 원점으로하는 흐름방향 좌표
y_t : **잠수비**$(=h_t/h_0)$
z_R : 도약구간내 순환수류의 하상으로부터의 높이
z_r : 도약구간내 회전수류의 하상으로부터의 높이

그림 4.42 광정웨어의 측정구간(계속)

1) 모형실험

실험은 **그림 4.43**과 같은 다목적 수리실험장치(circulation open channel)와 장비를 사용하여 서론에서 언급한 바와 같은 측정구간에서의 실험을 수행한 것이다. 실험수로는 40cm×40cm의 사각형 단면으로 외부에서 흐름현상을 눈으로 볼 수 있게 양측면을 유리로 제작하였고, 길이가 1,200cm이며, 20m^{3}의 지하 저수조에서 40마력의 펌프를 이용해 10m^{3}의 옥상에 위치한 고수조로 양수하여 순환(circulation)시킴으로써 일정한 수두가 유지되도록 설계되었다. 유량은 지름 150mm 관으로부터 게이트 밸브를 이용해 최소 1.84L/s 에서 최대 32.94L/s 까지 조절하여 실험할 수 있도록 계획되어 있으며,

제방형 웨어와 구형 광정웨어의 흐름이 하류단 구간의 잠수상태에 따른 수심의 크기에 의해 자유도수와 침강분사, 표면분사가 발생되도록 하류단 수문(tail gate)을 조절하면서 실험하였다.

먼저 모형웨어의 마루길이를 결정한 후 모형웨어를 실험수로에 설치하고, 유량의 크기를 게이트 밸브로 조정한 다음, 다목적 수리실험장치 내의 고수조에 설치된 직각 삼각형 웨어(월류수두 h를 읽음)로부터의 유량은 **검정곡선**(calibration curve) [$Q_r = 1.385\times10^{-4}h^{2.348}$, $R^2 = 0.999$(Q_r ; L/s, h ; mm)]을 이용하여 구하며, 자유월류 또는 수중월류의 각 경우에 대한 수위와 유속 등을 측정한다. 측정지점은 $x' =$ −713～390cm까지 총 1,113cm의 수로구간 중 제방형 웨어는 $x' =$−180～0cm와 0～380cm까지의 560cm에 대한 각각의 실측이 이루어졌는데, 보통 1회의 측정유량에 대해 평균적으로 5시간 정도의 실험시간이 소요되었으며, 소정의 실험이 모두 끝나면 모형웨어를 교체시키고 위와 같은 요령으로 반복하여 실험하였다.

유속분포의 측정에는 실험수로와 개수로 유속측정 등에 사용할 수 있는 마그네틱 2차원 유속계(M2DV)와 실험수로에는 물론 하천수로, 하구 등에도 사용 가능한 음파 3차원 유속계(ADV)를 이용하였다. 이들 두 가지 유속계의 장비특성은 감지부(sensor)가 물속에 잠겨야 하는 점 때문에 수면과 하상에서의 유속은 센서가 위치한 곳의 유속을 채택하였다. 수위변화의 측정에는 1/10mm까지 측정할 수 있는 포인트 게이지와 디지털 수위계를 이용하였으며, 도수구간의 수면변화가 심한 곳은 그 최고점과 최저점의 평균수위를 채택하였다. 이들 측정장비들은 수로벽 위의 난간부분에 원형 강제(鋼製, steel) 레일을 만들고 그 위에 설치한 **계기주행대**(計器走行臺, instrument carriage)에 장착하여 필요한 측정위치에서의 실험자료를 얻을 수 있도록 하였다.

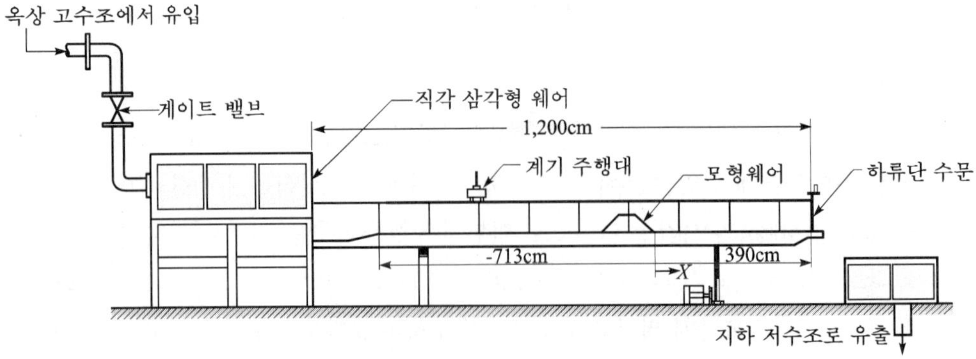

(a) 순환수로(circulation open channel) 개략도

그림 4.43 다목적 수리실험 장치와 실측장비

(b) 실험수로(40cm×40cm×1,200cm)

(c) 마그네틱 2차원 유속계

그림 4.43 다목적 수리실험 장치와 실측장비(계속)

본 연구에서 실험을 통해 얻은 자료는 표 4.9와 같이 최소 8.00L/s 에서 최대 21.89L/s 의 유량범위를 갖으며, Froude 수 $Fr_0=[Q/\{gb^2(h+h_d)^3\}^{1/2}$로 구한다. Reynolds 수는 평균기온 15℃에서의 동점성계수 $v=1.15\times10^{-2}\mathrm{cm}^2/\mathrm{s}$일 때 $Re_o=[(gH_e^3)^{1/2}/\nu]$로 구하며, C_d=제방형 웨어의 유량계수이다. 또한 평균 총수두는 $H_e/h_d<1/6$ 범위에서 $H_e=[h+Q^2/2gb^2(h+h_d)^2]$이나 그 보다 큰 경우에는 에너지 보정계수를 고려하여야 하므로 $H_e=[h+\alpha Q^2/2g^2(h+h_d)^2]$로 계산하였다.

표 4.9 광정웨어의 실험자료

종류	내용 / 회수	L_w (mm)	Q (L/s)	h (mm)	H_e (mm)	C_d	Fr_o	Re_o	비고
사각형 웨어	1	400	8.0	51.1	51.3	0.389	0.0387	3.16×10^4	자유월류
	2	〃	〃	51.4	51.6	0.385	0.0386	3.19×10^4	침강분사
	3	〃	〃	84.8	85.0	0.182	0.0330	6.74×10^4	표면분사
	4	300	14.1	69.1	70.2	0.571	0.0833	5.06×10^4	자유월류
	5	〃	〃	69.2	70.3	0.570	0.0833	5.07×10^4	침강분사
	6	〃	〃	81.9	82.9	0.445	0.0785	6.49×10^4	표면분사
	7	250	12.85	64.9	66.2	0.682	0.0929	4.63×10^4	자유월류
	8	〃	〃	65.5	66.8	0.672	0.0929	4.69×10^4	침강분사
	9	〃	〃	66.9	68.2	0.652	0.0920	4.84×10^4	표면분사

표 4.9 광정웨어의 실험자료(계속)

종류	내용 / 회수	L_w (mm)	Q (L/s)	h (mm)	H_e (mm)	C_d	Fr_o	Re_o	비고
제방형 웨어	1	100	20.25	80.2	82.2	0.493	0.085	6.41×10^4	자유월류
	2	〃	〃	80.2	82.2	0.493	0.085	6.41×10^4	침강분사
	3	〃	〃	98.3	100.0	0.365	0.078	8.60×10^4	표면분사
	3	200	21.89	88.3	90.5	0.460	0.088	7.41×10^4	자유월류
	4	〃	〃	88.8	91.5	0.457	0.088	7.53×10^4	침강분사
	5	〃	〃	88.7	90.9	0.457	0.088	7.46×10^4	표면분사
	7	400	17.90	76.6	78.1	0.468	0.076	5.94×10^4	자유월류
	8	〃	〃	77.0	78.5	0.464	0.076	5.98×10^4	침강분사
	9	〃	〃	76.3	77.9	0.465	0.076	5.90×10^4	표면분사

2) 분석·고찰

㈎ 사각형 광정웨어

사각형 광정웨어에서의 수면분포 특성을 비교 결과는 **그림 4.42(a)**와 같이 나타났다. **그림 4.42(a)ⓐ** 자유월류에서는 도약구간의 길이 $L_r{}'=74$cm였고, 약 5～6mm 정도의 비교적 큰 기포가 상당량 발생되어 도수의 특성을 확인할 수 있었으며, 12cm 정도의 통기대가 형성되어 월류하는 수맥의 두께가 약 2cm정도로서 낙하거리가 9cm에 달했다. 수중월류의 경우에는 상류단 구간 내의 수심(h_o)에 대한 하류단 구간 내의 수심(h_t)비(h_t/h_o)인 잠수비 $y_t=0.280$인 침강분사에서 수면분포 특성으로 $x'=0$cm인 시점으로부터의 도약구간 $L_R{}'=120$cm로 나타났는데, 이 구간에는 주기가 20cm, 파고 3cm 정도로 길이가 약 200cm에 걸쳐 수면분포의 형태가 매우 불규칙하게 발생되었다. $y_t=1.039$인 표면분사에서 는 도약구간 $L_r=128$cm로 나타났고, 기포는 발생되지 않았으며 수면의 변화가 거의 없는 일정한 흐름형태를 보였다.

그림 4.42(a)ⓑ의 자유월류에서는 도약구간 $L_r{}'=90$cm였고, 기포의 크기는 $L_w=400$mm 모형의 경우와 비슷하였고, 수중월류의 경우에는 $y_t=0.316$인 침강분사에서의 $L_R{}'=140$cm가 도약구간으로 나타났으며, 주기가 28cm, 파고 4cm 정도로 150cm의 길이에 걸쳐 수면의 형태가 불규칙하게 발생하였고, $y_t=0.977$에서는 $L_r=180$cm까지 도약구간으로 나타났다.

그림 4.42(a)ⓒ의 자유월류에서는 도약구간 $L_r{}'=90$cm로 나타났고, 6～8mm 크기의 기포가 반복적으로 다수 발생되었으며, 월류수맥의 두께와 낙하거리도 증가하였

다. 수중월류의 $y_t = 0.374$인 경우는 이와 반대의 현상이 나타난 것으로 보아 중점에서는 웨어를 월류한 수맥의 우에는 $L_w = 300$mm 모형에서와 거의 같은 현상이 나타났다. $y_t = 0.891$인 표면분사에서는 $L_r = 160$cm가 도약구간으로 나타났고, 기타 다른 현상은 $L_w = 300$mm 모형의 경우와 거의 비슷하였다.

(나) 제방형 광정웨어

그림 4.44(a)는 $L_w = 100$mm, $Q = 20.25$L/s, **그림 4.44(b)**는 $L_w = 200$mm, $Q = 21.89$L/s, **그림 4.44(c)**는 $L_w = 400$mm, $Q = 17.9$L/s에 대한 자유월류와 수중월류에 대한 수면분포를 나타낸 것이다.

그림 4.44(a)의 자유월류에서는 도약구간 $L_r' = 115$cm로 나타났고, 수면에 거품이 생길 정도로 1~3mm 크기의 기포가 길게는 10~20초, 짧게는 3~8초 주기로 반복적으로 발생되었으며, 잠수비 $y_t = 0.279$인 침강도수인 경우에는 $L_R' = 92$cm가 도약구간으로 나타났으며, 기포의 크기는 1~4mm 정도인 것이 발생되었다. $y_t = 0.971$인 표면분사에서는 $L_r = 118$cm가 도약구간으로 나타났고, 아주 느린 속도로 기포가 발생되었는데, 그 크기는 초기에는 1~6mm 정도이다가 20분 정도 시간이 경과되면 1mm 정도 크기로 아주 적은 양의 기포가 발생되었다.

그림 4.44(b)의 자유월류에서는 도약구간 $L_r' = 98$cm였고, 기포의 크기는 약 5~9mm정도의 비교적 큰 기포가 상당량 발생되어 도수의 특성을 확인할 수 있었으며, 잠수비 $y_t = 0.159$인 침강분사에서의 $L_R' = 92$cm가 도약구간으로 나타났다. 기포의 크기는 1~4mm정도인 것이 발생되었으며, $y_t = 0.692$에서는 $L_r = 100$cm까지 도약구간으로 나타났고, 아주 느린 속도로 기포가 발생되었는데, 그 크기는 초기에는 1~6mm 정도이다가 20분 정도 시간이 경과되면 1mm정도 크기로 아주 적은 양의 기포가 발생되었다.

그림 4.44(c)의 자유월류에서는 도약구간 $L_r' = 71$cm이며, 기포의 크기는 $L_w = 200$mm 모형의 경우와 비슷하였고, 잠수비 $y_t = 0.220$인 침강분사에서는 수면분포 특성으로 $x' = 0$cm인 시점으로부터의 도약구간 $L_R' = 105$cm로 나타났는데, 이 구간에는 크기가 1~3mm정도의 아주 작은 기포가 발생되었다. 잠수비 $y_t = 0.841$인 표면분사에서는 도약구간 $L_r = 90$cm로 나타났고, 기포는 거의 발생되지 않았다.

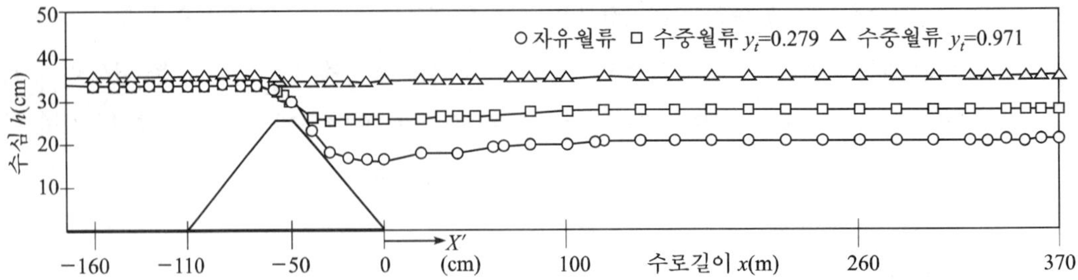

(a) L_w=100mm, Q=20.25L/s의 경우

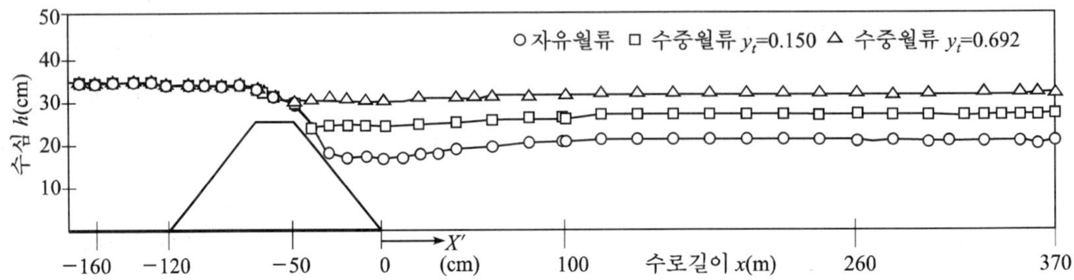

(b) L_w=200mm, Q=21.89L/s의 경우

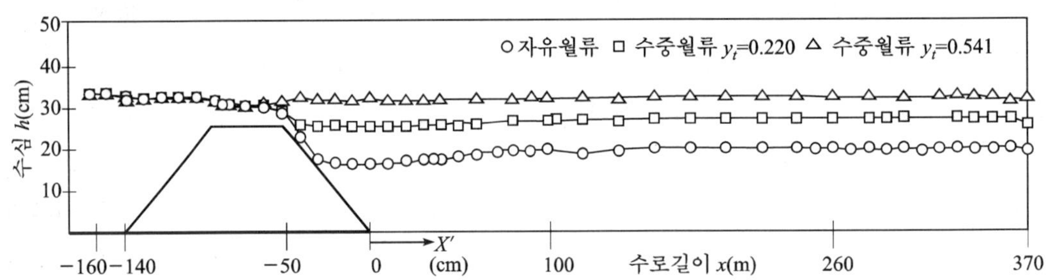

(c) L_w=400mm, Q=17.90L/s의 경우

그림 4.44 제방형 광정웨어에서의 수면분포 비교

② 수두관계곡선

웨어를 월류하는 유량에 대한 수위관계곡선은 **[예제 4.15]**를 통해 $Q = Q(h)$를 작성하고, 여러 종류의 웨어에 대해 적합성 여부를 검토함으로써 유도할 수 있다.

예제 4.15

최소 $0.02m^3/s$에서 최대 $0.60m^3/s$까지의 유량이 폭 2m인 사각형 수로 흐른다. 이 유량은 사각형 예연웨어, 직각 삼각형 예연웨어, 광정웨어를 이용하여 각각 측정되었다. 이 세 경우의 웨어를 월류하는 유수단 면적의 저변은 하상으로부터 1m에서부터 시작된다. 다음 사항에 답하시오.

1. 세 가지 웨어의 유량에 대한 수위관계곡선[$Q=Q(h)$] 작성
2. 세 가지 웨어에 대한 적합성 여부 검토

[풀이]

1. 세 가지 웨어의 유량에 대한 수위관계곡선[$Q=Q(h)$] 작성

(1) 사각형 예연웨어

① 웨어마루가 1m인 사각형 예연웨어를 통한 실제 유량은 다음 식으로 구한다.

$$Q_r = C_{wr}\frac{2}{3}\sqrt{2g}\,bh^{3/2} \qquad (예4.15.1)$$

여기서 C_{wr} =사각형 웨어의 유량계수로 이는 차원해석에 의하면 점성과 표면장력, 기하학적 형상(웨어마루 높이에 대한 월류수두의 비, h/h_d)의 함수이나 실제에서는 h/h_d의 영향을 고려하여 다음 식으로 구한다.

$$C_{wr} = 0.611 + 0.075\left(\frac{h}{h_d}\right) \qquad (예4.15.2)$$

② 식 (예4.15.2)를 (예4.15.1)에 대입하고 정리하면 다음 식을 얻는다.

$$Q_r = 0.611 + 0.075\left(\frac{h}{h_d}\right)\frac{2}{3}\sqrt{2g}\,bh^{3/2} \qquad (예4.15.3a)$$

$$= 0.611 + 0.075\left(\frac{h}{1}\right)\frac{2}{3}\sqrt{2(9.8)}\,(2)h^{3/2} = 5.90(0.611+0.075h)h^{3/2}$$

$$\therefore\ Q_r = 5.90(0.611+0.075h)h^{3/2} \qquad (예4.15.3b)$$

③ 식 (예4.15.3b)에서 $Q_r(m^3/s)$은 $h(m)$의 함수로 이들 관계는 **표 예4.15, 그림 예4.15.2**와 같다.

(2) 삼각형 예연웨어

① 웨어마루가 1m인 삼각형 예연웨어를 통한 실제 유량은 다음 식으로 구한다.

$$Q_r = C_{wt}\frac{8}{15}tan\frac{\theta}{2}\sqrt{2g}\,h^{5/2} \qquad (예4.15.4a)$$

$$= C_{wt}\frac{8}{15}tan(45°)\sqrt{2(9.8)}\,h^{5/2}$$

$$\therefore\ Q_r = 2.36C_{wt}h^{5/2} \qquad (예4.15.4b)$$

여기서 C_{wt} =삼각형 웨어의 유량계수로 **그림 5.37**(이종석, 2022a; p. 418 참조)로부터

$h=0.4$ft(0.12m) → 0.605, $h=0.6$ft(0.18m) → 0.595, $h=0.8$ft(0.24m) → 0.590, $h=1.0$ft(0.30m) → 0.585를 평균해 대략적으로 결정하면 $C_{wt}=0.594$이다.

$$\therefore\ Q_r = 1.402h^{5/2} \quad \text{(예4.15.4c)}$$

② 식 (예4.15.4c)에서 Q_r(m^3/s)은 h(m)의 함수로 이들 관계는 **표 예4.15**, **그림 예4.15.2**와 같다.

(3) 광정웨어

① 광정웨어는 **그림 예4.15.1**과 같이 유체 압력이 정수압으로 고려되는 수평마루를 갖는 개수로 내에 만들어진다. 일반적으로 적절한 조작을 위한 웨어 범위는 $0.08 < h/L_w < 0.50$로 제한된다. 그 이유는 $h/L_w < 0.08$인 긴 웨어(long weir) 위의 흐름은 수두손실을 무시할 수 없기 때문(점성의 영향이 중요하고, 흐름이 웨어 위에서 상류를 형성)이고, $h/L_w > 0.50$인 짧은 웨어(short weir) 위의 흐름은 유선이 수평을 이루지 못하기 때문이다.

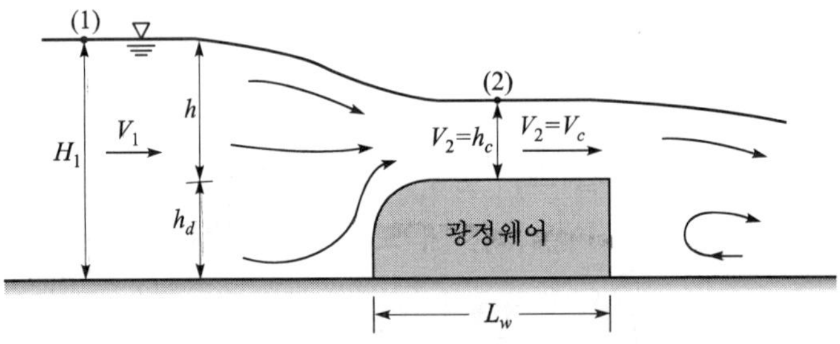

그림 예4.15.1 광정웨어의 형상과 흐름정의

② 광정웨어의 활용은 거의 일정한 한계류가 웨어마루 위의 짧은 구간에서 발생된다는 사실에 기초를 두고 있다. 상류부(1)지점의 운동에너지(접근유속)를 무시할 수 있다면 $V_1^2/2g \ll H_1$이므로 상류의 비에너지는 $E_1 = V_1^2/2g + H_1 \fallingdotseq H_1$이 된다. 이때 웨어 위의 흐름은 비에너지 곡선의 최소 비에너지 점에 상응하는 $H_2 = h_c$이고, $Fr_2 = 1(\because\ V_2 = V_c)$인 한계류가 관측된다. 흐름은 난류조건인 $Fr_2 > 1$로 가속되지 않고, 파가 한계류에 대해 상류로 전파되지도 않는다.

③ Bernoulli 방정식을 웨어의 상류부 단면(1)과 흐름이 한계류상태인 웨어마루의 점(2) 사이에 적용하면 다음 식을 얻는다.

$$\frac{V_1^2}{2g} + \frac{p_1}{\gamma} + z_1 = \frac{V_2^2}{2g} + \frac{p_2}{\gamma} + z_2 \quad \text{(예4.15.5)}$$

여기서 $p_1/\gamma = h$, $z_1 = h_d$이고, $V_2 = V_c$, $z_2 = h_d$이므로 식 (예4.15.5)는 다음과 같이 쓸 수 있다.

$$h - h_c = \frac{(V_c^2 - V_1^2)}{2g} = \frac{V_c^2}{2g} \quad \text{(예4.15.6)}$$

④ 식 (예4.15.6)은 $V_2 = V_c = (gh_c)^{1/2}$, $V_c^2 = gh_c$이므로 다음 식을 얻는다.

$$h - h_c = \frac{h_c}{2} \tag{예4.15.7a}$$

$$h_c = \frac{2h}{3} \tag{예4.15.7b}$$

⑤ 그러므로 유량은 다음과 같이 구한다.

$$Q = A_2 V_2 = bh_2 V_2 = bh_c V_c = bh_c (gh_c)^{1/2} = b\sqrt{g}\, h_c^{3/2} \tag{예4.15.8a}$$

$$Q = b\sqrt{g}\left(\frac{2}{3}h\right)^{3/2} = b\sqrt{g}\left(\frac{2}{3}\right)^{3/2} h^{3/2} \tag{예4.15.8b}$$

⑥ 식 (예4.15.8)은 이론유량 Q이고, 실제유량 Q_r은 손실을 고려하여 유량계수 C_{wb} $(= Q_r/Q)$로 다음과 같이 보정해야 한다.

$$Q_r = C_{wb}\left(\frac{2}{3}\right)^{3/2} \sqrt{g}\, b h^{3/2} \tag{예4.15.9a}$$

여기서 전형적인 광정웨어 유량계수 C_{wb}는 다음과 같이 구할 수 있다(Chow, 1959).

$$C_{wb} = \frac{0.65}{(1 + h/h_d)^{1/2}} \tag{예4.15.9b}$$

⑦ 식 (예4.15.9)를 이용하면 광정웨어의 다음과 유량을 구할 수 있다.

$$Q_r = C_{wb}\left(\frac{2}{3}\right)^{3/2} \sqrt{g}\, b h^{3/2} = 1.704\, C_{wb}\, b h^{3/2} \tag{예4.15.10a}$$

$$Q_r = 1.704 \frac{0.65}{(1 + h/h_d)^{1/2}}\, b h^{3/2} = \frac{1.1076\, b h^{3/2}}{(1 + h/h_d)^{1/2}} \tag{예4.15.10b}$$

⑧ 식 (예4.15.10)에 웨어마루 높이 $h_d = 1\mathrm{m}$, 폭 $b = 2\mathrm{m}$를 대입하고 정리하면 다음 식을 얻는다.

$$Q_r = \frac{2.22\, h^{3/2}}{(1 + h)^{1/2}} \tag{예4.15.11}$$

⑨ 식 (예4.15.11)에서 $Q_r\,(\mathrm{m^3/s})$은 $h\,(\mathrm{m})$의 함수로 이들 관계는 **표 예4.15.17**, **그림 예4.15.2**와 같다.

표 예4.15 웨어의 h와 Q_r 관계

수두 h(m)	웨어 종류와 유량 $Q_r(m^3/s)$		
	사각형	삼각형	광정
0.030	0.0188	0.00023	0.0114
0.031	0.0198	0.00024	0.0119
0.044	0.0335	0.00057	0.0201
0.050	0.0406	0.00078	0.0242
0.070	0.0673	0.00181	0.0397
0.100	0.1150	0.00400	0.0670
0.182	0.2860	0.02000	0.1590
0.295	0.5990	0.06600	0.3130
0.400	0.9570	0.14200	0.4750
0.476	1.2530	0.21900	0.6000
0.600	1.7990	0.39100	0.8160
0.719	2.3810	0.61000	1.0290

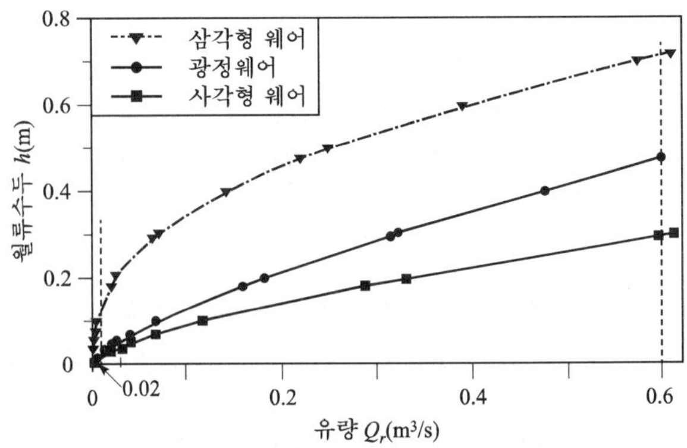

그림 예4.15.2 웨어의 종류별 수두 h에 따른 유량 Q_r 관계

2. 세 가지 웨어에 대한 적합성 여부 검토

(1) 최소유량에 대한 수두 측정의 용이성 : 이들 세 가지 웨어는 적은 유량에도 계산은 가능하였지만, 사각형 웨어와 광정웨어는 이들 조건에서 작은 수두 h때문에 $Q_r = Q_{mim}=0.02m^3/s$ 부근에서 아주 부정확하다. 그러나 삼각형 웨어는 적은 유량에서 큰 수두 h를 수용할 수 있다. 사각형·삼각형 광정웨어에서 $Q_r = Q_{mim}=0.02m^3/s$에 해당하는 수두는 각각 0.0312m, 0.182m, 0.0440m이며, 이 중 사각형 웨어와 광정웨어는 수두 3cm, 4cm로 측정이 쉽지 않다.

(2) 웨어 조작에 필요한 흐름조건 형성 검토 : 광정웨어의 조작을 위한 형상은 $0.08 < H/L_w < 0.50$으로 제한할 때(∵ 이 범위에서 마루에 한계류가 발생) 식 (예4.15.11)에 의하면 $Q_{\max} = 0.6m^3/s$에 대해 필요한 수두는 $h_{\max}=0.476m$이다. 이는 수로 내 가장 큰 유량에서 적절한 한계류 조건을 유지하려면 웨어길이 $L_w > h_{\max}/0.5=0.952m$가 필요하고, 최소유량 $Q_r = Q_{mim}=0.02m^3/s$에 대한 수두 $h_{\min}=0.0440m$이다. 그러므로 마찰영향을 받지 않으려면 최소유량일 때 마루길이 $L_w < h_{\min}/0.08=0.549m$가 필요하다. 결론적으로 마루길이 L_w의 형상에 관한 이들 주 제한조건은 양립할 수 없다.

(3) 조건에 맞는 적정 웨어의 결정 : 위에서 분석한 것과 같이 광정웨어(사각형 웨어는 수두가 더 작음)는 주어진 유량조건에서 적절한 기능을 발휘할 수 없을 것이다. 그러므로 흐름조건을 만족시키는 것은 예연 삼각형이며, 이는 최대수두 $h_{\max}=0.719m$에서 최대유량을 측정할 수 있다.

4.3 부정·천이

4.3.1 부정류

(1) 관수로

주어진 한 점에서의 유속 또는 흐름특성이 시간에 따라 변하지 않는다면 흐름은 **정상류**(steady flow)이고, 유속 또는 흐름특성이 시간에 따라 변한다면 그 흐름은 **부정류**(unsteady flow)라는 것은 이미 유체역학의 시작단계로부터 배워 잘 알고 있는 사실이다. 물론 대부분의 수리학 관련 전공 서적들이 개수로의 부정류도 아닌 **관수로**(closed conduit flow, pipe flow)의 부정류(unsteady flow)를 다루는 것은 극히 드물다. 그러나 관수로 흐름의 중요한 흐름조건인 **천이류**(遷移流, transient flow) 흐름 등을 이해하기 위해서는 부정류 관수로의 지배 방정식 유도와 그 해의 계산방법을 개념적으로 이해하는 하는 것은 의미 있는 일이다.

관수로 부정류[unsteady closed-conduit(pipe) flows)]의 **천이흐름**[(transient flow) (=중간상태 흐름, intermediate-state flow)]은 관수로의 급폐쇄에 의한 파압의 변화를 고려한 **지배 방정식**(governing equations)을 유도하는 것이다. 이 식의 유도에는 유체가 약간의 **압축성**(slightly compressible)을 갖고, **관벽**(conduit walls)은 **선형 탄성**(linearly elastic)을 가지며, 약간의 변형(slightly deformable)을 갖는 것으로 가정한다. 그리고 수두손실(head losses)은 정상류 공식으로 계산하는 것으로 가정한다.

① 연속 방정식

관수로의 **부정류**는 그림 4.45와 같이 **통제체적**(control volume)에 **질량보존 법칙**(law of conservation of mass) 적용하여 다음과 같이 유도한다(Cassidy et al., 1998).

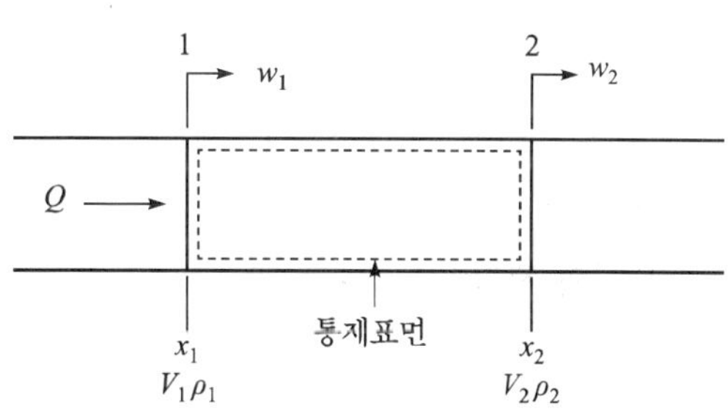

그림 4.45 연속 방정식에 대한 기호

그림 4.45와 같이 통제체적인 단면 1과 2의 축소 또는 확대값을 w_1, w_2이고, 거리는 x, 유속 V, 유량 Q일 때 부정류에 대한 연속 방정식은 다음과 같이 쓸 수 있다.

$$\frac{d}{dt}\int_{x_1}^{x_2} \rho A dx + \rho_2 A_2 (V_2 - w_2) - \rho_1 A_1 (V_1 - w_1) = 0 \quad (4.123)$$

식 (4.123)의 좌변 첫째 항에 **라이프니츠(Leibniz) 법칙**을 적용하고, $dx_1/dt = w_1$, $dx_2/dt = w_2$로 하면 다음 식과 같이 단순화할 수 있다.

$$\frac{d}{dt}\int_{f_1(t)}^{f_2(t)} F(x,t)dx$$
$$= \int_{f_1(t)}^{f_2(t)} \frac{\partial}{\partial t}F(x,t)dx + F(f_2(t),t)\frac{df_2}{dt} - F(f_2(t),t)\frac{df_1}{dt} \tag{4.124a}$$

$$\int_{x_1}^{x_2} \frac{\partial}{\partial t}(\rho A)dx + (\rho A V)_2 - (\rho A V)_1 = 0 \tag{4.124b}$$

식 (4.124b)는 **평균치 정리**(mean value theorem)를 적용하여 $\Delta x = x_2 - x_1$로 전체를 나눈 후 $\lim_{\Delta x \to 0} \Delta x$으로 놓고, 정리하면 다음과 같이 쓸 수 있다.

$$\int F(x)dx = (x_2 - x_1)F(\xi),\ x_1 < \xi < x_2\ ] \tag{4.125a}$$

$$\frac{\partial}{\partial t}(\rho A) + \frac{\partial}{\partial x}(\rho A V) = 0 \tag{4.125b}$$

식 (4.125b) 괄호 안의 항을 전개, 각 항을 정리하여 **전미분**(total derivative)에 대한 식을 사용하고, ρA로 전체를 나누면 다음과 같이 쓸 수 있다.

$$\frac{1}{\rho}\frac{d\rho}{dt} + \frac{1}{A}\frac{dA}{dt} + \frac{\partial V}{\partial x} = 0 \tag{4.126}$$

식 (4.126)에서 ρ와 A의 도함수를 일반적으로 사용하는 변수 p(압력)와 V(유속)의 항으로 다음과 같이 표시한다.

유체의 **체적탄성계수**(bulk modulus of elasticity) K를 다음과 같이 도입, 정의한다.

$$K = \frac{dp}{\frac{d\rho}{\rho}} = \frac{\rho g \Delta H}{\frac{\Delta \rho}{\rho}} \tag{4.127}$$

식 (4.127)은 다음 식과 같이 쓸 수 있다.

$$\frac{d\rho}{dt} = \frac{\rho}{K}\frac{dp}{dt}\left[\leftarrow\left(d\rho = \frac{\rho}{K}dp\right)\right] \tag{4.128}$$

관의 반경이 R인 단면적은 $A=\pi R^2$이므로 $\frac{dA}{dt}=\frac{d}{dt}(\pi R^2)=2\pi R\frac{dR}{dt}$이고, 변위 ϵ을 도입하면 다음과 같이 쓸 수 있다. $\left[\frac{dA}{dt}=(2\pi R^2)\right]\left[\left(\frac{dR}{R}\right)/dt\right]\left[\leftarrow\pi R^2=A,\ \frac{dR}{R}=d\epsilon\right]$

$$\therefore \frac{dA}{dt}=2A\frac{d\epsilon}{dt} \text{ 또는 } \frac{1}{A}\frac{dA}{dt}=2\frac{d\epsilon}{dt} \tag{4.129}$$

식 (4.129)의 미분식을 단순화하기 위해 관 길이 전체가 **팽창 접합부**(expansion joints)를 갖는다고 가정하면 **축응력**(axial stress)은 영이므로 **내부압력**(inside press) p인 얇은 관벽(thin-walled conduit)의 테(두께) **응력**(=주장력 공식, hoop stress) σ_t는 다음과 같이 쓸 수 있다.

$$\sigma_t=\frac{pD}{2e} \tag{4.130}$$

여기서 e =관벽의 두께이다.

식 (4.130)에 시간도함수를 취하고, dD/dt가 작으므로 무시하고, 관의 탄성체를 고려, 응력 σ_t와 변위 ϵ 간의 관계식 $\epsilon=\sigma_t/E$을 사용함으로써 다음 식을 얻을 수 있다.

$$\frac{d\epsilon}{dt}=\frac{D}{2eE}\frac{dp}{dt} \tag{4.131}$$

식 (4.129)와 식 (4.131)의 관계를 정리하면 다음과 같이 쓸 수 있다.

$$\frac{1}{A}\frac{dA}{dt}=\frac{D}{eE}\frac{dp}{dt} \tag{4.132}$$

식 (4.126)에 식 (4.127), (4.132)를 대입하고, 이 식을 단순화시킴으로써 다음 식을 얻는다.

$$\frac{\partial V}{\partial x}+\frac{1}{K}\left[1+\frac{1}{eE/DK}\right]\frac{dp}{dt}=0 \tag{4.133a}$$

$$a^2=\left[\left(\frac{K}{\rho}\right)/\left(1+\frac{DK}{eE}\right)\right] \tag{4.133b}$$

식 (4.133a)에 **압력파**(pressure wave)의 관내 전후 이동(travel back and forth)을 갖는 파속(wave speed) a인 식 (4.133b)를 대입하고, 각 항에 ρa^2을 곱한 후 전미분식으로 정리하면 다음과 같은 **연속 방정식**(continuity equation)을 얻는다.

$$\left\{\frac{1}{K}\left[1+\frac{1}{eE/DK}\right]=\frac{1}{K}\left[1+\frac{DK}{eE}\right]\Rightarrow K\left[\frac{1}{1+(DK/eE)}\right]\right.$$

$$\Rightarrow a^2=\left[\left(\frac{K}{\rho}\right)\Big/\left(1+\frac{DK}{eE}\right)\right]$$

$$\Rightarrow \rho a^2=K\left[1\Big/\left(1+\frac{DK}{eE}\right)\right]\Rightarrow\frac{1}{\rho a^2}=\frac{1}{K}\left[1+\frac{DK}{eE}\right]\Rightarrow\therefore\ \rho a^2\frac{\partial V}{\partial x}+\frac{dp}{dt}=0$$

$$\left.\rho a^2\frac{\partial V}{\partial x}+\frac{\partial p}{\partial t}+V\frac{\partial p}{\partial x}=0\right\}$$

$$\frac{\partial p}{\partial t}+V\frac{\partial p}{\partial x}+\rho a^2\frac{\partial V}{\partial x}=0 \tag{4.134}$$

② 운동량 방정식

그림 4.46과 같이 축소 또는 확장되는 **통제체적**(control volume)의 단면 1과 2에 Newton 운동 제2법칙인 **운동량 방정식**(momentum equation)을 적용하면 다음과 같다.

$$\Sigma F=\frac{d}{dt}\int_{x_1}^{x_2}\rho VAdx+[\rho A(V-w)V]_2-[\rho A(V-w)V]_1 \tag{4.135}$$

여기서 $\Sigma=x$방향의 시스템에 작용하는 모든 힘의 합이고, w_1, w_2 =통제체적 단면 1과 2의 축소 또는 확대값이며, x =거리, V=유속이다.

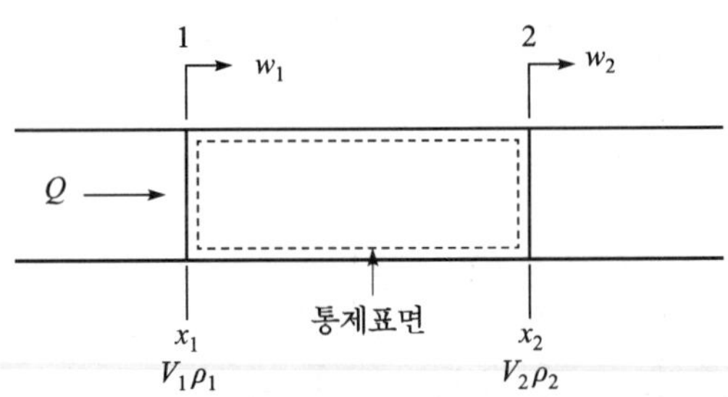

그림 4.46 운동량 방정식에 대한 기호

식 (4.135) 우변의 첫째 항은 식 (4.123)의 경우와 같이 라이프니츠(Leibniz) 법칙 시 (4.124a)를 적용하고, $dx_1/dt=w_1$, $dx_2/dt=w_2$로 하면 다음 식을 얻는다.

$$\Sigma F=\int_{x_1}^{x_2}\frac{\partial}{\partial t}(\rho VA)dx+(\rho AV)_2w_2-(\rho AV)_1w_1+[\rho A(V-w)V]_2-[\rho A(V-w)V]_1 \tag{4.136}$$

식 (4.136) 첫째 항에 평균치 정리 식 (4.125a)를 적용하고, Δx로 전체를 나누면 다음 식을 얻는다.

$$\frac{\Sigma F}{\Delta x} = \frac{\partial}{\partial t}(\rho A V) + \frac{(\rho A V^2)_2 - (\rho A V^2)_1}{\Delta x} \tag{4.137}$$

관이 수평으로 놓였다고 가정하고 통제체적의 시스템에 작용하는 단면 1과 2의 수압 p, 전단응력 τ_0(shear stress)에 의한 힘들을 다음과 같이 계산한다.

$$F_{p_1} = p_1 A \tag{4.138a}$$

$$F_{p_2} = p_2 A \tag{4.138b}$$

$$F_s = \tau_0 A_f = \tau_0 \pi D \Delta x = \rho \frac{f V|V|}{8} \pi D \Delta x \tag{4.138c}$$

식 (4.138c)는 $\tau_0 = \gamma R_h S_f$에 $R_h = D/4$, $S_f = f V^2/(2Dg)$와 Darcy-Weisbach의 마찰수두공식 $[= \gamma(D/4)(f V^2/2Dg) = \rho(f V^2/8)]$을 적용하여 유도하였으며, 식 (4.138)의 힘들을 작용방향을 고려하여 정리하면 다음 식과 같다.

$$\Sigma F = p_1 A - p_2 A - \rho \frac{f V|V|}{8} \pi D \Delta x \tag{4.139}$$

식 (4.137)에 식 (4.139)를 대입하고, $\lim_{\Delta \to 0} \Delta x$으로 놓으면 다음 식을 얻을 수 있다.

$$\frac{\partial}{\partial t}(\rho A V) + \frac{\partial}{\partial x}(\rho A V^2) + A \frac{\partial p}{\partial x} + \rho \frac{f V|V|}{8} \pi D = 0 \tag{4.140}$$

식 (4.140)의 괄호 안의 항들을 전개하고, 이들 항을 재정리하면 다음 식과 같이 슬 수 있다.

$$V\left[\frac{\partial}{\partial t}(\rho A) + \frac{\partial}{\partial x}(\rho A V)\right] + \rho A \frac{\partial V}{\partial t} + \rho A V \frac{\partial p}{\partial x} + A \frac{\partial p}{\partial x} + \rho A f \frac{V|V|}{2D} = 0 \tag{4.141}$$

식 (4.125)의 연속 방정식에 따르면 식 (4.141) [ ] 내(內) 두 항의 합은 영이므로 이들 항을 제외한 후 ρA로 나누고 정리하면 다음과 같은 **운동량 방정식**(momentum equation)을 얻는다.

$$\frac{\partial V}{\partial t} + V \frac{\partial V}{\partial x} + \frac{1}{\rho} \frac{\partial p}{\partial x} + \frac{f V|V|}{2D} = 0 \tag{4.142}$$

식 (4.134)와 (4.142)는 단순화·공학적 응용, 수공분야 실무(활용)측면에서 식 (4.134)와

(4.142)의 $V\frac{\partial p}{\partial x}$, $V\frac{\partial V}{\partial x}$, $\rho g V\frac{\partial H}{\partial x}$ 항을 0으로 하고, **위압수두**(piezometric head) H, $\frac{\partial p}{\partial t}=\rho g\frac{\partial H}{\partial t}$, $\frac{\partial p}{\partial x}=\rho g\frac{\partial H}{\partial x}$, $Q=AV$ 관계를 이용하여 다음 식과 같이 쓸 수 있다.

$$\frac{\partial H}{\partial t}+\frac{a^2}{gA}\frac{\partial Q}{\partial x}=0 \tag{4.143a}$$

$$\frac{\partial Q}{\partial t}+gA\frac{\partial H}{\partial x}+RQ|Q|=0 \tag{4.143b}$$

식 (4.143b)의 좌변 세 번째 항은 $(fV|V|/2D)=(fQ|Q|/2DAA)$에 면적을 곱하고, $(f/2DA)=R$관으로부터 유도하였다.

③ **지배 방정식의 해**

연속 방정식과 운동량 방정식 (4.143a), (4.143b)는 편미분 방정식의 셋(set)이고, 바꿔 말하면, **위압수두**(piezometric head) H와 **유량**(discharge) Q는 시간 t와 공간 x의 함수이다. 시간과 거리는 독립변수로 부르고, 반면에 수두와 유량은 종속변수로 부른다. 천이류 계산은 x, t에 관한 H와 Q의 변화를 결정하는 것이다.

관로 시스템의 마찰을 무시하면, 즉 $f=0$이며, 다음과 같이 연속 방정식과 운동량 방정식으로부터 Q를 소거한다고 하자. 식 (4.143b)에 $a^2/(gA)$를 곱하고, $R=0$을 대입, x에 관해 미분한 후 t에 관해 식 (4.143a)를 미분함으로써 얻어지는 식에서 빼면 다음과 같이 쓸 수 있다.

$$\frac{\partial^2 H}{\partial^2 t}=a^2\frac{\partial^2 H}{\partial^2 x} \tag{4.144}$$

- $\frac{\partial Q}{\partial t}+gA\frac{\partial H}{\partial x}+RQ|Q|=0 \quad (\leftarrow R=0);$ (4.143b)

  $\frac{\partial}{\partial x}[\frac{a^2}{gA}\frac{\partial Q}{\partial t}+gA\frac{\partial H}{\partial x}\frac{a^2}{gA}]=\frac{\partial}{\partial x}[a^2\frac{\partial H}{\partial x}]=a^2\frac{\partial^2 H}{\partial x^2}$ ①

- $\frac{\partial H}{\partial t}+\frac{a^2}{gA}\frac{\partial Q}{\partial x}=0$ (4.143a)

  $\frac{\partial}{\partial t}[\frac{\partial H}{\partial t}+\frac{a^2}{gA}\frac{\partial Q}{\partial x}=\frac{\partial^2 H}{\partial t^2}$ ②

$$\bullet\ ① - ②=0;\ a^2\frac{\partial^2 H}{\partial x^2}-\frac{\partial^2 H}{\partial t^2}=0 \quad \therefore \frac{\partial^2 H}{\partial t^2}=a^2\frac{\partial^2 H}{\partial x^2} \tag{4.144}$$

식 (4.144)는 파속 a에서 압력파의 전파를 표현하는 파방정식으로 잘 알려져 있다. 수격작용(water hammer)[=수리적 천이(hydraulic transient flow)]에 대한 대부분의 계산절차는 컴퓨터의 활용화 전에는 하나의 형 또는 다른 형의 폐쇄형 해(closed-form solutions), 도해적(graphical), 산술적 적분(arithmetical integration)의 해를 구하는데 사용되었다. 고성능 컴퓨터의 활용화는 비선형 수두손실 항을 포함한 지배 방정식의 수치해를 구하는데 사용되었고, 그 방법 중 편도함수의 도식적 해법을 1798년에 도입한 Monge의 특성곡선법을 다룬다.

1) 특성곡선법

식 (4.143)으로 표시되는 편미분 방정식의 해를 구하기 위해 **미지 승변수**(乘變數, unknown multiplier) λ를 식 (4.143a) 둘째 항(계수)에 곱하고, 식 (4.143b)의 앞 두 항을 묶은 식에 λ를 곱하고 그 괄호 안의 둘째 항(계수)을 λ로 나누어 다음 식(선형 조합식)을 얻는데, 이를 **특성곡선법**(method of characteristic)이라 한다.

$$\left[\frac{\partial Q}{\partial t}+\frac{\lambda a^2}{gA}\frac{\partial Q}{\partial x}\right]+\lambda\left[\frac{\partial H}{\partial t}+\frac{gA}{\lambda}\frac{\partial H}{\partial x}\right]+RQ|Q|=0 \tag{4.145}$$

식 (4.145)의 Q, H항은 x, t의 함수, 즉 $Q=Q(x,t)$, $H=H(x,t)$이므로 **전미분**(total derivatives)으로 다음과 같이 쓸 수 있다.

$$\frac{dH}{dt}=\frac{\partial H}{\partial t}+\frac{\partial H}{\partial x}\frac{dx}{dt} \tag{4.146a}$$

$$\frac{dQ}{dt}=\frac{\partial Q}{\partial t}+\frac{\partial Q}{\partial x}\frac{dx}{dt} \tag{4.146b}$$

식 (4.146)와 식 (4.145) [ ] 내(內)의 식을 비교하면, 식 (4.146a)와 식 (4.146b)에서 다음 관계식을 각각 얻는다.

$$\frac{\partial H}{\partial t}+\frac{\partial H}{\partial x}\frac{dx}{dt}=\left[\frac{\partial H}{\partial t}+\frac{gA}{\lambda}\frac{\partial H}{\partial x}\right]\Rightarrow\frac{dx}{dt}=\frac{gA}{\lambda} \tag{4.147a}$$

$$\frac{\partial Q}{\partial t}+\frac{\partial Q}{\partial x}\frac{dx}{dt}=\frac{\partial Q}{\partial t}+\frac{\lambda a^2}{gA}\frac{\partial Q}{\partial x}\Rightarrow\frac{dx}{dt}=\frac{\lambda a^2}{gA} \tag{4.147b}$$

식 (4.147a)와 식 (4.147b)를 같게 놓고 정리하면 다음 관계식을 얻을 수 있다.

$$\frac{dx}{dt}=\frac{gA}{\lambda}=\frac{\lambda a^2}{gA} \tag{4.148a}$$

$$\left[\lambda^2=\frac{(gA)^2}{a^2}\Rightarrow\right]\ \lambda=\pm\frac{gA}{a} \tag{4.148b}$$

$$\left[\frac{dx}{dt}=\frac{\lambda a^2}{gA}\leftarrow\left(\lambda=\pm\frac{gA}{a}0\right)=\pm a\Rightarrow\right]\ \therefore\ \frac{dx}{dt}=\pm a \tag{4.148c}$$

식 (4.148a)로 λ를 결정함으로써 식 (4.145)은 다음과 같이 쓸 수 있다.

$$\frac{dx}{dt}=a \tag{4.149}$$

$$\left[\frac{\partial Q}{\partial t}+\frac{\lambda a^2}{gA}\frac{\partial Q}{\partial x}\right]+\lambda\left[\frac{\partial H}{\partial t}+\frac{gA}{\lambda}\frac{\partial H}{\partial x}\right]+RQ|Q|=0 \tag{4.150a}$$

$$\frac{dQ}{dt}+\frac{gA}{a}\frac{dH}{dt}+RQ|Q|=0 \tag{4.150b}$$

$$\frac{dx}{dt}=-a \tag{4.151}$$

$$\left[\frac{\partial Q}{\partial t}+\frac{\lambda a^2}{gA}\frac{\partial Q}{\partial x}\right]+\lambda\left[\frac{\partial H}{\partial t}+\frac{gA}{\lambda}\frac{\partial H}{\partial x}\right]+RQ|Q|=0 \tag{4.152a}$$

$$\frac{dQ}{dt}-\frac{gA}{a}\frac{dH}{dt}+RQ|Q|=0 \tag{4.152b}$$

식 (4.149)와 (4.151)은 **그림 4.47**의 직선 AP와 BP를 표시한다.

식 (4.150b)와 (4.152b)는 **상미분 방정식**(ordinary differential equation)으로 원래 **편미분 지배 방정식**(partial differential equation) (4.143a)와 (4.143b)의 특성곡선에 대해서만 정당하다.

그러므로 식 (4.150b)와 (4.152b)에 dt를 곱하고 양(positive)의 특성곡선 AP와 음(negative)의 특성곡선 BP를 따라 다음 절차에 의해 적분하면 그 해를 얻을 수 있다.

$$\int_A^P dQ+\frac{gA}{a}\int_A^P dH+R\int_A^P Q|Q|\,dt=0 \tag{4.153a}$$

$$\int_B^P dQ-\frac{gA}{a}\int_B^P dH+R\int_B^P Q|Q|\,dt=0 \tag{4.153b}$$

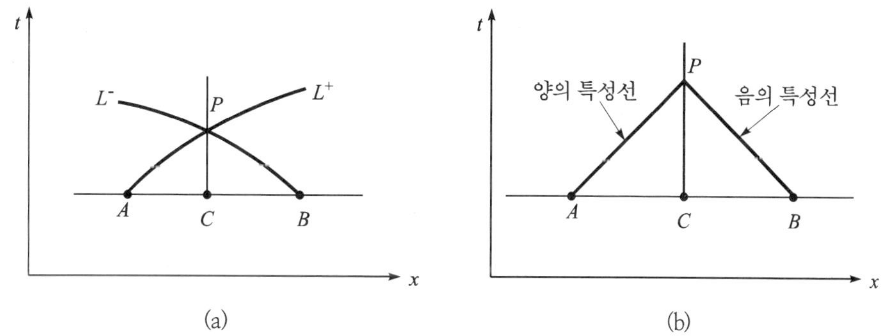

• $\frac{dx}{dt}=a$ (4.149); 직선 $AP(+)$ 표시[∵ $dx=a\,dt$←a=기울기(+)]

• $\frac{dx}{dt}=a$ (4.149); 직선 $BP(-)$ 표시[∵ $dx=-a\,dt$←a=기울기(−)]

그림 4.47 특성곡선

식 (4.153)의 처음 두 개 항은 직접적분이 가능하나 마지막 항은 이전 단계의 마찰손실을 모르므로 가장 간략한 대략해에 의해 적분하면 다음 식을 얻을 수 있다.

$$Q_P-Q_A+\frac{gA}{a}(H_P-H_A)+RQ_A|Q_A|\Delta t=0 \tag{4.154a}$$

$$Q_P-Q_B-\frac{gA}{a}(H_P-H_B)+RQ_B|Q_B|\Delta t=0 \tag{4.154b}$$

여기서 첨자 A, B, P는 **그림 4.47** $x-t$평면의 점에 상응하는 변수가 갖는 위치이다.

이들 식을 정리하면 다음과 같이 해당 점의 유량 Q와 수두 H를 얻는다.

$$Q_P=C_P-C_aH_P \tag{4.155a}$$

$$Q_P=C_n+C_aH_P \tag{4.155b}$$

여기서 C_P, C_n, C_a는 다음 식을 이용해 구한다.

$$C_P=Q_A+C_aH_A-RQ_A|Q_A|\Delta t \tag{4.156a}$$

$$C_n=Q_B-C_aH_B-RQ_B|Q_B|\Delta t \tag{4.156b}$$

$$C_a=\frac{gA}{a} \tag{4.156c}$$

식 (4.156)의 점 A, B의 H, Q값은 아는 것으로 가정하고, 점 P의 H, Q값을 식 (4.155)로 결정한다.

그림 4.48과 같은 단순 관수로 내 **천이상태조건**(transient-state conditions)의 해석은 다음 절차를 이해하는 것이 필요할 것이다[**그림 4.48**(b)에서 (밸브) 개방·폐쇄 임의시간 $t < 2L/a \rightarrow f=0$, $F=h-h_0$($\leftarrow h_0$=압력파(pressure surge) 전의 정상류 상태 압력수두), a=압력파의 전파속도(wave propagation speed), c=유속(velocity)].

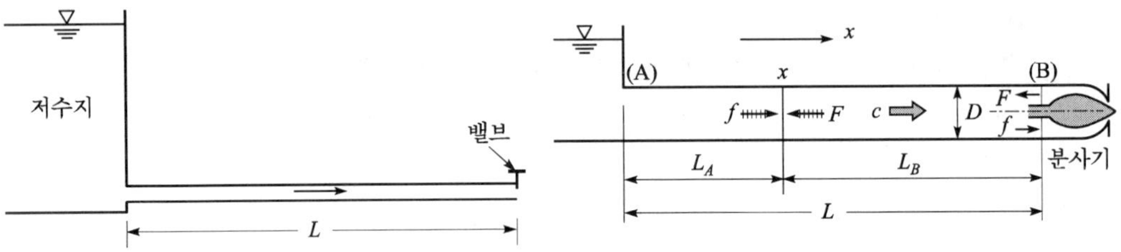

(a) 관로시스템 (b) 관로 내 압력파 전파

그림 4.48 관수로 시스템

관수로(pipeline)는 몇 개의 구간(reach)으로 나누고, 구간의 끝은 **단면**(section), **절점**(node) 또는 **격자점**(grid point)이라 부른다. 관 상류(upstream) 끝의 절점과 하류(downstream) 끝의 절점은 **경계절점**(boundary node)이라 하고, 나머지 점들은 **내부절점**(interior nodes)이라 한다. 계산의 시작을 위해 $t=t_0$에서 **유량**(discharge)과 **위압수두**(piezometric head)는 계산 절점에서 결정되는데, 이들을 **초기조건**(initial condition)이라 부른다. 그래서 식 (4.155)을 사용하여 $t=\Delta t$에서의 내부 절점의 조건이 계산된다. 그러나 경계조건에서는 상류 끝에서 식 (4.155b)와 하류 끝에서 식 (4.155a) 1개만을 갖는다. 경계절점에서 이들 식으로부터 제2의 미지수를 결정하기 위해서는 또 다른 식을 필요로 한다. 이 추가되는 식은 경계로 표시되는 조건으로 주어지며, 양 또는 음의 특성 방정식(characteristic equations)을 갖는데, 이 식을 연립하여 풂으로써 경계에서 천이조건(transient condition) 결정에 사용되는 경계조건을 얻는다. 이 절차는 일정수면 상류저수지(constant-level upstream reservoir)·하류 저수지(downstream reservoir), 끝 막힘(dead end), 밸브의 개폐(opening or closing valve)와 계열접합(series junction)에 대한 경계조건으로 설명된다.

2) 경계조건

경계를 나타내는 조건을 갖는 음 또는 양의 특성 방정식을 연립하여 풀기 위한 경계조건이 필요하다. 이 조건은 수두(head)와 유량(discharge) 간의 관계식 또는 특성화 수두, 유량 형이 될 것이다. 예를 들면 수두는 일정수면 저수지의 경우에서 상수이고, 유량은 막힘 끝(dead end)에서 항상 영이며, 오리피스(orifice)를 통한 흐름은 오리피스를 통한 수두손실과 관계 된다. 다음의 간단한 예에서 경계조건의 전개는 명확해지며, 이들 도함수에서 다른 절점에서의 변수들을 나타내기 위한 두 개의 첨자를 사용하게 된다. 첫 번째 첨자는 관의 수이고, 두 번째 첨자는 그 관의 절점 수를 나타낸다. 만일 관이 n개 구간으로 나누었다면, 첫 번째 절점은 1이고, 마지막 절점은 $n+1$이 된다.

㈎ 일정수면 상류저수지

그림 4.49와 같이 **일정수면 상류저수지**(constant-level upstream reservoir)의 경우는 탱크(tank) 또는 저수지 내 수면이 관수로 내 흐름 조건과 무관하게 같은 수면고를 유지한다고 가정한다. 그래서 관수로 1의 상류 끝에서의 관을 기준으로 한다면 다음과 같이 쓸 수 있다.

$$H_{P1,1} = H_{ru} \tag{4.157}$$

여기서 H_{ru} =기준면 위 저수지의 수면 표고이다.

상류 끝에서 음의 특성 방정식을 가지므로 식 (4.155b)에 식 (4.157)을 대입하면 다음 식을 얻는다.

$$Q_{P1,1} = C_n + C_a H_{ru} \tag{4.158}$$

그러므로 상류저수지에서의 수두는 식 (4.157)로, 유량은 식 (4.158)로 결정할 수 있다.

㈏ 일정수면 하류저수지

그림 4.50과 같이 **일정수면 하류저수지**(constant-level downstream reservoir)의 경우 관로 i의 마지막 절점에서의 수두는 기준면 위 탱크에서 수면고의 높이 H_{rd}와 항상 같다.

$$H_{Pi,n+1} = H_{rd} \tag{4.159}$$

하류 끝에서 관수로의 정수상태 경계절점을 연결하는 양의 특성 방정식을 얻는다.

양의 특성 방정식 (4.155a)에 식 (4.159)를 대입하면 다음 식을 얻는다.

$$Q_{Pi,n+1} = C_p - C_a H_{rd} \tag{4.160}$$

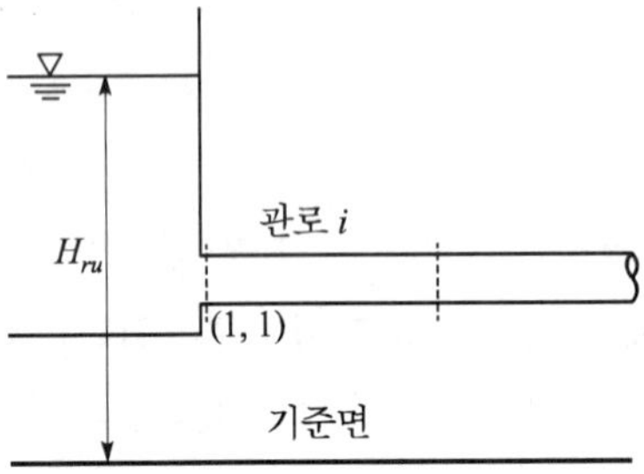

그림 4.49 상류 저수지

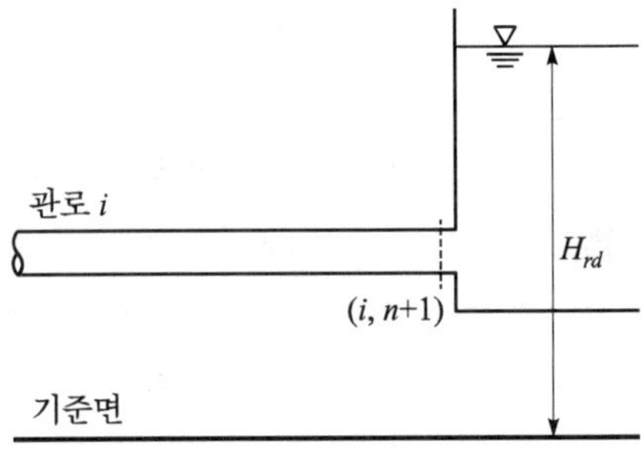

그림 4.50 하류 저수지

(다) 끝 막힘

그림 4.51과 같이 오른쪽 위의 관 i인 맨 끝에 위치한 **끝 막힘**(dead end)에서의 유량은 항상 영으로 다음 식을 얻는다.

$$Q_{Pi,n+1} = 0 \tag{4.161}$$

관 i인 맨 마지막 절점에서 양의 특성 방정식을 가지므로 식 (4.155a)와 식 (4.161)로부터 다음 식을 얻는다.

$$H_{Pi,n+1} = \frac{C_p}{C_a} \tag{4.162}$$

(라) 하류 밸브

앞에서 설명한 ①~③의 세 경계조건은 수두 또는 유량을 특성화하였다. 그러나 **그림 4.52**와 같이 밸브에 대해서는 밸브와 유량을 통한 수두 손실 간의 관계를 특성화해야 한다. 첨자 0으로 표시하는 정상상태 값(state-state value)을 나타내고, 밸브를 통한 유량은 다음 식으로 주어진다.

$$Q_0 = C_d A_{vo} \sqrt{2gH_0} \tag{4.163}$$

여기서 C_d = **유량계수**(discharge coefficient)이고, A_{vo} = **밸브 열림 면적**(valve opening area)이며, H_0 = 유량 Q_0에 대한 월류수두(drop in head)이다. 식 (4.163)과 비슷한 관계식이 천이상태조건에 대해 정당하다고 가정하면 다음 식을 얻을 수

있다.

$$Q_{Pi,n+1} = (C_d A_v)_p \sqrt{2gH_{Pi,n+1}} \tag{4.164}$$

여기서 첨지 P=계산 시간간격 끝에서의 Q와 H의 값을 나타낸다.

식 (4.163)으로 식 (4.164)를 나누고, 양변을 제곱하면 다음 식과 같이 쓸 수 있다.

$$Q^2_{Pi,n+1} = (Q_0\tau)^2 \frac{H_{Pi,n+1}}{H_0} \tag{4.165}$$

여기서 **밸브 열림 효율**(effective valve opening)은 $\tau = (C_d A_v)_p / (C_d A_v)_0$이다. 관 i인 마지막 단면에는 양의 특성 방정식을 갖는다. 양의 특성 방정식 (4.155a)와 식 (4.165)로부터 $H_{Pi,n+1}$을 소거하고, 그 결과 식을 단순화시키면 다음 식을 얻을 수 있다.

$$Q^2_{Pi,n+1} + C_v Q_{H_{Pi,n+1}} - C_P C_v = 0 \tag{4.166}$$

여기서 $C_v = (\tau Q_0)^2 / (C_a H_0)$이다. $Q_{Pi,n+1}$에 대해 풀고, 근의 공식에 음(−) 부호를 무시하면 다음 식을 얻는다.

$$Q_{Pi,n+1} = 0.5(-C_v + \sqrt{C_v^2 + 4C_p C_v}) \tag{4.167}$$

여기서 $H_{Pi,n+1}$은 식 (4.155a)로부터 결정할 수 있다.

밸브 개폐(opening or closing valve)로 인한 천이상태조건을 계산하기 위해서는 시간에 따른 마찰응력 τ변화가 필요하다. 이 관계식은 시간 차분에서의 τ값이 주어지거나 식으로 변화를 표시함으로써 특성화시킬 수 있다. 중간 시간에서 τ값은 표에 제시된 값으로부터 내삽(interpolated) 보간법을 사용하게 될 것이다. 예를 들어, τ값이 1초 간격으로 저장된다면 $t = 4.3$초의 τ값은 4초와 5초 사이에서 보간법으로 결정한다.

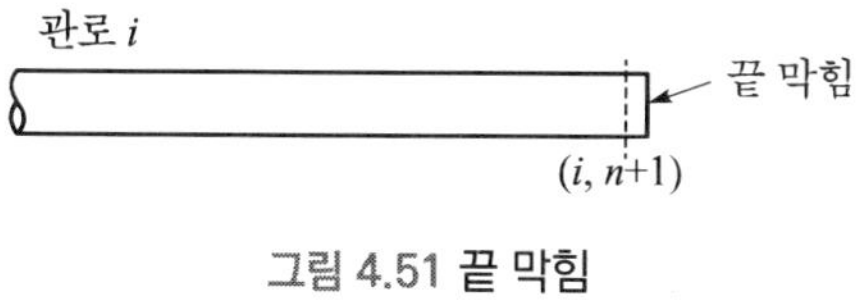

그림 4.51 끝 막힘

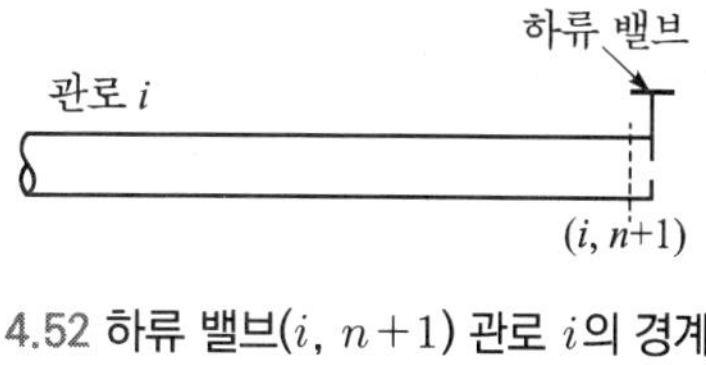

그림 4.52 하류 밸브(i, $n+1$) 관로 i의 경계조건

(마) 계열 접합

두 개의 관이 다른 지름, 벽재료(wall material) 또는 마찰계수로 연결된 경계는 **계열 접합**(series junction)이라 부른다. **그림 4.53**과 같이 계열 접합에는 2개의 절점을 가지므로 각 절점에 대해 수두와 유량에 대한 4개의 미지수를 갖으며, 다음 식과 같이 **유일해**(unique solution)를 위한 4개 방정식을 필요로 한다.

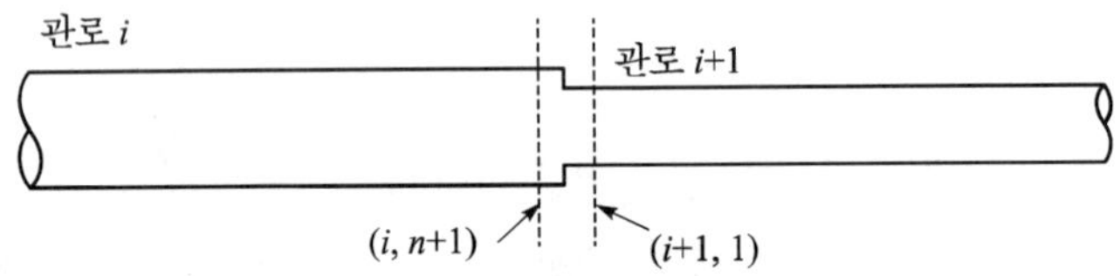

그림 4.53 계열 접합

하류 저수지(downstream reservoir), 밸브의 개폐(opening or closing valve)와 계열접합(series junction)에 대한 경계조건으로 각각 다음과 같이 설명된다.

$$Q_{Pi,n+1} = C_p - C_{ai} H_{Pi,n+1} \tag{4.168a}$$

$$Q_{Pi+1,1} = C_n + C_{ai+1} H_{Pi+1,1} \tag{4.168b}$$

$$Q_{Pi,n+1} = Q_{Pi+1,1} \tag{4.168c}$$

$$H_{Pi,n+1} = H_{Pi+1,1} \tag{4.168d}$$

여기서 식 (4.168a), (4.168b) = 양과 음의 특성 방정식이고, 식 (4.168c), (4.168d) = 연속방정식과 에너지 방정식이다.

식 (4.168)에서 관 i와 $i+1$의 속도수두 차와 접합부에서의 수두손실을 무시하고, $Q_{Pi,n+1}$와 $Q_{Pi+1,1}$, $H_{Pi+1,1}$을 소거하면 다음 식을 얻는다.

$$H_{Pi,n+1} = \frac{C_p - C_n}{C_{ai} + C_{ai+1}} \tag{4.169}$$

나머지 변수 $H_{Pi+1,1}$, $Q_{Pi,n+1}$과 $Q_{Pi+1,1}$은 식 (4.168)로 결정한다.

3) 계산 절차

그림 4.52와 같은 관수로 시스템 끝에 밸브가 설치된 관수로의 **천이상태조건**(transient-state conditions)을 계산하기 위해 각 관(each pipe)은 구간(reaches)의 수로 나누고,

짧은 관에 대해서는 한 개 구간만을 사용한다. 이는 같은 계산시간간격이 모든 관에 대해 사용되는 것이 필요하므로 각 **접합점**(junction)의 조건은 **내삽**(interpolation) 또는 **외삽**(extrapolation) 없이 계산된다. 계산절차의 안정조건(stability condition)은 계산 시간간격(time interval) Δt와 각관의 구간길이(reach length) Δx가 Courant 조건으로 불리는 다음 식을 만족해야 한다.

$$\Delta x \geq a\Delta t \tag{4.170}$$

한 개 관의 소구간 내 계산시간간격과 구간수의 선택은 식 (4.170)을 만족시키기 위해 필요하다. 그러나 좋은 결과는 $\Delta x = a\Delta t$라면 얻어진다. 이러한 목적에서 파속은 필요에 따라 약간 조정하게 되므로 시스템 내 각 관에 대해 $\Delta x = a\Delta t$로 한다.

시간 t_0인 초기조건에서 위압수두와 유량은 모든 절점에서 계산한다. 이들 조건에서부터 내부 절점에서 $t_0 + \Delta t$인 시간의 수두와 유량은 식 (4.155)를 사용하여 계산한다. 그러므로 $t_0 + \Delta t$ 시간에서의 수두와 유량을 알게 된다. 위 과정을 반복함으로써 수두와 유량은 임의 시간에 대해 계산한다. 만약 계산시간 간격이 짧다면 계산된 조건은 시간단계 수만큼 수행 후 출력한다.

(2) 개수로

부정류 개수로(不定流 開水路, unsteady open-channel flows) 흐름의 대표적인 예는 홍수류를 들 수 있으며, 이를 수리학적으로 추적하기 위해서는 부정 부등류의 지배 방정식을 유도하여야 한다. 본 소절에서는 홍수류의 지배 방정식인 Staint-Venant 방정식을 수치해를 통해 수리학적 홍수추적하는 과정을 다루고자 한다.

① 지배 방정식 적용

수로폭(B)이 일정한 사각형 단면수로 개수로 1차원 **부정**(unsteady)·**부등류**(nonuniform flow)의 **지배 방정식**(governing equations)은 다음 식과 같이 쓸 수 있다.

$$h\frac{\partial V}{\partial x} + V\frac{\partial h}{\partial x} + \frac{\partial h}{\partial t} = 0 \tag{4.171a}$$

$$\frac{1}{g}\frac{\partial V}{\partial t} + \frac{V}{g}\frac{\partial V}{\partial x} + \frac{\partial h}{\partial x} = S_f - S_0 \tag{4.171b}$$

$$D_h\frac{\partial V}{\partial x} + V\frac{\partial h}{\partial x} + \frac{\partial h}{\partial t} = 0 \tag{4.171c}$$

$$\frac{\partial V}{\partial t} + V\frac{\partial V}{\partial x} + g\frac{\partial h}{\partial x} = g(S_f - S_0) \qquad (4.171d)$$

여기서 D_h =수리수심이고, 식 (4.171a, c)를 **연속 방정식**(continuity equation)이라 하며, 식 (4.171b, d)를 **운동량 방정식**(momentum equation)이라 하며, 이 두 식을 **Saint-Venant 방정식**이라 한다.

식 (4.171b)의 5개 항을 계산에 포함시키느냐의 적용 여부에 따라 연속 방정식과 운동량 방정식의 조합에 의한 지배 방정식의 구성은 **표 5.4**를 참조한다. **표 5.4**와 같이 홍수류를 구분하고, 각각 **동역학파**(dynamic wave) · **동역학 준정류파**(dynamic, quasi-steady wave) · **확산파**(diffusive wave) · **운동파**(kinematic wave) · **단순파 방정식**(simple wave equation)으로 부른다.

② 수면곡선 계산

1) 유한차분 양해법

Saint-Venant 방정식 (4.171)을 수치해석 방법 중 유한차분법(finite difference method)을 이용한 양해법(explicit method)에 대해 간단히 설명하고자 한다. 이 지배 방정식을 수치해석적으로 풀기 위해 **그림 4.54**와 같은 고정 시간간격의 **양해(유한차분)법**(explicit finite difference scheme)을 적용한다.

유한차분법에서 수로는 보통 균일 길이 Δx를 갖는 구간의 수로 나눈다. 구간의 끝은 **계산절점**(computational nodes) 또는 **격점**(grid points)이라 한다. 수로가 N개 구간으로 나누어지고, 첫 번째 절점(상류 끝)은 1로 번호 붙이고, 마지막 절점(하류 끝)은 $N+1$이 될 것이다. 상류와 하류 끝에서의 절점은 **경계절점**(boundary node)이라 하고, 나머지 점들은 내부 절점(interior nodes)이라 한다. 계산은 차분된 시간에서 수행되고, 두 연속된 시간 사이 차이는 **계산시간간격**(computational time interval) 또는 **계산시간단계**(computational time step)이라 한다. 그러므로 $x-t$ 평면은 **그림 4.54**와 같이 격점으로 구분되며, **보통 계산격자**(computational grid) 또는 **격자**(lattice)라 한다.

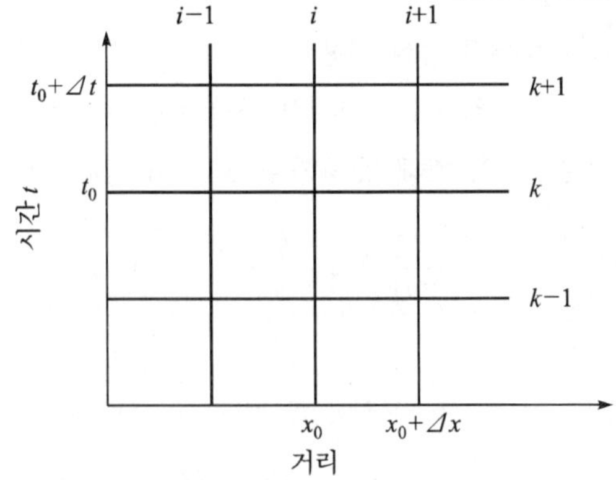

그림 4.54 계산 격자(시 · 공간 격자망)

유한차분 대략해인 **지배 방정식**(governing equations)의 식 (4.171c)와 (4.171d)의 **편도함수**(partial derivative)를 각 격점 또는 계산격자에서 유도되는 **대수 방정식**(resulting algebraic equations)을 풀게 된다. **그림 4.54**를 기준으로 시간 t_0의 모든 절점에서유속과 수심을 아는 값으로 하고, $t = t_0$에서 그들 값을 결정하게 된다. 이 아는 값(known value)은 부정류 조건 시작으로부터 초기조건 또는 이전 시간간격 동안 계산될 것이다.

2) 양해 유한차분법

양해차분법(explicit finite-difference method)의 몇 가지 방법이 부정류의 수면곡선 계산에 사용되어왔다. 이 들 방법 중 본 절에서는 Lax **확산기법**(diffusive scheme)을 중심으로 상세히 다루고자 한다. 이는 프로그램이 간단하고, 흐름이 **단파**(段波, bore)일 때 만족한 결과를 얻을 수 있다.

이 방법에서 지배 방정식의 편도함수는 다음 식과 같이 변환된다.

$$\frac{\partial h}{\partial t} = \frac{h_i^{k+1} - h_i^*}{\Delta t} \tag{4.172a}$$

$$\frac{\partial V}{\partial t} = \frac{V_i^{k+1} - V_i^*}{\Delta t} \tag{4.172b}$$

$$\frac{\partial h}{\partial x} = \frac{h_i^{k+1} - h_i^*}{2\Delta x} \tag{4.172c}$$

$$\frac{\partial V}{\partial x} = \frac{V_i^{k+1} - V_i^*}{2\Delta x} \tag{4.172d}$$

$$h_i^* = 0.5(h_{i-1}^* + h_{i+1}^*) \tag{4.172e}$$

$$V_i^* = 0.5(V_{i-1}^* + V_{i+1}^*) \tag{4.172f}$$

식 (4.172)의 유한차분 대략식과 지배 방정식의 식 (4.172c)와 (4.172d)의 편도함수와 계수 D, 에너지 경사 S_f를 $D^* = 0.5(D_{i-1}^* + D_{i+1}^*)$와 $S_f^* = 0.5(S_{f_{i-1}^*} + S_{f_{i+1}^*})$로 바꾸고, 단순화시키면 다음 식을 얻는다.

$$h_i^{k+1} = h_i^* - 0.5\, r\, D_i^*(V_{i+1}^* - V_{i-1}^*) - 0.5\, r\, V_i^*(h_{i+1}^k - h_{i-1}^k) \tag{4.173a}$$

$$V_i^{k+1} = V_i^* - 0.5rg(h_{i+1}^k - h_{i-1}^k) - 0.5rV_i^*(V_{i+1}^k - V_{i-1}^k) + g\Delta t(S_0 - S_f^*) \tag{4.173b}$$

식 (4.173)은 내부 절점, 즉 $i = 2, 3, \cdots, N$ 에서만의 값을 얻는다. 경계점들은 관수로, **[예제 4.16]**과 같이 특별하게 다룬다.

수치해 계산을 위해서는 격자망과 경계조건이 필요한데, 시·공간 사각 격자망을 이용하여 공간 x, 시간 t-평면 위의 투영점 P을 포함하는 격자망으로부터 절점 간 공간거리(spatial distance) Δx, 절점 간 시간간격(time interval) Δt를 얻는다. 시간단계(time level) $t = t$는 아는 값(known condition) V_L, h_L, V_R, h_R을 이용하여 Δt시간 후 $t = t + \Delta t$ 시간단계의 모르는 값(unknown condition), 미지조건 V_P, h_P 명시하여 산정한다.

지배 방정식인 Saint-Venant 방정식 (4.171a, b)에 포함된 편도함수의 대략적 유한차분법(finite difference approximation)은 다음과 같다.

$$\left.\frac{\partial V}{\partial x}\right|_M = \frac{V_R - V_L}{2\Delta x} \tag{4.174a}$$

$$\left.\frac{\partial h}{\partial x}\right|_M = \frac{h_R - h_L}{2\Delta x} \tag{4.174b}$$

$$\left.\frac{\partial V}{\partial t}\right|_{P=} \frac{V_P - V_M}{\Delta t} \tag{4.174c}$$

$$\left.\frac{\partial h}{\partial t}\right|_P = \frac{h_P - h_M}{\Delta t} \tag{4.174d}$$

사각형 단면수로의 연속 방정식 (4.171a)에 식 (4.172)을 대입한 후 정리하면 임의 P점에 대한 다음과 같은 수심 관계식을 얻는다.

$$h_P = h_M + \frac{\Delta t}{2\Delta x}[V_M(h_L - h_R) + h_M(V_L - V_R)] \tag{4.175}$$

운동량 방정식 (4.171b)에 식 (4.173)을 대입한 후 정리하면 임의 P점에 대한 다음과 같은 유속 관계식을 얻는다.

$$\frac{V_P - V_M}{\Delta t} + V_M\frac{(V_R - V_L)}{2\Delta x} + g\frac{(h_R - h_L)}{2\Delta x} = g(S_f - S_0) \tag{4.176}$$

식 (4.176)에 에너지 경사 S_f를 Manning 조도계수 n 사용하여 다음 식을 적용한다.

$$S_f = \frac{|V_P| V_P n^2}{R_{h_P}^{4/3}} \tag{4.177a}$$

$$\frac{n^2}{R_{h_P}^{4/3}} g \Delta t = \Gamma^{-1} \tag{4.177b}$$

식 (4.177)을 간단하게 정리하면 다음과 같이 2차식으로 표시할 수 있다.

$$V_p^2 + \Gamma P - \Gamma \beta = 0 \tag{4.178a}$$

$$\beta = V_M + \frac{\Delta t}{2\Delta x} V_M (V_L - V_R) + \frac{g \Delta t}{2\Delta x}(h_L - h_R) + g \Delta t\, S_0 \tag{4.178b}$$

식 (4.178)을 근의 공식을 이용하여 유속에 관해 풀면 다음과 같이 구할 수 있다.

$$V_p = \frac{1}{2}[-\Gamma + (\Gamma^2 + 4\Gamma\beta)^{1/2}] \tag{4.179}$$

식 (4.175)의 양해 유한차분법을 사용하여 고정 전진 시간단계 Δt단계의 수심 h_P를 산정한 후 연속해 식 (4.178)을 사용하여 점 P의 유속 V_P를 초기조건, 경계조건 등 필요 항목의 특성화를 통해 계산한다.

3) 경계조건

경계를 표시하는 조건과 함께 특성 방정식은 경계절점에서의 조건을 결정한다. 이 조건은 시간에 관한 유량 또는 수심의 변화를 특성화 형으로 만들거나 유량과 수심 간의 관계식으로 표시한다. 예를 들면, **그림 4.50**과 유사하게(수로조건만 관수로를 개수로로 변경) 절점 1의 상류 끝에서 일정수면 상류저수지(constant-level upstream reservoir)에 대해 다음과 같이 특성화시킨다.

$$h_i^{k+1} = h_{res} \tag{4.180}$$

여기서 절점 1의 입구와 속도수두는 작다고 가정하여 무시하고, h_{res} =절점 1에서 수로 바닥 위로부터의 저수지 수심이다.

상류 끝에서 음의 특성 방정식과 하류 끝에서 양의 특성 방정식이 사용된다.

4) 안정성

Δt에 대한 Δx의 비는 보통 안정성(stability)에 대한 조건을 만족시키는 양해 유한

차분법에서 필수적이다. 이 기법은 해에 도입된 오차가 시간의 계산 진행과 같이 커지지 않는 다면 안정(stable)이라 말하고, 만약 오차가 시간에 다라 증가된다면 그 기법은 불안정(unstable)이라고 말한다. 불안정 기법의 경우에 있어 오차는 매우 빠르게 증가되고, 소수의 시간간격에서 참해(true solution)로 가장한다.

안정이 되기 위한 Lax 기법에 대해 계산시간 단계와 격자 간격은 Courant **안정조건**이라 불리는 다음 조건식을 만족해야 한다.

$$\Delta t \leq \frac{\Delta x}{|V|+c} \tag{4.181}$$

5) 계산 예

Saint-Venant 방정식을 양해 유한차분법의 수치해를 통한 수리학적 홍수추적의 예를 들어 다음과 같이 설명한다.

예제 4.16

저폭 20m, 측면경사($V:H=$) 2:1, 수로경사 0.0001, Manning 조도계수 0.013인 사다리꼴 단면 수로의 1,000m 구간에 3.069m의 초기 수심으로 정상등류가 110m^3/s로 흐르고 있다. 부정류는 $t=0$에서 하류 수문(downstream gate)을 순간적 폐쇄(instantaneously closing)에 의해 발생된다. **표 예4.16.1**의 Lax 기법에 기초한 컴퓨터 프로그램을 이용[구간수=10, 출력 수=1, 파속=1,000m/s, 총 계산시간=400초에 대한 계산값 출력 시 수심을 소수 3자리 미만 버림]하여 다음 사항에 답하시오.

1. 프로그램에 의한 부정류 해석을 통해 수문 폐쇄 후 경과시간 $\Delta t=63.4$초, 174.4초에서의 수면곡선 분포 계산

[풀이]

1. 프로그램에 의한 부정류 해석을 통해 수문 폐쇄 후 경과시간 $\Delta t=63.4$초, 174.4초에서의 수면곡선 분포 계산
   (1) 부정 부등류의 수리학적 홍수추적(수면곡선 분석)을 위한 수치해 양해법의 프로그래밍과 일반사항을 다음과 같이 정의한다.
   사각형 단면수로의 양해차분법을 적용한 수치해는 지배 방정식[=연속 방정식 (4.171a), 운동량 방정식 (4.171b)]를 초기조건, 경계조건, **그림 4.54**의 시·공간 격자망을 사용하여 식 (4.175)[=수심의 미지값]와 식 (4.179)[=유속의 미지값]을 결정해 시간단계에 따라 축차적으로 연립해 풀이하여 문제를 해결한다.
   (2) **표 예4.16.1**은 Lax 기법에 기초한 컴퓨터 프로그램이다. Courant 안정조건을 확보하기 위한 조건은 각 시간단계의 끝에서 결정된 이 조건을 만족시키기에 필요한 시간간격이 각 절점에

서 항상 만족해야 한다. 표 예4.16.2를 사용, 필요하다면 계산은 시간간격이 줄여진 값을 갖고 반복하며, 시간간격의 값은 안정성에 필요한 값과 비교하여 매우 작다면 계산의 다음 회차에 대해서는 증가시킨다.

표 예4.16.1 Lax 기법에 기초한 컴퓨터 프로그램

```
C
      REAL L, MN, MN2
      DIMENSION Y(100),YP(100),V(100),VP(100)
      BT(YY)=B0+2.*S*YY
      AR(YY)=YY*(B0+S*YY)
      WP(YY)=B0+2.*YY*SQRT(1.+S*S)
      G=9.80
      OPEN(5,FILE='UWSP_LAX.DAT',STATUS='OLD')
      OPEN(6,FILE='UWSP_LAX.OUT')
      READ(5,*) N,IPRINT,Q0,YD,MN,B0,S0,S,L,TMAX
      WRITE(6,10) N, Q0,YD,MN,B0,S0,S,L
10    FORMAT(5X,'Unsteady Water Surface Profile by LAX-Explicit Method'
     1//5X,'N =',I3,2X,' Qo =',F8.3,'m^3/s',2X,' Yo =',F6.3,' m',
     22X,' MN =',F6.3,2X,'Bo =',F6.2,' m'/5X,'So =',F8.5,2X,' z = ',F4.2
     3,2X,' L =',F8.2,' m')
      MN2=MN*MN
      NN=N+1
      A=AR(YD)
      V0=Q0/A
      DO 30 I=1,NN
      Y(I)=YD
      V(I)=V0
30    CONTINUE
      YU=Y(1)
      B=BT(YD)
      C=SQRT(G*A/B)
      DX=L/N
      DT=DX/(V0+C)
      T=0.0
35    K=0
      WRITE(6,40) T
40    FORMAT(/5X,'T = ',F8.3,'s')
      WRITE (6,50) (Y(I),I=1,NN)
50    FORMAT(6X,'Y =',(12F8.3))
      WRITE (6,60) (V(I),I=1,NN)
60    FORMAT(6X,'V =',(12F8.3))
70    T=T+DT
      K=K+1
      R=0.5*DT/DX
      IF (T.GT.TMAX) GO TO 160
      YP(1)=YU
      AB=AR(Y(2))
      BB=BT(Y(2))
      CB=SQRT(G*BB/AB)
      RB=AB/WP(Y(2))
      SFB=(MN2*V(2)*V(2))/(RB**1.333)
      CN=V(2)-CB*Y(2)+G*(S0-SFB)*DT
      CP=V(N)+CA*Y(N)+G*(S0-SFA)*DT
      YP(NN)=CP/CA
      DO 80 I=2,N
      I1=I-1
      IP1=I+1
      AA=AR(Y(I1))
      PA=WP(Y(I1))
      RA=AA/PA
      SFA=(MN2*V(I1)*V(I1))/(RA**1.333)
      BA=BT(Y(I1))
      AB=AR(Y(IP1))
      BB=BT(Y(IP1))
      P=WP(Y(IP1))
      RB=AB/P
      SFB=(MN2*V(IP1)*V(IP1))/(RB**1.333)
      DM=0.5*(AA/BA+AB/BB)
      SFM=0.5*(SFA+SFB)
      VM=0.5*(V(I1)+V(IP1))
      YM=0.5*(Y(I1)+Y(IP1))
      VP(I)=VM-R*G*(Y(IP1)-Y(I1))-R*VM*(V(IP1)-V(I1))
     1  +G*DT*(S0-SFM)
      YP(I)=YM-R*DM*(V(IP1)-V(I1))-R*VM*(Y(IP1)-Y(I1))
80    CONTINUE
      DO 100 I=1,NN
      A=AR(YP(I))
      B=BT(YP(I))
      C=SQRT(G*A/B)
      DTN=DX/(ABS(VP(I))+C)
      IF (DTN.LE.DT) GO TO 110
      IF (DT.LT.0.75*DTN) DTNEW=1.15*DT
      IF (DTN.GE.0.75*DT) DTNEW=DT
100   CONTINUE
      GO TO 120
110   T=T-DT
      DT=.9*DTN
      K=K-1
      GO TO 70
120   DT=DTNEW
      DO 130 I=1,NN
      V(I)=VP(I)
      Y(I)=YP(I)
130   CONTINUE
      IF (K.EQ.IPRINT) GO TO 35
      GO TO 70
160   STOP
      END
```

표 예4.16.2 입력자료와 출력변수

입력자료(기본 수리특성자료)										
READ(5,*)	N,	IPRINT,	Q0,	YD,	MN,	B0,	S0,	S,	L,	TMAX
(설명)	10,	1,	110.,	3.069,	0.013,	20.,	0.0001,	2.,	1,000	400
	①	②	③	④	⑤	⑥	⑦	⑧	⑨	⑩
	구간수	출력수	초기유량	초기수심	조도계수	저폭	수로경사	측면경사	수로길이	계산시간
WRITE(6,10)	N,		Q0,	YD,	MN,	B0,	S0,	z,	L	
10 FORMAT	I3,		F8.3	F6.3	F6.3	F6.2	F8.5	F4.2	F8.2	
출력자료(수심)										
WRITE(6,50)	(Y(I), I=1,NN)									
50 FORMAT	(12F8.3) ← T=174.4s									
(설명)	3.069,	3.182,	3.440,	3.493,	3.702,	3.732,	3.793,	3.803,	3.822,	3.828,
	N=1	2	3	4	5	6	7	8	9	10

(3) 계산 결과

표 예4.16.3의 출력 자료를 이용하여 Δt=31.7, 63.4, 126.8, 174.4, 237.8, 317.1초에서의 수심 변화를 그래프로 표시하면 **그림 예4.16**과 같다.

표 예4.16.3 출력 결과

```
Unsteady Water Surface Profile by LAX-Explicit Method
N = 10   Qo = 110.000 m^3/s   Yo = 3.069 m   MN = 0.013   Bo = 20.00 m   So = 0.00010   z = 2.00   L = 1000.00 m

T =   0.000s
 Y =  3.069  3.069  3.069  3.069  3.069  3.069  3.069  3.069  3.069  3.069  3.069
 V =  1.371  1.371  1.371  1.371  1.371  1.371  1.371  1.371  1.371  1.371  1.371

T =  15.857s
 Y =  3.069  3.069  3.069  3.069  3.069  3.069  3.069  3.069  3.069  3.069  3.760
 V =  1.371  1.371  1.371  1.371  1.371  1.371  1.371  1.371  1.371  1.371  0.000

T =  31.713s
 Y =  3.069  3.069  3.069  3.069  3.069  3.069  3.069  3.069  3.069  3.672  3.760
 V =  1.371  1.371  1.371  1.371  1.371  1.371  1.371  1.371  1.371  0.231  0.000

T =  47.570s
 Y =  3.069  3.069  3.069  3.069  3.069  3.069  3.069  3.069  3.575  3.672  3.806
 V =  1.371  1.371  1.371  1.371  1.371  1.371  1.371  1.371  0.413  0.231  0.000

T =  63.427s
 Y =  3.069  3.069  3.069  3.069  3.069  3.069  3.069  3.488  3.575  3.782  3.806
 V =  1.371  1.371  1.371  1.371  1.371  1.371  1.371  0.573  0.413  0.049  0.000

T =  79.283s
 Y =  3.069  3.069  3.069  3.069  3.069  3.069  3.413  3.488  3.747  3.782  3.817
 V =  1.371  1.371  1.371  1.371  1.371  1.371  0.714  0.573  0.110  0.049  0.000

T =  95.140s
 Y =  3.069  3.069  3.069  3.069  3.069  3.348  3.413  3.705  3.747  3.808  3.817
 V =  1.371  1.371  1.371  1.371  1.371  0.836  0.714  0.185  0.110  0.017  0.000

T = 110.996s
 Y =  3.069  3.069  3.069  3.069  3.294  3.348  3.656  3.705  3.795  3.808  3.826
 V =  1.371  1.371  1.371  1.371  0.939  0.836  0.273  0.185  0.038  0.017  0.000

T = 126.853s
 Y =  3.069  3.069  3.069  3.249  3.294  3.603  3.656  3.779  3.795  3.819  3.826
 V =  1.371  1.371  1.371  1.024  0.939  0.368  0.273  0.065  0.038  0.011  0.000

T = 142.710s
 Y =  3.069  3.069  3.212  3.249  3.548  3.603  3.758  3.779  3.812  3.819  3.834
 V =  1.371  1.371  1.095  1.024  0.468  0.368  0.101  0.065  0.022  0.011  0.000

T = 158.566s
 Y =  3.069  3.182  3.212  3.493  3.548  3.732  3.758  3.803  3.812  3.828  3.834
 V =  1.371  1.152  1.095  0.569  0.468  0.145  0.101  0.035  0.022  0.009  0.000

T = 174.423s
 Y =  3.069  3.182  3.440  3.493  3.702  3.732  3.793  3.803  3.822  3.828  3.842
 V =  0.936  1.152  0.667  0.569  0.197  0.145  0.051  0.035  0.019  0.009  0.000

T = 190.280s
 Y =  3.069  3.287  3.440  3.667  3.702  3.781  3.793  3.815  3.822  3.836  3.842
 V =  0.936  0.541  0.667  0.259  0.197  0.071  0.051  0.028  0.019  0.009  0.000

T = 206.136s
 Y =  3.069  3.287  3.527  3.667  3.766  3.781  3.808  3.815  3.830  3.836  3.850
 V =  0.135  0.541  0.127  0.259  0.094  0.071  0.038  0.028  0.018  0.009  0.000

T = 221.993s
 Y =  3.069  3.295  3.527  3.652  3.766  3.800  3.808  3.824  3.830  3.844  3.850
 V =  0.135 -0.209  0.127 -0.060  0.094  0.050  0.038  0.026  0.018  0.009  0.000

T = 237.850s
 Y =  3.069  3.295  3.444  3.652  3.700  3.800  3.817  3.824  3.838  3.844  3.858
 V = -0.629 -0.209 -0.395 -0.059 -0.104  0.050  0.035  0.026  0.017  0.009  0.000

T = 253.706s
 Y =  3.069  3.223  3.444  3.512  3.700  3.727  3.817  3.832  3.838  3.852  3.858
 V = -0.629 -0.781 -0.395 -0.428 -0.104 -0.109  0.035  0.026  0.017  0.009  0.000

T = 269.563s
 Y =  3.069  3.223  3.306  3.512  3.552  3.727  3.748  3.832  3.846  3.852  3.865
 V = -1.070 -0.781 -0.799 -0.428 -0.413 -0.109 -0.108  0.026  0.017  0.009  0.000

T = 285.420s
 Y =  3.069  3.150  3.306  3.357  3.552  3.584  3.748  3.768  3.846  3.860  3.865
 V = -1.070 -1.091 -0.799 -0.766 -0.413 -0.392 -0.108 -0.105  0.017  0.009  0.000

T = 301.276s
 Y =  3.069  3.150  3.202  3.357  3.399  3.584  3.614  3.768  3.787  3.860  3.873
 V = -1.244 -1.091 -1.057 -0.766 -0.725 -0.392 -0.371 -0.105 -0.104  0.009  0.000

T = 317.133s
 Y =  3.069  3.110  3.202  3.245  3.399  3.438  3.614  3.642  3.787  3.806  3.873
 V = -1.244 -1.232 -1.057 -1.012 -0.725 -0.686 -0.371 -0.352 -0.104 -0.103  0.000

T = 332.989s
 Y =  3.069  3.110  3.145  3.245  3.285  3.438  3.474  3.642  3.669  3.806  3.757
 V = -1.309 -1.232 -1.202 -1.012 -0.967 -0.686 -0.651 -0.352 -0.335 -0.103  0.000

T = 348.846s
 Y =  3.069  3.093  3.145  3.179  3.285  3.324  3.474  3.508  3.669  3.637  3.757
 V = -1.309 -1.301 -1.202 -1.167 -0.967 -0.925 -0.651 -0.619 -0.335 -0.217  0.000

T = 364.703s
 Y =  3.069  3.093  3.117  3.179  3.213  3.324  3.361  3.508  3.487  3.637  3.528
 V = -1.346 -1.301 -1.284 -1.167 -1.132 -0.925 -0.885 -0.619 -0.490 -0.217  0.000

T = 380.559s
 Y =  3.069  3.086  3.117  3.144  3.213  3.248  3.361  3.345  3.487  3.400  3.528
 V = -1.346 -1.345 -1.284 -1.264 -1.132 -1.096 -0.885 -0.752 -0.490 -0.253  0.000

T = 394.815s
 Y =  3.069  3.087  3.106  3.146  3.174  3.252  3.238  3.353  3.279  3.411  3.274
 V = -1.378 -1.342 -1.336 -1.258 -1.235 -1.087 -0.962 -0.745 -0.511 -0.252  0.000
```

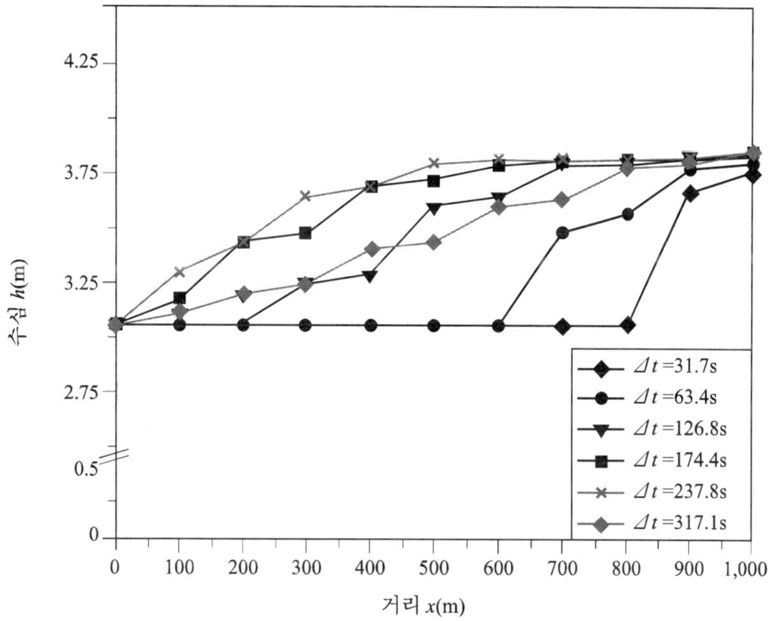

그림 예4.16 시간별 수심 변화

(4) 계산 결과비교

① 양·음해 유한차분법은 유·불리한 점을 가지고 있으며, 이 기법 중 모든 것에 적용 가능한 적합한 방법은 없다. 그래서 이들의 장단점을 파악하여 실제 적용 시 적합한 방법을 선택적으로 사용하는 것이 필요하다. 보통 **음해법**(implicit method)은 비조건적으로 안정한 반면에 Courant 조건은 **양해법**(explicit method)에 대하서는 만족해야만 한다. 이 조건은 계산시간간격의 크기(size)를 제한하므로 긴 시간 동안의 큰 시스템 내 부정류의 해석에는 비경제적인 방법이다.

② 양해법은 음해법보다 프로그램 작성과 오류 수정(debug)이 쉽다. 그러므로 컴퓨터 프로그램의 개발에 활용 가능한 시간이 짧다면 양해법을 선택해야 한다. 음해법을 위해 필요한 컴퓨터의 저장 용량은 보통 양해법보다 많이 차지한다. 큰 시스템을 해석해야 한다면 컴퓨터 용량은 무한대적이므로 양헤법을 사용을 신댁할 수밖에 없을 섯이다. 해석해야 할 흐름변수가 첨예(sharp peak)하다면, 작은 시간 단계(time step)를 사용해야 할 필요가 있다. 양해법의 경우와 같이 시간 단계당 계산 노력은 양해법에 대한 것보다 음해법의 경우보다 더 많기 때문에 우수하다.

4.3.2 천이류

흐름조건(flow conditions)이 정상상태에서 다른 상태로 변할 때 **중간상태 흐름**(intermediate-state flow)을 **천이류**(遷移流, transient flow)라 부른다. 과거에 **수격작용**(水擊作用, water hammer) 또는 **유격작용**(油擊作用, oil hammer)의 항으로 천이류에 대해 사용되었고, 현재에는 **수리적 천이**(水理的 遷移, hydraulic transient) 또는 **유체 천이**(流體 遷移, fluid transient)가 더 일반적으로 사용된다(Roberson et al., 1997).

(1) 개념

앞에서 설명한 **그림 4.48**과 같이 길이 L인 관수로(pipeline)가 일정한 수면을 갖는 상류 저수지로부터 하류 끝에 위치한 밸브까지 물이 흐른다. 밸브는 **완전 개방**(full-open) 위치로부터 반개방위치까지 시간 $t = t_0$에서 순간적으로 폐쇄된다고 가정한다. 이는 밸브를 통해 유속이 줄어들 것이고, 그것에 의해 밸브에서의 압력은 증가된다. 이 증가된 압력은 관수로 내를 전후로 이동하게 되어 **압력파**(pressure wave)를 만들게 되며, 이는 마찰로 인한 소산이 될 때까지 진행되어 흐름조건은 다시 정상류가 된다. 흐름조건이 다시 정상류가 되는 시간을 t_f라 부른다.

(2) 계산 절차

밸브관수로 내 **천이상태조건**(transient-state conditions)을 계산하기 위해 각 관(each pipe)은 구간(reaches)의 수로 나누고, 짧은 관에 대해서는 한 개 구간만을 사용한다. 이는 같은 계산시간간격이 모든 관에 대해 사용되는 것이 필요하므로 각 접합점(junction)의 조건은 **내삽**(interpolation) 또는 **외삽**(extrapolation) 없이 계산된다. 계산절차의 **안정조건**(stability condition)은 계산 시간간격(time interval) Δt와 각관의 구간길이(reach length) Δx가 Courant 조건으로 불리는 다음 식을 만족해야 한다.

$$\Delta x \geq a\,\Delta t \tag{4.182}$$

여기서 $a = \Delta x / \Delta t$로 정의되는 파속(압력파의 속도 : pressure wave velocity)(wave velocity)이다.

한 개 관의 소구간 내 계산시간 간격과 구간수의 선택은 식 (4.182)를 만족시키기 위해 필요하다. 그러나 좋은 결과는 $\Delta x = a\,\Delta t$라면 얻어진다. 이러한 목적에서 파속은 필요에 따라 약간 조정하게 되므로 시스템 내 각관에 대해 $\Delta x = a\,\Delta t$로 한다.

정의에 의해 이들 흐름 영역은 다음과 같이 구분할 수 있다.

① $t < t_0$: 정상류

② $t_0 \leq t < t_f$: 천이류

③ $t \geq t_f$: 재정상류

천이상태 압력은 때때로 그 단면에서 **액체기둥**(liquid column) 분리에서 비롯되는 액체의 **증기압**(vaper pressure)을 발생시킨다. 이를 **액체기둥분리**(liquid-column separation)라 한다. 만약 흐름조건이 고정시간 후에 반복된다면 이 흐름은 주기적 흐름(periodic flow)이라 한다.

관수로(closed conduits) 내 천이상태조건의 해석은 **총괄 시스템 접근**(lumped-system approach)과 **분할 시스템 접근**(distributed-system approach)의 두 범주로 구분한다. 총괄 시스템 접근(lumped-system approach)에서 관벽은 고정(fixed)으로 가정하고, 관내 액체는 비압축성으로 가정하므로 고정매체(fixed mass)와 같이 거동하여 주어진 임의 시간에서의 유속은 관의 한쪽에서 다른 쪽까지 똑같다. 바꿔 말하면 흐름변수는 흐름만의 함수이다. 그러므로 **상미분 방정식**(ordinary differential equations)은 이 시스템의 거동을 표현한다. 각 관내 유속은 **다관 시스템**(multiconduit system) 내에서 개별적으로 고려될 것이다. 분할 시스템 접근에서 액체는 약간의 압축성으로 가정하므로 유속은 시간변화 외에 관의 길이에 따라 변한다. 즉, 흐름변수는 시간의 함수뿐만 아니라 거리의 함수이다. 그러므로 **편미분 방정식**(partial differential equations)은 이 시스템의 거동을 표현한다. 유속의 변화율이 느리다면 총괄시스템 접근이 채택할 수 있는 결과를 줄 것이나 흐름이 빠르게 변한다면 분할 시스템 접근이 사용되어야 한다.

예제 4.17

그림 4.48과 같은 표고 200.99m인 저수로부터 정상류 유량 1m³/s가 지름 1m, Darcy-Weisbach의 마찰계수 $f=0.012$, 길이 1,000m인 관로를 통해 물이 흐를 때 밸브를 초기개폐시간 1초, 개폐시간 4초, 종기개폐시간 0초일 때 정상류 밸브손실수두는 200m이다. 관수로는 소구간 8개이고, 출력시간간격 0.5초, 유량 1m³/s일 때 표 예4.17.1의 프로그램을 사용하여 다음 사항에 답하시오.

1. 천이류 해석과 결과에 대한 도표 작성

표 예4.17.1 천이류 해석 프로그램

```
      REAL L
      DIMENSION H(100),Q(100),HP(100),QP(100)
      OPEN(5,FILE='PTFLOW.DAT',STATUS='OLD')
      OPEN(6,FILE='PTFLOW.OUT')
      READ(5,*) N,IPRINT,Q0,HRES,TLAST
      WRITE(6,20) N,IPRINT,Q0,HRES,TLAST
20    FORMAT(3X,'ANALYSIS of TRASIENTS FLOW'//,3X,'N= ',I2,2X,'IPRINT='
     1 ,I2,2X,'Qo=',F7.3,'m^3/s',2X,'HRES=',F7.2,'m',2X,'TLAST=',F6.1,
     1 's'/)
      READ(5,*) L,D,A,F
      WRITE(6,40)  L,D,A,F

40    FORMAT(3X,'L=',F7.1,'m',2X,'D=',F5.2,'m',2X,'A=',
     1  F7.1,'m/s',2X,'f=',F6.3/)
      READ(5,*) TV,TAU0,TAUF,HS,QS
      WRITE(6,60) TV,TAU0,TAUF,HS,QS
60    FORMAT(3X,'TV=',F5.2,'s',2X,'TAU0=',F6.3,'s',2X,'TAUF=',F5.3,'s',
     1  2X,'HS=',F7.2,'m',2X,'Qs=',F6.3,'m^3/s'/)
C
      AR=0.7854*D*D
      CA=9.81*AR/A
      DT=L/(N*A)
      CF=F*DT/(2.*D*AR)
      F=F*L/(19.62*D*N*AR*AR)
C
      H(1)=HRES
      NN=N+1
      DH=F*Q0*Q0
      DO 80 I=1,NN
      H(I)=HRES-(I-1)*DH
      Q(I)=Q0
80    CONTINUE
      K=0
      TAU=TAU0
      T=0.
100   WRITE(6,110) T,TAU
110   FORMAT(/3X,'T=',F6.2,'s',2X,'TAU=',F5.3,'s')
      WRITE(6,120) (H(I),I=1,NN)
120   FORMAT(5X,'H=',15F8.2)
      WRITE(6,130) (Q(I),I=1,NN)
      K=0
130   FORMAT(5X,'Q=',15F8.3)
150   T=T+DT
      K=K+1
      IF (T.GT.TLAST) STOP
C
      HP(1)=HRES
      CN=Q(2)-H(2)*CA-CF*Q(2)*ABS(Q(2))
      QP(1)=CN+CA*HRES
C

      DO 160 J=2,N
      CN=Q(J+1)-CA*H(J+1)-CF*Q(J+1)*ABS(Q(J+1))
      CP=Q(J-1)+CA*H(J-1)-CF*Q(J-1)*ABS(Q(J-1))
      QP(J)=0.5*(CP+CN)
      HP(J)=(CP-QP(J))/CA
160   CONTINUE
C
      CP=Q(N)+CA*H(N)-CF*Q(N)*ABS(Q(N))
      IF (T.GE.TV) GO TO 180
      TAU=TAU0+T*(TAUF-TAU0)/TV
      GO TO 190
180   TAU=TAUF
190   IF (TAU.LE.0.0) GO TO 200
      CV=(QS*TAU)**2/(HS*CA)
      QP(NN)=0.5*(-CV+SQRT(CV*CV+4.*CP*CV))
      HP(NN)=(CP-QP(NN))/CA
      GO TO 210
200   QP(NN)=0.
      HP(NN)=CP/CA
C
210   DO 230 J=1,NN
      Q(J)=QP(J)
      H(J)=HP(J)
230   CONTINUE
      IF (K.EQ.IPRINT) GO TO 100
      GO TO 150
300   STOP
      END
```

[풀이]

1. 천이류 해석과 결과에 대한 도표 작성

   (1) 관수로의 소구간 8개, 유량자료, 관로 조건 등의 주어진 자료를 사용하여 입력자료를 표 예4.17.2와 같이 작성하고, 표 예4.17.1의 프로그램을 이용하여 천이류를 해석한다.

표 예4.17.2 천이류 해석을 위한 입력자료

소구간수	출력시간 간격	정류 유량(m^3/s)	저수지 표고($EL.m$)	총계산시간(s)
N	IPRINT	Q_0	HRES	TLAST
8.	4	1.	200.99	16.
관길이	관지름	파속	Darcy-Weisbach 마찰계수 f	
L	D	A	F	
1000.	1.	1,000	0.012	
폐쇄소요시간(s)	반폐쇄소요시간(s)	폐쇄완료시간(s)	밸브수두손실	유량(m^3/s)
TV	TAUO	TAUF	HS	QS
4.0	1.	0.	200.	1.

(2) 주어진 입력자료와 프로그램을 활용하여 계산된 출력결과는 표 예4.17.3과 같이 나타났다.

표 예4.17.3 천이류의 해석 결과

```
ANALYSIS of TRASIENTS FLOW

N= 8  IPRINT= 4  Qo=  1.000m^3/s  HRES= 200.99m  TLAST=  16.0s

L= 1000.0m  D= 1.00m  A= 1000.0m/s  f= 0.012

TV= 4.00s  TAUO= 1.000s  TAUF=0.000s  HS= 200.00m  Qs= 1.000m^3/s

T=  0.00s  TAU=1.000s
 H=  200.99  200.87  200.74  200.62  200.49  200.37  200.25  200.12  200.00
 Q=   1.000   1.000   1.000   1.000   1.000   1.000   1.000   1.000   1.000

T=  0.50s  TAU=0.875s
 H=  200.99  200.87  200.74  200.62  200.49  203.45  206.47  209.55  212.69
 Q=   1.000   1.000   1.000   1.000   1.000   0.976   0.952   0.927   0.902

T=  1.00s  TAU=0.750s
 H=  200.99  203.93  206.94  210.01  213.14  216.33  219.59  222.92  226.31
 Q=   1.000   0.976   0.952   0.928   0.903   0.877   0.851   0.825   0.798

T=  1.50s  TAU=0.625s
 H=  200.99  207.42  213.84  220.28  226.72  230.17  233.68  237.27  240.93
 Q=   0.806   0.806   0.804   0.802   0.798   0.771   0.743   0.715   0.686

T=  2.00s  TAU=0.500s
 H=  200.99  207.92  214.85  221.79  228.73  235.68  242.64  249.61  256.59
 Q=   0.598   0.598   0.596   0.594   0.590   0.586   0.580   0.574   0.566

T=  2.50s  TAU=0.375s
 H=  200.99  208.45  215.92  223.38  230.86  236.01  241.05  245.95  250.72
 Q=   0.376   0.375   0.373   0.371   0.367   0.380   0.393   0.407   0.420

T=  7.50s  TAU=0.000s
 H=  200.99  203.97  206.95  209.91  212.84  213.65  214.23  214.58  214.69
 Q=   0.036   0.037   0.038   0.041   0.045   0.034   0.023   0.012   0.000

T=  8.00s  TAU=0.000s
 H=  200.99  203.32  205.63  207.92  210.19  212.41  214.57  216.67  218.70
 Q=  -0.046  -0.045  -0.043  -0.040  -0.035  -0.028  -0.020  -0.011   0.000

T=  8.50s  TAU=0.000s
 H=  200.99  202.49  203.97  205.43  206.85  206.34  205.97  205.75  205.68
 Q=  -0.106  -0.105  -0.102  -0.098  -0.091  -0.069  -0.046  -0.023   0.000

T=  9.00s  TAU=0.000s
 H=  200.99  199.57  198.35  197.32  196.49  195.84  195.38  195.10  195.01
 Q=  -0.136  -0.121  -0.105  -0.088  -0.071  -0.053  -0.036   0.010   0.000

T=  9.50s  TAU=0.000s
 H=  200.99  198.01  195.04  192.08  189.15  188.34  187.76  187.41  187.30
 Q=  -0.036  -0.037  -0.038  -0.041  -0.045  -0.034  -0.023  -0.012   0.000

T= 10.00s  TAU=0.000s
 H=  200.99  198.67  196.35  194.06  191.80  189.58  187.42  185.32  183.30
 Q=   0.046   0.045   0.043   0.040   0.035   0.028   0.020   0.011   0.000

T= 10.50s  TAU=0.000s
 H=  200.99  199.49  198.01  196.55  195.13  195.65  196.01  196.23  196.30
 Q=   0.105   0.105   0.102   0.097   0.091   0.069   0.046   0.023   0.000

T= 11.00s  TAU=0.000s
 H=  200.99  202.41  203.63  204.65  205.49  206.14  206.60  206.88  206.97
 Q=   0.136   0.121   0.105   0.088   0.071   0.053   0.036   0.018   0.000

T= 11.50s  TAU=0.000s
 H=  200.99  203.97  206.94  209.89  212.82  213.63  214.21  214.56  214.67
 Q=   0.036   0.037   0.038   0.041   0.045   0.034   0.023   0.012   0.000

T=  3.00s  TAU=0.250s
 H=  200.99  206.69  212.26  217.69  222.98  228.14  233.14  238.00  242.71
 Q=   0.137   0.154   0.171   0.188   0.206   0.223   0.240   0.258   0.275

T=  3.50s  TAU=0.125s
 H=  200.99  203.98  206.96  209.92  212.85  217.94  222.87  227.62  232.19
 Q=   0.036   0.037   0.038   0.041   0.045   0.067   0.089   0.112   0.135

T=  4.00s  TAU=0.000s
 H=  200.99  203.32  205.64  207.93  210.20  212.42  214.59  216.69  218.72
 Q=  -0.046  -0.045  -0.043  -0.040  -0.035  -0.028  -0.020  -0.011   0.000

T=  4.50s  TAU=0.000s
 H=  200.99  202.49  203.98  205.44  206.86  206.35  205.98  205.76  205.69
 Q=  -0.106  -0.105  -0.102  -0.098  -0.091  -0.069  -0.046  -0.023   0.000

T=  5.00s  TAU=0.000s
 H=  200.99  199.57  198.35  197.32  196.48  195.83  195.37  195.09  195.00
 Q=  -0.137  -0.121  -0.105  -0.088  -0.071  -0.053  -0.036  -0.018   0.000

T=  5.50s  TAU=0.000s
 H=  200.99  198.00  195.03  192.07  189.14  188.32  187.74  187.39  187.28
 Q=  -0.036  -0.037  -0.038  -0.041  -0.045  -0.034  -0.023  -0.012   0.000

T=  6.00s  TAU=0.000s
 H=  200.99  198.66  196.35  194.05  191.79  189.57  187.40  185.30  183.27
 Q=   0.046   0.045   0.043   0.040   0.035   0.028   0.020   0.011   0.000

T=  6.50s  TAU=0.000s
 H=  200.99  199.49  198.00  196.54  195.12  195.64  196.00  196.22  196.30
 Q=   0.106   0.105   0.102   0.098   0.091   0.069   0.046   0.023   0.000

T=  7.00s  TAU=0.000s
 H=  200.99  202.41  203.63  204.66  205.50  206.14  206.61  206.88  206.98
 Q=   0.136   0.121   0.105   0.088   0.071   0.053   0.036   0.018   0.000

T= 12.00s  TAU=0.000s
 H=  200.99  203.31  205.62  207.92  210.17  212.39  214.55  216.65  218.67
 Q=  -0.046  -0.045  -0.043  -0.040  -0.035  -0.028  -0.020  -0.011   0.000

T= 12.50s  TAU=0.000s
 H=  200.99  202.49  203.97  205.42  206.84  206.33  205.97  205.75  205.67
 Q=  -0.105  -0.105  -0.102  -0.097  -0.091  -0.069  -0.046  -0.023   0.000

T= 13.00s  TAU=0.000s
 H=  200.99  199.58  198.36  197.33  196.49  195.85  195.38  195.11  195.02
 Q=  -0.136  -0.121  -0.104  -0.088  -0.071  -0.053  -0.036  -0.018   0.000

T= 13.50s  TAU=0.000s
 H=  200.99  198.01  195.04  192.09  189.17  188.36  187.78  187.43  187.32
 Q=  -0.036  -0.037  -0.038  -0.041  -0.045  -0.034  -0.023  -0.012   0.000

T= 14.00s  TAU=0.000s
 H=  200.99  198.67  196.36  194.07  191.81  189.60  187.44  185.34  183.32
 Q=   0.046   0.045   0.043   0.040   0.035   0.028   0.020   0.011   0.000

T= 14.50s  TAU=0.000s
 H=  200.99  199.50  198.01  196.56  195.14  195.65  196.02  196.24  196.31
 Q=   0.105   0.104   0.102   0.097   0.091   0.069   0.046   0.023   0.000

T= 15.00s  TAU=0.000s
 H=  200.99  202.40  203.62  204.65  205.48  206.13  206.59  206.87  206.96
 Q=   0.136   0.121   0.104   0.088   0.071   0.053   0.036   0.018   0.000

T= 15.50s  TAU=0.000s
 H=  200.99  203.97  206.93  209.88  212.80  213.62  214.19  214.54  214.66
 Q=   0.036   0.037   0.038   0.041   0.045   0.034   0.023   0.012   0.000

T= 16.00s  TAU=0.000s
 H=  200.99  203.31  205.62  207.91  210.16  212.38  214.53  216.63  218.64
 Q=  -0.046  -0.045  -0.043  -0.040  -0.035  -0.028  -0.020  -0.011   0.000
```

(3) **표 예4.17.3**의 계산 결과를 이용하여 저수지 출구점으로부터의 관수로 구간길이 1,000m, 500m, 125m 지점의 밸브 차단 후 16초 동안 관로 내 위압수두의 변화를 표시한 결과는 **그림 예4.17**과 같이 나타났다.

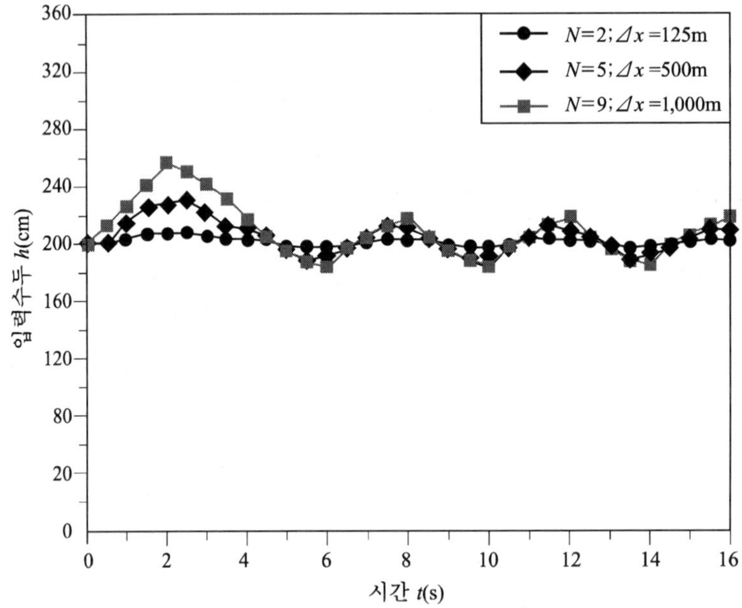

그림 예4.17 밸브 폐쇄 후(천이류) 수로구간 길이별 압력수두

(4) 이 결과에서 밸브가 위치한 관수로 구간길이 1,000m 지점의 천이류 발생으로 인한 위압수두 값의 변화는 500m, 125m 지점 수로구간에서의 값보다 더 크다는 것을 확인할 수 있다.

연 습 문 제

4.1 밀도 $\rho = 1.18 \times 10^3 kg/m^3$, 점성계수 $\mu = 0.0045 Ns/m^2$인 유체가 지름=8mm인 수평관을 통해 20ml/s로 흐를 때 다음 사항에 답하시오.

1. 관과 평행한 유속성분의 관 입구로부터 관 길이 1m당 압력강하 계산

4.2 밀도=1,0003kg/m^{3}이고, 점성계수=$1.000 \times 10^{-6} m^2/s$인 물이 압력경사=3.0kPa/m, 유량=0.08m^3/s로 지름=0.2m인 수평관을 통해 흐르고 있을 때 다음 사항에 답하시오.

1. 점성 저층의 대략적인 두께 결정
2. 관 중심선 유속 V_c의 결정
3. 관 중심선과 $r = 0.020$m 관벽 사이의 층류에 대한 난류전단응력 비(τ_{turb}/τ_{lam})의 결정

4.3 동점성계수=$8 \times 10^{-4} m^2/s$이고, 비중=0.90인 기름이 0.040m^3/s로 지름=20cm인 관을 통해 흐르고 있을 때 다음 사항에 답하시오.

1. 관 길이 10m당의 수두손실 계산

4.4 비중=0.95이고, 점성계수 $\mu = 8 \times 10^{-1} Ns/m^2$인 기름이 지름=4cm인 관을 안정적으로 흐른다. 관의 수직이고, 표고=110m에서의 압력=210kPa이다. 표고 90m에서의 압력이 260kPa일 때 다음 사항에 답하시오.

1. 흐름 방향의 상향 또는 하향 결정
2. 흐름이 층류일 때 관 중심의 유속과 중심에서 8mm인 점 유속 결정

4.5 비중=0.95이고 동점성계수=$9 \times 10^{-4} m^2/s$인 기름이 지름=28cm인 관로에서 0.050m^3/s로 흐르고 있다. 다음 사항에 답하시오.

1. 흐름 상태의 구분
2. 관로길이 1,000m당의 수두손실 결정

4.6 수면의 표고=80m로 일정하게 유지되는 물탱크에서 표고=60m에 지름=60cm인 강관을 통해 물이 관로길이=50m 지점에 공급된다. 수온은 20°C(동점성계수는 $10^{-6} m^2/s$)이고, 이 관의 조도는 5.0×10^{-5}m일 때 다음 사항에 하시오.

1. 공급 유량의 결정

4.7 수로경사=0.003인 사다리꼴 단면 수로에 50m^3/s의 유량을 송수하기 위해 저면 폭=20m, 측면경사 z=2인 수로를 설계하려고 한다. 통제구조물은 하류 끝부분에서 4m의 수심을 갖도록 바닥을 높게 만들었다. 수로면의 Manning 조도계수=0.015이고, 에너지 보정계수=1.0일 때 다음 사항에 답하시오.

1. 직접 축차법(direct step method)에 의한 수면분포곡선 결정

4.8 그림 예4.13.1과 같은 관망을 Hardy–Cross 방법에 의해 해석하시오. 화살표에 표시된 유량과 방향은 초기치·가정방향이고, 폐합회로 ABCD에 공급되는 유량 Q_D=200m^3/s이고, 회로 내 사용수량 Q_A=40m^3/s, Q_B=100m^3/s, Q_C=60m^3/s이다. 각 관의 비례상수 k는 그림 예4.13.1에 표시한 값과 같을 때 다음 사항에 답하시오.

1. Darcy–Weisbach 공식을 사용한 손실수두~유량 관계식($h_L \sim Q^n$) 수립

4.9 그림 문4.9와 같은 원형관을 통해 흐르는 정상 점성류(steady viscous flow)에서 축방향 속도성분(axial velocity profile)은 대략 식은 $u = V_c\left(1-\dfrac{r}{R}\right)^{1/N}$ [여기서 u=지점유속으로 관 벽($r=R$)의 영(zero)(u=0)[즉, 무활(無滑, no slip)]으로부터 관 중심(r=0)의 최대유속($u=V_c$)까지 변화한다.]와 같이 주어진다. 점성이 큰 흐름(lamina flow)일 때 N≒2인 반면에, 작은 점성류(turbulent flow)일 때 N≒7이다. 밀도가 일정하다고 할 때 다음 사항에 답하시오.

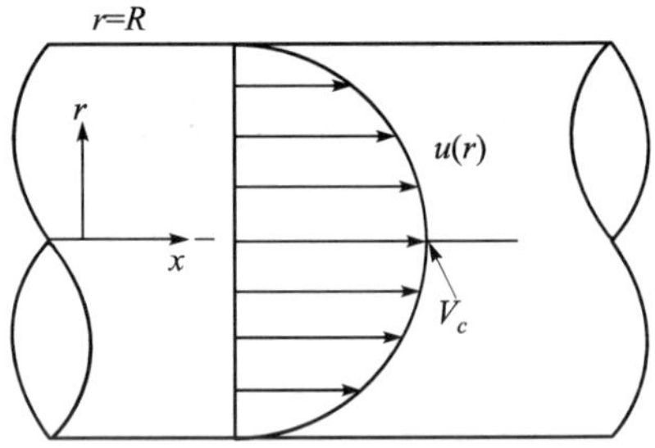

그림 문4.9 층류의 관내 유속분포

1. 평균속도 결정

4.10 폭이 10m이고, 조도계수가 0.013인 사각형 단면 콘크리트 피복(concrete–lined channel) 수로의 하상경사는 0.01이며, 상류끝부분이 일정수두를 갖는 저수지와 연결되어 있다. 저수지의 수면은 출구의 수로 바닥 위 6.0m에 위치한다. 저수지의 출구손실과 접근유속을 무시할 때 다음 사항에 답하시오.

1. 수로의 유량과 수면분포도 작성

4.11 수로경사가 0.003인 사다리꼴 단면수로에 $40m^3/s$의 유량이 흐른다. 저수로 폭이 15.0m이고, 측면경사는 $V:H=1:2$이다. 지배 구조물(control structure)은 하류 끝의 수심을 5m로 상승시키는 하류구간 끝부분에 설치되어 있다. 조도계수는 0.013이고, 에너지 보정계수가 1일 때 다음 사항에 답하시오.

1. 직접 축차법(direct step method)에 의한 수면분포곡선 계산
2. HEC-RAS(v5.0)를 이용한 수면분포곡선 유도

4.12 수로경사가 0.003인 사다리꼴 단면수로에 $40m^3/s$의 유량이 흐른다. 저수로 폭이 15.0m이고, 측면경사는 $V:H=1:2$이다. 지배 구조물(control structure)은 하류 끝의 수심을 5m로 상승시키는 하류구간 끝부분에 설치되어 있다. 지배 구조물로부터 상류 1, 2, 4km 지점의 수면분포곡선을 구하시오. 수로경계면의 조도계수는 0.013이고, 에너지 보정계수가 1이며, 하류 끝의 수로바닥 표고는 0.0일 때 다음 사항에 답하시오.

1. 표준 축차법(standard step method)에 의한 수면분포곡선 계산
2. HEC-RAS(v5.0)를 이용한 수면분포곡선 유도

4.13 그림 문4.13과 같이 수평에 대해 45° 기울어진 관이 지름 200mm에서 100mm로 위쪽으로 길이 2m에 걸쳐 작아진다. 비중이 0.9인 기름(oil)이 2m/s의 속도로 낮은 쪽 끝에서 평균유속 $\overline{V_1}$으로 관을 통해 흐른다. 다른 에너지 손실은 무시하고, 수은의 비중은 13.6이며, 액주계에는 기름이 꽉 차 있다. 다음 사항에 답하시오.

1. 관 길이 2m에서의 압력 차이 결정
2. 관로에 설치된 수은 액주계(mercury manometer)의 수은주 차이 계산

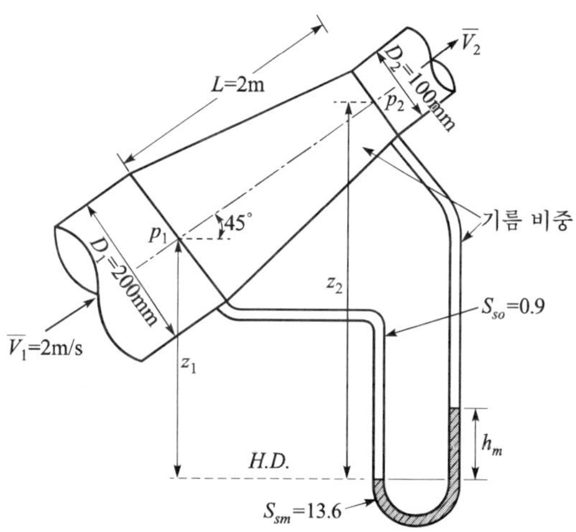

그림 문4.13 경사진 액주계의 압력

4.14 그림 문4.14와 같이 뚜껑이 열려있는 대형 탱크의 연직 벽면에 설치된 수평 오리피스(horizontal orifice)에서 대기 중으로 물이 분사(jet water)되고 있다. 분사는 점 A로부터 수평거리 x일 때 연직거리 y인 점 B에 떨어진다고 할 때 다음 사항에 답하시오.

1. 수축단면(vena contracta)에서 측정된 수축부의 분사 실제속도에 관계식 유도
2. 오리피스의 수두가 h일 때 유속계수(velocity coefficient) 결정
3. 오리피스 단면적 650mm^2, 분사의 수축단면에서 수평거리 x =1.5m, 연직거리 y =0.5m 떨어졌을 때 유량 0.117m^3/s, 오리피스의 수두 h가 1.2m일 때 유속계수(velocity coefficient), 유량계수(discharge coefficient), 수축계수(contraction coefficient) 계산

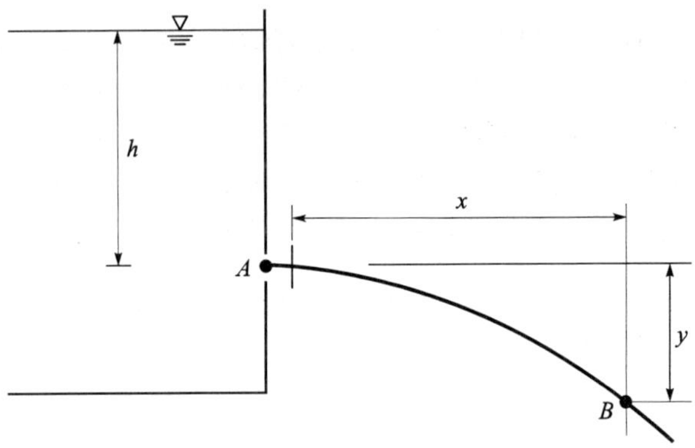

그림 문4.14 오리피스의 분사와 수축계수

4.15 그림 문4.15와 같이 폭 b, 높이 h인 사각형 연직 수문(rectangular sluice gate)(= 대형 오리피스, large orifice)을 통해 저수지로부터 물이 흐른다. 수문의 열린 부분 위턱과 아래 바닥(top and bottom)은 각각 자유수면 아래의 수심 H_1과 H_2이다. 다음 사항에 답하시오.

1. 오리피스(orifice) 이론유량 산정식의 유도
2. 수문의 개구부 아래 바닥은 하류 수면표고(downstream water level)보다 위에 있다고 할 때 열린 부분 위턱의 수심이 0.4m, 아래 바닥의 수심은 1.5m, 폭이 0.7m의 이론유량 산정
3. H_1과 H_2의 구분 없이 두 수심의 평균수두[$= 1/2(H_1 + H_2) = h$]로 계산하는 소형 오리피스(small orifice)와의 오차 비교

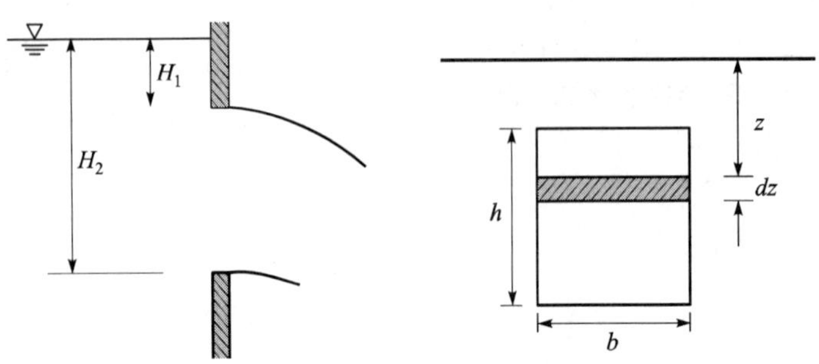

그림 문4.15 대형 오리피스의 해석

4.16 저수지에서 물의 흐름을 측정하기 위해 삼각형 오리피스(notch, triangular orifice)가 선정되었다. 이 오리피스를 이용해 바닥 위 수두 측정에 오차가 1.5mm 발생되었다. 유량이 $0.28m^3/s$이고, 유량계수가 0.6인 직각삼각형 오리피스를 사용하였을 때 다음 사항에 답하시오[힌트 : 미소유량/총유량 = 2.5(미소수두/총수두)].

1. 발생될 오차(%)의 계산

4.17 그림 문4.17과 같이 물이 흐르는 지름 24cm 관에 15cm의 원형 오리피스(orifice)에 수은을 이용한 액주계가 설치되어 있다. 물의 온도가 20°C일 때 관로 ①과 ②지점의 압력 차이를 나타내는 액주계의 수두차이는 25cm를 나타냈을 때 다음 사항에 답하시오.

1. 이 시스템을 흐르는 유량의 계산

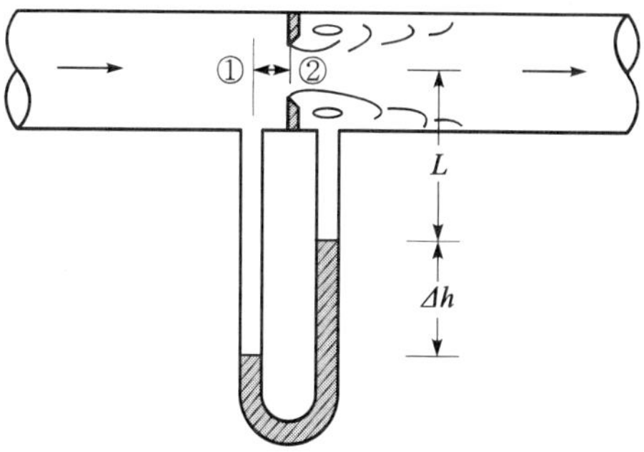

그림 문4.17 수은 액주계가 설치된 원형 오리피스

4.18 그림 문4.18과 같이 2m×2m로 제작된 콘크리트 개거(culvert made of unfinished concrete, open culvert)를 소하천(small stream)에 설치하여 통수하려고 한다. 길이 100m에 0.5m의 표고차를 갖고 등류가 흐르도록 설계하고자 한다. 이 개거에 $4.7m^3/s$의 유량이 흐를 때 다음 사항에 답하시오.

1. 기대되는 등류수심의 결정

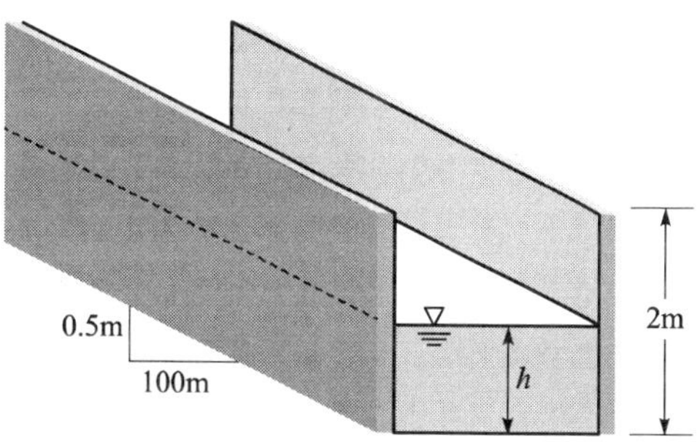

그림 문4.18 콘크리트 개거

4.19 그림 문4.19와 같이 사다리꼴($V:H=1:1$) 단면 홍수조절 수로는 바닥부분은 상대적으로 깨끗한 반면에 양측면은 잡초 같은 초본류(weedy grass)가 성장해 있다. 다음 사항에 답하시오.

1. 등가 Manning 조도계수(equivalent Manning's roughness coefficient) 산정식의 유도

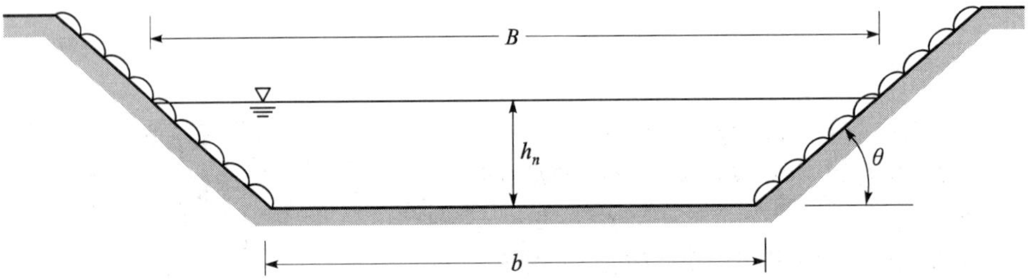

그림 문4.19 조도계수가 다른 윤변의 사다리꼴 단면수로

4.20 그림 문4.18의 개거 경사는 그림 문4.20과 같이 4.7m³/s의 유량이 흐를 수 있게 설계할 때 거의 수심 1.5m에서 등류가 흐를 수 있도록 조정하고자 한다. 다음 사항에 답하시오.

1. 추천해야 할 개거 경사의 결정

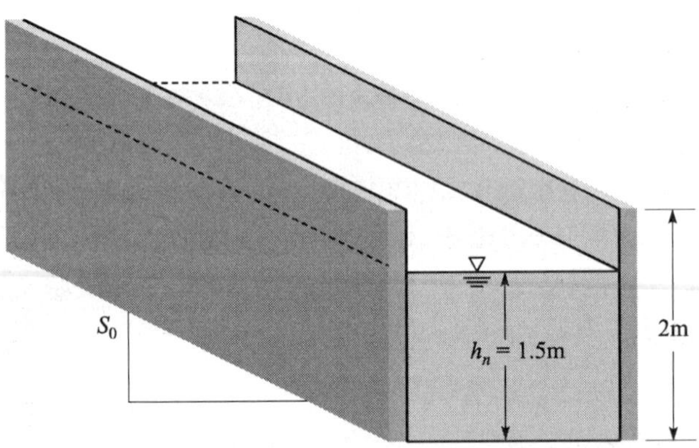

그림 문4.20 사각형 단면 등류수로의 수로경사 설계

4.21 테레빈유(terebene油, turpentine; 송진을 수증기로 증류하여 얻는 정유)를 가공공장(processing plant)의 관로를 통해 탱크에서 캔으로 운송시킬 수 있도록 그림 문4.21과 같은 관수로를 설치하고 소매[小賣(낱개로 파는 일), retail)를 하려고 한다. 이 관수로는 조도높이 0.0046cm이고, 지름 28.89cm(단면적 $655.50cm^2$)–길이 60m, 지름 19.37cm(단면적 $294.70cm^2$)–길이 22m이며, 모든 앨보(elbow)는 표준형으로 구성되어 있다. 이 관로를 통해 $0.05m^3/s$의 흐름이 유지될 때 다음 사항에 답하시오.

1. 압력 강하량 결정

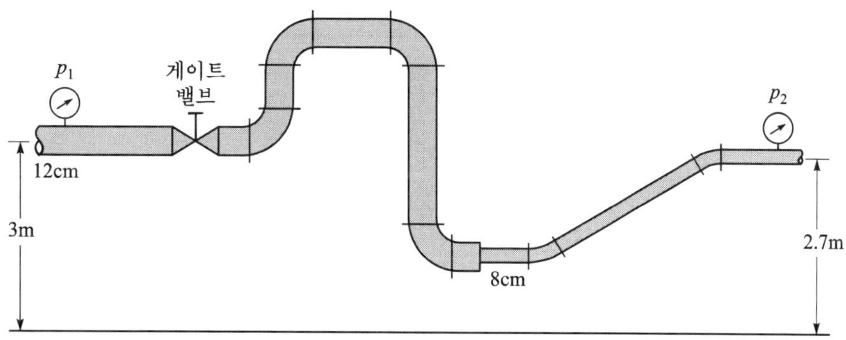

그림 문4.21 테레빈유(turpentine) 운송 관수로

4.22 아세톤[(acetone); 비중 0.792인 유기 용제로 페인트 제거, 세정제 등에 사용]이 흐르는 관로에 그림 문4.22와 같은 피토관(pitot-static tube)을 이용해 관 중심에서의 유속을 측정한다. 그림 문4.22와 같이 설치된 액주계(manometer)의 수은주가 5cm의 압력차를 나타낼 때 다음 사항에 답하시오.

1. 관로 중심의 유속 결정

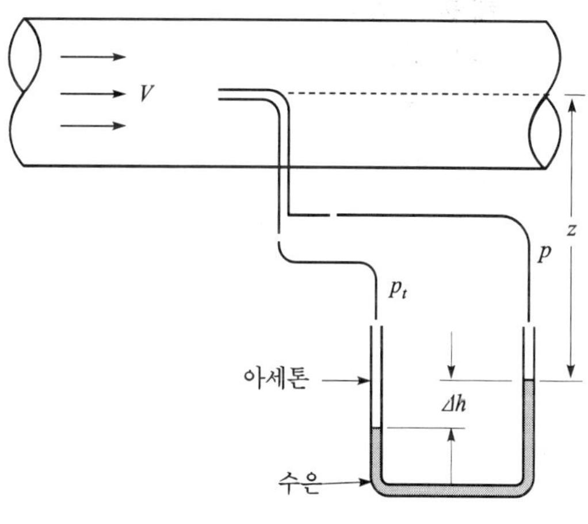

그림 문4.22 피토관을 이용한 유속 측정

4.23 어떤 유체가 두 평행평판 사이의 공간에 그림 문4.23과 같이 놓여 있다. 상부판은 이동시킬 수 있게 그림과 같이 케이블(cable)로 추(질량 m)와 연결시켜놓았다. 질량은 0.001kg이고, 평판 간격 Δy=5mm, 판의 접촉면적=0.5m^{2}이며, 흐름은 정상상태라고 할 때 다음 사항에 답하시오.

1. 두 평판 사이 유체가 Newton 유체인 아마인유(linseed oil)일 때 평판의 속도 결정
2. 두 평판 사이 유체가 물일 때 평판의 속도 결정
3. 마찰응력 4N/m^2, 점성계수 0.004Ns/m^{2}인 유체일 때 평판의 속도 결정

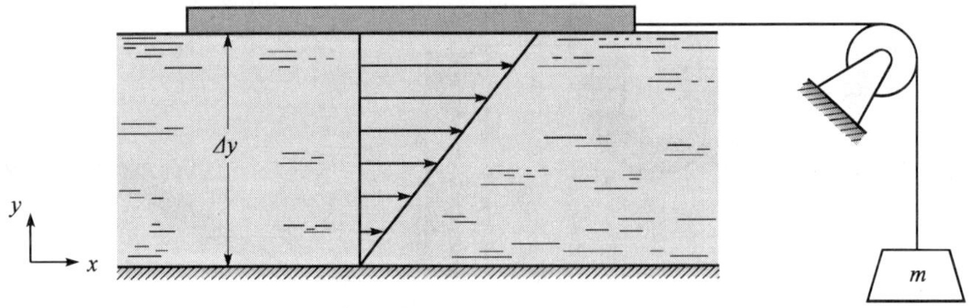

그림 문4.23 두 평판 사이의 유체 점성

4.24 그림 문4.24와 같이 수평면에 대해 45° 방향으로 놓여 있는 급축소 만곡(elbow) 관로를 통해 물이 흐른다. 양의 x방향으로 45° 만곡된 관로 입구의 지름은 2.5cm이고 출구는 1.2cm이며, 유량은 0.0004m^3/s이다. 입구와 출구의 압력계는 각각 160kPa, 158kPa로 측정되었다. 다음 사항에 답하시오.

1. 흐르는 물에 의해 관에 작용된 힘의 크기를 계산

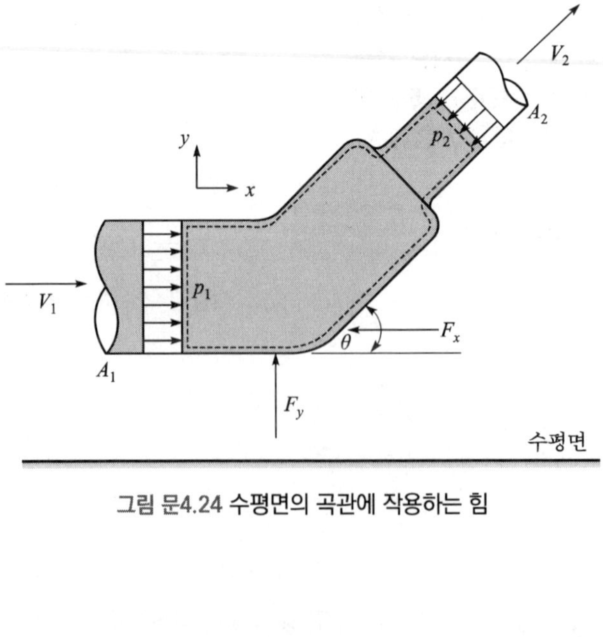

그림 문4.24 수평면의 곡관에 작용하는 힘

4.25 그림 문4.25와 같은 길이 7m, 지름 5.252cm(단면적 21.66cm^2)인 관이 30° 경사진 관수로를 통해 0.001m^3/s의 물을 위쪽 방향으로 운송하고 있다. 다음 사항에 답하시오.

1. 관의 마찰계수(friction factor)가 0.03일 때 두 점 사이의 압력차 산정

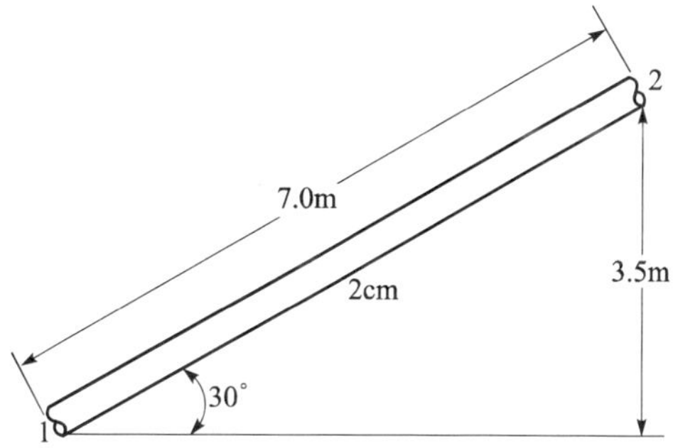

그림 문4.25 경사진 관수로

4.26 그림 문4.26과 같이 20°C에서 엔진 오일(SAE 30)이 이동판에 의해 유동된다고 가정하고, 이동판의 속도가 오일의 수심 2cm일 때 3m/s이라 할 때 다음 사항에 답하시오.

1. 오일의 전단응력 결정

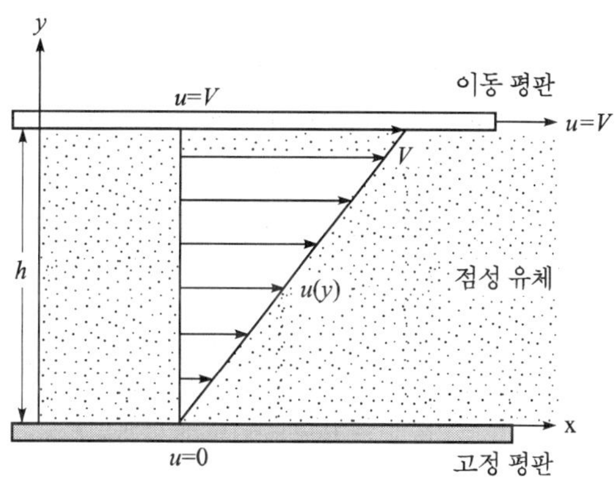

그림 문4.26 점성 유체의 평행한 두 평판 사이 전단응력 관계

4.27 관수로 시스템의 지름 1m인 관로에 밸브(valve)가 하류 끝에서 순간적으로 폐쇄된다고 할 때 다음 사항에 답하시오(단, 이 관로의 초기 정상류 상태의 유속은 1.5m/s이다. 물의 질량과 체적탄성계수(bulk modulus of elasticity)는 각각 999kg/m^3, 2.19GPa이고, 관의 벽은 고정된 것으로 가정한다).

1. 지름 1m인 관로에서 압력수두의 상승 결정

4.28 그림 문4.28과 같이 가솔린(gasoline)이 내경 2cm인 매끈한 호스(hose)를 통해 탱크(tank)로부터 사이펀(siphon)으로 옮긴다. 이 가솔린의 밀도는 719kg/m^{3}이고, 점성계수는 0.000292N s/m^{2}일 때 다음 사항에 답하시오.

1. 유량의 계산

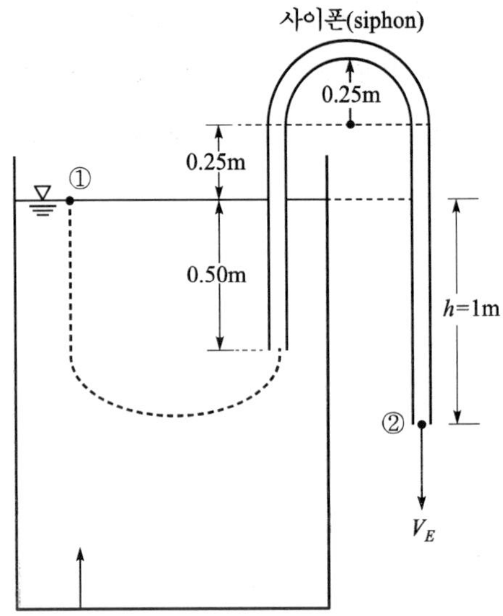

그림 문4.28 사이펀을 이용한 유체이송

4.29 그림 문4.29와 같이 벤츄리 미터(venturi meter)를 통해 물이 흐르는 경우, 수축부인 목부를 통해 흐른 물은 원래 단면으로 점점 확장되면서 흐른다. 액주계(manometer)가 입구에서 목까지의 압력 차이를 측정하기 위해 수평으로 설치되었다. 다음 사항에 답하시오.

1. 벤츄리 미터를 흐르는 유량의 결정

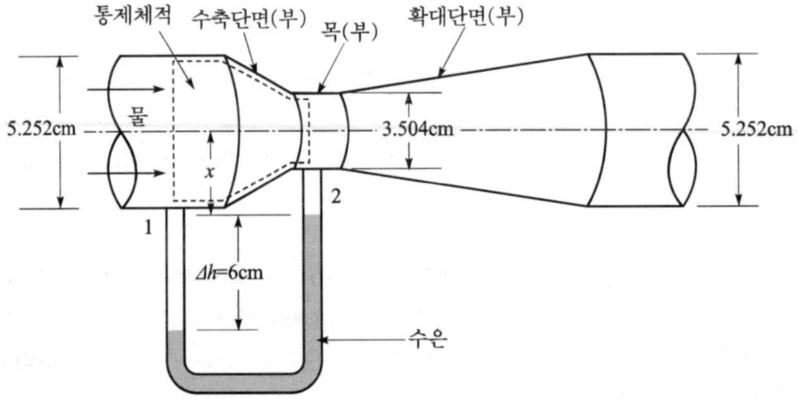

그림 문4.29 벤츄리 미터와 액주계

CHAPTER

5

수공 실무

CHAPTER 5

수공 실무

Design of Hydraulic Engineering

본 장에서는 수공학 분야를 세분하여 제4~6장까지 다루는 과정 중 수문·하천, 환경·상수도, 해안·항만에 관해 다루고자 한다. 이미 선이수 교과에서 다룬 일부 내용이나 이와 비슷한 문제도 있지만, 가능하면 중복을 피하려고 하였다. 3개의 절(section)에서는 단위도와 홍수추적, 유사이송과 비점오염원 저감장치, 상수도(관련 용어)(법제처, 2024e)·설계기준(KDS 57 00 00)(법제처, 2024d)의 기초적 일반사항, 연안침식(법제처, 2024i)과 파랑·파력 등의 항만 및 어항설계기준(KDS 64 00 00)(해양수산부, 2020) 일부에 관해 간단히 기술하고자 한다.

5.1 수문·하천

5.1.1 수문

(1) 단위도 변환

① 정수배법

이미 유도된 단위도의 지속기간을 변환하는 방법 중에 짧은 지속기간의 단위도로부터 정수배인 긴 지속기간의 단위로 유도하는 방법으로 **그림 5.1**과 같은 정수배 방법이 있다. 이는 짧은 지속기간의 단위도로부터 정수배(2, 3, 4, …, n배)로 긴 지속기간을 가진 단위도를 유도(변환)하는 가장 간단한 방법이다. 지속기간 2시간인 단위도를 4시간인 단위도(3시간 단위도를 9시간 단위도)로 유도하면 다음과 같다.

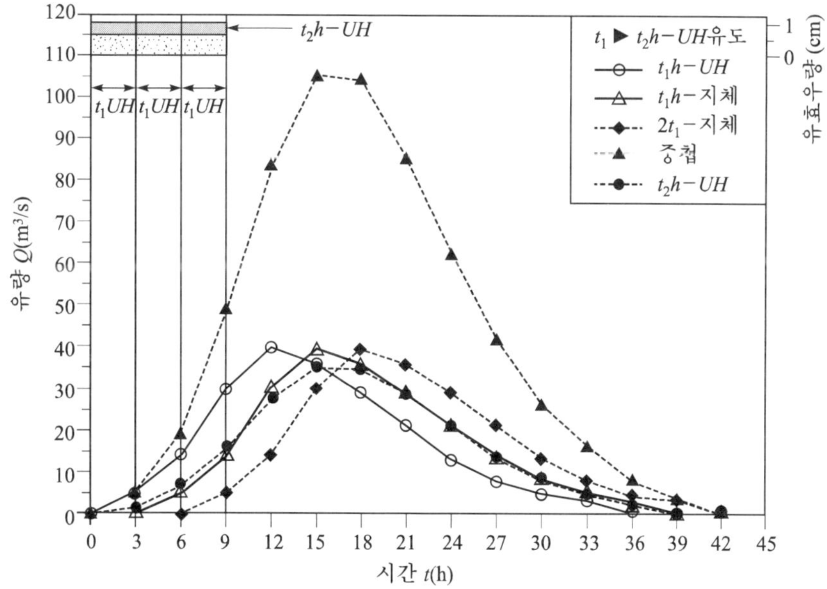

그림 5.1 정수배 단위도 변환

2(또는 3)시간 동안의 유효우량 1cm에 연속해서 2 (또는 3, 6)시간의 1cm 유효우량이 더 추가(3시간 단위도의 경우 3시간씩 2회 지체)된다고 가정하여 유도하고, 추가된 2(또는 3, 6)시간 동안의 유효우량 1cm로 인한 단위도는 이미 유도된 단위도와 모양, 크기가 같고 2(또는 3, 6)시간만큼 오른쪽으로 **표 예5.1**과 같이 지체시켜 표시한다. 그 후 중첩의 원리에 의해 두 단위도를 도상에서 합한 (직접)수문곡선의 종거 또는 강우량은 2(또는 3)배가 되므로 4(또는 9)시간 동안 계속된 강우 2(또는 3)cm로 인한 유출량의 시간적 변화를 나타낸다.

그러므로 4(또는 9)시간 동안의 2(또는 3)cm 강우량 또는 유출량의 종거를 2(또는 3으)로 나누어 4(또는 9)시간 동안의 1cm 강우량에 의한 유출수문곡선으로 바꾸면 4(또는 9)시간 단위도가 된다.

예제 5.1

표 예5.1의 ①, ②에 주어진 3시간 단위도를 이용하여 다음 사항에 답하시오.

1. 정수배법에 의한 9시간 단위도 유도

표 예5.1 단위도 변환용 자료

① 시간 (h)	② 3시간 단위도 종거 (m^3/s)	③ 3시간 지체	④ 6시간 지체	⑤ =②+③+④	⑥ 9시간 단위도 종거 ⑤÷3(m^3/s)
0	0			0	0
3	5	0		5	1.7
6	14	5	0	19	6.3
9	30	14	5	49	16.3
12	40	30	14	84	28.0
15	36	40	30	106	35.3
18	29	36	40	105	35.0
21	21	29	36	86	28.7
24	13	21	29	63	21.0
27	8	13	21	42	14.0
30	5	8	13	26	8.7
33	3	5	8	16	5.3
36	0	3	5	8	2.7
39		0	3	3	1.0
42			0	0	0

[풀이]

1. 정수배법에 의한 9시간 단위도 유도
   (1) **표 예5.1** ③과 같이 주어진 3시간 단위도를 이용해 3시간 지체시킨다.
   (2) **표 예5.1** ④와 같이 3시간 단위도를 이용해 6시간 지체시킨다.
   (3) **표 예5.1** ⑤와 같이 중첩(②+③+④)시킨다.
   (4) **표 예5.1** ⑥과 ⑤의 종거를 3으로 나눈다(∵ 3cm 유효우량을 1cm로 변환).
   (5) **표 예5.1** ⑥의 종거를 이용해 변환된 9시간 단위도를 **그림 예5.1**과 같이 작성한다.

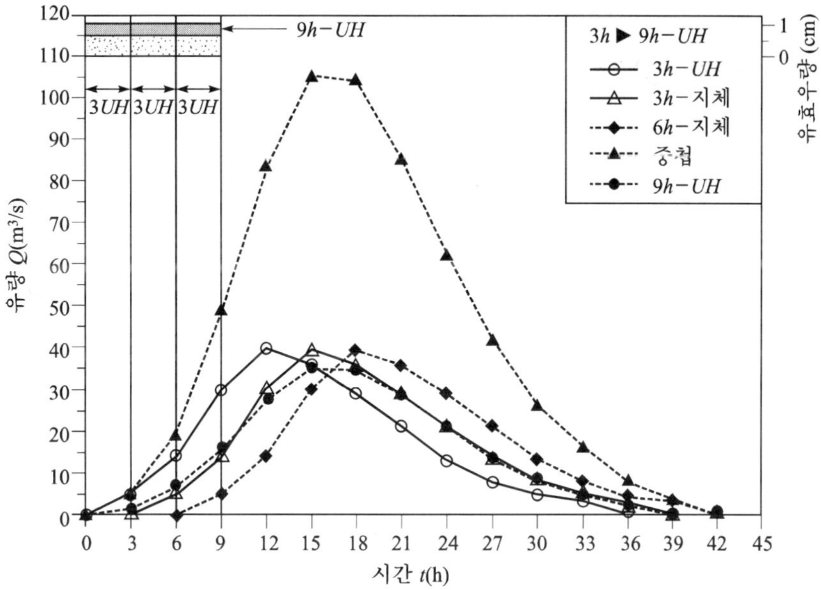

그림 예5.1 정수배법 단위도 변환

② **누적곡선법**

누적곡선법(累積曲線法, summation curve) 또는 S−곡선법은 이미 유도된 단위도로부터 짧은 지속기간 또는 긴 지속기간의 단위도를 **그림 5.2**와 같이 유도하는데 사용한다.

S−곡선법의 이미 유도된 단위도보다 짧은 시간 단위도의 변환순서[$t_1(=4h) > t_2(=3h)$]는 다음과 같다.

1) t_1 시간(=4h) 누적곡선 S_1−곡선을 작성(유도)한다.

2) t_2 시간(=3h) 누적곡선 S_2−곡선을 얻기 위해 S_1−곡선을 3시간 지체시킨다.

3) $(S_1 - S_2)$ 차(差)곡선을 작성한다.

4) 3)의 종거에 (t_1/t_2)를 곱[3)×(t_1/t_2)]하면 t_{u2} 시간 단위도가 유도된다.

만약에 이미 유도된 단위도보다 긴 시간 단위도의 변환순서[$t_1(=4\text{h}) < t_3(=5\text{h})$]는 다음과 같다.

1) t_1 시간(=4h) 누적곡선 S_1−곡선을 작성(유도)한다.

2) t_3 시간(=5h) 누적곡선 S_3−곡선을 얻기 위해 S_1−곡선을 5시간 지체시킨다.

3) $(S_1 - S_3)$ 차(差)곡선을 작성한 한다.

4) 3)의 종거에 (t_1/t_3)를 곱[3)×(t_1/t_3)]하면 t_{u3} 시간 단위도가 유도된다.

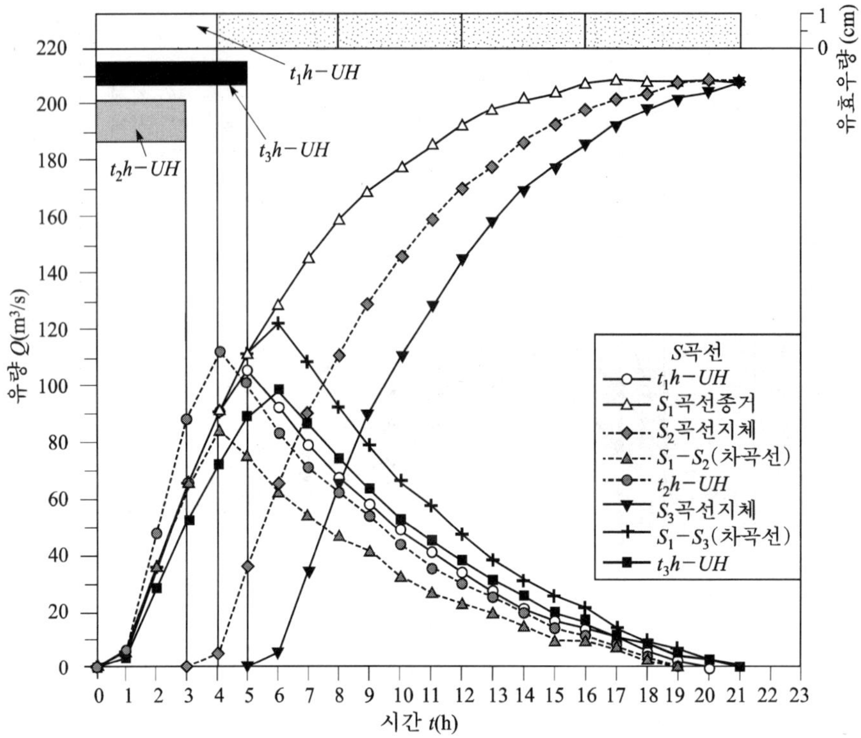

그림 5.2 S-곡선 변환

S-곡선법을 이용한 이들 지속기간 변화에 따른 단위도 지속기간의 변환 관계는 **[예제 5.2]**를 통해 익힐 수 있다.

예제 5.2

유역면적이 300km²인 어떤 유역에 표 예5.2①, ②와 같은 t_1=4시간 대표 단위도 자료가 있다. 이를 이용하여 다음 사항에 답하시오.

1. 누적 곡선법에 의한 t_2=3시간(짧게) 단위도 유도
2. 누적 곡선법에 의한 t_3=5시간(길게) 단위도 유도
3. 평형유량 Q_e 계산

표 예5.2 4시간 단위도와 단위도 시간변화

① 시간 (h)	② t_1=4h 단위도 종거 (m³/s)	③ S곡선 가산치	④ t_1=4h S곡선 (=S_4)	⑤ t_2=3h 지체 S곡선 (=S_3)	⑥ (S_4-S_3) 差곡선 (④−⑤)	⑦ t_2=3h 단위도 ⑥×t_1/t_2(=4/3) =[⑥×1.33]	⑧ t_3=5h 지체S곡선 (=S_5)	⑨ (S_4-S_5) 差곡선 (④−⑧)	⑩ t_3=5h 단위도 ⑨×t_1/t_3 (=4/5) =[⑨×0.8]
0	0	0	0		0	0		0	0
1	6	0	6		6	6×1.333=8		6	6×0.8=4.8
2	36	0	36		36	36×1.333=48		36	36×0.8=28.8
3	66	0	66	0	66	88		66	52.8
4	91	0	91	6	(91-6=)85	113		91	72.8
5	106	6	(106+6=)112	36	(112-36=)76	101	0	112	89.6
6	93	36	(93+36=)129	66	(129-66=)63	84	6	129-6=123	98.4
7	79	66	(79+66=)145	91	(145-91=)54	72	36	145-36=109	87.2
8	68	91	(68+91=)159	112	(159-112=)47	63	66	159-66=93	74.4
9	58	112	(112+58=)170	129	(170-129=)41	55	91	170-91=79	63.2
10	49	129	(129+49=)178	145	(178-145=)33	44	112	178-112=66	52.8
11	41	145	(145+41=)186	159	(186-159=)27	36	129	186-129=57	45.6
12	34	159	(159+34=)193	170	(193-170=)23	31	145	193-145=48	38.4
13	28	170	(170+28=)198	178	(198-178=)20	27	159	198-159=39	31.2
14	23	178	(178+23=)201	186	(201-186=)15	20	170	201-170=31	24.8
15	18	186	(186+18=)204	193	(204-193=)11	15	178	204-178=26	20.8
16	15	193	(196+13=)208	198	(208-198=)10	13	186	208-186=22	17.6
17	10	198	(198+10=)208	201	(208-201=)7	9	193	208-193=15	12.0
18	7	201	(201+7=)208	204	(208-204=)4	5	198	208-198=10	8.0
19	4	204	(204+4=)208	208	(208-208=)0	0	201	208-201=7	5.6
20	0	208	(208+0=)208	208			204	208-204=4	3.2
21			208				208	208-208=0	0

[풀이]

1. 누적 곡선법에 의한 t_2=3시간(짧게) 단위도 유도

(1) 4시간 단위도에서 3시간 단위도의 변환은 **표 예5.2**①, ②를 이용하여 **표 예5.2**③, ④를 유도한 후 **표 예5.2**⑦의 t_2=3h 단위도 종거를 얻는다. 이들 절차를 상세하게 설명하면 다음과 같다.

1) 표 예5.2④는 t_1=4시간 S−곡선(= S_4) 작성을 위해 S−곡선 가산치를 이용하여 유도 한다. 표 예5.2③의 S−곡선 가산치는 지속기간(=4시간)인 단위도의 t=1, 2, 3, 4시간 값에 해당하는 S_4−곡선의 '6, 36, 66, 91'을 더하고, 순차적으로 t=5, 6, 7, 8시간 단위도 종거 값 '106, 93, 79, 68'에 더하여[(106+6=)112, (93+36=)129, (79+66=)145, (68+91=)159] 얻는다. 같은 방법으로 계산하면 표 예5.2④와 같이 t=17시간 이후로는 208m³/s의 일정한 값을 얻는다.
2) 변환하고자 하는 3시간 단위도는 S_4−곡선을 표 예5.2⑤와 같이 3시간 지체시키면 S_3−곡선을 얻는다.
3) 표 예5.2⑥과 같이 '(S_4-S_3) 차(差)곡선(④−⑤)'을 얻는다.
4) (S_4-S_3) 차(差)곡선인 표 예5.2[(④−⑤)=]⑥에 (t_1/t_2)를 곱해[⑥×(t_1/t_2)=⑥×(4/3)] t_{u2} 시간 단위도를 얻는다.
5) 이들 절차에 의해 변환된 3시간 단위도의 종거는 표 예5.2⑦과 같다.

(2) 1(1)항과 같은 절차에 의해 4시간 단위도를 3시간 단위도로 변환시킬 수 있으며, 그 결과는 그림 예5.2와 같다.

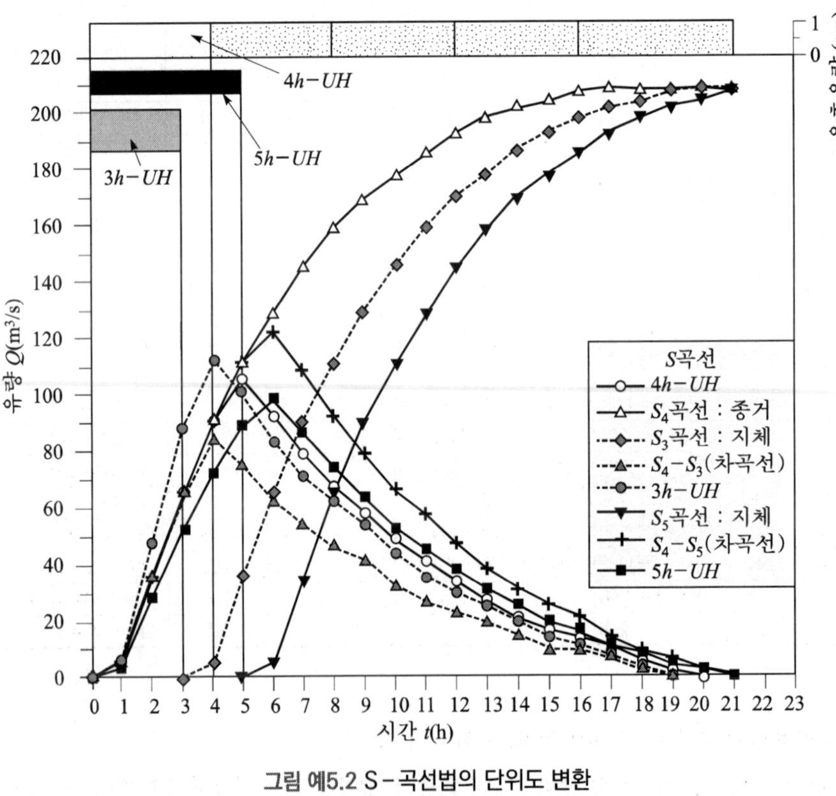

그림 예5.2 S−곡선법의 단위도 변환

2. 누적 곡선법에 의한 t_3=5시간(길게) 단위도 유도

(1) 4시간 단위도에서 5시간 단위도의 변환은 **표 예5.2**④를 **표 예5.2** ⑧과 같이 5시간 지체시킨 후 **표 예5.2**⑨를 통해 **표 예5.2**⑩의 t_3=5h 단위도 종거를 얻는다. 이들 절차를 상세하게 설명하면 다음과 같다.

1) **표 예5.2**④의 S_4 - 곡선을 **표 예5.2**⑧과 같이 5시간 지체시켜 'S_5 - 곡선(=5시간 지체)'을 얻는다.

2) **표 예5.2**⑨와 같이 '($S_4 - S_5$) 차(差)곡선(④-⑧)'을 얻는다.

3) ($S_4 - S_5$) 차(差)곡선인 **표 예5.2**[④-⑧=]⑨에 (t_1/t_3)를 곱해[⑨×(t_1/t_3)=⑨×(4/5)] t_{u3}시간 단위도를 얻는다.

4) 이들 절차에 의해 변환된 5시간 단위도의 종거는 **표 예5.2**⑩과 같다.

(2) 2(1)항과 같은 절차에 의해 4시간 단위도를 5시간 단위도로 변환시킬 수 있으며, 그 결과는 **그림 예5.2**와 같다.

3. 평형유량 Q_e 계산

(1) 직접유출수문곡선에서 도출된 다음의 유효우량을 이용하여 단위도의 변환 유출량인 평형유량을 유도할 수 있다.

$$\overline{R}=\frac{\Sigma Q_d t_r}{A} \qquad (예5.2.1)$$

여기서 $\overline{R}$ =유역면적 $A(\mathrm{km}^2)$에서 직접유출에 기여한 (등가깊이) 유효우량(cm)이고, ΣQ_d =직접유출수문곡선의 추적시간에 대한 종거 합($\mathrm{m^3/s}$)이며, t_r=추적시간의 시간간격(h)이다.

1) 식 (예5.2.1)에서 직접유출량 합 ΣQ_d는 단위도의 평형유량 $Q_e(\mathrm{m^3/s})$로, 유효우량 $\overline{R}$는 1cm로 추적시간 시간간격 t_r은 단위도의 지속기간 (h) t_u로 각각 변환시켜 정리하면 다음과 같다.

$$Q_e=\frac{A\,1(\mathrm{cm})}{t_u(\mathrm{h})} \qquad (예5.2.2)$$

2) 식 (예5.2.2)로부터 다음 관계로 정리할 수 있다.

$$Q_e-\frac{A\,1\mathrm{cm}}{t_u\mathrm{h}}-A\mathrm{km}^2\frac{10^6\mathrm{m}^2}{1\mathrm{km}^2}\,\frac{1\mathrm{cm}}{t_u\mathrm{h}}\,\frac{\frac{10^{-2}\mathrm{m}}{1\mathrm{cm}}}{\frac{3600\mathrm{s}}{1\mathrm{h}}}=\frac{10}{3.6}\,\frac{A}{t_u}=2.778\left(\frac{A}{t_u}\right)(\mathrm{m^3/s}) \qquad (예5.2.3)$$

3) 그러므로 식 (예5.2.3)으로부터 평형유량 $Q_e(\mathrm{m^3/s})$을 정리하면 다음 식을 도출할 수 있다.

$$\therefore\ Q_e=2.778\left(\frac{A}{t_u}\right)(\mathrm{m^3/s}) \qquad (예5.2.4)$$

여기서, A=유역면적(단위 km^2)이고, t_u=단위도의 지속기간 (h)이다.

(2) ∴ 유역면적 300km^2에 유도된 4시간 단위도의 평형유량은 식 (예5.2.4)로 구하면 다음과 같다.

$$Q_e=2.778\left(\frac{A}{t_u}\right)=2.778\left(\frac{300}{4}\right)=208.35(\mathrm{m^3/s})$$

(2) 수문학적 홍수추적

① Clark 방법

Clark(1945)의 유역추적 방법은 앞에서 유도된 시간-(유역)면적 종거 관계곡선을 이용하여 하천유역에 내리는 강우의 **순간단위유효우량**(瞬間單位有效雨量, instantaneous unit effect rainfall)에 의한 직접유출수문곡선 즉, **순간단위유량도**(IUH : instantaneous unit graph)를 도출하기 위한 것이다. 이 방법은 강우에 의한 **유수 전이**(流水 轉移, flow translation)와 유역 저류효과에 의한 **유출량 저감**(流出量 低減, runoff discharge attenuation)을 고려한 자연하천 유역의 홍수추적에 적합하다.

1) 추적방법

모든 수문학적 홍수추적에 기본 방정식으로 사용되는 연속 방정식은 유입과 유출률 간의 차이는 저류의 변화율과 같다 것으로 다음과 같이 쓴다.

$$I - O = \frac{dS}{dt} \tag{5.1}$$

여기서 I, O=각각 미소시간 Δt 동안에 수공 시스템으로의 평균유입·유출량(m^3/s)이고, $\Delta S = \Delta t$시간 동안의 저류 변화량이다. 식 (5.1)은 작은 시간간격 Δt에서 구간 내 총 유입체적과 총 유출체적은 그 구간 내 저류량의 변화와 같으므로 다음 식과 같이 쓸 수 있다.

$$\bar{I}\Delta t - \bar{O}\Delta t = \Delta S \tag{5.2}$$

여기서 $\bar{I}$, $\bar{O}$=Δt시간에서의 평균유입량과 유출량이고, ΔS=저류량이다. $\bar{I} = (I_1 + I_2)/2$, $\bar{O} = (O_1 + O_2)/2$이고, $\Delta S = S_2 - S_1$이며, 첨자 1과 2는 시간간격 Δt의 시점과 종점을 나타낸다.

식 (5.2)를 풀기 위해 O와 S가 보통 미지 매개변수와 관련되거나 O가 S의 항들은 직접해를 쉽게 얻을 수 없는 형태이므로 다음과 같은 수치 대략해의 항으로 쓸 수 있다.

$$\frac{(I_1 + I_2)}{2}\Delta t - \frac{(O_1 + O_2)}{2}\Delta t = (S_2 - S_1) \tag{5.3}$$

유역 출구점에 선형저수지가 존재하는 것으로 가정하고, 이 저수지의 저류량-유출량(storage- runoff discharge) 관계를 선형성(線形性, linearity) $S = K(O)$를 적용하여 식 (5.3)에 대입하면 다음 식을 유도할 수 있다.

$$\frac{(I_1+I_2)}{2}\Delta t - \frac{(O_1+O_2)}{2}\Delta t = K(O_2-O_1) \tag{5.4}$$

식 (5.4)를 O_2에 관해 풀면 다음 식을 얻는다.

$$O_2 = C_0 I_2 + C_1 I_1 + C_2 O_1 \tag{5.5}$$

여기서 계수 C_0, C_1, C_2는 가중계수의 개념으로 그 합은 1.0이며, 다음과 같이 구한다.

$$C_0 = \frac{\Delta t/K}{2+(\Delta t/K)} \tag{5.6a}$$

$$C_0 = C_1 \tag{5.6b}$$

$$C_2 = \frac{2-(\Delta t/K)}{2+(\Delta t/K)} \tag{5.6c}$$

그러므로 식 (5.5)는 다음과 같이 쓸 수 있다.

$$O_2 = 2C_0 I_2 + C_2 O_1 \tag{5.7}$$

2) 계측유역

Clark의 추적방법은 식 (5.6)에 포함된 유역의 저류상수 K와 유역의 지체시간을 등분시간구간으로 분할한 추적기간 Δt 값의 결정이 중요하다. 호우사상별 강우량-유출량 자료가 있는 계측유역의 홍수추적은 선형저수지의 저류 방정식을 이용하여 결정할 수 있다.

Nash의 선형저수지 개념에 의하면, 동일한 조건인 n개의 저수지로 구성된 유역에서 제1저수지가 1cm의 유효우량에 의해 만수되어 제2저수지로 유출되고, 제2저수지가 제3저수지로 유출되어 마지막 n번 저수지로 유출되는 경우 유출량은 저류-유출 선형 관계식 $S=K(O)$를 지류 방정식 (5.1)에 대입하면 저류상수와 관련된 다음 관계식을 얻는다.

$$I-O = K\frac{dO}{dt} \tag{5.8}$$

식 (5.8)의 저류상수 K는 수문곡선에서 강우로 인한 직접유출이 끝나는 감소부 변곡점을 이용하여 유도할 수 있다. 지표면 유출이 끝난 이 시점은 유입량 $I=0$으로 식

(5.8)은 저류상수에 관해 다음과 같이 쓸 수 있다.

$$K = \frac{-O_d}{(dO/dt)_d} \tag{5.9}$$

식 (5.9)로부터 K는 실측수문곡선의 변곡점에서의 직접유출량 O_d을 그 점에서 수문곡선에 그은 접선의 기울기 $(dO/dt)_d$로 나눠 구한다.

3) 미계측유역

미계측유역 내 저류상수는 유역 내 주수로 길이, 하천 평균경사, 유역면적, 유역형상 등의 영향을 받을 것이므로 이들 인자들을 포함해 유도된 경험공식이 사용되고 있다. 이들 경험공식에는 **표 5.1**과 같이 Clark 공식(1945), Linsley 공식(1945), Russel 공식(1979), Sabol 공식(1988), Peters 공식 등이 있다.

표 5.1 저류상수의 산정식

공식명	공식	기호설명	식 번호
Clark 공식	$K = \frac{cL}{\sqrt{S}}$	K=유역 저류상수(h) L=주수로 길이(km) S=하천 평균경사(%) c=상수(0.5~1.4)	(5.10a)
Linsley 공식	$K = \frac{bL\sqrt{A}}{\sqrt{S}}$	A=유역면적(km^2) b=상수(0.01~0.03)	(5.10b)
Russel 공식	$K = \alpha t_c$	t_c=유역 집중시간(h) α=상수 · 도시지역=1.1~2.1 · 자연하천유역=1.5~2.8 · 삼림지역=8.0~12.0	(5.10c)
Sabol 공식	$K = \frac{t_c}{1.46 - 0.0867(L^2/A)}$	L^2/A=유역 형상계수	(5.10d)
Peters 공식	$\frac{K}{t_c + K} = M$	M=하천평균경사에 따른 상수 · 경사 크고, 저류능 적은 하천상류 유역=0.4 · 경사 보통, 저류능 보통 유역=0.5 · 경사 완만, 저류능 큰 유역=0.6 이상	(5.10e)

예제 5.3

유역면적 $100km^2$ 인 어떤 유역에서 도달시간 4시간인 1시간별 등시간선과 면적주상도는 그림 예5.3.1과 같고, 6시간 호우의 지속기간별 유효우량은 표 예5.3.1과 같다. 또한 저류상수 2시간과 추적시간 1시간을 이용하여 Clark 단위도를 유도하고자 할 때 다음 사항에 답하시오.

1. 유효우량 주상도의 작성
2. 시간-면적곡선법에 의한 (직접)유출수문곡선(direct hydrograph)의 유도
3. Clark 방법을 이용한 2시간 단위도[2h-UH(unit hydrograph)]의 유도
4. 주어진 저류상수의 검증
5. 2항의 유효우량주상도-유출수문곡선과 3항의 시간-면적종거-2시간 Clark 단위도의 작성

표 예5.3.1 지속기간별 유효우량

강우시간구간(h)	0~1	1~2	2~3	3~4	4~5	5~6
유효우량(cm/h)	0.5	1.0	2.0	1.5	1.0	0.5

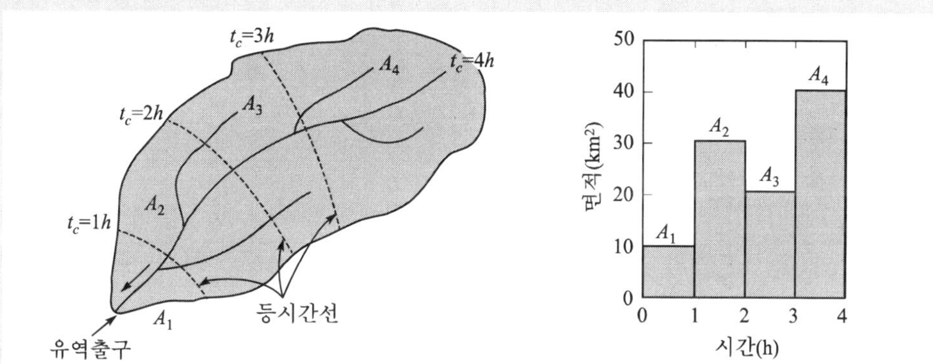

(a) 등시간선 (b) 면적 주상도

그림 예5.3.1 등시간선과 면적 주상도

[풀이]

1. 유효우량 주상도의 작성

(1) **표 예5.3.1**의 지속기간별 유효우량을 이용하여 다음과 같이 유효우량주도를 작성한다.

(2) 가로축의 측정시간(h)에 대한 세로축의 (유효우량) 강우강도(cm/h)에 대한 유효우량 주상도의 작성결과는 **그림 예5.3.2**와 같다.

2. 시간-면적곡선법에 의한 (직접)유출수문곡선(direct hydrograph)의 유도

(1) 주어진 **표 예5.3.1**과 **그림 예5.3.1**을 이용하여 시간-면적곡선법에 의한 (직접)유출수문곡선을 다음과 같이 유도한다.

1) **표 예5.3.2**②의 값은 **그림 5.3.1(a), (b)**로부터 시간-면적(주상도) 관계[$Q=AI$ ($\mathrm{km^2cm/h}$)[$t=$0~1시간; 면적=10km^2, $t=$1~2시간; 면적=30km^2, $t=$2~3시간; 면적=20km^2, $t=$3~4시간; 면적=40km^2]에서 얻은 단위도의 종거이다.

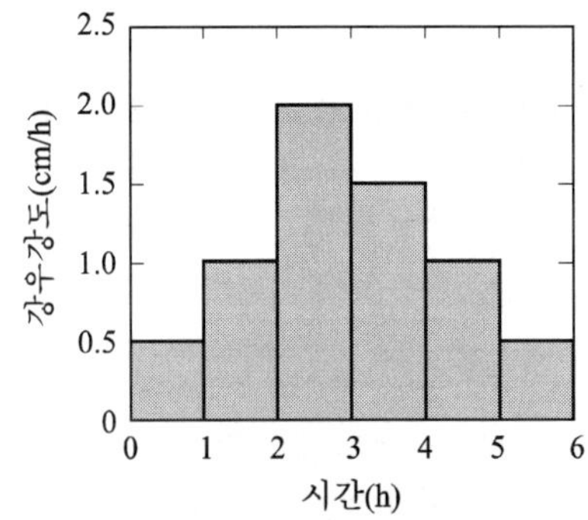

그림 예5.3.2 유효우량 주상도

2) 단위도의 경우와 같이 시간-면적주상도와 유효우량 주상도를 순차적으로 곱해 1시간씩 지연시켜 그 종거 합(=중첩)을 유출량으로 구하면 **표 예5.3.2**⑨와 같은 값(km^{2}cm/h)을 얻는다. 이를 m^3/s 단위로 환산[**표 예5.3.2**⑩=**표 예5.3.2**⑨ × 2.778]하면 **표 예5.3.2**⑩과 같다.

3) **표 예5.3.2**③ 유효우량 또는 유효우량 증분 0.5cm/h에 의한 **부분유출(partial flow)**은 **표 예5.3.2**② × 0.5cm/h로 얻는다.

4) 같은 요령으로 **표 예5.3.2**④[~⑨]도 1.0[~0.5]cm/h에 의한 부분유출은 **표 예5.3.2**② × 1.0[~0.5]cm/h로 각각 얻는다.

5) **표 예5.3.2**⑨는 **표 예5.3.2**③~⑧의 종거를 합(=중첩)한 값이다.

6) **표 예5.3.2**①은 기저시간 t_b(=10h)이고, 이는 도달시간 t_c(=4h)와 (유효) 강우지속기간 t_r(=6h)의 합이다. 즉, 이들 간에는 다음 관계가 성립된다.

$$t_b = t_c + t_r \qquad \text{(예5.3)}$$

(2) 유역면적 100km^{2}에 총 유효우량 6.5cm에 의해 발생된 유출 총량은 650km^{2}cm/h(=100 × 6.5)[=650 × 2.778=1,805.7m^3/s]이다.

(3) 그러므로 기저시간 10시간인 (직접)유출수문곡선(의 종거)은 **표 예5.3.2**⑩과 같이 유도할 수 있고, 그 결과는 **그림 예5.3.3**과 같이 작성한다.

표 예5.3.2 시간-면적법에 의한 유역추적

①	②	③	④	⑤	⑥	⑦	⑧	⑨	⑩
시간 (h)	시간-면적 종거 (km^2)	부분유출(km^2cm/h)						유출량 O	
		0.5 cm/h	1.0 cm/h	2.0 cm/h	1.5 cm/h	1.0 cm/h	0.5 cm/h	km^2cm/h	m^3/s
0	0	0	–	–	–	–	–	0	0
1	10	5(=10×0.5)	0	–	–	–	–	5	13.8(=5×2.778)
2	30	15(=30×0.5)	10(=10×1.0)	0	–	–	–	25(=15+10)	69.5(=25×2.778)
3	20	10(=20×0.5)	30(=30×1.0)	20	0	–	–	60(=10+30+20)	166.7(=60×2.778)
4	40	20(=40×0.5)	20(=20×1.0)	60	15	0	–	115	319.5
5	0	0	40(=40×1.0)	40	45	10	0	135	375.0
6			0	80	30	30	5	145	402.8
7				0	60	20	15	95(=60+20+15)	263.9
8					0	40	10	50	138.9
9						0	20	20	55.6
10							0	0	0
합계	100							650	1,805.7

3. Clark 방법을 이용한 2시간 단위도[2h-UH(unit hydrograph)]의 유도

(1) Clark 방법에 의한 2시간 단위도는 지속기간 2시간동안에 1cm의 유효 강우량에 의한 유출이므로 2시간 지속기간인 1시간당 강우강도 0.5cm/h(부분유출에 의한 2시간 단위도 종거)의 중첩에 의한 직접유출수문곡선 종거이다.

(2) 그러므로 부분유출에 의한 2시간 단위도(의 종거)는 **표 예5.2.3**⑤와 같다.

(3) 식 (5.5) 또는 (5.7)에 의한 추적과 이에 따른 식 (5.6)의 가중계수는 $\Delta t=1\text{h}$과 $K=2\text{h}$[∵ $\Delta t/K<2\text{h}$(←$\Delta t=1\text{h}$, $K=2\text{h}$); OK]를 이용해 다음과 같이 구한다.

$$O_2 = C_0I_2 + C_1I_1 + C_2O_1 = 0.2I_2 + 0.2I_1 + 0.6O_1 \tag{5.5}$$

$$C_0 = \frac{\Delta t/K}{2+(\Delta t/K)} = \frac{1/2}{2+(1/2)} = 0.2 \tag{5.6a}$$

$$C_0 = C_1 = 0.2 \tag{5.6b}$$

$$C_2 = \frac{2-(\Delta t/K)}{2+(\Delta t/K)} = \frac{2-(1/2)}{2+(1/2)} = 0.6 \tag{5.6c}$$

(4) 식 (5.5)에 의한 Clark 방법[$O_2 = 0.2I_2 + 0.2I_1 + 0.6O_1$]의 2시간 단위도(종거) (=Clark의 2h-UH)는 **표 예5.3.3**⑩과 같다.

표 예5.3.3 Clark 단위도의 유도

①	②	③	④	⑤	⑥	⑦	⑧	⑨(=⑥+⑦+⑧)	⑩
시간 (h) Δt=1	시간-면적 종거 (km^2) t_c-A	부분유출(km^{2}cm/h) [유효우량(1cm)t_u=2h (1cm/2=0.5cm/h);중첩] 1UH⇨2-UH		종거 합 (km^{2}cm/h) t_r=5h	식 (5.5); 유출량(km^{2}cm/h)				유출량 O (m^3/s) [⑨×2.778]
		0.5cm/h	0.5cm/h		$0.2I_2$	$0.2I_1$	$0.6O_1$	O_2	
0	0	0	-	0	-	-	-	0.00	0.00
1	10	5 (=10×0.5)	0	5	1 (=0.2×5)	0 (=0.2×0)	0 (=0.6×0)	1.00	2.778 (=2.778×1.00)
2	30	15 (=30×0.5)	5	20	4 (=0.2×20)	1 (=0.2×5)	0.6 (=0.6×1)	5.60	15.55 (=2.778×5.60)
3	20	10 (=20×0.5)	15	25	5 (=0.2×25)	4 (=0.2×20)	3.36 (=0.6×5.60)	12.36	34.33 (=2.778×12.36)
4	40	20 (=40×0.5)	10	30	6	5 (=0.2×25)	7.42 (=0.6×12.36)	18.42	51.17
5	0	0	20	20	4	6	11.05	21.05	58.47
6			0	0	0	4	12.63	16.63	46.19
7					0	0	9.98 (=0.6×16.63)	9.98	27.72
8					0	0	5.99 (=0.6×9.98)	5.99	16.64
9							3.59	3.59	9.97
10							2.15	2.15	5.97
11							1.29	1.29	3.58
12							0.78	0.78	2.17
13							0.46	0.46	1.28
14							0.28	0.28	0.78
15							0.17	0.17	0.47
16							0.10	0.10	0.28
17							0.06	0.06	0.17
18							0.04	0.04	0.11
19							0.02	0.02	0.06
20							0.01	0.01	0.03
21							0.006	0.006	0.01
22							0.0036	0.0036	0.01
합계				100				99.959 (≒100)	277.648 (≒278)

4. 주어진 저류상수의 검증

(1) **표 예5.3.3**⑤의 직접유출이 끝나는 점(선형저수지로 유입되는 양이 0일 때) 즉, 부분유출이 끝나는 점은 t=6h이다. 그러므로 식 (5.9)에 의한 저류상수는 **표 예5.3.3**⑩의 (t=6h, 7h) 평균유출량으로 다음과 같이 계산할 수 있다.

(가) t=6h과 t=7h의 평균유출량 계산; $(Q_6+Q_7)/2$=(46.19+27.72)/2=36.955m^3/s

(나) 유출변화율(rate of change of outflow) 계산; $(Q_7-Q_6)/\Delta t$=(27.72−46.19)/1h =−18.47(m^3/s)/h

(다) 식 (5.9)에 의한 저류상수 계산; $K=-\dfrac{O}{(dO/dt)}=-\dfrac{36.955}{(-18.47)}$=2h

(2) 검증차원에서 같은 방법으로 **표 예5.3.3**① t=7h과 t=8h의 ⑩값을 식 (5.9)에 대입하여 저류상수를 구한다.

(가) t=7h과 t=8h의 평균유출량 계산; $(Q_7+Q_8)/2$=(27.72+16.64)/2=22.18m^3/s

(나) 유출변화율(rate of change of outflow) 계산; $(Q_8-Q_7)/\Delta t$=(16.64−27.72)/1h =−11.08(m^3/s)/h

(다) 식 (5.9)에 의한 저류상수 계산; $K=-\dfrac{O}{(dO/dt)}=-\dfrac{22.18}{(-11.08)}$=2h

(3) ∴저류상수 K=2시간(h)이다.

5. 2항의 유효우량주상도-유출수문곡선과 3항의 시간-면적종거-2시간 Clark 단위도의 작성

(1) 2항의 유효우량주상도와 유출수문곡선을 작성한다.

(가) **표 예5.3.2**① vs ⑩을 아래 가로축에 대한 좌측 세로축에 잡고, **표 예5.3.3**① vs ③~⑨ 위 가로축에 대한 좌측 세로에 대해 유출수문곡선과 유효우량주상도를 작성한다.

(나) 유효우량주상도와 유출수문곡선의 작성결과는 **그림 예5.3.3**과 같다.

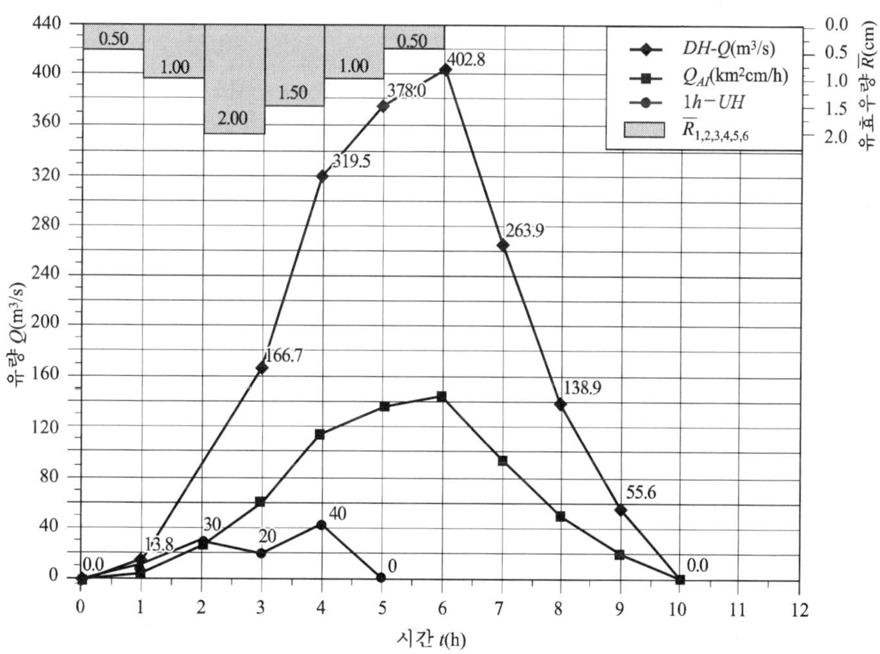

그림 예5.3.3 유효우량주상도와 유출수문곡선 작성

(2) 3항의 시간-면적종거와 2시간 Clark 단위도를 작성한다.

(가) **표 예5.3.3**① vs ⑩을 아래 가로축에 대한 좌측 세로축에 잡고, **표 예5.3.3**① vs ⑤를 위 가로축에 대한 좌측 세로에 대해 부분유출량과 2시간 Clark 단위도를 작성한다.

(나) 부분유출량과 2시간 Clark 단위도 작성결과는 **그림 예5.3.4**와 같다.

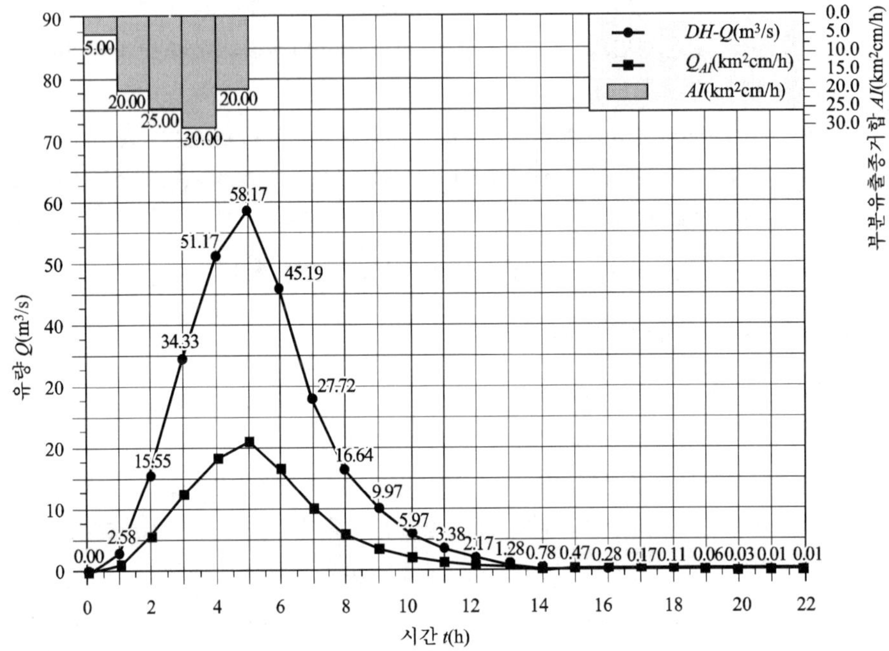

그림 예5.3.4 시간 - 면적종거와 2시간 Clark 단위도 유도

② Muskingum 방법

Muskingum 방법은 저류량 $S = K_1(O) + K_2(I - O)$와 연속 방정식의 유입·유출량에 좌우되는 저류관계를 실용화시키기 위해 McCarthy(1938)가 미국 Ohio 주 Muskingum 보존지역의 홍수조절계획 수립 시 개발하였다. 주어진 시간에서 구간 내 저류량은 Chow(1959)에 의하면 다음과 같이 쓸 수 있다(Chow et al., 1988).

$$S = \frac{b[x I^{m/n} + (1-x) O^{m/n}]}{a^{m/n}} \tag{5.11}$$

여기서 유입·유출량은 Manning 공식으로 ah^n(h =수심, a, n =상수)과 관계되고, 구간 내 저류량=bh^m(b, m =상수)과 관계된다. 매개변수 x =구간 내 저류용적을 결정하는데 유입·유출량의 상대적 가중치로 정의한다.

Muskingum 방법은 $m/n=1$과 $b/a=K$로 가정하여 다음 식의 선형관계식으로 유도하였다.

$$S=K[xI+(1-x)O] \tag{5.12}$$

여기서 K=저류상수[T]로 하도구간 내 일정값인 이동시간(홍수파의 구간 통과시간을 표시)이고, x=주어진 구간에 0~0.5까지 변화하는 가중상수(weighting factor)이다.

식 (5.12)에서 $x=0$은 저류량 S가 유출량에만 관계되는 선형저수지 추적의 경우이고, $x=0.5$는 평탄하고 균일한 수로 내 이론적으로 파의 순 변형이 만들어지는 유입·유출량의 가중치가 같을 때이다. 보통 자연하천의 전형적인 값은 0.2이다.

저류 방정식의 유한차분형을 사용한 홍수추적 과정은 식 (5.12)와 결합시켜 유도한다.

$$S_2-S_1=K[x(I_2-I_1)+(1-x)(O_2-O_1)] \tag{5.13}$$

$$\frac{(I_1+I_2)}{2}\Delta t-\frac{(O_1+O_2)}{2}\Delta t=K[xI_2+(1-x)O_2]-K[xI_1+(1-x)O_1] \tag{5.14}$$

하천 수로구간에 대한 Muskingum 추척 방정식은 식 (5.14)를 미지의 유출량 O_2에 관해 정리하여 다음 식으로 유도한다.

$$\begin{aligned}&O_2(-0.5\Delta t-K+Kx)\\&=I_1[-Kx-0.5\Delta t]+I_2[Kx-0.5\Delta t]+O_1[-K+Kx+0.5\Delta t]\end{aligned} \tag{5.15}$$

$$O_2=C_1I_1+C_2I_2+C_3O_1 \tag{5.16}$$

여기서 C_1, C_2, C_3=계수로 다음과 같이 각각 정의한다.

$$C_1=\frac{Kx+0.5\Delta t}{D} \tag{5.17a}$$

$$C_2=\frac{-Kx+0.5\Delta t}{D} \tag{5.17b}$$

$$C_3=\frac{K-Kx-0.5\Delta t}{D} \tag{5.17c}$$

$$D=K-Kx+0.5\Delta t \tag{5.17d}$$

$$C_1+C_2+C_3=1 \tag{5.17e}$$

여기서 저류상수 K와 추적시간 Δt는 동일한 단위를 가져야 하고, 식 (5.17e)와 같이 계수 C_1, C_2, C_3의 합은 1.0이어야 한다. K와 Δt, x의 아는 값을 가지고, 계수 C_1, C_2, C_3를 계산하여 식 (5.16b)를 이용해 주어진 수로구간에 대한 홍수추적이 수행된다.

예제 5.4

표 예5.4의 ①~⑥란의 자료를 이용해 어떤 하천구간에 대한 다음 사항에 답하시오.

1. 저류상수 K와 가중상수 x 유도

표 예5.4 관측치의 수문곡선

① 시간 (h)	② I (m^3/s)	③ O (m^3/s)	④ I−O (m^3/s)	⑤ 평균저류량 [(1/4) $m^3/s\cdot d$]	⑥) 누가저류량 [(1/4) $m^3/s\cdot d$]	x=0.2			x=0.25			x=0.30		
						⑦ 0.20I	⑧ 0.80O	⑨=⑦+⑧ 0.20I +0.80O	⑩ 0.25I	⑪ 0.75O	⑫=⑩+⑪ =0.25I +0.75O	⑬ 0.30I	⑭ 0.70O	⑮=⑬+⑭ =0.30I +0.70O
0	22	22	0	0	0	0.2×22 =4	0.8×22 =17	4+17 =21	0.25×22 =5	0.75×22 =16	5+16 =21	0.30×22 =7	0.70×22 =15	7+15 =22
6	23	21	2	(0+2)/2 =1	1	0.2×23 =5	0.8×21 =17	5+17 =22	0.25×23 =6	0.75×21 =16	6+16 =22	0.30×23 =7	0.70×21 =15	7+15 =22
12	35	21	14	(2+14)/2 =8	1+8 =9	0.2×35 =7	0.8×21 =17	7+17 =24	0.25×35 =9	0.75×21 =16	9+16 =25	0.30×35 =10	0.70×21 =15	10+15 =25
18	71	26	45	29	29+9 =38	0.2×71 =14	0.8×26 =21	14+21 =35	0.25×71 =18	0.75×26 =19	18+19 =37	0.30×71 =21	0.70×26 =18	21+18 =397
24	103	34	69	57	95	20	27	47	26	25	51	31	24	55
30	111	44	67	68	163	22	35	57	28	33	61	33	31	64
36	109	55	54	60	223	22	44	66	27	41	68	33	38	68
42	100	66	34	44	267	20	53	73	25	49	74	30	46	76
48	86	75	11	22	289	17	60	77	21	56	77	26	52	78
54	71	82	-11	0	289	14	66	80	18	61	79	21	57	78
60	59	85	-26	-18	289-18 =271	12	68	80	15	64	79	18	59	77
66	47	84	-37	-31	240	9	67	76	12	63	75	14	59	73
72	39	80	-41	-39	201	8	64	72	10	60	70	11	56	67
78	32	73	-41	-41	160	6	58	64	8	55	63	10	51	61
84	28	64	-36	-38	122	6	51	57	7	48	55	8	45	53
90	24	54	-30	-33	89	5	43	48	6	40	46	7	38	45
96	22	44	-22	-26	63	4	35	39	5	33	38	7	31	38
102	21	36	-15	-18	45	4	29	33	5	27	32	6	25	31
108	20	30	-10	-12	33	4	24	28	5	22	27	6	21	27
114	19	25	-6	-8	25	4	20	24	5	19	24	6	17	23
120	19	22	-3	-4	21	4	18	22	5	16	21	6	15	21
126	18	19	-1	-2	19	4	15	19	4	14	18	5	13	18

[풀이]

1. 저류(貯溜)상수 K와 가중(加重)상수 x 유도

(1) **표 예5.4**①~③과 같이 홍수 유입·유출수문곡선에서 추적기간 = 6시간 단위(=1/4일)의관측치를 얻는다.

(2) **표 예5.4**④와 같이 $(I-O)$의 증감 변화를 구한다.

(3) **표 예5.4**⑤와 같이 인접 추적시간 동안의 구간에 생기는 저류량의 평균치인 평균저류량을 다음과 같이 산정한다.

㈎ $t=6$시간의 $(I-O)=2(\mathrm{m^3/s})$이고, $t=12$시간의 $(I-O)=14(\mathrm{m^3/s})$이다.

㈏ 같은 방법으로 $t=6\sim12$시간 동안의 평균저류량은 $1/2(2+14)\times6[=(1/4)\mathrm{d}]\mathrm{m^3/s\cdot h}=8[(1/4)\mathrm{m^3/s\cdot day}]$을 얻는다.

(4) **표 예5.4**⑤, ⑥의 $(1/4)\mathrm{m^3/s\cdot day}$는 추적기간 $\Delta t=6\mathrm{h}=(1/4)\mathrm{day}$이다.

(5) **표 예5.4**⑦~⑨는 $x=0.20$에 대해 저류량 $S=K[xI+(1-x)O]$와 가중유량 $xI+(1-x)O=0.20I+0.80O$이다.

(6) **표 예5.4**⑩~⑫는 $x=0.25$에 대해 가중유량 $xI+(1-x)O=0.25I+0.75O$이다.

(7) **표 예5.4**⑬~⑮는 $x=0.30$에 대해 가중유량 $xI+(1-x)O=0.30I+0.70O$이다.

(8) **표 예5.4**⑨, ⑫, ⑮와 ⑥을 이용해 다음과 같이 그래프를 작성한다.

㈎ 가로축의 가중유량$[xI+(1-x)O](\mathrm{m^3/s})$은 **표 예5.4**⑨, ⑫, ⑮를 지정한다.

㈏ 세로축의 저류량$=S[(1/4)(\mathrm{m^3/s\cdot day})]$은 **표 예5.4**⑥을 지정한다.

(9) $x=0.25$일 때의 가중유량과 저류량 관계(loop)가 직선에 가장 잘 맞으므로 이를 x값으로 택한다.

(10) 그러므로 저류상수 $K=\dfrac{S}{xI+(1-x)O}$ $[\because 1:K=xI+(1-x)O:S]$는 다음과 같이 계산한다.

㈎ $K=S/[0.25I+0.75O]$에 $S=240[(1/4)(\mathrm{m^3/s\ day})=60(\mathrm{m^3/s\ day})]$과 $0.25I+0.75O=40\mathrm{m^3/s}=60/40=1.5\mathrm{day}$을 얻는다.

㈏ ∴ 가중상수 $x=0.25$이고, 저류상수 $K=1.50\mathrm{day}$를 얻는다.

(11) 이들 과정에서 얻은 결과를 그래프로 작성하면 **그림 예5.4**와 같다.

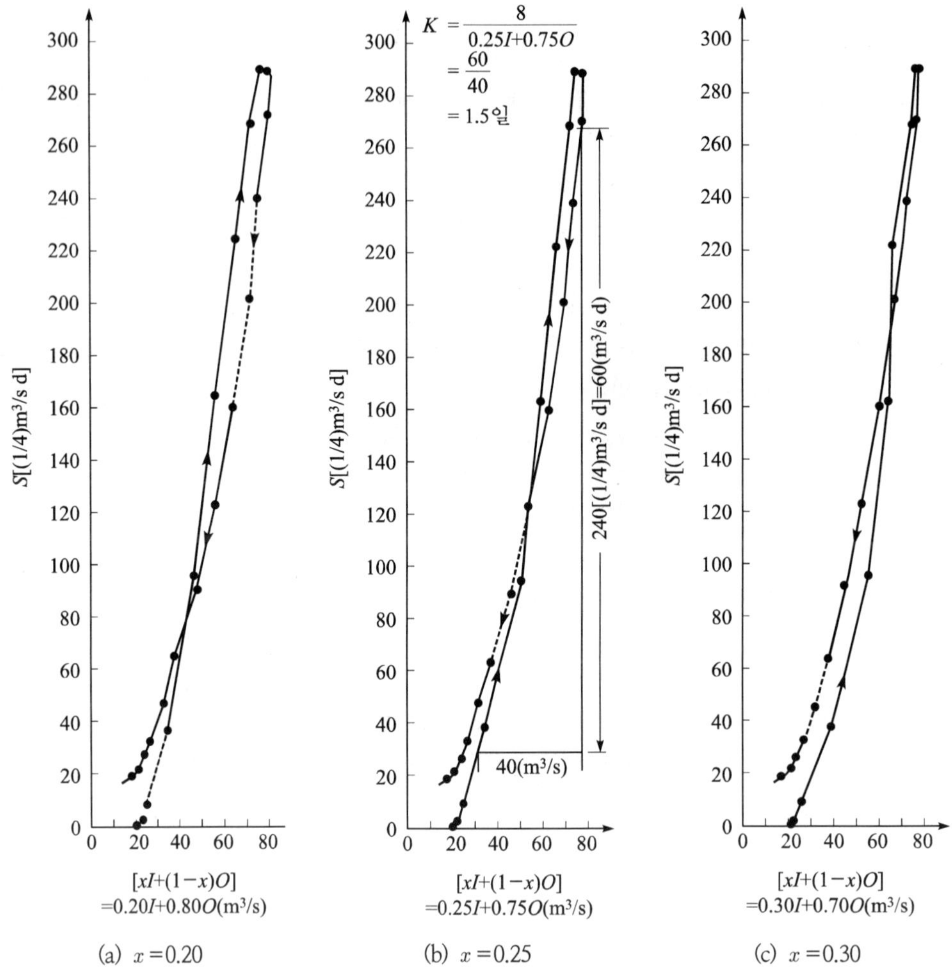

그림 예5.4 관측치 자료를 이용한 K와 x의 결정

⑿ 이상의 추적과정은 실측치 유입·유출자료를 이용하여 **표 5.2**와 같이 포트란 프로그램을 통해 수행함으로써 K, x를 결정할 수 있다.

표 5.2 Muskingum 방법의 하도추적 프로그램

```
      PROGRAM MUSK
      CHARACTER*1 ANS
      CHARACTER*5 UNITS(2)
      REAL XX,DT,CK,C0,C1,C2,TEMP,T1,T0,D
      REAL T(50),INFLW(50),OUTFLW(50)
      INTEGER NI,NOUT,I,NUM,UNIT
      WRITE(*,1000)
      WRITE(*,*) '(E)nglish or (M)etric Units?'
      READ(*,'(A)') ANS
      UNITS(1) = '(hrs)'
      UNITS(2) = '(min)'
5     WRITE(*,*) 'The units for hydrograph intervals, starting and ',
     &'ending times and the time step must be hours or minutes.'
      WRITE (*,*) 'Enter a one (1) to use hours, or a two (2) to use',
     &'minutes'
      READ(*,*) NUM
      IF ((NUM.LT.1).OR.(NUM.GT.2)) GOTO 5
      WRITE(*,*) 'Enter hydrograph starting time ',UNITS(NUM)
      READ(*,*) T0
      WRITE(*,*) 'Enter hydrograph ending time ',UNITS(NUM)
      READ(*,*) T1
      WRITE(*,*) 'Enter hydrograph time interval ',UNITS(NUM)
      READ(*,*) DT
      WRITE(*,*) 'Enter inflow hydrograph ordinate at prompt'
      NI = IFIX((T1-T0)/DT)+1
      DO 10 N = 1,NI
      T(N) = T0 + (N-1)*DT
10    CONTINUE
      DO 20 N = 1,NI
      WRITE(*,1005) T(N),UNITS(NUM)
      READ(*,*) INFLW(N)
20    CONTINUE
      WRITE(*,1010)
      WRITE(*,1020) UNITS(NUM)
      READ(*,*) CK
      WRITE(*,1030)
      READ(*,*) XX
      D = CK - (CK*XX) + (DT/2)
      C0 = -((CK*XX) - (DT/2)) / D
```

```
      C0 = -((CK*XX) - (DT/2)) / D
      WRITE(*,*) 'C1 = ',C1
      WRITE(*,*) 'C2 = ',C2
      WRITE(*,*)
      WRITE(*,1060)
      ASSIGN 1063 TO UNIT
      IF ((ANS .EQ. 'M') .OR. (ANS .EQ. 'm')) ASSIGN 1066
      WRITE(*,UNIT) UNITS(NUM)
      WRITE(*,1070) TO,INFLW(1),OUTFLW(1)
      DO 30 I=2,NOUT
         IF(I.GT.NI) INFLW(I) = INFLW(NI)
         OUTFLW(I) = (C0*INFLW(I))+(C1*INFLW(I-1))+(C2*OUT TO UNIT
      TEMP = (I-1) * DT
      WRITE(*,1070) TEMP,INFLW(I),OUTFLW(I)
30    CONTINUE
1000  FORMAT(/,/,26X,'MUSKINGUM ROUTING METHOD',/)          FLW(I-1))
1005  FORMAT(1X,'Time = ',F7.2,A6,'; inflow (cfs,cms) = ?'
1010  FORMAT(1X,'The storage time constant must be in the
     &' units',/,1x,'as the hydrograph time interval.')
1020  FORMAT(/,1X,'Enter Muskingum method storage time con)
     &' K ',A5)                                              same time',
1030  FORMAT(/,1X,'Enter Muskingum method wedge storage we stant',
     &' factor x')
1040  FORMAT(/,1X,'Enter initial outflow (cfs,cms)')         ighting',
1050  FORMAT(/,1X,'Enter number of outflow hydrograph ordi
     &' to print')                                           nates',
1060  FORMAT(/,1X,'      TIME          INFLOW          OUTFLO
1063  FORMAT(1X,'      ',A5,'          (cfs)           (cfs)'W ')
1066  FORMAT(1X,'      ',A5,'          (cms)           (cms)')
                                                             )
1070  FORMAT(1X,F10.2,5X,F10.2,5X,F10.2)
      END
```

예제 5.5

표 예5.5.1의 실측자료를 이용해 어떤 하천구간에 대한 다음 사항에 답하시오.

1. 저류상수 K와 가중상수 x 유도

표 예5.5.1 실측치 유입·유출량 자료

시간(h)	유입량(m^3/s)	유출량(m^3/s)	시간(h)	유입량(m^3/s)	유출량(m^3/s)
0	10	10	72	19	41
12	16.5	9.5	84	15	31
24	50.5	16.5	96	12	23
36	55.5	28.5	108	11	14
48	44.0	38.5	120	9	10
60	30.5	43.5	132	8	9

[풀이]

1. 저류상수 K와 가중상수 x 유도

(1) 표 예5.5.2①~③과 같이 홍수 유입·유출수문곡선에서 추적기간=12시간 단위(=1/2일)의 관측치를 얻는다.

(2) 표 예5.5.2④와 같이 $(I-O)$의 증감 변화를 구한다.

(3) **표 예5.5.2**⑤와 같이 인접 추적시간 동안의 구간에 생기는 저류량의 평균치인 t=12시간의 평균저류량을 얻는다.

(4) **표 예5.5.2**⑤, ⑥과 같이 (1/2m^3/s · day)의 추적기간 Δt(=12시간)=1/2day이다.

(5) **표 예5.3.2**⑦~⑨와 같이 x=0.20에 대해 저류량과 가중유량은 다음과 같이 계산한다.

㈎ 저류량은 $S=K[xI+(1-x)O]$으로 구한다.

㈏ 가중유량은 $xI+(1-x)O=0.20I+0.80O$로 구한다.

(6) **표 예5.5.2**⑩~⑫와 같이 가중상수 x=0.25에 대한 가중유량 $xI+(1-x)O=0.25I+0.75O$로 구한다.

(7) **표 예5.5.2**⑬~⑮와 같이 가중상수 x=0.30에 대한 가중유량 $xI+(1-x)O=0.30I+0.70O$로 구한다.

(8) **표 예5.5.2**⑨, ⑫, ⑮와 ⑥을 이용해 **그림 예5.5**와 같이 그래프를 작성한다.

㈎ 가로축에 가중 유량=$[xI+(1-x)O]$(m^3/s)=⑨, ⑫, ⑮를 지정한다.

㈏ 세로축에 저류량=S[(1/2)(m^3/s · day)]=⑥을 지정한다.

표 예5.5.2 관측치를 이용한 가중상수와 저류상수의 유도

① 시각 (h)	② I (m³/s)	③ O (m³/s)	④ I-O (m³/s)	⑤ 평균 저류량 [(1/2) m³/s·d]	⑥ 누가 저류량 [(1/2 m³/s·d]	x=0.2 ⑦ 0.20I	⑧ 0.80O	⑨=⑦+⑧ =0.20I +0.80O	x=0.25 ⑩ 0.25I	⑪ 0.75O	⑫=⑩+⑪ =0.25I +0.75O	x=0.30 ⑬ 0.30I	⑭ 0.70O	⑮=⑬+⑭ =0.30I +0.70O
0	10	10	0	0	0	2	8	10	2.5	7.5	10	3	7	10
12	16.5	9.5	7	3.5	3.50	3.3	7.6	10.9	4.125	7.125	11.25	4.95	6.65	11.6
24	50.5	16.5	34	24	27.50	10.1	13.2	23.3	12.625	12.375	25.00	15.15	11.55	26.7
36	55.5	28.5	27	47.5	75.00	11.1	22.8	33.9	13.875	21.375	35.25	16.65	19.95	36.6
48	44.0	38.5	5.5	29.75	104.75	8.8	30.8	39.6	11	28.875	39.875	13.2	26.95	40.15
60	30.5	43.5	-13	-1	103.75	6.1	34.8	40.9	7.625	32.625	40.25	9.15	30.45	39.6
72	19	41	-22	-24	79.75	3.8	32.8	36.6	4.75	30.75	35.5	5.7	28.7	34.4
84	15	31	-16	-30	49.75	3	24.8	27.8	3.75	23.25	27.00	4.5	21.7	26.2
96	12	23	-11	-21.5	28.25	2.4	18.4	20.8	3	17.25	20.25	3.6	16.1	19.7
108	11	14	-3	-12.5	15.75	2.2	11.2	13.4	2.75	10.50	13.25	3.3	9.8	13.1
120	9	10	-1	-3.5	12.25	1.8	8	9.8	2.25	7.50	9.75	2.7	7	9.7
132	8	9	-1	-1.5	10.75	1.6	7.2	8.8	2	6.75	8.75	2.4	6.3	8.7

(9) 가중상수 x=0.20일 때의 관계(loop)가 직선에 가장 잘 맞으므로 이를 x값으로 택한다.

(10) 그러므로 $S=K[xI+(1-x)O]$에서 x=0.2일 때 저류상수 K=S/(0.20I+0.80O)로 다음과 같이 계산한다.

㈎ **곡선적합**(curve fitting)의 경우(점선) :

$$K=\frac{S}{xI+(1-x)O}=\frac{(58-10)\left(\frac{1}{2}\mathrm{m^3/s\,day}\right)}{(28-12)\mathrm{m^3/s}}=\frac{24}{16}=1.5\mathrm{day}\ (\text{일})$$

(나) **대략 평균곡선적합**(eye fitting)의 경우(실선) :

$$K=\frac{(52-10)\left(\frac{1}{2}\mathrm{m}^3/\mathrm{s\ day}\right)}{(26-14.25)\mathrm{m}^3/\mathrm{s}}=\frac{21}{11.75}=1.78\mathrm{day}\ (일)$$

(다) ∴ 가중상수 $x=0.20$이고, 저류상수 $K=1.50$day(또는 $K=1.78$day)이다.

(11) 이들 과정의 결과를 그래프로 작성하면 **그림 예5.5**와 같다.

(가) 곡선 적합에서 저류량의 관계식은 $S=3.029(0.2I+0.8O)-27.039$이다.

(나) 곡선 적합의 결정계수 $R^2=0.95$이다.

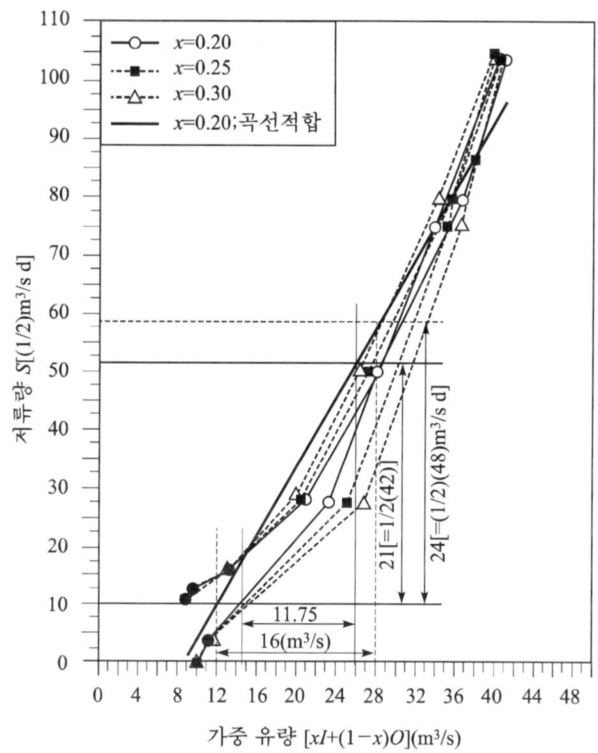

그림 예5.5 관측치 자료에서 K와 x의 결정

예제 5.6

[예제 5.5]에서와 같이 관측된 수문곡선에서 결정된 $x=0.20$, $K=1.5$day를 사용하여 표 예5.6.1①, ②에 표시된 유입수문곡선 자료를 이용해 다음 사항에 답하시오.

1. 표작업(worksheet)과 표 5.6.2 프로그램에 의한 유출수문곡선의 작성 · 비교

[풀이]

1. 표작업(worksheet)과 표 5.6.2 프로그램에 의한 유출수문곡선의 작성·비교

(1) 표작업(worksheet)에 의한 유출수문곡선은 다음과 같이 계산한다.

㈎ 추적시간 Δt의 검토는 '$\Delta t > 2K\ x$'를 만족하도록 한다

㈏ 이를 만족시키지 못 할 때는 불능상태가 되기 때문으로 $2K\ x=2\times1.5\times0.25=0.75\text{day}=$ 18h 이상이 되도록 $\Delta t=24\text{h}=1$일(日, day)로 선정한다.

㈐ 식 (5.17)의 가중계수를 다음과 같이 계산한다.

$$D=K-Kx+0.5\Delta t=1.5-1.5(0.2)+0.5(1)=1.7\text{일} \quad (\text{예}5.6.1\text{a})$$

$$C_1=\frac{Kx+0.5\Delta t}{D}=\frac{1.5(0.2)+0.5(1)}{1.7}=0.471 \quad (\text{예}5.6.1\text{b})$$

$$C_2=\frac{-Kx+0.5\Delta t}{D}=\frac{-1.5(0.2)+0.5(1)}{1.7}=0.117 \quad (\text{예}5.6.1\text{c})$$

$$C_3=\frac{K-Kx-0.5\Delta t}{D}=\frac{1.5-1.5(0.2)-0.5(1)}{1.7}=0.412 \quad (\text{예}5.6.1\text{d})$$

㈑ 식 (5.16)에 가중계수 식 (예5.6.1)을 대입하면 다음 식을 구한다.

$$O_2=C_1I_1+C_2I_2+C_3O_1=0.471I_1+0.117I_2+0.412O_1 \quad (\text{예}5.6.2)$$

㈒ 식 (예5.6.2)를 이용하여 표 예5.6.1⑥과 같이 유출량을 계산한다.

표 예5.6.1 표작업과 프로그램에 의한 유출량 산정

① t(h)	② (m³/s)	(1) 표작업(worksheet) 계산					(2) 프로그램 이용	
		③ $0.117I_2$	④ $0.471I_1$	⑤ $0.412O_1$	⑥[=③+④+⑤] 유출량, O(m³/s)	⑦저류량, S (I−O)(m³/s)	⑧유출량, O(m³/s)	⑨저류량, S (I−O)(m³/s)
0	10	-	-		10	10−10=0	10	0
24	50.5	0.117×50.5 =5.908	0.471×10 =4.710	0.412×10 =4.120	5.908+4.710+4.120 =14.738	50.5−14.738 =35.762	14.76	35.74
48	44	0.117×44 =5.148	0.471×50.5 =23.785	0.412×14.738 =6.072	35.005	8.995	35.02	8.98
72	19	2.223	20.724	14.422	37.369	−18.369	37.36	−18.36
96	12	1.104	8.949	15.369	25.422	−13.422	25.74	−13.74
120	9	1.053	5.652	10.473	17.178	−8.178	17.30	−8.30
144	9	1.053	4.239	7.077	12.369	−3.369	12.42	−3.42
168	9	1.053	4.239	5.096	10.388	−1.388	10.41	−1.41
192	9	1.053	4.239	4.279	9.571	−0.571	9.58	−0.58
216	9	1.053	4.239	3.943	9.235	−0.235	9.24	−0.24

(2) 프로그램에 의한 결과는 표 5.6.2와 같다.

(가) 표 예5.6.1⑧의 유출량은 표 5.2의 프로그램을 이용하여 표 예5.6.2와 같은 절차에 의해 산정한다.

표 예5.6.2 표 5.2 프로그램의 이용절차

```
                    MUSKINGUM ROUTING METHOD

 <E>nglish or <M>etric Units?
M
 The units for hydrograph intervals, starting and
 ending times and the time step must be hours or minutes.
 Enter a one (1) to use hours, or a two (2) to useminutes
1
 Enter hydrograph starting time (hrs)
0
 Enter hydrograph ending time (hrs)
120
 Enter hydrograph time interval (hrs)
24
 Enter inflow hydrograph ordinate at prompt
 Time =    0.00 (hrs); inflow (cfs,cms) = ?
10
 Time =   24.00 (hrs); inflow (cfs,cms) = ?
50.5
 Time =   48.00 (hrs); inflow (cfs,cms) = ?
44
 Time =   72.00 (hrs); inflow (cfs,cms) = ?
19
 Time =   96.00 (hrs); inflow (cfs,cms) = ?
12
 Time =  120.00 (hrs); inflow (cfs,cms) = ?
9
```

```
 The storage time constant must be in the same time units
 as the hydrograph time interval.
 Enter Muskingum method storage time constant K (hrs)
36
 Enter Muskingum method wedge storage weighting factor x
0.2
 Enter initial outflow (cfs,cms)
10
 Enter number of outflow hydrograph ordinates to print
10
 C0 =    0.1176471
 C1 =    0.4705882
 C2 =    0.4117647
          TIME          INFLOW         OUTFLOW
          (hrs)          (cms)          (cms)
          0.00           10.00           10.00
         24.00           50.50           14.76
         48.00           44.00           35.02
         72.00           19.00           37.36
         96.00           12.00           25.74
        120.00            9.00           17.30
        144.00            9.00           12.42
        168.00            9.00           10.41
        192.00            9.00            9.58
        216.00            9.00            9.24
```

(나) 표 예5.6.1⑥, ⑧은 표작업과 프로그램을 통해 계산된 유출수문곡선이며, 이를 유입수문곡선과 함께 표 예5.6.1②와의 그래프로 작성한다.

(다) 이들의 결과를 정리하면 그림 예5.6과 같이 두 경우 거의 비슷한 값으로 계산된 것을 확인할 수 있다.

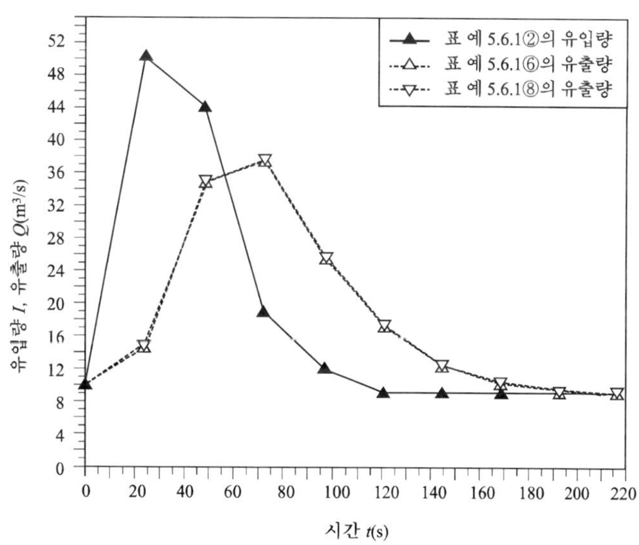

그림 예5.6 표 예5.6.1②, ⑥, ⑧에 의한 유입·유출수문곡선 비교

(3) 수문모의 기법

수문현상의 **모형화 기법**(modeling technique)은 **원형계**(prototype system)의 거동을 쉽게 해석하기 위해 여러 가지 가정사항과 공식, 절차 등을 도구로 하는 분석기법으로 크게 확정론적 모형화 기법, 확률론적 모형화 기법, 추계학적 모형화 기법으로 나눈다.

확정론적(確定論的) **모형화 기법**(deterministic hydrologic simulation model)은 물의 순환을 지배하는 자연계의 물리적인 과정을 수학적으로 서술하여 한 유역의 강우-유출관계의 확정성을 전제로 해서 자연현상을 수학적으로 모의하는 모형이다. 물 순환과정을 침투, 지표하유출, 지하수 유출 등 지하흐름 과정변수의 공간적 변화 유무에 따라 **총괄 모형**(lumped model)과 **분할 모형**(distributed model)으로 나눈다. 전자는 유역을 동질의 배수면적으로 보아 균일한 강우조건에 있다고 가정하여 과정변수가 공간적으로 변화하지 않는다는 개념의 모형이다. 후자는 넓은 유역면적을 작은 면적의 여러 개 소구역으로 분할하여 유역특성인자, 수문과정변수의 중간적 변화를 고려해 개개 소유역별로 모의한 후 유역전체에 대해 합성함으로써 전 유역의 수학적 반응을 파악하는 개념의 모형이다.

확률론적(確率論的) 모형화 기법(probabilistic method of hydroloic analysis)은 수문량을 확률 통계학적으로 분석하여 관측된 현상의 특성을 구명하고 장래에 발생될 양상을 예측하는 수문자료의 분석절차이다. 수문현상을 해석하는 접근 방법이 현재까지는 이 방법에 따르고 있으며, 강우, 홍수, 갈수 등의 수문현상에 대한 발생빈도를 확률적으로 예측하는 것을 빈도 해석(頻度解析, frequency analysis)이라 한다.

추계학적(推計學的) 모형화 기법(stochastic generation technique)은 무작위(random) 또는 통계학적 개념의 추계학적(stochastic)으로 발생되는 비교적 단기간의 관측 수문자료를 장기간의 대표성 수문자료로 통계적 특성을 유지하도록 인위적으로 발생시켜 수자원 시스템의 설계·기준 등에 활용하는 기법이다.

'추계학적(推計學的, stochastic)'이란 '임의의, 무작위(random)'와 동의어로 수문학에서는 부분적으로 '임의로 발생하는 수문시계열(hydrologic time series)'로 사용되었다. 이는 수문학의 정의에서 수문현상과 수문분석을 위한 **확정론적 접근방법**(deterministic approach method)과 **확률론적 접근방법** 간의 중간적 역할의 개념임을 이미 설명한 바 있다. 이 방법은 관측 수문자료의 짧은 기간을 자료의 동질성 가정 하에 비교적 긴 기간의 자료로 확장·발생시켜 이 계열자료가 가정과 같이 장래에도 발생된다는 가정 하에 모의 발생시켜 장기간의 자료로 활용하고자 하는 방법이다.

본 절에서는 추계학적 유량자료의 모의발생방법에 대해 간단하게 기술하고자 한다.

① 상관기법

단기간의 자료 확장을 위한 가장 일반적인 **상관기법**(correlation technique)은 강우-유출관계, 두 개 하천자료의 상관관계, 유량-지속기간 곡선의 비교를 들 수 있다. 이들 방법은 하전수위관측소 기록의 결함을 보완하는데 적용할 수 있다.

수로단면의 수리학적 형상과 배수유역 자료, 기상학적 실용화하기 위해 다상관기법(multiple correlation technique)이 미계측 지역에 대한 일반화된 관계식을 유도하는데 사용되어왔다.

② 합성기법

수자원 계획의 배경에서 만나게 되는 매우 일반적인 어려움은 유량자료의 불충분이다. 기록을 통해 알고 있는 유용한 유량자료는 일반적으로 25년보다 자주 아주 짧다. 이들 자료는 50년에서 100년까지의 **계획 경제주기**(economic life of project)를 담보하지는 못한다. 같은 유량의 연속이 100년 기간 내 반복되리라는 것은 쉽지 않다. **역사적 기록**(historical record)에 기초해 설계된 시스템은 그 시스템이 겪게 되는 미지의 연속된 유량에 대해 불충분한 현재의 위험에 직면하게 된다. 게다가 단순히 짧은 계열로 구성되는 역사적 기록은 연속되는 큰 유량뿐만 아니라 적은 유량도 담보하지 못한다. 시스템의 안정성은 역사적 기록만을 가지고 불가능한 이들 조건하에 평가받게 된다. 통계적인 면에서 역사적 기록은 자연적 하천흐름 과정인 모집단으로부터 생기는 표본이다. 만약에 이 과정이 변화되지 않는 것이라 생각한다면, 즉 계열의 통계적 특성이 시간에 다라 변화되지 않는다면 그와 같은 표본을 나타내는 많은 계열들은 통계적 역사적인 기록과 유사하게 될 것이라고 공식화할 수 있을 것이다. 이것이 **합성기법**(synthetic technique)의 기초적 개념이다. 그러므로 유량의 확장은 역사적 기록도 장래 흐름의 예측도 아니라 하천 내 비슷한 흐름의 전형적인 것이다.

③ 자기회귀모형

자기회귀모형(autoregressive model) 또는 **Markov 과정**(Markov process)은 확률과정 중에서 시스템의 미래상태가 현재의 상태만 주어지면 과거의 역사와는 무관하게 결정되는 성질(Markov 특성)을 가지는 확률과정이다. Markov 과정이 1회에서 1개 사상(=하천 흐름)의 값이 이전 주기(계열 또는 자기상관이 시간계열 내 존재)에서의 사상값과 상관관계를 갖는다고 생각한다. 1계(first-order) Markov 과정에서 이들 상관관계는 그 사상의 두 연속 값 내에 존재한다. **합성 수문학**(synthetic hydrology)에서 고전적 접근방법으로 구성되는 1계 Markov 모형은 1회 주기 내 변수 x의 값은 이전 주기 내 x의 값에 무작위 성분을 합하는 것에 좌우된다고 설명한다. 그러므로 하천에 대한 합성 흐름(유량)은 다음과 같이 두 부분으로 구성되는 각각의 수의 연속으로 표시한다.

$$x_i = d_i + e_i \tag{5.18}$$

여기서 $x_i = i$번째 시간(어떤 시간계열의 i번째 수)에서의 흐름(유량 $[L^3T^{-1}]$)이고, $d_i = i$번째 시간에서의 **확정론적 부분**(deterministic part)이며, $e_i = i$번째 시간에서의 **무작위 부분**(random part)이다.

x_i의 값은 이들이 **역사적 계열**(historical series)과 비슷한 통계적 특성(평균, 편차, 왜곡도) 과정과 빈도분포에 속한다는 것을 확보함으로써 역사적 자료와 연결시켰다.

일반적인 합성자료의 Markov 과정은 역사적 기록의 해석으로부터 통계적 매개 변수 결정(determining statistical parameter), 역사적 자료의 빈도분포 최적형 확인(identifying frequency distribution), 통계적 특성과 같은 분포의 무작위 수 발생(generating random number), 무작위 부분을 조합하고 지속성(이전 흐름의 영향)을 고려하는 확정론적 부분의 구성으로 이루어져 있다.

1) 통계적 매개변수

합성 이론에서 역사적 자료의 중요한 통계적 매개변수는 평균(유량)(mean flow) $\overline{x}$, 분산(variance) s^2 또는 표준편차(standard deviation) s, 왜곡도 계수(coefficient of skewness) C_{ss}, 계열상관계수(lag serial correlation coefficient) r_k 등 다음의 4가지이다.

$$\overline{x} = \frac{1}{n}\sum_{i=1}^{n} x_i \tag{5.19a}$$

$$s^2 = \frac{1}{n-1}\sum_{i=1}^{n}(x_i - \overline{x})^2 \tag{5.19b}$$

$$s = \sqrt{\frac{1}{n-1}\sum_{i=1}^{n}(x_i - \overline{x})^2} \tag{5.19c}$$

$$C_{ss} = \frac{n\sum_{i=1}^{n}(x_i - \overline{x})^3}{(n-1)(n-2)s^3} \tag{5.19d}$$

$$r_k = \frac{\sum_{i=1}^{n-k}(x_i - \overline{x})(x_{i+k} - \overline{x})}{(n-k)s^2} \tag{5.19e}$$

여기서 $r_k = k(k=1,\ 2,\ \cdots$로 표시)차 계열상관계수[현재 유량이 이전 유량에 의해서만 영향을 받는 직전 유량을 나타내는 1차, 2차 … 계열상관계수(lag 1, 2, … serial correlation coefficient)]로 유량자료계열의 수문학적 지속성을 판정하는 척도이고, $\overline{x}$ = 관측치 유량의 평균값, s^2 = 분산(variance) 또는 s = 표준편차(standard deviation)] 이다.

하천유량 모의발생은 어떤 기간 동안에 관측된 자료계열이 장래에도 연속하여 발생된다는 가정 하에 유도되는 **단순반복 연장방법**(simple repetitive extension method), 자료계열 형성 개개 유량은 특정 이론확률분포에 따라 분포되며, 각각 독립적으로 발생된다는 가정 하에 유도되는 **무작위 발생방법**(random generation method), 자료 계열 형성 개개 유량은 서로 의존적으로 앞에 발생된 값이 뒤 발생 값에 영향을 미친다는 가정 하에 유도되는 **자기회귀 발생방법**(autoregressive generation method)이다.

2) 단순반복 연장방법

단기간인 하천 유량을 장기간의 유량자료로 확충하는 가장 간단한 방법으로 저수지로의 유입 장래 유량은 기록이 짧은 과거 관측 유입유량과 저수지 수명 연한까지 계속 반복된다는 가정 하에 구하는 방법이다.

3) 무작위 발생방법

관측 유량자료계열이 수문학적 지속성을 갖지 않을 경우에 유량자료계열의 모의 발생 방법으로 우선 관측유량계열의 적정 확률분포형의 설정이필요하다. 이후 빈도 해석 절차와 같이 확률분포형의 가정, 확률분포의 매개변수 결정, 이론적 확률밀도함수 산정, 매개변수 섬성법 도입, 관측자료와 상대도수분포의 비교분석을 통해 적정확률분포의 결정, 이 분포의 난수(random number)를 발생시켜 매개변수를 사용해 유량계열로 환산하는 절차로 이루어진다. 평균 0, 표준편차 1인 **표준정규 무작위분포**(standard normal random distribution)의 **난수표**(random number table)는 표 5.3(Firing and Jackson, 1971)과 같다.

표 5.3 표준정규 무작위분포의 난수표

	0	1	2	3	4	5	6	7	8	9
0	−0.523	0.611	−0.359	−0.393	0.084	−0.931	−0.027	0.798	1.672	−1.077
1	−1.536	−0.454	0.071	−2.129	1.525	0.261	2.319	0.972	0.767	−2.849
2	−0.121	0.968	−1.743	0.581	−0.711	−0.060	−0.482	−0.746	−0.747	1.254
3	−0.542	−0.807	0.168	0.839	−0.756	−0.453	−1.912	0.766	−0.890	0.205
4	0.131	−0.859	−1.096	−0.785	0.310	1.314	−0.231	0.029	1.819	−1.602
5	−0.234	0.551	0.743	−0.900	0.435	−2.999	0.212	0.869	−0.716	−0.410
6	−1.010	1.347	0.230	0.009	−1.495	2.145	−1.033	0.729	0.309	0.920
7	0.273	−0.885	−0.016	0.775	−1.740	0.353	−1.519	0.958	−0.448	2.185
8	−0.102	−1.111	−0.585	1.461	−0.307	1.489	−0.196	0.506	−0.662	−1.175
9	0.368	−0.710	0.407	0.066	−0.617	−0.580	0.107	−2.247	1.616	−1.060
10	−1.762	1.382	1.142	−2.056	−0.400	−1.701	−0.914	−1.000	−0.172	0.903
11	0.306	−0.607	−0.324	1.171	1.016	−1.829	1.723	−0.513	−0.657	2.011
12	−0.465	−1.214	−0.174	0.894	0.245	−0.987	−1.155	0.592	−0.411	−0.109
13	−0.004	−0.029	−0.633	0.004	−0.603	1.104	−0.655	1.191	0.938	−0.805
14	0.593	0.252	−0.541	0.318	1.268	1.972	0.875	−1.030	−1.175	0.445
15	0.233	0.430	−0.331	−1.272	−0.289	−0.060	−0.754	0.789	0.546	0.687
16	0.571	−0.215	−1.090	0.610	−0.810	−0.364	−1.282	0.010	0.586	0.926
17	0.370	0.976	1.017	1.106	0.441	−2.376	0.793	0.016	−0.704	0.146
18	−0.009	−1.285	−0.346	−0.323	0.609	−0.373	0.078	−1.034	0.153	0.997
19	0.416	−0.131	0.668	0.662	−1.835	1.646	0.197	0.131	0.783	0.076

4) 자기회귀 발생방법

자기회귀 발생방법은 관측유량 자료계열이 수문학적 지속성을 가질 경우에 유량자료를 모의 발생시키는 방법으로 하천유량계열의 모의발생에 널리 사용되고 있으며, 이를 Markov 모형이라고도 한다(Gupta, 2008; 2017).

예제 5.7

어떤 유역을 흐르는 하천의 연유량(annual flow) 자료는 표 예5.7②와 같다. 이 일련의 유량 자료를 이용하여 다음 사항에 답하시오.

1. 기본 통계변수(statistical parameter)의 유도
   - (1) 평균 계산
   - (2) 표준편차 계산
   - (3) 왜곡도 계수 유도
   - (4) 1·2차 계열상관계수 계산

표 예5.7 어떤 하천의 연유량 자료와 기본적 통계변수 계산

① i	② 연유량 x_i(m^3/s)	③ $(x_i-\bar{x})$	④ $(x_i-\bar{x})^2$	⑤ $(x_i-\bar{x})^3$ (×10^4)	⑥ $(x_i-\bar{x})(x_{i+1}-\bar{x})$ (×10^2)	⑦ $(x_i-\bar{x})(x_{i+2}-\bar{x})$ (×10^2)
1	472	−181	32.761	−593	432.6[=(−181)×(−239)]	155.7[=(−181)×(−86)]
2	414	−239	57.121	−1,365	205.5[=(−239)×(−86)]	614.2[=(−239)×(−257)]
3	567	−86	7396	−63.6	221	9.5
4	396	−257	66,049	−1,697.5	28.3	447.2
5	642	−11	121	−0.1	19.1	17.3
6	479	−174	30,276	−526.8	273.2	212.3
7	496	−157	24,649	−387	191.5	−249.6
8	531	−122	14,884	−181.6	−194	−297.7
9	812	159	25,281	402	388	−256.0
10	897	244	59,536	1,452.7	−392.8	−65.9
11	492	−161	25,921	−417.3	43.5	77.3
12	626	−27	729	−2.0	13	−32.7
13	605	−48	2,304	−11.0	−58	−249.1
14	774	121	14,641	177.2	628	119.8
15	1,172	519	269,361	13,980	513.8	980.9
16	752	99	9,801	97	187	16.8
17	842	189	35,721	675	32.1	139.9
18	670	17	298	0.5	12.6	17.3
19	727	74	5,476	40.5	75.5	−46.6
20	755	102	10,404	106	−64.3	
21	590	−63	3,969	−25		
합계	13,711		696,690	11,661×10^4	2,555.6×10^2	1,610×10^2

[풀이]

1. 기본 통계변수(statistical parameter)의 유도
   - (1) 평균 계산 ; 연유량의 평균을 식 (5.19a)에 의해 구한다.

$$\bar{x}=\frac{1}{n}\sum_{i=1}^{n}x_i=\frac{1}{21}\sum_{i=1}^{21}\frac{13,711}{21}=653\text{m}^3/\text{s}$$

(2) 표준편차 계산 ; 분산(variance) s^2 식 (5.19b) 또는 표준편차 s를 식 (5.19c)에 의해 구한다.

$$s^2=\frac{1}{n-1}\sum_{i=1}^{n}(x_i-\bar{x})^2 \text{ 또는 } s=\sqrt{\frac{1}{n-1}\sum_{i=1}^{n}(x_i-\bar{x})^2}$$

$$s^2=\frac{1}{n-1}\sum_{i=1}^{n}(x_i-\bar{x})^2=\frac{696,690}{20}=34,834.5$$

$$s=\sqrt{\frac{1}{n-1}\sum_{i=1}^{n}(x_i-\bar{x})^2}=\sqrt{\frac{1}{20}(696,690)}=\sqrt{34,834.5}=186.6\text{m}^3/\text{s}$$

(3) 왜곡도 계수 유도 ; 왜곡도 계수(skewness coefficient)를 식 (5.19c)에 의해 구한다.

$$C_{ss}=\frac{n\sum_{i=1}^{n}(x_i-\bar{x})^3}{(n-1)(n-2)s^3}=\frac{21(11,661\times10^4)}{20(19)(186.6)^3}\fallingdotseq 0.993=1.0$$

(4) 1·2차 계열상관계수 계산 ;

㈎ 1차 계열상관계수(lag 1 serial correlation coefficient)를 식 (5.19e)에 의해 구한다.

㉮ $r_k=\dfrac{\sum_{i=1}^{n-k}(x_i-\bar{x})(x_{i+k}-\bar{x})}{(n-k)s^2}$에 $k=1$을 대입하면 다음과 같다.

㉯ $r_1=\dfrac{\sum_{i=1}^{21-1}(x_i-\bar{x})(x_{i+1}-\bar{x})}{(20)s^2}=\dfrac{2,555.6\times10^2}{(20)(186.6)^2}=0.37$을 얻는다.

㈏ **2차 계열상관계수**(lag 2 serial correlation coefficient)를 다음과 같이 구한다.

㉮ $r_2=\dfrac{\sum_{i=1}^{21-2}(x_i-\bar{x})(x_{i+2}-\bar{x})}{(19)s^2}=\dfrac{1610\times10^2}{19(186.6)^2}=0.24$이다.

예제 5.8

[예제 5.7]의 과거 기록과 비슷한 합성 연 계열자료를 정규분포로 가정하고 다음 사항에 답하시오.

1. Markov 모형에 의한 연 계열자료 유도

[풀이]

1. Markov 모형에 의한 연 계열자료 유도

(1) **[예제 5.7]**에서 $\bar{x}=653\text{m}^3/\text{s}$, $s=186.6\text{m}^3/\text{s}$, $r_1=0.37$을 사용한다.

(2) 표준정규분포에 대해 **표 5.3**을 사용하여 무작위 변량(random variate) t_i를 결정한다.

(3) **Markov 모형**(자기회귀 발생방법)에 의한 i번째 유량 x_i는 다음과 같이 구한다.

x_i = 결정론적 값(deterministic) + 무작위 값(random) (예5.8a)

$x_i = [\bar{x} + r_1(x_{i-1} - \bar{x})] + [t_i s\sqrt{1-r_1^2}]$ (예5.8b)

(가) 식 (예5.8)을 사용하여 x_i값들을 순차적으로 결정하고, $x_{i-1} = \bar{x}$로 시작하며, x_i값에 대한 연유량 계산 예는 **표 예5.8**②로부터 시작해 **표 예5.8**⑧과 같이 계산한다.

(나) 이때 **표 예5.8**⑥의 t_i값은 **표 5.3**에서 (무작위로) 0.131, −0.859, −1.096, ⋯, −0.234 순으로 사용한다.

표 예5.8 제1차 Markov 모형에 의한 연유량 계산

① i	② x_{i-1}	③ $x_{i-1}-\bar{x}$	④ $r_1(x_{i-1}-\bar{x})$	⑤ $\bar{x}+r_1(x_{i-1}-\bar{x})$	⑥ t_i (표 5.3)	⑦ $t_i s\sqrt{1-r_1^2}$	⑧ (=⑤+⑦) x_i
1	653	653−653 =0.0	0.37(0) =0.0	653+0=653	0.131	22.7 =0.131(186.6)[1−(0.37)^2]$^{1/2}$	675.7 =653+22.7
2	675.7	22.7	8.4	661.4	−0.859	−148.9 =−0.859(186.6)[1−(0.37)^2]$^{1/2}$	512.5 =661.4−148.9
3	512.5	−140.5	−52.0	601.0	−1.096	−190.0	411.0
4	411.0	−242.0	−89.5	563.5	−0.785	−136.1	427.4
5	427.4	−225.6	−83.5	569.5	0.310	53.7	623.2
6	623.2	−29.8	−11.0	642.0	1.314	227.8	869.8
7	869.8	216.8	80.2	733.2	−0.231	−40.0	693.2
8	693.2	40.2	14.9	667.9	0.029	5.0	672.9
9	672.9	19.9	7.4	660.4	1.819	315.3	975.7
10	975.7	322.7	119.4	772.4	−1.602	−277.7	494.7
11	494.7	−158.3	−58.6	594.4	−0.234	−40.6	553.8
12							
⋮							
비고	• ⑥ t_i : **표 5.3**에서 무작위 선정 : 0.131, −0.859, −1.096, ⋯, −0.234 순 사용 • **표 예5.8**⑧=**표 예5.8**(⑤+⑦)						

예제 5.9

[예제 5.8]을 표준정규분포의 난수표 무작위변수 t_i=0.031, −0.859, −1.096 순으로 선정하여 다음 사항에 답하시오.

1. 자기회귀발생–이동평균(ARMA) 모형 사용 유도

[풀이]

1. **자기회귀발생–이동평균**(ARMA) **모형** 사용 유도

(1) **[예제 5.7], [예제 5.8]**에서 얻은 값 $\bar{x}=653\text{m}^3/\text{s}$, $s=186.6\text{m}^3/\text{s}$, $r_1=0.37$, $r_2=0.24$를 사용한다.

(2) **자기회귀발생–이동평균**(ARMA : autoregressive-moving average) **모형**인 ARMA (1,1)을 사용하고, 표준정규분포 난수값 **표 5.3**의 무작위 변량(random variate) t_i 결정하여 빈도해석의 수문량과 같은 a_i값을 다음과 같이 구한다.

$$a_i=\phi_{1,1}a_{i-1}+n_i-\theta_{1,1}n_{i-1} \qquad \text{(예5.9.1a)}$$

$$a_i=\phi_{1,1}a_{i-1}+s_e(t_i-\theta_{1,1}t_{i-1}) \qquad \text{(예5.9.1b)}$$

(3) 식 (예5.9.1)의 값은 다음 식 (예5.9.2)를 이용해 산정한 후 빈도계수식 형의 $x_i=\bar{x}+s\,a_i$로 유량자료로 변환시킨다.

$$\phi_{1,1}=\frac{r_2}{r_1} \qquad \text{(예5.9.2a)}$$

$$r_1=\frac{(1-\phi_{1,1}\theta_{1,1})(\phi_{1,1}-\theta_{1,1})}{1+\theta_{1,1}^2-2\phi_{1,1}\theta_{1,1}} \qquad \text{(예5.9.2b)}$$

$$s_e^2=\frac{1-\phi_{1,1}^2}{1+\theta_{1,1}^2-2\phi_{1,1}\theta_{1,1}} \qquad \text{(예5.9.2c)}$$

여기서 $\phi_{1,1}$=계열상관계수의 비이고, s_e^2=무작위 변량 가중치 $\theta_{1,1}$로 구성되는 무차원 무작위 변량 값이다.

(4) 식 (예5.9.2)를 이용해 자료계열의 통계값을 계산한다.

(가) 식 (예5.9.2a) 이용 $\phi_{1,1}$ 계산 : $\phi_{1,1}=\dfrac{r_2}{r_1}=\dfrac{0.24}{0.37}=0.65$

(나) 식 (예5.9.2b) 이용 $\phi_{1,1}$, r_1을 계수로 갖는 변수 $\theta_{1,1}$의 2차 방정식 유도·계산

$$0.37=\frac{(1-0.65\theta_{1,1})(0.65-\theta_{1,1})}{1+\theta_{1,1}^2-2(0.65)\theta_{1,1}} \Rightarrow 0.28\theta_{1,1}^2+0.9415\theta_{1,1}-0.28=0$$

$$\theta_{1,1}=\frac{-b+\sqrt{b^2-4ac}}{2a}=\frac{-0.9415+\sqrt{0.9145^2-4(-0.28)(-0.28)}}{2(-0.28)}$$

$$=\frac{-(0.9415)\pm0.7568}{-0.56}=0.33$$

(5) 식 (예5.9.2c) 이용 s_e^2 계산

$$s_e^2 = \frac{1-\phi_{1,1}^2}{1+\theta_{1,1}^2 - 2\phi_{1,1}\theta_{1,1}} = \frac{1-0.65^2}{1+0.33^2-2(0.65)(0.33)} = 0.85 \quad \therefore \ s_e = 0.72$$

(6) t_i값은 표준정규분포의 난수표 표 5.3의 무작위 값으로 0.031, −0.859, 1.096, …(표 5.3에서 임의 값 무작위 선정 후 ⇒ 연속 되는 값 사용)을 사용하고, 각 단계 (i)에서 t와 a는 이전 단계값 t_{i-1}과 a_{i-1}가 사용된다.

$$a_i = \phi_{1,1}a_{i-1} + s_e(t_i - \theta_{1,1}t_{i-1}) \tag{예5.9.3}$$

⇨ $a_1 = \phi_{1,1}a_0 + s_e(t_1 - \theta_{1,1}t_0) = 0.65(0) + 0.72[(0.131 - 0.33(0)] = 0.09$

$a_2 = \phi_{1,1}a_1 + s_e(t_2 - \theta_{1,1}t_1) = 0.65(0.121) + 0.72(-0.859 - 0.33 \times 0.131) = -0.57$

$a_3 = \phi_{1,1}a_2 + s_e(t_3 - \theta_{1,1}t_2) = 0.65(-0.75) + 0.72[-1.096 - 0.33 \times (-0.859)] = -1.07$

$a_4 = \phi_{1,1}a_3 + s_e(t_4 - \theta_{1,1}t_3) = 0.65(-1.24) + 0.72[-0.785 - 0.33 \times (-1.096)] = 0.09$

(7) 식 (예5.9.3)을 이용해 빈도 계수식 형의 다음 식으로 계산한다.

$$x_i = \bar{x} + sa_i \tag{예5.9.4}$$

⇨ $x_1 = 653 + (186.6)(0.09) = 670\text{m}^3/\text{s}$

$x_2 = 653 + (186.6)(-0.57) = 547\text{m}^3/\text{s}$

$x_3 = 653 + (186.6)(-1.07) = 453\text{m}^3/\text{s}$

$x_4 = 653 + (186.6)(0.09) = 670\text{m}^3/\text{s}$

5.1.2 하천

하천에서 홍수류의 추적은 필요한 부정 부등류 지배 방정식의 유도와 이를 수치해를 통한 **수리학적 홍수추적**의 수행이 필요하다. 본 소절에서는 포트란 응용 프로그램을 이용한 수리학적 홍수추적을 다룬다. 또한 중소하천에서의 유사이송에 관한 유량−총유사량 관계식의 유도와 도로교량에서 발생하는 비점오염원 저감장치에 대해 기술하고자 한다.

(1) 홍수추적

자유수면을 갖는 1차원 부정(unsteady)·부등류(nonuniform flow)의 수로 폭이 일정한 사각형 단면 수로에 대한 **지배 방정식**(governing equation)은 다음과 같다.

$$h\frac{\partial V}{\partial x} + V\frac{\partial h}{\partial x} + \frac{\partial h}{\partial t} = 0 \tag{5.20a}$$

$$\frac{1}{g}\frac{\partial V}{\partial t} + \frac{V}{g}\frac{\partial V}{\partial x} + \frac{\partial h}{\partial x} = S_f - S_0 \tag{5.20b}$$

식 (5.20a)는 **연속 방정식**(continuity equation)이고, 식 (5.20b)는 **운동량 방정식**(momentum equation)이며, 이 두 식을 **Saint-Venant 방정식**이라 한다. 이는 식 (5.20a)와 식 (5.20b) 항들의 고려 여부에 따라 **표 5.4**(이종석, 2019)와 같이 **동역학파**(dynamic wave)·**동역학 준정류파**(dynamic, quasi-steady wave)·**확산파**(diffusive wave)·**운동파**(kinematic wave)·**단순파 방정식**(simple wave equation)으로 각각 구분한다.

표 5.4 Saint-Venant 방정식의 구분

구분	방정식					
(a) 연속 방정식	$h\frac{\partial V}{\partial x}+V\frac{\partial h}{\partial x}+\frac{\partial h}{\partial t}=0$					
(b) 운동량 방정식	$\frac{\partial V}{\partial t}$ ⓐ	$+\ V\frac{\partial V}{\partial x}$ ⓑ	$+\ g\frac{\partial h}{\partial x}$ ⓒ	$-\ g(S_o$ ⓓ	$-\ S_f)$ ⓔ	$=0$
동역학파 방정식 : (a)+(b)의 ○항	○	○	○	○	○	
단순파 방정식 : (a)+(b)의 ○항	○	○	○			
동역학 준정류파 방정식 : (a)+(b)의 ○항		○	○	○	○	
확산파 방정식 : (a)+(b)의 ○항			○	○	○	
운동파 방정식 : (a)+(b)의 ○항				○	○	

① 유한차분 양해법

Saint-Venant 방정식 (5.20)의 해석을 위한 수치기법에는 **특성법**(characteristic method), **유한차분법**(finite difference method) 등이 있는데, 본 절에서는 후자의 방법인 **양해법**(explicit method)과 **음해법**(implicit method) 중에 양해법에 대해 다루고자 한다. 이는 식 (5.20)을 고정된 시간간격을 갖는 **양해(유한차분)법**(explicit finite difference scheme)에 의해 **그림 5.3**의 격자망과 경계조건을 이용하여 수치해로 계산할 수 있다.

그림 5.3은 시공간 사각 격자망에서 공간 x와 시간 t인 평면 위에 투영된 점 P가 포함된 격자망으로 Δx는 절점 간의 **공간거리**(spatial distance)이고, Δt는 절점 간의 **시간간격**(time interval)이다. **시간단계**(time level) $t=t$에서 아는 값(known condition) V_L, h_L과 V_R, h_R은 Δt시간 후인 $t=t+\Delta t$ 시간단계에서의 모르는 값(unknown condition), 미지조건 V_P, h_P를 명시적으로 구하는데 사용된다.

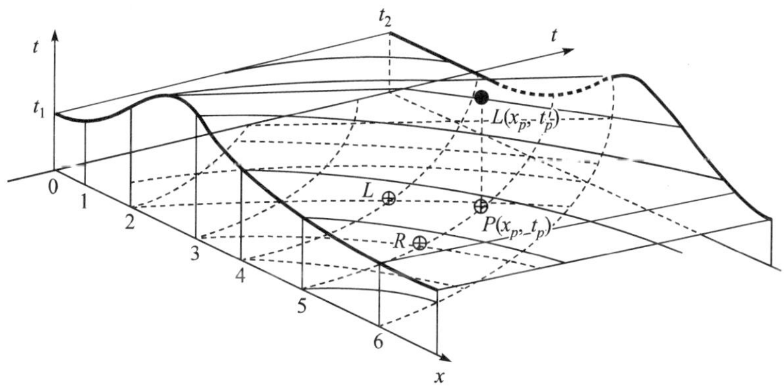

(a) 시간 t_1, t_2에서 부정류 분포

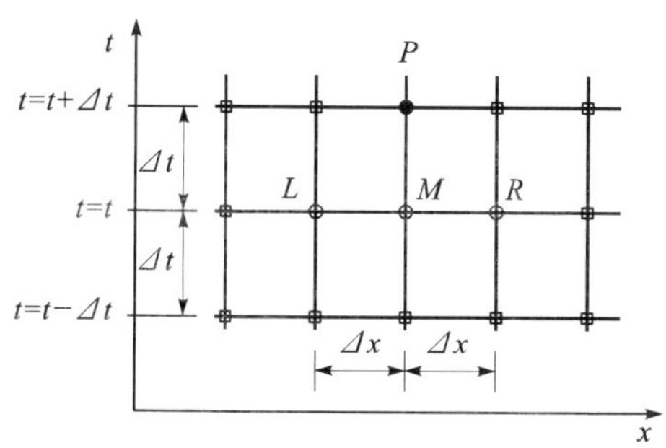

(b) 시공간 격자망

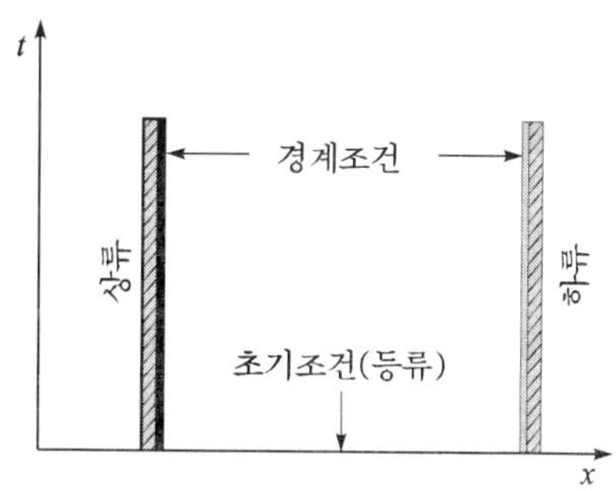

(c) 경계조건

그림 5.3 부정·부등류 해석을 위한 시공간 격자망과 경계조건

Saint-Venant **방정식** (5.20)의 편도함수에 대한 **대략적 유한차분법**(finite difference approximation)은 다음과 같이 쓸 수 있다(Viessman et al., 1972; Graf, 2003).

$$\left.\frac{\partial V}{\partial x}\right|_M = \frac{V_R - V_L}{2\Delta x} \tag{5.21a}$$

$$\left.\frac{\partial h}{\partial x}\right|_M = \frac{h_R - h_L}{2\Delta x} \tag{5.21b}$$

$$\left.\frac{\partial V}{\partial t}\right|_P = \frac{V_P - V_M}{\Delta t} \tag{5.21c}$$

$$\left.\frac{\partial h}{\partial t}\right|_P = \frac{h_P - h_M}{\Delta t} \tag{5.21d}$$

사각형 단면 수로에 대한 연속 방정식 (5.20a)에 식 (5.21)을 대입하고 정리하면 임의 P 점에 대한 다음의 **수심 관계식**을 얻는다.

$$h_P = h_M + \frac{\Delta t}{2\Delta x}[V_M(h_L - h_R) + h_M(V_L - V_R)] \tag{5.22}$$

또한 사각형 단면 수로에 대한 운동량 방정식 (5.20b)에 식 (5.21)을 대입하고 정리하면 임의 P점에 대한 다음의 **유속 관계식**을 얻는다.

$$\frac{V_P - V_M}{\Delta t} + V_M \frac{(V_R - V_L)}{2\Delta x} + g\frac{(h_R - h_L)}{2\Delta x} = g(S_f - S_0) \tag{5.23}$$

식 (5.23)에서 에너지 경사 S_f는 다음과 정의하고, Manning 조도계수 n의 관계로 표시할 수 있다.

$$S_f = \frac{|\ V_P\ |\ V_P n^2}{R_{h_P}^{4/3}} \tag{5.24a}$$

$$\frac{n^2}{R_{h_P}^{4/3}} g\Delta t = \Gamma^{-1} \tag{5.24b}$$

식 (5.24)를 정리하고 간단화하면 다음과 같이 2차식으로 표시할 수 있다.

$$V_p^2 + \Gamma V_P - \Gamma\beta = 0 \tag{5.25}$$

여기서 β는 다음과 같이 정의한다.

$$\beta = V_M + \frac{\Delta t}{2\Delta x} V_M(V_L - V_R) + \frac{g\Delta t}{2\Delta x}(h_L - h_R) + g\Delta t\, S_0 \tag{5.26}$$

식 (5.26)은 근의 공식에 의해 유속의 값을 구하면 다음과 같다.

$$V_p = \frac{1}{2}[-\Gamma + (\Gamma^2 + 4\Gamma\beta)^{1/2}] \tag{5.27}$$

양해 유한차분법은 식 (5.22)를 사용하여 고정 전진 시간단계 Δt에 따른 수심 h_P에 대한 값을 구하고, 연속적으로 식 (5.27)을 사용하여 점 P에서의 유속값 V_P를 계산하며, 계산 시작 전에 초기조건과 경계조건을 특성화하는 것이 필요하다.

② 계산 예

Saint-Venant **방정식**의 양해 유한차분 수치해에 의한 수리학적 홍수추적 예는 **[예제 5.10]**을 통해 이해할 수 있다.

예제 5.10

폭=6m인 사각형 단면 수로 내에 1.6m의 등류수심으로 정상등류가 흐르고 있다. 이 수로의 바닥경사=0.0015이며, Manning의 조도계수 n=0.020이다. 또한 이 수로의 3.5km 구간에 홍수가 20분 동안 선형적으로 증가 유입하여 상류단에 55m³/s의 최대 유량에 도달한 후 40분 동안 일정률로 감소하여 원래의 등류수심 1.6m로 환원되었다고 할 때 유한차분 양해법(explicit finite difference method, 구간 수 20개)으로 다음 사항에 답하시오.

1. 수로길이 3.5km에서의 상류·중류·하류 단면의 수리특성과 이들 간의 비교
2. 수로길이=1.75, 3.5, 7.0km일 때의 상류·중류·하류 단면의 수리특성과 이들 비교를 통한 수치해 정확성 검토

[풀이]

1. 수로길이 3.5km에서의 상류·중류·하류 단면의 수리특성과 이들 간의 비교
   (1) 부정 부등류의 수리학적 홍수추적을 위한 양해법의 프로그래밍과 일반사항은 다음과 같다.
      ① 사각형 단면 수로의 양해차분법을 이용한 수치해는 지배 방정식인 식 (5.20a)와 (5.20b)의 연속 방정식과 운동량 방정식을 이용한다.
      ② 초기조건과 경계조건은 **그림 5.3**과 같은 시·공간 격자망을 이용하여 식 (5.22)의 수심과 식 (5.27)의 유속에 관한 미지수를 시간단계에 따라 축차적으로 연립해 풀어나가는 것이다.
   (2) 해의 영역(solution domain)은 **그림 예5.10.1**과 같이 정의한다.

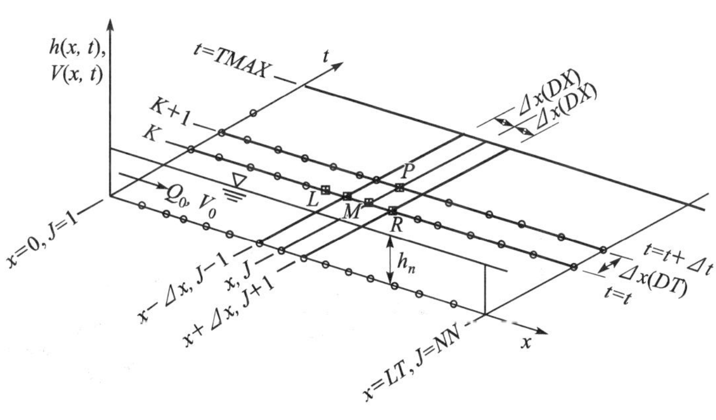

그림 예5.10.1 경계·초기조건과 해의 영역

① 양해 유한차분법을 사용하기 위해서는 **그림 예5.10.1**과 같이 시간-공간의 $x-t$평면을 정의하여 차분화하고, 이는 시간-공간 수평면에 $x-t$직교좌표계로 가시화한다. 수로축은 x축과 일치하는 총길이 LT를 변수명 DX인 몇 개의 구간길이 Δx로 나누고, NN개의 절점을 나눈다.

② 시간축 t는 수로축 x와 수직으로 하고, 원점에서 $t=0$으로 시작하며, 변수명 DT인 시간단계로 무한하게 확장한다.

③ 문제를 푸는 것은 시간-공간의 모든 점에서 수심 $h(x,t)$와 유속 $V(x,t)$를 구하는 것이다.

(3) 초기조건을 다음과 같이 계산한다.

① 수로의 주어진 점에서 수심과 유속은 이전 시간단계의 값을 아는 것에서 식 (5.22), (5.27)을 사용하여 계산된다. 계산을 시작하기 위해서는 수심 h_0와 평균유속 V_0의 초깃값이 홍수발생의 시작되기 직전인 $t=0$에 대해 모든 절점에서 알아야 한다.

② 초기의 수로 내 흐름은 등류이고, 등류수심(변수명 HN) $h_n=1.60\text{m}$이며, 시간 $t=0$에서 x축 모든 절점의 수심은 이 값과 같다. 알고 있는 단면의 형상, 수로경사, 마찰계수 및 이에 상응하는 유량과 유속은 등류계산을 위해 공식을 사용하여 계산하는데, 본 예제는 Manning 공식을 사용한다.

$$A=bh_n=6(1.6)=9.6\text{m}^2,\ R_h=\frac{A}{P}=\frac{bh_n}{b+2h_n}=\frac{6(1.6)}{(6+2\times1.6)}=1.04\text{m}$$

③ 시간 $t=0$에서 모든 절점의 유속 V_0와 유량 Q_0 및 Froude 수는 다음과 같다.

$$V_0=\frac{1}{n}R_h^{2/3}S_0^{1/2}=\frac{1}{0.02}(1.04)^{2/3}(0.0015)^{1/2}=1.986\text{m/s}$$

$$Q_0=AV_0=9.6\times1.986=19.066\text{m}^3/\text{s}$$

$$Fr=\frac{V_0}{\sqrt{gh_n}}=\frac{1.986}{\sqrt{9.8\times1.6}}=0.50\quad\therefore\ \text{상류(常流, subcritical flow)}$$

(4) 수심과 유속에 관한 식 (5.22)와 (5.27) 등을 차분형으로 표시하면 다음과 같다.

$$h_j^{k+1}=h_j^k+\frac{\Delta t}{2\Delta x}[V_j^k(h_{j-1}^k-h_{j+1}^k)+h_j^k(V_{j-1}^k-V_{j+1}^k)] \qquad (\text{예}5.10.1\text{a})$$

$$V_j^{k+1}=\frac{1}{2}[-\Gamma+(\Gamma^2+4\Gamma\beta)^{1/2}] \qquad (\text{예}5.10.1\text{b})$$

$$\beta=V_j^k+\frac{\Delta t}{2\Delta x}V_j^k(V_{j-1}^k-V_{j+1}^k)+\frac{g\Delta t}{2\Delta x}(h_{j-1}^k-h_{j+1}^k)+g\Delta tS_0 \qquad (\text{예}5.10.1\text{c})$$

$$\Gamma=\frac{(R_{h_j}^{k+1})^{4/3}}{n^2g\Delta t} \qquad (\text{예}5.10.1\text{d})$$

① 식 (예5.10.1)은 **그림 예5.10.2**와 같이 $J=2$에서 $J=\text{NN}-1$ 절점에서의 수심과 유속을 계산하는데 사용된다.

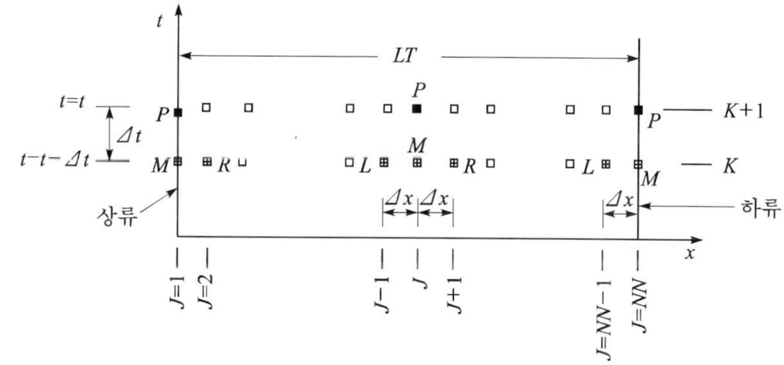

그림 예5.10.2 상·하류 구간의 수치기법, 경계조건

② 이들 절점에 대한 계산은 문제에서 주어진 경계조건을 사용한다.

(5) 상류 경계조건

① 수로의 상류끝 시점 $J=1$에서 시간에 대한 유출량의 관계를 나타내는 **홍수 유입수문곡선** (flood inflow hydrograph)은 **그림 예5.10.3**과 같이 아는 값이다.

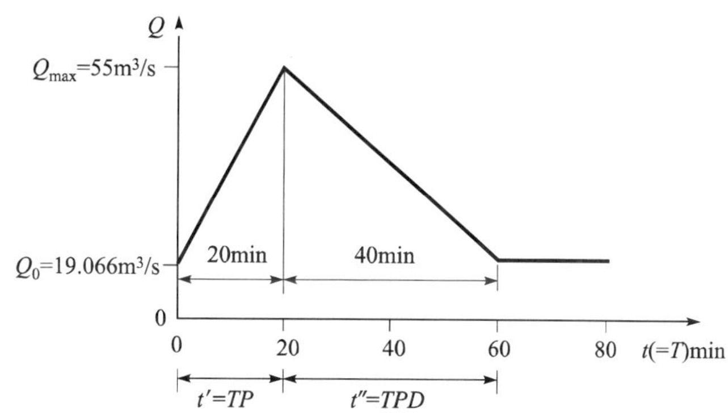

그림 예5.10.3 상류시점의 유입수문곡선

② 시점 $J=1$의 유량은 매 순간 t시간에서 아는 값이며, 식 (5.21b)에 대한 M점에서 수심은 다음과 같다고 가정한다.

$$\left.\frac{\partial h}{\partial x}\right|_M = \frac{h_R - h_M}{\Delta x} \qquad (예5.10.2)$$

③ 수심에 대한 식 (5.22)은 첨자 M과 R을 J와 $J+1$에 관한 항을 포함하는 식으로 다음과 같이 수정한다.

$$h_j^{k+1} = h_j^k + \frac{\Delta t}{\Delta x}\left[V_j^k(h_j^k - h_{j+1}^k) + h_j^k(V_j^k - V_{j+1}^k)\right] \qquad (예5.10.3)$$

④ 이미 계산된 $J+1$을 갖는 시간단계에서의 유속은 다음과 같이 계산한다.

$$V_j^{k+1} = \frac{Q_j^{k+1}}{A_j^{k+1}} \qquad (예5.10.4)$$

여기서 수심 h^{k+1}에 상응하는 사각형 단면 수로의 유수 단면적 A_j^{k+1}은 단면의 형상에 따라 계산된다.

⑤ $(J+1)$ 시간단계의 시간 T에서 유량은 유입구에서 주어지는 수문곡선의 형상으로 주어지는데, 본 예제의 경우 삼각형 형상으로 **선형보간법**(linear interpolation)을 사용하여 다음과 같이 계산한다.

$$T \le TP : Q_j^{k+1} = Q_o + \frac{Q_{\max} - Q_o}{TP} T \qquad (예5.10.5a)$$

$$TP < T \le TP + TPD : Q_j^{k+1} = Q_{\max} - \frac{Q_{\max} - Q_o}{TPD}[T - TP] \qquad (예5.10.5b)$$

$$T > TP + TPD : Q_j^{k+1} = Q_o \qquad (예5.10.5c)$$

(6) 하류 경계조건

① 수로의 하류끝 종점 J에서 상황은 $J=1$인 시점에서의 역으로 식 (5.21)에 대한 M점에서 수심은 다음과 같다고 가정한다.

$$\left.\frac{\partial h}{\partial x}\right|_M = \frac{h_M - h_L}{\Delta x} \qquad (예5.10.6)$$

② 수심에 대한 식 (5.22)는 첨자 M과 L을 J와 $J-1$에 관한 항을 포함하는 식으로 다음과 같이 수정한다.

$$h_j^{k+1} = h_j^k + \frac{\Delta t}{\Delta x}[V_j^k(h_{j-1}^k - h_j^k) + h_j^k(V_{j-1}^k - V_j^k)] \qquad (예5.10.7)$$

③ 시간단계 $J+1$에서 절점 $I=NN$에서의 유량은 알지 못하므로 유속을 Manning 공식으로 구하고 유량은 연속 방정식을 이용해 다음과 같이 계산한다.

$$V_j^{k+1} = \frac{1}{n}(R_{hj}^{k+1})(S_0)^{1/2} \qquad (예5.10.8a)$$

$$Q_j^{k+1} = V_j^{k+1}(A_j^{k+1}) \qquad (예5.10.8b)$$

여기서 수심 h^{k+1}에 상응하는 사각형 단면수로의 유수단면적 A_j^{k+1}은 단면의 형상에 따라 계산되고, 유량은 경계조건을 갖는 등류에 대해 수위-유량관계곡선 $Q=f(h_n)$으로 계산된다.

(7) 프로그램의 구성

포트란 프로그램은 위에서 언급한 내용들을 포함시켜 작성한 결과는 **표 예5.10.1**과 같다.

표 예5.10.1 양해 유한차분법에 의한 수리학적 홍수추적

```
      DIMENSION Y(2,41),U(2,41),QQ(2,41)
      OPEN(5,FILE='EXPL1.DAT',STATUS='OLD')
      OPEN(6,FILE='EXPL1.OUT')
      READ(5,950)RN,SO,TTL,B,ER,Y0,G
      READ(5,951)TPRINT,DTP,TMAX,DT,NM
      READ(5,952)QMAX,TTP,TAP
      WRITE(6,955)RN,SO,TTL,B,ER
      WRITE(6,956)Y0,TPRINT,DTP,TMAX,DT
      WRITE(6,957)NM,QMAX,TTP,TAP
      DX=TTL/NM
      M=NM
      N=M+1
      EF=4./3.
      EFF=2./3.
      CN=RN*RN
      CM=1./RN*SQRT(S0)
      Q0=CM*B*Y0*(B*Y0/(B+2.*Y0))**EFF
      U0=Q0/(B*Y0)
      WRITE(6,960)Y0,U0,Q0
      WRITE(6,963)
      WRITE(6,965)
      DO 5 J=1,M
      Y(1,J)=Y0
      U(1,J)=U0
5     CONTINUE
      DTX=DT/DX
      DTX2=DTX/2.

      GDT=G*DT
      GTS=GDT*SO
      GTN=GDT*CN
      T=0.0
9     T=T+DT
      TD=T-TTP
      IF(TD)16,16,17
16    Q=Q0+(QMAX-Q0)/TTP*T
      GO TO 20
17    IF(TD-TAP)18,18,19
18    Q=QMAX-(QMAX-Q0)/TAP*TD
      GO TO 20
19    Q=Q0
20    CONTINUE
      Y(2,1)=Y(1,1)+DTX*(U(1,1)*(Y(1,1)-Y(1,2))+Y(1,1)*(U(1,1)-U(1,2)))
      U(2,1)=Q/(B*Y(2,1))
      DO 100 J=2,N
      J1=J-1
      J2=J+1
      YD=Y(1,J1)-Y(1,J2)
      UD=U(1,J1)-U(1,J2)
      FI=-U(1,J)+DTX2*( U(1,J)*UD G*YD) GTS
      Y(2,J)=Y(1,J)+DTX2*(U(1,J)*YD+Y(1,J)*UD)
      BYFP=(B*Y(2,J)/(B+2.*Y(2,J)))**EF
      U(2,J)=-BYFP/(2.*GTN)+0.5*SQRT(BYFP/GTN*BYFP/GTN-4.*FI*BYFP/GTN)
      QQ(2,J)=U(2,J)*Y(2,J)*B
100   CONTINUE
      Y(2,M)=Y(1,M)+DTX*(U(1,M)*(Y(1,N)-Y(1,M))+Y(1,M)*(U(1,N)-U(1,M)))
      U(2,M)=CM*(B*Y(2,M)/(B+2.*Y(2,M)))**EFF
      QOUT=Y(2,M)*U(2,M)*B
      DO 130 J=1,M
      Y(1,J)=Y(2,J)
130   U(1,J)=U(2,J)
      IF(T-TPRINT+0.002)140,135,135
135   TPRINT=TPRINT+DTP
      TT=T/60.
      WRITE(6,970)TT,Q,Y(2,1),U(2,1),QQ(2,11),Y(2,11),U(2,11),QOUT,
     1Y(2,M),U(2,M)
140   IF(T-TMAX)9,299,299
299   STOP
950   FORMAT(2F10.4,F10.3,4F10.4)
951   FORMAT(4F10.4,I10)
952   FORMAT(3F10.3)
955   FORMAT(/,12X,'Flood Routing by Explicit Method',//,2X,'RN=',
     1F5.2,3X,'S0=',F7.4,4X,'TTL=',F7.1,2X,'b=',F4.1,3X,'ER=',F6.3)
956   FORMAT(2X,'Y0='F4.1,4X,'TPRINT=',F5.1,2X,'DTP=',F5.1,4X,
     2'TMAX=',F7.1,3X,'DT=',F4.1)
957   FORMAT(2X,'NM=',I3,5X,'QMAX=',F5.1,4X,'TTP=',F7.1,2X,
     1'TAP=',F7.1)
960   FORMAT(/,'Initial Uniform Depth=',F5.2,1X,'Initial Velocity=',
     1F5.2,1X,'Initial Discharge=',F6.3,/)
963   FORMAT(13X,'Upstream',16X,'Midpoint',16X,'Downstream',/)
965   FORMAT('Time(min)',1X,'Dis.(Q)',3X,'Dep.',2X,'Vel.',
     12X,'Dis.(Q)',3X,'Dep.',3X,'Vel.',3X,'Dis.(Q)',3X,'Dep.'
     2,2X,'VEL.',/)
970   FORMAT(1X,F6.2,2X,3F7.2,2X,3F7.2,2X,3F7.2)
      END
```

- RN=Manning 조도계수
- S0=수로경사
- TTL=수로구간길이
- B=수로폭
- ER=반복해 허용오차
- Y0=초기 등류수심
- G=중력가속도

- TPRINT=출력수
- DTP=계산 증가분 시간
- TMAX=최대 계산시간
- DT=시간 단계 증분
- NM=구간 증분 수

- QMAX=첨두 홍수량
- TTP=Q0와 QMAX 시간간격
- TAP=QMAX후 Q0까지 시간

(8) 입력자료와 계산 결과

수리학적 홍수추적에 사용된 양해 유한차분법의 입력자료는 **표 예5.10.2(a)**와 같이 첫째 입력자료 조도계수, 수로경사, 수로구간길이, 반복해의 허용오차, 초기 등류수심, 중력가속도가 필요하고, 둘째는 유입 홍수수문곡선의 출력시간단위, 계산증가 단위시간, 최대 계산시간, 계산시간 증가분, 구간증분 수, 셋째는 첨두홍수량, 첨두시간, 감소시간 등을 입력한다.

표 예5.10.2 수리학적 홍수추적의 입력자료와 출력 결과

(a) 입력자료

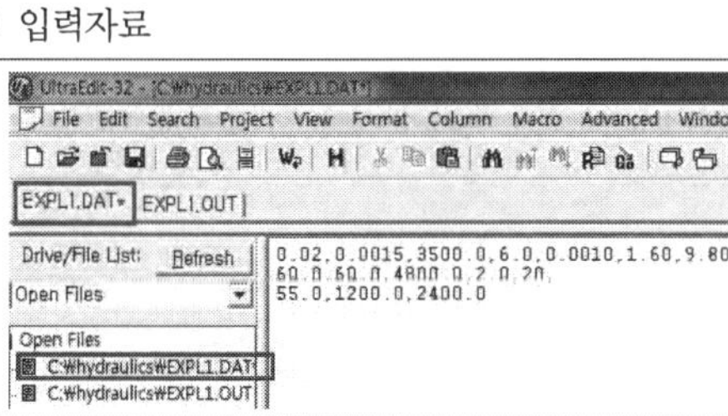

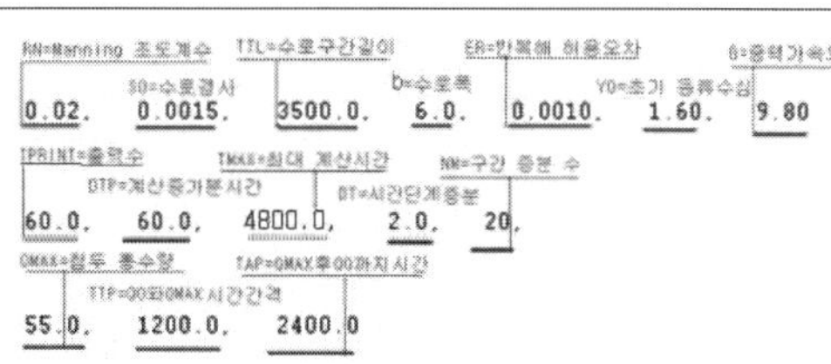

표 예5.10.2 수리학적 홍수추적의 입력자료와 출력 결과(계속)

(b) 출력 결과

```
               Flood Routing by Explicit Method

RN= 0.02    S0= 0.0015      TTL= 3500.0  b= 6.0    ER= 0.001
YO= 1.6     TPRINT= 60.0   DTP= 60.0    TMAX= 4800.0   DT= 2.0
NM= 20      QMAX= 55.0     TTP= 1200.0  TAP= 2400.0

Initial Uniform Depth= 1.60 Initial Velocity= 1.99 Initial Discharge=19.125
```

	Upstream			Midpoint			Downstream		
Time(min)	Dis.(Q)	Dep.	Vel.	Dis.(Q)	Dep.	Vel.	Dis.(Q)	Dep.	VEL.
1.00	20.92	1.64	2.13	19.13	1.60	1.99	19.13	1.60	1.99
2.00	22.71	1.71	2.21	19.13	1.60	1.99	19.13	1.60	1.99
3.00	24.51	1.79	2.28	19.13	1.60	1.99	19.13	1.60	1.99
4.00	26.30	1.87	2.35	19.15	1.60	1.99	19.13	1.60	1.99
5.00	28.09	1.95	2.40	19.26	1.60	2.00	19.13	1.60	1.99
6.00	29.89	2.03	2.45	19.60	1.62	2.02	19.13	1.60	1.99
7.00	31.68	2.11	2.50	20.30	1.64	2.06	19.13	1.60	1.99
8.00	33.48	2.20	2.54	21.29	1.68	2.11	19.13	1.60	1.99
9.00	35.27	2.28	2.58	22.44	1.73	2.17	19.14	1.60	1.99
10.00	37.06	2.37	2.61	23.71	1.78	2.22	19.17	1.60	1.99
11.00	38.86	2.45	2.64	25.15	1.84	2.28	19.27	1.61	2.00
12.00	40.65	2.53	2.67	26.68	1.91	2.33	19.47	1.62	2.00
13.00	42.44	2.62	2.70	28.28	1.98	2.38	19.82	1.64	2.01
14.00	44.24	2.70	2.73	29.96	2.05	2.43	20.33	1.67	2.03
15.00	46.03	2.78	2.76	31.68	2.13	2.48	21.00	1.71	2.05
16.00	47.83	2.86	2.78	33.43	2.21	2.52	21.84	1.76	2.07
17.00	49.62	2.94	2.81	35.21	2.29	2.56	22.83	1.81	2.10
18.00	51.41	3.03	2.83	37.01	2.37	2.60	23.98	1.88	2.13
19.00	53.21	3.11	2.85	38.82	2.46	2.63	25.27	1.95	2.16
20.00	55.00	3.19	2.88	40.65	2.54	2.67	26.67	2.02	2.20
21.00	54.10	3.22	2.80	42.48	2.62	2.70	28.17	2.10	2.23
22.00	53.21	3.22	2.76	44.32	2.71	2.73	29.75	2.19	2.27
23.00	52.31	3.22	2.71	46.13	2.79	2.76	31.40	2.28	2.30
24.00	51.41	3.21	2.67	47.63	2.86	2.77	33.11	2.36	2.33
25.00	50.52	3.19	2.64	48.35	2.92	2.76	34.85	2.46	2.37
26.00	49.62	3.17	2.61	48.58	2.96	2.74	36.63	2.55	2.40
27.00	48.72	3.15	2.58	48.81	2.99	2.72	38.41	2.64	2.43
28.00	47.83	3.13	2.55	48.81	3.01	2.70	40.09	2.72	2.45
29.00	46.93	3.10	2.52	48.66	3.03	2.68	41.50	2.79	2.48
30.00	46.03	3.07	2.50	48.46	3.04	2.66	42.60	2.85	2.49
31.00	45.13	3.04	2.48	48.12	3.04	2.64	43.53	2.89	2.51
32.00	44.24	3.00	2.45	47.75	3.04	2.62	44.31	2.93	2.52
33.00	43.34	2.97	2.43	47.29	3.04	2.59	44.90	2.96	2.53
34.00	42.44	2.93	2.41	46.79	3.03	2.57	45.35	2.98	2.53
35.00	41.55	2.90	2.39	46.25	3.02	2.55	45.67	3.00	2.54
36.00	40.65	2.86	2.37	45.66	3.00	2.53	45.86	3.01	2.54
37.00	39.75	2.82	2.35	45.06	2.99	2.51	45.95	3.01	2.54
38.00	38.86	2.78	2.33	44.42	2.97	2.49	45.95	3.01	2.54
39.00	37.96	2.74	2.31	43.76	2.95	2.48	45.86	3.01	2.54
40.00	37.06	2.70	2.29	43.08	2.92	2.46	45.70	3.00	2.54
41.00	36.17	2.65	2.27	42.38	2.90	2.44	45.47	2.99	2.53
42.00	35.27	2.61	2.25	41.67	2.87	2.42	45.18	2.98	2.53
43.00	34.37	2.57	2.23	40.95	2.84	2.40	44.84	2.96	2.53
44.00	33.48	2.52	2.21	40.22	2.81	2.39	44.45	2.94	2.52
45.00	32.58	2.48	2.19	39.47	2.78	2.37	44.02	2.92	2.51
46.00	31.68	2.43	2.17	38.72	2.75	2.35	43.55	2.89	2.51
47.00	30.78	2.39	2.15	37.95	2.71	2.33	43.04	2.87	2.50
48.00	29.89	2.34	2.13	37.18	2.68	2.32	42.51	2.84	2.49
49.00	28.99	2.29	2.11	36.41	2.64	2.30	41.95	2.82	2.48
50.00	28.09	2.24	2.09	35.62	2.60	2.28	41.36	2.79	2.47
51.00	27.20	2.20	2.06	34.84	2.56	2.26	40.75	2.76	2.47
52.00	26.30	2.15	2.04	34.04	2.53	2.25	40.13	2.72	2.46
53.00	25.40	2.10	2.02	33.25	2.49	2.23	39.48	2.69	2.44
54.00	24.51	2.05	1.99	32.44	2.45	2.21	38.82	2.66	2.43
55.00	23.61	2.00	1.97	31.64	2.41	2.19	38.14	2.62	2.42
56.00	22.71	1.95	1.94	30.83	2.36	2.17	37.46	2.59	2.41
57.00	21.82	1.90	1.92	30.03	2.32	2.16	36.76	2.55	2.40
58.00	20.92	1.85	1.89	29.21	2.28	2.14	36.05	2.52	2.39
59.00	20.02	1.80	1.86	28.40	2.24	2.12	35.33	2.48	2.37
60.00	19.13	1.74	1.83	27.59	2.19	2.10	34.61	2.44	2.36
61.00	19.13	1.71	1.87	26.78	2.15	2.08	33.88	2.41	2.35
62.00	19.13	1.69	1.88	25.97	2.10	2.06	33.14	2.37	2.33
63.00	19.13	1.68	1.90	25.15	2.06	2.04	32.40	2.33	2.32
64.00	19.13	1.67	1.91	24.36	2.01	2.02	31.66	2.29	2.30
65.00	19.13	1.66	1.92	23.62	1.97	2.00	30.91	2.25	2.29
66.00	19.13	1.65	1.93	23.01	1.93	1.99	30.16	2.21	2.27
67.00	19.13	1.64	1.94	22.53	1.90	1.98	29.41	2.17	2.26
68.00	19.13	1.64	1.95	22.12	1.86	1.98	28.66	2.13	2.24
69.00	19.13	1.63	1.95	21.74	1.84	1.97	27.92	2.09	2.23
70.00	19.13	1.63	1.96	21.41	1.81	1.97	27.20	2.05	2.21
71.00	19.13	1.63	1.96	21.12	1.79	1.97	26.52	2.02	2.19
72.00	19.13	1.63	1.96	20.87	1.76	1.97	25.89	1.98	2.18
73.00	19.13	1.62	1.96	20.64	1.75	1.97	25.30	1.95	2.16
74.00	19.13	1.62	1.96	20.45	1.73	1.97	24.74	1.92	2.15
75.00	19.13	1.62	1.97	20.27	1.71	1.97	24.23	1.89	2.14
76.00	19.13	1.62	1.97	20.12	1.70	1.97	23.75	1.86	2.12
77.00	19.13	1.62	1.97	19.99	1.69	1.97	23.31	1.84	2.11
78.00	19.13	1.62	1.97	19.88	1.68	1.98	22.90	1.82	2.10
79.00	19.13	1.62	1.97	19.78	1.67	1.98	22.52	1.79	2.09
80.00	19.13	1.62	1.97	19.69	1.66	1.98	22.18	1.78	2.08

2. 수로길이=1.75, 3.5, 7.0km일 때의 상류·중류·하류 단면의 수리특성과 이들 비교를 통한 수치해 정확성 검토

(1) 수로길이 3.5km에서의 상류, 중류, 하류 단면의 수리특성과 이들 간의 비교

총 추적 수로길이 L=3,500m는 1개당 175m로 절점구간으로 총 구간에 대한 절점 수는 21개로 구성되었다.

① **그림 예5.10.4**는 추적 수로길이 L=3,500m 상류·중류·하류구간에서의 수심, 유속, 유량에 대한 시간별 분포특성을 나타낸 것이다.

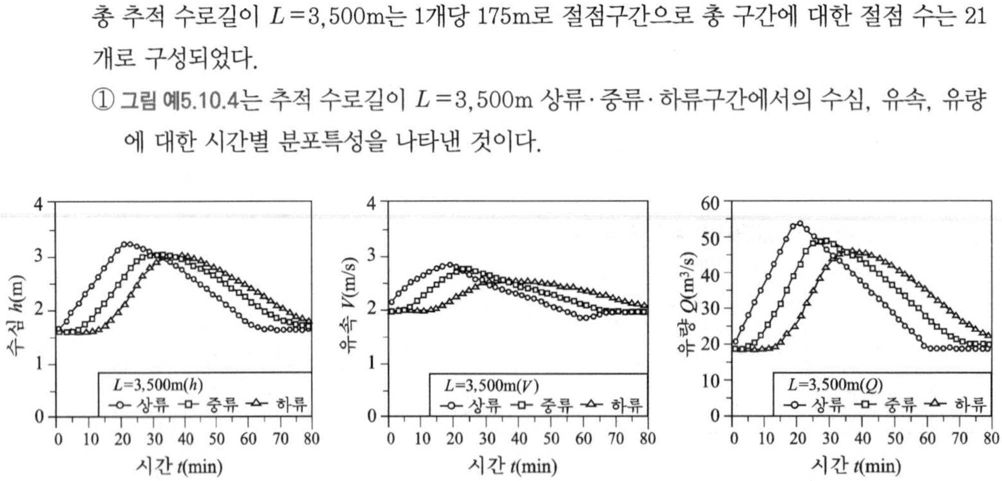

(a) 수심분포 (b) 유속분포 (c) 유량분포

그림 예5.10.4 추적시간에 따른 지점별 수리특성 비교

② **그림 예5.10.5**는 추적 수로길이 L=3,500m에서 수심, 유속, 유량에 대한 상류·중류·하류구간에 대한 시간별 분포변화 특성을 나타낸 것이다.

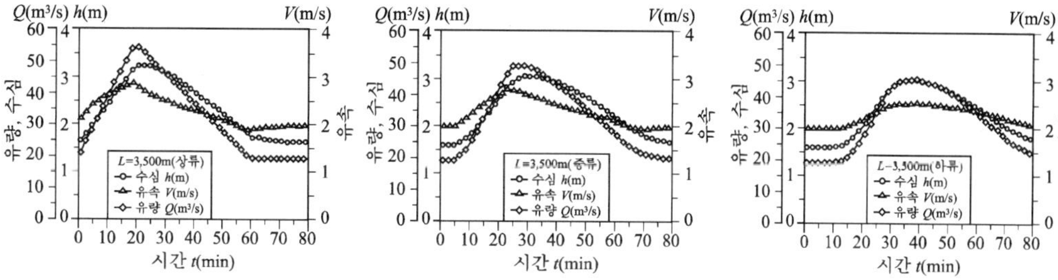

(a) 상류지점 (b) 중류지점 (c) 하류지점

그림 예5.10.5 추적시간에 따른 수심-유속-유량분포의 지점별 비교

③ 추적길이 $L=3{,}500$m 상중하류 구간에서의 최대치 수리특성 분석 비교 결과는 **표 예 5.10.3**과 같이 나타났다.

표 예5.10.3 추적길이 $L=3{,}500$m 상중하류 구간에서의 최대치 수리특성 비교

절점 번호	거리(m)	수심 h_{max}(m)		유속 V_{max}(m/s)		유량 Q_{max}(m³/s)	
		크기	시간(분)	크기	시간(분)	크기	시간(분)
1	0	3.22	22	2.88	20	55.00	20
11	1,750	3.16	28	2.81	23	50.86	22
21	3,500	3.16	27	2.58	26	48.93	28

(2) 수로길이를 1.75, 3.5, 7.0km로 했을 때의 상류, 중류, 하류 단면의 수리특성과 이들 비교를 통한 수치해 정확성 검토

① 총 추적 수로길이 $L=1{,}750$m(1절점=87.5m), 7,000m(1절점=350m)로 절점구간으로 총 구간에 대한 절점 수는 21개로 구성되었다.

② 추적 수로길이 $L=7{,}000$, 3,500, 1,750m별 상·중·하류구간에서의 수심, 유속, 유량 각각에 대한 시간별 분포특성, 이들 수리특성 $Q-h-V$ 간의 구간별 변화를 비교한 결과는 **그림 예5.10.6~5.10.9**와 같이 각각 나타났다.

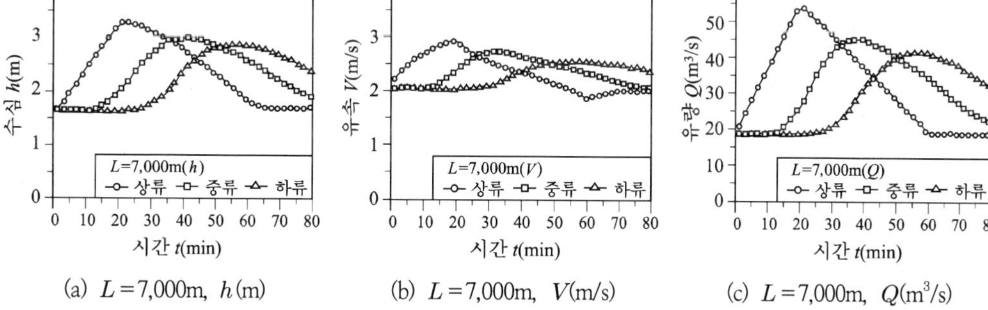

(a) $L=7{,}000$m, h(m) (b) $L=7{,}000$m, V(m/s) (c) $L=7{,}000$m, Q(m³/s)

그림 예5.10.6 구간길이-지점별-수리특성 비교

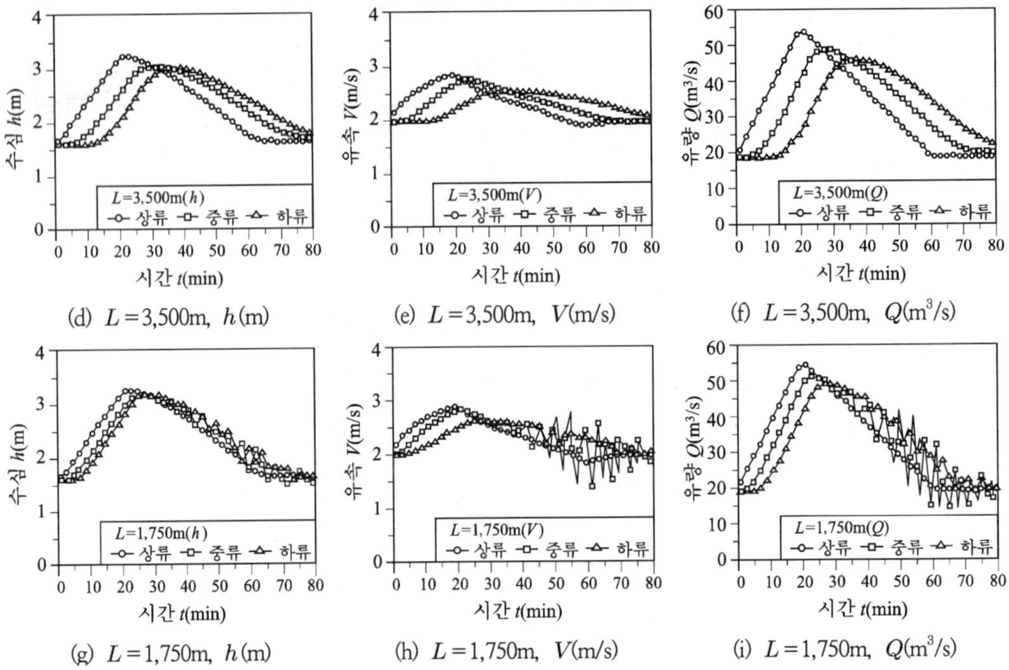

(d) $L = 3{,}500\text{m}$, $h(\text{m})$ (e) $L = 3{,}500\text{m}$, $V(\text{m/s})$ (f) $L = 3{,}500\text{m}$, $Q(\text{m}^3/\text{s})$

(g) $L = 1{,}750\text{m}$, $h(\text{m})$ (h) $L = 1{,}750\text{m}$, $V(\text{m/s})$ (i) $L = 1{,}750\text{m}$, $Q(\text{m}^3/\text{s})$

그림 예5.10.6 구간길이 – 지점별 – 수리특성 비교(계속)

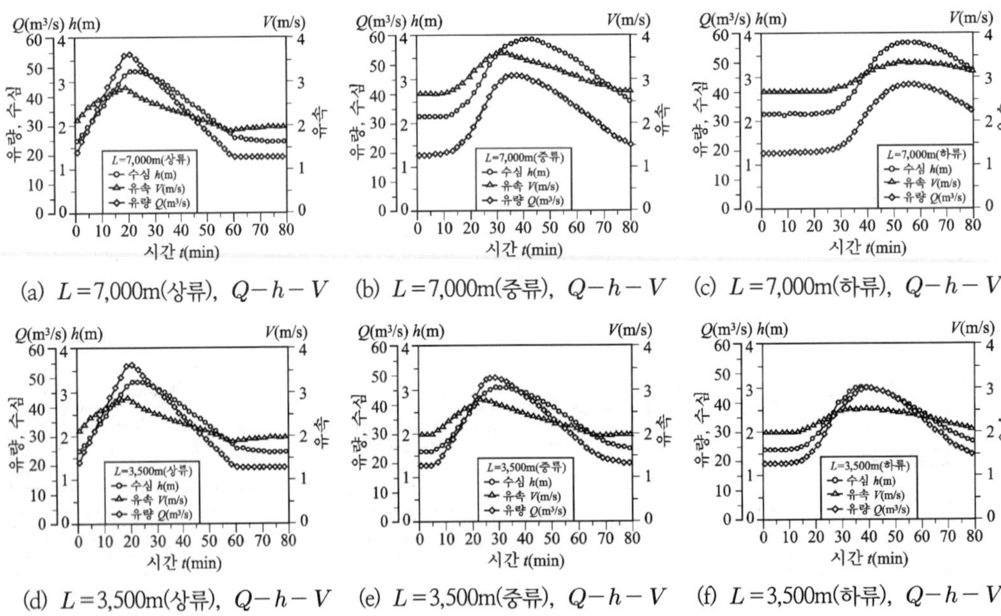

(a) $L = 7{,}000\text{m}$(상류), $Q-h-V$ (b) $L = 7{,}000\text{m}$(중류), $Q-h-V$ (c) $L = 7{,}000\text{m}$(하류), $Q-h-V$

(d) $L = 3{,}500\text{m}$(상류), $Q-h-V$ (e) $L = 3{,}500\text{m}$(중류), $Q-h-V$ (f) $L = 3{,}500\text{m}$(하류), $Q-h-V$

그림 예5.10.7 구간길이 – 수리특성 – 지점별 비교

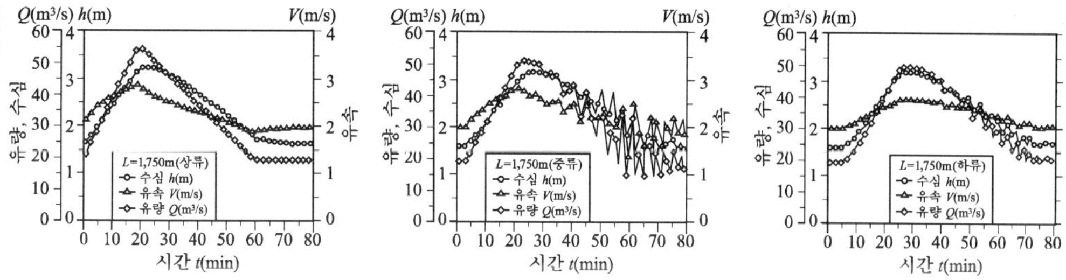

(g) $L=1{,}750$m(상류), $Q-h-V$ (h) $L=1{,}750$m(중류), $Q-h-V$ (i) $L=1{,}750$m(하류), $Q-h-V$

그림 예5.10.7 구간길이 – 수리특성 – 지점별 비교(계속)

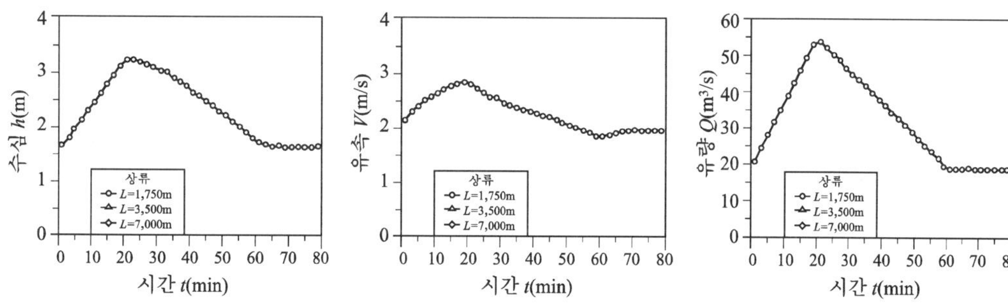

(a) 상류, h(m) (b) 상류, V(m/s) (c) 상류, Q(m^3/s)

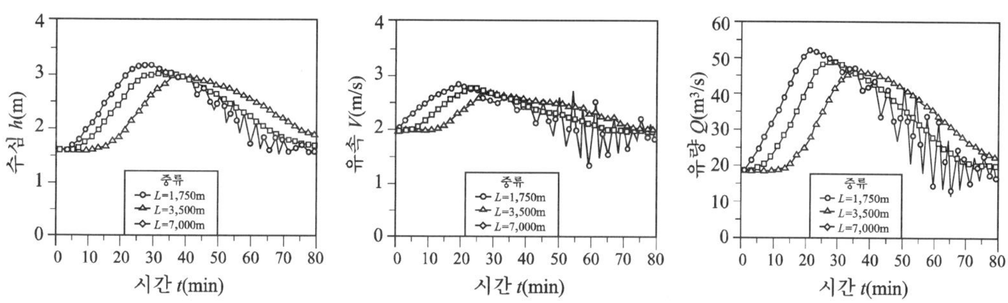

(d) 중류, h(m) (e) 중류, V(m/s) (f) 중류, Q(m^3/s)

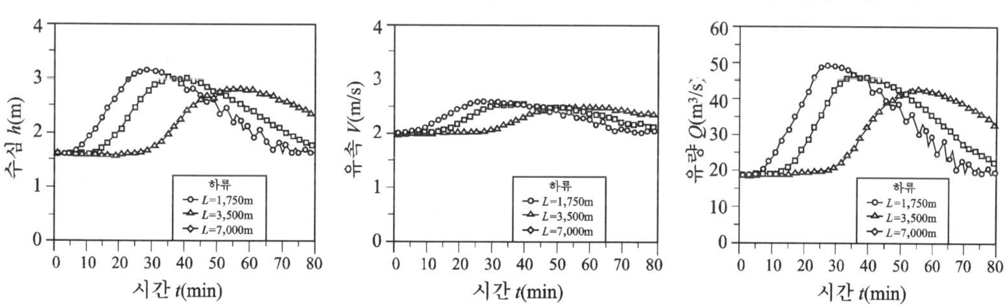

(g) 하류, h(m) (h) 하류, V(m/s) (i) 하류, Q(m^3/s)

그림 예5.10.8 지점별 – 구간길이 – 수리특성 비교

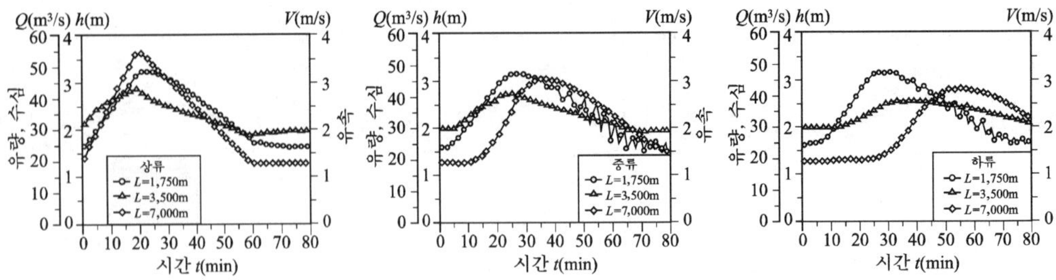

(a) 상류 : $Q-h-V$ (b) 중류 : $Q-h-V$ (c) 하류 : $Q-h-V$

그림 예5.10.9 지점별－수리특성－구간길이별 비교

③ 추적길이 $L=7,000,\ 3,500,\ 1,750$m에서 상중하류 구간의 수리특성 분석 비교 결과는 **표 예5.10.4**와 같이 나타났다.

표 예5.10.4 추적길이별 상중하류 구간에서의 최대치 수리특성 비교

추적 길이	수로 구간	수심 h_{max}(m)			유속 V_{max}(m/s)			유량 Q_{max}(m³/s)			비고
		①	②	③	①	②	③	①	②	③	
① L_1	상류	3.22	3.22	3.22	2.88	2.88	2.88	55.00	55.00	55.00	$L_1=1,750$m
② L_2	중류	3.16	3.04	2.93	2.81	2.77	2.68	50.86	48.81	45.75	$L_2=3,500$m
③ L_3	하류	3.16	3.01	2.82	2.58	2.54	2.49	48.93	45.95	42.11	$L_3=7,000$m

④ 수심의 경우 $L_1=1,750$m 중하류 단면에서 3.16m로 같은 값을 나타냈고, $L_3=7,000$m 중하류에서는 3.04m, 3.01m로 절점크기에 따른 영향이 큰 것으로 나타났다.

⑤ **그림 예5.10.6~5.10.9**와 같이 추적구간길이 $L_1=1,750$m에서는 절점구간 길이가 너무 작으면 수치해의 안정성과 수렴성에 문제가 있어 오류가 발생함을 알 수 있다.

⑥ 그러므로 본 예제의 경우는 추적 수로길이로 $L_1=3,500$m 또는 $L_3=7,000$m는 가능하나 $L_1=1,750$m는 부적합함을 확인할 수 있다.

(2) 유사이송

하천유역에서 유사의 발생은 강수－유출로 인해 수반되는 피할 수 없는 일이다. 이는 수공기술자들에게 정량적인 해석이나 실무응용에 상당한 어려움을 갖게 한다. 기존에 많은 연구가 이론, 실험·수치해적으로 이루어졌지만, 아직도 정확한 유사량의 산정은 쉽지 않은 실정이다. 본 절에서는 기존의 연구·사례를 중심으로 저자가 실험지역 삼아 최근 몇 년간 실측·연구한 내용을 토대로 한 **유량－총유사량 관계곡선**(discharge total load relationship)의 활용화에 관해 다루고자 한다.

① 서론

유역 내 토사는 비바람에 의한 표토의 침식, 산지 붕괴 등에 의해 발생하는 생산토사에서 시작된다. 이는 수류에 의해 생산지를 벗어나 하류의 어느 한 지점을 통과하는 유출토사, 히천 흐름에 의해 하도 내 소류·부유 형태로 이송되는 유송토사로 구분된다(Jobson and Froehlich, 1988; Chang, 1990; Julien, 2002; 우효섭, 2007; Lee, 2013; 2015, Jeong, 2013). 토사의 이동 형태는 수로바닥 위를 미끄러지거나 굴러서 이동하는 대체로 굵은 입자의 토사인 소류사와 수로바닥에서 일단 이탈한 토사입자가 다시 바닥에 가라앉는 현상이 반복되는 상태로 토사가 이동하는 도약유사, 유수의 난류기구로 인해 수로바닥을 완전히 이탈하여 수중에 떠서 토사가 이동하는 부유사로 나눈다. 그러나 하천실무 등의 실용면에서는 소류사와 부유사로 나누는 것이 보편적이다.

이러한 유사의 침식·유송·퇴적현상에 관한 연구는 과거에서 현재까지 국내외적으로 많은 연구가 이루어지고 있다. 이들 연구내용을 일정기간 동안 함축적으로 정리한 것 중 대표적인 하나는 미국토목학회(ASCE)의 유사공학(Sedimentation Engineering)이란 이름의 책자를 들 수 있을 것이다. 이 책자는 이전까지의 수많은 연구 결과들을 편집자인 Vanoni(1975)에 의해 1975년 740여 쪽(225×152mm)으로 정리·수록하였다. 그 후 Stevens (1985)는 수정 Einstein 방법을 이용하여 총유사량을 계산하는 프로그램을 개발하였고, Dallas and Glysson(1987)은 유사-이송곡선은 서로 다른 변수로 유사농도나 유사량의 관계곡선을 만들기 위해 유량에 대한 유사량의 도식적 해석방법 등에 관해 연구하였다. John(1988)은 총유사량을 점적분법에 의해 측정된 부유사 자료를 이용해 측정하는 방법을 제안하였고, Woo and Julien(1990)은 부유사에 관해 불균일 유사 혼합류 난류에서의 전단응력 관계를 연구하였으며, McLean(1991)은 수심적분에 의한 부유사량의 계산에 대해 연구하였다. Marwan and Richard(2004)는 산림 속 자갈하상에서의 장애물로 형성된 웅덩이 내 소류사 이송에 관한 연구를 수행하였으며, 이들 외의 내용들을 종합하여 Garcia(2008)는 Vanoni(1975)의 연구 이후 30여 년의 연구 결과를 추가, 같은 이름에 부제를 달아 2008년에 1,132쪽(280×215mm)의 방대한 내용을 담아 책자로 정리·발간하였다.

Kamel et al.(2010)은 Algeria 내 저수지로 유입되는 유사량을 예측하기 위해 월류하는 하천유량에 대한 회귀식을 연구하였다. Abdolhossein et al.(2013)은 Iran의 Golestan 지역 내 Gorgan-Roud 강 몇 개의 관측점에서 측정된 유량과 유사량을 분석에 관한 연구하였고, Arman et al.(2013)은 하상재료의 입경분포곡선을 사용하여 소류사량 방정식을 제안하였으며, Amin and Mehdi(2014)는 Iran의 Behbhan 내 Marun 댐에 대한 사례 연구를 통해 유사관계곡선의 개선에 관해 연구하였다.

국내에서도 하천의 유사이송과 관련된 많은 연구가 수행되었는데, 그들 중의 몇 가지를 들면, Yu and Woo(1990)는 몇 개의 유사이송공식을 선정하고 이를 이용하여 산정된 유사량을 비교 연구하였으며, Kim(2009)은 설마천 실험유역에서 유량-부유사량의 관계식을 유도하였다. Lee et al.(2013b)은 중소하천에서의 평수기와 갈수기 동안의 부유사량을 측정, 이를 분석을 중심으로 연구였으며(Lee et al., 2013a), Lee(2013)는 논산천·강경천·노성천 권역의 하천기본계획 수립을 위한 유량, 유사량의 측정조사 연구 수행을 통해 각각이 분야의 관련 연구를 추가하였다. Lee and Kim(2015)은 그 결과의 일부인 유량-부유사량의 현장측정을 통한 수리특성 분석, 유량-총유사량 간의 관계곡선 유도방법(Lee et al., 2015)에 관해 발표하였다.

본 연구는 중소하천 권역인 논산천 수계 내 국가·지방하천을 대상으로 현장에서 유량, 총유사량을 실측하고, 이들 자료의 수리·유사특성을 분석하였다. 총유사량 자료를 얻기 위한 부유사량의 현장자료 측정에는 수심 적분형 또는 수면의 부유사 채취기를 사용하고, 채취된 시료는 건조나 여과법을 통해 분석하였다. 소류사 채취기를 이용해 하상에서 측정된 소류사는 체분석을 통한 입도분석으로 산정한 후 이들 두 값을 합하여 총유사량으로 산정하였다. 이들 자료는 논산천 수계 내 국가·지방하천 각각 2개소, 7개 측점의 수로구간을 대상으로 2012년 8월 30일부터 2013년 8월 5일까지 기 측정된 46개 자료 외에 금번 연구에서 2014년 8월 3일부터 2015년 8월 5일까지 측정된 31개 자료를 추가하여 총 77개 자료가 분석대상으로 사용되었다. 이들 자료의 축적과 분석은 권역 내 하천기본계획수립과 실무적 측면에서 활용할 수 있는 유량-총유사량 관계식을 유량을 함수로 하는 **멱함수형**(power law)으로 유도하였다. 이는 하천 실무의 응용, 권역 내 유사이송 특성 분석에 유익한 정보를 제공하는데 기여할 수 있을 것이다.

② 이론적 배경

하천에서 유량-총유사량의 관계곡선의 유도는 현장에서의 기초자료 측정이 아주 중요하다. 유량자료는 하천규모와 강수량의 크기에 따라 수심측정과 유속측정을 병행하여 구하게 된다. 총유사량은 소류사·부유사 시료 채취기를 사용하여 얻은 시료를 분석하여 두 값의 합으로 구한다. 이들 자료를 두 자료를 이용하여 관계 곡선식을 유도함으로써 수공실무에 활용하게 된다.

1) 유량

하천에서 유속분포는 수심의 크기에 따라 대수적 연직분포에서 계산하는 것이 보통이다. 이를 평균유속으로 사용하고자할 때 점유속을 측정하는 각종 장비를 이용하는 것이 일반적인 방법이다. 이러한 장비에는 프로펠러나 컵형 또는 마그네틱센서, 음파를 갖는 일반 유속계가 사용되며, 이는 수면 아래 물속에 센서를 담가서 측정하는 접촉식 유속계이다. 또한 비접촉식 유속계인 **전자파 표면 유속계**(ESV : electromagnetic wave surface velocimetry)(Lee and Julien, 2006; Lee, 2015)는 홍수기에 제방 또는 교량 위에 위치시켜 장비의 발진기에서 생성된 발진주파수와 반사주파수의 차인 Doppler 효과를 이용해 측정된다. 이들 평균유속은 경제성을 고려하여 수면에서의 20%, 80% 수심의 산술평균 또는 60%의 수심에서 계산된 유속을 사용한다.

유량 측정은 수면 폭의 약 10% 크기로 분할된 소단면의 평균유속에 소단면적을 곱하고 이를 합산하여 계산한다. 이는 하천의 횡단면을 단위시간에 통과하는 물의 용적으로 측정한다. 이들 유량의 측정방법은 하천규모와 유량의 크기에 따라 중·소하천의 홍수 시에는 부자법, 평·갈·저수 시에는 유속계법, 웨어측정법, 희석법을, 대하천의 홍수 시에는 부자법, 전자파 표면 유속계법, 평·갈·저수 시에는 유속계법, 희석법, 이동 초음파 유속계법을 권장하고 있다(KWRA, 2009; Lee, 2016).

2) 유사량

하천에서의 유사는 하상으로부터 입자크기 2배 정도 깊이의 **하상저층**(bed layer)에서 회전·활동에 의해 이동하는 **소류사**(bed load)와 그 위에 형성되는 **부유저층**(suspended layer)을 부유하면서 유동하는 **부유사**(suspended load)로 구분한다. 이들 소류사량과 부유사량을 합산하여 총유사량(total load)으로 결정한다. 여기서는 이들 산정방법 중 가장 일반적으로 많이 사용하는 방법에 대해 간략하게 설명하고자 한다.

(가) 소류사량

하상 부근에서 모래 입자와 물의 상호작용을 이해하는 것은 결국 하상형태의 변화와 그에 따른 흐름저항의 변화, 하천의 안정과 나아가 소류사를 결정하는데 기본적으로 중요하다(Woo, 2007). 비점착성 하상입자는 하상재료에 한계전단응력보다 큰 전단응력이 작용하자마자 이동된다. 일반적으로 점토와 실트입사는 부유되고, 모래와 자갈입자는 수로 바닥부근의 **하상저층**(bed layer)으로 불리는 얇은 층으로 구르고 미끄러진다.

소류사 이송은 확정론적(deterministic) 또는 확률론적 문제(probabilistic problem)로 다룰 수 있다. 소류사 공식으로 확정론적 방법에는 DuBoys 공식과 Meyer-Peter-Müller 공식(1948)이 있고, 확률론적 방법에는 Kalinske 공식과 Einstein(1942, 1950) 공식이 있다(Lee, 2016).

DuBoys(1879) 공식은 소류사에 관한 최초의 연구로 유사가 하상을 따라 얇은 층으로 이동하는 개념에 기초한다. 유사 입자는 하상에 작용하는 전단응력 τ_0는 초기운동개념에 대한 한계전단응력 τ_c를 초과해야 이동된다. 단위폭과 시간당 이동하는 하상재료의 체적 $q_{bv}(\mathrm{ft^3/s/ft=ft^2/s})$이며, 다음과 같이 유도한다.

그림 5.4와 같이 하상은 여러 개 층으로 구성되고, 소류력에 의해 유속은 각 층에 직선적으로 분포하며, 유사 입자가 미끄러져 이동하는 것으로 가정한다.

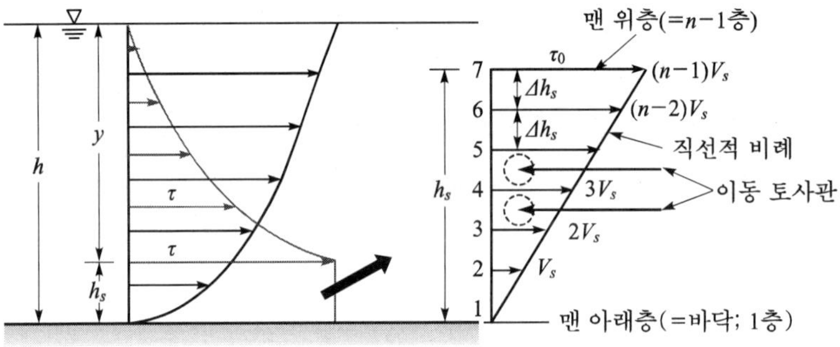

그림 5.4 DuBoys의 소류사 이송 개념

맨 위 $(n-1)$층은 하상전단응력 τ_0로 이동순간에 수로단위폭당 저항력 W_{sx} =소류력 F_{τ_0}가 일치하는 것으로부터 단위폭당 소류사량 관계식을 유도한다. 맨 아래 1층은 유사 입자가 움직이기 시작할 때 $n=1$, $\tau_0=\tau_c$로 한계상태이므로 한계전단응력을 유도할 수 있다. 전체 (소류사=하상저층) $h_s(a=2d_s)$는 부유저층 y의 바닥으로 τ_c가 작용하므로 이들 관계로부터 다음과 같이 유도된 공식이다.

$$q_{bv}=\frac{0.173}{d_s^{3/4}}\tau_0(\tau_0-\tau_c) \tag{5.28}$$

여기서 d_s =유사 입자의 지름(mm)이고, τ_0 =경계전단응력($\mathrm{lb/ft^2}$)이며, $\tau_c(=0.0125+0.019d)$ =한계전단응력이다.

(나) 부유사량

부유사량은 Karman의 우주상수가 일정한 값을 가질 때 침강속도에 비례하고, 전단속도에 반비례하는 Rouse 수에 따른 각 수심에서의 유속과 부유사농도를 곱해 적분하여 계산한다. 체적평균농도인 현장측정 자료는 보통 D-74에 의한 수심적분 또는 D-48에 의한 표면 채취 시료로 건조나 여과법을 통해 분석함으로써 얻는다. 부유사에 대한 지배 방정식은 중력에 의한 침강입자와 난류 와운동에 의한 상향 입자 간의 단위면적당 질량이송율의 평형상태에서 유도된 확산 방정식이 사용된다.

부유사 농도분포는 평형상태에서 중력에 의한 침강 입자율 wC와 난류의 와운동에 의해 디시 위쪽으로 움직이는 입자율 $\epsilon_m(\partial C/\partial z)$ 사이에 평형관계가 유지되므로 확산 방정식은 다음과 같이 쓸 수 있다(Rouse, 1937; Vanoni, 1946; Graf, 2003; Julien, 2010).

$$wC + \epsilon_m \frac{\partial C}{\partial z} = 0 \tag{5.29}$$

여기서 w =유사입자 침강속도이고, C =유사농도이며, ϵ_m =와운동에 의한 연직방향 질량이송 변환계수이다.

부유사량은 식 (5.29)의 해를 구해 산정할 수 있는데, 이는 유체 전단응력 관계식과 대수형의 연직 유속분포식인 **Karman-Prandtl 방정식**(Prandtl, 1926; von Karman, 1930)을 사용하여 전단응력과 유속분포를 수심에 관해 적분하면 임의 수심에 대한 전단응력으로 표시할 수 있다(Singh, 1996). 유사의 확산계수에 대한 연직분포를 구해 확산 방정식에 대입하고 미분 방정식으로 유도한 후 농도분포를 기준 높이 a에서 임의 수심 z까지 적분하면 다음 식을 얻을 수 있다.

$$\frac{C_z}{C_a} = \left[\left(\frac{h-z}{z}\right)\left(\frac{a}{h-a}\right)\right]^{R_o} \tag{5.30a}$$

$$q_{sv} = \int_a^h C_z u\, dz \tag{5.30b}$$

여기서 $R_o[=w/(u_*\kappa)]$ =Rouse(1937) 수로 상대농도($=C_z/C_a$)의 연직분포는 R_o 값에 따라 다르게 분포하며, 이를 이용해 부유사 농도의 연직분포를 예측할 수 있고, q_{sv} =단위폭당의 부유사량이다.

식 (5.30a)를 Rouse-Vanoni-Ippen 부유사분포식(Rouse-Vanoni-Ippen equation for suspended sediment distribution)이라 부른다(Marcelo, 2008).

Einstein(1950)은 식 (5.29b)를 다음과 같이 적분식으로 표시하여 단위폭당의 부유사량 q_{sv}를 산정하였다.

$$q_{sv} = \int_a^h C_a \left(\frac{h-z}{z}\frac{a}{h-a}\right)^{R_0} 5.75 u_* \log\left(\frac{30.2z}{\Delta}\right) dz \tag{5.31a}$$

$$q_{sv} = 11.6u_* C_a a \left[2.303\log\left(\frac{30.2h}{\Delta}\right)I_1 + I_2\right] \tag{5.31b}$$

$$I_1 = 0.216\frac{E^{R_o - 1}}{(1-E)^{R_o}}\int_E^1 \left[\frac{1-z^*}{z^*}\right]^{R_o} dz^* \tag{5.31c}$$

$$I_2 = 0.216\frac{E^{R_o - 1}}{(1-E)^{R_o}}\int_E^1 \left[\frac{1-z^*}{z^*}\right]^{R_o} \ln z^* dz^* \tag{5.31d}$$

여기서 $z^*(=z/h)$, $E(=2d_s/h)$ = 무차원 변수이고, u_* = 유사입자의 마찰속도이며, $\Delta(=k_s'/x)$ = 비례항, k_s' = 입자조도이다.

㈐ 총유사량

하천 내 총유사량(total sediment load)은 **이동 형식**(movement type)과 **측정 방법**(measurement method), **유사 근원**(sediment source)에 의해 구분할 수 있다. 이들 방법으로부터 하천의 총유사량을 결정하는 것은 실질적으로 불가능한 일이다.

총유사량은 Einstein 공식, Ackers-White 공식, Engelund-Hansen 공식, Brownlie 공식 등을 이용해 산정하고, 그 값을 공학적으로 판단하여 실무에 활용하고 있는데 여기서는 Einstein 공식을 사용한다.

Einstein(1950)의 총유사량 공식은 식 (5.30b)를 이용해 단위폭당 소류사량과 부유사량 적분공식의 합으로 다음과 같이 구한다(Marcelo, 2008).

$$q_t = q_{bv} + q_{sv} = q_{bv} + \int_a^h C_z u\, dz \tag{5.32}$$

임의 수심의 흐름에 대한 난류상태의 유속분포 관계식은 다음과 같이 쓸 수 있다.

$$\frac{u}{u_*} = 5.705\log\left(\frac{30.2z}{\Delta}\right) \tag{5.33}$$

식 (5.32)에 식 (5.33)을 대입하고 단위폭당 부유사량은 입자조도 $k_s' = d_s$인 수리학적으로 거친 경계에 대한 유속분포식과 Rouse 농도분포식 (5.30a)를 사용하면 단위폭당 총유사량은 다음과 같이 쓸 수 있다.

$$q_t = q_{bv} + \int_a^h C_a \frac{u_*}{\kappa}\left[\left(\frac{h-z}{z}\right)\left(\frac{a}{h-a}\right)\right]^{R_o} \ln\frac{30z}{d_s} u\, dz \tag{5.34}$$

여기서 기준농도 C_a = 소류저층(bed layer) 두께 $a(=2d_s)$와 그 점의 유속분포 u_a

$[=(u_*/\kappa)\ln(30a/d_s)=4.09u_*/\kappa]$로 이송된 단위 소류사량을 au_a로 나누어 $[C_a(=q_{bv}/au_a)]$ 구한다.

식 (5.34)는 $z^*=z/h$, $E=2d_s/h$의 무차원형으로 바꿔 쓰면 다음 식을 얻는다.

$$q_t = q_{bv}\left[1+I_1\ln\frac{30h}{d_s}+I_2\right] \tag{5.35}$$

여기서 식 (5.35)의 I_1과 I_2는 식 (5.31c), (5.31d)와 같으며, 이는 수치적 계산 또는 Einstein(1950)의 **그림 5.5(a), (b)**를 이용해 구할 수 있다.

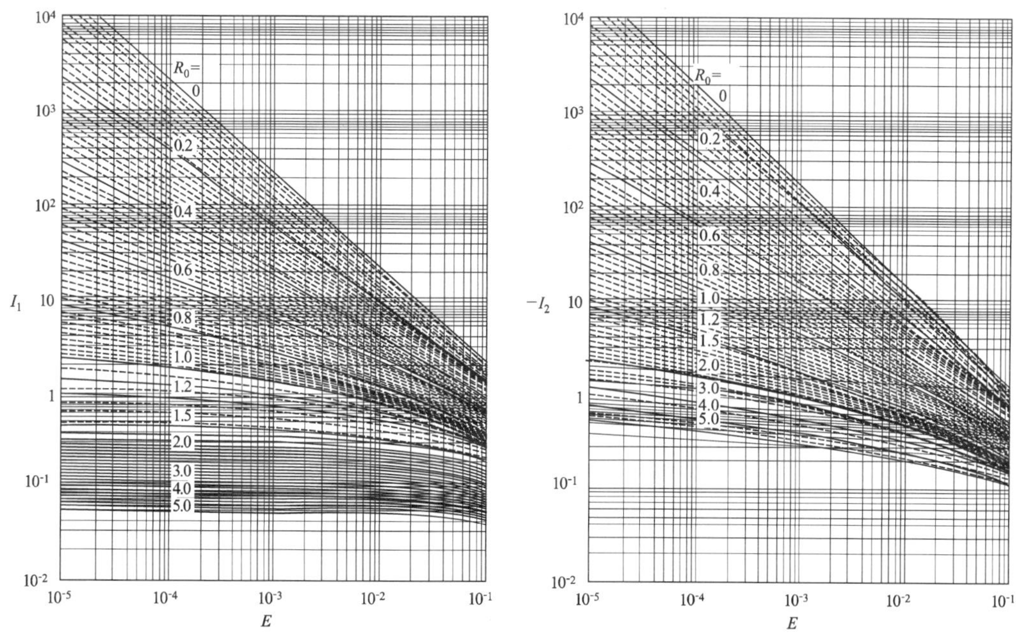

(a) 식 (5.31c)의 적분　　(b) 식 (5.31d)의 적분

그림 5.5 식 (5.31c,d)에 의한 Einstein 적분값

부유사량과 소류량에서 총유사량을 얻고, 이를 같은 측점에서 얻은 유량과 연관시켜 함수 관계식을 유도함으로써 해당 유역에 다음과 같은 유량-총유사량의 멱함수 관계식을 유도하여 실무에 사용한다.

$$Q_t = KQ^n \tag{5.36}$$

여기서 Q_t =총유사량이고, Q =유량이며, K, n =유사입경과 흐름특성에 관계되는 계수와 지수이다.

③ 측정과 분석

본 연구의 대상권역은 **그림 5.6**과 같이 논산천 수계 내 **국가하천** 2개소, **지방하천** 2개소의 중소하천 수로구간 주요 지점의 7개 측점으로 구성하였다. 유량과 유사량의 현장측정은 이들 국가·지방하천의 7개 측점에서 홍수기와 평갈수기로 구분하여 이루어졌다(Lee and Kim, 2015).

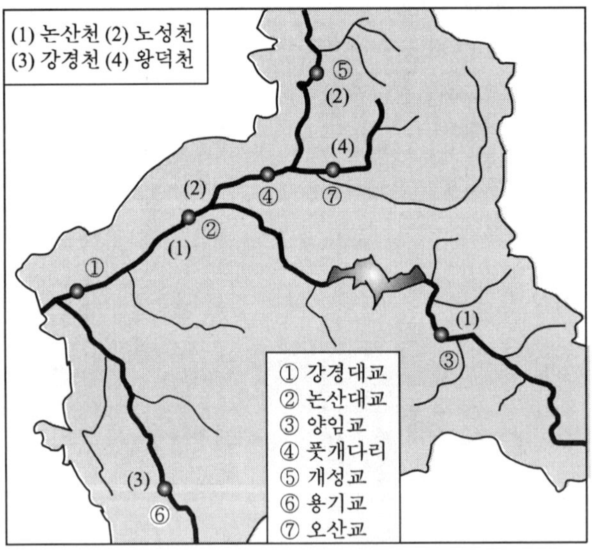

그림 5.6 논산천 유역의 연구지점

1) 자료 측정

유량과 총유사량 자료는 **표 5.5**와 같이 기 측정자료는 2012년 8월 30일부터 2013년 8월 5일까지(Lee, 2013; Lee et al., 2015) 이루어졌고, 본 측정자료는 2014년 8월 3일부터 2015년 8월 5일까지 각각 홍수·평수·갈수 시에 이루어졌다(이종석과 김치곤, 2016). 평갈수 시의 유량과 총유사량 자료 측정은 도섭이 가능한 측정지점은 프로펠러식 유속계법, 수표면 채취법을 이용하였다. 평갈수 시에도 수심이 깊어 도섭이 불가능하거나 홍수 시에는 **그림 5.7**과 같이 **전자파 표면 유속계**(Lee and Julien, 2006)와 D-74 **부유사 채취기**, BL-84 **소류사 채취기**를 사용하였다(Lee and Kim, 2015).

표 5.5 연구자료의 측정일정 · 지점

구분	순서	측정일	시기	(1) 논산천			(2) 노성천		(3) 강경천 (지방)	(4) 왕덕천 (지방)	비고
				국가하천		지방하천	국가하천	지방하천			
				① 강경대교	② 논산대교	③ 양임교	④ 풋개다리	⑤ 개성교	⑥ 용기교	⑦ 오산교	
직전측정	1	2012.08.30	홍수	–	–	○	–	–	–	–	
	2	2012.09.01	갈수	–	○	○	○	–	○	○	
	3	2012.09.06	갈수	–	○	–	–	○	–	–	
	4	2012.09.15	갈수	○	○	○	○	–	○	–	
	5	2013.05.25	갈수	–	○	–	○	○	○	○	
	6	2013.06.01	평수	–	○	○	–	–	○	–	
	7	2013.07.20	평수	–	○	–	–	–	–	–	
	8	2013.07.29	평수	–	○	–	○	–	○	–	
	9	2013.08.01	홍수	○	○	○	○	○	○	○	
	10	2013.08.04	홍수	○	○	○	○	○	○	○	
	11	2013.08.05	홍수	○	○	○	○	○	○	○	
	소계	2012.08.30.~ 2013.08.05		4	10	7	7	5	8	5	46
금회측정	1	2014.08.03	평수	○	○	–	○	○	–	–	
	2	2014.08.24	평수	○	○	○	○	○	○	○	
	3	2014.09.27	평수	○	○	○	○	○	○	○	
	4	2015.07.03	갈수	○	○	–	–	–	–	–	
	5	2015.07.29	갈수	○	○	○	○	○	–	–	
	6	2015.08.05	평수	○	○	○	○	○	–	○	
	소계	2014.08.03.~ 2015.08.05		6	6	4	5	5	2	3	31
합계		2012.08.30.~ 2015.08.05		10	16	11	12	10	10	8	77

또한 D-74나 DH-48로 채취된 부유사량은 **BW(Bottom Withdrawal)관**을 사용하여 건조나 여과법에서 분석된 자료를 이용해 수정 **Einstein 공식**으로 산정하였고, 이를 이용한 Box-Whisker법의 분포특성 분석 결과는 각각 **그림 5.8**, **표 5.6**과 같다(이종석과 김치곤, 2015; 이종석 등, 2015).

(a) 전자파 표면유속계

(b) 부유사 측정기(D-74)

그림 5.7 홍수기 논산대교 측점의 현장측정(2013.08.04.)

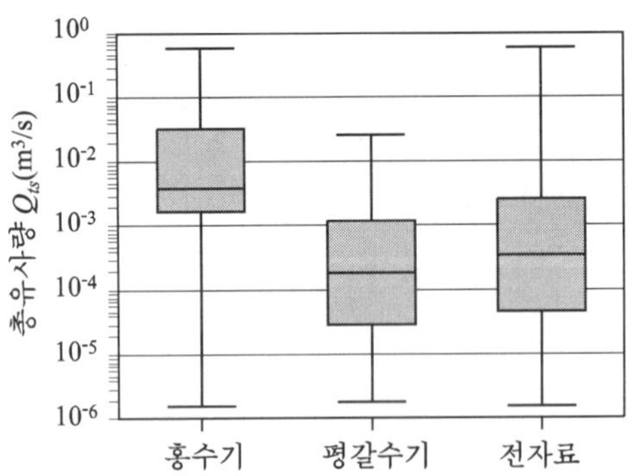

(a) 총유사량

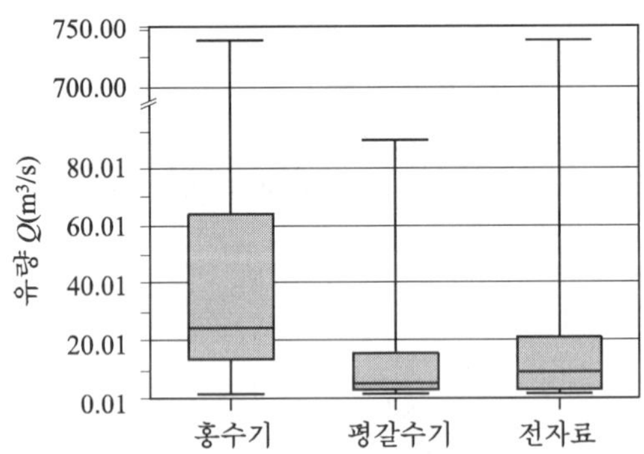

(b) 유량

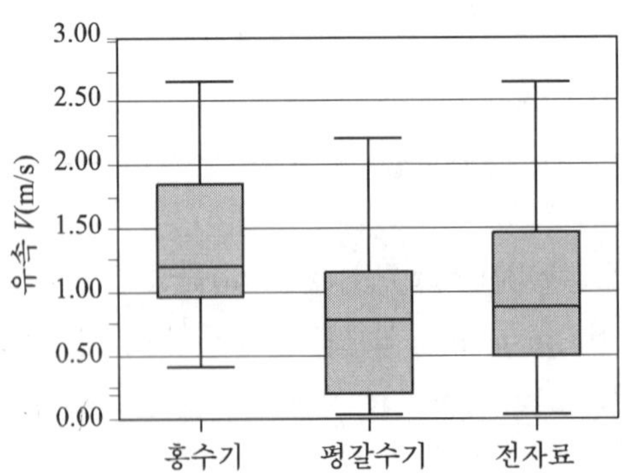

(c) 유속

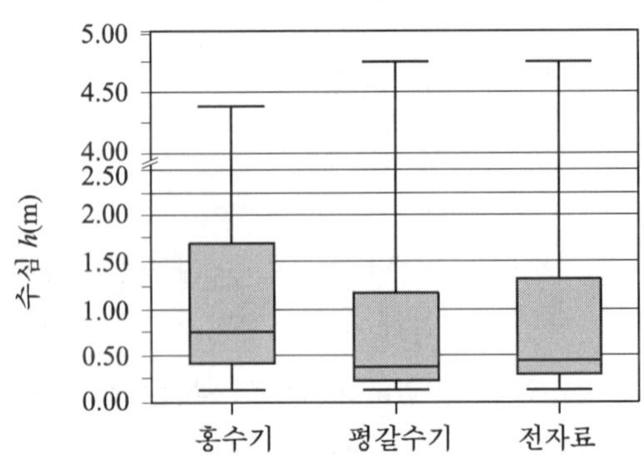

(d) 수심

그림 5.8 실측자료의 수리특성분석

표 5.6 현장실측자료의 요약

시기 (자료수)	수리특성	최솟값	최댓값	중앙값	평균값	4분위(%)	
						1/4(25)	3/4(75)
홍수기 (22)	총유사량($\times10^{-5}$)(m^3/s)	14.0	70,066.2	392.1	4,946.4	169.8	3,514.7
	유량(m^3/s)	0.381	744.029	23.853	87.255	12.857	64.745
	유속(m/s)	0.41	2.68	1.21	1.39	0.95	1.86
	수심(m)	0.10	4.39	0.72	1.26	0.39	1.70
평갈수기 (55)	총유사량($\times10^{-5}$)(m^3/s)	19.6	2,692.4	16.9	173.2	2.7	106.7
	유량(m^3/s)	0.077	89.631	4.153	9.658	1.303	14.913
	유속(m/s)	0.01	2.23	0.77	0.79	0.20	1017
	수심(m)	0.13	4.75	0.38	0.87	0.24	1.11
전자료 (77)	총유사량($\times10^{-5}$)(m^3/s)	14.0	70,066.2	38.3	1,537.0	4.3	262.4
	유량(m^3/s)	0.077	744.029	9.454	31.826	1.774	19.805
	유속(m/s)	0.01	2.68	0.89	0.96	0.50	1.46
	수심(m)	0.10	4.75	0.43	0.98	0.26	1.24

2) 자료 분석

본 연구에 사용된 자료는 **표 5.5**, **5.6**과 같이 측정시기와 방법이 같은 두 자료의 합한 자료가 사용되었으며, 자료 분석은 홍수와 평갈수 시로 구분하여 수행하였다. 유량과 총유사량 측정자료는 논산천 수계 내 국가·지방하천의 7개 지점에서, 홍수기 22개, 평갈수기 55개, 총 77개를 얻었으며, 이들 자료는 **표 5.5**와 같이 **Box-Whisker 법**에 의해 분석하였다.

수심은 홍수 시에 최소 0.10m에서 최대 4.39m, 평균 1.26m를, 평갈수 시에 최소 0.13m에서 최대 4.75m, 평균 0.87m를, 전자료에서는 최소 0.10m, 최대 4.75m, 평균 0.98m로 나타났다. 유속은 홍수 시에 최소 0.41m/s에서 최대 2.68m/s, 평균 1.39m/s를, 평갈수 시에 최소 0.01m/s에서 최대 2.23m/s, 평균 0.79m/s를, 전자료에서는 최소 0.01m/s, 최대 2.68m/s, 평균 0.96m/s로 나타났다. 유량은 홍수 시에 최소 0.381m^3/s에서 최대 744.029m^3/s, 평균 87.255m^3/s를, 평갈수 시에 최소 0.077m^3/s에서 최대 89.631m^3/s, 평균 9.658m^3/s를, 전자료에서는 최소 0.077m^3/s, 최대 744.029m^3/s, 평균 31.826m^3/s로 나타났다. 총유사량은 홍수 시에 최소 $14.0\times10^{-5}m^3/s$에서 최대 $70066.2\times10^{-5}m^3/s$, 평균 $4946.4\times10^{-5}m^3/s$를, 평갈수 시에 최소 $19.6\times10^{-5}m^3/s$에서 최대 $2692.4\times10^{-5}m^3/s$, 평균 $173.2\times10^{-5}m^3/s$를, 전자료에서는 최소 $14.0\times10^{-5}m^3/s$,

최대 $70066.2\times10^{-5}m^3/s$, 평균 $1537.0\times10^{-5}m^3/s$로 나타났다.

논산천 수계 내 **국가하천**과 **지방하천**의 측정 시기별 **유량－총유사량**에 관한 관계식은 **그림 5.9**와 같이 이들 4개 하천, 7개 측점의 측정시기, 전체자료에 대한 유량－총유사량에 관한 관계식은 **그림 5.10**과 같이 각각 **표 5.7, 5.8**과 같이 유량을 함수로 하는 **멱함수형**의 관계식으로 유도되었다.

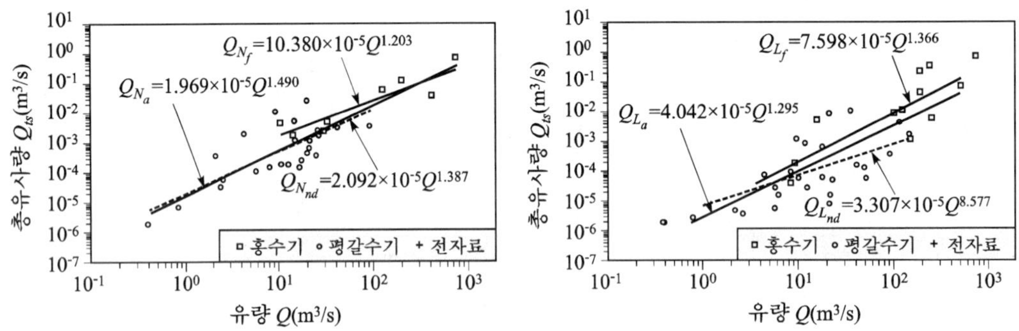

(a) 국가하천　　(b) 지방하천

그림 5.9 하천구분별 유량－총유사량 관계식

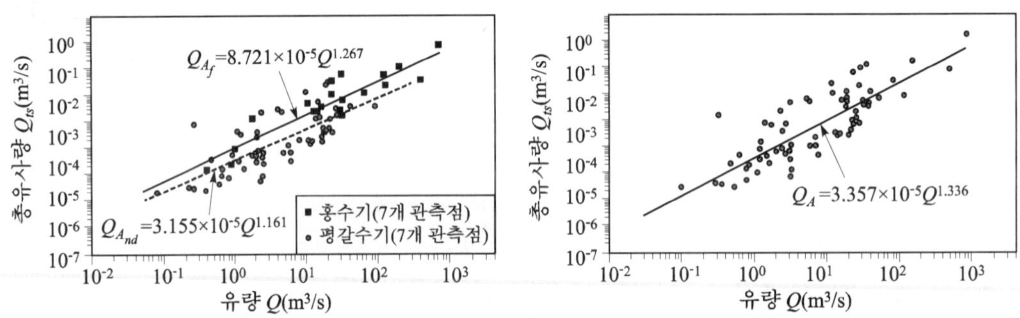

(a) 시기별　　(b) 전자료

그림 5.10 측정시기별 유량－총유사량 관계식

3) 분석 결과

본 연구에서 유도한 논산천 수계 내의 하천구분별, 측정시기별, 이들 전자료에 대한 유량－총유사량 관계식은 유량을 함수로 하는 멱함수 형으로 유도하였으며, 그 결과를 요약하면 **표 5.7, 5.8**과 같다.

표 5.7과 같이 논산천 수계 국가하천에서 유도된 유량-총유사량 관계식의 홍수 시 Q_{N_f}와 전자료 Q_{N_a}, 지방하천의 홍수 시 Q_{L_f}는 이 권역 내의 수공실무 활용에 다음과 같이 추천할 수 있다.

$$Q_{N_f} = 10.380 \times 10^{-5} Q^{1.203} \ (R^2 = 0.821) \tag{5.37a}$$

$$Q_{N_a} = 1.969 \times 10^{-5} Q^{1.480} \ (R^2 = 0.747) \tag{5.37b}$$

$$Q_{L_f} = 7.598 \times 10^{-5} Q^{1.366} \ (R^2 = 0.740) \tag{5.37c}$$

표 5.8과 같이 중소하천 논산천 권역 내 4개 하천에서 유도된 **유량-총유사량 관계식**은 홍수 시 Q_{N_f}와 전자료 Q_{N_a}는 이 권역 내의 하천업무에 다음과 같이 활용할 수 있다.

$$Q_{A_f} = 8.721 \times 10^{-5} Q^{1.267} \ (R^2 = 0.817) \tag{5.38a}$$

$$Q_{N_a} = 4.042 \times 10^{-5} Q^{1.295} \ (R^2 = 0.696) \tag{5.38b}$$

표 5.7, 5.8과 식 (5.37), (5.38)과 같이 유량-총유사량의 관계는 홍수가 발생하여 유량이 많은 경우에 그에 비례하여 유사이송량이 상당량 발생하게 되므로 실측자료에서 유도된 관계식의 결정계수가 크게 나타나는 것을 알 수 있다. 측정자료가 더 많이 축적되어 통계적인 정확성이 보다 더 확보된다면 이 권역 내의 수공실무 활용에 보다 더 유익한 정보를 제공할 수 있을 것인 바, 차후에 연구 기회가 주어진다면 더 좋은 관계식을 도출할 수 있을 것이다.

표 5.7 하천구분별 유량-총유사량 관계곡선 요약

구분	시기	관계식	R^2	비고
국가하천	홍수기	$Q_{N_f} = 10.380 \times 10^{-5} Q^{1.203}$	0.821	추천
	평갈수기	$Q_{N_{nd}} = 2.092 \times 10^{-5} Q^{1.387}$	0.579	-
	전자료	$Q_{N_a} = 1.969 \times 10^{-5} Q^{1.480}$	0.747	추천
지방하천	홍수기	$Q_{L_f} = 7.598 \times 10^{-5} Q^{1.366}$	0.740	추천
	평갈수기	$Q_{N_{nd}} = 3.307 \times 10^{-5} Q^{0.857}$	0.292	-
	전자료	$Q_{N_a} = 4.042 \times 10^{-5} Q^{1.295}$	0.585	-

표 5.8 연구권역 내 유량-총유사량 관계곡선 요약

구분	시기	관계식	R^2	비고
전자료	홍수기	$Q_{A_f}=8.721\times10^{-5}Q^{1.267}$	0.817	추천
	평갈수기	$Q_{A_{nd}}=3.155\times10^{-5}Q^{1.161}$	0.540	-
	전자료	$Q_{N_a}=4.042\times10^{-5}Q^{1.295}$	0.696	추천

④ **결론**

본 연구는 중소하천 권역인 논산천 수계 내 국가·지방하천 각각 2개소 수로구간의 7개 측점을 대상으로 연구 권역 내에서 홍수 시와 평갈수 시 유량과 총유사량을 측정하고, 수리특성의 분석과 유량을 함수로 하는 유량-총유사량 관계식을 멱함수 형으로 도출함으로써 다음과 같은 결론을 얻었다.

1) 본 연구대상의 중소하천 권역 내 수리특성 분석 결과는 수심은 최소 0.10m에서 최대 4.75m, 유속은 최소 0.01m/s에서 최대 2.68m/s, 유량은 최소 0.077m^3/s에서 최대 744.029m^3/s, 총유사량은 최소 14.0×$10^{-5}m^3$/s에서 최대 약 0.7007m^3/s로 나타났다.
2) 논산천 권역 내 국가하천의 홍수 시와 전체자료, 지방하천의 홍수 시에 유도된 유량-총유사량 관계식 (5.37)은 이 중소하천 권역 내의 수공실무 활용에 유용한 정보제공이 가능할 뿐만 아니라 유사이송 문제 해결에도 도움을 줄 수 있다.
2) 중소하천인 논산천 권역 내 4개 하천에서 홍수 시와 전체자료에서 유량의 멱함수 형으로 유도된 유량-총유사량 관계식 (5.38)은 이 권역 내의 하천업무에 적극 활용할 수 있을 것이며, 보다 더 통계적 정확성을 확보하기 위해서는 이 권역 내를 실험지역으로 하는 지속적인 연구수행이 필요하다.

5.2 환경·수도

5.2.1 환경

본 소절에서는 주로 도로의 교량에서 발생하는 비점오염원을 우수 초기에 최소한으로 줄여 하천으로 방출시킴으로써 하천수질의 악화를 줄이고자 하는 노력으로 비점오염원 저감장치에 관한 연구내용(Kim, 2018; 이종석과 김치곤, 2019)의 일부를 소개하고자 한다. 본 내용은 교량에서의 비점오염원을 소형, 중형 저감장치를 통해 우수 초기의 오염원을 저감시켜 하천으로 방출시키는 연구과제 결과에서 얻어진 기술의 일부이다.

(1) 오염원

점오염원과 비점오염원의 배출원과 그 특징을 비교하면 **표 5.9**(이효원, 2016)와 같다. 점오염원은 발생지점이 분명하고 관거를 통해 처리장으로 집중적으로 발생하는 반면, 비점오염원은 발생지점을 특정하기 어려우며, 발생과정에서 희석·확산되면서 넓은 지역으로 분포된다. 특히 비점오염원은 강우 등 자연적인 요인에 의해 영향을 크게 받기 때문에 발생량을 예측하고 오염물질의 차집과 처리 효율을 일정하게 유지하는 것이 어렵다.

비점오염원은 호수, 하천, 습지대, 해수, 지하수 등에 침전될 수 있는 자연 적이고 인간활동에 의한 오염물들이 지하를 통하거나 지표면을 횡단 이동하는 물과 같이 발생한다. 이와 같은 비점오염원을 운반하는 물은 강우나 융설 또는 곡물의 경작, 경작지의 관개와 같은 인간활동을 통해 자연적으로 발생된다.

표 5.9 점오염원과 비점오염원의 특징 비교

구분	점오염원	비점오염원
배출원	• 공장, 생활하수, 축산농가 등	• 논, 밭, 산업단지, 도로, 임야, 대기분진, 공사장, 축산 등
특징	• 인위적이며 배출지점이 명확 • 강우 등의 영향이 적고 변화 폭이 작아 예측 가능 • 집중하여 일괄처리 가능 • 오염물질의 변동 폭이 낮아 관리 기준 정립이 용이 • 기술과 경험으로 차집·관리가 용이	• 인위적·자연적, 배출지점 산재 • 산재되어 일괄처리 곤란 • 강우 등의 영향이 커 예측 어려움 • 오염물질의 변동 폭이 심해 관리기준 정립의 어려움 • 기술·경험 부족으로 차집과 관리가 어려움

장치형 비점오염원 저감시설은 강우유출수를 집수조 등에서 모은 후 모래·토양 등의 여재를 통하여 비점오염물질을 줄이는 시설이다. 그 외 여과형 시설과 중앙회전로의 움직임으로

와류가 형성되어 기름·그리스 등 부유성 물질은 상부로 부상시키고, 침전 가능한 토사, 협잡물은 하부로 침전·분리시켜 비점오염물질을 줄이는 와류형 시설 등 여러 가지가 있다(환경부, 2014).

(2) 총론

우리나라는 최근 들어 하수처리장 등의 환경기초시설이 확충되면서 점오염원의 관리가 강화되었고, 이에 따라 수계로 배출되는 총오염부하량은 지속적으로 감소되고 있으나, 토지이용 고도화에 따른 불투수면의 확대 등으로 비점오염 부하량은 계속적으로 증가되는 추세를 보이고 있다. 비점오염물질은 일정한 배출구를 갖고 있지 않으며 넓은 지역으로 분산되어 있어 오염원 흐름의 분산성과 지역의 방대성으로 집수하기 어렵다. 또한 도시화가 진행됨에 따라 자동차 증가와 더불어 도로·교량이 증가되면서 그로 인하여 도로·교량 표면에 쌓이게 된다. 이들 오염물질은 갈수기가 끝나고 강우가 발생하게 되면 씻김 현상으로 인해 그대로 하천으로 유입되어 수질을 오염시키는 주요 원인이 된다. 비점오염원은 주로 비가 올 때 지표면 유출수와 함께 유출되는 오염물질로 농지에 살포된 비료나 농약, 토양침전물, 축사유출물, 교통오염물질, 도시지역의 먼지와 쓰레기, 자연 동·식물의 잔여물, 지표면에 떨어진 대기오염물질 등을 말한다(Novotny and Olem,1994). 수질오염원은 도시나 공장에서와 같이 지속적으로 발생하는 점오염원과 주로 비가 올 때 도시와 농촌지역에서 쓸려나와 오염된 빗물 유출수와 같이 수시로 임의 장소에서 발생하는 비점오염원(nonpoint source pollutant)으로 구분 할 수 있다. 물환경보전법 제2조 제2항(Ministry of Government Legislation, 2018)에 의하면 비점오염원이란 “도시, 도로, 농지, 산지, 공사장 등으로서 불특정 장소에서 불특정하게 수질오염물질을 배출하는 배출원을 말한다.”라고 정의하고, National Institute of Environmental Research (2017)은 “비점오염원이라 함은 점오염원 이외의 오염원으로서 배출장소와 배출경로가 불분명할 뿐만 아니라 주로 강우에 의존하여 유출되는 오염원을 말한다.”라고 정의한다. 비점오염원은 강우초기에는 고농도의 오염물질이 유출되고 이후 시간의 경과에 따라 농도가 낮아지는 유출특성 갖는다(Hewitt and Rashed, 1992; Sagat et al, 1996; Kent et al, 2000). 이는 유역 면적이 작고 불투수면의 비율이 크며 건기일수가 길수록 강우의 초기유출에 의한 하천의 수질오염 가능성은 높다(Hirshman and Kosco, 2008).

Jung(2010)은 비점오염원을 효율적으로 감소시키기 위한 정화장치를 유입구-유로가이드-1차 여과망-2, 3차 여과기-배수구로 구성된 연직형의 대·소용량으로 구분·개발하였다. 이 연구에서 소용량의 경우에는 BOD 3%, COD 21.8%, SS 88%, T-N 5%, 대용량의 경우에는 BOD 83%, COD 61%, SS 98.4%, T-N 23.1% 저감 효과를 얻었다. Kang(2011)은 유출 특성에 기초한 고속도로의 비점오염물질 저감기술 적용성 해석을 위해 모니터링과 현장실험 등을 통해 연구하였다. 강우량과 유출량 측정은 강우가 시작된 후 1~10분 단위 등으로 구분하여 측정하였고, 현장실험의 일부는 인공강우를 사용해 수행하였으며, BOD, COD, T-P, SS 외의 수질분석항목에 대해 분석한 결과는 강우가 시작되고 유출이 시작된 이후 초기 30분 이내 오염물질의 농도는 급격히 줄어들며 그 이후로는 완만한 경향을 나타내는 것으로 제시하였다. 특히, 침투도랑, 여과시설에 대한 현장 실험시공 결과에서 침투도랑의 처리효율은 대부분의 시험항목에서 90% 내외로 비교적 높은 것으로 평가되었다. 여과시설은 TSS 42.5%, BOD 38%, T-N, T-P는 각각 55.6%, 51.6% 정도인 것으로 평가되었으며 유입되는 농도가 높을수록 저감효율이 증가하는 경향이 있는 것으로 나타났다.

2010년도 수질오염물질 배출 부하량은 하루에 BOD 1,640톤, T-P 97.8톤이며, 그 중 비점오염원은 BOD 1,119톤, T-P 57.6톤이다. 2020년의 비점오염원물 배출 부하량은 하루에 BOD 1,152톤, T-P 58.3톤으로 증가될 것으로 예측하며, 이는 도시가 대부분 불투수층으로 형성되어 강우강도가 증가하는 강우 패턴으로 변화됨에 따라 비점오염물의 유출 또한 증가될 것이다(Ministry of Environment, 2014). 이러한 현실을 고려한 보다 나은 수질보전을 위해서는 비점오염원을 저감시킬 수 있는 대책이 수립되어야 할 것이다. 특히 많은 비점오염원 중에서도 도로에서 배출되는 환경오염물질로 인해 국민의 삶에 미칠 수 있는 부정적 영향을 최소화하기 위하여 2015년 6월에 도로 비점오염저감시설 설치, 관리 지침을 제정하여 운영하고 있다(Ministry of Environment, 2016).

Kang and Lee(2016)는 SWMM을 이용하여 모래 여과 시설이 장치형 비점오염 저감시설로 계획된 사업부지 일부에 자연형 비점오염 저감시설의 적용 가능성 여부 검토를 연구하였다. 해당 지역에 도입된 인공습지와 식생수로는 자연형 비점오염 저감시설로 기존 장치형 비점오염 저감시설로 처리할 수 있는 비점오염의 93.6%를 저감시킬 수 있는 것으로 분석하였다. Yun et al.(2017)은 장치형 비점오염원 저감시설의 여재 교체 비용절감을 위한 여재 처리효율 안정성 확보 실험 연구에서 SS의 저감효율을 대상으로 분석하였다. 여재의 높이별 처리효율 평가와 회귀분석에 의한 여재층별 평가에 있어 최적의 여재층(60cm), 설계 선속도(10~20m/h) 범위를 설정하고 각 조건의 여재층 두께와 설계 선속도에 대한 역세척 처리효율의 회복율을 분석하였다. Yang et al.(2018)은 비점오염 저감시설 중 입상 여재를 대상으로 한 실험장치에 강우유출수를 이용한 연구로부터 여과· 역세척의 효율은 여과선속도 20.0m/h 조건에서 평균 고형물 처리효율이 80.0% 이상인 것으로 제시하였다.

본 연구에서 선행연구는 최적 여재 구성안을 결정하기 위해 4종류의 원통형-수평 저감장치를 개발하고, 현장 채취시료를 사용해 실내실험을 수행함으로써 침전·흡착·여과 공정별 여재의 구성안을 결정하였다(Kim et al., 2014). 이 결과는 각 공정별 여재를 교환형 셀식(cell type) 수조로 1,560L 크기의 상자형-연직 저감장치인 제1모형으로 제작하여 제1차 현장 성능실험에 적용하였다. 제2모형 저감장치는 현장 운반·이동의 편리성 등을 고려해 현장 거치에 용이하게 제1모형을 1/6.5 크기로 축소·제작하여 제2~4차 현장 성능실험에 활용하였다(이종석과 정찬욱, 2014; 이종석, 2015; Lee, 2015; 이종석 등, 2016; Lee et al., 2016; 이종석과 김치곤, 2019).

본 연구는 도시·산업지역의 비교적 넓은 불투수 지역뿐만 아니라 좁은 지역의 도로·교량이 통과되는 하천유역에서 발생되는 비점오염원을 초기우수로부터 저감시킴으로써 하천수질의 오염을 줄일 수 있는 저감장치를 개발하여 실무 활용화에 기여하고자 한다. 이를 위해 선행연구에서 도출한 공정별 여재를 셀식 수조-상자형으로 비점오염원 저감장치를 개발하고, 이 저감장치의 성능확보를 위해 제1, 2모형 저감장치를 이용하여 13회의 현장 성능실험을 수행하였다. 성능실험 평가는 각 성능실험별 오염시료 농도에 대한 채취 시간구간별 저감시료 농도 비의 백분율로 저감효율(reduction efficiency)을 정의하고, 각 시간구간별 조건에 따른 BOD, COD, T-N, SS 저감효율의 분석으로 이루어졌다.

(3) 이론·실험

① 선행 연구

선행연구로 수행된 소형 비점오염원 저감장치는 **표 5.10**, **그림 5.11**과 같이 교량이나 일반 도로, 사면, 옹벽부에 설치할 수 있도록 설계·제작된 스테인리스(강)(stainless steel) 재질의 필터하우징과 1차 여과의 역할을 하는 스테인리스 여과망(데미스타 여과망)·여과사, PP여과매트, 입상활성탄소[8~30메쉬(mesh)]를 이용한 분리식 필터 적용으로 필터의 교체가 용이하게 사용성을 높였다.

표 5.10 소형 비점오염원 저감장치의 특징

구조	기능	관리주기	사양	비고
① 유입(구)	도로, 교량의 오염물질	강수 후 세척	강재 망	망 훼손 교체
② 유로 가이드	유수 소통	반영구	강재	반영구
③ 1차 정화(침전)	낙엽, 자갈, 모래 제거	연 1회 세척	다공망	반영구
④ 2차 정화(흡착)(라텍스)	미세 분진, 기름 제거	연 1회 세척	라텍스	반영구
⑤ 3차 정화(여과)(활성탄)	BOD, COD, 유해물질 제거	연 1회 교환	활성탄	교체
⑥ 배수(구)	오염원 제거			

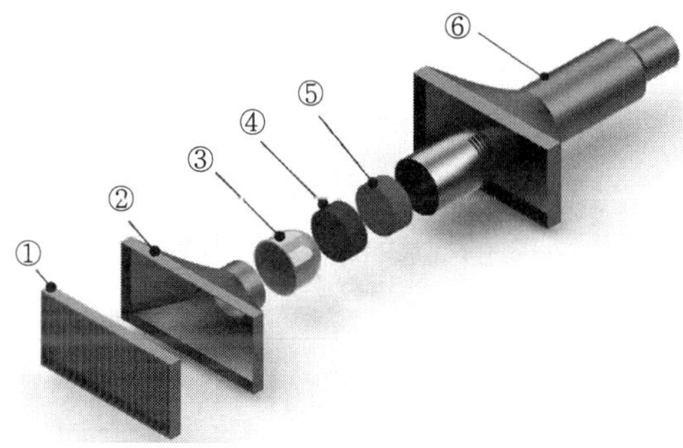

그림 5.11 소형 비점오염원 저감장치 구조

1차 여과재인 여과망은 기존의 일반 철재 주물유입구가 아닌 스테인리스 재질의 망과 그 안에 스테인리스 재질의 메쉬를 샌드위치형식으로 배치하여 조립한 형태의 유입구로서 기존의 유입구보다 입자가 작은 부유물질(낙엽, 자갈, 담배공초 등)을 걸러주는 데 탁월한 효과를 가진다. 여과망에서 1차 걸러진 오염수는 필터하우징 내로 유입되어 유로가이드에서 침전이 이루어지고, 여과매트(폴리나젤)에서 보다 작은 입자의 부유물질이 걸러지며, 여과사를 통과하게 된다. 여과사는 급속여과사로 빠른 유속으로 오염수가 통과하면서 혼탁물질이 여과사에 흡착하는 역할을 한다. 다음으로 오염수는 활성탄소층으로 유입되어 마지막 정화가 이루어진다. 활성탄소는 입자 내부에 많은 세공이 형성되어 내부표면적이 넓고 흡착성이 매우 우수한 것이 특징이다. 구조적특성과 표면에 존재하는 탄소원자의 물리적·화학적 작용에 의해 주위의 액체를 흡착하는 성질이 있어 산업분야에서 수질과 대기환경 중 COD, BOD, 중금속, 휘발성 유기물질 등을 제거하는데 효과적이다.

소형 저감장치의 필터는 여과사와 세라믹여재, 활성탄을 이용한 필터1과 여과사와 세라믹여재를 이용한 필터2, 여과사와 활성탄을 이용한 필터3, 4이며, 이 중 저감 효율이 제일 우수한 필터가 중규모 저감장치 개발에 적용되었다.

또한 선행연구는 **표 5.11**과 같이 지름 10cm×길이 30cm인 원통형-수평 저감장치로 필터1에 스폰지 필터(폴리나젤) 20%, 여과사(2~5mm) 20%, 활성탄 매트(카본필터) 5%, 8×30 메쉬 활성탄 20%, 세라믹 여재 30%, 백필터, 부직포 5%로 구성하였다. 필터2는 세라믹 여재의 비율을 필터1과 동일한 비율을 넣고 활성탄 매트의 비율을 높여 구성하였다. 활성탄을 주요성분으로 50%로 고정하여 필터3에는 스폰지 필터 20%, 여과사(2~5mm) 20%, 활성탄 매트 7%, 백필터, 부직포 3%로 구성하여 필터1, 2에서 사용하던 세라믹 여재를 제외하여 구성하였다. 필터4는 필터1~3에서 사용하던 여과사를 제외시키고 필터와 추가로 배수홀을 만들어 집중호우에 대비할 수 있도록 저감장치를 구성해 실험하였다.

표 5.11 성능평가를 위한 현장실험

구분		일시	위치	내용
선행연구	1	2013.12.23.	유성구 장대동 장명교	• 목적 : 최적 여재 구성비 선정 • 모형 : 원통형 소형(4종류)(지름 10cm×길이 30cm) • 용량 : 2.36L(스테인리스), 두께 : 2mm
	2	2014.01.06.	유성구 장대동 장대교	
제1차	1	2015.05.14.	유성구 장대동 장명교	• 목적 : 현장 성능실험 • 모형 : 상자형 제1모형 (폭 152.5cm×깊이 110cm×길이 93cm) • 용량 : 1560L(투명 아크릴), 두께 : 15mm
	2	2015.08.13.	유성구 덕명동 왕가교	
	3	2015.09.09.		
제2차	1	2015.10.05.	유성구 덕명동 왕가교	• 목적 : 현장 성능실험 • 모형 : 상자형 제2모형 (폭 50cm×깊이 60cm×길이 80cm) • 용량 : 240L(스테인리스), 두께 : 3mm
	2	2015.10.05.	유성구 장대동 장명교	
	3	2015.10.19.	유성구 덕명동 왕가교	
제3차	1	2017.06.21.	유성구 덕명동 왕가교	
	2	2017.08.08.		
	3	2017.09.15.		
	4	2017.11.03.		
	5	2017.10.10.		
제4차	1	2018.06.25.	유성구 덕명동 왕가교	
	2	2017.06.25.		

이 실험은 그림 5.12와 같이 대전시 유성구 장대동 장명교(2013년 12월 23일)와 장대교(2014년 1월 6일)를 대상으로 현장에서 오염시료를 채취하여 4종류의 필터를 통과시키는 실내실험을 통해 저감시료를 채취하였고, 시료분석은 공인 전문기관에 의뢰하여 시험항목별 저감효율을 얻었다(Kim et al., 2014; Kim, 2018).

그림 5.12 연구 대상 유역도

선행연구는 4종류의 필터로부터 BOD, COD, T-N의 저감효율 분석하는 것으로 수행되었고, 그 결과는 필터1의 저감효율이 BOD

68.5%, COD 56.4%, T-N 63.5%로 제일 좋은 결과를 보였으며, 이는 현장 성능실험용 저감장치 모형의 셀형 수조 여재 구성에 사용되었다.

② 강우·유출

작은 유역면적을 갖는 도심지 경계부근의 중소 하천유역에 대한 강우-유출 실측자료는 상류구간을 통과하게 되는 흐름특성 상 수위·유량관측소의 설치 여건이 좋지 않다. 이와 같은 이유로 이 수로구간의 유량 실측자료는 비교적 그 자료수가 적다. 특히 비점오염원의 현장실험은 강우 중에 저감장치 설비를 이동 설치하는 어려움과 현장여건 등의 여러 사항을 고려할 때 많은 자료를 수집하는 것은 쉽지 않은 일이다. 이런 경우의 자료생성 방법에는 확정론적 접근방법, 확률론적 접근방법과 이 들 두 방법의 중간적 역할의 추계학적 방법이 있다(Fiering and Jackson, 1971). 추계학적 방법은 수문자료의 특성을 이용하여 관측 수문자료의 짧은 기간을 자료의 동질성 가정 하에 비교적 긴 기간의 자료로 확장·발생시키는 데 사용할 수 있다. 하천유량의 모의발생은 어떤 기간 동안에 관측된 자료계열이 장래에도 연속하여 발생된다는 가정 하에 유도된다. 자기회귀 발생방법은 관측유량 자료계열이 수문학적 지속성을 가질 경우에 유량자료를 모의 발생시키는 방법으로 하천유량계열의 모의발생에 널리 사용되고 있으며, Markov 모형이라고도 한다. 이 방법을 활용하여 유출량 자료를 확충하기 위한 강우량 자료 선정은 전국에 설치되어 있는 우량관측소에서 측정된 지점우량을 기초자료로 작성된 확률강우량도(IDF 곡선)(Ministry of Construction and Transportation, 2000)를 이용하였다. 본 연구에서 설계 확률 강우량은 **그림 5.12**의 대상유역이 위치한 대전지역의 IDF 곡선으로부터 50년 빈도, 120분 지속기간의 120mm로 결정하였다. 도달시간은 소유역의 유출해석에 중요한 상수로 강수로 인한 유수가 그 유역의 가장 먼 곳으로부터 유역 출구점까지 도달하는데 소요되는 시간을 의미한다. 자연하천 유역과 도시하천 유역의 도달시간 산정공식은 Kerby 공식, Kraven 공식, Rziha 공식, Kirpich 공식과 SCS 평균유속 방법 등이 있다(KWRA, 2009). 본 연구의 도달시간은 유성천 상류구간인 유역면적 8.94km^{2}에 Kirpich(1940) 공식(Chow, 1964; Subramanya, 2013)을 적용하여 0.933h으로 결정하였다. 이들 수문자료는 **그림 5.13(a)**의 HEC-HMS(v3.4)(USACE, 2008a; b; c)에 의한 유역 내 강우-유출량 분석과 **그림 5.13(b)**의 저감장치 체류·통과에 따른 비점오염원-오염농도 관계분석을 위한 유입·유출 수문곡선을 유도하는데 사용하였다.

소유역의 강우-유출량 산정(Subramanya, 2013)은 강우지속시간이 유역의 도달시간과 같거나 클 때까지 강우가 계속되어 유역면적 내 평형상태에 이르게 될 때의 침투손실을 고려해 첨두 유출량을 경험적 방법으로 구하는 합리식을 사용하였다.

$$Q = \frac{1}{3.6} CIA = 0.2778\,CIA \tag{5.39}$$

여기서 Q = 첨두 유출량(m^3/s)이고, C = 유출계수이며, I = 홍수도달시간을 강우지속시간으로 하는 특정 발생빈도의 강우강도(mm/h)이다(KWRA, 2009; 이종석, 2018b).

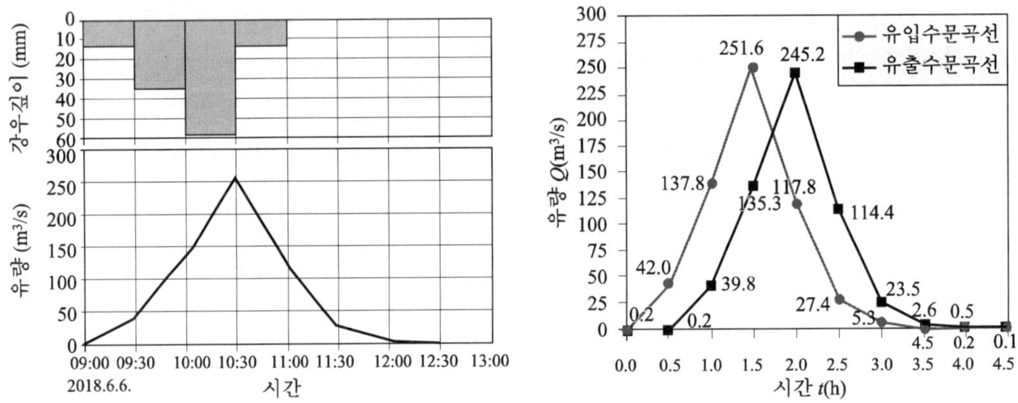

(a) 유역의 수문곡선　　　(b) 장치의 유출곡선

그림 5.13 연구 유역과 장치의 추적곡선

③ 비점원오염 유출

강우 시 유역에서 발생되는 수문곡선과 오염물질 농도곡선은 여러 형태로 나타난다(Novotny and Olem, 1994). 유역 출구지점에 발생될 수 있는 오염물질 농도곡선의 형태는 전형적인 수문곡선과 가장 유사한 형태로 변화하는 농도곡선과 이 곡선의 첨두점이 수문곡선의 첨두점 보다 앞서 나타나는 초기유출효과의 영향을 나타내는 형태가 있다. 또한 평상시 기저유량의 농도보다 강우 유출수의 농도가 낮은 경우에 발생되는 농도곡선이 유량증가에 따라 농도가 희석되어 나타내는 형태, 유량변화와 관계없이 농도가 불규칙 하게 유출되는 형태가 있다. 특정유역에 강우가 내리게 되면 유역 출구지점의 수문곡선변화는 유역의 면적, 형상, 기울기, 방향성, 토지이용 상태, 토양의 종류, 토양의 침투능, 하도특성에 따라 다양하게 변화하게 된다. 이와 함께 시간적인 농도분포를 보여주는 오염물질 농도곡선 역시 수문곡선에 영향을 미치는 인자들에 따라 그 형태가 결정되며, 일반적으로 비점원 오염물질의 유출경향은 점원오염의 유출과는 매우 다른 양상을 나타낸다. 도시지역은 개발에 따라 불투수층 면적 비율이 높아 강우의 도달시간이 짧고, 유출률이 커서 강우초기에 유량과 오염물질이 다량 유출되는 현상이 있다. 대부분의 도로는 아스팔트, 콘크리트와 같은 불투수성 포장재로 포설되어 있어 적은 양의 강우에도 초기유출이 크게 발생·유출되기 때문에 오염물질 농도 또한 높다.

④ 시험항목과 농도

본 연구는 비점오염원 저감장치의 저감효율 분석을 위해 BOD, COD, T-N과 SS를 대상으로 수질오염 공정실험기준(Ministry of Environment, 2014)을 적용하였다.

BOD는 시료를 20°C에서 5일간 저장해두었을 때 시료 중의 호기성 미생물의 증식과 호흡작용에 의하여 소비되는 용존산소의 양으로부터 측정한다. 이는 식종(호기성 미생물을 첨가)하지 않은 시료와 식종희석수를 사용한 시료의 농도는 다음식과 같이 구한다.

$$\text{BOD} = (D_1 - D_2) \times P^* \tag{5.40}$$

여기서 D_1 =15분간 방치된 후의 희석(조제)한 시료의 DO(mg/L)이고, D_2 =5일간 배양한 다음의 희석(조제)한 시료의 DO(mg/L)이며, P^* =희석시료 중 시료의 희석배수(희석시료량/시료량)이다.

COD는 적정법－산성 과망간산칼륨법(COD_{Mn})을 측정하기 위하여 시료를 황산성으로 하여 과망간산칼륨 일정과량을 넣고 30분간 수욕 상에서 가열반응시킨 다음 소비된 과망간산칼륨량으로부터 이에 상당하는 산소의 양을 측정한다. 사용한 시료의 양과 소비된 과망간산칼륨용액으로부터 구한다.

$$\text{COD} = B_C - A_C \times f_C \times \frac{1,000}{\forall} \times 0.2 \tag{5.41}$$

여기서 A_C =바탕시험 적정에 소비된 과망간산칼륨용액이고, B_C =시료의 적정에 소비된 과망간산칼륨용액의 양(mL)이며, f_C =과망간산칼륨용액 농도계수, $\forall$ =전처리에 사용한 시료의 양(mL)이다.

T-N은 자외선·가시선 분광법－산화법을 적용해 시료 중 모든 질소화합물을 알칼리성 과황산칼륨을 사용하여 120°C 부근에서 유기물과 함께 분해하여 질산이온으로 산화시킨 후 산성상태로 하여 흡광도를 220nm에서 측정하여 총질소를 정량한다. 미리 작성한 절대검정곡선으로부터 질소의 양을 구하여 다음 식으로 시료 중의 총 질소 농도를 산출한다.

$$\text{T} - \text{N} = A_t \times \frac{60}{25} \times \frac{1,000}{\forall} \tag{5.42}$$

여기서 A_T = 검정곡선으로부터 구한 질소의 양(mg)이고, ∀ = 전처리에 사용한 시료량(mL)이다.

SS는 미리 무게를 단 유리섬유여과지를 여과장치에 부착하여 일정량의 시료를 여과시킨 다음 함량으로 건조하여 무게를 달아 여과 전후의 유리섬유 여과지의 무게차를 산출한다. 여과 전후의 유리섬유여지 무게의 차를 구하여 부유물질의 양으로 한다.

$$SS = (B_S - A_S) \times \frac{1,000}{\forall} \tag{5.43}$$

여기서 A_S = 시료 여과 전의 유리섬유여지 무게(mg)이고, B_S = 시료 여과 후의 유리섬유여지 무게(mg)이며, ∀ = 전처리에 사용한 시료의 양(mL)이다.

본 연구에서 비점오염원 저감장치의 성능실험 평가는 시험항목인 BOD, COD, T-N과 SS의 저감효율을 각 성능실험별 (초기) 오염시료의 농도에 대한 채취 시간구간별 저감시료 농도 비의 백분율(%)로 다음 식과 같이 정의하여 수행하였다.

$$E_R = \frac{C_{rst}}{C_{ics}} \times 100 \tag{5.44}$$

여기서 E_R = 저감효율(reduction efficiency)(%)이고, C_{ics} = (초기) 오염시료의 농도(concentration of initial contamination sample)(mL/L)이며, C_{rst} = 채취 시간구간별 저감시료의 농도(reduced sample concentration by time interval)(mL/L)이다.

⑤ 실험방법

선행연구에서 얻은 최적 여재 구성안을 적용해 제1모형으로 개발한 저감장치는 폭 152.5cm ×깊이 110cm×길이 93cm, 두께 15mm인 투명 재질의 강화 아크릴로 **그림 5.14**와 같이 제작하였다. 물의 유입은 상부에서 2cm 아래의 지점에 발생하며, 유출은 94.8cm 떨어진 지점에서 발생한다. 오염수가 유입되면 침전조(1차)의 부유물질 차단막에 의하여 부유물질이 가라앉고 필터유도관을 통해 흡착필터로 유입되어 여과가 이루어지고, 스크린과 박스형필터박스를 지나 정화되어 배출된다. 집중호우 시 역류되는 것을 방지하기 위해 월류홀을 만들어 원활한 배수기능을 유지할 수 있도록 하였다. 전체적인 틀은 15mm 두께의 강화 아크릴을 이용해 높은 수압에도 견딜 수 있으며, 내부 처리과정을 확인할 수 있도록 투명한 재질의 아크릴로 제작하였다.

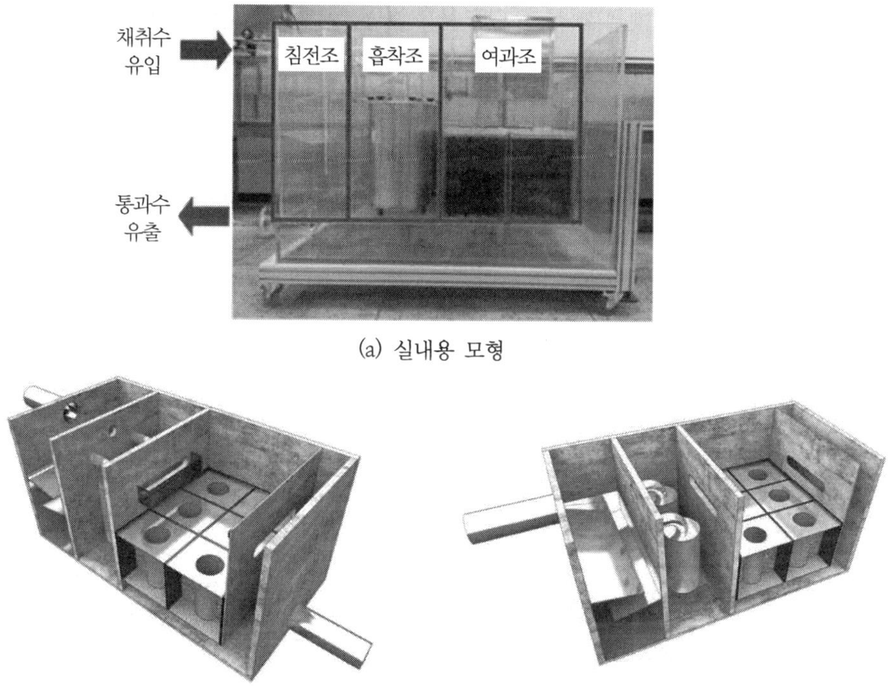

(a) 실내용 모형

(b) 좌측 단면 상세도

(c) 우측 단면 상세도

그림 5.14 제1모형 구성

이 저감장치는 침전, 흡착, 여과 공정으로 구성하였고, 오염수의 유입은 상부에서 2cm 아래의 지점에 발생되며, 유출은 94.8cm 떨어진 지점에서 발생한다. 오염수가 유입되면 침전조의 부유물질 차단막에 의하여 부유물질이 가라앉고 필터유도관을 통해 흡착필터로 유입되어 여과가 이루어지고 스크린과 박스형 필터박스를 지나 정화되어 배출된다. 집중호우 시 역류되는 것을 방지하기 위해 월류홀을 만들어 원활한 배수기능을 유지할 수 있도록 하였다. 제1모형을 이용한 제1차 현장 성능실험은 **그림 5.12**의 유역을 대상으로 **표 5.11**과 같이 대전시 유성구 장대동 장명교와 덕명동 왕가교에서 시료를 채취·분석으로 수행하였다.

표 5.12의 여재로 구성된 **그림 5.14**의 현장 성능실험용 제2모형은 실험목적·장소, 실험장비·방법, 공간과 비용 제약 등의 효율을 고려해 제1모형의 저감장치(Kim et al., 2014)를 1/6.5로 축소시킨 것이다. 이 모형은 **그림 5.15(a)**와 같이 폭 50cm×깊이 60cm×길이 80cm의 스테인리스 재질로 제작하였고, 공정별 흐름도는 **그림 5.15(b)**와 같이 오염수의 유입은 상부에서 1.5cm 아래의 지점에 발생되고, 유출은 57cm 떨어진 지점에서 발생되도

록 설계하였다. 각 공정별 수조의 여재구성은 **표 5.12**와 같고, 제2모형을 이용한 제2~4차 현장 성능실험은 대전시 유성구 덕명동 왕가교와 장대동 장명교에서 수행하였다.

표 5.12 실험 모형의 여재구성

필터구성	흡착조(원형 필터)		여과조(박스형 필터)	
	용량(장)	비율(%)	용량(장)	비율
부직포	3	75	2	-
메쉬 활성탄(4×8)	-	-	6L	50
활성탄 매트(카본필터)	-	-	1	-
백필터(bag filter)	1	25	-	-
메쉬 활성탄(8×30)	-	-	6L	50

(a) 평면도 (b) 단면도

그림 5.15 성능분석을 위한 현장실험모형

제2모형에 의한 제2차-1, 3 성능실험은 2015년 10월 5일, 10월 19일 대전시 유성구 덕명동 왕가교, 제2차-2 성능실험은 2015년 10월 6일 대전시 유성구 장대동 장명교에서 수행하였다. 강우는 인공 살수로 대체하여 배수관에 호스로 연결시켜 현장에서 유입되는 실제와 가장 가까운 방식으로 제2차 성능실험을 진행하였다. 제3차 성능실험은 2017년 6월 21일, 8월 8일, 9월 15일, 11월 3일, 11월 10일 총 5회에 걸쳐 대전시 유성구 덕명동 왕가교에서 진행하였다. 제1~3차 성능실험은 각 실험별로 유역 내 강우 시 유출에 의한 쓸림 현상으로 비점오염원과 혼합되어 저감장치 유입구로 흘러 들어가기 전의 오염된 유입수를 오염시료로 맨 먼저 채취하였다. 그 후 오염된 유입수는 저감장치를 통과하면서 일정시간을 체류하게 되어 낮아진 오염농도를 갖고 유출구를 빠져 나올 때의 저감된 유출수를 저감시료로 0분, 1분, 2분, 4분, 6분, 8분 간격으로 채취하여 7개의 시료를 얻었다. 제4차 성능실험은 2018년 6월 25일 왕가교에서 제1실험으로 저감장치 유입 직전의 오염시료를 0

분, 1분, 2분, 4분, 6분, 8분, 10분, 15분, 20분 간격으로 채취하여 9개의 시료를 얻었다. 또한 제2실험은 저감장치의 체류·통과시간 경과 후에 유출되는 저감시료를 각각 0분, 1분, 2분, 4분, 6분, 8분, 10분, 15분, 20분 간격으로 채취하여 9개의 시료를 얻었다. 제4차 성능실험의 자료는 저감장치의 저감효율 분석은 물론 유입·유출수문곡선 유도·분석에도 사용되었다. 오염시료와 저감시료의 시간구간별 BOD, COD, T-N, SS의 저감효율 분석 결과는 유량·농도 관계곡선의 유도에 활용되었다.

(4) 결과·분석

강우 시간 경과에 대한 오염시료의 강우-유출과 저감장치 통과 후 저감시료의 비점오염원 저감효율 관계분석은 5.2.1(3)장에서 기술한 수문특성과 분석방법을 이용해 유입·유출수문곡선의 유도에 활용하였다. 그리고 현장 성능실험의 결과 분석은 제1모형을 사용하여 제1차 실험 3회와 제2모형에 의한 제2~4차 실험 10회를 합한 총 13회에 대해 이루어졌다.

① 유출과 저감효율

그림 5.16(김치곤 등, 2024)은 제2모형에 의한 비점오염원 저감장치의 제4차 성능실험 결과이다. 이는 강우지속기간에 대한 관측 시간구간별 유입하는 오염시료와 저감장치를 체류·통과 후 출구점을 유출하는 저감시료의 BOD, COD, T-N, SS에 대한 저감효율 관계곡선이다.

그림 5.16(a)는 제4차-1의 성능실험을 통해 소유역에서 유도된 유입수문곡선과 비점오염원의 저감효율 성능실험 결과로 BOD 저감효율은 평균 60.6%, COD는 평균 73.6%, T-N은 평균 29.4%, SS는 평균 74.0%로 나타났다. **그림 5.16(b)**는 제4차-2의 성능실험에서 유도된 유출수문곡선과 저감효율 관계곡선으로 BOD 저감효율은 평균 39.0%, COD는 평균 67.3%, T-N는 평균 9.5%, SS는 평균 55.2%의 저감효율을 보였다.

본 연구에서 COD와 SS는 오염물질 농도곡선의 첨두점이 수문곡선의 첨두점 보다 앞서 나타나는 형태이고, BOD와 T-N은 평상시 기저유량의 농도보다 강우 유출 시 낮은 농도 발생으로 유량 증가와 더불어 농도가 희석되는 형태를 나타냈다.

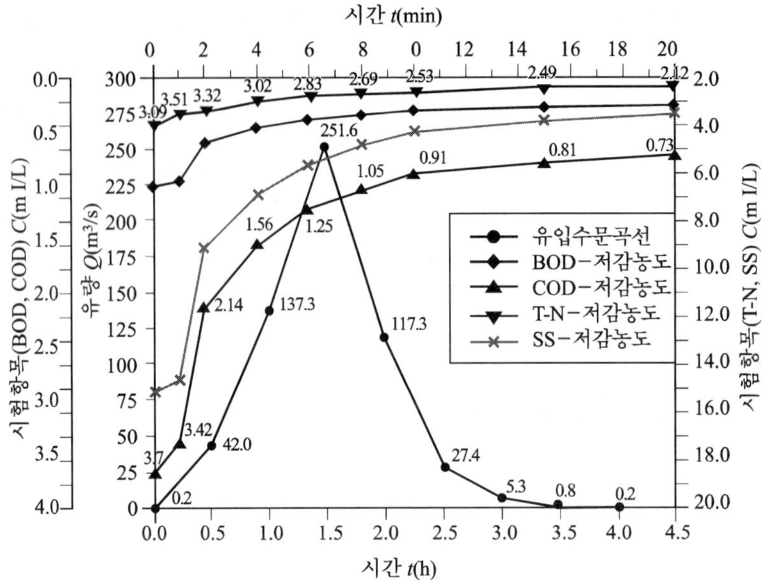

(a) 유입

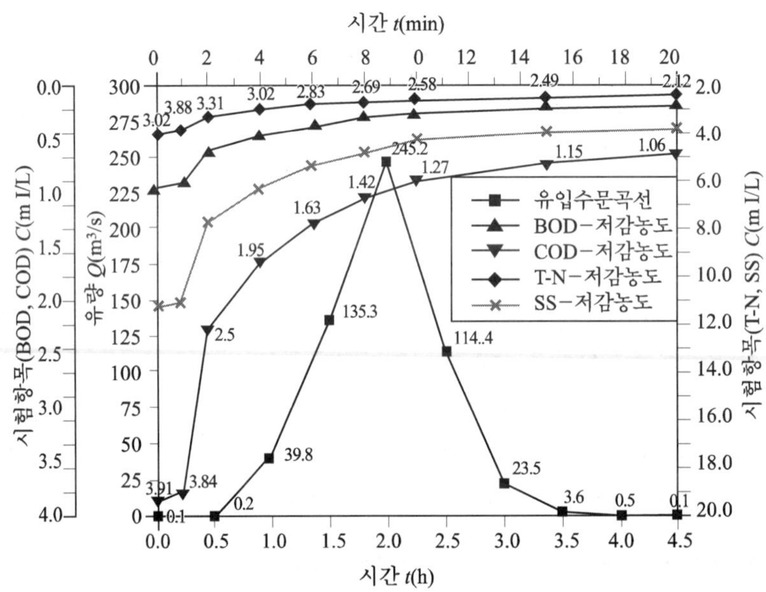

(b) 유출

그림 5.16 저감장치의 수문곡선과 농도곡선

② 성능분석

그림 5.17(a)의 겉보기 농도는 2015년 8월 13일 대전시 유성구 덕명동 왕가교에서 시료를 채취하여 제1차-1의 성능실험을 수행하였고, **그림 5.17(b)**의 겉보기 농도는 2015년 10월 5일에 대전시 유성구 장대동 징명교에서 시료를 채취하여 제2차-1의 성능실험을 수행하였다. **그림 5.17(c)**의 겉보기 농도는 2017년 8월 8일 대전시 유성구 덕명동 왕가교에서 제3차-2의 성능실험을 수행하였고, **그림 5.17(d)**의 겉보기 농도는 유입수가 실험장치를 통과·체류 후의 유출량을 분석하는 제4차-1의 성능실험을 2018년 6월 25일에 유성구 덕명동 왕가교에서 진행하였으며. 이는 유입·유출수문곡선을 유도하기 위하여 0~8분의 실험시간을 20분까지 확장하여 성능실험을 진행하였다. 겉보기 농도는 저감장치를 통과한 시간을 기준으로 원수에서 8분 시료로 갈수록 혼탁의 정도가 확연히 차이가 나는 것을 확인할 수 있는데, 0~1분 사이의 시료가 검게 보이는 것은 여재로 충전되는 활성탄의 세척 정도에 의해 나타나는 현상으로 보인다.

(a) 제1-1실험(2015.08.13.)

(b) 제2-1실험(2015.10.05.)

(c) 제3-2실험(2017.08.08.)

(d) 제4-1실험(inflow)(2018.06.25.)

그림 5.17 현장 성능실험의 겉보기 농도

그림 5.18은 현장 성능실험용 제2모형의 저감장지를 이용한 제2차 성능실험 3회의 결과이고, **그림 5.19**는 제3차 현장 성능실험 5회 중 일부의 실험결과이며, **그림 5.20**은 제4차 현장 성능실험 2회의 실험결과를 제시한 것이다.

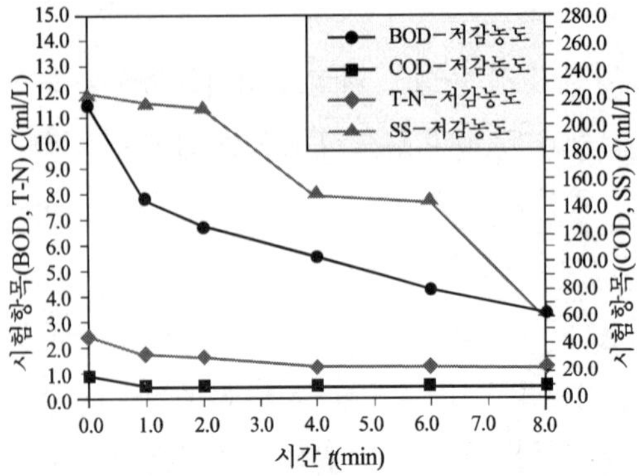

(a) 제2-1실험

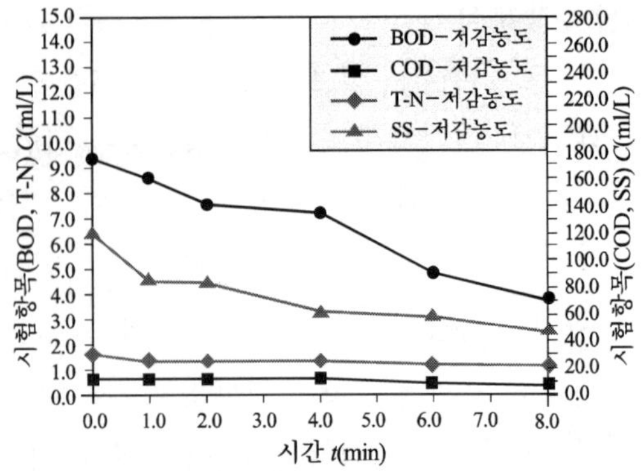

(b) 제2-2실험

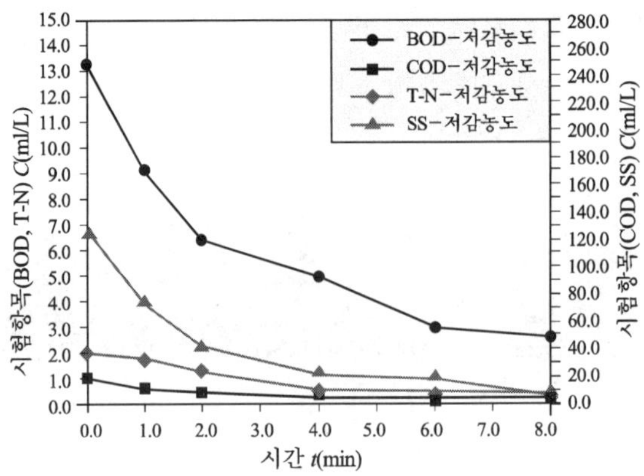

(c) 제2-3실험

그림 5.18 제2 현장 성능실험 결과

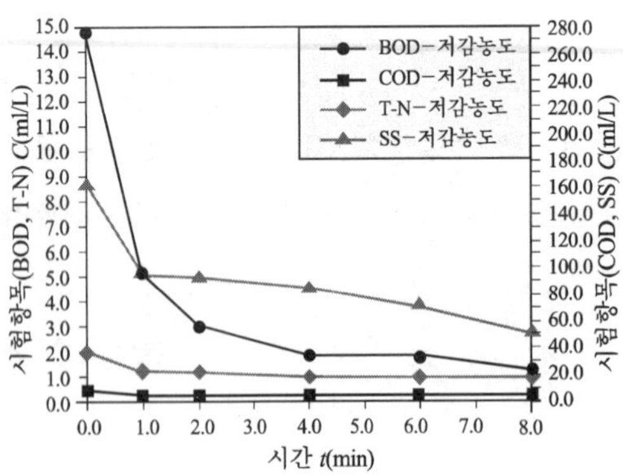

(a) 제3-1실험

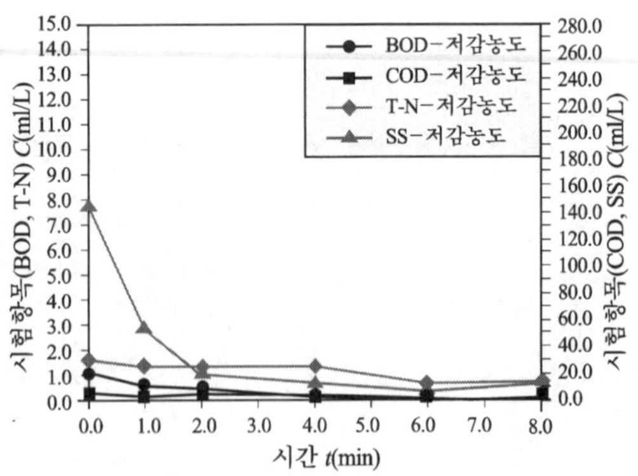

(b) 제3-3실험

그림 5.19 제3 현장 성능실험 결과

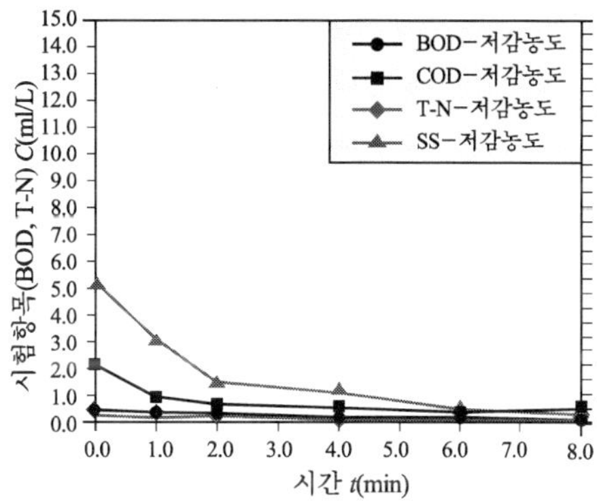

(c) 제3-5실험

그림 5.19 제3 현장 성능실험 결과(계속)

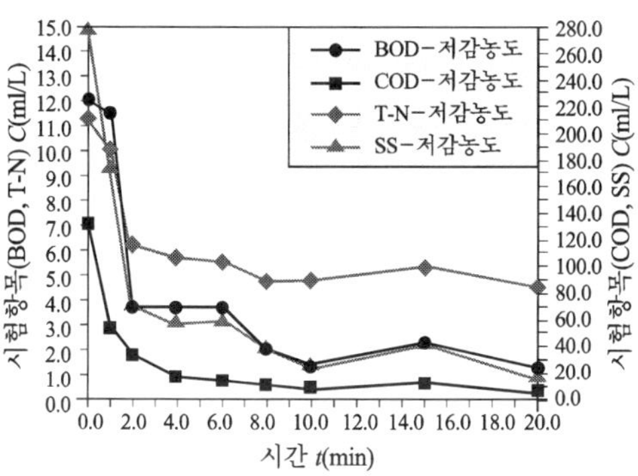

(a) 제4-1실험(유입)

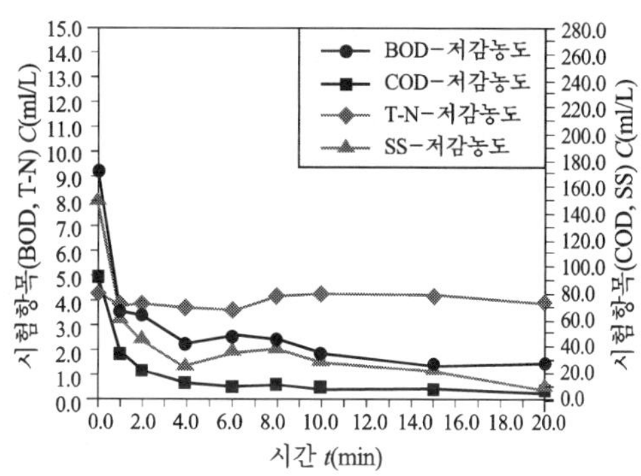

(b) 제4-2실험(유출)

그림 5.20 제4 현장 성능실험 결과

③ 종합 분석

그림 5.18(a) 제2차-1의 현장 성능실험의 결과에서 시간구간 증가에 따른 BOD의 저감효율은 87.5~38.2%로 평균 58.6%, COD는 76.4~9.8%로 평균 35.8%, T-N은 77.8~16.7%로 평균 45.1%, SS는 94.8~62.0%로 평균 75.2%의 저감효율을 보였다. 그림 5.18(b) 제2차-2의 현장 성능실험 결과에서 시간구간 증가에 따른 BOD의 저감효율은 87.8~22.9%로 평균 54.3%, COD는 90.5~18.5%로 평균 57.1%, T-N은 87.5~9.1%로 평균 35.2%, SS는 93.7~21.4%로 평균 49.7%의 저감효율을 보였다. 그림 5.18(c)의 제2차-3 현장 성능실험 결과에서 시간구간 증가에 따른 BOD의 저감효율은 90.4~13.3%로 평균 60.4%, COD는 89.5~16.7%로 평균 59.3%, T-N은 91.7~16.7%로 평균 55.6%, SS는 99.1~63.2%로 평균 82.8%를 보였다.

그림 5.19(a)의 제3차-1 성능실험 결과에서 시간구간 증가에 따른 BOD의 저감효율은 96.6~33.3%로 평균 58.0%, COD는 98.7~57.6%로 평균 66.0%, T-N은 93.5~26.7%로 평균 50.7%, SS는 95.9~31.9%로 평균 53.7%의 저감효율을 보였다. 또한 **그림 5.19(b)**의 제3차-3 성능실험 결과에서 시간구간 증가에 따른 BOD의 저감효율은 97.4~47.0%로 평균 64.9%, COD는 86.0~31.2%로 평균 59.9%, T-N은 84.9~15.8%로 평균 34.6%, SS는 89.5~24.1%로 평균 66.5%를 보였고, **그림 5.19(c)**의 제3차-5 성능실험 결과에서 시간구간 증가에 따른 BOD의 저감효율은 90.1~35.0%로 평균 60.6%, COD는 97.0~58.2%로 평균 73.6%, T-N은 60.7~16.9%로 평균 29.4%, SS는 95.1~57.0%로 평균 74.0%를 보였다.

그림 5.20(a)의 제4차-1(유입) 성능실험 결과에서 시간구간 증가에 따른 BOD 저감효율은 90.1~35.0%, COD는 97.0~58.2%, T-N은 60.7~16.9%, SS는 95.1~57.0%를 나타냈고, **그림 5.20(b)**의 제4차-2(유출) 성능실험에서 시간구간 증가에 따른 BOD 저감효율은 83.5~16.3%, COD는 95.7~67.3%, T-N은 9.5~9.5%, SS는 95.9~34.2%의 저감효율을 나타냈다.

이상에서와 같이 제2차-1~3의 현장 성능실험, 제3차-1~5의 현장 성능실험, 제4차-1(유입)~2(유출)의 현장 성능실험 결과를 종합해 보면, 저감효율은 저감장치의 통과 직후인 0~2분 사이에 큰 것으로 나타났고 이후부터 시간 경과에 따라 작아지는 것으로 나타났다. 그러므로 현장 성능실험 결과는 도로나 교량 등에 강우가 발생하여 유출이 시작될 경우, 본 연구에서 개발된 비점오염원 저감장치를 통과 한 직후인 0~2분 사이에 60~80%의 저감효율이 가능함을 알 수 있다.

그림 5.21은 이들 결과로부터 오염수의 저감장치 통과시간 t를 함수로 하는 각 시험항목별 평균저감효율 $\mathrm{BOD_{eff}}$, $\mathrm{COD_{eff}}$, $\mathrm{T-N_{eff}}$, $\mathrm{SS_{eff}}$에 관한 다음 관계식을 유도하였다.

$$\mathrm{BOD_{eff}} = 82.226t^{-0.384}\ (R^2 = 87.76) \tag{5.45a}$$

$$\mathrm{COD_{eff}} = 85.554t^{-0.381}\ (R^2 = 90.45) \tag{5.45b}$$

$$\mathrm{T-N_{eff}} = 50.468t^{-0.538}\ (R^2 = 96.67) \tag{5.45c}$$

$$\mathrm{SS_{eff}} = 90.883t^{-0.307}\ (R^2 = 92.79) \tag{5.45d}$$

제2차-1~3 성능실험의 평균저감효율은 BOD의 경우 57.8%을 보였으며 COD 50.7%, T-N 45.3%, SS 69.2%의 저감효율을 보였다. 제3차 현장 성능실험으로 총 5회 실시한 실험 결과의 평균저감효율은 BOD의 경우 58.8%을 보였으며, COD는 56.5%, T-N은 34.1%,

SS는 66.3%를 보였다. 유입·유출 수문곡선의 도출과 병행 실시한 제4차 성능실험의 평균 저감효율은 BOD의 경우 44.0%을 보였으며 COD는 63.3%, T-N은 14.3%, SS는 58.1%를 나타냈다. 이들 제2~4차 성능실험을 종합한 전체 평균저감효율은 BOD 51.9.%, COD 52.9%, T-N 31.8%, SS 65.3%로 전체적으로 약 31.8~65.3%의 저감효율을 보이는 것으로 나타났다. 이 결과에서 저감장치의 비점오염원 저감효율은 제2~4차 성능실험 평균시간구간별 분석에서 저감장치 통과 후 0~2분 사이의 BOD 78.4%, COD 78.1%, T-N 50.4%, SS 85.0%로 나타났다. 따라서 본 연구에서 개발된 저감장치는 국립환경연구원(National Institute of Environmental Research) (2017)에서 제시한 비점오염 저감시설 중 여과형 저감시설로 BOD 50%, T-N 46% 이상의 저감효율에 대한 일정기준을 충족시키므로 실무에 활용할 수 있을 것이다.

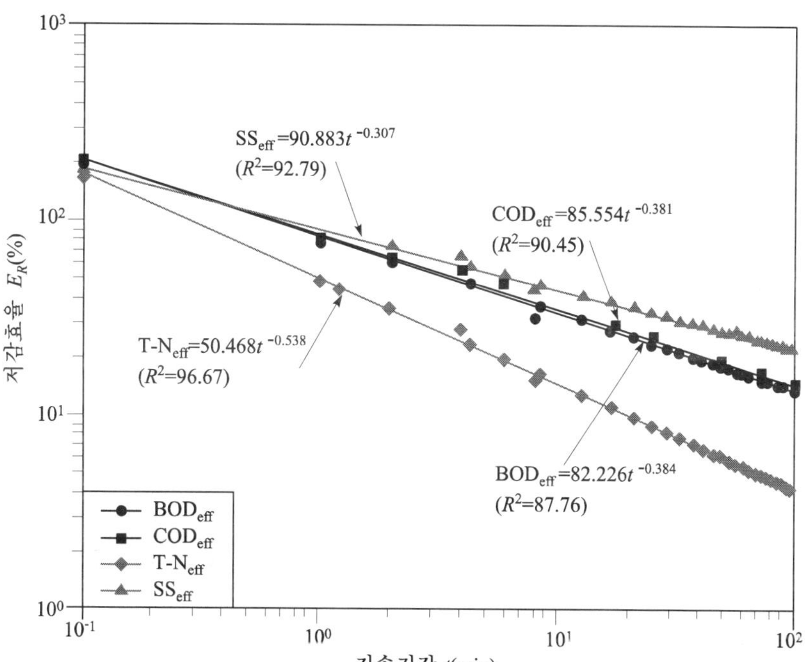

그림 5.21 저감장치에 대한 성능실험 결과의 회귀 방정식 유도

(5) 결론

본 연구는 도시·산업지역의 비교적 넓은 불투수 지역뿐만 아니라 좁은 지역의 도로·교량이 통과되는 하천유역에서 발생되는 비점오염원을 초기우수로부터 저감시킴으로써 하천수질의 오염을 줄일 수 있는 저감장치를 개발·실용화하기 위해 현장 성능실험을 수행한 결과

다음과 같은 결론을 얻었다.

① 본 연구에서 개발한 비점오염원 저감장치의 총 현장 성능실험 자료에 대한 각 시간구간별 평균치 분석결과는 저감장치 통과 후 1분 이내에 BOD 78.4%, COD 78.1%, T-N 50.4%, SS 85.0%로 저감되는 것으로 나타났다. 이는 국립환경과학원에서 제시한 비점오염 저감시설의 여과형 저감효율 부문의 조건을 충족시키는 것으로 실무에 활용할 수 있을 것이다.
② 비점오염원 저감장치의 제2~4차 현장 성능실험에서 저감장치를 통과하는 각 시간 구간별 시험항목 BOD, COD, T-N, SS의 저감효율은 회귀분석을 이용하여 오염수의 저감장치 통과시간을 함수로 하는 식 (5.45)의 관계식을 유도하였다.
③ 비점오염원 저감장치의 현장 성능실험용 모형 제작을 위한 선행연구는 여러 조건의 여재 구성안을 갖는 실험용 필터의 저감효율 평가로부터 최적인 여재 구성안을 결정하여 BOD 68.5%, COD 56.4%, T-N 63.5%의 저감효율을 얻었으며, 이 결과를 기초로 하는 여재를 구성하여 현장 성능실험에 활용하였다.

5.2.2 수도

본 소절(subsection)에서 **수도 (설계기준)**는 **표 5.13(a)**의 **상수도설계기준**(KDS 57 00 00 : 2022)(시행 2022. 2. 17., 환경부고시 제2022-41호, 2022. 2. 17., 일부개정)(법제처, 2024d)과 **표 5.13(b)**의 **하수도 설계기준**(KDS 61 00 00: 2022c)(시행 2022. 2. 17., 환경부고시 제2022-41호, 2022. 2. 17., 일부개정)(법제처, 2024k)을 약칭한다.

표 5.13 수도설계기준

(a) 상수도설계기준 목차

코드번호	내용	비고
KDS 57 10 00	상수도설계 일반사항	
KDS 57 17 00	상수도 내진설계	
KDS 57 31 00	상수도 기계·전기·계측 제어설비 설계기준	
KDS 57 40 00	상수도 수원과 저수시설 설계기준	
KDS 57 45 00	상수도 취수시설 설계기준	5.2.2(1)②
KDS 57 50 00	상수도 도수시설 설계기준	
KDS 57 55 00	상수도 정수시설 설계기준	
KDS 57 60 00	상수도 송수시설 설계기준	
KDS 57 65 00	상수도 배수시설 설계기준	
KDS 57 70 00	상수도 급수시설 설계기준	

표 5.13 수도설계기준(계속)

(b) 하수도설계기준 목차

코드번호	내용	비고
KDS 61 10 00	하수도설계 일반사항	
KDS 61 15 00	하수도 내진설계	
KDS 61 31 05	전기·계측·제어설비 설계기준	
KDS 61 40 00	관로시설 설계기준	5.2.2(2)②
KDS 61 45 00	펌프장시설 설계기준	
KDS 61 50 00	수처리시설 설계기준	
KDS 61 55 00	찌꺼기(슬러지)처리시설 설계기준	
KDS 61 60 00	분뇨처리시설 설계기준	
KDS 61 90 05	일반관리시설 및 설계 시 고려사항	

(1) 상수도

상수도에서는 상수도 관련 주요 용어의 정의(법제처, 2024d)와 **표 5.13**(a)의 상수도설계기준(KDS 57 00 00 : 2022)(환경부, 2024b) 중 상수도 취수시설 설계기준(KDS 57 45 00; 2022)(환경부, 2024c)에 대해서만 설명한다.

① 용어

수도법(시행 2024. 7. 17., 법률 제20036호, 2024. 1. 16., 일부개정)(법제처, 2024e) 제3조(정의)에서 사용하는 용어의 뜻은 다음과 같다. 〈개정 2008. 2. 29., …, 2020. 5. 26.〉

- "원수(原水)"란 음용(飮用)·공업용 등으로 제공되는 자연 상태의 물을 말한다. 다만, 「농어촌정비법」 제2조제3호에 따른 농어촌용수는 제외하되 가뭄 등의 비상 시 대통령령으로 정하는 바에 따라 환경부장관이 농림축산식품부장관 또는 해양수산부장관과 협의하여 원수로 사용하기로 한 경우에는 원수로 본다.
- "**상수원**"이란 음용·공업용 등으로 제공하기 위하여 취수시설(取水施設)을 설치한 지역의 하천·호소(湖沼)·지하수·해수(海水) 등을 말한다.
- "광역상수원"이란 둘 이상의 지방자치단체에 공급되는 상수원을 말한다.
- "정수(淨水)"란 원수를 음용·공업용 등의 용도에 맞게 처리한 물을 말한다.
- "**수도**"란 관로(管路), 그 밖의 공작물을 사용하여 원수나 정수를 공급하는 시설의 전부를 말하며, 일반수도·공업용수도 및 전용수도로 구분한다. 다만, 일시적인 목적으로 설치

된 시설과 「농어촌정비법」 제2조제6호에 따른 농업생산기반시설은 제외한다.

- "**일반수도**"란 광역상수도·지방상수도 및 마을상수도를 말한다.
- "광역상수도"란 국가·지방자치단체·한국수자원공사 또는 환경부장관이 인정하는 자가 둘 이상의 지방자치단체에 원수나 정수를 공급(제43조제4항에 따라 일반 수요자에게 공급하는 경우를 포함한다)하는 일반수도를 말한다. 이 경우 국가나 지방자치단체가 설치할 수 있는 광역상수도의 범위는 대통령령으로 정한다.
- "**지방상수도**"란 지방자치단체가 관할 지역주민, 인근 지방자치단체 또는 그 주민에게 원수나 정수를 공급하는 일반수도로서 광역상수도 및 마을상수도 외의 수도를 말한다.
- "**마을상수도**"란 지방자치단체가 대통령령으로 정하는 수도시설에 따라 100명 이상 2천500명 이내의 급수인구에게 정수를 공급하는 일반수도로서 1일 공급량이 20세제곱미터 이상 500세제곱미터 미만인 수도 또는 이와 비슷한 규모의 수도로서 특별시장·광역시장·특별자치시장·특별자치도지사·시장·군수(광역시의 군수는 제외한다)가 지정하는 수도를 말한다.
- "**공업용수도**"란 공업용수도사업자가 원수 또는 정수를 공업용에 맞게 처리하여 공급하는 수도를 말한다.
- "전용수도"란 전용상수도와 전용공업용수도를 말한다.
- "전용상수도"란 100명 이상을 수용하는 기숙사·사택·요양소, 그 밖의 시설에서 사용되는 자가용의 수도와 수도사업에 제공되는 수도 외의 수도로서 100명 이상 5천 명 이내의 급수인구(학교·교회 등의 유동인구를 포함한다)에 대하여 원수나 정수를 공급하는 수도를 말한다. 다만, 다른 수도에서 공급되는 물만을 상수원으로 하는 것 중 일일 급수량과 시설의 규모가 대통령령으로 정하는 기준에 못 미치는 것은 제외한다.
- "전용공업용수도"란 수도사업에 제공되는 수도 외의 수도로서 원수 또는 정수를 공업용에 맞게 처리하여 사용하는 수도를 말한다. 다만, 다른 수도에서 공급되는 물만을 상수원으로 하는 것 중 일일 급수량과 시설의 규모가 대통령령으로 정하는 기준에 못 미치는 것은 제외한다.
- "**소규모급수시설**"이란 주민이 공동으로 설치·관리하는 급수인구 100명 미만 또는 1일 공급량 20세제곱미터 미만인 급수시설 중 특별시장·광역시장·특별자치시장·특별자치도지사 · 시장 · 군수(광역시의 군수는 제외한다)가 지정하는 급수시설을 말한다.
- "수도시설"이란 원수나 정수를 공급하기 위한 취수(取水)·저수(貯水)·도수(導水)·정수(淨水)·송수(送水)·배수시설(配水施設), 급수설비, 그 밖에 수도에 관련된 시설을 말한다.
- "**수도사업**"이란 일반 수요자 또는 다른 수도사업자에게 수도를 이용하여 원수나 정수를

공급하는 사업을 말하며, 일반수도사업과 공업용수도사업으로 구분한다.

- "일반수도사업"이란 일반 수요자 또는 다른 수도사업자에게 일반수도를 사용하여 원수나 정수를 공급하는 사업을 말한다.
- "공업용수도사업"이란 일반 수요자 또는 다른 수도사업자에게 공업용수도를 사용하여 원수나 정수를 공급하는 사업을 말한다.
- "수도사업자"란 일반수도사업자와 공업용수도사업자를 말한다.
- "일반수도사업자"란 제17조제1항에 따른 일반수도사업의 인가를 받아 경영하는 자를 말한다.
- "공업용수도사업자"란 제49조제1항에 따른 공업용수도사업의 인가를 받아 경영하는 자를 말한다.
- "**급수설비**"란 수도사업자가 일반 수요자에게 원수나 정수를 공급하기 위하여 설치한 배수관으로부터 분기(分岐)하여 설치된 급수관(옥내급수관을 포함한다)·계량기·저수조(貯水槽)·수도꼭지, 그 밖에 급수를 위하여 필요한 기구(器具)를 말한다.
- "**수도공사**"란 수도시설을 신설·증설 또는 개조하는 공사를 말한다.
- "수도시설관리권"이란 수도시설을 유지·관리하고 그로부터 생산된 원수 또는 정수를 공급받는 자에게서 요금을 징수하는 권리를 말한다.
- "갱생(更生)"이란 관(管) 내부의 녹과 이물질을 제거한 후 코팅 등의 방법으로 통수(通水)기능을 회복하는 것을 말한다.
- "**정수시설운영관리사**"란 정수시설의 운영과 관리 업무를 수행하는 자로서 제24조에 따른 자격을 취득한 자를 말한다.
- "상수도관망시설운영관리사"란 상수도관망 및 그 부속시설(이하 "상수도관망시설"이라 한다)의 운영과 관리 업무를 수행하는 사람으로서 제25조의2에 따른 자격을 취득한 사람을 말한다.
- "물 사용기기"란 급수설비를 통하여 공급받는 물을 이용하는 기기로서 전기세탁기와 식기세척기를 말한다.
- "절수설비(節水設備)"란 물을 적게 사용하도록 환경부령으로 정하는 기준에 맞게 제작된 수도꼭지 및 변기 등 환경부령으로 정하는 설비를 말한다.
- "절수기기"란 물을 적게 사용하기 위하여 수도꼭지 및 변기 등 환경부령으로 정하는 설비에 환경부령으로 정하는 기준에 맞게 추가로 장착하는 기기를 말한다.
- "**해수담수화시설**"이란 정수를 공급하기 위하여 해수 또는 해수가 침투하여 염분을 포함한 지하수를 취수하여 담수화하는 수도시설을 말한다.

② 취수시설

취수시설에서는 상수도 취수시설 설계기준(KDS 57 45 00 : 2022)(환경부, 2024c)을 다룬다.

---

1. 일반사항

1.1 목적 : 내용 없음

1.2 적용 범위 : 내용 없음

1.3 참고기준 : 내용 없음

1.4 용어의 정의 : 내용 없음

1.5 기호의 정의 : 내용 없음

1.6 기본사항

상수원으로 이용되는 물은 하천수, 복류수, 호소수, 지하수(표층, 심층), 해수, 강변여과수로 구분된다. 어느 쪽의 경우라도 취수시설은 가능한 한 양질의 원수를 안정되게 취수할 수 있어야 하고 또한 유지관리가 용이하도록 고려해야 한다.

하천의 취수시설은 하천설계기준의 KDS 51 40 05 하천 보, KDS 51 40 15 하천 취수시설, KDS 51 60 20 하천 하상유지시설과 연계하여 검토한다.

1.6.1 확실한 취수

취수시설은 수원의 종류에 관계없이 연간을 통하여 계획취수량을 확실하게 취수할 수 있도록 해야 한다. 수원이 지표수인 경우에는 홍수 시나 갈수 시에도 안정적으로 취수할 수 있어야 한다. 특히 하천인 경우에는 홍수 시의 유목이나 잡초 등 유하물이 취수구를 막아서 취수불능으로 되는 경우가 있다. 또한 홍수 시의 전석(轉石 : 암반에서 떨어져 굴러 내려온 돌 또는 흐르는 물에 떠내려 온 돌)이나 토사퇴적으로 취수에 지장을 주는 경우도 있으며, 강바닥의 세굴에 의한 하천수위의 저하가 갈수 시에는 취수에 영향을 미친다. 수원이 지하수인 경우에는 지하수를 과잉으로 양수하면 지하수위가 비정상적으로 저하되어 취수량이 감소되는 경우가 있으며, 부압지하수(不壓地下水 : 자유지하수)인 경우에는 갈수 시에 수위가 저하되어서 필요한 취수량을 취수하지 못하는 경우도 있다.

특히, 기후변화에 따른 가뭄이나 홍수 등에 대비하여 주변 수원과 연계, 비상상수원 확보 등의 방법으로 수원의 다계통화를 고려하여 계획취수량 확보 여부를 검토하여야 한다.

취수시설을 설치할 때에는 이러한 점에 유의하여 계획취수량을 확실하게 취수할 수 있는 지점과 적절한 취수방법을 선정해야 한다.

1.6.2 양호한 원수의 확보

취수시설은 원수로서 수질이 양호해야 하며 장래에도 오염될 우려가 없는 지점에 설치해야 한다. 따라서 취수시설은 하수나 기타 오수의 유입지점 부근이나 하류를 피해야 하며, 또한 해수의 영향을 받지 않는 지점에 설치해야 한다.

이 때문에 공장, 하수처리장, 분뇨처리장, 폐기물처리장, 양돈장 등 오염원이 되는 시설을 조사하고, 현재의 상황과 장래의 환경변화로 수질에 영향을 미칠 가능성을 충분히 검토해야 한다. 또 수질사고를 신속하게 발견하기 위해서는 관계자 간의 비상연락망을 정비해 두어야 한다.

특히, 취수원의 고농도 조류, 탁도 등 비상시에 대비하여 전처리시설을 설치 할 수 있다.

1.6.3 재해 및 환경 대책

취수시설은 재해와 사고 등 비상시에도 취수의 영향이 최소화될 수 있는 곳에 설치하고, 수원의 다원화나 취수시설을 포함한 상수도시설의 다계통화를 고려한다.

취수시설을 설치할 경우, 주변 환경에 대한 영향을 충분히 조사하여 자연환경보전에 노력하며, 에너지 절약 등 환경대책을 고려한다. 특히 하천의 경우, 취수지점을 상류에 설치함으로서 에너지절약 효과를 기대할 수 있다.

1.6.4 유지관리의 용이성

취수시설은 홍수 시 등의 악조건에서도 유지관리가 안전하고 용이하게 할 수 있어야 한다. 또 비상시뿐만 아니라 시설을 점검할 때에라도 취수를 정지할 수 있도록 대비해야 한다. 또한 장래에 시설을 확장할 때에 새로운 용지취득이나 공사가 대규모로 되지 않도록 미리부터 장래의 확장을 대비한 구조로 하는 것 등을 고려해야 한다.

1.7 계획취수량

계획취수량은 계획1일최대급수량을 기준으로 하며, 기타 필요한 작업용수를 포함한 손실수량 등을 고려한다.

1.8 취수시설의 선정

취수시설은 수원의 종류에 따라 취수지점의 상황과 취수량의 대소 등을 고려하여 취수보, 취수탑, 취수문, 취수관거, 취수틀, 집수매거, 얕은 우물, 깊은 우물 중에서 가장 적절한 것을 선정한다.

1.9 취수시설의 개량과 갱신

취수시설을 개량하거나 갱신할 때에는 다음 각 항에 따른다.

(1) 지표수의 취수시설은 장기간에 걸쳐 그 기능을 유지하도록 토목 및 건축 구조물과 기계, 전기, 계측제어설비 등 부속설비의 기능과 특성을 고려하여 설계한다.

(2) 지하수의 취수시설은 일반적으로 시간이 경과됨에 따라 스크린 등이 막힘으로써 양수능력이 저하된다. 또한 주변 환경의 변화에 따라 수위가 저하되거나 수질이 악화되는 경우가 있으므로 항상 양질이면서 필요량을 취수하기 위하여 기능을 적정하게 유지하도록 시설을 보전하고 갱신한다.

따라서 취수시설을 설치할 때에는 데이터 등에 의하여 시설개량이나 시설갱신을 계획적으로 시행할 수 있도록 필요한 계측설비를 설치하고 또한 시설개량이나 갱신이 가능한 한 용이한 구조로 해야 한다.

2. 조사 및 계획 : 내용 없음

3. 재료 : 내용 없음

4. 설계

4.1 표류수의 취수

4.1.1 총칙

4.1.1.1 취수시설의 구조 및 설치장소

취수시설은 예상되는 하중에 대하여 구조가 안전하고 홍수 시나 갈수 시라도 계획취수량을 안정적으로 취수할 수 있도록 해야 한다. 하천수나 호소수 및 댐물 등의 표류수를 수원으로 하는 취수시설에서는 하천법 제28조 및 제33조의 허가를 받아 설치되는 공작물(이하 허가공작물이라고 한다.)로 취급된다. 취수시설을 설치할 때에는 구조 및 설치장소 등을 사전에 하천관리자와 협의하여 적절한 것으로 설치해야 한다.

4.1.1.2 취수시설의 설비

취수시설에는 안정된 취수를 확보하기 위한 수위·수량측정설비 외에 필요에 따라 수질감시설비(독성감시생물조, 탁도, 수온, pH, 알칼리도, 망간 등 정수처리에 필요한 수질항목 자동측정기, 조류의 종류별 양과 클로로필-a를 측정할 수 있는 조류번식상태를 추정하는 설비 등)를 설치한다. 필요에 따라 수표면에 조류유입 차단막이나 분말활성탄 투입설비 등 수처리시설을 설치한다. 또한 취수시설은 위험방지 및 오염방지를 위하여 울타리 등을 설치하여 일반인의 시설 내에 출입을 금지해야 하며 폐쇄회로TV(CCTV), 확성기 등을 설치하는 등의 조치를 강구해야 한다.

호소수 또는 댐물을 직접 취수하는 경우에는 성층현상 등에 의하여 수심에 따라 계절적으로 망간 등 수질이 변동하며 또한 표층부근에 각종 미생물이나 조류가 발생한다거나 홍수 시에 탁도가 증가하며 수심에 따라 수온이 현저하게 다른 경우가 있으므로 양질의 물을 선택하여 취수할 수 있도록 깊이에 따른 취수구를 배치하는 것이 필요하다.

4.1.2 취수 예정지점에서의 조사

취수예정시섬 및 그 수변에서 다음 사항에 대하여 조사한다.

(1) 유량 및 수위 등의 하천 상황

(2) 하천정비기본계획 등

(3) 이수 상황

(4) 지형 및 지질

(5) 수질 등

(6) 환경영향

4.1.3 취수지점의 선정

취수지점은 다음 각 항을 고려하여 선정한다.

(1) 계획취수량을 안정적으로 취수할 수 있어야 한다.

(2) 장래에도 양호한 수질을 확보할 수 있어야 한다.

(3) 구조상의 안정을 확보할 수 있어야 한다.

(4) 하천관리시설 또는 다른 공작물에 근접하지 않아야 한다.

(5) 하천개수계획을 실시함에 따라 취수에 지장이 생기지 않아야 한다.

(6) 기후변화에 대비 갈수 시와 비상시 인근의 취수시설의 연계 이용 가능성을 파악한다.

4.2 취수보

4.2.1 총칙

취수보는 하천에 보를 쌓아올려서 계획수위를 확보함으로써 안정된 취수를 가능하도록 하기 위하여 하천을 횡단하여 만들어지는 시설이고, 인양식(lifting) 수문 또는 기복식(shutter) 수문 등으로 이루어진 보의 본체와 취수구로 이루어진다.

취수보는 비교적 대량으로 취수하는 경우, 농업용수 등의 다른 이수와 합동으로 취수하는 경우, 하천의 유황이 불안정한 경우, 개발이 진행되고 있는 하천 등으로 정확한 취수조정을 필요로 하는 경우 등에 적합하다. 보는 통상 하천수위를 조정하는 것이며 유수를 저류함으로써 유량을 조절하는 경우는 적다.

취수보는 보를 쌓아올리는 것에 의하여 하천의 유속이 작아지기 때문에 결빙의 영향을 받기 쉬우므로 취수구의 구조 등에 관하여 고려해야 한다.

하구둑은 조수의 저지효과에 의하여 담수를 취수하기 위하여 하구 가까이에 설치되는 취수보의 일종으로, 대규모의 하구둑은 저류효과를 갖게 하고 유량을 조절하며 신규수리를 개발하도록 하고 있다.

보는 구조상의 분류로 가동보와 고정보로 나누어지고, 수문에 의하여 수위를 조절할 수 있는 것을 가동보, 조절할 수 없는 것을 고정보라고 한다.

고정보는 홍수 시의 흐름에 미치는 영향이 크기 때문에 이러한 보를 설치하는 것은 엄격하게 규제되고 있다.

취수보의 경우 KDS 51 40 05 하천보 및 KDS 51 60 20 하천 하상유지시설과 연계하여 검토한다.

4.2.2 위치와 구조

취수보의 위치와 구조는 다음 사항을 고려하여 결정해야 한다.

(1) 유심이 취수구에 가까우며 안정되고 홍수에 의한 하상변화가 적은 지점으로 한다.
(2) 원칙적으로 홍수의 유심방향과 직각의 직선형으로 가능한 한 하천의 직선부에 설치한다.
(3) 침수 및 홍수 시의 수면상승으로 인하여 상류에 위치한 하천공작물 등에 미치는 영향이 적은 지점에 설치한다.
(4) 가동보의 상단 높이는 계획하상높이, 현재의 하상높이 및 장래의 하상변동 등을 고려하여 유수소통에 지장이 없는 높이로 한다.
(5) 원칙적으로 철근콘크리트구조로 한다.

4.2.3 가동보

가동보는 다음 각 항에 따른다.

(1) 계획취수위의 확보, 유심의 유지, 토사의 배제, 홍수의 소통 등의 기능을 충분히 할 수 있어야 한다.
(2) 유심을 유지하고 원활한 취수를 가능하게 하기 위하여 배사문(排砂門)을 설치한다.
(3) 홍수의 유하에 대비하여 홍수배출구(spillway)를 설치한다.
(4) 수문은 원칙적으로 강구조로 한다.

4.2.4 보의 높이

취수보의 높이는 계획취수량을 확실하게 취수할 수 있도록 정한다.

4.2.5 물받이

(1) 월류수 또는 수문의 일부 개방에 의한 강한 수류에 의하여 보의 하류가 세굴되는 것을 방지하기 위하여 물받이(apron)를 설치한다.
(2) 하류면의 물받이는 양압력에 견딜 수 있는 구조로 한다.

4.2.6 바닥보호공

(1) 원칙적으로 물받이의 상하류에 바닥보호공을 설치한다.

(2) 바닥보호공의 구조는 원칙적으로 유연성을 갖는 것으로 한다.

4.2.7 취수구

취수구의 구조는 다음 각 항에 따른다.

(1) 계획취수량을 언제든지 취수할 수 있고 취수구에 토사가 퇴적되거나 유입되지 않으며 또한 유지관리가 용이해야 한다.
(2) 높이는 배사문(排砂門)의 바닥높이보다 0.5~1.0m 이상 높게 한다.
(3) 유입속도는 0.4~0.8m/s를 표준으로 한다.
(4) 폭은 바닥높이와 유입속도를 표준치의 범위로 유지하도록 결정한다.
(5) 제수문의 전면에는 스크린을 설치한다.
(6) 지형이 허용하는 한 취수유도수로를 설치한다.
(7) 계획취수위는 취수구로부터 도수기점까지의 손실수두를 계산하여 결정한다.

4.2.8 부대설비

취수보에는 필요에 따라 관리교, 어도, 배의 통항, 유목로, 갑문, 경보설비 등을 설치한다.

4.2.9 방조제

(1) 해수가 역류할 가능성이 있는 곳에는 방조제를 설치한다.
(2) 방조제의 높이는 현지의 최고조수위 이상으로 한다.

4.3. 취수탑

4.3.1 총칙

취수탑은 하천, 호소, 댐의 내에 설치된 탑모양의 구조물로 측벽에 만들어진 취수구에서 직접 탑 내로 취수하는 시설이다. 일반적으로 다단수문형식의 취수구를 적당히 배치한 철근콘크리트구조이다. 호소나 댐에서 특히 수심이 깊은 경우에는 철골구조의 부자(float)식의 취수탑이 적당한 경우도 있다. 갈수 시에도 일정이상의 수심을 확보할 수 있으면, 취수탑은 연간의 수위변화가 크더라도 하천이나 호소, 댐에서의 취수시설로서 알맞고 또한 유지관리도 비교적 용이하다. 더욱이 제내지에의 도수는 자연유하 외에 펌프에 익하여 압송할 수 있기 때문에 제내지의 지형에 제약을 받지 않는 이점도 있다.

또 한랭지에서는 결빙 등에 의하여 취수가 곤란하게 되는 경우가 있으므로 탑의 설치위치나 취수구의 배치 등에 관하여 고려하고 유지관리에 유의해야 한다.

취수탑은 하천설계기준 KDS 51 40 15 하천 취수시설과 연계한다.

4.3.2 위치 및 구조

취수탑의 위치와 구조는 다음 각 항에 따른다.

(1) 연간을 통하여 최소수심이 2m 이상으로 하천에 설치하는 경우에는 유심이 제방에 되도록 근접한 지점으로 한다.

(2) 우물통침하(井筒沈下)공법으로 설치하는 취수탑은 그 하단에 강판제의 커브슈 (curb-shoe)를 부착하고 철근콘크리트의 벽을 두껍게 하고 배력철근을 충분히 배치한다.

(3) 세굴이 우려되는 경우에는 돌이나 또는 콘크리트공 등으로 탑주위의 하상을 보강(補强, for stabilizing)한다.

(4) 수면이 결빙되는 경우에는 취수에 지장을 미치지 않는 위치에 설치한다.

4.3.3 형상 및 높이

취수탑의 형상 및 높이는 다음 각 항에 따른다.

(1) 취수탑의 횡단면은 환상으로서 원형 또는 타원형으로 한다. 하천에 설치하는 경우에는 원칙적으로 타원형으로 하며 장축방향을 흐름방향과 일치하도록 설치한다.

(2) 취수탑의 내경의 결정은 계획취수량을 취수하기 위한 적절한 취수구의 크기 및 배치를 고려하되 구조적 검토를 통해 시설물의 안전을 확인하여야 한다.

(3) 취수탑의 상단 및 관리교의 하단은 하천, 호소 및 댐의 계획최고수위보다 높게 한다.

4.3.4 취수구

취수탑의 취수구는 다음 각 항에 따른다.

(1) 계획최저수위인 경우에도 계획취수량을 확실히 취수할 수 있는 설치위치로 한다.

(2) 단면형상은 장방형 또는 원형으로 한다.

(3) 전면에는 협잡물을 제거하기 위한 스크린을 설치해야 한다.

(4) 취수탑의 내측이나 외측에 슬루스게이트(제수문), 버터플라이밸브 또는 제수밸브 등을 설치한다.

(5) 수면이 결빙되는 경우에도 취수에 지장을 주지 않도록 유의한다.

4.3.5 부대설비

취수탑에는 관리교, 조명설비, 유목제거기, 협잡물제거설비 및 피뢰침을 설치한다.

4.4 취수문

4.4.1 총칙

취수문은 하천의 표류수나 호소의 표층수를 취수하기 위하여 물가에 만들어지는 취수시설로서 취수문을 지나서 취수된 원수는 접속되는 터널 또는 관로 등에 의하여 도수된다.

일반적으로 구조는 문(門)모양이고 철근콘크리트제로 하며 각형 또는 말발굽형 등의 유입구에 취수량을 조정하기 위한 수문 또는 수위조절판을 설치하고 그 전면에는 유목 등의 유입을 방지하기 위하여 스크린을 부착한다.

취수문은 수위 및 하상 등이 안정된 지점에서 중소량의 취수에 알맞고 유지관리도 비교적 용이하다. 또 한랭지에서는 결빙 등에 의하여 취수할 수 없는 사태로 되지 않도록 고려해야 한다.

4.4.2 위치 및 구조

취수문의 위치와 구조는 다음 각 항에 따른다.

(1) 양질이고 견고한 지반에 설치한다.
(2) 수문의 크기를 결정할 때에는 모래나 자갈의 유입을 가능한 한 적게 되는 유속으로 한다.
(3) 문설주(gate post)에는 수문 또는 수위조절판을 설치하고, 문설주의 구조는 철근콘크리트를 원칙으로 한다.
(4) 적설, 결빙 등으로 수문의 개폐에 지장이 일어나지 않도록 한다.
(5) 수문의 전면에는 스크린을 설치한다.

4.4.3 게이트식 수문

게이트식 수문은 다음 사항에 따른다.

(1) 하천이 고수위이더라도 확실히 개폐할 수 있고 수밀성을 갖는 구조로 한다.
(2) 동력으로 개폐하는 장치인 경우에는 수동으로도 개폐할 수 있는 구조로 한다.
(3) 모래나 자갈이 유입될 우려가 있는 경우에는 수문의 상류에 수위조절판을 설치한다.

4.4.4 수위조절판식 수문

수위조절판식 수문은 다음 각 항에 따른다.

(1) 수압과 퇴적토사의 압력에 대하여 충분한 강도와 수밀성을 확보하여야 하며, 또 목제인 경우에는 부상되지 않도록 고려해야 한다.
(2) 1문의 크기는 조작의 난이도를 고려하여 정한다.

4.4.5 침사시설

취수문과 침사지간의 수로가 긴 경우에는 필요에 따라 취수문에 근접하여 침사시설(sand pit)을 설치하며 침전된 모래를 쉽게 제거할 수 있는 구조로 한다.

4.4.6 취수문 스크린의 구조

스크린(screen)은 협잡물, 유목, 유빙 등의 유입을 방지하기 위하여 취수문의 상류 측에 충분한 크기로 경사지게 설치하며, 가능하면 취수문 전방에 부상식 스크린을 설치하여 하천에 부유하는 비닐, 유목 등의 유입을 억제하도록 한다.

4.4.7 취수문의 크기와 유입속도

취수문을 통한 유입속도가 0.8m/s 이하가 되도록 취수문의 크기를 정한다.

4.5. 취수관거

4.5.1 총칙

취수관거는 그 취수구를 제방법선에 직각으로 설치하고 직접 관거 내로 표류수를 취수하여 자연유하로 제내지에 도수하는 시설이다. 유황이 안정되고 유량변화가 적은 하천에서의 취수에 알맞다. 또한 유지관리가 비교적 용이하다. 그러나 하상변동이 크고 유심이 불안정한 하천에서는 하천 상황의 영향을 받기 쉽고 취수구가 매몰되거나 세굴에 의한 관거 노출 등의 우려가 있다. 이 때문에 시설의 설치위치를 선정할 때에 유의해야 하며 하상 및 고수위부의 세굴방지에 관하여 적절하게 고려해야 한다. 또 홍수 등에 의하여 쓰레기가 다량 유입되면 취수구가 막혀서 계획수량을 취수할 수 없기 때문에 이에 대한 방지대책이 요구된다.

한랭지인 경우에는 결빙이나 적설로 취수가 곤란하게 될 우려가 있는 곳에서는 취수구의 설치위치나 구조 등에 관하여 배려해야 하고 그 방지대책이나 유지관리에 유의한다.

4.5.2 취수구

취수구는 다음의 각 항에 따른다.

(1) 철근콘크리트구조로 한다.
(2) 설치높이는 장래의 하상변동을 고려하여 결정한다.
(3) 전면에 수위조절판이나 스크린을 설치한다.
(4) 원칙적으로 관거의 상류부에 제수문 또는 제수밸브를 설치한다.
(5) 필요에 따라 유사시설을 설치한다.

4.5.3 관거의 구조

관거는 다음 각 항에 따른다.

(1) 관거에 작용하는 내압 및 외압에 견딜 수 있는 구조로 한다.
(2) 관거를 제외지에 부설하는 경우에 원칙적으로 계획고수부지고에서 2m 이상 깊게 매설한다.
(3) 관거가 제방을 횡단하는 경우에는 원칙적으로 유연(柔軟)한 구조로 한다. 또 비상시에 지수가 확실하고 용이하게 이루어지도록 원칙적으로 제수밸브 등을 설치한다.
(4) 시공한 다음 제방에 영향을 주지 않도록 제방법면의 보호공을 설치한다.
(5) 사고 등에 대비하기 위하여 가능한 한 2열 이상으로 부설한다.

4.6 취수틀

4.6.1 총칙

취수틀(intake cribs)은 하천이나 호소의 하부 수중에 매몰시켜 만드는 상자형 또는 원통형의 취수시설이다. 측벽에 만드는 다수의 개구에 의하여 취수하는 것으로 중소량의 취수용이다.

4.6.2 위치 및 구조

취수틀의 위치 및 구조는 다음 각 항에 따른다.

(1) 하천이나 호소의 바닥이 변화가 심한 곳은 파손이나 매몰 등이 우려되기 때문에 바닥이 안정되어 있는 곳에 설치한다.
(2) 선박의 항로에서 벗어나 있어야 한다. 부득이 항로에 근접되는 지점에는 충분한 수심을 확보한다.
(3) 철근콘크리트 틀의 본체를 하천이나 호소의 바닥에 견고하게 고정시킨다.

4.7 침사지

4.7.1 총칙

침사지는 원수와 동시에 유입된 모래를 침강, 제거하기 위한 시설이다. 침사지의 형상이나 구조 및 지내의 유속은 침사효율의 양부에 영향을 미치며 나아가서는 펌프 등 각종 기기나 설비의 유지관리에 크게 영향을 미친다. 따라서 연간을 통하여 하천의 유황에 따라 원수 중에 포함된 모래의 양, 입도분포, 밀도 등을 조사하여, 지의 형상, 치수 및 구조 등을 적절한 것으로 한다.

4.7.2 위치 및 형상

침사지의 위치 및 형상은 다음에 따른다.

(1) 유입되는 모래를 신속하게 침전, 제거하기 위하여 위치는 가능한 한 취수구에 근접하여 제내지에 설치한다.
(2) 지는 장방형 등 유입되는 모래가 효과적으로 침전될 수 있는 형상으로 하고 유입부 및 유출부를 각각 점차 확대·축소시킨 형태로 한다.
(3) 청소, 점검, 수리 등을 고려하여 지수는 2지 이상으로 한다.

4.7.3 구조

가장 일반적인 장방형 침사지의 구조는 다음 각 항에 따른다.

(1) 원칙적으로 철근콘크리트구조로 하며 부력에 대해서도 안전한 구조로 한다.
(2) 표면부하율은 200~500mm/min을 표준으로 한다.
(3) 지내평균유속은 2~7cm/s를 표준으로 한다.
(4) 지의 길이는 폭의 3~8배를 표준으로 한다.
(5) 지의 고수위는 계획취수량이 유입될 수 있도록 취수구의 계획최저수위 이하로 정한다.
(6) 지의 상단높이는 고수위보다 0.6~1m의 여유고를 둔다.
(7) 지의 유효수심은 3~4m를 표준으로 하고, 퇴사심도를 0.5~1m로 한다.
(8) 바닥은 모래배출을 위하여 중앙에 배수로(pit)를 설치하고, 길이방향에는 배수구로 향하

여 1/100, 가로방향은 중앙배수로를 향하여 1/50 정도의 경사를 둔다.

(9) 한랭지에서 저온으로 지의 수면이 결빙되거나 강설로 수중에 눈얼음 등이 보이는 곳에서는 기능장애를 방지하기 위하여 지붕을 설치한다.

4.7.4 부대설비

침사지의 부대설비는 다음 각 항에 따른다.

(1) 유입구와 유출구에는 제수밸브 또는 슬루스게이트 등을 설치한다.

(2) 지하수위가 높은 지점에 설치하는 경우에는 안전을 위하여 부상방지설비를 설치한다.

(3) 필요에 따라 제거설비로서 스크린 및 제거기를 설치한다.

(4) 필요에 따라 침사탈수설비를 설치한다.

4.8 지하수의 취수

4.8.1 총칙

4.8.1.1 지하수의 분류와 특징

지하수는 표층지하수와 심층지하수의 두 가지 형태로 존재한다. 물이 포화되어 있는 틈이 흙 입자의 틈인 경우를 표층지하수라고 한다. 그 틈이 암석의 균열(cracks), 공극(fissure) 및 틈새(gaps) 등인 경우를 심층지하수라고 한다.

표층지하수에는 자유지하수(free groundwater)와 피압지하수(confined groundwater)로 구분된다. 자유지하수는 지하의 가장 얕은 부분에 있는 모래나 자갈 등의 지층 중에 함유되어 있는 지하수로서, 강수량의 변동에 따라 수위가 오르내리며 수량자체도 증감한다. 또한 대수층이 지표로부터 얕으며 지상으로부터의 오염을 받기 쉽다. 자유지하수의 취수시설로서는 얕은 우물이 일반적으로 사용된다.

피압지하수는 대수층이 불투수성의 지층에 의하여 눌려 있기 때문에 압력을 갖는 상황에 따라서는 지상으로 스스로 분출되는 것도 있다. 피압지하수는 주로 모래나 자갈과 같은 틈새를 갖는 지층 중에 존재하며, 수온은 연간을 통하여 거의 일정하고 일반적으로 수질은 양호하다. 피압지하수의 취수시설로서는 깊은 우물(심정호)이 사용된다.

복류수는 하천수의 하상이나 호소수의 호소상 또는 그 부근에 잠류하는 자유지하수의 일종이다. 복류수의 취수시설로는 집수매거, 얕은 우물(천정호) 등이 사용된다.

또한 강변여과수의 취수방식은 강변둔치(고수부지)에 깊이 20~40m 정도의 취수정을 설치하여 물을 취수하는 취수정 방식과 표류수를 취수하여 인공적으로 만든 호소, 함양분지 등 시설의 지층(대수층)에 침투시켜 지층의 자정능력에 의하여 오염물질이 여과·제거된 물을 다시 취수하여 상수원수로 사용하는 인공함양 방식이 있다.

4.8.1.2 지하수의 수질과 취수의 고려사항

지하수는 일반적으로 함양속도가 지극히 느리기 때문에 과잉으로 퍼 올리게 되면 지하수에서 물수지의 균형이 무너져서 지반침하를 야기하며, 해안부에서는 지하수의 염수화 등을 야기한다. 따라서 항상 적정한 양수량의 범위 내에서 취수하는 것이 필요하다(4.8.5 양수량의 결정 참조). 지하수는 주로 용해성의 무기질과 지하에 생식하는 생물을 함유한다. 이것은 지질이나 그 밖의 환경에 의한 것으로 무기질로서 칼슘이나 마그네슘의 중탄산염, 염화물 및 황산염 등이 용해되어 있으며, 철이나 망간 등도 용해되어 있는 경우가 많고 생물로서 철세균이나 유황세균 등이 검출되는 경우도 있다.

지하수 중의 유기계 질소는 분해되어 암모니아성질소로 되며 시간이 지나면 아질산성질소, 질산성질소로 산화되어 간다. 유기물 중의 탄소는 분해되어 CO_2로 되며 일부는 용존하고 또한 일부는 탄산수소염 또는 유리탄산을 형성한다.

지하수의 수질과 수질보전을 위해서는 지하수법과 지하수의 수질보전 등에 관한 규칙에 규정된 지하수오염유발시설의 종류, 지하수 오염관 측정 방법, 수질측정 주기, 지하수 수질기준 등에 적합하도록 하며, 특히 철, 망간, 질산성질소와 트리클로로에틸렌 등의 휘발성유기화합물에 관해서도 수질검사의 대상으로 해야 한다.

지하수의 오염방지를 위해 오염방지시설을 설치하는 것이 바람직하며, 지하수의 오염방지시설은「지하수의 수질보전 등에 관한 규칙」제2조 별표 1 지하수 오염방지시설의 설치기준의 규정에 따른다.

4.8.2 지하수 취수의 조사

지하수의 취수에서는 지하수법 시행령 제2조에서 정하는 지질조사와 수질조사 등의 사항과 연계하여 다음 각 항을 조사한다.

(1) 예비조사　　(2) 수문지질조사　　(3) 수질조사

4.8.3 취수지점의 선정

취수지점은 다음 각 항에 적합하게 한다.

(1) 기존 우물 또는 집수매거의 취수에 영향을 주지 않아야 한다.
(2) 연해부의 경우에는 지하수 취수에 따른 해수침입으로 인한 지하수질 변화가 이루어지지 않는 적정 개발물량을 산정하고, 해수침입의 영향을 받지 않는 취수지점을 선정할 수 있도록 충분한 조사를 하여야 한다.
(3) 주변의 오염원이 지하로 침투되어 영향이 없어야 하며, 장래에도 오염의 영향을 받지 않는 지점이어야 한다.
(4) 복류수와 강변여과수인 경우에 장래 일어날 수 있는 유로변화 또는 하상저하 등을 고려하고 하천개수계획에 지장이 없는 지점을 선정한다. 그리고 하상 원래의 지질이 이토질(泥土質)인 지점은 피한다.

4.8.4 채수층의 결정

채수층은 굴착 중에 얻은 다음 자료를 참고로 선정한다.

(1) 지층이 변할 때마다 채취한 지질시료
(2) 굴착 중인 점토수(泥水, drilling mud)의 양적인 변화와 질적인 변화, 용천수 또는 일수(逸水, spill water) 등의 유무
(3) 전기저항탐사의 결과
(4) CCTV 수중카메라 촬영
(5) 대수성시험팩커 설치 및 양수시험

4.8.5 양수량의 결정

양수량의 결정은 다음 각 항에 따른다.

(1) 한 개의 우물에서 계획취수량을 얻는 경우의 적정 양수량은 양수시험에 의해 판단한다.
(2) 여러 개의 우물(기존 우물 포함)에서 계획취수량을 얻는 경우에는 다음에 따른다.
  ① 우물 상호간의 영향권을 고려하여 개수를 결정한다.
  ② 양수량은 양수시험과 부근 우물의 수위관측으로 수위가 계속하여 강하하지 않는 안전양수량으로 한다.

4.9 집수매거

4.9.1 총칙

집수매거(infiltration galleries)는 하천부지의 하상 밑이나 구하천 부지 등의 땅속에 매설하여 집수기능을 갖는 관거이며 복류수나 자유수면을 갖는 지하수(자유지하수)를 취수하는 시설이다.

자갈, 모래 등 투수성이 양호한 대수층을 선정하여 만들며 유황(流況)이 좋으면 안정되게 취수할 수 있다. 지상구조물을 축조할 수 없는 장소에도 설치가 가능한 이점이 있다.

제외복류수를 취수하는 경우 또는 제내복류수에 관해서도 그 취수에 의하여 하천 유량에 영향이 현저한 경우에는 하천법의 규정이 적용되는 경우가 있다. 하천구역이나 하천보전구역의 복류수나 강변여과수를 취수하는 경우에는 하천관리자와 협의해야 한다.

4.9.2 위치 및 구조

집수매거의 위치 및 구조는 다음 각 항에 따른다.

(1) 집수매거의 부설 방향은 복류수의 상황을 정확하게 파악하여 효율적으로 취수할 수 있도록 한다.
(2) 집수매거는 노출되거나 유실될 우려가 없도록 충분한 깊이로 매설한다.
(3) 집수매거의 길이는 시험우물 등에 의한 양수시험 결과에 따라 정한다. 이때에 집수개구부 지점에서의 유입속도는 모래의 소류한계속도 이하를 표준으로 한다.

(4) 철근콘크리트조의 유공관 또는 권선형 스크린관을 표준으로 한다.
(5) 세굴의 우려가 있는 제외지에 설치할 경우에는 철근콘크리트틀 등으로 방호한다.

4.9.3 집수개구부(공)

집수개구부의 공경은 효율적으로 취수할 수 있고 막힐 우려가 적은 크기로 한다.

4.9.4 경사 및 거내유속

집수매거는 수평 또는 흐름방향으로 향하여 완경사로 하고 집수매거의 유출단에서 매거내의 평균유속은 1m/s 이하로 한다.

4.9.5 접합정

집수매거의 접합정은 다음 각 항에 따른다.

(1) 집수매거에는 종단, 분기점, 기타 필요한 곳에 접합정을 설치한다.
(2) 점검이나 그 밖의 작업이 크기를 용이하도록 정하고 철근콘크리트의 수밀구조로 한다.

4.9.6 조인트와 되메우기

집수매거의 조인트 및 되메우기는 다음 각 항에 따른다.

(1) 조인트는 관종에 따라 슬립식 공조인트로, 소켓삽입조인트, 플랜지조인트 및 새들조인트로 한다.
(2) 집수매거의 주위에는 안쪽에서 바깥쪽으로 굵은 자갈, 중자갈, 잔자갈의 순서로 각각 그 두께를 50cm 이상 충전하여 필터층을 설치하고 그 위에 모래로 되메운다.

4.9.7 유지관리

집수매거 내 유입된 침전물로 인한 폐색 방지 및 침전물의 효율적 배출을 위해 폭기장치 설치 등 적절한 유지관리 대책을 수립하여야 한다.

4.10 얕은 우물

4.10.1 총칙

얕은 우물(천정호 : shallow wells)은 자유지하수 또는 복류수를 취수하는 우물로, 일반적으로 철근콘크리트제의 우물통을 지하에 설치하고 그 바닥 또는 측면에서 우물통 내로 집수하며 그 물을 수중 모터펌프 등으로 양수하는 시설이다.

우물통 외에 강제의 케이싱을 설치하고 측면의 스크린으로 집수하는 경우도 있다.

우물통의 벽면에 있는 대수층에 수평방사상으로 집수관을 삽입하여 우물통 내로 집수하는 방사상 집수정도 있다. 수량·수질 모두 양호한 대수층이면, 비교적 간단히 안정되게 취수할 수 있다.

얕은 우물에서 안정되게 취수하기 위하여서는 양호한 대수층을 선정한 다음 우물통의 구조, 우물바닥의 깊이, 양수펌프의 능력 등을 적절히 결정해야 한다. 또한 지표로부터의 수질 오염을 방지하기 위하여 필요한 조치를 취할 필요가 있다.

4.10.2 형상 및 구조

우물의 형상 및 구조는 다음 각 항에 따른다.

4.10.2.1 우물통에 의한 경우

(1) 원통형의 철근콘크리트조를 표준으로 한다.

(2) 대수층이 두텁고 우물통의 밑바닥으로부터 취수하는 경우에 우물의 크기는 시험우물의 양수시험결과에 근거하여 정하며, 밑바닥과 불투수층과의 간격을 적절히 유지하고 우물바닥에는 단단하고 깨끗한 자갈을 깔아 채운다.

(3) 밑바닥에서의 유입속도는 모래의 소류한계유속 이하를 표준으로 한다.

(4) 대수층이 엷은 경우에 우물통의 구조는 대수층 밑바닥 가까이 설치하고 밑바닥은 철근콘크리트판으로 한다. 집수지점은 우물의 최저수위보다 아래에 설치한다.

4.10.2.2 케이싱에 의한 경우

케이싱에 의한 경우는 4.11 깊은 우물(심정호, deep wells)에 준한다.

4.10.3 방사상 집수정

방사상 집수정의 구조는 다음 각 항에 따른다.

(1) 우물통의 지름은 집수관을 삽입하기 위하여 기계를 용이하게 조작할 수 있는 크기로 한다.

(2) 우물통은 토압이나 부력 등에 대하여 안전한 구조로 한다.

4.10.4 여러 개의 우물배치

근접하여 여러 개의 우물을 설치하는 경우에는 상호간섭이 없도록 우물 간격을 결정한다.

4.10.5 부대설비

얕은 우물의 부대설비는 다음 각 항에 따른다.

(1) 우물통의 상단은 지표면보다 높게 하고, 뚜껑, 통기공 및 맨홀 등을 설치한다.

(2) 우물통의 바깥주변에는 배수(排水, drain)시설을 잘 설치하고 오수가 침입하지 못하도록 보호공을 시설한다.

(3) 우물에는 수위계를 설치한다.

4.11 깊은 우물

4.11.1 총칙

깊은 우물(심정호, deep wells)은 피압대수층으로부터 취수하는 우물로서 케이싱, 스크린, 케이싱 내에 설치하는 양수관과 수중모터펌프로 이루어지며, 좁은 용지에서 비교적 다량의 양질인 물을 얻을 수 있다. 채수층에 설치된 스크린으로부터 직접 펌프로 양수하며 깊이는 30m 이상의 것이 대부분이고 600m 이상인 것도 있다.

얕은 우물에서는 주로 대수층의 면적확대를 고려해야만 하는데 반하여 깊은 우물은 대수층을 입체적으로 넓게 이용하는 방식이며, 대수층의 두께가 어느 정도 있어야 한다.

따라서 깊은 우물의 스크린은 대수층의 두께에 알맞은 길이가 필요하다.

안정된 취수량을 확보하기 위하여서는 충분히 조사하여 양호한 대수층을 찾아내고 그 대수층에 알맞은 스크린을 설치하며 지하수 부존량에 알맞은 능력의 펌프를 선정해야 할 필요가 있다.

또 스크린의 막힘 등 비상시에도 안정된 공급량을 확보하기 위하여 예비정을 설치하는 것을 검토해 둘 필요가 있다.

4.11.2 착정

착정은 다음 각 항에 따른다.

(1) 공법은 그 토지의 지형·지질과 환경을 고려하여 선정한다.
(2) 수직을 유지하도록 굴착한다.
(3) 점토수(泥水, drilling mud)를 사용할 때에는 지층의 붕괴나 일수(逸水, spill)사고가 없도록 유의한다.
(4) 지층의 시료를 채취하여 굴착이 종료된 후에 전기검층을 한다.
(5) 케이싱강하 작업은 신속히 한다.
(6) 자갈충전은 도중에 공동이 생기지 않도록 한다.
(7) 점토수의 배제와 마무리 작업은 완전하게 한다.
(8) 양수시험은 반드시 실시한다.

4.11.3 구조

깊은 우물의 구조는 예정심도, 양수량, 지하수의 수위 및 수질 등을 고려하여 결정한다.

4.11.4 여러 개의 우물 배치

우물을 2개 이상 설치할 경우에는 일반적으로 지하수의 흐름방향과 직각으로 지그재그로 배치하고 우물간의 간격은 양수량의 상호간섭이 가능한 한 적도록 정한다.

4.11.5 우물용 스크린

깊은 우물의 우물용 스크린은 다음 각 항에 따른다.

(1) 설치위치는 피압대수층으로 하고 스크린의 최하부에는 유사시설로서 맹관을 붙인다.
(2) 우물용 스크린 내로 유입되는 물의 속도는 가능한 한 느리게 한다.
(3) 채수층을 구성하는 모래자갈 등의 형상과 입경에 적합한 구조로 한다.

(4) 강도나 내식성이 풍부한 재질로 한다.

4.11.6 부대설비

(1) 우물에는 수위계, 수질검사용의 채수밸브 등을 부착하고 또한 유지관리에 필요한 자료를 상비해 놓는다.
(2) 펌프실은 침수되지 않도록 지표면보다 높게 한다.
(3) 필요에 따라 예비전원설비 및 예비펌프를 설치한다.

4.12. 용천수의 취수시설

용천수의 취수시설에는 뚜껑을 설치하여 외부로부터의 오염을 방지할 수 있는 구조로 한다.

4.13 해수의 취수시설

4.13.1 총칙

(1) 계획취수량은 필요한 생산수량에 역삼투설비의 회수율을 고려하고, 작업용수량과 그 외의 손실수량을 감안하여 결정한다.
(2) 취수시설은 해양생물의 유입, 부착, 조류(潮流)에 의한 유사(流沙) 등의 영향을 고려하여 설치한다.
(3) 도수시설은 KDS 57 50 00 상수도 도수시설 설계기준에 준한다.

4.13.2 취수위치

취수시설의 위치는 충분한 수량을 안정적으로 취수할 수 있고, 가능한 한 청정하고 안정된 수질을 얻을 수 있는 지점을 선정한다.

4.13.3 취수방식

취수방식은 입지조건과 플랜트의 규모를 고려하여 결정한다.

(2) 하수도

하수도에서는 하수도 관련 주요 용어 정의(법제처, 2024j)와 **표 5.13(b)**의 하수도 설계기준(KDS 61 00 00 : 2022)(법제처, 2024k) 중 **관로시설** 설계기준(KDS 61 40 00; 2022)(환경부, 2024d)에 대해서만 실명한다.

① 용어

하수도법(시행 2023. 6. 28., 법률 제19127호, 2022. 12. 27., 일부개정)(법제처, 2024j)의 제2조(정의)에서 사용하는 용어의 뜻은 다음과 같다. 〈개정 2009. 1. 7., …, 2020. 5. 26.〉

- "하수"라 함은 사람의 생활이나 경제활동으로 인하여 액체성 또는 고체성의 물질이 섞이어 오염된 물(이하 "오수"라 한다)과 건물·도로 그 밖의 시설물의 부지로부터 하수도로 유입되는 빗물·지하수를 말한다. 다만, 농작물의 경작으로 인한 것을 제외한다.
- "분뇨"라 함은 수거식 화장실에서 수거되는 액체성 또는 고체성의 오염물질(개인하수처리시설의 청소과정에서 발생하는 찌꺼기를 포함한다)을 말한다.
- "**하수도**"란 하수와 분뇨를 유출 또는 처리하기 위하여 설치되는 하수관로·공공하수처리시설·간이공공 하수처리시설·하수저류시설·분뇨처리시설·배수설비·개인하수처리시설 그 밖의 공작물·시설의 총체를 말한다.
- "**공공하수도**"라 함은 지방자치단체가 설치 또는 관리하는 하수도를 말한다. 다만, 개인하수도를 제외한다.
- "**개인하수도**"라 함은 건물·시설 등의 설치자 또는 소유자가 당해 건물·시설 등에서 발생하는 하수를 유출 또는 처리하기 위하여 설치하는 배수설비·개인하수처리시설과 그 부대시설을 말한다.
- "**하수관로**"란 하수를 공공하수처리시설·간이공공 하수처리시설·하수저류시설로 이송하거나 하천·바다 그 밖의 공유수면으로 유출시키기 위하여 지방자치단체가 설치 또는 관리하는 관로와 그 부속시설을 말한다.
- "합류식하수관로"란 오수와 하수도로 유입되는 빗물·지하수가 함께 흐르도록 하기 위한 하수관로를 말한다.
- "**분류식 하수관로**"란 오수와 하수도로 유입되는 빗물·지하수가 각각 구분되어 흐르도록 하기 위한 하수관로를 말한다.
- "공공하수처리시설"이라 함은 하수를 처리하여 하천·바다 그 밖의 공유수면에 방류하기 위하여 지방자치단체가 설치 또는 관리하는 처리시설과 이를 보완하는 시설을 말한다.

- "**간이공공 하수처리시설**"이란 강우(降雨)로 인하여 공공하수처리시설에 유입되는 하수가 일시적으로 늘어날 경우 하수를 신속히 처리하여 하천·바다, 그 밖의 공유수면에 방류하기 위하여 지방자치단체가 설치 또는 관리하는 처리시설과 이를 보완하는 시설을 말한다.
- "**하수저류시설**"이란 하수관로로 유입된 하수에 포함된 오염물질이 하천·바다, 그 밖의 공유수면으로 방류되는 것을 줄이고 하수가 원활하게 유출될 수 있도록 하수를 일시적으로 저장하거나 오염물질을 제거 또는 감소하게 하는 시설(「하천법」 제2조제3호나목에 따른 시설과 「자연재해대책법」 제2조제6호에 따른 우수유출저감시설은 제외한다)을 말한다.
- "분뇨처리시설"이라 함은 분뇨를 침전·분해 등의 방법으로 처리하는 시설을 말한다.
- "배수설비"라 함은 건물·시설 등에서 발생하는 하수를 공공하수도에 유입시키기 위하여 설치하는 배수관과 그 밖의 배수시설을 말한다.
- "개인하수처리시설"이라 함은 건물·시설 등에서 발생하는 오수를 침전·분해 등의 방법으로 처리하는 시설을 말한다.
- "**배수구역**"이라 함은 공공하수도에 의하여 하수를 유출시킬 수 있는 지역으로서 제15조의 규정에 따라 공고된 구역을 말한다.
- "**하수처리구역**"이라 함은 하수를 공공하수처리시설에 유입하여 처리할 수 있는 지역으로서 제15조의 규정에 따라 공고된 구역을 말한다.

② 관로시설

관로시설에서는 (하수도의) 관로시설 설계기준(KDS 61 40 00 : 2022)(환경부, 2022c)을 다룬다.

---

1. 총설

관로시설은 관로(管路), 맨홀(manhole), 펌프장, 우수토실(雨水吐室, 차집유량조정시설), 토구(吐口, 방류구), 물받이(오수, 우수 및 집수받이) 및 연결관 등을 포함한 시설의 총칭이며, 주택, 상업 및 공업지역 등에서 배출되는 오수나 우수를 모아서 처리시설 또는 방류수역까지 이송 또는 유출시키는 역할을 한다.

1.1 계획하수량

각 관로별 계획하수량은 다음 사항을 고려하여 정한다.

(1) 오수관로에서는 오수량의 시간적 변화에 대응할 수 있도록 계획시간최대오수량으로 한다.
(2) 우수관로에서는 해당지역의 적합한 강우강도, 유출계수 및 유역면적을 반영한 계획우수량으로 한다.
(3) 합류식 관로에서는 계획시간최대오수량에 계획우수량을 합한 것으로 한다. 관로단면결정의 중요한 요소는 계획우수량이다.
(4) 차집관로는 각 지역의 실정, 차집·이송·처리에 따른 오염부하량 저감효과 및 그에 따른 필요한 비용 등을 고려한 우천 시 계획오수량으로 한다.
(5) 계획하수량과 실제 발생하수량 간에 큰 차이가 있을 수 있으므로 이에 대응하기 위하여 지역실정에 따라 오수관로의 관경결정 시 계획하수량에 여유율을 둘 수 있다. 여유율은 일반적으로 관경증가에 따른 비용부담, 배수구역의 유하시간 차이로 인한 여유율 등을 감안하여 정한다.

1.2 유량의 계산

(1) 유량계산 공식

$$Q = AV \tag{5.46}$$

① Manning 공식

$$V = \frac{1}{n} R^{2/3} I^{1/2} \tag{5.47}$$

여기서 Q =유량(m^3/s)이고, A =유수의 단면적(m^2)이며, V =유속(m/s), n =조도계수, R =경심(m)(= A/P), P =유수의 윤변(m), I =동수경사(분수 또는 소수)이다.

② Kutter 공식

$$V = \frac{23 + \frac{1}{n} + \frac{0.00155}{I}}{1 + \left(23 + \frac{0.00155}{I}\right)\frac{n}{\sqrt{R}}} \sqrt{RI} = \frac{NR}{\sqrt{R} + D} \tag{5.48a}$$

여기서 N과 D는 다음 식과 같다.

$$N = \left(23 + \frac{1}{n} + \frac{0.00155}{I}\right)\sqrt{I} \tag{5.48b}$$

$$D = \left(23 + \frac{0.00155}{I}\right)n \tag{5.48c}$$

③ Hazen·Williams 공식

$$V = 0.84935 C R^{0.63} I^{0.54} \tag{5.49}$$

여기서 V=평균유속(m/s)이고, C=유속계수이며, I=동수경사(h/L), h=길이 L에 대한 마찰손실수두(m)이다.

(2) 관로의 유량계산 인자

① 경사는 관저경사를 사용한다.

② 조도계수는 Manning식 또는 Kutter식에서 철근콘크리트관 및 도관의 경우 각각 0.013, 경질염화비관 및 강화플라스틱복합관의 경우는 0.011을 표준으로 한다.

③ Hazen·Williams식에서 유속계수 C 값은 110을 표준으로 하고, 직선부(굴곡손실 등은 별도 계산한다)만의 경우는 130을 표준으로 한다.

④ 관로 단면적은 유량과 경사의 결정으로 식 (5.47)~(5.49)에 따라 구하며, 수심을 결정할 때 원형거는 만류, 직사각형거는 높이의 90%, 말굽형거는 높이의 80%로 한다.

(3) 개거의 유량계산 인자

① 유량은 등류(等流) 혹은 부등류(不等流)를 고려하여 계산한다.

② 평균유속은 일반적으로 Manning식을 사용하여 구하고, 조도계수는 미국상하수도협회(WEF : Water Environment Federation)에서 제공하는 설계메뉴얼 MOP FD-20 등의 자료에서 제시하는 범위로 한다.

③ 적당한 여유고를 갖도록 단면을 결정한다.

(4) 관로의 단면은 각 단면형의 수심에 따른 유속 및 유량 수리특성을 고려하여 정한다.

1.3 유속 및 경사

유속은 저유속인 경우 관로 내 입자물질 침전과 이로 인한 통수능 부족과 준설 등의 유지관리가 요구되고, 고유속인 경우 관로손상, 내용연수 감소 등을 유발하므로 중력식인 경우 하류방향 흐름에 따라 관경이 점차 커지고, 관로경사는 점차 작아지도록 다음사항을 고려하고 유속과 경사를 결정한다.

(1) 오수관로

① 계획시간 최대 오수량에 대하여 유속을 최소 0.6m/s, 최대 3.0m/s로 한다.

② 지표경사로 관로경사가 급하게 되어 최대유속이 3.0m/s를 넘게 될 때에는 단차(段差)를 설치하여 유속을 감소시키거나 단차설치가 곤란한 경우에는 감세공(減勢工) 설치, 관경이나 맨홀의 종별 상향 또는 수격(水擊)에 의한 맨홀파손 방지조치를 고려한다.

③ 오수관로의 시점부에서 다른 지선관로에 접합하지 않는 구간에 설치된 관로의 계획하

수량이 적어 최소유속 확보가 불가능한 경우는 현장여건을 반영하여 최소경사 5‰이상을 확보한다.

(2) 우수관로 및 합류식관로

① 계획우수수량에 대하여 유속을 최소 0.8m/s, 최내 3.0m/s로 한다.

② 우수관로 및 합류식관로에서는 비중이 상대적으로 큰 토사류의 침전방지가 필요하며, 급경사지 등에서 과유속에 따른 관로손상, 유달시간 단축에 따른 하류지점 유량집중을 방지하기 위하여 단차 및 계단을 두어 경사를 완만하게 하여야 한다.

2. 관의 종류와 단면

2.1 관의 종류

하수도용 자재기준은 하수도법에서 규정하고 있으며 관로는 내압과 외압에 대하여 충분히 견딜 수 있는 구조 및 재질이어야 하고 내구성 및 내식성을 갖추어야 한다. 일반적으로 매설특성 등에 따라 다음과 같은 종류를 사용한다.

(1) 콘크리트관

① 철근콘크리트관에는 원심력철근콘크리트관(흄관), 코아식프리스트레스트콘크리트관(PC관), 진동 및 전압철근콘크리트관(VR관), 철근콘크리트관

② 제품화된 철근콘크리트 직사각형거(정사각형거 포함)

③ 현장타설철근콘크리트관

(2) 도관

(3) 합성수지관

① 경질염화비닐관 ② 폴리에틸렌(PE)관

(4) 덕타일(ductile)주철관

(5) 파형강관

(6) 유리섬유 강화 플라스틱관

(7) 폴리에스테르수지 콘크리트관

(8) 기타 하수관은 관의 재질 및 매설지역 특성을 고려하여 사용한다.

2.2 관로의 단면

관로의 단면은 단면형상에 따른 수리적 특성을 고려하여 선정하되 원형 또는 직사각형을 표준으로 하고, 소규모 하수도에서는 원형 또는 계란형을 표준으로 한다. 관로의 단면형상 결정시에는 수리학적, 하중, 시공비용, 유지관리비용 및 매설장소 특성이 고려되어야 한다. 복단면 또는 분할관 단면형상은 관로의 유지관리측면이 크게 요구될 때 적용한다.

2.3 최소관경

최소관경은 다음과 같이 한다.

(1) 오수관로는 관로 내 점검 및 청소 등 유지관리를 위하여 200mm를 표준으로 한다.

(2) 우수관로 및 합류관로는 관로 내 점검 및 청소 등 유지관리를 위하여 250mm를 표준으로 한다.

(3) 오수관로에서 장래 하수량증가가 없는 경우 국지적으로 150mm를 제한적으로 사용한다.

3. 매설위치 및 깊이

3.1 매설위치

매설위치는 다음 사항을 고려해서 결정하여야 한다.

(1) 관로는 공공도로상에 매설하는 것을 기본으로 하고, 그 매설위치 및 깊이를 도로관리자와 협의하여 정한다.

(2) 관로를 하천변에 매설할 경우에는 그 매설위치 및 깊이에 대하여 하천관리자와 사전 협의하여 정한다. 하천 매설 관로의 관체보강 및 보호, 수밀성 확보를 위하여 관보호공 설치를 기본으로 한다.

(3) 철도횡단의 경우에는 관로가 교통하중 및 진동을 직접 받지 않도록 충분한 깊이로 매설해야 한다. 그러나 종단경사의 특수성에 의하여 교통하중 및 진동이 작용하는 경우에는 관로에 직접 영향을 주지 않도록 방호공을 설치하여야 한다.

(4) 관로를 사유지 내에 매설하는 경우에는 토지소유자와 협의하여야 한다.

(5) 관로노선계획은 해당지역의 지형, 매설위치, 관로배열 및 지하매설물과의 교차 등을 고려하여 정한다.

3.2 매설깊이

관로의 최소 흙두께는 원칙적으로 1m로 하나, 연결관, 노면하중, 노반두께 및 다른 매설물의 관계, 동결심도, 기타 도로점용조건을 고려하여 적절한 흙두께로 한다. 부득이하게 흙두께가 적어지는 곳에 간선도로 및 윤하중 등에 의해 진동의 영향이 있는 경우는 관로의 안전성 검토, 고강도 관으로의 대체, 관로의 보강 또는 방호공 등을 검토 적용하여야 한다.

3.3 관로의 표시

관로의 표시는 관로의 위치 및 목적에 따라 다음사항을 참고하여 계획한다.

(1) 관로의 오접 및 굴착파손 방지와 관로 위치 또는 상태를 알 수 있도록 관체 표시, 관로 경고테이프 설치, 관체 페인팅, 위치 또는 상태 인식장치 등을 필요시 설치하고, 굴착파손

을 방지하기 위한 관로경고테이프는 관경 및 현장여건을 고려하여 관상단 20~50cm에 설치하되 잘 찢어지지 않는 재질을 사용하여야 한다.

(2) 하천변 등에 부설된 관로 중 하상변화에 따라 매몰되기 쉬운 곳이나 수목의 성장에 따라 관로위치의 육안확인이 곤란한 곳에는 관로의 위치 및 방향을 알 수 있도록 매설위치 또는 매설위치와 일정한 거리에 관위치표시기를 설치한다.

(3) 관로시설이 계획되고 시공이 완료되며 시공현황을 반영한 관로매설정보는 관로관리시스템에 반영하거나 반영할 수 있는 형태의 자료로 작성·제출되어야 한다.

4. 관로의 보호 및 기초공

4.1 외압에 대한 관로의 보호

흙두께 및 재하중이 관로의 내하력을 넘는 경우, 철도 밑을 횡단하는 경우 또는 하천을 횡단하는 경우 등에는 콘크리트 또는 철근콘크리트로 바깥둘레를 쌓아서 외압에 대하여 관로를 보호한다. 하천노선에 따라 부설되는 관로에도 관보호를 하여야 한다.

4.2 관로의 내면보호

관로의 내면이 마모 및 부식 등에 따른 손상의 위험이 있을 때에 내마모성, 내부식성이 우수한 재질의 관로를 사용하거나 관로의 내면을 적당한 방법에 의해 라이닝(lining) 또는 코팅(coating)을 하여야 하고, 관로를 연결하는 연결구도 내부식성이 있는 재질로 하여야 한다.

4.3 관로기초공

관로의 기초공은 관로의 종류, 토질, 지내력, 시공방법, 하중조건 및 매설조건 등에 따라 다음 사항을 고려하여 정하되, 내구성 및 경제성도 검토되어야 한다.
관종에 따른 일반적인 기초는 다음과 같다.

(1) **강성관로(剛性管路)의 기초공** : 철근콘크리트관 등의 강성관로는 조건에 따라 모래, 쇄석(또는 자갈), 콘크리트, 철근콘크리트, 벼개통목, 말뚝 등의 기초를 실시하며, 필요에 따라 이들을 조합한 기초를 실시하되, 모래기초의 경우 관의 부식방지를 위하여 한국산업표준 KS F 2526『콘크리트용 골재』에서 규정한 염화물(NaCl) 함유량이 허용값 이하의 모래를 사용하여야 한다. 단, 지반이 양호한 경우에는 이들 기초를 생략할 수가 있다.

모래기초에서 관로하단의 기초두께는 최소 100~200mm 또는 관로외경의 0.2~0.25배를 기본으로 하고, 매설지반이 암반인 경우는 다소 두껍게 하는 것이 안전하다.

강성관의 강도계산에서 매설토의 수직토압에 의해 작용하는 수직등분포 하중을 구하기 위해 수직토압공식, 마스톤(Marston)공식 및 Janssen공식 등을 이용하고 차량 등에 의한 활하중을 고려하여 계산하되 관의 외압에 대한 강도는 철근콘크리트관의 경우 균열하중을 적용하고, 도관의 경우 파괴하중을 적용한다.

(2) **연성관로(軟性管路)의 기초공** : 경질염화비닐관, 폴리에틸렌관 등의 연성관로는 모래, 벼개통목, 포(布), 배드시트, 소일시멘트 등으로 기초로 하되 자유받침 모래기초를 원칙으로 하며, 관체의 보강이나 부등침하방지 등 기초의 주목적 조건에 따라 단독 또는 조합하여 설치한다. 압송관로의 경우 기초는 모래 대신 양질토를 사용 할 수 있으나 이때에는 엄격한 품질검사를 거쳐야 한다.

관하단의 모래두께는 100~300mm가 바람직하며, 관상단 200mm 이상은 모래등 양질의 토사를 사용하여 다짐·시공되도록 한다. 연성관의 기초받침각은 360°가 바람직하다.

연성관의 강도계산에서 작용하는 하중 중 수직토압은 관로폭만의 토압으로 하고, 활하중에 의한 수직토압은 강성관과 같이 적용한다. 매설토 및 활하중에 의한 휨모멘트 및 휨응력을 구하고 수직방향의 변형량 및 변형률을 구한다.

5. 관로의 접합과 연결

5.1 관로의 접합

관로의 방향, 경사, 관경이 변화하는 장소 및 관로가 합류하는 장소에는 맨홀을 설치하여야 하고, 관로 내 물의 흐름을 원활하게 흐르게 하기 위해서는 원칙적으로 에너지 경사선에 맞추어야 한다. 관로접합은 다음 사항을 고려하여 정한다.

(1) 관로의 관경이 변화하는 경우 또는 2개의 관로가 합류하는 경우의 접합방법은 수면접합, 관정접합, 관중심접합, 관저접합이 있으나 원칙적으로 수면접합 또는 관정접합으로 한다.

(2) 지표의 경사가 급한 경우에는 관내의 유속 조정과 하류측의 최소 흙두께를 유지하고 상류측 굴착깊이를 줄이기 위해서 관경변화에 대한 유무에 관계없이 원칙적으로 지표의 경사에 따라서 단차접합 또는 계단접합으로 한다.

단차접합에서 1개소당 단차는 1.5m 이내로 하고, 0.6m 이상일 경우 합류관 및 오수관에는 부관(副管)을 사용하는 것을 원칙으로 한다.

계단접합은 통상 대구경관로 또는 현장타설관로에 설치하고, 계단의 높이는 1단당 0.3m 이내 정도로 하며, 단차접합이나 계단접합의 설치가 곤란한 경우 감세공을 설치하거나 고낙차로 관로접합이 필요한 경우에는 맨홀저부의 세굴방지 및 하수의 비산방지를 목적으로 드롭샤프트 등을 적용할 수 있다.

(3) 물의 흐름을 원활하게 하고 유속이 커지는 것을 방지하기 위하여 2개의 관로가 합류하는 경우의 중심교각은 되도록 30~45°로 하고 장애물 등이 있을 경우에는 60° 이하로 한다. 대구경관에 합류하는 소규경관이 대구경관 지름의 1/2 이하이고 수면접합 또는 관정접

합으로 붙이는 경우의 중심교각은 90° 이내로 할 수 있으며, 곡선을 갖고 합류하는 경우의 곡률반경은 내경의 5배 이상으로 한다.
반대방향의 관로가 합류하여 곡절하는 경우나 예각으로 곡절하는 경우는 2단계 이상으로 곡절하도록 하여 흐름을 원활하게 하여야 한다.

5.2 관로의 연결

(1) 관로의 연결은 수밀성, 내구성 및 내부식성이 있는 것으로 한다. 연결방법에는 소켓연결, 맞물림 연결, 맞대기 연결, 압송관의 플랜지 및 메카니칼 연결 등이 있으며 연결은 일반적으로 하수관종에 최적화된 하수관 제조사에서 제시하는 방법을 사용하며 필요에 따라 연결방법을 조합하여 사용한다.
연결에 사용되는 충진제, 고무링 및 밴드 등은 내구성이 확보되어야 하며, 연결구체에 포한된 금속류(볼트, 너트 등)는 내부식성이 확보되어야 한다.

(2) 연약지반 등에서 관로와 맨홀 등이 강성이 높은 구조물과 접속하는 경우에는 연결각도, 연결방향, 접합부 천공에 따른 관로파손과 부등침하 등에 의한 편하중으로 관로의 손상사고를 일으키는 경우가 있으며, 이를 방지하고자 할 경우 필요에 따라 연성연결을 사용한다.

6. 역사이펀

지하매설물의 아래에 하수관을 통과시킬 경우에 **역사이펀**(inverted syphon) 압력관으로 시공하는 부분을 역사이펀이라고 하며, 시공이 어렵고 지속적인 유지관리가 필요한 시설이나 다양한 지하매설물의 간섭을 최소화하고 관로매설 깊이 증대방지에 따른 공사비 저감이나 펌프시설 등을 최소화할 수 있는 방안이므로 역사이펀시설은 지장물의 이설이 곤란한 곳, 지장물에 따른 관로매설 깊이가 지나치게 커지는 곳, 펌프시설 설치가 곤란한 곳 등에 적용하며, 다음 각 항을 고려하여야 한다.

(1) 역사이펀의 구조는 장해물의 양측에 수직으로 역사이펀실을 설치하고, 이것을 수평 또는 하류로 하향 경사의 역사이펀 관로로 연결한다. 또한 지반의 강약에 따라 말뚝기초 등의 적당한 기초공을 설치한다.

(2) 역사이펀실에는 유량의 조정과 차단을 위한 수문설비 및 깊이 0.5m 정도의 이토실을 설치하고, 역사이펀실의 깊이가 5m 이상인 경우에는 중간에 배수펌프를 설치할 수 있는 설치대를 둔다.

(3) 역사이펀 관로는 복수로 하되, 유량변동이 큰 경우에는 관경과 설치높이를 다르게 하여 유량변동에도 일정 유속을 확보할 수 있도록 하고, 호안, 기타 구조물의 하중 및 그들의

부등침하에 대한 영향을 받지 않도록 한다. 또한 설치 위치는 교대, 교각 등의 바로 밑은 피한다.

(4) 역사이펀 관로의 유입구와 유출구는 손실수두를 적게 하기 위하여 종모양(bell mouth)으로 하고, 관로 내의 유속은 상류측 을 20~30% 증가시킨 것으로 한다.

(5) 역사이펀 관로의 흙두께는 계획하상고, 계획준설면 또는 현재의 하저최심부로부터 중요도에 따라 1m 이상으로 하며 하천관리자와 협의한다.

(6) 하천, 철도, 상수도, 가스 및 전선케이블, 통신케이블 등의 매설관 밑을 역사이펀으로 횡단하는 경우에는 관리자와 충분히 협의한 후 필요한 방호시설을 한다.

(7) 하저를 역사이펀하는 경우로서 상류에 우수토실이 없을 때에는 역사이펀 상류측에 재해방지를 위한 비상 방류관로를 설치하는 것이 좋다.

(8) 역사이펀에는 호안 및 기타 눈에 띄기 쉬운 곳에 표식을 설치하여 역사이펀 관로의 크기 및 매설깊이 등을 명확히 표시하는 것이 좋다.

(9) 역사이펀은 지속적인 유지관리가 필요한 시설이므로 소규모인 경우 인력으로 유지관리가 가능하도록 하여야 하며, 중대형인 경우 장비나 차량이 접근할 수 있는 접근로가 확보되어야 한다.

7. 맨홀

7.1 맨홀

맨홀은 다음 사항을 고려하여 설치한다.

(1) 배치

① **맨홀**은 관로의 기점, 방향, 경사 및 관경 등이 변하는 곳, 단차가 발생하는 곳, 관로가 합류하는 곳이나 관로의 유지관리상 필요한 장소에 반드시 설치한다.

② 관로 직선부에서는 맨홀의 최대 간격은 600mm 이하 관에서 최대간격 75m, 600mm 초과 1,000mm 이하에서 100m, 1,000mm 초과 1,500mm 이하에서 150m, 1,650mm 이상에서 200m를 표준으로 하며, 관로 곡선부에서도 현장여건에 따라 곡률반경을 고려하여 맨홀을 설치한다.

③ 연성관을 사용하는 경우 관로의 방향이 변화하는 곳이라도 하수의 흐름과 유지관리 장비의 진입 등 관로의 기능유지에 문제가 없는 경우에는 맨홀을 생략하고 곡관으로 부설할 수 있다.

(2) 종류 및 구조

① **맨홀**의 종류 및 구조는 공공하수도(맨홀) 표준도를 기준으로 하며, 접합관경에 따라 **표 5.14** 표준맨홀에 준하며, 지형의 특성, 지하매설물과의 관계 및 관로의 구조 등에 따라

특수한 맨홀을 필요로 하는 경우에는 표 5.15를 표준으로 한다.

② 하천변에 부설하는 맨홀은 현장타설이나 맨홀종류에 관계없이 상하부구체 일체형으로 거동하는 구조를 가져야 하며, 안정적인 고정과 외부 충격으로부터 견딜 수 있는 내구성이 확보된 것이어야 한다. 맨홀의 내·외부면은 방수를 실시하고, 맨홀뚜껑의 높이는 강우 시 발생되는 연중 하천수위를 고려하여 정하되 최소 풍수위 이상으로 한다.

표 5.14 표준맨홀의 형상별 용도

명칭	치수 및 형상	용도
1호 맨홀	내경 900mm 원형	관로의 기점 및 600mm 이하의 관로 중간지점 또는 내경 400mm까지의 관로 합류지점
2호 맨홀	내경 1,200mm 원형	내경 900mm 이하의 관로 중간지점 및 내경 600mm 이하의 관로 합류지점
3호 맨홀	내경 1,500mm 원형	내경 1,200mm 이하의 관로 중간지점 및 내경 800mm 이하의 관로 합류지점
4호 맨홀	내경 1,800mm 원형	내경 1,500mm 이하의 관로 중간지점 및 내경 900mm 이하의 관로 합류지점
5호 맨홀	내경 2,100mm 원형	내경 1,800mm 이하의 관로 중간지점

표 5.15 특수맨홀의 형상별 용도

명칭	치수 및 형상	용도
특1호 맨홀	내부치수 600×900mm 각형	흙두께가 특히 적은 경우, 다른 매설물 등의 관계 등으로 1호 맨 홀이 설치 안 되는 경우
특2호 맨홀	내부치수 1,200×1,200mm 각형	내경 1,000mm 이하의 관로 중간지점에서 원형 맨홀이 설치 안 되는 경우
특3호 맨홀	내부치수 1,400×1,200mm 각형	내경 1,200mm 이하의 관로 중간지점에서 원형 맨홀이 설치 안 되는 경우
특4호 맨홀	내부치수 1,800×1,200mm 각형	내경 1,500mm 이하의 관로 중간지점에서 원형 맨홀이 설치 안 되는 경우
특5호 맨홀	내부치수D×1,200mm 각형(D는 내경+인버트 폭)	현장여건상 표준맨홀 및 특1, 2, 3, 4호 맨홀이 설치가 불가능한 경우에 600mm 이상의 흄관에 적용
현장타설 관로용 맨홀	내경 900, 1,200mm 원형	직사각형거, 말굽형거 및 실드(shield)공법에 의한 하수관로의 중간지점
부관붙임 맨홀		관로의 단차가 0.6m 이상인 경우

(3) 형상 및 재질에 따른 적용 범위

표준, 특수 맨홀의 형상 및 재질에 따른 적용범위는 공공하수도(맨홀)표준도를 기준으로 표 5.16과 같이 분류된다.

표 5.16 표준, 특수 맨홀의 형상 및 재질에 따른 적용범위

구분	A형	B형	C형	D형
형상 및 재질	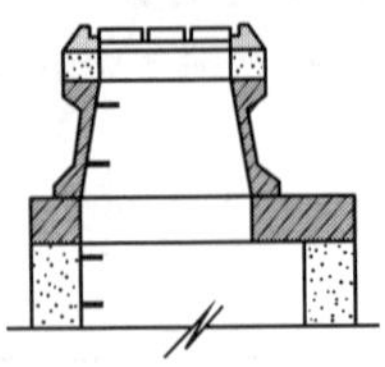	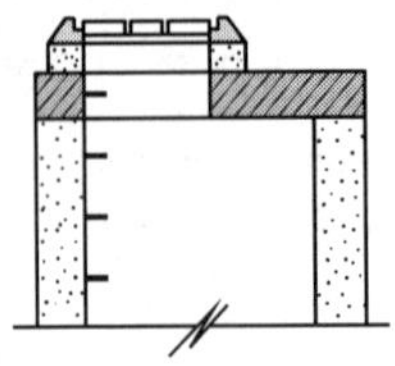	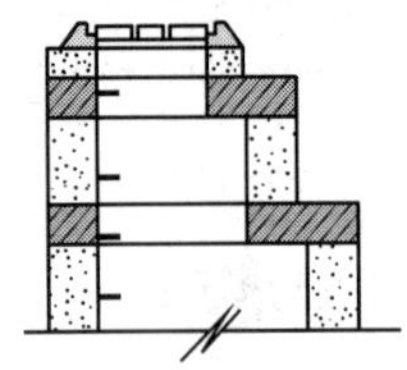	상부 : 프리캐스트 제품 (KS F 4012) 측벽 : 프리캐스트 제품 (KS F 4012) 감독관의 승인을 받은 공장제품
	상부 : 프리캐스트 제품 (KS F 4012) 측벽 : 현장타설	상부 : 상판상에 뚜껑고정 측벽 : 현장타설	상부 : 현장타설 측벽 : 현장타설	
적용범위	맨홀 깊이 2.5m 이상인 곳	맨홀 깊이 2.5m 이하인 곳	맨홀 깊이 2.5m 이상인 곳	감독관의 승인에 따름

(하수도 설계기준 외의) 참고자료로 **맨홀**의 각부 명칭은 **그림 5.22**와 같다. 여기서 **인버트**(invert, 역아치)는 맨홀의 유지관리를 위해 작업원이 작업할 때 맨홀 내의 퇴적물이 쌓이면 상당히 불편하고, 하수가 원활히 흐르지 못하여 부패 시 악취를 발생시킨다. 이를 방지하기 위해 바닥에 설치한다.

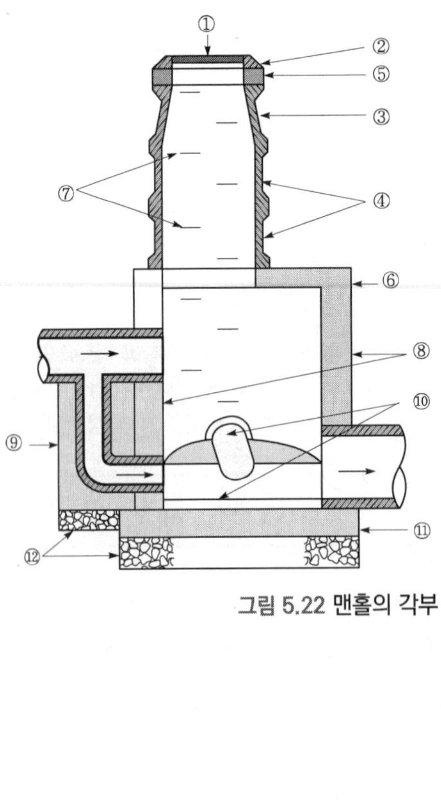

① 맨홀 뚜껑
② 맨홀 뚜껑 틀
③ 맨홀 사벽
④ 맨홀 직벽 $h = 60\text{cm}$
⑤ 높이 조절용 모르터
⑥ 상판 슬래브
⑦ 발디딤쇠
⑧ 벽세움부
⑨ 부관
⑩ 인버트
⑪ 바닥 슬래브
⑫ 잡석 기초

그림 5.22 맨홀의 각부 명칭

7.2 맨홀부속물

맨홀부속물에는 인버트(invert), 발디딤부 및 중간슬래브, 맨홀뚜껑 및 받침, 맨홀 내 안전표지판, 맨홀내 추락방지시설이 있으며, 다음 사항을 고려하여 설치한다.

(1) 인버트

① 인버트는 하류관로의 관경 및 경사와 동일하게 한다.

② 인버트의 발디딤부는 10~20%의 횡단경사를 둔다.

③ 인버트의 폭은 하류측 폭을 상류까지 같은 넓이로 연장한다.

④ 상류관과 인버트 저부는 3~10cm 정도의 단차를 두는 것이 바람직하다.

⑤ 인버트는 중간맨홀, 합류맨홀의 합류 및 흐름방향에 적합하게 설치하여 하수의 흐름이 원활하도록 하여야 한다.

(2) 발디딤부 및 중간슬래브

① 발디딤부 및 중간슬래브는 부식이 발생하지 않는 재질을 사용한다.

② 발디딤부는 폭 30cm를 표준으로 이용하기에 편리하도록 설치하여야 하며, 맨홀깊이가 3m 이상인 경우 2열로 설치하여야 한다.

③ 깊은 맨홀의 유지관리는 필요 시 이동용 사다리를 이용하고, 진출입이 빈번한 깊이 4m 이상에서는 중간슬래브를 설치한다.

(3) 맨홀뚜껑 및 받침

① 맨홀뚜껑 및 받침은 유지관리의 편리성 및 안전성을 고려하여 설치하고, 상부 슬래브에서 도로 외 쪽(인도 쪽)으로 위치하도록 한다.

② 도로 측에 설치되는 맨홀뚜껑 및 받침은 규정된 무게를 갖추어야 한다.

③ 하천변에 부설되는 맨홀뚜껑은 수밀구조와 강우 시 급격한 하수량증가에 따른 내부압력변화에 대응할 수 있어야 하고, 맨홀받침과 일체화가 되도록 하여 이탈을 방지할 수 있어야 한다.

(4) 맨홀 내 안전표지판

① 맨홀 내 안전표지판은 점검이나 유지관리 시 질식, 추락 등 안전사고 예방을 위하여 맨홀뚜껑 아래에 속뚜껑 형식으로 설치하되, 맨홀뚜껑과 받침 사이의 수밀성을 저해하지 않아야 한다.

② 맨홀내 안전표지판은 부식이 발생하지 않는 재질을 사용한다.

③ 맨홀내 안전표지판 상부에는 질식, 추락 등의 위험을 알릴 수 있는 안전문구를 표시하고 글씨는 어두운 곳에서도 잘 보일 수 있도록 성능이 우수한 반사 재료를 사용한다.

(5) 맨홀 내 추락방지시설

상습침수구역 등에 부설되는 맨홀의 경우 강우 시 급격한 하수량 증가로 인하여 맨홀 뚜껑 이탈이 예상되는 구역에는 추락 등 안전사고 예방을 위하여 맨홀 뚜껑 아래에 추락방지 시설을 설치하는 등 대책을 강구하여야 한다.

7.3 소형 맨홀

소형 맨홀은 협소한 기존의 도로 및 골목길에 장비투입이 어렵고 기존지장물의 이설이 곤란할 경우에 설치한다.

(1) 소형 맨홀은 일반적으로 내경치수에 따라 용도별로 분류된다.

(2) 소형 맨홀의 구성 및 기능은 표준맨홀을 준용한다.

8. 관로검사

8.1 관로검사의 종류 및 특징

관로검사는 시공 중이거나 시공 후 하수관로(하수관, 맨홀, 연결관, 배수관 등)의 시공적정성을 조사하고 판정하기 위한 것이다.

관로검사는 다음과 같이 구분한다.

(1) 검사시기에 따라 시공 중에 실시하는 시공검사와 시설준공 시 실시하는 준공검사로 구분한다.

(2) 검사대상에 따라 경사검사, 수밀검사, 내부검사, 오접 및 유입수·침입수 경로검사, 변형검사로 구분하다.

(3) 검사구간에 따라 수밀검사는 맨홀－맨홀구간으로 시행하는 수밀검사와 개보수 등 특정구간에 한정하여 시행하는 부분수밀검사로 구분한다.

(4) 검사방법에 따라 수밀검사는 관로 내에서 관로 밖으로 침출되는 것을 확인하는 누수시험, 공기압시험, 압송관 수압시험으로 구분하고, 관로 밖에서 관로 내로 침입되는 것을 확인하는 침입시험, 부공기압시험으로 구분한다.

(5) 관로내부검사는 조사원이 직접 관로 내에 진입하여 육안이나 장비로 확인하는 육안조사와 관로 내로 진입하지 않고 촬영장비를 사용한 CCTV조사, 관내부 변형을 확인하는 변형률검사로 구분한다.

(6) 오접 여부를 확인하고, 유입수·침입수 발생 시 그 경로 등을 확인하는 오접조사, 유입수, 침입수 경로조사로 구분한다.

8.2 관로검사방법 선정 및 기본사항

관로검사의 방법은 검사시기, 검사대상 및 검사구간 등의 조건에 따라 선정하고, 검사 시 기본사항을 준수하여야 한다.

(1) **관로검사방법**은 그림 5.23의 흐름도를 참고하여 선정한다.
(2) 관로시공검사 시기는 되메우기 전에 시행하는 것이 원칙이다.
(3) 검사방법은 "하수관로공사 표준시방서"에 규정한 기준을 따른다.
(4) 검사구간은 맨홀과 맨홀(연결관 조사구간 포함)을 한 구간으로 검사하는 것이 원칙이다.
(5) 검수수량은 시공검사의 경우 시공관로전체, 준공검사의 경우 시공관로의 5%를 기준으로 한다.

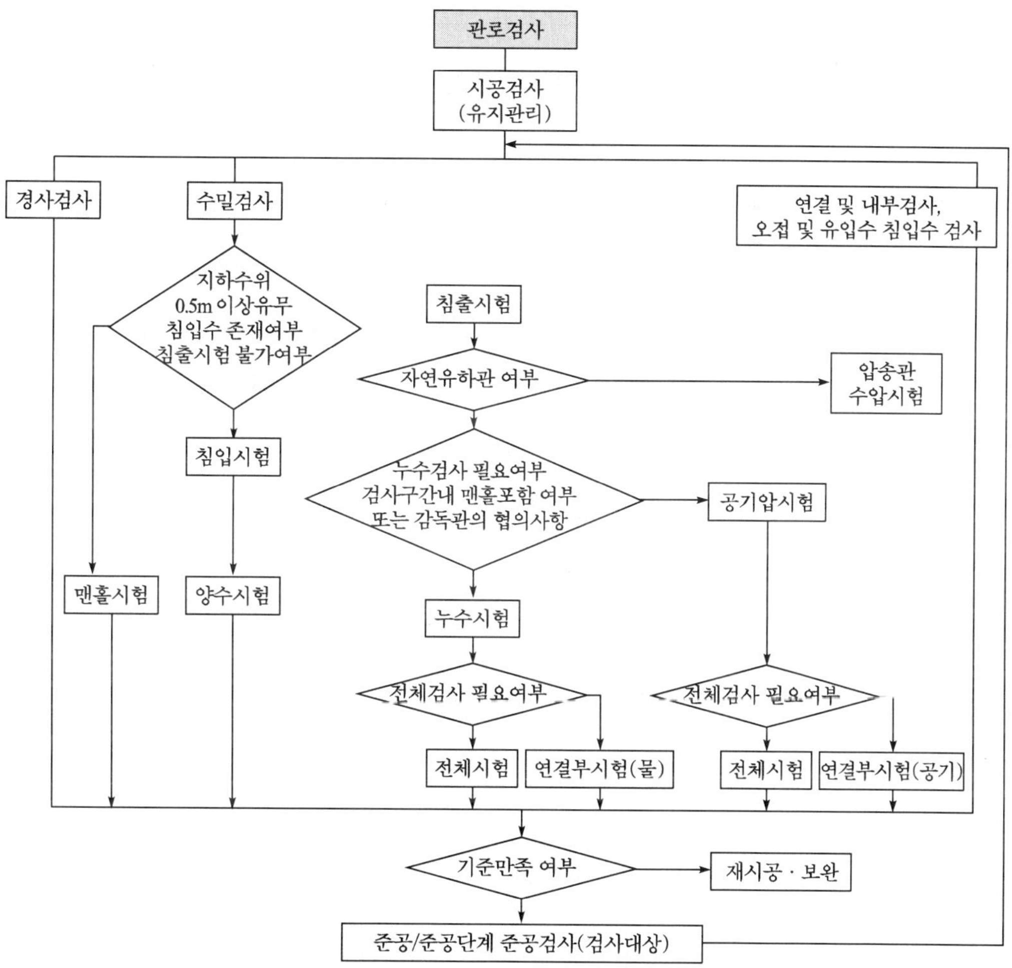

그림 5.23 관로검사 흐름도

9. 악취방지시설

9.1 악취발생 원인 및 형태

하수도에서 악취는 수집단계(배수설비), 이송단계(지선관로, 간선관로, 펌프시설) 및 처리단계(처리시설) 전 구간에서 발생할 수 있으며, 발생된 악취의 처리보다 발생방지를 중점적으로 추진되어야 한다. 여기서는 하수도 중 수집 및 이송에 대하여 제시한다.

(1) 악취는 사람의 후각을 자극하여 불쾌감과 혐오감을 주는 냄새를 말한다.

(2) 하수도 시설에서 발생하는 악취는 유발 물질의 형태 및 흐름에 따라 발생원, 발산원 및 배출원으로 구분한다.

9.2 악취발생 및 저감 대책

하수도시설 악취 저감은 발생원에서의 저감, 발산 억제, 배출 차단 등 세 가지 방식이 있으며, 악취 저감을 위한 시설계획이나 개선대책을 필요한 구간에 반영하여야 한다.

(1) 악취방지시설을 계획하기 위해서는 우선 발생원을 조사하여 이에 대응한 시설이 되도록 하여야 하며, 발생방지를 우선으로 시설계획을 하여야 한다. 또한 가장 효과적이고, 비용절감적인 측면에서 계획되어야 한다.

(2) 악취 저감은 발생원에서의 저감, 발산억제, 배출 차단을 신규지역과 기존시설지역에 대하여 단기대책 및 장기대책으로 구분하여 적용한다.

(3) 악취 저감을 위한 시설개선대책은 관로 내부, 맨홀, 받이, 토구, 우수토실에 대하여 신규지역과 기존시설지역으로 구분하고 단기대책 및 장기대책으로 구분하여 적용한다.

(4) 하수관로시설의 악취 저감 방법은 관로 내부, 맨홀, 받이, 토구, 우수토실에 대하여 필요에 따라 적용한다.

① 하수관로 내부에 대한 악취 저감 방법은 최소유속 확보, 환기시설, 약품 투입, 청소 및 준설, 오접 개선, 관로개선(분류식화 등)을 적용한다.

② 맨홀에 대한 악취 저감 방법은 부관설치, 인버트 설치, 악취차단장치 등을 적용한다.

③ 받이와 토구에 대한 악취 저감 방법은 차단장치를 중심으로 적용한다.

10. 하수저류시설

10.1 정의

(1) 하수저류시설이란 하수관로로 유입된 하수에 포함된 오염물질이 하천·바다 그 밖의 공유수면으로 방류되는 것을 줄이고, 하수가 원활하게 유출될 수 있도록 하수의 일정 부분을 일시적으로 저장하여 침수피해를 예방하거나 오염물질을 제거 또는 감소하게 하는 시설(기존의 CSOs 및 초기빗물 저류시설 포함)을 말한다.

(2) 하수저류시설 설치계획 수립 시 기존 하수도시설과 연계방안, 시공방법, 및 경제성 등을 검토하여 배수계통전체에 대하여 종합적으로 판단한 후 하수저류시설계획을 수립한다.
(3) 하수저류시설은 차집시설, 전처리시설, 처리시설과 세척시설, 환기시설, 이송 및 방류시설로 이루어지고 필요에 따라 시설을 가감한다.

10.2 용량 및 형식

(1) 용량은 모든 빈도의 홍수에 대해 홍수저감 효과 및 하류 배수구역의 크기와 특성을 고려하여 정한다. 하수저류시설 용량 산정 시 기초 자료가 되는 계획 우수유출량 산정방법은 「하수저류시설 설치 및 운영관리 매뉴얼, 2013, 환경부」을 참고한다.
  ① 침수 방지 기능 하수저류시설
  ② 오염 저감 기능 하수저류시설
  ③ 재이용 하수저류시설
(2) 형식은 설치 위치, 시설 규모에 따른 부지 확보 가능성, 지하에 매설된 저장물 등을 고려하여 정한다.
  ① 설치 위치에 따른 분류 : 설치 위치에 따라 배수구역 내 하수저류시설과 배수구역 외 하수저류시설로 구분한다.
  ② 구조에 따른 분류 : 구조에 따라 일반 지하식 및 지하터널식으로 분류된다.
  ③ 연결형식에 따른 분류 : 연결형식에 따라 직렬연결 형식과 병렬연결 형식으로 나뉜다.

10.3 위치

설치 위치에 따른 하수저류시설의 배치 기준으로 지하 4m 이하의 공간을 칭하며, 천심도는 5m 이내이고 대심도는 40m 이내에 하수도 용도로 설치된 터널을 말한다.

(1) 대심도 하수저류터널
(2) 천심도 하수저류터널

10.4 구조

저류시설의 구조는 지역의 조건에 따라 다양하게 결정될 수 있다. 하수관로 또는 지형 경사에 따라 배수방식이 자연배수 또는 강제배수로 달라질 수 있고, 지형의 특성에 따라 평면계획이 어떻게 달라지느냐는 민감한 문제가 될 수 있다. 특히 도심지에서는 공공용지 존재유무와 크기가 매우 중요하다.

(1) 시설의 깊이는 시설의 면적에 따라 최대한 저류용량이 커지고 수리적으로 효율적인 깊이로 계획하되 부지형태, 크기, 민원, 경제성 등을 고려하여 결정한다.
(2) 평면계획은 직사각형 시설로 계획하는 것이 유리하며 조의 폭은 조길이의 1/2~2/3로 한다.

(3) 저류시설 내부로 하수가 유입되는 방식은 시설이 직렬식인지 병렬식인지에 따라 다르다. 직렬식인 경우 하수가 저류시설내로 모두 들어가기 때문에 입구 구조에 분리시설이 필요치 않다. 병렬식 저류시설의 경우 하수는 계획우수량을 초과하는 유량에 대해 유입되도록 하는 횡월류 위어, 수문 그리고 여수로와 같은 분리시설을 통해서 저류시설로 유입시킨다. 부대시설로서 스크린과 대심도터널의 경우 감세시설이 있다.

(4) 방류시설은 방류공, 방류관, 비상배출구, 펌프시설 등이 있으며, 설계방류량을 안전하게 처리할 수 있도록 계획한다.

(5) 부대시설은 환기 및 탈취시설 등이 있으며 제반기준에 맞게 설치한다.

(6) 일반지하식 및 지하터널식 하수저류시설은 시설점검 시 사고발생을 방지하고 비상상황을 전파할 수 있는 시스템을 갖추어야 한다.

10.5 하수저류수 처리방법 계획

하수저류수 처리방법에는 하수처리장으로의 연계처리와 자체처리로 구분된다. 연계처리는 하수저류시설과 가까운 하수처리장으로 선정하며, 자체처리시설로는 협잡물처리시설, 고도처리시설, 소독시설 등의 시설이 필요하다.

(1) 연계처리방법

(2) 자체처리방법

11. 합류식 하수도 강우 시 방류부하량 저감 시설

11.1 방류부하량 산정

합류식 하수도 시스템의 우천 시 방류부하량은 다음의 단계적 방법을 통해 정확히 산정함을 원칙으로 한다.

(1) 대상처리구역의 유역특성 및 관로특성 조사

(2) 처리구역의 방류량 및 방류수역의 수질조사

(3) 방류량 및 방류부하량 산정

(4) 모델링을 통한 검토

11.2 처리방법의 선정

비용·효과적인 대책의 수립을 위해서는 다양한 저감방법들의 유기적인 적용방식을 검토하고 적용대상구역에서 최대한의 효과를 나타낼 수 있는 방법들을 선정한다. 또한 선택된 저감(처리) 방법에 따른 유지관리 대책의 적용성을 충분히 검토한다.

(1) 시스템 개요

(2) 오염부하 저감·처리방법의 구분 및 종류

① 관로시스템 개선 방법 ② 저류시설 활용 방식 ③ 처리기술

11.3 배수설비 및 관로의 방류부하 저감 대책

우천 시 오염부하 방류량을 저감하기 위하여 배수설비 및 관로시설에 다양한 대책을 적용할 수 있으며, 지역특성이나 기존시설과의 연계 상황을 고려하여 다음 대책의 적용을 검토한다.

(1) 배수설비 기름 제어
(2) 관로퇴적물 제어
(3) 관로분류화
(4) 펌프장 개선
(5) 실시간 제어 방법

11.4 우수토실 및 토구의 방류부하 저감 대책

우수토실 및 토구에서의 대책은 주로 하천 등의 방류수역에서 월류 후에 고형물 및 협잡물이 쌓이는 경우가 많아 위생상, 미관상으로 문제가 발생하는 것을 대응하기 위한 것이다. 지역특성이나 기존시설의 상황을 고려하여 방류지점 공공수역의 이용 상황, 유지관리성, 경제성 등을 종합적으로 감안하고, 우천 시 하수의 배제기능을 충분히 검토하고 대책을 강구한다.

(1) 협잡물 제어
(2) 우수토실 개선

11.5 차집관로의 방류부하 저감 대책

차집관로의 개선은 합류식 하수도의 월류수 대책에 적합하도록 효과, 경제성, 유지관리성 등 종합적으로 평가하여 결정한다. 차집관로의 용량은 우천 시 계획시간 최대오수량에 차집우수량을 더하여 정하며, 차집우수량은 합류식 하수도의 우천 시 방류부하량 저감 계획에 적합하도록 결정한다.

11.6 CSOs 저류시설의 방류부하 저감 대책

합류식 하수도의 강우 시 방류부하량을 저감하기 위해 필요에 따라 CSOs 저류시설을 계획한다.

CSOs 저류시설의 계획은 다음 각 항을 고려하여 정한다.

(1) CSOs 저류시설은 우수토실, 펌프장 및 처리장주변에 설치하고 우수토실 등에서 배출하는 강우 시 방류부하량을 효과적으로 삭감할 수 있는 시설로 한다.
(2) CSOs 저류시설의 형식은 우천 시 방류부하량의 삭감 효과, 입지조건, 방류수역의 상황, 경제성 및 유지관리의 용이성 등을 고려하여 종합적으로 선정한다.
(3) CSOs 저류시설의 계획유입량은 우천 시 방류부하량의 삭감 효과, 경제성 및 유지관리의 용이성 등을 종합적으로 검토하여 결정한다.

(4) CSOs 저류시설은 침수되지 않도록 하며, 유지관리 및 주변환경조건 등을 충분히 고려하여 계획한다.

12. 개거의 종류와 단면

12.1 개거의 종류

개거는 일반적으로 무근콘크리트, 돌쌓기, 콘크리트 블록 쌓기, 철근콘크리트 및 철근콘크리트조립흙막이 등을 사용한다.

(1) 무근콘크리트

(2) 돌쌓기 및 콘크리트 블록 쌓기

(3) 철근콘크리트

(4) 철근콘크리트조립흙막이

(5) 기성L형 블록

12.2 개거의 단면

(1) **개거**의 단면형은 사다리꼴형, 직사각형 또는 반원형 등으로 한다.

(2) 개거의 단면형은 유량, 유속, 수로용지 및 호안의 종류 등에 따라 다음 사항을 고려하여 결정한다.

① 수리학적으로 유리할 것

② 토압 등에 대하여 충분히 견딜 수 있는 구조일 것

③ 저부의 변동이 일어나지 않을 것

④ 설치비가 저렴할 것

⑤ 유지관리가 용이할 것

⑥ 설치장소의 환경에 적응할 것

12.3 개거의 여유고

개거의 여유고는 개거의 깊이에 따라 정한다.

13. 우수토실 및 토구

13.1 우수토실

우수토실은 다음 사항을 고려하여 결정한다.

(1) 우수토실을 설치하는 위치는 차집관로의 배치, 방류수면 및 방류지역의 주변환경 등을 고려하여 선정한다.

(2) 우수토실에서 우수월류량은 계획하수량에서 우천 시 계획오수량을 뺀 양으로 한다.

(3) 우수월류위어의 위어길이를 계산할 때는 식 (5.50)에 의한다.

$$L = \frac{Q}{1.8\,H^{3/2}} \tag{5.50}$$

여기서 L = 위어(weir)길이(m)이고, Q = 우수월류량(m^3/s)이며, H = 월류수심(m)(위어길이 간의 평균값)이다.

유입관로에서 월류가 시작될 때의 수심은 수리특성곡선에서 구하며, 이 수심을 표준으로 하여 위어높이를 정한다.

(4) 우수토실에는 출입구 및 진입도로 등을 만들어 항상 월류위어 또는 오수유출관로의 상태를 점검할 수 있도록 유지관리 방안을 수립한다.

(5) 우수토실의 오수유출관로에는 소정의 유량 이상은 흐르지 않도록 한다.

(6) 우수토실은 위어형 이외에 수직오리피스, 기계식 수동수문 및 자동식 수문, 볼텍스 밸브류 등을 사용한다.

(7) 우수토실이 안전하게 제기능을 유지하도록 적절하게 정하고 이상을 통보하는 적절한 감시 설비를 설치한다.

13.2 토구

토구는 다음 사항을 고려하여 정한다.

(1) 토구의 위치 및 구조는 방류하는 하천, 항만 및 해안 등의 관리자와 사전에 충분한 협의를 거친 후에 결정한다.

(2) 토구에서 유속은 선박의 운항 및 하저의 세굴 등 주변환경에 영향을 미치지 않을 정도로 한다.

(3) 토구의 저면높이는 하천, 해역 또는 호소 계획홍수위와 저수위의 중간에 둔다. 단, 어떠한 경우라도 토구의 저면은 하천 및 해역의 저면보다 높게 한다.

(4) 토구의 위치 및 방류의 방향은 우수가 부근에 정체되지 않도록 정한다.

(5) 방류수면 수위가 우수토실의 위어정보다 높아지는 경우에는 방조수문을 설치한다. 이 경우 수문은 일정한 중량을 가지고 반드시 자동으로 개폐되도록 하고 예비로 수동수문을 설치한다.

(6) 주민편의시설 등이 있는 사람 왕래가 잦은 하천, 해안 등으로 방류하는 토구에는 악취차단, 토구 내 출입차단을 할 수 있는 시설을 설치한다.

14. 물받이 및 연결관

14.1 물받이의 분류

공공하수도로서의 물받이는 오수받이, 빗물받이 및 집수받이 등이 있는데 배제방식에 따라 적절히 선정하여 배치한다. 개인하수도시설인 배수설비의 물받이와 구분된다.

14.2 오수받이

14.2.1 오수받이의 설치

오수받이는 공공도로상에 설치하는 것을 원칙으로 하되 목적 및 기능을 고려하고 유지관리상 지장이 없는 장소에 설치한다. 단독주택 지역 등의 경우 오수받이의 설치간격은 유지관리상 1필지당 하나를 원칙으로 하나 택지와 도로의 상황에 따라 다수의 필지당 하나를 설치한다.

14.2.2 형상 및 구조

(1) 형상 및 재질은 원형 및 각형의 콘크리트 또는 철근콘크리트제, 플라스틱제로서 **표 5.17**을 표준으로 하나 형상치수별 용도는 오수받이 설치 위치, 설치장소, 제조사 등에 따라서 다양한 조건들이 있을 수 있음에 유의하여 필요시 적정 변경하여 적용한다. 다만, 도로와 배수지의 상황에 따라 오수받이 설치가 곤란한 경우에는 유지관리를 위하여 연결관 관경 이상의 점검구를 설치한다.

표 5.17 오수받이의 형상별 용도의 예

명칭		형상치수	용도
콘크리트제	1호 오수받이	내경 300mm 원형 또는 내경 300×300mm 각형	연결관 내경 150mm, 깊이 1.2m 미만의 경우에 사용
	2호 오수받이	내경 500mm 원형 또는 내경 500×500mm 각형	연결관 내경 150mm, 깊이 1.2m 이상의 경우에 사용
	3호 오수받이	내경 700mm 원형 또는 내경 700×700mm 각형	연결관 내경 200mm 이상인 곳에 사용
플라스틱제	경질염화비닐제, 폴리에틸렌제, 폴리프로필렌오수받이	내경 300, 350mm 원형 또는 내경 300×300mm, 350×350m 각형	연결관 내경 150mm 이하인 곳에 사용

(2) 플라스틱제 오수받이는 품질이 확보되는 경우 콘크리트제 1~3호 오수받이 형상 및 치수를 적용한다.

(3) 오수받이의 규격은 내경 300~700mm 정도로서 원활한 하수의 흐름과 유지관리 관점에서 계획한다.

(4) 오수받이의 저부에는 인버트를 반드시 설치한다.

(5) 오수받이의 뚜껑은 밀폐형으로 하고, 외뚜껑은 주철제(ductile 포함), 철근콘크리트제 및 그 외의 견고하고 내구성이 있는 재료로 만들어진 뚜껑으로 한다.

(6) 오수받이의 높이조절재(입상관) 및 오수 유출·입관 연결부는 수밀성을 가져야 한다.

(7) 동결심도가 깊은 한냉지에서는 오수받이 내부에 보온 방안을 강구하여 결빙을 방지한다.

14.3 빗물받이

14.3.1 빗물받이의 설치

(1) **빗물받이**는 도로 옆의 물이 모이기 쉬운 장소나 L형 측구의 유하방향 하단부에 반드시 설치한다. 단, 횡단보도, 버스정류장 및 가옥의 출입구 앞에는 가급적 설치하지 않는다.

(2) 빗물받이의 설치 위치는 보·차도 구분이 있는 경우에는 그 경계로 하고, 보·차도 구분이 없는 경우에는 도로와 사유지의 경계에 설치한다.

(3) 노면배수용 빗물받이 간격은 대략 10~30m 정도로 하나 되도록 도로폭 및 경사별 설치기준을 고려하여 적당한 간격으로 설치하되, 상습침수지역에 대해서는 이보다 좁은 간격으로 설치할 수 있다.

(4) 빗물받이는 협잡물 및 토사의 유입을 저감할 수 있는 방안을 고려한다.

(5) 빗물받이에 악취발산을 방지하는 방안을 적극적으로 고려한다.

14.3.2 형상 및 구조

(1) 형상 및 재질은 원형 및 각형의 콘크리트 또는 철근콘크리트제, 플라스틱제로서 **표 5.18**을 표준으로 하되 설치 위치, 설치장소, 제조사 등에 따라서 다양한 조건들이 있을 수 있음에 유의하여 필요에 따라 변경 적용한다.

표 5.18 빗물받이의 형상별 용도

명칭	내부 치수	용도
차도측 1호 빗물받이	300×400mm	L형 측구의 폭이 50cm 이하의 경우에 사용
차도측 2호 빗물받이	300×800mm	L형 측구의 폭이 50cm 이하의 경우에 사용 교차로나 도로의 종단경사가 큰 곳에 사용
보도측 빗물받이	500×600mm	도로의 종단경사가 급하지 않은 곳에 사용 차도측 1호 및 2호 빗물받이 적용이 곤란한 곳에 사용

(2) 빗물받이의 규격은 내폭 30~50cm, 깊이 80~100cm 정도로 한다.

(3) 빗물받이의 저부에는 깊이 15cm 이상의 이토실을 반드시 설치한다. 다만 악취 및 해충 발생으로 위생안전에 위해를 줄 우려가 있는 지역에 한하여 제한적으로 설치하지 않을 수 있다.

(4) 빗물받이의 뚜껑은 강제, 주철제(덕타일 포함), 철근콘크리트제 및 그 외의 견고하고 내구성이 있는 재질로 한다.

(5) 빗물받이는 **표 5.19**의 표준형 이외에 협잡물 및 토사유입을 막기 위한 침사조(혹은 여과조) 및 토사받이 등을 설치한 개량형 빗물받이를 설치한다.

표 5.19 집수받이의 형상별 용도

명칭	내부치수	용도
1호 집수받이	300×400mm	폭 300mm까지의 U형 측구에 사용
2호 집수받이	450×450mm	폭 300~450mm까지의 U형 측구에 사용
3호 집수받이	450×450mm	폭 450mm까지의 U형 측구에 사용

14.4 집수받이

집수받이는 개거와 암거를 접속하는 경우 및 횡단하수구 등에 설치하며 표 5.19를 표준으로 한다.

14.5 연결관

연결관은 다음 사항을 고려하여 결정한다.

(1) 재질 및 배치

① 재질 : 재질은 도관, 철근콘크리트관, 경질염화비닐관 또는 이것과 동등 이상의 강도 및 내구성이 있는 것을 사용한다.

② 평면배치

가. 부설방향은 본관에 대하여 직각으로 부설한다.

나. 본관연결부는 본관에 대하여 60° 또는 90°로 한다.

③ 경사 및 연결위치 : 연결관의 경사는 1% 이상으로 하고, 연결위치는 본관의 중심선보다 위쪽으로 한다.

④ 관경 : 연결관의 최소관경은 150mm로 한다.

(2) 연결부의 구조

본관이 도관, 철근콘크리트관 등 강성관인 경우에는 지관 또는 가지달린관을, 주철관, 합성수지관 등 연성관인 경우는 접속용 이형관, 분기관 등을 주로 사용하나 본관과 연결관의 재질, 현장여건, 시공의 편리성 등에 따라 다양한 연결방식을 사용한다.

(3) 유지관리를 위하여 종단면배치상의 내각은 120° 이상이 바람직하며, 연결관 평면배치 연장이 20m 이상이거나 굴곡부 등에는 연결관 관경 이상의 점검구를 설치한다.

14.6 기타시설

(1) 연결관이나 하수관에는 필요한 경우 점검구를 설치하여 유지관리가 용이하도록 하여야 한다.

(2) 빗물받이에는 협잡물 낙엽 및 토사 등 협잡물유입방지 및 제거를 용이하게 하기 위한 장치를 설치할 수 있다.

15. 배수설비

15.1 배수설비의 일반사항

(1) 배수설비는 개인하수도의 일종이다.

(2) 배수설비의 설치 및 유지관리는 의무가 있는 개인이 하는 것을 기본으로 한다.

(3) 배수설비중의 물받이의 설치는 배수구역 경계지점 또는 배수구역 안에 설치하는 것을 기본으로 한다.

(4) 결빙으로 인한 우·오수 흐름의 지장이 발생되지 않도록 한다.

15.2 배수관

배수관은 암거로 하며 관종 및 크기는 다음 사항을 고려하여 정한다. 단, 우수만을 배수하는 경우에는 개거로 하여도 좋다.

(1) 관의 종류

암거는 도관, 철근콘크리트관 및 경질염화비닐관 등 내구성이 있는 것을 사용한다.

(2) 관의 크기

① 오수관의 크기 : 오수관의 크기는 표 5.20에 의한다. 단, 일부의 오수를 배제하기 위한 지관으로서 연장이 3m 미만의 것은 관경 75mm의 것을 사용하여도 좋다.

표 5.20 배수인구에 의한 오수관의 크기

배수인구(명)	150 이하	300 이하	600 이하	1,000 이하
관경(mm)	100 이상	150 이상	200 이상	250 이상

② 합류관 및 우수관의 크기는 표 5.21과 같다.

표 5.21 배수면적에 의한 합류관 및 우수관의 크기

배수면적(m^2)	200 미만	600 미만	1,200 미만	1,200 이상
관경(mm)	100 이상	150 이상	200 이상	왼쪽 기준에 따라 관의 지름 또는 개수를 늘린다.
비고	우수관의 지관으로서 총 길이가 3m 미만인 것은 지름이 75mm인 관을 사용할 수 있다.			

③ 배수량이 특히 많은 장소에서의 관의 크기는 표 5.22에 의한다.

표 5.22 배수인구에 의한 오수관의 크기

배수량(m^3/일)	1,000 미만	2,000 미만	4,000 미만	6,000 미만	6,000 이상
관경(mm)	150 이상	200 이상	250 이상	300 이상	왼쪽 기준에 따라 관의 지름 또는 개수를 늘린다.

(3) 관로의 경사 및 유속 : 관로의 경사는 관로 내 유속이 0.6~1.5m/s가 되도록 정한다.
(4) 최소토피 : 최소토피는 건물의 부지 내에서는 20cm 이상으로 한다. 합류관 및 우수관의 크기는 표 5.21에 의한다. 단, 우수관의 지관으로서 연장 3m 미만의 것은 관경 75mm의 것을 사용한다.
(5) 반지하주택 등 침수대책 : 반지하주택과 같이 주변 지반보다 저지대에 위치한 주택은 강우 시 하수관로에서 역류가 발생하므로 필요한 대책을 수립한다.

15.3 물받이

물받이는 빗물받이 및 오수받이가 있으며, 배치 및 구조 등은 다음 사항을 고려하여 정한다.

(1) 물받이의 배치
① 관로의 기점, 종점, 합류점, 굴곡점, 신설관과 기존관과의 연결지점 및 기타 유지관리상 필요한 장소에 설치한다.
② 관로의 내경, 경사 또는 관종이 다른 장소에 설치한다.
③ 배수관의 합류점이나 굴곡점에 물받이 설치가 곤란하거나 타시설로 동일한 기능발휘가 가능한 경우에는 점검 및 청소·보수를 할 수 있는 청소구를 설치한다.

(2) 물받이의 크기, 형상 및 구조
내경 또는 내부치수가 30cm 이상되는 원형 또는 각형의 벽돌, 콘크리트제 및 철근콘크리트제 등으로 하고, 깊이별 내경 및 내부치수와의 관계는 표 5.23을 참고로 한다. 다만, 하수본관의 규격이 최소관경이 적용되는 소규모 지역에서 부지의 여유, 기타시공조건 유지관리 등을 고려하여 소형 오수받이를 설치할 수도 있으나 최소화 하여야 한다. 소형오수받이의 크기는 표 5.24와 같다.

표 5.23 깊이별 내경 및 내부치수

깊이(cm)	내경 및 내부치수(cm)
30~60 미만	30
60~90 미만	40
90~120 미만	50
120~150 미만	60

표 5.24 소형 오수받이의 크기

구분		소형 오수받이의 내경(mm)
배수관의 내경(mm)	설치 깊이(m)	
75	0.60 이하	125 이상
100~150	0.90 이하	150 이상
200	1.20 이하	200 이상

(3) 특수받이

① 트랩(trap)받이 : 배수설비용의 기구에 방취트랩이 되지 않는 경우에 방취 등을 목적으로 설치한다.

② 드롭(drop)받이 : 관의 합류점에서 관저고에 단차가 큰 곳에 실시한다.

③ 청소구 : 배수관의 합류점이나 굴곡지점에 오수받이 설치가 곤란한 경우 보수점검을 위하여 설치한다.

④ 분리받이 : 하수도시설의 오염부하량 경감이 필요한 경우 고형물, 유지, 토사 등을 분리하기 위해 설치한다.

15.4 부대설비

부대설비는 다음 사항을 고려하여 정한다.

(1) 쓰레기 차단장치 : 고형물질이 유입되는 유입구에는 유효간격 10mm 이하의 스크린 또는 스트레이너(strainer)를 설치한다.

(2) 방취장치 : 필요한 장소에 악취방지트랩(trap)을 설치한다.

(3) 유지차단장치 : 유지류가 유입되는 유입구에는 유지차단장치를 설치한다.

(4) 모래받이 : 토사가 다량으로 유입되는 유입구에는 적당한 크기의 모래받이를 설치한다.

(5) 통기장치 : 방취트랩의 봉수(封水)[=모든 배수장치에서 배수관으로부터 올라오는 관내의 악취를 차단하는 목적으로 물을 사용하는 모든 위생기구 및 배수장치에 설치하는 트랩(trap)장치에 고여 있는 물]의 보호 및 배수관내의 흐름을 원활히 하기 위하여 설치한다.

(6) 배수펌프 : 저지대, 지하실 등에서 공공하수도로 자연유하로 배수되지 않는 경우에는 배수펌프를 설치한다.

15.5 제해시설

제해시설(除害施設)은 다음 사항을 고려하여 정한다.

(1) 공장폐수 등을 공공하수도에 유입시키는 경우에는 관로를 손상시키고, 그 기능을 저하시키거나 또는 처리장에서의 처리능력을 방해하거나 방류수의 수질기준을 유지하기가 어려우므로 제해시설을 설치하여 폐수의 종류에 따라 배출 전에 배출 처리한다.

(2) 다음 사항에 해당하는 폐수를 하수도로 배출하는 경우에는 적당한 제해시설을 설치한다.

① 온도가 높은(45°C 이상) 폐수

② 산(pH5 이하) 및 알칼리(pH9 이상) 폐수

③ BOD가 높은 폐수

④ 대형 부유물을 함유하는 폐수

⑤ 침전성 물질을 함유하는 폐수

⑥ 유지류를 함유하는(30mg/L 초과) 폐수
⑦ 페놀 및 시안화물 등의 독극물을 함유하는 폐수
⑧ 중금속류를 함유하는 폐수
⑨ 기타 하수도시설을 파손 또는 폐쇄하여 처리작업을 방해할 우려가 있는 폐수, 사람, 가축 및 기타에 피해를 줄 우려가 있는 폐수

(3) 제해시설의 설치 또는 개조에 있어서는 충분한 사전조사를 하여 적절한 처리방법을 선택한다.

16. 해양방류시설

16.1 설계 시의 고려사항

해양방류시설은 다음의 사항을 고려하여 결정한다.

(1) 주변해역의 이용 상황
(2) 방류해역의 물이용 형태와 해안으로의 이동시간
(3) 방류해역의 조위
(4) 해저상태, 조석간만 차 및 수위 등 제반여건
(5) 기타

16.2 해양방류관

방류관로는 처리수를 확산관까지 수송하는데 그 길이는 유속, 수두손실, 구조물의 고려 및 경제성에 의해서 결정된다.

17. 압력관로 시스템

17.1 압력관로 시스템의 종류

압력관로 시스템에는 수송시스템으로서의 압송식과 수집시스템으로서의 진공식 및 압력식이 있다. 각 방식에서 다른 특성을 갖기 때문에 관로 시설의 규모나 중요성을 고려하여 적절한 것을 선정한다.

17.2 압송식 하수도 수송 시스템

압송식 하수도 수송 시스템은 펌프 시설과 압력 관로로 구성된다. 압송식에 의한 압력관로는 다음 각 항을 고려하여 정한다.

(1) 정비 대상 구역의 지형이나 지질, 사회적 조건을 고려하여 자연유하방식과의 비교 검토를 한다.
(2) 관로 노선의 선정이나 펌프장의 배치 계획은 시공성, 유지관리성, 경제성 등을 고려한 것으로 한다.
(3) 압송관로에는 내압이 작용하기 때문에 수격압을 포함한 설계 수압에 대해 충분히 견디는

구조 및 재질로 한다.

(4) 유량계산은 Hazen-Williams식을 이용한다. 또한 유속은 최소 0.6m/s, 최대 3.0m/s를 원칙으로 한다.

(5) 관로의 적절한 장소에 역지밸브, 공기밸브 등을 설치한다.

(6) 황화수소 대책을 검토한다.

17.3 진공식 하수도 수집 시스템

진공식 하수도 수집 시스템은 다음 시설에 의해 구성된다.

(1) 오수와 일정한 비율의 공기를 흡입하는 진공밸브 유닛

(2) 오수와 공기가 혼합된 상태에서 이송되는 진공 관로

(3) 진공을 발생시키고 오수의 수송 매체인 공기를 오수 발생원에서 흡입하고 배출하는 중계 펌프장(진공 발생 장치 등을 포함)

① 진공 밸브 유닛 : 진공 밸브, 컨트롤러 및 저수 탱크 등에서 구성되는 진공 밸브 유닛은 다음 각 항을 고려하여 정한다.

가. 진공 밸브

(a) 진공 밸브의 구경은 이물질에 의한 막힘에 대해 안전한 구경으로 한다.

(b) 진공 밸브의 흡입 능력은 시설 전체의 진공도의 유지를 고려하여 정한다.

나. 진공 밸브 유닛

(a) 진공 밸브 유닛의 구조는 가옥 등으로부터의 오수의 유입량, 유입 형태, 설치 장소 등을 고려하여 적절하게 정한다.

(b) 진공 밸브 유닛으로의 접속 호수는 가옥 등의 배치, 유입 오수량, 저수 탱크의 용량 등을 검토하여 정한다.

② 진공 관로 : 진공 관로는 진공식 특성이 충분히 발휘될 수 있도록 다음 각 항을 고려하여 정한다.

가. 진공 관로의 관경, 경사

(a) 진공 관로의 관경은 수리 계산 및 진공 밸브 유닛의 접속 상황을 거쳐 기능성, 경제성을 고려하여 정한다.

(b) 진공 관로는 일정한 내리막 경사와 리프트라 불리는 짧은 오르막 경사의 반복에 의한 「톱날상」의 종단 형상으로 부설한다.

나. 관재의 종류와 이음

(a) 진공 관로에 사용하는 부재는 관로에 작용하는 부압 및 외압에 충분히 견디는 구조 및 재질로 한다.

(b) 진공관로의 이음은 기밀성이 높고 안전하며 기능적이고 경제적인 구조로 한다.

③ 중계 펌프장 시설

가. 중계 펌프장은 설치 장소, 시설 규모 등의 조건을 통해 시공성, 경제성, 유지관리성 등을 고려하여 정한다.

나. 진공발생 장치는 시설 규모, 경제성, 유지관리성 등을 고려하여 방식을 선정한다.

다. 오수 펌프는 집수 탱크 내의 진공도가 가장 높고 실 양정이 가장 높은 경우에 설계 대상 오수량을 배출할 수 있는 능력을 갖는 것으로 한다.

라. 집수 탱크의 용량은 오수 펌프의 운전 빈도를 고려하여 정한다.

마. 전기·계측제어설비는 중계 펌프장이 안전하게 소정의 능력·기능을 유지하도록 적절하게 정하고 이상을 통보하는 적절한 감시 설비를 설치한다.

바. 관련 설비의 설치를 필요에 따라 검토한다.

17.4 압력식 하수도 수집 시스템

압력식 하수도 수집 시스템은 다음 시설로 구성된다.

(1) 오수 중의 이물질을 파쇄하고 압송하기 위한 파쇄기가 부착된 소형 수중 펌프(그라인더 펌프, 이하 'GP'라고 한다) 유닛

(2) 오수를 압송 상태로 반송하는 압송관로

압송식 하수도 수집 시스템 시설은 다음 각 항을 고려하여 정한다.

① GP 유닛 : GP 유닛은 펌프와 저수 탱크 등으로 이루어지는 GP 유닛 본체와 부속시설로 구성된다.

가. 펌프

(a) 펌프는 GP를 사용한다.

(b) 펌프의 토출량은 GP 유닛에 유입하는 오수량, 펌프의 운전 시간, 운전 빈도를 고려하여 결정한다.

(c) 펌프의 전 양정은 실 양정과 압송관로의 손실수두 및 유닛내 배관, 밸브류의 손실수두를 고려하여 결정한다.

나. GP 유닛

(a) GP 유닛으로의 접속 호수는 입지조건, 지반의 상황 등을 고려하여 정한다.

(b) 저수 탱크의 용량은 유입 오수량, 펌프 능력, 운전 시간 및 운전 빈도를 고려하여 결정한다.

(c) GP 유닛 내에는 수위계를 설치하고 수위에 의한 펌프의 자동 운전을 원칙으로 한다.

② 압송 관로

가. 압송관로의 설계 유량은 각 펌프의 토출량과 펌프의 동시 운전 대수를 고려하여 정

한다.

나. 압송관로는 내압 및 외압에 충분히 견디는 구조 및 재질로 한다.

18. 하수관로 개·보수

18.1 적용범위

본 하수관로 개·보수기준은 노후화된 기존 관로의 개·보수에 필요한 설계에 적용하는 기준이다. 하수배제방식에 따라 기준이 다르게 적용하여야 할 경우를 고려하여 해당 항목별로 구분하였다.

본 설계기준은 보다 효율적이고 경제적인 신기술 개발에 대처하기 위하여 계속 보완되어야 하며, 설계지침에서 정하지 않은 시설 또는 방안을 계획하고자 하는 경우에는 이와 동등하거나 그 이상의 기준이나 지침에 의하여 계획하도록 하여야 한다.

18.2 개·보수의 목적

하수관로 개·보수의 목적은 다음과 같다

(1) 하수관로 기능의 회복

(2) 구조적 안정성의 확보

(3) 하수의 누수방지를 통한 지하수 오염가능성 배제

18.3 하수관로 개·보수 계획

하수관로 개·보수계획은 관로의 중요도, 계획의 시급성, 환경성 및 기존관로 현황 등을 고려하여 수립하되 다음과 같은 사항을 포함한다.

(1) 기초자료 분석 및 조사우선순위 결정

(2) 불명수량 조사

(3) 기존관로 현황 조사

(4) 개·보수 우선순위의 결정

(5) 개·보수공사 범위의 설정

(6) 개·보수공법의 선정

18.4 기존관로 조사

조사는 점검에 의해 발견된 이상 장소를 육안조사 및 각종 조사에 의하여 파악하는 것이다. 조사의 목적은 이상 장소에 대한 문제의 정도를 관측하여 개·보수 계획을 수립하기 위함이다. 조사의 주요 내용은 다음과 같다.

(1) 관로 내부 조사(변형, 손상 및 토사 등의 퇴적물)

(2) 침입수 조사(오접합, 수량 및 수밀성)

(3) 부식 및 노후도 조사

(4) 부설환경상태 조사(지하수위 및 공동)

(5) 조사 결과보고서 작성

18.5 하수관로 개·보수 판단기준

하수관로 개·보수 사업을 위한 판단기준은 발생 우·오수를 효과적으로 계획된 양만큼 배제할 수 있도록 하는 관로의 구조/운영적, 기능적 개선에 목표를 두어 다음과 같이 구분하여 설정한다.

(1) 관로 정비 우선순위 선정을 위한 판단기준

(2) 관로 개·보수 규모 결정을 위한 판단기준

18.6 하수관로 개·보수 시 최소유속 기준

하수관로의 퇴적방지 및 하수악취 해소를 위하여 청천 시 시간최대오수량에 대한 최소유속 기준은 다음과 같이 적용한다.

(1) 하수관로 정비 시 기존관로의 최소유속을 유지할 수 있도록 개선하는 것을 원칙으로 한다.

(2) 청천 시 최소유속 미달관로는 통수능력을 고려한 관 내부 단면 변형(복단면), 오수 배수 전용관의 기존관과 병렬부설, 플러싱(Flushing) 시설, 맨홀펌프장 등을 이용한 최소유속 확대 대책을 강구한다

18.7 개·보수 범위

하수관로의 결함에 대한 개·보수범위는 2.18.5와 같이 설정하며 보수목적, 현장조건, 유하능력 향상의 필요성, 관로 불량상태, 시공비용 등을 고려하여 다음과 같은 방안을 비교하여 사업계획을 수립하여야 한다.

(1) 긴급 및 일반보수　(2) 전체보수와 부분보수　(3) 굴착 및 비굴착

18.8 하수관로 개·보수 공법

하수관로의 결함에 대한 개·보수공법은 보수방안을 고려하여 적용 가능한 공법들을 비교한 후 선정한다.

(1) 공법의 선정　(2) 비굴착 보수, 보강공법의 종류

18.9 맨홀보수

맨홀의 결함에 대한 보수방법은 보수 항목별 보수방안을 고려하여 적용 가능한 공법들을 비교한 후 선정한다. 맨홀 불량상태에 따라 침투수차단 및 부식방지법, 보강 라이닝공법 등 적절한 보수공법을 선정하여 시행함으로써 당초 맨홀 제기능[참조; 7) 7.1 맨홀]이 유지될 수 있게 한다.

5.3 해안·항만

본 절에서는 해안·항만 관련 주요 용어에 관한 이해를 돕기 위해 연안관리법(시행 2023. 6. 28., 법률 제19117호, 2022. 12. 27., 타법개정)(법제처, 2024i)과 항만법(시행 2024. 4. 25., 법률 제19778호, 2023. 10. 24., 일부개정)(법제처, 2024m)에서 정의하는 주요 용어를 소개한다. 또한 **표 5.25**와 같이 항만 및 어항 설계기준(해양수산부, 2020) 중 총론(KDS 64 05 00)과 설계조건(KDS 64 10 10)에 대해 다루고, 방파제(KDS 64 45 20)는 6.2.2(1)에서 설명하고자 한다.

표 5.25 항만 및 어항설계기준의 주요 내용

코드번호	내용	비고(서술)	코드번호	내용	비고
KDS 64 05 00	총론	5.3.2(2)	KDS 64 55 10	계류시설 설계일반	
KDS 64 10 10	설계조건	5.3.2(3)	KDS 64 55 20	고정식 계류시설	
KDS 64 10 20	재료		KDS 64 55 30	부유식 계류시설	
KDS 64 10 30	방식		KDS 64 55 40	기타형식 계류시설	
KDS 64 11 00	지반		KDS 64 55 50	계류부대시설	
KDS 64 14 20	프리캐스트 콘크리트 부재		KDS 64 60 10	컨테이너부두	
KDS 64 17 00	내진		KDS 64 60 20	페리부두	
KDS 64 31 10	항만전기설비		KDS 64 60 30	크루즈부두	
KDS 64 40 10	수역시설		KDS 64 65 00	어항	
KDS 64 40 20	준설		KDS 64 70 00	마리나	
KDS 64 40 30	매립		KDS 64 75 00	초대형석유탱크	
KDS 64 45 10	외곽시설 설계일반		KDS 64 80 00	해저파이프라인	
KDS 64 45 20	방파제	6.2.2(1)	KDS 64 85 00	해상저유시설	
KDS 64 45 30	기타형식 방파제		KDS 64 90 10	항만하역시설	
KDS 64 45 40	호안		KDS 64 90 20	임항교통시설	
KDS 64 45 50	갑문시설		KDS 64 90 30	항로표지시설	
KDS 64 50 00	연안보전시설		KDS 64 90 40	부대기타시설	

5.3.1 해안

해안(海岸, shore)은 바다에 접해 있는 육지의 한 부분이며, **해안선**(海岸線, coastline)은 해수면이 약최고고조면(略最高高潮面, AHHWL : approximately highest high water level, 일정기간 조석을 관측하여 분석한 결과 가장 높은 해수면)에 이르렀을 때의 육지면과 해면의 경계선을 이른다. 이는 해면이 조석(潮汐)·파랑(波浪)·기압(氣壓) 등의 여러 가지 변화요인에 의해 주기적 혹은 부정기적으로 오르내리고 있으므로 부단히 이동된다.

본 소절에서는 해안(선)과 연관된 연안관리법(법제처, 2024i)와 연안침식, 연안정비사업(해양수산부, 2017) 예 등에 대해 간단히 설명하고자 한다.

(1) 용어

연안관리법(법제처, 2024i) 제2조(정의)에서 사용하는 용어의 뜻은 다음과 같다. 〈개정 2009. 6. 9., …, 2020. 2. 18.〉

- "연안"이란 연안해역(沿岸海域)과 연안육역(沿岸陸域)을 말한다.
- "**연안해역**"이란 다음 각 목의 지역을 말한다.
  가. 바닷가[「해양조사와 해양정보 활용에 관한 법률」 제8조제1항제3호에 따른 해안선으로부터 지적공부(地籍公簿)에 등록된 지역까지의 사이를 말한다]
  나. 바다[「해양조사와 해양정보 활용에 관한 법률」 제8조제1항제3호에 따른 해안선으로부터 영해(領海)의 외측한계(外側限界)까지의 사이를 말한다]
- "**연안육역**"이란 다음 각 목의 지역을 말한다.
  가. 무인도서(無人島嶼)
  나. 연안해역의 육지쪽 경계선으로부터 500미터(「항만법」 제2조제1호에 따른 항만, 「어촌 · 어항법」 제2조제3호가목에 따른 국가어항 또는 「산업입지 및 개발에 관한 법률」 제2조제8호에 따른 산업단지의 경우에는 1천미터) 이내의 육지지역(「하천법」 제2조제2호에 따른 하천구역은 제외한다)
- "**연안침식**"이란 파도, 조류, 해류, 바람, 해수면 상승, 시설물 설치 등의 영향에 의하여 연안의 지표가 깎이거나 모래 등이 유실되는 현상을 말한다.
- "연안재해"란 연안에서 해일(海溢), 파랑(波浪), 조수, 태풍, 강풍, 해수면 상승 등 해양의 자연현상 또는 급격한 연안침식으로 발생하는 재해를 말한다.
- "연안정비사업"이란 연안에서 시행하는 다음 각 목의 사업으로서 제25조제1항에 따른 연안정비사업실시계획에 따라 시행하는 사업을 말한다.
  가. 해일(海溢), 파랑(波浪), 해수 또는 연안침식 등으로부터 연안을 보호하고 훼손된 연안을 정비하는 사업
  나. 연안을 보전 또는 개선하는 사업
  다. 국민이 연안을 쾌적하게 이용할 수 있도록 친수공간(親水空間)을 조성하는 사업
- "연안침식관리구역"이란 제20조의2에 따라 지정 · 고시하는 구역을 말한다.

- "**자연해안**"이란 인위적으로 조성된 시설·도로 등의 구조물이 없이 자연상태의 해안선이 유지되고 있는 해안을 말한다.

(2) 총론

해안공학(Coastal Engineering)은 기본적으로 **해양학**(Oceanography)과 **기상학**(Meteorology) 및 유체역학(Fluid Mechanics), 전자공학(Electronics), 구조역학(Structural Mechanics) 등에 크게 의존하는 토목공학의 한 분야이다. 이들 외에 지질학(Geology)과 지형학(Geomorphology), 수학과 통계학(Statistics), 컴퓨터공학(Computer Science), 토질역학(Soil Mechanics), 재료공학(Material Science)이 추가될 것이다.

"**연안**(沿岸, coastal zone)"이란 연안은 바다와 육지가 맞닿아 서로 밀접한 영향을 미치면서 특수한 자원·환경시스템을 이루는 공간으로, 해변·갯벌·만·삼각주 등 다양한 모습을 보이고 있으며, 해양생물·철새 등의 산란장과 서식지 기능을 한다. 또한 항만·임해공단 등 사회·경제적 중심지, 관관·레저 활동의 적격지로 도시가 발달하고 인구가 집중되는 공간이다.

연안관리법(법제처, 2019k)의 기본개념과 연안정비기본계획수립에 관한 내용은 다음과 같다.

① **제3조(연안관리의 기본이념)** 연안은 다음의 기본이념에 따라 보전·이용 및 개발되어야 한다. 〈개정 2019. 1. 15.〉

1. 공공의 이익에 적합하고 생태적·문화적·경제적 가치가 조화롭게 공존할 수 있도록 종합적이고 미래지향적인 관점에서 보전·이용 및 개발할 것
2. 연안의 이용 및 개발은 연안환경의 보전과 조화·균형을 이룰 것
3. 국민의 연안환경 보전·관리에 대한 정책 참여와 건전한 이용 기회를 늘릴 것
4. 기후변화에 따른 해일, 침식 및 해수면 상승 등에 대응하여 바닷가를 효율적으로 관리할 것
5. 연안통합관리를 실현하기 위하여 남북한 협력 및 국제협력을 증진할 것

② **제21조(연안정비기본계획의 수립)**

1. 해양수산부장관은 효율적이고 체계적인 연안정비사업을 위하여 10년마다 연안정비기본계획(이하 "연안정비기본계획"이라 한다)을 수립한다. 〈개정 2013. 3. 23.〉
2. 해양수산부장관은 연안정비기본계획을 수립하려면 미리 시·도지사의 의견을 듣고, 관계 중앙행정기관의 장과 협의한 후 제30조에 따른 중앙연안관리심의회의 심의를 거쳐

야 한다. 〈개정 2013. 3. 23.〉

3. 해양수산부장관은 연안정비기본계획을 수립하였을 때에는 지체 없이 이를 관보에 고시하여야 한다. 〈개정 2013. 3. 23.〉

③ **제22조(연안정비기본계획의 내용)** 연안정비기본계획에는 다음 각 호의 사항이 포함되어야 한다. 〈개정 2013. 3. 23., 2013. 8. 13.〉

1. 연안정비사업의 추진방향
2. 연안정비사업의 중장기계획
3. 연안정비사업의 연도별 내용 및 추진계획
4. 연안정비사업 간의 조정에 관한 사항
5. 그 밖에 해양수산부장관이 필요하다고 인정하는 사항

(3) 침식·정비

① 연안침식

"연안침식"이란 파도, 조류, 해류, 바람, 해수면 상승, 시설물 설치 등의 영향에 의하여 연안의 지표가 깎이거나 모래 등이 유실되는 현상을 말한다. 이에 대한 제20조의2(연안침식관리구역의 지정 등)는 다음과 같다.

1) 해양수산부장관은 연안침식으로 인하여 심각한 피해가 발생하거나 발생할 우려가 있어 이를 특별히 관리할 필요가 있는 지역을 해양수산부령으로 정하는 기준에 따라 연안침식관리구역(이하 "관리구역"이라 한다)으로 지정할 수 있다.
2) 해양수산부장관은 관리구역을 효율적으로 관리하기 위하여 다음 각 호와 같이 구분하여 지정할 수 있다.
   1. 핵심관리구역 : 연안침식이 빠르게 진행 중이거나 이로 인한 피해가 심각하여 긴급한 조치가 필요한 구역
   2. 완충관리구역 : 핵심관리구역과 맞닿은 지역 등으로서 핵심관리구역 관리를 위하여 필요한 구역
3) 해양수산부장관은 제1항에 따라 관리구역을 지정하려는 경우에는 시·도지사 또는 시장·군수·구청장 및 지역주민의 의견을 듣고, 관계 중앙행정기관의 장과 협의를 한 후 제30조에 따른 중앙연안관리심의회의 심의를 거쳐야 한다.
4) 해양수산부장관이 관리구역을 지정한 때에는 지체 없이 해당 지역의 명칭, 위치, 범위,

그 밖에 해양수산부령으로 정하는 사항을 관보에 고시하고, 관할 지방자치단체의 장에게 통보하여야 한다.

5) 시·도지사 또는 시장·군수·구청장은 제1항에 따른 관리구역으로 지정할 상당한 이유가 있다고 인정하는 관할 연안에 대하여 해양수산부장관에게 관리구역의 지정을 요청할 수 있다.
6) 제1항부터 제5항까지에 따른 관리구역의 지정 및 지정요청 절차 등에 필요한 사항은 해양수산부령으로 정한다.

② 연안 정비

"연안정비사업"이란 연안에서 시행하는 다음 각 목의 사업으로서 제25조제1항에 따른 연안정비사업실시계획에 따라 시행하는 사업을 말한다. 제25조의 연안정비사업실시계획의 수립 등에 관한 내용은 다음과 같다.

1) 제24조에 따른 연안정비사업의 시행자(이하 "연안정비사업시행자"라 한다)가 연안정비사업을 시행하려는 경우에는 연안정비기본계획의 범위에서 대통령령으로 정하는 바에 따라 연안정비사업실시계획(이하 "정비실시계획"이라 한다)을 수립하여야 한다.
2) 해양수산부장관, 시·도지사 또는 시장·군수·구청장이 아닌 연안정비사업시행자가 정비실시계획을 수립하려는 경우에는 해양수산부장관의 승인을 받아야 한다. 이를 변경할 때에도 또한 같다. 〈개정 2013. 3. 23.〉
3) 해양수산부장관, 시·도지사 또는 시장·군수·구청장이 정비실시계획을 수립하거나 제2항에 따라 해양수산부장관이 정비실시계획을 승인하거나 변경승인하려는 경우에는 미리 관계 행정기관의 장과 협의하여야 한다. 다만, 대통령령으로 정하는 긴급한 경우나 경미한 사항을 변경하는 경우에는 그러하지 아니하다. 〈개정 2013. 3. 23.〉
4) 해양수산부장관, 시·도지사 또는 시장·군수·구청장이 정비실시계획을 수립 또는 변경하거나 해양수산부장관이 제2항에 따라 정비실시계획을 승인하거나 변경승인하였을 때에는 지체 없이 이를 관보 또는 공보에 고시하고, 관계 행정기관의 장에게 통보하여야 한다. 〈개정 2013. 3. 23., 2013. 8. 13.〉
5) 해양수산부장관은 제2항에 따라 정비실시계획을 승인하거나 변경승인하려는 때에는 관련 전문기관으로 하여금 정비실시계획의 적정성 여부를 검토하게 할 수 있다. 〈신설 2013. 8. 13.〉

그림 5.24와 같이 연안정비사업 설계 시 주요 고려사항으로는 현지 여건상 연안정비사업의 타당성·경제성에 대한 충분한 검토가 필요하며 그 외의 고려사항은 다음과 같다(해양수산부, 2018).

(1) 연안 현상의 과학적(공학적) 분석·대책수립에 있어 해당분야 전문가(항만·해안기술사 등) 참여 여부
(2) 대상사업의 설계자가 항만·해안, 토질·기초, 토목구조 등록업체로서 기술사 또는 이와 동등한 자격을 가진 업체인지 여부
(3) 친환경적 공법적용·자재사용 여부
(4) 연안정비사업 운영지침에 의한 설계도서 작성 여부
(5) 각종 구조물의 치수, 규격 결정근거, 구조 검토서

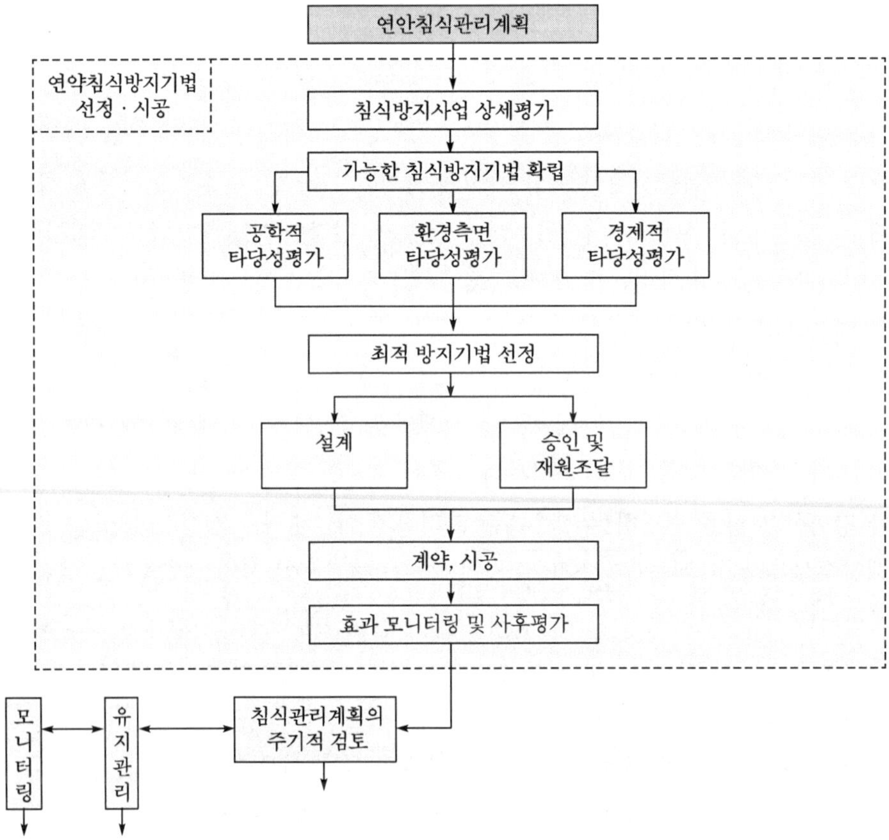

그림 5.24 연안침식 관리·대응체계

실시계획협의 신청 시 사전 검토사항은 다음과 같다.

(1) 사업구분(시설구분), 사업규모, 사업비, 위치 등이 연안정비계획에 의하여 적정하게 설계되었는지 여부
(2) 대상사업이 환경영향평가, 사전환경성검토, 해역이용협의 대상인지의 여부
(3) 사업비 내역에 토지, 어업권보상비, 개발부담금, 주차장조성 등 연안정비사업의 목적 외 포함 여부
(4) 실시계획 수립 후, 광역자치단체, 관련 기관과의 협의 여부
(5) 공유수면매립 기본계획 반영(1천m^2 이상)과 공유수면 매립(소규모 매립에 한함) 협의 여부
(6) 공유수면 점·사용 협의 여부
(7) 연안보전, 친수연안 조성사업이 혼재할 경우 **그림 5.25**와 같이 세부 공종별로 구분하여 작성 협의

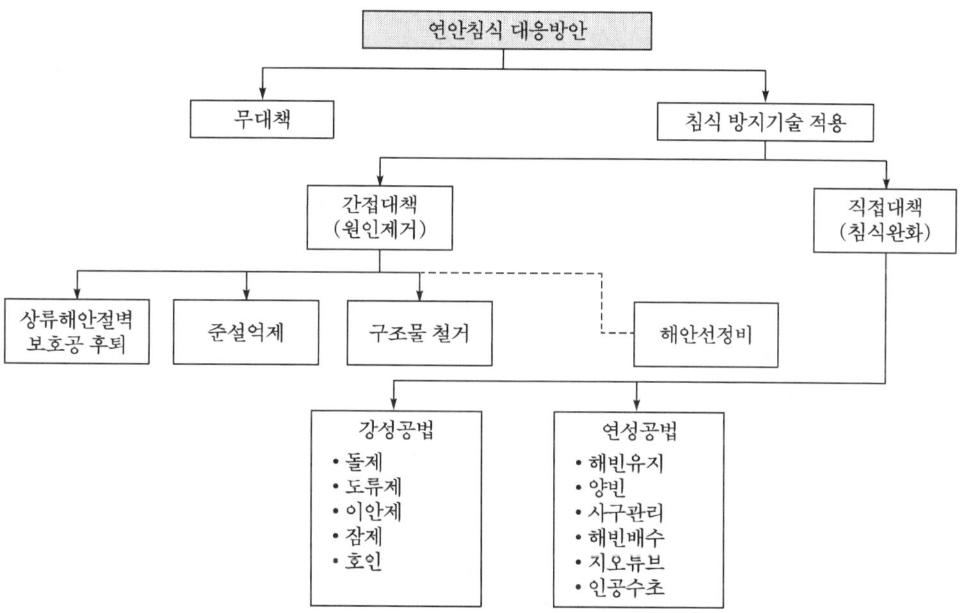

그림 5.25 세부 공종별 연안침식 대응방안

③ 정비사업 예

연안정비사업은 연안정비기본계획에 근거하여 추진되며, 연안정비기본계획은 연안의 보호, 훼손된 연안의 정비, 친수공간 조성 등을 위해 연안관리법 제21조를 근거로 10년마다 수립하는 국가계획이다. 제1차 연안정비기본계획은 2000년에 수립되었으며, 2003년

과 2006년에 계획변경이 있었다.

2000년 제1차 기본계획 수립 당시에는 총 4,337건의 사업 신청이 있었으며, **그림 5.26**과 같은 **연안보전사업** 3,881건(89.5%), 해역개선사업 192건(4.4%), **그림 5.27**과 같은 **친수연안조성사업** 264건(6.1%)이었다. 연안보전사업의 내용은 호안, 침식방지시설, 침수방지시설, 해안도로, 비사방지시설 등이 포함되었으며, 해역개선사업은 방치폐선 제거, 통수시설 설치, 해역환경 복원 등이 포함되었다. 친수연안조성사업은 생태공원과 마리나 조성사업이 포함되었다(한국해양수산개발원, 2011).

그림 5.26 연안보전사업의 예(속초시 영랑동)

그림 5.27 친수공간조성사업 예(포항시 동빈내항)

2009년에 고시된 제2차 연안정비기본계획은 제1차 기본계획의 성과와 한계, 연안침식의 원인과 영향 등을 진단하여, '연안재해로부터 예방적 보호'를 정착하고, '해안선 관리 중심', '연안의 안전성, 환경성, 쾌적성의 조화'를 기본원칙으로 설정하였다. 이러한 정책 구조 아래 2000년부터 11년간 시행해 온 연안정비사업은 연안침식에 의한 국토유실·훼손의 적극적 대응과 친수공간의 확대 등을 통해 전반적으로 국민의 안전성과 재산권을 보호하는데 기여하였다.

성공한 연안정비사업의 경우 지역사회의 재개발과 연계하여 지역 활성화의 주요 동력을 제공하는 부가가치를 창출하기도 하였다. **그림 5.28**과 같이 부산 송도해수욕장 연안정비사업이 대표적 성공사례로 소개되고 있는데, 해안도로 건설을 비롯한 난개발에 의해 해수욕장으로서의 기능이 완전히 상실된 도심 해변을 모래해안을 복원하고 친수시설을 설치하였다.

연안정비사업 가운데 연안침식방지사업의 성과를 강릉시 남항진리 연안정비사업을 사례로 소개하겠다. **그림 5.29**(해양수산부, 2018)와 같이 강릉시 남항진리 연안정비사업은 연안침식피해 확산 방지·국토 복원을 통한 비행기 활주로 등 군사시설 보호를 위한 해안침식 방지대책 시설로서 수중방파제(잠제) 5기(840m)와 양빈 $75\times10^3m^3$ 등이 2010년 11월~2018년 12월(준공)까지 건설되었다(해양수산부, 2018).

그림 5.28 부산 송도해수역장의 연안정비 사례

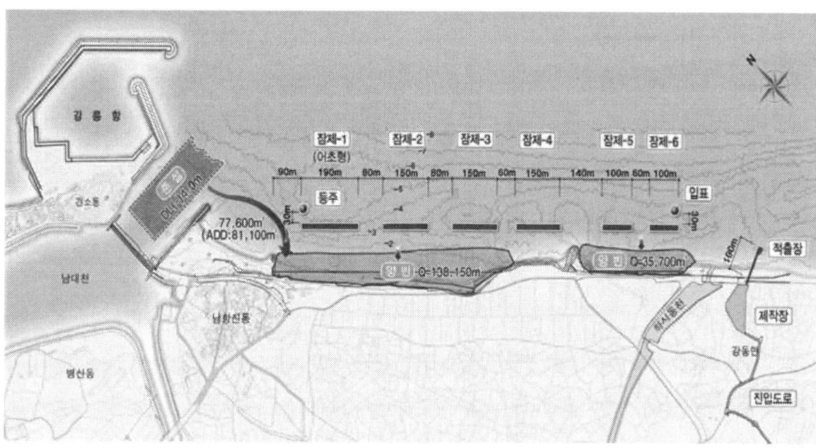

(a) 계획 평면도

(b) 공사 전

(c) 완공 후

그림 5.29 강릉시 남항진리 연안정비사업

연안정비사업은 2000년 6월 제1차 연안정비기본계획(2000~2009)이 수립되었고, 2009년 5월 제2차 연안정비기본계획(2010~2019) 수립되었다. 그 과정에 2014년 10월 제2차 연안정비기본계획이 변경 수립되었으며, 2018~2019년에 제3차 연안정비기본계획이 수립 중이다(해양수산부, 2018).

충남 태안군 꽃지해수욕장은 방포항 건설, 직립호안 설치로 해수와 사구 유동성이 차단되고, 호안 전면에서 겨울철 높은 파랑으로 침식사태가 심각하다. 이러한 지속적인 해안침식의 발생으로 인한 재해 우려지역과 환경정비가 요구되는 지역의 연안정비를 위해 사구복원 3.0km, 모래채움(양빈, 270×10^{3}m^3), 표사차단공 5기(850m), 비사자공(방풍림) 1식, 부대공 1식을 제2차 연안정비 기본계획에 반영하여 **그림 5.30**과 같이 2016년 3월 착공하여 2020년 9월 준공 예정이다.

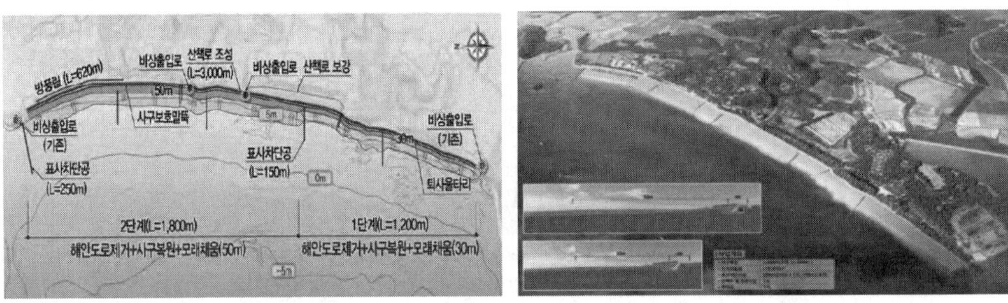

(a) 계획 평면도 (b) 조감도

그림 5.30 충남 태안군 꽃지해수욕장 연안정비

④ 침식 감시

연안침식에 대한 **모니터링**(monitoring)은 백사장, 사구, 해안선의 변화 등을 주기적 또는 실시간으로 조사·관측하는 사업으로 2003년부터 시행되었으며, 침식방지대책수립의 적기판단, 맞춤형 연안정비사업 추진, 자연재해방지를 위한 관련 정보의 지원에 활용된다. 이는 기후변화로 인한 해수면 상승, 해일, 이상파랑 등으로 연안침식이 가속화됨에 따라 체계적인 연안관리·DB화를 위해 필요한 것이다.

모니터링은 기본 모니터링으로 연안정비사업 사업 실시 전에 대상지역을 중심으로 수행하는 '사전' 모니터링과, 사업 진행 중이거나 완료 시 수행하는 '사후' 모니터링이 있으며, 이들에 대한 상세한 설명은 **표 5.26**과 같다.

표 5.26 모니터링의 구분

구분	조사내용	조사방법
기본 모니터링	대상 지역 : 침식등급 A(양호),B(보통), C(우려) 침식 이력 조사, 표층 퇴적물 조사, 항공사진·위성 영상 분석, 간이 해빈 단면 측량	 RTK-GPS 측량
중점 모니터링	대상 지역 : 침식등급 D(심각)지역 기본 모니터링 항목 포함, 정밀 해빈 단면·해안선 측량, 정밀 수심 측량(수심 0~25m)	 수심 측량
비디오 모니터링	대상지역 : 침식 심각 지역, 광역지자체별 주요 해안 지상 기준점(GCP) 측량, 해빈 폭, 면적 변화 파악	 카메라 설치
파랑 모니터링	대상 지역 : 침식 원인 분석 등 외력 자료 필요 해안 주요 해안 파랑 관측, 침식 원인 규명, 구조물 설계 등 활용	 파랑관측장비 설치

5.3.3 항만

‘항만(港灣, harbor)’이란 선박의 출입, 사람의 승선·하선, 화물의 하역·보관·처리, 해양친수활동 등을 위한 시설과 화물의 조립·가공·포장·제조 등 부가가치 창출을 위한 시설이 갖추어진 곳을 말한다. 공학적 의미로의 항만은 ① 교통수단과 같이 신속·안전·저렴성을 가지면서 선박이 안전하게 정박하여 승객과 화물을 신속·안전하게 싣고 내릴 수 있는 시설 ② 선박이 안전하게 정박할 수 있는 수역과 승객, 선화(船貨, cargo, 뱃짐)를 신속·안전하게 싣고 내릴 수 있고, 이들을 후방지역에서 또는 후방지역으로 수송할 수 있는 교통시설과 일시 저장할 수 있는 창고, 야적장 등의 시설을 가진 것을 말한다.

본 소절에서는 **표 5.25**와 같이 항만 및 어항설계기준(KDS 64 00 00) 중 **총론**(KDS 64 05 00), 설계조건(KDS 64 10 10)에 대해 다루고, 방파제(KDS 64 45 20)는 6.3.4(1)에서 다룬다(해양수산부, 2024).

(1) 용어

항만법(시행 2023. 6. 28., 법률 제19140호, 2022. 12. 27., 일부개정)법제처(2024m) 제2조(정의)(시행일: 2024. 4. 25.)에서 사용하는 용어의 뜻은 다음과 같다. 〈2023. 10. 24.〉

- "**항만**"이란 선박의 출입, 사람의 승선·하선, 화물의 하역·보관 및 처리, 해양친수활동 등을 위한 시설과 화물의 조립·가공·포장·제조 등 부가가치 창출을 위한 시설이 갖추어진 곳을 말한다.
- "**무역항**"이란 국민경제와 공공의 이해(利害)에 밀접한 관계가 있고 주로 외항선이 입항·출항하는 항만으로서 제3조제1항에 따라 대통령령으로 정하는 항만을 말한다.
- "**연안항**"이란 주로 국내항 간을 운항하는 선박이 입항·출항하는 항만으로서 제3조제1항에 따라 대통령령으로 정하는 항만을 말한다.
- "항만구역"이란 이란 항만의 수상구역과 육상구역을 말한다.
- "**항만시설**"이란 다음 각 목의 어느 하나에 해당하는 시설을 말한다. 이 경우 다음 각 목의 시설이 항만구역 밖에 있는 경우에는 해양수산부장관이 지정·고시하는 시설로 한정한다.

  가. 기본시설

  (1) 항로, 정박지, 소형선 정박지, 선회장(旋回場) 등 수역시설(水域施設)

  (2) 방파제, 방사제(防砂堤), 파제제(波除堤), 방조제, 도류제(導流堤), 갑문, 호안(해안보호둑을 말한다) 등 외곽시설

  (3) 도로, 교량, 철도, 궤도, 운하 등 임항교통시설(臨港交通施設)

  (4) 안벽, 소형선 부두, 잔교(棧橋: 선박이 부두에 닿도록 구름다리 형태로 만든 구조물), 부잔교(浮棧橋: 선박을 매어두거나 선박이 부두에 닿도록 물 위에 띄워 만든 구조물), 돌핀(계선말뚝을 말한다), 선착장, 램프(경사식 진출입로를 말한다) 등 계류시설(繫留施設)

  나. 기능시설

  (1) 선박의 입항·출항을 위한 항로표지·신호·조명·항무통신(港務通信)에 관련된 시설 등 항행 보조시설

⑵ 고정식 또는 이동식 하역장비, 화물 이송시설, 배관시설 등 하역시설

⑶ 대기실, 여객승강용 시설, 소하물 취급소 등 여객이용시설

⑷ 창고, 야적장, 컨테이너 장치장(藏置場) 및 컨테이너 조작장, 사일로[시멘트, 곡물 등 산석화물(散積貨物)의 저장시설을 말한다], 유류(油類)저장시설, 가스저장시설, 화물터미널 등 화물의 유통시설과 판매시설

⑸ 선박을 위한 연료공급시설과 급수시설, 얼음 생산 및 공급 시설 등 선박보급시설

⑹ 항만의 관제(管制) · 정보통신 · 홍보 · 보안에 관련된 시설

⑺ 항만시설용 부지

⑻ 「어촌·어항법」 제2조제5호나목의 기능시설[제21조제3호에 따른 어항구(漁港區)(이하 이 조에서 "어항구"라 한다)에 있는 것으로 한정한다]

⑼ 「어촌·어항법」 제2조제5호다목의 어항편익시설(어항구에 있는 것으로 한정한다)

⑽ 방음벽·방진망(防塵網)·수림대(樹林帶) 등 공해방지시설

다. 지원시설

⑴ 보관창고, 집배송장, 복합화물터미널, 정비고 등 배후유통시설

⑵ 선박기자재, 선용품(船用品) 등을 보관·판매·전시 등을 하기 위한 시설

⑶ 화물의 조립·가공·포장·제조 등을 위한 시설

⑷ 공공서비스의 제공, 시설관리 등을 위한 항만 관련 업무용시설

⑸ 항만시설을 사용하는 사람, 항만시설 인근 지역의 주민, 여객 등 항만을 이용하는 사람 및 항만에서 일하는 사람을 위한 휴게소 · 숙박시설 · 진료소 등 「공공보건의료에 관한 법률」 제2조제3호에 따른 공공보건의료기관 · 위락시설 · 연수장 · 주차장 · 차량통관장 등 후생복지시설과 편의제공시설

⑹ 항만 관련 산업의 기술개발이나 벤처산업 지원 등을 위한 연구시설

⑺ 신·재생에너지 관련 시설, 자원순환시설 및 기후변화 대응 방재시설 등 저탄소 항만의 건설을 위한 시설

⑻ 그 밖에 항만기능을 지원하기 위한 시설로서 해양수산부령으로 정하는 것

라. 항만친수시설(港灣親水施設)

⑴ 낚시터, 유람선, 낚시어선, 모터보트, 요트, 윈드서핑용 선박 등을 수용할 수 있는 해양레저용 시설

⑵ 해양박물관, 어촌민속관, 해양유적지, 공연장, 학습장, 갯벌체험장 등 해양 문화·교육 시설

(3) 해양전망대, 산책로, 해안 녹지, 조경(造景)시설 등 해양공원시설

(4) 인공해변·인공습지 등 준설토(浚渫土)를 재활용하여 조성한 인공시설

마. 항만배후단지

바. 중앙항만정책심의회의 심의를 거쳐 해양수산부장관이 지정·고시하는 시설

- "관리청"이란 항만의 개발 및 관리에 관한 행정업무를 수행하는 다음 각 목의 구분에 따른 행정관청을 말한다.
  (1) 제3조제2항제1호 및 제3항제1호에 따른 국가관리무역항 및 국가관리연안항: 해양수산부장관
  (2) 제3조제2항제2호 및 제3항제2호에 따른 지방관리무역항 및 지방관리연안항: 특별시장·광역시장·도지사 또는 특별자치도지사(이하 "시·도지사"라 한다)
- "항만개발사업"이란 항만시설(항만구역 밖에 설치하려는 제5호 각목의 어느 하나에 해당하는 시설로서 장래에 해양수산부장관이 항만시설로 지정·고시할 예정인 시설을 포함한다)의 신설·개축·보강·유지·보수(補修) 및 준설 등을 하는 사업을 말한다.
- "항만물류"란 항만에서 화물이 공급자로부터 수요자에게 전달될 때까지 이루어지는 운송·보관·하역 및 포장 등 일련의 처리과정을 말한다.
- "항만물류통합정보체계"란 관리청 및 항만을 이용하는 자가 항만물류비의 절감 및 각종 정보의 실시간 획득 등을 위하여 항만이용 및 항만물류의 과정에서 발생하는 정보를 정보통신망을 이용하여 상호교환·처리 및 활용하는 체계를 말한다.
- "항만건설통합정보체계"란 관리청 및 항만개발사업 관련자가 신속한 행정업무처리와 비용 절감 등을 통하여 항만개발사업의 전반적인 효율을 높이기 위하여 항만개발사업의 계획·설계·계약·시공·유지 및 관리의 과정에서 발생하는 정보를 정보통신망을 이용하여 상호교환·처리 및 활용하는 체계를 말한다.
- "항만배후단지"란 항만구역 또는 제6조제1항제8호에 따른 항만시설 설치 예정지역에 지원시설 및 항만친수시설을 집단적으로 설치하고 이들 시설의 기능 제고를 위하여 일반업무시설·판매시설·주거시설 등 대통령령으로 정하는 시설을 설치함으로써 항만의 부가가치와 항만 관련 산업의 활성화를 도모하며, 항만을 이용하는 사람의 편익을 꾀하기 위하여 제45조에 따라 지정한 구역을 말한다.
- "항만배후단지개발사업"이란 항만배후단지를 개발하는 사업을 말한다.
- "기반시설"이란 「국토의 계획 및 이용에 관한 법률」 제2조제6호에 따른 기반시설을 말한다.
- "공공시설"이란 「국토의 계획 및 이용에 관한 법률」 제2조제13호에 따른 공공시설을 말한다.

• “입주기업체”란 제45조제1호에 따른 1종 항만배후단지에 입주하기 위하여 제71조에 따라 입주계약을 체결한 자를 말한다.

(2) 총론

본 소절에서는 항만 및 어항설계기준(KDS 64 00 00) 중 총론(KDS 64 05 00 : 2020)(해양수산부, 2024)에 대한 내용을 다룬다.

---

1. 일반사항

1.1 목적

이 기준은 항만법과 항만 재개발 및 주변지역 발전에 관한 법률에서 규정하는 항만시설, 어촌·어항법에서 규정하는 어항시설, 연안관리법에 의한 연안정비사업으로 설치되는 연안보전시설, 마리나항만의 조성 및 관리 등에 관한 법률에서 규정하는 마리나항만시설 등(이하 ‘항만 및 주변해안 시설’이라 한다.)과 관련된 사업에 필요한 일반적인 설계기준을 정하는 것을 목적으로 한다.

• [해설] 원본 참조

1.2 적용범위

(1) 이 기준은 KDS 64 00 00 항만 및 어항 설계기준으로 정하며, 항만 및 주변해안 시설 등에 관한 신설, 개량, 보강, 확장, 재개발을 위하여 실시하는 조사, 계획, 설계 등에 적용한다.

(2) 시공 및 유지관리 업무 중 설계 관련 사항은 이 기준을, 시공 및 유지관리 사항은 KCS 64 00 00 항만 및 어항공사 표준시방서 또는 KPCS 64 00 00 항만 및 어항공사 전문시방서를 적용한다.

(3) 이 기준은 대상시설물의 품질, 강도, 안전, 성능 등을 유지하기 위한 설계업무를 수행하는데 있어 해당 법령을 제외하고는 최우선 되는 기준으로 그 내용은 법정기준이 된다.

(4) 이 기준은 관련법규를 토대로 정한 것으로 상위 및 관련법규, 관련기준, 관련시방서 등의 규정이나 관련 근거가 개정된 경우, 따로 특별히 정하는 경우를 제외하고는 개정된 규정 및 관련 근거를 적용한다.

(5) 이 기준의 제·개정 및 관리·운영에 관한 사항은 항만시설 등의 기술기준 관리지침에 따라 적용한다.

• [해설] 원본 참조

1.3 참고기준

1.3.1 관련 법규

1) 항만 및 주변해안 시설의 조사, 계획, 설계 등에 적용하는 관련법규는 다음과 같다. 다만, 필요한 경우 여기에 제시한 이외의 다른 관련법규도 적용할 수 있다.

건설기술진흥법 건설산업기본법 건축법 고압가스 안전관리법 공간정보의 구축 및 관리 등에 관한 법률 공유수면 관리 및 매립에 관한 법률 교통안전법 교통약자의 이동편의 증진법 국제항해선박 및 항만시설의 보안에 관한 법률 국토의 계획 및 이용에 관한 법률 농어촌 정비법 대기환경보전법 도로법 마리나항만의 조성 및 관리 등에 관한 법률 문화재보호법 물환경보전법 산업안전보건법 산업표준화법 석유 및 석유대체연료 사업법	선박의 입항 및 출항 등에 관한 법률 소방기본법 소방시설공사업법 수도법 수상레저안전법 시설물의 안전 및 유지관리에 관한 특별법 신에너지 및 재생에너지 개발·이용·보급 촉진법 신항만건설 촉진법 액화석유가스의 안전관리 및 사업법 어선법 어촌·어항법 에너지법 연안관리법 위험물 안전관리법 자연재해대책법 자연환경보전법 재난 및 안전관리 기본법 전기공사업법 전기사업법	전력기술관리법 정보통신공사업법 주차장법 지속가능한 기반시설 관리 기본법 지진·화산재해대책법 철도의 건설 및 철도시설 유지관리에 관한 법률 총포·도검·화약류 등의 안전관리에 관한 법률 폐기물관리법 하수도법 하천법 항로표지법 항만법 항만 재개발 및 주변지역 발전에 관한 법률 항만지역 등 대기질 개선에 관한 특별법 해사안전법 해양공간계획 및 관리에 관한 법률 해양환경관리법 화재예방, 소방시설 설치·유지 및 안전관리에 관한 법률 환경영향평가법

1.3.2 관련 기준

(1) 항만 및 주변해안 시설의 조사, 계획, 설계 등에 적용하는 관련기준은 다음과 같으며, 필요한 경우 여기에 제시한 이외의 다른 국가건설기준도 적용할 수 있다. 다만, 관련기준이 이 기준과 상충되는 경우에는 이 기준이 우선한다.

KDS 10 00 00 공통설계기준 KDS 11 00 00 지반설계기준 KDS 14 00 00 구조설계기준 KDS 17 00 00 내진설계기준 KDS 21 00 00 가시설물설계기준 KDS 24 00 00 교량설계기준	KDS 27 00 00 터널설계기준 KDS 31 00 00 설비설계기준 KDS 34 00 00 조경설계기준 KDS 41 00 00 건축설계기준 KDS 44 00 00 도로설계기준 KDS 47 00 00 철도설계기준	KDS 51 00 00 하천설계기준 KDS 54 00 00 댐설계기준 KDS 57 00 00 상수도설계기준 KDS 61 00 00 하수도설계기준 KDS 67 00 00 농업생산기반시설 설계기준

(2) 이 기준에서 정하지 아니한 신기술, 신공법, 해외 기준 등은 적용성 및 적용근거를 명확하게 제시하여 발주자의 승인을 얻어 적용할 수 있다.

• [해설], [참고] 원본 참조

1.3.3 관련 표준

한국산업표준(KS)

1.4 용어의 정의

(1) 이 기준에서 정의하는 용어는 다음과 같다.

- **계류시설** : 선박이 접안해서 화물을 적하하고 승객이 승강(乘降)을 하는 접안설비를 말한다.
- 마리나시설 : 마리나선박의 정박시설 또는 계류장 등 마리나선박의 출입 및 보관, 사람의 승선과 하선 등을 위한 기반시설과 이를 이용하는 자에게 편의를 제공하기 위한 서비스시설 및 주거시설을 말한다.
- **수역시설** : 항만구역 및 임항구역 내 선박의 안전한 항행과 정박, 원활한 조선과 하역을 목적으로 하는 시설을 말한다.
- 어항시설 : 어선이 안전하게 출입·정박하고 어획물의 양륙, 선수품의 공급 및 기상악화 시 어선이 안전 대피할 수 있는 천연 또는 인공의 어업활동의 근거지로서 어항구역 및 어항구역 밖에 있는 관리청이 수립한 어항시설계획에 포함된 시설을 말한다.
- **연안보전시설** : 특정한 목적으로 이용, 개발하거나 보존하기 위해 연안에 설치되는 시설물을 말하며 연안보전시설과 연안이용·개발시설로 구분할 수 있다.
- **외곽시설** : 항내 정온 확보 및 수심 유지, 해안파괴 방지, 폭풍해일에 의한 항내 수위상승 억제, 지진해일에 의한 항내 침입파 감쇄, 항만시설 및 배후지를 파랑으로부터 방호하기 위한 목적으로 설치하는 항만시설물을 말한다.
- 임항교통시설 : 도로·교량·철도·궤도·운하 등의 항만교통시설을 말한다.
- 초대형석유탱커시설 : 중량톤수 10만 톤급 이상의 석유탱커가 이용하는 항만시설을 말한다.
- 하역시설 : 화물을 적재 및 하차하기 위한 시설을 말한다.
- 항로표지 : 항행보조시설로서 등광·형상·색채·음향·전파 등을 수단으로 항(港)·만(灣)·해협(海峽), 그 밖의 대한민국의 내수·영해 및 배타적 경제수역을 항행하는 선박에게 지표가 되는 등대·등표·입표·부표·안개신호·전파표지·특수신호표지 등을 말한다.
- 항만시설 : 선박의 출입, 사람의 승·하선, 화물의 하역·보관 및 처리, 해양친수활동 등을 위한 시설과 화물의 조립·가공·포장·제조 등 부가가치 창출을 위한 시설이 갖추어진 곳을 말한다.
- 항만친수시설 : 항만구역안의 국민의 건강, 휴양 및 정서생활의 향상에 기여하기 위하여 설치된 낚시터, 유람선 및 모터보트 등의 수용을 위한 해양레저용 시설, 해양박물관, 해양공원 등의 시설을 말한다.
- 항행보조시설 : 해상교통량이 폭주하는 해역 또는 항행상 위험성이 있는 해역에 해상교통의 지리적 특수성과 연안교통의 혼잡성을 예방하기 위하여 설치하는 시설을 말한다.
- 해상저유시설 : 저장선 및 부대설비가 일체로 된 석유를 저장하는 형태의 보관시설을 말

한다.

- 해저파이프라인 : 해면 하에 부설되는 파이프라인(Pipeline) 전부를 말한다.
- [해설] 원본 참조

1.5 기호의 정의 : 내용 없음

1.6 시설물의 구성

(1) 항만 및 주변해안 시설은 수역시설, 외곽시설, 계류시설 등과 기타 부대시설로 구성된다.

- [해설] 원본 참조

1.7 세부코드의 구성

(1) KDS 64 00 00 항만 및 어항 설계기준의 세부 설계코드는 다음과 같다. 다만, 여기에 명시되지 않은 기준은 해양수산부 심의를 거쳐 추가 또는 변경할 수 있다.

KDS 64 05 00 총론	KDS 64 40 30 매립	KDS 64 60 00 전문부두(중분류)
KDS 64 10 00 설계일반사항(중분류)	KDS 64 45 00 외곽시설(중분류)	KDS 64 60 10 컨테이너부두
KDS 64 10 10 설계조건	KDS 64 45 10 외곽시설 설계일반	KDS 64 60 20 페리부두
KDS 64 10 20 재료	KDS 64 45 20 방파제	KDS 64 60 30 크루즈부두
KDS 64 10 30 방식	KDS 64 45 30 기타형식 방파제	KDS 64 65 00 어항
KDS 64 11 00 지반	KDS 64 45 40 호안	KDS 64 70 00 마리나항만
KDS 64 14 00 구조(중분류)	KDS 64 45 50 갑문시설	KDS 64 75 00 초대형석유탱커
KDS 64 14 20 프리캐스트 콘크리트 부재	KDS 64 50 00 연안보전시설	KDS 64 80 00 해저파이프라인
KDS 64 17 00 내진	KDS 64 55 00 계류시설(중분류)	KDS 64 85 00 해상저유시설
KDS 64 31 00 설비시설(중분류)	KDS 64 55 10 계류시설 설계일반	KDS 64 90 00 부대시설(중분류)
KDS 64 31 10 항만전기설비	KDS 64 55 20 고정식 계류시설	KDS 64 90 10 항만하역시설
KDS 64 40 00 수역시설 및 준설매립(중분류)	KDS 64 55 30 부유식 계류시설	KDS 64 90 20 임항교통시설
KDS 64 40 10 수역시설	KDS 64 55 40 기타형식 계류시설	KDS 64 90 30 항로표지시설
KDS 64 40 20 준설	KDS 64 55 50 계류부대시설	KDS 64 90 40 부대기타시설

- [해설] 원본 참조

2. 조사 및 계획 : 내용 없음

3. 재료 : 내용 없음

4. 설계

4.1 설계일반

(1) 항만 및 주변해안 시설은 자연상황, 이용상황과 기타 해당시설이 처해진 제반조건을 감안하여 해당시설의 요구성능을 만족하고 시공 중에도 해당시설의 구조적 안정이 확보되도록 설계되어야 한다.

(2) 항만 및 주변해안 시설은 설계공용기간 동안 구조의 안정성을 확보하여야 하고, 설계공용기간은 해당시설의 목적, 이용상황 등을 고려하여 설정하여야 한다.

(3) 항만 및 주변해안 시설의 계획, 설계 및 공사를 할 때 기본이 되는 기준면을 공사용기준면이라 하며 이를 기본수준면으로 한다.

[해설]

※ 이 책은 "용어 표기"에서 법제처(국가법령정보센터)의 '용어 정의'를 우선적으로 적용하되, 설계기준(국가건설기준센터; KCSC) 등의 "영어 표기" 줄임말[또는 약어(略語)](abbreviation)는 전자를 준용하고자 한다.

(1) 항만 및 주변해안 시설의 설계공용기간은 표준적으로 정해진 것은 없지만 해당시설의 목적, 이용상황 등을 고려하여 해당시설이 안정하도록 발주자와 협의하여 정한다.

(2) 기본수준면(基本水準面)은 연평균해면(MSL)으로부터 주요 4개 분조(M_2, S_2, K_1, O_1)의 반조차(半潮差)의 합만큼 내려간 면으로 정한다.

여기서 M_2 = **주태음반일주조**(主太陰半日周潮)이고, S_2 = **주태양반일주조**(主太陽半日周潮)이며, K_1 = **일월합성일주조**(日月合成日周潮), O_1 = **주태음일주조**(主太陰日周潮)이다.

예시 : $D.L = A_0 - (H_m + H_s + H_0 + H') = (\pm)0.00\text{m}$(AALLWL)

여기서 D.L = 기본수준면(기준면 : datum level)이고, A_0 = 연평균 해면(연평균해면은 해당지점의 1년 이상의 검조기록으로 정한다)이며, H_m, H_s, H_0, H' = 4개분조의 반조차이다.

(3) 기본수준면의 설정

① 지정항의 구역 내(區域內)에서 공사용기준면은 반드시 기본수준면을 사용한다.

② 지정항의 구역 외(區域外)에서는 지형(地形), 해상(海象) 등을 고려하여 가장 가까운 지점의 기본수준점표(基本水準点標, TBM : tidal bench mark) 또는 지정항만에서 사용하고 있는 기존의 성과를 이용한다.

③ TBM이나 기존의 성과를 이용할 수 없는 도서지역(島嶼地域)이나 오지에서는 1개월 이상의 조위관측(검조)을 실시하여 평균해면과 4개 분조의 반조차를 구한 후, 이를 연보정하여 연평균해면과 기본수준면을 산정한다.

④ 제반여건상 조위관측(검조)을 1개월 이상 시행하지 못하는 경우는 인근지역의 조위를 보간법으로 산정하여 적용할 수 있다.

(4) 국제적 해도 기준면(國際的 海圖 基準面)

국제수로기구(國際水路機構, IHO : International Hydrographic Organization)는 1997년에 최저극천문조위(最低極天文潮位, LAT : lowest astronomical tide)를 해도 기준면(기본수준면)으로 채택할 것을 회원국에 권장하였다. LAT는 18.6년 동안의 완전한 조

석주기 동안 조석현상에 의하여 나타날 수 있는 최저극 조위로서, 1년 이상의 조석 관측자료를 조화분석하여 얻은 조화상수를 이용하여 산정할 수 있다. 우리나라는 현재 약최저저조위를 기본수준면으로 채택하여 해도와 조석표, 항만공사 등의 기준면으로 사용하고 있다.

[참고]

(1) 항만시설의 설계공용기간은 관용적으로 50년으로 설정하고 있으나, 시설물별, 구조물별 설계공용기간의 설정은 표 5.27(a)(ISO 2394, 1998), (b)(UNCTAD, 1985)의 내용을 참고하여 정할 수 있다.

표 5.27 시설물·구조물별 설계공용기간의 설정

(a) 설계공용기간의 개념 분류

등급	설계공용기간(년)	구조물 예
1	1~5	가설구조물
2	25	교환구조요소(교대 대들보, 베어링 등)
3	50	건물과 기타 공공 구조물
4	100 또는 그 이상	기념적인 건물, 특별 또는 중요구조물, 대규모 교량

(b) 국제연합무역개발협의회 내구연한

시설과 장비	내구연한(년)	시설과 장비	내구연한(년)
방파제	50	쉽로더	25
안벽:		스텍커 리크레이머	25
(콘크리트)	40	벨트 컨베이어:	20
(강재)	25	(벨트)	3
(고무방충재)	10	(아이들러)	7
예선	20	이동식 쇼벨	6
도선사선	20	스트래들 캐리어	6
크레인:		트랙터, 트레일러	8
(그래브)	20	Ro/Ro Ramp	15
(안벽)	20	지게차	8
(이동식)	8	덤프트럭	6
(이동식탑형)	15	창고, 상옥	25
(부선식)	20	갠트리크레인	15

4.2 항만시설의 시공계획

(1) 항만 및 주변해안 시설은 건설기술 진흥법, 항만법, 항만 재개발 및 주변지역 발전에 관한 법률, 어촌·어항법, 연안관리법, 마리나 항만의 조성 및 관리 등에 관한 법률 등과 항

만 및 어항공사 표준시방서와 전문시방서 등의 기준에 적합하고 안전하게 시공하기 위해 공사를 시작하기 전에 시공계획을 수립하여야 한다.

(2) 공사의 진행 또는 현장 여건의 변화로 인해 필요할 경우 시공계획을 변경할 수 있다.

(3) 항만 및 주변해안 시설의 시공계획은 해당시설을 준공할 때까지 필요한 공사의 순서 및 단계별 공사내용, 해당시설의 시공에 사용하는 주요 작업 선박 내지는 시공장비의 종류 및 규격, 그 외 해당시설의 시공에 필요한 내용 등을 기술하여야 한다.

(4) 시공을 원활히 하기 위해 공사용 선박에 의한 해상작업을 감안한 현장관리, 공정관리 등을 하여야 한다.

(5) 항만 및 주변해안 시설을 건설하려는 자는 건설공사의 안전에 관한 관계법령 등에 기초하여 사고 및 방재대책을 수립하여야 한다.

(6) 항만 및 주변해안 시설을 건설하는 자는 시공 시에 해당시설의 구조적 안정이 손상되지 않도록 하는 조치로써 필요에 따라 가설공사 계획을 수립하여야 한다.

[해설]

(1) 시공계획은 다음 사항에 대하여 규정한다.

① 해당시설의 시공방법 ② 해당시설의 시공관리방법 ③ 해당시설의 안전관리방법

④ 그 외 해당시설의 전체 공사과정이 정확하고 안전하며 원활하게 시공되는데 필요한 사항

(2) 시공계획을 수립할 때에는 시공현장에서의 리스크, 현장 여건 및 안전에 대한 필요한 대책을 검토하여 공사의 전체 과정이 정확하고 안전하며 원활하게 시공되도록 한다.

(3) 특수한 시공조건에서의 공사 및 특수한 선박 및 장비를 이용하는 작업은 계획단계에서 시공성과 안전성을 확인할 필요가 있다. 한편 항만공사 중 발생할 수 있는 제약이나 리스크에 대한 대책방안 등에 대해서는 **표 5.28**을 참조할 수 있다.

표 5.28 공사의 제약·리스크, 대책방안

제약·리스크	대책방안
1) 기뢰·폭탄 등의 위험물	자기탐사(잠수탐사) → 위험물의 제거 → 확인담사 등
2) 해저케이블 등의 매설물	매설물의 정보 입수 → 현지 확인, 방호물 배치, 보호공 설치 등
3) 송전선·교량 등의 횡단 공작물	공작물의 정보 입수 → 현지 확인, 방호물 배치 등
4) 선박 폭주 해역	방호물 배치, 표식 설치 등

• 이하 [해설] 원본 참조

4.3 유지관리

(1) 항만 및 주변해안 시설의 관리자는 그 기능을 보전하고 시설물 이용자의 편의와 안전을 높이기 위하여 시설물을 일상적으로 점검·정비하고 손상된 부분을 원상복구하며 경과 시간에 따라 요구되는 시설물의 개량·보수·보강에 필요한 유지관리계획을 수립하여야 한다.

(2) 항만 및 주변해안 시설에 대한 점검·진단계획 수립 시에는 구조물 상태와 변화, 연쇄작용 등을 고려하여 효율적이고 효과적으로 점검·진단이 가능하도록 항목 및 방법을 선정하여야 한다.

(3) 항만 및 주변해안 시설의 유지관리는 항만법, 시설물의 안전관리에 관한 특별법 등 관련 법규 및 규정에 따라 실시하여야 한다.

• [해설] 원본 참조

4.4 환경, 안전 등 대책

(1) 항만 및 주변해안 시설의 설계, 시공 및 유지 등에 있어서는 자연환경, 이용상황을 감안한 환경 보전, 경관, 안전, 보안 등이 반영되어야 한다.

(2) 일반인에게 출입을 허용하는 항만 및 주변해안 시설을 설치하는 경우에는 노약자, 장애인 등 교통약자의 안전을 고려한 시설계획이 반영되어야 한다.

• [해설] 원본 참조

---

(3) 설계조건

본 소절에서는 항만 및 어항설계기준(KDS 64 00 00) 중 설계조건(KDS 64 10 10 : 2023)(해양수산부, 2024)에 대한 내용을 다룬다.

---

1. 일반사항

1.1 목적

이 기준은 항만 및 어항시설의 설계에서 고려하여야 하는 설계조건의 산정에 필요한 사항을 정함을 목적으로 한다.

1.2 적용범위

이 기준은 항만 및 어항시설 설계 시 고려하여야 하는 설계조건을 산정하는데 적용한다. 항만 및 어항시설의 설계조건은 시설의 성격 및 시설물에 주어진 상황에 따라 다음의 설계여건을 고려하여 선정하고, 자연조건, 이용 상황, 시공조건, 부재의 특성, 시설에 대한 사회적 요청, 자연환경에의 영향 등을 고려하여 시설이 안전하게 될 수 있도록 정한다.

(1) 대상선박의 제원
(2) 선박으로 인해 발생하는 외력
(3) 바람과 풍압 등
(4) 파랑과 파력
(5) 조석과 이상조위(異常潮位)
(6) 흐름과 흐름의 힘
(7) 부체에 작용하는 외력과 동요
(8) 하구수리 및 표사
(9) 자중(自重) 및 재하하중
(10) 마찰계수
(11) 기타 필요한 설계조건

1.3 참고기준

1.3.1 관련 법규

공간정보의 구축 및 관리 등에 관한 법률

1.3.2 관련 기준

KDS 24 12 20 교량설계하중(일반설계법), KDS 41 10 15 건축구조기준 설계하중

1.3.3 관련 표준 : 내용 없음

1.4 용어의 정의

- **기왕고극조위**(既往高極潮位, observed highest high water level) : 기존에 관측된 가장 높은 조위를 말한다.
- **배수톤수**(displacement tonnage) : 떠 있는 선체가 정지 상태에서 배제하는 물의 중량을 톤 단위로 나타낸 수를 말한다.
- 부유사(浮遊砂, suspended load) : 유수(流水) 또는 파랑에 의하여 저면으로부터 수중에서 이동되는 토사(土砂)를 말한다.
- 소류사(掃流砂, bed load) : 유수(流水)에 의해 운반되는 퇴적물 중에서 바닥을 따라 구르거나 약간 튀면서 이동하는 퇴적물을 말한다.
- **재화중량톤수**(dead weight tonnage) : 적재한 화물의 최대중량을 톤 단위로 나타낸 수를 말한다.
- 조위 편차 : 조위 실측치와 예보치의 차이를 말한다.
- **총톤수**(gross tonnage) : 선박의 총톤수 측정에 관한 법률에서 규정된 선박의 밀폐구획의 용적톤수. 주로 국제항해에 종사하는 선박에 대하여 그 크기를 나타내기 위한 지표로 사용되는 국제총톤수가 있다.
- **총톤수**(gross tonnage) : 선박의 총톤수 측정에 관한 법률에서 규정된 선박의 밀폐구역의 용적톤수를 말한다. 국제협약에 따른 국제총톤수(IGT : international gross tonnage)와

4,000톤 미만 선박에 대하여 우리나라 해사법령의 적용을 위한 국내총톤수(KGT : Korean gross tonnage)가 있다.

- 커버율(coverage) : 통계값에 대하여 특정 사건이나 대상이 포함된 비율을 말한다. 여기서는 톤수별 제원을 산출하기 위해 고려한 선박 수의 비율을 의미한다.
- [해설] 원본 참조

1.5 기호의 정의 : 내용 없음

1.6 설계고려 항목

항만 및 어항시설의 설계 시에는 이 기준의 1.2 적용범위에서 제시한 설계조건 외에 다음의 항목을 고려한다.

(1) 시설의 기능
(2) 시설의 중요도
(3) 내용연수(耐用年數)
(4) 발생확률
(5) 자연조건
(6) 재료
(7) 설계법(안전율 등)
(8) 시공방법(施工方法)
(9) 시공정밀도
(10)공기
(11) 건설비

- [해설] 원본 참조

[참고]

이 기준의 1.6 설계고려항목에서 제시한 항목을 고려할 때는 다음의 내용을 참고한다.

(1) 시설의 기능

시설의 기능은 한가지로 국한되지 않기 때문에 각각의 기능이 충분히 발휘될 수 있도록 배려할 필요가 있다. 예를 들면 방파제는 파도를 막는 기능만이 아니고 폭풍해일이나 지진해일의 세력을 감쇠하는 기능을 갖는다.

(2) 시설의 중요도

시설의 안정성 및 경제성을 고려하여 설계를 하려면 시설의 중요도를 고려할 필요가 있다. 중요도가 설계상에서 미치는 영향을 살펴보면 설계조건이 되는 자연조건, 설계진도, 내용연수, 하중, 안전율 등이 있다.

또한 중요도의 판정에 있어서는 다음 사항을 고려할 필요가 있다.

① 시설의 파손이 인명, 재산에 미치는 영향
② 시설의 파손이 사회, 경제에 미치는 영향
③ 시설의 파손이 다른 시설에 미치는 영향

④ 시설의 대체성

(3) 내용연수

내용연수는 시설의 설계에서 구조나 재료를 결정할 때 고려함과 동시에 현존 시설의 개량 필요성 및 개량 정도를 결정하는데 고려하는 경우가 있다. 내용연수에는 다음의 기능적인 것, 경제적인 것, 사회계획적인 것과 물리적인 것이 있다. 내용연수의 설정에서는 이들에 대하여 검토를 하고 결정하여야 한다. 설계에 있어서 위의 내용으로부터 내용연수를 결정하는 경우, 그 내용연수에 적합한 구조, 재료를 선정할 필요가 있다. 이들로부터 결정이 되지 않는 경우에는 물리적으로 결정하는 내용연수를 결정한다.

① 기능적인 내용연수 : 박의 대형화에 의한 박지의 수심이 부족한 것과 같이 시설의 기능에 불합리점이 생기고 그 시설을 사용할 수 없는 연수

② 경제적인 내용연수 : 무엇인가 개량을 하지 않으면 신형식과 다른 시설과의 경제적인 경쟁에서 불리한 상태의 연수

③ 사회계획적 내용연수 : 신규 계획보다 당초 목적한 기능이 불필요하거나 또는 별도의 기능을 요청할 때까지의 연수

④ 물리적인 내용연수 : 구조물을 구성하는 재료가 부식, 풍화 등의 작용을 받아 필요한 재료의 강도를 유지할 수 없는 연수

(4) 발생확률 : 내용연수에 밀접한 관계가 있는 항목에는 발생확률이 있다. 이 발생확률(E_1)은 다음과 같이 구할 수 있고 발생확률의 계산 결과는 [참고 표 (1.6-1)]을 참조한다.

$$E_1 = 1 - (1 - \frac{1}{\overline{T_1}})^{L_1} \tag{5.51}$$

여기서 E_1 = 발생확률이고, L_1 = 내용연수이며, $\overline{T_1}$ = 재현기간이다.

• 이하 [해설] 원본 참조

---

2. 조사 및 계획 : 내용 없음

3. 재료 : 내용 없음

4. 설계

[**4.1 선박~4.2.3 풍압력 : KDS 64 10 10의 4.1 선박, 4.2 바람과 풍압력을 참조한다.**]

4.3 파랑 및 파력

4.3.1 설계일반

(1) 항만구조물의 설계 및 항내정온도 분석을 위한 파랑은 관측값 또는 풍속으로부터 추산한 설계파 및 평상시 파랑 자료를 통계처리하여 사용하여야 한다. 이때 해안지형에 의한 변형을 고려한 값을 사용한다.

(2) 설계파 추산 및 항내정온도 검토 시 파랑의 불규칙성을 고려한다.

- [해설] 원본 참조

4.3.1.1 규칙파

파랑의 파장, 주기 및 파고 등은 일반적으로 미소진폭파 이론에 의하여 산정하나, 파고가 큰 천해역에서는 파랑의 유한진폭 효과를 고려하여 산정하여야 한다. 그러나 불규칙파군을 각 성분파의 중첩으로 나타내는 경우에 성분파의 기본성질은 미소진폭파 이론에 의해 계산할 수 있다.

[해설]

진행파의 파형은 파고 H, 주기 T 및 수심 h 에 따라 변한다. 파랑 이론은 미소진폭파(微小振幅波) 이론과 유한진폭파(有限振幅波) 이론으로 대별되며, 유한진폭파는 파봉(波峯)이 뾰쪽하고 파곡(波谷)은 평평한 형태를 보인다. 파고, 파장 및 수심으로부터 두 개의 무차원변수를 만들 수 있다. 즉, 파장에 대한 파고의 비인 파형경사(波形傾斜) H/L, 파장에 대한 수심의 비인 상대수심 h/L, 그리고 이 변수들로부터 구성되는 또 다른 무차원변수 HL^2/h^3 인 어셀(Ursell)수의 상대적인 크기에 따라 적합한 파랑 이론을 사용한다.

[참고]

(1) 미소진폭파 이론

파랑의 선형적인 특성은 미소진폭파 이론으로 나타내어지며, 필요에 따라 고차의 근사식인 유한진폭파 이론에 의해 보다 정밀한 파랑 특성을 계산할 수 있다. 미소진폭파 이론에 따른 파랑운동은 속도포텐셜(ϕ)로 표시된다. 파랑의 운동 방정식은 라플라스(Laplace)식($\nabla^2\phi = 0$)이며, 적합한 경계조건을 부여하고 $H \ll L$과 $H \ll h$의 전제조건하에 풀면 다음과 같은 파랑 특성을 얻게 된다.

① 수면변위

$$\eta(x,t) = \frac{H}{2} sin 2\pi\left(\frac{x}{L} - \frac{t}{T}\right) \tag{5.52}$$

여기서 **그림 5.31**과 같이 η = 기준면인 정수면으로부터의 수면변위로서 파의 형태를 나타내고, x축은 파의 진행방향으로 취한 거리, z축은 정수면에서 연직상향으로 취한 거리, t = 시간, T = 주기(s), L = 파장(m), H = 파고(m)이다.

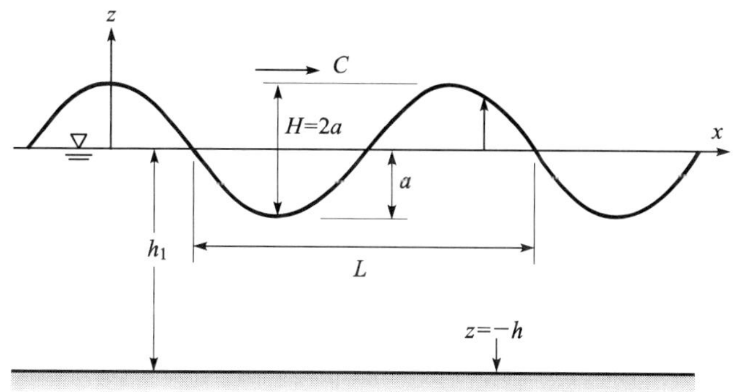

그림 5.31 규칙파의 정의

② 파장

$$L = \frac{gT^2}{2\pi} tanh \frac{2\pi h}{L} (= CT) \tag{5.53}$$

여기서 g =중력가속도(m/s^2)이고, h =수심(m)이다. 식 (5.43)을 파랑 분산식이라 하며, 각주파수($\sigma = 2\pi / T$)와 파수($k = 2\pi / L$)를 사용하면 다음 식을 얻는다.

$$w^2 = \sigma^2 = gk\tanh kh \tag{5.54}$$

식 (5.53) 또는 식 (5.54)는 파장 또는 파수에 대한 비선형식이므로 반복법으로 계산하며, 이 결과의 일부가 [참고 표 (4.3-1)]에 제시되어 있다.

③ 파속

$$C = \sqrt{\frac{g}{k} tanhkh} = \sqrt{\frac{gL}{2\pi} tanh \frac{2\pi h}{L}} \left(= \frac{L}{T}\right) \tag{5.55}$$

여기서 C=파속(m/s)이고, L=파장(m)이며, T=주기이다.

④ 수립자(水粒子)의 속도

$$u = \frac{\pi H}{T} \frac{\cosh \frac{2\pi(z+h)}{L}}{\sinh \frac{2\pi h}{L}} sin\left(\frac{2\pi}{L} x - \frac{2\pi}{T} t\right) \tag{5.56a}$$

$$w = \frac{\pi H}{T} \frac{\sinh \frac{2\pi(z+h)}{L}}{\sinh \frac{2\pi h}{L}} cos\left(\frac{2\pi}{L} x - \frac{2\pi}{T} t\right) \tag{5.56b}$$

여기서 u =수평(水平)수립자 속도(m/s)이고, w =연직(鉛直)수립자 속도(m/s)이다.

⑤ 수립자의 가속도

$$\frac{\partial u}{\partial t}=\frac{2\pi^2 H}{T^2}\frac{\cosh\frac{2\pi(z+h)}{L}}{\sinh\frac{2\pi h}{L}}cos\left(\frac{2\pi}{L}x-\frac{2\pi}{T}t\right) \tag{5.57a}$$

$$\frac{\partial w}{\partial t}=-\frac{2\pi^2 H}{T^2}\frac{\sinh\frac{2\pi(z+h)}{L}}{\sinh\frac{2\pi h}{L}}sin\left(\frac{2\pi}{L}x-\frac{2\pi}{T}t\right) \tag{5.57b}$$

수립자의 가속도(m/s^2)는 식 (5.57) 이외의 추가 항들이 존재하나 다음 식과 같이 미소 진폭파에서는 이들이 작기 때문에 무시한다.

$$a_x=\frac{du}{dt}=\frac{\partial u}{\partial t}+u\frac{\partial u}{\partial x}+w\frac{\partial u}{\partial z}\simeq\frac{\partial u}{\partial t} \tag{5.58a}$$

$$a_z=\frac{dw}{dt}=\frac{\partial w}{\partial t}+u\frac{\partial w}{\partial x}+w\frac{\partial w}{\partial z}\simeq\frac{\partial w}{\partial t} \tag{5.58b}$$

⑥ 파력

$$p=w_0\frac{H}{2}\frac{\cosh\frac{2\pi(z+h)}{L}}{\cosh\frac{2\pi h}{L}}sin\left(\frac{2\pi}{L}x-\frac{2\pi}{T}t\right)-w_0 z \tag{5.59}$$

여기서 p=파력(=파압, t/m^2)이고, w_0=해수(海水)의 단위체적중량이며, 식 (5.59)의 우변 첫 항은 동수압(動水壓), 둘째 항은 정수압(靜水壓)이다. 동수압은 파랑에 의한 수립자의 운동에 의한 압력 변동부분을 의미한다.

⑦ 해면의 단위면적당 파의 평균에너지

$$E=E_k+E_p=\frac{1}{8}w_0H^2 \tag{5.60}$$

여기서 E=단위면적당 파의 평균에너지(t m/m^2)($E_k=E_p$)이고, E_k=운동에너지이며, E_p=위치에너지이다.

한 파장 내의 모든 점에서의 평균에너지 E(t m/m^2)는 일정하며, 마찰에 의한 손실은 무시한다.

⑧ 단위시간에 단위폭당 파의 진행방향으로 전달되는 평균에너지

$$E_F=E\,C_G=E\,Cn \tag{5.61}$$

여기서 E_F=단위시간에 단위폭당 파의 진행방향으로 전달되는 평균에너지(J/s)이고, C_G=파의 군속도(群速度)(m/s)이며, $C_G=Cn$, n=위상속도 C에 대한 군속도 C_G 비

로 다음 식과 같이 정의한다.

$$n = \frac{1}{2}\left(1 + \frac{\frac{4\pi h}{L}}{\sinh\frac{4\pi h}{L}}\right) \tag{5.62}$$

식 (5.52)~(5.62)는 미소진폭파 (이론)의 식이며, 실제 파랑은 이 식들과 다소 다르다. 그러나 파랑의 굴절, 수중압력 등을 취급할 때는 이들의 식을 이용할 때가 많으며, 특히 중복파는 미소진폭파를 합성함으로써 얻을 수 있다.

(2) 심해파 및 장파의 특성

① 심해파

그림 5.32(c)와 같이 $\frac{h}{L} > \frac{1}{2}$ 인 해역에서는 수심이 깊어 파랑의 수립자 운동이 해저면까지 이르지 못해 수립자의 운동이 해저면에 의해 변형되지 않게 된다.

이 해역에 존재하는 파랑을 심해파라 하며, 파장에 비해서 수심이 아주 깊은 경우 ($h/L \to \infty$)라고 가정하여 파속 및 파장을 다음과 같이 구한다($\because \tanh\frac{2\pi h}{L}$ =1이므로).

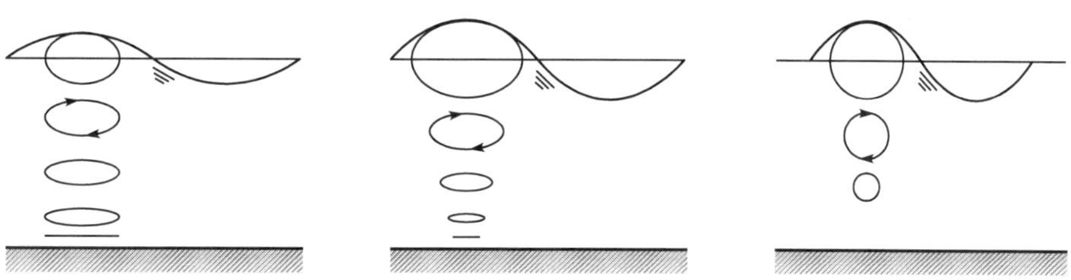

(a) 천해파 $kh < \frac{\pi}{10}\left(\frac{h}{L} < \frac{1}{20}\right)$ (b) 천이영역 $\frac{\pi}{10} < kh < \frac{\pi}{2}\left(\frac{1}{20} < \frac{h}{L} < \frac{1}{2}\right)$ (c) 심해파 $kh > \frac{\pi}{2}\left(\frac{h}{L} > \frac{1}{2}\right)$

그림 5.32 진행파의 상대수심별 수립자운동

$$L_0 = \frac{gT^2}{2\pi} = 1.56T^2\,(\mathrm{m}) \tag{5.63a}$$

$$C_0 = \frac{gT}{2\pi} = 1.56T(\mathrm{m/s}) \tag{5.63b}$$

$$C_G = 0.78T(\mathrm{m/s}) = 2.81T(\mathrm{km/h}) \tag{5.63c}$$

여기서 아래첨자 0=심해파를 나타내는 것이며, 파속 및 파장은 모두 수심에는 관계없이 주기에만 관계된다.

② 파장 또는 천해파

그림 5.32(a)와 같이 $\frac{h}{L} < \frac{1}{20}$ 인 수역에서는 파장이 수심에 비해서 매우 길며, 이러한 파를 장파 또는 천해파라 한다. 천해파의 특성은 h/L값이 매우 작아 $\tanh\frac{2\pi h}{L} = \frac{2\pi h}{L}$ 이므로 다음과 같다.

$$L = T\sqrt{gh} \ (\mathrm{m}) \tag{5.64a}$$

$$C = C_G = \sqrt{gh} \ (\mathrm{m}) \tag{5.64b}$$

③ $\frac{1}{20} < \frac{h}{L} < \frac{1}{2}$ 인 경우에는 천이역(遷移域)으로 파장과 파속이 복잡하게 변하며, 식 (5.53)과 식 (5.55)를 각각 사용하여 구한다.

④ 수심 h, 파장 L, 파속 C와 주기 T의 관계는 KDS 64 10 10[참고 표 (4.3-1)]에 제시되어 있으니 이를 참조한다.

(3) 유한진폭파 이론

파고가 큰 일반적인 천해파에 대해서는 미소진폭파 식의 정도가 높지 않으므로 필요에 따라 유한진폭파 이론식을 사용한다.

미소진폭파 이론식을 사용하여 계산할 때 오차는 파형경사 H/L 및 상대수심 h/L에 의하여 변한다. 특히 해상구조물과 잔교식 구조물 등의 설계 시에는 미소진폭파 식은 상당한 오차를 유발하여 부적절하므로 유한진폭파 식을 사용하여야 한다. 유한진폭파 식도 파형경사 및 상대수심에 따라 여러 가지 이론이 있어 적합한 이론을 사용해야 하나, 수치모형인 푸리에급수 파랑이론(Fourier series wave theory)은 상대수심의 전체 범위에 걸쳐 한계파고까지 파랑특성을 계산할 수 있다(CERC, 1992).

파의 유한진폭 효과의 하나는 파고에 대한 파봉고의 비가 변하며, 파고가 커지는 만큼 비도 증대된다[참고 그림 (4.3-3), (4.3-4) 생략](Goda, 1974).

4.3.1.2 불규칙파의 통계적인 특성

(1) 불규칙한 심해파 파군의 파고분포로는 레일레이(Rayleigh) 분포를 사용한다.

(2) 레일레이 분포 이론은 파의 에너지가 특정 주파수 영역에 매우 좁게 분포한다고 가정하여 제안된 것으로 주파수대가 넓으면 적용성의 문제가 있지만 근사적으로 적용할 수 있다.

[참고]

(1) 레일레이 분포

$$p\left(\frac{H}{\overline{H}}\right) = \frac{\pi}{2}\frac{H}{\overline{H}}exp\left[-\frac{\pi}{4}\left(\frac{H}{\overline{H}}\right)^2\right] \tag{5.65}$$

여기서 **그림 5.33**과 같이 $\overline{H}=\dfrac{1}{N}\sum_{i=1}^{N}H_i$이고, N=측정기간의 파랑 개수이며, H_i=개별 파고이다.

최대파고 $H_{\max}$, 유의파고 $H_{1/3}$, 1/10 최대파고 $H_{1/10}$과 평균파고 $\overline{H}$ 사이에는 다음과 같은 관계식이 성립된다.

$$H_{1/10}=1.27H_{1/3} \tag{5.66a}$$

$$H_{1/3}=1.60\overline{H} \tag{5.66b}$$

$$H_{\max}=(1.6\sim 2.0)H_{1/3} \tag{5.66c}$$

(2) 불규칙파의 파고 및 주기

1) 실제 파형은 매우 불규칙하며, 한 점에서 측정한 파고기록은 **그림 5.33**과 같은 형태를 보인다. 기록된 파형의 평균면을 기준선으로 정하고 개개의 파형이 파곡에서 파봉으로 상향 진행할 때 기준선과 만나는 점들로부터 개별 파의 주기와 개수를 결정하는 방법이 **영점상향교차**(零點上向交叉, zero up-crossing)**법**이다. 반면에 **영점하향교차**(零點下向交叉, zero down-crossing)**법**은 파형이 기준선을 하향으로 통과하는 점들을 하나의 파랑 시작점과 끝점으로 정하며, 통계학적으로는 두 방법은 같은 방법으로 취급한다.
2) 상기 1)항의 방법에서 파형이 기준선을 통과하지 않고 불규칙하게 움직이는 경우에는 동일한 파랑으로 간주한다. 인접한 영점이 교차하는 사이를 하나의 파랑으로 정의하여 영점상향교차법을 사용한 **그림 5.33**에서는 관측기간 중에 총 21개의 파랑으로 구성되며, 개개 파랑의 파고는 파형의 최고점과 최저점의 수위차가 된다.

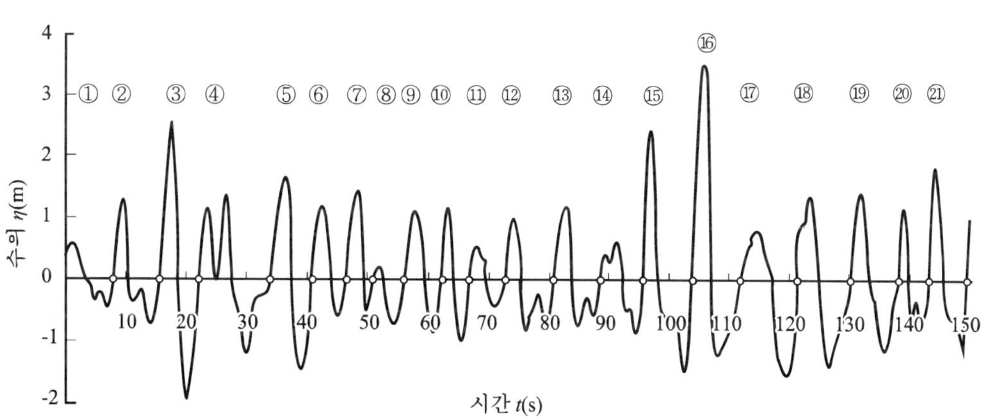

그림 5.33 파랑의 관측기록(영점상향교차법) 예

(3) 대표파고 및 주기

한 지점에서 파랑을 일정시간 동안(예 : 20분간) 연속 관측한 관측기록을 **표 예5.11**과 같은 방법으로 정리하여 관측기간을 대표하는 각종 파랑을 다음과 같이 정의한다.

1) **최대 파고**·주기(H_{max}, T_{max}) : 파군 중 최대의 파고를 의미하며, 그 파의 주기를 T_{max}로 나타낸다. **표 예5.11**에서는 16번의 파랑이 최대파이며, $H_{max}=4.89\text{m}$, $T_{max}=8$초이다.
2) **1/10 최대 파고**·주기($H_{1/10}$, $T_{H_{1/10}}$) : 파고가 큰 것에서 전체 파랑 개수의 1/10에 해당하는 파고와 주기의 평균값을 각각 말한다.
3) **유의파고**·주기($H_{1/3}$, $T_{H_{1/3}}$) : 파고가 큰 것에서 전체 파랑 개수의 1/3까지의 파고를 평균한 파고이다.
4) **평균파고**($\overline{H}$, $\overline{T}$) : 파고의 평균값을 말한다.

(4) 유의파는 불규칙한 파군의 하나의 통계적 지표로서 가상적인 파이다. 유의파는 파랑의 **주파수 스펙트럼**(frequency spectrum)에 있어서 에너지가 가장 큰 주파수에 대체적으로 해당하는 파고이며, 특별히 구분하지 않는 경우에 파랑은 유의파를 지칭한다.

(5) 다수의 관측기록으로부터 파고를 평균파고로 나누어 무차원화한 것에 대한 파고의 도수분포를 만들고 이 분포의 면적을 1로 정한 상대도수분포(相對度數分布)는 레일레이(Rayleigh) 분포로 가정하여 구한 것과 비교하면 큰 차가 없다. 단, 쇄파대 내에서는 파고 분포를 레일레이 분포로 적용할 수가 없다.

(6) 일반적으로 바람 자료에서 파고 또는 주기를 추산할 때는 유의파를 산출하게 된다. $H_{1/10}$, $\overline{H}$, H_{max} 등의 자료가 필요할 때는 식 (5.66)을 이용하여 $H_{1/3}$에서 구할 수 있다. 파수(波數)에 따른 H_{max}와 $H_{1/3}$과의 관계를 통계분석을 통해 제시된 자료로부터 H_{max}의 최다값(最多値, mode), 평균값(平均値) 및 위험값(危險値) 등을 구할 수 있다 [Goda(合田良實), 1973a; b].

(7) 주기의 분포는 파고의 분포와 달리 일반형이 존재하지 않으나 최대파, 1/10 최대파, 유의파 및 평균파의 주기 사이에는 근사적으로 다음 식의 관계가 있다.

$$T_{max} \doteq T_{H_{1/10}} \doteq T_{H_{1/3}} \doteq (1.1 \sim 1.3)\overline{T} \tag{5.67}$$

예제 5.11

표 예5.11과 그림 5.33을 이용하여 다음 사항에 답하시오.

1. 최고 파(H_{max}, T_{max})의 파고와 주기 계산
2. 1/10 최대파($H_{1/10}$, $T_{1/10}$)의 파고와 주기 계산
3. 유의파(1/3 최대파)($H_{1/3}$, $T_{1/10}$)의 파고와 주기 계산
4. 평균 파($\overline{H}$, $\overline{T}$)의 파고와 주기 계산

표 예5.11 파고 기록

파번호	파고H(m)	주기 T(s)	파고순위(m)	파번호	파고 H(m)	주기 T(s)	파고순위(m)
1	0.54	4.2	21	12	1.95	8.0	15
2	2.05	8.0	12	13	1.97	7.6	14
3	4.52	6.9	2	14	1.62	7.0	18
4	2.58	11.9	8	15	4.08	8.2	3
5	3.20	7.3	4	16	4.89	8.0	1
6	1.87	5.4	17	17	2.43	9.0	9
7	1.90	4.4	16	18	2.83	9.2	7
8	1.00	5.2	20	19	2.94	7.9	6
9	2.05	6.3	13	20	2.23	5.3	11
10	2.37	4.3	10	21	2.98	6.9	5
11	1.03	6.1	19				

[풀이]

1. 최고 파(H_{max}, T_{max})의 파고와 주기 계산
   (1) 파 번호 16번째에서 최대 파의 파고 $H_{max}=4.89$m이다.
   (2) 최대 파의 주기 $T_{max}=8.0$s이다.

2. 1/10 최대파($H_{1/10}$, $T_{1/10}$)의 파고와 주기 계산
   (1) 1/10 최대 파는 전체 파 수 21개의 1/10은 약 2개이므로 16번째와 3번째의 값을 평균하여 구하면 되므로 $H_{1/10}=(4.89+4.52)/2 \fallingdotseq 4.7$m이다.
   (2) 1/10 최대 파의 주기 $T_{1/10}=(8.0+6.9)/2 \fallingdotseq 7.5$s이다.

3. 유의파(1/3 최대파)($H_{1/3}$, $T_{1/10}$)의 파고와 주기 계산
   (1) 유의파 또는 1/3 최대 파는 전체 파수를 크기(파고 우선) 순으로 나열했을 때 1/3에 해당하는 파의 평균치이므로 크기순 7개 파의 평균치로서 $H_{1/3}=3.6$m이다.
   (2) 유의파 또는 1/3 최대 파의 주기 $T_{1/3}=7.8$s이다.

4. 평균 파($\overline{H}$, $\overline{T}$)의 파고와 주기 계산
   (1) 평균파에 대한 파고와 주기는 전체 파의 수로 파고의 합 또는 주기의 합을 나누어 구하는데, 이들 값은 평균파고 $\overline{H}=2.4$m이다.
   (2) 평균파의 평균주기 $\overline{T}=7.0$s이다.

4.3.1.3 불규칙파의 스펙트럼

파랑의 추산 또는 항만구조물을 설계할 때는 파랑의 스펙트럼형상에 대해서 고려하고 해당 해역에 적합한 스펙트럼 분포형을 사용한다.

[해설]

불규칙파의 파형을 무수한 주파수 및 파향의 성분파가 중첩된 것이라 가정하여 성분파의 에너지 분포를 주파수와 파향에 대해 표시한 것이 파랑 스펙트럼(wave spectrum)이다. 여기서 전자를 주파수 스펙트럼, 후자를 파향스펙트럼이라 한다.

[참고]

【참고 내용·참고 식 (4.3-17)~(4.3-23) 등[Goda(合田良實), 1975]은 원본 참조】

4.3.2 설계파 추산방법 및 절차

4.3.2.1 설계파 추산

(1) 항만시설의 구조안정 검토에 사용되는 파랑자료의 통계기간은 항만시설의 기능 및 구조 특성, 재해위험 등을 감안하여 설정하여야 한다.

(2) 설계파는 장기간의 파랑관측자료를 이용하여 추산하는 것이 바람직하나, 파랑관측자료가 충분하지 않을 경우 바람장(해상풍)을 추정하고 이로부터 설계파를 추산한다.

(3) 설계파의 추산 시에는 파랑의 발달, 굴절, 회절, 천수변형 및 쇄파 등을 효과적으로 반영할 수 있는 기법을 사용하여야 한다.

• [해설], [참고] 원본 참조

4.3.2.2 설계파 추산방법

설계파 추산방법에는 바람장을 이용하여 추산하는 방법과 심해설계파를 적용하여 파의 굴절, 회절, 천수변형 및 쇄파 등에 의한 전파 변형을 고려하여 추산하는 방법이 있다. 이중 설계파는 구조물 또는 배후시설에 가장 불리하게 작용하는 파를 사용하여야 한다. 다만, 별도로 정하는 경우는 심해설계파만을 활용하여 산정할 수 있다.

• [해설], [참고] 원본 참조

4.3.2.3 파의 추산(推算)

(1) 설계일반

파를 발생·발달시키는 장소를 풍역이라 하며, 파를 발생시키기 위한 제원으로는 풍속, 풍향, 취송거리, 취송시간 등이 있다. 풍역이 설정되면 해당 풍역조건에 가장 적합한 추산법을 사용하여 파의 발달·감쇠를 계산한다.

• [해설], [참고] 원본 참조

(2) 발생역(發生域)에서의 파의 추산

파랑발생역에서의 파의 추산은 파랑 스펙트럼법 또는 유의파법 등을 이용한다.

- [해설], [참고] 원본 참조

3) 너울(Swell)의 추산

너울의 추산은 Bretschneider법의 적용을 표준으로 하며 해당 해역의 특성에 맞는 보다 적합한 추산법이 있는 경우에는 이를 적용할 수 있다.

- [해설], [참고] 원본 참조

4.3.3 파랑의 통계분석

파랑자료는 장기간의 관측자료 또는 기상자료에 의해 추산한 값을 관측값으로 보정한 자료를 기초로 하여 상시 파랑과 이상시 파랑으로 구분하여 파랑 특성을 통계 분석한다. 주어진 재현기간에 상응하는 설계파는 이상시 파랑 자료에 적절한 극치통계해석기법을 적용하여 결정한다.

- [해설], [참고] 원본 참조

4.3.4 파랑의 변형

항만시설 설계 시의 파랑은 굴절, 회절, 반사, 천수 및 쇄파 변형 등과 같은 전파변형을 고려하여 산정하여야 한다.

[해설]

파랑변형은 수심과 흐름의 변화 및 구조물 등에 의해 발생된다. 수심이 파장의 1/2 이하인 수역에서는 파랑은 해저의 영향을 받아 파속은 느려지고 파장이 짧아지며 파고도 변한다. 따라서 수심이 파장의 1/2 이상인 해역을 심해역이라 하고, 이보다 얕은 해역을 천해역이라 한다.

[참고]

불규칙파에 대한 심해역과 천해역의 구분은 심해파의 유의파 주기로부터 구한 파장과 이에 대한 수심으로 해역을 구분한다. 천해역에서는 굴절, 회절, 천수 변형 및 쇄파 등의 영향을 받아서 스펙트럼 형태와 파고분포가 심해파의 상태와 다른 점을 고려해야 한다.

4.3.4.1 천수변형

파랑이 천해역을 진행할 때에는 수심변화에 따른 굴절·회절 변형뿐만 아니라 천수변형도 고려하여야 한다. 수심이 얕은 지역에서의 천수계수 산정 시에는 파랑의 비선형성을 고려하여야 한다.(이하 상세한 내용은 KDS 64 10 10 : 4.3.4.1 **천수변형**의 [참고] 내용을 참조한다.)

4.3.4.2 굴절변형

파랑이 천해역을 진행할 때에는 평면적인 수심변화에 따른 파속의 변화로 인해 굴절현상이 발생하므로 굴절에 의한 파향 및 파고 변화를 고려하여야 한다.(이하 상세한 내용은 KDS 64 10 10 : 4.3.4.2 **굴절변형**의 [참고] 내용을 참조한다.)

4.3.4.3 회절변형

방파제, 섬 등과 같은 구조물(지장물)에 의해 회절파의 영향을 크게 받을 것으로 예상되는 영역 내의 파고는 회절도, 회절계산 또는 수리모형실험으로 산정하여야 한다.(이하 상세한 내용은 KDS 64 10 10 : 4.3.4.3 **회절변형**의 [참고] 내용을 참조한다.)

4.3.4.4 굴절·회절 변형

수심변화 등으로 인해 파고의 공간적인 변화가 상당히 클 경우에는 굴절·회절 변형을 동시에 고려한다.(이하 상세한 내용은 KDS 64 10 10 : 4.3.4.4 굴절·회절변형의 [참고] 내용을 참조한다.)

4.3.4.5 환산심해파고

환산심해파고(換算深海波高)는 굴절, 회절 등에 의한 파고 변화의 영향을 설계계산 및 수리모형실험에서 쉽게 다루기 위한 가상적인 파고이며, 쇄파, 파의 처올림, 월파 등의 현상을 심해파와 관련하기 위해 도입한 것이다.

[해설]

(1) 환산심해파고의 파고와 주기는 다음과 같이 산정한다.

$$H_0{}' = K_d K_r (H_{1/3})_0 \tag{5.68a}$$

$$T_{H_{1/3}} = (T_{H_{1/3}})_0 \tag{5.68b}$$

여기서 $H_0{}'$ =환산심해파고(유의파)이고, $(H_{1/3})_0 = H_0$ 심해파고(유의파)이며, K_d =회절계수, K_r =굴절계수, $(T_{H_{1/3}})_0$ =심해파의 유의파 주기이다.

(2) 쇄파, 파의 처올림, 월파 등과 같은 현상은 주로 수리모형실험에 의해 분석되며, 기존의 결과들은 2차원 수로에서 이루어진 것들이 많으므로 이를 활용하기 위한 방안으로 환산심해파고가 고안된 것이다.

(3) 회절과 굴절 등을 고려할 수 있는 3차원 수조에서는 이 개념이 필요하지 않으나 3차원 실험은 과다한 비용과 시간이 소요되는 단점이 있어 환산심해파고를 계속 사용하고 있다.

(4) 해저경사가 완만하고 파랑이 상당한 거리를 진행하면 해저마찰로 인한 파고 감쇠를 무시할 수 없으며, 이런 경우 감쇄율 K_f를 식 (5.68)에 곱해 환산심해파고를 계산한다.

(5) 실제 지형에서는 굴절·회절 계수가 장소에 따라 다르기 때문에 환산심해파고 계산은 장소에 따라 변하는 점에 주의한다.

4.3.4.6 반사

(1) 설계일반

항만시설물 설계 시 인근 구조물에 의한 반사파의 영향과 해당 시설물이 인근지역에 미치는 반사파의 영향에 대하여 검토하여야 한다.

• [해설], [참고] 원본 참조

(2) 반사율의 산정

항반사율은 현장관측에 의해 산정하는 것이 바람직하지만, 관측이 어려운 경우 또는 시공전의 경우에는 수리모형실험 결과를 참조하여 산정한다. 반사율 산정 실험 시의 파랑은 불규칙파를 사용하여야 한다.(이 외의 상세한 내용은 KDS 64 10 10 : 4.3.4.6 반사의 [해설], [참고] 내용을 참조한다.)

(3) 오목부, 방파제 두부(頭部) 부근 및 도제(島堤) 주변에서의 파랑변형

구조물의 오목부, 방파제 두부 부근 및 도제 주변에서는 일반적인 중복파보다 큰 파고가 발생하므로 파고 증대에 대해 검토하여야 한다. 파고 증대 검토 시 파랑의 불규칙성을 고려하여야 한다.

• [참고] 원본 참조

4.3.5 쇄파

4.3.5.1 쇄파일반

항만구조물이 쇄파지점 부근에 있는 경우에는 쇄파의 영향을 고려하여야 한다.

[참고]

(1) 쇄파 형식은 다음과 같은 세 가지가 있으며 형태는 **그림 5.34**와 같다.

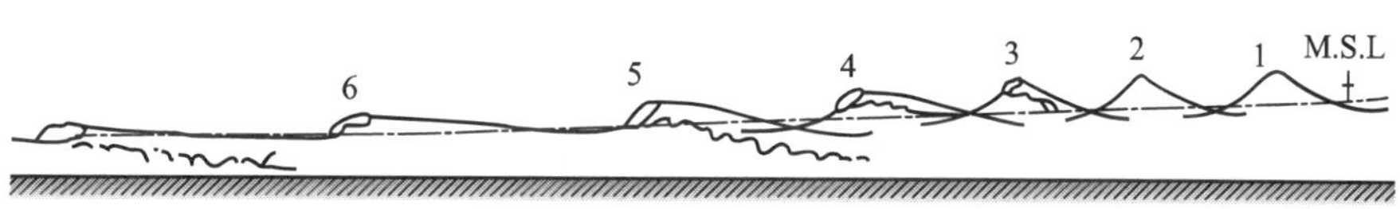

(a) 붕괴파

(b) 권파

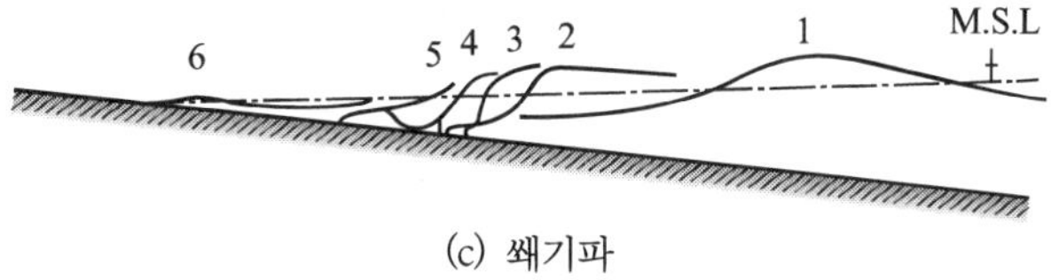

(c) 쇄기파

그림 5.34 쇄파 형태

① **붕괴파**(spilling breakers)

파형이 진행함에 따라 비대칭이 되고, 파봉 부분의 일부에 하얀 거품이 생기며 점차적으로 깨져 그것이 차차 파의 전면에 무너져가는 형태의 쇄파로 천해인 해안뿐만 아니라 심해역에서도 발생한다.

② **권파**(plunging breakers)

해안 부근의 수심이 얕은 곳에 파랑이 도달하면 해저 마찰 때문에 수립자의 속도가 해저보다 표면에서 크게 되어 파봉이 앞으로 덮어씌워져 파랑 전체가 앞으로 일시에 넘어지는 형태의 쇄파이다.

③ **쇄기파**(surging breakers)

권파와 같이 일시에 파랑 전체가 깨지는 것이 아니고, 파랑의 하부쪽에서 부서지기 시작하여 파의 전면 대부분이 깨어져 해안선에서 공기를 혼합시키면서 사면을 타고 올라간다.

(2) 쇄파 형식은 입사파의 **파형경사** H_0/L_0와 해저경사의 영향을 받게 된다. 일반적으로 파형경사가 큰 경우는 붕괴파가 되고, 해저경사가 큰 경우는 쇄기파가 발생한다.

(3) 쇄파 형식은 해안선 변형에 밀접한 관계가 있는 동시에 구조물에 작용하는 파력에도 관계가 있다. 경사가 완만한 해안에서는 여러 번의 쇄파가 발생하며, 가장 먼 외해 쪽에서부터 해안 가장 가까운 곳까지 쇄파가 일어나는 지역을 쇄파대라 한다.

(4) 방파제에 강력한 파력을 미치는 쇄파는 주로 권파이며, 많은 파력 공식들은 이 쇄파에 대한 식이다.

(5) 구조물이 쇄파지점 내에 있는 경우는 쇄파후의 파랑이 구조물에 작용하는 것으로 하여 설계한다. 구조물이 쇄파지점보다 외해 쪽에 있는 경우는 굴절 또는 회절에 의해서 구한 파향 및 파고에 의해서 설계한다.

4.3.5.2 규칙파의 쇄파 한계파고

해저경사가 비교적 작은 경우에 규칙파의 쇄파 한계파고는 이론식 또는 수리모형실험결과를 이용하여 산정하여야 한다.(이하의 상세한 내용은 KDS 64 10 10 : 4.3.5.2 규칙파의 쇄파 한계파고의 [참고] 내용을 참조한다.)

4.3.5.3 쇄파에 의한 파고변화

수심이 환산심해파 파고의 약 3배 이하의 영역에서는 쇄파에 의한 파고 변화를 고려하여야 한다. 쇄파에 의한 파고 변화 산정 시 파랑의 불규칙성을 고려하여야 한다.

[참고]

(1)~(5)은 의 상세한 내용은 KDS 64 10 10 : 4.3.5.3 쇄파에 의한 파고변화의 내용을 참조한다.

(6) **쇄파이론 모델**에 의한 파고 변화의 계산은 일반적으로 컴퓨터에 의한 연산을 필요로 하

나 현상의 변동성이나 종합적인 정확도를 고려한다면 다음의 식을 사용하여 파고 변화를 계산하여도 좋다.

$$H_{1/3} = \begin{cases} K_s H_o' & h/L_o \geq 0.2 \quad (5.69a) \\ \min\ \{(\beta_o H_o' + \beta_1 h),\ \beta_{\max} H_o',\ K_s H_o'\} & h/L_0 < 0.2 \quad (5.69b) \end{cases}$$

여기서 K_s = **천수계수**로 **그림 5.35**를 이용하여 결정하고, min{ }, max[ ]={ }, [ ] 안의 최소·최대치 표시하며, $\tan\theta$ =해저경사, β_0, β_1, $\beta_{\max}$는 다음과 같이 계산한다.

$$\beta_0 = 0.028\left(\frac{H_0'}{L_0}\right)^{-0.38} \exp[20(\tan\theta)^{1.5}] \tag{5.69c}$$

$$\beta_1 = 0.52\exp(4.2\tan\theta) \tag{5.69d}$$

$$\beta_{\max} = \max\left[0.92,\ 0.32\left(\frac{H_0'}{L_0}\right)^{-0.29} \exp(2.4\tan\theta)\right] \tag{5.69e}$$

또한 최대파 $H_{\max}$의 간편식은 다음과 같다.

$$H_{\max} = \begin{cases} 1.8K_s H_o' & h/L_o \geq 0.2 \quad (5.70a) \\ \min\ \{(\beta_0^* H_o' + \beta_1^* h),\ \beta_{\max}^* H_o',\ K_s H_o'\} & h/L_0 < 0.2 \quad (5.70b) \end{cases}$$

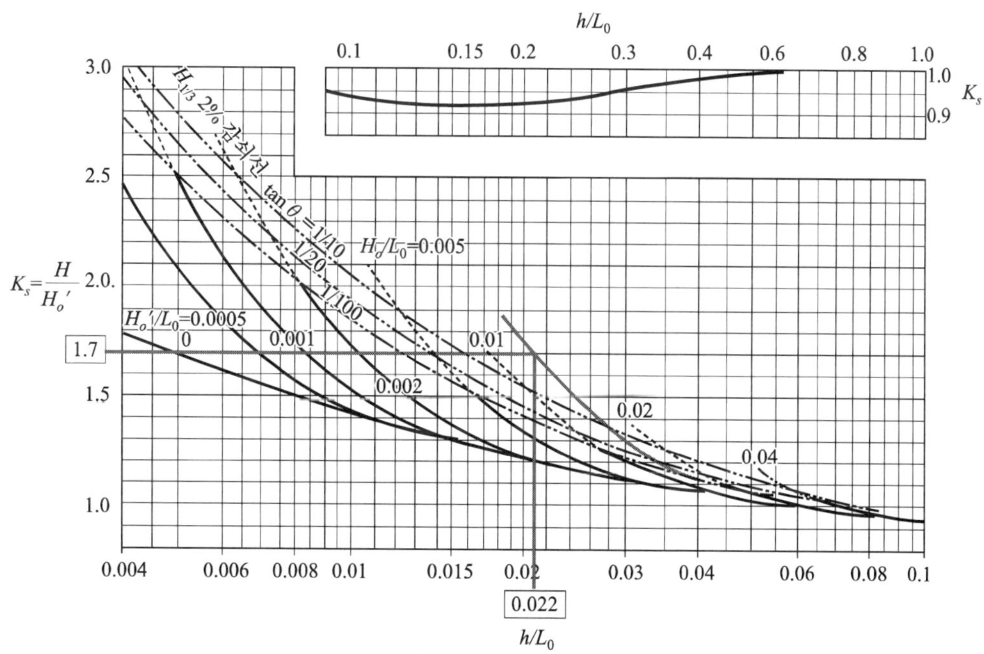

그림 5.35 천수계수의 산정도

여기서 β_0^*, β_1^*, β_{max}^*는 다음과 같이 계산한다.

$$\beta_0^* = 0.052\left(\frac{H_0'}{L_0}\right)^{-0.38} \exp[20(\tan\theta)^{1.5}] \tag{5.70c}$$

$$\beta_1^* = 0.63\exp(3.8\tan\theta) \tag{5.70d}$$

$$\beta_{max}^* = \max\left[1.65,\ 0.53\left(\frac{H_0'}{L_0}\right)^{-0.29} \exp(2.4\tan\theta)\right] \tag{5.70e}$$

예제 5.12

유의파고 $H_{1/3}$의 산정식을 이용하여 환산심해파고 또는 비굴절파고 H_0' =6m이고, 유의파의 주기 $T_{1/3}$=15s인 너울이 해저구배 1/50의 해안으로 밀려오고 있을 때 다음 사항에 답하시오.

1. 수심 h=8m에 대한 유의파고의 추정

[풀이]

1. 수심 h=8m에 대한 유의파고의 추정

(1) 유의파고를 다음과 같이 계산한다.

1) $H_{1/3} = (K_s H_0') : h/L_o \geq 0.2$ (예5.12a)

2) $H_{1/3} = \min\{(\beta_0 H_0' + \beta_1 h),\ \beta_{max} H_0',\ K_s H_0'\} : h/L_0 < 0.2$ (예5.12b)

3) 식 (예5.12b)의 계수는 다음과 같이 계산한다.

① $\beta_0 = 0.028\left(\frac{H_0'}{L_0}\right)^{-0.38} \exp[20(\tan\theta)^{1.5}]$ (예5.12c)

② $\beta_1 = 0.52\exp(4.2\tan\theta)$ (예5.12d)

③ $\beta_{max} = \max[0.92,\ 0.32\left(\frac{H_0'}{L_0}\right)^{-0.29} \exp(2.4\tan\theta)]$ (예5.12e)

4) K_s =천수계수 는 그림 5.35를 이용해 다음과 같이 결정한다.

① min{ }, max[ ]→{ }, [ ] 안의 최소·최대치 표시이고, $\tan\theta$ =해저경사이다.

② ∴ 심해파장 $L_0 = 1.56T^2 = 1.56(15)^2 = 351$m이고, 파형경사 H_0'/L_o=6/351 = 0.017이다.

5) 수심파장비(h/L_o) = 8/351 = 0.022 < 0.2 이므로 식 (예5.12b)를 이용하여 유의파고 계산한다.

① $\beta_0 = 0.028\left(\frac{H_0'}{L_0}\right)^{-0.38}\exp[20(\tan\theta)^{1.5}] = 0.282(0.017)^{-0.38} = \exp[20(1/50)^{1.5}]$

$= 0.139$

② $\beta_1 = 0.52\exp(4.2\tan\theta) = 0.52\exp(4.2\times 1/50) = 0.565$

③ $\beta_{\max} = \max\left[0.92,\ 0.32\left(\frac{H_0'}{L_0}\right)^{-0.29}\exp(2.4\tan\theta)\right]$

$= \max[0.92,\ 0.32(0.017)^{-0.29}\exp(2.4\times 1/50)] = \max[0.92,\ 1.094] = 1.094$

6) 천수계수 K_s =그림 5.35 이용 결정, 수심파장비$(h/L_o) = 8/351 = 0.022$일 때 $K_s = 1.7$을 얻는다.

(2) 식 (예5.12b)와 위에서 구한 값들을 이용해 유의파고를 계산하면 다음과 같다.

1) $H_{1/3} = \min\{(\beta_0 H_0' + \beta_1 h),\ \beta_{\max} H_0',\ K_s H_0'\}$

$= \min\{(0.139\times 6 + 0.565\times 8), 1.094\times 6,\ 1.7\times 6\}$

$= \min\{5.36, 6.56, 10.2\} = 5.36 ≒ 5.4\text{m}$

2) ∴유의파고 $H_{1/3}$=5.4m이다.

4.3.5.4 쇄파고와 쇄파수심

진행파의 쇄파고와 쇄파수심은 기존 연구성과 등을 활용하여 조건에 부합하는 적합한 방법으로 산정하며, 쇄파현상이 복잡한 경우에는 수리모형실험을 수행한다.(이하의 상세한 내용은 KDS 64 10 10 : 4.3.5.4 쇄파고와 쇄파수심의 [참고] 내용을 참조한다.)

4.3.5.5 쇄파에 의한 평균수면 상승

쇄파에 의해 쇄파대 내에서 발생하는 평균수위의 상승이 현저할 경우에는 마루높이 산정 등과 같은 구조물 설계에 고려하여야 한다.

• [참고] 원본 참조

4.3.6 처오름 높이, 월파·전달파

4.3.6.1 처오름 높이

파랑의 처오름 높이는 파랑 특성, 제체 형상, 설치 위치 및 해저지형 등을 고려하여 산정한다.

(1) 제체 형상 및 해저형상이 복잡한 경우에 수리모형실험으로 산정하여야 한다. 단, 설계조건과 기존 연구성과(산정도표 또는 산정식)가 부합하는 제한된 조건에 대해서는 기존 연구성과를 이용하여 산정할 수 있다.

(2) 월파량이 중요한 경우에는 월파량이 허용값 이하가 되도록 마루높이 및 호안형상 등을 결정하여야 한다.(이하의 상세한 내용은 KDS 64 10 10 : 4.3.6.1 처오름 높이의 [참고] 내용을 참조한다.)

4.3.6.2 월파량

(1) 항만구조물을 설계할 때 월파량이 중요한 경우에는 수리모형실험으로 산정하여야 한다. 단, 설계조건과 기존 연구성과(산정도표 또는 산정식 등)가 부합하는 제한된 조건에 대해서는 기존 연구성과를 이용하여 산정할 수 있다.

(2) 월파량 산정 시에는 파랑의 불규칙성을 고려하여야 한다.(이하의 상세한 내용은 KDS 64 10 10 : 4.3.6.2 월파량의 [해설], [참고] 내용을 참조한다.)

4.3.6.3 전달파고

방파제를 월파한 파랑 및 방파제 제체를 통과한 파랑에 의한 전달파의 파고는 수리모형실험으로 산정하여야 한다. 단, 설계조건과 기존 연구성과(산정도표 또는 산정식 등)가 부합되는 제한된 조건에 대해서는 기존 연구성과를 이용하여 산정할 수 있다.(이하의 상세한 내용은 KDS 64 10 10 : 4.3.6.3 전달파고의 [참고] 내용을 참조한다.)

4.3.7 장주기파와 부진동

(1) 항내의 장주기파 또는 부진동에 대해서는 가능한 한 현장관측을 실시하고, 그 결과를 이용하여 대응하여야 한다. 현장관측이 어려운 경우에는 수치해석 및 수리모형실험 등으로 해석할 수 있다.

(2) 항만계획 시에는 부진동의 영향이 가능한 적게 되는 항만배치를 채택하여야 한다.(이하의 상세한 내용은 KDS 64 10 10 : 4.3.7 장주기파와 부진동의 [해설], [참고] 내용을 참조한다.)

4.3.8 항내파랑

4.3.8.1 항내정온도와 항내수면교란의 요소

항내정온도 산정 시에는 항내수면을 교란시키는 항입구 침입파, 항내로의 전달파, 반사파, 장주기파, 부진동, 항내 발생파, 항주파 등과 같은 여러 요인을 고려하여야 한다.(이하의 상세한 내용은 KDS 64 10 10 : 4.3.8 항내파랑의 내용을 참조한다.)

4.3.8.2 항내정온도의 산정

항내정온도는 항내수면을 교란시키는 각 요소들에 대해서 추정된 파랑 성분을 고려하여 산정한다.

• [참고] 원본 참조

4.3.8.3 항주파

운하나 항로에서는 항행선박에 의한 항주파를 고려하여야 한다.

• [참고] 원본 참조

4.3.9 구조물에 작용하는 파력

4.3.9.1 설계일반

항만구조물에 작용하는 파력(波力)은 구조물의 형상, 해저지형, 수심 및 파랑 등의 특성을 고려하여 적합한 파력 산정시 또는 수리모형실험으로 산정히여야 하며, 파력 산징 시 파랑의 불규칙성을 고려하여야 한다.

[해설]

(1) 파랑의 특성, 구조물의 형상과 전면수심과의 상호관계에 의해 파력이 달라진다. 즉, 전면수심과 파고와의 관계에 따라서 쇄파 또는 중복파가 작용하게 된다.

(2) 수리모형실험에서 파력 산정 시 대상 구조물의 파괴성을 충분히 고려하여 적절한 측정법을 사용하고, 파랑의 불규칙성을 고려하는 것이 바람직하다. 특히, 규칙파 실험의 경우는 최대파에 대한 검토도 포함되어야 한다.

4.3.9.2 직립벽에 작용하는 파력

4.3.9.2.1 직립벽에 작용하는 파력의 설계

직립벽에 작용하는 파력은 파랑 조건 외에 조위, 수심, 해저지형, 구조물의 단면형상, 평면 형상 등에 의해 변하므로 이러한 요건을 고려하여 산정하고, 수리모형실험으로 확인하여야 한다. 특히, 급경사의 해저면상이나 높은 사석부상의 직립벽에는 매우 큰 충격쇄파력이 작용할 수 있기 때문에 충격쇄파력의 발생조건에 충분히 유의하여 파력을 산정하여야 한다.

[해설]

(1) 직립벽에 작용하는 파력의 주된 요인은 파랑의 제원과 조위, 수심, 해저 경사, 사석부 마루의 수심 및 폭, 사석부의 경사, 직립벽의 마루높이 및 전면수심 등이다. 이들 외에, 평면배치 모양에 굴곡부가 있을 때에는 무한직선제(無限直線堤)일 경우보다 큰 파력을 받을 경우가 있으므로 배치 형태의 영향을 고려하여야 한다. 또한 직립벽 전면이 소파블록으로 피복되었을 때에는 소파블록의 특성, 마루높이 및 폭이 요인이 된다.

(2) 파력은 작용하는 파랑의 형태에 의해 중복파력, 쇄파력, 쇄파후의 파랑에 의한 파력으로 분류되시만 이는 연속적인 변화과정을 보인다. 중복파력은 수심에 비해 작은 파고의 파랑에 의해 생기고 파압의 시간적 변화는 완만하다. 파고의 증대와 함께 커다란 파력이 작용하며, 일반적으로 직립벽에서 약간 외해측에서 쇄파된 파가 충돌할 때 가장 커다란 파력이 생긴다. 따라서 매우 천해역을 제외하면 직립벽의 상당히 외해에서 쇄파되는 커다란 파고의 쇄파후의 파에 의한 파력보다도 직립벽 직전에서 쇄파하는 쇄파력이 더 크다. 특히, 급경사 해저면 상의 직립벽이나 완경사에 있어서도 높은 마운드 상에 있는 직립벽에 쇄파가 작용할 때에는 매우 큰 충격쇄파력이 발생하므로 주의를 요한다.

(3) 직립제에는 전면수심과 파고의 관계에 따라서 중복파 또는 쇄파가 작용한다. 일반적인

기준으로는 전면수심 h와 파고 $H_{1/3}$ 【**그림 5.36(a)**와 같이 직립제의 경우는 직립제의 전면수심 h와 파고 H (또는 파고 $H_{1/3}$) 에 따라, 혼성제의 경우는 **그림 5.36(b)**와 같이 사석부의 근고공 또는 피복공의 마루 중에서 작은 수심인 d와 파고 H(또는 파고 $H_{1/3}$)(안수한과 강관원, 1998; 해양수산부, 2005b) 】에 따라 다음과 같이 파랑을 구별한다.

① 중복파 : $\dfrac{h}{H_{1/3}} > 2$ (5.71a)

② 쇄파 : $\dfrac{h}{H_{1/3}} < 2$ (5.71b)

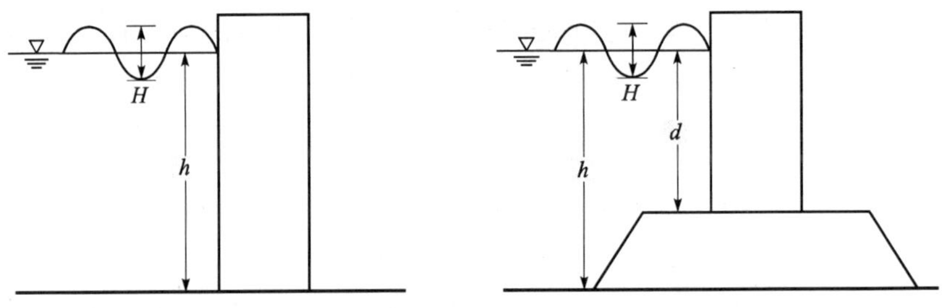

그림 5.36 방파제 종류별 중복파와 쇄파의 구분

4.3.9.2.2 직립벽에 작용하는 중복파 또는 쇄파의 파력

(1) 벽면에 파봉이 있을 때

① 직립벽에 작용하는 최대 파력 및 양압력은 Goda식(1973)을 이용하여 산정한다.

② Goda식은 급경사의 해저면상이나 높은 사석부상의 직립벽에 작용하는 충격 쇄파력을 과소평가할 수 있으므로 충격쇄파력의 발생이 예상되는 경우에는 수리모형실험으로 파력을 산정하여 구조물 설계에 적용하여야 한다.

③ 파력계산은 정수 시를 기준으로 한다.

(2) 벽면에 파곡이 있을 때

벽면에 파곡이 있을 때 부(負)의 파력은 수리모형실험 또는 기존 산정식으로 산정하여야 한다.

[해설]

(1) 벽면에 파봉이 있을 때

직립벽에 작용하는 최대파력 및 양압력은 Goda(合田)식을 표준으로 한다. Goda식은 파압 실험 결과와 현지 방파제에 적용한 성과 등을 감안한 다음, 파향에 대해 수정한 것으로 중복파에서 쇄파까지의 파력을 연속적으로 계산할 수 있다[Goda(合田), 1973].

① 직립벽의 전면파압

그림 5.37과 같이 정수면의 높이에서 최댓값 p_1, 정수면상 η^*의 높이에서 영(零), 저면에서 p_2가 되는 직선 분포로서 직립벽 저면으로부터 마루까지의 파압을 고려한다.

$$\eta^* = 0.75(1+\cos\beta)\lambda_1 H_D \quad (5.72a)$$

$$p_1 = \frac{1}{2}(1+\cos\beta)(\alpha_1\lambda_1 + \alpha_2\lambda_2\cos^2\beta)\rho_o g H_D \quad (5.72b)$$

$$p_2 = \frac{p_1}{\cosh[(2\pi h)/L]} \quad (5.72c)$$

$$p_3 = \alpha_3 p_1 \quad (5.72d)$$

$$\alpha_1 = 0.6 + \frac{1}{2}\left[\frac{(4\pi h)/L}{\sinh\{(4\pi h)/L\}}\right]^2 \quad (5.72e)$$

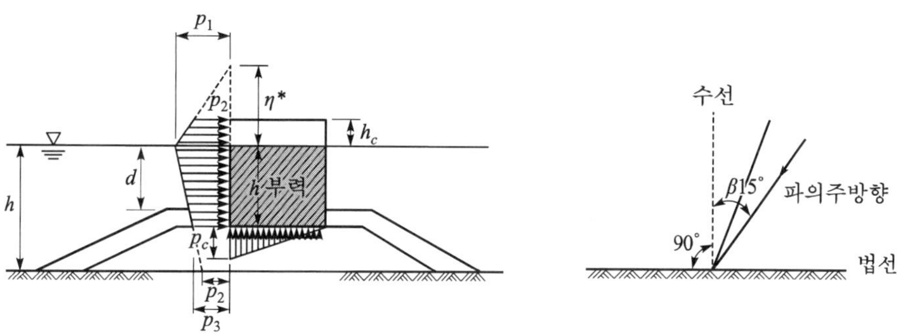

(a) 벽면 작용 파압 (b) 입사각 보정

그림 5.37 벽면작용 파압분포와 주파향 입사각의 보정

$$\alpha_2 = \min\left[\frac{h_b - d}{3h_b}\left(\frac{H_D}{d}\right)^2, \frac{2d}{H_D}\right] \quad (5.72f)$$

$$\alpha_3 = 1 - \frac{h'}{h}\left[1 - \frac{1}{\cosh(2\pi h/L)}\right] \quad (5.72g)$$

여기서 η^*=정수면상 파압강도가 0이 되는 높이(m)이고, p_1=정수면에서의 파압강도(kN/m^2)이며, p_2=해저면에서의 파압강도(kN/m^2), p_3=직립벽 저면에서의 파압강도(kN/m^2), ρ_o=해수의 밀도(t$_o$/m^3), g=중력가속도(m/s^2)이다. λ_1, λ_2=파압의 보정계수(표준 1.0)이고, d=(혼성제) 사석부의 근고공 또는 피복공의 마루 중에서 작은 수심(m)이며, h=직립벽 전면에서 1파장 전면의 수심, h_b=직립벽 전면에서 외해(심해측)로 유의파고의 5배만큼 떨어진 지점의 수심(m), h'=직립벽 저면(부압력 작용 밑면)의 수심(m)이다. 또한 H_D=설계계산에 쓰이는 파고(m)이며, L=직립벽 전면에서 1파장 전면의 수심 h에서의 설계계산에 쓰이는 파장(m), min[a, b]=a 또는 b중 작은 값, β=**그림 5.37(b)**와 같이 직립벽 법선의 주파향의 ±15° 범위에서 가장 위험한 방향선분과의 사잇각(°)이다. 식 (5.72e)의 α_1=직립벽의 경우 주지가 긴 파만큼 파압이 큰 특성을 함수형에 이론적 의미 없이 평균적으로 표시한 것이고, 식 (5.72f)의 α_2=사석마운드가 높게 됨에 따라 하압이 증대하는 경향을 간단히 표시한 것이며, 식(5.72g)의 α_3=전면파압강도가 p_1, p_2 사이에서 직선적인 변화로 가정하여 유도된 것이다.

② 양압력

그림 5.37과 같이 직립벽 저면에 작용하는 양압력 p_u(kN/m^2)는 외해측 끝부분에 다음 식과 같이 내해측 끝부분에서 영(零)인 삼각형 분포로 한다.

$$p_u = \frac{1}{2}(1+\cos\beta)\alpha_1\alpha_3\lambda_3\rho_o g H_D \tag{5.73}$$

여기서 λ_3=양압력의 보정계수이며 일반적으로 1.0이다. 이 경우 부력은 정수 중의 배수체적에 대해서만 고려한다.

③ 파력계산에 쓰이는 파고 및 파장

식 (5.72a)와 식 (5.73)에 있어 설계계산에 쓰이는 파고 H_D와 파장 L은 최고파의 파고와 파장으로 한다. 최고파의 파장은 유의파 주기에 대응하는 파장으로 하고, 파고는 다음의 최고파고 H_{max}을 사용한다.

가. 최대파고가 쇄파의 영향을 받지 않는 경우

$$H_D = H_{max} = 1.8H_{1/3} \tag{5.74}$$

여기서 $H_{1/3}$=직립벽 전면수심에서 진행파의 유의파고(m)이다.

나. 최대파고가 쇄파의 영향을 받는 경우

H_D=불규칙파의 쇄파 변형을 고려한 H_{max}[참고 그림 (4.3-24) 쇄파 참조]. 단, 이때의 최대파고는 직립벽 전면에서 $5H_{1/3}$만큼 외해측에 떨어진 지점에서의 수심 h_b에 대한 값을 쓴다.

직립벽에 작용하는 Goda 식의 파압분포에 의한 **파력**과 이에 의한 점 0 주위의 **모멘트**는 **그림 5.38**의 단면력도를 이용하여 다음 식과 같이 구한다.

$$P_1 = \frac{1}{2}(p_3+p_1)h' \tag{5.75a}$$

$$P_2 = \frac{1}{2}(p_1+p_2)h_c \tag{5.75b}$$

$$P_H = P_1 + P_2 \tag{5.75c}$$

$$h_1 = \frac{h'(2p_1 + p_3)}{3(p_3 + p_1)} \tag{5.75d}$$

$$h_2 = \frac{h_c(2p_2 + p_1)}{3(p_1 + p_2)} + h' \tag{5.75e}$$

$$P_H h_0 = P_1 h_1 + P_2 h_2 \tag{5.75f}$$

$$h_0 = (P_1 h_1 + P_2 h_2) / P_H \tag{5.75g}$$

$$M_{P_H} = P_1 h_1 + P_2 h_2 = (1/6)(2p_1 + p_3)h'^2 + (1/2)(p_1 + p_2)h' h_c + (1/6)(2p_2 + p_1)h_c^2 \tag{5.75h}$$

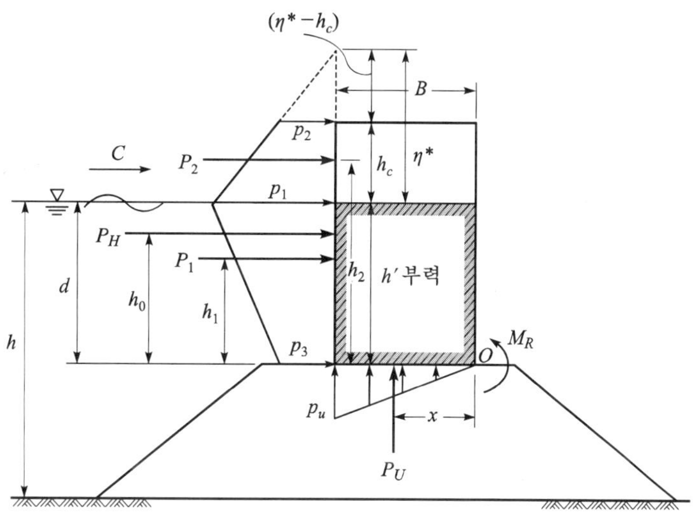

그림 5.38 파력과 모멘트 계산

여기서 P_H = 정지수면의 아래 제형분포하는 **전수압** P_1과 그 위에 제형분포하는 전수압 P_2의 합력이고, h_0 = 전수압 P_H의 작용점 위치이며, M_{P_H} = 직립제 하단 기준점 O의 전수압에 대한 모멘트, 나머지는 앞에서 설명한 것과 같다.

또한 양압력의 합력과 이에 의한 제체 후단 주위의 모멘트 계산은 다음 식과 같다.

$$P_U = (1/2)p_u B \tag{5.76a}$$

$$x = (2/3)B \tag{5.76b}$$

$$M_{P_U} = P_U x = (1/3)p_u B^2 \tag{5.76c}$$

여기서 B = 직립부(저면)의 폭이고, p_u = 양압력의 강도이며, P_U = 양압력의 합력, x = 양압력의 작용점, M_{P_U} = 양압역에 의한 모멘트이다.

[참고]

(1) 벽면에 파봉이 있을 때

(이하의 상세한 내용은 KDS 64 10 10 : 4.3.9.2.2 직립벽에 작용하는 중복파 또는 쇄파의 파력의 [참고] ①~⑪ 내용을 참조한다.)

⑫ 기타의 산정식

Goda(1992) 파력 산정식은 중복파에서 쇄파까지의 파력을 그 적용한계에 의해 구별하지 않는 장점이 있으나 수심에 대한 파고비가 작고 명확하게 중복파의 파력이 작용한다고 생각되는 경우에는 정도 높은 중복파 이론식(Hiroi, 1919; Sainflou, 1928)을 적용하여도 좋다. 단, 그 때 현지 파랑의 불규칙성을 충분히 고려할 필요가 있으며 최대파에 대한 검토도 필요하다.

방파제에 작용하는 파압은 파고에 대한 수심의 비(h/H)의 크기에 따라 **중복파**와 **쇄파**로 구분해 다음과 같이 단위길이당의 크기로 계산한다.

가. 중복파

직립제에서 $h/H>2$인 경우 입사파는 완전 반사하여 **중복파**가 되며, 이때의 파력은 **그림 5.39**와 같이 **Sainflou**(1928) 공식을 이용하여 구하는데, 이는 파를 유한 진폭파로 가정하여 **트로코이드파**(**trochoidal wave**) 이론에 근거한 것으로 다음 식과 같이 구한다(Goda, 1992).

$$p_{i,o} = \rho g h \pm \frac{\rho g H}{\cosh[(2\pi h)/L]} \tag{5.77a}$$

$$P_{i,o} = (1/2) p_{i,o} h_{i,o} \tag{5.77b}$$

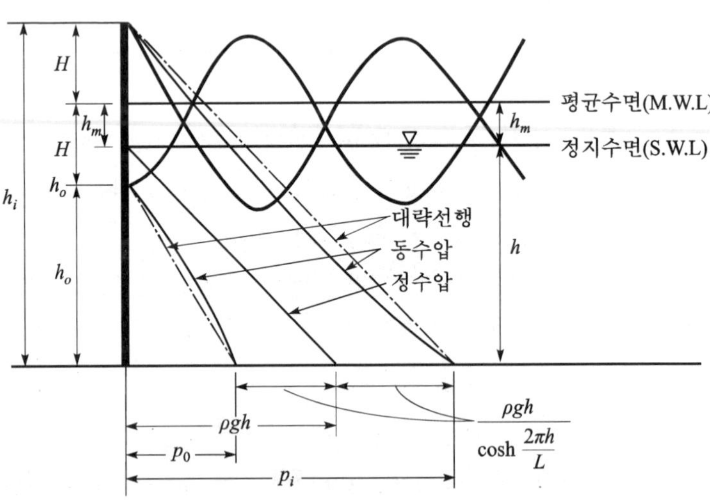

그림 5.39 중복파의 파압계산

여기서 $h_i(=h+H+h_m)$, $h_o[=h-(H-h_m)]$ = 입사파와 반사파의 수심으로 이점의 수면은 압력이 零이고, p_i, p_o = 바닥에서의 입사파와 반사파의 압력이며, 이는 **그림 5.39**와 같이 직선적으로 변화한다.

또한 $h_m-(\pi H^2/L)\coth(2\pi h/L)$는 정지수면으로부터 물입자의 운동중심까지의 높이이고, P_i와 P_o는 각각 입사파와 반사파일 때의 전수압이며, 바닥으로부터 전수압의 작용점은 $h_{ci,o}=1/3h_{i,o}$이다.

나. 쇄파

경사제나 혼성제에서 $d/H<2$인 경우에는 **쇄파**가 되며, 이 경우의 파력은 **그림 5.40**의 **Minikin**(1950) 공식이나 **그림 5.41**의 **Hiroi**(1919) 공식을 이용하여 구할 수 있는데, **Minikin** 공식은 다음과 같다(Goda, 1992).

$$p_m=102.4\rho gd\left(1+\frac{d}{h}\right)\frac{H}{L} \tag{5.78a}$$

$$P_{H_{mi}}=P_1+P_2+P_3 \tag{5.78b}$$

여기서 p_m = 정지수면에 작용하는 최대충격압으로 $\pm H/2$까지 분포하는 파압의 최대치이고, p_z = 정지수면으로부터 $\pm z$점에서의 파압분포로, 이를 0에서$\pm H/2$까지 적분하면 $P_1=1/3p_mH$의 충격력이 된다. d = 직립제(부) 전면기초 사석부 마운드의 수심이며, h = 방파제 전면(직립제에서 1파장 전면)의 수심이다.

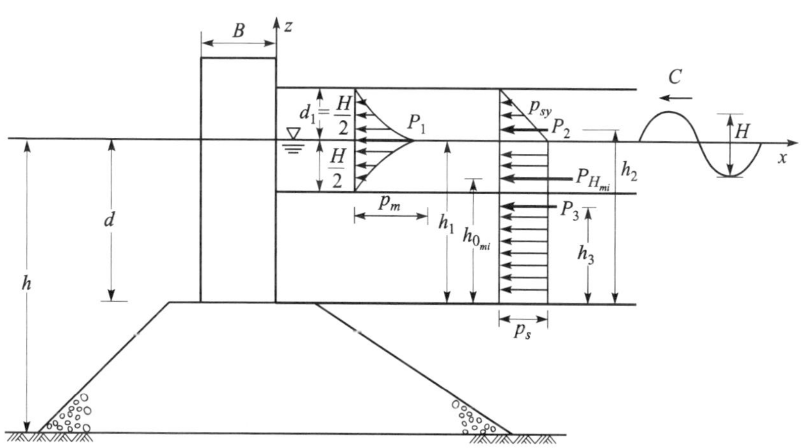

그림 5.40 쇄파의 파압계산

정지수면위의 압력분포는 $p_{sz}=\rho g[(H/2)-z]$인데, 이는 정지수면에서는 $p_s'=\rho g(H/2)$로 최대이다. $P_2=1/2\rho g(H/2)^2=1/2\rho g(H/2)^2$은 정지수면 $H/2$위의 전

수압이며, $P_3=\rho g(H/2)d$는 정지수면으로부터 마운드 수심인 d에서의 전수압이다. $h_1=d$는 P_1의 기초사석부 마운드로부터의 작용점이고, $h_2=[(1/3)(H/2)+d]$는 P_2의 작용점이며, $h_3=d/2$는 $h_3=d/2$는 P_3의 작용점이므로 전수압 $P_{H_{mi}}$의 작용점은 $h_{0mi}=1/P_{H_{mi}}(P_1h_1+P_2h_2+P_3h_3)$이다.

또한 **그림 5.41**의 **Hiroi** 공식에 의한 쇄파에서의 파력계산은 다음 식을 이용한다.

$$p=1.5\gamma H \tag{5.79a}$$

$$P_{H_{hi}}=ph_o \tag{5.79b}$$

여기서 $h_o=d_o+d$ 이고, $d_o=1.25H$이며, $p=$정지수면에 d_o만큼을 합한 수심으로부터 바닥까지 일정하게 분포하는 압력분포이다. $P_{H_{hi}}=$전수압이고, $h_{C_{hi}}=h_o/2$는 작용점이다.

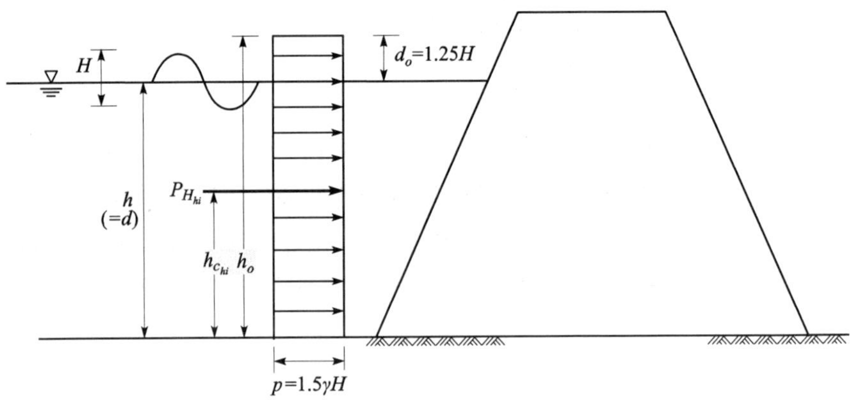

그림 5.41 쇄파의 파압계산

(2) 벽면에 파곡이 있을 때

[이하의 상세한 내용은 KDS 64 10 10 : 4.3.9.2.2 직립벽에 작용하는 중복파 또는 쇄파의 파력의 [참고] (2) 내용을 참조한다.]

4.3.9.2.3 충격쇄파력

(1) 충격쇄파력에 대한 일반적인 산정법을 제시하기가 어려우므로 충격쇄파력의 발생이 예상될 경우에는 수리모형실험을 수행하여 검토하여야 한다.

(2) 단면형상, 구조형식 등은 가능한 한 충격쇄파력이 발생하지 않도록 설계하고 급경사 해저면상 등과 같이 충격쇄파력의 발생을 피할 수 없는 경우에는 소파공을 설치하여 파력을 완화시킨다.(이하의 상세한 내용은 KDS 64 10 10 : 4.3.9.2.3 충격쇄파력의 [해설], [참고] 내용을 참조한다.)

4.3.9.2.4 소파블록으로 피복된 직립벽에 작용하는 파력

(1) 소파블록으로 피복된 직립벽에 작용하는 파력은 소파공의 마루높이, 폭, 소파블록의 특성 등에 의해 변하므로 수리모형실험 또는 적합한 산정법으로 산정하여야 한다.

(2) 소파공의 마루높이가 설계해면보다 낮거나 인근에 있을 경우에는 파력이 크게 작용할 때가 많으므로 주의하여야 한다.(이하의 상세한 내용은 KDS 64 10 10 : 4.3.9.2.4 소파블록으로 피복된 직립벽에 작용하는 파력의 [해설], [참고] 내용을 참조한다.)

4.3.9.2.5 구조물 반사파랑에 의한 파력

(1) 기준선에 굴곡이 있는 경우에는 입사파의 상호 간섭에 의한 파력의 증대를 고려하여 파력을 산정하여야 한다. 이러한 경우에 설계파고로는 진행파 파고에 기준선 형태의 영향에 의한 적합한 증대율을 곱한 파고를 사용하고, Goda(1973)의 파력산정식을 표준으로 하여 파력을 산정한다.

(2) 파고의 변동은 특히 파향에 대해서 凹 모양의 오목을 형성하는 배치일 경우에 현저하므로 파력 산정 시 이를 고려한다.(이하의 상세한 내용은 KDS 64 10 10 : 4.3.9.2.5 구조물 반사파랑에 의한 파력의 [해설], [참고] 내용을 참조한다.)

그 외의 수심 급변부에서의 직립벽에 작용하는 파력, 쇄파선에서 육지쪽으로 상당한 거리에 있는 직립벽에 작용하는 파력, 상부사면(上部斜面) 케이슨제에 작용하는 파력, 직립 소파케이슨에 작용하는 파력, 경사제 또는 경사구조물의 제체에 작용하는 총파력은 KDS 64 10 10의 4.3.9.2.6~4.3.9.2.10을 참조한다.

참고적으로 **부체운동**은 바람이나 파도에 의한 힘과 부체 자신의 복원력 및 계류라인이나 방충재의 반력을 작용으로 하는 운동 방정식을 풀어 구할 수 있다. 강체운동으로 가정될 때의 부체운동은 **그림 5.42**와 같이 **서징**(surging), **스웨잉**(swaying), **히빙**(heaving)과 **롤링**(rolling), **피칭**(pitching), **요잉**(yawing)의 6성분으로 구성되고, 롤링, 피칭, 요잉은 각각 x, y, z축으로의 회전 운동이고, 서징, 스웨잉, 히빙은 해당 축 직진(수평)운동이다. 이 중 서징, 스웨잉, 요잉의 수평면 내의 운동은 주기 수분(數分) 이상의 장주기변동을 나타내는 일이 있다. 장주기의 동요는 계류라인의 피박(避泊) 면적이나 계류장치의 조사에 크게 영향을 미치므로 바람이나 파랑의 장주기 변동성분 및 파랑 표류력만을 작용으로 하여 장주기의 동요만을 별도로 고려해도 좋다. 부체가 길고 커지면 동요에 수반하여 탄성변형이 발생하므로 필요에 따라 검토한다.

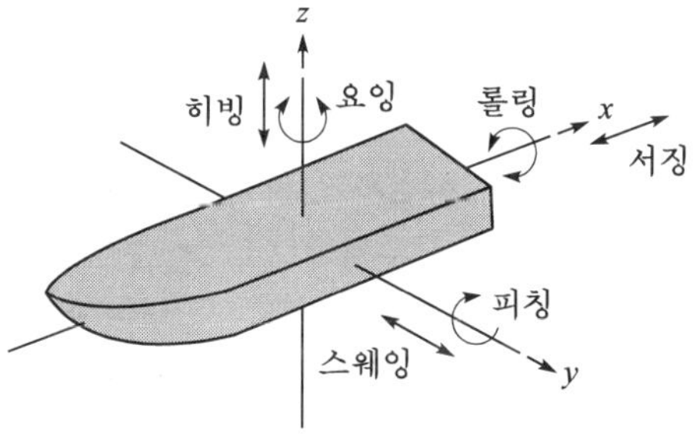

그림 5.42 부체의 운동성분

연 습 문 제

5.1 측면 유출입이 없는 균일수로에 대한 점변류 지배 방정식의 단순화 가정을 들고 그 식의 유도과정을 설명하시오.

5.2 수로의 경사와 흐름영역별 위치에 따른 점변류의 수면곡선 분포형에 대해 그림을 그리고 이에 대해 설명하시오.

5.3 점변류의 수면곡선 계산방법 중의 하나인 직접 축차법을 정의하고, 수로구간의 마찰경사를 대표하는 평균마찰경사에 대해 설명하시오.

5.4 수로경사가 0.002인 사다리꼴 단면수로에 $33m^3/s$의 유량을 송수하기 위해 저면 폭 12m, 측면경사 $z=2$인 수로를 설계하려고 한다. 통제구조물은 하류 끝부분에서 5m의 수심을 갖도록 바닥을 높게 만들었다. 수로면의 Manning 조도계수는 0.012이고, 에너지 보정계수는 1일 때 직접 축차법에 의해 수면분포곡선을 구하시오.

5.5 점변류의 수면곡선 계산방법 중의 하나인 표준 축차법을 정의하고, 미지의 수심 h_2에 대한 비선형 대수 방정식을 설명하시오.

5.6 수로경사가 0.002인 사다리꼴 단면수로에 $33m^3/s$의 유량을 송수하기 위해 저면 폭 12m, 측면경사 $z=2$인 수로를 설계하려고 한다. 통제구조물은 하류 끝부분에서 5m의 수심을 갖도록 바닥을 높게 만들었다. 수로면의 Manning 조도계수는 0.013이고, 에너지 보정계수는 1이며, 하류 끝의 수로바닥 표고가 0.0일 때 지배단면의 상류 1,000m, 2,000m, 3,000m 지점의 수면표고를 표준 축차법에 의해 구하시오.

5.7 단일 축차법에 대한 정의와 그 방법을 설명하고, Euler 법과 개선 Euler 법을 비교 설명하시오.

5.8 부정류의 1차원 지배 방정식인 Saint-Venant 방정식 유도에 사용된 가정조건과 이들 방정식의 보존형 및 비보존형을 쓰고 이에 대해 설명하시오.

5.9 Reynolds 이송이론에 사용되는 시스템 개념과 통제체적개념을 설명하시오.

5.10 수치해석에 사용되는 유한차분법의 정의와 전진·후진·중앙차분법 및 부정 부등류의 경계조건으로 지배단면의 수심을 사용하는데 그 예를 그림을 그려 설명하시오.

5.11 폭=8m인 사각형 단면 수로 내에 1.5m의 등류수심으로 정상등류가 흐르고 있다. 이 수로의 바닥경사=0.0013이며, Manning의 조도계수 n=0.020이다. 또한 이 수로의 3.5km 구간에 홍수가 20분 동안 선형적으로 증가 유입하여 상류 끝에 50m^3/s의 최대 유량에 도달한 후 40분 동안 일정률로 감소하여 원래의 등류수심 1.5m로 환원되었다고 할 때 유한차분 양해법(explicit finite difference method, 단면 수 20개)으로 다음 사항을 추적하시오.

1. 수로길이 3.5km에서의 상류·중류·하류 단면의 수리특성과 이들 간의 비교
2. 수로길이=1.75, 3.5, 7.0km일 때의 상류 · 중류 · 하류 단면의 수리특성과 이들 비교를 통한 수치해 정확성 검토

5.12 DuBoys(1879) 공식은 소류사에 관한 최초의 연구로 유사가 하상을 따라 얇은 층으로 이동하는 그림 5.4의 개념에 기초한다. 유사 입자는 하상에 작용하는 전단응력 τ_0는 초기운동 개념에 대한 한계전단응력 τ_c를 초과하면 이동될 때의 단위폭과 시간당의 소류사량을 구하는 식을 유도하시오(이종석, 2018a).

5.13 하천폭 200m이고, 수심 5m인 사각형 단면수로가 1m/4km의 경사를 가지고 흐른다. 하상은 직경 0.2mm인 가는 모래와 하상조도(bed roughness) $k_s' = 0.4$mm로 구성되었으며, 하천의 수직 중심선에서 연직유속분포는 $u = 2.5u_* \ln(30z/k_s')$로 구한다. 또한 유사 입자의 항력계수(drag coefficient) $C_D = 24/R_e$, 유사밀도 $\rho_s = 2{,}650$kg/m^3, 물의 점성계수 $\mu = 1.14 \times 10^{-3}$kg/ms, 기준점 농도 $C_a = 0.003$kg/m^{3}일 때 총부유사량(total suspended sediment discharge)을 구하시오.

5.14 어떤 지역의 유역 유사 생산량을 산정하기 위해 USLE 산정식에 필요한 사전조사를 실시한 결과는 유역의 토사가 유기물질을 0.5% 함유한 매우 가는 모래로 조사되었다. 또한 유역 평면도 상에 작성된 침식성 계수도로부터 얻은 강우 침식성 계수 $R = 60$이고, 문답실행계수 $D = 1.5$이며, 농작물 관리계수 $C = 0.006$, 현장경사계수 $S = 5\%$, 현장길이계수 $L = 100$m이었다. 이들 자료를 사용하여 USLE 산정식에 의해 유사 생산량을 구하시오.

5.15 점오염원과 비점오염원의 배출원 등의 특징을 들어 비교하시오.

5.16 표 문5.16은 면적이 400km^{2}인 어떤 유역에서 유도된 4시간 대표 단위도이다. 이들 자료를 이용하여 S-곡선법에 의해 3시간, 5시간 단위도로 각각 유도(변환)하고, 평형유량을 구하시오.

표 문5.16 4시간 단위도와 단위도 시간변화

시간(h)	4h 단위도 종거(m^3/s)	시간(h)	4h 단위도 종거(m^3/s)	시간(h)	4h 단위도 종거(m^3/s)
0	0	7	79	14	60
1	8	8	68	15	20
2	39	9	58	16	15
3	66	10	49	17	10
4	91	11	41	18	7
5	108	12	34	19	4
6	93	13	28	20	0

5.17 그림 문5.17(Roberson et al., 1998)과 같이 수위조절 수문이 없는 댐(저수지)의 ①~⑥의 수면표고별 명창을 정의하고 그 용도 또는 역할을 간단히 설명하시오.

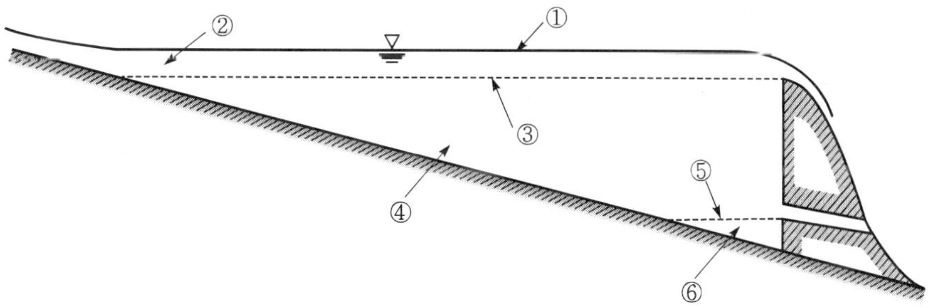

그림 문5.17 수위조절 수문이 없는 댐(저수지)의 수면표고별 정의

5.18 그림 문5.18(Roberson et al., 1998)과 같이 수위조절 수문이 설치되어 있는 댐(저수지)에서 ①~⑬까지의 수면표고별 명칭과 각부의 명칭을 쓰고 그 용도 또는 역할을 간단히 설명하시오.

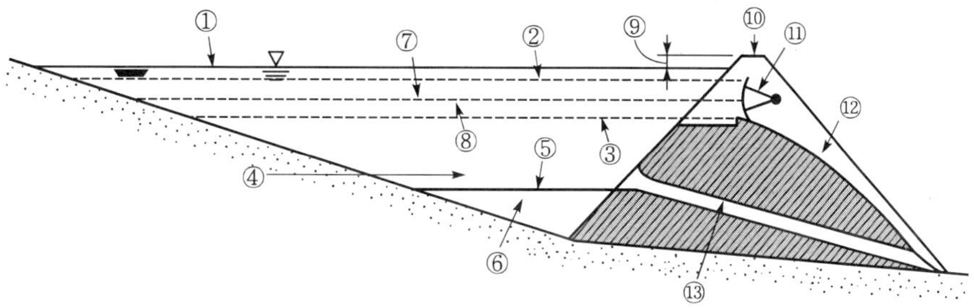

그림 문5.18 수위조절 수문이 설치되어 있는 댐(저수지)의 수면표고와 각부 정의

5.19 폭 2.5m인 사각형 단면수로에 수심 2m로 물 5.0m^3/s가 흐르고 있다. 이때 수로의 상류부(upstream end)에서 유량이 갑자기 10m^3/s로 증가되어 이 수로에 단파(段波, surge wave)가 발생되었을 때 단파의 수심(height) h_2를 구하고 그때의 단파 속도(surge wave velocity) V_W를 구하시오. 단파(段波)의 속도(velocity of surge wave) V_W는 다음 식을 이용한다.

$$V_W = \frac{V_2 h_2 - V_1 h_1}{h_2 - h_1} \qquad \text{(문5.19)}$$

5.20 그림 문5.20과 같은 연직수문(sluice gate)의 하류 짧은 구간에 수로 폭 5m에 도수가 발생되었다. 수문을 기준으로 바로 상류부와 하류부의 수심은 각각 10m, 2m이고, 유출량은 150m^3/s일 때 다음 사항에 답하시오.

1. 도수 후의 수심(flow depth)
2. 수문에 작용된 힘(thrust)
3. 도수로 인한 수두손실(head loss)
4. 비에너지 곡선(specific energy curve)과 비력곡선(specific force curve)의 작성

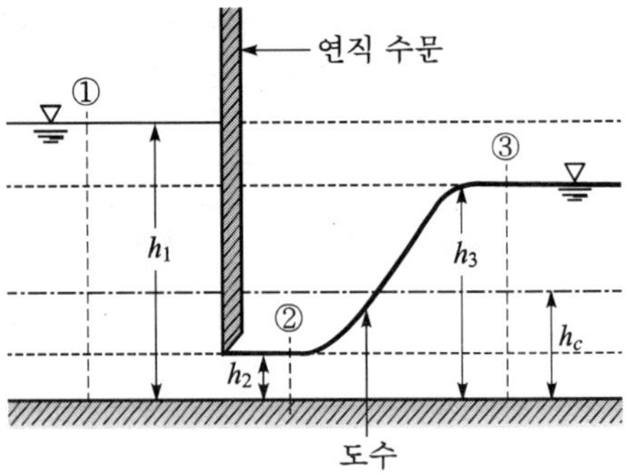

그림 문5.20 연직수문 개방과 도수 발생

5.21 800m^3/s의 유량이 흐르는 폭 30m인 사각형 단면 여수로(spillway) 상류의 저수지 수면고는 200m이다. 이 여수로의 흐름에서 하류부 하천의 수면 표고는 100m이다. 여수로 내 에너지 손실은 없는 것으로 가정할 때 도수가 감세지 내에 발생되어 여수로와 같은 수로 폭을 갖는 감세지의 최저부 표고(invert level)를 구하시오.

5.22 폭 5m인 사각형 단면수로에 물이 12m^3/s로 수심 2.5m를 유지하며 흐르고 있다. 이 수로 바닥에는 높이 0.25m의 단(段, step)이 흐름방향으로 설치되어 있다. 이 단은 흐름 변이에서 수두손실이 없다고 가정할 때 바닥 단(bottom step)의 하류수심을 결정하시오. 또한 이 단에서 수면이 상승 또는 하강되는지에 대해 설명하시오.

CHAPTER

6

사례·기준

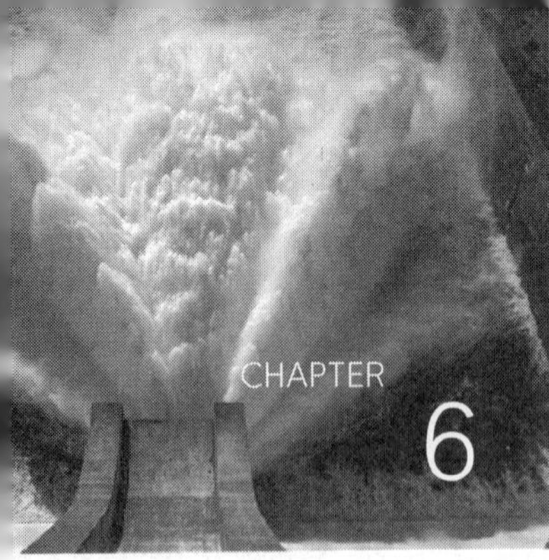

CHAPTER 6

사례·기준

Design of Hydraulic Engineering

본 장에서는 대규모 수공구조물의 설계에 대한 기본개념의 이해와 이와 관련된 전공 분야의 기술적·공학적·실무적 응용력을 향상시키기 위해 설계 사례를 소개하고자 한다. 그 사례로는 금강살리기 행복지구 생태하천조성사업(제1공구) 실시설계 보고서(국토해양부, 2012b)를 중심으로 세종보 설계의 일부를 이 책의 기술 요령에 맞춰 서술하고자 한다.

또한 수공분야 각종 시설의 설계를 위한 설계기준의 이해와 개념 정립을 위해 하천설계기준(KDS 51 00 00; 2018)의 하천보(KDS 51 40 05; 2018)(환경부, 2024e)와 항만 및 어항설계기준(KDS 64 00 00; 2020)의 방파제(KDS 64 45 20; 2017)(해양수산부, 2024)를 다루고, 관련법령으로 수자원법[[시행 2024. 5. 17., 법률 제19590호(2023. 8. 8., 타법개정)](법제처, 2024g)과 물관리기본법[시행 2021. 7. 6., 법률 제17841호(2021. 1. 5., 일부개정)](법제처, 2024a)을 소개한다.

6.1 설계 사례

6.1.1 조사·설계

본 소절에서는 설계를 할 때 먼저 이루어져야 하는 조사와 계획에 대해 간단히 기술한다. 이는 사업일반과 현황조사 등에 대해 기술하고 설계 개요와 수문·수리분석에 대해 간략하게 주요 내용을 기술한다.

(1) 사업 일반

① 사업 목적

항구적인 재해예방과 주변경관을 개선함은 물론 수변환경·주변지역 관광자원과 연계한 광역 관광네트워크(역사, 문화, 관광, 레저 등)를 조성하여 지역개발 활성화를 도모하고 신재생에너지 생산으로 저탄소 녹색성장에 기여하는데 목적이 있으며, 그 위치는 **그림 6.1**과 같다.

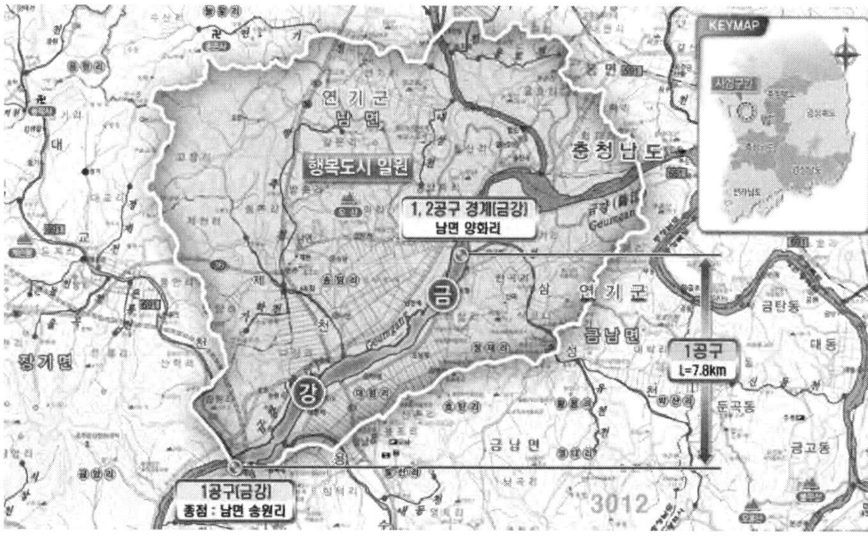

그림 6.1 위치도

1) 사업명 : 금강살리기 행복지구 생태하천조성사업(제1공구)

2) 공사기간 : 착공일에서 930일

3) 위치 : (시점) 충청남도 연기군 남면 양화리~(종점) 충청남도 연기군 남면 송원리

② 기본방향·기대효과

1) 기본방향

가. 안전한 하천 : 저수로정비, 완경사제방 조성 등 풍수해에 안전한 하천 정비, 안전한 시설이용을 고려한 고수부지 조성

나. 살아 숨 쉬는 하천 : 하천 생태계의 보전·회복, 생태환경의 연결성 확보, 하천공간 개선으로 친환경·주변경관 개선

다. 문화가 흐르는 하천 : 자연자원과 연계한 친수·레저공간 조성, 지역발전에 활력이 넘치는 문화·예술공간 조성

라. 신재생에너지 생산 : 태양광·소수력 발전 등의 청정에너지 생산으로 저탄소 녹색성장에 부응

2) 기대효과

가. 치수안전도 향상

나. 생태계 보전·회복

다. 친수환경 조성·지역경제 활성화

라. 저탄소 녹색성장에 부응하는 청정에너지 사용

3) 주요 시설

가. 하도 정비 : 저수로 정비($3.35 \times 10^6 m^3$)

나. 축제·기성제 보강 : 제방축조(2.24km), 제방 보축(5.8km), 완경사 제방(6.37km)

다. 수중보·어도 : 수중보 1개소, 어도 1개소(자연수로형)

라. 소수력발전소 : 1개소(시설용량 990kW)

마. 친수공간 조성 : 생태·문화·예술공간 등 1식, 저수추이대(15.6km), 자전거 도로, 산책로, 관리사무소, 보행교 3개소

(2) 현황조사

① 기상

금회 과업구간을 포함한 행정중심복합도시 지역을 대표할 수 있는 유역 내 또는 인근에 위치하고 있는 우량관측소는 **표 6.1**과 같이 대전·청주기상대 등 기상청 관할 2개소와 정안, 공주, 반포, 조치원, 부강, 현도관측소 등 건설교통부 관할 6개소가 있으며, 이들의 위치는 **그림 6.2**와 같다.

수위관측소는 **표 6.2**와 같이 금남관측소가 있고 과업구간 하류로 마어구, 공주관측소·미호천 하구에 합강관측소가 **그림 6.2**와 같이 위치해 있다.

표 6.1 해당 유역 내 우량관측소 현황

관할 관청	관측 소명	위치				관측 개시일	관측 종별
		행정구역	북위	동경	해발 (EL.m)		
기상청	대전	대전광역시 유성구 대학로387	36°22′	127°22′	68.3	1969	T/M
	청주	충청북도 청주시 흥덕구 복대1동265-14	36°38′	127°26′	57.4	1967	T/M
국토해양부	정안	충청남도 공주시 정안읍 광정면 정면사무소	36°36′	127°07′	80.0	1960	T/M
	공주	충청남도 공주시 신관읍 금강교입구	36°28′	127°07′	10.0	1960	T/M
	반포	충청남도 공주시 반포읍 봉곡면 반포중교	36°24′	127°14′	80.0	1960	T/M
	조치원	충청남도 연기군 조치원읍 신흥면 연기군청	36°35′	127°17′	30.0	1993	T/M
	부강	충청북도 청원군 부용읍 부강면 부강면사무소	36°31′	127°22′	40.0	1960	T/M
	현도	충청북도 청원군 현도읍 노산면 노산초교	36°27′	127°26′	30.0	1993	T/M

표 6.2 해당 유역 내 수위관측소 현황

관측소명	하천	위치			관측개시일	영점표고(EL.m)	관측종별	관할관청
		행정구역	북위	동경				
합강	미호천	충청남도 연기군 동면 합강리	36°31′	127°19′	1962.7.	15.499	자기	국토해양부
금남	금강	충청남도 연기군 남면 대평리	36°38′	127°16′	1962.7.	15.499	자기	국토해양부
마어구	금강	충청남도 공주시 반포면 마암리	36°25′	127°12′	1962.7.	10.283	자기	국토해양부
공주	금강	충청남도 공주시 금성면 금강교	36°27′	127°07′	1915.4.	9.162	T/M	국토해양부

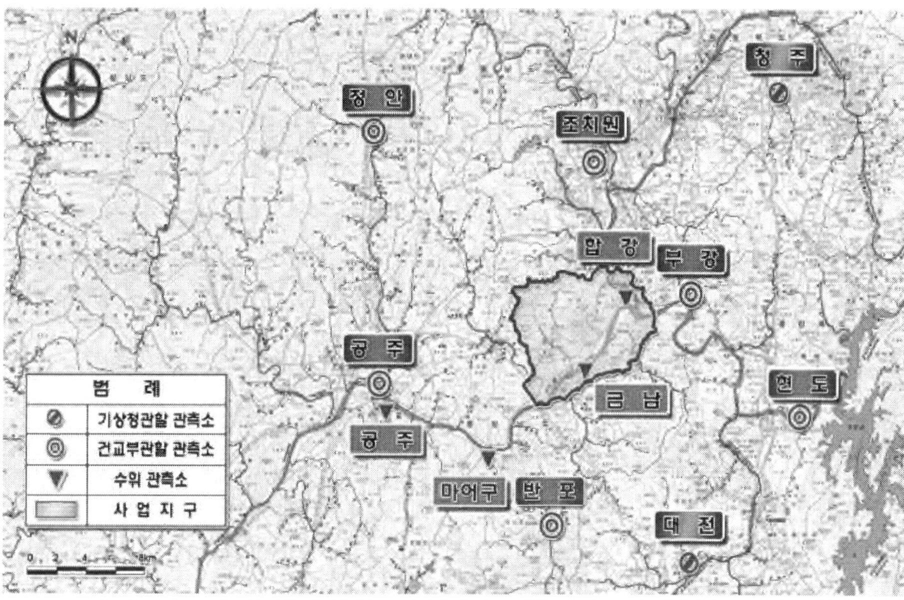

그림 6.2 수문관측소 위치도

본 과업지역은 한반도의 대표적인 온대지역으로 북단의 한대기후와 남단의 난대기후의 중간적 기후특성을 보이고 있으며, 바다와 떨어진 내륙에 위치한 관계로 한서의 차가 비교적 심한 대륙성 기후를 보이고 있다. 기후특성 분석은 과업지역 내 기상관측소가 없으므로 유역 인근에 위치한 대전, 청주기상대의 최근 33개년(1976~2008년)의 자료를 이용하여 표 6.3과 같이 분석하였다.

표 6.3 기후요소별 분석 내용

기상특성	분석내용
기온	대전기상대의 연평균기온은 12.6°C이고, 평균최고기온은 18.2°C, 평균최저기온은 7.8°C이며, 청주기상대의 연평균기온은 12.3°C, 평균최고기온은 18.1°C, 평균최저 기온은 7.3°C로 대전기상대와 비슷한 양상을 나타내고 있다.
강수량	최근 33개년간의 연평균강우량은 대전 1,368.2mm, 청주 1,245.3mm로 대전기상대의 강수량이 122.9mm가 많았으며, 강수의 계절별 분포는 우기인 6~9월의 강우가 대전 948.1mm, 청주 863.1mm로 연평균강우량이 집중되는 현상이 나타났다.
상대습도	연평균 상대습도는 대전 69.4%, 청주 68.7%이며 월 평균최대습도는 우기중인 7월에 대전 79.3%, 청주 76.9%로 나타났다.
평균풍속	최근 33개년간의 평균풍속은 대전 1.7m/s, 청주 1.8m/s로 나타났다.
일조시간	연간 일조시간은 대전 2,185.7h, 청주 2,227.2h이며 월평균 일조시간은 대전 182.1h, 청주 185.6h로 나타났다.

② 유역 특성

금강유역은 지리적으로 우리나라의 중남부 서쪽에 위치하고 있으며, 유역 내 지형적 여건을 살펴보면 백두대간과 한남금북·금북 정맥, 금남호남·금남정맥으로 이어지는 산악지형이 유역의 경계를 형성하고 있고, 중·하류 쪽에는 청원평야와 논산평야가 형성되어 있다. 유역의 북부와 북동부는 경상북도와 전라북도가 접하여 있으며, 동부와 남부는 고지대가 많고 서부와 북부는 저평한 지역이 많다. 금강유역의 충적평야지는 사이나이안(sinian) 작용(환경연구원, 1996; 위키백과, 2024) 【"…한반도 남부에서는 백악기 초부터 신생대 제3기초까지 화성암이 대개 북동~남서(중국)방향(Sinian direction)과 북북동~남남서 방향(Korean direction)의 큰 구조선을 따라서(시간적으로 단속적으로, 공간적으로 남한 도처에서) 화산활동 수반한 심성암 활동이 광범위하게 있었다.…" (백악기(Cretaceous period)=중생대 마지막 지질시대로 쥐라기가 끝나는 1억4550만 년±4백만 년 전부터 신생대 팔레오세가 시작하는 6천600만 년±3십만 년 전 사이의 시기이다)】에 의해서 중하류부의 청주부근과 하류부의 논산·강경지역에 발달되어 있으며, 중산간분지는 미호천지류와 대전, 금산, 옥천, 부여부근에 산재되어 있고 하류부에는 넓은 구릉지대가 발달되어 있다.

금강은 하구둑이 건설되기 이전까지는 하구가 넓고 깊어 강변의 항구가 발달하였고, 하구 주변은 간만의 차가 6m 이상에 달하여 밀물 때는 물길이 하구에서 약 60km 상류에 있는 규암까지 이르렀다. 이러한 자연적 조건으로 인하여 금강의 내륙 수운이 매우 발달하여 근대 교통이 발달하기 전에는 강경까지 큰 배가 자유로이 운항하였고, 소형배인 경우에는 하구에서 130km 떨어진 충청남도 연기까지 다닐 수 있었다. 금강은 우리나라 최대의 곡창인 호남평야와 논산평야의 쌀을 각 지방으로 수송하는 주요수송로의 구실을 하며 수운의 가치로는 우리나라 여러 하천 중 으뜸이었다.

그러나 금강하구둑 건설, 호남선 개통, 자동차교통의 발달로 그 기능은 현재 거의 상실되었다. 유역 상류부에는 용담댐, 중류부에는 대청댐, 하구부에는 하구둑 등의 주요 시설물이 설치되어 유역 내 치수·이수, 하천환경개선의 주요 기능을 담당하고 있으며, 대전광역시를 포함한 주요 행정도시들이 위치하고 있어 고속도로, 철도, 국도, 지방도 등의 다양한 교통망을 갖추고 있다. 또한 공주, 부여를 중심으로 다양한 백제문화가 분포되어 있어 유역 내 자원경관과 어우러진 관광자원이 풍부하다. 행정중심복합도시 예정지는 금강 중하류부인 충청남도 연기군 남면·동면·금남면, 공주시 장기면·반포면, 청원군 부용면 일원이며 지리적 특징으로는 중심부에 원수봉(EL.254m)이 있고, 미호천, 삼성천, 제천, 용수천, 대교천과 금강이 합류하고 있다. 금강유역을 따라 장남평야와 대평뜰 등 평야지역이 발달되어 있고, 평야지역 이외의 대부분은 산으로 이루어져 있다.

③ 하천 현황

행정중심복합도시 예정지 주변의 하천현황은 국가하천인 금강과 미호천이 입지하고 있으며, 금강은 약 13.04km, 하폭 0.7~1.3km이고 미호천은 약 4.26km, 하폭 0.2~0.4km로서 총 유역면적은 약 6,942km^{2}를 점하고 있다. 지방하천은 금강 행복지구 생태하천 조성공사(1공구) 구간 내 대교천, 용수천, 제천, 삼성천 외에 연기천, 문주천, 내삼천 등 7개 하천이 있고, 그 주변의 하천 현황은 **표 6.4, 그림 6.3**과 같다.

표 6.4 사업지 주변 하천의 현황

하천명	하천등급	유역면적(km^2)	유로연장(km)
금강	국가하천	9,912	397.8
미호천	국가하천	1,855	89.2
대교천	지방하천	66.75	21.64
용수천	지방하천	95.29	21.35
제천	지방하천	25.08	7.87
삼성천	지방하천	33.82	7.45

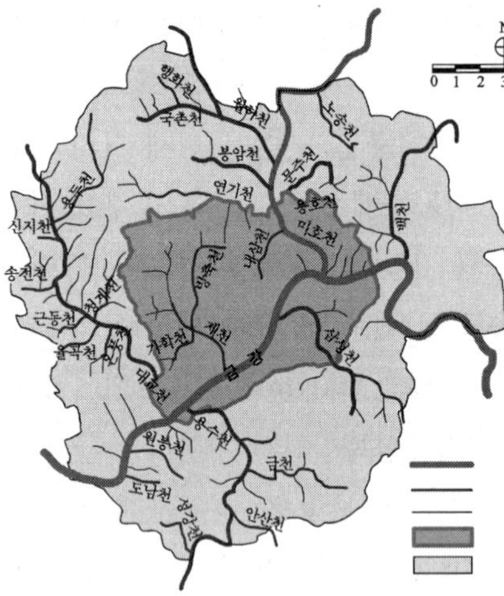

(a) 생태하천 주변

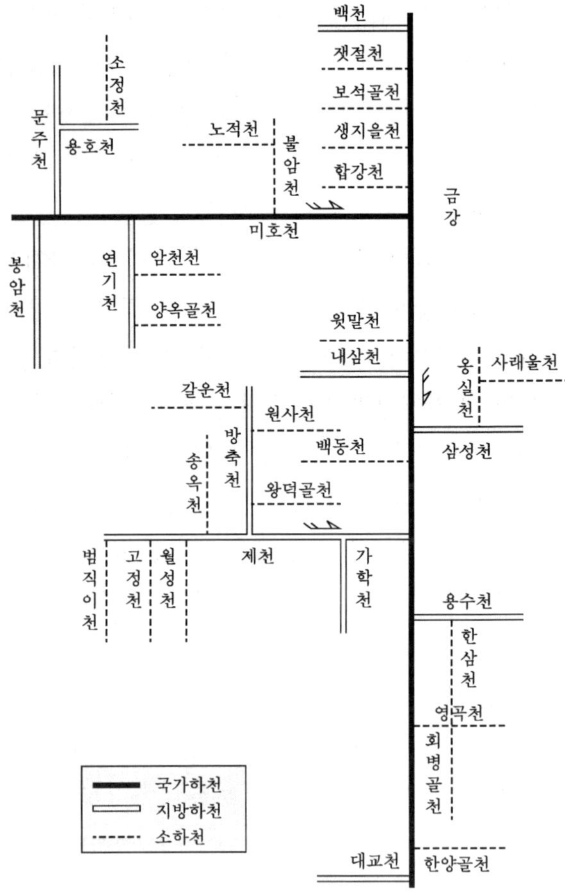

(b) 하천 모식도

그림 6.3 사업구간 주변의 하천현황

하천의 환경에 의한 평가 결과, 호안은 일부 콘크리트 블록으로 조성되어 있으며, 저수로는 자연적으로 발생해 있다. 하천의 폭은 다양하며, 수로의 굴곡은 상·하류에서 모두 자연스럽게 형성되어 있다. 종횡방향으로 다양한 사주가 발달되어 있고, 저수로변 식생 또한 양호하며 고수부지의 토지이용은 일부구간 비닐하우스·경작지로 이용되고 있으며, 그 외 구간은 자연초지로 형성되어 있다. 횡방향 구조물을 조사한 결과 금남교 직하류에 돌보가 존치되고 있고, 교량구조물로는 금남교·대전–당진 간 고속도로가 설치되어 있으며, 금강1교와 금강2교가 현재 시공 중이다. 수질은 III~II등급으로 조사되었고, 이와 같은 금강의 특성을 반영한 하천자연도 평가 결과는 III~IV등급으로 나타났다.

따라서 치수 위주의 정비공법을 탈피하여 현재 자연상태의 하천의 특징을 살려 생태환경을 고려하고 다양한 생물의 서식처가 될 수 있는 하천환경정비와 지속적인 유지관리가 필요하다. 또한 기존의 돌보를 철거하여 치수적인 문제가 없도록 해야 하며, 상·하류의 단절이 없도록 계획해야 한다.

하천자연도 평가에 따른 과업구간의 조성방향은 하도의 사행화를 유도해야 하나, 여의치 않을 경우 저수로를 사행화하고 저수로변의 미지형을 다양하게 한다. 수직방향으로는 돌보 등 콘크리트 횡구조물을 제거하여 경관을 개선하고 어류이동 장애를 제거한다. 저수로변의 호안을 식생호안으로 조성하여 경관·생물서식 환경을 개선하고, 제외지·주변을 녹화한다. 제방의 콘크리트호안 블록을 제거하고 생태호안으로 조성하며, 보축·축제를 통하여 하천의 치수적 기능에 부합되도록 계획, 하상에는 여울과 소, 사주 등 다양한 미지형[微地形, micro-topography; 아주 작은 기복이 있는 지형, 1/5만~1/2.5만 지형도에 표시되지 않는 지표면의 미세한 요철(凹凸)]이 자연 발생하도록 한다.

홍수유출량은 행정중심복합도시 사업시행으로 발생하는 홍수유출해석의 분석을 위해 각 소유역에 대한 수문학적 해석을 수행하였다. 금회 토지이용계획으로 변경된 유역을 분석한 결과 제천은 유역면적 26.06km^2 중 예정지역 내에 약 95%가 포함되며 토지이용의 변화가 많이 발생함에 따라 개발 중·후 유역면적의 감소에도 홍수유출량이 증가하였다.

토사유출량은 개발 전은 최대 62.1m^3/ha, 개발 중은 102.0m^3/ha, 개발 후는 34.8m^3/ha로 나타났으며, 이는 개발에 따른 토지이용(피복상태) 및 지형인자의 변화에 기인한 것으로 나타났다.

수심측량(sounding)은 하천 유수 부분의 횡단면도를 구하기 위하여 수면에서 하상까지의 연직거리를 측정한다. 수심측량은 보통 5m 구간으로 나누어 수면말뚝을 기준으로 하여 시행하며 수심이 급변하는 장소에서는 별도로 측정하며, 하저의 상태를 조사하기 위하여 토질 또는 사력의 대소 등을 측정한다. 여기에 사용되는 GPS 장비는 LEICA 모델 GX-1230이 사용되었고, 수심측량기(음측기)는 PDR-1200이 사용되었다.

(3) 설계

수공 구조물 축조 시 시공에 앞서 설계홍수량 산정을 위해 필수적으로 선행해야 하는 수문자료 분석과 이를 근거로 한 구조물의 설계가 이루어진다. 이를 위해 본 소절에서는 수중보 설계를 중심으로 하여 소수력 발전소 등 부대시설 일부에 대해 간단히 소개하고자 한다.

① 설계 개요

1) 설계 방향

본 사업의 설계기본방향은 저수로 정비를 통한 홍수소통의 원활화, 제방축조, 보강·하천시설물계획에 따른 치수안전도 검토, 치수안전성이 확보된 고수부지계획을 통한 치수안전도를 향상시킨다. 수위유지용 보 설치로 수변경관 제공·수상레저 활성화 등 이수활용을 극대화시키고, 가뭄 시 비상용수로의 활용, 친수활동 가능한 수심·수질의 확보로 이수활용을 극대화한다. 이들 설계 기본방향을 중심으로 앞에서 설명한 주요시설의 설계내용은 자연형 하천정비를 위한 ① 하도 정비(저수로 정비 : $3.35 \times 10^6 m^3$), ② 축제·기성제 보강(제방축조 : 2.24km, 제방 보축 : 5.8km, 완경사 제방 : 6.37km)으로 **그림 6.4**와 같다.

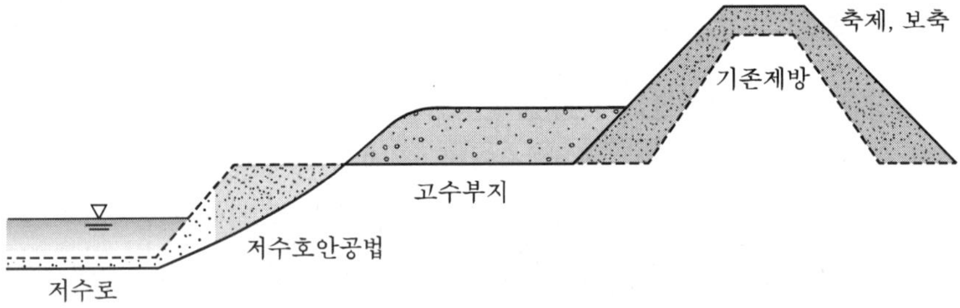

그림 6.4 자연형 하천정비 설계개념도

또한 생태적으로 중요한 합강리 유역에 영향이 없으며, 소수력 발전을 최적화하는 높이인 $h = 4.0$m 확보를 위한 계획으로 ③ 수중보·어도(각 1개소)와 ④ 소수력발전소(1개소, 시설용량 990kW)를 **그림 6.5**와 같이 홍수소통·가동보의 안전한 운영이 가능하며, 유지관리가 용이한 복합형(고정보+전도식 가동보)으로 설계한다. ⑤ 친수공간 조성 : 생태·문화·예술공간 등 1식, 저수추이대(15.6km), 자전거 도로, 산책로, 관리사무소, 보행교 3개소

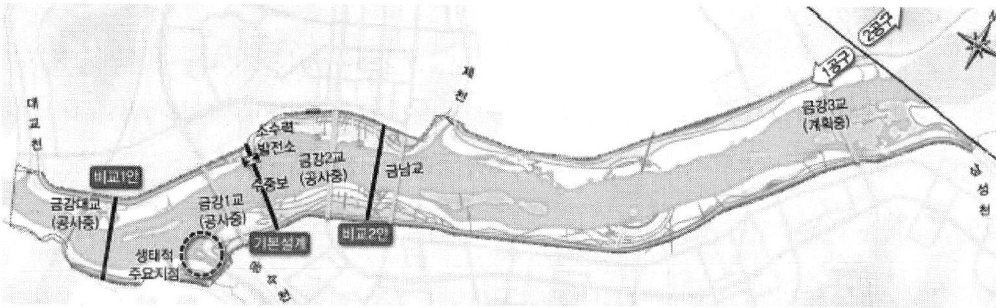

(a) 위치도

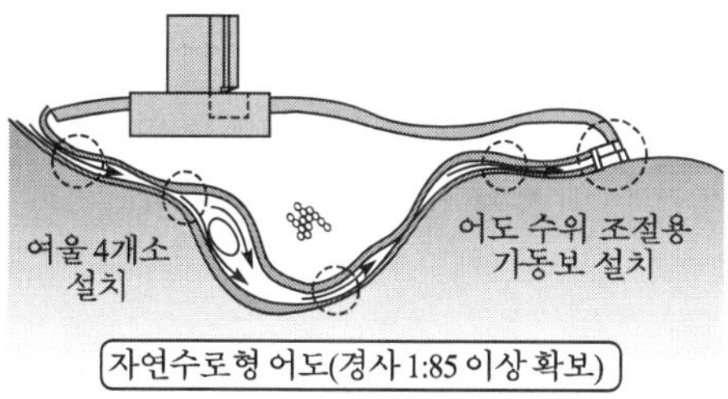

(b) 자연형 어도

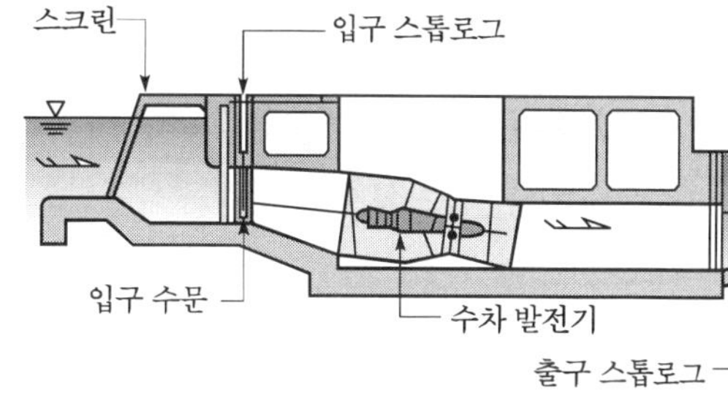

(c) 소수력 발전기

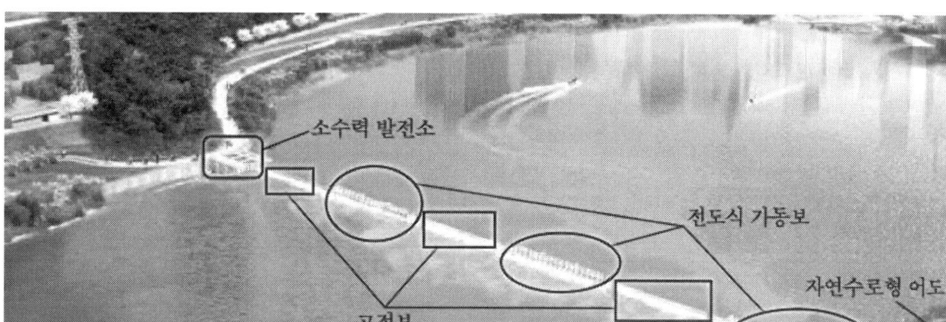

(d) 수중보 설치도

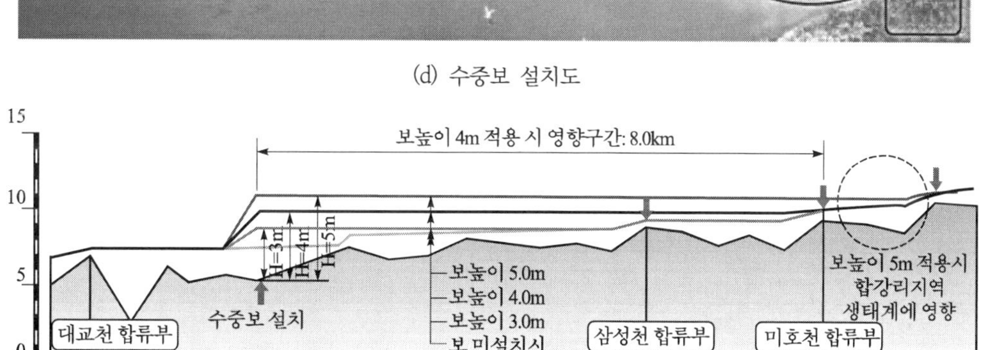

(e) 보설치와 수위분석

그림 6.5 수중보와 부속시설의 설계 개념도

2) 상위계획 검토

본 사업과의 상위계획에 대한 관련성은 **표 6.5**와 같이 계획홍수위는 금강수계 하천정비기본계획(건설교통부, 2002)에서 하천의 치수적 안전성 확보를 위해 계획빈도 200년 채택하여 목표연도 계획홍수량을 산정하였다. 금강유역종합치수계획(건설교통부, 2008)에서는 시설물 계획의 기본방향과 시설물의 설계방향을 금강살리기 행복지구 생태하천 조성사업기본계획(건설교통부, 2009a)을 근거로 검토하였다. 또한 유역종합치수계획 수립 시 결정한 목표연도 댐 조절후의 200년 빈도 계획홍수량 채택, 계획빈도 상향·계획홍수량은 증가하였으나, 200년 빈도 계산홍수위가 기 고시된 100년 빈도 계획홍수위보다 낮게 산정되어 계획홍수위는 2002년 하천기본계획 수립 당시의 기 고시 계획홍수위 채택하였다. 금강수계 하천정비기본계획보완(건설교통부, 2009b)의 영향평가를 준수하는 설계로 행정중심복합도시 영향평가(환경, 재해)(행복청, 2008)를 근거로 검토하였다.

표 6.5 상위 관련 계획과 내용

관련 계획	주요 내용	설계 반영
금강수계 하천정비기본계획 (건설교통부, 2002)	• 금강을 포함하여 7개 하천에 대한 하천기본계획 수립 • 계획홍수량, 계획홍수위, 계획하폭	• 계획홍수위
금강유역종합치수계획 (건설교통부, 2008)	• 홍수량 산정, 구조물적·비구조물적 치수대책	• 하천의 치수적 안전성 확보를 위해 계획빈도 200년 채택 • 목표연도 계획홍수량 산정
금강살리기 행복지구 생태하천 조성사업기본계획 (건설교통부, 2009a)	• 과업의 목적·기본방향 • 주요 시설물 계획	• 시설물 계획의 기본방향 • 시설물의 설계방향
금강수계 하천정비 기본계획보완 (건설교통부, 2009b)	• 금강·미호천 구간 중 행정중심복합도시 관류 구간에 대한 하천정비기본계획 보안 • 계획홍수량, 계획홍수위, 계획하폭	• 유역종합치수계획 수립 시 결정한 목표연도 댐 조절 후의 200년 빈도 계획홍수량 채택 • 계획빈도 상향·계획홍수량은 증가하였으나 200년 빈도 계산홍수위가 기 고시된 100년 빈도 계획홍수위보다 낮게 산정되어 계획홍수위는 2002년 하천기본계획 수립 당시의 기고 시 계획홍수위를 채택하였음
행정중심복합도시 영향평가 (환경, 재해) (행복청, 2008)	• 환경·재해영향평가	• 영향평가를 준수하는 설계

(가) 금강수계하천정비기본계획

계획홍수위(하폭, 기설제방고)(건설교통부, 2002)는 우리나라에서 일반적으로 활용되고 있는 하천등급별 치수대상규모, 경제성분석 결과, 해당 하천의 중요도, 연안 토지 이용현황·**홍수피해잠재능**[PFD : potential flood damage ; 특정 치수단위구역의 홍수에 대한 잠재적인 홍수피해의 취약정도를 나타내는 지수, 홍수에 의한 잠재적인 피해 정도를 나타내는 잠재성 요소(인구, 재산, 도시화율, 사회기반시설)와 홍수피해가 발생할 가능성 및 이에 대한 방어능력 정도를 나타내는 위험성 요소(홍수피해액, 확률강우량, 하천개수율, 홍수조절용량)로 구성] 등을 종합적으로 고려한 하천별 계획빈도에 의거 결정하되 기 고시된 계획홍수위를 감안하여 결정하였다(건설교통부, 2002).

치수적 안정성을 제고하고 최근 빈발하는 이상 홍수 시의 여유 확보 측면에서 금회 계획홍수량 규모에 따른 홍수위가 기 고시된 계획홍수위보다 낮은 구간은 기 고시된 홍수위를 채택하였다.

(나) 금강유역종합치수계획

가) 홍수량

금강 기본계획에서 적용한 홍수량은 금강 유역종합치수계획(건설교통부, 2008)에서 산정한 목표연도 댐조절 후 홍수량을 활용했으며, 행복도시 구간은 200년 빈도, 그 외 구간은 100년 빈도로 계획빈도를 설정하였다.

기본홍수량은 계획강우에 의한 홍수량 중 홍수조절의 기본이 되는 홍수량이다. 계획홍수량은 기본홍수량을 하도·댐 등에 배분하여 하도계획에 기본이 되는 홍수량으로, 용담댐, 대청댐에 의한 홍수조절효과를 고려하여 산정한 홍수량이다.

나) 계획하폭 산정

계획하폭은 상·하류의 지형특성, 기개수 제방구간의 현 하폭·법선, 하천 구조물 유지관리, 축제공사비, 수리특성, 하천설계기준의 계획홍수량 규모에 따른 계획하폭과의 관계, 우리나라 대하천·중소하천 하폭공식(남부지방, 중부지방) 등을 종합적으로 고려하여 결정하였다.

다) 홍수위 산정

지형자료는 금회 측량성과(금강 : No.113+790~No.130+470, 미호천 : No.10+480~No.39+ 485), 행정중심복합도시 금강, 미호천 하상변동조사(한국토지공사, 2007)의 측량성과(금강 : No.83+830~No. 113+360, 미호천 : No.0+000~No.10+480)를 이용하여 지형자료를 구축하였으며, 그 외 구간은 기수립 금강수계 하천정비기본계획(건설교통부, 2002)의 자료를 활용하였다. 조도계수는 하천구간별 하상상태, 하상구성재료 조사 결과와 과거 홍수흔적, 건설교통부(2002)의 적용치, 수로표면조건에 따른 조도계수(Chow, 1959) 등을 고려하여 결정하였다. 본 사업구간에 위치한 지천합류부(No.57+330)~대청댐 역조정지(No.130+470)는 0.027을 적용하였다.

행복도시구간은 200년 빈도로, 그 외 과업구간은 기고시된 100년 빈도와 동일한 계획빈도를 채택하였고, 금강은 금회 산정한 계산홍수위가 기고시된 계획홍수위보다 낮기 때문에 기 고시된 계획홍수위를 채택하였다. 미호천은 기고시 계획홍수위보다 금회 계산홍수위가 높은 구간은 금회 계산홍수위를 계획홍수위로 채택하였다.

라) 기존시설물 능력검토

제방은 홍수가 월류하여 피해를 주지 않도록 충분한 높이 이상으로 축조되어야 하며, 계획홍수위에 여유고를 가산한 값을 계획제방고로 하여 기설 제방고와 비교·검토 하였고, 금강, 미호천 과업구간 내 기설 제방은 금강 19개소 연장(22,955m), 미호천 28개소 연장(63,780m)이다. 제방능력 검토 결과 일부 제방에서 여유고가 부족한 것으로 나타났으며, 이들 제방 중 현재 공사·설계 중인 지구를 제외한 지구를 개수계획에 반영하였다.

② 수문·수리분석

수문·수리분석을 위해서는 우선적으로 강수량 자료를 분석하고, 이를 토대로 계획홍수량을 산정하여야 한다. 산정된 계획홍수량에 대해 HEC-RAS 등의 프로그램을 사용하여 홍수위 분석과정을 진행하여야 하는데, 이에 본란에서는 이에 대해 간단히 기술하고, 수자원설계 관련 자료를 분석·검토하고자 한다.

1) 확률강우량

지점평균 확률강우량은 확률분포형, 매개변수추정방법, 적합도 검정을 실시한 결과, 강우자료는 Gumbel 분포 외 6개 분포형이 적합한 것으로 분석되었다. 금강유역종합치수계획(건설교통부, 2008)에서 Gumbel 분포가 적합한 분포로 분석되었고, 금강수계 하천정비기본계획(건설교통부, 2002)에서도 적정 확률분포형으로 Gumbel 분포를 채택하였다. 한국확률강우량도 작성(건설교통부, 2000)에서도 금강수계에 적합한 확률분포형으로 Gumbel 분포를 추천한 점을 고려하여 적정 확률분포형으로 Gumbel 분포형을 채택하고, 확률 강우량의 적정성·과거 자료와 변동성을 검토하기 위해 산정한 확률강우량과 기수립된 하천정비기본계획의 성과를 비교하였으며, 그 결과는 표 6.6과 같다.

표 6.6 각 우량관측소별 확률강우량

우량 / 기간 / 관측소	강우지속기간별 확률강우량(mm)										
	10분	60분	120분	240분	360분	480분	720분	1,080분	1,440분	2,880분	4,320분
대전	34.4	97.7	152.1	209.5	236.8	264.1	315.6	349.6	382.9	456.1	502.1
청주	32.5	90.6	133.6	181.1	206.7	226.0	261.6	297.4	310.9	397.8	404.1
추풍령	26.4	70.8	97.9	134.1	137.7	201.2	232.2	276.0	306.8	364.3	373.2
군산	28.7	76.3	127.9	175.2	211.8	246.6	266.3	296.7	327.2	413.2	458.7
보은	30.8	90.6	154.5	212.4	255.6	290.8	328.8	376.9	395.0	473.2	496.2
천안	34.5	96.4	143.4	195.7	243.5	272.6	319.6	350.4	371.6	416.9	446.0
부여	39.6	112.6	156.9	202.1	229.3	276.5	320.7	342.5	366.0	422.3	466.5
금산	33.5	90.9	125.5	161.3	181.1	207.8	234.4	283.3	306.5	362.6	370.0
장수	32.1	77.6	99.4	131.3	151.5	167.2	205.2	251.5	295.1	397.4	436.4

2) 면적확률강우량

면적확률강우량은 빈도해석에 의한 관측소별 확률강우량을 그림 6.6과 같이 Thiessen 법에 의해 산정한 지점평균확률 강우량에 면적우량환산계수를 곱하여 산정하였으며, 금강 유역종합 치수계획상의 산정절차는 다음과 같다.

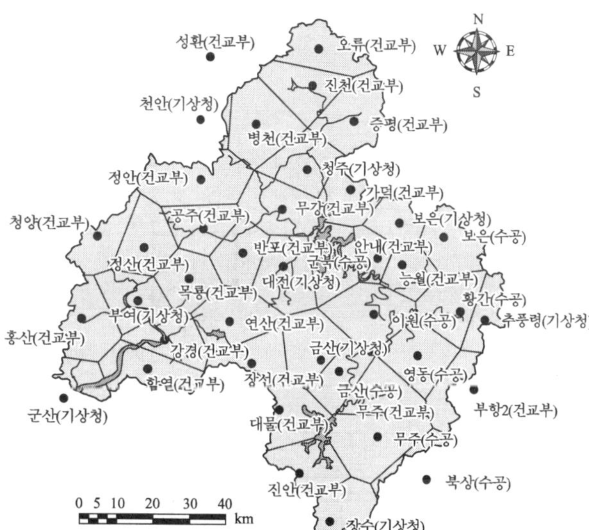

그림 6.6 면적확률강우량 산정을 위한 Thiessen 망

① 관측소별 확률강우량 산정
② 홍수량 산정지점별 Thiessen 면적비를 이용하여 지점평균 확률강우량 산정
③ 면적우량환산계수 산정
④ 지점평균 확률강우량에 면적우량환산계수를 곱하여 면적확률강우량 산정

3) 홍수량

홍수량산정 지점은 기수립된 하천정비기본계획의 홍수량 산정 지점과 동일지점, 다목적 댐·대규모 농업용 저수지 등 주요 시설물 지점, 주요 수위관측소 지점, 주요 지류의 하구 지점(유역면적 50km² 이상인 지류의 하구지점), 주요 지류의 합류점 전후 등을 기준으로 한다. 금강권역 유역종합치수계획(국토해양부, 2008)에서는 금강본류 57개(대청댐 하류 35개, 대청댐 상류 22개), 갑천 26개, 유등천 19개, 논산천 13개, 강경천 5개, 노성천 3개, 미호천 26개, 무심천 17개, 보청천 7개, 초강 10개, 영동천 5개, 무주남대천 9개 등, 총 391개 지점을 **그림 6.7**과 같이 산정하였으며, 186개 구간에 대해서는 하도추적을 실시하였다.

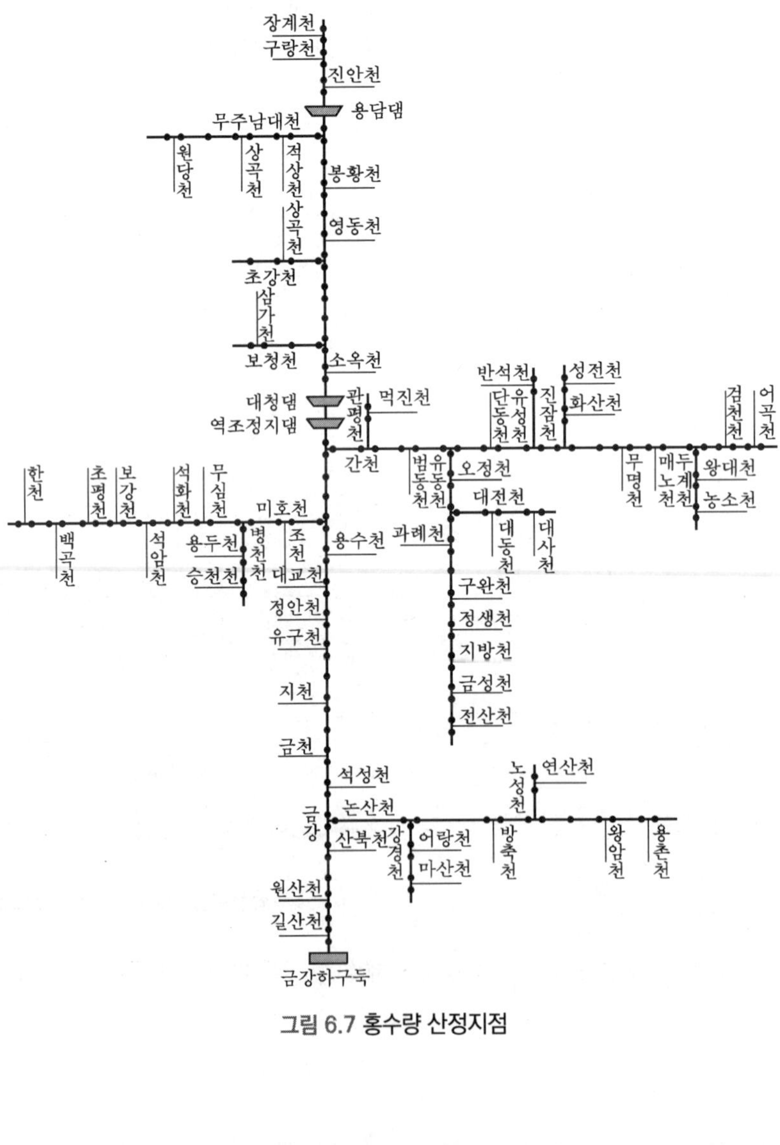

그림 6.7 홍수량 산정지점

(가) 설계강우의 시간적 분포

설계강우의 시간적 분포는 Huff의 4분위법 적용하였고, 무차원 누가곡선은 지역적 설계강우의 시간적 분포(건설교통부, 2000c)에서 제시한 곡선을 사용하였다. 각 관측소별 무차원 누가곡선은 선제유역을 기상정관측소를 중심으로 몇 개의 권역으로 구분하여 적용하였으며, 관측소별 적용 분위는 금강유역 전체의 최빈분위인 2분위를 적용하였다.

(나) 임계지속시간 결정

임계지속시간은 산정지점별 첨두홍수량이 최대가 되는 시간으로 결정한다. 금강유역종합치수계획(건설교통부, 2008a)의 임계지속시간을 살펴보면 **표 6.7**과 같이 금강하구지점의 경우 2880분(48시간), 대청댐 지점의 경우 1,800분(30시간), 용담댐 지점의 경우 1,080분(18시간)으로 나타났다.

표 6.7 금강 주요 하천구간의 임계지속시간

산정지점	유역면적(km^2)	유로연장(km)	임계지속시간(분)
금강하구둑	9,912	392.70	2,880
논산천 합류 후	9,374	357.76	2,880
미호천 합류 후	6,864	290.48	2,880
갑천 합류 후	4,881	265.16	1,980
대청댐	4,189	255.60	1,800

(다) 유효우량

본 과업에서는 유출에 영향을 미치는 토양의 조건에 따라 유효우량을 산정하는 방식 중에서 가장 보편적이고, 합리적인 것으로 알려져 있는 미국 자연자원보호국(NRCS : National Resources Conservation Service)의 유출곡선지수인 CN(curve number) 방법을 사용하였다.

4) 계획홍수량

하천정비기본계획에서 제시하는 사항인 계획홍수량, 계획홍수위, 계획하폭은 임의변경 금지사항으로 금강살리기 행복지구 생태하천 조성사업(제1공구) 입찰안내서에 의거하여 금강유역종합치수계획에서 결정한 목표연도 댐조절 후의 계획홍수량을 채택하였다. 본 과업에서 적용한 홍수량은 금강 유역종합치수계획(건설교통부, 2008)에서 산정한 목표연도 댐조절 후 홍수량을 활용했으며, 본 과업구간에 해당하는 행복도시 구간은 200년 빈도, 그 외 구간은 100년 빈도로 계획빈도를 **표 6.8**과 같이 설정하였다.

표 6.8 계획홍수량의 산정

산정 지점명	부호	유역면적 (km^2)	현상태 댐 조절 후 빈도별 홍수량(m^3/s)			
			금강유역종합		금회	
			100년	200년	100년	200년
마어구 수위표	K24	7,135	11,780	13,070	11,736	13,018
대교천 합류 후	K25	7,110	11,765	13,050	11,734	13,012
대교천 합류 전	K26	7,042	11,655	12,925	11,620	12,885
용수천 합류 후	K27	7,042	11,650	12,920	11,618	12,881
용수천 합류 전	K28	6,947	11,535	12,790	11,491	12,741
미호천 합류 후	K29	6,864	11,535	12,790	11,491	12,741
미호천 합류 전	K30	5,011	7,235	8,220	7,171	8,055

5) 홍수위 계산

지형자료는 금회 측량성과(금강 : No.98+360~No.106+750)를 이용하여 지형자료를 구축하였으며, 그 외 구간은 기수립 건설교통부(2002)의 자료를 활용하였다.

(가) HEC-RAS 모형

빈도별 홍수위 분석에는 미공병단에서 발표한 HEC-RAS 모형을 이용한다. HEC-RAS는 자연 또는 인공수로에서의 정상점변류의 수면형을 계산하고, 상·사류 두 경우의 수면형을 동시에 계산할 수 있다. 또한 교량, 암거, 웨어 또는 범람지의 구조물 등이 흐름에 미치는 영향을 고려할 수 있다. 계산과정은 마찰수두 손실을 고려한 일차원 에너지 방정식의 해에 근거하며 마찰손실은 Manning의 공식을 이용하여 구하게 되며 계산방법은 부등류를 **표준 축차법**(standard step method)을 이용하고 있다.

(나) 조도계수

조도계수는 수로의 거칠기 상태를 나타내는 수리학적 인자로 이것의 크기에 따라 동일한 통수 단면적과 경사를 갖고 있는 수로라 하더라도 통수능에 차이가 있으며, 일반적으로 Manning 조도계수를 주로 사용한다. 본 과업에서는 **표 6.9**(한국수자원학회, 2005)과 같이 하천상태에 따른 조도계수 범위를 기초로 하여 하천구간별 하상상태, 하상구성재료 조사 결과와 과거 홍수흔적, 금강수계 하천정비기본계획(건설교통부, 2002)의 적용치, 수로표면조건에 따른 조도계수(Chow, 1959) 등을 고려하여 결정하였다.

표 6.9 하천상태별 조도계수

수로조건	하천·수로의 상황	Manning 조도계수
인공 수로 개수 하천	콘크리트 인공수로	0.014~0.020
	나선형(spiral) 관수로	0.021~0.030
	양안에 돌붙임이 적은 수로(泥土床)	0.025(평균치)
	암반을 굴착하여 방치한 하상	0.035~0.050
	다듬은 암반 하상	0.025~0.040
	점토성 하상, 세굴이 일어나지 않을 정도의 유속	0.016~0.022
	사질 Loam, 점토질 Loam	0.020(평균치)
	굴착준설, 잡초 적음	0.025~0.033
자연 하천	평야의 소하천, 잡초 없음	0.025~0.033
	평야의 소하천, 잡초와 관목(灌木)있음	0.030~0.040
	평야의 소하천, 잡초 많음, 잔자갈 하상	0.040~0.055
	산지하천, 골재, 호박돌	0.030~0.050
	산지하천, 호박돌, 큰호박돌	0.040 이상
	큰하천, 점토, 사질하상, 사행(蛇行)이 적음	0.018~0.035
	큰하천, 자갈, 하상	0.025~0.040

(다) 기점홍수위

금회 기점홍수위 검토 시 사용된 자료는 금강유역종합치수계획(건설교통부, 2008)의 분석 내용을 토대로 검토하였으며, 그 결과 표 6.10과 같이 금강하구에 기점홍수위 4.62m를 적용하여 금회 과업시점까지의 홍수위를 산정하였다.

표 6.10 금강의 하천계획·빈도별 기점 홍수위

구분	빈도별 기점홍수위(El.m)				비고
	50년	80년	100년	200년	
금강수계하천정비기본계획(건설교통부, 2002)	4.62	4.62	4.62	4.62	금강하구둑 (No.0+000)
금강유역종합치수계획(건설교통부, 2008)	4.62	4.62	4.62	4.62	
금강 행복지구 생태하천조성공사기본계획(건설교통부, 2009a)	4.62	4.62	4.62	4.62	

6.1.2 수리 · 검토

(1) 수리특성

① 200년 빈도 홍수위

개수 전후 지형에 대하여 200년 빈도 홍수 시 측점별 2차원 수위 분포를 1차원 수리계산 결과와 비교하였으며, 2차원 평균값은 각 절점에서의 수위를 산술평균한 값으로 1차원 수리계산 결과와 차이가 크지 않다.

② 200년 빈도 유속

개수 전후 지형에 대하여 200년 빈도 홍수 시 측점별 2차원 유속 분포를 1차원 수리계산 결과와 비교하였다. 2차원 평균값은 각 절점에서의 유속을 산술평균한 값으로 1차원 결과와 다소 차이가 발생하였다. 따라서 2차원 결과는 최댓값과 최솟값의 유속범위를 참고하여 설계에 반영하였다.

(2) 수리·분석

① 수치해석

1) 2차원 흐름해석

1차원 해석으로 분석이 불가능한 평면적 흐름특성을 파악하여 수리적으로 안전한 친환경 하천설계를 기본방향으로 하였다. 여기에 사용된 SMS 모형(Surface Water Modeling System; 수위, 유속, 오염물 이송확산, 유사 이동·퇴적, 상류-사류 흐름, 연안파랑 등 복잡한 2, 3차원 표면수의 흐름모의 모형)은 2차원 유한요소, 2차원 유한차분, 3차원 유한요소, 그리고 1차원 모형을 포함하여, 프로그램에 적합하게 만들어진 사용자 인터페이스들로 모듈이 구성되어 있다. 금회 분석 시 SMS로 전후 처리를 할 수 있는 모형 중 RMA-2와 RMA-4를 사용하였으며 이들의 특징은 표 6.11과 같다.

표 6.11 RMA-2 · 4의 특징 비교

RMA-2 모형	RMA-4 모형
• 섬을 포함한 하천 수로구간의 흐름, 교각 부근의 흐름, 유수 단면 확대 · 축소부를 포함한 하천구간의 흐름 등, 하천, 저수지, 하구의 수리동역학적 흐름해석모형 • 지배 방정식은 Navier-Stokes 방정식과 연속 방정식을 수심방향으로 적분한 2차원 천수 방정식	• 하천에 유입된 오염물질의 이송 · 확산 과정을 해석하는 오염확산해석 모형 • 지배 방정식은 비압축성 난류 전단 흐름에서 3차원 이송확산 방정식을 수심방향으로 적분한 2차원 이송확산 방정식

2) 공사 중 부유사 확산 검토

생태하천 조성계획 중 보행교·수중보 설치 공사 시 발생하는 부유사의 확산 방지를 위한 검토(RMA-4)와 오탁 방지막 설치 전후 하류 50m에서의 부유사 농도를 비교하여 오탁 방지막의 설치 효과를 검증하였다.

3) 3차원 흐름해석

개수로 흐름해석에 탁월하고 해석사례가 많은 **FLOW-3D**를 3차원 수치모형으로 선정하여 수리구조물과 하천에서의 복잡한 3차원 흐름 해석 수행한다. 이는 3차원 운동량 보전 방정식(Navier-Stokes equation), 에너지 방정식을 사용하여 해석하는 모형으로 자유표면에 대한 계산(VOF 방정식)에서 여타의 프로그램보다 계산시간과 경계면 표현이 우수하다. 직각형상 격자계 사용 시 형상 기술을 정확하게 하기 위해 FAVOR (Fractional Area/Volume Ratio) 기법을 적용한다.

4) 소수력발전소 흐름 해석

수중보 우안에 계획된 소수력발전소의 유입 흐름과 방류부 흐름을 검토, 유입부 흐름 교란 발생 여부와 방류부에서 충분히 감세가 이루어지는지를 3차원 수치해석으로 모의하였다. 평상시 수중보 상류 수위가 EL.11.8m이고, 하류 수위가 EL.9.2m인 경우에 소수력발전소[소수력발전(small hydro power); 일반적인 수력발전과 원리적 차이 없는 국지적 지역 조건과 조화를 이루는 규모가 작고, 시스템이 비교적 단순한 설비 용량 3,000kW 미만인 발전, 소규모 수력발전; 10,000kW 미만의 수력발전] 수차 3기를 모두 가동하는 경우(유량 46m^3/s)에 대해 소수력발전소 유입부·방류부 흐름, 발전소 유입부에서 최대 유속 1.3m/s 발생(와류 미발생), 발전소 방류부에서 최대 유속 2.0m/s 이하 발생으로 충분한 감세로 하류하천 영향 최소화가 가능할 것으로 해석되었다.

그러므로 평상시 소수력발전소 발전 방류 시 충분한 감세로 하류하천 영향은 크지 않으며(최대유속 2m/s 이하), 유입부 유속은 1.3m/s 이내로 와류로 인한 흐름교란은 발생하지 않고, 바닥 세굴의 우려는 없는 것으로 해석되었다.

② 수리모형실험

수리모형실험은 금회 신설되는 가동보, 미호천 합류부에서의 수리적 영향을 검토하고 최적의 생태하천 조성 설계를 수행하기 위한 제반 자료를 제공하는데 그 목적이 있다. 금강 행복지구 내 금강·미호천의 설계빈도가 100년 빈도에서 200년 빈도로 상향됨에 따른 금강유역의 치수안정성 검토, 변화 영향을 분석하고 **표 6.12**와 같이 실험 결과를 금강 행복지구 사업에 반영하였다.

표 6.12 모형축척 결정

구분	요소	원형	축척	모형
모형	가로(m)	12,615	1/220	57
	세로(m)	5,403	1/220	25
	외벽높이(m)	–	–	1
하도	최대 하폭(제방기준)(m)	1,245	1/220	6
	최소 하폭(제방기준)(m)	200	1/220	1
	최대 수심(200년빈도)(m)	19.61	1/65	0.302
	최소 수심(200년빈도)(m)	11.71	1/65	0.180
	최소 수심(평수)(m)	1.50	1/65	0.023
	하도경사	0.0019	(1/65)/(1/220)	0.00647
수리조건	유량(m^3/s)	8,225	$(1/220)/(1/65)^{3/2}$	0.07134
	조도계수	0.027	$(1/65)^{3/2}/(1/220)^{1/2}$	0.02477
수중보	보 길이(m)	361	1/220	1.64
	보 평면두께(m)	17	1/220	0.08
	높이(m)	4	1/65	0.06

1) 모형제작·실험

가) 유량 순환 구조

유량 공급 수조에서 관망을 통해 공급된 유량이 사각 위어가 장착된 유량 공급 장치에 일정하게 공급되도록 한 후 정류판을 통과하도록 유량순환 구조로 계획하였다. 흐름이 안정화된 물은 수리모형실험 구간으로 이동하며, 실험구간을 통과한 뒤 퇴수로를 거쳐 지하 저수조로 흘러가고 펌프에 의해 유량 공급 수조로 다시 이동하게 된다.

나) 하천 단면 제작

실제 하천의 횡단면과 하도설계 계획 자료를 근거로 수평 축척 1/220, 연직축척 1/65을 사용하였으며, CAD도면을 대형 인쇄기를 이용하여 모형 규모로 종이에 출력한 뒤, 합판에 부착하여 정밀하게 재단하였다. 이렇게 하여 제작된 하천 횡단면은 수준 측량기[광파 거리측정기(total station)=거리 측정+디지털 데오도라이트(각 측정) 결합 측량기기; 계산·제도 일괄처리 가능]를 이용한 모형 측량을 통하여 지형판을 설치하였다. 지형판 설치 후 모래를 성토하여 채움·물다짐을 한 후 모르타르로 미장해 지형을 재현하였으며, 하류에는 수문을 설치하여 수위를 조절할 수 있도록 하였다.

다) 수위·유속 측정

모형 내의 합류부 구간과 수중보 신설 구간 등 중요 지점에 대해서 포인트 게이지를 이용하여 수위 측정을 실시하였다. 합류부, 수중보 신설 구간 등 중요 지점에는 3차원 전자 유속계(VP3000)와 소형 프로펠러 유속계(GR20, KENEK)를 사용하여 유속 측정을 실시하였다.

ㄹ) 유황 측정

합류부, 보나 수제 등 수리구조물 주변의 구간에서 흐름 상태를 정확히 파악하기 위해 적·녹·청색의 색소를 흘려 관찰하고, 주요 부분은 스케치·사진 촬영과 비디오 촬영을 병행하였으며, 동영상은 영상 분석 프로그램인 LSPIV(large scale particle image velocimetry, 대규모 입자영상유속계)를 이용하여 분석하였다.

마) LSPIV 기법

LSPIV 기법은 실험실에서 영상해석기술을 이용하여 미소 영역의 유속을 측정하기 위해 개발된 **입자영상유속계**(PIV : particle image velocimetry)를 실제 하천과 같은 비교적 규모가 큰 영역에 적용함으로써 표면유속을 측정하기 위한 영상측정기법이다. 현장조사에서 기존 장비와 인력의 활용에 비해 훨씬 적은 비용과 수고로 짧은 시간 내에 전체 유속장의 측정이 가능하다. LSPIV는 촬영된 대상영역의 영상을 분석하여 유속장 전체를 측정할 수 있기 때문에 전체 흐름장의 파악은 물론 가동보 주변·합류지점과 같은 국부적인 흐름변화를 파악하기가 용이하다. 영상해석을 이용한 유속 값의 계산은 시간에 따른 이들 각 화소의 명암 등급 값의 변화를 분석하여 입자들이 영상 내에서 어떤 지점의 화소로 이동하였는지를 판별함으로써 이루어지는데, 본 실험에서 유황분석은 색소를 사용하여 비디오 촬영을 통해 실시하였다.

2) 수리모형·실험 조건

가) 실험내용

수리모형실험을 통해 금강행복도시 기본계획의 계획 단면의 하천의 합류부·수공구조물 등 주요 지점에서의 수위·유속변화를 검토하고, 수위, 유속, 유황 측정을 통한 치수안정성과 하도 안정성에 미치는 영향을 검토하였다. 모형의 제작 범위는 금강 13.04km와 미호천 4.31km를 포함하고 있으며 가동보와 보행교를 포함하고 있다.

나) 경계조건

현재 금강 유역종합치수계획상에 계획홍수량이 100년 빈도에서 200년 빈도로 상향조정됨에 따른 홍수량을 재산정하고, 하류단 수위 조건은 1차원 수치모형인 **HEC-RAS**를 통해 계산된 값을 토대로 수리모형실험을 수행하였다. 수리모형 실험 조건은 200년 빈도 계획홍수량 총 5가지와 10년, 5년, 3년 빈도 홍수량을 기준으로 하였다. 특히 200년 계획홍수량의 경우 **표 6.13**과 같이 계획홍수량 (1)은 금강기준 지속시간 48시간일 경우이며 계획홍수량 (2)와 (3)은 각각 미호천과 금강 기준이고 계획홍수량 (4)와 (5)는 각각 미호천 우세 시와 금강 우세 시의 기준이다.

표 6.13 금강 주요구간의 하천기본계획별 계획홍수량

실험유량	금강(합류 전)		미호천(합류 후)		비고
	원형	모형	원형	모형	
계획홍수량(1)	7,036	0.061	5,758	0.050	금강기준 48시간
계획홍수량(2)	4,839	0.042	7,955	0.069	미호천기준
계획홍수량(3)	8,225	0.071	4,569	0.040	금강기준
계획홍수량(4)	3,905	0.034	7,955	0.069	미호천 우세
계획홍수량(5)	8,225	0.071	3,665	0.032	금강 우세
10년 빈도	4,710	0.045	2,680	0.026	
5년 빈도	3,905	0.037	2,150	0.021	
2년 빈도	2,740	0.026	1,760	0.017	

다) 수리모형의 조도 보정

Manning의 조도계수에 영향을 주는 요소들로서는 수로의 표면조도, 수로 내의 식물, 수로의 부정, 수로법선, 침전·장애물, 수로의 크기와 형상, 수위·유량, 계절적 변화 등 영향인자가 다양하여 동일하천, 동일구간은 항상 변화하고 있으므로 실측을 통해 얻은 정확한 값이 있는 경우는 거의 없다. 본 과업은 수리모형에서 대상 홍수량에 대한 유속·수위를 재현하기 위해서 하상의 조도 검정을 실시하였으며, 미호천의 생태하천 조성구간 전의 유량이 유입되는 구간에 대해서 조도블록을 이용하여 조도 보정을 실시한다.

③ 실험 결과

1) 수위

계획홍수량 (1)의 경우 대체적으로 수리모형실험 시 측정된 수위와 수치모의 결과가 비슷한 것으로 나타났고, 측정된 단면 평균수위와 수치모의에서의 수위차는 최대 0.16m, 최소 0.02m가 발생하였다. 수리모형 실험의 금강 단면에서 측정된 수위가 수치모의 결과보다 낮은 것으로 나타났으며, 미호천의 단면에서는 모형에서의 수위가 수치모의 상의 수위보다 높게 나타났다. 계획홍수량 (2)의 측정된 수위는 계획홍수량 (1) 조건의 수위와 비슷하게 나타났고, 계획홍수량 (1)과 비교 시 수위 차이는 최대 0.18m, 최소 0.05m 발생하였다. 계획홍수량 (3)에 의해 측정된 수위는 계획홍수량 (1)에 의한 수위와 비슷한 값을 보였으며, 계획홍수량 (1)과 비교 시 수위 차이는 최대 0.15m, 최소 0.03m 발생하였다. 금강에서는 계획홍수량 (3)의 수위가 계획홍수량(1) 조건에서의 수위와 비슷한 것으로 나타났으나 미호천의 경우 계획홍수량 (1)보다 수위가 낮은 것으로 측정되었으며, 이상의 결과를 정리하면 그림 6.8과 같다.

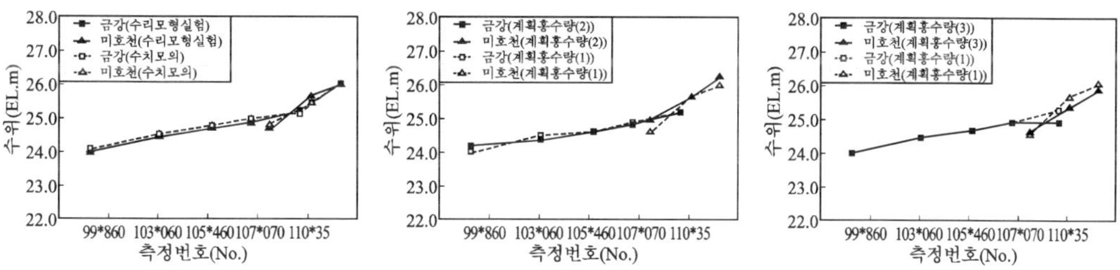

(a) 계획홍수량 (1) (b) 계획홍수량 (2) (c) 계획홍수량 (3)

그림 6.8 계획홍수량별 주요 지점의 계획홍수위

2) 유속

계획홍수량 (1)의 경우 단면 최대 유속은 미호천의 No.00+890 단면에서 0.433m/s인 것으로 나타났고, 단면 평균유속은 미호천 No.00+890 단면에서 최대 0.365m/s, 금강 No.107+700 단면에서 최소 0.167m/s로 측정되었으며, 이를 원형으로 환산하였을 경우 각각 2.943m/s, 1.346m/s이다. 계획홍수량 (2)의 경우 단면 최대 유속은 미호천의 No.00+890 단면에서 0.539m/s인 것으로 나타났고, 단면 평균유속은 미호천 No.00+890 단면에서 최대 0.477m/s, 미호천 No.03+770 단면에서 최소 0.118m/s인 것으로 나타났으며, 이를 원형으로 환산하였을 경우 각각 3.849m/s, 0.948m/s이다.

3) 유황

전체적으로 금강과 미호천 합류부 지점에서 금강 본류 흐름과 미호천 흐름 모두 수리적으로 안정적인 유황이 형성되는 것으로 나타났고, 금강 본류 우안과 미호천 하류부 좌안에서 흐름이 정체되는 모습이 관측되었으나 이는 유속 저하에 의한 것이며 와류와 같은 흐름 특성은 발생하지 않았다. 특히 도류제 설치로 인해 합류부에서의 흐름이 개선된 것으로 나타났으며 미호천에서 유입되는 흐름이 도류제로 인해 금강 본류에 자연스럽게 유입되는 것을 확인할 수 있었다. 금강 본류의 수중보는 홍수위 발생 시 수중보 신설로 인한 유속감소나 흐름 정체현상은 관측되지 않았다. 수중보 신설지점 상류의 하폭이 보설치 단면의 하폭보다 상대적으로 크기 때문에 보 상류 단면의 우안부분에서 유속이 감소되는 현상이 발생하나 보를 지나는 유속 분포는 대체로 균일하게 발생하는 것으로 나타났다. 수중보의 위치는 금강과 미호천 합류부 하류 지점이므로 계획홍수량 (1), (2), (3) 실험에서의 유입유량은 같은 조건이며 따라서 세 가지 실험 조건에서의 유황은 거의 같은 형태로 나타났다.

4) LSPIV 측정

계획홍수량 조건 (1), (2), (3), (4), (5)와 10년, 5년, 2년 빈도의 수리조건에 따른 유속분포·유황의 영향을 LSPIV 측정 기법을 통해 분석하였다. 계획홍수량(1)의 경우 금강에서 합류부를 통과하는 유속과 미호천에서 합류부로 유입되는 유속이 고르게 분포하고 있으며 유황도 확연히 구분되어 나타났고, 계획홍수량(2)의 경우 금강에서 합류부를 통과하는 유속보다 미호천에서 합류부로 유입되는 유속이 크게 나타났으며 미호천의 유황이 금강 본류의 유황보다 더 뚜렷이 나타났다. 계획홍수량(3)의 경우 금강에서 합류부를 통과하는 유속이 미호천에서 합류부로 유입되는 유속보다 더 크게 나타났으며 금강의 유황이 더 크게 나타났다. 계획홍수량(4)의 경우 미호천 유량이 우세함으로 인해 금강에서 합류부를 통과하는 유속보다 미호천에서 합류부로 유입되는 유속이 크게 나타났으며 미호천의 유황이 금강 본류의 유황보다 더 뚜렷이 나타났다. 계획홍수량(5)의 경우 금강의 유량이 더 많으므로 금강에서 합류부를 통과하는 유속이 미호천에서 합류부로 유입되는 유속보다 더 크고 금강의 유황이 뚜렷이 구분된다.

10년 빈도 유량의 경우 금강 본류의 유황이 더 뚜렷이 나타났고, 합류 후 금강 본류 흐름이 좌안측에 형성되는 것으로 나타났으며, 5년 빈도 유량의 경우 합류 전후 금강 본류의 주흐름이 10년 빈도 유량 조건에서 보다 더 좌안에 나타났으며 금강 본류의 유황이 뚜렷이 나타났다. 2년 빈도 유량의 경우 합류 후 금강 본류 주흐름이 세 가지 빈도 중에 가장 좌측에 형성되었으며 금강 본류의 유황이 뚜렷이 나타났다. 홍수량 조건에 따라 우세한 유황의 특성은 발생하는 것으로 나타났으나 전반적으로 모든 조건에서 합류부에서의 흐름은 안정적인 것으로 나타났으며 와류와 같은 수리적 특징은 나타나지 않았다.

(3) 축제·보강

제방설계의 기본방향은 기존제방의 여유고, 단면, 호안 등을 비교 검토하여 구조적으로 안전한 축제·보강계획 수립, 하천문화·생태계를 고려하여 자연친화적인 하천공법으로 하천제방을 정비 보강에 둔다. 또한 하천제방은 비탈면 경사를 1 : 3 이상으로 하여 치수안전도와 심미적인 안정성을 제고하고 접근성이 용이하도록 개선하고, 제방정비가 완료되어 구조적으로 안전한 구간은 통수 단면적 허용 범위에서 기존의 호안을 존치 활용하여 자연형 호안으로 대체하며 제방정비가 필요한 구간은 1 : 3 비탈면 경사를 원칙으로 1 : 5 이상의 완경사까지 고려하여 **그림 6.9**와 같이 보강한다. 여유고, 둑마루 폭, 비탈면 경사 등을 하천설계기준 이상으로 설계하여 인진한 제방계획을 수립하였나.

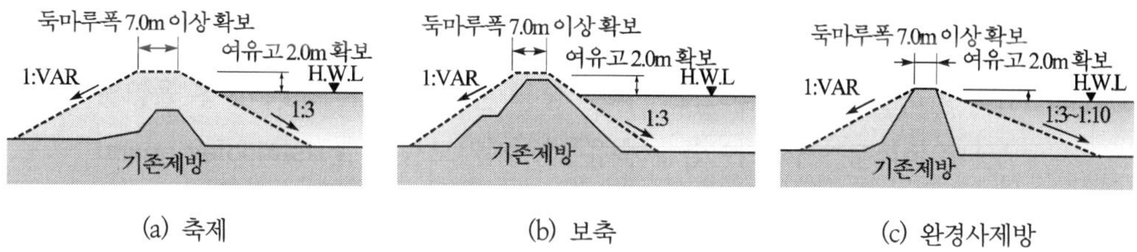

그림 6.9 제방의 횡단계획도

제방설계를 위한 축제, 보축 등을 위한 계획홍수량에 따른 둑마루 폭과 여유고는 **표 6.14, 6.15**와 같다.

표 6.14 홍수량에 따른 둑마루 폭

계획홍수량(m^3/s)	둑마루 폭(m)	비고
200 미만	4.0 이상	
200 이상~5,000 미만	5.0 이상	
5,000 이상~10,000 미만	6.0 이상	
10,000 이상	7.0 이상	금회 적용

표 6.15 홍수량에 따른 여유고

계획홍수량(m^3/s)	여유고	비고
200 미만	0.6 이상	
200 이상~500 미만	0.8 이상	
500 이상~2,000 미만	1.0 이상	
2,000 이상~5,000 미만	1.2 이상	
5,000 이상~10,000 미만	1.5 이상	
10,000 이상	2.0 이상	금회 적용

(4) 시설물 설계

① 수중보

기본방향 상·하류 생태·수리영향 최소화하는 수중보의 **그림 6.10**과 같은 위치 선정 규모계획, 가동보 배치계획을 수립한다. **그림 6.10(c)**와 같이 수중보의 설치로 수상레저 활동이 많은 레저친수지구의 단면 평균수심을 1.5m 이상 확보할 수 있도록 설계하였다.

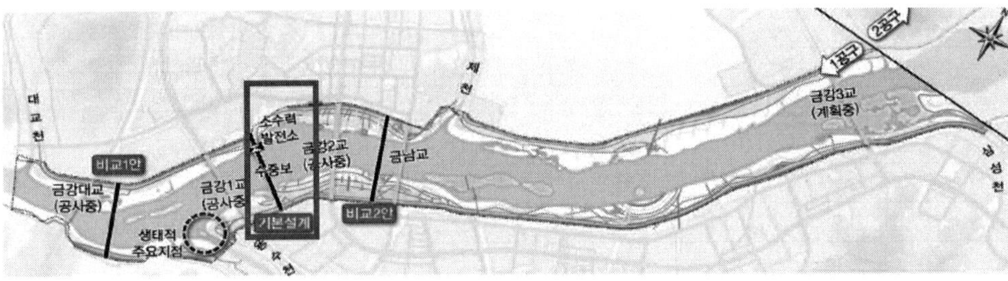

(a) 위치

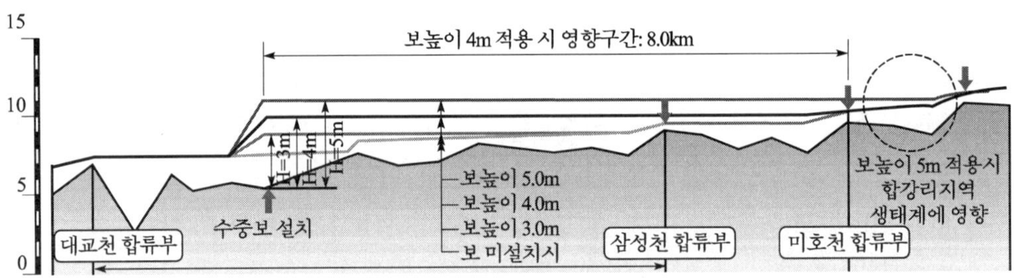

(b) 상류 영향분석

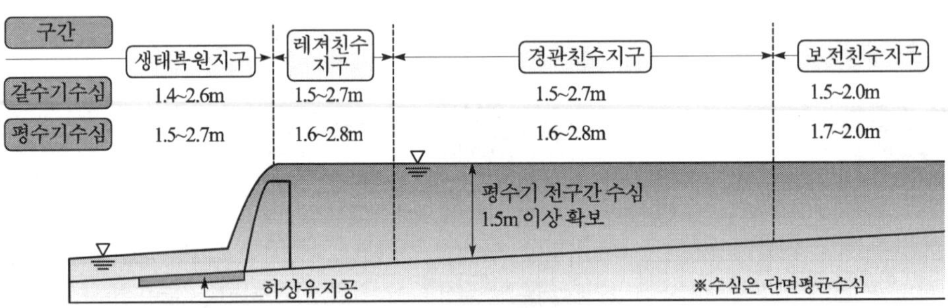

(c) 구간별 수심확보

그림 6.10 수중보의 설치 위치·영향·수심

가동보의 형식 결정을 위한 검토과정은 **표 6.16**과 같이 수행되었으며, 실시설계에서 개량형 전도식 가동보로 결정되었다.

표 6.16 가동보 형식 결정 검토과정

구분		기본설계(고무보)	비교1안(개량가동보)	실시설계(개량형전도식 가동보)
일반사항	작동방식	공압장치(전력+제어장치)	공압장치(전력+제어장치)	유압장치(전력+제어장치)
	원리	에어백에 공기를 공급/배출하여 계획수위를 담수·수로개방	에어백에 공기를 공급/배출하여 상부의 철판을 기립·전도	유압실린더의 수축/신장에 의한 철판 패널 기립·전도
	월류방식	상단 월류 방식	상단 월류 방식	상단 월류 방식
	내구연한	30년 이상	30년 이상	30년 이상
이수측면	계획수위	수위 유지·담수량 확보	수위 유지·담수량 확보	수위 유지·담수량 확보
	수위조절	보자체 정밀한 수위조절 미흡	보자체 수위조절 기능 가능	정밀한 수위조절 가능
치수측면	수위상승영향	수위상승 영향 없음	수위상승 영향 없음	수위상승 영향 없음
	중간구조물	일정길이(100m)마다 필요	길이 관계없이 불필요	길이 관계없이 불필요
환경측면	수질	저층수 배출로 수질오염 방지 (기초부에 저층수배출구 설치)	저층수 배출로 수질오염 방지 (철판에 배출구 설치)	저층수 배출로 수질오염 방지 (철판바닥부 전 구간으로 배출)
	생태	별도 어도·생태통로 필요	별도 어도·생태통로 필요	별도 어도·생태통로 필요
기타	유지관리	홍수 전후 부유물에 의한 에어백 손상 여부·주요기기 일상 점검	홍수전후 주요기기 일상점검	홍수 전후 주요기기 일상점검
	보수작업	공사비와 기간이 많이 소요	비교적 간편	비교적 간편
	장점	• 국내에서 에어백 제작 가능 • 상대적으로 얕은 기초시공 가능 • 공사비 유리	• 수위조절 가능 • 상대적으로 얕은 기초시공 가능 • 내구성 우수	• 수위조절 유리 • 내구성 우수 • 하류수위 또는 퇴적토사에 의해 도복 또는 기립 불가능 우려 적음 • 저층수배출이 확실하여 수질오염 저감 유리
	단점	• 내구성이 약함 • 하류수위 또는 퇴적토사에 의해 도복 또는 기립 불가능 우려 • 수위조절 불리	• 국내에서 에어백 제작 불가(외국수입)하여 신속한 보수 어려움 • 하류수위 또는 퇴적토사에 의해 도복 또는 기립 불가능 우려 • 공사비 불리	• 물받이 하단부에 20cm 단차를 두어야 하므로 시공성 불리 • 공사비 불리
월류 상태				

1) 설계

역학적인 안정조건을 만족하는 동시에 수리학적으로 유리한 단면으로 설계하기 위해 구조물의 기능, 하중조건, 내구성, 수밀성·사용성 등을 고려하여 구조물 본체의 내진 설계를 적용하였다.

2) 설계 시 고려사항

가) 구조물특성 : 사용성, 내구성, 유지보수 고려

나) 토질역학적 특성 : 지지력 안정성 검토

다) 내진설계 : 지진토압의 심도에 따른 변화고려, 수압·내부수압 고려

라) 구조해석 : 2, 3차원 구조해석, 고체(solid), 쉘(shell), 뼈대(frame) 요소 모형화 (element modeling)

3) 설계순서

가) 기초자료검토 : 구조물의 기본 단면 가정, 구조물의 자중 계산, 기초지반 검토, 조건별 하중조건 검토

나) 자료입력 : 구조물의 모형화(modeling), 지반 경계조건 적용, 각각의 하중조합 적용

다) 구조해석 : 구조물 해석, 결과에 따른 구조물의 단면 산정, 단면별 철근량 산정

라) 사용성 검토 : 사용하중에 의한 부재의 균열 검토, 구조물의 지지력 검토

4) 실시설계

가) 설계기준

- **설계적용기준** : 하천 설계기준·해설(건설교통부, 2005b), 댐시설기준(건설교통부, 2005a), 콘크리트 구조설계기준(한국콘크리트학회, 2007), 콘크리트 표준시방서(한국콘크리트학회, 2004), 구조물 기초 설계기준(한국지반공학회, 2003), 상수도시설 내진설계기준 마련을 위한 연구보고서(환경부, 1999), 도로교 설계기준(한국도로교통협회, 2005)
- **설계방법** : 강도설계법(USD) : 소수력 발전소, 방류수로, 수중보, 옹벽, 허용응력설계법(WSD) : 소수력 발전소 월류부 본체, 수중보 강관 말뚝

나) 사용재료

- **콘크리트** : 설계기준 강도(fck)=24MPa : 소수력 발전소, 수중보, 옹벽, fck=18MPa : 버림콘크리트, 무근콘크리트
- **철근** : 종류 SD 30, 항복강도 fy=300MPa : 소수력 발전소, 수중보, 옹벽

다) 설계하중

- **고정하중** : 콘크리트단위중량=25.0kN/m^2, 물 단위중량=10.0kN/m^2, 강재 단위중량=78.5kN/m^2, 수차중량=200kN/개, 수문(gate) 설비 중량=100kN/개
- **활하중** : 정비하중−500kN 인양크레인(총중량 431kN), 노면활하중=10kN/m^2, 군중하중=5.0kN/m^2
- **토압**

정지토압계수 : $K_0 = 1 - \sin\phi$ (6.1a)

주동토압계수 : Rankine 토압공식 $K_a = \cos\alpha \dfrac{\cos\alpha - \sqrt{(\cos^2\alpha - \cos^2\theta)}}{\cos\alpha + \sqrt{(\cos^2\alpha - \cos^2\theta)}}$ (6.1b)

Coulomb 토압공식 : $K_a = \dfrac{\cos^2(\phi-\theta)}{\cos^2\theta\cos(\theta+\delta)\left[1+\sqrt{\dfrac{\sin(\phi+\delta)\sin(\phi-\delta)}{\cos(\theta+\delta)\cos(\theta-\alpha)}}\right]^2}$ (6.1c)

여기서 ϕ=흙의 전단저항각이고, α=지표면과 수평면을 이루는 각이며, θ=벽면과 연직면이 이루는 각, δ=벽배면과 흙 사이의 벽면 마찰각(ϕ/3)이다.

지진 시 토압계수 : Mononobe–Okabe 토압공식

$$K_a = \frac{\cos^2(\phi-\theta-\beta)}{\cos\theta\cos^2\beta\cos(\delta+\beta+\theta)\left[1+\sqrt{\dfrac{\sin(\phi+\delta)\sin(\phi-\theta-i)}{\cos(\delta+\beta+\theta)\cos(i-\beta)}}\right]^2} \quad (6.1d)$$

여기서 ϕ=흙의 내부마찰각이고, β=구조물 배면의 수직에 대한 각이며, i=뒤채움 흙의 경사각, δ=흙과 교대 사이의 벽면 마찰각이다.

라) 하중조합

$$U = 1.4(D+F+H_v) \quad (6.2a)$$

$$U = 1.2(D+F+T) + 1.6(L+\alpha_H H_v + H_h) + 0.5(L_r \text{ or } S \text{ or } R) \quad (6.2b)$$

$$U = 1.2D + 6(L_r \text{ or } S \text{ or } R) + (1.0L \text{ or } 0.65W) \quad (6.2c)$$

$$U = 1.2D + 1.3W + 1.0L + 0.5(L_r \text{ or } S \text{ or } R) \quad (6.2d)$$

$$U = 1.2D + 1.0E + 1.0L + 0.2S \quad (6.2e)$$

$$U = 1.2(D+F+T) + 1.6(L+\alpha_H H_v + 0.8H_h) + 0.5(L_r \text{ or } S \text{ or } R) \quad (6.2f)$$

$$U = 0.9D + 1.3W + 1.6(\alpha_H H_v + H_h) \tag{6.2g}$$

$$U = 0.9D + 1.0E + 1.6(\alpha_H H_v + H_h) \tag{6.2h}$$

여기서 D=고정하중 또는 이에 의해서 생기는 단면력이고, E=지진하중, 또는 이에 의해서 생기는 단면력이며, F=유체의 밀도를 알 수 있고, 저장 유체의 높이를 조절할 수 있는 유체의 중량·압력에 의한 하중 또는 이에 의해서 생기는 단면력이다. T=온도, 크리프, 건조수축, 부등침하의 영향 등에 의해서 생기는 단면력이고, W=풍하중 또는 이에 의해서 생기는 단면력이다. 또한 H_h, H_v=흙, 지하수 또는 기타 재료의 횡압력·자중에 의한 수평·연직방향 하중 또는 이에 의해서 생기는 단면력이고, L=활하중 또는 이에 의해서 생기는 단면력이며, L_r=지붕활하중 또는 이에 의해서 생기는 단면력, R=강우하중 또는 이에 의해서 생기는 단면력, S=적설하중 또는 이에 의해서 생기는 단면력, α_H=토피의 두께에 따른 연직방향 하중 H_v에 대한 보정계수이다.

5) 설계 단면

가) 고정보

그림 6.11과 같이 Bligh 공식에 의한 고정보의 하류측 물받이 길이와 바닥 보호공 길이는 다음 식을 사용하여 결정한다.

$$L_1 = 0.6\,C\sqrt{H_a} \tag{6.3a}$$

$$L_2 = 0.66\,C\ f\ (H_a q)^{1/2} - L_1 \tag{6.3b}$$

여기서 L_1, L_2=고정보의 하류측 물받이 길이와 바닥보호공 길이이고, H_a=하류측 물받이 상판에서 보마루까지의 높이이며, C=Bligh 계수, f=안전율, q=단위폭당 유량이다.

식 (6.3a)에 의한 고정보의 하류측 물받이 길이 L_1은 **표 6.17**(국토교통부·한국수자원학회, 2009)의 Bligh 계수 C=9, 하류측 물받이 상판에서 보마루까지의 높이 H_a=4.35m을 적용하였으며, 계산 값은 11.26m이나 설계 반영 최종 값은 14.00m로 결정하였다. 식 (6.3b)에 의한 고정보의 바닥보호공 길이 L_2는 안전율 f=1.0, 단위폭당 유량 q=19.68m^3/s/m, C=9, H_a=4.35m, L_1=14.00m를 적용하였으며, 계산 값은 약 40.95m이나 설계 반영 최종 값은 42.00m로 결정하였다.

표 6.17 블라이(Bligh) 계수

하상토의 상태	Bligh 계수	비고
극미립사 또는 이토(0.1~0.005mm)	18	
가는 모래(0.1~0.25mm)	15	
굵은 모래(0.5~1.00mm)	12	
자갈과 모래의 혼합	9	적용값
호박돌, 자갈	4~6	

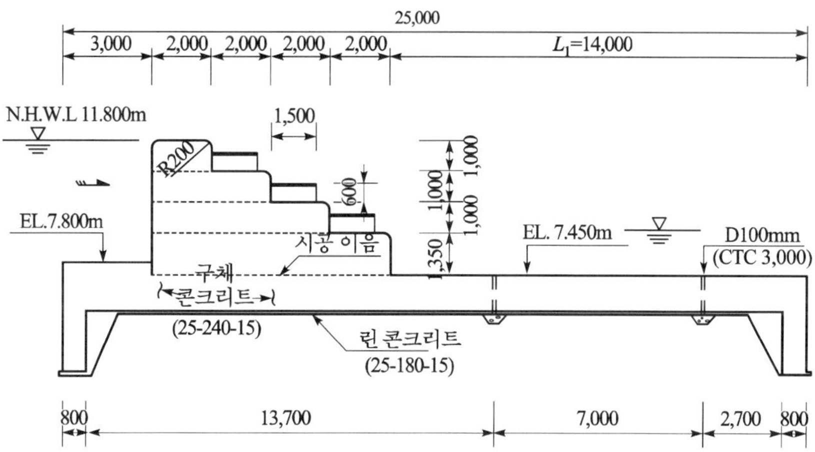

그림 6.11 고정보 단면 결정

나) 가동보

가동보의 설계단면은 **그림 6.12**와 같다.

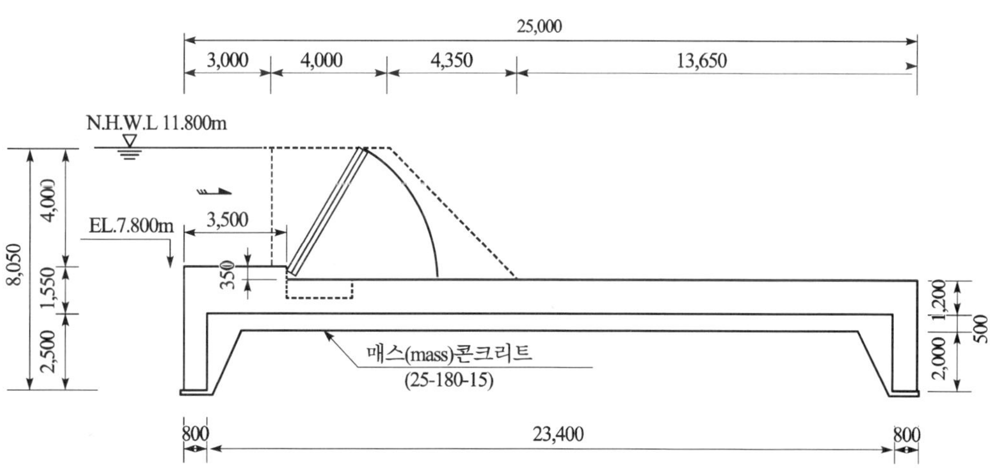

그림 6.12 가동보 설계단면

② **배수구조물**

통수단면 결정을 위한 홍수량 산정은 합리식을 이용하였고, 배수구조물이 위치한 각 하천별 배후지의 여건을 고려하여 홍수배제시간을 산정하여 배수구조물의 통수 단면적을 검토하였다. 배수시설물 규모 결정은 기수립된 「금강수계하천정비기본계획(국토해양부, 2009)」에서 산정된 배수시설물 규모와 금회 산정한 배수시설물 규모를 비교하여 **그림 6.13**과 같이 결정하였다.

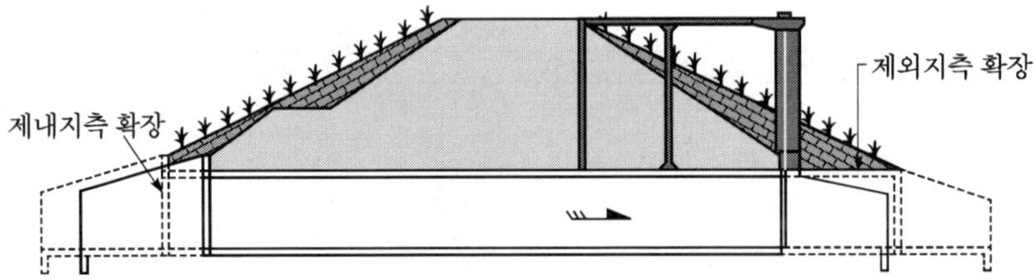

그림 6.13 배수시설물 일반도

③ **소수력 발전소**

소수력 발전소는 다음과 같은 기본방향에 의해 설계하였다. ① 위치선정 : 유량유입조건, 낙차확보조건, 기초지반조건, 접근성이 유리한 지점 선정 ② 사용수량 : 장기유출모의에 의한 유황분석 검토 후 수중보 경관성, 경제성 고려 ③ 수차대수 : 사용수량 변화에 대응이 용이하고, 수차제작·운송이 용이하며 경제적인 규모로 계획하였다.

소수력 발전소의 위치선정은 **표 6.18**과 같이 지형·지질조건, 시공성, 변전소, 전력케이블, 유지관리의 항목을 검토하여 결정하였다.

표 6.18 위치선정 비교 검토

검토항목	지형조건	지질조건	시공성	변전소	전력케이블	유지관리	선정
좌안부	사주부로 유량유입조건 불리	토사, 풍화토 기초로 기초조건 불리	낙차 확보·기초조건 확보 위해 과다 굴착 필요	도심지와 근접하여 경관성 불리	연장 증가로 불리	사주부로 불리	
우안부	유심부로 유량유입조건 유리	기반암이 얕게 분포하여 기초조건 유리	기반암이 얕게 분포하므로 굴착 규모 감소	도심지와 이격되어 경관성 유리	연장 감소로 유리	가동보 구간으로 유리	○

발전시설용량과 경제성 분석은 위치 선정, 사용수량 검토, 유효낙차 검토, 시설용량 결정, 경제성 (B/C) 분석으로 이루어졌다. 발전소에 설치되는 발전기의 수차 형식은 사용낙차에 적합한 적용낙차 2m 내외의 튜블러(tubular) 프로펠러 수차로 선정하고, 발전기형식은 부하변동에 안정한 유도발전기로 선정하며, 공기는 수중보공사와 연계해 검토한다. 설치 형식은 굴착깊이가 적은 형식, 방수로 길이가 짧은 형식, 흡출관 효율이 높은 형식을 고려해 **그림 6.14**와 같이 횡축식으로 선정하였다.

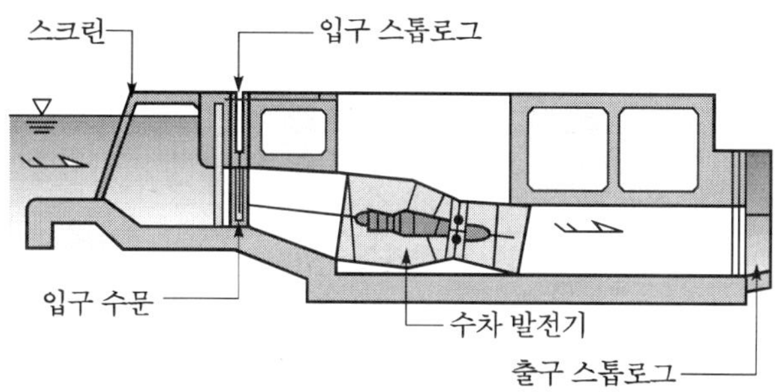

그림 6.14 횡축식 발전기

6.2 설계 기준

본 절에서는 하천에서의 보(weir) 설계와 이수시설을 이용한 취수 활용의 관계를 이해하고, 사용수의 환원적 측면에서 하수도 설계의 기초적인 사항과 광의의 물 순환 과정을 고려하여 해안·항만분야의 일부 설계기준을 간략히 소개함으로써 수공분야의 포괄적 개념이해를 돕고자 한다.

하천설계기준(KDS 51 00 00; 2018)의 하천보(KDS 51 40 05; 2018)(환경부, 2024e)와 항만 및 어항설계기준(KDS 64 00 00; 2020)의 방파제(KDS 64 45 20; 2017)(해양수산부, 2024)를 다룬다.

6.2.1 하천설계기준

하천설계기준(KDS 51 00 00; 2018)은 **표 6.19**와 같은 주요 내용으로 구성되었다. 이 중 본 소절에서는 하천보(KDS 51 40 05; 2018)(환경부, 2024e)를 중심으로 다루고, 나머지의 대부분은 하천공학에서 다룬다.

표 6.19 하천설계기준의 주요 내용

코드번호	내용	비고
KDS 51 10 00	하천설계 일반사항	
KDS 51 12 00	하천설계 조사	
KDS 51 12 10	강수량 조사	
KDS 51 12 20	유량 조사	
KDS 51 14 00	하천설계 계획	
KDS 51 14 10	설계수문량	
KDS 51 17 00	하천 내진 설계	
KDS 51 40 00	하천이수시설물	
KDS 51 40 05	하천보	6.2.1(1)
KDS 51 40 15	하천 취수시설	
KDS 51 60 00	하천치수시설물	
KDS 51 60 05	하천 제방	
KDS 51 90 00	하천 기타시설물	
KDS 51 90 05	하천 수로터널	

(1) 하천보

1. 일반사항

1.1 목적

이 기준은 하천보를 설치하기 위한 관련 기준을 제시하는데 목적이 있다.

1.2 적용 범위

이 기준은 수위를 높여 수심을 유지하거나 조수의 역류를 방지하기 위하여 하천을 횡단하여 설치하는 보(洑)의 표준적인 설계기준을 제시한다.

1.3 참고기준

이 기준을 적용할 때 관련 기준을 고려하여야 한다. 이 기준과 관련된 기준은 아래와 같다.

1.3.1 관련 기준

KDS 51 40 20 하천주운시설

KDS 51 50 05 하천제방

KDS 57 00 00 상수도 설계기준

1.4 용어 정의

- 보 : 각종 용수의 취수, 주운(舟運) 및 친수활동 등을 위하여 수위 또는 유량을 조절하거나 바닷물의 역류를 방지하기 위하여 하천의 횡단 방향으로 설치하는 시설 중 흐르는 물의 월류(越流)를 허용하는 시설
- 고정보 : 수위, 유량을 조절하는 가동 장치가 없는 보
- 가동보 : 수위, 유량을 조절하는 가동 장치가 있는 보

1.5 기호의 정의 : 내용 없음

1.6 시설물의 구성

1.6.1 보의 종류

(1) 설치목적에 따라 취수보, 분류보, 방조보 및 유량조절 보로 분류한다.

(2) 구조와 기능에 따라 가동보 및 고정보로 분류한다.

(3) 평면형상에 따라 직선형, 경사형, 굴절형 및 원호형으로 분류한다.

(4) 설치재료에 따라 자연형 보, 콘크리트보로 분류할 수 있다.

(5) 가동보는 작동 방식에 따라 유압식, 공압식, 수압식 및 무동력 가동보로 분류한다.

1.6.2 보의 형식

(1) 기초형식은 고정형(fixed type) 및 부상형(floating type)이 있다.

(2) 구조형식은 하천의 전하폭을 고정보로 하는 형식, 하천의 전하폭을 가동보로 하는 형식, 그리고 일부 구간은 고정보로 하고 나머지 구간은 가동보로 하는 복합형식으로 구분한다.

2. 조사 및 계획

2.1 계획

2.1.1 보의 종류 및 형식의 선정

(1) 보의 종류와 형식의 선정 시 홍수위 변동, 하상변동, 수질변화, 생태계에 미치는 영향, 자정능력 변화 등을 고려한다.

(2) 중규모 이상의 하천에서는 원칙적으로 가동보 및 복합형보로 설치한다.

(3) 기존 고정보를 가동보로 개량 시 가동문짝을 설치하는 가동보구간은 홍수 시를 대비하여 양안으로부터 충분히 떨어져야 한다.

2.1.2 설치 위치의 선정

보의 위치는 설치목적, 환경성, 경제성, 시공성, 하상변동, 물리적 교란, 유지관리 등을 고려하여 가장 유리한 지점을 선정한다.

(1) 용수공급지까지 도수(道水)하는데 필요한 취수위가 확보되는 지점

(2) 유수의 주된 흐름이 취수구와 근접한 지점
(3) 하안 침식에 대해 안전한 지점
(4) 직선수로와 같이 유속의 변화가 적어 하상변동이 적은 지점
(5) 기초지반이 양호한 지점
(6) 구조상 안전하고 공사비가 적은 지점
(7) 계획홍수량을 유하시키는 데 필요한 하폭을 가진 지점
(8) 유지관리가 용이한 지점

3. 재료 : 내용 없음

4. 설계

4.1 설계일반

4.1.1 일반사항

(1) 보는 전도(轉倒), 활동, 침하, 파이핑(piping)에 대하여 안정성이 확보되고 지지력에 문제가 없도록 설치하여야 한다.

(2) 보를 설치하는 경우에는 상·하류 수위변화에 따른 제방 안정성, 지하수위 변화, 취·배수 구조물 및 하천시설 등에 대한 영향을 검토하여 기술적·구조적 문제가 발생하지 않도록 설치하여야 한다.

(3) 보를 설치하는 경우에는 본체 상·하류 하천의 세굴 방지를 위하여 보호공을 설치하여야 한다.

4.1.2 설치 기준

(1) 보는 계획홍수위 이하 수위의 유수 작용에 대하여 안전한 구조로 하여야 한다.

(2) 보는 계획홍수위 이하 수위의 홍수 유하를 방해하지 않고 부근의 하안 및 하천시설물의 구조에 심각한 지장을 초래하지 않으며 보에 접속되는 하상 및 고수부지의 세굴에 대하여 안전한 대책이 있는 구조로 한다.

(3) 보의 평면형상 및 설치방향은 홍수 시 물의 흐름 방향을 고려하여 결정한다.

(4) 계획홍수량이 크고 하상경사가 급하거나 하상재료의 입경이 굵은 하천구간에서 자동수문 등과 같은 전도식 수문의 설치는 신중히 검토하여야 한다.

(5) 보 상류의 관리수위가 제내지(堤內地)보다 높을 때에는 제방의 누수(漏水) 및 습윤화(濕潤化)에 대한 방지대책을 수립하여야 한다.

4.1.3 보마루 표고의 결정

(1) 보마루 표고는 하천의 계획단면적을 충분히 확보하고 각종 용수수요량을 취수하는데 지

장이 없도록 취수구 수위 또는 보의 목적에 따른 수위를 근거로 결정한다.

(2) 보마루 표고는 홍수 시 계획홍수소통에 지장이 없고 통수단면적을 충분히 확보되도록 계획하여야 하며 다음 식에 의해 보마루 표고를 결정할 수 있다.

(3) 보마루 표고=계획취수위+[(갈수량−취수량)의 월류수심]+여유고 (6.4)

(4) 가동보의 바닥표고(sill 표고)는 원칙적으로 계획하상고와 일치시킨다. 가동보에서 가동보의 턱높이는 턱위에 퇴사가 발생하여 수문의 개폐에 지장이 없도록 하상에 잘 부합되도록 결정하여야 한다. 배사구는 취수구 앞부분에 퇴적된 토사를 배제하고 수로를 유지하여 취수를 용이하게 하기 위해서 배수구보다 일반적으로 0.5~1.0m 정도 낮게 한다. 배사구는 평수 시에도 토사를 배제하기 때문에 배사구의 수로부에는 어느 정도 경사를 줄 필요가 있다.

4.2 고정보

4.2.1 고정보의 단면결정

(1) 고정보의 본체는 콘크리트 구조를 원칙으로 한다. 단면형상은 상류측을 연직 또는 이에 가까운 기울기로 하고, 하류측은 완만한 기울기의 사다리꼴로 한다. 보의 단면은 역학적으로 구조적, 수리학적 안정조건을 만족시켜야 한다.

(2) 돌과 자갈이 많이 유하하는 곳에서는 상류측 경사면을 완만하게 하고 하류측 경사면을 급하게 하여 유하하는 돌과 자갈에 의한 파괴를 방지할 수 있도록 한다. 또한 수세를 약화시키기 위해 하류측 경사면 비탈 끝에 곡선을 만들지 않고 월류하는 물을 물받이에 수직으로 낙하시키는 경우도 있다.

(3) 고정보의 안전을 검토하기 위해서는 보의 상·하류 수위차에 의한 침투수의 침투길이와 외력에 의한 본체의 전도, 활동, 침하를 고려해야 한다.

4.2.2 물받이

(1) 물받이는 파이핑과 월류에 의한 보 상·하류의 세굴을 방지하기 위하여 설치한다.

(2) 물받이는 일반적으로 철근콘크리트 구조로 하지만 사석을 활용한 여울형상, 돌붙임형상을 고려할 수 있다.

(3) 보의 직하류는 월류하는 강한 흐름에 의해 하류하상이 심한 침식작용을 받게 된다. 하상침식으로부터 보를 보호하기 위하여 물받이 내에서 도수를 발생시키는 등 수세를 약화시켜 유속이 적절하게 유지되도록 한다.

4.2.3 바닥보호공

(1) 바닥보호공은 유속을 약화시켜 하상의 세굴을 방지하고 보의 본체 및 물받이를 보호하기 위해서 설치한다.

(2) 바닥보호공은 콘크리트 블록, 사석, 돌망태, 다공성소재 등 투수성 재료를 이용하며, 바닥보호공이 유실되지 않도록 한다.
(3) 바닥보호공은 조도가 다른 2종류 이상의 재료를 사용하여 유속을 서서히 감소시켜 흐름을 원활하게 할 필요가 있다.

4.3 가동보

4.3.1 가동보의 높이

가동보를 세웠을 때 높이는 치수상 안전성 확보를 위하여 보 지점의 계획하상고와 계획홍수위의 중간값보다 낮아야 한다.

4.3.2 경간길이 및 가동부

(1) 가동보의 경간길이는 인접한 보기둥의 중심선 간의 거리이며, 계획홍수량이 발생하였을 때의 배수위(背水位), 하천상황, 지형상황, 경제성 및 시공성 등을 고려하여 결정하여야 한다.
(2) 현재의 하상고보다 계획하상고가 낮은 경우에는 하상을 굴착하여 가동부를 시공한 후, 가동부 턱위에 퇴사가 발생되어 문짝의 조작에 지장이 없도록 하여야 한다. 퇴사를 방지하기 위해서 가동부 턱을 계획하상고보다 다소 높게 설치하여 가동부 턱과 물받이에 광정보의 기능을 부여하여야 한다.

가동보의 가동부(可動部)가 인양식인 경우에는 최대 인양 시의 가동부 하단이 계획홍수위에 KDS 51 50 05(하천제방) [(표 4.1-1)]에 따른 여유고를 더한 높이보다 높아야 한다.

4.3.3 물받이 및 바닥보호공

가동보의 물받이와 상판과의 연결부는 수밀성이 있고 부등침하에 대응 가능한 구조로 한다.

4.3.4 바닥판

바닥판은 상부하중을 지지하고 문짝의 수밀성을 확보할 수 있어야 하며 보기둥 사이에서 물받이의 역할을 할 수 있는 구조로 설계한다.

4.3.5 보기둥

(1) 보기둥은 상부하중과 홍수 시 유수의 수압을 안전하게 상판에 전달하는 구조로 설계해야 한다.
(2) 보기둥의 높이는 수문조작에 충분한 높이로 해야 하며, 여유고를 반영하여야 한다.
(3) 보기둥의 두께는 관리교의 폭, 수문의 치수, 권양기의 치수 및 역학적 안정 등을 고려해서 결정해야 하는데 일반적으로 1.5~3.0m 정도로 한다.
(4) **그림 6.15**에서의 보기둥의 폭(t)은 수문의 크기, 보의 높이, 지반토질조건 등에 따라 결정

되지만 최대한 작게 결정하도록 한다. 관리교의 교각을 포함한 보기둥의 폭은 하천폭의 10%를 초과하지 않도록 한다. 이것을 초과하는 경우, 배수효과에 따른 상류측 수위를 분석하여 필요하면 하천폭을 확장한다.

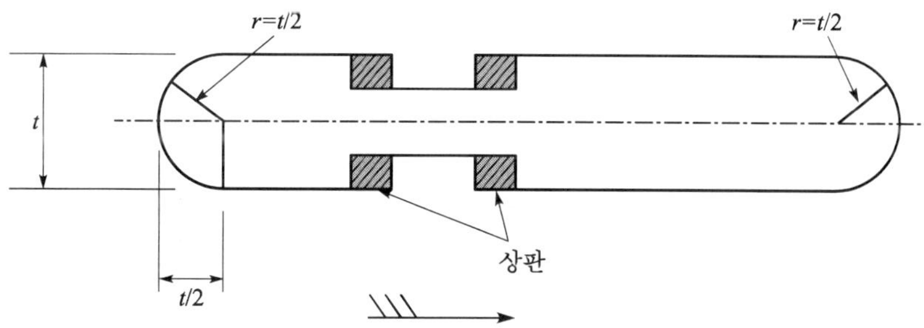

그림 6.15 보기둥의 단면

4.3.6 문기둥

문기둥은 상부하중을 안전하게 보기둥에 전달할 수 있는 구조로 설계한다. 인양식에서 문기둥의 높이는 개폐문짝을 완전히 열었을 때 문짝하단의 높이, 문짝의 높이, 관리에 필요한 여유고를 더한 값으로 한다.

4.3.7 문짝

(1) 가동보의 문짝은 개폐가 확실하고 완전한 수밀성 및 내구성을 가지고 홍수소통에 지장을 주지 않는 구조가 되도록 설계한다.

(2) 문짝에는 인양식과 전도식이 있으며 전도식일 경우에는 **그림 6.16**과 같이 전도시의 상단 높이는 가동보 기초부(바닥판 포함)의 높이 이하로 한다. 가동보의 개폐문 부근에 토사가 퇴적되는 것을 피하기 위해 문짝의 고정부에 볼록부(凸)낙차를 설치할 필요가 있다고 생각되는 경우는 볼록부의 상단을 계획하상으로 한다.

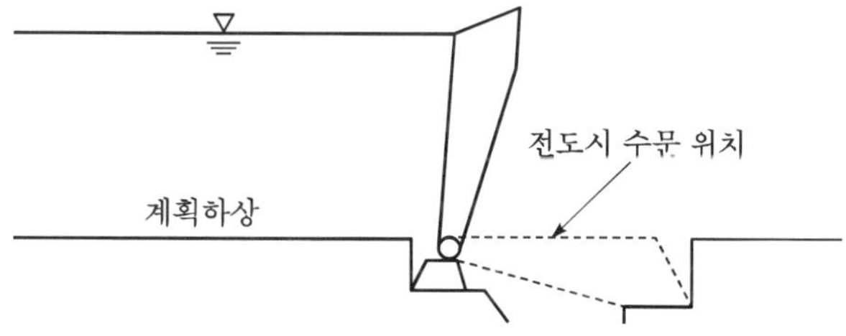

그림 6.16 개량식보의 형상

4.4 차수벽

(1) 보를 투수성 지반에 설치할 때는 파이핑(piping) 현상이 일어나지 않도록 충분한 투수로 길이를 확보해야 하고 투수량이 많을 때는 이를 방지할 수 있도록 차수벽을 설치한다.

(2) 차수벽은 **그림 6.17**에서와 같이 콘크리트, 강철 널말뚝, 케이슨 등을 사용하여 설치하고 상·하류의 수위차에 의해 생기는 침투수의 동수경사를 감소시켜 토사의 유동과 흡출을 방지하는 구조로 설계해야 한다.

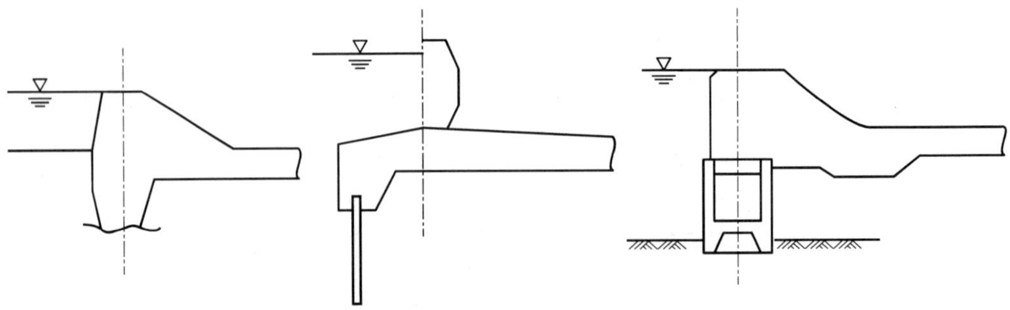

(a) 콘크리트 차수벽 (b) 강철 널말뚝 차수벽 (c) 케이슨 차수벽

그림 6.17 차수벽의 종류

4.5 연결호안

(1) 보에 연결하는 호안은 유수의 작용에 의해 제방 또는 하안이 세굴되는 것을 방지하는 구조로 해야 한다.

(2) 보에 연결되는 하안 또는 제방에는 이를 보호하는 구조물이 설치되어야 한다. 구조물의 설치는 보의 구조, 제방법선의 선형, 보와 연결부의 선형, 어도, 배사구, 갑문의 유무와 그 위치 등에 따라 다르나 일반적으로 물받이 구간까지 점확대 또는 점축소 단면이 되도록 배치하고 연결부는 수리상 안전해야 한다.

4.6 부대시설

4.6.1 일반사항

(1) 보를 설치할 때는 필요에 따라 취수구, 배사구, 침사지, 어도, 갑문, 관리교, 수문조작 및 유지관리 시설 등을 설치한다.

(2) 가동보는 필요에 따라 관리교 등 적당한 관리시설을 설치한다.

(3) 가동보 및 배사구가 있는 고정보에서 수문조작에 의한 하류측 수위변동이 뚜렷한 구간에서는 경보시설을 설치할 필요가 있다.

4.6.2 취수구

(1) 취수구는 취수기능을 충분히 발휘할 수 있어야 하고 구조적으로 유수에 안전해야 하며 유지관리가 편리하도록 위치, 구조, 수위 등을 결정해야 한다.

(2) 취수구는 원칙적으로 취수보의 직상류에 설치하고 토사의 퇴적이 발생하지 않는 위치에

설치한다.

(3) 원칙적으로 양안 취수는 피하는 것으로 한다.

(4) 취수유속은 0.6~1.0m/s 정도를 표준으로 한다.

(5) 체(screen)는 취수뮤 바로 앞에 설치한다.

(6) 지형이 허용하는 한 취수정을 설치하는 것으로 한다.

(7) 취수구에 관한 구체적인 설계사항은 KDS 57 45 00(상수도 취수시설 설계기준) 3.7 취수구를 참조하여 적용한다.

4.6.3 배사구 및 침사지

(1) 보 상·하류에 토사가 퇴적되지 않고 하류에 원활하게 공급되도록 배사구의 규모 및 위치를 결정한다.

(2) 하천 토사가 함께 취수되면 수로에 퇴적되어 용수의 소통을 막으며, 경지에 유입되어 지장을 주기도 한다. 이와 같은 유입토사를 퇴적시키기 위하여 침사지를 설치한다.

(3) 침사도랑의 바닥기울기는 일반적으로 1/20~1/70으로 하고 관개용 침사지에서는 1/50 내외를 표준으로 한다.

(4) 침사지 내에 침전된 토사를 자연배사할 때는 침사도랑의 바닥기울기, 침사도랑 말단에서 배사관까지의 이동부, 배사관 입구와의 높이차 및 배사관 연결각은 물론 배사유량과 배사관의 단면형과의 관계가 적절하여야 한다.

4.6.4 갑문

(1) 보를 설치하여 하천을 주운으로 이용할 경우에는 갑문을 배사구 근처의 유심부에 설치해야 한다. 또한 갑문의 폭과 길이는 운행하는 선박이나 바지선의 종류, 크기 및 척수에 따라 결정해야 한다.

(2) 갑문에 관한 구체적인 설계사항은 KDS 51 40 20(하천주운시설)을 따른다.

4.6.5 기타시설

(1) 가동보를 설치할 경우에는 문짝이 기립하는 동안에도 하류측으로 하천유지에 필요한 유량을 보낼 수 있는 유지유량 공급시설을 설치하여야 한다.

(2) 보에는 조작 및 유지관리를 위해 필요시 부속설비를 설치한다.

4.7 자연형 보

자연형 보는 보의 본체 및 물받이를 나무, 돌 등과 같은 자연재료를 사용하여 해당 하천의 특성에 따라 다양한 형상으로 계획하여, 수중생물 등과 같은 하천 생태계의 보전을 위한 서식처 및 이동경로를 조성하고, 하천 수변 식생과 하천경관의 보전 및 향상을 도모하여야 한다.

6.2.2 항만 · 어항 설계기준

본 소절에서는 5.3.3 소절에 이어 항만 및 어항설계기준(KDS 64 00 00; 2020)(해양수산부, 2005b, 2014, 2017, 2020) 중 방파제(KDS 64 45 20; 2017)(해양수산부, 2024)에 대해 설명하고자 한다.

(1) 방파제

---

1. 일반사항

1.1 목적

이 기준은 방파제를 계획하고 설계할 때에 필요한 기술적 사항을 정함을 목적으로 한다.

1.2 적용범위

이 기준은 항내 정온을 유지하기 위하여 설치하는 방파제에 있어서 직립제, 혼성제, 경사제, 소파블록피복제 등 중력식방파제의 표준적인 설계기준을 제시한다.

1.3 참고기준 : 내용 없음

1.4 용어의 정의

- 경사제(傾斜提) : 암석이나 콘크리트블록을 사다리꼴 형상으로 쌓아올린 형식을 말한다.
- 근고(根固)블록 : 직립제 또는 혼성제 직립벽 하단 끝부분에 세굴을 방지하기 위하여 설치하는 블록을 말한다.
- **소파(消波)블록피복제** : 직립제 또는 혼성제 전면에 소파블록을 설치한 형식을 말한다.
- 중력식방파제(重力式防波堤) : 파력 등의 외력을 제체중량과 그 마찰력으로 저항하도록 축조된 방파제 형식을 말한다.
- 직립제(直立提) : 해저면에 전면이 연직인 벽체를 쌓아올린 형식을 말한다.
- **혼성제**(混成提) : 해저면에 경사제 형식으로 기초 사석부를 형성하고 그 위에 직립벽을 쌓아올린 형식을 말한다.

1.5 기호의 정의 : 내용 없음

1.6 시설물의 구성

1.6.1 구조형식에 따른 분류

(1) 직립제

(2) 혼성제

(3) 경사제

(4) 소파블록 피복제

(5) 중력식 특수방파제

① 직립소파 블록제　② 소파 케이슨제　③ 상부사면 케이슨제

1.6.2 기능에 따른 분류

(1) 일반적인 방파제(기본적인 기능 방파제)

(2) 부가적인 기능 방파제

① 친수기능 방파제　② 목재취급시설 방파제

③ 폭풍해일 방파제　④ 지진해일 방파제

[참고]

(1) 경사제는 암석이나 콘크리트 소파블록을 사다리꼴 형상으로 쌓아올린 것으로서 주로 사면상의 쇄파, 투수성, 조도에 의하여 파랑의 에너지를 소산시키거나 반사시켜 파랑의 항내 진입을 차단한다.

(2) 직립제는 전면이 연직인 벽체를 수중에 설치한 구조물로서 주로 파랑의 에너지를 반사시켜 파랑의 항내 진입을 차단한다.

1.6 시설물의 구성에서 방파제는 구조형식, 기능에 따라 **그림 6.18**과 같이 분류한다.

(3) 혼성제는 기초 사석부 위에 직립벽을 설치한 것으로 파고에 비하여 사석부 마루가 높은 경우에는 경사제에 가깝고 낮은 경우에는 직립제의 기능에 가깝다.

(4) 소파블록 피복제는 직립제 또는 혼성제의 전면에 소파블록을 설치한 것으로 소파블록으로 파랑의 에너지를 소산시키며, 직립부는 파랑의 투과를 억제하는 기능을 가진다.

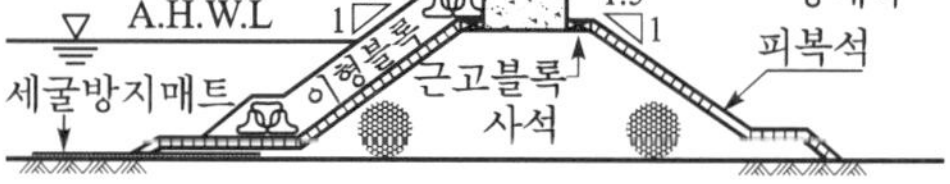

(a) 블록식 경사제

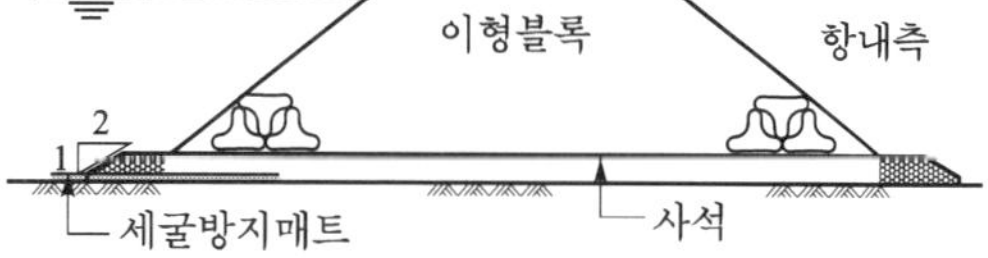

(b) 블록식 경사제

그림 6.18 방파제의 분류

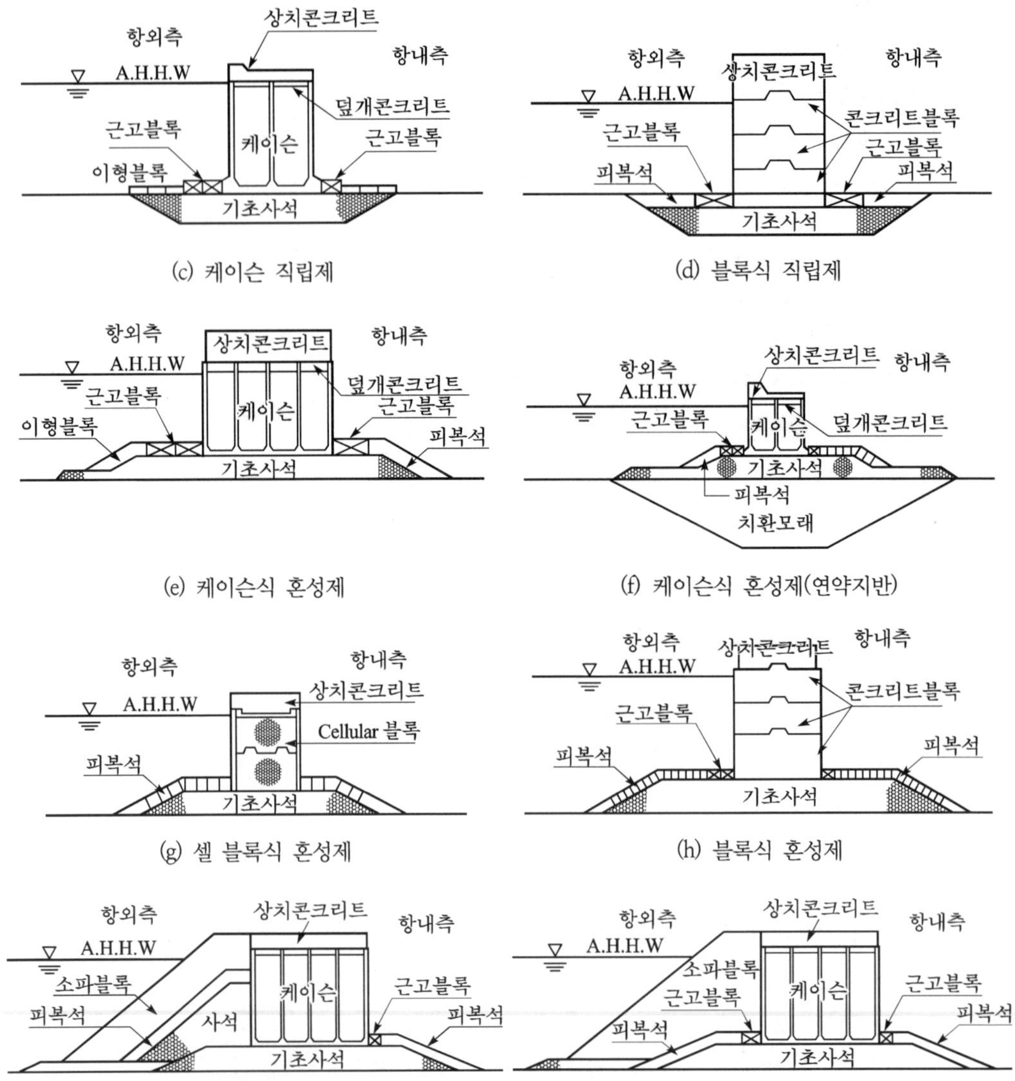

(c) 케이슨 직립제
(d) 블록식 직립제
(e) 케이슨식 혼성제
(f) 케이슨식 혼성제(연약지반)
(g) 셀 블록식 혼성제
(h) 블록식 혼성제
(i) 소파 블록 피복제(a)
(j) 소파 블록 피복제(b)

그림 6.18 방파제의 분류(계속)

2. 조사 및 계획

2.1 계획

2.1.1 방파제의 배치

(1) 방파제는 KDS 64 40 10 수역시설(4.1.6 항로의 정온도 및 4.2.4 정박지 정온도)을 만족시키도록 배치하여야 하며, 친수성 및 친환경성 등의 기능을 복합적으로 고려하여야 한다.

(2) 방파제는 항내 정온을 유지하여 하역효율을 높이고, 항내 항행 및 정박 중인 선박의 안전을 확보하고, 항내시설을 보전하기 위하여 설치하는 것으로서 다음과 같은 사항을 고려하여야 한다.

① 항 입구는 가장 빈도가 높은 파랑방향과 가장 파고가 큰 방향을 피하여 항내 침입파가 가장 작도록 하여야 한다.

② 방파제 배치는 길이방향 기준선이 확률적으로 발생빈도가 가장 높은 파랑방향과 가장 파고가 큰 방향에 대하여 각각 효과적으로 항내를 차폐하여 항내정온도 목표성능을 만족하여야 한다.

③ 항 입구는 선박항행에 지장이 없는 유효 폭을 확보하고 선박항행이 편리하도록 선박안전항행조건을 만족하여야 한다.

④ 항 입구 부근의 조류 속도는 선박항행에 지장이 없도록 최대한 작게 되는 장소를 선정하여야 하며 조류속도가 큰 경우에는 조류속 저감을 위한 대책을 세워야 한다.

⑤ 제체에 의한 반사파가 항로 및 정박지의 정온도에 영향을 주거나, 주변의 연안해역에 파랑에너지의 집중현상을 유발시키는 등 파랑환경 변화에 의한 악영향을 최소화 하여야 한다.

⑥ 선박의 접안, 하역, 정박 등에 지장을 주지 않도록 수역을 확보하여야 한다.

(3) 항내의 수질 악화 등이 우려되는 경우에는 항내 해수가 정체되지 않도록 해수교환을 위한 대책을 수립하는 등 방파제 배치로 인하여 주변해역의 유동환경 변화에 의해 발생 가능한 수질환경 및 생태환경에 미치는 악영향을 최소화 할 수 있도록 관계기관 협의조건을 준수하여야 한다.

(4) 방파제의 건설에 있어서는 자연조건, 시공조건은 물론 유지관리를 포함한 경제성에 대해서도 검토하여야 한다.

(5) 항내의 필요한 정온도에 대하여는 하역가동율과 안전정박 한계파고에 대하여 검토하여야 한다. 하역가동율과 관련한 안벽전면의 정온도는 안벽전면의 파고분포 특성, 대상선박의 선체동요특성 및 하역한계 파고를 기준으로 한 한계정온도에 대하여 검토하여야 한다.

[해설]

[(1)~(7) 생략(설계기준 KDS 64 45 20 참조)]

3. 재료 : 내용 없음

4. 설계

4.1 설계의 기본방침

방파제의 설계에 있어서는 필요에 따라 다음 사항을 검토한다.

(1) 방파제의 배치　(2) 주변 지형에 대한 영향　(3) 주변 환경과의 조화
(4) 설계조건　(5) 구조형식　(6) 다목적 사용의 유무
(7) 설계법　(8) 시공법　(9) 경제성

[해설]

이 기준에서는 직립제, 혼성제, 경사제, 소파블록피복제 등 중력식 방파제에 대하여 기술한다. 기타 구조형식의 방파제를 설계할 경우에도 방파제 설계의 기본흐름에 따라 목표로 하는 성능을 확보할 수 있는 방법으로 시행할 수 있다.

[참고]

(1) 방파제의 설계는 일반적으로 **그림 6.19**와 같은 순서에 따라 행하는 것이 좋다.

(2) 방파제에 친수 및 친환경기능을 도입하여 다목적 다기능시설로 설계할 경우에는 각각의 기능 및 복합적 기능을 발휘할 수 있도록 하며, 방파제의 구조형식 및 다기능성 등 특성에 따라 안정성과 기능성 등 성능에 대한 목표치를 마련하여 시행하는 것이 바람직하다.

(3) 직립제 및 혼성제와 같이 실험 및 이론해석의 신뢰도가 인정된 구조형식에 대하여는 최종적인 검증차원의 수리모형실험 또는 적절한 산정식으로 안정성 및 수리특성을 검토할 수 있다.

(4) 경사제 등 구조형식과 재료, 수리특성의 변화가 매우 다양하여 기존의 해석결과 및 산정식으로 안정성 및 수리특성 등을 신뢰도 높게 해석할 수 없을 경우에는 각종 특이 조건에 대한 수리모형실험이 필요하다.

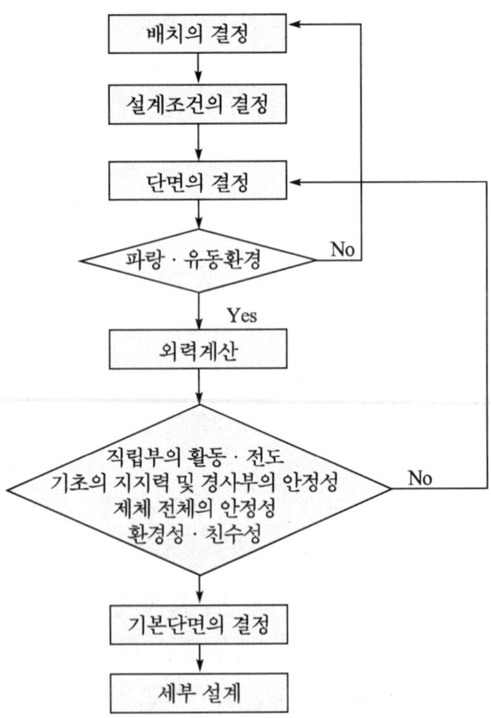

그림 6.19 방파제의 설계순서

4.2 설계조건의 결정

방파제의 설계조건은 다음 사항을 검토하여야 한다.

(1) 항내 정온도　(2) 바람　(3) 조위
(4) 파랑　(5) 수심 및 지반조건　(6) 친수성 및 친환경성 등

[해설]

(1) 설계조건으로서 항내정온도는 하역효율 제고, 항내시설의 보전 및 해역 이용목적에 따라 결정되는 조건이며, 바람, 조위, 파랑, 수심 및 지반 등은 기본적 설계조건이다. 그 외 안정계산을 위한 설계조건으로는 마찰계수, 부재의 허용응력도, 단위체적중량 등이 있다.
(2) 정온도는 항내파고 또는 계류선박의 동요특성으로 나타난다. 하역 가능한 한계조건(파고 또는 계류선박의 동요조건) 및 항내통선에 지장이 없는 파랑조건을 만족시켜야 한다. 따라서 설계대상 항만에서 필요한 하역일수를 만족하는 한계파랑(파고 또는 선체 동요를 고려한 파랑조건) 이하로 유지하도록 방파제 제두부를 통한 회절파뿐만 아니라 제체를 통한 전달파(방파제의 형상, 마루높이, 조도, 투과성 등), 방파제의 위치와 수역시설과의 관계, 입사파조건(항구의 위치와 방향)을 검토하여야 한다. 또, 태풍 등 악천후 시에도 배후의 항만시설이 보전되도록 하고 선박 계류 시에 안전한 정온도를 확보하거나 선박안전대책이 있어야 한다. 정온도에 대하여는 KDS 64 40 10 수역시설(4.1.6 항로의 정온도, 4.2.4 정박지 정온도)을 참조한다.
(3) 바람 자료는 파랑의 추산에 주로 사용할 수 있는 광역적 해상풍 자료와 등대 등 항만시설 설계 시의 풍압계산에 필요한 국지적 극치풍의 특성으로 나누어 해석하고 응용할 수 있다. 상세한 내용은 KDS 64 10 10 설계조건(4.2 바람과 풍압력)을 참조한다.
(4) 방파제 단면과 기본수준면, 약최고고(저)조위, 평균해면, 기왕의 최고(저)조위, 대·소조시의 고조위, 인천만 평균해면 등의 관계를 명확히 해두지 않으면 안 된다. 기본수준면과 공사용 기준면이 다른 경우에는 그 관계도 확실히 해두어야 한다.
또 폭풍해일(이상고조)의 계속시간, 발생빈도 등 확률론적 특성을 파악하여 확률론적 설계(신뢰성 설계)가 필요한 경우에 응용할 수 있도록 하며, 기존의 확정론적 설계법을 사용할 경우에도 이들 극치특성을 고려할 필요가 있다. 조위에 대한 상세한 사항은 KDS 64 10 10 설계조건(4.4 조석)을 참조한다. 파력 계산시의 설계조위는 이상고조의 영향을 고려할 필요가 없는 항만에서는 약최고(고)·저조면을, 그리고 이상고조의 영향을 고려할 필요가 있는 항만에서는 약최고고·(저)조면에 이상고조 등 조위 편차를 가감한 기준해면을 취하는 등, 구조물이 가장 불안정한 조건을 대상으로 설정하되 확률론적으로 극치조건을 검토하는 것이 바람직하다. 원호활동에 대하여는 약최고저조면, 침하의 계산에는

일반적으로 평균수면을 사용할 수 있으나, 극한 수위변동조건에 대한 안정도 또는 위험도(신뢰도)를 검토하여 문제가 있는 지역에 대하여는 별도의 대책을 수립할 수 있도록 한다.

(5) 설계에 필요한 입사파랑의 특성은 파고, 파향, 파장(주기), 극한 파랑환경의 지속시간과 시계열 특성 등으로 나타낼 수 있으며, 현지 조건 및 구조물의 종류에 따라 다양하게 적용할 수 있고, 달라질 수 있음을 주의하여야 한다. 이들 제원의 결정에 대하여는 KDS 64 10 10 설계조건(4.3.9 구조물에 작용하는 파력)을 참조한다.

(6) 방파제의 설치 수심은 구조물의 형식과 규모, 시공성, 경제성에 크게 영향을 미친다. 지반-구조물-파랑의 상호작용과 관련한 문제에서는 제체의 안정에 필요한 지반의 강도와 제체의 침하량을 산정하는 압밀특성 문제가 된다. 설계에 있어서는 해저 지층의 깊이, 지층단면, 각층의 단위체적중량, 내부마찰각, 점착력, 선행압밀하중, 체적 압축계수, 압밀계수 등의 값을 토질시험에 의하여 결정한다. 지층이 복잡한 경우 설계조건을 잘못 판단하는 일이 없도록 보링(boring)의 위치와 간격(개소) 및 심도를 적합하게 설정하여 조사할 필요가 있다. 상세한 사항은 KDS 64 11 00 지반을 참조한다.

(7) 풍압력, 토압, 지진력, 선박충격력, 표류물의 충돌에 의한 외력, 급격한 해수유동에 의한 영향 등은 필요에 따라 고려할 수 있도록 점검한다. 설계조건을 고려한 각종 계산에 필요한 마찰계수, 밀도 등에 대하여는 KDS 64 10 10 설계조건(4.9 마찰계수), KDS 64 10 20 재료를 참조한다.

(8) 방파제 건설 후 해수유동의 변화, 파랑환경의 변화, 표사문제와 관련한 침식, 퇴적, 세굴, 지형변화 등 급격한 환경의 변화가 예상되는 경우에는 그 영향을 개선할 수 있는 설계, 또는 최소화하거나 방지할 수 있는 대책을 고려할 수 있어야 한다.

4.3 구조형식의 선정

방파제의 구조형식은 각 구조형식의 특성과 다음 항목을 비교·검토하여 선정하여야 한다.

(1) 자연조건 (2) 이용조건 (3) 배치조건 (4) 시공조건
(5) 경제성 (6) 공사기간 (7) 중요성 (8) 재료구입의 난이도
(9) 유지관리의 난이도

[참고]

(1) 방파제의 구조에 따라서는 반사파가 크기 때문에 방파제 인근 항행선박의 안전항해에 장애를 주는 경우가 있다. 특히 소형선박에 미치는 영향이 크므로 항행조건에 영향을 미칠 경우 방파제를 저반사구조로 하도록 한다.

(2) 항내 수질의 개선 및 청정 수역환경을 확보하기 위하여 해수교환을 촉진할 수 있는 통수

기능을 가지는 방파제 구조형식을 채택할 수 있는데, 이 경우 표사의 유입, 투과파의 증대에 의한 항만기능의 저하를 고려하여 채택하여야 한다.

(3) 방파제의 선형이 오목부를 이루고 있는 경우에는 오목부 부근의 파고가 증대된다. 방파제의 선형변화나 지역적 특성에 따라 파랑에너지가 집중하는 곳은 저반사 구조 또는 소파기능을 부가하는 구조형식을 취하도록 한다.

(4) 기타 형식의 방파제에 대하여는 KDS 64 45 30 기타형식 방파제를 참조한다.

4.4 기본단면의 설정

4.4.1 직립제

(1) 방파제의 마루높이는 설계조위에 안정성 검토를 위한 설계 유의파고($H_{1/3}$)의 0.6배 이상을 더한 높이로 하여야 한다.

(2) 방파제 배후 정박지에 정박하는 선박이 소형이고 또 정박지 면적이 좁아서 월파를 적극 억제할 필요가 있는 항만의 방파제 마루높이는 설계조위에 유의파고($H_{1/3}$)의 1.25배를 더한 높이로 결정할 수 있다.

(3) 제체의 폭은 충분한 안정성을 확보할 수 있도록 결정하여야 하며 제체 폭이 파랑 제어효과에 영향을 줄 경우에는 이를 고려한 최적 폭을 결정할 수 있다.

(4) 단면의 형상은 불투과성 직립벽을 기본으로 하여야 하나, 직립벽의 형상에 변화를 주거나 투수성을 확보하면서 파랑제어기능을 부가할 경우에는 이들 특성을 고려하여 소요 항내정온도를 확보할 수 있도록 하여야 한다.

[해설]

(1) 폭풍해일(이상고조), 지진해일(쓰나미) 등의 영향을 고려할 필요가 없는 항만에서는 약최고고조위를 마루높이 결정의 설계조위로 하며, 폭풍해일, 지진해일 등의 영향을 고려할 필요가 있는 항만에서는 약최고고조위에 과거의 기록과 수치모의기법 등을 종합적으로 이용하여 구한 확률론적 편차를 더한 조위를 설계조위로 한다.

(2) 고파랑의 발생빈도가 높은 항만에서는 목표로 하는 항만가동률 또는 항내정온도를 고려하여 설계조위상 $0.6H_{1/3}$보다 더 높게 마루높이를 결정할 필요가 있다. 방파제의 단면구조특성과 방파제의 배치에 따른 파랑의 공간적 변화를 고려하여 월파의 영향으로 항만활동이 제한을 받는 경우가 없도록 한다. 한편 방파제의 마루높이를 높게 하면 파압강도가 증대되어 단면폭이 커져야 하는 등 비 경제적인 단면이 될 수 있으므로 주의가 필요하다.

(3) 직립제체의 상치콘크리트의 두께는 너무 얇으면 재해를 입게 되므로 설계파고 2m 이상의 경우에는 1m 이상으로 하고 파고 2m 미만의 경우라도 최소 두께는 50cm 이상으로 한다. 또, 제체가 블록식인 경우 상치콘크리트 제체 전체의 하중으로 작용하게 되며 블록의

활동을 막는 데 유효하므로 충분한 무게를 확보하도록 한다. 사례로 **그림 6.20**은 상치콘크리트의 두께와 설계파고와의 관계를 보여준다.

(4) 케이슨 상면의 높이가 낮으면 케이슨의 거치, 속채움 모래의 투입 및 덮개 콘크리트 상부의 상치콘크리트 타설 작업에 제약을 받게 되므로 케이슨 상면의 높이는 약최고 고조위 이상으로 하는 것이 일반적이다.

(5) 블록식 직립제의 최상단의 블록 및 셀룰러 블록의 상면 높이는 상치콘크리트를 시공하기 쉽도록 적어도 평균해면(MSL) 이상 가급적이면 약최고고조위(AHHW) 이상으로 하는 것이 좋다.

(6) 친수기능 방파제의 마루높이에 대하여는 비말이나 월파량 등을 고려하여 시민의 이용성, 안전성은 물론 경관성에 대한 별도의 검토가 필요하다. 친수기능 방파제에 대하여는 이 기준 4.10 친수기능 방파제를 참조한다.

(7) 수심이 얕은 곳에서는 월파에 포함된 모래에 의하여 항내가 매몰되는 일도 있으므로 얕은 모래 해안의 방파제 설계에 있어서는 이 점까지를 고려하여 마루높이를 높게 할 필요가 있다.

(8) 해수욕장을 보전하는 방파제나 취수 등 특수한 용도의 시설보호와 관련된 방파제 등에 관해서는 방파제설치의 목적과 기능을 충분히 이해한 후 마루높이를 결정할 필요가 있다.

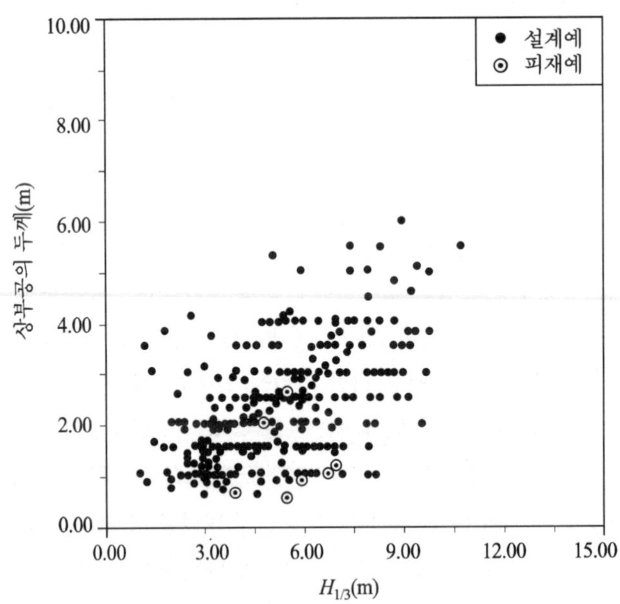

그림 6.20 상치콘크리트의 시공사례

4.4.2 혼성제

(1) 직립부의 마루높이는 이 기준 4.4.1 직립제에 따르나 지반이 연약하여 침하가 예상될 때는 미리 여유고를 고려하거나, 마루높이를 추가적으로 높이기 쉬운 구조로 하여야 한다.

(2) 사석마운드의 수심은 충격쇄파력의 작용을 피할 수 있는 깊이로 설치하고 사석부는 원호활동 및 편심경사하중에 대해 안전성을 확보할 수 있어야 한다.

[해설] ……………………………………………………………………………………

(1) 상치콘크리트의 두께, 케이슨의 상부 높이 및 제체의 최종 마루높이는 직립제에 준한다.

(2) 방파제의 침하의 원인으로는 다음과 같은 것이 있다.

① 기초지반의 압밀침하

② 지반의 외측부로의 융기

③ 지반의 측방유동

④ 사석, 블록의 무게에 의한 지반 내 함몰

⑤ 사석자체의 압축, 모래지반의 압축

⑥ 지진 또는 고파랑에 의한 사질지반의 액상화, 파랑에 의한 구조물 기부의 세굴

이 중 ①에 대하여는 KDS 64 11 00 지반(4.6 기초의 침하)을 참조하여 구한다. ②, ③, ④, ⑤에 대하여는 직립부의 무게, 사석층의 두께 등에 따라 변화하므로 일률적 기준을 제시할 수는 없지만 과거의 시공 예로부터 개략의 값을 구할 수 있다. 여성의 방법으로는 사석층을 두껍게 하는 방법과 상치콘크리트를 두껍게 하는 방법 등이 있으며 경제성을 고려하여 설계하여야 한다.

(3) 기초지반이 연약하여 심한 침하나 사석의 함몰이 예상되는 경우에는 지반을 개량하거나 사석부의 하부에 매트(mat)를 설치하여 제체 하중의 분산을 시도하는 등 연약지반 대책공법을 채택하여야 한다.

(4) 사석 마운드의 마루가 높고 사석부의 폭이 넓으면 충격쇄파력이 작용할 경우가 있으므로 사석마운드의 수심은 될수록 깊게 하고 직립부가 케이슨인 경우 케이슨의 높이와 연계하여 거치가 가능한 심도로 한다. 충격쇄파력 발생에 관해서는 KDS 64 10 10 설계조건(4.3.9.2 [3] 충격쇄파력)을 참조한다.

(5) 사석부의 어깨폭은 항외 측의 경우 파고(파장)에 따라 충분한 넓이로 한다. 단, 입사파의 조건에 따라 어깨폭의 영향에 의한 충격적인 쇄파파력의 발생 여부를 수리모형실험 등을 통해 검토하고 대책을 수립할 필요가 있다.

(6) 직립부의 활동저항을 증가시키기 위하여 배면에 사석을 높이는 경우가 있다. 이 경우에는 단면이 월파에 의해 변형되기 쉬우므로 충분히 맞물릴 필요가 있다. 필요한 경우 콘크리트 블록 등으로 피복한다.(이하 상세한 내용은 KDS 64 45 20 방파제 4.4.2 혼성제를 참조한다.)

[참고]

[참고 내용 : (1)~(4) 내용 생략(설계기준 KDS 64 45 20 참조)]

4.4.3 경사제

(1) 마루높이는 이 기준 4.4.1 직립제에 준하여 결정한다.

(2) 마루폭, 사면경사 및 단면형상(복합단면 등)은 층별 재료의 조도, 공극률(투수계수)과 관련한 반사파, 월파 등 수리특성과 안정성의 허용범위를 고려하여 결정하여야 한다.

[해설]

(1) 경사제의 마루폭, 사면경사 및 단면형상(복합단면 등)은 반사파, 월파 등 수리특성과 안정성에 직접적으로 영향을 주며, 사석 방파제 등으로 대표되는 경사제는 평형단면을 형성하는 파괴기구를 가짐으로 이를 응용하는 안정성 해석 및 파랑제어기능 해석을 통한 최적설계시스템을 응용할 필요가 있다.

(2) 경사제의 피복층, 중간피복층 및 내부층(core층) 등 각층의 투수성, 조도, 각 층간 및 사석 간의 마찰특성의 변화도 피복재의 안정성과 파랑제어기능에 영향을 미치므로 주의하여 그 특성을 고려하여야 한다.

(3) 경사제의 파괴요인은 주로 직접적인 사면상의 파랑작용에 의한 피복재의 이탈, 상치 콘크리트와 사석부의 수리적 불안정성에 기인한 국부 세굴 및 상치구조물의 손상에 기인한 파괴, 월파에 기인한 배후면의 손상, 기부 세굴에 의한 침하 및 사면붕괴에 의한 손상의 전파를 들 수 있으므로 각 손상 요인에 따른 안정성의 점검 및 대책을 강구하고 실험적으로 확인할 필요가 있다.

(4) 경사제는 투수성 제체를 통한 투과파가 있으므로 허용 월파량을 직립제와 같이 한 마루높이를 결정하더라도 항내파고가 커지는 경우가 있으므로 주의가 필요하다. 월파 및 전달파에 대하여는 KDS 64 10 10 설계조건(4.3.6 처오름 높이, 월파 및 전달파)을 참조할 수 있으며, 이들 특성이 사면의 단면형상(경사, 복합단면 등), 투수성, 조도(재료특성), 마루높이 등 구조특성과 해양파의 불규칙성에 따라 많은 차이를 보일 수 있으므로 이에 대한 확률론적 검토가 필요하며, 이를 검증할 수 있는 수리모형실험 등을 시행하는 것이 바람직하다.

(5) 월파를 허용할 경우, 제체상부 피복재가 불안정해지므로 충분한 마루폭을 갖도록 할 필요가 있다. 또한 이형 소파블록을 사용하는 경우 마루높이가 설계조위상 0.6 정도이면 마루폭은 **그림 6.21(a)**에 보여준 바와 같이 3개를 설치한 폭 이상이 바람직하다. 그러나 제체상부의 안정성은 마루높이, 피복재의 특성, 파랑조건 등에 따라 다르므로 적절한 모형실험에 의하여 검증하는 것이 바람직하다. 이때 해역특성에 따른 설계조위는 물론, 조차 및

이상고조를 고려한 수면 변동폭에 따른 사면의 국부적 안정성과 파랑제어기능에 대한 실험적 검토가 필요하다. 즉, 극단적 외력환경의 발생조건과 구조물의 응력상태를 고려한 안정성 및 파랑수리특성에 대한 확률론적 논의가 필요하다.

(6) 해안으로부터 돌출되는 돌제식 방파제로 육지로부터 밀고 나오면서 단계적으로 시공하는 방파제의 마루폭은 안정계산상, 충분한 폭을 갖도록 함과 아울러 사석운반 시공의 용이성을 고려하여 결정할 수 있다.

(7) 비탈경사는 안정계산에 의하여 적절히 결정하며 비탈경사는 사석제의 경우 항외 측 1:2 전후, 항내 측 1:1.5 전후가 많고 소파블록으로 피복하는 경우 1:1.3~1:1.5 전후가 많다. 또, 항외 측에서 비탈면의 상부와 하부의 경사와 피복재의 중량을 달리하는 경우에는 경사와 피복재의 중량이 바뀌는 지점을 설계기준 수면하 $2.0H_{1/3}$보다 깊은 곳으로 하는 것이 일반적이나, 조위변화특성 및 파랑특성을 고려하여 최적의 단면을 결정하여 안정성과 파랑제어기능을 극대화하도록 한다. 복합단면 및 평단부를 가지는 구조형식으로 파랑제어기능을 극대화하고자 하는 경우에는 안정성과 수리특성(반사파, 월파 등)에 대한 수리실험 및 불규칙파의 불확정성과 불규칙성을 고려한 확률론적 검토가 필요하다. 한편 현지의 사석 등 피복재의 조달 한계 등에 따라서는 피복재 중량을 고정하고 안정계산에 의해 사면경사를 결정할 수도 있다.

(8) 사석제의 피복을 위한 재료(석재, 블록류)의 중량은 재료의 특성, 해양파의 불규칙성과 불확정성, 극단적 수위변동(이상고조)에 의한 영향, 단면형상 및 상치구조물 유무와 구조제원에 따른 안정성과 파랑제어가능을 해석적으로 또는 실험적으로 상세히 검토할 필요가 있다. 이를 위한 극한조건, 평상조건, 설계조건에 대한 수리실험 등의 과정이 필요하며, 확률론적 안정성 및 파랑제어기능 평가를 통한 설계를 권장하며, 손상확률 및 유지관리 대책을 제시할 수 있는 최적설계가 바람직하다.

(9) 연약지반 상에 축조되는 사석제의 마루높이 및 공법결정에 대하여는 이 기준 4.4.2 혼성제에 준한다.

(10) 그림 6.21(b)와 같이 많은 경사제에서 도입하는 상치콘크리트 설치형 경사제의 피해사례에 의하면, 상치구조물과 근고공 및 코어층의 연결부에서 세립재료의 흡출, 공동화 등에 의한 저항력 저하 등이 해일에 의한 수면상승과 연계하여 복잡하게 나타난다. 복합단면, 기초부세굴저감대책 등과 연계한 실험적 검증을 통해 대책을 검토할 필요가 있다.

(11) 기초사석부와 직립부, 사석부와 피복재, 직립부와 피복재 등의 구조적 재질 및 수리특성이 다른 구조연결부의 마찰력 감소, 수리특성의 유연한 대응을 고려한 설계 및 시공대책이 수립되어야 하며, 특히 이 부분의 사석유실, 기부 세굴 등에 의한 치명적 한계조건을 실험적으로 점검하는 것이 바람직하다. 이러한 현상은 조위의 변동, 설계파 이외의 극치 파랑조건을 결합하여 검토하는 것이 바람직하다.

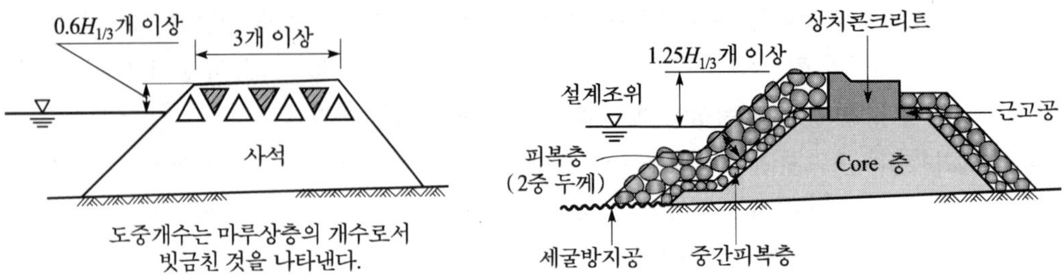

(a) 마루폭　　　　(b) 일반적인 사석제 형상

그림 6.21 경사제의 마루폭 및 마루높이

[4.4.4 소파블록 피복제 : 생략(설계기준 KDS 64 45 20 참조]

4.5 외력계산

4.5.1 외력계산 일반

방파제의 안정계산에 있어서는 파력, 정수압, 부력, 자중 등의 외력을 고려하여야 한다.

[해설]

(1) 외력으로서 필요에 따라 풍압력, 지진력, 표류물의 충돌력, 토압 등을 추가로 고려할 수 있다.

(2) 소파블록의 자중으로 인한 직립부에 작용하는 하중은 통상의 경우 파랑 작용 시 고려하지 않는다. 고려해야 할 경우에는 KDS 64 10 10 설계조건(4.3.9.2.4 소파블록으로 피복된 직립벽에 작용하는 파력)을 참조한다.

4.5.2 파력

(1) 파력의 계산은 KDS 64 10 10 설계조건(4.3.9 구조물에 작용하는 파력)에 따른다.

(2) 파력계산에 사용할 조위는 구조물이 가장 불안정하게 되는 조위로 한다. 조위의 결정은 KDS 64 10 10(4.4 조석)에 따른다.

[해설]

(1) 파력의 계산에는 KDS 64 10 10 설계조건(4.3.9 구조물에 작용하는 파력)을 참조하고, 단면형상, 구조특성 등에 따라서 적절한 계산법을 채택하여야 한다. KDS 64 10 10(4.3.9.2.3 충격쇄파력)을 고려할 수 있도록 충분한 주의를 기울여야 한다.

(2) 안정계산에 있어서는 직립부가 가장 위험한 상태의 조위조건 및 파랑조건과 피복재가 가장 위험한 상태의 조위조건 및 파랑조건 등이 같지 않은 경우가 있으므로 주의를 요한다.

(3) 기초사석부(mound)의 어깨마루가 높고 어깨폭이 적당히 넓으면 충격쇄파압을 유발하는 경우가 있다. 또, 방파제의 마루높이를 높게 하면 극한 상태의 파압강도가 증대되는 경향이 있으므로 주의를 요한다.

4.5.3 정수압

제체 내외의 정수면에 차이가 있는 경우에는 그 수위차에 상당하는 정수압을 고려하여야 한다.

4.5.4 부력

정수면 이하의 제체에는 부력을 고려하여야 한다. 또, 제체 내외의 정수면에 차이가 있을 경우에는 양측 수위를 연결한 수면 이하의 제체에 대하여도 부력을 고려하여야 한다.

4.5.5 자중

제체의 자중은 제체를 구성하는 각 재료의 밀도를 사용하여 계산하여야 한다.

[해설]

재료의 밀도에 대하여는 KDS 64 10 10 설계조건(4.8 상재하중)을 참조한다.

4.5.6 지진 시의 검토

KDS 64 17 00 내진(4.2.2 방파제)에 따른다.

4.6 안정계산

4.6.1 직립부의 안정계산

(1) 중력식 방파제 직립부의 안정성 검토는 파괴 안전율에 근거한 설계법을 표준으로 한다.

(2) 파괴 안전율에 근거한 설계법을 사용할 경우, 직립제의 제체, 혼성제의 직립부, 경사제의 상부공, 소파블록 피복제 등의 직립부의 안정성 검토는 다음에 열거한 ①~⑤에 따라야 한다.

① 직립부 활동에 대한 안정성을 검토하여야 한다.

② 직립부 전도에 대한 안정성을 검토하여야 한다.

③ 직립부 바닥면의 기초지반 지지력에 대한 안정성을 검토하여야 한다. 이에 대해서는 KDS 64 11 00 지반(4.3.2 편심·경사하중에 대한 지지력)에 따른다.

④ 지반의 활동에 대한 검토는 지반의 특성 및 구조특성을 고려하여 파괴 가능한 모든 활동면에 대하여 검토하여야 한다. 이에 대해서는 KDS 64 11 00(4.7 사면의 안정)에 따른다.

⑤ 침하에 대한 검토는 지반의 특성 및 구조특성을 적절히 고려하여 침하검토를 시행하여야 한다. 이에 대해서는 KDS 64 11 00(4.6 기초의 침하)에 따른다.

[해설]

(1) 파력을 계산할 때는 KDS 64 10 10 설계조건(4.3.9.2 직립벽에 작용하는 파력)을 참조하고 안전율은 ①~④를 참고하여 적절하게 설정한다.

① 활동에 대한 안정성의 검토는 다음 식에 의하여 행한다.

$$F_{ss} \leq \frac{\mu(W_0 - P_B - P_U)}{P_H} \tag{6.5}$$

여기서 F_{ss} =직립부의 활동에 대한 안전율이고, μ =직립부와 기초사석부의 마찰계수이며, W_0 =직립부의 중량(kN/m), P_B =직립부에 작용하는 부력(kN/m), P_U =직립부에 작용하는 양압력(kN/m), P_H =직립부에 작용하는 수평파력(kN/m)이다.

활동에 대한 안전율은 설계파압 작용 시를 기준으로 1.2 이상이 되도록 한다. 단, 모형실험에 의하여 제체의 안정성을 확인한 경우에는 안전율이 1.2 이하로 설계할 수 있으나 1.0 이하로 되어서는 안 된다.

② 전도에 대한 안정성의 검토는 다음 식에 의하여 행한다.

$$F_{so} \leq \frac{(W_0 t_1 - P_B t_2 - P_U t_3)}{M_{P_H}} \tag{6.6}$$

여기서 F_{so} =직립부의 전도에 대한 안전율이고, M_{P_H} =수평파력에 의한 직립부의 후미하단 주위의 회전모멘트(kN·m/m)이며, t_1 =직립부의 중력의 작용점으로부터 직립부 제체의 후미하단(전도지지점)까지의 거리(m), t_2 =직립부에 작용하는 부력 작용점으로부터 직립부 제체 후미하단까지의 거리(m), t_3 =직립부에 작용하는 양압력 작용점으로부터 직립부 제체 후미하단까지의 거리(m)이다.

전도에 대한 안전율은 파압에 대하여 1.2 이상, 지진에 대하여 1.1 이상으로 하는 것을 표준으로 한다.

③ 지지력에 대한 안전율은 파압에 대하여 1.0 이상으로 하는 것을 표준으로 한다.

④ 지반의 활동에 대한 안전율은 설계파압 작용 시 원호활동 1.3, 마운드 직선활동 1.2, 편심·경사하중에 대한 지지력 1.0 이상으로 하는 것을 표준으로 한다.

(2) 직립부와 기초사석상부의 마찰계수를 증대시키기 위하여 직립부 저면에 마찰증대용 매트를 부설하는 등 마찰력 증대를 위한 대책을 강구할 경우도 있다. 마찰력 증대 매트 등 마찰력 증대 대책에 대하여는 KDS 64 10 10 설계조건(4.9 마찰계수)을 참조한다.

[참고]

(1) 직립부의 항내 측을 쇄석 또는 콘크리트 블록으로 보강하는 경우 다음 사항을 유의하여야 한다.

① 항내의 선박항행, 피박계류 등의 지장 유무

② 제체배후의 보강체의 지지력 증대 효과를 고려하지 않은 상태에서 직립부의 파력에 대한 활동 및 전도 안전율을 1.0 이상으로 하지 않으면 안 된다. 안전율이 1.0보다 작으면 직립부의 흔들림의 격화, 직립부 하단 기부압력(heel pressure)의 증대현상이 일어나거나 파랑에 의한 부압력이 작용할 때 직립부가 항외 측으로 활동하거나 전도할 위험이 있다.

③ 월파나 연파(stem wave)등에 의하여 보강체가 손상되지 않도록 충분히 피복할 것.

④ **그림 6.22**와 같이 보강체의 높이 a = 직립부 높이의 1/3 이상, 마루폭 b = 보강체 높이 a와 같은 크기이상으로 하는 것이 바람직하고, 지역 특성 및 항만 이용실태에 따라 변형할 수 있으나 실험적인 검증이 필요하다.

⑤ 콘크리트 블록을 사용할 경우 직립부와 간격을 두지 말고 구조적 일체성을 유지하도록 시공할 것

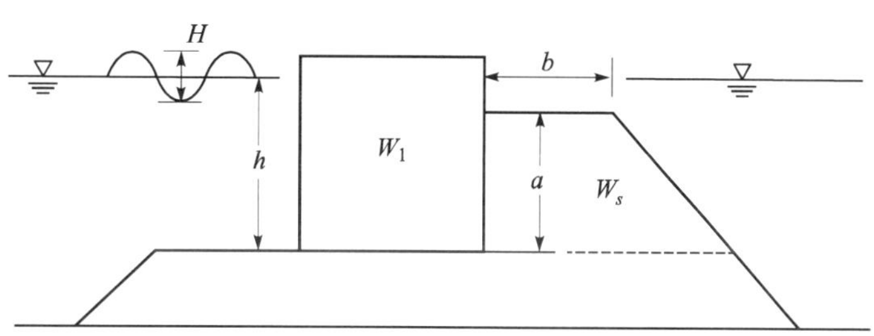

그림 6.22 보강체의 활동 저항면

(2) 직립부의 항내 측을 쇄석 또는 콘크리트 블록으로 보강할 경우의 활동저항은 다음 식을 만족하여야 한다.

$$\frac{\mu_1 W_1 + R}{P_H} \geq 1.2 \tag{6.7}$$

여기서 P_H = 직립부에 작용하는 수평력(kN/m)이고, W_1 = 직립부의 정수중의 수중중량 − 양압력(kN/m)이며, μ_1 = 직립부와 사석기초부의 마찰계수, R = 보강재 쇄석 또는 콘크리트 블록의 활동저항력(kN/m)이다.

① 쇄석의 활동저항력은 **그림 6.23(a)**를 이용해 다음 식과 같이 구한다.

$$R = W_s \tan(\theta + \phi) \tag{6.8}$$

여기서 W_s =최상단 피복층을 제외한 활동면 상부 사석의 수중중량(kN/m)이고, θ = 활동면 경사각(°)이며, $\phi=\tan^{-1}\mu_2$ 인 사석층 내부 마찰각 (°), μ_2 =사석층 내부의 쇄석과 쇄석 간의 마찰계수(=0.8)이다.

식 (6.8)은 사석부에 대한 힘의 평형식에서 얻어지는 것이며 θ를 변화시켜 시행착오법에 의해 구한 R의 최솟값이 활동저항력이다.

② 콘크리트 블록의 활동저항력은 **그림 6.23(b)**를 이용해 다음 식과 같이 구한다.

$$R=\mu W_s \tag{6.9}$$

여기서 W_s =최상단의 콘크리트 블록을 제외한 수중중량(kN/m)이고, μ_2 =콘크리트 블록과 쇄석기초 간의 마찰계수이다.

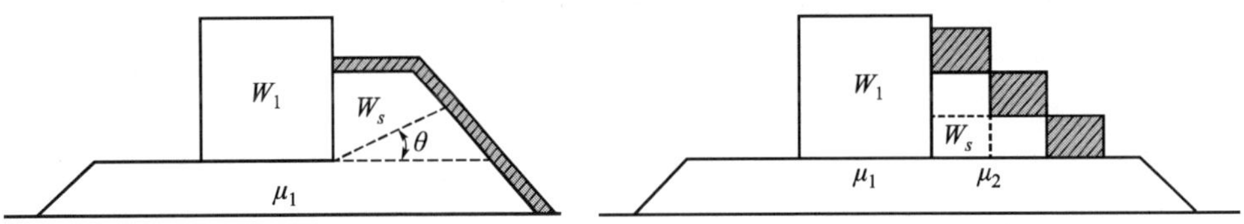

(a) 쇄석 (b) 콘크리트 블록

그림 6.23 활동 저항면

③ 저항력 R은 파고와 제체 설치수심의 비의 함수로 나타낼 수 있으며 다케다(Dakeda) 등이 제안한 식 (6.10)은 실험결과를 제시한 예이며 이를 참고할 수 있다. 여기서 재료에 따라 저항계수 α =0.4~1.0의 범위에서 변화하는 성질을 알 수 있다.

$$R=\alpha W_s \tag{6.10}$$

여기서 쇄석의 경우 $\alpha=0.9+0.2(H/h'-0.5)$이고, 콘크리트 블록의 경우 $\alpha=0.4+0.2(H/h'-0.5)$이며, $H/h'\le 0.5$ 일 때 $H/h'=0.5$ 로 본다. 또한 W_s =쇄석 또는 콘크리트 블록의 수중중량(kN/m)이고, α =저항계수이며, H=파고(m), h' =제체설치수심(m)이다.

4.6.2 경사제의 안정계산

혼성제 및 경사제에서 사석부의 활동 및 피복재료의 소요중량을 검토하여야 한다.

(1) 활동

활동에 대하여는 편심경사 하중에 의한 활동을 검토하여야 한다.

(2) 피복재의 소요중량 및 층두께

피복재는 파력에 대하여 충분한 중량을 갖는 한편 내부의 재료가 흡출되지 않을 두께를 가져야 한다. 이때, 보조피복층 등 피복층과 내부 층의 마찰력 증대 및 흡출방지 등의 기능을 보강하기 위하여 이들 기능이 탁월한 중간층 블록을 사용할 수 있다.

[해설] ....

(1) 편심경사 하중에 의한 활동에 대하여는 KDS 64 11 00 지반(4.3.2 편심·경사하중에 대한 지지력)을 참조한다.

(2) 경사제, 소파블록피복제의 소요중량은 KDS 64 10 10 설계조건(4.3.10.1 경사면의 피복석 또는 블록의 안정질량)에 따라 계산한다. 단, 피복석 등 피복재의 소요중량은 경사제의 파괴특성 등을 고려한 허용파괴율, 고파랑 특성 및 파군특성, 파랑의 지속시간효과, 재료의 형상 및 재질, 경사제의 피복방법에 따라(난적, 정적, 돌붙임 등) 안정계수 및 소요중량이 달라질 수 있다. 이에 관한 극한 조건 등에 대한 수리실험결과를 토대로 책임기술자의 판단에 의하여 허용범위의 소요중량을 결정할 수 있다. 난적의 피복층은 2층의 두께 이상을 표준으로 한다.

(3) 보조피복층 등 중간층의 투수기능과 조도를 확보하면서 내부사석의 흡출을 효율적으로 방지할 수 있는 크기의 사석재료가 부족할 경우에는 이들 특수한 기능을 보강한 중간층용 블록을 사용할 수 있다.

(4) 혼성제의 피복 재료의 소요중량은 KDS 64 10 10 설계조건(4.3.10.2 혼성제 사석부의 피복석 또는 블록의 안정질량)에 따라 계산한다.

[참고] ....

(1) 피복재 밑의 보조피복재(사석 및 중간 블록)의 소요중량은 피복재 중량의 1/20 이상으로 하나 경사제의 경우 1/10~1/15 정도 이상으로 하는 등 층간의 재질 및 수리특성의 이질성을 적게 하는 투수성과 마찰특성을 확보하는 것이 바람직하다. 그 하부 층의 사석의 개체중량은 다시 그의 약 1/20 이상으로 한다.

(2) 보조피복층은 적정규모의 사석층 또는 중간층용 블록을 사용하되, 투수계수와 상하부층간의 마찰계수, 하부층 재질의 흡출을 방지할 수 있는 공극률을 확보할 수 있어야 하며, 이에 따라 피복재의 안정성과 전면의 수리특성(반사파, 쳐오름 높이, 월파 등)이 예민하게 반응하므로 이에 대한 종합적인 검토, 수리실험적인 확인을 거치는 것이 바람직하다. 특히 상부공을 상치콘크리트 등으로 구축하기 위하여 사석기초부를 고조위 부근까지 기초가 높아지게 구조형식을 취한 경사제일 경우에는 이에 대한 대책을 별도의 수리실험 등을 거쳐 검증하여야 한다. 이는 상치콘크리트부와 사석경사부의 접합부에서 수리특성의 현저한 변화가 발생하며, 이는 조위변화 및 이상고조시에 심각한 위험을 초래할 수 있으므로 이를 조건으로 한 수리실험이 필요하다.

(3) 콘크리트 등 특수공법으로 법면을 피복하는 경우 또는 특수하게 짜 맞춘 사석제 및 특수블록사면으로 투수성 또는 조도가 현저히 달라지는 경우에 대하여는 과거의 시공사례 등

을 참고하고 투수성 등의 고려 여부에 따른 실험적 검토를 거쳐 신중히 설계한다.

(4) 경사제의 파괴기구 및 평형단면 형성 기구를 고려한 허용파괴율 설계 개념과 유지보수 개념을 적용한 최적설계시스템을 응용하면 가장 경제적인 설계가 가능한 구조적 장점이 있다. 신뢰성 설계개념과 함께 최적설계개념을 응용한 이들 설계개념을 활용할 수 있는 설계를 권장하나, 이 경우에는 유지보수대책을 명기하여야 한다.

[이 책에서 소개하지 못한 내용들은 항만 및 어항설계기준(KDS 64 00 00; 2020)과 (방파제 설계기준(KDS 64 45 20; 2017)(해양수산부, 2024)을 참조한다.]

예제 6.1

그림 예6.1.1과 같은 철근콘크리트 케이슨의 직립부와 사석(riprap)재의 경사제로 조성된 혼성 방파제에 파가 작용하고 있다. 설계조건은 환산심해파고 $H_0' = 6.3$m이고, 유의파의 주기 $T_{1/3} = 11.4$s이며, 항풍에 의한 주 파향각 $\beta = 15°$ [파의 주방향에서 직립벽에 직각이 되는 방향으로 15° 만큼 회전시킨 방향이 직립벽에 직각인 선과 이루는 각도(°)]이다. 또한, 해저경사 $\tan\theta = 1/100$이고, 조위[(sea level) : 일정한 기준면으로부터 조석에 의한 해면의 높이] W.L. = +0.6m이며, 해수의 단위중량 γ_s=10kN/m^3, 철근콘크리트의 단위중량 γ_c =24kN/m^3, 직립부와 사석부 사이의 마찰계수 $\mu = 0.60$일 때 다음 사항에 답하시오.

1. 작용 파력과 자중의 계산
2. 작용 모멘트의 산정
3. 방파제의 활동과 전도에 대한 안정성 검토

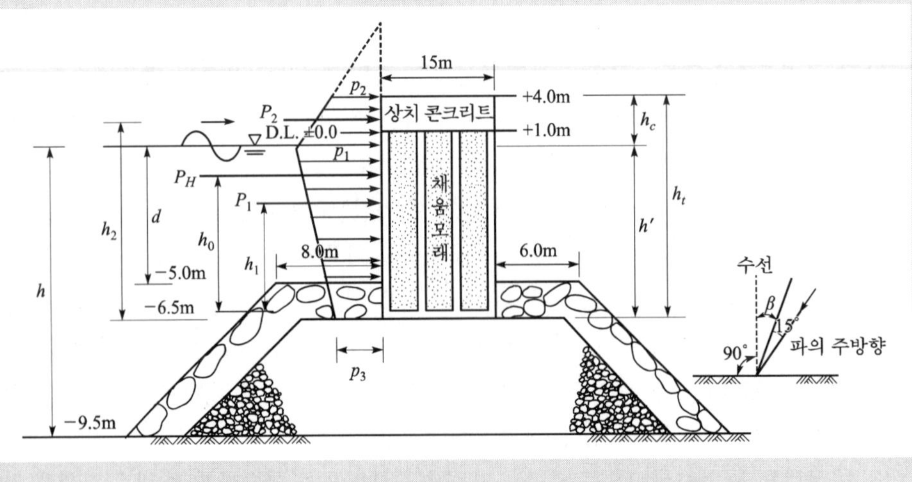

그림 예6.1.1 혼성 방파제

[풀이]

0. 예비 작업; 주어진 조건을 이용하여 답할 주요 변수값을 다음과 같이 계산한다.

(1) 조위 0.6m를 가산하여 [(혼성제) 사석부의 근고공 또는 피복공의 마루 중에서 작은] (마운드) 수심 d와 (직립벽 전면에서 1파장) 전면 수심 h 등을 계산한다.

① 마운드 수심 d와 전면 수심 h는 다음과 같이 계산한다.

$d = 5.0 + 0.6 = 5.6\text{m}$, $h = 9.5 + 0.6 = 10.1\text{m}$

② 직립벽 저면(부압력 작용 밑면) 수심 h'와 여유고 h_c를 다음과 같이 계산한다.

$h' = 6.5 + 0.6 = 7.1\text{m}$, $h_c = 4.0 - 0.6 = 3.4\text{m}$

(2) 심해파의 파장 L_0와 유의파고 $H_{1/3}$의 계산을 위한 파형경사 H_o'/L_o를 **그림 예6.1.1**을 이용하여 구한다.

$L_o = 1.56T^2 = 1.56(11.4)2 = 202.7\text{m}$, $H_o'/L_o = 6.3/202.7 = 0.031$

① 파장과 전면 수심비 h/L_o를 이용하여 $H_{1/3}$를 산정한다.

$(h/L_o) = 10.1/202.7 = 0.05 < 0.2 \Rightarrow$ 식 (예5.12b) 이용, 유의파고 계산

∴ 유의파고 $H_{1/3}$는 **(예제 5.12 참조)** 다음과 같이 계산한다.

$$H_{1/3} = \min\ \{(\beta_o H_o' + \beta_1 h),\ \beta_{\max} H_o',\ K_s H_o' (\leftarrow h/L_0 < 0.2) \qquad \text{(예5.12b)}$$

② 식 (예5.12c)~(예5.12e)를 이용하여 식 (예5.12b)에 필요한 변수값을 다음과 같이 계산한다.

$$\beta_0 = 0.028\left(\frac{H_0'}{L_0}\right)^{-0.38} \exp[20(\tan\theta)^{1.5}] \qquad \text{(예5.12c)}$$

$$\beta_1 = 0.52 \exp(4.2\tan\theta) \qquad \text{(예5.12d)}$$

$$\beta_{\max} = \max[0.92,\ 0.32\left(\frac{H_0'}{L_0}\right)^{-0.29} \exp(2.4\tan\theta)] \qquad \text{(예5.12e)}$$

∴ $\beta_o = 0.106$, $\beta_1 = 0.542$, $\beta_{\max} = 0.92$, $K_s = 1.12$이다.

③ 이들 값과 **그림 예6.1.2**를 이용하여 유의파고 산정에 필요한 변수값을 결정한다.

(가) **그림 예6.1.2**에서 가로축 h/L_o=0.05일 때 변환심해파의 파형경사 H_o'/L_o=0.031에 해당하는 세로축의 천수계수 K_s=1.12이다.

④ 유의파고 $H_{1/3} = \min\{(\beta_0 H_0' + \beta_1 h),\ \beta_{\max} H_0',\ KsH_0'\}$

$$= \min\{(0.106 \times 6.3 + 0.542 \times 10.1),\ 0.92 \times 6.3, 1.12 \times 6.3\}$$

$$= \min\ \{\ 6.142,\ 5.796,\ 7.056\ \}\ = 5.796 \fallingdotseq 5.8\text{m}$$

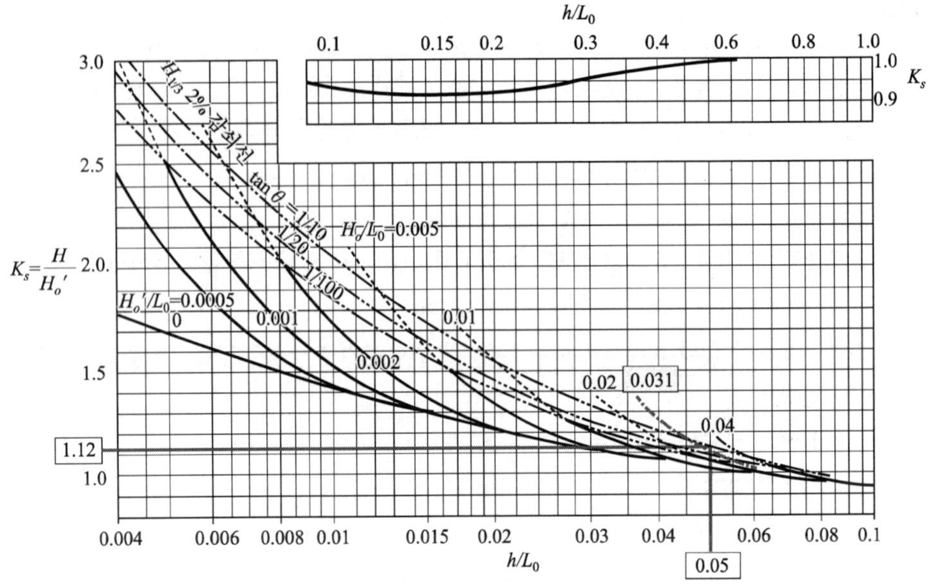

그림 예6.1.2 천수계수의 산정도

(3) 5배의 유의파고에 해저경사 $\tan\theta$ 를 곱한 값을 전면 수심에 합하여 산정하는 수심 h_b는 다음과 같이 구한다.

$h_b = h + 5H_{1/3}\tan\theta = 10.1 + 5\times 5.8(1/100) = 10.39 \fallingdotseq 10.4\text{m}$

(4) 설계수심과 동일한 최대 수심 $H_D = H_{\max}$ 에서 설계파고 $H_{\max}$ 를 간편식으로 다음과 계산한다.

$$H_{\max} = (1.8K_sH_o') : h/L_o \geq 0.2 \qquad (예6.1a)$$

$$H_{\max} = \min\{(\beta^* H_o' + \beta_1^* h),\ \beta_{\max}^* H_o',\ 1.8K_sH_o'\} : h/L_o < 0.2 \qquad (예6.1b)$$

$$\beta_0^* = 0.052\left(\frac{H_0'}{L_0}\right)^{-0.38}\exp[20(\tan\theta)^{1.5}] \qquad (예6.1c)$$

$$\beta_1^* = 0.63\exp(3.8\tan\theta) \qquad (예6.1d)$$

$$\beta_{\max}^* = \max\left[1.65,\ 0.53\left(\frac{H_0'}{L_0}\right)^{-0.29}\exp(2.4\tan\theta)\right] \qquad (예6.1e)$$

(5) 본 예제의 경우 $h/L_o < 0.2$이므로 식 (예6.1b) 이용한 최대파고를 계산한다.

$$\beta_0^* = 0.052\left(\frac{H_0'}{L_0}\right)^{-0.38}\exp[20(\tan\theta)^{1.5}]$$

$$= 0.52(0.031) - 0.38\exp[20(1/100)1.5] = 0.198$$

$$\beta_1^* = 0.63\exp(3.8\tan\theta) = 0.63\exp(3.8\times 1/100) = 0.654$$

$$\beta_{\max}^* = \max\left[1.65,\ 0.53\left(\frac{H_0'}{L_0}\right)^{-0.29}\exp(2.4\tan\theta)\right]$$

$$=\max[1.65, 0.53(0.031) - 0.29\exp(2.4\times 1/100)] = \max[1.65, 1.486] = 1.65$$

(6) 식 (예6.1b)에 의한 최대파고는 다음과 같다.

$$H_{max} = \min\{(\beta^* H_o' + \beta_1^* h),\ \beta_{max}^* H_o',\ 1.8K_s H_o'\}$$

$$=\min\{(0.198\times 6.3 + 0.654\times 10.1), 1.65\times 6.3, 1.8\times 1.12\times 6.3\}$$

$$=\min\{7.852,\ 10.395,\ 12.700\} \fallingdotseq 8.0\text{m}$$

$\therefore\ H_{max} = 8.0\text{m}$(∵ 파력계산 사용 파고는 쇄파 영향 유무 따라 $H_D = H_{max}$로 계산)

1. 작용 파력과 자중의 계산

(1) 식 (5.72b)~(5.72d)를 이용하여 작용하는 **파압**을 계산한다.

$$p_1 = \frac{1}{2}(1+\cos\beta)(\alpha_1\lambda_1 + \alpha_2\lambda_2\cos^2\beta)\rho_o g H_D \quad (5.72b)$$

$$p_2 = \frac{p_1}{\cosh[(2\pi h)/L]} \quad (5.72c)$$

$$p_3 = \alpha_3 p_1 \quad (5.72d)$$

(2) 식 (5.72b)~(5.72d)의 필요한 변수값을 산정한다.

① 파압계수 α_1은 다음과 같이 계산한다.

$$\alpha_1 = 0.6 + \left(\frac{1}{2}\right)\left[\frac{4\pi h/L}{\sinh(4\pi h/L)}\right]^2$$

$$=0.6 + (1/2)[(4\times 10.1)/107.5/\sinh(4\times 10.1)/107.5)]^2 = 0.6 + 0.32 = 0.920$$

② 파장 L은 시산법을 적용하여 다음과 같이 계산한다.

$$L_0 = (gT^2/2\pi)\sqrt{\tanh[(4\pi^2/T^2)(h/g)]} = 202.8\times 0.55 \fallingdotseq 111.6\text{m}$$

$L_0 = (gT^2/2\pi)\sqrt{\tanh[(4\pi^2/T^2)(h/g)]}$ (=Eckart의 근사식)

$$=202.8\times 0.55 \fallingdotseq 111.6\text{m}$$

$L_1 = (gT^2/2\pi)\tanh(2\pi h/L_0)$ [=파장 계산(일반)식 $L = (gT^2/2\pi)\tanh(2\pi h/L)$]

$$L_1 = (9.8\times 11.4^2/2\pi)\tanh[2\pi(10.1)/111.6)$$

$$=202.8\tanh[2\times 10.1/111.6] = 202.8\times 0.55039 \fallingdotseq 104.2\text{m}$$

$$L_2 = (202.8)\tanh(63.428/L_1) = 202.8\tanh[63.428/104.2] \fallingdotseq 110.1\text{m}$$

$$L_3 = (202.8)\tanh(63.428/L_2) - 202.8\tanh[63.428/110.1] \fallingdotseq 105.4\text{m}$$

$$L_4 = (202.8)\tanh(63.428/L_3) = 202.8\tanh[63.428/105.4] \fallingdotseq 109.1\text{m}$$

$$\cdots\cdots\ L_{16} L_{16} = (202.8)\tanh(63.428/L_{15}) = 202.8\tanh[63.428/107.9] \fallingdotseq 107.3\text{m}$$

$$L_{17} = (202.8)\tanh(63.428/L_{16}) = 202.8\tanh[63.428/107.3] \fallingdotseq 107.6\text{m}$$

$$L_{18} = (202.8)\tanh(63.428/L_{17}) = 202.8\tanh[63.428/107.6] \fallingdotseq 107.3\text{m}$$

$$\Rightarrow L \fallingdotseq (L_n + L_{n-1})/2$$

$$\rightarrow L_{17} = 107.6\text{m},\ L_{18} = 107.3\text{m}$$

$$\Rightarrow L \fallingdotseq [L_n(=107.3) + L_{n-1}(=107.6m)]/2 \fallingdotseq 107.5\text{m}$$

∴ 시산에 의거 L=107.5m로 결정한다.

③ 파압계수 α_2는 다음과 같이 계산한다.

$$\alpha_2 = \min\left[\frac{h_b - d}{3h_b}\left(\frac{H_D}{d}\right)^2, \frac{2d}{H_D}\right] = \min\left[\frac{10.4-5.6}{3\times10.4}\left(\frac{8.0}{5.6}\right)^2, \frac{2\times5.6}{8.0}\right]$$

$$= \min[0.314, 1.40] = 0.314$$

④ 파압계수 α_3는 다음과 같이 계산한다.

$$\alpha_3 = 1 - \frac{h'}{h}\left[1 - \frac{1}{\cosh(2\pi h/L)}\right] = 1 - \frac{7.1}{10.1}\left[1 - \frac{1}{\cosh(2\pi\times10.1/107.5)}\right]$$

$$= 1 - 0.7029(1-0.847) = 0.892$$

⑤ 파압의 작용선 η^*는 다음과 같이 계산한다.

$$\eta^* = 0.75(1+\cos\beta)\lambda_1 H_D = 0.75(1+\cos15°)1.0\times8.0 = 11.8\text{m}$$

(3) 파압 p_1은 다음과 같이 계산한다.

$$p_1 = 1/2(1+\cos\beta)(\alpha_1\lambda_1 + \alpha_2\lambda_2\cos^2\beta)\rho_o g H_D$$

$$= 1/2(1+\cos15°)(0.92\times1.0 + 0.314\times1.0\cos^2 15^o)\times10\times8.0 = 95.544\text{kN/m}^2$$

(4) 파압 p_2, p_3는 각각 다음과 같이 계산한다.

$$p_2 = \frac{p_1}{\cosh[(2\pi h)/L]} = \frac{1}{\cosh[(2\pi\times10.1)/107.5]}\times95.544 = 81.026\text{kN/m}^2$$

$$p_3 = \alpha_3 p_1 = 0.892\times95.544 = 85.225\text{kN/m}^2$$

(5) 부압 p_b와 양압(강도) p_u를 다음과 같이 계산한다.

① 부압(강도) p_b의 계산

$$p_b = \gamma_s A_B(\leftarrow A_B = Bh') = 10\times15\times7.1 = 1{,}065\text{kN/m}^2$$

② 양압(강도) p_u의 계산

$$p_u = 1/2(1+\cos\beta)\alpha_1\alpha_3\lambda_3\rho_o g H_D$$

$$= 1/2(1+\cos15°)\times0.92\times0.892\times1.0\times10\times8.0 = 64.532\text{N/m}^2$$

(7) 위에서 계산된 파압을 이용하여 **그림 5.37**과 같이 파력(전수압)과 작용점을 계산한다.

① 파력 : (전수압 P_H)=(압력분포 체적 ∀)
② 작용점 : (작용점 h_i)=(압력분포도 도심거리 h_{ci})
} 의 관계를 이용하여 계산

(가) (수평) 파력의 합력 P_H는 다음과 같이 계산한다.

$$P_H = P_1 + P_2 = 1/2(p_1+p_3)h' + 1/2(p_1+p_2)h_c \text{에서}$$

$$=1/2(95.544+85.225)\times7.1 + 1/2(95.544+81.026)\times3.4$$

$$=641.729+300.169=941.898\text{kN}$$

(나) 합력 P_H의 작용점은 다음과 같이 구한다.

㉮ 전수압 P_1의 작용점 h_1계산;

$$h_1 = \frac{h'(2p_1+p_3)}{3(p_3+p_1)} = \frac{7.1(2\times 95.544+85.225)}{3(85.225+95.544)} = 3.617\text{m}$$

㉯ 전수압 P_2의 작용점 h_2계산;

$$h_2 = \frac{h_c(2p_2+p_1)}{3(p_1+p_3)} + h' = \frac{3.4(2\times 81.026+95.544)}{3(95.544+85.225)} + 7.1 = 8.715\text{m}$$

㉰ 합력 P_H의 작용점 h_0는 다음과 같이 계산한다.

$h_0 = 1/P_H(P_1h_1+P_2h_2)$ =1/941.898[(641.729×3.617)+(300.169×8.715)

=4,937.106/941.898=5.241m

③ 부력 P_B와 작용점 x_b는 다음과 같이 구한다.

(가) 부력 P_B의 계산; $P_B=p_bl(\leftarrow l=1\text{m})$ = **1,065.00**kN

(나) 부력의 작용점 x_b계산; 부체의 중심(도심)에 작용하므로 $x_b=B/2$=7.5m

④ 양압력 P_U와 작용점 x_u는 다음과 같이 구한다.

(가) 양압력 P_U의 계산; $P_U=\frac{1}{2}p_uB$=1/2(64.532×15)=**483.99**kN

(나) 양압력의 작용점 x_u 계산; 위험단면(toe) 0점으로부터 $x_u=2B/3$=10m이다.

⑤ 자중의 계산

(가) 직립부의 수중무게 W_0계산($W_0=W_c-P_B$로 3항에서 산정)

(나) 철근콘크리트 케이슨의 중량 W_c를 계산한다.

$W_c=(=\gamma_c\forall_c\leftarrow\forall_c=Bh_t$=15×10.5=157.5m³/m)=24×157.5=**3,780.00**kN

2. 작용 모멘트의 산정

(1) 파력에 의한 모멘트 M_{P_H}의 계산

$$\Sigma M_{toe}=0: -M_{P_H}+P_1h_1+P_2h_2=0$$

$$\therefore M_p = P_1h_1+P_2h_2$$

$$=1/2(p_3+p_1)h'\frac{h'(2p_1+p_3)}{3(p_3+p_1)}+1/2(p_1+p_2)h_c\left[\frac{h_c(2p_2+p_1)}{3(p_1+p_2)}+h'\right]$$

$$=1/6(2p_1+p_3)h'^2+1/2(p_1+p_2)h'h_c+1/6(p_1+2p_2)h_c^2$$

$$=1/6(2\times95.544+85.225)\times7.1^2+1/2(95.544+81.026)(7.1\times3.4)$$

$$+1/6(95.544+2\times81.026)\times3.4^2$$

=2,321.48+2,131.19+496.30=**4,948.97**kN m **(−)**

(2) 양압력에 의한 모멘트 M_{P_U}의 계산

$$\Sigma M_{toe}=0: -M_{P_U}+P_Ux_u=0(\leftarrow P_U=1/2(p_uB),\ x_u=2/3B)$$

$\therefore\ M_{P_U}$=(1/3)$p_u B^2$=1/3(64.532×152)=**4,839.90**kN m (−)

(3) 부력에 의한 모멘트 M_{P_B}의 계산

$\Sigma M_{toe}=0 : -M_{P_B}+P_B x_b=0(\leftarrow P_B=p_b B,\ x_b=B/2)$

$\therefore\ M_{P_B}$=(1/2)$P_B B$=1/2(1,065×15)=**7,987.50**kN m (−)

(4) 자중에 의한 모멘트 M_{W_0}의 계산

$M_{W_0}=W_c t(t=B/2)$=3,780×7.5=28,350kN m

(5) 전도·저항 모멘트 합의 계산

(가) 전도 모멘트 합 ΣM_O는 다음과 같이 계산한다.

$\Sigma M_O=M_{P_H}+M_{P_U}+M_{P_B}$=**4,948.97+4839.90+7,987.50=17,776.37**kN m (−)

(나) 저항 모멘트 합 ΣM_R은 다음과 같이 계산한다.

$\Sigma M_R=M_{W_0}$=**28,350.00**kN m (+)

3. 방파제의 활동과 전도에 대한 안정성 검토

방파제(KDS 64 45 20 : 2017)(해양수산부, 2024) 직립부의 안정 계산은 다음과 같이 활동(sliding)·전도(overturning) 등에 대한 안정성 검토를 수행해야 한다.

(1) 방파제의 활동에 대한 안정성 검토를 다음과 같이 수행한다.

① 직립부의 수중무게 W_0계산

(가) 철근콘크리트 케이슨의 중량 W_c를 계산한다.

$W_c=(=\gamma_c\forall_c\leftarrow\forall_c=Bh$=15×10.5=157.5m^3/m)=24×157.5=**3,780**kN

(나) 부력 P_B=**1,065**kN

(다) ∴직립부의 수중무게 $W_0=W_c-P_B$=3,780−1,065=2,715kN

② 활동(sliding)에 대한 안전율 F_{ss}계산

(가) 식 (6.15)를 이용하여 안전율을 계산한다.

$$F_{ss}=\frac{\mu(W_0-P_U)}{P_H}=\frac{0.60(2{,}715-483.990)}{941.898}=\frac{1{,}38.606}{941.898}=1.42$$

(나) $\therefore F_{ss}$=1.42>1.20 ∴활동(전단)에 대한 안정성 검토 결과는 OK.

(2) 방파제의 전도(overturning)에 대한 안정성 검토를 다음과 같이 수행한다.

① 식 (6.16)을 이용하여 안전율 F_{so}는 다음과 같이 계산한다.

(가) $$F_{so}=\frac{\Sigma M_R}{\Sigma M_O}=\frac{28{,}350.00}{17{,}776.37}=1.59$$

(나) $\therefore F_{so}$=1.59>1.20 ∴전도에 대한 안정성 검토 결과는 OK.

예제 6.2

그림 예6.2.1과 같이 마루 폭 B=9m인 혼성제에 주기 T=13s의 파가 가 작용한다. 마운드 수심 d=4.2m이고, 전면 수심 h=8.9m이며, 유의파고(설계파고) H=4.6m일 때 다음 사항에 답하시오[단, 파압 계산에는 중복파의 경우 식 (5.77)[Sainflou(1928) 공식]을 사용하고, 쇄파는 식 (5.78)[Minikin(1950) 공식] 을 사용한다. 또한 직립부의 철근 콘크리트 단위중량=24kN/m^{3}이고, 경사제의 기초 사석부의 사석재는 육지에서 공극비 40%이며, 단위중량=16kN/m^{3}이다. 해수 단위중량=10kN/m^{3}이고, 사석부의 허용지지력 p_a=300kN/m^{2}이며, 마찰계수 μ=0.70이다].

1. 파장의 계산
2. 파력의 계산
3. 부력 · 양압력 · 자중의 계산
4. 모멘트와 작용점의 계산
5. 직립부의 활동(전단)에 대한 안정성 검토
6. 직립부의 전도에 대한 안정성 검토
7. 직립부 저면의 지지력에 대한 안정성 검토
8. 기초 사석부 활동(전단)에 대한 안정성 검토
9. 8항 결과에 대한 평가와 대안 검토

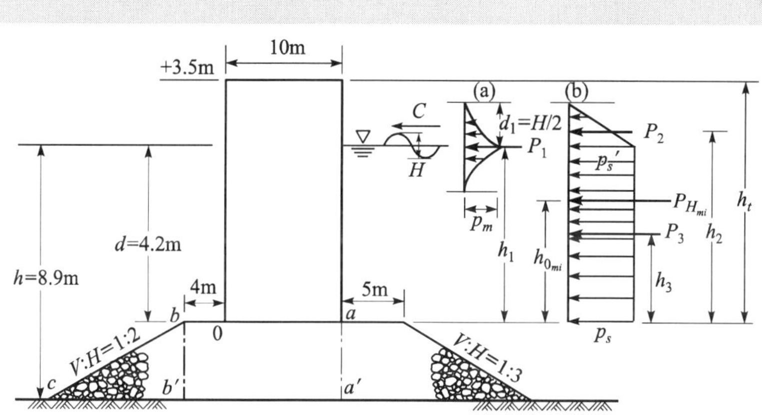

그림 예6.2.1 혼성 방파제

[풀이]

0. 예비 작업

(1) 식 (5.71)에 의한 파랑을 구분한다.

① d/H=4.2/4.6=0.91<2로 쇄파이다.

② 쇄파이므로 파력계산은 Minikin 공식을 사용한다.

(2) 파력계산과 안정성 검토 등에 필요한 파장은 시산법을 적용하여 계산한다.

1. 파장의 계산

(1) 파장 L은 [예제 6.1]과 같은 방법으로 계산한다.

① 심해파의 파장 공식($L_0 = gT^2/2\pi$)을 이용한다.

② $L_0 = gT^2/2\pi = 9.8 \times 13^2/2\pi \fallingdotseq 263\text{m}$

③ Eckart의 근사식($L_1 \fallingdotseq L_0\sqrt{\tanh[(4\pi^2/T^2)(h/g)]}$)을 이용한다.

$L_1 \fallingdotseq L_0\sqrt{\tanh[(4\pi^2/T^2)(h/g)]} = 263\sqrt{\tanh[(4\pi^2/13^2)(8.9/9.8)]} \fallingdotseq 120\text{m}$

④ 파장 계산을 위한 일반식 (5.53)[$L = (gT^2/2\pi)\tanh(2\pi h/L)$]을 이용한다.

⑤ 제2시산부터 식 (5.53)을 이용하여 다음과 같이 계산한다.

$$L_2 = \left(\frac{gT^2}{2\pi}\right)\tanh\left(\frac{2\pi h}{L_1}\right) = (263)\tanh\left(\frac{2\pi \times 8.9}{120}\right) = (263)\tanh\left(\frac{55.89}{120}\right) \fallingdotseq 114\text{m}$$

$$L_3 = (263)\tanh\left(\frac{55.89}{114}\right) \fallingdotseq 119\text{m},\ L_4 = (263)\tanh\left(\frac{55.89}{119}\right) \fallingdotseq 115\text{m}$$

$$L_5 = (263)\tanh\left(\frac{55.89}{115}\right) \fallingdotseq 118\text{m},\ L_6 = (263)\tanh\left(\frac{55.89}{118}\right) \fallingdotseq 116\text{m}$$

$$L_7 = (263)\tanh\left(\frac{55.89}{116}\right) \fallingdotseq 117\text{m},\ L_8 = (263)\tanh\left(\frac{55.89}{117}\right) \fallingdotseq 116\text{m}$$

(2) 같은 값이 반복될 때 다음과 같은 방법으로 계산을 종료한다.

① $L_{n+1} \fallingdotseq \dfrac{L_n + L_{n-1}}{2} \Rightarrow L_9 = \dfrac{L_8 + L_7}{2} = \dfrac{116+117}{2} = 116.5\text{m}$

② $\therefore$파장 $L = (263)\tanh\left(\dfrac{55.89}{116.5}\right) \fallingdotseq 117\text{m}$로 결정한다.

2. 파력의 계산

(1) 파력의 계산은 **그림 예6.2.1**과 같이 **Minikin 공식**을 사용하여 계산한다.

① Minikin의 공식에 의한 파압과 작용점 거리는 다음과 같이 계산한다.

(가) **그림 예6.2.1**(a)의 최대 충력압 p_m계산

$$p_m = 102.4\rho g d\left(1 + \frac{d}{h}\right)\frac{H}{L} = 102.4 \times 10 \times 4.2\left(1 + \frac{4.2}{8.9}\right)\frac{4.6}{117} = 248.88\text{kN/m}^2$$

(나) **그림 예6.2.1**(a) 압력분포도의 전수압 P_1 계산

$P_1 = (1/3)p_m H = 1/3(248.88 \times 4.6) = 381.61\text{kN}$

(다) **그림 예6.2.1**(a) 압력분포도의 작용점 거리 h_1 계산

$h_1 = d = 4.2\text{m}$

(라) **그림 예6.2.1**(b) 압력분포도의 전수압 P_2 계산

$P_2 = 1/2\rho g(H/2)^2 = 1/2[10 \times (4.6/2)^2] = 26.45\text{kN}$

(마) **그림 예6.2.1**(b) 압력분포도의 작용점 거리 h_2 계산

$h_2 = (1/3)(H/2) + d = 1/3(4.6/2) + 4.2 = 4.96\text{m}$

㈓ **그림 예6.2.1**(b) 압력분포도의 전수압 P_2 계산

$P_3 = \rho g(H/2)d = 10 \times (4.6/2) \times 4.2$=96.60kN

㈔ **그림 예6.2.1**(b) 압력분포도의 작용점 거리 y_3 계산

$h_3 = (d/2) = 4.2/2 = 2.1$m

㈕ **그림 예6.2.1**(b) 전수압의 합력 $P_{H_{mi}}$ 계산

$P_{H_{mi}} = P_1 + P_2 + P_3$=381.61+26.45+96.60=**504.66kN**

㈖ **그림 예6.2.1**(b) 전수압 $P_{H_{mi}}$의 작용점 거리 $h_{0_{mi}}$ 계산

$h_{0_{mi}} = 1/P_{H_{mi}}[P_1h_1 + P_2h_2 + P_3h_3]$

=1/504.66(381.61×4.2+26.45×4.96+96.60×2.1)=**3.83m**

3. 부력·양압력·자중의 계산

(1) 부력의 계산

① Minikin 공식은 파랑이 직립제 비월류(∵ $H/2$=2.3m＜여유고 $h_c = 3$m로 부력과 양압력 작용)로 계산한다.

② 부력은 다음과 같이 계산한다.

$P_B = \gamma_s \forall_s = (\leftarrow \forall_s = A_s l = Bdl)$ =10×**10**×4.2×1=**420.00**kN

(2) 양압력의 계산

① 양압력은 다음과 같이 계산한다.

$p_u = 1.25\gamma_s H$=1.25×10×4.6=57.50kN/m^2

$P_U = (1/2)p_u Bl$=1/2(57.50×**10**×1)=**287.50kN**

(3) 자중의 계산

① 철근콘크리트 직립제의 무게는 다음과 같이 계산한다.

$W_c = \gamma_c \forall_c (\leftarrow \forall_c = Bh_0 l$ =**10**×7.7×1=77.0m^3)=24×77.0=**1,848.00**kN

② 철근콘크리트 직립제의 수중 무게 W_0 계산

$W_0 = W_c - (P_B + P_U)$ =**1,848.00**–(**420.00**+287.50)=**1,140.50kN**

4. 모멘트와 작용점의 계산

(1) **그림 예6.2.2**의 지점 a를 전도 모멘트의 원점으로 하여 반력 R_V[순 연직력 $F_V(=W_0)$]가 작용하는 지점 즉, 직립부 기초 저면 폭의 중앙으로부터 이격된 거리인 편심거리 e를 다음과 같이 산정한다.

(2) **그림 예6.2.2**를 이용하여 순 연직력 F_V의 크기는 같은 방향이 반대인 힘 R_V의 작용점 X_R을 다음과 같이 구한다.

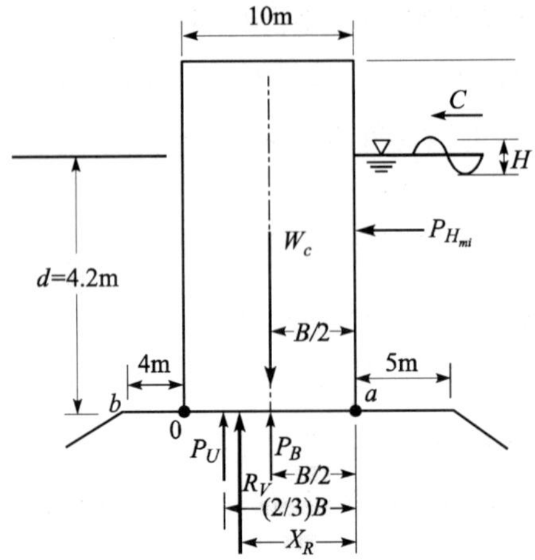

그림 예6.2.2 순 연직력 F_v의 작용점 X_R 계산

$$\Sigma M_a=0;\ W_c\frac{B}{2}+P_{H_{mi}}h_{0_{mi}}-(P_B\frac{B}{2}+P_U\frac{2}{3}B)-R_V X_R=0$$

$$\therefore X_R=1/R_V[W_c\frac{B}{2}+P_{H_{mi}}h_{0_{mi}}-(P_B\frac{B}{2}+P_U\frac{2}{3}B)]$$

$$=\frac{1}{1,140.50}[1,848.00\times5+504.66\times3.83-(420.00\times5+287.50\times6.67)]$$

$$=5,726.75/1,140.50=5.02\text{m}$$

5. 직립부의 활동(전단)에 대한 안정 계산

(1) 직립부 활동(=전단)(sliding) 안정 계산 : $\mu W_0 \geq F_{ss} P_{H_{mi}}$

(2) $F_{ss}=(\mu W_0)/P_{H_{mi}}=(0.7\times1,140.50)/504.66=1.58>1.2$ ∴ OK

6. 직립부의 전도에 대한 안정 계산

(1) 직립부 전도(overturning) 안정 계산

$W_0 t \geq F_{so}(\Sigma P_i h_i)=F_{so}P_{H_{mi}}h_{0_{mi}}$

$F_{so}=(W_0 t)/P_{H_{mi}}h_{0_{mi}}(\leftarrow t=B/2=10/2=5.0\text{m})$

(2) Minikin 공식 : $F_{so}=(W_0 t)/P_{H_{mi}}h_{0_{mi}}=(1,140.50\times5.00)/(506.06\times3.83)=2.94>1.20$ ∴ OK

7. 직립부 저면의 지지력에 대한 안정 계산

(1) Minikin 공식에 의한 직립부 저면 지지력(bearing)에 안정성을 계산한다.

(2) **그림 예6.2.2**와 같이 합력의 통과점은 a점으로부터 X_R=5.02m이고, 0(하단부, toe)점으로부터는 (10−5.02=) 4.92m이다. 0점에서 우측(중앙) $B/3$(=3.33m)보다는 우측(중앙)에 위치하

고, $(2/3)B$(=6.67m)는 좌측(중앙)에 위치하고 있으므로 인장은 발생하지 않는다(without tension)[∵ 편심거리 $e(=B/2-X_R$=5−5.02=−0.02m)는 저면폭 중앙의 좌측에 위치하므로 위험지점 0으로부터 $B/3$(=3.33m) $<X_R$(=4.92m)$<(2/3)B$(=6.67m)에 위치하기 때문].

(3) 그러므로 합력의 작용거리(점) X_R은 $B/3$(=11.33m)$<X_R$(=19.99m)$<(2/3)B$(=22.67m)인 직립부 저면 폭 B의 중앙 1/3을 통과하기 때문에 전도에 대해 안정하며, 직립부 사석 기초면의 지지력은 다음과 같이 계산한다.

$$p_t=\frac{R_V}{B}(1+\frac{6e}{B})<p_a \tag{예6.2}$$

여기서 p_t=위험단면인 하단부(toe) 직립부 기초저면에 작용하는 단위면적당의 응력(kN/m^2)이며, p_a=직립부 기초저면의 허용지지력(kN/m^2)이며, R_V=연직방향의 순 하중(중량), B=직립부의 폭, e=기초 사석부의 저면폭 중앙으로부터 편심거리이다.

(4) 식 (예6.2)를 이용하여 하류단(toe)에 작용하는 (최대) 지지력은 다음과 같이 계산한다.

$$p_t=\frac{R_V}{B}(1+\frac{6e}{B})=\frac{1{,}140.50}{10}(1+\frac{6\times0.02}{10})=115.41\text{kN/m}^2<p_a=300\text{kN/m}^2\ \therefore\text{OK}$$

8. 기초 사석부 활동(전단)에 대한 안정계산

(1) **그림 예6.2.3**과 Minikin 공식을 이용하여 경사제 부분의 무게 등을 계산한다.

① $abc(\triangle)$부분의 수중무게 W_2를 다음과 같이 계산한다.

(가) 체적; $\forall_2=(1/2)\overline{ab}(h-d)l=(1/2)\times14(8.9-4.2)\times1=32.9\text{m}^3$

(나) 기초 사석부 수중단위중량 : $w_s=w_d(1-e_0)$=16(1−0.4)=9.6 kN/m^3

(다) 수중무게 : $W_2=w_s\forall_2$=9.6×32.9=**315.84**kN

② 총무게 W_t 계산

(가) 철근콘크리트 직립제의 수중 무게 W_0=**1,140.50kN**을 추가한다.

(나) 직립제와 경사제 $abc(\triangle)$부분 수중무게의 합은 다음과 같다.

$W_t=W_0+W_2$=**1,140.50+315.84=1,772.18**kN

(2) 위험단면(지점) c에 대한 경사각 θ를 다음과 같이 계산한다.

① 밑변 ca'와 높이 aa'의 길이 $\overline{ca'}$와 $\overline{aa'}$를 계산한다.

② 밑변 $\overline{ca'}$ 계산; $\overline{ca'}=\overline{cb'}+\overline{b'a'}$ [$\leftarrow\overline{cb'}=\overline{bb'}z$($\leftarrow\overline{bb'}=h-d$=4.7m)
=4.7×2=9.4m, $\overline{b'a'}$=14m]=9.4+14=23.4m

③ 높이 $\overline{aa'}$ 계산; $\overline{aa'}=h-d$=4.7m

④ 경사각 θ 계산; $\theta=\tan^{-1}\left(\frac{\overline{aa'}}{\overline{ca'}}\right)=\tan^{-1}\left(\frac{4.7}{23.4}\right)=\tan^{-1}(0.20008)$=**11.31°**

(3) 마찰계수 값을 **표 예6.2**를 이용하여 μ=0.8로 결정한다.

표 예6.2 사석기초 활동에 대한 안정성 검토를 위한 마찰계수 μ값

재료구성	μ값	재료구성	μ값
콘크리트 블록+콘크리트 블록	0.5	콘크리트 블록+사석	0.6
콘크리트 블록+암반	0.5	사석+사석	0.8

(4) 활동에 대한 안정성 검토는 **그림 예6.2.3**을 이용하여 가음과 같이 계산한다.

① 제1차 검토 : **그림 예6.2.3**과 같이 수평력은 과대(안전계수 1.2 적용), 수직력은 과소(마찰계수 적용) 평가하여 수직력이 수평력보다 크거나 같은지 검토한다.

㈎ 내해(內海, inland sea) ac면에 대한 연직성분 W_{ty}와 $P_y[=P_{(H_{mi})y}]$**(과소)**, 수평성분 W_{tx}와 $P_x[=P_{(H_{mi})x}]$**(과대)**는 다음과 같다.

㉮ $\mu[W_{ty}-P_y] \geq F_s[W_{tx}+P_x]$ 에서 $F_s \leq \dfrac{\mu(W_{ty}-P_y)}{W_{tx}+P_x}$(=1.2)관계를 검토한다.

㉯ 제체 무게와 파력 $P_{H_{mi}}$의 연직$[P_{(H_{mi})y}]$·수평$[P_{(H_{mi})x}]$성분으로 정리하여 안전계수를 확인한다.

㉰ $\mu[W_t\cos\theta - P_{H_{mi}}\sin\theta] \geq F_s[W_t\sin\theta + P_{H_{mi}}\cos\theta]$ 에서 경사각 θ=11.31° 를 사용하여 안전계수 F_s를 구한다.

㉱ $$F_s = \frac{\mu(W_t\cos\theta - P_{H_{mi}}\sin\theta)}{W_t\sin\theta + P_{H_{mi}}\cos\theta} = \frac{0.8(1,772.18\cos 11.31° - 504.66\sin 11.31°)}{(1,772.18\sin 11.31° + 504.66\cos 11.31°)}$$

cos 11.31=0.9805 sin11.31=0.1961

$$= \frac{0.8(1,772.18\times 0.9805 - 504.66\times 0.1961)}{(1,772.18\times 0.1961 + 504.66\times 0.9805)}$$

$$= \frac{0.8(1,737.62 - 98.9638)}{(347.52 + 494.81)} = \frac{1,310.92}{842.33} = 1.55 > 1.2 \quad \therefore \text{OK}$$

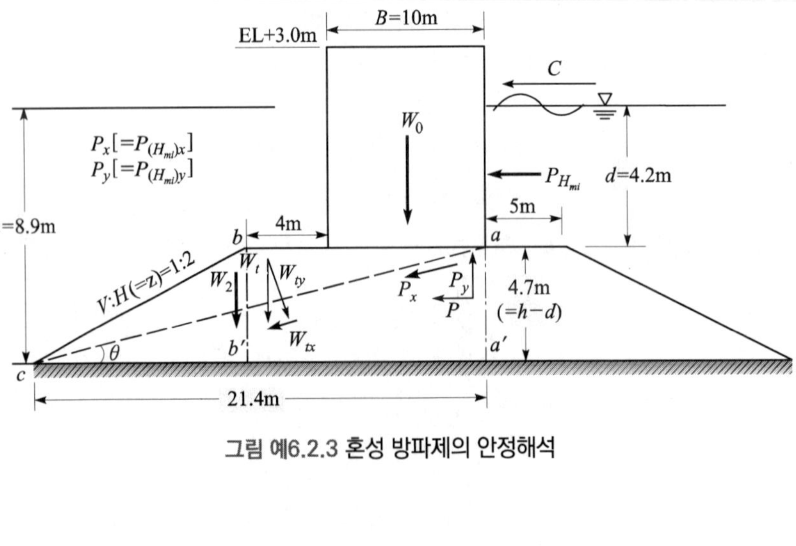

그림 예6.2.3 혼성 방파제의 안정해석

9. 8항 결과에 대한 평가와 대안 검토

(1) 제1차 검토 결과 안전계수가 1.2 이상을 확보하는 것으로 평가되어 별도 대안의 제시는 없다.

(2) 다만, 검토 결과가 안전계수 미확보로 재검토가 필요하다면 다음과 같은 절차를 통해 안전계수를 확보해야한다.

(3) 재검토를 위한 절차는 다음과 같다.

① 제2차 (재)검토 :

(가) **그림 예6.2.4**와 같이 내해 ca'면 **기울기** z를 **1:2.5~1:3**으로 변경하여 재검토하면 되는데 여기서는 $z=3$으로 결정한다.

(나) "8(2)①~②"와 같이 반복 작업을 수행한다(수식·기호; $W_2 = W_2' \Rightarrow W_t = W_t'$ $\therefore W_t$, θ' 사용 계산).

(다) 밑변 ca'와 높이 aa'의 길이 $\overline{ca'}$와 $\overline{aa'}$를 계산한다.

(라) 밑변 $\overline{ca'}$ 계산; $\overline{ca'} = \overline{cb'} + \overline{b'a'}$ [$\leftarrow \overline{cb'} = \overline{bb'}\,z$($\leftarrow \overline{bb'} = h - d$=4.7m)

=4.7×**3**=**14.**1m, $\overline{b'a'}$=14m]=14.1+14=**28.1m**

(마) 경사각 θ' 계산; $\theta' = \tan^{-1}\left(\dfrac{\overline{aa'}}{\overline{ca'}}\right) = \tan^{-1}\left(\dfrac{4.7}{28.1}\right) = \tan^{-1}(0.16725)$=**9.49**°

(바) 안전계수 결경;

$$\therefore F_s = \frac{\mu(W_t\cos\theta' - P_{H_{mi}}\sin\theta')}{W_t\sin\theta' + P_{H_{mi}}\cos\theta'} = \frac{0.8(1{,}772.18\cos 9.49° - 504.66\sin 9.49°)}{(1{,}772.18\sin 9.49° + 504.66\cos 9.49°)}$$

$$= \frac{0.8(1{,}747.90 - 83.16)}{(292.05 + 497.74)} = \frac{1{,}331.79}{789.79} = 1.68 > 1.2$$

∴ OK (**그림 예6.2.4**와 같이 결정)

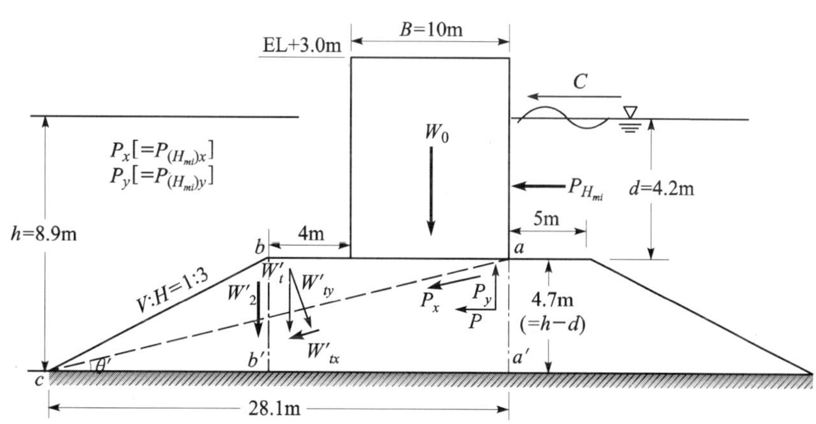

그림 예6.2.4 기초 사석부 ca면의 활동에 대한 안정성 재검토

6.3 관련 법령

본 절에서는 관련법령으로 수자원법[시행 2024. 5. 17., 법률 제19590호(2023. 8. 8., 타법개정)](법제처, 2024f)과 물관리기본법[시행 2021. 7. 6., 법률 제17841호(2021. 1. 5., 일부개정)](법제처, 2024a)을 중심으로 소개한다.

6.3.1 수자원법령

수자원의 조사·계획 및 관리에 관한 법률(약칭: 수자원법)은 제1장 총칙(제1~5조), 제2장 수자원 조사 등(제6~16조), 제3장 수자원계획의 수립 및 관리(제17~22조), 제4장 수자원 관리의 효율화(제23~28조), 제5장 수자원관리위원회(제29~32조), 제6장 보칙(제33~38조), 제7장 벌칙(제39~42조)과 부칙으로 구성되었다. 또한 수자원의 조사·계획 및 관리에 관한 법률 시행령(시행 2023. 7. 4., 대통령령 제33592호, 2023. 6. 27., 일부개정)(법제처, 2024g)은 수자원법에서 위임된 사항과 그 시행에 필요한 사항을 규정함을 목적으로 한다. 수자원의 조사·계획 및 관리에 관한 법률 시행규칙[시행 2024. 5. 10., 환경부령 제1091호(2024. 5. 10., 일부개정)](법제처, 2024h)은 수자원법과 수자원법 시행령에서 위임된 사항과 그 시행에 필요한 사항을 규정함을 목적으로 한다.

본 소절에서는 이들 수자원법령의 주요 조항만을 소개하고자 한다.

(1) 수자원법

수법의 주요한 조항을 소개하면 다음과 같다.

제1조(목적) 이 법은 수자원의 효율적 보전·이용·개발 및 물 관련 재해의 경감·예방을 위하여 수자원의 조사, 수자원계획의 수립·집행 및 수자원 관리의 효율화에 필요한 사항을 정함으로써 공공복리를 증진하고 국민경제의 지속가능한 발전에 이바지함을 목적으로 한다.

제2조(정의) 이 법에서 사용하는 용어의 뜻은 다음과 같다.

1. "**수자원**"이란 인간의 생활이나 경제활동 및 자연환경 유지 등을 하는데 이용할 수 있는 자원으로서의 물을 말한다.
2. "**물순환**"이란 강수(降水)가 지표수(地表水)와 지하수(地下水)로 되어 하천·호수·늪·바다 등으로 흐르거나 저장되었다가 증발하여 다시 강수로 되는 연속된 흐름을 말한다.

3. **"수문조사"**(水文調査)란 하천(「하천법」 제2조제1호에 따른 하천을 말한다. 이하 같다)·호수·늪의 수위, 유량(취수량, 방류수량을 포함한다), 유사량(流砂量) 및 하천유역의 강수량, 증발산량(蒸發散量), 토양수분 함유량에 관하여 과학적인 방법으로 관찰·측정·조사·분석하는 것을 말한다. 다만, 「기상관측표준화법」 등 기상 관계 법률에 따른 기상관측은 제외한다.
4. **"수자원시설"**이란 수자원의 보전·이용 및 개발과 재해의 경감·예방을 위하여 설치하는 다음 각 목의 시설을 말한다.
   가. 제방·하구둑·홍수조절지·방수로 등 하천의 기능을 보전하고 효용을 증진하며 홍수피해를 줄이기 위하여 설치하는 시설
   나. 댐, 보(洑), 해수담수화 시설 및 지하수자원확보 시설 등 수자원의 종합적인 이용·개발을 위하여 설치하는 시설
   다. 가목 또는 나목의 시설과 연계된 친수이용을 위하여 설치하는 시설
   라. 그 밖에 대통령령으로 정하는 시설
5. **"수자원관리기술"**이란 수자원의 체계적 보전·이용 및 개발, 홍수·가뭄 등 수자원 관련 재해의 경감 및 예방, 그 밖에 수자원을 기반으로 한 자연 및 인문 환경의 증진을 위한 활동에 관한 기술을 말한다.

제4조(수자원 관리의 원칙) ① 수자원은 현재와 미래 세대를 위한 자원으로서 공공이익의 증진에 적합하도록 관리되어야 한다.

② 국가는 모든 국민이 지역이나 소득에 관계없이 수자원 관리에 따른 혜택을 골고루 누릴 수 있도록 하여야 한다.

③ 국가는 가뭄의 장기화 등에 따라 수자원의 정상적인 배분이 어려운 경우에는 먹는 물 등 인간의 기초적인 생활과 경제활동에 필수적인 용도로 수자원이 우선 배분되도록 고려하여야 한다.

④ 지표수와 지하수를 포함한 모든 형상의 수자원은 물순환을 통하여 긴밀하게 연관되는 특성을 고려하여 상호 균형을 이루도록 통합적으로 관리되어야 한다.

⑤ 수자원은 수량 확보, 용수공급 및 재해방지뿐만 아니라 사회·경제·문화·자연환경 등에 미치는 영향 등을 종합적으로 고려하여 관리되어야 한다.

제8조(홍수·갈수 예보의 실시) ① 환경부장관은 홍수 또는 갈수(渴水)로 인명과 재산에 대한 피해가 예상될 때에는 그 피해를 예방하거나 줄이기 위하여 홍수 또는 갈수 예보를 하여야 한다. 〈개정 2018. 6. 8.〉

② 제1항에 따른 예보에 관한 세부적인 사항은 환경부령으로 정한다. 〈개정 2018. 6. 8.〉

제9조(수문조사의 실시) ① 환경부장관은 다음 각 호의 목적을 위하여 수문조사를 하여야 한다. 〈개정 2018. 6. 8.〉

1. 하천유역·호수·늪의 물순환 구조 파악
2. 수자원에 관한 계획의 수립
3. 하천의 유지, 하천시설(「하천법」 제2조제3호에 따른 하천시설을 말한다. 이하 같다)의 설치 및 각종 구조물의 설계
4. 하천 주변지역의 이용 및 관리
5. 제8조에 따른 홍수 및 갈수의 예보
6. 그 밖에 수자원 관리에 필요한 사항

② 환경부장관은 수문조사의 체계화·효율화를 위하여 대통령령으로 정하는 바에 따라 10년 단위의 수문조사기본계획(이하 "수문조사기본계획"이라 한다)을 수립·시행하여야 한다. 〈개정 2018. 6. 8., 2019. 11. 26.〉

③ 환경부장관은 수문조사기본계획이 수립된 날부터 5년마다 타당성을 검토하여 필요한 경우에는 그 계획을 변경하여야 한다. 〈신설 2019. 11. 26.〉

④ 환경부장관은 제1항에 따른 수문조사를 위하여 제13조에 따라 수문조사시설을 설치하는 등 수문조사망을 구축하여야 한다. 이 경우 다른 법령에 따라 설치된 수문조사시설과 중복될 때에는 관련 당사자와 협의하여 조정할 수 있다. 〈개정 2018. 6. 8., 2019. 11. 26.〉

⑤ 환경부장관 외에 다른 법령에 따라 수문조사를 하는 기관의 장은 제1항에 따른 수문조사와 중복되지 아니하도록 대통령령으로 정하는 바에 따라 환경부장관과 협의하여야 하며, 수문조사시설을 설치·이전 또는 폐지하려는 경우에는 환경부령으로 정하는 바에 따라 환경부장관에게 서면으로 통지하여야 한다. 〈개정 2018. 6. 8., 2019. 11. 26.〉

⑥ 환경부장관은 제1항에 따른 수문조사 시행을 위하여 대통령령으로 정하는 바에 따라 수문조사 전담기관을 지정하고, 수문조사 업무를 수행하게 할 수 있다. 〈개정 2018. 6. 8., 2019. 11. 26.〉

⑦ 국가는 수문조사 전담기관 운영에 필요한 경비를 충당하기 위하여 예산의 범위에서 출연할 수 있다. 〈개정 2019. 11. 26.〉

⑧ 수문조사 전담기관의 지정·운영, 그 밖에 필요한 사항은 대통령령으로 정한다. 〈개정 2019. 11. 26.〉

제10조(하천시설에서의 수문조사) ① 다음 각 호의 어느 하나에 해당하는 하천시설의 설치자는 해당 하천의 적정한 관리와 위해 방지를 위하여 대통령령으로 정하는 바에 따라 수문조사기기를 설치하고 수문조사를 하여야 한다. 〈개정 2020. 5. 26.〉

1. 하천의 유수(流水)를 저류(貯溜)하거나 취수(取水)하기 위하여 설치한 댐으로서 기초지반부터 댐마루까지의 높이가 15미터 이상이거나 총저수용량이 2천만세제곱미터 이상인 댐. 다만, 높이가 15미터 이상인 농업용 댐 중 유역면적이 25제곱킬로미터 미만이거나 총저수용량이 500만세제곱미터 미만인 댐은 제외한다.
2. 하구둑
3. 하구 부근의 해수면에서 하천의 유수를 저류하는 인공구조물
4. 운하

② 제1항 각 호의 하천시설의 설치자는 홍수가 발생하거나 발생할 우려가 있을 때에는 대통령령으로 정하는 바에 따라 제1항에 따른 수문조사 결과와 해당 하천시설의 관리상황을 환경부장관 및 관계 시·도지사(특별시장·광역시장·특별자치시장·도지사 또는 특별자치도지사를 말한다. 이하 같다)에게 통지하여야 한다. 〈개정 2018. 6. 8.〉

③ 환경부장관은 제2항에 따라 통지받은 사항을 「재난 및 안전관리 기본법」 제14조에 따른 중앙재난안전대책본부장에게 통지하여야 한다. 〈개정 2018. 6. 8.〉

제17조(수자원장기종합계획) ① 환경부장관은 국가 수자원의 효율적인 이용 및 관리를 위한 20년 단위의 종합계획(이하 "수자원장기종합계획"이라 한다)을 수립하여야 한다. 〈개정 2018. 6. 8.〉

② 환경부장관은 수자원장기종합계획이 수립된 날부터 5년마다 타당성을 검토하여 필요한 경우에는 그 계획을 변경하여야 한다. 〈개정 2018. 6. 8.〉

③ 환경부장관은 수자원장기종합계획을 수립·변경하려면 다음 각 호의 절차를 차례대로 거쳐야 한다. 〈개정 2018. 6. 8.〉
1. 관계 중앙행정기관의 장과의 협의
2. 공청회의 개최
3. 제29조에 따른 국가수자원관리위원회의 심의

④ 환경부장관은 수자원장기종합계획을 수립·변경하였으면 관계 중앙행정기관의 장에게 통지하여야 한다. 〈개정 2018. 6. 8.〉

⑤ 제1항부터 제4항까지에서 규정한 사항 외에 수자원장기종합계획의 수립·변경에 필요한 사항은 대통령령으로 정한다.

제18조(하천유역수자원관리계획) ① 환경부장관은 하천유역 내 수자원의 통합적 개발·이용, 홍수예방 및 홍수피해 최소화 등을 위한 10년 단위의 관리계획(이하 "하천유역수자원관리계획"이라 한다)을 수립·시행하여야 한다. 〈개정 2018. 6. 8.〉

② 환경부장관은 하천유역수자원관리계획이 수립된 날부터 5년마다 타당성을 검토하여

필요한 경우에는 계획을 변경하여야 한다. 〈개정 2018. 6. 8.〉

③ 환경부장관은 하천유역수자원관리계획을 수립·변경하려면 다음 각 호의 절차를 차례대로 거쳐야 한다. 〈개정 2018. 6. 8.〉

1. 방재업무 관련 기관 등 관계 행정기관의 장과의 협의
2. 공청회의 개최
3. 제32조에 따른 지역수자원관리위원회(하천유역이 둘 이상의 특별시·광역시·특별자치시 및 도에 걸쳐 있는 경우에는 각각 해당 지역수자원관리위원회를 말한다)에 대한 자문
4. 제29조에 따른 국가수자원관리위원회의 심의

④ 환경부장관은 하천유역수자원관리계획의 수립·변경에 지역주민 등의 의견을 반영하기 위하여 대통령령으로 정하는 바에 따라 하천유역별로 하천유역관리협의회를 구성·운영할 수 있다. 〈개정 2018. 6. 8.〉

⑤ 하천유역수자원관리계획은 수자원장기종합계획의 범위에서 수립되어야 하며, 「하천법」 제25조에 따른 하천기본계획의 기본이 된다.

⑥ 환경부장관은 하천유역수자원관리계획을 수립·변경하였으면 환경부령으로 정하는 바에 따라 그 내용을 고시하고 관계 서류를 시장·군수 또는 구청장(자치구의 구청장을 말한다. 이하 같다)에게 보내야 하며, 시장·군수 또는 구청장은 관계 서류를 일반인이 열람할 수 있도록 하여야 한다. 〈개정 2018. 6. 8.〉

⑦ 제1항부터 제6항까지에서 규정한 사항 외에 하천유역수자원관리계획을 수립하는 하천유역의 범위와 하천유역수자원관리계획의 수립·변경에 필요한 사항은 대통령령으로 정한다.

제19조(지역수자원관리계획) ① 시·도지사는 대통령령으로 정하는 바에 따라 관할구역 내 수자원의 통합적인 개발·이용, 하천환경의 개선, 홍수예방 및 홍수피해 최소화 등을 위한 10년 단위의 관리계획(이하 "지역수자원관리계획"이라 한다)을 수립·시행할 수 있다.

② 시·도지사는 지역수자원관리계획이 수립된 날부터 5년마다 타당성을 검토하여 필요한 경우에는 계획을 변경하여야 한다.

③ 시·도지사는 지역수자원관리계획을 수립·변경하려면 다음 각 호의 절차를 차례대로 거쳐야 한다. 〈개정 2018. 6. 8.〉

1. 관할구역 내 시장·군수·구청장의 의견 수렴
2. 환경부장관을 포함한 관계 행정기관의 장과의 협의
3. 공청회의 개최
4. 제32조에 따른 지역수자원관리위원회의 심의

④ 시·도지사는 지역수자원관리계획을 수립·변경하였으면 관계 중앙행정기관의 장 및 관할 시장·군수·구청장에게 통지하여야 한다.

⑤ 지역수자원관리계획은 수자원장기종합계획 및 하천유역수자원관리계획의 범위에서 수립되이야 한디.

⑥ 지역수자원관리계획의 고시 및 열람에 관하여는 제18조제6항을 준용한다.

제20조(특정하천유역치수계획) ① 환경부장관은 다음 각 호의 어느 하나에 해당하는 하천유역에 대하여 침수피해 예방 및 침수피해 최소화 등을 위한 10년 단위의 치수계획(이하 "특정하천유역치수계획"이라 한다)을 수립·시행할 수 있다. 〈개정 2018. 6. 8., 2023. 1. 3.〉

1. 둘 이상의 시·군·자치구를 관통하여 흐르거나 인접하여 흐르는 하천유역
2. 삭제 〈2023. 9. 14.〉

② 특정하천유역치수계획은 수자원장기종합계획 및 하천유역수자원관리계획의 범위에서 수립되어야 한다.

③ 환경부장관은 특정하천유역치수계획이 수립된 날부터 5년마다 타당성을 검토하여 필요한 경우에는 계획을 변경하여야 한다. 〈신설 2023. 1. 3.〉

④ 특정하천유역치수계획의 수립·변경 절차에 관하여는 제18조제3항부터 제6항까지의 규정을 준용한다. 〈개정 2023. 1. 3.〉

⑤ 제1항부터 제4항까지에서 규정한 사항 외에 특정하천유역치수계획의 수립·변경에 필요한 사항은 대통령령으로 정한다. 〈개정 2023. 1. 3.〉

[시행일: 2024. 3. 15.] 제20조

---

(2) 수자원법 시행령

수자원법 시행령의 주요한 조항을 소개하면 다음과 같다.

제3조(하천유역조사의 유형 등) ① 법 제6조제1항에 따른 하천유역조사(이하 "하천유역조사"라 한다)의 유형은 다음 각 호와 같다.

1. 기본현황조사: 하천유역의 인문·산업·경제현황, 지형·토양 등 유역 특성, 수문(水文) 특성, 지하수 특성 등에 대한 조사
2. 이수(利水)현황조사: 하천유역의 용수이용 현황, 이수시설 현황, 수리권(水利權)의 현황, 하천유지유량 및 물 이동 특성 등에 대한 조사
3. 치수(治水)현황조사: 하천유역의 홍수피해현황, 치수와 관련된 사업 및 시설의 현황 등에 대한 조사

4. 하천환경현황조사: 하천의 환경기초시설 현황, 수질 및 생태현황 등에 대한 조사

② 하천유역조사는 조사항목의 변동성 및 조사결과의 활용빈도 등을 고려하여 1년, 5년 또는 10년 주기로 한다. 다만, 필요한 경우에는 수시조사나 특별조사를 할 수 있다.

③ 하천유역조사는 문헌조사, 현장조사, 지리정보 및 원격탐사자료의 활용 등의 방법으로 한다.

④ 환경부장관은 필요한 경우 하천유역조사의 결과에 대하여 검증을 실시할 수 있다. 〈개정 2018. 6. 8.〉

⑤ 하천유역조사의 유형별 조사주기·조사방법 및 결과검증에 관한 세부적인 사항은 환경부장관이 정한다. 〈개정 2018. 6. 8.〉

제4조(홍수피해·가뭄 상황조사의 실시 등) ① 환경부장관이 법 제7조제1항에 따라 가뭄 상황을 조사하여야 하는 지역은 다음 각 호와 같다. 〈개정 2018. 6. 8.〉

1. 법 제8조제1항에 따른 갈수(渴水) 예보 실시 지역
2. 그 밖에 환경부장관이 가뭄 상황조사가 필요하다고 인정한 지역

② 법 제7조제1항에 따른 홍수피해 상황조사 또는 가뭄 상황조사(이하 "홍수피해·가뭄 상황조사"라 한다)에는 다음 각 호의 구분에 따른 사항이 포함되어야 한다.

1. 홍수피해 상황조사
   가. 침수위(沈水位), 침수범위 등 현황 조사
   나. 홍수로 인한 재산, 인명 등 피해 현황 조사
   다. 홍수피해의 발생 원인 분석
   라. 그 밖에 홍수피해 저감 등을 위하여 필요한 사항의 조사 및 분석
2. 가뭄 상황조사
   가. 수원(水源), 용수수급 등 현황 조사
   나. 가뭄으로 인한 재산, 인명 등 피해현황 조사
   다. 가뭄피해의 발생원인 분석
   라. 그 밖에 가뭄피해 저감 등을 위하여 필요한 사항의 조사 및 분석

③ 홍수피해·가뭄 상황조사는 홍수 또는 가뭄 피해가 발생한 때부터 6개월 이내에 실시하여야 한다. 다만, 제2항제2호가목에 따른 조사는 연중 실시하여야 한다.

④ 제1항부터 제3항까지에서 규정한 사항 외에 홍수피해·가뭄 상황조사의 방법 및 결과 활용에 관한 세부적인 사항은 환경부장관이 정한다. 〈개정 2018. 6. 8.〉

제5조(홍수위험지도·가뭄취약지도의 작성 등) ① 환경부장관 및 지방자치단체의 장은 법 제7조제1항 및 같은 조 제5항에 따라 홍수위험지도를 작성하려는 경우에는 다음 각 호의 사항을 고려하여야 한다. 〈개정 2018. 6. 8.〉

1. 제4조제2항제1호 각 목의 조사·분석 결과
2. 해당 하천의 수문량 및 수리학적 해석
3. 해당 하천의 지형 자료 등 홍수위험지도의 작성에 필요한 사항

② 환경부장관 및 지방자치단체의 장은 법 제7조제1항 및 같은 조 제5항에 따라 가뭄취약지도를 작성하려는 경우에는 다음 각 호의 사항을 고려하여야 한다. 〈개정 2018. 6. 8.〉

1. 제4조제2항제2호 각 목의 조사·분석 결과
2. 해당 지역의 가뭄발생 특성 및 취약성 분석
3. 해당 지역의 지형 자료 등 가뭄취약지도의 작성에 필요한 사항

③ 지방자치단체장은 법 제7조제5항에 따라 홍수위험지도 및 가뭄취약지도를 작성한 때에는 그 내용을 환경부장관 및 관계기관의 장에게 통보하여야 한다. 〈개정 2018. 6. 8.〉

④ 환경부장관 및 지방자치단체장은 홍수위험지도 및 가뭄취약지도를 작성할 때 필요한 경우에는 「하천법」 제88조에 따른 협회에 적정성 검토를 의뢰할 수 있다. 〈개정 2018. 6. 8.〉

⑤ 홍수위험지도 및 가뭄취약지도의 작성 및 결과활용에 관한 세부적인 사항은 환경부장관이 정한다. 〈개정 2018. 6. 8.〉

제6조(수문조사기본계획의 수립) ① 법 제9조제2항에 따른 수문조사기본계획(이하 “수문조사기본계획”이라 한다)에는 다음 각 호의 사항이 포함되어야 한다.

1. 수문조사 현황분석
2. 수문조사 사업의 성과평가
3. 수문조사망의 구축 및 관리계획
4. 수문조사 관련 분야의 투자 및 기술개발
5. 수문조사 자료의 제공 및 활용 등 수문조사에 필요한 사항

② 환경부장관은 다른 법령에 따라 수문조사를 하는 기관의 장에게 수문조사기본계획의 수립에 필요한 자료의 제출을 요청할 수 있다. 이 경우 다른 법령에 따라 수문조사를 하는 기관의 장은 특별한 사유가 없으면 그 요청에 따라야 한다. 〈개정 2018. 6. 8.〉

③ 환경부장관은 수문조사기본계획이 수립된 날부터 5년마다 그 타당성을 검토하여 필요한 경우에는 계획을 변경할 수 있다. 〈개정 2018. 6. 8.〉

④ 환경부장관은 수문조사기본계획을 수립하거나 변경하려는 경우에는 관계 중앙행정기관과 협의하여야 하며, 수문조사기본계획을 수립하거나 변경한 경우에는 이를 관계 중앙행정기관의 장에게 통지하여야 한다. 〈개정 2018. 6. 8.〉

(3) 수자원법 시행규칙

수자원법 시행규칙의 주요한 조항을 소개하면 다음과 같다.

제1조(목적) 이 규칙은 「수자원의 조사·계획 및 관리에 관한 법률」 및 같은 법 시행령에서 위임된 사항과 그 시행에 필요한 사항을 규정함을 목적으로 한다.

제2조(홍수예보) ① 홍수통제소장은 「수자원의 조사·계획 및 관리에 관한 법률」(이하 "법"이라 한다) 제8조제1항에 따라 하천구역(「하천법」 제2조제2호에 따른 하천구역을 말한다. 이하 같다) 및 그 배후지역에서 홍수로 인명과 재산에 대한 피해가 예상될 때에는 다음 각 호의 정보를 제공하는 홍수예보를 하여야 한다.

1. 하천변 도로, 철도 및 주요시설의 침수위험 정보
2. 하천구역 및 그 배후지역의 예측수위 정보
3. 「하천법」 제44조에 따른 친수지구의 홍수위험 정보
4. 그 밖에 홍수피해를 예방하거나 줄이기 위하여 필요한 정보

② 홍수통제소장은 제1항에 따른 홍수예보를 할 때에는 관할 특별시장·광역시장·특별자치시장·도지사 및 특별자치도지사(이하 "시·도지사"라 한다), 관할 시장·군수·구청장(자치구의 구청장을 말한다. 이하 같다) 및 그 밖의 관계기관의 장에게 정보통신망 등을 이용하여 통지하여야 한다.

③ 홍수통제소장은 하천구역 및 그 배후지역에서 홍수로 인명과 재산에 대한 중대한 피해가 예상될 때에는 별표 1의 기준에 따라 홍수에 대하여 특별한 주의를 요구하거나 경보를 하는 예보(이하 "홍수특보"라 한다)를 홍수주의보 또는 홍수경보로 구분하여 발령하여야 한다.

④ 홍수통제소장은 홍수특보를 발령할 때에는 그 사실을 별지 제1호서식의 홍수특보(홍수주의보, 홍수경보) 발령서에 따라 방송·신문 등의 통신매체, 관할 시·도지사, 관할 시장·군수·구청장 및 그 밖의 관계기관의 장에게 지체 없이 통지하여야 한다.

⑤ 홍수통제소장은 발령된 홍수특보를 변경할 때에는 그 사실을 별지 제2호서식의 홍수특보(홍수주의보, 홍수경보) 변경발령서에 따라 방송·신문 등의 통신매체, 관할 시·도지사, 관할 시장·군수·구청장 및 그 밖의 관계기관의 장에게 지체 없이 통지하여야 한다.

⑥ 홍수통제소장은 발령된 홍수특보를 해제할 때에는 그 사실을 별지 제3호서식의 홍수특보(홍수주의보, 홍수경보) 해제발령서에 따라 방송·신문 등의 통신매체, 관할 시·도지사, 관할 시장·군수·구청장 및 그 밖의 관계기관의 장에게 지체 없이 통지하여야 한다.

⑦ 특별자치시장·특별자치도지사·시장·군수·구청장은 제4항부터 제6항까지의 규정에

따른 통지를 받는 즉시 그 사실을 관할 구역의 경찰서장, 소방서장 및 그 밖의 관계 기관의 장에게 통지하고, 관할 지역의 주민에게 알려야 한다.

⑧ 홍수통제소장은 하천의 수위를 측정하는 지점 중 제3항에 따른 홍수특보 발령을 위한 측정지점(이하 "홍수특보지점"이라 한다)을 정하고 그 위치 및 홍수특보지점별 기준수위를 고시하여야 한다. 고시한 사항을 변경하는 경우에도 또한 같다.

⑨ 홍수통제소장은 홍수특보지점의 위치 및 기준수위를 10년마다 재검토하여 변경이 필요한 경우에는 이를 변경하여야 한다. 다만, 고시된 지점별 위치 및 기준수위의 변동상황 등을 고려하여 재검토 기간을 단축할 수 있다.

제3조(갈수예보) ① 홍수통제소장은 법 제8조제1항에 따라 갈수(渴水)로 인명과 재산의 피해가 예상되는 지역에 대하여 별표 2의 기준에 따라 갈수예보를 관심, 주의, 경계 또는 심각 단계로 구분하여 발령하여야 한다.

② 홍수통제소장은 갈수예보를 발령할 때에는 그 사실을 별지 제4호서식의 갈수예보(관심, 주의, 경계, 심각)단계 발령서에 따라 관할 시·도지사, 관할 시장·군수·구청장, 관계기관의 장, 「하천법」 제50조 및 제50조의2에 따른 해당 지역의 하천수 사용자(이하 "하천수사용자"라 한다) 및 그 밖의 수자원시설을 관리하는 기관의 장에게 지체 없이 통지하여야 한다.

③ 홍수통제소장은 발령된 갈수예보를 변경할 때에는 그 사실을 별지 제5호서식의 갈수예보(관심, 주의, 경계, 심각)단계 변경발령서에 따라 관할 시·도지사, 관할 시장·군수·구청장, 관계기관의 장, 하천수사용자 및 그 밖의 수자원시설을 관리하는 기관의 장에게 지체 없이 통지하여야 한다.

④ 홍수통제소장은 발령된 갈수예보를 해제할 때에는 그 사실을 별지 제6호서식의 갈수예보 해제발령서에 따라 관할 시·도지사, 관할 시장·군수·구청장, 관계기관의 장, 하천수사용자 및 그 밖의 수자원시설을 관리하는 기관의 장에게 지체 없이 통지하여야 한다.

⑤ 특별자치시장·특별자치도지사·시장·군수·구청장은 제2항부터 제4항까지의 규정에 따른 통지를 받는 즉시 그 사실을 관할 지역의 주민에게 알려야 한다.

⑥ 홍수통제소장은 수문량(水文量)을 측정하는 지점 중 제1항에 따른 갈수예보 발령을 위한 지점(이하 "갈수예보지점"이라 한다)을 정하고 그 위치 및 갈수예보지점별 계획수문량을 고시하여야 한다. 고시한 사항을 변경하는 경우에도 또한 같다.

⑦ 홍수통제소장은 제6항에 따라 고시된 갈수예보지점의 위치 및 계획수문량을 10년마다 재검토하여 필요한 경우에는 이를 변경하여야 한다. 다만, 고시된 지점별 위치 및 계획수문량의 변동상황 등을 고려하여 재검토 기간을 단축할 수 있다.

⑧ 제1항부터 제7항까지의 규정에도 불구하고 「도서개발 촉진법」 제2조에 따른 도서(島

嶼)의 경우에는 관할 시장·군수가 해당 지역 주요 수원(水原)의 고갈 정도 등 해당 지역의 실정을 고려한 갈수예보체계를 구축하여 갈수예보를 발령할 수 있다.

6.3.2 물관련법령

본 소절에서 다루고자하는 물관리기본법[시행 2021. 7. 6., 법률 제17841호(2021. 1. 5., 일부개정)](법제처, 2024a)(이하 "물법"이라 함)은 제1장 총칙(제1~7조), 제2장 물관리의 기본원칙(제8~19조), 제3장 물관리위원회(제20~26조), 제4장 국가물관리기본계획 등(제27~31조), 제5장 물분쟁의 조정 등(제32~34조), 제6장 물문화 육성 및 국제협력 등(제35~45조)과 부칙으로 구성되었다.

또한 물관리기본법 시행령(시행 2023. 6. 11., 대통령령 제33479호, 2023. 5. 23., 타법개정)(법제처, 2024b)은 물법에서 위임된 사항과 그 시행에 필요한 사항을 규정함을 목적으로 한다. 물관리기본법 시행규칙(시행 2022. 7. 19., 환경부령 제995호, 2022. 7. 19., 일부개정)(법제처, 2024c)은 물법과 물법 시행령에서 위임된 사항과 그 시행에 필요한 사항을 규정함을 목적으로 한다.

본 소절에서는 물관리기본법과 동법 시행령의 주요 조항만을 소개한다.

(1) 물관리기본법

물관리기본법의 주요한 조항을 소개하면 다음과 같다.

제1조(목적) 이 법은 물관리의 기본이념과 물관리 정책의 기본방향을 제시하고 물관리에 필요한 기본적인 사항을 규정함으로써 물의 안정적인 확보, 물환경의 보전·관리, 가뭄·홍수 등으로 인하여 발생하는 재해의 예방 등을 통하여 지속가능한 물순환 체계를 구축하고 국민의 삶의 질 향상에 이바지함을 목적으로 한다.

제3조(정의) 이 법에서 사용하는 용어의 뜻은 다음과 같다.

1. "**물순환**"이란 강수(降水)가 지표수(地表水)와 지하수(地下水)로 되어 하천·호수·늪·바다 등으로 흐르거나 저장되었다가 증발하여 다시 강수로 되는 연속된 흐름을 말한다.
2. "**물관리**"란 모든 사람과 생명체가 물을 자연환경의 구성요소 및 사회·경제 활동의 필요요소이자 자원으로서 보전하고 경제적으로 이용하며, 가뭄·홍수로 인한 재해를 줄이거나 예방하는 일을 말한다.

3. “**수자원**”이란 인간의 생활이나 경제활동 및 자연환경 유지 등을 하는데 이용할 수 있는 자원으로서의 물을 말한다.
4. “**유역**”이란 분수령(分水嶺)을 경계로 하여 하천 등이 모이는 일정한 구역을 말한다.

제4조(물 이용의 권리와 의무) ① 누구든지 사용 목적에 적합한 수질의 물을 안정적으로 공급받아 이용할 수 있고, 가뭄·홍수 등의 재해로부터 안전하게 보호받으며 건강하고 쾌적한 물환경에서의 삶을 누릴 권리가 있다.

② 누구든지 지속가능한 물순환 체계를 구축하기 위하여 노력하고 국가와 지방자치단체의 물관리 시책에 협조하여야 한다.

제11조(유역별 관리) 물은 지속가능한 개발·이용과 보전을 도모하고 가뭄·홍수 등으로 인하여 발생하는 재해를 예방하기 위하여 유역 단위로 관리되어야 함을 원칙으로 하되, 유역 간 물관리는 조화와 균형을 이루어야 한다.

제12조(통합 물관리) ① 국가와 지방자치단체는 지표수와 지하수 등 물순환 과정에 있는 모든 형상의 물이 상호 균형을 이루도록 관리하여야 한다.

② 국가와 지방자치단체가 물과 관련된 정책을 수립·시행할 때에는 물순환 과정의 전주기(全週期)를 고려하여야 한다.

③ 국가와 지방자치단체는 물관리를 할 때 수량확보, 수질보전, 가뭄 및 홍수 등으로 발생하는 재해방지, 기후·토지·자원·환경·식생 등과 같은 자연환경, 경제·사회 등에 미치는 영향 등을 종합적으로 고려하여야 한다. 〈개정 2020. 5. 26.〉

제27조(국가물관리기본계획의 수립 등) ① 환경부장관은 10년마다 관계 중앙행정기관의 장 및 유역물관리위원회의 위원장과 협의하고 국가물관리위원회의 심의를 거쳐 다음 각 호의 사항을 포함한 국가물관리기본계획(이하 “국가계획”이라 한다)을 수립하여야 한다.

1. 국가 물관리 정책의 기본목표 및 추진방향
2. 국가 물관리 정책의 성과평가 및 물관리 여건의 변화 및 전망
3. 물환경 보전 및 관리, 복원에 관한 사항
4. 물의 공급·이용·배분과 수자원의 개발·보전 및 중장기 수급 전망
5. 가뭄·홍수 등으로 인하여 발생하는 재해의 경감 및 예방에 관한 사항
6. 기후변화에 따른 물관리 취약성 대응 방안
7. 물분쟁 조정 및 수자원 사용의 합리적 비용 분담 원칙·기준
8. 물관리 예산의 중·장기 투자 방향에 관한 사항
9. 물산업의 육성과 경쟁력 강화

10. 유역물관리종합계획의 기본 방침
11. 그 밖에 지속가능한 물관리를 위하여 대통령령으로 정하는 사항

② 환경부장관은 국가계획을 수립한 날부터 5년마다 타당성을 검토하고 그 결과를 반영하여 국가계획을 변경하여야 한다. 이 경우 국가물관리위원회의 심의를 받아야 한다.

③ 관계 중앙행정기관의 장은 국가계획에 맞추어 대통령령으로 정하는 물관리 관련 계획을 수립하거나 변경하여야 하며, 물관리 관련 계획을 수립하거나 변경하려는 때에는 국가계획과의 부합 여부에 관하여 국가물관리위원회의 심의를 받아야 한다. 다만, 국가물관리위원회는 관계 중앙행정기관의 장이 수립하는 물관리 관련 계획 중 유역에 해당하는 사항을 유역물관리위원회에서 심의하게 할 수 있다.

④ 국가물관리위원회는 관계 중앙행정기관의 장이 제출한 물관리 관련 계획에 대하여 국가계획과의 부합 여부를 심의하여 필요한 경우 그 계획의 조정을 요구할 수 있다. 이 경우 관계 중앙행정기관의 장은 특별한 사유가 없으면 이에 따라야 한다.

⑤ 제1항에 따른 국가계획의 수립절차 등은 대통령령으로 정한다.

제28조(유역물관리종합계획의 수립) ① 유역물관리위원회 위원장은 제27조제1항에 따른 국가계획을 기초로 10년마다 관계 중앙행정기관의 장 및 지방자치단체의 장과 협의하고 국가물관리위원회와 유역물관리위원회의 심의를 거쳐 다음 각 호에 관한 사항을 포함한 유역물관리종합계획(이하 "유역계획"이라 한다)을 수립하여야 한다.

1. 유역의 물 관련 여건의 변화 및 전망
2. 유역 수자원의 개발·보전·다변화와 물의 공급·이용·배분
3. 유역의 가뭄·홍수 등으로 인하여 발생하는 재해의 경감 및 예방에 관한 사항
4. 유역의 물환경 보전 및 관리, 복원에 관한 사항
5. 기후변화에 따른 유역 물관리 취약성 대응 방안
6. 유역 물관리 비용의 추계와 재원조달 방안
7. 지역주민을 포함한 이해당사자의 참여 및 물문화 창달
8. 그 밖에 유역의 지속가능한 물관리를 위하여 대통령령으로 정하는 사항

② 유역물관리위원회 위원장은 유역계획을 수립한 날부터 5년마다 타당성을 검토하여 그 결과를 유역계획에 반영하여야 한다.

③ 제1항에 따른 유역계획의 수립절차 등은 대통령령으로 정한다.

(2) 물관리기본법 시행령

물관리기본법 시행령의 주요한 조항을 소개하면 다음과 같다.

제13조(국가물관리기본계획의 수립 등) ① 법 제27조제1항제11호에서 "대통령령으로 정하는 사항"이란 다음 각 호의 사항을 말한다.

1. 물관리 국제협력에 관한 사항
2. 남북한 간 물관리 협력에 관한 사항
3. 물관리 관련 조사연구 및 기술개발 지원에 관한 사항
4. 법 제27조제1항에 따른 국가물관리기본계획(이하 "국가계획"이라 한다)의 연도별 이행 상황 평가에 관한 사항

② 환경부장관은 국가계획을 수립하거나 변경하기 위하여 필요하다고 인정하는 경우에는 관계 중앙행정기관의 장, 특별시장・광역시장・특별자치시장・도지사・특별자치도지사(이하 "시・도지사"라 한다) 또는 관계 기관・단체의 장에게 국가계획의 수립・변경에 필요한 자료의 제출을 요청할 수 있다.

③ 환경부장관은 국가계획을 수립하거나 변경한 경우에는 그 내용을 지체 없이 관계 중앙행정기관의 장 및 시・도지사에게 알리고, 관보에 게재하거나 환경부 인터넷 홈페이지 등을 통하여 공고해야 한다.

④ 법 제27조제3항 본문에서 "대통령령으로 정하는 물관리 관련 계획"이란 다음 각 호의 계획 및 대책을 말한다. 〈개정 2022. 6. 14., 2022. 7. 11.〉

1. 「금강수계 물관리 및 주민지원 등에 관한 법률」 제4조의2제1항에 따른 수변구역관리기본계획
2. 「낙동강수계 물관리 및 주민지원 등에 관한 법률」 제4조의2제1항에 따른 수변구역관리기본계획
3. 「농어촌정비법」 제15조제1항에 따른 농어촌용수 이용 합리화계획
4. 「댐건설・관리 및 주변지역지원 등에 관한 법률」 제4조제1항에 따른 댐관리기본계획
5. 「물의 재이용 촉진 및 지원에 관한 법률」 제5조제1항에 따른 물 재이용 기본계획
6. 「물환경보전법」 제23조의2제1항에 따른 국가 물환경관리기본계획, 같은 법 제24조제1항에 따른 대권역 물환경관리계획, 같은 법 제27조의2제1항에 따라 환경부장관이 수립하는 수생태계 복원계획 및 같은 법 제53조의3제1항에 따른 비점오염원 관리 종합대책
7. 「사방사업법」 제3조의2제1항에 따른 사방사업 기본계획
8. 「수도법」 제4조제1항에 따른 국가수도기본계획 및 같은 법 제5조제1항에 따른 수도

정비계획
9. 「수자원의 조사·계획 및 관리에 관한 법률」 제17조제1항에 따른 수자원장기종합계획 및 같은 법 제18조제1항에 따른 하천유역수자원관리계획
10. 「영산강·섬진강수계 물관리 및 주민지원 등에 관한 법률」 제4조의2제1항에 따른 수변구역관리기본계획
11. 「지하수법」 제6조제1항에 따른 지하수관리기본계획
12. 「친수구역 활용에 관한 특별법」 제4조제2항 본문에 따른 친수구역조성사업에 관한 계획
13. 「하수도법」 제4조제1항에 따른 국가하수도종합계획 및 같은 법 제4조의2제1항에 따른 유역하수도정비계획
14. 「한강수계 상수원수질개선 및 주민지원 등에 관한 법률」 제4조의2제1항에 따른 수변구역 관리기본계획

제14조(유역물관리종합계획의 수립 등) ① 법 제28조제1항제8호에서 "대통령령으로 정하는 사항"이란 다음 각 호의 사항을 말한다.
1. 유역 내 물산업의 진흥에 관한 사항
2. 법 제28조제1항에 따른 유역물관리종합계획(이하 "유역계획"이라 한다)의 연도별 이행 상황 평가에 관한 사항

② 유역계획의 수립절차에 관하여는 제13조제2항 및 제3항을 준용한다. 이 경우 "환경부장관"은 "유역물관리위원회 위원장"으로, "국가계획"은 "유역계획"으로, "환경부 홈페이지"는 "물관리위원회 홈페이지"로 본다.

③ 법 제30조제1항에서 "대통령령으로 정하는 물관리 관련 계획"이란 다음 각 호의 계획을 말한다.
1. 「가축분뇨의 관리 및 이용에 관한 법률」 제5조제1항 전단에 따른 가축분뇨관리기본계획
2. 「금강수계 물관리 및 주민지원 등에 관한 법률」 제10조제1항에 따른 오염총량관리기본계획
3. 「낙동강수계 물관리 및 주민지원 등에 관한 법률」 제10조제1항에 따른 오염총량관리기본계획
4. 「물관리기술 발전 및 물산업 진흥에 관한 법률」 제5조제3항에 따른 물관리기술 발전 및 물산업 진흥 시행계획
5. 「물의 재이용 촉진 및 지원에 관한 법률」 제6조제1항 전단에 따른 물 재이용 관리계획
6. 「물환경보전법」 제4조의3제1항에 따른 오염총량관리기본계획 및 같은 법 제27조의

2제1항에 따라 시·도지사 또는 시장·군수·구청장(자치구의 구청장을 말한다)이 수립하는 수생태계 복원계획

7. 「사방사업법」 제3조의2제4항에 따른 지역사방사업계획
8. 「소하천정비법」 제6조제1항에 따른 소하천정비종합계획 및 같은 법 제7조제1항에 따른 소하천정비중기계획
9. 「수도법」 제4조제1항제2호에 따른 수도정비기본계획, 같은 법 제6조제1항 전단에 따른 종합계획 및 같은 법 제8조의2제1항에 따른 상수원보호구역에 대한 수질관리계획
10. 「수자원의 조사·계획 및 관리에 관한 법률」 제19조제1항에 따른 지역수자원관리계획
11. 「영산강·섬진강수계 물관리 및 주민지원 등에 관한 법률」 제10조제1항에 따른 오염총량관리기본계획
12. 「지하수법」 제6조의2제1항 본문에 따른 지역지하수관리계획
13. 「하수도법」 제5조제1항 전단 및 같은 조 제2항에 따른 하수도정비기본계획
14. 「한강수계 상수원수질개선 및 주민지원 등에 관한 법률」 제8조의2제1항에 따른 오염총량관리기본계획

연 습 문 제 (※제6장의 연습문제에는 제5장의 내용이 포함되어 있음)

6.1 개량형 전도식 가동보의 특징을 이수·치수·환경측면에서 기술하고, 장점과 단점을 비교하시오.

6.2 제방의 축조와 기설 제방의 보강을 위한 제방설계에 대해 설명하시오.

6.3 제방 설계와 관련하여 홍수량의 크기에 따른 둑마루 폭과 여유고에 대해 설명하시오.

6.4 어떤 사업을 수립할 때 사전에 조사해야 할 사항 중 현황조사에 필요한 사항을 열거하고 이에 대해 설명하시오.

6.5 금강살리기 행복지구 생태하천조성사업구간 주변의 하천현황을 모식도를 그려 국가하천, 지방하천, 소하천을 열거하시오.

6.6 2차원 흐름해석에 사용되는 SMS 모형은 무엇이고, 이 중 RMA-2 모형, RMA-4 모형에 대해 설명하시오.

6.7 3차원 흐름해석을 위한 FLOW-3D에 대해 간단히 설명하시오.

6.8 국가하천이나 지방하천을 대상으로 수리모형 실험을 계획할 때 결정해야 할 모형축척에 대해 설명하시오.

6.9 그림 6.7과 같이 홍수량 산정지점은 주요 시설물 위치점에서 상당히 넓은 유역에 대해 검토하게 되는데, 그 이유는 무엇인지 설명하시오. 또한 그림 6.3(a)를 대상으로 유역출구점의 계획홍수량 산정에 대해 본인의 견해를 설명하시오.

6.10 다음 용어를 간단히 설명하시오(제5장 포함).

1. LSPIV 기법
2. NRCS
3. CN
4. 유역종합치수계획
5. 소수력발전
6. 강도설계법(USD)
7. 허용응력설계법(WSD)
8. 합류식 하수도 월류수(CSOs)
9. LCA(life-cycle assessment)
10. 간이공공 하수처리시설
11. Kutter 공식, Hazen·Williams 공식
12. 그림 5.20 맨홀의 각부 명칭

6.11 수자원개발·계획 관련 국책 (대형)사업을 시행하기 전 사전단계, 즉 사업의 경제성을 평가하기 위한 분석기법으로 치수사업 경제성 분석 방법으로 많이 사용되고 있는 다차원 홍수피해 산정방법의 주요 절차 6단계에 대해 설명하시오.

6.12 어떤 지역에 다양한 재현기간의 사상에 대해 피해액과 그 사상을 통제하기 위해 설계된 구조물의 연 건설비용은 각각 표 문6.12와 같다. 구조물이 건설되지 않았을 때의 예상되는 피해액을 결정하고, 수경제 분석을 수행해 최적설계재현기간을 결정하고, 예상피해 총액과 최적설계 총비용을 구한 후 총비용의 구성비를 계산하시오.

표 문6.12 수경제 분석에 의한 최적설계재현기간 결정

재현기간 T(년)	피해액 (백민 원)	자본비용 (백만 원/년)	재현기간 T(년)	피해액 (백만 원)	자본비용 (백만 원/년)
1	0	0	20	213,000	27,000
2	20,000	3,000	25	250,000	29,000
5	60,000	14,000	50	300,000	40,000
10	140,000	23,000	100	400,000	60,000
15	177,000	25,000	200	500,000	80,000

6.13 표 문6.13을 홍수피해를 경감시키기 위한 방법으로 피해액과 빈도관계 자료를 이용하여 피해 빈도 관계식(damage-frequency relationship)을 이용한 홍수조절 대안(flood-control alternatives)의 순위를 결정하시오

표 문6.13 피해액과 빈도관계

초과확률(%)	피해액(단위 : 10^8원)				
	현재 조건	제방 축조	상(上)류 분(分)류	수로 보수	저류지 축조
20	0	0	0	0	0
10	6	0	0	0	0
7	10	0	0	0	0
5	13	13	2	4	3
2	22	20	10	12	10
1	30	30	20	18	12
0.5	40	40	30	27	21
0.2	50	50	43	40	35
0.1	54	54	47	43	45
0.05	57	57	55	50	56

6.14 하천설계기준(KDS 51 00 00)의 소분류인 하천보 설계기준(KDS 51 40 05; 2018) 1. 일반사항의 1.6 시설물 구성(환경부, 2024d)(환경부, 2014e)에 대해 설명하시오.

6.15 하천 취수시설(KDS 51 40 15; 2018) 4. 설계의 4.3 집수암거(환경부, 2024e)에 대해 설명하시오.

6.16 하수도설계기준(KDS 61 00 00; 2022)의 중분류인 하수도설계 일반사항(KDS 61 10 00)(환경부, 2024d)에서 1.5 우수배제계획에 대해 설명하시오.

6.17 관로시설 설계기준(KDS 61 40 00; 2022)(환경부, 2024d) 중 관의 종류에 대해 설명하시오.

6.18 항만 및 어항설계기준(KDS 64 00 00) 중 방파제(KDS 64 45 20; 2017)(해양수산부, 2024) 1. 일반사항 1.6 시설물의 구성에 대해 설명하시오.

6.19 그림 예6.2.1과 같은 혼성제 있어 $T=14$s, $h=9.0$m, $H=4.5$m가 작용할 때의 안정을 검토하시오(단, 나머지 조건은 [예제 6.2]와 동일하다.).

6.20 수자원의 조사·계획 및 관리에 관한 법률(약칭: 수자원법)(시행 2023. 7. 4., 법률 제19169호, 2023. 1. 3., 일부개정)(법제처, 2024f)과 물관리기본법(시행 2021. 7. 6., 법률 제17841호, 2021. 1. 5., 일부개정)(법제처, 2024a)에 관해 간단히 설명하시오.

6.21 하천보 설계기준(KDS 51 40 05; 2018) 중 4. 설계의 4.3 가동보(환경부, 2024e)에 대해 설명하시오.

CHAPTER

7

실무·설계

CHAPTER 7

실무·설계

Design of Hydraulic Engineering

> 본 장에서는 수공(학)분야에서 다루는 많은 실무적 업무와 그와 관련 있는 시설물 설계 중 기초적인 내용을 중심으로 다루고자 한다. 이는 수공 실무에서 수자원의 지속 가능한 개발과 유지관리를 위해 필수불가결한 하천을 대상으로 하여 실무와 관련된 설계 과제를 통합해 설명한다. 실무적인 측면에서는 쉽게 접할 수 있는 대상 하천의 하천기본계획과 그 수립관련 지침의 내용을, 설계적인 측면에서는 하천 내 설치되는 많은 시설물 중 '보의 설계'를 중심으로 다룬다. 또한 설계적인 면에서 설계 강우량의 결정은 강우관측소 우량자료를 이용하여 빈도별 확률 강우량을 구하고, 이를 바탕으로 한 확률홍수량 산정은 그 산정 과정을 기 도출된 '증산천 하천정비기본계획(충청남도, 2007)(이하 '증산천 계획'으로 약칭)'을 대상하천으로 활용한다. 나아가 유출해석을 통해 설계홍수량을 결정하고 이수시설 설계에서는 하천설계기준[KDS(Korea Design Standard) 51 00 00; 2018] 중 하천보 설계기준(KDS 51 40 05; 2018)(환경부, 2024e)을 근거로 한 "고정보와 가동보"의 설계 내용을 기술한다.

7.1 설계 기초

수리시설의 수문수리학적 설계를 위한 가장 기본적인 요소는 법적근거와 그 시설물을 필요로 하는 수자원 관련 (기본)계획일 것이다. 특히 하천시설은 국가의 주요한 기간시설로 국민의 안정된 사회생활 영위를 위해 더 없이 중요한 역할을 하는 것이기 때문이리라 생각한다. 본 절에서는 학부과정 또는 수공 실무적 측면에서 하천시설의 설계를 위한 관련 계획과 법령을 다루고자 한다. 이를 위해 '하천기본계획(이하 '하천계획'으로 약칭)'과 그와 관련된 법령(법제처, 2024a~c, f~h, l), '하천기본계획 수립지침(환경부, 2023)(이하 '수립지침'으로 약칭)' 중 해당 주요 항목별로 소개하고, 그 사례를 간단히 설명한다.

7.1.1 하천계획

(1) 하천법령

하천계획과 관련된 법령의 조항은 하천법(시행 2024. 5. 17., 법률 제19590호, 2023. 8.

8., 타법개정) 제25조(하천기본계획)제1항, 하천법시행령(시행 2023. 12. 12.,대통령령 제33949호, 2023. 12. 12., 일부개정) 제24조(하천기본계획의 수립) 제1항과 제24조의2(하천기본계획의 수립기준 등), 하천법시행규칙(시행 2023. 12. 14., 환경부령 제1065호, 2023. 12. 14., 일부개정)(법제처, 20241) 제13조(하천기본계획의 고시 등)이며, 이늘 조항의 내용은 다음과 같다.

① 하천법

1) 제25조(하천기본계획)

㈎ 하천관리청은 그가 관리하는 하천에 대하여 하천의 치수·이수·수생태환경 및 지역적 특성을 종합적으로 고려하여 대통령령으로 정하는 바에 따라 하천의 이용, 주민친화적 활용, 자연친화적 관리·보전 및 기후변화에 따른 하천관리 취약성 대응에 필요한 기본적인 사항 등을 내용으로 하는 10년 단위의 하천기본계획을 수립하여야 한다. 이 경우 도시지역을 관통하여 흐르거나 인접하여 흐르는 하천에 대해서는 탄소흡수원 확충 방안을 하천기본계획에 포함하여야 한다. 〈개정 2018. 6. 12., 2021. 7. 27., 2023. 1. 3.〉

㈏ ㈎항에도 불구하고 환경부장관은 「수자원의 조사·계획 및 관리에 관한 법률」 제18조에 따른 하천유역수자원관리계획 및 같은 법 제20조에 따른 특정하천유역치수계획 등과의 연계가 필요하다고 인정되는 경우에는 시·도지사가 하천관리청인 하천에 대하여 하천기본계획을 수립할 수 있다. 이 경우 미리 관계 하천관리청과 협의하여야 한다. 〈개정 2009. 4. 1., 2013. 3. 23., 2017. 1. 17., 2020. 12. 31., 2023. 1. 3.〉

㈐ 하천관리청은 하천기본계획이 수립된 날부터 5년마다 그 타당성을 검토하여 필요한 경우에는 그 계획을 변경하여야 한다. 〈개정 2020. 6. 9.〉

㈑ 하천기본계획에 포함되어야 하는 사항은 대통령령으로 정한다.

㈒ 환경부장관 또는 하천관리청은 하천기본계획을 수립하거나 변경하려는 때에는 미리 관계 행정기관의 장과 협의한 후 수자원관리위원회의 심의를 거쳐야 한다. 다만, 대통령령으로 정하는 경미한 사항을 변경하려는 때에는 그러하지 아니하다. 〈개정 2009. 4. 1., 2013. 3. 23., 2017. 1. 17., 2020. 12. 31.〉

㈓ 제9조는 둘 이상의 시·도에 걸치는 지방하천에 대하여 시·도지사가 하천기본계획을 수립하는 경우에 준용한다. 〈개정 2020. 6. 9.〉

㈔ 제7조제6항은 하천기본계획의 수립 및 변경에 관하여 준용한다.

(아) 하천기본계획의 수립 기준・절차・방법 등에 필요한 사항은 대통령령으로 정한다. 〈신설 2016. 1. 19.〉

② 하천법 시행령

1) 제24조(하천기본계획의 수립)

(가) 법 제25조제1항에 따른 하천기본계획(이하 "하천기본계획"이라 한다)을 수립할 때에는 하천유역의 국토계획 및 도시・군계획 등에 대한 변동상황을 고려하여 공통유역도(국토교통부장관이 이수・치수・환경을 고려하여 전국을 권역별로 구분한 유역도를 말한다)를 기본으로 권역별로 수립하여야 한다. 〈개정 2012. 4. 10., 2013. 3. 23.〉

(나) 하천기본계획에는 다음 각 호의 사항이 포함되어야 한다. 〈개정 2009. 11. 16., 2016. 6. 28.〉

1. 하천기본계획의 목표
2. 하천의 개황(槪況)에 관한 다음 각 목의 사항
   가. 유역의 특성 등 일반현황
   나. 강우・기상 등 자연조건
   다. 하천의 수질 및 생태
   라. 수해 및 가뭄의 피해현황
   마. 하천수의 이용현황
   바. 하천유역의 지형・지물 등을 파악하기 위한 측량기준점에 관한 사항
3. 제방・댐・저류지・홍수조절지・방수로 등 홍수방어시설의 홍수방어계획
4. 토지이용계획 등에 따른 홍수방어계획
5. 홍수방어계획의 연차별 시행 방안
6. 하천공사의 시행에 관한 다음 각 목의 사항
   가. 기본홍수량(제방・댐・저류지・홍수조절지・방수로 등 홍수방어시설의 홍수조절계획을 반영하지 아니한 자연상태의 홍수량을 말한다) 및 홍수량의 배분에 관한 사항
   나. 계획홍수량
   다. 계획홍수위
   라. 계획하폭 및 그 경계
   마. 하도(河道)와 유황(流況)의 개선
7. 하천구역 및 홍수관리구역의 결정을 위한 기초자료의 제공에 관한 사항
8. 자연친화적 하천 조성에 관한 사항

8의2. 법 제84조제1항에 따른 폐천부지등의 보전 및 활용에 관한 사항

9. 그 밖에 하천의 환경보전과 적절한 이용에 관한 사항

㈐ 법 제25조제5항 단서에서 "대통령령으로 정하는 경미한 사항"이란 다음 각 호의 어느 하나에 해당하는 사항을 말한다.

1. 제2항제6호나목에 따른 계획홍수량을 100분의 10 이하의 범위에서 증가시키는 것
2. 제2항제6호라목에 따른 계획하폭을 100분의 10 이하의 범위에서 확대하거나 100분의 1 이하의 범위에서 축소하는 것

2) 제24조의2(하천기본계획의 수립기준 등)

㈎ 법 제25조제8항에 따라 하천기본계획은 다음 각 호의 기준에 따라 수립하여야 한다. 〈개정 2017. 7. 17.〉

1. 유역의 강우, 하천의 유량, 하천환경 및 하천의 이용 현황 등 하천의 치수, 이수(利水), 환경 및 친수 등에 관한 제반 사항을 검토하여 하천의 체계적인 정비와 하천의 이용 및 자연친화적 관리 등을 위한 종합계획이 되도록 할 것
2. 「수자원의 조사·계획 및 관리에 관한 법률」 제17조에 따른 수자원장기종합계획 및 같은 법 제18조에 따른 하천유역수자원관리계획(이하 "하천유역수자원관리계획"이라 한다)을 기본으로 하여 수립할 것
3. 해당 하천유역의 「국토의 계획 및 이용에 관한 법률」에 따른 도시·군계획 등 관련 계획을 조사하여 하천기본계획과 관련되는 사항에 대해서는 관계 기관과 미리 협의하도록 할 것

㈏ 하천관리청은 법 제25조제1항에 따라 하천기본계획을 수립하는 경우에는 지역주민 및 관계 전문가 등의 의견을 들어야 한다.

㈐ 삭제 〈2017. 7. 17.〉

㈑ 제1항부터 제3항까지의 규정에 따른 하천기본계획의 수립 기준·절차·방법 및 주민의견 청취 등에 관한 세부적인 사항은 환경부장관이 정하여 고시한다. 〈개정 2021. 12. 28.〉[본조신설 2016. 7. 19.]

③ 하천법시행규칙

1) 제13조(하천기본계획의 고시 등) 유역환경청장·지방환경청장 또는 시·도지사는 법 제25조제1항부터 제3항까지의 규정에 따라 하천기본계획을 수립하거나 변경한 때에는 다음 각 호의 사항을 관보 또는 공보에 고시하여야 한다. 〈개정 2021. 12. 28.〉

1. 하천기본계획의 수립 목적 또는 변경 목적
2. 연평균 강우량과 하천 수자원의 부존량(賦存量)에 관한 사항
3. 하천유역의 지역별 및 홍수방어시설별 홍수배분계획
4. 하천의 주요 지점별 기본홍수량·계획홍수량·계획홍수위 및 계획하폭에 관한 사항
5. 법 제44조제1항에 따른 보전지구·복원지구 또는 친수지구에 관한 사항
6. 하천기본계획의 열람에 관한 사항

(2) 수립지침

수립지침(환경부, 2023)의 주요 내용은 이 책의 나열 순서에 의거 다음과 같이 정리·소개한다.

① 제1장 총칙

1) 목적

㈎ 본 지침은 하천기본계획 수립에 필요한 일반적인 내용과 방향을 제시함으로써 하천기본계획이 하천의 이용, 주민친화적 활용, 자연친화적 관리·보전 및 기후변화에 따른 하천관리 취약성 대응에 필요한 기본적인 사항 등을 위한종합적인 계획이 될 수 있도록 하는데 목적이 있다.

㈏ 하천기본계획 수립 시 본 지침에서 제시한 기준, 절차, 방법 등을 합리적으로 적용하여 하천기본계획 효율화 및 내용의 최적화, 관련 계획과의 연계성 강화 등을 도모하여야 한다.

2) 법적근거

㈎ 하천관리청은 그가 관리하는 하천에 대하여 하천의 치수·이수·수생태환경 및 지역적 특성을 종합적으로 고려하여 하천의 이용, 주민친화적 활용, 자연친화적 관리·보전 및 기후변화에 따른 하천관리 취약성 대응에 필요한 기본적인 사항 등을 내용으로 하는 10년 단위의 하천기본계획을 수립하여야 한다. 이 경우 도시지역을 관통하여 흐르거나 인접하여 흐르는 하천에 대해서는 탄소흡수원 확충 방안을 하천기본계획에 포함하여야 한다. (「하천법」 제25조제1항)

㈏ 법 제25조제1항에 따른 하천기본계획(이하 "하천기본계획"이라 한다)을 수립할 때에는 하천유역의 국토계획 및 도시·군계획 등에 대한 변동상황을 고려하여 공통유역도(환경부장관이 이수·치수·환경을 고려하여 전국을 권역별로 구분한 유역도를 말한다)를 기본으로 권역별로 수립하여야 한다.(「하천법 시행령」 제24조제1항)

(다) 하천기본계획의 수립 기준 · 절차 · 방법 및 주민의견 청취 등에 관한 세부적인 사항은 환경부장관이 정하여 고시한다. (「하천법 시행령」 제24조의2 제4항)

3) 그 외의 '기본원칙, 의견청취·관계기관 협의·자문 및 심의 등, 관련 계획과의 관계, 용역의 대가'에 관한 내용은 수립시침(환경부, 2023)을 참조한다.

② 제2장 기초자료 조사 및 검토

기초자료 조사 및 검토는 「수자원법」에 따른 하천유역조사, 수문조사, 하천유역수자원관리계획, 특정하천유역치수계획, 「지하수법」에 따른 지역지하수관리계획, 「환경영향평가법」에 따른 전략환경영향평가, WAMIS(국가수자원관리종합정보시스템) 등에서 조사된 관련자료를 충분히 활용하여야 한다.

1) 유역현황

(가) 유역의 개황

㉮ 유역의 지리적 위치, 유역의 규모, 하천에 대한 유로연장 및 유역면적, 기타 유역의 개황에 관한 특성 등을 간략하게 서술한다.

㉯ 하천수계를 본류와 지류(제1~6지류)로 구분하여 하천별 기점과 종점의 위치(경위도), 하천연장 등을 조사하고 「한국하천일람」과 비교·검토한다.

㉰ 또한 유역 내 수계의 구성을 파악할 수 있게 하천모식도 또는 위치도로 표현한다.

(나) 유역의 특성

㉮ 지형

가) 유역면적, 유로연장, 유역 평균폭, 유역형상계수를 조사·산정하되, 유역면적과 유로연장은 수치지형도를 활용한다.

나) 표고별 누가 면적 및 구성비를 산정한다. ㉢ 유역의 평균고도와 평균경사를 산정한다.

㉯ 지질 및 토양

가) 지질 특성은 '한국지질자원연구원'에서 발행한 최신 수치지질도를 기준으로 유역의 지질현황에 대해 전반적인 특성을 기술한다.

나) 토양 특성은 '농업과학기술원'에서 작성된 수치 정밀토양도(1/25,000)를 기준으로 유역의 토양현황에 대한 전반적인 특성을 기술하고 수문학적 토양군의 분류도 실시한다.

(다) 토지이용, 사회·역사, 기상·수문관한 내용은 수립지침(환경부, 2023)을 참조한다.

2) 그 외의 '하도특성 조사, 하천의 치수·이수·환경 특성조사, 하천이용 현황 조사, 관련계획 검토 및 조정'은 **수립지침**(환경부, 2023)을 참조한다.

③ **제3장 종합분석**

1) 치수특성 분석

(가) **홍수량**

㉮ 주요 지점별·빈도별 기본홍수량과 현재홍수량(현재 시점에서 하천이나 유역에서 인위적인 유역개발이나 유량조절시스템에 의해 조절되는 홍수량)은 원칙적으로 해당 하천유역의 상위계획인 하천유역수자원관리계획과 특정하천유역치수계획의 결과를 이용하여야 한다.

가) 상위계획에서 동일한 지점에 대해 기본홍수량과 현재홍수량을 산정하고 고시한 경우에는 그 결과를 활용한다.

나) 상위계획에서 제시되지 않은 지점의 기본홍수량과 현재홍수량은 상위계획과 동일한 방법(홍수량 산정지침)에 의해 산정하거나 산정지점의 상·하류에 고시된 홍수량을 고려하여 유역면적에 의한 비유량법에 의해 결정할 수 있다.

㉯ 하천기본계획 수립 시 상위계획의 수립년도 경과년수, 초과홍수의 발생, 대규모 도시개발, 홍수조절시설의 설치, 유역변경 등 유역 및 수문특성의 변화가 발생하였을 경우에는 하천유역의 홍수량을 재산정할 수 있다.

㉰ 홍수량을 재산정할 경우에는 과거 실측한 홍수량 자료를 이용하여 빈도해석을 하거나 「홍수량 산정 표준지침」에 따라 산정하여야 하며, 기후변화를 고려한 상위계획 또는 관련기준이 있을 경우 홍수량 산정 시 반영여부를 검토하고, 홍수량 산정결과는 기본 및 계획홍수량의 결정에 활용한다.

(나) **홍수위**

㉮ 계산방법

가) 홍수위는 하도구간 및 그 상하류의 흐름상태(상류, 사류)를 판별한 후 등류, 부등류, 부정류 계산 등 하천 흐름에 적절한 방법을 이용한다.

나) 일반적으로 자연하도 구간에서의 홍수는 시간에 따라 비교적 완만하게 변화하므로 1차원 부등류 계산에 의해서도 수리현상을 적절히 재현할 수 있고, 하천기본계획에 필요한 성과를 얻을 수 있다.

다) 하천의 분류·합류부, 하구부(감조구간 포함) 등과 같이 흐름특성이 복잡한 구간에서의 홍수위는 1·2차원 수치해석 모형(부등류 및 부정류) 또는 수리모

형 실험(필요시)을 실시하여 흐름특성을 파악한 후 1차원 부등류 계산에 의한 결과와 비교 · 검토하여 결정한다.

㈏ 자료구축

가) 횡난변 사료

(ㄱ) 홍수위 산정을 위한 하천 횡단면 자료는 금회 '하천지형조사'의 자료를 사용하는 것을 원칙으로 한다.

(ㄴ) 횡단면 자료는 하천의 수리적인 특성을 적절하게 구현할 수 있도록 하천 종점으로부터 일정한 간격(50m, 100m, 200m, 500m 등)으로 구축한다.

(ㄷ) 하천 하도의 급확대 또는 급축소가 발생하는 단면, 교량 · 보 · 낙차공 등 횡단시설물로 인하여 흐름에 영향을 미치는 단면 등 홍수위의 변화가 예상되는 단면은 홍수위 계산에 포함하여야 한다.

나) 조도계수

(ㄱ) (적절한 수위자료가 있는 경우) 과거 홍수위, 유량관측 기록, 홍수흔적 자료 등을 바탕으로 홍수발생시 하도 단면에 대해 부정류, 부등류 또는 등류 계산에 의하여 산정한다.

(ㄴ) (적절한 수위 자료가 없는 경우) 「하천설계기준」의 하천 및 수로에서 사용되는 대표적인 조도계수를 활용한다.

다) 기점홍수위

(ㄱ) 기점홍수위 결정방법은 「하천설계기준」의 '기점 홍수위 결정' 또는 '하구의 하도 계획홍수위 결정'을 참고하여 결정한다.

㈐ 계산홍수위

가) 빈도별 홍수위(예: 2년, 10년, 30년, 50년, 80년, 100년, 200년, 500년 등)는 기본홍수량 또는 현재홍수량을 토대로 하천시설물, 단면의 급확대 또는 급축소, 사수역, 수목군 등을 종합적으로 고려하여 산정하여야 한다.

나) 하도의 특성 등으로 인하여 상류 계산홍수위(A 단면)가 하류 계산홍수위(B 단면)보다 낮게 산정되는 경우에는 일정구간의 홍수위 수변경사(A+1단면과 B-1 단면)의 계산홍수위 수면경사를 기준으로 상류 계산홍수위를 보정한다.

다) 전 구간의 측점별 홍수위가 큰 변화가 있는 하천은 홍수위 종단면도를 작성한 후 일정 수면경사가 유지되는 구간을 선정하고 동 구간의 수면경사를 기준으로 홍수위를 전반적으로 보정하여 결정할 수 있다.

라) 위 다)항에 따라 계산홍수위를 보정하기 위해서는 우선 원인을 제시하고 그에

따른 합리적인 방법으로 보정을 해야 한다.

㈐ 계획하폭, 하상변동, 시설물 능력검토의 내용은 수립지침(환경부, 2023)을 참조한다.

2) 이수특성 분석; ㉮ 수자원 부존량 산정 ㉯ 하천관리유량 산정 ㉰ 하천수 사용시설물 수요·공급량 추정의 내용은 **수립지침**(환경부, 2023)을 참조한다.

3) 그 외에 하천환경특성 분석(㉮ 수생태계 건강성 ㉯ 수질특성), 하천이용 특성분석의 내용은 **수립지침**(환경부, 2023)을 참조한다.

④ **제4장 하천 정비 및 관리 계획**

1) 치수 종합계획 2) 이수 종합계획 3) 하천환경 종합계획 4) 하천공간 관리계획

⑤ **제5장 시행계획 및 기대효과, 제6장 기타 고려사항,** 별지 제1호 서식, 붙임 1~3, 참고 1~3의 내용은 수립지침(환경부, 2023)을 참조한다.

7.1.2 적용 사례

7.1.1항과 관련된 증산천 계획(충청남도, 2007)의 주요사항과 7.3 이수시설설계와 관련된 수문·수리학적 자료를 중심으로 그 일부를 소개한다. 또한 기존의 증산천 계획에서 사용된 강우관측소와 강우자료의 일부를 이용하되, 2012년 국토해양부와 2019년 환경부의 개정된 지침을 활용한다. 지역빈도해석의 응용 프로그램인 RFAHD 2020에 의한 빈도별 확률강우량의 산정하고, HEC-HMS(v4.8)를 적용한 시설물 설치지점의 설계홍수량 산정 실례를 주요사항만 간단히 소개한다.

(1) 총칙

총칙에는 목적, 법적근거, 기본원칙 등에 대한 상세한 내용은 7.1.1(2)에 서술하였으므로 여기서는 7.3절에 필요한 항목을 중심으로 간략하게 서술한다.

(2) 기초자료 조사 및 검토

① **유역현황**

1) **유역의 개황**

㈎ 유역의 지리적 위치, 유역의 규모, 하천에 대한 유로연장 및 유역면적, 기타 유역의 개황에 관한 특성 등을 간략하게 서술하면 **표 7.1과 7.2, 그림 7.1~7.3과** 같다(충청남

도, 2007).

표 7.1 하천의 검토 구간

하천	하천의 구간		과업연장(km)
	기점	종점	
증산천	충남 부여군 초촌면 신암리 854번지	충남 부여군 초촌면 석성천 합류점	6.9

그림 7.1 증산천 유역도

(나) 하천수계를 본류와 지류(제1~6지류)로 구분하여 하천별 기점과 종점의 위치(경위도), 하천연장 등을 **표 7.2, 그림 7.2**와 같이 조사하고 「한국하천일람」과 비교·검토한다.

(다) 증산천은 부여군 초촌면과 부여읍 경계부에서 발원하여 동남쪽으로 유하하다 석성면 증산리 4번 국도변에서 지방2급 하천인 정각천을 우안에서 합류하고 유하하다가 석성천으로 유입되는 금강의 제2지류인 지방(2급)하천이다.

(라) 증산천은 금강의 제2지류, 석성천의 제1지류의 6.90km를 대상구간으로 하는 지방2급 하천으로 유역면적 15.91 km^2이고, 수계 내 지방2급하천 1개소, 소하천 2개소가 합류하며, 그 수계현황은 **표 7.2, 그림 7.2**와 같다.

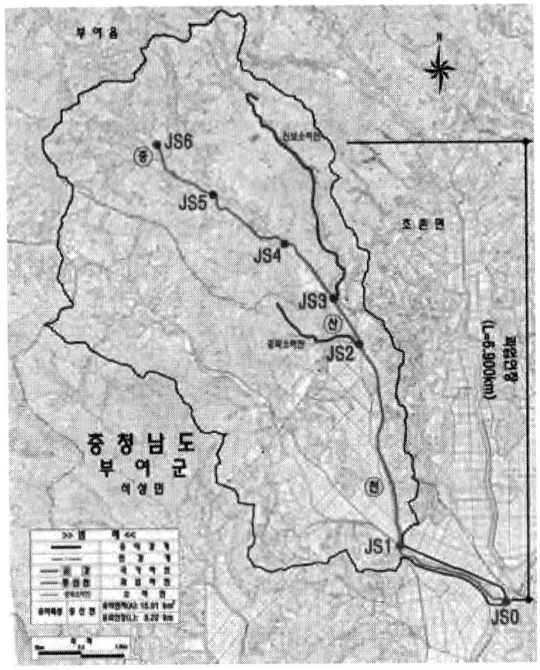

그림 7.2 증산천 유역 · 수계도

표 7.2 하천의 수계현황

유수의 계통				하천의 구간		하천 연장 (km)	유로 연장 (km)	유역 면적 (km^2)	비고
본류	제1 지류	제2 지류	제3 지류	기점	종점				
금강	석성천	증산천		부여군 초촌면 신암리 836	석성천(지방1) 합류점	6.90	8.22	15.91	지방2급 하천
			정각천	부여군 부여읍 정각리 219	증산천(지방2) 합류점	4.85	6.12	5.71	〃
			증락천	부여군 석성면 증산리 558	증산천(지방2) 합류점	0.74	1.35	0.37	소하천
			신보천	부여군 초촌면 신암리 302	증산천(지방2) 합류점	3.50	3.80	1.92	〃

㈒ 또한 유역 내 수계의 구성을 파악할 수 있게 **그림 7.3**과 같이 하천모식도 또는 위치도로 표현한다.

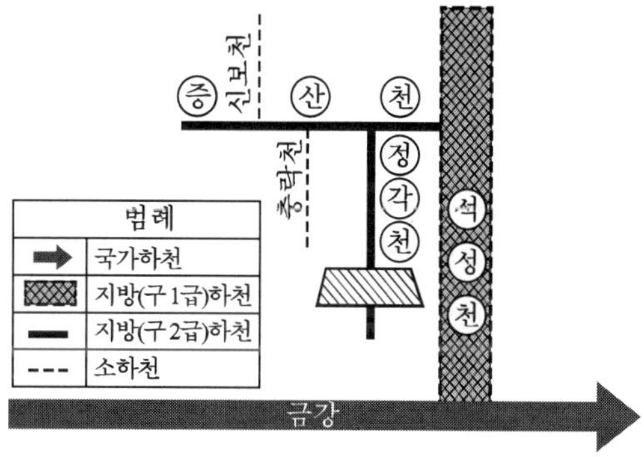

그림 7.3 수계 모식도

2) 유역의 특성

(가) 지형

㉮ 유역면적, 유로연장, 유역 평균폭, 유역형상계수를 조사·산정하되, 유역면적과 유로연장은 수치지형도를 활용한다. 또한 표고별 누가 면적·구성비, 유역의 평균고도와 평균경사를 산정한다.

㉯ 증산천 유역의 평면특성은 하천을 이해하고 유역의 수문 사항을 분석하는데 매우 중요한 요소로 유역면적, 유로연장, 유역평균폭, 형상계수를 조사하였다.

㉰ 증산천 유역의 평균폭은 1.94km, 유역형상계수는 0.24로 유로연장에 비해 폭이 비교적 좁은 유역이고, 이 하천은 유역의 중앙을 관통하는 수지상의 형상으로 이루어져 있으며, 유역특성인자는 **표 7.3**과 같다(충청남도, 2007).

표 7.3 유역특성인자

하천명	주요지점	부호	유역 면적 $A(km^2)$	유로 연장 L(km)	유역 평균폭 A/L(km)	유역 형상계수 A/L^2
증산천	증산천 하구	JS0	15.91	8.22	1.94	0.24
	정가천 합류 전(지방2급)	JS1	9.96	6.97	1.43	0.20
	증락천 합류전(소하천)	JS2	7.77	4.61	1.69	0.37
	신보천 합류전(소하천)	JS3	4.83	4.02	1.20	0.30
	신암교 지점	JS4	3.87	3.16	1.22	0.39
	증산 7교지점	JS5	2.96	2.06	1.44	0.70
	과업시점	JS6	0.55	1.32	0.48	0.42

㉱ 유역의 평균고도와 평균경사는 유출, 토사의 침식 등과 관계가 깊은 인자이다. 유역의 평균경사는 유출율 결정에 영향을 주며, 지표면 유출속도를 좌우하는 요소

중 하나이다. 또한 유역의 평균고도는 기후조건에 따라 다르지만 일반적으로 각 유역의 강수량은 표고에 비례하여 증가하는데, 증산천의 평균고도와 경사는 **표 7.4**와 같다.

표 7.4 유역의 평균고도 · 경사

하천명	유역면적(km²)	유로연장(km)	평균고도(EL.m)	평균경사(%)
증산천	15.91	8.22	68.39	26.25

㈏ 기상·수문

㉮ 하천유역의 강우, 수위, 유량, 유사량, 기상 등 수문자료를 조사하기 위하여 환경부, 기상청, 지자체, 한국수자원공사, 한국농어촌공사 등에서 관할하는 수문관측소 운용현황(제원, 관측기간, 기록 보유현황 등)을 파악하고 수문현황을 대표할 수 있는 관측소를 선정한다.

㉯ 하천이 합류되거나 분기되는 하천구간의 경계는 하천법 제8조 제2항, 동법 시행령 제5조의 규정에 의하여 하천 관리청이 협의하여 정하도록 하고 있으며, 하천의 사적인 이해보다는 공공의 복리 증진에 기여함을 하천법에서 우선으로 하고 있으므로 법의 취지에 따라 하천의 지정 · 구간이 결정되어야 한다. 본 유역 내에는 **강우관측소**가 없으며 과업하천이 위치하고 있는 부여군관 내에 건교부 관할의 부여군(홍산초교), 부여군(백제교) 관측소와 기상청 관할의 부여관측소가 **표 7.5**(환경부, 2020)와 같이 설치·운영 중인 것으로 조사되었다.

㉰ 본 소절에서는 증산천 유역이 위치하는 부여군 관내에 3개의 관측소중 자료의 신뢰성, 강우기록기간, 동질성 · 일관성 등의 방법을 통하여 비교·분석하였다.

㉱ 그 결과는 **그림 7.4**와 같이 여러 가지 여건(대상유역과의 이격거리, 관측소의 자료 등)을 고려하여 부여 강우관측소의 우량자료를 사용하였다.

표 7.5 강우관측소 현황

관측소명 (코드번호; 지역)	위치			관측기간 (자료 수)	관측 종별	관할 관서명
	행정구역	동경	북위			
부여 (30121236)	충남 부여(군, 읍) 가탑리 395-1	126°55′14″	36°16′20″	1973-2017 (45년)	자기	기상청
부여군(홍산초교) (30124020)	충남 부여군 홍산면 북촌리 홍산초교 내	126°45′45″	36°13′03″	1981-2005 (25년)	T/M	환경부
부여군(백제교) (30124090; 25)	충남 부여군 규암면 규암리 백제대교	126°53′30″	36°16′33″	2001-2017 (17년)	T/M	환경부

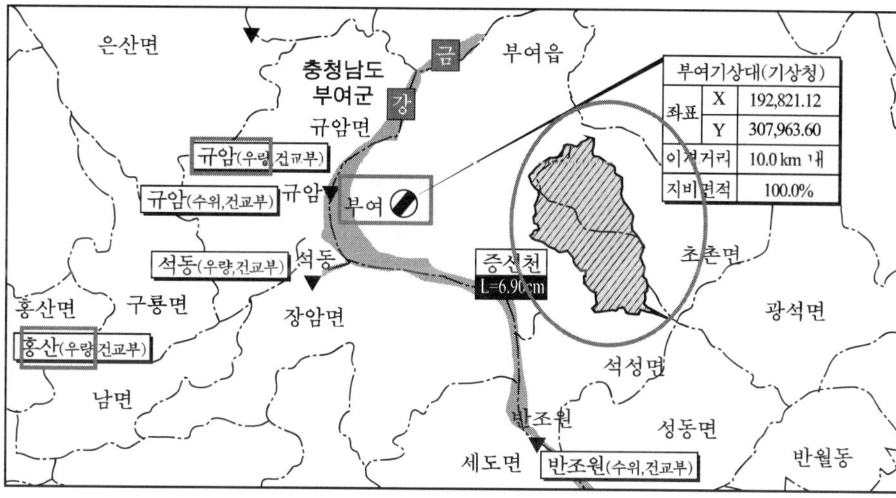

그림 7.4 강우관측소 현황

(3) 종합분석

① 치수특성 분석

1) 홍수량

㈎ 7.1.1(2)③1)㈎에서 기술한 내용을 포함하여 산정해야 한다. 본 소절에서는 환경부(2019) 홍수량 산정 표준지침을 적용하고, 지역빈도해석에 의한 RFAHD 2020(환경부, 2020)에 의해 산정된 확률강우량의 이용해 산정하였다.

㈏ 홍수량 산정은 HEC-HMS(v4.8)(USACE, 2022a; b; c)를 적용하였으며, 산정과정과 결과는 7.3에서 상세히 설명한다. 증산천 계획(2007)에서 제시한 확률강우량(산정방법)과 이를 이용해 산정한 설계홍수량의 크기는 그 적용 지침이 변경되어 다르기 때문에 본 설계과제에는 그대로 적용할 수가 없다.

㈐ 따라서 환경부(2019)의 홍수량 산정 지침과의 2007년 당시 증산천 계획에서 적용한 산정방법이 다르기 때문[∵환경부(2019)의 경우는 유역면적이 250km^2 미만의 경우는 Clark 방법에 의한 유역추적 만으로 홍수량을 산정하기 때문] 본 설계과제에 그대로 적용하기에 어려움이 있어 대상 하천시설물의 설치지점(하상표고, 수면표고 등)은 동일한 것으로 가정하고, 설계 홍수량은 새로운 산정방법을 적용하여 사용한다.

2) 홍수위

㈎ 홍수위는 하도구간 및 그 상하류의 흐름상태(상류, 사류)를 판별한 후 등류, 부등류, 부정류 계산 등 하천 흐름에 적절한 방법을 이용한다. 일반적으로 자연하도 구간에

서의 홍수는 시간에 따라 비교적 완만하게 변화하므로 1차원 부등류 계산에 의해서 도 수리현상을 적절히 재현할 수 있고, 하천기본계획에 필요한 성과를 얻을 수 있다.

㈏ 설계홍수위 계산은 증산천 계획의 7.1.1(2)③1)㈏에서 기술한 내용을 토대로 본 소절에서는 7.3절에 부괴된 설계과제가 '설계 제원'을 결정하는 것이기 때문에 기존 설계 홍수위를 적용하였다.

(4) **하천 정비 및 관리 계획, 시행계획 및 기대효과,** 기타 고려사항, 별지 제1호 서식, 붙임 1~3, 참고 1~3의 내용은 수립지침(환경부, 2023)과 증산천 계획(충청남도, 2007)을 참조한다.

7.2 홍수량 산정

본 절에서는 고정보의 유량조절장치 즉, 수문을 설치하지 않았을 때와 설치했을 때의 두 경우에 대해 설계하고자 한다. 이를 위한 설계홍수량 산정은 표준지침(환경부, 2019)과 산정요령(국토해양부, 2012)을 준용하고, 대상지역 부근에서 실측된 강우량자료를 사용하며, 지역빈도 해석을 적용한 RFAHD 2020을 이용하여 빈도별 확률 강우량을 기초로 한다.

7.2.1 설계 강우량

설계강우(design rainfall)는 특정목적의 수공구조물 설계를 위하여 제시되는 강우사상(Arnell et al., 1984)으로 설계호우(design storm)이라고도 하며(건설교통부, 2000a), 이는 일반적으로 크게 두 가지 형태로 분류한다. (1) 인공적 강우로 과거의 자료를 해석한 강우깊이-지속기간-생기빈도(IDF)에 근거를 둔 것으로 이는 첨두유량을 산정하는데 사용한다. (2) 과거의 실제·강우사상을 직접 사용하는 것으로 주로 유출체적이 관심사이기 때문에 단일 강우사상에 의한 것보다는 연속된 여러 강우사상에 의한 것이라 할 수 있다. 그러므로 전자 형태를 설계강우로 하며, 이는 강우깊이, 시간·공간분포, 선행강우지수, 호우이동(storm movement) 등을 함수로 한다.

설계강우량은 강우관측소에서 매 정시 측정된 고정시간의 관측자료를 임의시간 강우자료로 변환시켜 실제에 근접할 수 있는 유출량 산정을 위한 강우자료의 임의시간 변환에 대해 다룬다. 또한 임의시간 강우자료를 이용하여 설계 홍수량을 산정하기 위한 빈도별 확률 강우량을 산정하는 빈도해석법을 다룬다. 즉, 국토해양부(2012a)의 설계 홍수량 산정요령과 환경부(2019)의 홍수량 산정 표준지침에 의한 지점·지역빈도 해석을 통해 확률 강우량 산정한다. 본 소절에서는 두 방법 중 후자의 방법을 응용한 프로그램인 RFAHD 2020에 대한 간단한 예제를 다룬다.

본 소절에서는 지역빈도해석 방법이 적용된 RFAHD 2020을 이용하여 설계 대상 하천 이수시설물 중 보(weir)의 설계 강우량 산정에 대해 다룬다.

(1) 강우량 자료

① 고정시간 자료

고정시간 강우량 자료는 임의시간 10분, 60분, 고정시간 1∼48시간(1시간 간격, 유역면적 등에 따라 최장 지속기간은 24시간까지 또는 72시간까지로 조정)의 지속기간에 대한 연최대치 강우량이며, 단기간의 결측치는 가급적 RDS 방법(reciprocal distance squared method) 등을 이용하여 보완하여야 한다.

관측기간이 상이한 강우관측소 자료가 혼재된 경우 1950∼1960년대 초반 이전의 자료는 제외하여 자료연수를 가급적 유사하게 조정하는 방안을 적용하고, 시우량의 자료연수가 너무 짧은 강우관측소와 결측자료가 많은 강우관측소 등은 가급적 채택 대상에서 제외한다.

② 임의시간자료

임의시간 강우자료는 수문학적 지속기간이 고정시간이 아닌 임의시간을 의미하지만 임의시간 강우량 자료를 수집하는 것이 곤란한 경우가 많으므로 고정시간-임의시간 환산계수를 적용하여 변환하는 방법을 적용하고 있다.

현재 고정시간-임의시간 환산계수를 적용함에 있어서 원자료에 적용하는 방안과 산정된 확률강우량에 적용하는 방안이 혼용되고 있다. 이와 같은 문제는 이론적으로는 원자료에 환산계수를 적용하는 것이 타당하지만 기존 건설교통부(2000a)에서 제시된 고정시간-임의시간 환산계수가 확률강우량을 이용하여 유도된 것에 기인한 것이다. 국토해양부(2011)의 최근 연구에서는 원자료를 이용한 환산계수와 확률강우량을 이용한 환산계수를 모두 제시하고 있으나, 이론적으로 타당하고 실무적으로도 합리적인 원자료에 적용하는 표 7.6과 같은 환산계수를 적용한다.

표 7.6에서 지속기간 48시간의 환산계수로 국토해양부(2011)에서는 0.999로 제시하고 있으나, 이는 물리적으로 모순된 것으로 판단되어 24시간까지의 환산계수, 회귀식 등을 고려하여 1.002로 조정하였다(국토해양부, 2012a).

표 7.6 고정시간 – 임의시간 환산계수

고정시간(시간)	1	2	3	4	6	9	12	18	24	48
임의시간(분)	60	120	180	240	360	540	720	1,080	1,440	2,880
환산계수	1.136	1.051	1.031	1.020	1.012	1.007	1.005	1.004	1.003	1.002

③ 증산천 자료

설계대상하천의 수로구간은 증산천 계획 내 표 7.2의 수계 내 구간으로 유역 내에는 강우 관측소가 없고, 약 10km 내외에 위치한 주변 강우관측소인 부여 관측소(코드번호 30121236, 지역번호 25)의 임의시간자료를 표 7.7과 같이 사용한다.

표 7.7 부여 강우관측소의 임의시간 강우량

시간 / 연도	1	2	3	4	5	6	7	8	9	10	11	12	13	14	15	16	17	18	19	20	21	22	23	24
1973	29.5	43.0	53.4	59.1	76.6	87.5	91.4	92.8	95.7	103.7	103.6	104.1	104.3	104.3	104.2	104.2	104.2	104.2	105.2	105.1	105.1	105.1	105.1	105.1
1974	32.4	45.2	59.0	64.6	67.8	73.7	76.0	79.6	85.9	90.9	95.4	100.3	102.8	107.8	110.3	114.3	116.7	118.4	121.6	124.1	125.5	126.3	126.8	127.3
1975	51.1	60.0	70.0	75.4	81.6	82.9	90.2	91.3	93.5	94.6	95.0	94.9	94.9	94.8	98.7	100.1	102.2	103.6	103.6	103.5	103.5	103.5	103.5	103.5
1976	50.6	76.8	76.2	76.5	93.4	93.6	93.4	93.3	93.2	93.1	94.7	112.7	114.7	115.6	116.9	122.3	122.8	122.7	123.2	124.7	130.2	139.0	144.0	158.6
1977	60.1	74.2	98.1	99.3	99.3	103.0	104.0	105.0	104.9	104.8	104.7	104.7	122.7	131.7	133.7	137.3	139.2	141.4	143.7	145.2	147.9	149.1	150.1	150.1
1978	70.4	73.1	77.2	78.6	80.2	82.0	83.8	84.2	84.3	84.9	86.9	89.1	92.3	100.3	102.5	104.0	104.0	104.0	104.0	103.9	103.9	103.9	103.9	103.9
1979	46.6	69.4	83.1	94.1	104.8	115.1	125.9	132.0	136.6	142.7	144.1	146.6	148.0	148.5	148.9	149.9	151.4	151.9	152.3	152.8	152.8	152.8	152.8	152.7
1980	31.8	50.0	65.4	82.1	98.5	112.8	127.3	140.9	149.8	154.2	159.1	162.1	164.0	166.5	167.9	169.3	170.0	170.0	170.0	170.0	169.9	169.9	170.4	170.9
1981	56.2	56.3	63.8	70.4	84.3	98.7	102.0	101.9	106.0	112.9	117.9	121.7	122.0	122.5	122.9	123.5	126.0	128.0	130.0	130.9	130.9	131.4	133.4	134.4
1982	36.9	57.3	72.6	94.2	95.7	98.0	114.9	115.3	119.2	133.2	133.6	133.5	135.0	134.9	134.9	135.0	135.9	139.5	143.4	144.4	144.9	145.3	146.3	146.3
1983	24.4	30.5	36.6	42.9	48.7	52.8	56.3	62.8	70.3	78.3	85.8	89.3	92.8	95.2	96.2	96.7	96.7	96.9	97.3	97.8	98.3	98.6	99.1	99.6
1984	34.6	46.8	66.4	68.4	72.6	78.9	83.8	87.2	92.7	95.1	96.1	98.0	100.5	102.0	102.4	103.4	103.9	104.9	105.9	105.9	106.3	106.6	107.1	107.3
1985	34.8	51.6	58.2	70.4	83.2	95.1	97.0	96.8	96.7	96.6	98.6	105.6	107.0	108.5	110.0	112.5	117.4	117.9	117.9	117.9	120.6	120.6	121.8	124.7
1986	46.1	74.8	93.8	108.3	112.8	115.5	118.1	119.9	119.9	120.3	121.7	124.2	126.1	127.1	130.5	133.2	134.7	135.2	136.2	137.2	137.1	137.1	137.1	137.3
1987	92.6	159.3	199.1	223.7	254.8	309.7	358.1	399.8	411.9	429.2	442.0	459.9	480.8	489.6	501.0	504.9	505.8	513.3	515.2	519.7	521.7	525.1	526.6	537.0
1988	48.8	51.0	55.6	60.2	61.9	68.3	68.7	69.1	71.0	71.5	71.9	73.4	79.9	80.4	82.8	87.8	91.2	96.2	96.7	97.2	97.7	98.2	99.3	99.8
1989	33.5	55.7	80.3	104.1	112.7	119.9	123.7	127.6	130.0	130.9	131.6	132.7	133.7	137.1	139.6	140.6	141.3	142.3	146.5	150.0	153.0	155.5	159.0	165.5
1990	39.8	67.3	87.8	106.4	114.7	114.4	114.1	114.0	113.8	114.2	114.2	114.1	114.1	114.0	114.0	114.0	113.9	113.9	113.9	113.9	113.9	114.0	113.9	113.9
1991	41.5	46.8	68.0	71.9	73.4	77.7	78.6	79.0	81.0	86.4	90.8	95.3	95.7	96.2	98.8	102.0	103.2	103.7	104.5	107.5	110.0	110.4	110.9	110.9
1992	49.4	56.8	75.2	87.7	91.9	95.6	98.0	100.8	103.3	104.7	106.6	108.1	108.5	110.0	113.5	114.0	114.9	115.4	118.9	124.4	130.9	136.4	137.9	141.9
1993	42.0	63.6	74.7	85.7	96.9	99.2	101.0	102.4	104.8	108.7	120.2	123.7	126.1	128.1	128.6	130.5	130.5	131.0	133.5	138.5	142.5	145.4	147.9	149.9
1994	35.8	44.2	45.8	47.4	57.4	60.2	65.6	70.1	73.0	75.0	78.0	78.4	79.9	84.4	84.9	84.8	84.8	84.8	84.8	85.3	93.3	97.8	98.3	98.3
1995	65.9	105.7	109.2	121.9	126.9	135.6	161.6	182.0	208.0	229.0	240.9	250.8	252.7	254.2	254.1	254.0	254.0	253.9	253.9	256.4	257.8	257.8	257.8	257.7
1996	36.9	57.3	68.5	69.9	75.6	80.5	82.8	83.2	83.6	83.5	84.0	85.5	87.4	92.9	94.4	100.4	101.4	103.9	104.9	105.3	105.3	105.8	105.8	105.8
1997	39.2	48.4	59.7	72.4	77.7	90.1	105.0	109.4	111.8	114.7	117.2	119.6	122.6	130.1	134.1	138.1	150.1	177.1	192.2	196.7	200.6	203.1	205.6	205.6
1998	67.6	71.5	86.0	85.7	90.3	91.1	102.0	116.0	142.5	143.4	143.8	143.8	143.7	143.7	143.6	143.6	143.5	143.5	147.5	154.5	160.0	164.0	169.0	172.5
1999	130.1	160.4	193.1	194.9	195.9	201.4	206.5	212.8	215.1	214.9	214.8	216.2	216.6	216.5	216.4	216.4	216.3	216.3	216.2	216.2	216.2	216.2	216.1	216.1
2000	72.7	73.1	79.3	86.2	94.9	102.2	108.6	133.1	146.1	161.0	167.5	183.0	198.0	203.4	205.9	207.3	207.3	207.3	207.2	207.2	207.2	207.1	207.1	207.1
2001	67.0	77.3	90.1	104.1	114.2	114.9	115.1	115.5	116.4	117.3	117.7	117.6	117.6	117.5	117.5	117.5	117.4	117.4	117.4	117.4	117.4	117.4	117.3	117.3
2002	57.9	70.5	77.2	80.6	82.2	86.5	87.9	89.2	89.7	96.1	96.6	98.0	102.5	105.0	111.0	117.5	119.0	119.4	123.9	125.4	127.9	134.9	142.4	145.4

표 7.7 부여 강우관측소의 임의시간 강우량(계속)

시간＼연도	1	2	3	4	5	6	7	8	9	10	11	12	13	14	15	16	17	18	19	20	21	22	23	24
2003	63.6	77.8	105.6	112.7	119.8	121.9	124.2	124.5	124.4	129.8	131.8	138.2	139.2	139.1	145.1	153.1	155.6	156.6	159.6	162.0	163.0	164.5	168.5	171.0
2004	48.3	61.0	71.1	87.2	101.5	111.8	123.2	133.6	141.0	147.0	152.4	156.3	159.3	162.7	164.7	166.7	167.6	168.1	169.1	171.1	173.1	176.5	180.5	184.0
2005	38.6	58.4	71.1	89.3	93.9	101.7	106.5	114.0	114.8	116.8	118.7	119.6	121.1	122.1	124.0	125.0	126.5	127.5	128.4	128.9	129.4	129.4	129.4	129.9
2006	30.7	41.0	44.8	54.1	61.4	67.8	68.7	73.1	77.6	85.1	90.0	97.5	99.5	107.5	115.0	118.5	120.0	123.4	125.9	125.9	125.9	125.9	125.9	126.4
2007	33.5	53.6	69.0	87.7	99.5	107.3	119.7	125.6	129.4	134.4	134.8	137.2	138.2	139.1	140.1	140.6	141.0	141.0	141.0	141.0	140.9	140.9	140.9	140.9
2008	26.1	37.5	47.6	63.8	81.9	90.8	91.1	91.5	91.4	91.8	91.7	91.7	91.7	91.6	91.6	91.9	91.9	91.8	91.8	91.8	91.8	91.8	91.8	91.8
2009	30.7	50.0	48.9	49.5	52.8	52.6	53.0	54.5	55.9	56.9	57.8	58.8	60.8	64.3	68.3	69.8	74.8	76.3	77.3	77.8	78.2	78.2	78.7	79.2
2010	51.7	64.7	84.4	106.1	116.7	119.9	119.7	120.0	119.9	119.8	119.7	119.6	119.6	133.6	136.1	136.0	136.5	136.5	137.0	137.0	136.9	136.9	136.9	136.9
2011	66.5	109.9	121.0	128.6	130.4	130.6	132.8	133.1	133.0	132.9	133.8	139.2	144.2	147.2	150.1	155.1	156.6	157.1	157.5	159.0	174.1	182.6	190.6	198.1
2012	35.2	53.1	66.4	69.9	78.7	88.0	101.0	116.5	138.0	147.5	152.4	156.8	160.8	164.3	164.7	165.2	165.6	165.6	165.6	165.9	165.9	166.0	166.0	166.0
2013	42.0	73.6	84.4	88.3	103.5	115.4	115.6	115.5	115.8	115.8	119.7	123.7	131.6	133.6	133.6	133.5	133.5	133.5	134.5	136.5	137.4	140.9	141.4	141.4
2014	26.1	41.5	47.9	50.5	54.3	62.2	71.7	80.2	88.1	93.1	97.1	100.0	102.0	104.0	105.5	106.9	106.9	107.4	107.9	107.9	107.8	107.8	107.8	107.8
2015	36.4	33.7	37.6	40.8	43.7	47.1	49.5	51.4	55.4	57.5	59.4	59.8	59.8	59.9	60.3	60.7	60.7	61.2	61.7	62.2	62.2	62.2	62.2	62.2
2016	31.2	54.7	72.1	89.3	105.6	116.4	118.7	122.0	124.4	125.6	125.7	127.2	130.1	131.6	131.6	140.6	151.1	153.6	155.5	156.8	157.0	159.5	161.5	163.0
2017	60.2	74.7	76.2	78.6	78.7	78.4	78.8	80.2	81.6	84.6	85.5	86.4	86.4	86.4	86.4	87.4	96.9	99.9	101.4	102.2	102.7	102.8	103.2	107.3

(2) RFAHD 활용

본 설계과제에서는 지역빈도해석 방법을 적용한 RFAHD 2020(환경부, 2020)을 이용하여 빈도별 확률강우량을 산정한다.

① 확률강우량 산정

RFAHD 2020에 활용에 관한 참고자료는 이종석(2023)을 활용하면 어렵지 않게 해결할 수 있다. 본 소절의 경우 빈도별 확률강우량(GEV 분포) 산정 결과는 표 7.8과 같다. 여기서 지속기간은 표기상 시간(h)단위로 표시하였으나 임의시간변환자료이다.

표 7.8 부여 강우관측소 확률 강우량

시간＼빈도	1	2	3	4	5	6	7	8	9	10	11	12	13	14	15	16	17	18	19	20	21	22	23	24
2	45.3	59.8	70.9	79.6	87.7	94.6	100.6	105.3	109.8	113.3	115.8	119.0	121.7	124.1	125.9	128.0	129.9	131.4	132.9	134.2	135.7	136.9	137.8	139.2
3	52.4	69.8	83.0	93.3	102.8	111.0	117.9	123.4	128.6	132.9	135.8	139.8	143.1	146.0	148.0	150.3	152.4	154.1	155.7	157.3	159.2	160.9	162.2	163.9
5	60.0	81.2	97.0	109.1	119.9	129.2	137.1	143.4	149.2	154.4	157.8	162.6	166.6	170.1	172.4	174.9	177.2	178.9	180.8	182.7	184.9	187.2	189.0	191.1
10	69.4	96.2	115.7	129.9	141.9	152.2	160.9	168.3	174.7	181.2	185.2	191.1	195.9	200.2	202.7	205.6	207.7	209.7	211.8	213.9	216.7	219.7	222.2	224.9
20	78.1	111.0	134.7	150.9	163.4	174.3	183.6	191.9	198.7	206.5	211.2	218.0	223.7	228.6	231.6	234.6	236.4	238.6	241.0	243.3	246.5	250.4	253.6	256.9
30	83.1	119.9	146.1	163.3	176.0	187.1	196.5	205.4	212.3	221.0	226.1	233.3	239.5	244.9	248.1	251.2	252.7	255.0	257.5	260.0	263.4	267.8	271.5	275.2
50	89.1	131.2	161.0	179.4	191.9	203.0	212.6	222.1	229.2	238.9	244.5	252.3	259.1	265.0	268.6	271.8	272.8	275.3	278.0	280.5	284.2	289.3	293.6	297.8
70	93.0	138.8	171.1	190.3	202.5	213.5	223.1	233.0	240.1	250.6	256.5	264.6	271.9	278.1	281.9	285.2	285.8	288.5	291.2	293.8	297.7	303.2	308.0	312.5
80	94.5	141.8	175.2	194.6	206.8	217.6	227.2	237.3	244.4	255.2	261.3	269.5	276.9	283.3	287.2	290.5	290.9	293.7	296.4	299.0	303.0	308.7	313.7	318.4
100	**97.0**	**146.9**	**182.1**	**202.0**	**213.9**	**224.6**	**234.1**	**244.5**	**251.5**	**262.9**	**269.1**	**277.6**	**285.3**	**291.9**	**295.9**	**299.3**	**299.4**	**302.3**	**305.1**	**307.7**	**311.8**	**317.8**	**323.1**	**328.0**
200	104.7	163.2	204.4	225.5	236.2	246.1	255.2	266.5	273.4	286.5	293.4	302.6	311.1	318.4	323.0	326.4	325.5	328.7	331.7	334.3	338.7	345.8	352.2	357.8
300	109.1	173.0	217.9	239.7	249.4	258.6	267.5	279.3	286.0	300.1	307.5	317.0	326.0	333.8	338.7	342.1	340.5	343.9	347.0	349.7	354.2	361.9	368.9	375.0
500	114.6	185.6	235.7	258.2	266.3	274.5	282.9	295.2	301.6	317.2	325.1	335.0	344.7	353.0	358.3	361.7	359.2	362.8	366.1	368.7	373.5	381.9	389.8	396.4

② Huff의 시간분포

1) 홍수량산정 표준지이나 산정요령에 의하면 Huff의 시간분포는 3분위 사용을 추천하고 있으므로 본 설계과제에서도 이를 적용하였다.
2) 또한 Huff의 3분위 시간분포의 50% 초과확률에서 지속기간누가백분율 t_i/t_{24}^{100}(%)에 대한 강우량 누가백분율(%) R_{t_i}/R_{24}^{100}(%)의 관계는 **표 7.9**(환경부, 2024a)와 같다.
3) **표 7.10**은 지역번호 25지역의 50% 초과확률에 대한 Huff 3분위 6차 다항식의 계수값이고 유도된 식 (7.1)과 같다.

$$y = ax^6 + bx^5 + cx^4 + dx^3 + ex^2 + fx + g \tag{7.1}$$

여기서 y =강우량 백분율(%)이고, x =지속시간 백분율(%)이다.

표 7.9 강우시간분포[지역번호 25; Huff 3분위(50% 초과확률)]

지속기간누가백분율 t_i/t_{24}^{100}(%)	0	10	20	30	40	50	60	70	80	90	100
강우량 누가백분율(%) R_{t_i}/R_{24}^{100}(%)	0	1.5	4.7	9.4	20.2	32.9	52.0	77.2	91.4	97.2	100

표 7.10 지역번호 25의 Huff 3분위 6차 다항식 값

변수	a	b	c	d
계수	0.0000000039583333	−0.0000011274038462	0.0001135496794871	−0.0048996722027926
변수	e	f	g	
계수	0.1015372668996420	−0.5518881118868210	0.1391608391602400	

4) 유도된 Huff 3분위 6차 다항식 (7.1)에 의한 100년 빈도 24시간 확률강우량의 시간구간분포는 **표 7.11**과 같이 나타났다.
5) 확률강우량 유도에 사용된 지속기간 2시간 간격의 누가강우량은 **표 7.11**과 같다.

표 7.11 유도된 Huff 3분위 시간분포 100년 빈도 확률 강우자료

시간구간(지속기간) t_i(h)	0	2	4	6	8	10	12	14	16	18	20	22	24
지속기간 누가백분율 t_i/t_{24}^{100}(%)	0	8.3	16.7	25.0	33.3	41.7	50.0	58.3	66.7	75.0	83.3	91.7	100
강우량 누가백분율 R_{t_i}/R_{24}^{100}(%)	0	0.2	3.9	7.6	12.3	20.4	33.1	50.1	68.8	84.7	94.6	97.7	100
누가 강우량 ΣR_{t_i}(mm)	**0**	**0.8**	**12.7**	**24.8**	**40.3**	**66.9**	**108.7**	**164.2**	**225.5**	**278.0**	**310.3**	**320.4**	**328.0**
시간구간 강우량 R_{t_i}(mm)	0.0	0.8	11.9	12.1	15.5	26.6	41.8	55.5	61.3	52.4	32.4	10.1	7.6

7.2.2 설계 홍수량

(1) 설계 수문량

하천설계기준(KDS 51 00 00; 2018)의 설계 수문량(KDS 51 14 10; 2018)(환경부, 2024e) 중 7.3 이수시설설계와 관련 내용을 소개한다. 그리고, 실무·설계에서 일반적으로 다루는 내용을 간단하게 소개한다.

① 용어 정의

- 수문학적 설계(수문설계): 어떤 수자원 시스템에 수문사상(水文事象)이 미치는 영향을 평가하고 시스템이 적절히 실행될 수 있도록 시스템을 지배하는 주요변수들의 기준치를 선택하는 과정
- 설계강우량: 설계홍수량 산정에 필요한 강우량
- 설계홍수량: 수문통계 및 홍수 특성, 홍수 빈도, 그리고 홍수 피해 가능성과 사회 경제적 요인을 함께 고려하여 최종적으로 수공구조물(하도, 방수로 등)의 설계기준으로 채택하는 첨두유량
- 설계 갈수량: 하천에서 취수 및 저수관리, 저수로 유지관리, 하천 환경의 개선 및 유지관리 등을 위해 설정한 갈수량
- 기본홍수량: 어떤 하천이나 유역에서 인위적인 유역개발이나 유량조절시스템에 의해 조절되지 않고 자연상태에서 흘러 내려오는 홍수량 중에서 홍수 조절이나 유역개발의 기본이 되는 홍수량으로 미래 기후변화 영향 등을 포함할 수 있다.

- 계획홍수량: 하천, 유역개발, 홍수 조절 계획 등 각종 계획에 맞추어 이미 산정된 기본홍수를 종합적으로 분석하여 합리적으로 배분하거나 조절할 수 있도록 각 계획기준점에서 책정된 홍수량으로 기본홍수량에서 유역분담 홍수량을 제외 후 하도가 분담하는 홍수량 개념이다.
- 확률홍수량: 재현기간이 주어진 경우 홍수 빈도분석의 결과로 산정되는 홍수량
- 가능최대강수량(PMP : probable maximum precipitation): 어떤 지속기간에서 어느 특정 위치에 주어진 호우면적에 대해 연중 지정된 기간에 물리적으로 발생할 수 있는 이론상의 최대 산정 강수량
- 가능최대홍수량(PMF : probable maximum flood): 가능최대강수량으로부터 발생되는 홍수량
- 산정 한계치: 최대로 가용한 수문정보를 바탕으로 하여 어떤 위치에서 발생 가능한 수문사상의 최대크기
- 유역 반응시간: 유역에 내리는 강우에 따라 첨두유량이 발생하는 시간적 특성이나 수리학적으로 유역에 어떠한 반응을 일으키는 시간
- 단위유량도(unit hydrograph): 특정 단위시간 동안 균일한 강도로 유역 전반에 걸쳐 균등하게 내리는 단위 유효우량(1cm)으로 인하여 유역 출구에 발생하는 직접 유출량의 시간적 변화를 나타내는 곡선
- 시계열(time series): 시간의 흐름에 따라 일정한 간격으로 관측하여 기록된 자료

② 빈도해석 기본 이론

1) 자료의 수집과 기본 가정

(가) 통계적 해석을 위한 수문자료의 수집 범위는 해석목적, 해석방법, 자료수집의 용이성, 정리의 난이도 등을 고려하여 선정한다.

(나) 수집한 수문자료에 대하여 관측이나 기록상의 착오여부, 자료의 동질성, 일관성 및 적합성 등을 검정하고 결측치에 대해서는 보완하여야 한다.

(다) 기록된 자료는 경우에 따라 인근 유역의 장기간의 기록을 이용하여 산정된 값, 유역의 강우-유출 모형, 기록시작 이전의 역사적 자료 등을 이용하여 확장이 가능하다.

2) 확률수문량의 산정

(가) 빈도해석은 설계 재현기간에 해당하는 확률수문량을 산정하거나, 주어진 수문량의 재현기간을 산정하는 과정이다.

(나) 수문량 빈도해석에 사용하는 자료는 동일한 환경조건하에서 발생되고, 자료의 크기가 가능한 많아야 한다.

(다) 수문량 빈도해석은 자료의 선택, 확률도시(probability plotting), 적정 확률분포형의 선정 및 매개변수 추정, 선정된 확률분포형의 적합도 검성, 재현기간별 확률수문량의 산정 등의 절차를 따른다.

(라) 수문 시계열 자료 기록기간이 산정하려는 확률수문량의 재현기간에 비해 상대적으로 짧을 경우 지역빈도해석을 고려할 수 있다.

3) 빈도해석의 신뢰도

(가) 빈도해석이 수행되면 실제 자료치들은 빈도곡선상이나 주변에 위치하게 된다. 이와 같이 실제 자료치들이 위치할 것으로 예상되는 빈도곡선을 기준으로 상하로 신뢰구간을 생각할 수 있으며 신뢰구간(confidence interval)의 상하한계치를 신뢰한계라 한다.

(나) 표본수가 많으면 곡선을 정의하는 통계치의 정확도가 높아지므로 표본수가 증가하면 신뢰구간의 폭은 감소한다. 재현기간 또는 초과확률에 따라 신뢰구간의 폭은 다르게 된다.

4) 이상치의 처리

(가) 이상치(異常値, outlier)는 자료의 전체적인 경향으로부터 현저하게 벗어난 자료의 값이다. 이상치 자료의 포함여부는 빈도해석 결과에 영향을 미치며, 특히 자료수가 작을 때 큰 영향을 미친다.

(나) 이상치의 처리는 계측상의 문제를 제외하고는 실측 극한사상으로 포함하는 것을 원칙으로 한다.

③ 강우-유출 분석 · 확률홍수량 산정

1) 기본 개념

(가) 기본홍수량은 과거 실측한 홍수량 자료를 이용하여 빈도해석하거나 실측강우 또는 설계강우에서 계산한 홍수 수문곡선, 또는 수문경제-위험도 분석으로 산정한 홍수량 중에서 홍수 조절 계획의 기본이 되는 홍수량을 택한다.

(나) 계획홍수량은 각종 설계에 활용되는 홍수량으로 관련계획과 유역개발계획이 서로 조화를 이루고 유역전체를 통해 일관성 있게 책정하는 것이 중요하다.

(다) 확률홍수량의 산정에 필요한 방법들은 일반적으로 수문자료의 정상성(stationarity)

을 기본 가정으로 한다. 정상성이란 자료의 통계량(평균, 분산, 공분산 등)이 시간에 따라 변하지 않은 특성을 의미한다.

㈑ 강우-유출 관계분석 방법에 의한 확률홍수량 산정은 설계강우를 우선 결정하고 단위도법 등의 강우-유출 관계식이나 모형을 적용하여 직접 유출수문곡선을 계산한 후 기저유량을 합산하여 확률홍수량 수문곡선을 결정하는 과정이다.

㈒ 강우-유출관계 분석에 의한 확률홍수량의 산정에 대한 실무적인 내용은 '홍수량 산정 표준지침(환경부)' 등을 참고할 수 있다.

2) 설계강우량의 산정

㈎ 수공구조물을 설계할 때 수문시스템의 입력자료로서 기본이 되는 설계강우량은 과거에 관측된 임의 지속시간의 강우자료를 빈도해석하여 확률강우량을 지점별로 나타내거나 면적 확률강우량, 강우강도-지속기간-빈도 관계식이나 곡선으로 표시하여 이용한다.

㈏ 수공구조물이 망라하여야 할 유역면적 전반에 걸친 평균강우량 또는 강우깊이의 결정은 지점 확률강우량을 면적 확률강우량으로 환산하기 위하여 면적감소 계수를 적용한다. 면적강우량으로의 환산을 위해 면적감소 계수 중 면적고정형 계수를 우선적으로 사용하되, 과다 설계가 되지 않도록 호우중심형 계수를 참고할 수 있다.

㈐ 상대적으로 자료 기록년수가 적은 유역 또는 미계측 지역의 설계강우량을 책정하거나 전국적으로 일관성 있게 수공구조물을 설계하기 위해서는 관련 부처에서 제시된 지역 빈도해석한 결과 또는 확률강우량도를 이용할 수 있다.

㈑ 설계강우의 지속기간은 대상유역 크기, 강우 지속기간 특성, 홍수 유출 형태, 그리고 계획대상 시설의 종류 등을 명확히 고려하여 결정하는 것이 원칙이다. 그러나 설계하고자하는 수공구조물의 주된 기능이 홍수 방어(조절)인지 아니면 유량저류인지에 따라 구분하여 설계강우 지속기간을 책정한다.

㈒ 수공구조물을 설계하고자 하는 유역에서 선택한 설계강우량을 가지고 유역 대표단위도나 합성단위도를 이용하여 설계홍수량을 합성하기 위해서는 강우의 시간분포, 즉 유출에 기여하는 설계 우량주상도를 결정하여 첨두홍수량이나 유출수문곡선을 산정한다.

㈓ 넓은 유역에 대규모 수공구조물을 설계하기 위한 설계강우는 이동강우 또는 보통 타원형을 갖는 설계강우가 공간적으로 어떠한 등우선 형상을 갖고 유역에서 호우의 주된 이동방향은 어떠한 지를 결정하여 유역에 걸친 평균 강우깊이를 구하여야 한다.

(사) 손실우량과 유효우량의 계산

㉮ 실적호우 또는 설계강우로부터 각종 유출계산모형으로 홍수 계산을 하고자 할 경우에는 총 우량주상도로부터 손실우량을 분리하여 유효우량 주상도를 작성할 필요가 있다. 대부분의 강우-유출 모형은 총 강우 중 유효우량과 이로 인한 유역출구에서의 직접유출량 간의 관계를 계산하는 모형이며 총 홍수량은 모형으로 계산된 직접유출량에 적절히 추산된 기저유량을 합하여 계산한다.

㉯ 홍수 유출 계산을 위해서는 모형의 입력이 되는 유효우량의 시간적 분포를 표시하는 유효우량주상도를 총 우량주상도로부터 작성하여야 한다.

㉰ 강우손실량의 계산에 의한 유효우량의 산정은 일정비법, 일정손실률법, 초기손실-일정손실률법, 침투곡선법 및 표준강우-유출관계곡선법 등의 방법을 사용할 수 있다. 이때 대상유역에 적용할 방법의 선정은 대상유역에서 이미 발생한 호우의 강우-유출 자료를 정밀 분석하여 이루어져야 하며 그 결과로 얻어지는 손실우량 분리법이 실무에 사용되어야 한다.

(아) 유역의 반응시간

㉮ 유역 반응시간을 나타내는 인자는 주로 저류상수, 집중시간, 지체시간, 기저시간, 도달시간, 유달시간, 그리고 담수발생시간 등이 있다.

㉯ 유역의 도달시간을 결정하기 위해서는 유역의 특성에 따라 하도흐름이 지배적인 경우, 지표면 흐름이 지배적인 경우, 및 하도와 지표면 흐름이 복합된 경우로 구분하여 결정하되, 국내 유역의 수리·수문학적 특성이 고려된 하도경사, 유역면적, 토지이용조건 등을 감안하여 적절한 공식을 선정하여 사용할 수 있다.

㉰ 자연하천 및 도시하천 유역에 따라 경험적으로 제시된 유역 지체시간 산정공식과 저류상수 산정공식을 이용하되 국내 유역의 수리·수문학적 특성을 감안하여 적절한 공식을 선정한다.

3) 설계홍수량의 산정

(가) 설계홍수량을 산정하려면 이미 결정된 설계강우량을 가지고 강우-유출관계를 나타내는 적절한 홍수 유출모형을 이용해서 홍수 수문곡선을 계산하는 방법을 이용한다. 이 경우, 설계강우량의 재현기간은 설계홍수량의 재현기간과 동일하다고 가정한다.

(나) 도시지역 배수구역에 대한 설계홍수량은 유역의 크기에 따라 국내외에서 개발된 모형 등을 이용하여 산정한다. 합리식 또는 수정합리식, MOUSE-KOREA, SWMM, FFC2Q 모형 등을 이용하여 산정한다.

(다) 중소규모 자연하천 유역의 설계홍수량은 단위유량도법, Snyder의 합성단위유량도법, 미국자원보호국(NRCS)의 합성단위유량도법, Clark의 유역추적법 등을 사용하여 산정한다.

(라) 대규모 자연하천 유역의 설계홍수량을 산정하기 위해서는 하천유역을 적절히 분할하고 분할된 소유역별로 설계홍수 수문곡선을 계산한 후 하천망에 대한 홍수추적에 의하여 설계홍수량을 산정한다.

(마) 동일수계비 하천 간, 타 수계에서의 유사한 유역상황의 하천간의 설계홍수량 규모의 조정이 필요한 경우 비유량도($m^3/s/km^2$) 및 본류와 지류와의 설계홍수량에 대한 밸런스 검토 등을 통하여 설계홍수량에 대한 밸런스를 조정할 수 있다.

④ 홍수량 빈도해석

1) 기본 개념

(가) 홍수량 빈도해석은 홍수량 자료를 직접 빈도해석하여 재현기간 및 설계홍수량을 산정하기 때문에 이론적으로 가장 적절한 방법이라 할 수 있다. 하지만, 홍수량 실측자료가 매우 부족하거나, 수위-유량관계곡선의 신뢰도가 낮거나, 댐 건설 전·후 홍수량 자료가 불연속성을 가질 경우, 지역빈도해석을 고려한 홍수량 직접 빈도해석 또는 설계강우-유출 관계분석 방법으로 보완하거나 검증하는 등 제한적으로 수행될 수 있다.

(나) 홍수량 빈도해석의 경우, 기본적으로 자료의 선택, 확률도시, 적정 확률분포의 선정 및 매개변수의 산정, 선정된 확률분포형의 적합도 검정, 재현기간별 확률홍수량 및 신뢰구간의 산정 등의 절차를 따른다.

(다) 홍수량 빈도해석은 일유량 자료와 같이 원 자료를 그 대상으로 하기도 하지만, 통상 연최대시계열(annual maximum series)을 사용한다. 자료의 연수가 충분치 못할 경우 부분시계열(partial duration series)을 사용할 수 있지만 자기상관관계 등의 영향에 유의하여야 한다. 또한 홍수량 자료는 정상성(stationarity)과 독립성(independence)의 가정을 만족하여야 하는데, 그렇지 못할 경우 적절한 사전처리가 필요하다.

2) 지점빈도해석

(가) 자료 수집: 홍수량 빈도해석에는 관측자료의 연최대홍수량이 그 대상이며, 30년 이상의 충분히 긴 기간의 사용을 권고한다. 관측자료 외에 고(paleo-)기후자료나 문헌에 의한 역사 자료 등이 사용될 수 있으나 사용 단위 등 자료가 만들어진 환경의 일

관성에 유의해야 한다.

(나) 확률도시 : 홍수량 빈도해석에 일반적으로 사용되는 도시(plotting position)공식은 표 7.12와 같다.

표 7.12 도시공식

분포형	공식		a^*	T_1^*	비고
Weibull	$\frac{i}{n+1}$	(7.2a)	0	$n+1$	불편초과확률분포형에 적용
Median	$\frac{i-0.3175}{n+0.365}$	(7.2b)	0.3175	$1.47n+0.5$	중앙초과확률분포형에 적용
APL	$\frac{i-0.35}{n}$	(7.2c)	~0.35	$1.54n$	확률가중모멘트에 적용
Blom	$\frac{i-3/8}{n+1/4}$	(7.2d)	0.375	$1.60n+0.4$	불편정규량에 적용
Cunnane	$\frac{i-0.40}{n+0.2}$	(7.2e)	0.40	$1.67n+0.3$	분위불편량에 적용
Gringorten	$\frac{i-0.44}{n+0.12}$	(7.2f)	0.44	$1.79n+0.2$	Gumbel분포에 대한 최적화에 적용
Hazen	$\frac{i-0.5}{n}$	(7.2g)	0.50	$2n$	기본적인 방법
기호설명	• a^*=도시 매개변수 • T_1^*=표본크기 n에서 가장 큰 관측값에 할당된 재현기간				

(다) 확률분포: 홍수량 자료의 적정 분포형은 양의 왜곡도를 가지는 2변수분포의 경우 대수정규분포와 Gumbel분포, 3변수인 경우 GEV, GLO, LP3 그리고 3변수 대수정규분포 등이 전세계적으로 널리 사용되고 있다.

(라) 매개변수 추정: 모멘트법, 최우도법, L-모멘트법 등이 사용될 수 있으며, 이 중 L-모멘트법이 자료 개수가 적을 때에도 우수한 것으로 알려져 있다.

3) 지역빈도해석

(가) 기본 가정: 지역빈도해석에서는 동질지역을 구분하는 절차가 대상자료 분석 이전에 선행되어야 한다. 동질 지역을 구분하는 방법은 다양하지만 군집해석이 가장 많이 사용되고 있다. 구분된 지역의 동질 여부는 이질성척도를 바탕으로 결정된다.

㉮ 불일치척도(discordance measure): 여러 지점들로 구성된 하나의 지역에서 대상 지점들이 전체적으로 일치되는지 확인하기 위해 불일치척도(D_i)를 사용한다.

불일치척도는 각 지점의 L-변동계수와 L-왜곡도 사이의 지역평균에 위치한 값을 사용한다. 불일치척도가 큰 지점의 경우를 분리하면 통계적으로 동일 지역으로 가정한다.

㉯ 이질성척도(heterogeneous measure): 지형학적 의미가 아닌 통계적 특성이 동일한 지점들의 집단을 동질지역이라 가정한다. 이질성척도(H)를 이용하여 지역의 동질성 검토를 실시한다.

(나) 절차

㉮ 군집해석을 사용하여 동질지역을 구분한다. 하나의 지역에 포함된 지점들의 이질성척도 값이 주어진 기준을 초과하는 경우에는 해당 지점을 제외시키거나 새로운 지점을 추가하는 과정을 반복하여 구분된 지역이 최대한 동질성을 갖도록 조정한다.

㉯ 동질지역 내의 자료들을 홍수 지수로 나눈다. 일반적으로 각 지점자료의 평균이 홍수 지수로 사용되지만, 중앙값(median)이나 적용된 확률분포함수의 위치매개변수가 홍수 지수로 사용되기도 한다. 이러한 방법을 홍수 지수법(index flood method)라고 하는데, 동질지역 내의 모든 자료들은 홍수 지수로 사용되는 통계량을 제외하고는 다른 모든 매개변수를 공유한다는 가정을 바탕으로 한다.

㉰ 동질한 것으로 구분된 지역의 홍수 지수로 나눈 자료들에 대하여 다양한 확률분포함수를 적용하고, 매개변수를 산정하며, 적합도 검정을 수행한다. 지역빈도해석에서는 L-모멘트법이 널리 사용되고 있다.

㉱ 각 재현기간별로 산정된 확률홍수량에 미계측 지점의 홍수 지수를 곱하면 그 지점의 재현기간별 확률수문량이 된다.

(2) 계획 홍수량 산정

본 소절에서는 기준량인 설계 홍수량으로부터 계획 홍수량을 결정하는 일반적인 실무적 절차를 간략하게 설명한다. 7.1.1과 관련된 증산천 계획의 주요사항에 대한 설명과 '7.3 이수시설설계'를 위한 계획홍수량을 주변 강우관측소의 강우자료를 이용하여 결정한다. 어기에는 지역빈도해석의 응용 프로그램인 RFAHD 2020을 사용하여 빈도별 확률강우량의 산정하고, 이를 근거로 HEC-HM S(v4.8)를 적용한 시설물 설치지점의 설계홍수량의 산정한다.

7.2.1에서 결정된 설계강우를 사용하여 강우-유출 홍수수문곡선으로부터 설계홍수량을 산정(추정)하는 방법에는 크게 두 가지가 있다. ① 어떤 수공구조물을 설계하거나 하도계획, 내수처리계획, 홍수방어계획 등을 수립할 때 충분히 관측된 홍수량 자료가 있을 때는 간단히

순간최대홍수량을 7.2.2.(1)②와 같이 빈도해석 과정에 의하여 해당지점의 계획홍수량을 산정한다. ② 기준에 따라 이미 결정한 설계 강우를 가지고 강우-유출관계를 나타내는 적당한 홍수유출모형을 이용해서 **홍수수문곡선**을 계산하는 방법이다. 이들 모형은 도시지역 **소규모 배수구역**에 대한 설계홍수량을 산정할 경우에는 합리식 또는 수정합리식, 영국도로연구소(BRRL) 방법, SWMM 모형, ILLUDAS 모형 등이 사용된다. **중소규모 자연하천유역**의 설계홍수량은 단위유량도법, Snyder의 합성단위 유량도법, NRCS 합성단위유량도법, 나까야스(中安)의 합성(종합) 단위도법 등을 적용할 수 있다. **대규모 하천유역**의 설계홍수량은 1차적으로 하천유역을 적절히 분할하고, 그 분할된 소유역별로 설계홍수 수문곡선을 계산하며, 이들 결과를 기초로 홍수추적에 의해 설계기준지점의 설계홍수수문곡선을 합성하여 산정한다.

대규모 자연하천 유역은 유역의 강우-유출특성이 유역전체에 걸쳐 공간적으로 크게 변화하기 때문에 단일유역으로 해석할 수 없으므로 유역특성이 비교적 균일한 여러 개 중소유역과 하도구간으로 나누어 개개 유역으로부터 유출계산을 수행한다. 또한 하도구간에 대해서는 하도홍수추적, 저수지에 대해서는 저수지 홍수추적을 실시하고, 본류유역 출구지점의 홍수유출량을 계산하는데, 본 소절에서는 위의 두 방법 중 후자의 계산방법과 절차를 소개하고, 그와 관련된 예제를 설명한다.

① 단위도법

단위(유량)도법은 구조물의 중요도에 따라 선택한 설계우량을 그림 7.5와 같이 시간분포형에 맞추어 분포시킨 후 유역의 **대표단위도** 또는 **합성단위도**를 적용하여 설계홍수수문곡선을 얻어 **첨두 설계홍수량**을 **결정**한다.

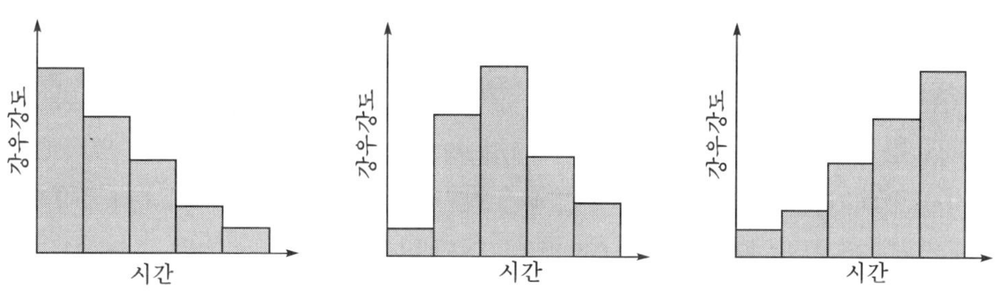

그림 7.5 총우량의 시간적 분포형

1) 설계빈도 선택

설계빈도는 표 7.13에 의해 설계재현기간을 선택한다.

표 7.13 소규모 수공구조물의 설계재현기간

구조물 종류	설계기간(年)	설계빈도
고속도로 배수용 암거	10~50	0.10~0.02
비행장배수시설	5	0.20
도시우수거	2~10	0.50~0.10
배수구	5~50	0.20~0.02

2) 설계강우량 결정

유역의 도달시간인 설계강우의 지속기간계산은 **IDF(intensity-duration-frequency)** 관계곡선 또는 강우도식을 이용함으로써 설계강우 또는 확률강우량을 결정한다.

3) **설계우량주상도** 작성

설계강우량의 시간적 분포양상을 결정하여야 하는데, 이는 설계지역의 과거호우자료로부터 호우지속기간 동안의 총강우량이 시간적으로 어떻게 분포되었는가를 통계학적으로 분석함으로써 그 지역에 적합한 모형을 설계조건에 따라 결정할 수 있다.

설계하고자 하는 소규모 수공구조물의 중요성에 따라 적절한 생기확률을 선택하여 설계강우 지속기간에 대한 우량주상도를 얻는다. 그 후 **그림 7.5(a)**와 같이 첨두 홍수량이 큰 전진형(前進型, advanced type) 강우분포와 **그림 7.5(b)**의 중앙집중형(centered type), **그림 7.5(c)**의 지연형(delayed type) 분포를 얻는다.

4) **설계우량주상도**의 시간적 분포

현재에 많이 사용하고 있는 (설계)우량(주상도)의 시간적 분포의 대표적인 방법은 **Huff 방법**이다. 이 방법(1967)은 미국 Illinois 주에 위치한 유역면적 약 1,035km^2 (400mi^2)의 다양한 하천유역에서 발생된 호우에 대해 호우기간 중에 내린 총우량의 시간적 분포를 분석하여 강우의 시간적 분포모형을 제시하였다.(윤용남, 2012) 그는 총강우지속기간 중 강우 시점 1/4구간에서 발생된 가장 큰 강우량을 1분위 호우(first quartile storm), 2/4구간의 경우를 2분위 호우, 3/4·4/4구간의 경우를 각각 3·4분위 호우(third and fourth quartile storm)로 구분하였다.

우리나라에서는 무강우가 6시간 이하 연속될 때를 하나의 호우로 정의하여 전국 시우량 자료를 대상으로 1961~1987년까지 관측된 27년간 자료, 1993년까지 23년간 자료,

1998년까지 38년간 자료의 분석기간을 변화시켜 분석하였다. 이를 통해 무차원 지속기간별 강우량비를 Weibull **확률 도시위치공식**(確率圖示位置公式, probability plotting position formula)을 이용하여 10% 구간의 9개 초과확률 분포곡선을 분위별로 제시하였다. 그중 서울지점을 대상으로 하여 관측기록연한 변화에 따른 구간별 우량주상도의 영향 분석 결과는 **그림 7.6, 표 7.14, 15**와 같다(건설교통부, 2000a). 여기서 중(重)호우는 **표 7.14**와 같이 지속기간구간별 평균강우강도 이상의 호우를 말하고, 경(輕)호우는 그 이하의 호우를 말한다.

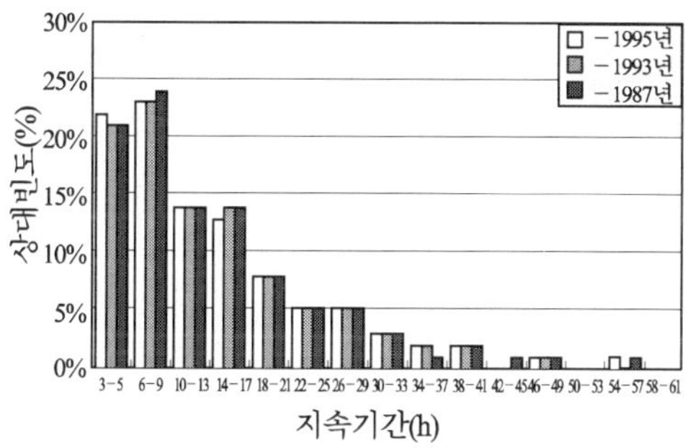

(a) 호우의 상대빈도와 지속기간

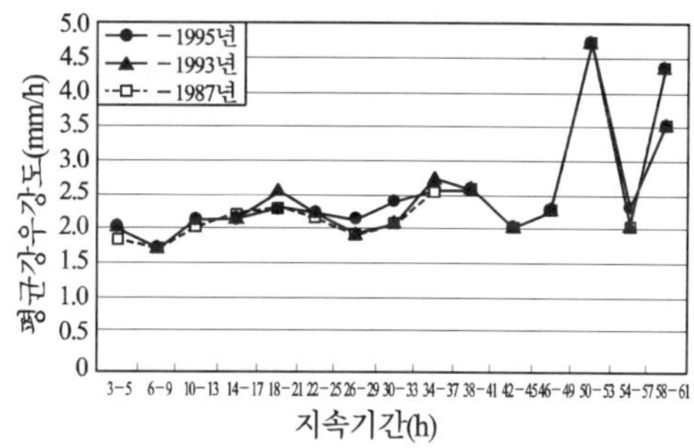

(b) 평균강우강도와 지속기간

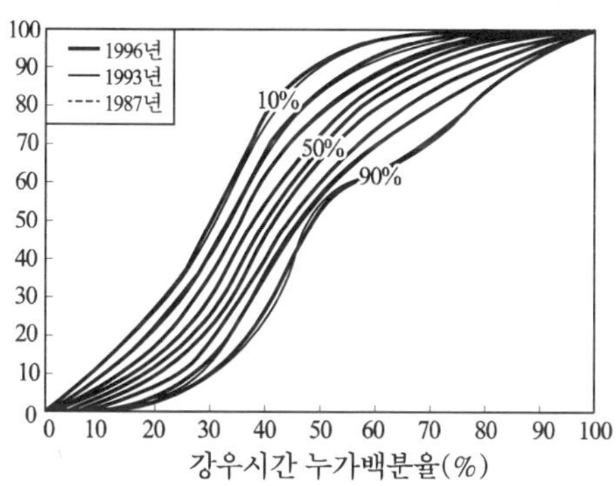

(c) 제2구간 호우 무차원 누가곡선

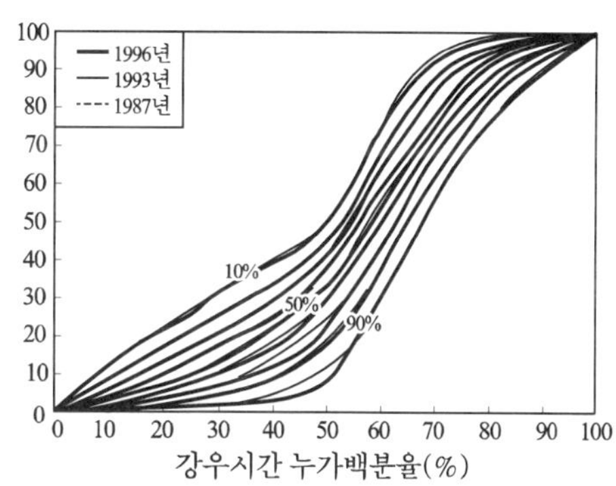

(d) 제3구간 호우 무차원 누가곡선

그림 7.6 연도·구간별 우량주상도의 영향

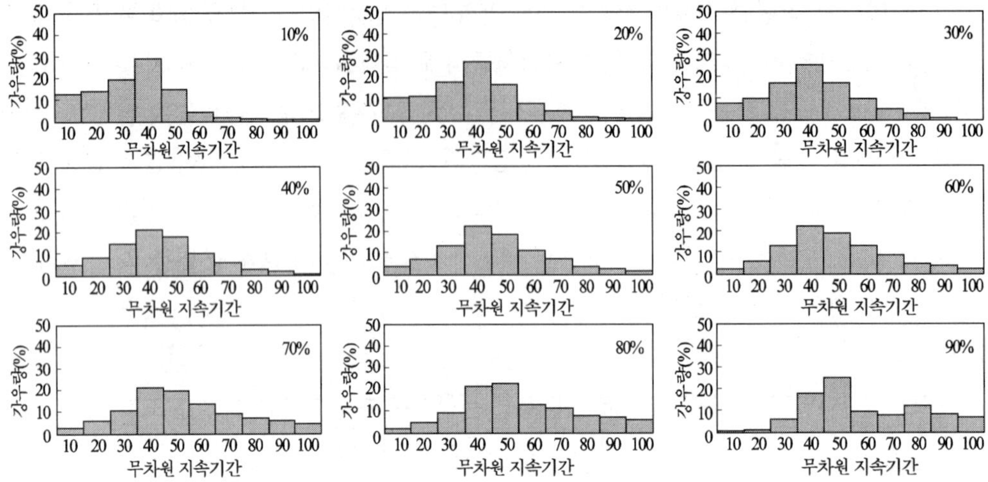

(e) 제2구간 무차원 우량주상도

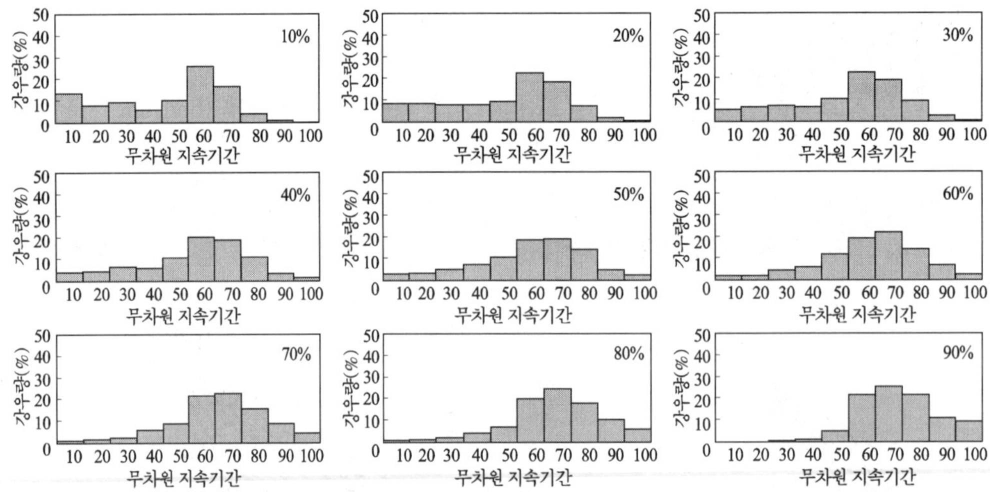

(f) 제3구간 무차원 우량주상도

그림 7.6 연도 · 구간별 우량주상도의 영향(계속)

표 7.14 강우자료

지속기간구간	3 ~6	6 ~10	10 ~14	14 ~18	18 ~22	22 ~26	26 ~30	30 ~34	34 ~38	38 ~42	42 ~46	46 ~50	50 ~54	54 ~58	58 ~62
호우 수	236	251	155	143	87	56	52	34	22	22	4	13	2	6	3
상대빈도	0.22	0.23	0.14	0.13	0.08	0.05	0.05	0.03	0.02	0.02	0.00	0.01	0.00	0.01	0.00
평균강우강도	2.04	1.69	2.11	2.19	251	2.24	2.13	2.42	2.59	2.58	2.00	2.25	4.71	2.31	3.52
평균이상호우 수	73	78	55	51	34	22	18	14	11	6	2	6	1	3	2
비고	38년간 6시간 이상 지속기간인 호우; 1,093개														

표 7.15 각 4분위 구간 수

지속기간	제1구간	제2구간	제3구간	제4구간	총계(%)
총계	331(0.30)	289(0.27)	274(0.25)	199(0.18)	1,093(100)
~6h	113(0.36)	73(0.23)	75(0.24)	55(0.17)	316
7~12h	99(0.34)	74(0.25)	54(0.18)	65(0.22)	292
13~18h	51(0.25)	58(0.28)	66(0.32)	30(0.15)	205
19~24h	21(0.22)	26(0.27)	34(0.35)	16(0.16)	97
25h~	47(0.26)	58(0.32)	45(0.25)	33(0.18)	183
평균 이상 호우 수	91(0.23)	128(0.33)	114(0.29)	55(0.14)	388
평균 미만 호우 수	240(0.34)	161(0.23)	160(0.23)	144(0.20)	705
비고	평균강우강도=2.09mm/h				

제2구간 4분위 호우의 강우시간(지속기간) 누가백분율(%)에 대한 강우량 누가백분율(%) 관계곡선은 식 (7.1)과 같은 6차 다항식 회귀 (polynomial regression of order 6)에 의해 방정식을 유도할 수 있다.

Huff 방법을 이용해 우리나라 전 지역을 대상으로 분석한 결과, 중호우에는 제2구간 호우가 지배적이고, 지속기간이 12시간 이하일 때 제1구간 호우, 그 이상의 지속기간인 경우 제2, 3구간이 지배적인 것으로 나타났으며, 설계홍수량 산정요령(국토해양부, 2012)에서는 3분위 분포 적용을 원칙으로 하고 있다.

5) **설계유효우량** 산정

설계확률 강수량으로부터 설계유효우량의 계산은 NRCS 유효우량 산정법을 이용한다. Mononobe 공식에 의한 중앙집중형 또는 Huff 분포에 의한 총우량주상도의 매시간구간까지의 누가우량 산정하고, NRCS의 유효우량공식 (7.3)로 매시간구간까지의 누가유효우량 계산하며, 매시간구간까지의 누가유효우량에서 전시간구간까지의 누가유효우량을 빼면 시간구간별 유효우량이 구해지므로 설계유효우량 주상도를 작성할 수 있다.

$$\overline{R}= \frac{(P-0.2S)^2}{P+0.8S} \tag{7.3}$$

6) 단위유량도 작성

설계유역의 강우-유출자료가 있을 경우에는 대표단위유량도를 직접유도하여 구하고, 유출량관측자료가 없는 수문자료의 미계측유역에서는 합성단위도법에 의해 단위도를 유도하면 된다.

7) 설계수문곡선 작성

4)에서 얻은 설계유효우량 주상도에 5)에서 얻은 단위유량도를 적용하여 직접유출수문곡선을 구하고, 설계지점의 기저유량을 추정 가산하여 설계홍수수문곡선을 합성하면 이 수문곡선상의 첨두유량이 설계홍수량이 되는 것이다.

예제 7.1

표 예7.1.1은 어떤 지역에서 지역빈도해석(RFAHD 2020 이용)으로 구한 강우관측소별 100년 빈도-매시간(24시간) 확률강우량이다. 표 예7.1.1의 (a), (h) 지점 자료를 이용해 다음 사항에 답하시오.

1. Huff 무차원곡선 이용(시간분포=3분위) (100년-24시간) 누가확률강우량 · 우량주상도의 산정
2. 강우강도식의 유도

표 예7.1.1 강우관측소별 100년 빈도-매시간(24시간) 확률강우량

시간 \ 지점	1	2	3	4	5	6	7	8	9	10	11	12	13	14	15	16	17	18	19	20	21	22	23	24
(a)	**70.0**	**100.7**	**128.7**	**150.7**	**166.8**	**185.4**	**199.2**	**213.2**	**227.5**	**238.7**	**249.2**	**257.0**	**264.5**	**271.3**	**278.9**	**285.1**	**292.6**	**298.4**	**305.6**	**313.5**	**320.0**	**328.7**	**338.5**	**348.9**
(b)	75.5	110.9	137.4	155.5	171.4	183.0	197.8	212.3	223.7	232.5	238.6	242.9	248.7	255.7	264.5	273.8	282.3	288.5	297.0	303.9	311.8	319.6	328.1	335.5
(c)	77.2	112.1	140.1	153.5	168.9	181.9	193.5	209.8	222.6	236.6	245.1	252.8	261.1	269.3	278.3	283.5	287.8	291.9	295.7	299.1	301.9	304.9	308.5	312.8
(d)	94.7	143.6	180.9	206.6	228.1	247.7	266.2	283.6	300.3	316.1	333.7	348.5	363.2	376.3	388.1	397.6	406.3	413.5	420.3	429.7	440.8	448.1	459.5	468.3
(e)	77.6	118.5	143.5	167.1	183.4	197.2	209.5	225.3	237.1	248.8	262.6	274.8	284.6	291.8	295.5	300.0	306.4	310.8	316.9	322.9	329.0	337.0	346.0	353.3
(h)	**86.9**	**124.5**	**147.8**	**176.1**	**191.9**	**203.2**	**216.8**	**226**	**234.7**	**243.3**	**251.4**	**258.9**	**267.5**	**276.4**	**281.4**	**286**	**289.8**	**291.6**	**294.1**	**296.4**	**299.7**	**303.8**	**307.5**	**314.1**
비고	(a)=a우량관측소(지역15, 지점=10121211), (b)=b우량관측소(지역9, 지점=10124080), (c)=c우량관측소(지역7, 지점=10041127), (d)=d우량관측소(지역5, 지점=10071202), (e)=e우량관측소(지역24, 지점=10031221), (h)=h우량관측소(지역14, 지점=30071226)																							

[풀이]

1. Huff 무차원곡선 이용(시간분포=3분위) (100년-24시간) 누가확률강우량·우량주상도 산정

(1) Huff 무차원곡선 이용(시간분포=3분위) (100년-24시간) 누가확률강우량·우량주상도 산정

① **표준지침** 【II-3. 지역 빈도해석 Huff 4분위법 무차원누가곡선[지속기간 (누가)백분율-강우량(누가)백분률(이하 '**Huff 무차원곡선**' 으로 칭함)]】의 **Huff 무차원곡선** 표 예7.1.2 이용

표 예7.1.2 (군집)지역별 Huff 무차원곡선(3분위 중 50% 초과확률값) 이용

(a) 지역별 Huff 무차원곡선

(t_i/t_t^T) 100 (%) / 지역	0	10	20	30	40	50	60	70	80	90	100
(a)	0.0	2.8	10.8	18.0	27.5	36.1	53.0	76.0	89.8	95.9	100.0
(b)	0.0	2.9	8.1	14.6	23.9	38.6	52.8	70.8	88.6	95.6	100.0
(c)	0.0	2.5	8.3	13.0	21.0	33.3	56.0	75.4	90.5	96.6	100.0
(d)	0.0	2.0	7.3	12.1	21.0	31.6	51.5	76.9	92.0	97.8	100.0
(e)	0.0	2.0	7.3	13.6	22.0	34.7	51.5	73.5	87.3	95.9	100.0
(h)	0.0	2.0	6.4	13.7	20.7	33.9	51.3	74.4	89.3	96.0	100.0
비고	(a)=a우량관측소(지역15, 지점=10121211), (b)=b우량관측소(지역9, 지점=10124080), (c)=c우량관측소(지역7, 지점=10041127), (d)=d우량관측소(지역5, 지점=10071202), (e)=e우량관측소(지역24, 지점=10031221), (h)=h우량관측소(지역14, 지점=30071226)										

(b) 무차원 지속기간(t_i/t_t^T) 백분률별 누가우량(R_{t_i})

(R_{t_i}/R_t^T) 100(%) / (t_i/t_t^T) 100(%)	(a)		(b)		(c)		(d)		(e)		(h)	
	3분위 (%)	R_{t_i} (mm)	3분위 (%)	R_{t_i} (mm)	3분위 (%)	R_{t_i} (mm)	3분위 (%)	R_{t_i} (mm)	3분위 (%)	R_{t_i} (mm)	3분위 (%)	R_{t_i} (mm)
0	0.0	0.0	0.0	0.0	0.0	0.0	0.0	0.0	0.0	0.0	0.0	0.0
10	2.8	3.5	2.9	33.6	2.5	31.3	2.0	46.8	2.0	35.3	2.0	31.4
20	10.8	69.8	8.1	67.1	8.3	62.6	7.3	93.7	7.3	70.7	6.4	62.8
30	18.0	104.7	14.6	100.7	13.0	93.8	12.1	140.5	13.6	106.0	13.7	94.2
40	27.5	139.6	23.9	134.2	21.0	125.1	21.0	187.3	22.0	141.3	20.7	125.6
50	36.1	174.5	38.6	167.8	33.3	156.4	31.6	234.2	34.7	176.7	33.9	157.1
60	53.0	209.3	52.8	201.3	56.0	187.7	51.5	281.0	51.5	212.0	51.3	188.5
70	76.0	244.2	70.8	234.9	75.4	219.0	76.9	327.8	73.5	247.3	74.4	219.9
80	89.8	279.1	88.6	268.4	90.5	250.2	92.0	374.6	87.3	282.6	89.3	251.3
90	95.9	314.0	95.6	302.0	96.6	281.5	97.8	421.5	95.9	318.0	96.0	282.7
100	100.0	348.9	100.0	335.5	100.0	312.8	100.0	468.3	100.0	353.3	100	314.1

② 24시간 누가확률 강우량·우량주상도와 Huff 3분위 분포곡선·무차원 다항식 유도

가) **표 예7.1.2**를 이용해 **그림 예7.1.1**로부터 Huff 3분위 분포곡선·무차원 다항식 **표 예7.1.3** 유도

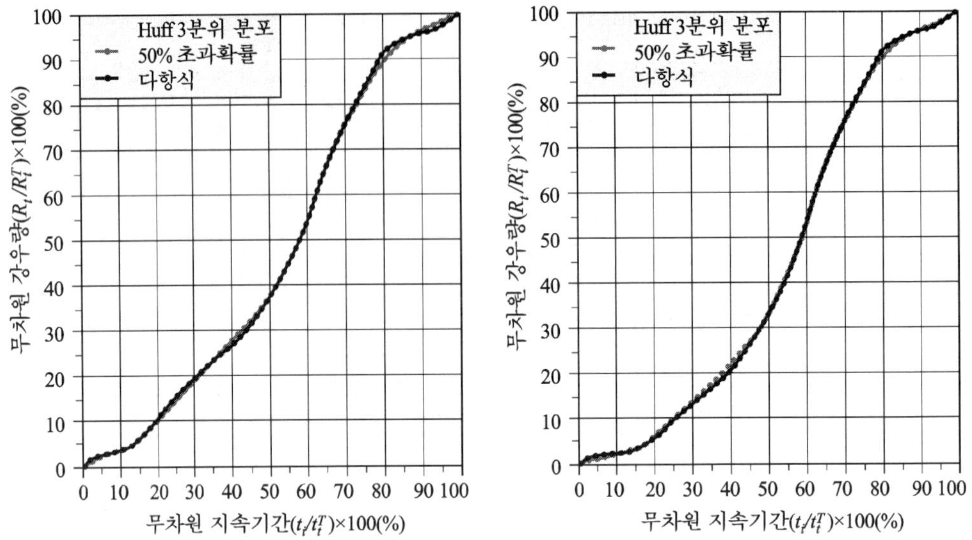

(a) ⓐ=a우량관측소(지역15, 지점=10121211) (b) ⓗ=h우량관측소(지역14, 지점=30071226)

그림 예7.1.1 Huff 3분위 분포곡선·무차원 다항식 유도

표 예7.1.3 Huff 3분위 분포곡선·무차원 다항식 유도와 24시간 누가확률 강우량 산정

(a) Huff 3분위 분포곡선·무차원 다항식 유도

관측소 \ 내용	다항식의 계수		다항식
ⓐ=a우량관측소	C_0=−0.02402628332 C_2=−0.2009368178 C_4=−0.0008053764674 C_6=−1.994243421E−007 C_8=−2.713815789E−012	C_1=1.028058076 C_3=0.01934001619 C_5=1.732951066E−005 C_7=1.164716325E−009	y_{t_i}=−0.02402628332+1.028058076x_{t_i}−0.2009368178 $x_{t_i}^2$+0.01934001619$x_{t_i}^3$−0.0008053764674$x_{t_i}^4$ +(1.732951066E−005)$x_{t_i}^5$−(1.994243421E−007)$x_{t_i}^6$ +(1.164716325E−009)$x_{t_i}^7$−(2.713815789E−012)$x_{t_i}^8$
ⓗ=h우량관측소	C_0=−0.01102643488 C_2=−0.1136499443 C_4=−0.0004903237928 C_6=−1.33057813E−007 C_8=−1.982821637E−012	C_1=0.5984689323 C_3=0.01140006557 C_5=1.10368851E−005 C_7=8.132617082E−010	y_{ti}=−0.01102643488+0.5984689323x_{t_i}−0.1136499443 $x_{t_i}^2$+0.01140006557$x_{t_i}^3$−0.0004903237928$x_{t_i}^4$ +(1.10368851E−005)$x_{t_i}^7$−(1.10368851E−005)$x_{t_i}^6$ +(8.132617082E−010)$x_{t_i}^7$−(1.982821637E−012)$x_{t_i}^8$
비고	• 다항식 $y_{t_i}=C_0+C_1\,x_{t_i}+,\cdots,+C_n\,x_{t_i}^n$ • x_{t_i}=(임의)지속기간(t_i)/누가지속기간(t_t^T) 백분율=(t_i/t_t^T)100(%) • y_{t_i}=(임의시간)강우량(R_{t_i})/누가강우량(R_t^T) 백분율=(R_{t_i}/R_t^T)100(%)		

(b) 강우량 관측소별 Huff 3분위 분포의 24시간 누가확률강우량

시간 \ 관측소		(a)=a우량관측소 (지역15, 지점=10121211)			((b)=b우량관측소 (지역9, 지점=10124080)			(c)=c우량관측소 (지역7, 지점=10041127)			(d)=d우량관측소 (지역5, 지점=10071202			(e)=e우량관측소 (지역24, 지점=10031221)			(h)=h우량관측소 (지역14, 지점=0071226)		
t_i (h)	t_i/t_i^T 100(%)	R_{t_i}/R_t^T 100(%)	R_{t_i}	I_t	R_{t_i}/R_t^T 100(%)	R_{t_i}	I_t	R_{t_i}/R_t^T 100(%)	R_{t_i}	I_t	R_{t_i}/R_t^T 100(%)	R_{t_i}	I_t	R_{t_i}/R_t^T 100(%)	R_{t_i}	I_t	R_{t_i}/R_t^T 100(%)	R_{t_i}	I_t
0	0.00	0.0	0.0	0.0	0.0	0.0	0.0	0.0	0.0	0.0	0.0	0.0	0.0	0.0	0.0	0.0	0.0	0.0	0.0
1	4.17	1.9	6.8	6.8	0.5	1.8	1.8	0.3	0.8	0.8	1.8	8.5	8.5	1.2	4.2	4.2	1.7	5.4	5.4
2	8.33	2.5	8.8	2.0	2.0	6.6	4.9	1.7	5.3	4.5	2.0	9.3	0.8	1.7	6.1	1.8	1.8	5.8	0.4
3	12.50	4.1	14.4	5.6	4.0	13.3	6.6	3.9	12.2	6.9	2.8	13.0	3.7	2.9	10.3	4.2	2.6	8.1	2.3
4	16.67	7.1	24.8	10.4	6.2	20.8	7.6	6.3	19.8	7.7	4.6	21.8	8.7	5.0	17.5	7.3	4.4	13.7	5.7
5	20.83	10.9	38.2	13.4	8.7	29.0	8.2	8.7	27.2	7.3	7.2	33.9	12.1	7.6	26.8	9.3	7.0	21.9	8.2
6	25.00	14.9	52.1	13.9	11.3	37.9	8.9	10.8	33.8	6.6	10.0	47.0	13.1	10.5	37.0	10.2	10.0	31.3	9.3
7	29.17	18.6	64.7	12.7	14.2	47.8	9.9	12.8	40.2	6.4	12.7	59.5	12.6	13.4	47.3	10.3	12.9	40.7	9.4
8	33.33	21.7	75.7	11.0	17.6	59.1	11.3	15.1	47.3	7.1	15.3	71.6	12.0	16.4	57.9	10.6	15.9	50.0	9.3
9	37.50	24.6	85.7	10.0	21.5	72.1	13.1	18.1	56.6	9.3	18.0	84.4	12.8	19.7	69.4	11.6	19.1	59.8	9.9
10	41.67	27.6	96.3	10.6	26.0	87.4	15.2	22.1	69.2	12.6	21.4	100.1	15.7	23.5	83.1	13.7	22.7	71.4	11.5
11	45.83	31.4	109.5	13.2	31.3	104.9	17.6	27.5	86.0	16.8	25.9	121.1	21.0	28.3	100.0	16.9	27.3	85.8	14.4
12	50.00	36.3	126.8	17.3	37.2	124.8	19.9	34.3	107.3	21.3	31.8	149.0	27.9	34.2	120.7	20.8	33.1	104.0	18.3
13	54.17	42.7	148.9	22.2	43.8	146.9	22.1	42.3	132.5	25.2	39.4	184.4	35.4	41.2	145.5	24.7	40.3	126.5	22.4
14	58.33	50.4	175.8	26.9	50.9	170.7	23.8	51.3	160.4	28.0	48.3	226.4	42.0	49.1	173.6	28.1	48.6	152.5	26.1
15	62.50	59.1	206.1	30.3	58.3	195.5	24.9	60.6	189.4	29.0	58.2	272.8	46.4	57.6	203.6	30.0	57.6	181.0	28.5
16	66.67	68.1	237.5	31.4	65.8	220.7	25.1	69.5	217.5	28.1	68.3	320.0	47.3	66.2	233.7	30.1	66.8	209.9	28.9
17	70.83	76.6	267.4	29.8	73.1	245.1	24.5	77.6	242.7	25.2	77.8	364.1	44.1	74.2	262.0	28.3	75.5	237.1	27.1
18	75.00	84.0	293.0	25.6	79.9	268.0	22.8	84.3	263.6	20.9	85.7	401.4	37.3	81.1	286.6	24.7	82.9	260.4	23.3
19	79.17	89.5	312.3	19.4	85.9	288.2	20.2	89.4	279.6	16.0	91.6	429.1	27.7	86.8	306.6	20.0	88.6	278.4	18.0
20	83.33	93.1	324.8	12.5	90.9	305.0	16.8	93.0	290.9	11.3	95.3	446.4	17.3	91.1	321.8	15.2	92.6	290.7	12.3
21	87.50	95.0	331.6	6.8	94.8	317.9	12.9	95.5	298.7	7.8	97.1	454.9	8.5	94.2	333.0	11.2	95.0	298.3	7.6
22	91.67	96.1	335.4	3.8	97.4	326.7	8.8	97.4	304.6	5.9	97.9	458.3	3.3	96.7	341.6	8.7	96.5	303.1	4.8
23	95.83	97.5	340.1	4.7	99.0	332.0	5.3	99.0	309.7	5.1	98.5	461.4	3.2	98.7	348.8	7.2	98.0	307.8	4.7
24	100.00	100.0	348.9	8.8	100.0	335.5	3.5	100.0	312.8	3.1	100.0	468.3	6.9	100.0	353.4	4.6	100.0	314.1	6.3

③ **표 예7.1.3**과 같이 Huff 3분위 분포곡선·무차원 다항식 유도와 24시간 누가확률 강우량 산정이 바로 강우의 시간분포 등을 반영하여 산정된 HEC-HMS 모형(v4.8)의 입력자료로 활용되어 설계 홍수량을 산정하게 된다.

2. 강우강도식의 유도

① (a)와 (h) 관측소의 강우강도식 유도

㈎ "강우강도식" 유도→"산정" 버튼 클릭⇒강우강도식을 산정하시겠습니까?⇒"예(Y)" 클릭 ⇒잠시 계산 시간 소요 후 '산정완료' 출현 ⇨"Close" 클릭; 다음의 전대수 다항식형(강우강도식) 유도

㈏ 유도된 관측소별 강우강도 계수값 중 해당 관측소 (a)와 (h) 관측소의 값은 **표 예7.1.4**와 같다.

표 예7.1.4 강우강도식(전대수 다항식형) 유도

(a) a우량관측소(지역15, 지점=10121211)

재현기간	a	b	c	d	e	f	g	결정계수
2	3.557	−0.728	0.124	0.103	−0.095	0.024	−0.002	0.999958
5	3.817	−0.760	0.267	−0.021	−0.051	0.017	−0.002	0.999913
10	3.950	−0.757	0.328	−0.084	−0.028	0.014	−0.002	0.999836
20	4.057	−0.742	0.371	−0.135	−0.010	0.012	−0.002	0.999704
50	4.174	−0.713	0.409	−0.191	0.009	0.010	−0.002	0.999414
100	4.250	−0.686	0.428	−0.226	0.021	0.010	−0.002	0.999080
200	4.316	−0.654	0.441	−0.255	0.031	0.009	−0.002	0.998621
300	4.352	−0.635	0.445	−0.271	0.036	0.009	−0.002	0.998284
500	4.393	−0.609	0.449	−0.288	0.041	0.009	−0.002	0.997777

(b) h우량관측소(지역14, 지점=30071226)

재현기간	a	b	c	d	e	f	g	결정계수
2	3.749	−0.751	0.217	−0.200	0.099	−0.024	0.002	0.999923
5	4.020	−0.708	0.119	−0.070	0.029	−0.007	0.001	0.999912
10	4.158	−0.691	0.136	−0.070	0.017	−0.002	0	0.999854
20	4.268	−0.680	0.187	−0.107	0.021	−0.001	0	0.999736
50	4.389	−0.670	0.290	−0.191	0.042	−0.001	0	0.999474
100	4.467	−0.666	0.387	−0.274	0.065	−0.003	0	0.999186
200	4.535	−0.665	0.496	−0.371	0.094	−0.006	0	0.998816
300	4.572	−0.665	0.565	−0.432	0.113	−0.009	0	0.998562
500	4.615	−0.667	0.657	−0.514	0.139	−0.012	0	0.998200

㈐ 유도된 **표 예7.1.4**의 재현기간별 계수값을 다음 일반식에 대입하면 강우강도식 얻을 수 있다.

㈑ $$\therefore \ln I = a + b\ln(t_h) + c[\ln(t_h)]^2 + d[\ln(t_h)]^3 + e[\ln(t_h)]^4 + f[\ln(t_h)]^5 + g[\ln(t_h)]^6 \quad (예7.1.1)$$

여기서 t_h=강우지속기간(h)이고, a, b, c, d, e, f, n=회귀상수이다.

㉮ 재현기간 100년 a우량관측소의 강우강도식은 다음과 같다.

$$\therefore \ln I = 4.250 - 0.686\ln t_h + 0.428(\ln t_h)^2 - 0.226(\ln t_h)^3 + 0.021(\ln t_h)^4 + 0.01(\ln t_h)^5 - 0.002(\ln t_h)^6 \quad (예7.1.2)$$

㉯ 재현기간 100년 h우량관측소의 강우강도식은 다음과 같다.

$$\therefore \ln I = 4.467 - 0.666(\ln t_h) + 0.387(\ln t_h)^2 - 0.274(\ln t_h)^3 + 0.065(\ln t_h)^4 - 0.003(\ln t_h)^5 \quad (예7.1.3)$$

예제 7.2

어떤 하천의 하류구간에 사력댐 건설을 위한 200년 빈도 24시간 강우량이 빈도해석에 의해 426mm로 결정되었다. 이 댐 유역의 유출수문곡선을 분석한 결과 4시간 대표 단위도는 표 예7.2.1과 같이 유도되었다. 임의비율의 시간구간(지속기간) 누가백분률에 대한 강우량 누가백분률과 Huff(4분위법) 3분위분포의 지속기간 누가백분률에 대한 강우량 누가백분률은 각각 표 예7.2.2, 예7.2.3과 같다. 평균유출곡선지수는 85이고, 기저유량이 20.0m^3/s일 때 NRCS(미국 자연자원보존국, Natural Resources Conservation Service)의 유효우량 산정방법을 이용하여 다음 사항에 답하시오 【단, 지속기간 · 강우량 누가백분률(%), 강우량(mm)=소수점 이하 버림, 유효우량(cm) · 유(출)량(m^3/s)=소수 2자리 이하 버림 계산】.

1. 표 예7.2.2를 이용한 다음 사항
   (1) 임의비율의 지속기간 누가백분률에 대한 강우량 누가백분률 관계도 작성
   (2) 표 7.2.2와 1(1)항 결과에 의한 시간구간 유효우량 산정
   (3) 1(2)항 결과에 의한 ① 유효우량 계산 ② 총수문곡선 종거 계산
   ③ 유효우량 주상도 작성 ④ 총유출수문곡선 작성
   (4) 첨두유량의 120%인 댐 계획홍수량 결정
   (5) 댐 계획홍수량의 35% 감소된 댐 여수로 계획 홍수량 결정
2. 표 예7.2.3을 이용한 다음 사항
   (1) Huff 3분위의 지속기간 누가백분률과 강우량 누가백분률 관계도 작성
   (2) 표 7.2.3과 2(1)항 결과에 의한 시간구간 유효우량 산정
   (3) 2(2)항 결과에 의한 ① 유효우량 계산 ② 총수문곡선 종거 계산
   ③ 유효우량 주상도 작성 ④ 총유출수문곡선 작성
   (4) 첨두유량의 120%인 댐 계획홍수량 결정
   (5) 댐 계획홍수량의 35% 감소된 댐 여수로 계획 홍수량 결정
3. 1(1)항과 2(1)항의 비교 그래프 작성
4. 1(4)항과 2(4)항의 결과 비교 · 그래프 작성

표 예7.2.1 4시간 대표 단위도

시간(h)	단위도 종거(m^3/s)	시간(h)	단위도 종거(m^3/s)	시간(h)	단위도 종거(m^3/s)
0	0	12	196	24	88
4	15	16	213	28	41
8	74	20	187	32	0

표 예7.2.2 지속기간 임의비율의 누가백분률에 대한 강우량 누가백분률

시간구간 t_i(h)	0~4	4~8	8~12	12~16	16~20	20~24
지속기간 누가백분률 $[t_i/t_{24}^{200}(100)](\%)$	16	33	50	66	83	100
강우량 누가백분률 $[R_{t_i}/R_{24}^{200}(100)](\%)$	33	55	77	85	93	100

표 예7.2.3 Huff 3분위 분포의 지속기간 누가백분률과 강우량 누가백분률 관계

지속시간 누가백분률 $[t_i/t_{24}^{200}(100)](\%)$	0	10	20	30	40	50	60	70	80	90	100
강우량 누가백분률 $[R_{t_i}/R_{24}^{200}(100)](\%)$	0	4	10	20	27	36	53	76	89	96	100

[풀이]

1. **표 예7.2.2**를 이용한 다음 사항

(1) 임의비율의 지속기간 누가백분률에 대한 강우량 누가백분률 관계도 작성

① **그림 예7.2.1(a)**는 **표 예7.2.2**의 임의비율의 지속기간 누가백분율 vs. 강우량 누가백분율 관계를 이용하여 작성한다.

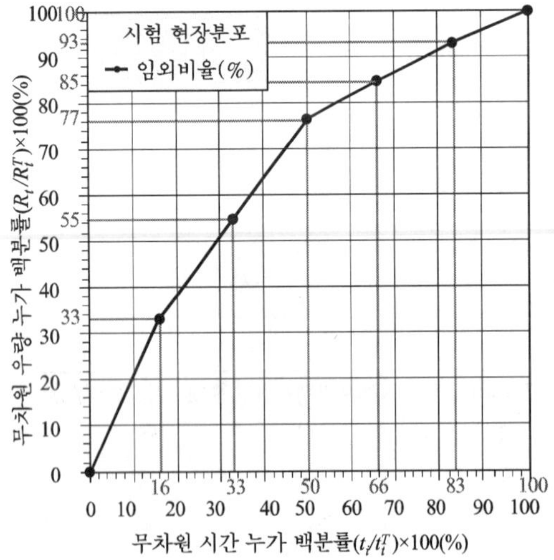

(a) 임의 비율분포

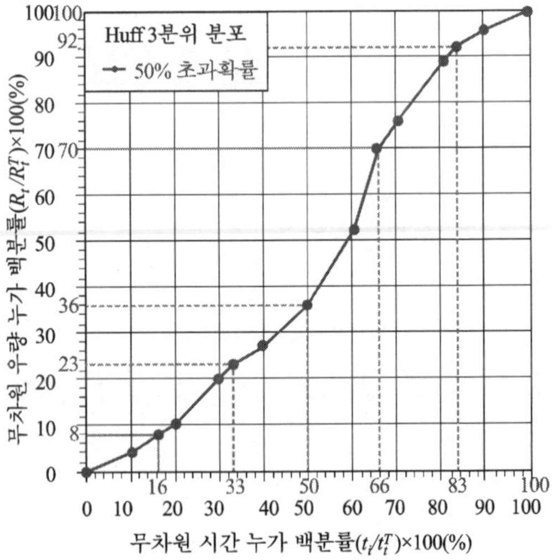

(b) Huff 3분위분포

그림 예7.2.1 지속기간 백분률 vs. 강우량 누가백분률 관계도

(2) **표 7.2.2**와 1(1)항 결과에 의한 시간구간 유효우량 산정

① 잠재 최대 침투량 $S=\dfrac{25,400}{CN}-254$ (예7.2.1a)

② 유효우량 $\overline{R}=\dfrac{(P-0.2S)^2}{P+0.8S}$ (예7.2.1b)

③ 식 (예7.2.1a), (예7.2.1b)를 이용하여 유효우량 산정식을 얻는다.

④ $S=\dfrac{25,400}{CN}-254=\dfrac{25,400}{85}-254=44.8\text{mm}$

$\overline{R}=\dfrac{(P-0.2S)^2}{P+0.8S}=\dfrac{(P-0.2\times 44.8)^2}{P+0.8\times 44.8}=\dfrac{(P-8.9)^2}{P+35.8}$ (예7.2.1c)

⑤ 유효우량 산정은 식 (예7.2.1c)를 이용해 구한다.

⑥ 식 (예7.2.1c)에 의한 시간구간 유효우량의 계산 결과는 **표 예7.2.4**ⓕ와 같고, 그 예의 일부는 다음과 같다.

1) 지속기간(=시간구간) 0~4시의 유효우량

$\overline{R}_{0\sim 4}=\dfrac{(P-8.9)^2}{P+35.8}=\dfrac{(141-8.9)^2}{141+35.8}$=99mm=9.9cm

2) 지속기간 8~12시의 시간구간 유효우량 계산

(가) **표 예7.2.4**ⓔ의 8~12시까지 누가유효우량 $\Sigma\overline{R}_{8\sim 12}=\dfrac{(328-8.9)^2}{328+35.8}$=280mm=28cm

(나) **표 예7.2.4**ⓕ의 8~12시까지 시간구간 유효우량 $\overline{R}_{8\sim 12}$=280−188=92mm=9.2cm

표 예7.2.4 시간구간 유효우량의 산정

ⓐ 시간구간(지속기간) t_i(h)	0~4	4~8	8~12	12~16	16~20	20~24
ⓑ 지속기간 누가백분율 $t_i/t_{24}^{200}(100)$(%)	16	33	50	66	83	100
ⓒ 강우량 누가백분율 $R_{t_i}/R_{24}^{200}(100)$(%)	33	55	77	85	93	100
ⓓ 누가우량 ΣR_{t_i}(mm)	0.33×426=141	0.55×426=234	0.77×426=328	362	396	426
ⓔ 누가유효우량 $\Sigma\overline{R}_{t_i}$(mm)	99	188	280	313	347	377
ⓕ 시간구간 유효우량 $\overline{R}_{t_i}$(cm)	(99mm) 9.9	(188−99=89mm) 8.9	(280−188=92mm) 9.2	(34mm) 3.4	(34mm) 3.4	(30mm) 3.0

(3) 1(2)항 결과에 의한 ① 유효우량 계산 ② 총수문곡선 종거 계산 ③ 유효우량 주상도 작성 ④ 총유출수문곡선 작성

① 유효우량은 **표 예7.2.4**ⓕ와 같으며, 이는 식 (예7.2.1c)에 의해 구한다.

② 총수문곡선 종거는 1(3)①항의 결과인 **표 예7.2.5**ⓒ~ⓗ와 같이 계산한 후 기저유량인 **표 예7.2.5**ⓘ를 더해(중첩시켜) **표 예7.2.5**ⓙ를 얻는다.

표 예7.2.5 유효우량과 총 유출수문곡선의 유도

ⓐ 시간 (h)	ⓑ 종거 (m^3/s)	ⓒ UH×9.9	ⓓ UH×8.9	ⓔ UH×9.2	ⓕ UH×3.4	ⓖ UH×3.4	ⓗ UH×3.0	ⓘ 기저유량 (m^3/s)	ⓙ 총유출량 (m^3/s)
0	0	0						20.0	20.0
4	15	148.5	0					20.0	168.5
8	74	732.6	134	0.0				20.0	886.1
12	196	1,940.4	659	138.0	0			20.0	2,757.0
16	213	2,108.7	1,744	680.8	51	0		20.0	4,604.9
20	**187**	**1,851.3**	**1,896**	**1,803.2**	**251.6**	**51**	**0.0**	**20.0**	**5,872.8**
24	88	871.2	1,664	1,959.6	666.4	251.6	45.0	20.0	5,478.1
28	41	405.9	783	1,720.4	724.2	666.4	222.0	20.0	4,542.1
32	0	0	365	809.6	635.8	724.2	588.0	20.0	3,142.5
36			0	377.2	299.2	635.8	639.0	20.0	1,971.2
40				0.0	139.4	299.2	561.0	20.0	1,019.6
44					0	139.4	264.0	20.0	423.4
48						0	123.0	20.0	143.0
52							0.0	20.0	20.0

③ 유효우량 주상도는 **표 예7.2.4**ⓕ를 이용하여 **그림 예7.2.2(a)**와 같이 가로축 시간(h)에 대한 우측의 세로축 유효우량(cm)인 **표 예7.2.4**ⓕ의 관계로 작성한다.

④ 총유출수문곡선은 **표 예7.2.5**ⓐ에 대한 **표 예7.2.5**ⓙ를 **그림 예7.2.3.4(a)**와 같이 작성한다.

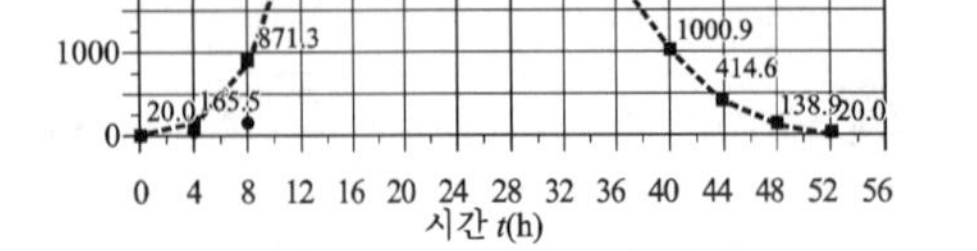

(a) 임의 비율분포

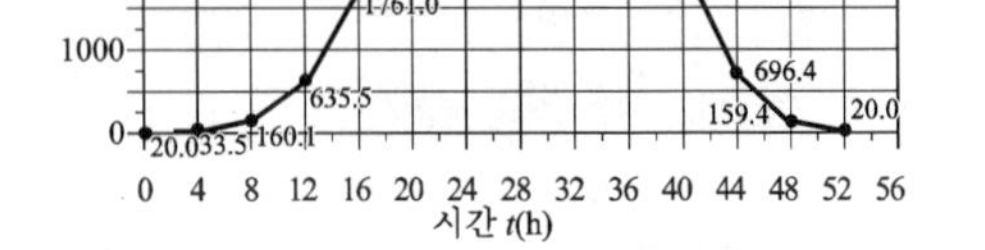

(b) Huff 3분위분포

그림 예7.2.2 지속기간 누가백분률 vs. 강우량 누가백분률 관계도

(4) 첨두유량의 120%인 댐 계획홍수량 결정

① **표 예7.2.5ⓘ**에서 첨두 유출량은 **5,872.8**m^3/s이다.

② 댐 계획홍수량은 첨두 유출량의 120%로 결정하면 **5,872.8**×1.2=**7,047.3**m^3/s이다.

(5) 댐 계획홍수량의 35% 감소된 댐 여수로 계획 홍수량 결정

① 댐 여수로의 계획 홍수량은 댐 계획홍수량의 35% 감소된 값으로 결정한다.

② ∴ 댐 여수로의 계획 홍수량은 **7,047.3**×0.65=**4,580.7**m^3/s이다.

2. **표 예7.2.3**을 이용한 다음 사항

(1) Huff 3분위분포의 지속기간 누가백분률과 강우량 누가백분률 관계도 작성

① **그림 예7.2.1ⓑ**는 **표 예7.2.3**의 Huff 3분위분포의 지속기간 누가백분률 vs. 강우량 누가백분률 관계를 이용하여 작성한다.

(2) **표 7.2.3**과 2(1)항 결과에 의한 시간구간 유효우량 산정

① 유효우량 산정은 식 (예7.2.1c)를 이용해 구한다.

② 식 (예7.2.1c)에 의한 시간구간 유효우량의 계산 결과는 **표 예7.2.6ⓕ**와 같다.

표 예7.2.6 시간구간 유효우량의 산정

ⓐ 시간구간(지속기간) t_i(h)	0~4	4~8	8~12	12~16	16~20	20~24
ⓑ 지속기간 누가백분율 t_i/t_{24}^{200}(100)(%)	16	33	50	66	83	100
ⓒ 강우량 누가백분율 R_{t_i}/R_{24}^{200}(100)(%)	8	23	36	70	92	100
ⓓ 누가우량 ΣR_{t_i}(mm)	0.08×426=34	0.23×426=97	0.36×426=153	298	391	426
ⓔ 누가유효우량 $\Sigma \overline{R}_{t_i}$(mm)	9	58	109	250	342	376
ⓕ 시간구간 유효우량 $\overline{R}_{t_i}$(cm)	(9mm) 0.9	(58−9=49mm) 4.9	(109−58=51mm) 5.1	(141mm) 14.1	(92mm) 9.2	(34mm) 3.4

(3) 2(2)항 결과에 의한 ① 유효우량 계산 ② 총수문곡선 종거 계산 ③ 유효우량 주상도 작성 ④ 총유출수문곡선 작성

① 유효우량은 **표 예7.2.6ⓕ**와 같으며, 이는 식 (예7.2.1c)에 의해 구한다.

② 총수문곡선 종거는 2(3)①항의 결과인 **표 예7.2.7ⓒ~ⓗ**와 같이 계산한 후 기저유량인 **표 예7.2.5ⓘ**를 더해(중첩시켜) **표 예7.2.7ⓙ**를 얻는다.

표 예7.2.7 총 유출수문곡선의 유도

ⓐ 시간 (h)	ⓑ 종거 (m^3/s)	ⓒ UH×0.9	ⓓ UH×4.9	ⓔ UH×5.1	ⓕ UH×14.1	ⓖ UH×9.2	ⓗ UH×3.4	ⓘ 기저유량 (m^3/s)	ⓙ 총유출량 (m^3/s)
0	0	0.0	-	-	-	-	-	20.0	20.0
4	15	13.5	0.0	-	-	-	-	20.0	33.5
8	74	66.6	73.5	0.0	-	-	-	20.0	160.1
12	196	176.4	362.6	76.5	0.0	-	-	20.0	635.5
16	213	191.7	960.4	377.4	211.5	0.0	-	20.0	1,761.0
20	187	168.3	1043.7	999.6	1043.4	138.0	0.0	20.0	3,413.0
24	88	79.2	916.3	1086.3	2763.6	680.8	51.0	20.0	5,597.2
28	**41**	**36.9**	**431.2**	**953.7**	**3003.3**	**1803.2**	**251.6**	**20.0**	**6,499.9**
32	0	0.0	200.9	448.8	2636.7	1959.6	666.4	20.0	5,932.4
36			0.0	209.1	1240.8	1720.4	724.2	20.0	3,914.5
40				0.0	578.1	809.6	635.8	20.0	2,043.5
44					0.0	377.2	299.2	20.0	696.4
48						0.0	139.4	20.0	159.4
52							0.0	20.0	20.0

③ 유효우량 주상도는 **표 예7.2.6**ⓕ를 이용하여 **그림 예7.2.2(b)**와 같이 가로축 시간(h)에 대한 우측 세로축 유효우량(cm) **표 예7.2.6**ⓕ의 관계로 작성한다.

④ 총유출수문곡선은 **표 예7.2.7**ⓐ에 대한 **표 예7.2.7**ⓙ를 **그림 예7.2.2(b)**와 같이 작성·유도한다.

(5) 첨두유량의 120%인 댐 계획홍수량 결정

① **표 예7.2.7**ⓙ에서 첨두 유출량은 **6,499.9**m^3/s이다.

② 댐 계획홍수량은 첨두 유출량의 120%로 결정하기로 하였으므로 **6,499.9**×1.2=**7,799.8**m^3/s이다.

(6) 댐 계획홍수량의 35% 감소된 댐 여수로 계획 홍수량 결정

① 여수로의 계획 홍수량은 계획홍수량의 35% 감소된 값으로 **7,799.8**×0.65=**5,069.8**m^3/s이다.

3. 1(1)항과 2(1)항의 비교 그래프 작성

(1) 1(1)항의 **그림 예7.2.1(a)**와 2(1)항의 **그림 예7.2.1(b)**를 합성하면 **그림 예7.2.3**을 얻는다.

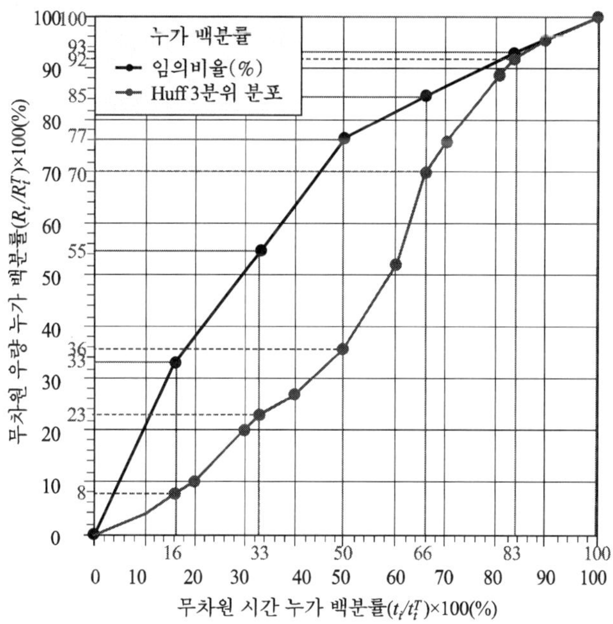

그림 예7.2.3 그림 예7.2.1(a)와 (b)의 합성 비교

4. 1(4), (5)항과 2(4), (5)항의 결과 비교·그래프 작성

(1) 1(4), (5)항과 2(4), (5)항의 결과 비교

① 임의비율 1(4), (5)항의 결과 비교·정리;

1) 댐 계획홍수량 $Q_{\text{D.ran-dam}}$와 여수로 계획 홍수량 $Q_{\text{D.ran-spillway}}$는 다음과 같이 결정되었다.

2) $\therefore Q_{\text{D.ran-dam}}$=**7,047.3**m^3/s이고, $Q_{\text{D.ran-spillway}}$=**4,580.7**m^3/s이다.

② Huff 3분위의 2(4), (5)항 결과 비교;

1) 댐 계획홍수량 $Q_{\text{D.Hu3-dam}}$과 여수로 계획 홍수량 $Q_{\text{D.Hu3-spillway}}$는 다음과 같이 결정되었다.

2) $\therefore Q_{\text{D.Hu3-dam}}$=**7,799.8**m^3/s이고, $Q_{\text{D.Hu3-spillway}}$=**5,069.8**m^3/s이다.

(2) 1(4), (5)항과 2(4), (5)항의 비교 그래프 작성

① 임의비율의 지속기간 누가백분율에 대한 강우량 누가백분율과 Huff 3분위분포의 50% 초과확률에 대한 유효우량과 총유출수문곡선은 **그림 예7.2.4**와 같이 유도되었다.

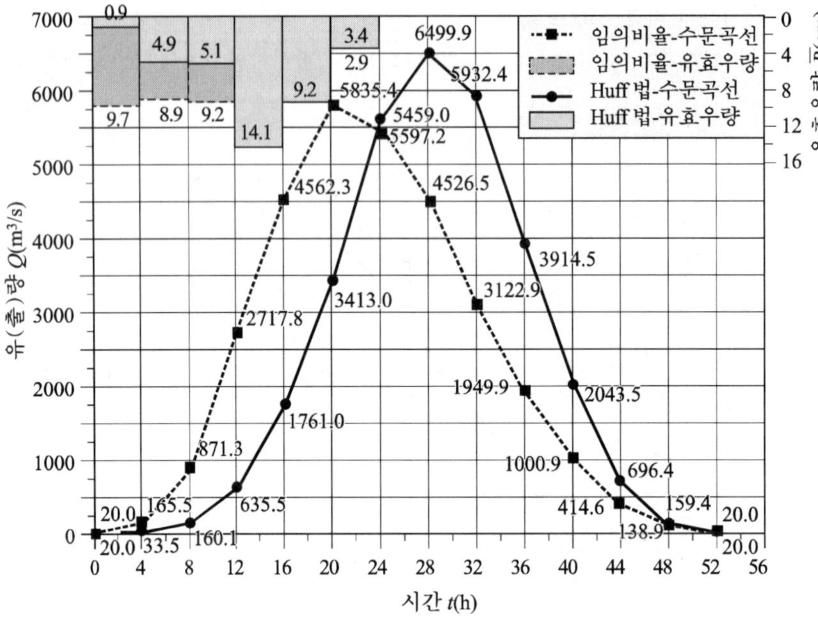

그림 예7.2.4 임의 비율분포와 Huff 3분위분포의 총유출수문곡선 비교

예제 7.3

표 예7.3.1과 그림 예7.3.1의 유역에 2019.08.01., 00:00~04:00, 04:00~08:00까지 호우가 각각 I 유역에 60mm, 80mm, II 유역에 70mm, 90mm 발생되었다. 이 2개 유역의 기저유량은 5m³/s, 유출곡선지수는 75이며, 저류상수는 8시간, 가중상수는 0.2이다. 유효우량의 지속기간 4시간인 NRCS UH(삼각형 NRCS UH)를 적용하고, 첨두시간 16시간이며, 기저시간 36시간을 이용하여 다음 사항에 답하시오【단, 유역추적=NRCS UH, 하도추적=Muskingum 방법 사용, 단위도 종거(m³/s)=소수 이하 버림(정수), 유(출)량(m³/s)=소수 2자리 이하, 유효우량(cm)·Muskingum 방법 가중계수=소수 2자리인 계수의 합이 1.00이 되도록 소수 3자리에서 각각 반올림 또는 버림하여 계산】.

1. NRCS UH (종거) 유도
2. 표를 이용하여 Q_{PI2}, Q_{PII1}의 총유출수문곡선 종거 유도와 최대 유량 결정
3. 2019.08.01.00:00~08.04.08:00까지 출구점의 유효우량 주상도와 총유출수문곡선 작성

표 예7.3.1 유역에 대한 수문자료

유역기호		홍수량 산정 지점기호	표고(Elevation)		Muskingum 방법의 유출량 산정식과 가중계수
분할유역	소유역		위치	고도(m)	
I	1	Q_{PI1}	a	212	$O_2 = C_1 I_1 + C_2 I_2 + C_3 O_1$ $C_1 = \dfrac{\Delta t + 2Kx}{\Delta t + 2K - 2Kx}$
	2	Q_{PI2}	b		
II	1	Q_{PII1}	c	100	$C_2 = \dfrac{\Delta t - 2Kx}{\Delta t + 2K - 2Kx}$ $C_3 = \dfrac{-\Delta t + 2K - 2Kx}{\Delta t + 2K - 2Kx}$
			d		

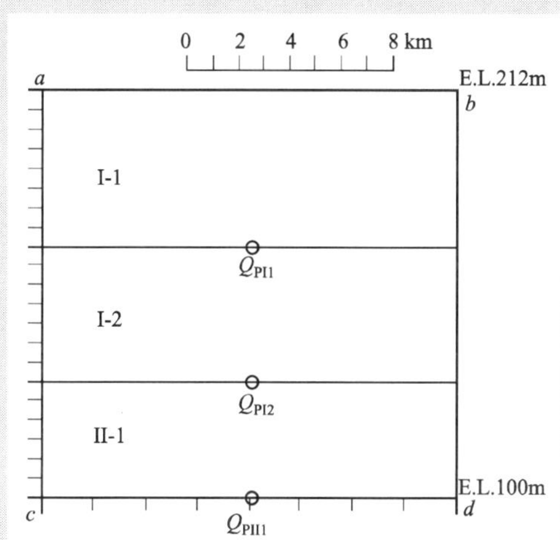

그림 예7.3.1 유역도

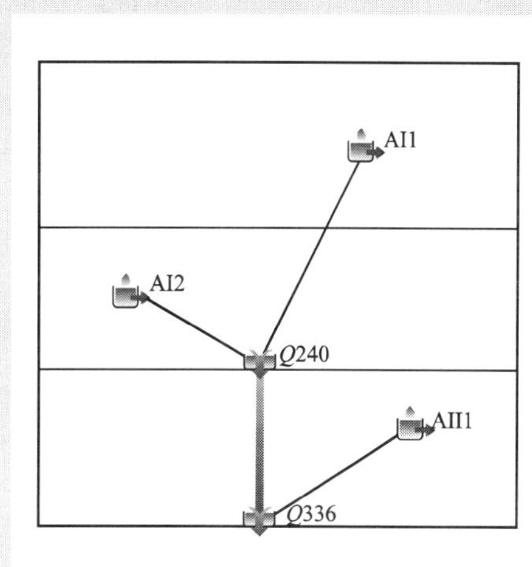

그림 예7.3.2 홍수추적의 수행 절차

[풀이]

0. 홍수추적 수행 절차
   (1) 홍수추적 수행 절차는 **그림 예7.3.2**와 같다.
   (2) 유역추적에는 NRCS UH를 적용하고, 하도추적에는 Muskingum 방법을 적용한다.

1. NRCS UH 유도; **그림 예7.3.3, 표 예7.3.2** 이용
   (1) NRCS UH 유도에는 **그림 예7.3.3**과 **표 예7.3.2**를 이용한다.
   (2) 각 유역(Ⅰ, Ⅱ)·소규역(Ⅰ-1, Ⅰ-2, Ⅱ-1) 구분과 면적 계산
      ① 1개=중유역, 3개=소구역→면적 계산;
         (가) $A_{I1} = B_{I1}\,L = 8(16) = 128\text{km}^2$($< 250\text{km}^2$; 하도추적 제외)⇒유역추적 Q_{AI1}
         (나) $A_{I2} = B_{I2}\,L = 7(16) = 112\text{km}^2$($< 250\text{km}^2$; 하도추적 제외)⇒유역추적 Q_{AI2}
         (다) $A_{II1} = B_{II1}\,L = 6(16) = 96\text{km}^2$($< 250\text{km}^2$; 하도추적 제외)⇒유역추적 $Q_{A\,II1}$

(3) $Q_{P\,\mathrm{I}\,2} = Q_{A\mathrm{I}1} + Q_{A\mathrm{I}2} = Q_{240}(=128+112=240<250\mathrm{km}^2)$⇨유역추적 Q_{240}

(4) $Q_{P\mathrm{II}1}$ =유역추적$[Q_{A\,\mathrm{II}\,1}]$+하도추적$[Q_{240(LI\sim\mathrm{II})} = Q_{L240}]$($\because 128+112+96=336>250\mathrm{km}^2$)

① $Q_{P\mathrm{II}1} = Q_{336}$; T_p=16h, t_b=36h⇒Q_p=?

② 단위도 첨두유량 $Q_p = 2.08\dfrac{A}{T_p}$

(가) $Q_{u(A\,\mathrm{I}\,1)} = 2.08(A_{\mathrm{I}\,1}/T_p) = 2.08(128/16) = 16.64 \fallingdotseq 16\mathrm{m}^3/\mathrm{s}$

(나) $Q_{u(A\,\mathrm{I}\,2)} = 2.08(A_{\mathrm{I}\,2}/T_p) = 2.08(112/16) = 14.56 \fallingdotseq 14\mathrm{m}^3/\mathrm{s}$

(다) $Q_{u(A\,\mathrm{II}\,1)} = 2.08(A_{\mathrm{II}\,1}/T_p) = 2.08(96/16) = 12.48 \fallingdotseq 12\mathrm{m}^3/\mathrm{s}$

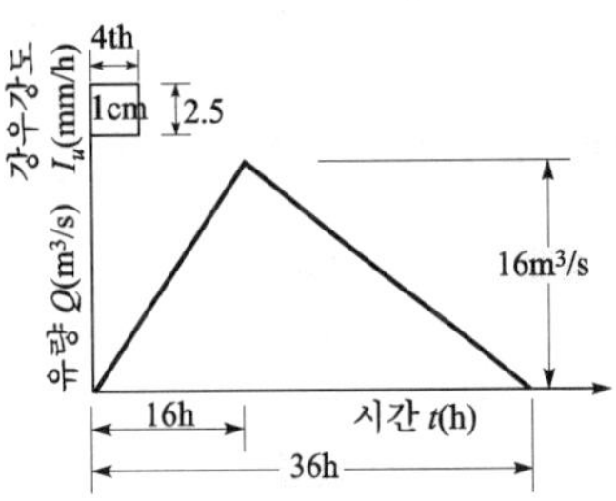

(a) $A_{\mathrm{I}1}$ 소구역

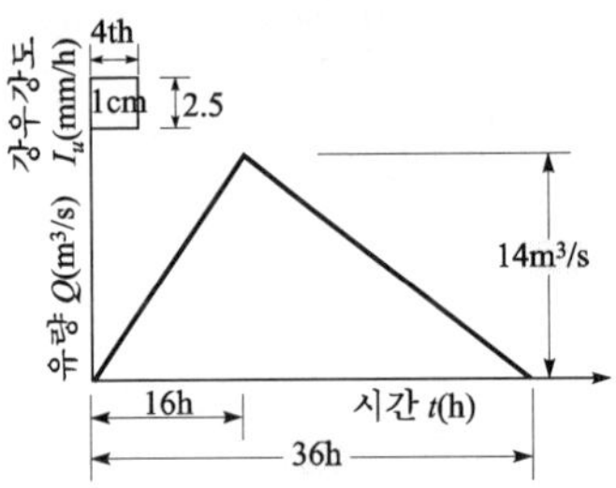

(b) $A_{\mathrm{I}2}$ 소구역

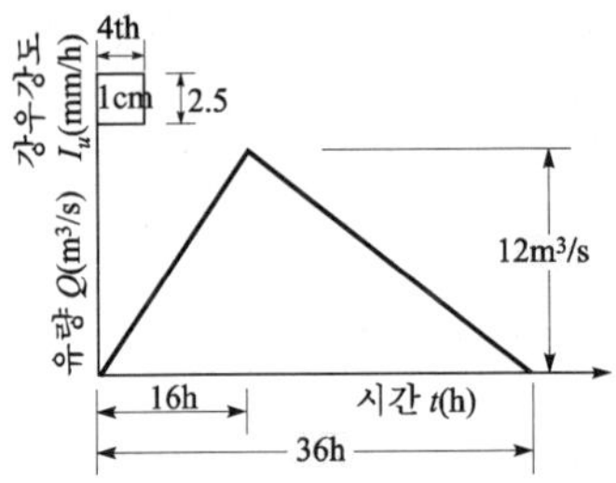

(c) $A_{\mathrm{II}\,1}$ 소구역

그림 예7.3.3 유역별 4h-NRCS UH 유도

③ 각 소구역에 적용할 3개 NRCS UH의 유도 결과는 **표 예7.3.2**와 같이 유도한다.

표 예7.3.2 유역별 4h-NRCS UH 종거

ⓐ 시간(h)	ⓑ $Q_{pu\,\mathrm{I}\,1}$=16m^3/s	ⓒ $Q_{pu\,\mathrm{I}\,2}$=14m^3/s	ⓓ $Q_{pu\,\mathrm{II}\,1}$=12m^3/s
0	0	0	0
4	4	3	3
8	8	7	6
12	12	10	9
16	16	14	12
20	12	11	9
24	9	8	7
28	6	5	4
32	3	2	2
36	0	0	0

2. 표를 이용하여 Q_{PI2}, Q_{PII1}의 총유출수문곡선 종거유도와 최대 유량 결정

(1) Q_{PI2}의 수문곡선 종거 유도와 최대 유량 결정

① Q_{AI}의 유역추적에 의한 유출량 계산

표 예7.3.3 Q_{AI1} **홍수유출수문곡선 유도**

ⓐ 시간(h)	ⓑ 4시간 단위도 종거(m^3/s)	ⓒ 1.45×(4UH) (m^3/s)	ⓓ 2.69×(4UH) (m^3/s)	ⓔ 기저유량 (m^3/s)	ⓕ 홍수수문곡선 (m^3/s)
0	0	0.0	0	5	5.0
4	4	5.8	0.0	5	10.8
8	8	11.6	10.8	5	27.4
12	12	17.4	21.5	5	43.9
16	16	23.2	32.3	5	60.5
20	12	17.4	43.0	5	65.4
24	9	13.1	32.3	5	50.4
28	6	8.7	24.2	5	37.9
32	3	4.4	16.1	5	25.5
36	0	0.0	8.1	5	13.1
40			0.0	5	5.0

㈎ **표 예7.3.2**ⓑ의 단위도 종거를 이용하여 홍수수문곡선을 **표 예7.3.3**과 같이 유도한다.

㈏ Q_{AI1} 유역추적; **표 예7.3.2**ⓑ의 단위도 종거를 이용하여 **표 예7.3.3**ⓕ를 유도한다.

㈐ Ⅰ 유역의 유효우량 산정은 2021.08.01., 00:00~04:00, 04:00~08:00까지 내린 호우 60mm, 80mm의 연속 강우에 의한다.

㈑ NRCS UH를 적용하여 **표 예7.3.3**ⓒ, ⓓ와 같이 유도한다.

㉮ $\overline{R}_{I1}=\dfrac{(P-0.2S)^2}{P+0.8S}\left[\leftarrow S=\dfrac{25{,}400}{CN}-254=\dfrac{25{,}400}{75}-254=84.6\text{mm}\right]$

$$=\frac{(P-0.2\times 84.6)^2}{P+0.8\times 84.6}=\frac{(P-16.92)^2}{P+67.68}$$

㉯ $P_1=60\text{mm};\ \overline{R}_{I1,1}=\dfrac{(P_1-16.92)^2}{P_1+67.68}=\dfrac{(60-16.92)^2}{60+67.68}=14.5\text{mm}=1.45\text{cm}$

㉰ $P_2=80\text{mm};\ \overline{R}_{I1,2}=\dfrac{(P_2-16.92)^2}{P_2+67.68}=\dfrac{(80-16.92)^2}{80+67.68}=26.9\text{mm}=2.69\text{cm}$

㉱ 각 시간별 유효유량은 $\overline{R}_{I1,1}$=1.45cm이고, $\overline{R}_{I1,2}$=2.69cm이며, 이를 이용해 유도된 홍수수문곡선 종거는 **표 예7.3.3**ⓕ와 같다.

② Q_{AI2}의 유역추적에 의한 유출량 계산

㈎ **표 예7.3.2**ⓒ의 단위도 종거를 이용하여 홍수유출수문곡선을 **표 예7.3.4**ⓕ와 같이 유도한다.

㉮ 유효우량 산정; NRCS UH 적용 2(1)항과 같이 계산하여 **표 예7.3.4**ⓒ, ⓓ를 유도한다.

㈏ 유효우량은 2(1)①항에서 유도한 $\overline{R}_{I1,1}$=1.45cm, $\overline{R}_{I1,2}$=2.69cm를 표 예7.3.4ⓒ, ⓓ와 같이 적용하여 표 예7.3.4ⓕ를 유도한다.

표 예7.3.4 Q_{AI2} 홍수유출수문곡선 유도

ⓐ 시간 (h)	ⓑ 4시간 단위도 종거(m^3/s)	ⓒ 1.45×(4UH) (m^3/s)	ⓓ 2.69×(4UH) (m^3/s)	ⓔ 기저유량 (m^3/s)	ⓕ 홍수유출수문곡선 (m^3/s)
0	0	0.0	0	5	5.0
4	3	4.4	0.0	5	9.4
8	7	10.2	8.1	5	23.3
12	10	14.5	18.8	5	38.3
16	14	20.3	26.9	5	52.2
20	11	16.0	37.7	5	58.7
24	8	11.6	29.6	5	46.2
28	5	7.3	21.5	5	33.8
32	2	2.9	13.5	5	21.4
36	0	0.0	5.4	5	10.4
40			0.0	5	5.0

③ 유역추적에 의한 유출량 $Q_{AI}(=Q_{AI1}+Q_{AI2})(Q_{PI2}=Q_{240})$[합성(=중첩)]의 계산

㈎ 표 예7.3.5와 같이 ⓑ Q_{AI1}의 종거와 ⓒ의 종거를 중첩(합성)시켜 표 예7.3.5ⓓ의 Q_{PI2}(=Q_{240})를 얻는다.

㈏ ∴ $Q_{AI}(Q_{PI2}=Q_{240})$의 홍수유출수문곡선 종거는 표 예7.3.5ⓓ와 같이 유도한다.

표 예7.3.5 Q_{PI2}(=Q_{240})의 홍수유출수문곡선 유도

ⓐ 시간(h)	ⓑ Q_{AI1}(m^3/s)	ⓒ Q_{AI2}(m^3/s)	ⓓ Q_{PI2}(=Q_{240})(m^3/s)
0	5.0	5.0	10.0
4	10.8	9.4	20.2
8	27.4	23.3	50.7
12	43.9	38.3	82.2
16	60.5	52.2	112.7
20	65.4	58.7	124.1
24	50.4	46.2	96.6
28	37.9	33.8	71.7
32	25.5	21.4	46.9
36	13.1	10.4	23.5
40	5.0	5.0	10.0

㈐ $\therefore Q_{PI2}(=Q_{240})=124.1\text{m}^3/\text{s}$

(2) Q_{PII}의 수문곡선 종거 유도와 최대 유량 결정

① $Q_{PII}(=Q_{336})$=유역추적$(Q_{A\text{II}1})$+하도추적$[Q_{240(LI\sim\text{II})}]$의 합성으로 결정한다.

㈎ $Q_{A\text{II}1}$의 유역추적에 의한 홍수량을 계산한다.

㈏ **표 예7.3.2ⓓ**를 이용한 유역추적과 **표 예7.3.5ⓓ**를 이용한 하도추적을 수행하여 합성시킨다.

㈐ Ⅱ유역의 유효우량 산정은 2021.08.01., 00:00~04:00, 04:00~08:00까지 내린 호우 70mm, 90mm의 연속 강우에 의한다.

㈑ NRCS UH를 적용하여 **표 예7.3.6ⓒ, ⓓ**와 같이 유도한다.

㉮ $\overline{R}_{\text{II}1}=\dfrac{(P-0.2S)^2}{P+0.8S}\left[\leftarrow S=\dfrac{25400}{CN}-254=\dfrac{25400}{75}-254=84.6\text{mm}\right]$

$$=\frac{(P-0.2\times 84.6)^2}{P+0.8\times 84.6}=\frac{(P-16.92)^2}{P+67.68}$$

㉯ $P_1=70\text{mm};\ \overline{R}_{\text{II}1.1}=\dfrac{(P_1-16.92)^2}{P_1+67.68}=\dfrac{(70-16.92)^2}{70+67.68}=21.0\text{mm}=2.10\text{cm}$

㉰ $P_2=90\text{mm};\ \overline{R}_{\text{II}1.2}=\dfrac{(P_2-16.92)^2}{P_2+67.68}=\dfrac{(90-16.92)^2}{90+67.68}=33.8\text{mm}=3.38\text{cm}$

㉱ 유효우량은 2(2)①항의 $\overline{R}_{\text{II}1,1}=2.10\text{cm}$, $\overline{R}_{\text{II}1,2}=3.38\text{cm}$를 **표 예7.3.6ⓒ, ⓓ**와 같이 적용하여 **표 예7.3.6ⓕ**를 유도한다.

표 예7.3.6 $Q_{A\text{II}1}$ **유역추적에 의한 홍수유출 수문곡선 유도**

ⓐ 시간 (h)	ⓑ 4시간 단위도 종거 (m³/s)	ⓒ 2.10×(4*UH*) (m³/s)	ⓓ 3.38×(4*UH*) (m³/s)	ⓔ 기저유량 (m³/s)	ⓕ 홍수수문곡선 (m³/s)
0	0	0.0	0.0	5	5.0
4	3	6.3	0.0	5	11.3
8	6	12.6	10.1	5	27.7
12	9	18.9	20.3	5	44.2
16	12	25.2	30.4	5	60.6
20	9	18.9	40.6	5	64.5
24	7	14.7	30.4	5	50.1
28	4	8.4	23.7	5	37.1
32	2	4.2	13.5	5	22.7
36	0	0.0	6.8	5	11.8
40			0.0	5	5.0

② $Q_{240(L\text{I} \sim \text{II})}$의 하도추적에 의한 유출량 산정;

㈎ **Muskingum** 방법에 의한 하도추적을 수행한다.

㈏ 추적시간 $\Delta t = 4\text{h}$와 저류상수 $K = 8\text{h}$, 가중상수 $x = 0.2$를 사용한다.

㈐ 식 (예7.3)에 의한 하도추적 결과는 **표 예7.3.7**ⓕ와 같이 유도된다.

㉮ $O_2 = C_1 I_1 + C_2 I_2 + C_3 O_1 = 0.43 I_1 + 0.05 I_2 + 0.52 O_1$ (예7.3)

㉯ $C_1 = \dfrac{\Delta t + 2Kx}{\Delta t + 2K - 2Kx} = \dfrac{4 + 2(8)(0.2)}{4 + 2(8) - 2(8)(0.2)} = \dfrac{7.2}{16.8} = 0.43$

㉰ $C_2 = \dfrac{\Delta t - 2Kx}{\Delta t + 2K - 2Kx} = \dfrac{4 - 2(8)(0.2)}{4 + 2(8) - 2(8)(0.2)} = \dfrac{0.8}{16.8} = 0.05$

㉱ $C_3 = \dfrac{-\Delta t + 2K - 2Kx}{\Delta t + 2K - 2Kx} = \dfrac{-4 + 2(8) - 2(8)(0.2)}{4 + 2(8) - 2(8)(0.2)} = \dfrac{8.8}{16.8} = 0.52$

표 예7.3.7 $Q_{240(L\text{I} \sim \text{II})}$ **하도추적 홍수유출 수문곡선**

ⓐ 시간(h)		ⓑ I(m³/s)	ⓒ $0.05I_2$	ⓓ $0.43I_1$	ⓔ $0.52O_1$	ⓕ (=ⓒ+ⓓ+ⓔ) $O_2[Q_{240(L\text{I} \sim \text{II})}$m³/s]
2019.08.01.00:00	0	10.0	0	0	0	10.0
04:00	4	20.2	1.0	4.3	5.2	10.5
08:00	8	50.7	2.5	8.6	5.4	16.5
12:00	12	82.2	4.1	21.8	8.5	34.4
16:00	16	112.7	5.6	35.3	17.8	58.7
20:00	20	124.1	6.2	48.4	30.5	85.1
08.02.24:00	24	96.6	4.8	53.3	44.2	102.3
04:00	28	71.7	3.5	41.5	53.1	98.1
08:00	32	46.9	2.3	30.8	51.0	84.1
12:00	36	23.5	1.1	20.1	43.7	64.9
16:00	40	10.0	0.5	10.1	33.7	44.3
20:00	44		0	4.3	23.0	27.3
08.03.24:00	48			0	14.1	14.1
04:00	52			0	7.3	7.3
08:00	56			0	3.7	3.7
12:00	60			0	1.9	1.9
16:00	64			0	0.9	0.9
20:00	68			0	0.4	0.4
08.04.24:00	72			0	0.2	0.2
04:00	76			0	0.1	0.1
08:00	80			0	0	0.0

③ $Q_{P\text{II}}(=Q_{336})$=유역추적$(Q_{A\text{II}1})$+하도추적$[Q_{240(LI\sim\text{II})}=Q_{L240}]$의 합성으로 구한다.

(가) Q_{336}=**표 예7.3.8**ⓑ+**표 예7.3.8**ⓒ로 구한다.

(나) ∴ $Q_{P\text{II}}(=Q_{336}=Q_{A\text{II}1})$ 홍수유출수문곡선은 **표 예7.3.8**ⓓ와 같이 유도된다.

표 예7.3.8 Q_{336}의 홍수유출수문곡선 유도

ⓐ 시간(h)		ⓑ $Q_{A\text{III}1}$(m³/s)	ⓒ ③ Q_{L240}(m³/s)	ⓓ ④ $Q_{PI2}(=Q_{336})$(m³/s)
2019.08.01.00:00	0	5.0	10.0	15.0
04:00	4	11.3	10.5	21.8
08:00	8	27.7	16.5	44.2
12:00	12	44.2	34.4	78.6
16:00	16	60.6	58.7	119.3
20:00	20	64.5	85.1	149.6
08.02.24:00	24	50.1	102.3	152.4
04:00	28	37.1	98.1	135.2
08:00	32	22.7	84.1	106.8
12:00	36	11.8	64.9	76.7
16:00	40	5.0	44.3	49.3
20:00	44		27.3	27.3
08.03.24:00	48		14.1	14.1
04:00	52		7.3	7.3
08:00	56		3.7	3.7
12:00	60		1.9	1.9
16:00	64		0.9	0.9
20:00	68		0.4	0.4
08.04.24:00	72		0.2	0.2
04:00	76		0.1	0.1
08:00	80		0.0	0.0

(다) ∴ 2019.08.01., 00:00~08.04.까지 **그림 예7.3.1** 유역 출구의 유출량은 $Q_{P\text{II}1}(=Q_{336})$ =152.4m³/s이다.

3. 출구(점) $Q_{P\text{II}1}$의 유효우량 주상도와 홍수유출수문곡선 작성

① 출구점의 유효우량주상도는 **그림 예7.3.4**의 좌측 상단과 같이 작성한다.

② 출구점의 홍수유출수문곡선은 **그림 예7.3.4**와 같이 $Q_{A\text{II}1}$와 $Q_{240(LI\sim\text{II})}$의 합성에 의한 **표 예7.3.8**ⓓ의 값을 가로축의 추적시간에 따른 세로축의 종거로 작성한다.

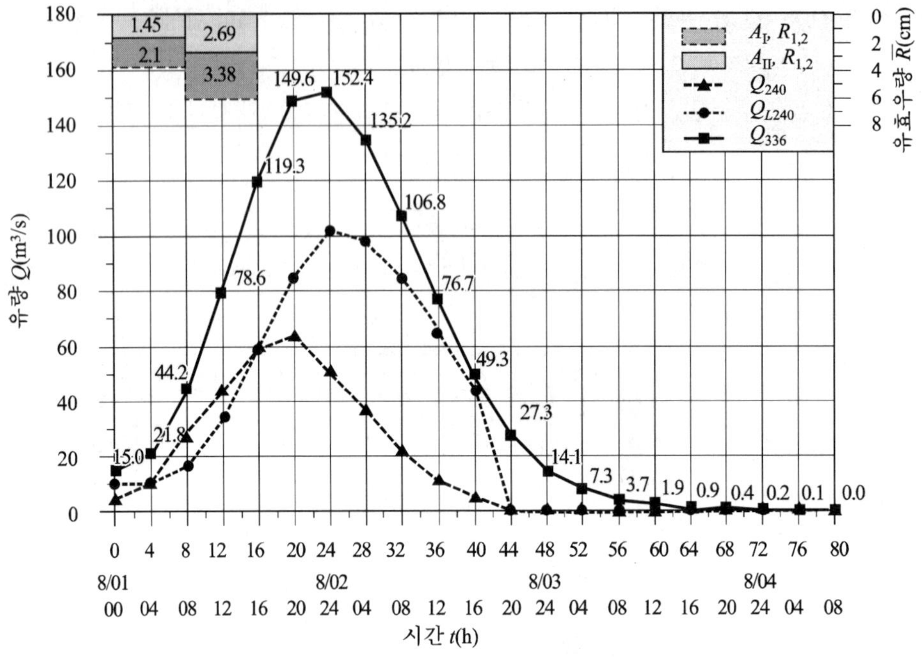

그림 예7.3.4 출구(점) Q_{PII1}의 유효우량 주상도와 홍수유출 수문곡선

예제 7.4

[예제 7.3]의 표 예7.3.1과 그림 예7.3.1의 유역 내 우량 관측소 강우량 자료를 이용하여 지역빈도 해석결과 100년 빈도 지속기간 24시간(누가) 우량자료는 표 예7.4.1과 같다. HEC-HMS(v4.8)를 이용하여 2020.8.1., 00:00~8.4. 12:00까지의 홍수추적을 수행하는데 필요한 기초자료는 표 예7.4.2~표 예7.4.7과 같다(추가 자료가 필요한 경우 관련 참고문헌 등을 참조한다). 다음 사항에 답하시오【단, 유역추적=Clark · NRCS UH(삼각형 NRCS UH), 하도추적=Muskingum 방법 적용】

1. 설계홍수량 산정요령(국토해양부, 2012)과 홍수량 산정 표준지침(환경부, 2019)에 의한 Q_{AI1}, Q_{240}, Q_{336} 홍수 수문곡선의 HEC-HMS(v4.8) 적용 유도
   (1) Clark UH
   (2) NRCS UH
2. 1항에 의한 Q_{336}의 최대 설계홍수량 결정

표 예7.4.1 소유역 - 우량관측소별 100년 빈도 지속기간 24시간 누가우량 자료

ⓐ G_{I} – Gumkang Time(ddMMMYYYY, HH:mm),	PPT(MM)	ⓑ G_{II} – Sumkang Time(ddMMMYYYY, HH:mm),	PPT(MM)
01Aug2020, 00:00	0.0	01Aug2020, 00:00	0.0
01Aug2020, 01:00	7.6	01Aug2020, 01:00	7.3
01Aug2020, 02:00	11.5	01Aug2020, 02:00	11.0
01Aug2020, 03:00	15.8	01Aug2020, 03:00	15.1
01Aug2020, 04:00	22.9	01Aug2020, 04:00	21.9
01Aug2020, 05:00	34.0	01Aug2020, 05:00	32.5
01Aug2020, 06:00	49.1	01Aug2020, 06:00	46.9
01Aug2020, 07:00	67.5	01Aug2020, 07:00	64.6
01Aug2020, 08:00	88.5	01Aug2020, 08:00	84.6
01Aug2020, 09:00	110.6	01Aug2020, 09:00	105.8
01Aug2020, 10:00	132.6	01Aug2020, 10:00	126.8
01Aug2020, 11:00	153.3	01Aug2020, 11:00	146.6
01Aug2020, 12:00	171.9	01Aug2020, 12:00	164.4
01Aug2020, 13:00	187.7	01Aug2020, 13:00	179.6
01Aug2020, 14:00	200.6	01Aug2020, 14:00	191.9
01Aug2020, 15:00	210.5	01Aug2020, 15:00	201.4
01Aug2020, 16:00	218.1	01Aug2020, 16:00	206.6
01Aug2020, 17:00	223.8	01Aug2020, 17:00	214.1
01Aug2020, 18:00	228.5	01Aug2020, 18:00	218.6
01Aug2020, 19:00	233.0	01Aug2020, 19:00	222.9
01Aug2020, 20:00	237.9	01Aug2020, 20:00	227.6
01Aug2020, 21:00	243.3	01Aug2020, 21:00	232.6
01Aug2020, 22:00	248.7	01Aug2020, 22:00	238.0
01Aug2020, 23:00	252.6	01Aug2020, 23:00	241.7
02Aug2020, 00:00	252.6	02Aug2020, 00:00	241.7

표 예7.4.2 유역모델(Basin Model) 소유역(Subbasin)(유역추적)의 수문자료

<table>
<tr><td colspan="3">소유역(Subbasin)</td><td>$A_{\text{I}1}$</td><td>$A_{\text{I}2}$</td><td>$A_{\text{II}1}$</td></tr>
<tr><td colspan="3">소유역 면적(Area)(km^2)</td><td>128</td><td>112</td><td>96</td></tr>
<tr><td colspan="2" rowspan="2">손실 계산(Loss Method)
유출곡선지수(NRCS CN)</td><td>유출곡선지수(Curve Number)</td><td>75</td><td>75</td><td>75</td></tr>
<tr><td>불투수성(Impervious)(%)</td><td>2</td><td>2</td><td>2</td></tr>
<tr><td rowspan="3">직접유출량
(Transform)</td><td rowspan="2">Clark UH</td><td>도달시간(Concentration Time)(h)</td><td>4.02</td><td>3.02</td><td>3.12</td></tr>
<tr><td>저류계수(Storage Coefficient)(h)</td><td>6.5</td><td>5.5</td><td>4.5</td></tr>
<tr><td>NRCS UH</td><td>지체시간(Lag Time) (Min)</td><td>450</td><td>340</td><td>245</td></tr>
<tr><td colspan="2" rowspan="3">기저유량(Baseflow)
[Recession]</td><td>초기유량(Initial Discharge)(m^3/s)</td><td>0.5</td><td>0.5</td><td>0.5</td></tr>
<tr><td>감수상수(Recession constant)</td><td>0.2</td><td>0.2</td><td>0.2</td></tr>
<tr><td>첨두량과 비(Ratio)</td><td>0.1</td><td>0.1</td><td>0.1</td></tr>
<tr><td colspan="3">옵션(Options)</td><td>–</td><td>–</td><td>–</td></tr>
</table>

표 예7.4.3 유역모델(Basin Model) 수로구간(Reach)(하도추적) 자료

수로구간(Reach)	Q_{L240}		
추적방법(Routing)	Muskingum	저류상수(Storage Constant) K	2
		가중상수(Weighting Constant) x	0.2
	하류구간(Subreaches) 수		1
옵션(Options)	–		

표 예7.4.4 유역모델(Basin Model) 합류점(Junction) 자료

합류(Junction)	시점(소유역+수로구간)	Q_{240}
	종점(출구)(Outlet)	Q_{336}
옵션(Options)	–	

표 예7.4.5 기상모델(Meteorologic Models) 자료

기상모델	내용		
EX7_4_1	단위(Unit System)	Metric	
	강수(Precipitation)	특정 우량 주상도(Specific Hyetograph)	
	증발(Evapotranspiration)	None	
	융설(Snowmelt)	None	
유역(Basins)	유역모델(Basin Model)	EX7_4_Clark, EX7_4_NRCS	
	포함된 소구역(Include Subbains)	YES	
옵션(Options)	Total Override	No	
특정 우량 주상도 (Specific Hyetograph)	소유역(Subbasin Name)	A_{I}	A_{II}
	우량관측소(Gage)	G_{I} (강우량) (표 예7.4.1ⓐGumkang)	G_{II} (강우량) (표 예7.4.1ⓑSumkang)

표 예7.4.6 통제내역(Control Specifications)

통제내역 (Control Specifications)	추적 기간	
EX7_4-2	(추적)시작일[Start Date(ddMMMYYYY)]	01Aug2020
	(추적)시작시각[Start Time(HH:mm)]	00:00
	(추적)종료일[End Date(ddMMMYYYY)]	04Aug2020
	(추적)종료시각[End Time(HH:mm)]	12:00
	(추적)시간간격(Time Interval)	1Hour

표 예7.4.7 시계열자료(Time-Series Data)

시계열자료 (Time-Series Data)	우량관측소(Precipitation Gages)			
	관측소	시계열자료		
우량관측소 (Precipitation Gages)	G_{I} (Gumkang)	Time-Series Gage	Data Source	Manual Entry
			Units	Cumulative Millimeters
			Time Interval	1Hour
		Time Window (01Aug2020,00:00 -02Aug2020,00:00)	Start Date(ddMMMYYYY)	01Aug2020
			Start Time(HH:mm)	00:00
			End Date(ddMMMYYYY)	02Aug2020
			End Time(HH:mm)	00:00
		Table	**표 예7.4.1**ⓐ(강우량 사용)	-
		Graph	**표 예7.4.1**ⓐ 입력→생성	-
	G_{II} (Sumkang)	Time-Series Gage	Data Source	Manual Entry
			Units	Cumulative Millimeters
			Time Interval	1Hour
		Time Window (01Aug2020,00:00 -02Aug2020,00:00)	Start Date(ddMMMYYYY)	01Aug2020
			Start Time(HH:mm)	00:00
			End Date(ddMMMYYYY)	02Aug2020
			End Time(HH:mm)	00:00
		Table	**표 예7.4.1**ⓑ(강우량 사용)	-
		Graph	**표 예7.4.1**ⓑ 입력→생성	-

[풀이]

1. 설계홍수량 산정요령(국토해양부, 2012)과 홍수량 산정 표준지침(환경부, 2019)에 의한 $Q_{A\,\text{I}\,1}$, Q_{240}, Q_{336} 홍수수문곡선의 HEC-HMS(v4.8) 적용 유도 ; **그림 예7.4.1**을 이용한다.
   (1) Clark UH
   (2) NRCS UH

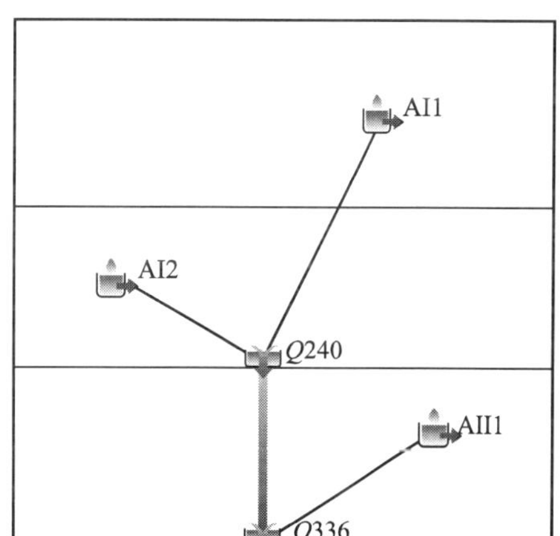

그림 예7.4.1 HEC-HMS(v4.8)에 의한 [그림 예7.3.2] 홍수추적의 수행 절차

(1) $Q_{A\,I\,1}$의 Clark UH와 NRCS UH에 추적 결과

① Clark UH와 NRCS UH의 수행을 위한 요소 구성도 ; 그림 예7.4.2와 같이 작성한다.

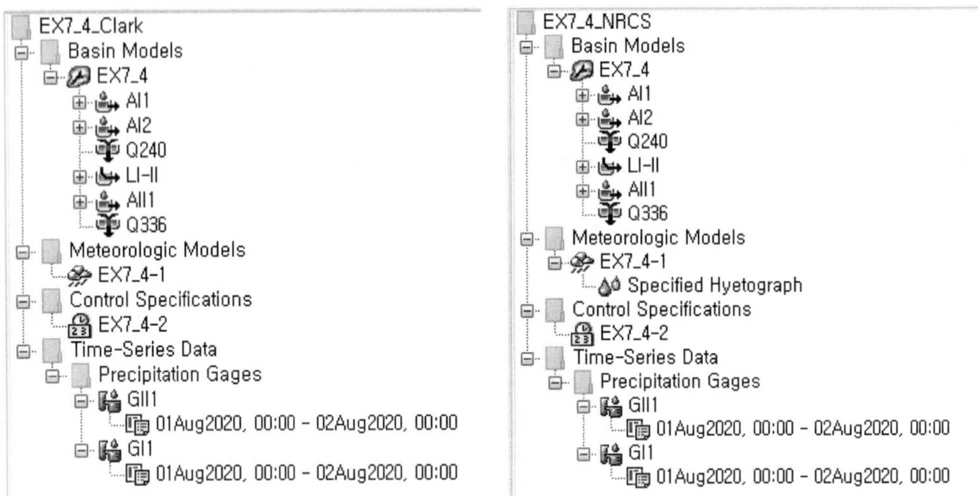

(a) Clark UH (b) NRCS UH

그림 예7.4.2 Clark UH와 NRCS UH의 수행을 위한 요소 구성도

② 유역 $A_{I\,1}$의 추적 결과 그래프 ; 그림 예7.4.3과 같다.

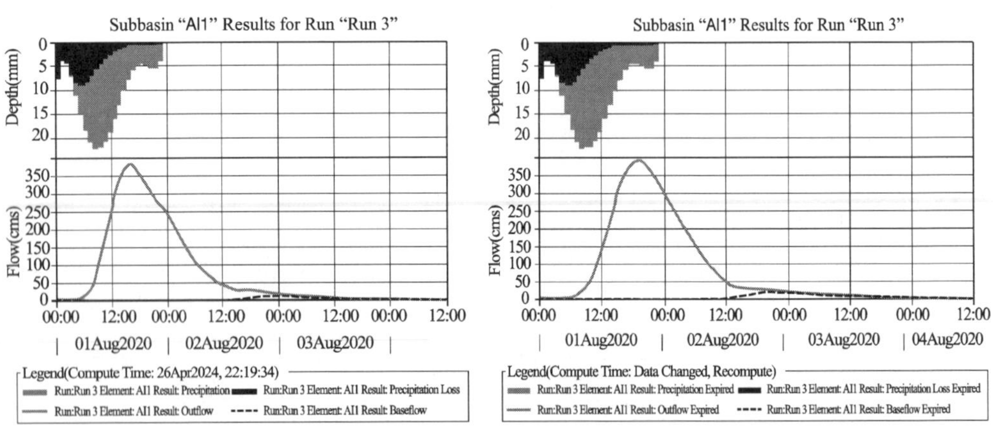

(a) Clark UH (b) NRCS UH

그림 예7.4.3 유역 $A_{I\,1}$의 추적 결과

③ 유역 A_{I1}의 추적 결과 총괄·요약표; **표 예7.4.8**과 같다.

표 예7.4.8 유역 A_{I1}의 추적 결과 총괄·요약표

(a) Clark UH

㉮ 총괄표

Project: EX7_4_Clark   Simulation Run: Run 3

Start of Run: 01Aug2020, 00:00   Basin Model: EX7_4
End of Run: 04Aug2020, 12:00   Meteorologic Model: EX7_4-1
Compute Time: 26Apr2024, 22:19:34   Control Specifications: EX7_4-2

Show Elements: Initial Selection   Volume Units: ◉ MM ○ 1000 M3   Sorting: Hydrologic

Hydrologic Element	Drainage Area (KM2)	Peak Dischar... (M3/S)	Time of Peak	Volume (MM)
AI1	128	377,414	01Aug2020, 16:00	186,02

㉯ 요약표

Project: EX7_4_Clark   Simulation Run: Run 3
Subbasin: AI1

Start of Run: 01Aug2020, 00:00   Basin Model: EX7_4
End of Run: 04Aug2020, 12:00   Meteorologic Model: EX7_4-1
Compute Time: 26Apr2024, 22:19:34   Control Specifications: EX7_4-2

Volume Units: ◉ MM ○ 1000 M3

Computed Results

Peak Discharge:	377,414 (M3/S)	Date/Time of Peak Discharge:	01Aug2020, 16:00
Precipitation Volume:	252,60 (MM)	Direct Runoff Volume:	174,96 (MM)
Loss Volume:	77,64 (MM)	Baseflow Volume:	11,06 (MM)
Excess Volume:	174,96 (MM)	Discharge Volume:	186,02 (MM)

(b) NRCS UH

㉮ 총괄표

Project: EX7_4_NRCS   Simulation Run: Run 3

Start of Run: 01Aug2020, 00:00   Basin Model: EX7_4
End of Run: 04Aug2020, 12:00   Meteorologic Model: EX7_4-1
Compute Time: DATA CHANGED, RECOMPUTE   Control Specifications: EX7_4-2

Show Elements: Initial Selection   Volume Units: ◉ MM ○ 1000 M3   Sorting: Hydrologic

Hydrologic Element	Drainage Area (KM2)	Peak Dischar... (M3/S)	Time of Peak	Volume (MM)
AI1	128	389,932	01Aug2020, 19:00	187,42

㉯ 요약표

Project: EX7_4_NRCS   Simulation Run: Run 3
Subbasin: AI1

Start of Run: 01Aug2020, 00:00   Basin Model: EX7_4
End of Run: 04Aug2020, 12:00   Meteorologic Model: EX7_4-1
Compute Time: DATA CHANGED, RECOMPUTE   Control Specifications: EX7_4-2

Volume Units: ◉ MM ○ 1000 M3

Computed Results

Peak Discharge:	389,932 (M3/S)	Date/Time of Peak Discharge:	01Aug2020, 19:00
Precipitation Volume:	252,60 (MM)	Direct Runoff Volume:	174,96 (MM)
Loss Volume:	77,64 (MM)	Baseflow Volume:	12,46 (MM)
Excess Volume:	174,96 (MM)	Discharge Volume:	187,42 (MM)

④ 유역 A_{I1}의 추적 결과 시간계열표 ; **표 예7.4.9**와 같다.

표 예7.4.9 유역 A_{I1}의 추적 결과 시간계열표

(a) Clark UH

Project: EX7_4_Clark   Simulation Run: Run 3
Subbasin: AI1

Start of Run: 01Aug2020, 00:00   Basin Model: EX7_4
End of Run: 04Aug2020, 12:00   Meteorologic Model: EX7_4-1
Compute Time: 26Apr2024, 22:19:34   Control Specifications: EX7_4-2

Date	Time	Precip (MM)	Loss (MM)	Excess (MM)	Direct Flow (M3/S)	Baseflow (M3/S)	Total Flow (M3/S)
01Aug2020	00:00				0,000	5,000	5,000
01Aug2020	01:00	7,60	7,45	0,15	0,068	4,676	4,744
01Aug2020	02:00	3,90	3,82	0,08	0,286	4,372	4,658
01Aug2020	03:00	4,30	4,21	0,09	0,632	4,089	4,721
01Aug2020	04:00	7,10	6,57	0,53	1,210	3,824	5,033
01Aug2020	05:00	11,10	8,46	2,64	3,199	3,576	6,774
01Aug2020	06:00	15,10	8,92	6,18	9,865	3,344	13,209
01Aug2020	07:00	18,40	8,18	10,22	25,907	3,127	29,034
01Aug2020	08:00	21,00	6,98	14,02	55,200	2,924	58,124
01Aug2020	09:00	22,10	5,57	16,53	98,396	2,734	101,131
01Aug2020	10:00	22,00	4,33	17,67	152,176	2,557	154,733
01Aug2020	11:00	20,70	3,28	17,42	210,479	2,391	212,870
01Aug2020	12:00	18,60	2,47	16,13	266,415	2,236	268,651
01Aug2020	13:00	15,80	1,81	13,99	313,985	2,091	316,076
01Aug2020	14:00	12,90	1,32	11,58	349,057	1,955	351,012
01Aug2020	15:00	9,90	0,93	8,97	369,609	1,829	371,438
01Aug2020	16:00	7,60	0,67	6,93	375,704	1,710	377,414
01Aug2020	17:00	5,70	0,48	5,22	369,210	1,599	370,809
01Aug2020	18:00	4,70	0,38	4,32	353,261	1,495	354,756
01Aug2020	19:00	4,50	0,35	4,15	331,738	1,398	333,136
01Aug2020	20:00	4,90	0,37	4,53	308,622	1,308	309,929
01Aug2020	21:00	5,40	0,40	5,00	287,270	1,223	288,493
01Aug2020	22:00	5,40	0,39	5,01	269,563	1,144	270,706
01Aug2020	23:00	3,90	0,27	3,63	254,970	1,069	256,040
02Aug2020	00:00	0,00	0,00	0,00	239,892	1,000	240,892

(b) NRCS UH

Project: EX7_4_NRCS   Simulation Run: Run 3
Subbasin: AI1

Start of Run: 01Aug2020, 00:00   Basin Model: EX7_4
End of Run: 04Aug2020, 12:00   Meteorologic Model: EX7_4-1
Compute Time: DATA CHANGED, RECOMPUTE   Control Specifications: EX7_4-2

Date	Time	Precip (MM)	Loss (MM)	Excess (MM)	Direct Flow (M3/S)	Baseflow (M3/S)	Total Flow (M3/S)
01Aug2020	00:00				0,000	5,000	5,000
01Aug2020	01:00	7,60	7,45	0,15	0,022	4,676	4,698
01Aug2020	02:00	3,90	3,82	0,08	0,084	4,372	4,456
01Aug2020	03:00	4,30	4,21	0,09	0,190	4,089	4,278
01Aug2020	04:00	7,10	6,57	0,53	0,428	3,824	4,251
01Aug2020	05:00	11,10	8,46	2,64	1,195	3,576	4,771
01Aug2020	06:00	15,10	8,92	6,18	3,408	3,344	6,752
01Aug2020	07:00	18,40	8,18	10,22	8,614	3,127	11,740
01Aug2020	08:00	21,00	6,98	14,02	18,976	2,924	21,900
01Aug2020	09:00	22,10	5,57	16,53	36,931	2,734	39,665
01Aug2020	10:00	22,00	4,33	17,67	64,289	2,557	66,846
01Aug2020	11:00	20,70	3,28	17,42	101,490	2,391	103,881
01Aug2020	12:00	18,60	2,47	16,13	147,125	2,236	149,361
01Aug2020	13:00	15,80	1,81	13,99	198,092	2,091	200,183
01Aug2020	14:00	12,90	1,32	11,58	250,159	1,955	252,114
01Aug2020	15:00	9,90	0,93	8,97	298,696	1,829	300,524
01Aug2020	16:00	7,60	0,67	6,93	339,424	1,710	341,134
01Aug2020	17:00	5,70	0,48	5,22	368,935	1,599	370,534
01Aug2020	18:00	4,70	0,38	4,32	385,337	1,495	386,832
01Aug2020	19:00	4,50	0,35	4,15	388,534	1,398	389,932
01Aug2020	20:00	4,90	0,37	4,53	380,154	1,308	381,461
01Aug2020	21:00	5,40	0,40	5,00	363,043	1,223	364,266
01Aug2020	22:00	5,40	0,39	5,01	340,617	1,144	341,760
01Aug2020	23:00	3,90	0,27	3,63	315,931	1,069	317,000
02Aug2020	00:00	0,00	0,00	0,00	290,901	1,000	291,901

(2) 유역 A_{I} 출구(Q_{240})의 Clark UH와 NRCS UH 추적 결과

① 유역 A_{I} 출구(Q_{240})의 추적 결과 그래프 ; **그림 예7.4.4**와 같다.

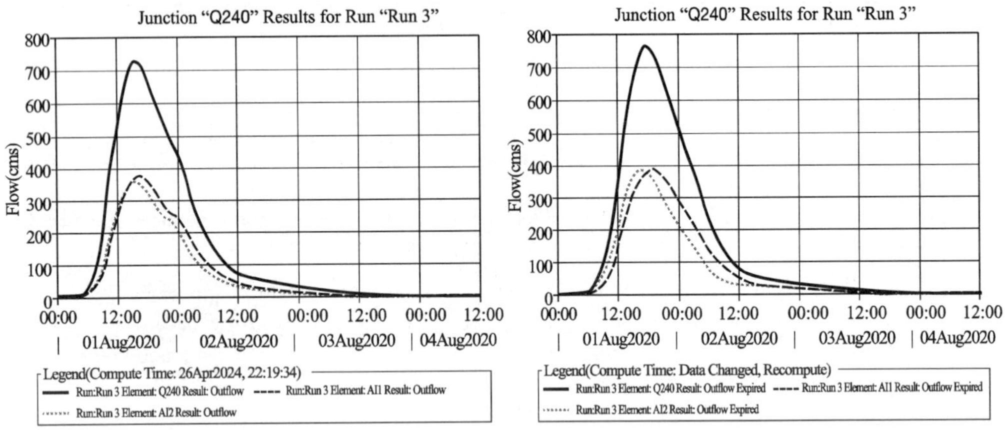

(a) Clark UH (b) NRCS UH

그림 예7.4.4 출구 Q_{240}의 추적 결과

② 유역 A_{I} 출구(Q_{240})의 추적 결과 총괄·요약표; **표 예7.4.10**과 같다.

표 예7.4.10 유역 A_{I} 출구(Q_{240})의 추적 결과 총괄·요약표

(a) Clark UH	(b) NRCS UH
㉮ 총괄표	㉮ 총괄표
Project: EX7_4_Clark Simulation Run: Run 3 Start of Run: 01Aug2020, 00:00 Basin Model: EX7_4 End of Run: 04Aug2020, 12:00 Meteorologic Model: EX7_4-1 Compute Time: 26Apr2024, 22:19:34 Control Specifications: EX7_4-2 Show Elements: Initial Selection Volume Units: MM 1000 M3 Sorting: Hydrologic Hydrologic Element / Drainage Area (KM2) / Peak Dischar... (M3/S) / Time of Peak / Volume (MM) Q240 / 240 / 730.484 / 01Aug2020, 16:00 / 187.07	Project: EX7_4_NRCS Simulation Run: Run 3 Start of Run: 01Aug2020, 00:00 Basin Model: EX7_4 End of Run: 04Aug2020, 12:00 Meteorologic Model: EX7_4-1 Compute Time: DATA CHANGED, RECOMPUTE Control Specifications: EX7_4-2 Show Elements: Initial Selection Volume Units: MM 1000 M3 Sorting: Hydrologic Hydrologic Element / Drainage Area (KM2) / Peak Dischar... (M3/S) / Time of Peak / Volume (MM) Q240 / 240 / 763.315 / 01Aug2020, 18:00 / 188.94
㉯ 요약표	㉯ 요약표
Project: EX7_4_Clark Simulation Run: Run 3 Junction Q240 Start of Run: 01Aug2020, 00:00 Basin Model: EX7_4 End of Run: 04Aug2020, 12:00 Meteorologic Model: EX7_4-1 Compute Time: 26Apr2024, 22:19:34 Control Specifications: EX7_4-2 Volume Units: MM 1000 M3 Computed Results Peak Discharge: 730.484 (M3/S) Date/Time of Peak Discharge: 01Aug2020, 16:00 Volume: 187.07 (MM)	Project: EX7_4_NRCS Simulation Run: Run 3 Junction Q240 Start of Run: 01Aug2020, 00:00 Basin Model: EX7_4 End of Run: 04Aug2020, 12:00 Meteorologic Model: EX7_4-1 Compute Time: DATA CHANGED, RECOMPUTE Control Specifications: EX7_4-2 Volume Units: MM 1000 M3 Computed Results Peak Discharge: 763.315 (M3/S) Date/Time of Peak Discharge: 01Aug2020, 18:00 Volume: 188.94 (MM)

③ 유역 A_{I} 출구(Q_{240})의 추적 결과 시간계열표; **표 예7.4.11**과 같다.

표 예7.4.11 유역 A_{I} 출구(Q_{240})의 추적 결과 시간계열표

(a) Clark UH

Project: EX7_4_Clark Simulation Run: Run 3
Junction Q240

Start of Run: 01Aug2020, 00:00 Basin Model: EX7_4
End of Run: 04Aug2020, 12:00 Meteorologic Model: EX7_4-1
Compute Time: 26Apr2024, 22:19:34 Control Specifications: EX7_4-2

Date	Time	Inflow from AI1 (M3/S)	Inflow from AI2 (M3/S)	Outflow (M3/S)
01Aug2020	00:00	5,000	5,000	10,000
01Aug2020	01:00	4,744	4,782	9,526
01Aug2020	02:00	4,658	4,802	9,460
01Aug2020	03:00	4,721	4,943	9,664
01Aug2020	04:00	5,033	5,325	10,359
01Aug2020	05:00	6,774	7,894	14,668
01Aug2020	06:00	13,209	17,314	30,522
01Aug2020	07:00	29,034	38,966	68,000
01Aug2020	08:00	58,124	75,509	133,633
01Aug2020	09:00	101,131	125,095	226,225
01Aug2020	10:00	154,733	182,077	336,810
01Aug2020	11:00	212,870	239,046	451,917
01Aug2020	12:00	268,651	289,120	557,771
01Aug2020	13:00	316,076	327,254	643,331
01Aug2020	14:00	351,012	350,666	701,678
01Aug2020	15:00	371,438	358,789	730,227
01Aug2020	16:00	377,414	353,070	730,484
01Aug2020	17:00	370,809	336,548	707,357
01Aug2020	18:00	354,756	313,150	667,906
01Aug2020	19:00	333,136	287,094	620,230
01Aug2020	20:00	309,929	262,359	572,289
01Aug2020	21:00	288,493	241,804	530,297
01Aug2020	22:00	270,706	226,166	496,872
01Aug2020	23:00	256,040	213,359	469,398
02Aug2020	00:00	240,892	197,895	438,787

(b) NRCS UH

Project: EX7_4_NRCS Simulation Run: Run 3
Junction Q240

Start of Run: 01Aug2020, 00:00 Basin Model: EX7_4
End of Run: 04Aug2020, 12:00 Meteorologic Model: EX7_4-1
Compute Time: DATA CHANGED, RECOMPUTE Control Specifications: EX7_4-2

Date	Time	Inflow from AI1 (M3/S)	Inflow from AI2 (M3/S)	Outflow (M3/S)
01Aug2020	01:00	4,698	4,716	9,414
01Aug2020	02:00	4,456	4,517	8,973
01Aug2020	03:00	4,278	4,431	8,710
01Aug2020	04:00	4,251	4,592	8,843
01Aug2020	05:00	4,771	5,608	10,379
01Aug2020	06:00	6,752	9,114	15,866
01Aug2020	07:00	11,740	17,963	29,703
01Aug2020	08:00	21,900	35,786	57,686
01Aug2020	09:00	39,665	65,491	105,156
01Aug2020	10:00	66,846	107,729	174,575
01Aug2020	11:00	103,881	160,373	264,254
01Aug2020	12:00	149,361	218,607	367,968
01Aug2020	13:00	200,183	276,040	476,224
01Aug2020	14:00	252,114	326,006	578,120
01Aug2020	15:00	300,524	362,993	663,518
01Aug2020	16:00	341,134	383,775	724,910
01Aug2020	17:00	370,534	387,684	758,218
01Aug2020	18:00	386,832	376,483	763,315
01Aug2020	19:00	389,932	353,746	743,678
01Aug2020	20:00	381,461	324,031	705,493
01Aug2020	21:00	364,266	292,039	656,305
01Aug2020	22:00	341,760	261,785	603,545
01Aug2020	23:00	317,000	235,519	552,520
02Aug2020	00:00	291,901	212,982	504,883

(4) 유역 출구(Outlet) Q_{336}의 Clark UH와 NRCS UH 추적 결과

① 유역 출구(Outlet) Q_{336}의 추적 결과 그래프 ; **그림 예7.4.5**와 같다.

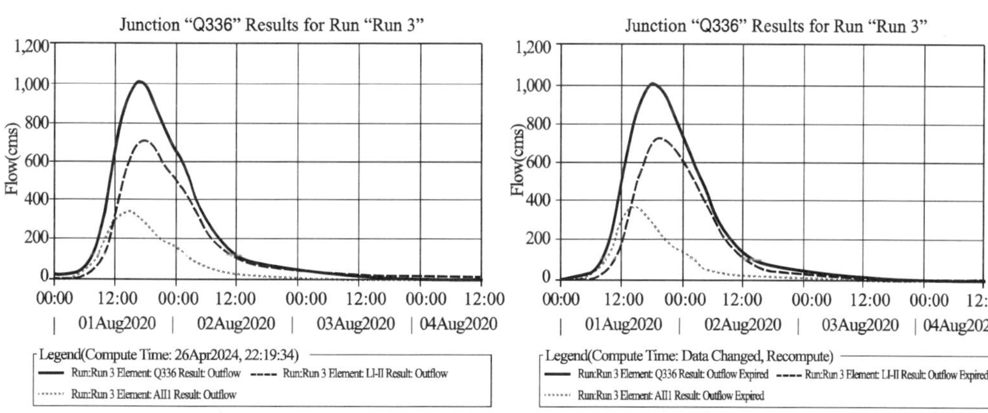

(a) Clark UH (b) NRCS UH

그림 예7.4.5 유역 출구(Outlet) Q_{336}의 추적 결과

② 유역 출구(Outlet) Q_{336}의 추적 결과 총괄·요약표; **표 예7.4.12**와 같다.

표 예7.4.12 유역 출구(Outlet) Q_{336}의 추적 결과 총괄·요약표

(a) Clark UH

㉮ 총괄표

Project: EX7_4_Clark Simulation Run: Run 3

Start of Run: 01Aug2020, 00:00 Basin Model: EX7_4
End of Run: 04Aug2020, 12:00 Meteorologic Model: EX7_4-1
Compute Time: DATA CHANGED, RECOMPUTE Control Specifications: EX7_4-2

Show Elements: Initial Selection Volume Units: ◉ MM ○ 1000 M3 Sorting: Hydrologic

Hydrologic Element	Drainage Area (KM2)	Peak Dischar... (M3/S)	Time of Peak	Volume (MM)
Q336	336	1006,457	01Aug2020, 17:00	189,87

㉯ 요약표

Project: EX7_4_Clark Simulation Run: Run 3
Junction: Q336

Start of Run: 01Aug2020, 00:00 Basin Model: EX7_4
End of Run: 04Aug2020, 12:00 Meteorologic Model: EX7_4-1
Compute Time: DATA CHANGED, RECOMPUTE Control Specifications: EX7_4-2

Volume Units: ◉ MM ○ 1000 M3

Computed Results
Peak Discharge: 1006,457 (M3/S) Date/Time of Peak Discharge: 01Aug2020, 17:00
Volume: 189,87 (MM)

(b) NRCS UH

㉮ 총괄표

Project: EX7_4_NRCS Simulation Run: Run 3

Start of Run: 01Aug2020, 00:00 Basin Model: EX7_4
End of Run: 04Aug2020, 12:00 Meteorologic Model: EX7_4-1
Compute Time: DATA CHANGED, RECOMPUTE Control Specifications: EX7_4-2

Show Elements: Initial Selection Volume Units: ◉ MM ○ 1000 M3 Sorting: Hydrologic

Hydrologic Element	Drainage Area (KM2)	Peak Dischar... (M3/S)	Time of Peak	Volume (MM)
Q336	336	1006,760	01Aug2020, 18:00	192,16

㉯ 요약표

Project: EX7_4_NRCS Simulation Run: Run 3
Junction: Q336

Start of Run: 01Aug2020, 00:00 Basin Model: EX7_4
End of Run: 04Aug2020, 12:00 Meteorologic Model: EX7_4-1
Compute Time: DATA CHANGED, RECOMPUTE Control Specifications: EX7_4-2

Volume Units: ◉ MM ○ 1000 M3

Computed Results
Peak Discharge: 1006,760 (M3/S) Date/Time of Peak Discharge: 01Aug2020, 18:00
Volume: 192,16 (MM)

③ 유역 출구(Outlet) Q_{336}의 추적 결과 시간계열표; **표 예7.4.13**과 같다.

표 예7.4.13 유역 출구(Outlet) Q_{336}의 추적 결과 시간계열표

(a) Clark UH

Project: EX7_4_Clark Simulation Run: Run 3
Junction: Q336

Start of Run: 01Aug2020, 00:00 Basin Model: EX7_4
End of Run: 04Aug2020, 12:00 Meteorologic Model: EX7_4-1
Compute Time: DATA CHANGED, RECOMPUTE Control Specifications: EX7_4-2

Date	Time	Inflow from LI-II (M3/S)	Inflow from AII1 (M3/S)	Outflow (M3/S)
01Aug2020	00:00	10,000	5,000	15,000
01Aug2020	01:00	10,025	5,780	15,804
01Aug2020	02:00	9,766	8,808	18,574
01Aug2020	03:00	9,594	12,926	22,520
01Aug2020	04:00	9,594	16,656	26,250
01Aug2020	05:00	9,770	22,260	32,030
01Aug2020	06:00	11,513	34,948	46,462
01Aug2020	07:00	19,546	59,145	78,690
01Aug2020	08:00	41,594	96,318	137,912
01Aug2020	09:00	85,162	143,944	229,106
01Aug2020	10:00	153,586	196,400	349,986
01Aug2020	11:00	243,961	246,803	490,764
01Aug2020	12:00	347,840	288,994	636,835
01Aug2020	13:00	453,827	318,772	772,598
01Aug2020	14:00	550,495	334,062	884,556
01Aug2020	15:00	628,562	334,734	963,296
01Aug2020	16:00	682,056	321,291	1003,348
01Aug2020	17:00	708,762	297,695	1006,457
01Aug2020	18:00	710,099	271,091	981,189
01Aug2020	19:00	690,401	245,457	935,858
01Aug2020	20:00	655,992	221,074	877,067
01Aug2020	21:00	614,148	199,927	814,075
01Aug2020	22:00	571,775	184,334	756,109
01Aug2020	23:00	533,798	172,354	706,152
02Aug2020	00:00	501,515	158,410	659,924

(b) NRCS UH

Project: EX7_4_NRCS Simulation Run: Run 3
Junction: Q336

Start of Run: 01Aug2020, 00:00 Basin Model: EX7_4
End of Run: 04Aug2020, 12:00 Meteorologic Model: EX7_4-1
Compute Time: DATA CHANGED, RECOMPUTE Control Specifications: EX7_4-2

Date	Time	Inflow from LI-II (M3/S)	Inflow from AII1 (M3/S)	Outflow (M3/S)
01Aug2020	00:00	10,000	5,000	15,000
01Aug2020	01:00	10,031	5,480	15,511
01Aug2020	02:00	9,729	7,320	17,049
01Aug2020	03:00	9,345	11,094	20,439
01Aug2020	04:00	9,004	15,622	24,626
01Aug2020	05:00	8,839	21,654	30,493
01Aug2020	06:00	9,361	32,314	41,675
01Aug2020	07:00	12,056	52,284	64,340
01Aug2020	08:00	19,871	85,154	105,026
01Aug2020	09:00	37,275	131,902	169,177
01Aug2020	10:00	69,348	188,653	258,001
01Aug2020	11:00	120,011	248,275	368,286
01Aug2020	12:00	190,470	302,510	492,980
01Aug2020	13:00	278,192	344,216	622,408
01Aug2020	14:00	377,056	368,832	745,889
01Aug2020	15:00	478,385	374,752	853,136
01Aug2020	16:00	572,592	362,220	934,812
01Aug2020	17:00	651,006	335,497	986,503
01Aug2020	18:00	707,165	299,595	1006,760
01Aug2020	19:00	737,751	262,544	1000,295
01Aug2020	20:00	742,881	227,499	970,379
01Aug2020	21:00	725,792	197,635	923,426
01Aug2020	22:00	691,996	174,931	866,928
01Aug2020	23:00	648,129	158,860	806,988
02Aug2020	00:00	600,315	144,813	745,128

2. 1항에 의한 Q_{336}의 최대 설계홍수량 결정

(1) 유역 출구(Outlet) Q_{336}의 추적 결과 요약표; **표 예7.4.14**와 같다.

표 예7.4.14 유역 출구(Outlet) Q_{336}의 추적 결과 요약표

(a) Clark UH	(b) NRCS UH
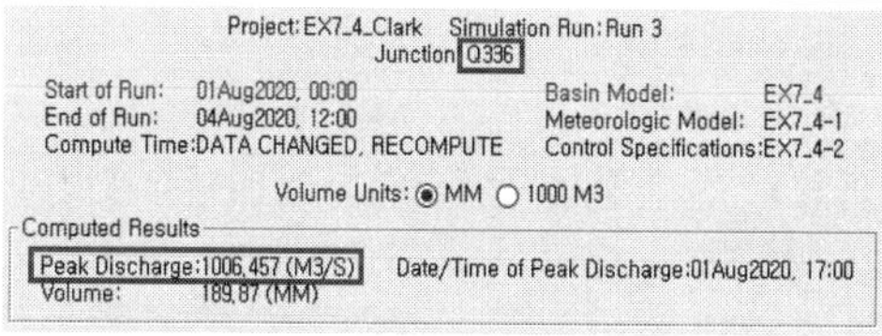	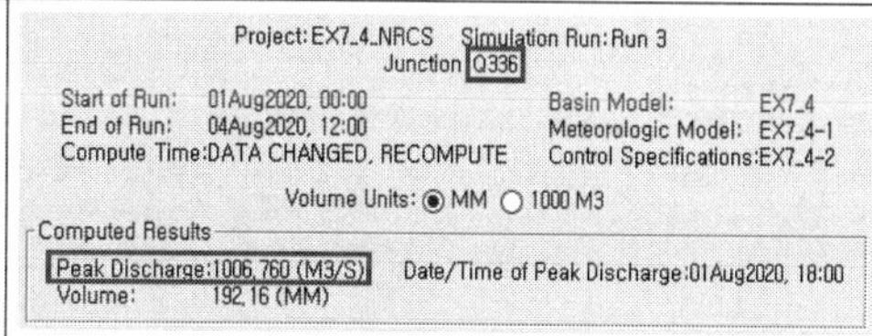
∴Outlet(출구) Q_{336}=1,006.457m^3/s	∴Outlet(출구) Q_{336}=1,006.760m^3/s

7.3 이수시설 설계

본 절에서는 지방하천인 증산천을 대상으로 하여 수로구간에 이수시설 중에서 하천보 설계기준(KDS 51 40 05; 2018)(환경부, 2024e)을 적용한 '고정보'를 설계하고자 한다. 보의 설계는 하천계획 수립에서 자주 접할 수 있는 하천시설물로 학부과정의 초보 토목기술자가 기초설계 과제로 수행하기에 적절할 것으로 생각한다. 간단한 수공 구조물이지만 1차적으로 관측된 우량자료의 선정에서부터 지역빈도해석법을 적용한 RFAHD 2020의 활용에 의한 설계강우를 결정하는 빈도별 확률 강우량의 산정이 필요하다. 결정된 빈도별 지속기간별 설계(확률)강우량을 50% 초과확률의 Huff 3분위 시간분포시킨 강우 입력자료는 HEC-HMS(v4.8)을 적용하여 계획홍수량을 결정하는 것이 선행되어야 한다. 2차적으로 계획홍수량이 결정된 이후로는 다음 내용과 같이 보의 설계기준에 맞게 고정보 설계(제원결정·홍수위 검토)를 수행한다.

7.3.1 고정보

그림 7.7과 같은 고정보를 설계하기 위한 단면 크기와 본체 아래 폭, 하류 물받이 등 각 부분의 해 제원결정이 필요하다. 이들 제원 결정은 하천설계기준(KDS 51 00 00; 2018)의 하천보 설계기준(KDS 51 40 05; 2018) 6.2.1(1)과 하천설계기준 개선방안 마련을 위한 연구(국토

교통부, 2013)의 「10. 하천 횡단시설물 특성(그림 10.1.1 횡단구조물의 구성 등)」, 하천설계기준·해설(국토해양부·한국수자원학회, 2009)의 「제28장 보(그림 28.2 고정보의 구조 등)」를 참조한다.

(1) 기준 요약

① 정의

1) 보(洑, weir) : 각종 용수의 취수, 주운(舟運), 친수활동 등을 위하여 수위·유량을 조절하거나 바닷물의 역류를 방지하기 위하여 하천의 횡단 방향으로 설치하는 시설 중 흐르는 물의 월류(越流)를 허용하는 시설이다.
2) 보의 조건;
   (가) 기초지반에서 고정보 마루까지의 높이가 15m 미만인 경우
   (나) 유수 저류에 의한 유량조절을 목적으로 하지 않는 경우
   (다) 양끝부분을 제방이나 하안에 고정시키는 경우
3) 설치목적에 따른 구분
   (가) 취수보; 하천의 수위를 조절하여 생활용수, 공업용수, 발전용수 등을 취수하기 위하여 설치하는 보
   (나) 분류보; 하천의 홍수를 조절하고 저수를 유지하기 위해 하천의 분류점 부근에 설치하여 유량을 조절 또는 분류함으로써 수위를 조절하는 보
   (다) 방조보; 하구 또는 감조구간에 설치하여 조수의 역류를 방지하고 유수의 정상적인 기능을 유지하기 위하여 설치하는 보
4) 이는 구조·기능에 따라 수위와 유량을 조절하는 가동 장치가 없는 보는 고정보(fixed weir), 수위와 유량을 조절하는 가동 장치가 있는 보는 가동보(movable weir)로 구분한다.

② 제원

1) 보마루 표고; 홍수 시 계획홍수소통에 지장이 없고 통수단면적을 충분히 확보되도록 계획하여야 하며, 식 (6.4)와 같이 결정한다.
2) 고정보의 단면결정; 단면형상은 상류측을 연직 또는 이에 가까운 기울기로 하고, 하류측은 완만한 기울기의 사다리꼴로 한다. 보의 단면은 역학적으로 구조적, 수리학적 안정조건을 만족시켜야 한다. 고정보의 안전을 검토하기 위해서는 보의 상·하류 수위차에 의한 침투수의 침투길이와 외력에 의한 본체의 전도, 활동, 침하를 고려해야 한다.

3) 물받이; 파이핑과 월류에 의한 보 상·하류의 세굴을 방지하기 위하여 설치한다.
4) 바닥보호공; 유속을 약화시켜 하상의 세굴을 방지하고 보의 본체 및 물받이를 보호하기 위해서 설치한다.
5) 차수벽; 보를 투수성 지반에 설치할 때는 파이핑(piping) 현상이 일어나지 않도록 충분한 투수로 길이를 확보해야 하고 투수량이 많을 때는 이를 방지할 수 있도록 차수벽을 설치한다.
6) 연결호안; 보에 연결하는 호안은 유수의 작용에 의해 제방 또는 하안이 세굴되는 것을 방지하는 구조로 해야 한다.
7) 부대시설; 보를 설치할 때는 필요에 따라 취수구, 배사구, 침사지, 어도, 갑문, 관리교, 수문조작 및 유지관리 시설 등을 설치한다.

(2) 고정보 설계

① 구조와 정의

1) 고정보는 수문이 설치되지 않고 보 본체와 부대시설로 이루어지는 보로 중·소하천에 많이 설치되며 그 구조는 **그림 7.7**과 같다.

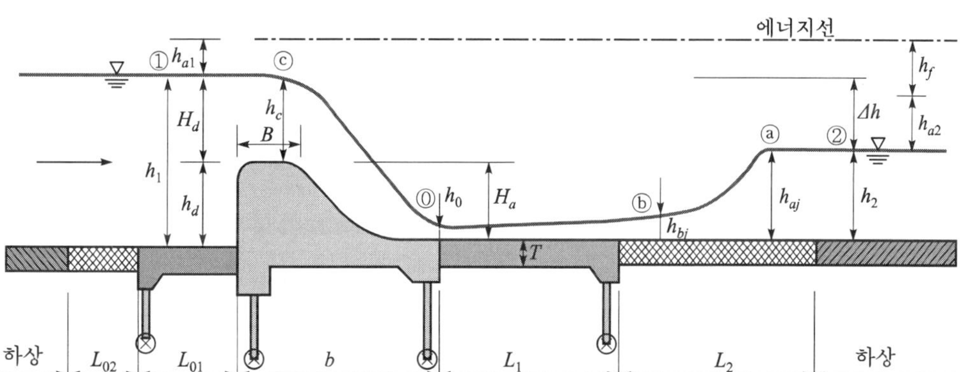

B=본체 위 폭 b=본체 아래 폭 L_1=하류 물받이 L_2=하류 바닥 보호공 L_{01}=상류 물받이 L_{02} 상류 바닥 보호공 H_d=설계 (=월류)수두 h_d=보 마루높이 h_1=상류수심 h_c=한계 수심 h_0=낙하 수심 h_{bj}=도수 전 수심 h_{aj}=도수 후 수심 h_2=하류 수심 $h_{a1}(=V_1^2/2g)$=(상류) 접근속도수두 $h_{a2}(=V_2^2/2g)$=(하류) 속도수두 h_f=(마찰) 손실수두 H_a=낙차고(보 마루에서 하류 물받이 바닥까지의 높이) Δh=상하류 수위차 T=물받이공 두께 ⊗=차수벽

그림 7.7 고정보의 측면 구조와 기호 정의

2) **그림 7.7**에서 H_d = 월류(=설계)수두(=류수심), h_d = 보의 마루높이, B = 본체의 위 폭이고, b = 본체의 아래 폭이며, T = 하류 물받이 두께, L_1 = (하류측) 물받이 길이, L_2 = 바닥 보호공 길이, H_a = 낙차고(보 마루에서 하류 물받이 바닥까지의 높이), h_d까지의 높이이고, h_a = 접근속도수두이다.

② **형식별 설치 위치;**

1) 하천의 전하폭을 고정보로 하는 형식 : 고정보 위로 유수가 월류하는 형태로 보통 소하천에서 많이 채택되는 방식이며 유지관리비가 적다. 또한 홍수 시 수위 상승으로 인해 하천 상류부에 지장이 없거나 제방고에 여유가 있는 경우에 채택된다.
2) 이와 같은 구조형식을 선정할 경우에는 치수상의 배려는 물론 보의 상류에 퇴적된 토사나 저니질(底泥質)의 배제를 위한 배사구를 반드시 설치해야 한다.
3) 일부구간은 고정보로 하고 나머지 구간은 가동보로 하는 복합형식 : 고정보와 가동보의 설치비율은 계획홍수 시에 보로 인해 발생하는 배수현상이 허용되는 범위 내에서 고정보의 비율을 크게 한다.
4) 전부를 고정보로 만들더라도 계획홍수에 대하여 지장이 없을 경우에는 배사구로 필요한 구간만큼 가동보로 하며 고정보만 설치하여 홍수 때 수위상승으로 상류에 나쁜 영향을 줄 경우에는 가동보를 설치하여 수위상승이 적어지도록 한다. 또한 가동보의 위치는 목적에 따라 다르나 **그림 7.8**과 같이 취수구에 접하는 곳이 좋다.

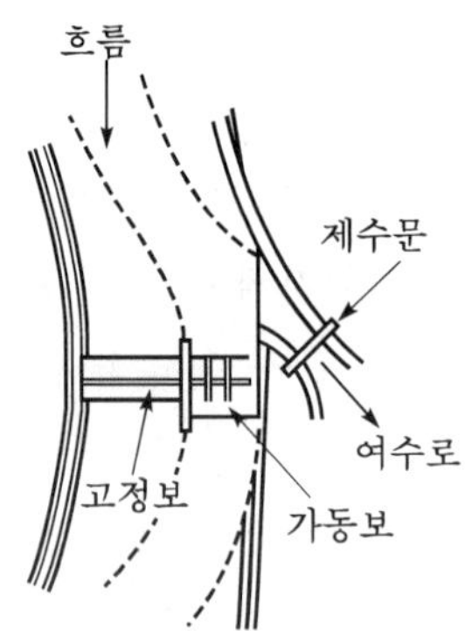

그림 7.8 복합형식 보의 고정보 위치

③ **형식별 선정**

1) 보의 종류와 형식의 선정 시 홍수위 변동, 저류부의 퇴적, 수질개선, 생물 및 미생물의 이동, 식생보전, 하천의 자정능력 증대 등을 고려한다.
2) 소하천에서는 자연친화적인 재료로 완경사 저수위 낙차보, 경사낙차공 등을 우선하여 계획한다.
3) 중규모 이상의 하천에서는 원칙적으로 가동보 및 복합형보로 설치한다.
4) 기존 고정보를 자동수문에 의한 개량 시 자동수문을 설치하는 절개구간은 홍수 시를 대비하여 양안으로부터 충분히 떨어져야 한다.

④ 제원 결정

1) 계획하폭

고정보를 설계하기 위해서는 우선적으로 대상하천의 계획 수로폭을 결정하고 이를 대상으로 제원을 결정해야한다.

㈎ 계획 하폭은 **표 7.16**[한국수자원학회, 2009(제18장; 18.8 해설(2) 계획하폭 결정, **표 18.4**)]과 같이 ㉮ 하천의 계획홍수량을 기준으로 결정하거나 **표 7.17**[한국수자원학회, 2009(제18장; 18.8 해설(2) 계획하폭 결정, 식 (18.7)~(18.9)]과 같이 ㉯ 유역의 위치에 따라 결정할 수 있다.

표 7.16 계획홍수량 크기에 따른 계획하폭(참고치)

계획홍수량(m^3/s)	하폭(m)	계획홍수량(m^3/s)	하폭(m)
300	40~60	2,000	160~220
500	60~80	5,000	350~450
1,000	80~110	5,000 이상	*추가 설명

*계획홍수량을 안전하게 소통하고 안정하도를 유지할 수 있도록 적절히 결정하되 기존에 발표된 경험공식을 참고한다.

표 7.17 기타 계획하폭 공식

(a) 적용 하천별 공식

적용 하천 \ 내용		공식	기호 설명
대하천	일반	$B_b = \alpha Q^{0.73}$ (7.4a)	• B_b=계획하폭(m) • α=**표 7.17**(b)의 하상경사 S_0에 따른 계수 • Q=계획홍수량(m^3/s) • A=유역면적(km^2)
일반 중소하천	남부 (영남, 호남)	$B_b = 1.698(A^{0.318}/S_0^{0.5})$ (7.4b)	
	중부 (경기, 강원, 충남북)	$B_b = 1.303(A^{0.318}/S_0^{0.5})$ (7.4c)	
중소하천	한강유역	$B_b = 0.619(\frac{Q}{\sqrt{S_0}})^{0.528} + 3.14$ (7.4d)	

(b) 하상경사 S_0에 따른 계수 α값

하상경사 S_0	1/1,000	1/2,000	1/3,000	1/4,000	1/5,000
계수 α	1.09	1.18	1.27	1.36	1.45

2) 총에너지·설계수두

(가) 총에너지·접근속도수두 결정

㉮ **그림 7.9**와 같은 월류형 (고정)보의 총에너지 수두 H_e는 다음과 같이 사각형 보(weir)의 유량공식을 이용한다.

$$Q = C_d L_w H_e^{1.5} \tag{7.5}$$

여기서 $L_w(=B_b)$=(계획) 수로 폭이고, C_d =월류형 웨어의 설계유량계수이고, H_e[=접근속도수두 h_a+설계(=월류)수두 H_d]=총에너지 수두이다. 마루높이 h_d가 설계수두 H_d보다 큰[$h_d/H_d > 1.13$(Rozgar, 1995)] 월류형 보로 가정하여 접근속도를 무시하고 $C_d = 2.2$로 한다.

㉯ 총에너지 수두는 식 (7.5)를 총에너지 수두 H_e항으로 다음과 같이 변형시켜 유도한다

$$H_e = \left(\frac{Q}{C_d L_w}\right)^{1/1.5} \tag{7.6a}$$

$$H_e = h_a + H_d \tag{7.6b}$$

여기서 총에너지 수두 H_e =접근속도수두 h_a+설계(=월류)수두 H_d이다.

㉰ 접근속도수두 h_a는 다음 식을 이용해 구한다.

$$h_a = \frac{V^2}{2g}\left[= \frac{(Q/A)^2}{2g}\right] = \frac{(Q/H_{Dwi} L_w)^2}{2g} \tag{7.7}$$

여기서 V=평균유속이고, A=상류수로의 유수단면적이며, H_{Dwi}=수면표고 EL_s(=계획 취수위 표고 $EL_{H_{Dwi}}$−하상 표고 EL_b)=계획 취수수심이다.

(나) 설계수두 결정

㉮ 설계수두 H_d는 식 (7.6b)를 변형시켜 다음과 같이 구한다.

$$H_d = H_e - h_a \tag{7.8}$$

㉯ 설계수두 H_d는 **그림 7.9**와 같이 보 마루로부터의 상류수심 h_1, 취수량의 월류수심 $H_{wi.Q}$와 같은 수두이다.

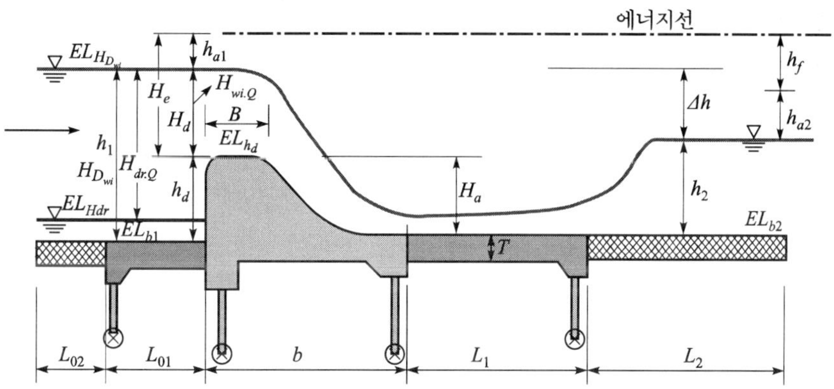

그림 7.9 보 마루 표고의 제원 결정

3) 보 마루 표고·높이

(가) 보 마루 표고 결정

㉮ 보 마루 표고는 하천의 계획 단면적을 충분히 확보하고 각종 설치 목적의 소요 용수량을 취수할 수 있어야 한다.

㉯ 보 마루 표고 EL_{h_d}은 **그림 7.9**와 같이 갈수위 표고 $EL_{H_{dr}}$을 이용하여 "계획 취수위 $EL_{H_{Dwi}}$−(갈수량의 월류수심 $H_{dr.Q}$−취수량의 월류수심 $H_{wi.Q}$)+여유고 h_r"로 다음과 같이 구한다.

$$EL_{h_d} = EL_{H_{Dwi}} - [(H_{dr.Q} - H_{wi.Q})] + h_r \tag{6.4}$$

여기서 EL_{h_d}=보 마루 표고이고, $EL_{H_{Dwi}}$=계획 취수위(=수면 표고 EL_s)이며, $H_{dr.Q}$=갈수량의 월류수심, $H_{wi.Q}$=취수량의 월류수심, h_d=마루높이, h_r=여유고로 보통 10~15cm정도를 취한다(한국수자원학화, 2009),

(나) 마루높이 결정

㉮ 마루높이는 계획 취수위 $EL_{H_{Dwi}}$(=수면 표고 EL_s)−보 마루 표고EL_{h_d}로 다음과 같이 구한다.

$$h_d = EL_s + EL_{h_d} \tag{7.9}$$

여기서 h_d=마루높이이고, EL_s=수면 표고(=계획 취수위 $EL_{H_{Dwi}}$)이다.

4) 보의 위·아래 폭

(가) **그림 7.9**와 같이 주어진 보의 위와 아래 폭 B와 b는 블라이(Bligh) 공식(국토해양부·한국수자원학회, 2009)인 다음 식을 이용하여 계산한다.

$$B = \frac{H_d}{\sqrt{\gamma}} \tag{7.10a}$$

$$b = \frac{h_d + H_d + h_a}{\sqrt{\gamma}} \tag{7.10b}$$

여기서 B = 보의 위 폭이고, b = 보의 아래 폭이며, γ = 콘크리트 비중(보통 2.3), H_d = 월류수두, h_a = 접근속도수두이다.

5) 하류수심 결정

하류수심 h_2는 흐름이 고정보와 하류 물받이를 통과하여 하류 바닥 보호공에 도달한 후의 흐름에 대한 수심으로 정상류에 대한 등류수심 h_n이다. 이는 다음의 방법을 이용하여 구한다.

(가) 시산법 이용

㉮ 주어진 수로단면의 설계조건인 Manning의 조도계수 n, 계획 홍수량 Q, 수로경사 S_0를 이용하여 시행착오법으로 구한다.

㉯ [예제 4.8] 등을 통해 구할 수 있다.

(나) 계산곡선 이용

㉮ [예제 3.12]와 같이 등류수심 산정용 계산곡선을 이용해 결정한다.

(다) 프로그램 이용

㉮ Manning의 공식 등을 이용하여 3.2.2(4)의 포트란 등의 프로그램을 이용해서 구할 수 있다.

6) 물받이·바닥보호공 길이

그림 7.9와 같이 주어진 고정보의 물받이 두께 T와 물받이 길이 L_1, 바닥 보호공 길이 L_2는 Bligh 공식(국토해양부·한국수자원학회, 2009)을 이용하여 다음과 같이 계산한다.

(가) 물받이 두께 결정

㉮ 물받이 두께는 다음 식과 같이 계산한다.

$$T = \frac{4(\Delta h - h_f)}{3(\gamma - 1)} \tag{7.11}$$

여기서 T=물받이 두께이고, 4/3=안전율이며, $(\Delta h - h_f)$=양압력 강도, Δh= 상하류의 수위차(m), h_f=손실수두이다.

㈏ 물받이 길이 결정

㉮ 고정보의 하류 물받이 길이는 다음과 같이 계산한다.

$$L_1 = 0.6\,C\sqrt{H_a} \tag{7.12}$$

여기서 L_1=고정보의 하류 물받이 길이이고, C=**표 7.18**(국토해양부· 한국수자원학회, 2009)의 Bligh 계수(Bligh, 1910)이며, H_a=낙차고로 **그림 7.9**와 같이 보 마루에서 하류 물받이 바닥까지의 높이이다.

㈐ 바닥보호공 길이

㉮ 고정보의 하류 바닥보호공 길이는 다음과 같이 계산한다.

$$L_2 = 0.66\,Cf\,(H_a q)^{1/2} - L_1 \tag{7.13}$$

여기서 L_2=고정보의 하류 바닥보호공 길이이고, f=안전율이며, q=단위폭당 유량, 나머지는 식 (7.12)의 정의와 같다.

표 7.18 블라이(Bligh) 계수

하상토의 상태	Bligh 계수	비고
극 미립사, 이토(0.1~0.005mm)	18	
가는 모래(0.1~0.25mm)	15	
굵은 모래(0.5~1.00mm)	12	
자갈과 모래의 혼합	9	적용값
호박돌, 자갈	4~6	

7.3.2 설계·검토

본 소절에서는 "설계"에 해당하는 내용으로 증산천 계획을 참조하여 [설계과제 7.1]을 통해 고정보의 제원을 결정한다. "검토"에 관한 내용은 [설계과제 7.1]에서 결정된 고정보의 제원을 중심으로 [설계과제 7.2]를 통해 수계산(hand calculation, spreadsheet)에 의한 수면곡선 분포특성을 개략 검토한다. 또한 [설계과제 7.3]에서는 [설계과제 7.1~2]를 HEC-RAS(v5.0)에 의해 검토하고 홍수위 안정성 분석을 수행한다. [설계과제 7.4]에서는 [설계과제 7.1]에서 결정된 고정보에 수문을 설치하여 가동보로 설계하고, 이에 대한 홍수위 안정성 분석을 HEC-RAS 모형(v5.0)(USACE, 2016a; b; c)을 통해 수행한다.

(1) 제원 결정

고정보의 제원 결정은 증산천 계획을 참조하여 [설계과제 7.1]에 주어진 조건과 자료를 이용하고, 설계기준과 참고문헌을 적용하여 다음의 [풀이]와 같이 수행한다.

설계과제 7.1

본 설계 과제는 그림 설7.1.1과 같은 하천 유역을 갖는 면적 9.92km^2, 하천길이 6.95km인 증산천을 대상으로 한다. 과제 수행은 7.2의 설계 강우량, 계획 홍수량 결정 과정에서 설명한 증산천 계획(충청남도, 2007)의 자료들과 다음 사항을 참조한다.

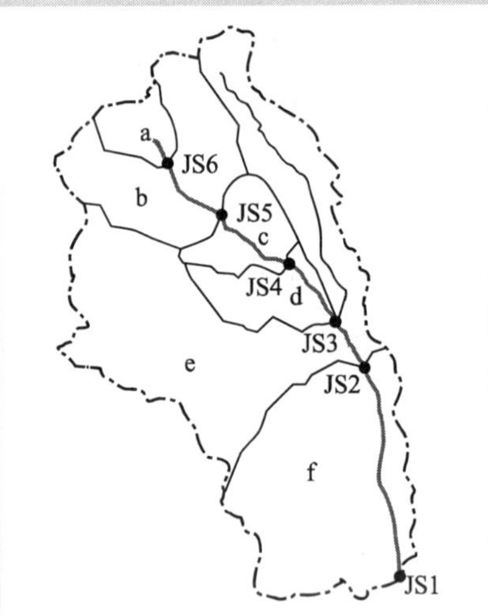

그림 설7.1.1 유역·홍수량 산정지점(개략도)

0. 설계 과제는 결정된 계획홍수량을 이용해 이수시설인 그림 7.7의 월류형(=사다리꼴) 고정보를 하천보 설계기준(KDS 51 40 05; 2018)(환경부, 2024e)을 비롯한 제시된 설계기준과 참고문헌을 적용 · 참조하여 수행한다.
1. 그림 설7.1.1의 증산천 대상 수로구간 JS_1지점을 통과하는 100년 빈도 계획홍수량은 표 7.7의 부여 강우관측소(임의시간) 강우량 자료를 이용하고, 지역빈도해석용 프로그램인 RFAHD 2020(환경부, 2020)을 적용하여 설계 확률강우량을 산정한다. 또한 표 설7.1.1~7.1.6의 자료를 이용하고, 홍수량 산정용 프로그램인 HEC-HMS(v4.8) (USACE, 2022a~c)을 적용하여 결정한다.
2. 고정보(fixed weir)의 설치지점은 상류 수면표고(=계획 취수위 표고) $EL_{H_{Dwi}}$=23.58m이고, 상류 하상표고 EL_b=20.74m이며, 하류 하상표고 EL_d=21.65m, 갈수위 표고 $EL_{H_{dr}}$=21.65m이다. 고정보 설치구간과 하류 바닥 보호공 길이의 수로구간은 저폭이 결정되는 계획 수로폭 B_b와 같고, 측면 기울기 z=1.0인 사다리꼴 단면수로로 이어진다. 또한 평균 중앙입경(median diameter) D_{50}=1.1~9.4mm인 모래와 자갈이 혼합된 하상재료를 갖고 수로구간의 하류수심은 Manning (평균) 조도계수 n=0.075, (평균) 하상(수로)경사 S_0=1/90을 사용하여 시산법으로 구한다.

위에서 설명한 내용을 참조하고, 그림 7.7, 주어진 기초자료, 설계기준 · 참고문헌을 사용하여 다음의 100년 빈도 계획 홍수량 결정과 설계사항(제원 결정 · 도면 작성)에 답하시오.

0. 설계기준 · 참고문헌
   (1) 하천보 설계기준(KDS 51 40 05; 2018)(환경부, 2024e)
   (2) 강우빈도해석 프로그램(RFAHD 2020) 개발보고서(환경부, 2020)
   (3) 하천설계기준 · 해설(한국수자원학회, 2009)
   (4) 증산천 하천정비기본계획(충청남도, 2007)
   (5) 홍수량 산정 표준지침(환경부, 2019)
   (6) 수공설계(제2판)(이종석, 2019)(외 3권; 2022a; b; 2023)
   (7) Dams, Barrages, and Weirs on Porous Foundations(Bligh, 1910)
   (8) Design of Diversion Weirs–Small Scale Irrigation in Hot Climates(Rozgar, 1995)
   (9) Discharge formula for Thin Plated Rectangular Lab Fabricated Sharp Crested Weirs(Shrikant et al., 2019)
   (10) Discharge Characteristics of Rectangular Thin–Plate Weirs(Kindsvater, 1959)
   (11) Regional Frequency Analysis.–An Approach Based on L–Moments(Hosking and Wallis, 1997)
   (12) HEC–HMS(Hydrologic Modeling System), User's Manual(v 4.8)(USACE, 2022a ~c)
1. 100년 빈도 계획 홍수량 결정
2. 설계사항(제원 결정 · 도면 작성)
   (1) 계획하폭 B_b 결정
   (2) 총에너지 수두 H_e · 설계(=월류)수두 $H_d(=H_{wi.Q})$ 계산
   (3) 보 마루 표고 EL_{h_d} · 마루높이 h_d 계산
   (4) 보의 위 폭 B · 보 아래 폭 b 계산
   (5) 하류 물받이 두께 T · 물받이 길이 L_1 · 바닥 보호공 길이 L_2 결정
   (6) 하루수심 h_2 결정
   (7) 결정 설계 제원이 표시된 도면 작성

[풀이]

1. 100년 빈도 계획 홍수량 결정

(1) 확률 강우량 결정

① 7.2.1(2)②와 같이 지역빈도해석 프로그램인 RFAHD 2020을 이용해 결정된 100년 빈도 지속기간 24시간의 설계 (확률) 강우량을 이용한다.

② 지점빈도해석 결과로 결정된 설계 강우량은 '지역번호 25'의 50% 초과확률을 적용한 Huff 3분위 시간분포의 우량자료로 구성한다.

③ **표 7.8**과 같이 결정한 100년 빈도 지속기간 24시간 강우량을 설계 강우량으로 하여 각 지속시간별 누가우량을 입력자료로 **표 설7.1.1**과 같이 구성한다.

(2) 계획홍수량 결정

① 계획 홍수량은 HEC-HMS(v4.8)를 이용하여 결정한다.

② 본 유역은 **그림 설7.1.1**과 같이 아주 작은 소유역으로 해당 유역의 전체 면적은 9.92km^{2}이다. 증산천 계획(충청남도, 2007)과 가능한 근접하게 산정지점 등을 구분·결정하였다.

③ 홍수량 산정 기준의 적용년도가 달라 산정방법이 다르기 때문에 이전의 경우와 비교하는 것은 의미가 없어 가정 또는 근사값으로 대체 사용하였다.

④ 입력자료 구성

1) **유역모델 구성**

㈎ **유역모델(Basin Models)**의 소유역(Subbasin)에 대한 유역추적 자료는 **표 설7.1.1**과 같다.

표 설7.1.1 유역모델(Basin Models) - 소유역(Subbasin)(유역추적)의 수문자료

소유역(Subbasin)		a 소유역 (경계~JS 6점)	b 소유역 (증산 7교 지점)	c 소유역 (신암교 지점)	d 소유역 (신보천 합류 전)	e 소유역 (증락천 합류 전	f 소유역 (정각천 합류 전)
소유역 면적(Area)(전체 9.92)km^2		0.55	2.41	0.91	0.96	2.90	2.19
손실 계산 (Loss Method) 유출곡선지수 (SCS CN)	유출곡선지수 (Curve Number)①	84	83	82	81	80	83
	불투수성 (Impervious)(%)②	5	5	5	5	5	5
직접유출량 (Transform) [Clark 단위도 (UH)]	도달시간(Concentration Time)(h)③	2.22	1.64	0.83	0.69	0.53	0.29
	저류계수(Storage Coefficient)(h)	0.88	0.77	0.42	0.40	0.31	0.22
기저유량 (Baseflow) [Recession]	초기유량(Initial Discharge)(m^3/s)④	1.0	1.0	1.0	1.0	1.0	1.0
	감수상수(Recession constant)	0.2	0.2	0.2	0.2	0.2	0.2
	첨두량과 비(Ratio)	0.1	0.1	0.1	0.1	0.1	0.1
옵션(Options)		-	-	-			

㈏ **유역모델(Basin Models)**의 합류점(Junction) 자료는 **표 설7.1.2**와 같다.

표 설7.1.2 유역모델(Basin Models)-합류점(Junction) 자료

합류(Junction)	종점(출구)(Outlet)	JS1
옵션(Options)	-	

2) 기상모델 구성

(가) 기상모델(Meteorologic Models)의 입력자료는 **표 설7.1.3**과 같다.

표 설7.1.3 기상모델(Meteorologic Models) 자료

기상모델	천기(Chunki)						
수공설계(HE_D) Meteorology Model	단위(Unit System)	Metric					
	강수(Precipitation)	특정 우량 주상도(Specific Hyetograph)					
	증발(Evapotranspiration)	None					
	융설(Snowmelt)	None					
	Replace Missing	**Set To Default**					
유역(Basins)	유역모델(Basin Model)	D-Project 7					
	포함된 소구역((Include Subbains)	YES					
옵션(Options)	Total Override	No					
특정 우량 주상도 (Specific Hyetograph)	소유역명(Subbasin Name)	a	b	c	d	e	f
	관측소(Gage)	Buyeo					

3) 통제내역 구성

(가) 2022년 8월 1일 00:00부터 8월 3일 12:00까지의 홍수추적을 위한 통제내역(Control Specifications)은 **표 설7.1.4**와 같다.

표 설7.1.4 통제내역(Control Specifications)

통제내역(Control Specifications)	100년(빈도)(100yr)	
100년(100yr)	(추적)시작일[Start Date(ddMMMYYYY)]	01Aug2022
	(추적)시작시각[Start Time(HH:mm)]	00:00
	(추적)종료일[End Date(ddMMMYYYY)]	03Aug2022
	(추적)종료시각[End Time(HH:mm)]	12:00
	(추적)시간간격(Time Interval)	**2Hours**

4) 시계열자료 구성

(가) 시계열자료(Time-Series Data)는 **표 설7.1.5**와 같이 기초자료를 구성한다.

(나) 부여 강우관측소의 **표 7.8**의 100년 빈도 지속기간 24시간 누가우량 자료를 가정한 추적시간자료(2022년 8월 1일 00:00부터 8월 3일 12:00)로 사용한다.

표 설7.1.5 시계열자료(Time - Series Data)

시계열자료 (Time-Series Data)	우량관측소(Precipitation Gages)			
우량관측소 (Precipitation Gages)	관측소	시계열자료		
	Buyeo	Time-Series Gage	Data Source	Manual Entry
			Units	Cumulative Millimeters
			Time Interval	2Hours
		Time Window (01Aug2017, 00:00~02Aug2017)	Start Date(ddMMMYYYY)	01Aug2022
			Start Time(HH:mm)	00:00
			End Date(ddMMMYYYY)	02Aug2022
			End Time(HH:mm)	00:00
		Table	**표 설7.1.6**	-
		Graph	**표 설7.1.6** 입력→생성	-

표 설7.1.6 부여 강우관측소 100년 빈도 지속기간 24시간 누가우량 자료; 강우시간

Time(ddMMMYYY, HH:mm)	PPT (mm)	Time(ddMMMYYY, HH:mm)	PPT (mm)	Time(ddMMMYYYY, HH:mm)	PPT (mm)
01Aug2017, 00:00	0.0	01Aug2017, 10:00	66.9	01Aug2017, 20:00	310.3
01Aug2017, 02:00	0.8	01Aug2017, 12:00	108.7	01Aug2017, 22:00	320.4
01Aug2017, 04:00	12.7	01Aug2017, 14:00	164.2	02Aug2017, 00:00	328.0
01Aug2017, 06:00	24.8	01Aug2017, 16:00	225.5		
01Aug2017, 08:00	40.3	01Aug2017, 18:00	278.0		

⑤ 출력(산정) 결과

(가) **표 설7.1.1~7.1.6**의 자료들을 입력하고, 계산 실행(Compute)을 수행하면 **표 설7.1.7**, **그림 설7.1.2**와 같은 출력 결과를 얻는다.

(나) 설계홍수량은 **표 설7.1.7**과 같이 첨두 홍수량은 79.625m^3/s이다. 이를 계획홍수량으로 결정하고, 다음 단계의 설계를 진행한다.

표 설7.1.7 설계홍수량 산정 결과

Project:Project 7_1 Simulation Run:Run 11
Junction:JS1

Start of Run: 01Aug2022, 00:00 Basin Model: Project_7
End of Run: 03Aug2022, 12:00 Meteorologic Model: HE_D
Compute Time:03Feb2024, 16:57:41 Control Specifications:100Y

Date	Time	Inflow fro... (M3/S)	Inflow fro... (M3/S)	Inflow fro... (M3/S)	Inflow fro... (M3/S)	Inflow fro... (M3/S)	Inflow fro... (M3/S)	Outflow (M3/S)
01Aug2022	00:00	1,500	1,500	1,500	1,500	1,500	1,500	9,000
01Aug2022	02:00	1,320	1,318	1,318	1,314	1,314	1,313	7,898
01Aug2022	04:00	1,330	1,384	1,354	1,217	1,224	1,208	7,717
01Aug2022	06:00	2,036	2,171	2,021	1,382	1,401	1,288	10,299
01Aug2022	08:00	3,567	3,581	3,233	1,828	1,837	1,516	15,562
01Aug2022	10:00	6,649	6,197	5,498	2,786	2,749	2,020	25,899
01Aug2022	12:00	12,058	10,712	9,420	4,519	4,391	2,957	44,058
01Aug2022	14:00	18,362	15,849	13,886	6,539	6,291	4,051	64,978
01Aug2022	16:00	22,847	19,416	16,984	7,955	7,610	4,813	79,625
01Aug2022	18:00	22,670	19,124	16,722	7,834	7,476	4,727	78,554
01Aug2022	20:00	17,110	14,396	12,594	5,942	5,667	3,642	59,351
01Aug2022	22:00	8,736	7,363	6,460	3,128	2,989	2,019	30,695
02Aug2022	00:00	3,811	3,234	2,857	1,465	1,406	1,012	13,784
02Aug2022	02:00	2,209	1,879	1,648	0,790	0,757	0,567	7,851
02Aug2022	04:00	0,613	0,541	0,481	0,254	0,247	0,436	2,571
02Aug2022	06:00	0,536	0,473	0,420	0,222	0,216	0,370	2,237
02Aug2022	08:00	0,469	0,414	0,368	0,194	0,189	0,324	1,957
02Aug2022	10:00	0,410	0,362	0,321	0,170	0,165	0,283	1,711
02Aug2022	12:00	0,358	0,316	0,281	0,148	0,144	0,248	1,496
02Aug2022	14:00	0,313	0,277	0,246	0,130	0,126	0,217	1,308
02Aug2022	16:00	0,274	0,242	0,215	0,114	0,110	0,189	1,144
02Aug2022	18:00	0,240	0,212	0,188	0,099	0,097	0,166	1,001
02Aug2022	20:00	0,210	0,185	0,164	0,087	0,084	0,145	0,875
02Aug2022	22:00	0,183	0,162	0,144	0,076	0,074	0,127	0,765
03Aug2022	00:00	0,160	0,141	0,126	0,066	0,065	0,111	0,669
03Aug2022	02:00	0,140	0,124	0,110	0,058	0,056	0,097	0,585
03Aug2022	04:00	0,123	0,108	0,096	0,051	0,049	0,085	0,512
03Aug2022	06:00	0,107	0,095	0,084	0,044	0,043	0,074	0,447
03Aug2022	08:00	0,094	0,083	0,074	0,039	0,038	0,065	0,391
03Aug2022	10:00	0,082	0,072	0,064	0,034	0,033	0,057	0,342
03Aug2022	12:00	0,072	0,063	0,056	0,030	0,029	0,050	0,299

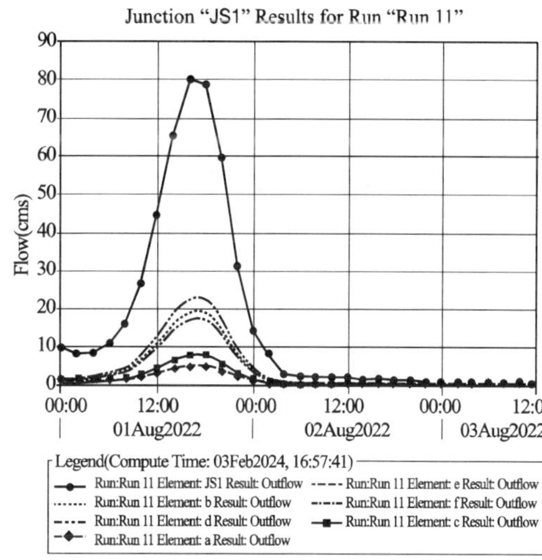

그림 설7.1.2 설계홍수량 산정 결과

2. 설계사항(제원 결정·도면 작성)

■ 제원 결정;

(1) 계획하폭 B_b 결정

(2) 총에너지 수두 H_e·설계(=월류)수두 $H_d(=H_{wi.Q})$ 계산

(3) 보 마루 표고 EL_{h_d}·마루높이 h_d 계산

(4) 보의 위 폭 B·보 아래 폭 b 계산

(5) 하류 물받이 두께 T·물받이 길이 L_1·바닥 보호공 길이 L_2 결정

(6) 하루수심 h_2 결정

■ **도면 작성;**

(7) 결정 설계 제원이 표시된 도면 작성

■ 설계조건 요약;

- 유역면적 A=9.92km^2
- (결정된) (100년 빈도) 계획홍수량 Q_{100}=79.625m^3/s
- (상류) 계획 취수위 표고(=수면표고) $EL_{H_{Dwi}}$=23.58m
- (설치지점) 상류 하상 표고 EL_{b1}=20.74m

- 하류 하상표고 EL_{b2}=21.65m
- 갈수위 표고 $EL_{H_{dr}}$=21.45m
- (설치구간) Manning (평균) 조도계수 n=**0.075**
- (평균) 수로경사 S_0=1/90
- 하류 바닥 보호공 길이 수로단면의 저폭(=계획 수로폭) B_b, 측면 기울기 z=1.0인 사다리꼴 단면
- 마루표고 여유고(10~15cm≈) 13cm
- (상류) 물받이 길이(3~5m≈) 3m
- 수로구간 하상재료=모래, 자갈 혼합재료(D_{50}=1.1~9.4mm)
- 하류수심=시산법 적용

(1) 계획하폭 결정

1) 고정보를 설계하기 위해서는 우선적으로 대상하천의 계획 수로폭 B_b를 결정하고 이를 대상으로 제원을 결정해야 한다.

2) 계획 하폭은 ㈎ 계획홍수량 기준; **표 7.16** 적용 ㈏ 유역위치 기준; **표 7.17** 적용하여 결정한다(충청남도, 2007; 한국수자원학회, 2009).

㈎ **표 7.16** 적용; Q_{100}=79.625m^3/s는 300m^3/s이하므로 40~60m의 범위값을 갖는다.

㈏ **표 7.17** 적용; 설치지점은 '충남 부여군'에 위치하므로 '일반 중소하천 중부(경기·강원, 충남북)'의 식 (7.4c)를 이용하여 산정한다.

㈐ 증산천 계획(충청남도, 2007)을 참조하면 설치 예정지점 약 300m 전후 수로구간의 현재 하폭은 16.8~34.0m 범위(예정 지점 약 20m)에 있고, 설치구간의 수로경사를 S_0=1/90할 때 하면 다음과 같이 계산·결정한다.

$$B_b = 1.303\frac{A^{0.318}}{S_0^{0.5}} \text{ (}\leftarrow A\text{=유역면적=9.92km}^2\text{, 하상경사 } S_0\text{=1/90)}$$

$$= 1.303\frac{(9.92)^{0.318}}{(0.0111)^{0.5}} = 1.303(2.074/0.1053) = 25.66 \approx 26\text{m}$$

㈑ 그러므로, 식 (7.4c)를 적용해 산정한 값을 계획하폭 B_b=26m로 결정한다.

(2) 총에너지·설계수두

1) 총에너지·접근속도수두 결정

㈎ 총에너지수두 결정

㉮ **그림 7.9**와 같은 월류형 (고정)보의 총에너지 수두 H_e는 식 (7.5)의 유량공식을 총에너지 수두 H_e항으로 변형시킨 식 (7.6)을 다음과 같이 이용해 계산한다.

$$H_e = \left(\frac{Q}{C_d L_w}\right)^{1/1.5} [\leftarrow Q(=Q_{100})=79.625\text{m}^3/\text{s},\ L_w(=B_b)=26\text{m}] = \left(\frac{79.625}{2.2\times 26}\right)^{1/1.5}$$
$$=1.25\text{m}$$

㈏ 그러므로 총에너지수두 H_e=1.25m이다.

2) 접근속도수두 결정

(가) 접근속도수두 h_a는 식 (7.7)을 이용해 다음과 같이 구한다.

(나) 식 (7.7)에 필요한 변수인 계획 취수수심 H_{Dwi}(=계획 취수위 표고 $EL_{H_{Dwi}}$−상류 하상 표고 EL_{b1}=23.58−20.74)=2.84m를 결정한 후 계산한다.

$$h_a = \frac{V^2}{2g}\left[= \frac{(Q/A)^2}{2g}\right] = \frac{(Q/H_{Dwi}\,B_b)^2}{2g} = \frac{[79.625/(2.84\times 26)]^2}{2\times 9.8} = 0.06\text{m}$$

(다) 그러므로 접근속도수두 h_a=0.06m이다.

3) 설계수두 결정

(가) 설계수두 H_d는 식 (7.6b)를 이용하여 다음과 같이 구한다.

$H_d = H_e - h_a$=1.25−0.06=1.19m

(나) 그러므로 설계수두 H_d=1.19m이다.

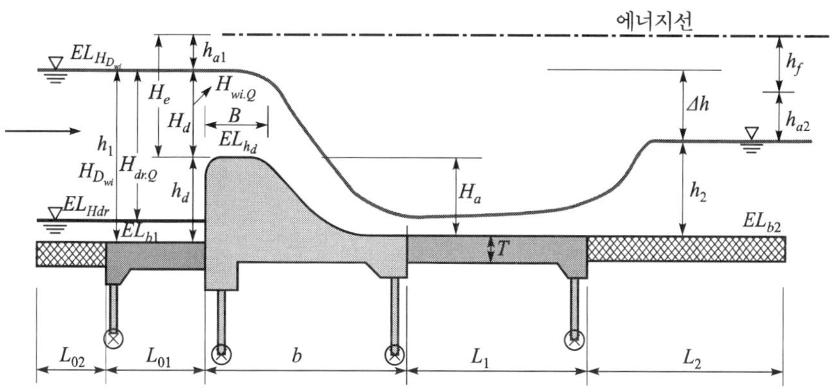

그림 7.9 보 마루 표고의 제원 결정

(3) 보 마루 표고·높이

1) 보 마루 표고 결정

㈎ 보 마루 표고 EL_{h_d}는 식 (6.4)과 갈수량의 월류수심 $H_{dr.Q}$를 결정하여 다음과 같이 구한다.

㈏ 갈수량의 월류수심 $H_{dr.Q}=EL_{H_{Dwi}}-EL_{H_{dr}}$=23.58−21.45=2.13m이다.

$EL_{h_d}=EL_{H_{Dwi}}-(H_{dr.Q}-H_{wi.Q})+h_r$ ($\leftarrow H_{wi.Q}=H_d$=1.19m, 여유고 h_r=13cm=0.13m)

=23.58−(2.13−1.19)+0.13=22.77m

㈐ 그러므로 보 마루 표고 EL_{h_d}=22.77m이다.

2) 마루높이 결정

㈎ 마루높이 h_d는 식 (7.9)를 이용해 다음과 같이 구한다.

$h_d = EL_{h_d} - EL_{b1}$ =22.77−20.74=2.03m

㈏ 그러므로 마루높이 h_d=2.03m이다.

㈐ 마루높이/월류수두(h_d/H_d) 검토; h_d/H_d(=20.03/1.19)=1.70>1.13 ∴OK

(4) 보의 위·아래 폭

1) 보의 위폭 결정

㈎ 보의 위폭 B는 식 (7.10a)를 이용하여 다음과 같이 계산한다.

$$B=\frac{H_d}{\sqrt{\gamma}}=\frac{1.19}{\sqrt{2.3}}=0.78\text{m}$$

㈏ 그러므로 보의 위폭 B=0.78m이다. 시공상 최종적으로 0.80m로 결정한다.

2) 보의 아래 폭 결정

㈎ 보의 아래 폭 b는 식 (7.10b)를 이용하여 다음과 같이 계산한다.

$$b=\frac{h_d+H_d+h_a}{\sqrt{\gamma}}=\frac{2.03+1.19+0.06}{\sqrt{2.3}}=2.16\text{m}$$

㈏ 그러므로 보의 아래 폭 b=2.16m이다. 시공상 최종적으로 2.20m로 결정한다.

(5) 하류수심 결정

1) 하류수심 h_2는 정상류에 대한 등류수심 h_n이므로 시산법, 계산곡선, 프로그램 이용 등으로 구할 수 있는데 여기서는 시산법을 적용한다.

2) 주어진 설계조건인 Manning의 조도계수 n, 계획 홍수량 Q, 수로경사 S_0을 이용한다.

3) 주어진 조건은 n=0.075, Q=79.625m^3/s, S_0=1/90와 2(1)㈑항에서 결정된 계획 수로폭 B_b=26m, 사다리꼴 수로단면의 z=1.0이 사용된다.

$$Q=\frac{1}{n}AR_h^{2/3}S_0^{1/2}\leftarrow A=(b_w+zh)h[\leftarrow b_w(=B_b)=26\text{m},\ z=1.0]=(26+h)h$$

$$\leftarrow P=b_w+2h\sqrt{z^2+1}=26+2.8284h,\ R_h=\frac{A}{P}=\frac{(26+h)h}{26+2.8284h}$$

$$79.625=\frac{1}{0.075}(26+h)h\left[\frac{(26+h)h}{26+2.8284h}\right]^{2/3}(0.0111)^{1/2} \qquad \text{(설7.1)}$$

4) 식 (설7.1)을 이용하여 시산법(trial and error method)에 의한 하류수심 h_2는 **표 설7.1.8**(a)와 같이 **1.60m**를 얻었다.

5) 참고로 **표 예3.12.3**의 Fortran 프로그램에 의한 **표 설7.1.8**(b)(등류수심 산정)의 결과도 같은 값인 h_2=1.60m를 얻었다.

표 설7.1.8 등류수심의 계산

(a) 시산법 이용

수심 h(m)	$f(h_n)$	79.625	수심 h(m)	$f(h_0)$	79.625
0.5	11.463	<	1.60	79.350	<
1.0	36.307	<	1.61	80.177	>
2.0	115.065	(1~2)>	**1.605**	79.763	>
1.50	71.269	<	**1.604**	79.680	≈79.625 ∴OK
1.80	96.541	>	**1.603**	79.598	∴h_n=**1.60m**

(b) 포트란 프로그램 이용

NEWTON RAPHSON METHOD INITIAL ESTIMATE FOR Y = 0.50m TOLERANCE = 0.0001 DISCHARGE = 79.625m³/s MANNING N = 0.0750 CHANNEL BOTTOM WIDTH = 26.00m SIDE SLOPE = 1.00 CHANNEL BOTTOM SLOPE = 0.0111 NORMAL DEPTH = 1.60m	NEWTON RAPHSON METHOD INITIAL ESTIMATE FOR Y = 0.50 m TOLERANCE = 0.0001 DISCHARGE = 79.625m3/s MANNING N = 0.0750 CHANNEL BOTTOM WIDTH = 26.00 m SIDE SLOPE = 1.00 CHANNEL BOTTOM SLOPE = 0.0111 NORMAL DEPTH = 1.60 m

6) 그러므로 하류수심 h_2=1.60m로 결정한다.

(6) 물받이·바닥 보호공 길이

1) 물받이 두께 결정

(가) 하류 물받이 두께 T는 식 (7.11)로 다음과 같이 계산한다.

$$T=\frac{4(\Delta h-h_f)}{3(\gamma-1)}\ (\leftarrow \Delta h=\text{상·하류 수위차}=H_{Dwi}-h_2=2.84-1.60=1.24\text{m})[\Delta h=1.24\text{m}]$$

$$h_f=(EL_{H_{Dwi}}+h_{a1})-(EL_{h_2}+h_{a2})$$

$$\leftarrow EL_{h_2}=EL_{b2}+h_2=21.65+1.60=23.25\text{m}$$

$$h_{a2}=\frac{V_2^2}{2g}=\frac{(Q/A)^2}{2g}=\frac{[Q/(b_w+zh_2)h_2]^2}{2g}\leftarrow A=(b_w+zh_2)h_2$$

$$[\leftarrow b_w(=B_b)=26\text{m},\ z=1.0]=(26+h)h$$

$$=\frac{[79.625/(26+1.60)(1.60)]^2}{2\times 9.8}=0.17\text{m}\ [h_{a2}=0.17\text{m}]$$

$$h_f=(23.58+0.06)-(23.25+0.17)=23.64-23.42=0.22\text{m}$$

$$[h_f=0.22\text{m}]$$

$$\therefore T=\frac{4(1.24-0.22)}{3(2.3-1)}=1.05\text{m}$$

(나) 그러므로 하류 물받이 두께 T=1.05m이다. 시공상 최종적으로 T=1.10m로 결정한다.

2) 물받이 길이 결정

(가) 하류 물받이 길이 L_1은 식 (7.12)로 계산한다.

$$L_1=0.6\,C\sqrt{H_a}\ (\leftarrow H_a=EL_{h_d}-EL_{b2}=22.77-21.65=1.12\text{m})[H_a=1.12\text{m}]$$

$$=0.6\times 9\times\sqrt{1.12}=5.71\text{m}$$

(나) 그러므로 하류 물받이 길이 L_1=5.71m이다. 시공상 최종적으로 5.80m로 결정한다.

$[L_1=5.80\text{m}]$

3) 바닥 보호공 길이

(가) 하류 바닥 보호공 길이 L_2는 식(7.13)으로 계산한다.

$L_2 = 0.66\ C f(H_a q)^{1/2} - L_1$($\leftarrow q$ = 단위폭당 유량 $= Q/B_b = 79.625/26 = 3.062\text{m}^3/\text{s/m}$)

$= 0.66 \times 9 \times 1.0 \times (1.12 \times 3.062)^{1/2} - 5.80 = 5.20\text{m}$

㈏ 그러므로 하류 바닥 보호공 길이 L_2=5.20m이고, 이를 최종적으로 설계 제원으로 사용한다. [L_2= 5.20m]

(7) 결정 설계제원이 표시된 도면 작성

1) 2(1)~(6)항에서 결정된 설계제원이 표시된 도면 작성을 위해 결정된 제원들을 **표 설7.1.9**와 같이 정리한다.

2) **표 설7.1.9**의 값을 이용하여 작성된 도면은 **그림 설7.1.3**과 같다.

표 설7.1.9 고정보의 설계조건과 결정 제원

설계조건	크기	결정 제원	크기
계획 홍수량 $Q(\text{m}^3/\text{s})$	79.625	계획하폭 $B_b(\text{m})$	26.00
단위폭당 홍수량 $q(\text{m}^3/\text{s/m})$	3.062	총에너지 수두 $H_e(\text{m})$	1.25
계획 취수위 표고 $EL_{H_{Dwi}}(\text{m})$	23.58	설계(월류)수두 $H_d(\text{m})$	1.19
갈수위 표고 $EL_{H_{dr}}(\text{m})$	21.65	갈수량 월류수심 $H_{dr.Q}(\text{m})$	2.13
상류 하상고 표고 $EL_{b1}(\text{m})$	20.74	마루표고 $EL_{h_d}(\text{m})$	22.77
하류 하상고 표고 $EL_{b2}(\text{m})$	21.65	마루높이 $h_d(\text{m})$	2.03
마루표고 여유고 $h_r(\text{m})$	0.13	보 위 폭 $B(\text{m})$	0.80
상류 물받이 길이 $L_{02}(\text{m})$	3.00	보 아래 폭 $b(\text{m})$	2.20
Manning (평균) 조도계수 n	0.075	하류 수심 $h_2(\text{m})$	1.60
(평균) 수로경사 S_0	1/90	하류 물받이 두께 $T(\text{m})$	1.10
측면 기울기 z	1.00	하류 물받이 길이 $L_1(\text{m})$	5.80
하상재료 중앙입경 $D_{50}(\text{mm})$	1.1~9.4	하류 바닥 보호공 길이 $L_2(\text{m})$	5.20

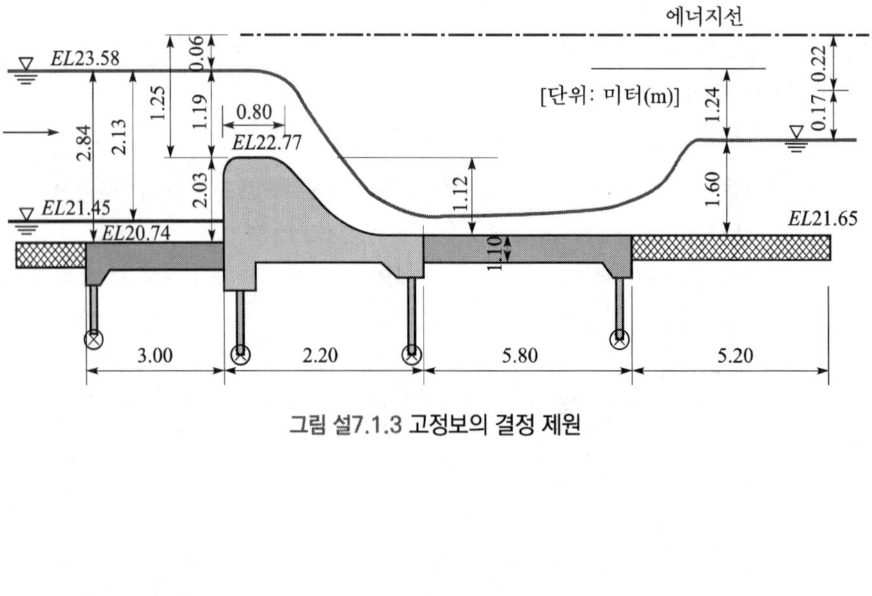

그림 설7.1.3 고정보의 결정 제원

(2) 안정성 검토

① 고정보의 안정성 검토

고정보에 대한 홍수위 안정성 검토는 [설계과제 7.1]에서 결정된 고정보의 제원을 중심으로 [설계과제 7.2]를 통해 수계산에 의한 수면곡선 분포특성을 개략 검토한다. 또한 [설계과제 7.3]에서는 HEC-RAS(v5.0)를 통해 검토하고 홍수위 안정성 분석을 수행한다.

설계과제 7.2

그림 설7.2.1과 [설계과제 7.1]에 주어진 조건 · 풀이 결과를 참조하여 다음 사항에 답하시오[여기서 각 지점 ①, ⓒ, ⓪, ⓑ, ⓐ, ②는 다음과 같다. 지점 ①=상류수면, 지점 ⓒ=보의 마루(crest), 지점 ⓪=보의 끝(toe), 지점 ⓐ=도수 시점, 지점 ⓑ=도수 끝점, 지점 ②=하류수면).

1. 지점 ⓪에서 ⓑ점까지의 수로구간길이 결정
2. 지점 ⓒ, ⓪, ⓑ, ⓐ의 수심을 구하고, 보 상하류구간의 수면곡선 스케치(작성)

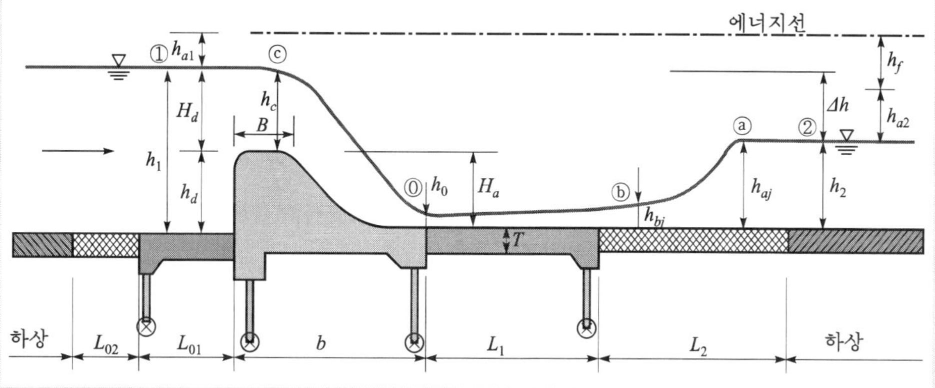

그림 설7.2.1 수면곡선 계산을 위한 고정보의 측면 구조도

[풀이]

1. 지점 ⓪에서 ⓑ점의 수로구간길이 결정

(1) 마루 위의 흐름은 통상 한계류로 간주되므로 ⓒ점에 한계수심 h_c발생한다.

(2) 마루의 흐름은 사각형 단면수로이므로 한계수심 $h_c(=h_{crect})$는 다음과 같이 계산한다[**표 설 7.2.1**(a) 참조].

$h_c = (q^2/g)^{1/3} = (3.062^2/9.8)^{1/3} = 0.99\text{m}$

※ 하류구간은 사다리꼴 단면수로로 한계수심 $h_{c.trap}$=0.97m[3.2.2(4), **표 설7.2.1**(b) 참조]이다.

표 설7.2.1 포트란 프로그램 이용 한계수심 계산

(a) 사각형 단면수로

NEWTON-RAPHSON METHOD	NEWTON-RAPHSON METHOD
DISCHARGE = 79.625m^3/s BOTTOM WIDTH =26.00m **SIDE SLOPE =0.00** INITIAL ESTIMATE FOR hc = 5.00m G = 9.80m/s^2 ALPHA = 1.00 CHANNEL BOTTOM SLOPE = 0.01 DEGREES SPECIFIED TOLERANCE FOR CONVERGENCE OF ITERATIONS = 0.001m CRITICAL DEPTH = 0.99m	DISCHARGE = 79.625 m3/s BOTTOM WIDTH =26.00 m SIDE SLOPE =0.00 INITIAL ESTIMATE FOR hc = 5.00 m G = 9.80 m/s2 ALPHA = 1.00 CHANNEL BOTTOM SLOPE = 0.01 DEGREES SPECIFIED TOLERANCE FOR CONVERGENCE OF ITERATIONS = 0.001 m CRITICAL DEPTH = 0.99 m

(b) 사다리꼴 단면수로

NEWTON-RAPHSON METHOD	NEWTON-RAPHSON METHOD
DISCHARGE = 79.625m^3/s BOTTOM WIDTH =26.00m **SIDE SLOPE =1.00** INITIAL ESTIMATE FOR hc = 5.00m G = 9.80m/s^2 ALPHA = 1.00 CHANNEL BOTTOM SLOPE = 0.01 DEGREES SPECIFIED TOLERANCE FOR CONVERGENCE OF ITERATIONS = 0.001m CRITICAL DEPTH = 0.97m	DISCHARGE = 79.625 m3/s BOTTOM WIDTH =26.00 m SIDE SLOPE =1.00 INITIAL ESTIMATE FOR hc = 5.00 m G = 9.80 m/s2 ALPHA = 1.00 CHANNEL BOTTOM SLOPE = 0.01 DEGREES SPECIFIED TOLERANCE FOR CONVERGENCE OF ITERATIONS = 0.001 m CRITICAL DEPTH = 0.97 m

(3) 지점 ⓪의 낙차수심 h_0 계산; 하류 하상표고 EL_{b2}=21.65m를 수평 기준면으로 하여 상류 ① 지점과 고정보 우측 끝 ⓪지점의 수면에 Bernoulli 방정식을 적용한다.

$$[(EL_{h_d}-EL_{b2})+H_e]_1=h_0+\frac{V_0^2}{2g}\ [\leftarrow(22.77-21.65)+1.25=h_0+\frac{q^2}{2gh_0^2}]$$

$$2.37=h_0+\frac{q^2}{2gh_0^2}\ (\leftarrow h_0+\frac{3.062^2}{2\times9.8h_0^2}=h_0+\frac{0.4783}{h_0^2})=\frac{h_0^3+0.4783}{h_0^2}$$

$$\therefore f(h_0)=h_0^3-2.37h_o^2+0.4783=0 \qquad (설7.2.1)$$

(4) 식 (설7.2.1)은 3차 방정식으로 근의 공식, 시산법을 적용할 수 있다.

(5) 여기서는 **표 설7.2.2**와 같이 엑셀(Excel)을 이용한 시산법을 사용한다.

표 설7.2.2 낙차수심 h_0의 시산법 계산

h_0	$f(h_0)$	0	h_0	$f(h_0)$	0	h_0	$f(h_0)$	0
1.0	−0.892		0.6	−0.159		0.51	−0.005	0≈∴OK ∴h_0=0.51m
2.0	−1.002		0.4	0.163		0.505	0.003	
1.5	−1.479		0.55	−0.072		0.507	−0.001	
0.5	0.011		0.52	−0.022		0.506	0.001	

∴낙차수심 h_0=0.51m로 결정한다.

(6) ∴낙차수심 h_0=0.51m < 한계수심 h_c=0.99m로 물리적인 관계를 만족한다.

(7) 지점 ⓞ에서 ⓑ점까지의 수로구간길이 결정을 위해서는 지점 ⓑ의 수심인 도수 전 수심 h_{bj}를 계산한다.

① 도수 전 수심 h_{bj}는 도수 후 수심인 하천 내 흐름 즉, 정상류흐름의 등류 수심 h_2를 이용해 계산한다

② ⓑ지점의 수심 h_{bj}와 ⓐ지점의 수심 h_{aj}[②지점의 수심 $h_2(\approx h_{aj})$=등류수심]는 도수 전후의 수심으로 다음 식을 이용해 구한다.

$$h_2/h_{bj} = \frac{1}{2}(\sqrt{1+8Fr_b^2}-1) \quad \text{(설7.2.2)}$$

③ 식 (설7.2.2)를 이용하여 시산법에 의해 다음과 같이 도수 전 수심 h_{bj}를 구한다.

$$Fr_b^2 = \frac{q^2}{g h_{bj}^3}\ [\leftarrow Fr_b = \frac{V_b}{\sqrt{g h_{bj}}}(\leftarrow V_b = \frac{q}{h_{bj}},\ V_b^2 = \frac{q^2}{h_{bj}^2})] \quad \text{(설7.2.3)}$$

④ 식 (설7.2.3)을 식 (설7.2.2)에 대입하고 정리하면 다음과 같다.

$$h_2/h_{bj} = \frac{1}{2}(\sqrt{1+8Fr_b^2}-1)\ (\leftarrow Fr_b^2 = \frac{q^2}{g h_{bj}^3}) = \frac{1}{2}[-1+\sqrt{1+\frac{8q^2}{g h_{bj}^3}}\ ]$$

$$= \frac{1}{2}[-1+\sqrt{1+\frac{8(3.062)^2}{9.8 h_{bj}^3}}\ ]$$

$$\frac{1.60}{h_{bj}} = \frac{1}{2}[-1+\sqrt{1+\frac{7.6537}{h_{bj}^3}}\ ]$$

$$\therefore 3.2 = h_{bj}[-1+\sqrt{1+\frac{7.6537}{h_{bj}^3}}\ ] \quad \text{(설7.2.4)}$$

여기서 지점 ⓑ의 수심 $h_2(\approx h_{aj})$(=등류수심)는 [설계과제 7.1]의 2(6)항에서 결정된 **하류수심 h_b=1.60m**이다.

⑤ 식 (설7.2.4)는 3차 방정식으로 엑셀(Excel)을 이용한 시산법을 적용해 **표 설7.2.3**과 같이 풀이한다.

표 설7.2.3 도수 전 수심 h_{bj}의 시산법 계산

h_{bj}	$f(h_{bj})$	3.2	h_{bj}	$f(h_{bj})$	3.2	h_{bj}	$f(h_{bj})$	3.2
1.0	1.94		0.5	3.44		0.56	3.18	
2.0	0.80		0.4	3.99		0.55	3.22	≈3.2 ∴OK ∴h_{bj}=0.55m
1.5	1.21		0.6	3.02		0.555	3.20	
1.1	1.76		0.54	3.26		0.556	3.20	

∴도수 전 수심 h_{bj}=0.55m로 결정한다.

⑥ ∴한계수심(선) h_c=0.99m이고, 낙차수심 h_0=0.51m, 도수 전 수심 h_{bj}=0.55m(> h_0=0.51m)로 물리적으로 만족한 관계이다.

⑦ 물받이 시점에서 도수 전 지점 ⓑ까지 거리계산

1) 수심 h_0와 h_{bj} 사이의 거리 ΔL는 수정 Bernoulli 방정식을 두 점의 바닥에 적용해 다음과 같이 구한다.

$$\frac{V_0^2}{2g}+\frac{p_0}{\gamma}+z_0=\frac{V_{bj}^2}{2g}+\frac{p_{bj}}{\gamma}+z_{bj}+h_L(\leftarrow \Delta z=z_0-z_{bj}=S_0\,\Delta L,\ \text{손실수두}\ h_L=S_f\Delta L)$$

$$S_0\Delta L+h_0+\frac{V_0^2}{2g}=h_{bj}+\frac{V_{bj}^2}{2g}+S_f\Delta L \qquad (\text{설}7.2.4)$$

2) 식 (설7.2.4)를 ΔL에 관해 정리하면 다음 식을 얻는다.

$$\Delta L=\frac{\left(h_0+V_0^2/2g\right)-\left(h_{bj}+V_{bj}^2/2g\right)}{(S_f-S_0)} \qquad (\text{설}7.2.5)$$

3) 식 (설7.2.5)에 $V_0=\dfrac{q}{h_0}$, $V_1=\dfrac{q}{h_{bj}}$, $\Delta h=h_0-h_{bj}$, $S_f=\left(\dfrac{n\overline{V}}{R_h^{2/3}}\right)^2$을 대입·정리하여 ΔL을 구한다.

㈎ 평균유속 계산 : $V_0=\dfrac{q}{h_0}=\dfrac{3.062}{0.51}$=6.00m/s, $V_{bj}=\dfrac{q}{h_{bj}}=\dfrac{3.062}{0.55}$=5.56m/s, $\overline{V}$=5.78m/s

㈏ 동수반경의 평균값 계산; $R_h=\dfrac{A}{P}=\dfrac{(26+h)h}{26+2.8284h}$

$$\overline{R_h}=\frac{1}{2}\left[\frac{(26+h_0)h_0}{26+2.8284h_0}+\frac{(26+h_{bj})h_{bj}}{26+2.8284h_{bj}}\right]$$

$$=\frac{1}{2}\left[\frac{(26+0.51)(0.51)}{26+2.8284(0.51)}+\frac{(26+0.55)(0.55)}{26+2.8284(0.55)}\right]=0.51\text{m}$$

㈐ 마찰경사 계산 : $S_f=\left(\dfrac{n\overline{V}}{\overline{R_h}^{2/3}}\right)^2=\left(\dfrac{0.075\times5.78}{0.51^{2/3}}\right)^2$=0.4611

㈑ $\therefore\ \Delta L=\dfrac{\left(h_0+\dfrac{V_0^2}{2g}\right)-\left(h_{bj}+\dfrac{V_{bj}^2}{2g}\right)}{(S_f-S_0)}=\dfrac{\left(0.51+\dfrac{6.00^2}{2\times9.8}\right)-\left(0.55+\dfrac{5.56^2}{2\times9.8}\right)}{(0.4611-0.0111)}$

=(2.346−2.127)/(**0.4611**−0.0111)=0.219/0.45=0.48m

㈒ **그림 설7.2.3**과 같이 지점 ⓪에서 지점 ⓑ까지의 거리 ΔL=0.48m이다.

⑧ 도수길이 L_j 계산

1) **그림 설7.2.2**(USBR, 1955)를 이용하여 도수길이를 구한다.

㈎ 도수 전의 Froude 수 Fr_{bj}와 도수 후 수심 h_{aj}에 대한 도수길이 L_j 비(L_j/h_{aj})를 다음과 같이 이용한다.

$Fr_{bj}=V_{bj}/\sqrt{g\,h_{bj}}=5.56/\sqrt{9.8\times0.55}$=2.39→$L_j/h_{aj}$=4.62

∴L_j=4.62(1.60)=7.39m

㈏ ∴도수길이 L_j=7.39m이고, **그림 설7.2.3**과 같다.

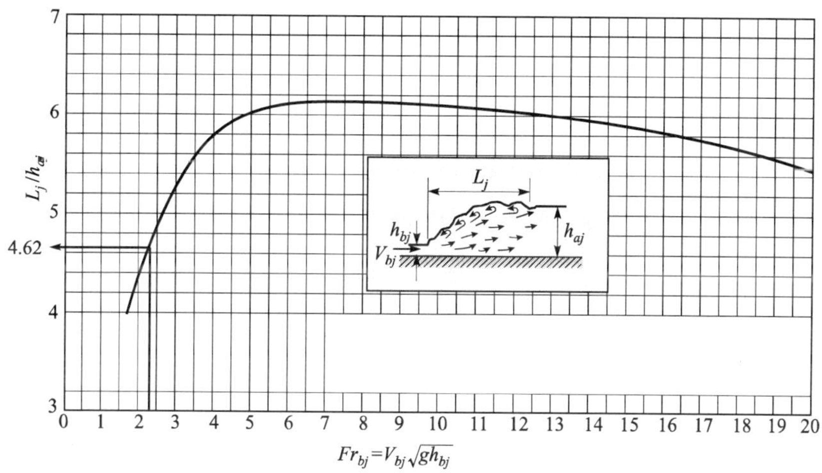

그림 설7.2.2 도수 후 수심 h_{aj}에 대한 도수길이 L_j 비 관계도

2) ∴지점 ⓪에서 ⓑ점의 수로구간길이 $L_{0\sim b}=\Delta L+L_j=0.48+7.39=7.87$m이다.

2. 지점 ⓒ, ⓪, ⓑ, ⓐ의 수심을 구하고, 보 상하류구간의 수면곡선 스케치(작성)

(1) 1항에서 구한 지점 ⓒ, ⓪, ⓑ, ⓐ의 수심은 다음과 같다.

1) 지점 ⓒ의 한계수심 h_c=0.99m이다.

2) 지점 ⓪의 낙차수심 h_0=0.51m이다.

3) 지점 ⓐ의 도수 전 수심

4) 지점 ⓑ의 하류(=등류=도수 후)수심

(2) 결정된 지점 ⓪~ⓑ점간 수로구간[지점 ⓪~ⓑ 거리 (a) ΔL과 도수길이 (b) L_j] 길이와 지점 ⓒ, ⓪, ⓑ, ⓐ의 수심을 기초로 계산된 보 상하류구간 16.20m의 수면곡선을 작성하면 그림 설7.2.3과 같다.

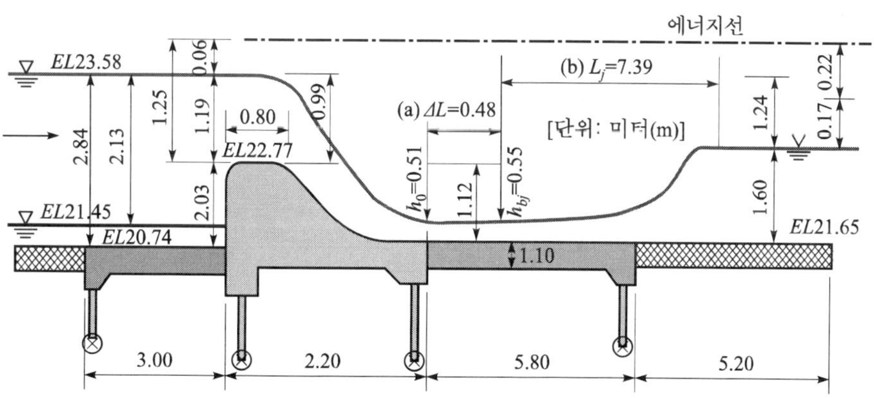

그림 설7.2.3 보 상하류구간에 대한 수면분포곡선

설계과제 7.3

표 설7.3.1과 그림 설7.3.1, [설계과제 7.1, 7.2]에 주어진 조건 · 풀이 결과를 참조하여 다음 사항에 답하시오.

1. 그림 설7.3.1의 지점번호 No. 4와 3사이(No. 3.676)에 수문(水門, gate) 없는 (uncontrolled gate) 고정보(fixed weir) 설치
2. 1항 고정보의 HEC-RAS(v5.0)에 의한 홍수위 안정성 검토

표 설7.3.1 지형자료구성용 주요 자료

(a) 전 수로구간의 지형자료

조건 \ 크기	크기 또는 범위	조건 \ 크기	크기 또는 범위	
전 수로구간 길이(m)	2,500	조도계수	전 지점번호 동일	
지점번호	수로구간 길이	좌안(LOB)	0.076	평균 0.075
No. 6~5	500	중앙(Channel)	0.074	
No. 5~4	500	우안(ROB)	0.075	
No. 4~3.679	160.6	수로중앙 x좌표	좌안끝점 4.00	
No. 3.679~3.642	18.4		우안끝점 35.16	
No. 3.642~3	321	단면변화	급축(Contraction) 0.1	
No. 3~2	500		급확(Expansion) 0.3	
No. 2~1	500	※표 설7.3.1(b) 외 지점 좌표; 주어진 조건에 맞게 작성		
N0.1	0	※ 그 외 추가로 필요한 자료; 제7장 자료 참조		

(b) 지점번호 No. 3.679의 지형자료

번호 \ 좌표	x좌표 (station)(m)	y좌표 (elevation)(m)
1	0.00	37.18
2	4.00	37.18
3	4.60	36.58
4	6.58	34.6
5	19.58	34.6
6	32.58	34.6
7	34.56	36.58

번호 \ 좌표	x좌표 (station)(m)	y좌표 (elevation)(m)
8	35.16	24.23
9	39.16	24.23

내용 \ 수로	좌안(LOB)	중앙(Channel)	우안(ROB)
구간길이	500	500	500
조도계수	0.076	0.074	0.076

중앙x좌표·단면변화	좌안 끝점	우안 시점	급축(Cont)	급확(Exp)
	4.00	35.16	0.1	0.3

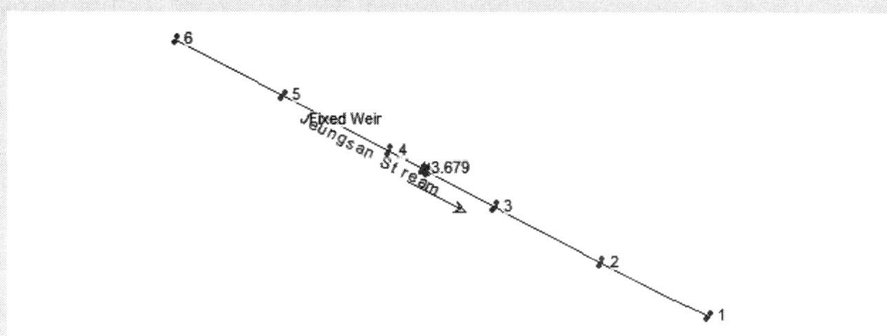

그림 설7.3.1 고정보의 홍수위 검토를 위한 수계도

[풀이]

0. **[설계과제 7.3]**을 수행한 결과의 수계도와 종단 수면곡선분포는 그림 설7.3.2와 같다.

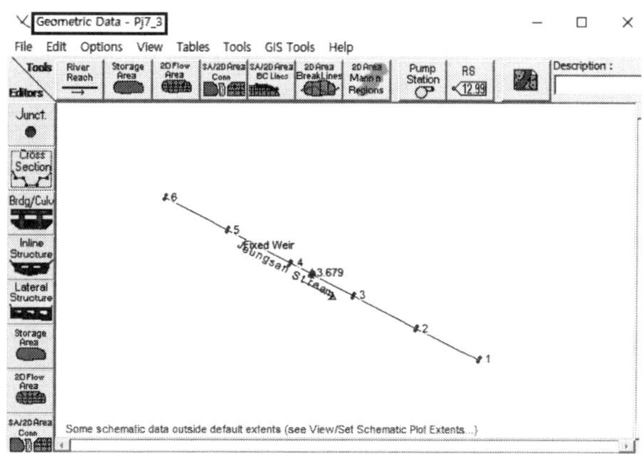

(a) 수계도

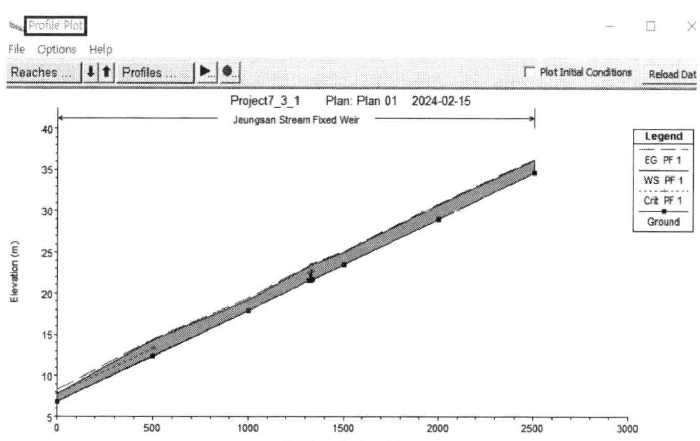

(b) 종단 수면곡선

그림 설7.3.2 수행결과 수계도와 종단 수면곡선분포

1. **그림 설7.3.1**의 지점번호 No. 4와 3사이(No. 3.676)에 수문(水門, gate) 없는(uncontrolled gate) 고정보(fixed weir) 설치
   (1) **그림 설7.3.1**의 지점번호 No. 3.676 지점에 수문이 없는 고정보를 설치하기 위해서는 **표 설7.3.1**과 **그림 설7.3.1**을 이용하여 추가로 필요한 지형자료를 작성해야 한다.
   (2) **표 설7.3.1(b)**에 주어진 조건을 이용하여 해당 지점을 제외한 No. 6~No. 1 나머지 지점의 지형자료를 **표 설7.3.2**와 같이 작성한다.

표 설7.3.2 추가 작성 지형자료

(a) No. 6 지형자료

<table>
<tr><th>좌표
번호</th><th>x좌표
(station)(m)</th><th>y좌표
(elevation)(m)</th><th>좌표
번호</th><th colspan="6">x좌표
(station)(m)</th><th colspan="6">y좌표
(elevation)(m)</th></tr>
<tr><td>1</td><td>0.00</td><td>37.18</td><td>8</td><td colspan="6">35.16</td><td colspan="6">24.23</td></tr>
<tr><td>2</td><td>4.00</td><td>37.18</td><td>9</td><td colspan="6">39.16</td><td colspan="6">24.23</td></tr>
<tr><td>3</td><td>4.60</td><td>36.58</td><td>수로
내용</td><td colspan="4">좌안(LOB)</td><td colspan="4">중앙(Channel)</td><td colspan="4">우안(ROB)</td></tr>
<tr><td>4</td><td>6.58</td><td>34.6</td><td>구간길이</td><td colspan="4">500</td><td colspan="4">500</td><td colspan="4">500</td></tr>
<tr><td>5</td><td>19.58</td><td>34.6</td><td>조도계수</td><td colspan="4">0.076</td><td colspan="4">0.074</td><td colspan="4">0.076</td></tr>
<tr><td>6</td><td>32.58</td><td>34.6</td><td rowspan="2">중앙x좌표
·단면변화</td><td colspan="3">좌안 끝점</td><td colspan="3">우안 시점</td><td colspan="3">급축(Cont)</td><td colspan="3">급확(Exp)</td></tr>
<tr><td>7</td><td>34.56</td><td>36.58</td><td colspan="3">4.00</td><td colspan="3">35.16</td><td colspan="3">0.1</td><td colspan="3">0.3</td></tr>
</table>

(b) No. 5 지형자료

<table>
<tr><th>좌표
번호</th><th>x좌표
(station)(m)</th><th>y좌표
(elevation)(m)</th><th>좌표
번호</th><th colspan="6">x좌표
(station)(m)</th><th colspan="6">y좌표
(elevation)(m)</th></tr>
<tr><td>1</td><td>0.00</td><td>31.63</td><td>8</td><td colspan="6">35.16</td><td colspan="6">31.63</td></tr>
<tr><td>2</td><td>4.00</td><td>31.63</td><td>9</td><td colspan="6">39.16</td><td colspan="6">31.63</td></tr>
<tr><td>3</td><td>4.60</td><td>31.03</td><td>수로
내용</td><td colspan="4">좌안(LOB)</td><td colspan="4">중앙(Channel)</td><td colspan="4">우안(ROB)</td></tr>
<tr><td>4</td><td>6.58</td><td>29.05</td><td>구간길이</td><td colspan="4">500</td><td colspan="4">500</td><td colspan="4">500</td></tr>
<tr><td>5</td><td>19.58</td><td>29.05</td><td>조도계수</td><td colspan="4">0.076</td><td colspan="4">0.074</td><td colspan="4">0.076</td></tr>
<tr><td>6</td><td>32.58</td><td>29.05</td><td rowspan="2">중앙x좌표
·단면변화</td><td colspan="3">좌안 끝점</td><td colspan="3">우안 시점</td><td colspan="3">급축(Cont)</td><td colspan="3">급확(Exp)</td></tr>
<tr><td>7</td><td>34.56</td><td>31.03</td><td colspan="3">4.00</td><td colspan="3">35.16</td><td colspan="3">0.1</td><td colspan="3">0.3</td></tr>
</table>

(c) No. 4 지형자료

<table>
<tr><th>좌표
번호</th><th>x좌표
(station)(m)</th><th>y좌표
(elevation)(m)</th><th>좌표
번호</th><th colspan="2">x좌표
(station)(m)</th><th colspan="2">y좌표
(elevation)(m)</th></tr>
<tr><td>1</td><td>0.00</td><td>26.07</td><td>8</td><td colspan="2">35.16</td><td colspan="2">26.07</td></tr>
<tr><td>2</td><td>4.00</td><td>26.07</td><td>9</td><td colspan="2">39.16</td><td colspan="2">26.07</td></tr>
<tr><td>3</td><td>4.60</td><td>25.47</td><td>수로
내용</td><td>좌안(LOB)</td><td colspan="2">중앙(Channel)</td><td>우안(ROB)</td></tr>
<tr><td>4</td><td>6.58</td><td>23.49</td><td>구간길이</td><td>160.6</td><td colspan="2">160.6</td><td>160.6</td></tr>
<tr><td>5</td><td>19.58</td><td>23.49</td><td>조도계수</td><td>0.076</td><td colspan="2">0.074</td><td>0.076</td></tr>
<tr><td>6</td><td>32.58</td><td>23.49</td><td rowspan="2">중앙x좌표
·단면변화</td><td>좌안 끝점</td><td>우안 시점</td><td>급축(Cont)</td><td>급확(Exp)</td></tr>
<tr><td>7</td><td>34.56</td><td>25.47</td><td>4.00</td><td>35.16</td><td>0.1</td><td>0.3</td></tr>
</table>

(d) No. 3.642 지형자료

<table>
<tr><th>좌표
번호</th><th>x좌표
(station)(m)</th><th>y좌표
(elevation)(m)</th><th>좌표
번호</th><th colspan="2">x좌표
(station)(m)</th><th colspan="2">y좌표
(elevation)(m)</th></tr>
<tr><td>1</td><td>0.00</td><td>24.03</td><td>8</td><td colspan="2">35.16</td><td colspan="2">24.03</td></tr>
<tr><td>2</td><td>4.00</td><td>24.03</td><td>9</td><td colspan="2">39.16</td><td colspan="2">24.03</td></tr>
<tr><td>3</td><td>4.60</td><td>23.43</td><td>수로
내용</td><td>좌안(LOB)</td><td colspan="2">중앙(Channel)</td><td>우안(ROB)</td></tr>
<tr><td>4</td><td>6.58</td><td>21.45</td><td>구간길이</td><td>321</td><td colspan="2">321</td><td>321</td></tr>
<tr><td>5</td><td>19.58</td><td>21.45</td><td>조도계수</td><td>0.076</td><td colspan="2">0.074</td><td>0.076</td></tr>
<tr><td>6</td><td>32.58</td><td>21.45</td><td rowspan="2">중앙x좌표
·단면변화</td><td>좌안 끝점</td><td>우안 시점</td><td>급축(Cont)</td><td>급확(Exp)</td></tr>
<tr><td>7</td><td>34.56</td><td>23.43</td><td>4.00</td><td>35.16</td><td>0.1</td><td>0.3</td></tr>
</table>

(e) No. 3 지형자료

<table>
<tr><th>좌표
번호</th><th>x좌표
(station)(m)</th><th>y좌표
(elevation)(m)</th><th>좌표
번호</th><th colspan="2">x좌표
(station)(m)</th><th colspan="2">y좌표
(elevation)(m)</th></tr>
<tr><td>1</td><td>0.00</td><td>20.47</td><td>8</td><td colspan="2">35.16</td><td colspan="2">20.47</td></tr>
<tr><td>2</td><td>4.00</td><td>20.47</td><td>9</td><td colspan="2">39.16</td><td colspan="2">20.47</td></tr>
<tr><td>3</td><td>4.60</td><td>19.87</td><td>수로
내용</td><td>좌안(LOB)</td><td colspan="2">중앙(Channel)</td><td>우안(ROB)</td></tr>
<tr><td>4</td><td>6.58</td><td>17.89</td><td>구간길이</td><td>500</td><td colspan="2">500</td><td>500</td></tr>
<tr><td>5</td><td>19.58</td><td>17.89</td><td>조도계수</td><td>0.076</td><td colspan="2">0.074</td><td>0.076</td></tr>
<tr><td>6</td><td>32.58</td><td>17.89</td><td rowspan="2">중앙x좌표
·단면변화</td><td>좌안 끝점</td><td>우안 시점</td><td>급축(Cont)</td><td>급확(Exp)</td></tr>
<tr><td>7</td><td>34.56</td><td>19.87</td><td>4.00</td><td>35.16</td><td>0.1</td><td>0.3</td></tr>
</table>

(f) No. 2 지형자료

좌표 \ 번호	x좌표 (station)(m)	y좌표 (elevation)(m)
1	0.00	14.94
2	4.00	14.94
3	4.60	14.34
4	6.58	12.36
5	19.58	12.36
6	32.58	12.36
7	34.56	14.34

좌표 \ 번호	x좌표 (station)(m)	y좌표 (elevation)(m)
8	35.16	14.94
9	39.16	14.94

수로 \ 내용	좌안(LOB)	중앙(Channel)	우안(ROB)
구간길이	500	500	500
조도계수	0.076	0.074	0.076

중앙x좌표 ·단면변화	좌안 끝점	우안 시점	급축(Cont)	급확(Exp)
	4.00	35.16	0.1	0.3

(g) No. 1 지형자료

좌표 \ 번호	x좌표 (station)(m)	y좌표 (elevation)(m)
1	0.00	9.41
2	4.00	9.41
3	4.60	8.81
4	6.58	6.83
5	19.58	6.83
6	32.58	6.83
7	34.56	8.81

좌표 \ 번호	x좌표 (station)(m)	y좌표 (elevation)(m)
8	35.16	9.41
9	39.16	9.41

수로 \ 내용	좌안(LOB)	중앙(Channel)	우안(ROB)
구간길이	0	0	0
조도계수	0.076	0.074	0.076

중앙x좌표 ·단면변화	좌안 끝점	우안 시점	급축(Cont)	급확(Exp)
	4.00	35.16	0.1	0.3

(2) 유량자료와 경계조건을 입력한다.

① 유량조건; 계획홍수량 Q_{100}=79.625m^3/s를 사용한다.

② 경계조건; 기지수심(known W.S), 한계조건(Critical Depth), 등류수심(Normal Depth), 수위-유량관계곡선(Rating Curve) 중 한계조건을 적용한다(다만, 경계조건을 등류조건으로 입력하면 구조물 설치지점을 제외한 지점의 수리특성값은 약간 다르다. 그 이유는 출력자료를 경계조건을 기준으로 계산하기 때문에 미미한 차이를 보인다).

(3) (1)항과 (2)항의 자료를 입력한 후 실행(Compute)을 클릭하고, 결과 보기(View)를 통해 주요 지점의 분석 결과를 그림 설7.3.3~8과 같이 확인할 수 있다.

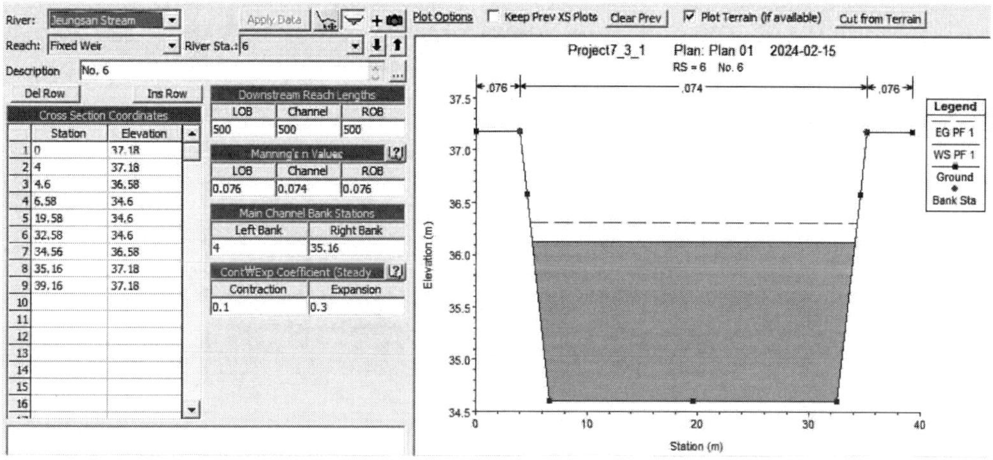

그림 설7.3.3 No. 6 지점의 지형자료

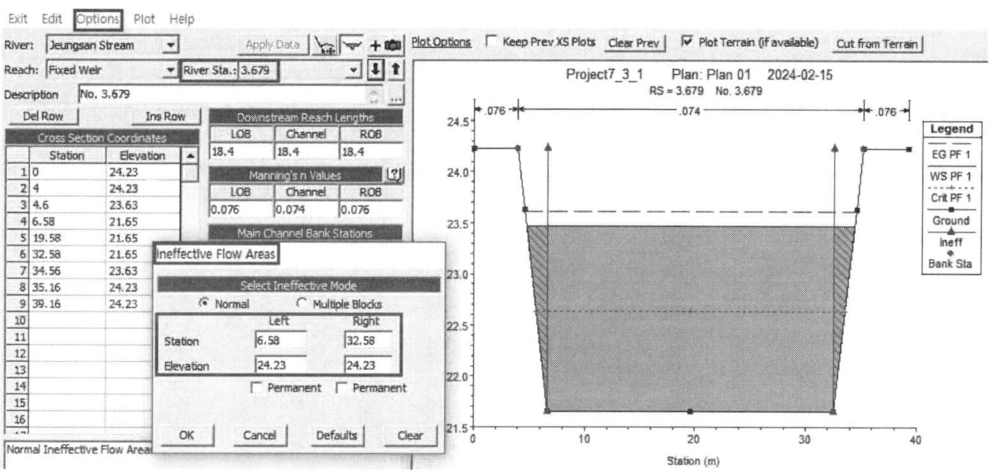

그림 설7.3.4 No. 3.679 지점의 지형자료

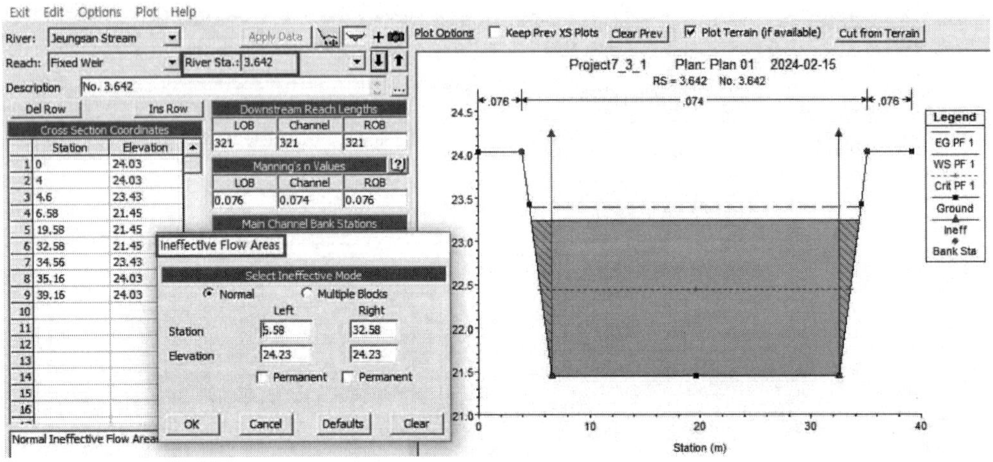

그림 설7.3.5 No. 3.642 지점의 지형자료(사수영역)

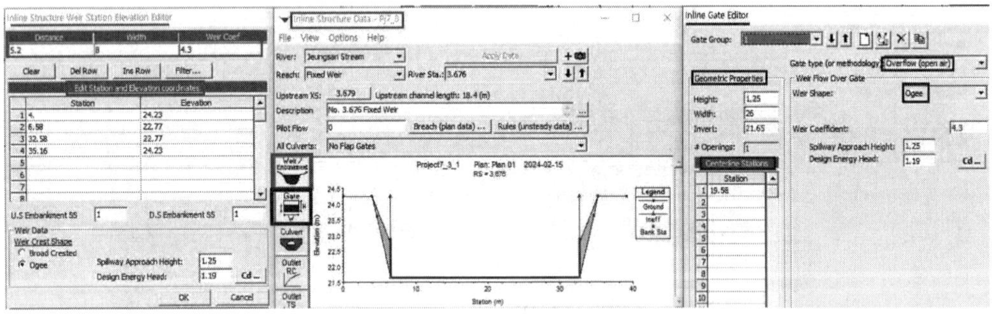

그림 설7.3.6 보·제방과 수문의 지형자료

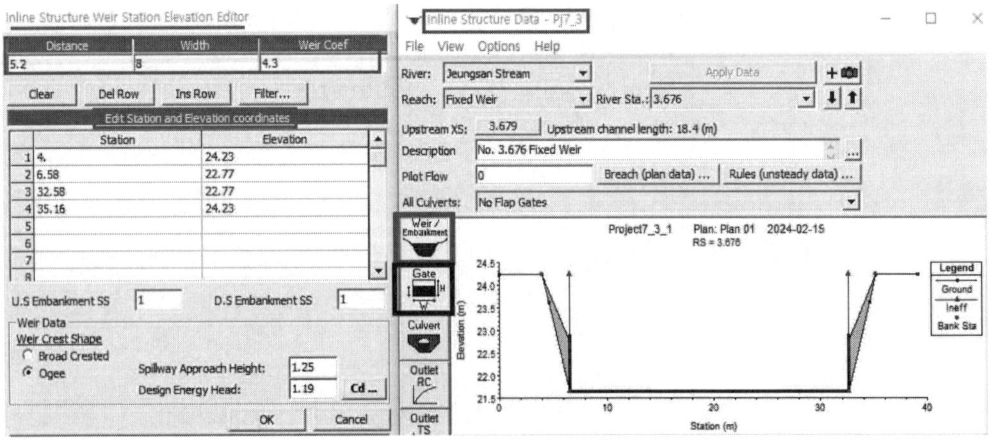

그림 설7.3.7 보와 제방의 지형자료

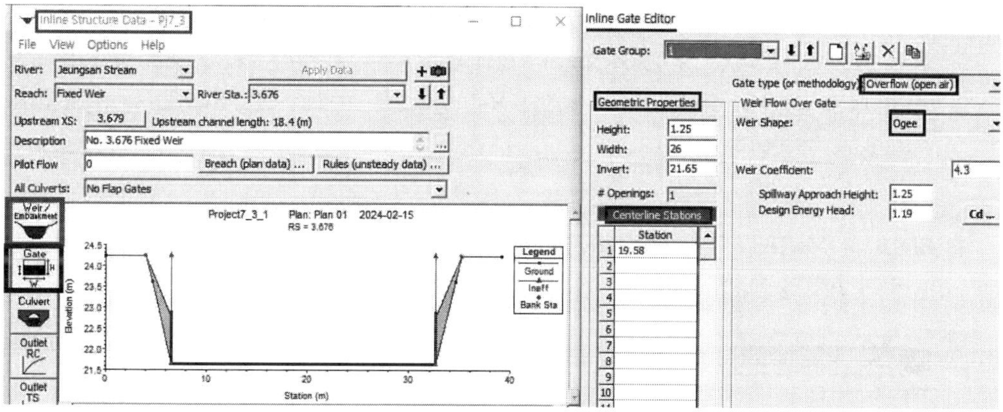

그림 설7.3.8 보와 수문의 지형자료

2. 1항 고정보의 HEC-RAS(v5.0)에 의한 홍수위 안정성 검토

(1) 횡단면의 수면분포특성 분석을 위한 출력결과는 그림 설7.3.9와 같다.

(2) 여기서 그림 설7.3.9(c)는 고정보 설치지점 No. 3.676의 횡단면 수면곡선분포이고, 그림 설7.3.9(b), (d)는 고정보 설치 구간길이 18.4m의 상·하류지점이다.

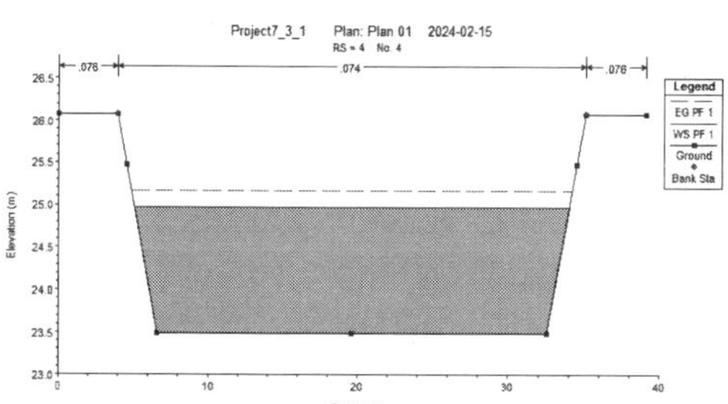

(a) No. 4 지점

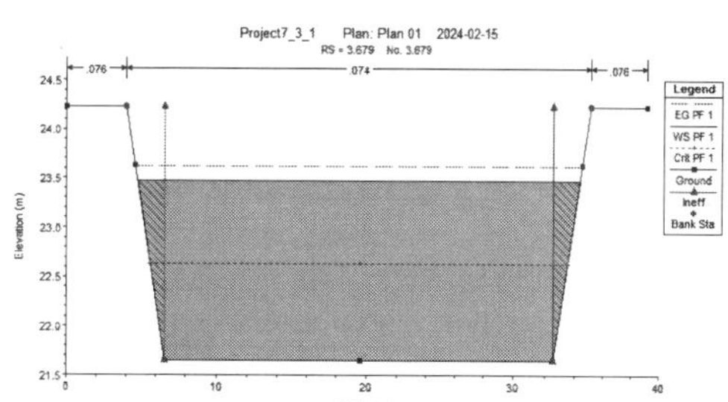

(b) No. 3.679(고정보 상류) 지점

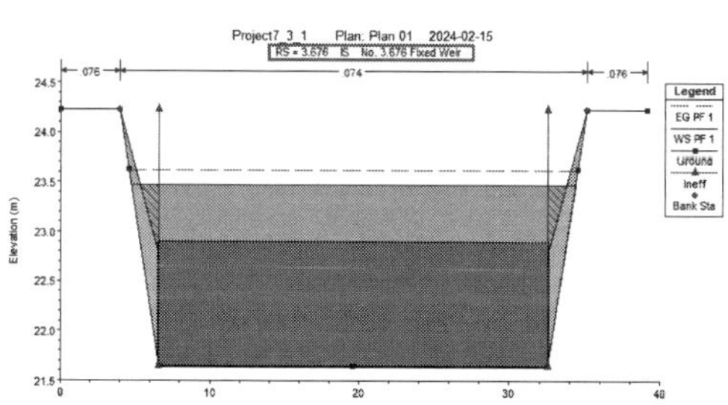

(c) No. 3.676(고정보) 지점

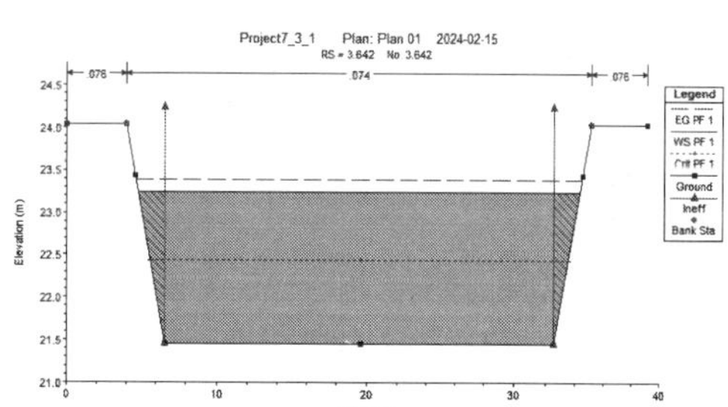

(d) No. 3.642(고정보 하류) 지점

그림 설7.3.9 주요 지점의 횡단면 수면곡선분포 출력결과

(3) 주요 지점의 횡단면 수면곡선분포 특성분석을 위한 출력결과는 표 설7.3.3과 같다.

(4) 표 설7.3.3(a), (c)는 No. 3.679와 No. 3.642의 횡단면 특성출력(Cross Section Output) 결과이고, 표 설7.3.3(b), (d)는 No. 3.679와 No. 3.642의 고정보 특성출력(Inline Structure Output) 결과이다.

표 설7.3.3 주요 횡단면의 수리특성분포 출력결과

(a) No. 3.679의 횡단면 특성

Cross Section Output

File Type Options Help

River: Jeungsan Stream Profile: PF 1

Reach Fixed Weir RS: 3.679 Plan: Plan 01

Plan: Plan 01 Jeungsan Stream Fixed Weir RS: 3.679 Profile: PF 1

		Element	Left OB	Channel	Right OB
E.G. Elev (m)	23.61	Wt. n-Val.		0.074	
Vel Head (m)	0.14	Reach Len. (m)	18.40	18.40	18.40
W.S. Elev (m)	23.47	Flow Area (m2)		47.32	
Crit W.S. (m)	22.64	Area (m2)		50.63	
E.G. Slope (m/m)	0.006977	Flow (m3/s)		79.62	
Q Total (m3/s)	79.62	Top Width (m)		29.64	
Top Width (m)	29.64	Avg. Vel. (m/s)		1.68	
Vel Total (m/s)	1.68	Hydr. Depth (m)		1.82	
Max Chl Dpth (m)	1.82	Conv. (m3/s)		953.3	
Conv. Total (m3/s)	953.3	Wetted Per. (m)		26.00	
Length Wtd. (m)	18.40	Shear (N/m2)		124.52	
Min Ch El (m)	21.65	Stream Power (N/m s)		209.52	
Alpha	1.00	Cum Volume (1000 m3)		57.00	
Frctn Loss (m)		Cum SA (1000 m2)		38.97	
C & E Loss (m)					

(b) No. 3.676의 고정보 특성

Inline Structure Output

File Type Options Help

River: Jeungsan Stream Profile: PF 1 Gate Group: 1

Reach Fixed Weir RS: 3.676 Plan: Plan 01

Plan: Plan 01 Jeungsan Stream Fixed Weir RS: 3.676 Gate Group: 1 Profile: PF 1

E.G. Elev (m)	23.61	Weir Sta Lft (m)	6.58
W.S. Elev (m)	23.47	Weir Sta Rgt (m)	32.58
Q Total (m3/s)	79.62	Min El Weir Flow (m)	22.77
Q Weir (m3/s)	79.62	Wr Top Wdth (m)	26.00
Q Gates (m3/s)	0.00	Weir Max Depth (m)	0.84
Q Culv (m3/s)		Weir Avg Depth (m)	0.84
Q Inline RC (m3/s)		Weir Flow Area (m2)	21.95
Q Outlet TS (m3/s)		Weir Coef (m^1/2)	4.109
Q Breach (m3/s)		Weir Submerg	0.56
Breach Avg Velocity (m/s)		Q Gate Group (m3/s)	
Breach Flow Area (m2)		Gate Open Ht (m)	
Breach WD (m)		Gate #Open	
Breach Top El (m)		Gate Area (m2)	
Breach Bottom El (m)		Gate Submerg	
Breach SSL (m)		Gate Invert (m)	
Breach SSR (m)		Gate Weir Coef	0.000

표 설7.3.3 주요 횡단면의 수리특성분포 출력결과(계속)

(c) No. 3.642의 횡단면 특성

Cross Section Output

File Type Options Help

River: Jeungsan Stream Profile: PF 1

Reach: Fixed Weir RS: 3.642 Plan: Plan 01

Plan: Plan 01 Jeungsan Stream Fixed Weir RS: 3.642 Profile: PF 1

		Element	Left OB	Channel	Right OB
E.G. Elev (m)	23.39	Wt. n-Val.		0.074	
Vel Head (m)	0.15	Reach Len. (m)	321.00	321.00	321.00
W.S. Elev (m)	23.24	Flow Area (m2)		46.60	
Crit W.S. (m)	22.44	Area (m2)		49.81	
E.G. Slope (m/m)	0.007346	Flow (m3/s)		79.62	
Q Total (m3/s)	79.62	Top Width (m)		29.58	
Top Width (m)	29.58	Avg. Vel. (m/s)		1.71	
Vel Total (m/s)	1.71	Hydr. Depth (m)		1.79	
Max Chl Dpth (m)	1.79	Conv. (m3/s)		929.0	
Conv. Total (m3/s)	929.0	Wetted Per. (m)		26.00	
Length Wtd. (m)	321.00	Shear (N/m2)		129.10	
Min Ch El (m)	21.45	Stream Power (N/m s)		220.62	
Alpha	1.00	Cum Volume (1000 m3)		56.44	
Frctn Loss (m)	3.96	Cum SA (1000 m2)		38.43	
C & E Loss (m)	0.01				

(5) 각 지점별 수리특성분포의 출력결과는 표 설7.3.4와 같이 나타났다. 표 설7.3.4(a)는 각 지점별 수리특성분포의 표준출력표 1이고, 표 설7.3.4(b)는 표준출력표 2의 출력결과이다.

표 설7.3.4 각 지점별 수리특성분포 출력결과

(a) 표준 출력표 1

Profile Output Table - Standard Table 1

File Options Std. Tables Locations Help

HEC-RAS Plan: Plan 01 River: Jeungsan Stream Reach: Fixed Weir Profile: PF 1 — Reload Data

Reach	River Sta	Profile	Q Total (m3/s)	Min Ch El (m)	W.S. Elev (m)	Crit W.S. (m)	E.G. Elev (m)	E.G. Slope (m/m)	Vel Chnl (m/s)	Flow Area (m2)	Top Width (m)	Froude # Chl
Fixed Weir	6	PF 1	79.625	34.600	36.130		36.312	0.01262	1.890	42.133	29.061	0.501
Fixed Weir	5	PF 1	79.625	29.050	30.718		30.870	0.00946	1.725	46.166	29.337	0.439
Fixed Weir	4	PF 1	79.625	23.490	24.974		25.168	0.01398	1.952	40.787	28.968	0.525
Fixed Weir	3.679	PF 1	79.625	21.650	23.470	22.636	23.614	0.00698	1.683	47.322	29.640	0.398
Fixed Weir	3.676		Inl Struct									
Fixed Weir	3.642	PF 1	79.625	21.450	23.242	22.436	23.391	0.00735	1.709	46.595	29.584	0.408
Fixed Weir	3	PF 1	79.625	17.890	19.130		19.417	0.02488	2.342	34.001	28.496	0.685
Fixed Weir	2	PF 1	79.625	12.360	14.356	13.329	14.459	0.00521	1.425	55.879	29.992	0.333
Fixed Weir	1	PF 1	79.625	6.830	7.801	7.801	8.272	0.05737	3.041	26.181	27.942	1.003

표 설7.3.4 각 지점별 수리특성분포 출력결과(계속)

(b) 표준 출력표 2

Profile Output Table - Standard Table 2

File Options Std. Tables Locations Help

HEC-RAS Plan: Plan 01 River: Jeungsan Stream Reach: Fixed Weir Profile: PF 1 — Reload Data

Reach	River Sta	Profile	E.G. Elev (m)	W.S. Elev (m)	Vel Head (m)	Frctn Loss (m)	C & E Loss (m)	Q Left (m3/s)	Q Channel (m3/s)	Q Right (m3/s)	Top Width (m)
Fixed Weir	6	PF 1	36.312	36.130	0.182	5.435	0.009		79.625		29.061
Fixed Weir	5	PF 1	30.870	30.718	0.152	5.696	0.004		79.625		29.337
Fixed Weir	4	PF 1	25.168	24.974	0.194	1.539	0.015		79.625		28.968
Fixed Weir	3.679	PF 1	23.614	23.470	0.144				79.625		29.640
Fixed Weir	3.676		Inl Struct								
Fixed Weir	3.642	PF 1	23.391	23.242	0.149	3.960	0.013		79.625		29.584
Fixed Weir	3	PF 1	19.417	19.138	0.280	4.905	0.053		79.625		28.496
Fixed Weir	2	PF 1	14.459	14.356	0.104	6.153	0.037		79.625		29.992
Fixed Weir	1	PF 1	8.272	7.801	0.472				79.625		27.942

(6) 설치지점을 중심으로 한 수문이 없는 고정보의 수리 안정성 검토결과는 **그림 설7.3.10**과 같이 종단면 수면곡선의 분포특성분석과 3차원적 표시로 각 지점별 월류의 영향 등에 대한 수리특성분포를 확인할 수 있다.

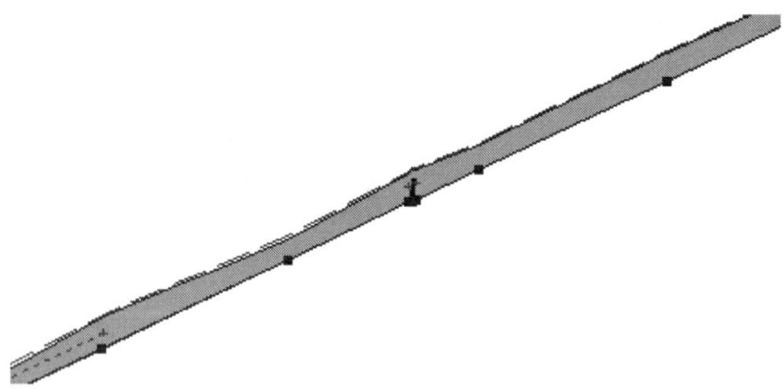

(a) 종단 수면곡선분포

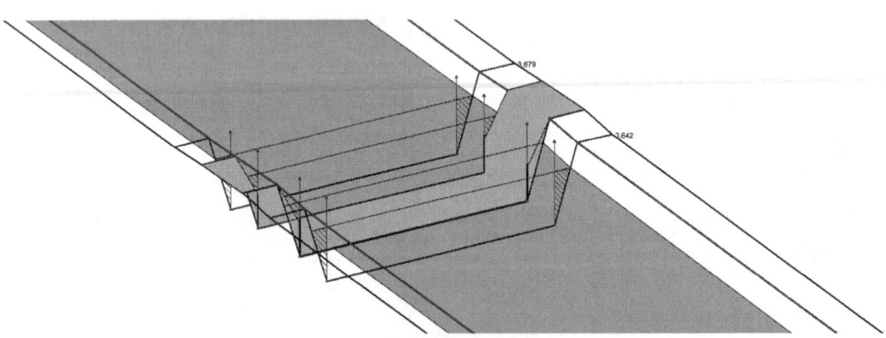

(b) 고정보의 3차원 표시도

그림 설7.3.10 흐름방향 고정보의 홍수위 분석 결과

(7) 이상과 같이 수문이 없는 고정보의 홍수위 안정성 검토 결과는 계획 홍수량의 통과에 따른 제방의 월류 영향 등은 없는 것으로 판단된다.

② 가동보 설계 · 검토

가동보(可動洑; movable weir, controlled gate)의 설계와 검토는 [설계과제 7.4]를 통해 수행한다. [설계과제 7.1~3]에서 결정된 고정보에 연직 수문(sluice gate)을 설치하여 가동보로 설계하고, 이에 대한 홍수위 안정성 검토는 [설계과제 7.4]의 [풀이] 과정에 HEC-RAS(v5.0)를 적용하여 수행한다.

설계과제 7.4

표 설7.4.1과 그림 설7.4.1, [설계과제 7.1, 7.2, 7.3]에 주어진 조건 · 풀이, 결과를 참조하여 다음 사항에 답하시오.

1. 그림 설7.4.1의 지점번호 No. 4와 3사이(No. 3.676)에 연직 수문(鉛直水門, sluice gate)을 갖는(controlled gate) 가동보(movable weir) 설치
2. 1항 가동보의 HEC-RAS(v5.0)를 이용한 홍수위 안정성 검토

표 설7.4.1 가동보의 홍수위 안정성 검토 조건

<table>
<tr><th colspan="2">조건＼크기</th><th>크기 또는 범위</th><th colspan="3">조건＼크기</th><th colspan="2">크기 또는 범위</th></tr>
<tr><td colspan="2">수문 종류</td><td>연직 수문</td><td colspan="3">수문 간격(m)</td><td colspan="2">11.2(=1.6*7)</td></tr>
<tr><td colspan="2">수문 턱(sill)(m)</td><td>보 마루표고 22.77</td><td rowspan="4">사수구역</td><td rowspan="2">No. 3.697 (y좌표=표고)</td><td>x좌표(m)</td><td>좌안 6.02</td><td>우안 33.14</td></tr>
<tr><td colspan="2">수문 수(수*그룹)</td><td>6개(3*2)</td><td>y좌표(m)</td><td>좌안 24.23</td><td>우안 24.23</td></tr>
<tr><td rowspan="2">수문 제원</td><td>폭(m)</td><td>2.50</td><td rowspan="2">No. 3.642 (y좌표=표고)</td><td>x좌표(m)</td><td>좌안 6.02</td><td>우안 33.14</td></tr>
<tr><td>높이(m)</td><td>2.50</td><td>y좌표(m)</td><td>좌안 24.23</td><td>우안 24.23</td></tr>
</table>

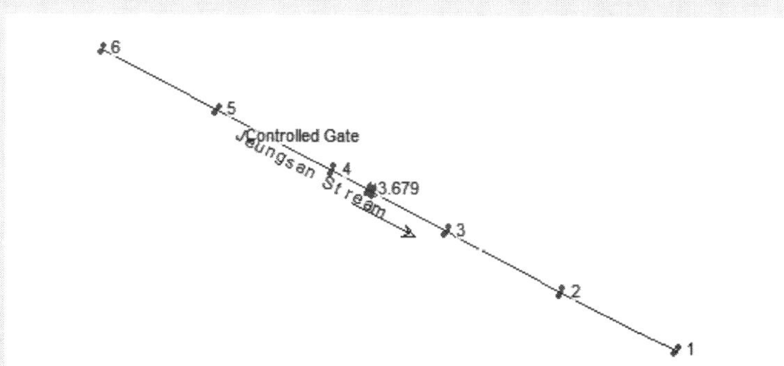

그림 설7.4.1 가동보의 홍수위 검토를 위한 수계도

[풀이]

0. [설계과제 7.4]를 수행한 결과의 수계도와 종단 수면곡선분포는 그림 설7.4.2와 같다.

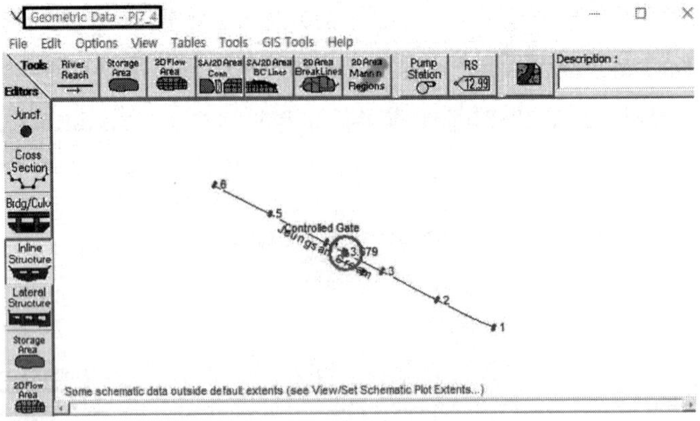

(a) 수계도

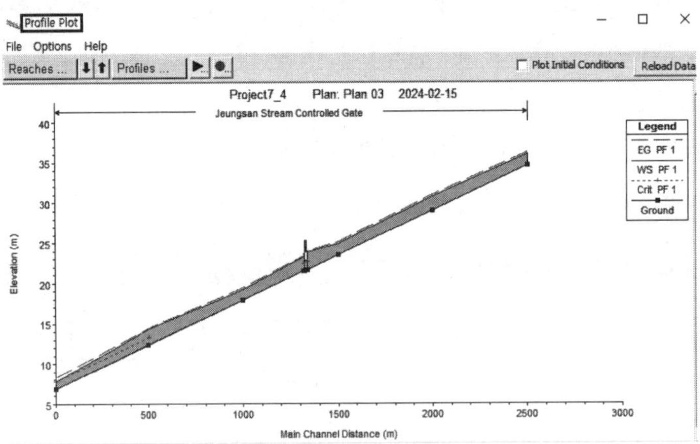

(b) 종단 수면곡선

그림 설7.4.2 수행결과 수계도와 종단 수면곡선분포

1. **그림 설7.4.1**의 지점번호 No. 4와 3사이(No. 3.676)에 연직 수문(鉛直水門, sluice gate)을 갖는 (controlled gate) 가동보(movable weir) 설치
   (1) [설계과제 7.3]에서 작성한 **표 설7.3.2**의 지형자료와 유량·경계조건은 그대로 적용한다.
   (2) 추가로 필요한 자료는 흐름방향 구조물(Inline Structure) 즉, 가동보 설치에 대한 자료로 다음과 같이 작성한다.
      ① 보·제방(Weir/Embankment) 자료를 구성한다.
         ㈎ 가동보 설치지점에 사수영역(ineffective flow areas)을 **그림 설7.4.3**과 같이 지정한다.

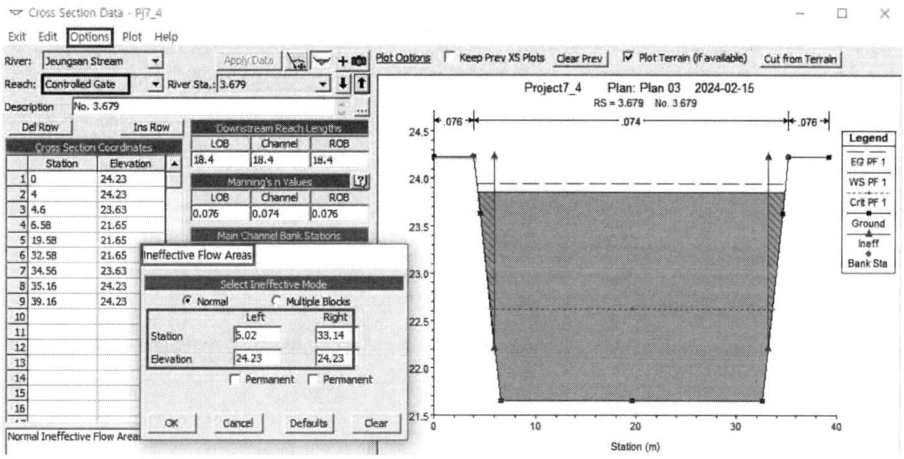

(a) 지점 No. 3.679

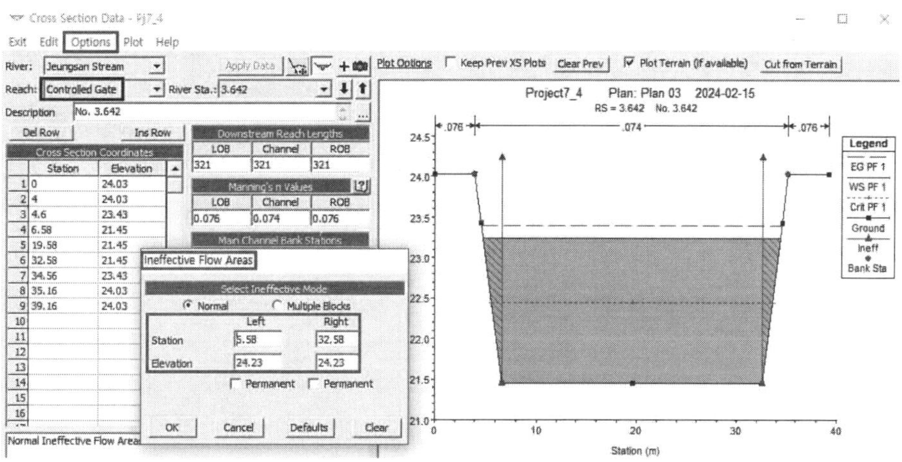

(b) 지점 No. 3.642

그림 설7.4.3 가동보 설치지점의 사수영역 지정

(나) 가동보(연직수문)(inline controlled weir) 설치를 위한 지점(Station)과 표고(Elevation)를 흐름방향 지점·표고 입력기(Inline Structure Weir Station Elevation Editor)를 이용해 그림 설7.4.4와 같이 결정·입력한다.

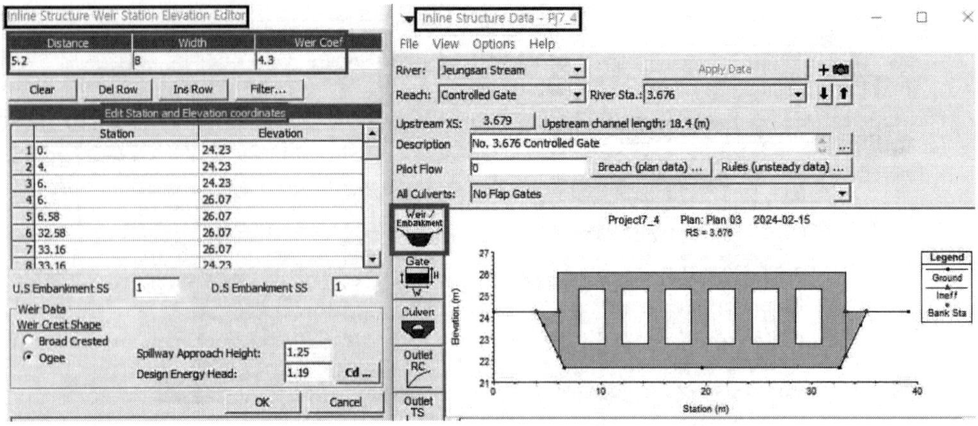

그림 설7.4.4 흐름방향 가동보 6개의 지형자료 입력

② 수문(Gate) 자료를 구성한다.

㈎ 가동보(연직 수문) 설치를 위한 수문자료(gate data)를 주어진 **표 설7.4.1**과 같이 구성한다.

㈏ 구성된 자료는 (연직) 수문자료 입력기(Inline Gate Editor)를 이용하여 **그림 설7.4.5**와 같이 추가적인 계수들을 결정·입력한다.

㈐ 수문은 몇 개의 그룹(group)으로 구분하여 입력할 수 있다. 본 과제의 경우에는 총 6개 수문을 3개씩 2개 그룹의 좌·우그룹(Left·Right Group)으로 구성하여 **그림 설7.4.5** ⒝와 같이 입력한다.

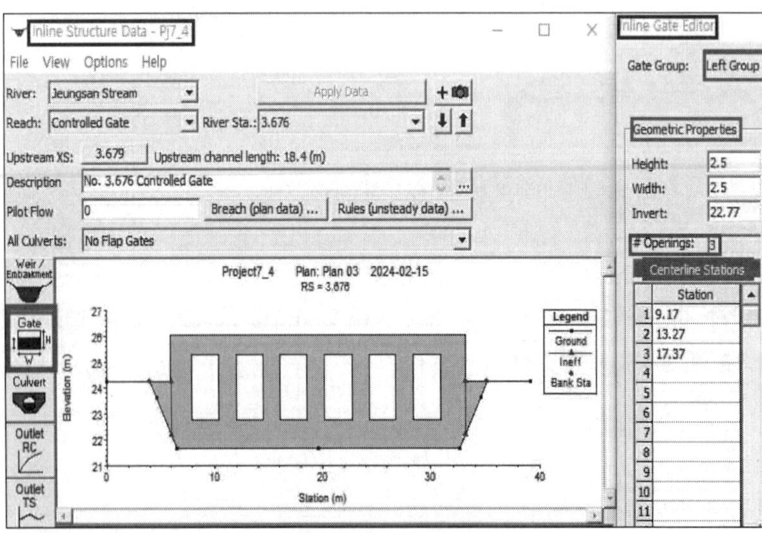

Inline Gate Editor
Right Group

Geometric Properties
2.5
2.5
22.77

3
Centerline Station
Station
21.47
25.57
29.67
·Gate Type: Sluice
·Sluice Discharge Coefficient: 0.8
·Orifice Coefficient: 0.8
·Weir Shape; Ogee: 4.3
·Spillway Approach Height: 1.25
·Design Energy Head: 1.19

(a) 수문설치 보의 입력창 (b) 좌(우)측 자료

그림 설7.4.5 흐름방향 연직 수문의 지형자료 입력

② 유량자료와 경계조건을 입력한다.

1) 유량조건; 계획홍수량 Q_{100}=79.625m^3/s를 사용한다.

2) 경계조건; 기지수심(known W.S), 한계조건(Critical Depth), 등류수심(Normal Depth), 수위-유량관계곡선(Rating Curve) 중 한계조건을 적용한다(다만, 경계조건을 등류조건으로 입력하면 구조물 설치지점을 제외한 지점의 수리특성값은 약간 다르다. 그 이유는 출력자료를 경계조건을 기준으로 계산하기 때문에 미미한 차이를 보인다).

2. 1항 가동보의 HEC-RAS(v5.0)를 이용한 홍수위 안정성 검토

(1) 횡단면의 수면분포특성 분석을 위한 출력결과는 **그림 설7.4.6**과 같다.

(2) **그림 설7.4.6(b)**는 가동보 설치 상류지점으로 No. 3.679의 횡단면 수면곡선분포이고, **그림 설7.4.6(c)**는 가동보 설치지점이며, **그림 설7.4.6(d)**는 가동보 설치 하류지점이다.

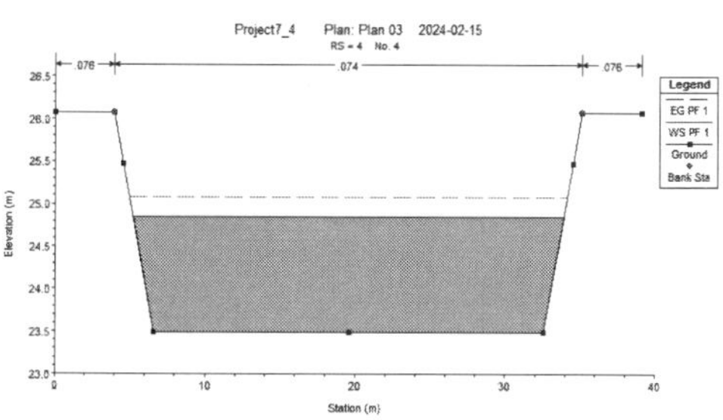

(a) No. 4 지점

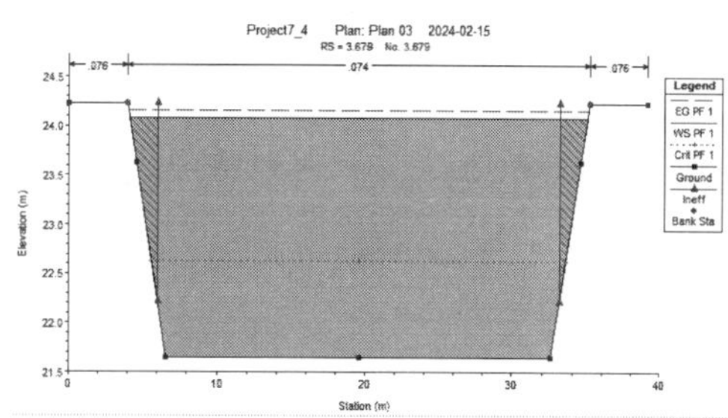

(b) No. 3.679(가동보 상류) 지점

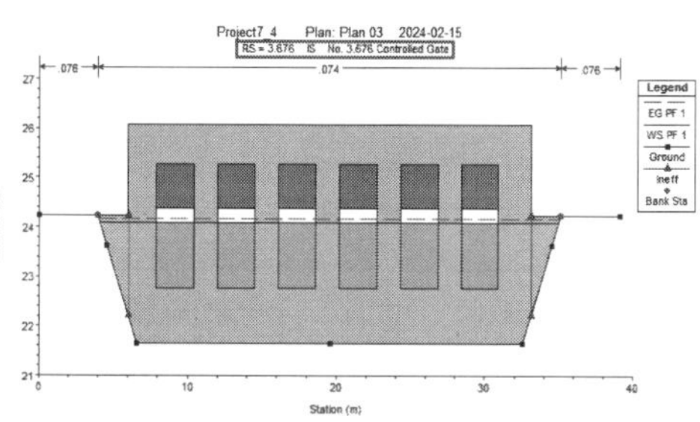

(c) No. 3.676(가동보) 지점

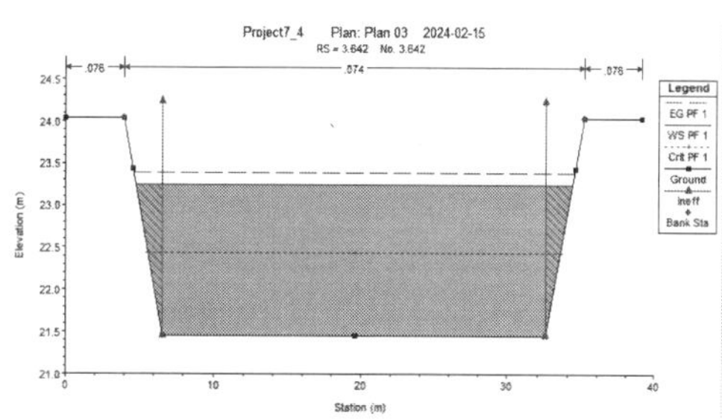

(d) No. 3.642(가동보 하류) 지점

그림 설7.4.6 주요 지점의 횡단면 수면곡선분포 출력결과

(3) 주요 횡단면 수면곡선분포의 특성분석을 위한 출력결과는 **표 설7.4.2**와 같다.

(4) **표 설7.4.2**(a), (c)는 No. 3.679와 No. 3.642의 횡단면 특성출력(Cross Section Output) 결과이고, **표 설7.4.2**(b), (d)는 No. 3.679와 No. 3.642의 가동보 특성출력(Inline Structure Output) 결과이다.

표 설7.4.2 주요 지점의 횡단면·가동보 특성출력결과

(a) No. 3.679의 횡단면 특성

Cross Section Output

File Type Options Help

River: Jeungsan Stream Profile: PF 1

Reach: Controlled Gate RS: 3.679 Plan: Plan 03

Plan: Plan 03 Jeungsan Stream Controlled Gate RS: 3.679 Profile: PF 1

		Element	Left OB	Channel	Right OB
E.G. Elev (m)	24.16	Wt. n-Val.		0.074	
Vel Head (m)	0.07	Reach Len. (m)	18.40	18.40	18.40
W.S. Elev (m)	24.08	Flow Area (m2)		65.68	
Crit W.S. (m)	22.62	Area (m2)		69.19	
E.G. Slope (m/m)	0.002531	Flow (m3/s)		79.62	
Q Total (m3/s)	79.62	Top Width (m)		30.87	
Top Width (m)	30.87	Avg. Vel. (m/s)		1.21	
Vel Total (m/s)	1.21	Hydr. Depth (m)		2.42	
Max Chl Dpth (m)	2.43	Conv. (m3/s)		1582.8	
Conv. Total (m3/s)	1582.8	Wetted Per. (m)		27.58	
Length Wtd. (m)	18.40	Shear (N/m2)		59.10	
Min Ch El (m)	21.65	Stream Power (N/m s)		71.64	
Alpha	1.00	Cum Volume (1000 m3)		57.07	
Frctn Loss (m)		Cum SA (1000 m2)		38.98	
C & E Loss (m)					

(b) No. 3.679의 가동보 특성

Inline Structure Output

File Type Options Help

River: Jeungsan Stream Profile: PF 1 Gate Group: Left Group

Reach: Controlled Gate RS: 3.676 Plan: Plan 03

Plan: Plan 03 Jeungsan Stream Controlled Gate RS: 3.676 Gate Group: Left Group Profile: PF 1

E.G. Elev (m)	24.16	Weir Sta Lft (m)	
W.S. Elev (m)	24.08	Weir Sta Rgt (m)	
Q Total (m3/s)	79.62	Min El Weir Flow (m)	24.23
Q Weir (m3/s)		Wr Top Wdth (m)	
Q Gates (m3/s)	79.62	Weir Max Depth (m)	
Q Culv (m3/s)		Weir Avg Depth (m)	
Q Inline RC (m3/s)		Weir Flow Area (m2)	
Q Outlet TS (m3/s)		Weir Coef (m^1/2)	
Q Breach (m3/s)		Weir Submerg	
Breach Avg Velocity (m/s)		Q Gate Group (m3/s)	52.70
Breach Flow Area (m2)		Gate Open Ht (m)	1.60
Breach WD (m)		Gate #Open	3
Breach Top El (m)		Gate Area (m2)	3.28
Breach Bottom El (m)		Gate Submerg	0.34
Breach SSL (m)		Gate Invert (m)	22.77
Breach SSR (m)		Gate Weir Coef	7.938

(c) No. 3.642의 횡단면 특성

Cross Section Output

File Type Options Help

River: Jeungsan Stream Profile: PF 1

Reach Controlled Gate RS: 3.642 Plan: Plan 03

Plan: Plan 03 Jeungsan Stream Controlled Gate RS: 3.642 Profile: PF 1

		Element	Left OB	Channel	Right OB
E.G. Elev (m)	23.39	Wt. n-Val.		0.074	
Vel Head (m)	0.15	Reach Len. (m)	321.00	321.00	321.00
W.S. Elev (m)	23.24	Flow Area (m2)		46.60	
Crit W.S. (m)	22.44	Area (m2)		49.81	
E.G. Slope (m/m)	0.007346	Flow (m3/s)		79.62	
Q Total (m3/s)	79.62	Top Width (m)		29.58	
Top Width (m)	29.58	Avg. Vel. (m/s)		1.71	
Vel Total (m/s)	1.71	Hydr. Depth (m)		1.79	
Max Chl Dpth (m)	1.79	Conv. (m3/s)		929.0	
Conv. Total (m3/s)	929.0	Wetted Per. (m)		26.00	
Length Wtd. (m)	321.00	Shear (N/m2)		129.10	
Min Ch El (m)	21.45	Stream Power (N/m s)		220.62	
Alpha	1.00	Cum Volume (1000 m3)		56.44	
Frctn Loss (m)	3.96	Cum SA (1000 m2)		38.43	
C & E Loss (m)	0.01				

(5) 각 지점별 수리특성분포의 출력결과는 표 설7.4.3과 같이 나타났다. 표 설7.4.3(a)는 각 지점별 수리특성분포의 표준출력표 1이고, 표 설7.4.3(b)는 표준출력표 2의 출력결과이다.

표 설7.4.3 각 지점별 수리특성분포 출력결과

(a) 표준 출력표 1

Profile Output Table - Standard Table 1

File Options Std. Tables Locations Help

HEC-RAS Plan: Plan 03 River: Jeungsan Stream Reach: Controlled Gate Profile: PF 1 (Reload Data)

Reach	River Sta	Profile	Q Total (m3/s)	Min Ch El (m)	W.S. Elev (m)	Crit W.S. (m)	E.G. Elev (m)	E.G. Slope (m/m)	Vel Chnl (m/s)	Flow Area (m2)	Top Width (m)	Froude # Chl
Controlled Gate	6	PF 1	79.625	34.600	36.057		36.259	0.01484	1.990	40.018	28.915	0.540
Controlled Gate	5	PF 1	79.625	29.050	30.809		30.945	0.00793	1.630	48.839	29.519	0.405
Controlled Gate	4	PF 1	79.625	23.490	24.844		25.079	0.01899	2.151	37.025	28.707	0.605
Controlled Gate	3.679	PF 1	79.625	21.650	24.083	22.619	24.158	0.00253	1.212	65.682	30.867	0.249
Controlled Gate	3.676		Inl Struct									
Controlled Gate	3.642	PF 1	79.625	21.450	23.242	22.436	23.391	0.00735	1.709	46.595	29.584	0.408
Controlled Gate	3	PF 1	79.625	17.890	19.138		19.417	0.02488	2.342	34.001	28.496	0.685
Controlled Gate	2	PF 1	79.625	12.360	14.356	13.329	14.459	0.00521	1.425	55.879	29.992	0.333
Controlled Gate	1	PF 1	79.625	6.830	7.801	7.801	8.272	0.05737	3.041	26.181	27.942	1.003

(b) 표준 출력표 2

Profile Output Table - Standard Table 2

File Options Std. Tables Locations Help

HEC-RAS Plan: Plan 03 River: Jeungsan Stream Reach: Controlled Gate Profile: PF 1 (Reload Data)

Reach	River Sta	Profile	E.G. Elev (m)	W.S. Elev (m)	Vel Head (m)	Frctn Loss (m)	C & E Loss (m)	Q Left (m3/s)	Q Channel (m3/s)	Q Right (m3/s)	Top Width (m)
Controlled Gate	6	PF 1	36.259	36.057	0.202	5.294	0.020		79.625		28.915
Controlled Gate	5	PF 1	30.945	30.809	0.136	5.853	0.010		79.625		29.519
Controlled Gate	4	PF 1	25.079	24.844	0.236	0.872	0.048		79.625		28.707
Controlled Gate	3.679	PF 1	24.158	24.083	0.075				79.625		30.867
Controlled Gate	3.676		Inl Struct								
Controlled Gate	3.642	PF 1	23.391	23.242	0.149	3.960	0.013		79.625		29.584
Controlled Gate	3	PF 1	19.417	19.138	0.280	4.905	0.053		79.625		28.496
Controlled Gate	2	PF 1	14.459	14.356	0.104	6.153	0.037		79.625		29.992
Controlled Gate	1	PF 1	8.272	7.801	0.472				79.625		27.942

(6) 설치지점을 중심으로 한 연직 수문 6개가 설치된 가동보의 수리 안정성 검토결과는 **그림 설7.4.7**과 같이 종단면 수면곡선의 분포특성분석과 3차원적 표시로 각 지점별 월류의 영향 등에 대한 수리특성분포를 확인할 수 있다.

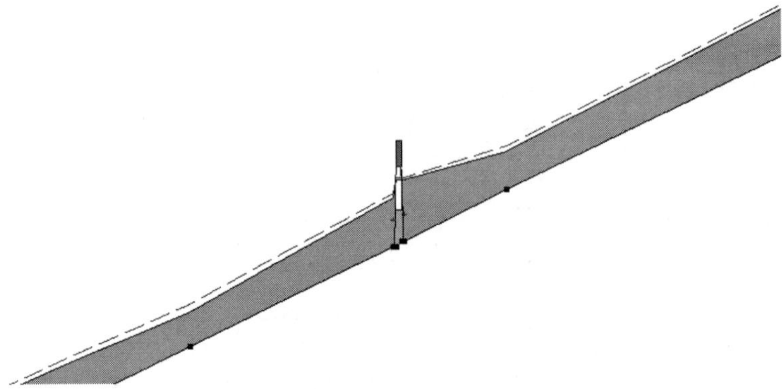

(a) 종단 수면곡선분포

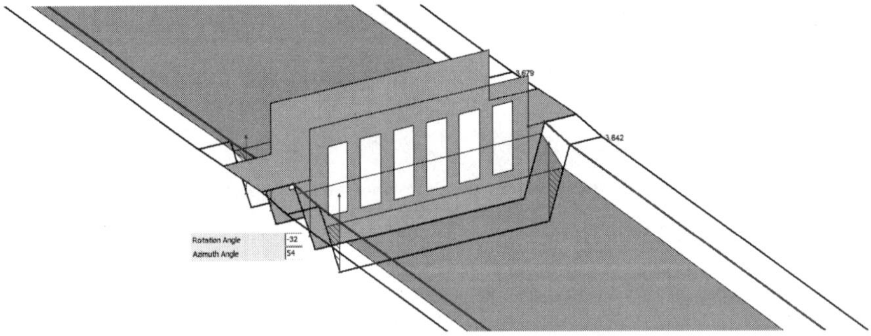

(b) 구조물 단면의 3차원 표시도

그림 설7.4.7 흐름방향 가동보의 홍수위 안정성 분석결과

(7) 이상과 같이 연직 수문 6개를 갖는 가동보의 홍수위 안정성 검토 결과는 계획 홍수량의 통과에 따른 제방의 월류 영향 등은 없는 것으로 판단된다.

참고문헌

건설교통부(2000a), 1999년도 수자원관리기법개발연구조사 보고서, 제1권, 한국 확률강우량도 작성.
건설교통부(2000b), 1999년도 수자원관리기법개발연구조사 보고서, 제2권, 한국 가능최대강수량 추정.
건설교통부(2000c), 1999년도 수자원관리기법개발연구조사 보고서, 제2권, 한국 가능최대강수량 추정, 별책 제2권, 지역적 설계강우의 시간적 분포.
건설교통부(2002), 금강수계 하천정비기본계획.
건설교통부(2005a), 댐시설기준.
건설교통부(2005b), 하천설계기준·해설.
건설교통부(2005c), 홍수량산정 지침서.
건설교통부(2008), 금강유역종합치수계획.
건설교통부(2009a), 금강살리기 행복지구 생태하천 조성사업기본계획.
건설교통부(2009b), 금강수계 하천정비기본계획보완.
관계부처합동(2021), 제1차 국가물관리기본계획(https://me.go.kr/home/web/policy_data/read.do?menuld=10263=&seq=7721; 2024.02.18., 21:05 검색).
국립방재연구소(2007), 강우분석프로그램(FARD, Frequency Analysis of Rainfall Data)의 개선 및 활용.
국토교통부(2013), 하천설계기준 개선방안 마련을 위한 연구, p.131~134.
국토교통부(2015), 하천기본계획수립지침.
국토교통부(2018a), 하천설계기준(KDS 51 00 00).
국토교통부(2018b), 하천보(KDS 51 40 05).
국토교통부(2018c), 하천취수시설(KDS 51 40 15).
국토지리정보원(2003), 가상기준점(VRS) 도입에 관한 연구(http://www.ngii.go.kr).
국토지리정보원(2015), 공공측량 작업규정.
국토해양부·한국수자원하회(2009), 하천설계기준·해설.
국토해양부(2009), 금강수계 하천정비기본계획.
국토해양부(2010), 해미천 하천정비기본계획(재수립).
국토해양부(2011), 확률강우량도 개선 및 보완 연구.
국토해양부(2012a), 설계홍수량 산정요령.
국토해양부(2012b), 금강살리기 행복지구 생태하천조성사업(제1공구) 실시설계 보고서(준공), 대전국토관리청.
권혁민, 이달수(1999), "신형 중간피복 블록의 개발." 대한토목학회 논문집, 대한토목학회, 제19권, 제

2-2호, pp.183~194.
권현욱(2017), 엑셀 VBA 파워코딩의 정석, 디지털북스.
김경자(2010), 실무에 활용하는 똑똑한 엑셀 활용서 엑셀 2010 VBA & 매크로, 영진닷컴.
김규한, 유형석(2003), "현장관측에 의한 침식해안의 표사이동분석." 대한토목학회 논문집, 대한토목학회, 제23권, 제2B호, pp.115~121.
김남형, 문지원(2007), "인공리프에 의한 해빈의 침식해석." 대한토목학회 논문집, 대한토목학회, 제27권, 제4B호, pp.455~460.
김시철(2016), "도시하천구간에서 GPS를 이용한 친수변구역의 홍수위 분석." 한밭대학교 산업대학원 석사논문, pp.4~26, 31~70.
김시철, 이종석(2017), "도시하천구간에서 GPS를 이용한 친수변구역의 홍수위 분석." 한밭대학교부설 건설안전기술논문집, 제21권, pp.1~16.
김시철, 이종석(2024), "자연하천의 드론영상 활용 홍수관리 데이터 취득과 수리특성 분석."한국방재학회 논문집,Vol.24, No.4, pp.231~238.
김인철, 위현철(2003), "송도해수욕장의 해안침식방지 대책 공법에 관한 수치적 연구." 대한토목학회 정기학술대회 발표논문, 대한토목학회, pp.4982~4987.
김치곤, 이효원, 정찬욱, 우승식, 송부호, 이종석(2024), "비점오염원 저감장치의 성능분석." 국립한밭대학교 건설안전기술연구소 논문집, 제27권, p.1~16.
김호용, 최철웅(2005), "광안리 지역의 장기 지형변화에 관한 연구." 대한토목학회 논문집, 대한토목학회, 제25권, 제1-D호, pp.203~211.
류택규, 이대호(2001), "해안침식 방지 공법 연구." 생명자원과학연구, 제26집, pp.92~97.
박상길, 강경욱(2001), "3차원 수리실험에 의한 트렌치 배후의 해빈안정에 관한 연구." 대한토목학회 논문집, 대한토목학회, 제2권, 제6-B호, pp.656~666.
법제처(2019a), 국가표준기본법(시행 2018. 12. 13., 법률 제15643호, 2018. 6. 12, 일부개정), 국가법령정보센터(http://www.law.go.kr/main.html).
법제처(2019b), 국가표준기본법 시행령(시행 2018. 12. 13., 대통령령 제29345호, 2018. 12. 11, 일부개정), 국가법령정보센터(http://www.law.go.kr/main.html).
법제처(2019c), 계량에 관한 법률(시행 2018. 3. 13., 법률 제15174호, 2017. 12. 12, 일부개정), 국가법령정보센터(http://www.law.go.kr/main.html).
법제처(2019d), 계량에 관한 법률 시행령(시행 2019. 5. 28., 대통령령 제29793호, 2019. 5. 28, 일부개정), 국가법령정보센터(http://www.law.go.kr/main.html).
법제처(2024a), 물관리기본법(시행 2021. 7. 6., 법률 제17841호, 2021. 1. 5., 일부개정), 국가법령정보센터(http://www.law.go.kr/main.html; 2024.01.27., 12:19 검색).
법제처(2024b), 물관리기본법 시행령(시행 2023. 6. 11., 대통령령 제33479호, 2023. 5. 23., 타법개정), 국가법령정보센터(http://www.law.go.kr/main.html; 2024.01.27., 12:29 검색).

법제처(2024c), 물관리기본법 시행규칙(시행 2022. 7. 19., 환경부령 제995호, 2022. 7. 19., 일부개정), 국가법령정보센터(http://www.law.go.kr/main.html; 2024.01.27., 12:30 검색).

법제처(2024d), 상수도설계기준(KDS 57 00 00 : 2022)(시행 2022. 2. 17., 환경부고시 제2022-41호, 2022. 2. 17., 일부개정), 국가법령정보센터(http://www.law.go.kr/main.html; 2024.01.26., 23:37 검색).

법제처(2024e), 수도법(시행 2024. 7. 17., 법률 제20036호, 2024. 1. 16., 일부개정), 국가법령정보센터(http://www.law.go.kr/main.html; 2024.01.27., 07:50 검색).

법제처(2024f), 수자원의 조사 · 계획 및 관리에 관한 법률 (약칭: 수자원법)(시행 2023. 7. 4., 법률 제19169호, 2023. 1. 3., 일부개정), 국가법령정보센터(http://www.law.go.kr/; 2024.01.27., 12:00 검색).

법제처(2024g), 수자원의 조사 · 계획 및 관리에 관한 법률 시행령(시행 2023. 7. 4., 대통령령 제33592호, 2023. 6. 27., 일부개정), 국가법령정보센터(http://www.law.go.kr/main.html; 2024.01.27., 12:00 검색).

법제처(2024h), 수자원의 조사 · 계획 및 관리에 관한 법률 시행규칙(시행 2018. 6. 8., 환경부령 제764호, 2018. 6. 8., 타법개정), 국가법령정보센터(http://www.law.go.kr/main.html; 2024.01.27., 12:00 검색).

법제처(2024i), 연안관리법(시행 2023. 6. 28., 법률 제19127호, 2022. 12. 27., 일부개정), 국가법령정보센터(http://www.law.go.kr/main.html; 2024.01.27., 08:34 검색).

법제처(2024j), 하수도법(시행 2024. 5. 17., 법률 제19590호, 2023. 8. 8., 타법개정), 국가법령정보센터(http://www.law.go.kr/main.html; 2024.06.13., 17:09 검색).

법제처(2024k), 하수도 설계기준(KDS 61 00 00: 2022)(시행 2022. 2. 17., 환경부고시 제2022-41호, 2022. 2. 17., 일부개정), 국가법령정보센터(http://www.law.go.kr/main.html; 2024.01.26., 23:37 검색).

법제처(2024l), 하천법(시행 2024. 5. 17., 법률 제19590호, 2023. 8. 8., 타법개정), 하천법 시행령(시행 2023. 12. 12.,대통령령 제33949호, 2023. 12. 12., 일부개정), 하천법 시행규칙(시행 2023. 12. 14., 환경부령 제1065호, 2023. 12. 14., 일부개정), 국가법령정보센터(http://www.law.go.kr/main.html; 2024.06.13., 21:16 검색).

법제처(2024m), 항만법(시행 2024. 4. 25., 법률 제19778호, 2023. 10. 24., 일부개정), 국가법령정보센터(http://www.law.go.kr/main.html; 2024.06.13., 13:51 검색).

신은철, 오영인(2003), "수리모형 실험을 통한 지오텍스타일 튜브의 특성분석." 대한토목학회 논문집, 대한토목학회, 제23권, 제1C호, pp.23~33.

송부호, 권선도, 신재옥, 김희수, 이종석(2001), "제방형 웨어의 마루길이 및 유량변화에 따른 수리특성의 실험적 해석." 2001년 한국수자원학회 학술발표회 논문집(II), pp.667~672.

신재옥, 이종석, 권선도(2000), "제방형 웨어에서의 마루길이와 유량변화에 따른 수리특성." 대전산업대학교 논문집, 제17권, pp.141~158.

아이티(2012)[아이티(IT)환경기술연구회], 田中修三(원저), 황승현 역, 엑셀을 이용한 토목공학 입문, 도서출판 씨아이알.

안수한, 강관원(1998), 개정판 항만공학(제11판), 동명사.

우효섭(2007), 하천수리학, 청문각.

유동훈, 서승원 강주환, 김인호(2005), 연안·항만공학, 도서출판 새론.

윤용남(2007), 수리학(기초와 응용), 도서출판 청문각.

이재수(2007), 수리학, 도서출판 구미서관.

이종석(2001), "제방형 웨어에서의 수리특성 연구." 대한토목학회 논문집, 제21권, 제3-B권, pp.201~216.

이종석(2014a), 교량·확장교량형 인도교의 비점오염원 저감장치 개발, 교육부·한국연구재단, 산학공동 기술개발 결과보고서.

이종석(2014b), 기초수문학, 도서출판 씨아이알.

이종석(2015), 중규모 교량형 인도교용 비점오염원 저감장치 개발, 중기청, 2014산학사업 일반과제(도약) 결과 보고서.

이종석(2018a), 수리학 및 실험(제3판), 도서출판 씨아이알.

이종석(2018b), 수문학(제3판), 도서출판 씨아이알.

이종석(2019), 수공설계(제2판), 도서출판 씨아이알.

이종석(2022a), 수리학 및 실험(제4판), 도서출판 씨아이알.

이종석(2022b), 하천공학(제4판), 도서출판 씨아이알.

이종석(2023), 수문학(2023판), 도서출판 구미서관.

이종석, 김시철(2022), "드론을 이용한 하천공간정보 획득의 효율적 방안." 한국수자원학회 논문집, 제55권, 제2호, pp.134-145.

이종석, 김치곤(2015), "논산유역 중소하천의 유량-부유사량 현장측정분석." 한국방재학회 논문집, 제15권, 제1호, pp.291~296.

이종석, 김치곤(2016), "중소하천 권역 내 유사이송 특성." 한국방재학회 논문집, 제16권, 제5호, pp.325~332.

이종석, 김치곤(2019), "비점오염원 저감장치의 성능분석." 한국수자원학회 논문집, 제52권, 제3호, pp.207~217.

이종석, 김치곤, 유의근, 이효원(2015), "농경유역 중소하천의 유량-총유사량 관계식 유도." 2015 콘텐츠학회 춘계학술대회, pp.369~370.

이종석, 김치곤, 유의근, 이효원, 김시철(2016), "교량형 인도교의 저감장치." 2016 콘텐츠학회 춘계학술대회 논문집, pp.411~412.

이종석, 정찬욱(2014), "교량·확장형 인도교의 비점오염원 저감장치 개발." 교육부·한국연구재단,

pp.11~19.

이종석, 한재명(2007), "자연친화형 해안침식방지 구조물의 안정성." 한국콘텐츠학회 논문지, 한국콘텐츠학회, 제7권, 제9호, pp.212~219.

이종석, 한재명(2008a), 해안침시 방지용 해수유통 구조물의 개발, 2007년도 2년차 산학협력실 지원사업 최종보고서, 한밭대학교산학협력단 · (주)한길, 대전 · 충남지방중소기업청 · (사)산학연전국협의회.

이종석, 한재명(2008b), "현장관측에 의한 친환경 해안조성을 위한 침식방지 호안공 개발에 관한 기초적 연구." 한국수자원학회 논문집, 제41권, 제10호, pp.983~993.

이종석 외 5인(2003), 항만공학, 도서출판 새론.

이효원(2016), "교량 · 인도교용 비점오염원 저감장치의 실험적 연구." 한밭대학교 산업대학원, 석사학위논문.

위키백과(wikipedia.org)(2024), 백악기(https://ko.wikipedia.org;wiki/; 2024.05.18., 07:07 검색)

장용채, 이승은(2005), "토목섬유 Two-bag을 이용한 연안침식 방지기술 개발." 한국산학연논문집, 한국산학연, 제5권, 제4호, pp.37~43.

장준호, 윤광렬(2008), 수치해석을 위한 FORTRAN, 동명사.

전시영(2016), 엔지니어를 위한 길라잡이 Fortran77, 동화기술.

정종호, 금종호, 윤용남(2002), "도달시간 산정방법의 개발." 한국수자원학회 논문집, 제35권, 제6호, pp.715~727.

정찬욱(2010), "도로교량에서 비점오염원 저감장치의 개발과 효율분석." 한밭대학교 산업대학원, 석사학위논문.

진용주(2009), 액셀 2007 매크로 & VBA 쉽게 따라하기, 세진북스.

최준선(2012), 엑셀 매크로 & VBA 바이블, 한빛미디어.

충청남도(2007), 증산천 하천(정비)기본계획.

한국도로교통협회(2005), 도로교 설계기준.

한국수자원학회(2005), 하천 설계기준 해설.

한국수자원학회(2007), FARD 2006을 활용한 강우빈도해석, 제17회 수공학 워크숍.

한국수자원학회(2009), 하천설계기준·해설.

한국지반공학회(2003), 구조물 기초 설계기준.

한국콘크리트학회(2004), 콘크리트 표준시방서.

한국콘크리트학회(2007), 콘크리트 구조설계기준.

한국토지공사(2007), 행정중심 복합도시 금강 및 미호천 하상변동조사.

한국해양수산개발원(2011), 연안정비사업의 경제적 효과 분석 연구.

한길(주)(2005), 환경친화형 친수호안블록 수리모형 실험결과 보고서, 한국해양연구원.

한길(주)(2006), 계단형 유공 호안블록의 월파측정 평가 보고서, 해양연구원.

한림원(한국과학기술한림원)(2011), 과학기술용어의 표준화 연구(한영)(Study on the Standardization of the Terminology), 연구보고서 74-2, 진명인쇄공사.

한재명(2008), "연안침식 방지를 위한 친수호안 블록의 개발." 한밭대학교 산업대학원, 석사학위논문.

한재명, 김영민, 박만교, 이종석(2006), "자연친화형 소파블록의 개발." 대한토목학회 정기학술대회 발표 논문집, 대한토목학회, pp.245~248.

한재명, 신재옥, 이종석(2005), "환경친화형 해안보호 호안블록에 관한 연구." 대한토목학회 정기학술대회 발표 논문집, 대한토목학회, pp.215~218.

해양수산부(2005a), 연안침식방지기술 연구 용역 보고서.

해양수산부(2005b), 항만 및 어항 설계기준(상·하권).

한국해양수산개발원(2011), 친수연안조성사업.

해양수산부(2014), 항만 및 어항 설계기준 · 해설.

해양수산부(2015), 2015년 연안정비사업 실무편람.

해양수산부(2017), 항만 및 어항 설계기준(상권)(KDS 64 00 00).

해양수산부(2018), 연안정비사업 실무편람.

해양수산부(2020), 항만 및 어항설계기준(KDS 64 00 00; 2020).

해양수산부(2024), 항만 및 어항 설계기준(KDS 64 00 00; 2020), 총론(KDS 64 05 00; 2020), 설계조건(KDS 64 10 10; 2023), 방파제(KDS 64 45 20; 2017)(항만건설사업정보시스템, https://www.portcals.go.kr/cd/), (항만기술기준정보시스템, https://kpcs.portcals.go.kr/kc; 2024.05.18., 06:45 검색).

행복청(행정중심복합도시건설청)(2008), 행정중심복합도시 영향평가(환경, 재해).

허동수, 이우동(2007), "투수층 매설에 의한 해빈안정화에 관한 고찰." 대한토목학회 정기학술대회 논문집, 대한토목학회, pp.626~629.

환경부(1999), 상수도시설 내진설계기준 마련을 위한 연구보고서.

환경부(2014), 손에 잡히는 비점오염 해설서.

환경부(2017a), 국가건설기준센터(http://www.kcsc.re.kr/), 상수도설계기준(KDS 57 00 00)(2017년 11월 17일 제정).

환경부(2017b), 국가건설기준센터(http://www.kcsc.re.kr/), 하수도설계기준(KDS 57 00 00)(2017년 10월 27일 제정).

환경부(2019), 홍수량 산정 표준지침.

환경부(2020), 강우빈도해석 프로그램 개발보고서.

환경부(2023), 하천기본계획 수립지침.

환경부(2024a), 국가수자원관리 종합정보 시스템 홈페이지(WAMIS)(/하천/홍수량산정)(http://www.wamis.go.kr/wsc/wsc_fldstand.do; 2024.01.28., 23:23 검색).

환경부(2024b), 상수도 설계기준 및 표준시방서 개정 알림(https://me.go.kr/home/web/policy_data/;2024.05.17., 07:45 검색).

환경부(2024c), 상수도 취수설계기준(KDS 57 45 00 : 2022)(https://me.go.kr/home/web/policy_data/;2024.05.17., 07:45 검색).

환경부(2024d), 하수도 설계기준(KDS 61 00 00 : 2022), 관로시설 설계기준(KDS 61 40 00; 2022), 하수도설계 일반사항(KDS 61 10 00; 2022)(국가건설기준센터; https://www.kcsc.re.kr/Search/ListCodes/102061;2024.05.17., 08:52 검색).

환경부(2024e), 하천설계기준(KDS 51 00 00; 2018)의 하천보(KDS 51 40 05; 2018), 하천취수시설(KDS 51 40 15; 2018), 설계수문량(KDS 51 14 10; 2018)(국가건설기준센터; https://www.kcsc.re.kr/Search/ListCodes/102061;2024.06.13, 20:48 검색).

환경연구원(국립환경연구원 금강수질검사소)(1996), 금강수계 수질오염 현황과 대책.

황승현(2012)(역자), 엑셀을 이용한 토목공학 입문(원저자; 田中修三), It환경기술연구회, pp.86~115.

Abdolhossein, A., Behnam. F., and Abazar, E.(2013), "Assessment of variations in river discharge and sediment at some stations of Gorgan-Roud River, Golestan Province, Iran." Interntl. J. of Agr. and Crop Sci., Vol.5, No.12, pp.1351~1357.

Amin, B. and Mehdi, F.(2014), "Sediment rating curve modification (Case study : Marun dam, Behbhan, Iran)." Indian J. of Fund. and App. Life Sci., Vol.4 (S4), pp.2345~2351.

Arman, H., Mohammad, H.O., and Amir, A.D.(2013), "Bedload equation analysis using bed load-material grain size." J. Hydr. Hydromech., Vol.61, No.3, pp.241~249.

Balas, C.E., and Ergin, A.(2002), "Reliability-based risk assessment in coastal projects : Case study in Turkey." J. Wtrwy. Port Coast. and Ocn. Engrg., ASCE, Vol.128, No.2, pp.52~61.

Bligh, W. G. (1910), "Dams, barrages, and weirs on porous foundations." Engineering Record, 64(26), pp.708~710.

Bretschneider, C.L.(1968), "Significant wave and wave spectrum." Ocean Industry, Feb., pp.40~46.

Buckingham, E.(1914), "On physically similar systems; illustrations of the use of dimensional equations." Physical Review, Vol.4, No.4, pp.345~376.

Buckingham, E.(1915), "Model experiments and the forms of empirical equations." Transactions of the American Society of Mechanical Engineers, Vol.37, pp.263~296.

Cassidy, J. J., Chaudhry, M. H., and Roberson, J. A.(1998), Hydraulic Engineering, 2nd ed., Wiley.

CERC(1992)(The Coastal Engineering Research Center of the U.S. Army Engineer Waterways), Automated Coastal Engineering System, technical reference.

Chang, H.H.(1990), Hydraulic design of erodible-bed channels, J. of Hydra. Engr., ASCE, Vol.116, No.1, pp.87~101.

Chanson, H.(2004), The hydraulics of open channel flow : An introduction, 2nd ed., Elsevier.

Chaudhry, M.H.(1993), Open-channel flow, Prentice Hall.

Chaudhry, M.H.(2008), Open-channel flow, 2nd ed,, Springer.

Chézy, A.(1769), Developed and verified by experiments made on an earthen channel, the Courpalet Canal, and on the Seine River.

Chin, C.O. and Chiew, Y.M.(1993), "Effect of bed surface structure on spherical particles stability." J. Wtrwy. Port Coast. and Ocn. Engrg., ASCE, Vol.119, No.3, pp.231~242.

Chow, V.T.(1959), Open channel hydraulics, McGraw-Hill, New York.

Chow, V.T.(1964), Handbook of applied hydrology, McGraw-Hill, New York, NY.

Chow, V.T., Maidment, D.R., and Mays, L.W.(1988), Applied Hydrology, McGraw-Hill International Editions, p.210~230.

Clark, C.O.(1945), "Storage and the unit hydrograph." Transactions, ASCE, Vol.110, Paper No.2261, pp.1419~1446.

Cross, H.(1936), Analysis of flow in networks of conduits or conductors, Urbana Champaign Univ. Ill. Bull. 286, Eng. Exp. Station, Vol.34, pp.3~29.

Dallas, L.P., and Glysson, G.D.(1987), Sediment-transport curve, USGS, Open-File Report 87-218, Reston, Virginia.

Darcy, H.(1857), Recherches expérimentales relatives an mouvemwnt de l'eau dans les tuyaux. Mallet-Bachelier, Paris, 268 and atlas (in French).

Daugherty, R.L., and Franzini, J.B.(1977), Fluid mechanics with engineering application, 7th ed., McGraw-Hill, New York.

Daugherty, R.L. and Franzini, J.B.(1985), Fluid mechanics with engineering applications. 8th ed., McGraw-Hill, New York.

Ding, Y., Wang, S.S.Y., and Jia, Y.(2006), "Development and validation of a quasi-three-dimensional coastal area morphological model." J. Wtrwy. Port Coast. and Ocn. Engrg., ASCE, Vol.132, No.6, pp.462~476.

DuBoys, M.P.(1879), "Etudes du regime du Rhone et de l'action exercee par les eaux surun lit a fond de graviers indefiniment affouillable." Ann. Ponts et Chaussees, ser. 5, Vol.18, pp.141~195.

Duclos, G., Josset, C., Clément, H.A., Gentaz, L., and Colmard, C.(2004), "Hydrodynamic efficiency of a new design of half-submerged breakwater compared to a rectangular

caisson." J. Wtrwy. Port Coast. and Ocn. Engrg., ASCE, Vol.130, No.3, pp.127~133.
Edward, J.S., Ira M.K., and James P.S.(2005), Introduction to fluid mechanics, Oxford University Press.
Einstein, H.A.(1950), The bed load function of sediment transportation in open channel flows, Technical Bulletin 1026, U.S. Dept. of Agri., SCS.
Finnemore, E.J., and Franzini, J.B.(2002), Fluid mechanics, 10th ed., McGraw Hill.
Firing, M.B., and Jackson, B.R.(1971), "Synthetic streamflows." Water Resources Monograph, No.1, American Geophysical Clarion, New York.
Fortran(2018), Fortran 2018 ISO, Retrieved November 30, 2018.
Fortran(2023), Fortran 2023 has been Published!-Doctor Fortran(stevelionel.com)[https://stevelionel.com/drfortran/2023/11/23/fortran-2023-has-been-published/].
French, R H.(2007), Open channel hydraulics, Water Resources Publications, LLC.
Garcia, M.H., ed.(2008), Sedimentation engineering, processes, measurement, modeling, and practice, ASCE Manual and Reports on Engineering Practice, No.110, pp.107~123.
Glenn, O.B.(2002), "The History of the Darcy-Weisbach Equation for Pipe Flow Resistance." Environmental and Water Resources History Sessions at ASCE Civil Engineering Conference and Exposition 2002, pp.34~43.
Goda, Y. (1974). "New wave pressure formulae for composite breakwater." Proceedings of 14th Conference on Coastal Engineering, Copenhagen, Denmark, ASCE, pp.1702~1720.
Goda, Y.(1992), The design of upright breakwaters, pp.547~568.
Graf, W.H.(2003), Fluvial hydraulics, flow and transport processes in channels of simple geometry, John Wiley & Sons.
Gupta, R.S.(2008), Hydrology and hydraulics systems, 3rd ed., Waveland Press, Inc.
Gupta, R.S.(2017), Hydrology and Hydraulic Systems, 4th ed., Waveland Pr Inc.
Hager, W.H. and Schwalt, M.(1994), "Broad-crested weir.", J. Irrig. and Drain. Engr., ASCE, Vol.120, No.1, pp.13~16.
Hazen, A., and Williams, G.S.(1920), Hydraulic Tables, 3rd ed., New York, John Wiley and Sons.
Headland, J.R., Alfageme, S.R., Smith, E., and Kotulak, P.(2007), "Coastal structure design for shore protection and sand retention : Practical aspects." Coastal Sediments 2007, Conference Proceeding, pp.2432~2445.
Henderson, F.M.(1966), Open channel flow, New York, Macmillan.
Herrmann, R., Daub J., Forster, J., and Striebel, T.(1994), "Chemist dynamics of trace

pollutants during street runoff." WST, Vol.29, No.9, pp.73~82.

Hermann, M.F. and Hager, W.H.(1998), "Hydraulics of embankment weirs." J. Hydra. Engr., ASCE, Vol.124, No.9, pp.963~971.

Hewitt, C.N., and Rashed, M B.(1992), "Removal rates of selected pollutants in the runoff waters from a major rural highway." Water Research, Vol.26, No.3, pp.311~319.

Higinio, R., and J. Vigo-Aguiar.(2007), "A fourth-order Runge-Kutta method based on BDF-type Chebyshev approximations." J. of Computational and Applied Mathematics, Vol.204, pp.124~136.

Hiroi. I.(1919), "On a method of estimating the force of waves." Imperial University of Tokyo, Vol.10, No.1, p.19.

Hirshman, D.J., and Kosco, J.(2008), Managing stormwater in your community : A guide for building an effective post-construction program, Center for Watershed Protection and Tetra Tech, Inc., EPA Publication.

Horikawa, K.(1978), Coastal engineering, An introduction to ocean engineering, Univ. of Tokyo Press.

Hosking, J.R.M., and Wallis, J.R.(1997), Regional frequency analysis.-An approach based on L-moments, Cambridge Unversity Press, 224p.

Huff, F.A.(1967), "Time Distribution of Rainfall in Heavy Storms." Water Resour. Res., Vol.3, No.4, pp.1007~1019.

Ipsen, D.C.(1960), Units, Dimensions, and Dimensionless Numbers, McGraw-Hill, New York.

ISO 2394(1998), General Principles on Reliability for Structures.

Janna, W.S.(1993), Introduction to fluid mechanics, 3rd ed., PWS Publishing Company, Boston.

Jeong, J.H.(2013), "Analysis of sediment discharge in small-medium river of Geum River System." Master Thesis in Hanbat National University, p.57.

Jobson, H.E. and Froehlich, D.C.(1988), Basic hydraulic principles of open-channel flow, USGS, Open-File Report 88-707.

John, B.H.(2000), Handbook of coastal engineering, McGraw-Hill.

John, J.I.(1988), Total sediment load measurement using point-source suspended-sediment data, Hydraulics Laboratory, Dept. Of The Army, WES, USACE.

Julien, P.Y.(2002), River mechanics, Cambridge University Press.

Julien, P.Y.(2010), Erosion and sedimentation, 2nd ed.. Cambridge University Press, pp.229~239.

Julien, P. Y.(2018), River mechanics 2nd, ed., Cambridge University Press.

Julien, P.Y.(2022), Essentials of hydraulics, Cambridge University Press.

Jung, C.U.(2010), Development and of efficiency analysis non-point pollutant reduction devices on paved highway bridge, Hanbat National University, Master Thesis, pp.37~41 (in Korean).

Kamel, K., Mohamed, B., and Boualem, R.(2010), "Regressions on monthly stream discharge to predict sediment inflow to a reservoir in Algeria." J. of Geography and Geology, Vol.2, No.1, pp.36~47.

Kang, H.M.(2011), "Applicability analysis of best management practices for freeway stormwater runoff." Hanyang University, Ph D. dissertation, pp.193~196 (in Korean).

Kang, T.U., and Lee, S.J.(2016), "A Simulation Method for Reduction Facilities of Natural Type for Non-Point Pollution by the SWMM." J. of the Korean Society of Hazard Mitigation, Vol.16, No.2, pp.123~131 (in Korean).

Kent, D.B., Douglas, J.S., and Kimberlee K.A.(2000), "Nutrients discharged to the Mississippi River from Eastern Iowa Watersheds, 1996-1997." J. of the American Water Resources Association, Vol.36, No.1, pp.161~173.

Kim, C.G.(2018), "Development of reduction facility NPSP by field performance test." Hanbat National University, Ph D. dissertation, pp.79~119 (in Korean).

Kim, C.G., Park, C.S., Kim, K.T, Lee, H.W., Kim, S.C., and Lee, J.S.(2014), "Small device for reduction of non-point pollution in road bridge." Proceedings 2014 Congress of The Korea Contents Association, pp.131~132 (in Korean).

Kim, D.P.(2009), "Development of discharge-suspended sediment discharge relation curve of the Seolma-Choen experimental catchment." Proc. of KSCE, pp.3362~3365 (in Koran).

Kindsvater, C.E. and Carter, R.W.(1959), "Discharge Characteristics of Rectangular Thin-Plate Weirs." Trans. ASCE, Vol.124.

Kindsvater, C.E.(1964), Discharge characteristics of embankment-shaped weirs. Geological Survey Water Supply Paper 1617-A, U.S. Washington, D.C.

Kirpich, Z.P.(1940), "Time of concentration of small agricultural watersheds." Civil Engineering, Vol.10, No.6, pp.362~368.

KWRA(Korea Water Resource Association)(2009), River design criteria and explanation (in Korean).

Laurenson, E.M.(1986), "Friction Slope Averaging in Backwater Calculations." J. of Hydr. Engr., ASCE, Vol.112, No.12, pp.1151~1163.

Lee, J.S. and Julien, P.Y.(2006), "Electromagnetic wave surface velocimetry." J. of Hydr. Engr., ASCE, Vol.136, No.2, pp.146~153.

Lee, J.S.(2013), Project of measurements on flow discharge-sediment with river master planes in geographical areas of Nonsan, Gankyeong and Noseong River, Report of Const. & Safety Tech. Inst., Hanbat National University (in Korea).

Lee, J.S.(2015), Development for middle device of reducing non-point source pollutant in footbridge bridge, Report of Small and Medium Business Administration(SMBA) in General Project, pp.1~15 (in Korean).

Lee, J.S. and Kim, C.G.(2015), "Field measurement and analysis for discharge-suspended sediment of small-medium streams in Nonsan catchments." J. Korean Soc. Hazard Mitig., Vol.15, No.1, pp.291~ 296 (in Korean).

Lee, J.S., Jeong, J.H., and Lee, D.C.(2013a), "Suspended load during normal and dry seasons in small-medium rivers." Proceeding of The First Jeju Conference on Converged Content.

Lee, J.S., Lee, D.C., and Lee, T.W.(2013b), "Analysis for flow discharge and suspended load of National-Local streams in Nonsan River Systems." Proc. of ICCC 2013, Vol.11, No.2, pp.172~174.

Lee, J.S., Kim, C.G., and You, E.G.(2015), "Derivation method of rating curve and relationships for flow discharge-total sediment at small-midium streams in agrarian basin." J. of Korea Contents Asso., Vol.15, No.8, pp.544~555 (in Korean).

Lee, J.S., Kim, C.G., You, E.G., Lee, H.W., and Kim, S.C.(2016), "Reducing device of non-point source pollution in footbridge of bridges." Proceedings 2016 Congress of KCAC, pp.411~412 (in Korean).

Linsley, R.K.(1945), "Discussion of storage and the unit hydrograph by C.O. Clark." Transactions of the American Society of Civil Engineers, Vol.110, pp.1452~1455.

Manning, R.(1889), "On the flow of water in open channels and pipes." Trans., Inst. of Civil Engrs. of Ireland, Dublin, Ireland, Vol.20, pp.161~166.

Marcelo, H.G., ed.(2008), Sedimentation Engineering: Processes, Measurements, Modeling, and Practice, Prepared by the ASCE Task Committee to Expand and Update Manual 54 of the Sedimentation Committee of the Environmental and Water Resources Institute of ASCE.

Marwan, A.H. and Richard, D.W.(2004), "Bed load transport in an obstruction-formed pool in a forest, gravel bed stream." Geomorphology, Vol.58, pp.203~221.

Mays, L.W.(2005), Water resource engineering, John Wiley & Sons, Inc.

McCarthy, G.T.(1938), The unit hydrograph and flood routing, unpublished manuscript presented at a conference North Atlantic Div. Corps of Engineers, War Dept., une 24.

McLean, S.R.(1991), "Depth-integrated suspended-load calculations." J. Hydr. Engr. ASCE, Vol.117, No.11, pp.1440~1458.

Metcalf Michael, Reid John, Cohen Malcolm and Bader Reinhold(2023), Modern Fortran explained : incorporating Fortran 2023, Oxford England. ISBN 978-0-19-887657-1. OCLC 2023946356.

Meyer-Peter, E. and Muller, R.(1948), "Formulas for bed-load transport." Proc. IAHR, Third Annual Conference, Stockholm, Sweden, pp.39~64.

Michale, E.M.(1972), Ocean Engineering Wave Mechanics, John Wiley & Sons.

Michael Alexander, and Dick Kusleika(2016), Excel 2016 Power programming with VBA, Wiley.

Minikin, R.R.(1950), Winds, waves and Maritime Structures, Griffin, London, pp.38~39.

Ministry of Construction and Transportation(2000), Report of development and research for water resources management in 1999, Vol 1, Plotting of Frequency Rainfall Hyetograph (in Korean).

Ministry of Environment(2014), Water pollution process test standard (in Korean).

Ministry of Environment(2016), Manual for non-point sources reduction facility of construction, management and operation(in Korean).

Ministry of Government Legislation(2018), Water environment conservation Act (Act No. 14532, Jan. 17, 2017) (in Korean).

Moody, L. F.(1944), "Friction factors for pipe flow." Transactions of the ASME, Vol.66, No.8, pp.671~684.

Mori, N. and Cox, D.T.(2003), "Statistical modeling of overtopping for extreme waves fixed deck." J. Wtrwy. Port Coast. and Ocn. Engrg., ASCE, Vol.129, No.4, pp.165~173.

Munson, B.R., Young, D.F., and Okiishi, T.H.(2002), Fundamentals of fluid mechanics, 4th ed., John Wiley & Sons, Inc., New York.

National Institute of Environmental Research(2017), Guideline for non-point sources management in total maximum daily loads(TMDL) (in Korean).

Nielsen, P.(1992), Coastal bottom boundary layers and sediment transport. Advanced Series on Ocean Engineering, Vol.4, World Scientific, Singapore.

Novotny, V., and Olem, H.(1994), Water quality prevention, identification, and management of diffuse pollution. Van Nostrand Reinhold, NY, pp.446~498.

Potter, M.C. and Wiggert, D.C.(1991), Mechanics of Fluids, Prentice Hall, Inc., New Jersey.

Potter, M. C., Wiggert, D. C., and Ramadan, B. H.(2015), Mechanics of Fluids, 5th ed., Cengage Learning.

Prandtl, L.(1926), Ueber die ausgebildete Turbulenz, 2d Int. Congress Applied Mechanics, Zurich, p.62.

Rayleigh, L.(1915), The Principle of Similitude, Nature, Vol.95, No.2368, pp.66~68.

Reeve, D.E.(1998), "Coastal flood risk assessment." J. Wtrwy. Port Coast. and Ocn. Engrg., ASCE, Vol.124, No.5, pp.219~228.

Reynolds O.(1903), Papers on Mechanical and Physical Subjects-The Sub-Mechanics of the Universe, Collected Works, Vol.3. Cambridge: Cambridge Univ. Press.

Roberson, J.A. and Crowe, C.T.(1990), Engineering fluid mechanics, 4th ed., John Wiley & Sons, Inc.

Roberson, J.A. and Crowe, C.T.(1997), Engineering fluid mechanics, 6th ed., John Wiley & Sons, Inc.

Roberson, J.A., Cassidy, J.J., and Chaudhry, M. H.(1998), Hydraulic Engineering, 2nd ed., John Wiley & Sons, Inc, pp.203~204.

Robert, D.B.(1984), Applied fluid mechanics handbook, Van Nostrand Reinhold Company.

Rouse, H.(1937), "Modern conceptions of the mechanics of turbulence." Transactions of the ASCE, Vol.102, pp.463~543.

Rouse, H.(1946), Elementary mechanics of fluids, John Whiley & Sons, New York.

Rozgar Baban.(1995), Design of Diversion Weirs-Small Scale Irrigation in Hot Climates, John Wiley & Sons, p.25~43, 47~98.

Russel, S.O., Kenning, B.F.I., and Sunnell, G.J. (1979), "Estimating design flows for urban drainage." J. of the Hydraulics Division, Vol.105, No.1, pp.43~52.

Sabol, G.V. (1988), "Clark unit hydrograph and R-parameter estimation." J. of Hydr. Engr., Vol.114, No.1, pp.103~111.

Sagat, A., Chebbo, G., and Bertrand-Krajewski, J.L.(1996), "The first flush in sewer system." Water Science and Technology, J. of the International Association on Water Pollution Research, Vol.33, No.9, pp.101~108.

Sainflou M.(1928), "Essai sur les digues maritimes verticales,"[Treatise on vertical breakwaters (translated by W.J. Yardoff, U.S. Army Corps of Engineers)], Ann. Ponts et Chaussees, Vol.98, No.1, pp.5~48.

Shrikant, A.T., Tejas, P.B, Yuvraj, A.C.(2019), "Discharge formula for Thin Plated Rectangular Lab Fabricated Sharp Crested Weirs.", International Journal of Civil and Structural Engineering Research, Vol.7, No.1, pp.71~82.

Singh, V.P.(1996), Kinematic Wave Modeling in Water Resources, Surface-Water Hydrology, Joh Wiley & Sons, Inc.

Sorensen, R.M.(1997), Basic coastal engineering, 2nd ed., Chapman & Hall.

Stepanoff, H.J.(1957), Centrifugal and axial flow pumps, 2nd ed., Wiley, New York.

Stevens, H.H.(1985), Computer program for the computation of total sediment discharge by the modified Einstein procedure, USGS Water-Resources Investigations Report 85-4047.

Streeter, V.L. and Wylie, E.B.(1975), Fluid mechanics, 6th ed., International Student Edition.

Subramanya, K.(2013), Engineering hydrology, 4ed., McGraw Hill Education (India) Private Limited.

Taylor, E.S.(1974), Dimensiond Analyeir for Engineers, Clarenedon press, Oxford.

Teng, H.H.(1984), Applied offshore structural engineering, Practical Design Methods, Formulas, and Data, Gulf Publishing Company, pp.37~45.

UNCTAD(1985)(United Nations Conference Trade And Development), Port Development.

USACE(U.S. Army Corps of Engineers)(2002), HEC-RAS(River Analysis System)-User's manual, USACE, Davis.

USACE(2008a)(U. S. Army Corps of Engineers Institute for Water Resources Hydrologic Engineering Center), HEC-HMS(Hydrologic Engineering Center-Hydrologic Modeling System), Application Guide (Ver. 3.4), U.S. Army Corps of Engineers, Davis, CA.

USACE(2008b)(U. S. Army Corps of Engineers Institute for Water Resources Hydrologic Engineering Center), HEC-HMS(Hydrologic Engineering Center-Hydrologic Modeling System), Technical Reference Manual (Ver. 3.4), U.S. Army Corps of Engineers, Davis, CA.

USACE(2008c)(U. S. Army Corps of Engineers Institute for Water Resources Hydrologic Engineering Center), HEC-HMS(Hydrologic Engineering Center-Hydrologic Modeling System), User's Manual (Ver. 3.4), U.S. Army Corps of Engineers, Davis, CA.

USACE(2008d)(US Army Corps of Engineers Institute for Water Resources Hydrologic Engineering Center), HEC-RAS(River Analysis System), Application guide v4.0.

USACE(2008e)(US Army Corps of Engineers Institute for Water Resources Hydrologic Engineering Center), HEC-RAS(River Analysis System), User' manual v4.0.

USACE(2008f)(US Army Corps of Engineers Institute for Water Resources Hydrologic Engineering Center), HEC-RAS(River Analysis System), Hydraulic reference manual v4.0.

USACE(2016a)(US Army Corps of Engineers Institute for Water Resources Hydrologic

Engineering Center), HEC-RAS(River Analysis System), Application guide v5.0.

USACE(2016b)(US Army Corps of Engineers Institute for Water Resources Hydrologic Engineering Center), HEC-RAS(River Analysis System), User' manual v5.0.

USACE(2016c)(US Army Corps of Engineers Institute for Water Resources Hydrologic Engineering Center), HEC-RAS(River Analysis System), Hydraulic reference manual v5.0.

USACE(2022a)(US Army Corps of Engineers Institute for Water Resources Hydrologic Engineering Center), HEC-HMS(Hydrologic Modeling System), Application Guid, v 4.8(https://www.hec.usace.army.mil/confluence/hmsdocs/hmsag/; 2024.02.03., 09:47 search).

USACE(2022b)(US Army Corps of Engineers Institute for Water Resources Hydrologic Engineering Center), HEC-HMS(Hydrologic Modeling System), Technical reference manual, v4.8(https://www.hec.usace.army.mil/confluence/hmsdocs/hmstrm/; 2024.02.03., 09:47 search).

USACE(2022c)(US Army Corps of Engineers Institute for Water Resources Hydrologic Engineering Center), HEC-HMS(Hydrologic Modeling System), User's Manual, v4.8 (https://www.hec.usace.army.mil/confluence/hmsdocs/hmsum/latest; 2024.02.03., 09:47 search).

USBR(1955)(U.S. Bureau of Reclamation), Research studies on silling basins, energy dissipation, and associated appurtenances Hydraulic Laboratory Report No. Hyd-399.

Vanoni, V.A.(1946), "Transportation of supended sedimentn by water." Transactions of ASCE, Vol.111, pp.67~133.

Vanoni, V.A., ed.(1975), Sedimentation engineering, ASCE Manual and Reports on Engineering-Practice, Vol.54, p.18, New York.

Viessman, W., John, W.K., Gary L.L., and Terence, E.H.(1972), Introduction to Hydrology, IEP-Dun-Donnelley Intext Educ. Publ., New York.

von Karman, Th.(1930), Mechanische Aehnlichkeit und Turbulenz, Nachr. Ges. Wiss. Gottingen, Math.-Phys. Klasse, 58.

Weisbach, J.(1845), Lehrbuch der ingenieur-und maschinen-mechanik. 1, Theoretische Mechanik, Vieweg und Sohn, Braunschweig (in German).

White, F.M.(1974), Viscose fluid flow, McGraw-Hill, New York.

White, F.M.(1979), Fluid mechanics, McGraw-Hill, New York.

White, F.M.(2008), Fluid mechanics, 6th ed., McGraw-Hill, New York.

Wikipedia(2024), Fortran(Fortran-2018, 2023)[https://en.Wikipedia.org/wiki/Fortran

(Fortran-Wikipedia), 2024.02.18., 09:35 search].

Woo, H.S., and Julien, P.Y.(1990), "Turbulent shear stress in heterogeneous sediment-laden flows." J. of Hydr. Engr. ASCE, Vol.116, No.11, pp.1416~1421.

Woo, H.S.(2007), River Hydraulics, CMG Publishing, pp.503~516 (in Korean).

Yang, S.H., Lee, M.J., Gwon, E.M., and Lee, J.H.(2018), "A Study on Efficient Backwashing of Nonpoint Pollutant Filtration Facilities." J. of the Korean Society of Urban Environment, Vol.18, No.1, pp.127~139 (in Korean).

Yu, K.K., and Woo, H.S.(1990), "Comparative evaluation of some selected sediment transport formulas." KSCE, Vol.10, No.4, pp.67~75 (in Korean).

Yun, S.L., Lee, Y.J., Ahn, J.H, Choi, W.S., Lee, J.W., Oh, H.C., and Kim, S. K.(2017), "Evaluation of Filtration and Backwash Efficiency of Non-point Source Pollution Reduction Facility." J. of Korean Society of Environmental Engineers, Vol.39, No.12, pp.664~671 (in Korean).

宇多高明(2004), 海岸侵食の實態と解決策, pp.27~32.

合田良實(1973a), "衝擊碎波壓を受ける混成防波堤の擧動に關する考察." 港灣技術研究所報告, Vol.12, No.3, pp.3~29.

合田良實(1973b), "防波堤の設計波壓に關する研究." 港灣技術研究所報告, Vol.12, No.3, pp.31~69.

合田良實(1975), "淺海域における波浪の碎波變形." 港灣技術研究所報告, Vol.14, No.3, pp.59~106.

찾아보기

ㅇ

ㅈ

ㅊ

저자 소개

이종석

학 · 경력
단국대학교 대학원 토목공학과 공학박사(수공학)
국립한밭대학교 건설환경공학과 교수

저서
『수리학 및 실험(제4판)』, 도서출판 씨아이알, 2022.
『하천공학(제4판)』, 도서출판 씨아이알, 2022.
『수문학(2023판)』, 도서출판 구미서관, 2023.
『수공설계(2024판)』, 도서출판 구미서관, 2024.

수공설계 정가 42,000원

저 자 : 이종석

발행인 : 임정대
발행처 : 도서출판 구미서관

발행 : 2024년 8월 22일

등록 : 1979년 6월 29일 No.9–6호
주소 : 서울시 마포구 신촌로 2길 5–15 구미빌딩
전화 : 02–333–1101
팩스 : 02–335–2201
http://www.goomibook.com

ISBN 979–11–6257–296–2 (93530)